GLASTECHNISCHE FABRIKATIONSFEHLER

EINE PATHOLOGISCHE TECHNOLOGIE DES WERKSTOFFES GLAS

ZWEITE VÖLLIG NEUBEARBEITETE AUFLAGE

IN ZUSAMMENARBEIT MIT

DR. K. DINGER, GELSENKIRCHEN · DIREKTOR W. GIEGERICH, HEILBRONN · DR. H. HANNES, LEVERKUSEN · DIPL.-ING. K. HOLLER, GELSENKIRCHEN · DIREKTOR DIPL.-ING. W. LERCH, GELSENKIRCHEN DR. J. LÖFFLER, WITTEN/RUHR · DR. H. PETERMÖLLER, DÜSSELDORF · DR. W. PRINZ, WITTEN/RUHR · DR. L. RIEDEL, DÜSSELDORF

UND MIT UNTERSTÜTZUNG DER
DEUTSCHEN GLASTECHNISCHEN GESELLSCHAFT
FRANKFURT AM MAIN

HERAUSGEGEBEN VON

HANS JEBSEN-MARWEDEL
GELSENKIRCHEN
DR. PHIL. HABIL., HONORARPROFESSOR AM INSTITUT FÜR GESTEINSHÜTTENKUNDE
DER TECHNISCHEN HOCHSCHULE AACHEN

MIT 800 ABBILDUNGEN IM TEXT
UND AUF DREI FARBIGEN TAFELN

Springer-Verlag Berlin Heidelberg GmbH 1959

ISBN 978-3-662-27192-6 ISBN 978-3-662-28675-3 (eBook)
DOI 10.1007/978-3-662-28675-3

Ursprünglich erschienen bei Springer-Verlag OHG., Berlin/Göttingen/Heidelberg 1959
Softcover reprint of the hardcover 2nd edition 1959

Vorwort zur zweiten Auflage

Die ungeteilt freundliche Aufnahme, die das 1936 erschienene Werk „*Glastechnische Fabrikationsfehler*“ in der Fachwelt gefunden hatte[1], war Veranlassung, auch in den folgenden Jahren an der Vervollständigung des Materials zu arbeiten und weitere eigene Arbeiten beizusteuern. – Nur recht vereinzelte Beiträge im Fachschrifttum sind unmittelbar auf die Vorgänge im technischen Betrieb und seine Nöte eingestellt. Deswegen wurde die mit der Praxis verknüpfte Anlage der Arbeit als „*pathologische Technologie*“ *des Werkstoffes Glas* hervorgehoben und jetzt auch im Titel verankert.

Die nachgestellten Sätze aus dem Vorwort zur I. Auflage behalten ihre volle Gültigkeit, und „nichts könnte den Sinn der Arbeit mehr rechtfertigen, als der Versuch, Theorie und Praxis miteinander in Einklang zu bringen“. Sie soll den Blick auf den besonderen Wert der Gemeinschaftsarbeit lenken sowie zur Überbrückung von Wissenschaft und Technik beitragen.

Ein britischer Kritiker warf angesichts der Fülle des sich aufdrängenden Materials die Frage auf: „Wie in aller Welt ist es möglich, einwandfreies Glas zu machen, wenn es so viele Fehler gibt?“ Dieser Ausruf war sehr willkommen. Auf ihn darf man sich berufen, wenn die Arbeit zugleich dem Kaufmann zu zeigen vermag, mit welchen Sorgen und Problemen sich der Techniker beschäftigen muß, um *ihm* das Material zu liefern, das er, der Kaufmann, nur in einwandfreier Beschaffenheit als wirtschaftlichen Wert umsetzen kann.

Die Fülle des Materials schloß es aus, daß die Arbeit vom Verfasser der I. Auflage allein zu bewältigen war. In engem Zusammenwirken mit der Deutschen Glastechnischen Gesellschaft (DGG.) hat sich eine Gruppe von Mitarbeitern in selbstloser Weise bereitfinden lassen, um eine kapitelweise Sachbearbeitung zu übernehmen. Diesem Umstand ist es in erster Linie zu danken, daß die Bearbeitung der Spezialgebiete besonders fachkundigen Händen zu verdanken ist.

Wertvolle Hilfe leistete die Geschäftsstelle der DGG., besonders Herr Dr. G. STEIN, durch eine mühevolle Sammlung einschlägigen Schrifttums, wie es für die „Glastechnischen Berichte“ (bis Ende 1956) bearbeitet worden war.

Die Einteilung des Stoffes hatte sich bewährt und wurde in großen Zügen beibehalten. In mehreren Abschnitten hat das Buch z. T. erhebliche Umstellungen und Ergänzungen erfahren müssen. Auch konnten Streichungen vorgenommen werden. Soweit möglich, wurden neue Abschnitte mit gleich guten Abbildungen ausgestattet, weil das „Bild als Zeugnis und Urteil“[2] wichtigster Bestandteil einer Schrift ist, die darauf abzielt, den Leser mit Erscheinungsformen der Fehler und sonstiger versteckter Vorgänge vertraut zu machen oder sie wiedererkennen zu lassen und in gehörigen Zusammenhang zu rücken. So ist zugleich eine Art Atlas zustande gekommen.

Sehr erschwerend für die Neugestaltung des Buches war die völlige Vernichtung aller Druckstöcke und eines Teils der Bildvorlagen im Laufe des Bombenkrieges. Es mußten daher leider nochmals die Kosten für die Gesamtdrucklegung aufgebracht werden, um die sich die DGG auch durch materielle Unterstützung verdient gemacht hat. – Die Bilder, soweit nicht anders vermerkt, stammen im allgemeinen von den Autoren der einzelnen Kapitel oder dem Herausgeber. – Ein Teil der Bilder kommt aus einer langjährigen Sammlung, deren Ordnung infolge der Kriegswirren zerstört wurde; ihre Urheberschaft hat sich nicht mehr feststellen lassen. Der Herausgeber bittet deshalb um Entschuldigung, wenn in zahlreichen Fällen der Hinweis auf den eigentlichen Urheber unterblieb.

Eine Reihe von Irrtümern wurde beseitigt bzw. richtiggestellt; auf neu auftretende bitte ich aufmerksam zu machen.

---

[1] Zusammengefaßte Besprechungen Glastechn. Ber. Bd. 26 (1938) S. 81.

[2] Nach: Das Bild als Dokument – Techn. Linie 1952 Nr. 20 S. 8 – ist die photograpische Dokumentation als „zweidimensionale Konserve“ von Zuständen und Vorgängen anzusehen.

Die Zugänglichkeit des Stoffes ist die Voraussetzung dafür, daß man sich der in ihm verankerten, sonst aber im Schrifttum verstreut bleibenden Erkenntnisse auch wirklich für die Praxis bedient. Diese Zugänglichkeit auf einem Gebiet zu schaffen, wo „der Schuh drückt", ist und bleibt Aufgabe des Buches. Die Schrifttumsangaben leiten zu weiteren Einzelheiten, besonders quantitativen Angaben über. Die physikalisch-chemischen Grundlagen des Glases sind an anderer Stelle von H. SALMANG[1] behandelt.

Im übrigen stammen die hier zusammengefaßten und niedergelegten Erkenntnisse aus aller Herren Länder (von USA bis UdSSR) und finden hoffentlich auch ihren Weg dahin zurück. Die Technik ist ein Band der ganzen Menschheit. Es ist der lebhafte Wunsch des Herausgebers, daß eine solche Arbeit dazu beitragen möge, politische Grenzen wenigstens auf einem kleinen Ausschnitt des praktischen Lebens fallen zu lassen und aufrichtig zu bekennen, daß wir hier alle eines Geistes sind.

Die Herausgabe des Buches erlitt eine Verzögerung durch den vorzeitigen Tod eines hervorragenden Mitarbeiters, des Physikers Dr. REMBERT RAMSAUER. Er verstand es in besonders erfreulicher Weise, scharfe Anforderungen an die Theorie mit einem gesunden Kritikvermögen für die Praxis zu verbinden. Ferner ist die gedankliche Mitwirkung des zu früh verstorbenen Freundes Dr. ROLF ALLOLIO zu erwähnen. Beider sei an dieser Stelle aus Ehrfurcht vor dem Unabänderlichen in freundschaftlicher Erinnerung gedacht.

Alle Mitwirkenden, auch nicht genannte, seien meines aufrichtigen Dankes versichert.

Tutzing (Obb.), Unterzeismering 14, im Dezember 1958 **H. Jebsen-Marwedel**

Aus dem Vorwort zur ersten Auflage

„Man kann die Technologie eines Werkstoffes von zwei Seiten her anpacken: Einmal – wie es gewöhnlich geschieht – durch Beschreibung derjenigen Mittel und Wege, die zum gebrauchsfähigen oder fabrikatorisch einwandfreien Erzeugnis führen. Dann aber auch durch Darlegung derjenigen Verhältnisse, die dem ordnungsmäßigen Erzeugnis hinderlich im Wege stehen und daher auch betriebswirtschaftlich die störenden sind. Ich betrachte es als Aufgabe einer solchen ‚Technologie der Ausnahmezustände', sie dem Gebäude einer ‚Technologie der Regelzustände' einzugliedern. Beide sollten ein Ganzes bilden, dessen sich der Techniker bedienen kann, um die Ergebnisse der Wissenschaft auf seinen Arbeitsbereich anzuwenden und dem sich andererseits durch den Forscher entnehmen läßt, wo der Einsatz seiner Kräfte besonders aussichtsreich erscheint."

Gelsenkirchen, im Juli 1936 **H. Jebsen-Marwedel**

[1] H. SALMANG: Die Glasfabrikation. Physikal. u. chem. Grundlagen. — Berlin/Göttingen/Heidelberg: Springer 1957.

Inhaltsverzeichnis

Fehler an der Schmelzmasse

VI. Farbstich des Glases (Löffler)

(DK: 535. 661. 3)

Fehler am Erzeugnis

VII. Formfehler

A. Formfehler an Hohl- und Preßglas (Giegerich)

(DK: 666. 11. 019. 1: 666. 17: 666. 185)

B. Formfehler an Flachglas (Prinz)

(DK: 666. 11. 019. 1: 666. 15/16)

Verzeichnis der Tafeln

I. Allgemeines

von H. JEBSEN-MARWEDEL, Gelsenkirchen

1 Einstellung zur Technologie

Glas ist ein von alters her angesehener Werkstoff. Seine Industrie hat erst spät begonnen, die Ergebnisse wissenschaftlicher Forschung auf sich anzuwenden. Obwohl ihre Technologie durch JOHANN KUNCKELS „Ars vitraria" (um 1679) zu den ältesten der Chemie und Hüttenkunde überhaupt gehört [*1*], bildet sie eigentlich erst seit wenigen Jahrzehnten ein selbständiges Fach. Wesentliche Untersuchungsergebnisse, z. B. über die Reaktionen unter Silikaten und Karbonaten, ebenso über die sich aus Silikaten ausscheidenden Kristalle, die später auf das technisch erzeugte Glas bezogen wurden, sind viel früher aus dem mineralogischen Fach hervorgegangen. Dort hat man das vulkanische Magma und andere natürliche Verwandte des Glases auf ihre Gesetzmäßigkeiten untersucht, längst bevor man daran dachte, der Glasindustrie damit einen Dienst zu erweisen.

Die seit Jahrhunderten nach einem reichen Schatz an Erfahrungen ausgeübte Kunst des Glasschmelzens ist heute von wissenschaftlichen Meßergebnissen durchdrungen. Schon die bahnbrechenden Leistungen eines OTTO SCHOTT [*2*] legen ein beredtes Zeugnis ab von der engen Verbundenheit systematischer Forschung mit praktischen Belangen. Darüber hinaus haben die industriellen Betriebe sich aus wissenschaftlicher Forschung mehr und mehr Nutzen zu verschaffen gewußt und es zum Teil selbst in die Hand genommen, die anstehenden Probleme, darunter die ständig auftretenden *Fabrikationsfehler*, soweit sie wirklich störend sind, in eigenen Forschungsstätten zu bearbeiten.

B. LONG [*3*] unterscheidet in diesem Sinne ausdrücklich ein „ideales" Glas von einem „realen". Er vergleicht unter diesem Gesichtspunkt die Verschiedenheit der Maßstäbe und Aufgaben einer auf äußerste Präzision ausgerichteten, kompromißlosen Tätigkeit des Wissenschaftlers für die Grundlagenforschung mit der zwangsläufig auf die Wirtschaftlichkeit abzielenden Einstellung eines industriell eingesetzten Systematikers. Neben ihrer Fähigkeit hängt das Einvernehmen theoretisch und praktisch eingesetzter Kräfte von der ebenso psychologisch wie organisatorisch schwierigen Abstimmung beider aufeinander ab. Daraus geht der Erfolg für den technischen Fortschritt einer industriellen Fertigung hervor.

Es ist aus psychologischen Gründen notwendig, daß dem für die Fabrikation verantwortlichen Personal – auch wenn es nicht über die entsprechende technische Vorbildung verfügt – der Zusammenhang von Ursache und Wirkung einer auftretenden Störung so nahe gebracht wird, wie möglich. Denn nur das Begreifen der Vorgänge führt zu einer sinnvollen Handlungsweise im Sinne ihrer Bekämpfung.

Mehr und mehr verstand es das technisch-wissenschaftlich ausgebildete Personal der Glashütten, z. T. in erfolgreicher Zusammenarbeit mit Forschungsinstituten, den theoretischen Veröffentlichungen zu folgen, ihre praktische Bedeutung zu erkennen, Beiträge durch eigene Arbeiten zu leisten und die so geschaffenen Werte in ein industrielles Potential umzusetzen.

Kein Zweifel, daß auf diesem Gebiet die internationale Zusammenarbeit hervorragende Früchte getragen hat.

1.1 Fehler eines Werkstoffes als Quelle technologischer Erkenntnisse

Die übliche Form der Behandlung technologischen Gedankengutes besteht in der Sammlung und Niederlegung aller Zusammenhänge und Eigenschaften im Hinblick auf die zu *erwartenden* bzw. *gewünschten* Zustände eines Werkstoffes. Diese Daten stehen in reichhaltigen Lehrbüchern und Tabellenwerken zur Verfügung. Es bedeutet aber für den Techniker notwendig eine große Erleichterung, wenn ihm die Möglichkeit geboten wird, sowohl dem Bilde als auch dem Worte nach unmittelbar denjenigen Erscheinungen nachzugehen, die ihn *mehr* in Anspruch nehmen, als der normale Ablauf betrieblicher Vorgänge. Er muß sich täglich mit *Betriebsstörungen* und *Fabrikationsfehlern*, diesen „Wegelagerern" auf der Strecke zum Erfolg, auseinandersetzen.

Inzwischen hat auch die grundsätzliche Seite dieser Behandlung einer Werkstoffkunde ihre Darstellung gefunden [*4*]:

„Ständig wieder auftretende Krankheiten eines Patienten lassen die Störungen erkennen, zu denen sein Organismus neigt. Es ist möglich, an dem Krankheitsbild zu erkennen, welcher Behandlung oder Lebensweise er bedarf, um seine Gesundheit zu wahren. In gleicher Weise gelingt es, aus den Fehlern eines Materials zu lernen, durch welche Eigenarten und unter welchen Umständen es dem von ihm verlangten Zustand auszuweichen veranlagt ist, vor welchen Umständen es also bewahrt werden muß, um vollwertig zu werden, zu sein und zu bleiben."

Der Ingenieur muß ein Gefühl dafür bekommen, *„wie dem Werkstoff zumute ist"* (MAX EYTH).

Man befindet sich dabei in derselben Lage wie ein Arzt, der zu entscheiden hat, woher ein Krankheitssymptom stammt, und zur Diagnose oft einen Test nach dem anderen durchführen muß, um zu erkennen, *welche* Ursachen *nicht* in Betracht kommen. Nur so kann er bisweilen durch Einengung des pathologischen Sachverhaltes zur richtigen Therapie gelangen. [Vgl. *2*, *3*, *4*.]

So entwickelt sich in Analogie zum Organismus geradezu die *„Pathologie eines Werkstoffes"* [*5*] als geschlossenes technologisches System, dessen besondere Eignung als Ausbildungsgrundlage [*6*(*a*)] auch für den Nachwuchs kaum zu bestreiten ist. Sie bedeutet eine Anerkennung der Fehler wie im Leben so auch in der Praxis als Lehrmeister und damit als Mittel einer Erziehung zur Erfahrung [*7*(*b*)]. Dieses System verfolgt nicht den Werdegang des behandelten Stoffes, sondern den seiner Fehlerarten, ist also auf ganz andere Zusammenhänge angewiesen. Man ist gezwungen, sich auch der oft verkannten oder vernachlässigten meisterlich-handwerklichen Erfahrung anzunehmen, die daher in das System einbezogen wird und ihre technologische Deutung oder Kritik erfahren muß [*7*]. So gesehen, bleibt das Glasschmelzen eben doch noch eine „Kunst" [*8*].

Jeder Vorgang und seine Beschreibung wird nicht dort gefaßt, wo seine *Stärke* zu suchen, sondern wo seine größte *Schwäche* zu erwarten ist. Über die Behandlung bzw. Beseitigung aller, den technischen Arbeitsbedingungen eng benachbarten Fehlzustände wird der Werdegang eines Erzeugnisses eingeengt auf den technisch anzustrebenden. Man dringt vor in Richtung auf das Ziel fehlerfreier Fertigung. Der Blick wird für das technisch Wesentliche geschult und in betriebs*wirtschaftliche* Richtung gelenkt.

Der Unterschied in der technologischen Behandlung eines solchen Gegenstandes gehe aus folgendem Beispiel hervor: Es ist die Aufgabe des Glastechnikers, möglichst homogenes Glas zu erzeugen. Er erfährt bald genug, daß dies zumeist ein frommer Wunsch bleibt, weil das Glas stets durchsetzt ist mit Schlieren. Er muß sich also mit dieser Erscheinung auseinandersetzen. Die Frage heißt jetzt aber nicht mehr: „Worauf beruht die Schlierigkeit des Glases?" (Antwort – aber keine Erklärung: „Darauf, daß sich in ihm verschieden zusammengesetzte, schwer mischbare Raumteile nebeneinander vorfinden") – sondern sie richtet sich auf die Erscheinung selbst, den Störenfried, die Schliere, und lautet: „Welches sind die Umstände *ihrer* Entstehung bzw. Beseitigung?" Sie zielt darauf ab, den *Fehler bis an seinen Ursprung* zurückzuverfolgen, nicht den Stoff. Gelingt dies nicht unter betriebsgerechten Bedingungen, so müssen sie mit System künstlich herbeigeführt, erforderlichenfalls *„in Reinkultur gezüchtet" werden, wie jedes naturwissenschaftliche Experiment*, dessen Ablauf uns die Natur auch nicht frei von unerwünschten Nebenerscheinungen beschert.

1.2 „Entfeinerung"

Ein anderer Weg, den Ausfall der Erzeugung durch Fehler oder Mängel zu verringern, besteht darin, die Zurückweisung *übertriebener Anforderungen* seitens des Handels oder Verbrauchers an die Eigenschaften der Erzeugnisse in Betracht zu ziehen. Sie lassen sich in Anpassung an den tatsächlichen Verwendungszweck auf ein zulässiges bzw. technisch vertretbares Maß beschränken im Sinne einer „Entfeinerung", die einen unwirtschaftlichen Aufwand zur Bekämpfung nicht ernstlich störender Fehler beseitigt [*9*–*12*]. Hierfür lassen sich durchaus zugkräftige Beispiele beibringen. Der Markt – erforderlichenfalls unter Mitwirkung lenkender Stellen und unter behutsam überzeugender Kritik – ist durchaus nicht unzugänglich für solche „erzieherischen" Maßnahmen, wenn sie schonend vorgebracht werden. Im wesentlichen bleiben allerdings Angebot und Nachfrage im Sinne des Wettbewerbs bestimmend für die an die Beschaffenheit der Ware zu stellenden Anforderungen; und diese Forderungen sind hart. Sie tragen zu den äußersten Anstrengungen bei, einwandfreie Erzeugnisse zu produzieren und – zu liefern. Oft genug entspringt es wirtschaftlichem Ehrgeiz oder *kaufmännischer* Kulanz, im Zuge des Wettbewerbs keine Zugeständnisse an die Qualität zu dulden. In diesem Sinne muß sich der technische Betrieb auch solchen Forderungen unterwerfen, die ihm subjektiv überspannt und (oder) objektiv unwirtschaftlich erscheinen. Ökonomisch gesehen – das darf nicht verschwiegen werden – kann eine Überforderung der Betriebe zustandekommen, die unvernünftig ist. Das läßt es geboten erscheinen, niemals die Grenze aus den Augen zu verlieren, die markttechnisch sinnvoll ist, aber auch – wandelbar. J. LÖFFLER unterscheidet in diesem Sinn einen „Gebrauchswert" von einem „Kulturwert" des Glases; dabei wird letzterer als diejenige Qualitätseigenschaft bezeichnet, die den eigentlichen „Gebrauch wert" übertrifft, im Grunde also entbehrlich ist, aber von markttechnischer Seite her diktiert wird.

1.3 Durchsichtigkeit als Wesen des Glases

Welche Beschaffenheit oder welche Wirkung wird eigentlich von einem fertigen Gebrauchsgegenstand aus Glas erwartet?

Im geschichtlichen Ursprung der Glaserzeugung ging es um die leuchtende Farbe, um damit ein menschliches Verlangen nach Schmuck zu befriedigen.

Heute ist die am Glas vor allen anderen geschätzte Eigenschaft seine *Durchsichtigkeit* [*13*]. Jede Störung derselben darf man getrost als Fehler, mindestens aber als Mangel ansprechen. Die Durchsichtigkeit als eigentliches Wesen des Glases tritt nur zurück bei durchscheinenden (getrübten), bearbeiteten bzw. profilierten oder bei gefärbten Gläsern. Abgesehen von diesen Gläsern, die Sonderaufgaben zu erfüllen haben, bleibt als eigentliches Wesen etwas bestehen, was man als *optische „Stofflosigkeit"* bezeichnen möchte. *Ein fehlerfreies Glas ist „optisch leer"*.

Glas versieht sowohl als Gefäß wie als Scheibe im Bauwesen die Rolle einer *raumabschließenden*, aber *lichtdurchlässigen Trennwand*. Für seine Aufgabe in der Optik tritt eine *das Licht lenkende Wirkungsweise* hinzu. Dieser gemeinsamen Offenbarung verdankt es seine Bezeichnung als *„Lichtstoff"*.

Wir lassen uns also leiten von der Aufgabe einer Herstellung stofflich für das Auge möglichst wenig ins Gewicht fallender Wandung. Sie kommt z. B. im Falle architektonischer Wirkung klaren Flachglases einer Einbeziehung der Außenwelt in die räumlichen Abmessungen gleich.

2 Besonderheiten des Glases

2.1 Das Glas als selbständige Phase

Die *Industrie* eines Werkstoffes kann heute nicht mehr die Theorie seiner molekularen Konstitution entbehren. Diese ist nämlich bei der Eigenart unseres Werkstoffes von erheblichem Einfluß auf die Erkenntnis, wie das Glas zweckmäßig zu behandeln und welches physikalische Verhalten von ihm zu erwarten ist. Schon seine Bezeichnung als „unterkühlte Flüssigkeit" [*14*, *15*] gibt zu erkennen, daß ein statisch unbestimmter Zustand, ein Ungleichgewicht vorliegt, mit dessen mehr oder weniger raschen bzw. langsamen Veränderung zumal bei gehobenen Temperaturen [*16*] zu rechnen ist. Hinzu kommt, daß innerhalb dieses thermodynamischen Abschnittes Unstetigkeiten angetroffen werden, die zur Unterscheidung eines Gebietes mit „sprödem" Verhalten des Glases von einem, das als „viskos" bezeichnet wird, führten. An der Grenze beider verhält sich das Glas genauso träge wie bei der Unterkühlung unter den Kristallisationspunkt. Treiben wir es rasch an diesem Punkt vorbei, so zeigt sich das Silikat säumig, die fällige Wandlung an sich zu vollziehen. Läßt man ihm dagegen mehr Zeit dazu, so nimmt es etwas andere Eigenschaften an.

Die Vorstellung von einer „unterkühlten Flüssigkeit" (molekulare Auffassung – kovalente Bindungen) allein genügt nicht, um die Eigentümlichkeiten des Glases, in erster Linie seine Neigung zur Bewahrung seines Zustandes (Erstarren im Transformationsbereich) zu erklären. Verschiedene Ansichten über die Rolle der homöo- und heteropolaren Bindungen in seiner Struktur haben dazu geführt, den Anschauungen aus der Kristallchemie (atomare Auffassung) mehr Bedeutung einzuräumen. Man betrachtet Glas heute als einen Stoff, innerhalb dessen gemischte Bindungen vorliegen, mit deren Hilfe, zusammen mit der Vorstellung statistisch verstreuter „Lockerstellen" (als Gefügeunvollkommenheiten) sich viele, wenn auch nicht alle Eigentümlichkeiten erklären lassen. Begriffe wie „Wabenstruktur", Solvatation, Dipolnatur, Screening (Abschirmung starker Kationenfelder), Kettenstruktur, und ihre Anwendung auf Polymerisationsvorgänge, sind experimentell abgeleitete, gedankliche Hilfsmittel, die sich als Ergänzung einer nur kristallchemischen Auffassung in ihrer Gesamtheit bewährt haben, wenn auch die letzte Klarheit noch fehlt. Diese Anschauungen bilden die Grundlage einer Beurteilung seines Verhaltens; sie sind an folgende Namen gebunden: V. M. GOLDSCHMIDT; G. TAMMANN; ZACHARIASEN und WARREN; STEVELS; FAJANS, H. SALMANG; A. DIETZEL; W. WEYL; SILVERMANN; BRILL; HERMANN und PETERS; SMEKAL.[1]

Die wissenschaftliche Durchdringung eines technologischen Fachgebietes hat eigentlich ihren Ausgang zu nehmen von den *statisch ermittelten Gleichgewichtszuständen* aller physikalischen und chemischen Vorgänge. Dem Glas muß jedoch eine *Ausnahme* zugestanden werden. Als metastabiler Körper gehorcht es z. B., ebenso wie entsprechende Mineralien, nicht mehr streng der Phasenregel [*17*]. Die Ermittlung der Gleichgewichte in solchen Systemen bleibt allerdings für die Erkenntnisse ihrer Pyrogenesis notwendig, aber sie bildet – technisch gesehen – nur ein unvollkommenes, oft sogar entstellendes Bild für die Erscheinungen aus der Praxis. Diese können vielmehr entweder nach statistischen Gesichtspunkten ausgewertet werden. Oder es müssen diejenigen Zustände durch strenge Beobachtung ermittelt werden, die das Glas *auf dem Wege zum Gleichgewicht*, also als Annäherung an dieses, durchmacht [*18*].

Ersteres dürfte der geeignete Weg für die Betriebe sein, ihre eigenen Beobachtungen systematisch auszuwerten. Letzteres ist der Weg, der von Laboratorien und Forschungsstätten beschritten wird, um die wirtschaftlich oft bedeutungsvollen Analogieschlüsse aus der Theorie für die Praxis [*19*] ziehen zu können.

Um dies zu begründen, sei kurz auf einige Sondergebiete verwiesen, in denen die dem Glase eigentümliche Verzögerung, mit welcher es sich den Gleichgewichtszuständen nur nähert, ohne daß sie unter technischen Voraussetzungen im Endprodukt vorliegen, zur beherrschenden Eigenschaft wird.

2.2 Verzögerungserscheinungen am technischen Glas

An Hand eingehender Beobachtungen an Entglasungserscheinungen [*20*] konnte der Nachweis geführt werden, daß es sich bei der *technischen* Kristallisation des Glases nicht um die vollendete Einspielung, sondern nur um eine schrittweise Näherung an Gleichgewichtszustände handelt. Es werden einzelne Volumteile der Gläser, wie auch bei Gesteinen, wenn das Gleichgewicht nicht die Regel ist, zu Systemen für sich mit ihrer eigenen flüssigen oder gasförmigen Phase, deren Konzentrationsunterschiede sich in unterkühlten Silikatschmelzen nicht mehr ausgleichen können, weil ihre Gleichgewichtseinstellung zu stark von der Zeit [*17*] abhängig ist.

Bei seiner Zerlegung in eine feste Phase und die klare Restlösung folgt das Glas also nicht genau den Kristallisationsbahnen des Gleichgewichtsdiagrammes, sondern überschreitet gelegentlich sogar mit seiner Zusammensetzung die Lage einer Feldgrenze und kehrt wieder zu ihr zurück [*17*]. Diese wird also bei unzureichender Zeit der thermischen Bedingungen *scheinbar* verwischt [*19*].

Diese Verzögerungserscheinungen am Glas und ihre Bedeutung für sein technisches Verhalten (das also erst durch sein Einfrieren, die Unterkühlung, zu einem scheinbar statischen Zustand wird) spielen hinüber auf alle glastechnisch bedeutsamen Gebiete, an denen Diffusionsvorgänge ausschlaggebend beteiligt sind [*21*]. Damit wird es für die *Technologie* des Glases ebenso wichtig, die *Verzögerungserscheinungen quantitativ zu erfassen*, wie für die Grundlagenforschung Gleichgewichte zu messen. Selbstverständlich nimmt der Grad der Verzögerung bzw. der Zeitbedarf für die Gleichgewichtseinstellung mit steigender Temperatur (sinkender Viskosität) ab. Deshalb hat man für Untersuchungen, die sich auf die Veränderung spezifischer Eigenschaften des Glases z. B. im Verlauf seiner Viskositätskurve erstrecken, Aufheizgeschwindigkeiten angewandt, die 2°/Min. nicht überschreiten. Nur so ist es möglich, einigermaßen vergleichbare Werte zu erzielen.

Solches Verhalten hat F. ECKERT [*22*] die Folgerung ziehen lassen, daß die Eigenschaften des Glases an seine „Wärmevergangenheit", d. h. die Art des Temperaturverlaufs, nicht allein die darin durchlaufene Höhe, gebunden sind. Diese „Wärmevergangenheit" ist also als Bestandteil der gesamten Entwicklung des Glases anzusehen. Sie ist allerdings nur dann von Bedeutung, wenn die Eigenschaftswerte genau genug verfolgt werden müssen, was aber auch unter *technischen* Bedingungen wirklich der Fall ist.

Unter denjenigen Eigenschaften des Glases, deren Größe der „Wärmevergangenheit" unterworfen ist, befindet sich Spannungszustand, Ausdehnung und Dichte, optische Erscheinungen wie Brechung und Absorption, die elektrische Leitfähigkeit u. a., sogar die chemische Angreifbarkeit. Der eigentliche Grund hierfür liegt in der von TOOL und VALASEK entdeckten Unstetigkeitsgrenze bei 500–600°, die sich durch eine Wandlung des Energieinhaltes beim Erhitzen des Glases verrät.

[1] Vgl. H. SALMANG; Fußnote im Vorwort (S. IV) sowie Naturwissenschaften, Bd. 45 (1958) 1, 4–6.

Am hervorstechendsten trat wohl die Bedeutung der Verzögerung am Glas bei der Erforschung seines Transformationspunktes [23] in Erscheinung. Die mehrfach hin- und herwogende Begründung zu seiner phasentheoretischen Existenz [23] oder Nichtexistenz [24] ist nur zu erklären durch die langwierige Verzögerung, mit welcher das Glas dem jeweiligen molekularen Gruppierungs- oder Ordnungsbestreben nachgibt und die Schwierigkeit, mit welcher dieses Verhalten methodisch unanfechtbar zu erfassen ist [25]. Der Techniker ist darum auch weniger interessiert an der Beweisführung über die Existenz oder Nichtexistenz eines Transformationspunktes (etwa im Sinne eines fraglichen IV. Aggregatzustandes [26]), als vielmehr daran, unter welchen Voraussetzungen er sich bemerkbar macht [27], welche Eigenschaften er betrifft und wie er sich größenmäßig auswirkt. Denn darüber, daß er – unabhängig von seiner näheren Definition – der Ausdruck einer für die Technik [28] wesentlichen Eigentümlichkeit des Glases ist, besteht kein Zweifel.

Diese Hinweise mögen genügen, um hervorzuheben, daß es sich auch in der vorliegenden Schrift bei der Auslegung von Fabrikationsfehlern keineswegs um die Gleichgewichtszustände der Störungserscheinungen handelt. Vielmehr mußte den Übergangsstufen auf dem Wege dahin, besonders phänomenologisch, die ihnen gebührende Betrachtung gewidmet werden.

2.21 Bedeutung des Zähigkeitsverlaufes und seiner „Fixpunkte" für den Werdegang des Glases

Für die gesamte Herstellung und Verarbeitung des Glases ist sein Zähigkeitsverlauf in Abhängigkeit von der Temperatur von ausschlaggebender Bedeutung. Den Verarbeitungsbereichen sind einige besonders hervorzuhebende Fixpunkte mehr oder weniger zugeordnet. Sie sind international erarbeitet und kennzeichnend für das charakteristische Verhalten des Glases. Das Zähigkeitsverhalten im Transformationsgebiet T_g der Gläser wurde durch LITTLETON und ROBERTS [29(*a*)] behandelt. Das führte zu den Definitionen des Annealing Point (A.P.) und des Strain Point (S.P.), die als „obere" und „untere" Kühltemperatur bezeichnet werden. Damit ist der T_g-Bereich für die Praxis der Kühlung des Glases durch zwei Viskositätswerte abgegrenzt. Bei dem oberen Wert ist eine schnelle Entspannung des Glases (in 15 Minuten) möglich, bei dem unteren handelt es sich um eine Zähigkeit, bei der die Entspannung 16 Stunden benötigt, ohne daß es mit neuen permanenten Spannungen einfriert. Nach LILLIE [29(*b*)] wurden diese Punkte durch ein anderes Meßverfahren als bei $10^{13,4}$ poise bzw. $10^{14,6}$ poise liegend ermittelt. Dabei stellt sich heraus [29(*c*)], daß die Viskosität des Glases im Kühlbereich nicht nur eine Funktion der Temperatur, sondern auch eine Funktion der Wärmevorgeschichte ist, ein Charakteristikum, an das man sich für die meisten Vorgänge am Glase erinnern muß. Nach Arbeiten von STOTT [29(*d*)] und nach der ASTM-Vorschrift [29(*e*)] zur Messung des A.P. und S.P. wurde dieses Relaxationsverhalten des Glases berücksichtigt. Es führte zur Festlegung des A.P. bei einer Viskosität von $10^{13,0}$ und des S.P bei einer Viskosität von $10^{14,5}$ unter der Voraussetzung, daß die Abkühlgeschwindigkeit bei der Messung 4°/Min. beträgt. Bei statischen Messungen verändert sich der A.P. auf $10^{13,2}$, wie LILLIE [29(*f*)] bekanntgab.

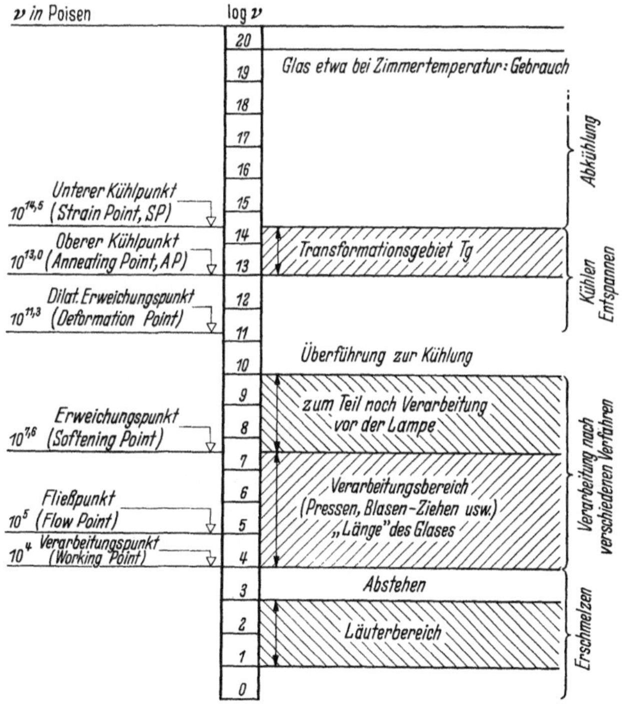

Abb. 1. Skala der Fixpunkte im gesamten Viskositätsbereich der Gläser nach dem derzeitigen internationalen Stand (nach einem Entwurf von O. LINDIG)

Die Zähigkeitslage des nach DIN 52324 festgelegten Transformationspunktes ist nicht nur von der Aufheizgeschwindigkeit, sondern auch von der Länge des Glases (Relaxationsverhalten) abhängig. Die mit einer Aufheizgeschwindigkeit von 4 °C je Minute bestimmte Transformationstemperatur liegt für die meisten Gläser bei einer Zähigkeit zwischen $10^{13,0}$ und $10^{14,5}$ poise, sie kann für extrem kurze Gläser jedoch auch bei noch kleineren Zähigkeiten liegen. Die Transformationstemperatur des Glases ist daher nicht ohne weiteres als Zähigkeitsfixpunkt zu bezeichnen, zumal auch Unterschiede in seiner Festlegung bestehen, wenn diese elektrisch oder dilatometrisch gemessen wird.

Der dilatometrisch gemessene Erweichungspunkt darf nicht mit dem Softening Point verwechselt werden. Es handelt sich hierbei um diejenige Stelle der Ausdehnungskurve, an welcher Ausdehnung und Komprimierung der Meßprobe durch den Meßdruck im Gleichgewicht stehen und somit a scheinbar Null wird. Nach Messungen von LITTLETON [*29(g)*] entfällt der zugehörige Viskositätsfixpunkt auf 2×10^{11} poise. Erst die Zähigkeitsstufe, in welcher eine deutliche Verformung des Glases unter seinem Eigengewicht einsetzt, wird durch den Softening Point gekennzeichnet. Es ist diejenige Temperatur, bei der das Glas über eine Zähigkeit von $10^{7,6}$ poise verfügt. Es besteht eine Meßvorschrift durch die ASTM [*29(h)*]; sie beruht auf einer Fadenziehmethode, durch die die Unterschiede in den Ergebnissen zwischen dynamischer und statischer Messung verschwindend gering werden. Die zugehörigen Glastemperaturen liegen zwischen 600 und 900°.

Darüber hinaus hat LILLIE [*29(i)*] noch die Fixierung einer Fließtemperatur des Glases (Flow Point) vorgeschlagen, der bei einer Zähigkeit von 10^5 poises liegen würde, aber sich noch nicht allgemein durchgesetzt hat.

Im Hinblick auf die Verarbeitung des Glases wurde noch ein Verarbeitungspunkt (Working Point) bei 10^4 poise festgelegt, der durch ein Rotationsviskosimeter ermittelt wird. Er ist zur Beurteilung der Verarbeitung des Glases geeignet. Die Temperaturspanne zwischen Verarbeitungs- und Erweichungspunkt eines Glases kann als Charakteristikum für diejenige Eigenschaft, die der Glastechniker als seine „Länge" bezeichnet, und damit seine Eignung für die maschinelle Verarbeitung angesehen werden.

Sämtliche Temperaturbereiche, die in dieser Weise gekennzeichnet sind, kommen in der beigegebenen Abb. 1 zur Darstellung und geben einen Überblick über die Beziehung der physikalisch fixierten Meßpunkte zu den Verarbeitungsvorgängen im Werdegang des Glases. Sie ermöglichen

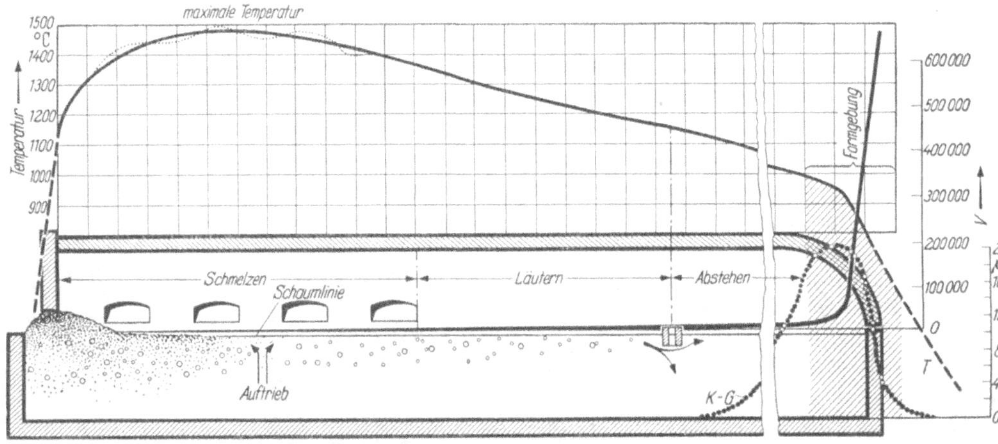

Abb. 2. Schema Viskosität des Glases sowie der Häufung physikalischer Ereignisse im Augenblick der Ausarbeitung am Arbeitsende

eine Überwachung des Glases durch laufende Messung seiner Zähigkeitswerte. O. LINDIG gibt in nachfolgender Tabelle die Gegenüberstellung eines durch Temperaturfixpunkte gekennzeichneten, ausgesprochen langen Glases im ersten Fall (Differenz 417 °C) und eines ausgesprochen kurzen Weichglases (Differenz 303 °C) im zweiten Fall:

Glasart	Transformationspunkt nach DIN 52324	Unterer Kühlpunkt $10^{14,5}$ Poise	Oberer Kühlpunkt $10^{13,0}$ Poise	Erweichungspunkt $10^{7,6}$ Poise	Verarbeitungspunkt 10^4 Poise	Differenz °C	Läuterungsbereich 10^2 Poise
D 50	530	510	568	817 ← „lang" →	1234	417	1620 °C
N 16	535	495	537	712 ← „kurz" →	1015	303	1430 °C

Solche Messungen ermöglichen nicht nur einen guten Überblick für die Neuentwicklung der Gläser, sondern auch über das typische Verhalten von Gläsern bei der Umstellung von Maschinen von einem Glas auf ein anderes.

Auch das Entstehungsgebiet der verschiedenen Kategorien von Fehlern nach Abb. 2 ist an bestimmte Stufen des Werdeganges von Glas gebunden. Daher wirft der Zähigkeitsverlauf mit seinen durch Fixpunkte definierten Abschnitten zugleich ein Licht auf die Empfänglichkeit des Glases für verschiedene Fehler, ebenso wie auf sein Verhalten gegenüber äußeren Einflüssen überhaupt.

2.22 Einfrieren der Fehler mit dem Glas

Im Verlauf des technischen Herstellungsprozesses von Glasschmelzen treten Probleme in den Vordergrund, die vorwiegend durch seine Durchsichtigkeit bedingt werden. Die Anforderung an die Homogenität des Glaserzeugnisses geht jeweils so weit, wie das Auge irgendwelche Mängel beginnt als störend zu empfinden. Die Entscheidung über die meisten Fragen einer Homogenisierung der Masse liegt *vor dem Zeitpunkt ihrer Formgebung*. Also haben alle späteren Beobachtungen an der formbaren oder fertig verformten Masse Aussicht, unsere Kenntnis über die Vorgänge zu fördern, die wegen der hohen Temperatur schwer zugänglich sind. Dabei kommt uns die Eigenart des Glases selbst entgegen: Bei seiner ausgeprägten Trägheit wird sein jeweiliger Zustand, der praktisch nur wenig von demjenigen bei hoher Temperatur abweicht, während der mehr oder weniger raschen Abkühlung „eingefroren". Er gestattet also auch einen Einblick in alle Entwicklungsstufen, wie sie von der Schmelze bis zum erkalteten Gegenstand hinüberleiten.

Man muß sich von Fall zu Fall Einblick verschaffen in sämtliche Stufen, die ein Fabrikations*fehler* durchläuft, bis er den Zustand angenommen hat, in dem er im Erzeugnis auftritt.

Leider ist es aber nicht immer möglich, einen bestimmten Fabrikationsfehler seiner Entstehungsgeschichte nach für sich *allein* zu betrachten, wofür in dem Abschnitt 5 ein Beispiel herangezogen wird.

3 Einspielung des Glases auf optimale Beschaffenheit

3.1 Empirie und Methodik

Die verschiedenartigen Anforderungen an Gläser bringen es mit sich, daß es für jede Glasart eine optimale Beschaffenheit gibt, der man sich in der ganzen Welt anzunähern bemüht. Dies geschieht

1. durch betriebstechnische Erfahrungen des Praktikers,
2. durch eine systematische Auswertung des Verhaltens im praktischen Gebrauch,
3. durch wissenschaftliche Auskundschaftung der Eigenschaften des Glases in Abhängigkeit von seiner Zusammensetzung und Vorbehandlung,
4. durch anwendungstechnische Auswertung wissenschaftlicher Ergebnisse.

Dem Wissenschaftler sei entgegengehalten, daß die praktische Erfahrung des Handwerkers oder Ingenieurs im Betrieb niemals vernachlässigt werden darf [*8*]. Sein „Fingerspitzengefühl" bedeutet oft – auch ohne Erkenntnis kausaler Zusammenhänge – eine wertvolle Grundlage für die methodischen Entwicklungsarbeiten.

Der reine Praktiker darf darauf aufmerksam gemacht werden, daß seiner Arbeitsweise natürliche Grenzen gesetzt sind. Ohne Untersuchungen auf wissenschaftlicher Grundlage wäre eine systematische Fortentwicklung unmöglich.

Die Faustregeln des Empirikers bilden eine wertvolle und anregende Grundlage für die Konzeption wissenschaftlicher Problemstellung, um die Regel technischen Handelns auf eine gesunde Grundlage zu stellen. Dann wird sich der Praktiker weder über die Betriebsfremdheit des Wissenschaftlers noch dieser über das Besserwissenwollen des erfahrenen Praktikers zu beschweren brauchen.

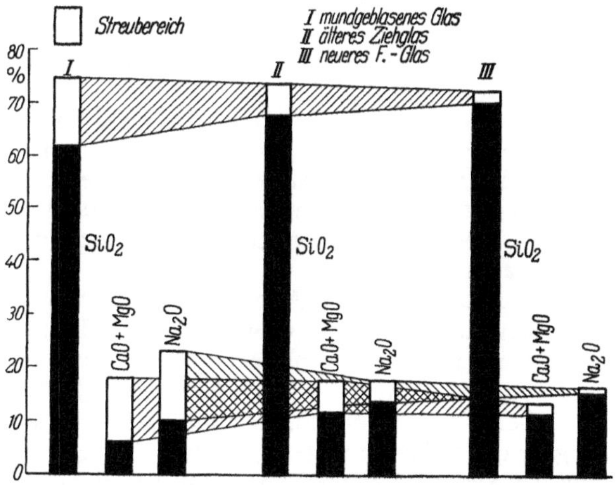

Abb. 3. Verminderung von Streubereichen der Zusammensetzung von Tafelglas als Beispiel für die Einspielung technischer Gläser auf optimale Beschaffenheit

Das Ergebnis einer so ausgerichteten Arbeit läßt sich gut daran verfolgen, daß sich – um ein Beispiel zu nennen – die Zusammensetzungen der Tafelgläser im Laufe der Zeit immer mehr einander annäherten [30]. Von den Mundblashütten her gingen sie ursprünglich weit auseinander. Der Glasbläser konnte bzw. mußte ja mit Hilfe seiner „Handwerkskunst" den Ausgleich schaffen und auch Unregelmäßigkeiten überbrücken. Das Streufeld der aus aller Welt bekanntwerdenden Analysen schrumpfte dann aber ein bis auf ein so kleines Gebiet, daß heutige Tafelgläser sich praktisch in der ganzen Welt kaum noch voneinander unterscheiden, soweit sie nach dem gleichen Verfahren hergestellt werden (Abb. 3).

3.2 Technisches Feld eines Mehrstoffsystems

Es gehört zu den Aufgaben der Grundlagenforschung, das technisch brauchbare Feld eines Mehrstoffsystems ausfindig zu machen.

Durch Morey und Bowen [31] wurde das wichtigste Dreistoffsystem (Na_2O–CaO–SiO_2), welches der Glasindustrie zugrunde liegt, erforscht (Abb. 4).

An ihm als Beispiel soll erläutert werden, unter welchen Gesichtspunkten sich im Laufe der Zeit ein ziemlich eng begrenztes Feld chemischer Zusammensetzung als technisch besonders wertvoll herausgebildet hat.

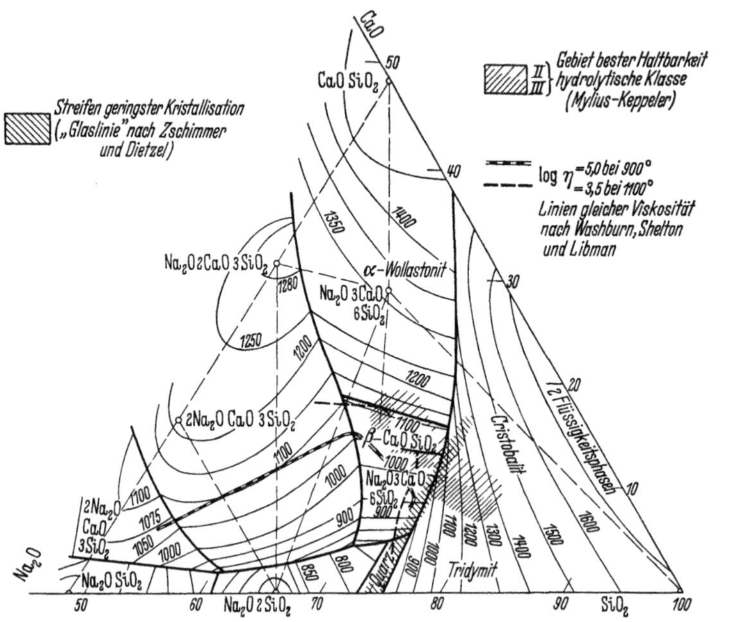

Abb. 4. Technisch wichtiger Teil des Dreistoffsystems Na_2O–CaO–SiO_2 nach Morey und Bowen mit eingetragenen Feldern geringster Kristallisation und bester Haltbarkeit

Der Verlauf der Isothermen, insbesondere die Lage der eutektischen Punkte, läßt erkennen, mit welchem Verhalten der Schmelze in ihrem Bereich zu rechnen ist, wenn man ihr Gelegenheit gibt, sich dem Gleichgewichtszustand mit einer Kristallphase zu nähern. Obwohl damit eine wesentliche Erkenntnis für eine vorteilhafte Zusammensetzung des Glases hinsichtlich seiner Verarbeitung gewonnen wurde, würde sie noch nicht genügen im Hinblick auf das Verhalten im Gebrauch.

Um nämlich dem Glas die notwendige Beständigkeit gegen hydrolytische (z. B. Witterungs-)Einflüsse mit auf den Weg zu geben, dürfen dem Glas nicht beliebig viel Alkalien oder Erdalkalien einverleibt werden, sondern nur innerhalb gewisser Grenzen. Man befindet sich also von vorn herein in der Zwangslage, die Zusammensetzung des Glases einerseits so wählen zu müssen, daß man mit Sicherheit der drohenden Kristallisations-(Entglasungs-)Gefahr bei der Verarbeitung aus dem Wege geht. Andererseits muß es sich aber gleichzeitig den hydrolytischen Anforderungen gewachsen zeigen.

Im Dreiecksdiagramm Abb. 4 wurde der von Zschimmer und Dietzel [32] gefundene Streifen geringster Kristallisation („Glaslinie") schraffiert eingetragen. Er deckt sich aus später zu erörternden Gründen weitgehend mit einer Phasengrenzlinie. Trägt man außerdem noch die Fläche bester hydrolytischer Haltbarkeit (nach Keppeler [33]) ein, so ergibt sich als das für die Industrie wichtigste Gebiet selbstverständlich ein möglichst beiden Gebieten gemeinsames, also durch die Kreuzung beider Schraffierungen gekennzeichnetes Feld als das optimale für die technische Verarbeitung der Schmelze zu Glas von entsprechender Güte.

Eine solche Zusammensetzung läßt sich oft nur durch eine gewisse Schwerschmelzbarkeit mit höherem Wärmeaufwand oder durch teure Rohstoffe erkaufen. Für billige Massenartikel kann sich daher die Forderung stellen, daß man es bei einer gewissen Annäherung an dieses Gebiet beläßt, um wenigsten in der einen oder anderen Richtung betriebstechnische Vorteile zu genießen.

Für die wachsenden Anforderungen an den Zuschnitt des zeitlichen Ablaufs physikalischer Eigenschaften des Glases in Verbindung mit seiner maschinellen Verarbeitung sind die Verhältnisse eines Dreistoffsystems zu eng begrenzt. Ohne ihre Erweiterung durch geeignete Zuschläge und Begleitstoffe würde man dauernd von einem Fehler in den anderen fallen. Die Aufgabe besteht also darin, die drohende Entglasung zurückzudrängen, ohne ein Opfer an hydrolytischer Haltbarkeit zu bringen, andererseits aber auch die Viskosität („Länge", „Kürze" des Glases) im Rahmen der Erfordernisse zu bewahren bzw. auch sie zu verbessern, ohne nun wieder Entglasungen in Kauf nehmen zu müssen.

Darin liegt der Schlüssel für den Umstand, daß den Gläsern in bewußter Zielstrebigkeit mehr und mehr dosierte Zutaten einverleibt wurden, die den Zweck haben, ihr physikalisch-chemisches Verhalten den Forderungen technischer Verarbeitung *und* Verwendung anzupassen. Als besonders wertvoller Bestandteil hat sich in dieser Beziehung z.B. die Tonerde Al_2O_3 als Komponente erwiesen. Das Aluminiumoxyd bringt den Vorteil mit sich, ebenso die Auslaugbarkeit des Glases zu verringern wie seine Neigung zur Kristallisation zu hemmen. Dabei beeinflußt es gleichzeitig den Zähigkeitsverlauf vorteilhaft. Man erkauft sich durch diesen Zuschlag (z.B. bei dem Tafelglasziehverfahren) einen Freiheitsgrad bei den Herstellungsbedingungen, der ohne ihn nicht besteht.

Praktisch gibt es heute keine Gläser, bei denen man sich mit drei Komponenten begnügt. Fast immer enthalten sie Auswechselbestandteile (MgO, B_2O_3 usw.). Oft erfahren auch die als „Verunreinigung" in den Rohstoffen enthaltenen Oxyde absichtlich eine künstliche Anreicherung, um betriebstechnische Vorteile zu erzielen. Es gelingt aber nur, sich dieser Einflüsse mit Erfolg zu bedienen, wenn Meßergebnisse zustandekommen, die ein genügend sicheres Urteil über ihre Anwendbarkeit zulassen, um sich ihrer im Betrieb zu bedienen.

4 Systematik der Fehler

4.1 Schematische Übersicht „geduldeter" Fehler (Mängel)

Trägt man die in verschiedenen Fabrikaten möglichst vermiedenen, andererseits aber auch wieder die „geduldeten" Fehler tafelförmig zusammen, so ergibt sich ein übersichtlicher Vergleich, der nur noch darunter leidet, daß das handelsübliche Einheitsgewicht des Einzelstückes der Ware in weiten Grenzen schwankt (0,05–100 kg!). Erst wenn z.B. etwa 200 einander ohne Auswahl folgende Glühlampenkolben in der Durchsicht schlieren- oder blasenfrei sind, entsprechen sie der zu einer mittleren Spiegelglasscheibe verarbeiteten Glasmenge. Selbst auf die Gefahr hin, daß bei kleinen Glasartikeln ein gewisser Hundertsatz „Fehlfabrikat" aussortiert werden muß, so ist dies oft der billigere Weg, als eine höhere Schmelzarbeit zu leisten, um den Durchschnitt zu heben. Hierfür sind vorwiegend betriebswirtschaftliche Überlegungen maßgebend.

In der nachstehenden Tabelle ist eine Aufstellung enthalten, in welcher 10 verschiedene Glasarten unter diesen Gesichtspunkten mit einem (subjektiven) Homogenitätszeugnis versehen wurden.

Tabelle I

	Glasart	Größenordnung des gebräuchlichsten Stückgewichtes kg	Mehr oder weniger geduldete Fehler						Geschätzte Rangordnung der Gesamthomogenität
			Schlieren	Blasen	„Steinchen" ungeschmolzenes	Farbstich	Oberfläch.-Unregelmäßigkeiten	Spannung	
1	Optisches Glas	0,02–0,5	=	=	≡	≡	[3]	≡	1
2	Spiegelglas	10	=[1]	=	=	+	[3]	=	1
	Fensterglas	2–10	=[1]	–	–	+	–	=	2
3	Glühlampenkolben	0,05	±	±	–	–	–	–	2
4	Bleikristall	0,25–2,0	±	–	=	=	±	±	2–3
5	Weißhohlglas	0,1–0,2	±	±	–	–	=	–	2–3
6	Chem. Geräte	0,05–0,5	+	+	–	–	–	=	3
7	Preßglas	0,1–0,5	+	+	–	–[2]	–	±	3
8	Wirtschaftsglas	0,5	+	+	–	+	±	–	3
9	Flaschen	0,25–1,0	+	+	–	±[2]	±	±	3–4
10	Gußglas	10	+	+	±	+	±	±	3–4

[1] Schlieren fehlen im Spiegel- und Tafelglas nur scheinbar, weil sie durch den Herstellungsprozeß parallel zu der Oberfläche liegen und bei der Durchsicht unkenntlich sind.

[2] Gilt für Fehlfärbungen. [3] Werden bearbeitet.

Es ergibt sich aus dem Gesamtbild der einerseits vermiedenen, andererseits aber mehr oder weniger „geduldeten“ Fehler nach erfahrungsgemäßer Schätzung. In der Tabelle bedeutet ein +, daß der betreffende Fehler geduldet wird, ein –, daß er vermieden wird, wobei die Strenge, mit der dies geschieht, durch die Wiederholung dieses Zeichens angedeutet ist.

4.2 Abhängigkeit der Fabrikationsfehler von den Stufen der Glasherstellung und ihren Störungsquellen

Die Anzahl der vorkommenden *Arten* glastechnischer Fehler ist eigentlich nicht übermäßig groß. Ihre Herkunfts- und Entstehungsmöglichkeit jedoch erstreckt sich meist auf so verschiedene Stufen der Glasherstellung, daß ihre Bekämpfung unter der Schwierigkeit leidet, den Entstehungs-

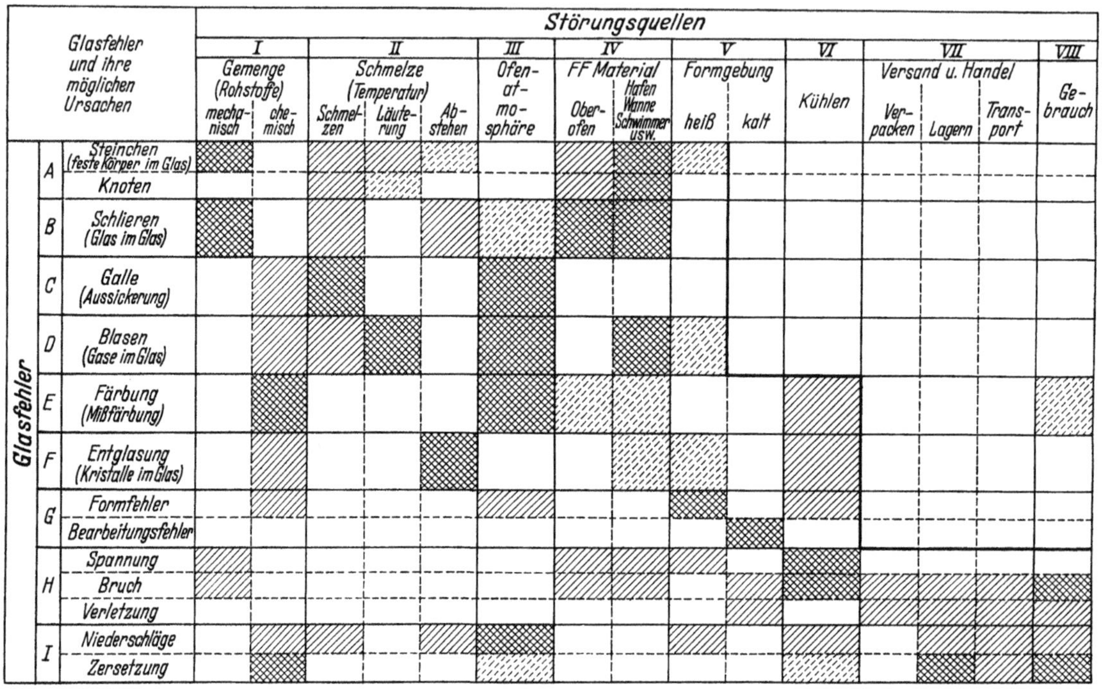

Abb. 5. Abhängigkeit der Entstehung glastechnischer Fabrikationsfehler von den Stufen der Glasherstellung

ort sicher erkennen zu können. Vielfach besteht sogar die vorgefaßte Meinung, daß der Ursprung gewisser Fehler – sagen wir einmal Blasen – nur an einer bestimmten Stelle der Glasherstellung zu suchen sei, z. B. in der Läuterung. Man übersieht dabei, daß in verschiedenen Stufen der Glasherstellung sehr verschiedene Bedingungen herrschen, die auf verschiedene Art und Weise ein und dieselbe Fehlersorte erzeugen können.

Die hauptsächliche Aufgabe zur Bekämpfung der Fehler liegt also zunächst in einer Diagnose (z. B. ob es sich um Entglasungen oder echte „Steinchen“ handelt), in zweiter Linie darin, festzustellen, *wo* der den Fehler erzeugende Herd zu suchen ist.

Man kann nun die verschiedenen Fehlerarten mit den am meisten hervortretenden Störungsquellen in Beziehung setzen und erhält dadurch einen Überblick darüber, welche Zusammenhänge bei ihrem Auftreten in Betracht zu ziehen sind bzw. aus welchen Vorgängen die eigentliche Störung hervorgeht (Abb. 5). Die Größe der Gefahr kommt schätzungsweise in der verschieden dichten Schraffierung zum Ausdruck. Die weitere Klärung ist Sache der Verfolgung von Einzelheiten, für die das hier vorliegende Vergleichsmaterial zur Verfügung steht.

Man stellt den Zusammenhang der Fehlerarten mit den fortschreitenden Stufen der Glaserzeugung her und liest ihre innere Abhängigkeit von den zugehörigen, schraffierten Tafelfeldern ab. Es ergibt sich ein klares Schaubild (Abb. 5). Sie verläuft nämlich im wesentlichen so, daß diejenigen Fehler, deren Ursprung sehr früh, also bereits in der Schmelze oder sogar dem Gemenge gelegen sein kann, einige Stufen später nicht mehr entstehen und daß die Bildung solcher Fehler, die sich erst in einer späteren Stufe bemerkbar macht, in den ganz frühen nicht gesucht zu werden braucht. Daraus ergibt sich das Bild der in der Abbildung von oben links nach unten rechts fortschreitenden ursprünglichen Zusammenhänge der Fehlerarten mit den Fabrikationsstufen. Die Entstehungsmöglichkeit bestimmter Fehlerarten umfaßt *stets eine Mehrzahl zusammenhängender* Stufen der Glaserzeugung, sie überschlägt keine von ihnen.

Bei der hier gegebenen Einteilung wechselt der Bereich der Entstehungsmöglichkeit – abgesehen von den Schaubildzeilen H u. I – zwischen 5 und 2 Stufenfeldern der Glasherstellung. In dieser Anzahl der schraffiertbesetzten Zeilenfelder drückt sich schon bis zu einem gewissen Grad die Gefährlichkeit der betreffenden Fehlersorte aus. Ein so allgemeiner Fehler, wie „Blasen", erstreckt sich z.B. von der Abstimmung des Gemenges bis zur Verformung, während die Entglasung – entsprechend ihrer physikalischen Eigenart – nur drei Stufen umspannt, nämlich diejenigen, in denen die zu ihrer Bildung erforderlichen thermischen Voraussetzungen vorliegen. Schlieren hingegen und alle ihnen verwandten Störungen der Homogenität (Zeile B der Abb. 5) umfassen wiederum den gesamten Bereich der Glasherstellung bis kurz vor der erst mit der Kühlung eintretenden Erstarrung usw.

Nur aus Gründen äußerer Zweckmäßigkeit wird für die Einteilung der vorliegenden Schrift von der Reihenfolge in dieser Tafel abgewichen.

5 Untrennbarer Zusammenhang mehrerer Fabrikationsfehler

Es ist oft unzweckmäßig, die Beurteilung der fabrikationstechnischen oder betriebswirtschaftlichen Bedeutung von Fehlern am Glase jeweils für sich *allein* vorzunehmen. Ein richtiges Vorgehen verlangt, daß der Fehler *nicht aus dem Zusammenhang herausgegriffen, vielmehr nur im Rahmen sämtlicher Begleitumstände betrachtet werden darf.*

Verschiedene Fehlerarten können über *eine* physikalische Eigenschaft miteinander verbunden sein. Sie lassen sich unter Umständen durch *gleiche* betriebliche Maßnahmen beeinflussen, oft jedoch im entgegengesetzten Sinn. So kann z.B. die Beseitigung von Störungen durch ein ungeeignetes feuerfestes Material über das Mittel der Temperatursenkung nicht ohne nachteilige Wirkung auf den Schmelz- oder Läuterzustand des Glases betrieben werden, höchstens in ganz engen Grenzen.

Ein *Beispiel* soll das erläutern: Man darf den Blasengehalt einer Schmelze in Abhängigkeit von der Gemengezusammenstellung, insbesondere dem Sulfatzusatz, oder der Ofenatmosphäre, *nicht trennen* von der Einwirkung der *gleichen* Betriebsumstände auf Galleabscheidung oder den Schmelzverlauf. Es wäre in jedem Falle bedenklich, Maßnahmen zur Beseitigung eines Fehlers zu treffen, deren Folge für eine andere Fehlermöglichkeit außer acht gelassen wird.

Diese Erkenntnis läßt sich laboratoriumsmäßig belegen in Form einer „Darstellung schmelztechnischer Vorgänge aus dem Glashüttenbetrieb im Laboratorium" an der Einwirkung von (Sulfat + Kohle)-Gemischen auf Gemengeschmelzen eines normalen Kalk-Natron-Silikatglases [*34*].

Es wurde aus mehreren Reihen Schmelzen in Tiegeln mit einem Inhalt von etwa 0,5 kg ein vollständiges Schaubild zusammengestellt, dessen einzelne Glieder gleichermaßen auf jede der vier Eigenschaften

1. Abscheidung von Galle,
2. Helligkeit des Farbstiches,
3. Zustand der Schmelze,
4. Zustand der Läuterung

untersucht worden waren. Schon eine Lichtbildtafel (Abb. 6a) läßt einen Teil der Eigenschaften rein äußerlich erkennen, jedoch noch nicht ihre Verteilung über das gesamte Feld. Erst dessen schematische Wiedergabe läßt eine gewisse Ordnung in Erscheinung treten, die zu wertvollen Rückschlüssen berechtigt. In Abb. 6b finden sich die Eigenschaften in der obengenannten Reihenfolge in abgestimmter Weise stichwortartig eingetragen vor, soweit sie bei den wiederholten Versuchen als typisch festgestellt wurden.

Jedesmal waren es nämlich *verschiedene* zusammenhängende Bezirke (Tiegelgruppen) des untersuchten Feldes, die in bezug auf *eine* der vier Eigenschaften als einwandfrei anzusprechen waren und die besten Gläser enthielten. Es genügt aber niemals, ein Gemenge nach *einer* Eigenschaft des Schmelzverlaufes allein zusammenzustellen, weil viele Vorgänge ineinandergreifen. Der Glassatz und die Betriebsweise ergeben sich vielmehr daraus, daß möglichst alle Eigenschaften der Schmelze in Betracht gezogen wurden, auf die ein Einfluß auch nur angenommen werden mußte. Der Glassatz sollte ausfindig gemacht werden, dessen Lage im Diagramm möglichst auf *jede* der vier Eigenschaften mit Bestwerten entfällt oder wenigstens an ihnen teilhat. Das drückt sich in der gegebenen Darstellung dadurch aus, daß der schraffierte Teil als *einziger allen* Feldern gemeinsam ist. Die in ihm gelegenen Tiegelgläser waren frei von Galle (Umrandung: Punkte), sie hatten hellen Farb-

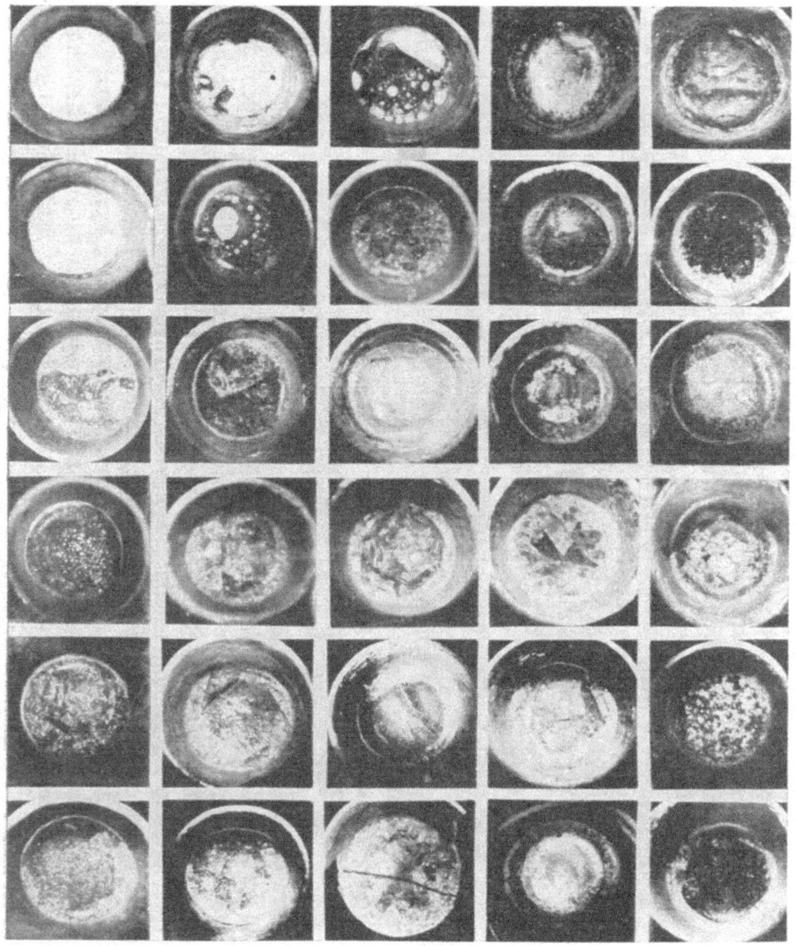

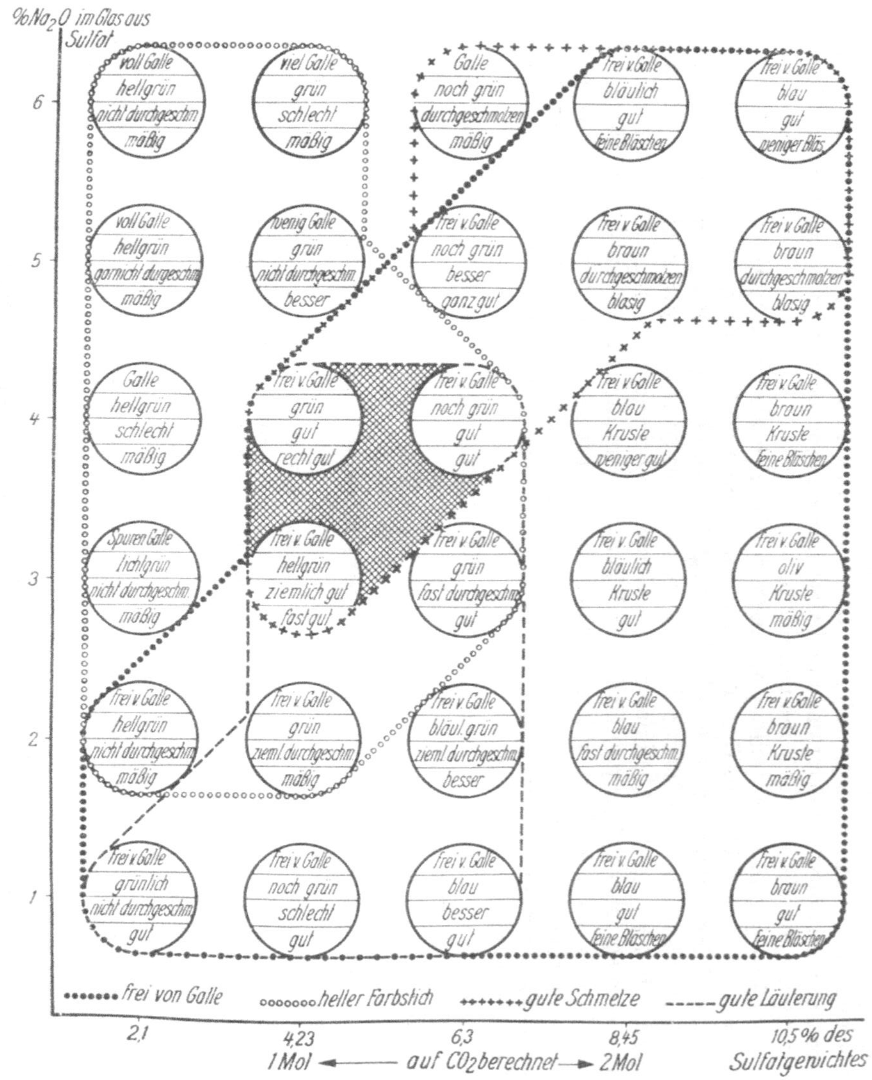

Abb. 6. Lichtbild und Schema eines Tiegeldiagramms zur Beurteilung der Abhängigkeit verschiedener Zustände einer Sulfat-Schmelze von den Redox-Einflüssen (Kohezuschllag) aus dem Gemenge

stich (Umrandung: Nullen), bestanden aus klarer Schmelze (Umrandung: Kreuze) und zeigten gute Läuterung (Umrandung: Striche). Damit wird die zweckmäßige Zusammensetzung von Soda-Sulfat-Glasgemengen mit Kohlezusatz beschränkt auf ein eng umrissenes Gebiet, das damit auch für die Verhältnisse im Betrieb richtungweisend wird.

Dem Diagramm ist abzulesen, daß dieses Gebiet als „Insel" auf einen Sulfatzusatz entfällt, durch den etwa 4% des Alkalis im Glase eingeführt werden, wenn dessen Gesamtwert etwa 13% beträgt (wovon also 9% aus Soda stammen). Ferner entspricht das schraffierte Feld einem Kohlezusatz zum Gemenge, der etwa 5–6% des Sulfatgewichtes ausmacht.

Sind diese Zahlen auch nicht allgemeingültig, so geben sie doch schon einen gesicherten Anhalt für ähnlich liegende betriebliche Verhältnisse, zumal sie sich mit praktischen Erfahrungen in befriedigender Weise decken. Das ist zugleich ein Beweis für die Anwendbarkeit von Beobachtungsergebnissen in kleineren Laboratoriumsversuchen auf den großen Maßstab des Betriebes, wenn nur darauf geachtet wurde, daß sie unter Bedingungen entstehen, die denen der Technik möglichst angenähert sind.

Weiter ist das Ergebnis ein Zeichen dafür, wie *weit vorausbestimmend* die Zusammensetzung des Gemenges (bei *gleichem* Gehalt an Glasoxyden) sowohl auf den Schmelzverlauf des Glases als auch mehrere seiner späteren Eigenschaften wirkt.

In dem Schaubild wird gleichzeitig mit der verschiedenen Wichtigkeit der vier Eigenschaften insofern gerechnet, als bewußt auf dem Gebiete des Farbstiches gewisse Zugeständnisse geduldet werden mußten, wenn überhaupt alle vier Schmelzwerte störungsfrei im Glase vereinigt werden sollten. Jedes *einzelne* der untersuchten Fehlergebiete erlaubt also einen viel weiteren Spielbereich oder sogar noch eine Verbesserung, als mit Rücksicht auf die *anderen* Eigenschaften zulässig ist, die für die Güte der Schmelze mitbestimmend sind.

Es handelt sich im vorliegenden Beispiel zwar um einen besonderen Fall, der nicht für alle Betriebe Gültigkeit haben kann. Doch muß als grundsätzlich daraus festgehalten werden, daß *in den meisten Fällen ein solcher untrennbarer Zusammenhang einer Mehrzahl von Fabrikationsfehlern besteht*, die *nicht unabhängig voneinander bekämpft werden können.* Nur durch Einbeziehung aller Auswirkungen der Bekämpfungsmittel oder -wege kann vermieden werden, möglicherweise von einem Fehler in einen anderen zu fallen.

5.1 Bekämpfung „potentieller" Fehlerquellen

Darunter ist folgendes zu verstehen:

Für die in (glashütten)-technischen Betrieben auftretenden Fehler kommt fast immer eine *Mehrzahl* von Fehlerquellen in Betracht. Es läßt sich nicht von vornherein entscheiden, welche davon am meisten Aussicht hat, durch ihre Beseitigung den Fehler zu beheben. Um die Arbeit der für die Betriebsüberwachung verantwortlichen Stellen zu erleichtern und teilweise erst ihre Systematik zu ermöglichen, ist es erforderlich, so viele wie möglich der als „potentiell" in Betracht kommenden Fehlerquellen von vornherein auszuschalten. Nur dadurch vermindert sich die Anzahl der „möglichen" Fehlerquellen genügend, um mit besserer Aussicht auf Erfolg die verbleibenden Fehlerquellen ihrer Ursache nach zu erkennen und zu bekämpfen [7]. – *Beispiel:* Die Verwendung hochwertigen feuerfesten Materials am „kalten" Ofenende (hochwertig heißt in diesem Fall reaktionsarm gegenüber der Glasschmelze) ist eine unerläßliche Betriebsbedingung, wenn es um die weitgehende Ausschaltung des Auftretens von Blasen geht und die Beurteilung ihres sonstigen Ursprungs, etwa aus Gründen mangelhafter Läuterung. Der kostenmäßige Aufwand dafür ist oft allein schon lohnend zur Sicherstellung der Urteilsfähigkeit [35].

6 Fehlersuche durch Großzahlstatistik

Zusammenhänge von Ursache und Wirkung beim Auftreten glastechnischer Fabrikationsfehler sind oft so unübersichtlich, daß nur ausgiebige statistische Aufzeichnungen in lückenloser Reihenfolge es erlauben, zur Aufklärung ausreichende Unterlagen zu gewinnen. Das anfallende Zahlenmaterial muß dann nach den Regeln der Großzahlforschung ausgewertet werden, wozu wertvolle Anleitungen [36] vorliegen. Auf diese Weise ist es möglich, Zusammenhänge aufzudecken, die sich anderen Mitteln gegenüber als unzugänglich erweisen.

Beispiele auch aus dem Gebiet der Glasfabrikation haben schon guten Nutzen abgeworfen. Einige von ihnen fanden in das Schrifttum Eingang [37]. Die gebotenen graphischen Hilfsmittel (Häufigkeitspapier mit Exponentialnetz usw.) erlauben jeder Betriebsleitung eine weitgehend vereinfachte Anwendung, von der leider noch zu wenig Gebrauch gemacht wird.

7 Zur Nomenklatur

Bei allen Fehlern, die am Glase anzutreffen sind, handelt es sich um örtliche Abweichungen von der Hauptmasse, die sich als mehr oder weniger ausgeprägtes Diskontinuum der physikalischen oder chemischen Eigenschaften verraten. Zur besseren Scheidung sei hier die Forderung aufgestellt, solche Störungen, die die Glasmasse selbst betreffen, als *Inhomogenitäten* zu bezeichnen, solche aber, die phasentheoretisch als anderer Aggregatzustand anzusehen sind (Blasen, Kristalle, Steinchen) als Fremdkörper oder *Heterogenitäten*.

8 Schrifttum

Allgemeines

[*1*] Walden, P.: Drei Jahrtausende Chemie. Berlin: W. Limpert-Verlag 1944. Dieser Historiker der Chemie hält Joh. Kunckel deswegen für einen früh hervorragenden Vertreter des Faches (also *nicht nur* der Glastechnik), weil er zu den Ersten gehörte, die als „Berufschemiker bewußt chemische Forschung betrieben und die Anwendung der Chemie auf die von der Umwelt gestellten Fragen als ihr Aufgabengebiet betrachteten". Damit gehört Kunckel zu den Vorläufern der Systematiker mit einem „Gewissen für Methodik".

[*2*] Keppeler, G.: Otto Schotts frühe Arbeiten und ihre Bedeutung für die Glastechnologie. Glastechn. Ber. Bd. 14 (1936) Nr. 2 S. 49.

[*3*] Long, B.: Betrachtungen über die Entwicklung des technischen Fortschritts in der Glasindustrie. Verres et Réfractaires Bd. 10 (1956) Nr. 6 S. 337.

[*4*] Glasfehler als Beispiel für die Technologie von Störungserscheinungen. Angew. Chem. Bd. 19 (1947) S. 64. – Ref. Glastechn. Ber. Bd. 22 (1948/49) S. 305.

[*5*] Pathologie der Werkstoffe; Beispiel Glas. Technik 3 (1948) S. 175. – Ref. Glastechn. Ber. Bd. 22 (1948/49) S. 440.

[*6*] (*a*) Fehler als Lehrmeister (Technische „Zuchtwahl" – Erkennen und Bekämpfen von Fehlern). Techn. Linie, Beil. Handelsblatt Düsseldorf (1953) Nr. 18.
(*b*) Erziehung des Technikers zur Erfahrung. (Die Praxis verlangt Einstellung auf die zu erwartende Unvollkommenheit.) Techn. Linie, Beil. Handelsblatt Düsseldorf (1952).

[*7*] Handwerk – ein Vorfeld der Wissenschaft. VDI-Nachr. 1957 Nr. 5 S. 7.

[*8*] Glasschmelzen ist noch immer eine „Kunst". Eine Analyse der Situation im technischen Betrieb, wenn Störungen eintreten. Sprechsaal Bd. 86 (1953) Nr. 18 S. 460.

[*9*] Zur Beurteilung von Glasfehlern. Geringfügige Mängel sind kein Hindernis für die Marktfähigkeit. Dtsch. Glaserztg. Bd. 53 (1942) Nr. 9 S. 7.

[*10*] Übertriebene Anforderungen an Eigenschaften der Glaserzeugnisse und Fernhaltung ihrer Fehler. Glashütte Bd. 75 (1948) Nr. 7 S. 138.

[*11*] Houdremont, E.: Gedanken zum Qualitätsbegriff. Techn. Mitt. Bd. 46 (1953) S. 399. – Ref. Glastechn. Ber. Bd. 27 (1954) S. 474.

[*12*] Ansprüche des Kunden. (Klärungsversuch eines industriellen Anliegens.) Sprechsaal Bd. 89 (1956) Nr. 4 S. 75.

[*13*] „Fensterglas ist um so besser, je weniger man es bemerkt." Aus: Fortschritte in der Tafelglasherstellung. – Industria, Beil. z. Frankf. Ztg. 1943 S. 1.

[*14*] Tammann, G.: Über die Gläser als unterkühlte Flüssigkeiten. Glastechn. Ber. Bd. 3 (1925/26) Nr. 3 S. 73, sowie Der Glaszustand. Leipzig: L. Voß 1933.

[*15*] Eitel, W.: Der physikalisch-chemische Zustand des Glases. Glastechn. Ber. Bd. 3 (1925/26) Nr. 6 S. 195.

[*16*] Tammann, G.: Das Verhalten der Gläser in ihrem Erweichungsintervall. Glastechn. Ber. Bd. 7 (1929/30) Nr. 10 S. 445; sowie: Die Bestimmung einer den Übergang vom spröden Glas in eine hochviskose Masse charakterisierenden Temperatur. Glastechn. Ber. Bd. 11 (1933) Nr. 2 S. 63.

[*17*] Boeke-Eitel: Physikalisch-chemische Grundlagen der Petrographie. Kap.: Umwandlung der Mineralien S. 57.

[*18*] Jebsen-Marwedel, H.: Die Technologie des Glases im Lichte naturwissenschaftlicher Forschung. Naturwiss. Bd. 19 (1931) Nr. 52 S. 1033.

[*19*] Eitel, W.: Physikalische Chemie der Silikate. Leipzig: L. Voß 1929. Neuausgabe.

[*20*] Jebsen-Marwedel, H.: Kristalltrachten der technischen Kalk-Natron-Silikat-Entglasung und ihre Auslegung. Sprechsaal Bd. 62 (1929) Nr. 38; sowie: Naturwiss. 1929 Nr. 5, S. 84.

[*21*] Jebsen-Marwedel, H.: Verzögerungserscheinungen am technischen Glas. Glastechn. Ber. Bd. 7 (1929/30) Nr. 9 S. 383.

[*22*] Eckert, F.: Über die physikalischen Eigenschaften der Gläser. Jb. Radioaktivität u. Elektronik 1923 S. 93. – Schrifttum Glastechn. Ber. Bd. 1 (1924) Nr. 6 S. 129.

[*23*] (*a*) Berger, E.: Beitrag zur Frage nach der Natur des Glaszustandes. Glastechn. Ber. Bd. 5 (1927/28) Nr. 9 S. 393.
(*b*) Klemm, H. u. E. Berger: Untersuchungen über den Ausdehnungsverlauf beim Übergang vom spröden in zähflüssiges Glas. Glastechn. Ber. Bd. 5 (1927/28) Nr. 9 S. 405.

[24] (a) KÖRNER, O. u. H. SALMANG: Untersuchungen über den glasigen Zustand mit Hilfe eines Dilatometers. Z. anorg. allg. Chem. Bd. 199 (1931) Nr. 3 S. 235. – Bemerkungen hierzu: BERGER, E.: Z. anorg. allg. Chem. Bd. 201 (1931) Nr. 2 S. 144. – Ref. Glastechn. Ber. Bd. 10 (1932) Nr. 1 S. 42.
(b) KÖRNER, O., H. SALMANG u. W. LERCH: Dilatometrische Messungen über den glasigen Zustand. Sprechsaal Bd. 65 (1932) Nr. 52 S. 925 (3. Abb.). – Ref. Glastechn. Ber. Bd. 11 (1933) Nr. 4 S. 139.

[25] (a) BERGER, E.: Gleichgewichtsverschiebungen im Glas und Einfluß der Wärmevorgeschichte auf seine physikalischen Eigenschaften. Glastechn. Ber. Bd. 8 (1930) Nr. 6 S. 339
(b) Über die Abhängigkeit der Glaseigenschaften von der Wärmevorgeschichte. Z. Instrumentenkde. Bd. 51 (1931) S. 127. – Ref. Glastechn. Ber. Bd. 10 (1932) Nr. 11 S. 611.

[26] BERGER, E.: Probleme des Glaszustandes. I. Glas als vierter Zustand der Materie. Z. techn. Phys. Bd. 12 (1931) S. 344. – Ref. Glastechn. Ber. Bd. 10 (1932) Nr. 1 S. 42.

[27] BERGER, E., M. THOMAS u. W. E. S. TURNER: Bestimmung des Transformationspunktes an gleichen optischen Gläsern in drei verschiedenen Laboratorien. Glastechn. Ber. Bd. 12 (1934) S. 172. – HÄNLEIN, W. u. M. THOMAS: Untersuchungen über den Aggregationspunkt und Transformationspunkt von Gläsern durch Messung des elektrischen Widerstandes. Glastechn. Ber. Bd. 12 (1934) S. 109. – BERGER, E.: Bestimmung des Transformationspunktes an abgeschreckten Gläsern. Einige Beobachtungen über das Verhalten des Glases beim Erhitzen auf Temperaturen unterhalb des Transformationspunktes. Ref. F. SPÄTE u. M. THOMAS. Glastechn. Ber. Bd. 11 (1933) Nr. 7 S. 262. – BERGER, E.: Deutsch-englische Transformationspunktbestimmung. F.A. Bericht I d. DGG. Berlin 1933. – Ref. Glastechn. Ber. Bd. 12 (1934) Nr. 1 S. 34.

[28] SPÄTE, THOMAS u. HONIGMANN: Beobachtungen über Vorgänge im Glas unterhalb des Transformationspunktes (Tg.). Glastechn. Ber. Bd. 12 (1934) Nr. 1 S. 34.

[29] (a) LITTLETON, J. T. u. E. H. ROBERTS: A method for determining the annealing temperature of glass. J. Opt. Soc. Amer. Bd. 4 (1920) S. 224.
(b) LILLIE, H. R.: Viscosity of glass between the strain point and melting temperature. J. Amer. ceram. Soc. Bd. 14 (1931) S. 502.
(c) LILLIE, H. R.: Viscosity-time-temperature relations in glass at annealing temperatures. J. Amer. ceram. Soc. Bd. 16 (1933) S. 619.
(d) STOTT, V. H., D. TURNER, u. H. SLOMAN: Effects of thermal treatment on glass as shown by precise viscosimetry. Proc. roy. Soc. Bd. 112 A (1926) S. 499
(e) Tentative method of test for annealing point and strain point of glass. A.S.T.M. Designation: C 336.
(f) LILLIE, H. R.: Re-evaluation of glass viscosities at annealing and strain point. J. Amer. ceram. Soc. Bd. 37 (1954) S. 111.
(g) LITTLETON, J. T.: The softening point of glass. J. Soc. Glass. Technol. Bd. 24 (1940) S. 176.
(h) Tentative method of test for softening point of glass. A.S.T.M. Designation: C 338.
(i) LILLIE, H. R.: A method for measuring the flow point of glass. J. Amer. ceram. Soc. Bd. 35 (1952) S. 149.

[30] JEBSEN-MARWEDEL, H.: 30 Jahre technischer Entwicklung der maschinellen Herstellung von Tafelglas. Sprechsaal Bd. 90 (1957) Nr. 1 S. 8.

[31] MOREY, G. W. u. N. L. BOWEN: Das Dreistoffsystem Natriummetasilikat, Calciummetasilikat und Kieselsäure J. Soc. Glass Technol. Bd. 9 (1925) S. 226. Ref. Glastechn. Ber. Bd. 4 (1926/27) S. 64, Darstellung rechtwinklig umgezeichnet von A. DIETZEL, Sprechsaal Bd. 60 (1927) S. 5.

[32] ZSCHIMMER, E. u. A. DIETZEL: Die Temperatur-Zeit-Kurven der sichtbaren Entglasung bei Spiegelglas. Z. techn. Phys. 1926, S. 278, sowie Sprechsaal Bd. 60 (1927) Nr. 7–12 S. 110, 129, 145, 165, 186, 204. Ref. Glastechn. Ber. Bd. 5 (1927/28) S. 378.

[33] KEPPELER, G. u. H. IPPACH: Die Haltbarkeit von Gläsern im Natron-Kalk-Kieselsäure-System. Sprechsaal Bd. 60 (1927) Nr. 14–17 S. 329, 261, 281, 297. Ref. Glastechn. Ber. Bd. 5 (1927/28) S 369. – G. KEPPELER u. F. KÖRNER: Über einige wichtige Eigenschaften der Flaschengläser. Sprechsaal Bd. 67 (1934) Nr. 40–42 S. 607, 623, 640. Ref. Glastechn. Ber. Bd. 13 (1935) Nr. 4 S. 130.

[34] JEBSEN-MARWEDEL, H. u. A. BECKER: Darstellung schmelztechnischer Vorgänge aus dem Glashüttenbetrieb im Laboratorium; Beispiel: Die Einwirkung von Sulfat + Kohle-Gemischen auf Gallebildung, Erschmelzbarkeit, Farbstich und Läuterung eines normalen Glases aus Sand-Soda-Kalk-Gemenge. Glastechn. Ber. Bd. 13 (1935) Nr. 4 S. 109.

[35] –, Bekämpfung potentieller Fehlerquellen. Sprechsaal Bd. 89 (1956) Nr. 24 S. 561.

[36] DAEVES, K. u. A. BECKEL: Großzahlforschung und Häufigkeits-Analyse. Verlag Chemie, Weinheim und Berlin, 1948. – F. W. PRESTON: Bull. Am. ceram. Soc. Bd. 28 (1949) Nr. 6 S. 225. – M. PONCHON, Verr. et Réfractaires Bd. 4 (1950) Nr. 4 S. 213. – P. BEYERSDORFER: Sprechsaal Bd. 83 (1950) Nr. 11 S. 219. – A. COUSEN: J. Soc. Glass Technol. Bd. 36 (1952) Nr. 173 S. 346. – R. ALLOLIO, In: K. DAEVES: Rationalisierung durch Großzahlforschung, Verlag Stahl-Eisen, (1952). – U. GRAF: Z. VDI Bd. 96 (1954) Nr. 25 S. 842. – A. H. SCHAAFSMA u. F. G. WILLEMZE: Hamburg: Philips GmbH. (1955). – H. BEYERSDORFER: Glashütte Bd. 76 (1949/50) H. 4 S. 49. – J. Sc. ind. Res. 15 A (1956) Nr. 3 S. 134.

[37] DAEVES, K: Glastechn. Ber. Bd. 22 (1949) Nr. 17 S. 397. – J. H. TOULOUSE: Glass Packer Bd. 31 (1952) Nr. 11 S. 727 u. 744. Sowie: Bull. Amer. ceram. Soc. Bd. 32 (1953) Nr. 10 S. 339 und Glass Ind. Bd. 34 (1953) Nr. 2 S. 70. – ST. LINDROTH: Glas-, Em.-, Ker.-Techn. Bd. 4 (1953) Nr. 7 S. 245. – S. MIYAGI u. S. YASUOKA: J. ceram. Assoc. Jap. Bd. 61 (1953) Nr. 8 S. 361. – L. H. LEHNERT: Sprechsaal Bd. 87, (1954) S. 565 u. 589. – A. P. STERGION: Glass Ind. Bd. 35 (1954) Nr. 10 S. 539, 574, 576. – H. ISKEN: Glas-, Em.-, Ker.-Techn. Bd. 7 (1956) H. 7, S. 234. – F. JOCHIM: Glastechn. Ber. Bd. 30 (1957) H. 7, S. 292. – R. ALLOLIO: Glaswelt Bd. 1 (1957) Nr. 14 S. 2.

Fehler an der Schmelzmasse

II. Schlieren (Glas in Glas)

von H. JEBSEN-MARWEDEL, Gelsenkirchen

1 Grundsätzliches zum Begriff Schliere

Schlieren sind eine so weitverbreitete Homogenitätsstörung des Glases, daß die Klarheit des Begriffes unter der Vielfältigkeit ihrer Erscheinungsform litt und lebhafte Erörterungen im Schrifttum auslöste [*1*(*a*–*g*)]. Ihre Bearbeitung [*2*, *3*] zu einer umfassenden Begriffsbestimmung ging über eine früher gegebene Deutung [*1*(*a*)] hinaus und gelangte zu folgender Umschreibung:

Schlieren sind meist unerwünschte, sichtbare artverwandte Anteile einer Glasmasse, die, darin mehr oder weniger eingebettet, vorwiegend strähnig beschaffen, von unregelmäßiger Begrenzung und aus einer unvollkommenen Durchdringung mechanischer Fließ- oder physikalisch-chemischer Lösungsvorgänge hervorgegangen sind.

Schlieren entstehen ganz allgemein, wenn warme Luft in kalter aufsteigt, wenn sich Gase und Luft vereinigen, wenn Salzlösungen oder auch Glyzerin mit Wasser zusammengegeben werden usw.[1] Nach dem Sprachgebrauch ergeben auch unvollkommene Mischungen plastischer oder breiiger Massen wie Ton, z. B. mit anders gefärbten Anteilen, Schlieren [*4*], die auch im festen Zustand, z. B. von Mineralien, noch als solche gelten.

Stets ist die Schlierenbildung also als Übergangsstufe zu einer vor sich gehenden vollkommenen gegenseitigen Durchdringung (bei Flüssigkeiten: Lösung) aufzufassen; sonst wären z. B. auch Jahresringe eines Baumes am Holz „Schlieren". Wenn keine gegenseitige Lösung möglich ist, ergeben sich auch keine echten Schlieren; sie sind, besonders am Glase, als im Zustand unvollkommener Mischung befindlich anzusehen, die sich noch in Fluß befand und auf halbem Wege stehen geblieben ist.

Nachdem damit der Ausdruck „Schliere" als übergeordneter Begriff für glasige Einschlüsse im Glas schlechthin festgelegt ist, ist es ein leichtes, besondere Erscheinungsformen derselben zusammengesetzt zu kennzeichnen [*1*(*e*)] als: Knoten- oder Fadenschliere, als wurmförmige oder Schleierschliere, als Schlierenknäuel oder Schlierenbänder, aber auch – ihrer Herkunft oder dem Ort ihres Auftretens nach – als Tropfen- oder Randschliere usw. Am fertigen Gegenstand werden schlierenartige Fehler sowieso mit besonderen Bezeichnungen belegt, wie Winden, Rampen, Fäden usw. [*1*].

Weniger häufig oder als Sonderfehler auftretende Formen (z. B. kugel-, tropfen- oder zellenförmige Gebilde), für die gebietsweise der Ausdruck „der Schlier" gebraucht wurde, sind damit also ausdrücklich einbezogen; desgleichen sind farbige Gebilde nicht ausgenommen. Absichtlich zur Verzierung in das Glas hineinverlegte farbige Glasfäden oder -bänder lassen sich folgerichtigerweise als „kunstgerechte Schlieren" betrachten [*2*] (vgl. Schluß des Buches).

Auf kaum einen anderen Gebiet spielt die Schliere eine so große Rolle wie beim Glas. Man hat sich mit ihr – abgesehen vom optischen Glas [*5*] – fast schon abgefunden, als mit einer Struktur der Substanz, die noch nicht einmal immer als Fehler, oft nur als Mangel gekennzeichnet ist. In Anbetracht der Genauigkeit bestehender Verfahren zur Sichtbarmachung von Schlieren und im Vergleich mit ihrer Leistung auf anderen Gebieten (Ballistik, Thermo- und Hydrodynamik) steht die Glastechnik erst am Anfang einer Erkundung von Einzelheiten über bzw. mit Hilfe von Schlieren, die auf anderen Gebieten schon viel weiter gediehen sind [*6*]. Wir haben gelernt, die Schliere nicht nur als Fehler zu kritisieren, sondern sie ebenso als Hilfsmittel zur Ergründung

[1] Ohne riesig große Schlieren in der Atmosphäre wären z. B. auch Wolkenbildungen nicht denkbar (E. BERGER).

weiterer Wesenszüge des Glases zu betrachten, wie bei den Vorgängen in der Ballistik, der Konvektionslehre und auf anderen Gebieten.

Die allgemeinen Störungen der Homogenität des Glases vermögen ihren Ausgang an so viel Stellen zu nehmen [*7*, *8*], daß ihnen einzeln nachgegangen werden muß. *Während Blasen zur Entwicklung der Glasschmelzen notwendig und daher erst von einem bestimmten Zustand der Schmelze ab zu bekämpfen sind, können die Maßnahmen gegen Schlieren gar nicht früh genug einsetzen.*

Eine gründliche Studie über Schlieren im Glas, ihre Ursachen und Wirkungen auf die Erzeugnisse hat M. A. KNIGHT vorgelegt [*9*].

1.1 „Homogenität" handelsüblicher Glaswaren

Die Anforderungen an die Güte der formbereiten Glasmasse und damit der aufzunehmenden Schmelzleistung für verschiedene Glasarten sind schwer miteinander zu vergleichen. Das geht aus einer näheren Betrachtung [*10*, *11*] hervor. Das Glas selbst gibt uns durch sein Schattenbild ein gewisses Kontrollmittel seiner Veranlagung an Hand:

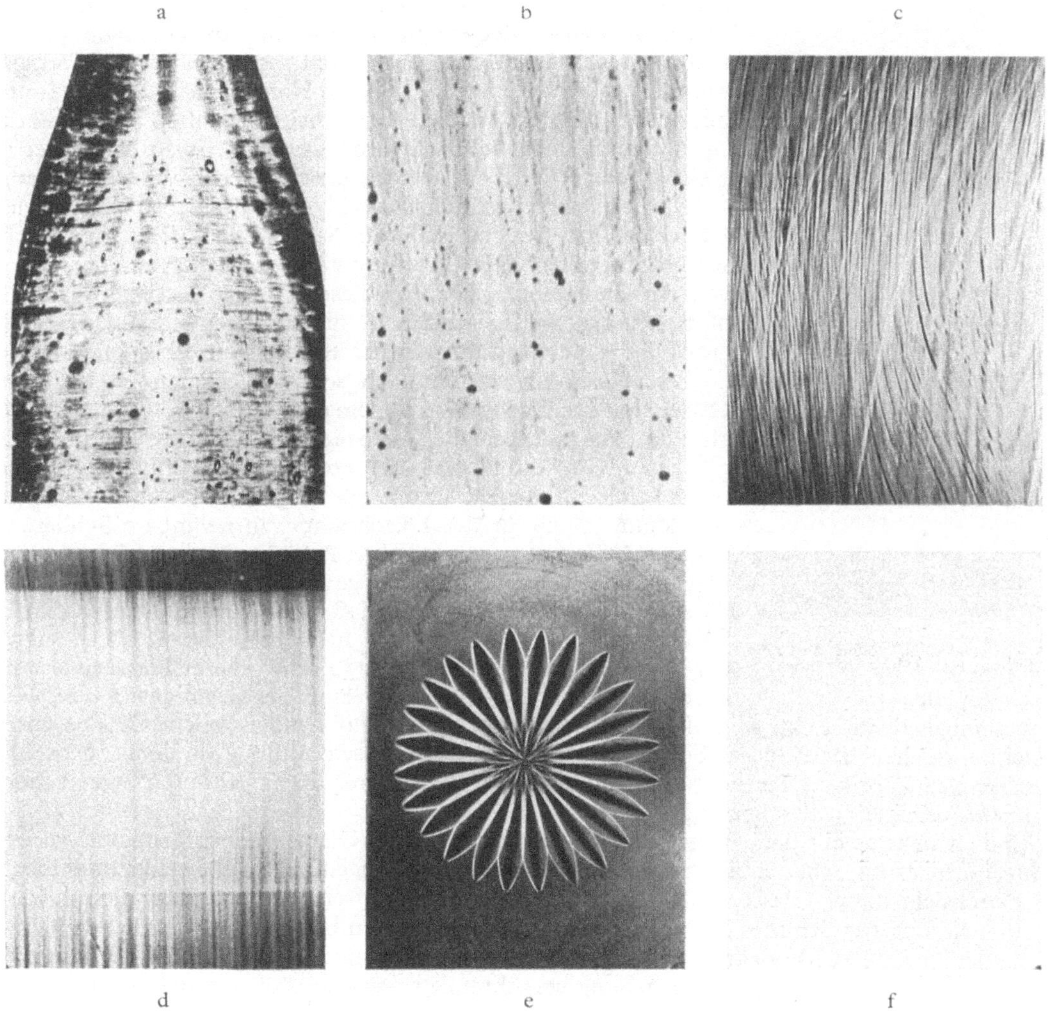

Abb. 7a–f. Unterschiedliche Schattenbildwirkung verschiedener Glasarten. a) Flaschen-, b) Preß-, c) Geräte-, d) Preßblase-, e) Kristall-, f) Spiegelglas (schwach verkleinert)

Auf den ersten vergleichenden Blick erkennt man die erheblichen Unterschiede, die als Anforderung an die in Abb. 7 enthaltenen Gläser gestellt worden sind. Das (noch mundgeblasene) Flaschenglas (Abb. 7a) älteren Datums ist als ausgesprochen schlierig und „knotig" anzusprechen. Auch enthält es zuviel Blasen.

Einen vollständigen Glaskörper, an welchem in seiner Eigenschaft als Flasche so gut wie gar nichts auszusetzen ist, zeigt Abb. 8; trotzdem würde der Zustand jenes Glases nicht erlauben, alle anders gearteten Glasgegenstände daraus herzustellen.

Ein halbweißes Wirtschaftsglas gibt sein Schattenbild in Abb. 7b wieder. Auch hier liegen Homogenitätsmängel vor; an Blasen fehlt es ganz; aber kleine Knötchen, wie sie von ungleichmäßiger Verteilung eines Rohstoffes in der Glasmasse herrühren mögen, treten als auffallender Mangel hervor. Die Streifung ist nur ein Ausdruck geringer Oberflächenunebenheiten, die mit der Formgebung zusammenhängen.

Abb. 8. Schattenbild einer guten Flasche; am Hals jedoch Störungen

Ein Glas, das zwar auch schon zu wesentlich besserer Läuterung vorgetrieben wird, sich aber schlecht homogenisiert, weil es noch mehr Tonerde enthält, ist das chemische Geräteglas (Abb. 7c). Blasen dürfen hingegen nicht geduldet werden, weil das Gefäß ja thermisch widerstandsfähig, also von ungestört gleichmäßiger Wandstärke sein muß. Dagegen tritt hier ein anderer Fehler als für den Gebrauch harmlos, darum aber auch sofort gehäuft, in Erscheinung, nämlich die Schliere bzw. „Winde". Bekanntlich halten sich gerade tonerdehaltige Schlieren sehr lange in der Schmelze, ohne sich zu verteilen. Man duldet sie in diesem Glas bis zu einem gewissen, aber gar nicht so geringen Grad, weil der mit höherem Wärmeaufwand erkaufte Vorteil einer besseren Homogenisierung sich im Hinblick auf den damit erzielten Fortschritt bezüglich der Gebrauchseigenschaften nicht lohnen würde. Auch hier also vermeidet man einige Fehler streng, läßt aber die unschädlichen ruhig bestehen.

Abb. 7d zeigt das Schattenbild eines weißen Preßblaseglases. Das Gefäß hat viereckige Gestalt. Sein Glas darf als gut durchgeschmolzen gelten. Die Streifung rührt auch hier wieder fast nur von der Formgebung her. Bei dieser Glasart sind allerdings – das muß hervorgehoben werden – die anzutreffenden Unterschiede groß; die Allgemeingültigkeit des Bildes ist also beschränkt.

Zwei ihren Eigenarten nach sehr verschieden zu bewertende Gläser sind das Flachglas in seinem edelsten Vertreter, dem Spiegelglas, und das Bleikristall. Das Spiegelglas überragt die bisher aufgeführten Glassorten, was die notwendige Armut an Schmelzfehlern anbelangt, ganz erheblich. Wegen der flachen Schichtung sind kaum jemals in der Durchsicht wahrnehmbare Schlieren zu finden (f). Sie treten erst bei einer Ansicht quer zur Schichtung in Erscheinung. Dagegen muß als gewisser Vorzug im Hinblick auf die Auswahl erwähnt werden, daß es möglich ist, klares Flachglas im Gegensatz zu vielen anderen in mehrere Sorten zu unterteilen, deren geringeren gewisse Fehler in schwächerer Form zugestanden werden (vgl. Tab. I, S. 9). Dies muß deswegen geschehen, weil es sonst unmöglich wäre, eine so große Gewichtseinheit, wie sie auf handelsübliche Größen entfällt, immer einwandfrei herzustellen. Selbst eine gewisse Anzahl Blasen muß z. B. in dem sonst sehr anspruchsvollen Fabrikat „Fensterglas" geduldet werden. Schlieren bzw. „Streifen" treten erst in größeren Formaten in Erscheinung.

Ähnlich steht es mit dem Bleikristall. Es soll durch seinen Glanz wirken. Trotzdem ist es ein leichtes, oftmals im Schattenbild beträchtliche Schlierenbildungen in der Substanz zu entdecken. Die Durchsicht dieser Glassorte ist also häufig nicht einwandfrei. Sie wird aber auch durch die Facettenwirkung des Schliffes „verdrängt". Infolgedessen treten bei einer empfindlichen Prüfung, wie sie der Abb. 7e zugrundeliegt, an solchen Stellen, die nicht nachträglich geschliffen und poliert werden, meist gewisse, von der Formgebung herrührende schwache Wülste u. dgl. in Erscheinung.

1.2 Wann ist eine Glasschmelze homogen?

Eigentlich nur höchst selten. Es gibt einerseits keinen quantitativen Begriff für technisch ausreichende Homogenität [*11*], zumal ihre wissenschaftliche Auslegung von den Mitteln abhängt, mit denen die Diskontinuität bis zur Grenze der Wahrnehmbarkeit verfolgt wird. Andererseits ist vollkommene Homogenität aber auch ebenso selten erforderlich. Sie ist sogar im Laboratoriumsmaßstab [*12*], schwierig zu erzielen, wenn man in der Zusammensetzung geringere örtliche Abweichungen als von 1% der Komponenten erwartet [*13, 14*].

Alle Beobachtungen über die Homogenität des Glases setzen einen bestimmten Standpunkt voraus, dessen Bezugnahme aber nur selten Berücksichtigung findet. Einen meßbaren Homogenitätsgrad [*11*] gibt es nicht, weil die Störungen vielseitig sind. Und doch wird man sich wenigstens für jede Glas*art* darüber klar sein müssen, welche Beschaffenheit des Glases in einem Fall als ausreichend homogen anzusprechen ist, im anderen nicht. Optisches Glas soll allerdings der Vollkommenheit möglichst nahegebracht werden. Bei allen anderen Glasarten gibt es eine Grenze, oberhalb derer die Homogenität noch weiter zu steigern betriebswirtschaftlich unvorteilhaft wäre, weil der Verwendungszweck den einen oder anderen Fehler gar nicht sonderlich störend in Erscheinung treten läßt.

Es kommt noch ein zweiter Gesichtspunkt hinzu: Nicht nur die Glasart kommt für die Beurteilung einer „ausreichenden" Homogenität der Schmelze in Frage, sondern innerhalb derselben Glasart auch die absolute Größe des Glasgegenstandes [*10*].

So ist es eine bekannte Tatsache, daß an gleichartigen Glasgegenständen von verschiedener Größe der Preis – als Maßstab für die Anforderungen an die Herstellungstechnik – nicht im Verhältnis zur Größe steigt, sondern in einer bestimmten Potenz. Diese nimmt an der Grenze technischer Leistungsfähigkeit überhaupt erheblich zu. *Beispiel:* Kleine Maße von Spiegelglas lassen sich noch ausreichend sicher in guter Qualität herstellen. Sie fallen einfach an. Die Aufteilung einer größeren Scheibe erlaubt nämlich die Ausscheidung eines erheblichen Teiles der Fehler. Aber eine große Fläche fehlerfrei zu erhalten, ist, wenn man nicht sagen soll „vom Zufall abhängig", so doch immerhin eine statistische Frage. Hieraus geht zur Genüge hervor, daß die reine Größe oder Masse des herzustellenden Glasgegenstandes als wesentlicher Faktor beiträgt zur Beurteilung der erforderlichen Homogenisierungsleistung. Das Spiegelglas ist nächst dem optischen denn wohl auch dasjenige, das weniger wegen des wirklichen Anspruches an seine Homogenität so hohe Anforderungen an seine Erschmelzung stellt, als wegen der großen Masse, deren Gleichmäßigkeit es herbeizuführen gilt. Daß das Spiegelglas in Wirklichkeit weit davon entfernt ist, homogen zu sein, läßt ein Blick auf die Schnittkante wohl erkennen: Es setzt sich deutlich zusammen aus Schichten, die aber parallel zu den Oberflächen verlaufen (vgl. Abb. 9) und darum unscheinbar sind.

Die Beurteilung einer Glasschmelze auf ausreichende Homogenität ist also zugleich eine Frage nach der Art des Artikels. Wenn die Leistung eines Schmelzofens erwogen wird, dessen Schmelzgut einem gewichtsmäßig so leichten Artikel, wie z. B. Glühlampenkolben, zugeführt wird, so kann sich der Homogenitätsanspruch nicht mit demjenigen an die Schmelze eines Tafelglasofens messen, mit qualitativ gleichartigem, gewichtsmäßig aber viel höherem Anspruch [*10, 11*].

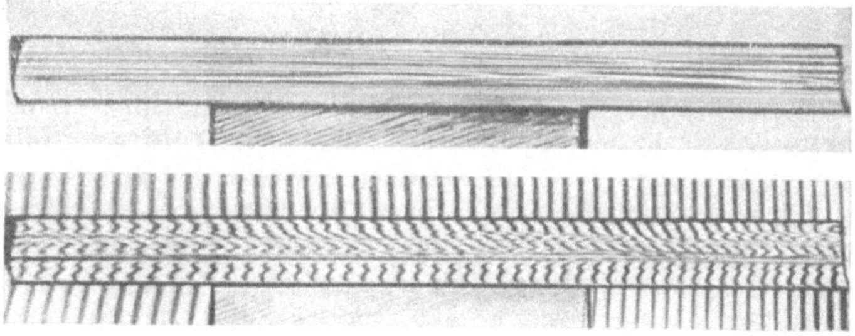

Abb. 9. Schlierenschichten in einem gezogenen Tafelglas mit Störungen. Oben: Schlierenverfahren, unten: Interferenzverfahren

Die Schmelzleistung von Ofenanlagen läßt sich auch dann nicht leicht miteinander vergleichen, wenn umgekehrt zwei verschiedene qualitative, der Masse nach ähnlichere Produkte, wie z. B. Tafel- und Flaschenglas, einander gegenüberstehen. Denn die Homogenität der Flaschen ist hauptsächlich eine Frage ihrer Kühlfähigkeit, sonst aber eine äußerliche, leichter zu befriedigende.

Eine Glasschmelze ist also dann, und nur dann „ausreichend homogen", wenn ihr Zustand der jeweiligen Auffassung von der an die Erzeugnis*einheit* zu stellenden Anforderung entspricht.

Daraus ergibt sich, daß der in den Betrieben unternommene Aufwand zur Erzielung einer ausreichenden Homogenität stark unterschiedlich ist. Während z. B. das Rühren der Hafenschmelzen für optisches Glas weitverbreitet ist, blieb es für Wannen auf wenige Versuche beschränkt [*15, 16*].

Es schält sich also heraus, daß die *Größe* von Gegenständen in Verbindung mit ihrem *Gebrauchszweck* die Anforderungen bestimmt, die an die Schmelzen – auch wärmeaufwandmäßig – zu stellen sind. Es kann also technisch keinen allgemeingültigen Homogenitätsbegriff geben.

Die Homogenität, bis zu welcher eine Schmelze vor der Verarbeitung getrieben wird, richtet sich vielmehr danach,

a) ob der Gegenstand freie Durchsicht bietet,

b) ob seine äußere Bearbeitung den Einblick ins Innere erschwert oder

c) ob die Ansehnlichkeit zum Teil überhaupt ausschaltet und praktische Erwägungen des Verhaltens im Gebrauch an ihre Stelle treten (vgl. Ziff. I, 4.1).

2 Homogenitätsstörungen in der Schmelze

Zur Übersicht ist es erforderlich, dem Werdegang des Glases entsprechend dem Ursprung von Schlieren nachzugehen und ihre verschiedenen Erscheinungsformen zu behandeln.

2.1 Homogenität des Gemenges

Ein Teil der Störungen, von denen eine Glasschmelze betroffen wird, kann ihren Ausgang nehmen von der Beschaffenheit und Mischung der Rohstoffe.

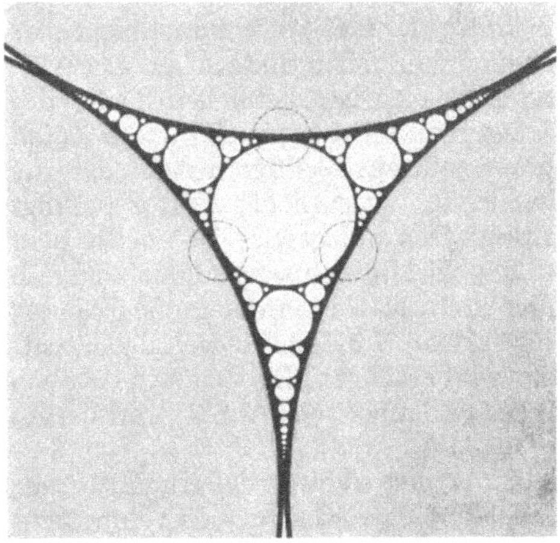

Abb. 10. Ideale „Packung" eines reagierenden Glasgemenges (schematisch)

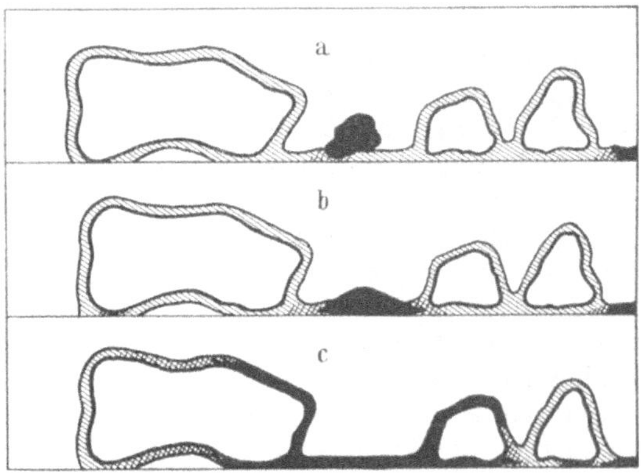

Abb. 11. Einhüllen des Sandkornes in Flußmittel durch Aufnahme löslicher Bestandteile in seinen Wassermantel

Wenn ein aus verschiedenen Stoffen zusammengesetztes Gemisch (hier das Gemenge) durch chemische Reaktionen in eine einheitliche Masse (hier das Glas) überführt werden soll, so geschieht es am schnellsten, wenn die Berührungsfläche der Reaktionsteilnehmer (Rohstoffe) möglichst groß ist. Diese Reaktions*fläche* wird bestimmt durch die *Anordnung* der Körner der verschiedenen Rohstoffe [*17*] mit Bezug auf den Hauptanteil des Gemenges, den Sand. Seine Körnung muß als *gegeben* betrachtet werden [*18, 19*]. Für eine dichteste Packung gelten die gleichen Grundsätze, wie sie sich für andere körnige Stoffe ergeben haben. Bei Annahme einer Kugelgestalt erleichtert die schematische Darstellung einer idealen Packung nach geometrischer Gesetzmäßigkeit (Abb. 10). Durch sie ergäbe sich eine bestmöglichste Ausbildung von Reaktionszonen.

Im allgemeinen ist das Vorhandensein von Feuchtigkeit im Sande mit 4–5% Gewichtsanteil erwünscht. Dadurch wird die Wirkung einer „besten" Packung übertönt von einem anderen Vorgang, nämlich dem „Einhüllen" des Sandes in eine Lauge, die sich aus dem vorhandenen Wasserfilm durch Lösung von Flußmitteln bildete. Selbst beim Eintrocknen der so erhaltenen Struktur hinterbleibt eine Kruste (Abb. 11), die vermehrend auf die beim Erhitzen in Kraft tretende Reaktionsfläche wirkt und eine nachweisliche Schmelzbeschleunigung herbeiführt (wie sie Turner [*18, 20*] erstmalig fand, aber anders auslegte). Ob der Sand naß oder trocken zur Verwendung kommen soll, ergibt sich also aus einer Abwägung der Vor- und Nachteile beider Arten, denen Berger [*21*] im Hinblick auf die jeweiligen Anforderungen des Betriebes nachging.

In den meisten Fällen gelingt es nicht, Rohstoffe wie Kalk, Basalt usw. in ebensolcher Feinheit einzuführen. Dies ist wegen der Verstaubungsgefahr noch nicht einmal wünschenswert. Es liegen daher im fertigen Gemenge stets gröbere Partikel verschiedener Größe nebeneinander vor. Sie werden während der Lagerzeit bzw. des Transportes leicht ein Opfer von Entmischungsvorgängen [*22*], sobald von Erschütterungen beliebiger Art oder einem freien Fall Riesel- bzw. Sichtungsvorgänge ausgelöst werden. Es stellt sich dann das Bild Abb. 12 ein, aus welchem ohne weiteres hervorgeht, daß sich bereits im Gemenge die Schlieren sozusagen „*vorgezeichnet*“ finden, wenn dieses uneinheitlich ausfiel. Als oberste Regel zur Verhütung von Homogenitätsstörungen im Glase ist daher ein *zeitlich und räumlich gleichmäßiges Gemenge* anzustreben. Eine dementsprechende Überwachung ist unerläßlich [*23*, *24*]. Für eine ausreichende Leistung der vorhandenen Mischeinrichtungen in der zur Verfügung stehenden Zeit (2–3 Min.) muß gesorgt sein. Ein Einfüllen des ganzen Gemenges in Bunker mit großer Fallhöhe bringt die Gefahr einer Art Windsichtung mit sich, von der die Gemengebestandteile unterschiedlich betroffen werden.

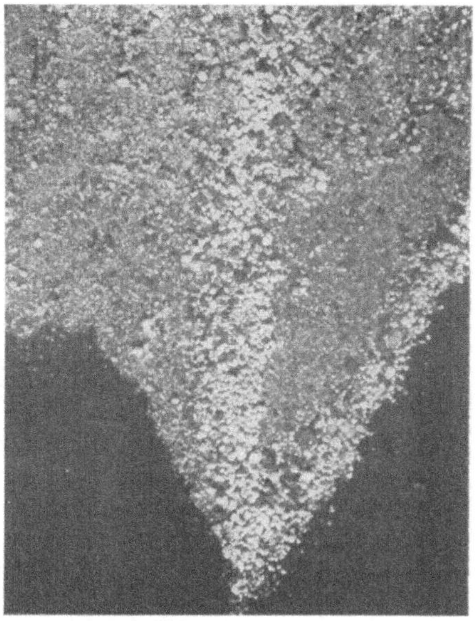

Abb. 12. Durch Entmischungs- und Rieselvorgänge „vorgezeichnete“ Schlieren im Gemenge (schwach verkleinert)

F. H. Zschacke hat [*22*] diesen Fragen eine Reihe aufschlußreicher Arbeiten gewidmet, deren Ergebnis mit anderen auf diesem Gebiet vorliegenden in einer Zusammenstellung [*25*] berücksichtigt wird; vgl. auch [*26*–*33*].

Schon die Abwiege- und Zuteilvorrichtungen müssen möglichst frei von subjektiven Einstellfehlern gestaltet sein. Gemengemischmaschinen, namentlich in Gestalt der bewährten horizontalen Drehteller, haben eine Durchbildung erfahren, die alle Anforderungen zu erfüllen vermag.

Dagegen scheinen sich die erhofften Verbesserungen der Schmelzverhältnisse durch ein Brikettieren des Gemenges, verglichen mit dem dafür zu treibenden Aufwand, auf die Dauer nicht erfüllt zu haben. Das maschinell gestaltete kontinuierliche Einlegen (an Stelle des periodischen mit der Kelle oder durch Auslauf in den Vorbau) hat weitaus mehr zu einer Vergleichmäßigung der Ofenbeschickung beigetragen.

2.2 „Schmelzen“ und Lösen von Sand zu Glas

Der Schmelzvorgang zur Herstellung von Glas besteht in erster Linie in einer Auflösung des Hauptbestandteiles der Rohstoffe, dem Quarzsand, in den Flußmitteln des Gemenges. Wenn man diesen Vorgang mikroskopisch verfolgt, so ist der Lösungsprozeß charakterisiert durch den Angriff der Flußmittel auf die Peripherie des Sandkornes. Ihr kommt eine mineralisierende Wirkung zu mit einem Übergang in andere Kristallphasen, vor allem Disilikate (Abb. 13). Der Fortschritt des Aufschlusses wird mitbestimmt durch das Eindringen der reagierenden Agenzien in die Spaltflächen des zerklüftenden Sandkornes. Demzufolge ist die Benetzungsfähigkeit die (Oberflächenspannung des Glases) maßgebend an diesen Vorgängen beteiligt. Das Sandkorn besteht aus Einkristalltrümmern oder kristallitischer Zusammensetzung jeder Größenordnung. Demzufolge vollzieht sich der Auflösungsprozeß verschieden rasch. Die Grenzflächen führen zu Rißbildungen und bedeuten damit eine Vergrößerung der Angriffsflächen für die Lösung und häufig einer traubenförmigen Auflösungsform (Abb. 14). Es hat sich herausgestellt, daß schon die Diffusionserscheinungen um das Sandkorn zu einer gewissen örtlichen, nur im Schlierenmikroskop wahrnehmbaren Enthomogenisierung führen, die auf der verschiedenen, gegenläufigen Diffusionsgeschwindigkeit von Alkalien und der Kieselsäure beruht [*34*, *35*] (Abb. 15).

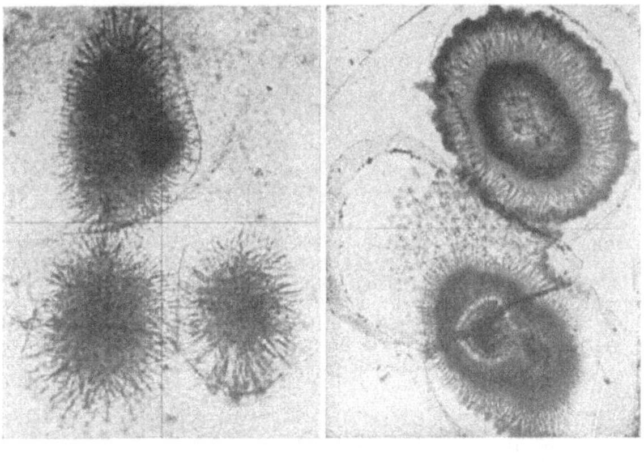

Abb. 13. Einzelne Sandkörner in Flußmitteln: Fast vollständige Umwandlung ihres Körpers in Disilikate. M = 25 : 1

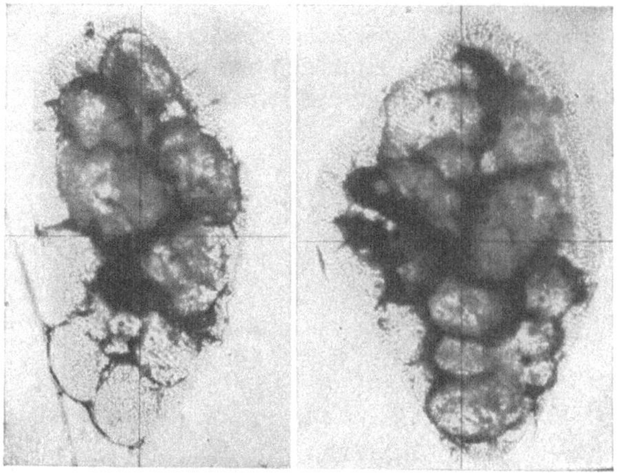

Abb. 14. Traubenförmige Auflösungsform von Sandkörnern auf Grund des Einbruchs des lösenden Agens in Spaltflächen

Den Unterschied im Verhalten von Quarzsand und Quarzmehl behandelt A. DIETZEL [36]; eine mikroskopische Verfolgung der Schmelze „in flagranti" unternahm H. REUMUTH [37].

2.3 Ursprung von Schlieren im Mechanismus der Schmelzreaktionen

Wird ein aus Sand (a), Soda (b) und Kalk (c) (Abb. 16) bestehendes Gemenge (d) einer zur Schmelze hinreichenden Temperatur ausgesetzt, so setzt fast augenblicklich die Zersetzung der gasführenden Bestandteile ein. Gleichzeitig läuft aber ein anderer Vorgang nebenher: Schon bzw. noch im festen Zustand [38] reagieren einzelne der entstandenen Oxyde untereinander zu einem Gerippe von Disilikaten, das sich im fortgeschrittenen Zustand verwandelt in recht leichtflüssige Schmelzen, die sich dann wie fressend ausbreiten, die noch restlich vorliegenden festen Körper einhüllen und auf diese chemisch einwirken. – Die flüchtigen Bestandteile weichen dabei trotz ihrer relativ hohen Dissoziationswärmen ($CaCO_3$ = 21,9 kcal, Na_2CO_3 = 76,5 kcal, im Gegensatz zu $CaO \cdot SiO_2$ = 21,9 kcal und $Na_2O \cdot SiO_2$ = 54,9 kcal nach C. KRÖGER) bei hohen

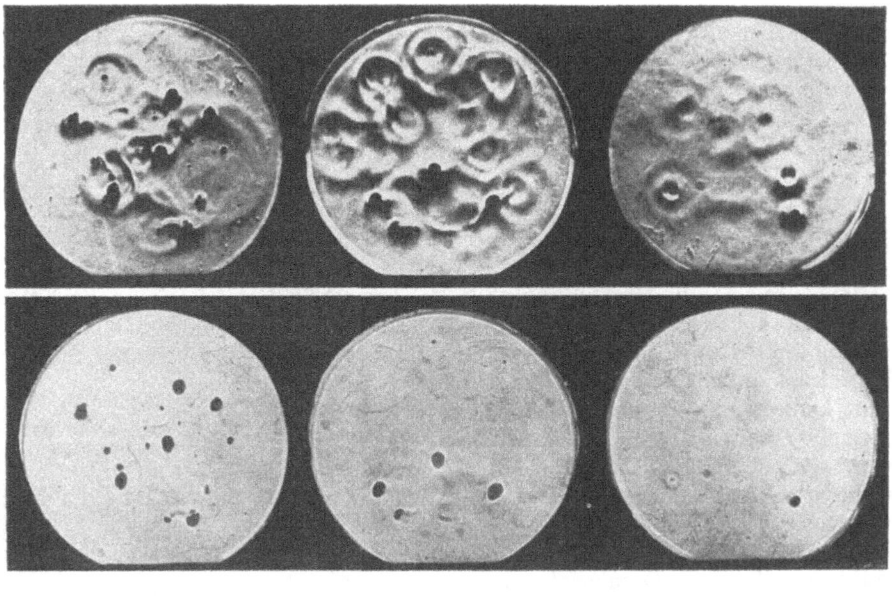

Abb. 15. Drei Schmelzen aus der Platinpfanne mit einer bestimmten Anzahl von Sandkörnern bei 1250–1270° sich selbst überlassen. Unten: Bei gewöhnlichem durchfallendem Licht betrachtet, oben: dieselben im Schlierenmikroskop. Die Sandkörner nehmen langsam an Größe und Anzahl ab. Die Schlierigkeit nimmt zunächst zu, dann wieder ab. Von links nach rechts: Nach 3, 5 und 18 Stunden. Durch die Kleinheit der Schmelze sind Strömungsbewegungen unterdrückt. Es findet eine ringförmige Veränderung um die Sandkörner statt. M = 1,5 : 1. (Die schlierenmikroskopischen Aufnahmen wurden hergestellt nach erfolgtem Planschleifen der Schmelzoberfläche sowie nach Einbettung in eine Immersionsflüssigkeit, um zu verhindern, daß etwaige Wulstbildungen an Stelle von Schlieren erfaßt wurden. Es handelt sich also um eine echte Inhomogenität in Ringform.)

Temperaturen der beständigeren Kieselsäure aus, bis die Gleichung $SiO_2 + RCO_3 \rightarrow RSiO_3 + CO_2$ bis auf verschwindende Reste (die allerdings empfindlich auf Massenwirkungsverschiebungen reagieren) zugunsten der rechten Seite erfüllt ist. Was bis zu diesem Zeitpunkt an Gasen nur abgebunden, aber noch nicht entwichen ist, tritt blasenförmig in Erscheinung und muß sich in dieser Form durch Auftrieb einen Weg an die Oberfläche bahnen. Dieses Stadium fortschreitender Schmelze zeigt Abb. 17. Auf diese Weise entwickeln sich (in Tiegelschmelzen) die drei Stadien, wie sie in Abb. 18 wiedergegeben sind:

1. Schmelze mit Schmelzrelikten,
2. Schmelze mit Blasen + Schlieren,
3. Schmelze ohne Blasen, aber noch mit Schlieren.

Abb. 19 läßt erkennen, wie sich das einzelne Sandkorn mit Schlieren umgibt, während es gleichzeitig Gasblasen aus seiner Umgebung austreibt [39, 40]. In einer ungestörten Schmelze kann man Ketten solcher Blasen längs der Ausbreitungsfront des Reaktionsverlaufes erkennen, Abb. 20, bis

Abb. 16. Rohstoffe des Glases durch die Lupe gesehen

schließlich nur noch Reste der Sandkörner als Schmelzrelikte von einer schlierigen Glasschmelze aufgenommen werden (Abb. 21).

Die alte Auffassung von der Zweistufigkeit der Schmelze (Zersetzung der Flußmittel unter Aufnahme von SiO_2 und Lösung restlichen Sandes in dem gebildeten Glas [41] läßt sich kaum aufrechterhalten, weil ein laufender Übergang besteht. Für die Läuterung entscheidend sind allerdings die letzten Reaktionen, weil mit zunehmender Aufnahme von Kieselsäure die Zähigkeit und damit die Schwierigkeit zur Ausscheidung von Blasen ansteigt.

Gegen die Zweistufigkeit spricht schon der Umstand, daß ein großer Teil der Gemengereaktionen sich schon in festem Zustand abspielt [42–50], wie neuerdings Kröger experimentell bestätigte.

Immerhin sollte man sich nicht den empirischen Feststellungen erfahrener Glasschmelzer verschließen, nach welchen oft schon sehr geringe Veränderungen in der Zusammen*stellung* von Glasgemengen ein merklich abweichendes Verhalten im vor- oder nachteiligen Sinn ergeben. Sie alle nehmen ihren Ausgang bei der Beeinflussung schon der ersten Vorgänge, die sich bei mäßiger Temperatur im schmelzenden Gemenge abspielen, damit seinen Mechanismus und den weiteren Verlauf vorausbestimmen.

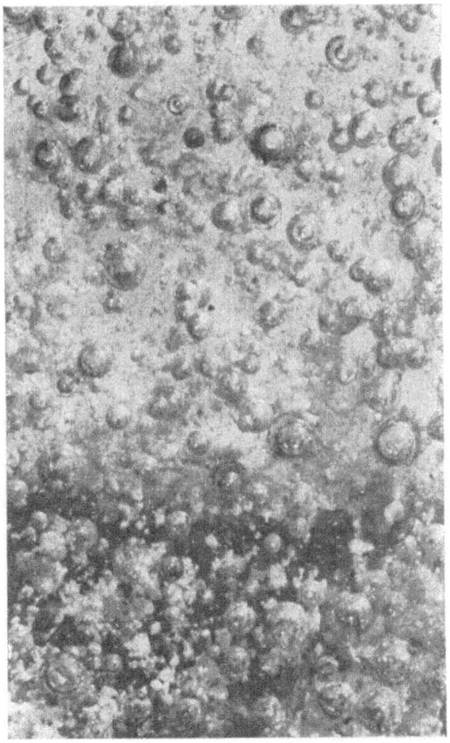

Abb. 17. Glaschmelze: Zustand während der Lösung des Hauptbestandteils Kieselsäure (Sand) bei 1400° eingefroren. – Die Blasen werden von den sich ausscheidenden Gasen der übrigen Rohstoffe (Soda, Kalkstein usw.) gebildet

2.4 Ableitung der Homogenität des Glases aus der „Zelle"

Man muß sich die Entwicklung eines homogenen Glases so vorstellen, daß auf Grund der Schwermischbarkeit unterschiedlicher Raumteile zunächst verschiedene Gläser nebeneinander vorliegen, deren Grenzfläche zueinander recht stabil ist. Ihre Beseitigung ist auf Diffusion angewiesen. Es bleiben zellenartige

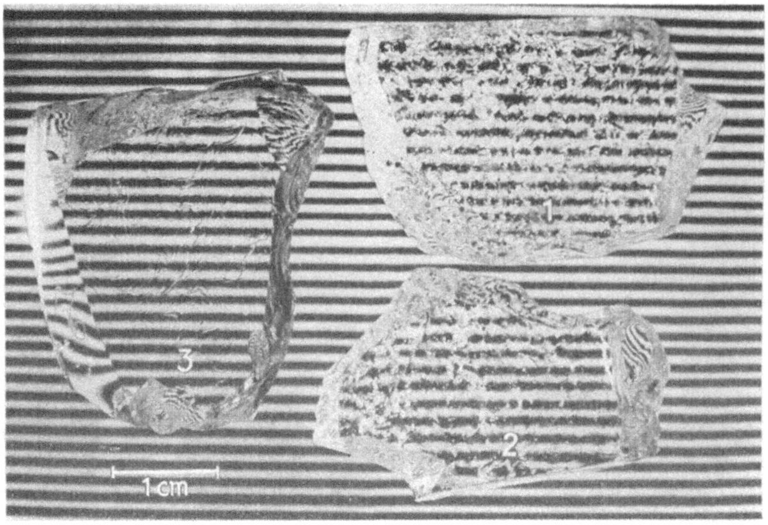

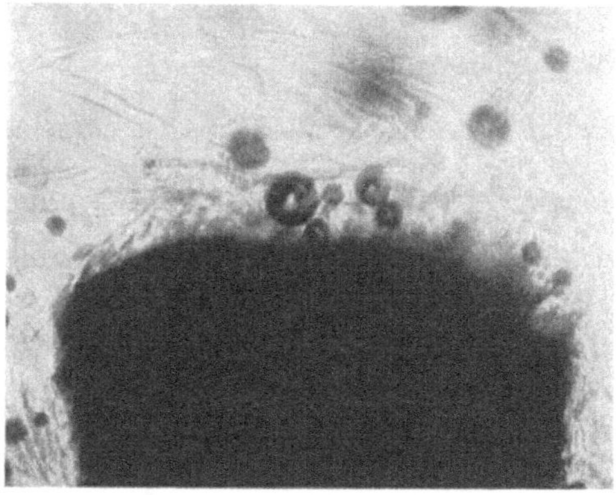

Oben:

Abb. 18. Drei Phasen einer Tiegelschmelze vor gerastertem Hintergrund. *1* Lösung der Schmelzrelikte, *2* Ausscheidung der Blasen, *3* restliche Schlieren

Links:

Abb. 19. Einzelnes Sandkorn in Auflösung begriffen, umgeben von Schlieren und Blasen

Unten:

Abb. 20. a) In Schmelze begriffenes Glasgemenge. Noch ungeschmolzene Sandkörner schwimmen in dünnflüssiger Schmelze von Karbonaten (36 ×). b) Einzelheit aus Abb. 20a (100 ×). – Die vom Rande der Körner her zunehmende Anreicherung an SiO_2 treibt Ketten von CO_2-Blasen aus. (Nach F. A. Bericht d. DGG. Nr. 16.) *a* Sandkornreste, *b* kristallisierte Randzone, *c* vordringende Silikat/Karbonat-Schmelze, *d* Blasengrenze, *e* karbonathaltige Schmelze

a b

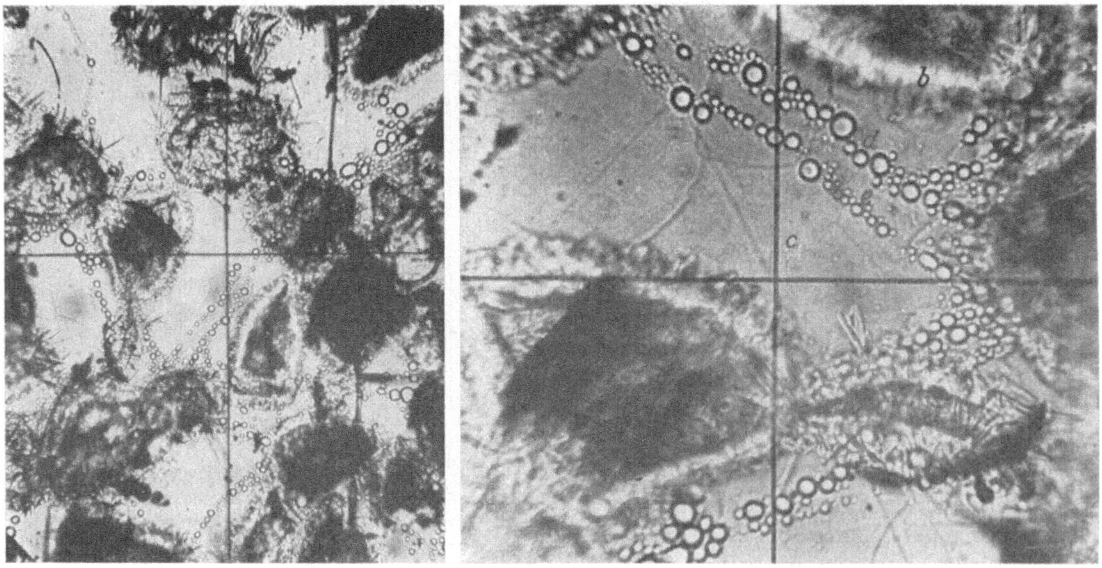

Raumteile nebeneinander bestehen. Sie verraten sich schon, wenn man von einer durch Eigenbewegung möglichst wenig gestörten Schmelze ein Reflexphotogramm [51] der Oberfläche nach der Anordnung Abb. 22 aufnimmt. Man nimmt eine wabenartige Anordnung der Raumteile wahr (Abb. 23). Die Größe solcher Zellen schwankt zwischen 0,5–10 mm.

In die Augen springend wird der Sonderfall einer Glas„zelle", wenn ein beliebiges Glas mit betont höherer Oberflächenspannung in ein anderes eingebettet zu liegen kommt. Hat es dabei schon vorher tropfenförmige Gestalt, so ist es bestrebt, dieselbe beizubehalten. Ein lehrreiches Beispiel hierfür ist E. Berger zu verdanken. Es ist in Abb. 24 wiedergegeben und läßt erkennen, daß keine Vermengung an den Umrissen des Glases, weder der Kugel, noch des nachgeschleppten Fadens, stattgefunden hat. Man stellt nur eine durch die Reibung während des Fallens in Betrieb gesetzte innere Strömungsschleife fest. – Das Zustandekommen dieses Gebildes ist einem Zufall zu verdanken. Wenn sich Gläser im Schmelzfluß dermaßen gegeneinander abzuschließen vermögen, so beruht das auf einem grundlegenden Verhalten.

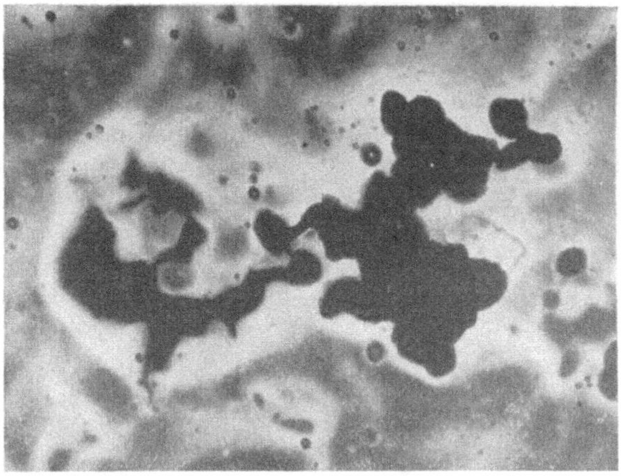

Abb. 21. Sandkörner als Schmelzrelikte, umgeben von schlierigem Glas. Kontrastaufnahme von Hauser, Zeiss, Jena

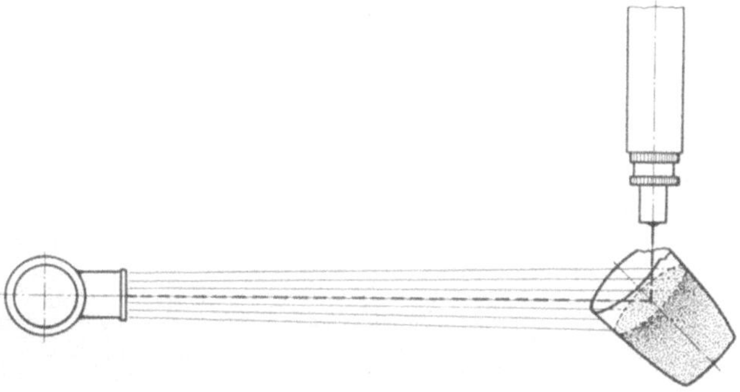

Abb. 22. Anordnung für die Beobachtung der Erscheinung in Abb. 23 als Reflexfotogramm

Schnürt sich z. B. von einem feuerfesten Körper ein Tropfen des Glasschleimes, so bildet auch er, wenn keine deformierenden Kräfte auf den Vorgang einwirken, einen mit Tonerde angereicherten Bezirk in der Schmelze. Dieser bleibt unter dem Einfluß der Oberflächenspannung abgerundet (Abb. 25). Die Begrenzung dieses Störungsbezirkes gegenüber dem normalen Glas ist auch dann sehr scharf und beständig, wenn chemisch eine vollständige Mischbarkeit vorliegt. Man kann mit Fug und Recht den aus der Biologie entlehnten Begriff einer „Zelle" darauf anwenden.

Sie sind auch phasentheoretisch Systeme für sich, wie sie der Petrologie nicht unbekannt sind, mit ihren *eigenen* Gleichgewichtszuständen, also auch eigenen Kristallkörpern, wenn es zur Entglasung kommt (Abb. 26).

Es sei festgehalten, daß schon vom Einschmelzprozeß her verschiedene Glasarten („Reaktionsbereiche") schwer mischbar in der Schmelze nebeneinander vorliegen.

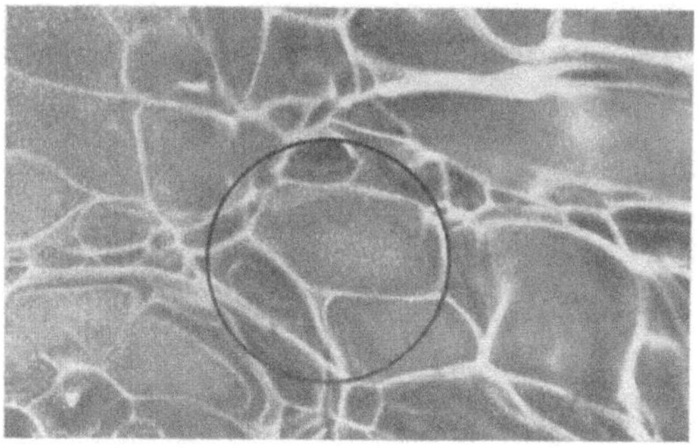

Abb. 23. Wabenförmige Zellengebilde in frisch aus Gemenge eingeschmolzenem Glas (10 ×, Aufnahme nach Abb. 22)

Die „Zelle" eignet sich als Ausgangsbegriff für jeglichen Homogenitätsmangel am Glas, denn sie kann ja durch äußere Einflüsse beliebig entstellt werden zu – wie auch immer geformten – Schlieren, Fäden, Rampen, Knoten usw. (vgl. Ziff. 7.1). Ihre – übrigens sehr verschiedene – „Abschlußkraft" gegenüber der Umgebung hängt von einer physikalischen Größe ab, die ihr von *dem chemisch abweichenden Bestandteil* verliehen wird, der Oberflächenspannung. Bekannt ist, mit welcher Hartnäckigkeit sich z. B. Tonfäden einer Verteilung in normalem Glasfluß widersetzen, so daß gerade sie einen häufigen Anlaß zu Fehlern bilden.

Einen gewissen Einblick in den Verlauf von Schlieren im Glas gestattet ohne besondere Einrichtung eine Beobachtung von Bruchflächen und ihre lichtbildmäßige Aufzeichnung im Reflex. Schlieriges Glas hat die Eigenschaft, bei Kühlbrüchen nicht glatt zu bersten. Infolge der durch andere Zusammensetzung bedingten verschiedenen Spannungs- und Elastizitätsgrenzen zeigen sich auf der Bruchfläche ganz schwache, mit dem Auge kaum wahrnehmbare Wülste, deren Verlauf getreu mit den Schlieren übereinstimmt.

Eine Eisenschliere verrät in Abb. 27 ihren Durchstoßpunkt durch die Bruchfläche des Glases in Form heller Flecken im Reflexbild desselben. Die Schattenzeichnung entspricht rhythmischen Wellen, wie sie an Bruchflächen immer vorkommen.

Aus der ursprünglichen „Zelle" geht also im Zuge der Verformung durch Strömung, Rühren od. dgl. jede wie auch immer geformte Schliere hervor. Diese bilden das Durchgangsstadium zu homogenem Glas.

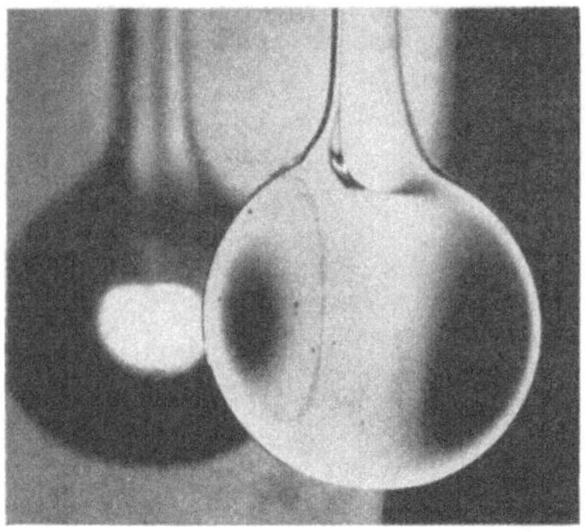

Abb. 24. Kugelförmiger Tropfen eines Glases A in einem Glase B; der eingebettete Tropfen mit nachziehendem Faden vor seinem Schattenbild

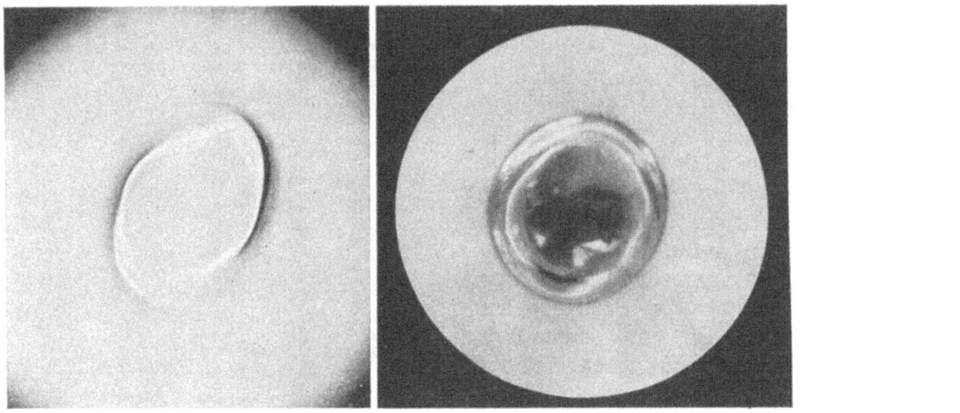

Abb. 25. Tonerdehaltige von Fremdkörpern herrührende Zellen in sonst homogenem Glas (10 ×)

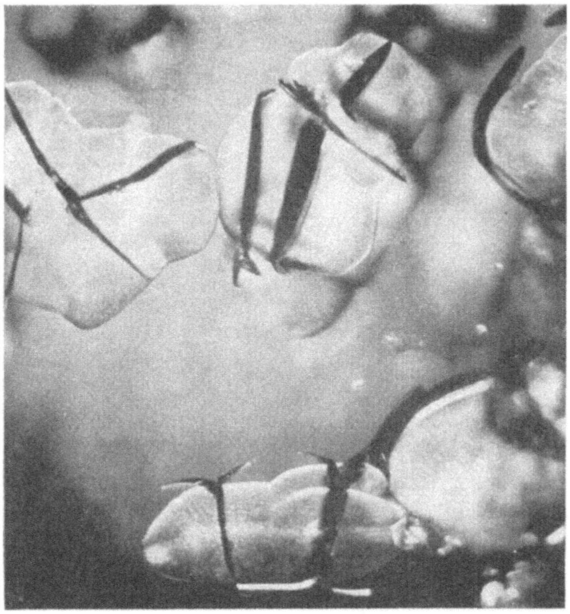

Abb. 26. Nephelinkristalle in tonerdehaltigem Glasknoten, die sich als selbständige Phase verhalten, ausgeschieden. M = 100 : 1

2.5 Entmischung und Aussaigern (Mischungslücken)

Entmischungen im schmelzflüssigen Zustand scheinen seltener vorzuliegen, als man annahm. Die Ursache örtlicher Abweichungen in einer Glasschmelze *kann* darin begründet liegen, daß sich einzelne Bestandteile der Schmelze von den übrigen trennen. Dies ist immer dann der Fall, wenn im Verlauf der Schmelze zwei Partien nebeneinander vorliegen, die sich nicht in jedem beliebigen Verhältnis lösen können. So ist es z. B. mit Wasser und Äther der Fall. Im Gegensatz hierzu kann Wasser mit Glyzerin oder Alkohol beliebig zu einer homogenen Lösung vermischt werden. So bestehen nach Greig [52] „Unmischbarkeiten" unter den Silikaten $MgOSiO_2$, $CaOSiO_2$, $SrOSiO_2$ und $BaOSiO_2$. Eisen-, Mangan-, Kobalt- und Nickeloxyde zeigen mit SiO_2 ebenfalls nur begrenzte Mischbarkeit, das erstere sogar sehr scharf außerhalb von 3 FeO, 97 SiO_2 bis zu 40 FeO, 60 SiO_2. Auch Borate zeigen begrenzte Mischbarkeit mit SiO_2, wogegen die Borsäure sich, wenngleich schwierig, so doch als vollkommen mischbar mit SiO_2 erwies [41].

Ein Beispiel dafür, daß ein borsäurehaltiger Zusatz bei zufälliger örtlicher Häufung im Glase zu einschlußähnlichen Gebilden führen kann, die sich der Aufnahme ins Glas widersetzen, zeigt Abb. 28.

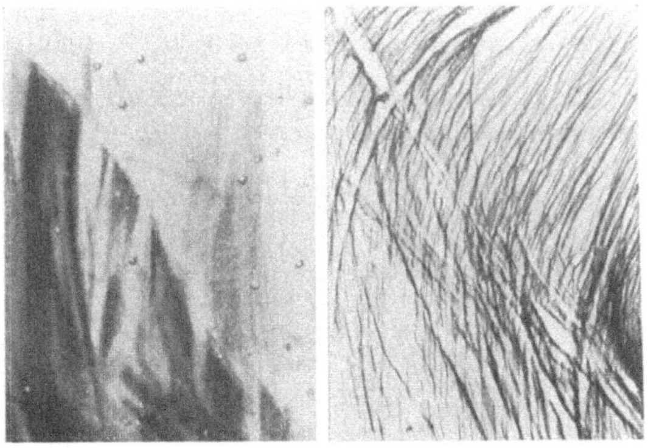

Abb. 27. Durchstoß einer stark gefärbten Eisenschlierenschicht (*a*) durch die Bruchfläche (*b*) im Reflex

Schon beim Einschmelzen des Glases hält man vorübergehende Aussaigerungen für möglich, die durch verschiedene Flüssigkeitsgrade zustandekommen. Die schwere Zugänglichkeit dieser Vorgänge hat aber noch keine sicheren Nachweise finden lassen. Im Gegenteil, J. LÖFFLER [40] kommt in Übereinstimmung mit früheren Überlegungen [53] zu dem Ergebnis, daß keine Anzeichen für eine Aufteilung der Schmelze in einen kieselsäureärmeren und einen kieselsäurereicheren Anteil stattfindet.

Zwar wird zunächst nur ein Teil der Kieselsäure sofort aufgenommen, wahrscheinlich derjenige, der mit den Basen regelrechte Verbindungen - zunächst zu Disilikaten - eingeht. Der Rest geht später - aber völlig kontinuierlich - langsam in „Lösung". Man hat demnach zwischen zwei aufeinanderfolgenden Stufen zu unterscheiden: Reaktion und Lösung. Die Lösung der Restkieselsäure, die den größeren Anteil ausmacht, vollzieht sich aber so viel träger, daß die Anfangsschmelzflüsse sich bis dahin bereits weitgehend ausgeglichen haben können. Auf diese Weise sind

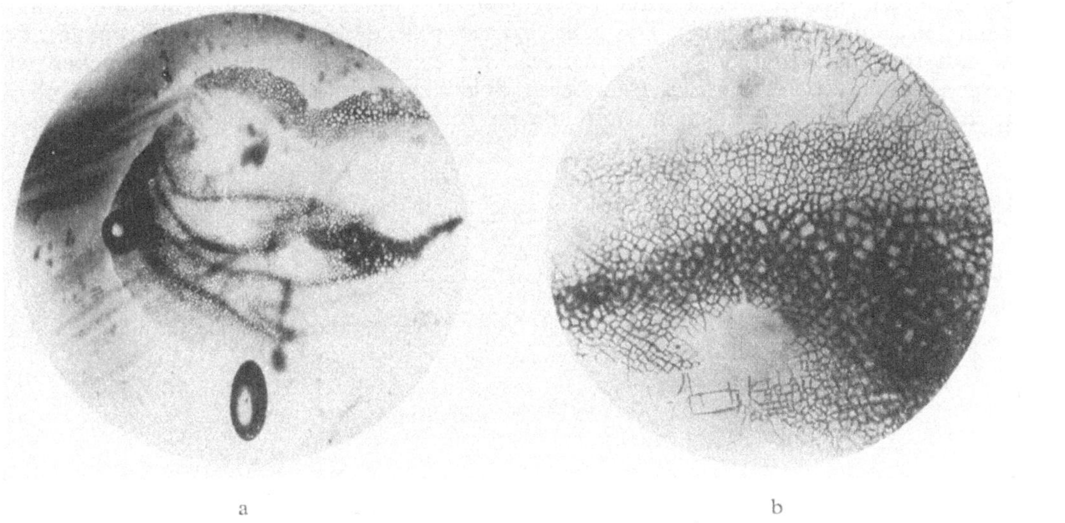

a b

Abb. 28. a) Durch Schwer- oder Unlöslichkeit veranlaßter knotenförmiger Einschluß. eines an Borsäure (oder Borax) angereicherten Glasteiles (30 ×). b) Einzelheit aus a) Keine Entglasung, sondern Craquelée (100 ×)

schon gewisse Trennungen voneinander abweichender Gläser beobachtet worden, wie es von Hafenschmelzen her bekannt ist. So hat O. BARTSCH eine Schichtenbildung stark B_2O_3-haltiger Gläser in Zusammenhang mit entsprechend unterschiedlicher Korrosionswirkung auf das Tiegelmaterial mitgeteilt [54].

Die bisher erwähnten Fälle gehen vom unvollkommenen Zustand der Glasschmelze aus. Sie verhindern also das Zustandekommen der vollkommenen Homogenität. Aber auch eine Schmelze, die auf dem besten Wege war, ihre vorschriftsmäßige Zusammensetzung anzunehmen, ist u. U. noch von einer anderen Seite her bedroht: Besonders Bleiglas ist z. B. der Gefahr ausgesetzt, sich unter dem Einfluß der (reduzierenden) Ofenatmosphäre zu zersetzen, d. h. Sauerstoff abzuspalten und metallisches Blei abzuscheiden [55]. Da Metalle nur in oxydischer Form im Glas löslich sind, tritt der Sonderfall einer Entmischung ein. Das metallische Blei sammelt sich am Hafenboden als

Tropfen oder Regulus und bleibt damit der Schmelze entzogen (Abb. 29), ganz abgesehen davon, daß es sich dort korrodierend betätigt [56] und weitere Störungen verursacht.

Als besonderer Fall der Entmischung muß das Auftreten von „Galle" betrachtet werden (vgl. Abschn. 9).

2.6 Gemengeumstellung als Schlierenursache

Der Inhalt einer Schmelzwanne kann nur dann wirklich einheitlich sein, wenn sie schon länger mit demselben Glas beschickt wurde. Analytische Umstellungen des Gemenges erfordern stets eine gewisse Zeit, bis sie sich auch im Erzeugnis vollzogen haben. In diesem Zusammenhang wird ein Vorzug der Hafenschmelze offenbar: Sie bildet eine abgeschlossene Einheit, deren Fehler sich nur bei mangelnder Sorgfalt auf die nächstfolgende übertragen. In der Wanne aber befinden sich stets Schichten, die wenig an der Strömung teilnehmen und daher zur Ursache von Schlieren werden können [57]. Insbesondere wirken Einschnürungen (Hälse), Durchlässe usw. abschließend auf die einzelnen Kreisläufe in der Wanne. Es wird auch Schwimmern von ausreichendem Tiefgang eine ähnliche Wirkung zugeschrieben. Die Selbständigkeit einzelner Kreisläufe kann auch ihre verschieden starke Anreicherung mit Lösungsbestandteilen verursachen. Es bilden sich also wenigstens vorübergehend Schichtungen aus, von deren Grenzflächen Schlierenbildungen ausgehen können. Die Strömungsbahnen bleiben wegen ihrer gesetzmäßigen Lage voneinander getrennt. Eine vollkommene Mischung tritt nicht ein. Das geht sogar so weit, daß ein gezogenes Tafelglas, dessen Wanne mit fremden Scherben aufgeschmolzen, mit eigenem Gemenge weiterbetrieben wurde, vorübergehend aus zwei analytisch trennbaren Schichten bestand, die sich sogar durch ihren Farbstich voneinander unterschieden, wofür Belege vorhanden sind.

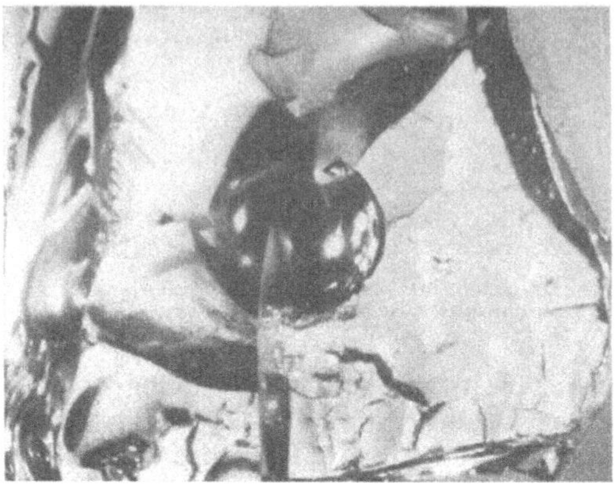

Abb. 29. Ausgeschiedener Bleitropfen am Grunde der Hafenschmelze eines Leichtflintes mit 30% PbO (2 ×)

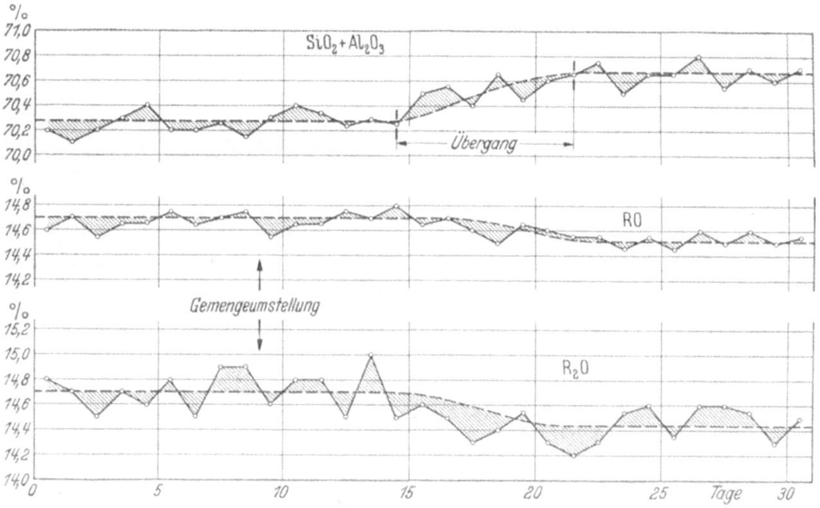

Abb. 30. Streubereich einer regelmäßigen analytischen Überwachung des Glases um eine Mittelwertskurve. Zugleich Ermittlung der Veränderung eines Glases als Folge einer Gemengeumstellung (schematisch)

Die lange Dauer, die nach Abb. 30 verstreicht (oft eine Mehrzahl von Tagen), bis sich die Umstellung eines Wanneninhaltes vollzogen hat [58, 59], läßt die Schwierigkeit der betrieblichen Überwachung erkennen. Die entsprechende Umstellung in einem Stahlofen vollzieht sich dagegen in weniger als einer Stunde!

Die Entstehung von schlierigem Glas durch die Vornahme einer Gemengeumstellung erscheint also – wenigstens vorübergehend – unvermeidlich. Was aber schlieriges Glas für die Sprödigkeit der aus ihm verfertigten Gegenstände bedeutet, hat A. RUSS [*60*] verfolgt; die Störungen, die bei der Verformung des Glases zu Flaschen durch sie verursacht werden, wurden von W. EITEL [*182*] geprüft (Vgl. auch Kap. IX).

2.7 Flüchtigkeit und Verstaubung

Die Synthese des Glases unterliegt einem Einfluß durch Verstaubung von Gemengebestandteilen und einer Verflüchtigung besonders von Alkalien in Dampfform. Die Stärke beider Vorgänge läßt sich nur abschätzen [*61*].

Als sicher hat sich nachweisen lassen, daß die Anlieferung von „leichter“ im Gegensatz zu „schwerer“ oder „gekörnter“ Soda unterschiedliche Mengen von Ablagerungen in den Regenerativkammern hervorruft [*62*]; dementsprechend tritt ein gewisser, wenn auch nicht allzu stark ins Gewicht fallender Einfluß auf die Zusammensetzung des Glases im Sinne eines Defizits an Na_2O ein (Abb. 31). Vor allen Dingen machen sich aber bei stärkeren Verlusten vorzeitige Verstopfungen des Gitterwerkes der Regenerativkammern bemerkbar (Abb. 32). Besonders der Betrieb von Reglerorganen oder eines Abhitzkessels kann dadurch stark in Mitleidenschaft gezogen und die ganze Ofenführung gestört werden (Abb. 33).

Besondere Untersuchungen hierüber wurden von INSLEY [*63*] sowie durch F. H. ZSCHACKE [*64*] durchgeführt. Es wird angenommen, daß ein gewisser Anteil staub- und dampfförmiger Verflüchtigungen auch noch durch den Kamin entweicht.

Die Verdampfung flüchtiger Bestandteile aus der Glasschmelze findet auch noch bei relativ niedrigen Temperaturen (900°) statt, wie sich leicht an den Beschlägen von Kühlern in diesem Bereich oder im Speiserbetrieb feststellen läßt, die sogar auch etwas Kieselsäure (1–5%) enthalten. Es kann daher eine gewisse Kompensation eintreten [*65, 66*]. Der Gehalt des Glases, besonders aber der Ofenatmosphäre, an Wasserdampf ist nach DIETZEL [*67*] nicht ohne nachhaltigen Einfluß auf die Vorgänge. Besonders auch Bor- und Bleigläser wurden von Verflüchtigungen betroffen [*68, 69*].

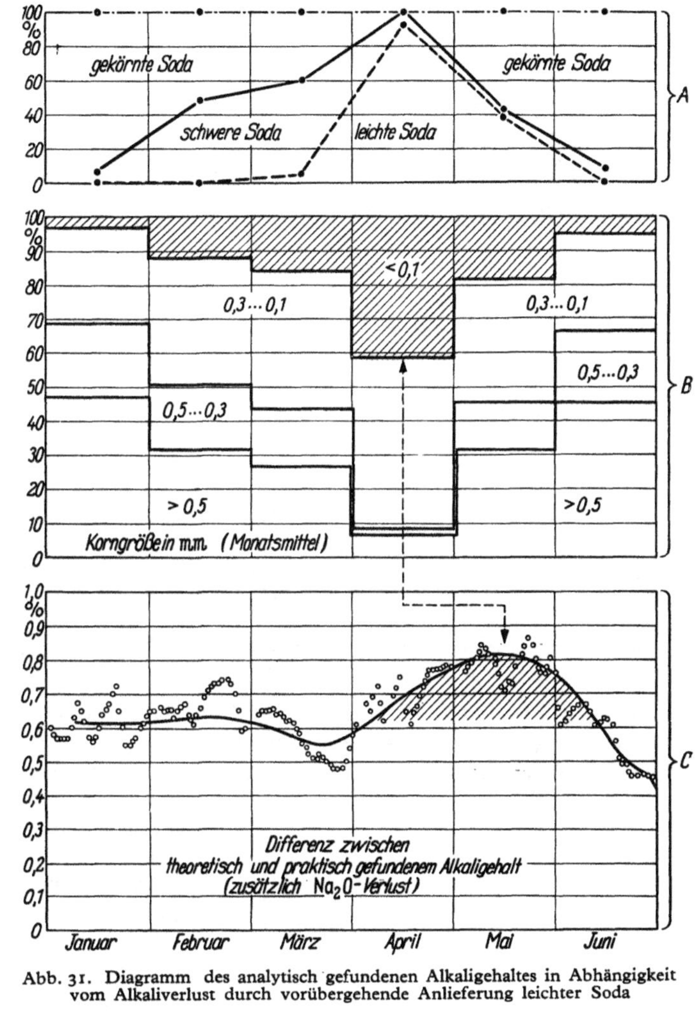

Abb. 31. Diagramm des analytisch gefundenen Alkaligehaltes in Abhängigkeit vom Alkaliverlust durch vorübergehende Anlieferung leichter Soda

Während KEPPELER [*70*] noch mit einem Verlust der zugesetzten Alkalimenge von 5% (bzw. 0,5% Na_2O im Glase) rechnete, wird heute kaum mehr als 0,2% dafür in Ansatz gebracht. Bei Borsäure z. B. kommen größere Mengen in Betracht. In jedem Fall hängt die verdampfte Menge von dem Verhältnis der freien Schmelzoberfläche zur Gesamtmasse ab. Auch Fluor [*71*] entweicht als Siliziumtetrafluorid, Alkali-Blei-Silikatgläser verlieren etwas PbO. TURNER [*72(a, b)*] hat die (unbestätigte) Vermutung ausgesprochen, daß der Grad einer Verflüchtigung mit den im Glase selbst enthaltenen stöchiometrischen Verbindungen zusammenhängt.

Die Verwendung vollkommen flüchtiger Substanzen im Gemenge, wie von Ammoniumsalzen [*73*], hat sich als nicht aussichtslos erwiesen im Hinblick auf die für die Herstellung von Glas erforderliche „Bewegung“ der Schmelze und ihre Läuterung.

Der Verdampfung von Alkali aus Scherben wird oft dadurch Rechnung getragen, daß man Scherbenschmelzen etwas Soda zusetzt [74]. Diese Maßnahme findet aber nicht allgemeinen Anklang.

Abb. 32. Verstopfung einer Regenerativkammer durch Flugstaub und Verdampfungsniederschläge

Zu den flüchtigen Bestandteilen gehört vornehmlich auch das SO_3; sein starker Einfluß auf die Oberflächenspannung des Glases [75] führt zu beträchtlichen Veränderungen im Verhalten der Schmelzoberfläche (vgl. Ziff. 3.21).

2.8 Angleichung einer Scherbenschmelze an das Gemengeglas

W. E. S. Turner [76] und nach ihm G. Gehlhoff u. Mitarb. [77] konnten durch Versuchsreihen bestätigen, daß die Schmelze eines mit Scherben versetzten Gemenges im allgemeinen günstiger verläuft als ohne sie. Das entspricht auch den praktischen Erfahrungen der Betriebe. In beiden Fällen zeigte sich, daß oberhalb von 40–50% Scherbengehalt die Güte der Schmelze jedoch merkbar zurückgeht. Selbst aber, wenn die Scherben schmelztechnisch zu entbehren wären, müßte doch betriebswirtschaftlich [78] mit ihnen gerechnet werden, weil sie ja fabrikationsmäßig anfallen. Ihr Rücklauf in die Schmelze ist also zwangsläufig vorgeschrieben. Damit entsteht die Aufgabe, planmäßige Arbeitsbedingungen zu erstellen, um Schwierigkeiten aus dem Wege zu gehen. Hierzu gehört für empfindliche Betriebe schon das Einmischen der nach Möglichkeit zerkleinerten Scherben unter das Gemenge [79].

Eine gewisse Störung der örtlichen oder zeitlichen Homogenität des Glases kann daher rühren, daß zur Schmelze Scherben Verwendung finden müssen, die nicht die gleiche Zusammensetzung haben, wie es den gewünschten Glaswerten des Gemenges entspricht. Diese Wirkung ist natürlich um so nachhaltiger, je höher der Anteil von Scherben im Gesamtgemenge ist und je weiter ihre chemische Zusammensetzung von derjenigen des herzustellenden Glases entfernt ist.

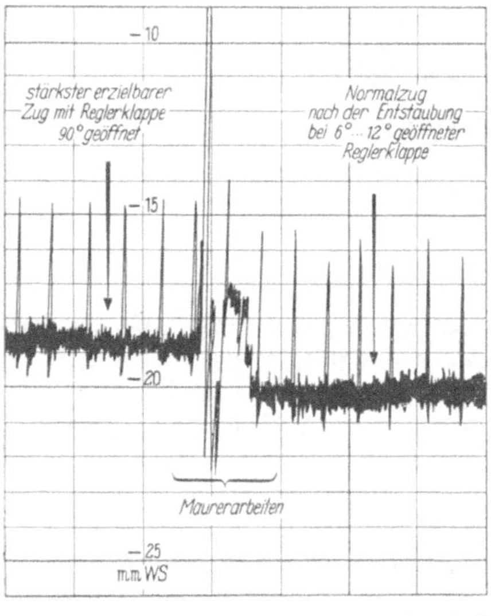

Abb. 33. Meßstreifen eines Reglers vor und nach der Entstaubung einer Regenerativkammer

Es ist erfahrungsgemäß nicht einfach, einem bestimmten Gemenge immer den gleichen Anteil von Scherben aus dem eigenen Betrieb zuzuführen, deren Zusammensetzung dieselbe ist, wie sie das Glas aus dem Gemenge haben würde. Dazu gehört ein ausgeglichener Scherbenhaushalt [78]. Man kennt auch die Gefahr von Homogenitätsstörungen bei einer Zuführung von fremden Scherben unbekannter oder bekannter, aber abweichender Zusammensetzung. Endlich hat man in dem Augenblick, wo man entschlossen ist, das Gemenge aus diesen oder jenen Gründen zu verändern, noch lange keine Scherben von neuer Beschaffenheit zur Verfügung. Man muß sich also damit begnügen, eine langsame Überführung der einen Zusammensetzung in die andere vorzunehmen. Die Anpassung des Gemischglases an die als Sollwert angenommene Grundlage des reinen Gemengeglases erfolgt natürlich verschieden rasch, je nach dem Grad des Überwiegens von Gemenge (als Glasäquivalent) oder der Scherben im Gesamtgemisch, das in Schmelze übergeführt wird [*80*].

Von besonderer Bedeutung ist die Einspielung der Schmelze auf eine bestimmte Zusammensetzung, wenn ein leerer Ofen mit Hilfe großer Mengen abweichender Scherben vollgeschmolzen werden soll.

Unter der Voraussetzung, daß das Verhältnis $\frac{\text{Scherben}}{\text{Gemenge}}$ gleich bleibt und die im Betriebe anfallenden und zur Schmelze verwendeten Scherben immer wieder den vorgeschriebenen Anteil am Gemenge ausmachen, nähern sie sich selbst also immer mehr dem Sollwert des reinen Gemengeglases. Das läßt sich rechnerisch erfassen:

Als Beispiel sei angenommen, daß man in ein gegebenes Scherbenglas S (z. B. die Füllung einer Wanne nach ihrer Reparatur) fortlaufend Gemenge G mit einem Anteil von 20% (Glasäquivalent) an der Gesamtmischung M = 100% bei jeder Schmelze einführt. Es entsteht folgende Reihe:

1.			20	+ 80	= 100	
2.		20	+ 16	+ 64	= 100	
3.	20 + 16		+ 12,8	+ 51,2	= 100	
4.	20 + 16 + 12,8		+ 10,24	+ 40,96	= 100 usf.	
	Gemengeglas G		Scherbenglas S		Gesamt-Mischung M	

Hierin beträgt jede Zahl in der Kolonne Scherbenglas 80% der voranstehenden, geht also durch Multiplikation mit $\left(\frac{80}{100}\right)$ im ersten Glied, mit $\left(\frac{80}{100}\right)^2$ im zweiten, mit $\left(\frac{80}{100}\right)^3$ im dritten Glied aus dem ursprünglichen Anteil der Scherben $\left(\frac{80}{100} = s\right)$ an der Gesamtmischung hervor. – Die anfallende geometrische Reihe lautet:

$$M \cdot s \,/\, M \cdot s^2 \,/\, M \cdot s^3 \cdots M \cdot s^n.$$

Die Summe des übrigen Teiles der linken Gleichungsseite beträgt immer die Differenz bis auf 100; also G = 100 – S oder, was dasselbe ist, G = M – S. Die Zusammensetzung des Glases entfernt sich mehr und mehr von der ursprünglichen und gleicht sich dem Gemenge an.

Bezogen auf die verfolgten Werte des Gemenges im produzierten Glas ergibt sich also:

$$\underset{G_1}{M - (M \cdot s)} \,/\, \underset{G_2}{M - (M \cdot s^2)} \,/\, \underset{G_3}{M - (M \cdot s^3)} \,/ \cdots \underset{G_n}{M - (M \cdot s^n)}$$

Nach dem Diagramm Abb. 34 hat man nach fünfmaligem Einschmelzen des Glases mit nur 20% Gemenge Scherben mit dem gleichen Zusatz unveränderten Gemenges (Glasäquivalent) ein Glas, das zu 67% die Eigenschaften des Gemengeglases besitzt und nur noch zu 33% diejenige des Scherbenglases.

Bei einer Beimischung von 40% Scherben zum Gemenge erzielt man erst nach *fünf*maligem Umlauf der anfallenden Scherben durch die Schmelze hindurch ein Glas, das zu 92% in das Gemengeglas übergeführt ist.

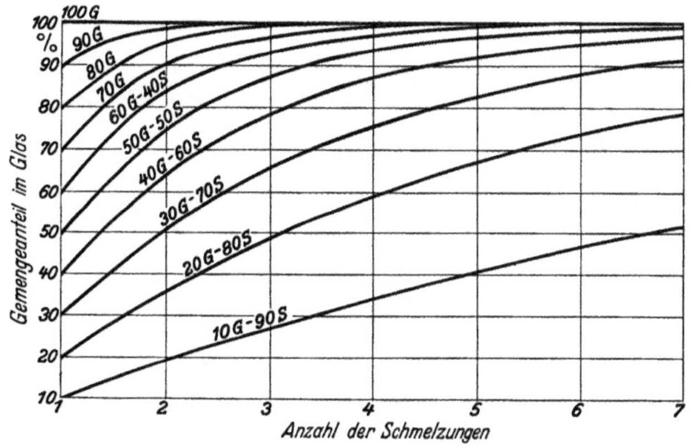

Abb. 34. Errechneter Einfluß des Verhältnisses von verschieden zusammengesetzten Scherben/Gemenge auf das fertige Glas nach mehrmaligem Schmelzen

An Hand dieser Kurventafel läßt sich überschlagen, in welcher Zeit nach den vorliegenden Betriebsverhältnissen eine Umstellung der Glaszusammensetzung damit verläuft, daß sie in den gewünschten Sollwert ausklingt. Freilich kann das in erster Linie nur für Hafenschmelzen und Tageswannen gelten, da diese allein abgeschlossene Schmelzperioden durchmachen. Für fortlaufend arbeitende Wannen wird man sich mit einer ungefähren Abschätzung begnügen müssen.

2.9 Von Scherben und ihrer „freien" Oberfläche verursachte Schlieren

Die Annahme, daß Schmelzen aus einheitlichen Scherben von vornherein homogener sein müssen als Gemengeschmelzen, trifft nicht ohne weiteres zu. Den Scherben fehlt derjenige Teil des Alkalis, der im eingelegten Gemenge noch enthalten, bei der Schmelze aber verdampft ist.

Dieses Defizit braucht größenordnungsweise nicht höher als 0,2% Na_2O zu sein, um dennoch in der Schmelze Inhomogenitäten hervorzurufen. Die Zusammensetzung der Scherben weicht also von vornherein von der Glassubstanz, die mit dem Gemenge eingeführt wird, etwas ab. Ihre Glassubstanz stimmt also mit ihrer Umgebung nicht völlig überein. Sie gehen als „Zellen" in die Schmelze ein, wenn auch räumlich noch so verzerrt. Es kann also kaum gleichgültig sein, in welcher Form die Scherben Anwendung finden.

Scherben fallen im Betrieb an und müssen deshalb als wertvolles Schmelzgut Verwendung finden. Sie werden dem Gemenge laufend zugegeben, um den Schmelzprozeß zu erleichtern. Sie

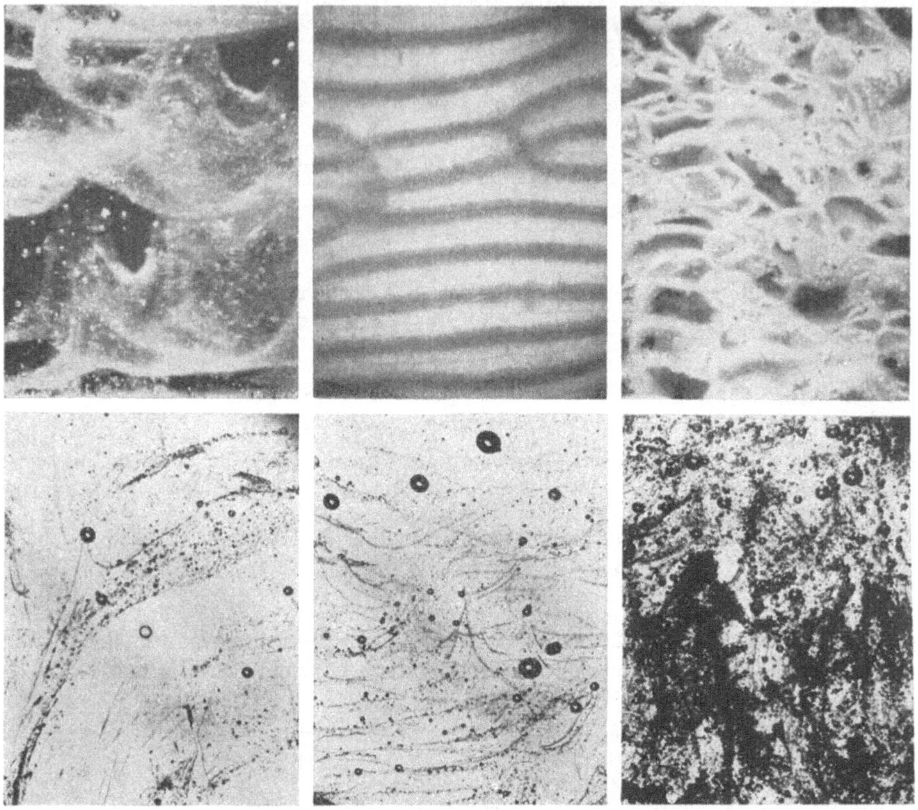

Abb. 35. Scherbenschmelzen in Tiegeln (etwa 1 kg Inhalt mit der Diamantsäge in etwa 1 cm dicke Schnitte zerlegt, Schnittflächen mit Kanadabalsam immergiert). Obere Reihe (a, b, c): 30 Min. bei 1050°; die Schmelzen sind entglast. Die Entglasung nimmt mit extrem hoher Keimzahl ihren Ausgang von den ehemals freien Oberflächen der verschieden vorgeformten räumlichen Bestandteile. M = etwa 1:1. Untere Reihe (d, e, f): 30 Min. bei 1100°; die Schmelzen sind klar geworden, sie unterscheiden sich lebhaft hinsichtlich ihrer Grenzflächen, ihres Blasengehaltes und seiner Verteilung. M = 1:1. Linke Reihe (a, d): Brockenschmelze (partieweise klares Glas). Mittlere Reihe (b, e): Scherbenschmelze (Tafelglas, flächige Grenzflächen). Rechte Reihe (c, f): Granulatschmelze (Haselnußgröße). Letztere entwickelt ein viel größeres Gasvolumen als die beiden anderen. Die Grenzflächen werden verwischt

dienen als Füllmaterial für reparierte Öfen, um das Vollschmelzen zu bewerkstelligen. Die Verwendung von vorgeschmolzenem Glas in diesem Sinn kann im wesentlichen in drei verschiedenen Formen erfolgen:

a) als Brocken (ausgebrochen aus der Wanne oder dem Auslaufbecken),

b) als normale Scherben, wie sie im Betrieb anfallen,

c) in Form von haselnußgroßen Stücken, wie sie entstehen, wenn das aus Wannenöfen abgelassene Glas in Wasserrinnen abgeschreckt wird und zerfällt.

Die Neigung des Glases, seine Oberfläche rasch mit Bestandteilen der Atmosphäre, vor allem Wasser, abzusättigen [*82*], hat zur Folge, daß grundsätzlich jede Oberfläche einer Scherbe von ihrem Massiv abweicht und in der Schmelze als trennende Grenzflächenschliere erhalten bleibt. Wenn man daher Gläser verschiedener Herkunft übereinanderschichtet, um sie in einem Tiegel einzuschmelzen, so bleiben die Grenzflächen der Scherben deutlich erhalten, auch nachdem schon Deformationen durch Strömungsbewegungen eingetreten sind (Abb. 35). Blasen, die solche künstlich angeordneten Schichten durchfahren, deformieren dieselben, ohne die Grenzflächen zu vernichten (Abb. 36).

Demzufolge findet man die Grenzflächen in einer Tiegelschmelze im wesentlichen in der gleichen Anordnung wieder, wie sie den Aufbaubestandteilen der Schmelze entsprechen. Bei Verwendung von Brocken findet man also großflächige Grenzflächen, die relativ homogene Partien einschließen. Bei Verwendung von Scherben kann man die flachen Partien, die aus den einzelnen Scherben hervorgegangen sind, noch lange an ihren Grenzflächen verfolgen. Geht man aber von gekörntem Material aus, so verraten die Grenzflächen eine Struktur der Schmelze, die sich aus vielen einzelnen Zellen aufbaut. Werden solche Schmelzen zur Kristallisation gebracht, so zeigt sich, daß diese eindeutig ihren Ausgang an den durch die Scherben eingeschleppten „inneren Oberflächen" nimmt. Damit tritt der analytisch vom Massiv der Schmelze abweichende Zustand der vormaligen Außen-, jetzigen Grenzflächen deutlich in Erscheinung.

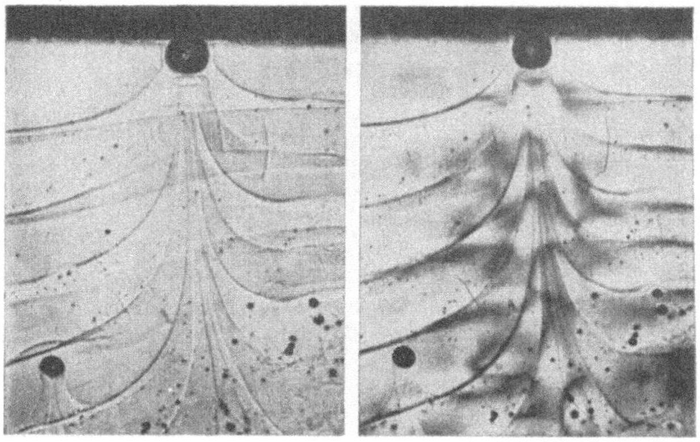

Abb. 36. Links: Aufsteigende Blase deformiert die von Scherben herrührenden Schlierenlagen. Rechts: Dasselbe im polarisierten Licht. Spannungsverteilung im Bereich der Deformation. M = 5:1

Es konnte nachgewiesen werden, daß durch das fließend heiße Abschrecken von Tafelglas in Wasser der Glasmasse soviel Alkali entzogen wurde, wie etwa 3,4 kg Soda/t Glas entsprach.

Trotzdem erscheint es fraglich, ob man die Homogenität einer Scherbenschmelze dadurch fördert, daß man den Ausfall an Alkali beim Einschmelzen durch Zugabe von Soda ausgleicht. Die Sodazuteilung wird der Masse des Scherbenglases ja doch nicht einverleibt, sondern hüllt sie bestenfalls schlecht dosiert ein. Im Hinblick auf eine Homogenität der Schmelze wird daher meist auf die Einverleibung von Soda zum Ausgleich des fehlenden Alkalis verzichtet.

Entsprechend der verschiedenen Vorgeschichte des Scherbenglases hängt die Beschaffenheit einer solchen Schmelze deutlich davon ab, ob die ehemals freien Oberflächen nur an der Atmosphäre verwittert sind (Brocken), ob sie von Wasser gewaschen bzw. ausgelaugt wurden (Scherben) oder ob sie sogar durch Abschrecken flüssigen Glases in Wasser hervorgegangen sind (körnig zerfallenes Gut). Mit der Absorption von Wasserdampf an der mehr oder weniger zerklüfteten Oberfläche hängt es dann auch zusammen, daß die beim Einschmelzen von Scherben aus den Grenzflächen hervorgehenden gasförmigen Ausscheidungen in Form von Blasen in sehr verschiedener Anzahl und Anordnung erfolgen.

3 Verhalten der Inhomogenitäten in der Schmelze

3.1 Strömungsschlieren

Schlieren, wie man sie im erkalteten Glasschmelzfluß antrifft, sind immer laminare oder fibrillare Stränge unterschiedlichen Glases, die man an Glasbrocken in einer Immersionsküvette sichtbar machen kann [*83*]. Als solche sind sie Indikatoren für die zuletzt herrschende Strömung, unter welcher die Erstarrung eintrat, und bewahren diese Eigenschaft bis zur Verformung des Glases zum fertigen Gegenstand.

Die unterschiedliche Zusammensetzung des Glases läßt sich allerdings nur selten analytisch erfassen, leichter jedoch durch Bestimmung der verschiedenen Brechungsexponenten, die oft erheblich schwanken (z. B. n_D 1,5201–1,5133–1,5254–1,5197). So wurden sogar an optischen Gläsern Unterschiede von 39–14 Einheiten der 5. Stelle festgestellt [*84*].

Die Trennung solcher Inhomogenitäten in einem Flaschenglas durch Sedimentierung in der Zentrifuge gab zu erkennen, daß es sich in erster Linie ganz einfach um Schwankungen an normalen Glasoxyden, besonders im Gehalt von SiO_2 handelt, die diese Schlieren verursachen.

Die mit Hilfe des TOEPLERschen Schlierenverfahrens gewonnene und zeichnerisch ergänzte Abb. 37 läßt die Anordnung dieser Schlieren in einer Tiegelschmelze als durch thermischen Umlauf verursacht erkennen. Im Zuge ihres Verlaufes laden sie sich an der Spülkante des Schmelztiegels mit Lösungsbestandteilen des keramischen Materials auf und verstärken dadurch die Uneinheitlichkeit der Schmelze.

Unter ihnen sind unverkennbare *Schichten*bildungen nachzuweisen, die – entsprechend der herrschenden Strömungsbewegung – dem allgemeinen Verlauf zügig angepaßt sind. Sie sind es auch, die bei der Erkaltung von Wannenöfen die häufig anzutreffenden, gekrümmten Entglasungsflächen (Abb. 38) entwickeln, wie sie zur Verfolgung der Umlaufströmung in Glasschmelzen [*58*] herangezogen wurden und wertvolle Erkenntnisse darüber vermittelten.

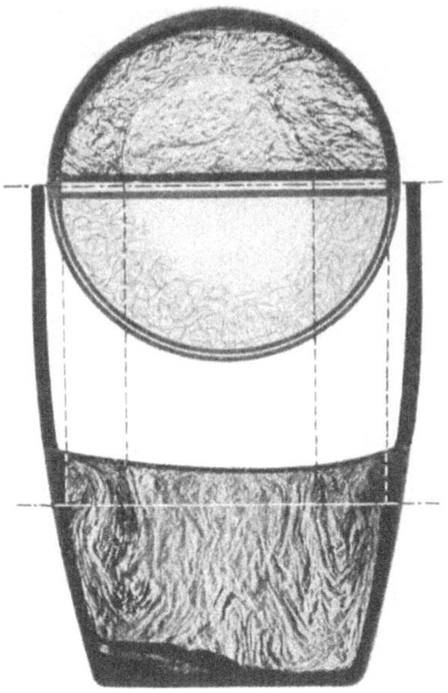

Abb. 37. Horizontaler und vertikaler Schnitt durch eine Tiegelschmelze. Umlaufströmung mit tonerdegeladenen Schlieren sichtbar gemacht durch optisches Schlierenverfahren

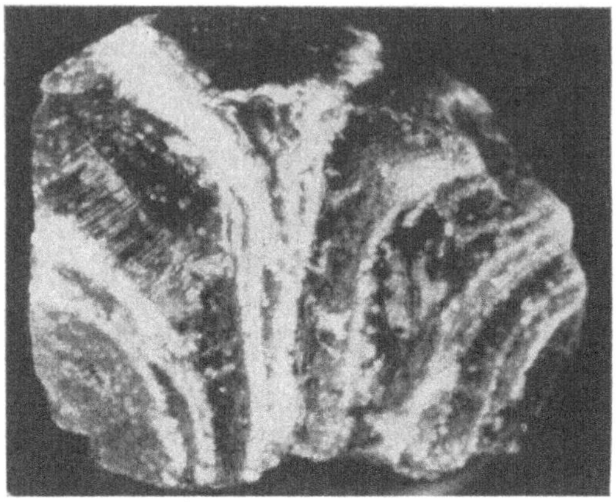

Abb. 38. Entglasungsflächen an den Schichtbildungen im Innern erstarrter Schmelzen ($^1/_5$ ×)

Die Untersuchung ihrer näheren Umgebung durch Eintauchen ausgebrochener Glasbrocken in ein ausreichend großes Immersionsbad nach Abb. 39 fördert weitere Eindrücke zutage, die aufschlußgebend für Strömungsschlieren sind [*85*]. Im durchfallenden Licht läßt sich die Bewegung der Schmelze im eingefrorenen Zustand als Schattenbild gewinnen.

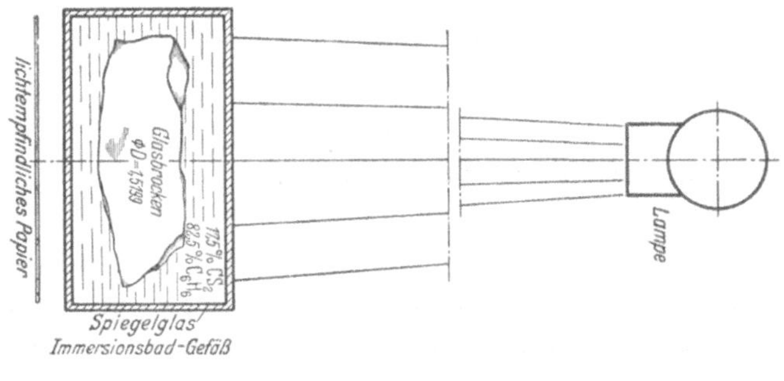

Abb. 39. Schema eines Immersionsbades zur Ausschaltung störender Bruchflächen und Sichtbarmachung des Schlierenverlaufes

Die Anordnung der Grenzschichten ist die Folge gesetzmäßig ablaufender Strömungssysteme, innerhalb deren sie *aufrechterhalten* bleiben [*86, 87, 88*].

3.11 Analogie der Schlieren zum papierchromatographischen Verhalten gefärbter Flüssigkeiten

Auf das Verhalten der Schlieren wirft eine Reihe von Untersuchungen durch R. E. LIESEGANG ein bezeichnendes Licht. Seine Ausführungen zur Kapillaranalyse [*89*] lassen zum mindesten eine gewisse Analogie zwischen der Ausbreitung von Farben bei kapillaren Wanderungen in ungeleimten Papieren mit der Bewegung von Schlieren erkennen. Chromatographische Bilder seiner Experimentalergebnisse legen diese Analogie nahe. Sie lassen sich auf (zweidimensionale) Wannenmodelle übertragen (Abb. 40). Sie verlaufen durchaus analog einer Potentialströmung.

Die Verteilung der im Einlegevorbau (als Modell für das Schmelzgut) angebrachten Farbflecken im Zuge des kapillar aufsteigenden Wassers ist eine derartige, daß effektiv von jeder Querschnittsverminderung *alle* Schlierenbahnen betroffen werden. Obwohl ein solcher kapillarer Strömungsvorgang nichts zu tun hat mit hydrodynamischen Modellversuchen, ist er doch rein äußerlich dem Verhalten von Schlieren im Glas sehr verwandt. Es formt sich ein Verteilungsbild der Strömungsbahnen, welches einen Eindruck davon zu vermitteln vermag, wie man sich die Ausbreitung des Schmelzgutes im Ofen vorzustellen hat, wenn sie lediglich durch die fabrikatorische Entnahme am anderen Ende bestimmt wurde und wenn sie ohne Beeinflussung einer sich nach dem Thermosyphonprinzip überlagernden Strömung bliebe. Sämtliche Strömungsbahnen quetschen sich unvermischt, wenn auch noch so beengt, durch jeden verminderten Querschnitt. Sie breiten sich wieder aus, wenn ihnen eine erweiterte Fläche zur Verfügung steht, und sie ordnen sich folgerichtig nach dem bis zuletzt wirksam bleibenden Sog an den Entnahmestellen aus, die ihre Verteilung bestimmen.

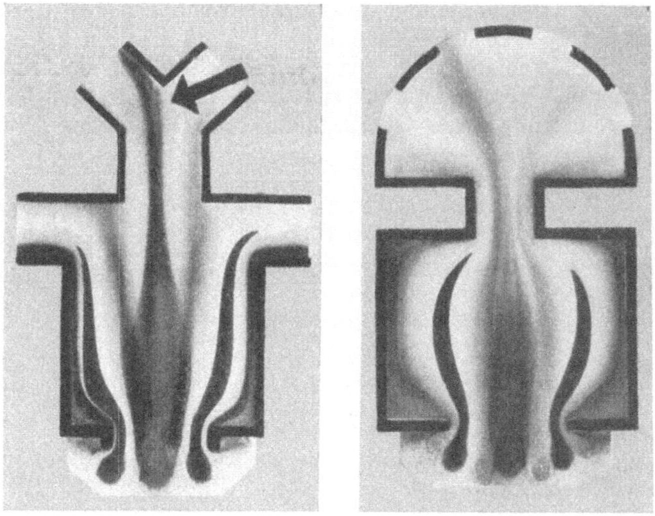

Abb. 40. Papierchromatographische Versuche über die Verteilung der Substanzentnahme analog einer Tafelglasziehanlage und einer Flaschenwanne. Zweidimensionales Modell; frei von thermisch ablenkenden Strömungen

Das linke Beispiel Abb. 40 zeigt, wie stark eine geringfügige Symmetriestörung dazu führen kann, daß ein bestimmter Stromfaden sich (im Bereich des Pfeiles) ausschließlich *einer* Entnahmestelle zuwendet. Damit ist zu erklären, wie leicht der Fall eintreten kann, daß eine Maschine zeitweise von Fehlern betroffen wird, von denen die benachbarte verschont bleibt.

3.2 Ofenatmosphäre als Erzeuger von Schlieren

3.21 Physikalisch: Antrieb für Umschichtungen

Es ist erfahrenen Praktikern bekannt, daß manchmal eine Verschlechterung des Glases eintritt ohne ersichtliche Ursachen. Zu denjenigen, die man nicht in Betracht zog, weil man keinen Zusammenhang mit ihr kannte, gehört die Ofenatmosphäre [*90*].

Es hat sich erwiesen, daß die Oberflächenspannung eines beliebigen Glases abhängig ist, von der Ofenatmosphäre, mit der es in Berührung steht. Gegenüber einer reduzierenden Ofenatmosphäre zeigt ein und dasselbe Glas eine bis 20% höhere Oberflächenspannung als gegen Luft bzw. ein oxydierendes Klima. Die Wirkung kann man schon an Glastropfen auf neutraler Unterlage (Platin) qualitativ sichtbar machen (Abb. 41).

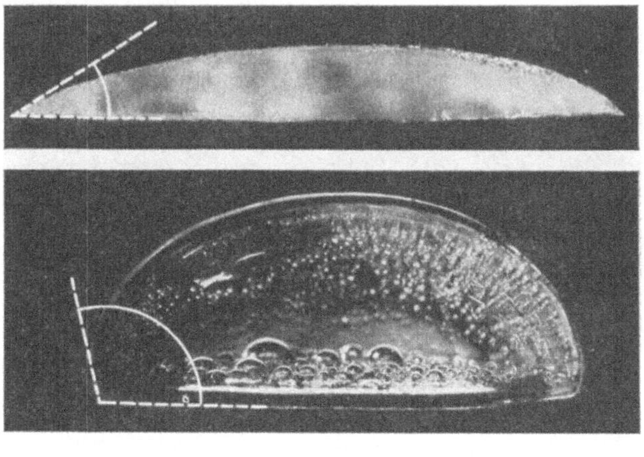

Abb. 41. Profil von Glastropfen aus gleichem Glas, auf gleicher Unterlage (Platin) bei oxydierender (oben M = ~6:1) und reduzierender Atmosphäre (unten M = ~4:1). Der Vorgang der Veränderung des Kontaktwinkels ist reversibel

Die Oberfläche einer Flüssigkeit ist der Sitz erheblicher Molekularkräfte, die, wenn sie sich nicht physikalisch im Gleichgewicht befinden, mit erheblichen Schubkräften zum Ausgleich drängen.

Immer ist die Substanz mit der geringeren Oberflächenspannung bestrebt, an die Oberfläche zu gelangen und sich dort als feine Haut auszubreiten. Ist dies erfolgt, so wird sie ihren Platz behaupten; das System befindet sich in Ruhe. Wenn jetzt aber durch äußere Einflüsse, z.B. einer reduzierenden Ofenatmosphäre, die an der Oberfläche sitzenden Raumteile eine Steigerung ihrer Oberflächenspannung erfahren, so hat das sofort zur Folge, daß sie dort vertrieben werden. Die Haut reißt auf und läßt neuen Substanzen aus tieferen Schichten den Zutritt an die Oberfläche (Abb. 42). Dieser Vorgang setzt sich solange fort, wie noch unreduziertes Glas vorhanden ist. Darauf beruht ein Teil der Tiefenwirkung chemischer Einflüsse von außen. Durch die Ofenatmosphäre kann also ein beträchtlicher Teil des Inhalts einer Schmelzwanne veranlaßt werden, eine Umschichtung an sich zu vollziehen. Daß dies nicht ohne Veränderung der Homogenität vor sich geht, kann man sich leicht vorstellen. Man kann entsprechende Veränderungen der Oberfläche im optischen Reflex Abb. 43 nachweisen (vgl. 8, bzw. 8.1).

Umgekehrt: Wird eine Schmelze reduzierend betrieben und besteht ihr Normalzustand darin, laufend diesem Wechsel der Oberfläche ausgesetzt zu sein, so bewirkt eine oxydierende Periode einen vorübergehenden Stillstand dieses „Brodelns", wobei die eigentliche Störung u. U. erst dann eintritt, wenn die Stagnierung durch Wiederherstellung reduzierenden „Klimas" beseitigt wurde (die Folge dieser Vorgänge für schwefelbraunes Glas s. Abb. 85).

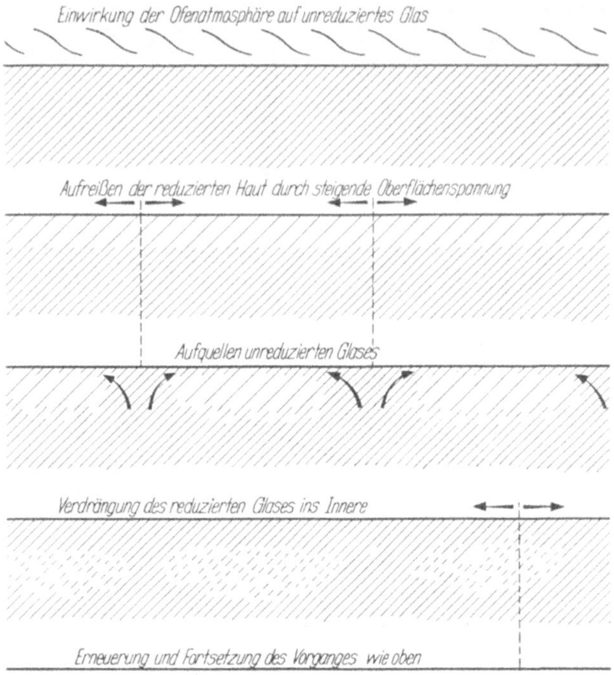

Abb. 42. Schema des Substanzaustausches an der Schmelzoberfläche unter Einwirkung der von Redox-Wirkung der Ofenatmosphäre veränderten Oberflächenspannung

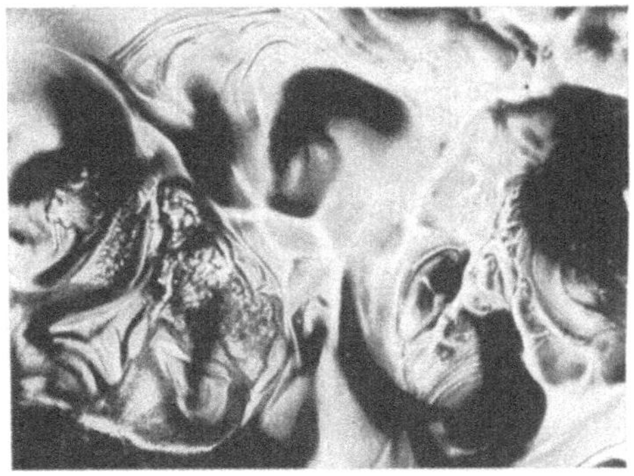

Abb. 43. Reflex der Oberfläche einer Glasschmelze, die aus gleichwertigen Raumteilen bestand, sich aber in Umschichtung befindet. M = 5 : 1

3.22 Ofenatmosphäre als Erzeuger von Farbschlieren

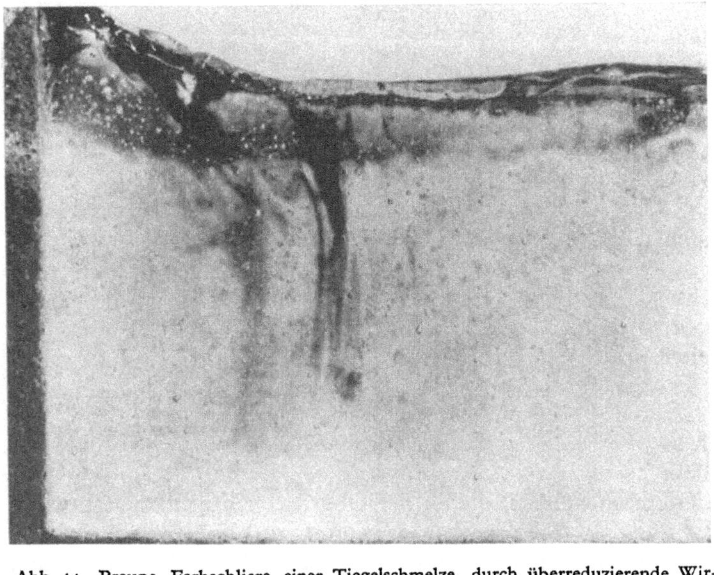

Abb. 44. Braune Farbschliere einer Tiegelschmelze, durch überreduzierende Wirkung der Ofenatmosphäre auf die Schmelzoberfläche hervorgerufen

In Gläsern, die auf Grund ihres Gehaltes an solchen Oxyden, die in Abhängigkeit von Redoxeinflüssen ihre Farbe zu verändern vermögen, können durch die Einwirkung der Ofenatmosphäre farbige Schlieren entstehen.

Man braucht nur an sulfathaltige Gläser zu denken. Sulfatschmelzen werden reduzierend behandelt, um das SO_3 in flüchtiges SO_2 zu verwandeln. Erfolgt diese Einwirkung nicht mit einer gewissen Schonung, so bleibt die Reduktion nicht beim SO_2 stehen, sondern führt zu der sauerstofffreien Stufe des Schwefels [*91*]. Damit ist aber eine Braunfärbung verbunden (Näheres s. unter Ziff. 8.1). An

Tiegelschmelzen, die einer solchen „Überreduktion“ ausgesetzt wurden, lassen sich dann in Übereinstimmung mit dem technischen Betrieb braune Schlieren verfolgen, die von der Oberfläche her das Glas durchsetzen (Abb. 44). Sie vermögen noch dazu blasengebende Reaktionen unter den verschiedenen Oxydationsstufen des Schwefels auszulösen (vgl. Kap. IV, 4.211).

4 Schlierenschwund durch Deformation und Diffusion (Difformationsvorgang)

Mit der chemisch-mechanischen Betrachtungsweise des Schlierenschwundes nähert man sich so weit den Vorstellungen W. Ostwalds über „difforme Systeme“ [*93*], daß es notwendig wird, auf diesen Begriff, der in die Dimensionen der Kolloide hinüberleitet, einzugehen, um die Vorstellung vom Verlauf der Homogenisierung zu erleichtern.

Das Glas ist ein Werkstoff, der im plastischen Zustand eine eigentümliche Gestaltsänderung zu erleiden vermag: er ist spinnfähig und ergibt unter geeigneten Umständen endlose Fäden, Filme, Bänder usw. Analogen Fällen an biologischen Stoffen ist zu entnehmen, daß dieses Fadenziehvermögen weniger in Beziehung steht zur Viskosität des Stoffes, als vielmehr zu seiner molekularen Konstitution. Es ist bekannt, daß man das Fadenziehvermögen des Glases ebenfalls schon mit einer Wurmgestalt des Kieselsäuremoleküls in Verbindung brachte, zu deren Annahme sich Sosman bekannte.

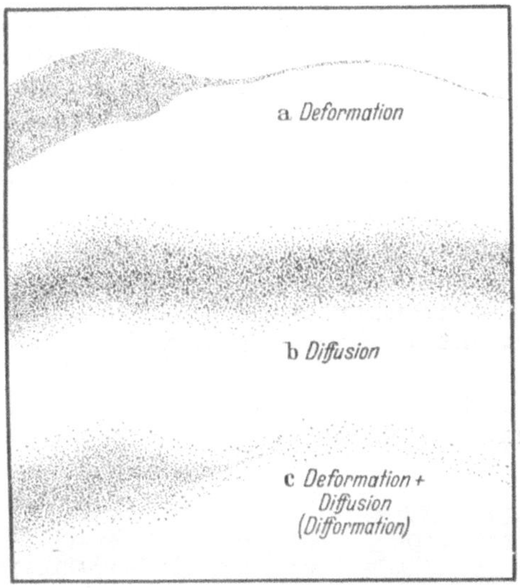

Abb. 45. Schlierenschwund durch Deformation (*a*), Diffusion (*b*) und Deformation + Diffusion (*c*); (schematisch). – Die Homogenisierung des Glases ist auf beide Vorgänge angewiesen. Der Vorgang *b benötigt a*, um in der zur Verfügung stehenden Zeit zur Wirkung *c* zu gelangen

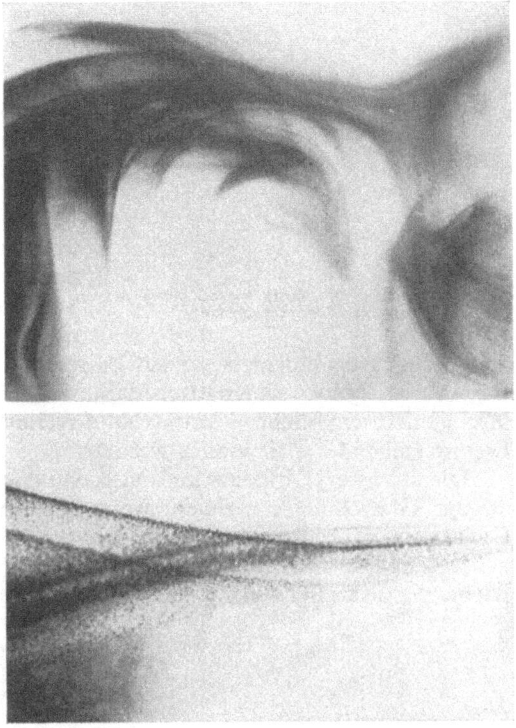

Abb. 46. Verteilung eines lebrig angelaufenen Selenglases in einem Fremdglas. – Die Verteilung der Schlieren erfolgt in ihren Spitzen (*b*) bis zur Abmessung der Kolloidteilchen

W. Ostwald hat den Gestaltmerkmalen derjenigen Stoffe, die das Verhältnis ihrer Oberfläche zum Volumen („spezifische Oberfläche“) durch einen stetig verlaufenden Formänderungsprozeß besonders stark vergrößern können, eine eingehende Beschreibung gewidmet. Die Anwendung seiner Darlegungen auf die Verhältnisse des schmelzenden Glases [*85, 94*] liegt nahe, weil die darin grob wahrnehmbaren Inhomogenitäten *stetig* übergehen in die als „difform“ bezeichnete Verteilungsart der ursprünglich verschiedenen, als Schlieren ineinander verflochten vorliegenden Mehrzahl von Glasarten in der Schmelze. – Es läßt sich nachweisen, daß niemals ein Zerreißen von Schlierenfilmen und -fäden in der Glasschmelze vorkommt, sondern nur ein äußerst fortgesetztes „Ausformen“ derselben, z. B. wenn Gasblasen durch Auftrieb in diese Schlierensysteme hineinfahren, wie es Hand in Hand mit der technischen Läuterung vor sich geht. Der Mechanismus, oder besser gesagt, der Chemismus einer solchen Homogenisierung der Glasschmelze wird also zu einem interessanten Anwendungsgebiet der „Difformation“, deren wesentliches Merkmal eine hohe spezifische Oberfläche ist, die sich die unterschiedlichen Raumteile gegenseitig darbieten,

Abb.45. Sie unterscheidet sich von anderen Formen der Dispersion (denen eine *Zer*teilung vorausging) durch die Stetigkeit der *Ver*teilung in mindestens einer Richtung (Faden- bzw. Bandbildung zu fibrillaren bzw. laminaren Systemen).

Die so entstandenen, unendlich vergrößerten Grenzflächen unterliegen immer noch der Einwirkung besonderer Kräfte, z. B. der Grenzflächenspannung, dem osmotischen Druck usw. Nebeneinanderliegende Gläser (Schlieren) werden sich desto leichter untereinander ausgleichen, d.h. homogenisieren, je stärker sie von einer „Difformation" (durch Grenzflächen aufsteigende Blasen, Bülwern, Rühren [*92, 95*], Strömen) betroffen werden. – Die Homogenisierung der Silikate, die außerordentlich diffusionsträge sind, wird also entscheidend beeinflußt durch eine gründliche „Difformation" der ineinander verflochtenen Systeme. Dabei wird der zur Erfüllung hoher Ansprüche an die Homogenität notwendige Ausgleich auf ein Minimum an Zeitbedarf herabgesetzt.

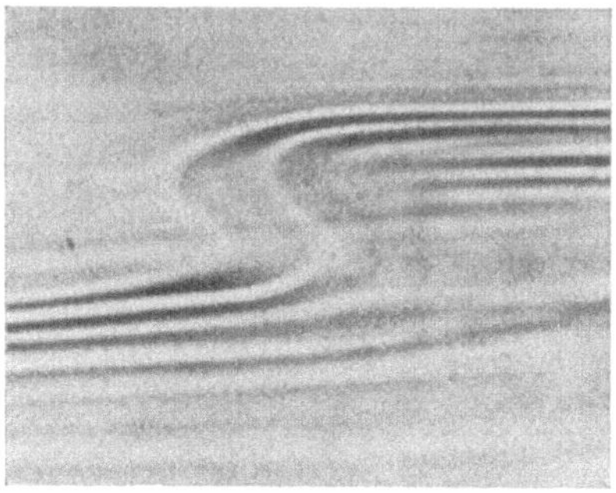

Abb. 47. Durch Verformung verursachte Verteilung der Schlierensubstanz

Ein solcher Difformationsvorgang läßt sich, wenn er nicht vorzeitig unterbrochen wird, bis in die Nähe molekularer Abmessungen treiben. Der Vorstellung steht also nichts im Wege, daß hierin *nicht nur ein Hilfsmittel, sondern geradezu das Wesen der Homogenisierung des Glases* vorliegt. Diese ist aber gleichbedeutend mit Schlierenschwund.

Ein lebrig anlaufendes Selenglas verrät unter Umständen nach Abb.46, wie die Ausscheidung seines färbenden Bestandteils dem Verlauf der Schlieren entsprechend bis in kolloidale Abmessungen hinein vor sich geht und ausklingt.

Deformation und Diffusion sind also die praktisch untrennbaren Mittel zur Herbeiführung des Schlierenschwundes. Schon eine relativ geringfügige Deformierung der Schlierenzüge kann zur Homogenisierung beitragen. Deformierte Stellen zeigen sodann eine verschwommene Begrenzung, wie es als eines von vielen Beispielen schon bei der Stauchungsfalte Abb.47 der Fall ist. Die in Abb.45a–c schematisch dargestellten Vorgänge überschneiden sich also, und nur durch ihre gemeinschaftliche Wirkung kann technisch ausreichende Homogenität in praktisch zur Verfügung stehender Zeit erzielt werden.

Die stärkste „Difformation" und damit kräftigste Förderung des Schlierenschwunds läßt sich an der Glasschmelze erzielen, wenn sie künstlich gerührt wird wie beim optischen Glas, wie Geffcken [*96*] rechnerisch verfolgt hat.

Der tiefere Sinn für das Zerkleinern von Scherben liegt in der größeren spezifischen Oberfläche, die sie als Schmelzbestandteil von vornherein darbieten. Ihre Einmischung in das Gemenge – auch in das Brikett – nimmt bereits einen Teil der Arbeitsleistung vorweg, die sonst von Grenzflächenkräften oder einem anderen Verteilungsprinzip bewerkstelligt werden müßte.

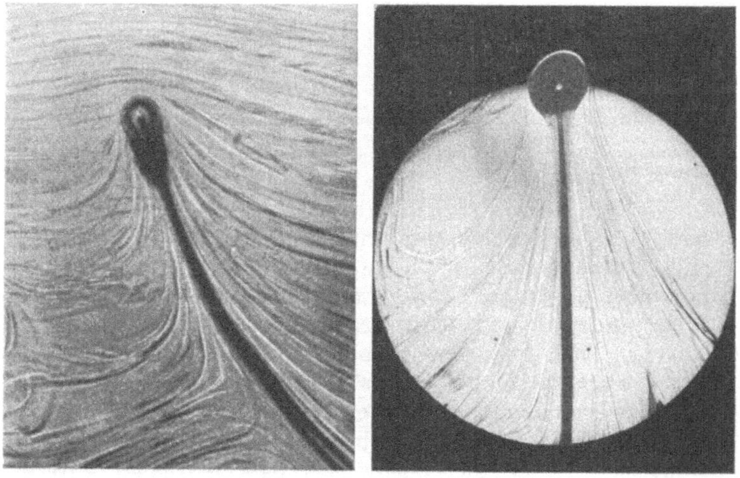

Abb. 48. In schlierigem Glasfluß aus Eisen aufsteigende Blasen. Ausformung der Schlieren

4.1 Blasen als Mischwerkzeug

Die schon im Anfang des Schmelzprozesses entstehenden, begrenzten Schlierenbildungen werden im wesentlichen durch Blasen verteilt (unter Umständen erst durch die Gewaltmaßnahme des sog. Bülwerns). Die dabei zu beobachtenden Vorgänge zeigt im Prinzip Abb.48. Eine Blase, die zufällig einem Stück Eisen entstammt und den zurückgelegten Weg braun färbte, ist in schichtenweise gelagertes Glas aufgestiegen. Hier offenbart sich ein wichtiger Grundsatz: Die Schichtenbildungen werden nicht einfach durchstoßen, sondern membranartig gehoben und durch Streckung ausgeformt. Schematisch läßt sich daraus Abb.49

konstruieren. Der Homogenisierungserfolg aufsteigender Blasen beruht also darauf, daß die zähen Schlierenhäutchen quer zu ihrer Lagerung ganz dünn angezogen werden, *ohne jemals zu reißen.* Auch ganz hauchfeine Schichten verteilen sich nur unter dem Andrang der aufsteigenden Blase: In Abb. 48 hebt eine einzelne („Eisen") - Blase einen feinen Schleier von Schlieren mit hoch. Wie für das stoffliche Gewand, gilt auch hier, daß das Schlierenkleid um so enger anliegt, je dünnflüssiger das Glas ist (a); es steht weiter ab, wenn die Zähigkeit ihm diese Anschmiegung weniger erlaubt (b).

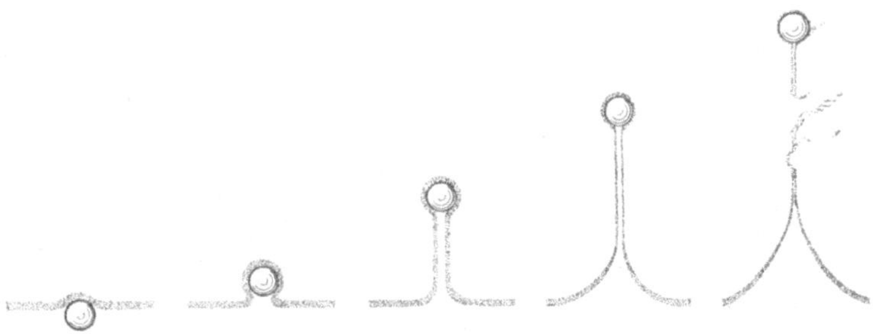

Abb. 49. Schematische Darstellung des Aufstiegs einer Blase unter einen Schlierenfilm (10×)

In Abb. 50 erheben sich Scharen von Blasen einer durch Eisen braungefärbten Schicht in der Schmelze. Diese Schicht wird an keiner Stelle durchbrochen, vielmehr in Form langer Schläuche so dünn ausgespannt, daß an deren Spitzen kaum noch eine Färbung sichtbar ist. Was dann noch an Verteilung zu tun übrig bleibt, kann von der Diffusion besorgt werden. Von ihr darf man sich zwar innerhalb der technisch zur Verfügung stehenden Zeiten nicht allzuviel versprechen, sie ist aber, wie K. ENDELL [97] beschrieb, immerhin von Bedeutung für einen Substanzaustausch in der Silikatschmelze.

Die Förderung der Homogenität durch die Wühlarbeit der Blasen ist also nur eine mittelbare. Sie beruht darauf, daß sich die Raumteile gegenseitig größere Oberflächen darbieten, durch welche sich nun erst die an und für sich geringe Diffusion rascher und schon bei geringer Wirkungstiefe vollständiger auswirken kann. Die Blasen führen also als Mischwerkzeug den oben beschriebenen Difformationsvorgang künstlich herbei. So kommt schließlich ein Glas zustande, das man als „quasihomogen" bezeichnen könnte, wenn die Schlierenlagen zwar sehr dünn ausgezogen wurden, die Diffusionsvorgänge aber noch nicht jedes physikalisch-chemische Gefälle im Innern beseitigt haben.

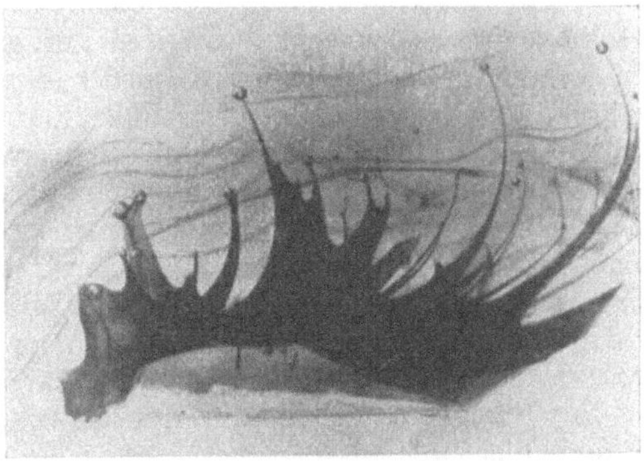

Abb. 50. Aufsteigende Blasen fahren in eine durch Eisen braun gefärbte Schlierenschicht, die nirgendwo durchbrochen wird

5 Abweichung der Schmelzoberfläche vom Massiv

Es kann nicht genug betont werden, daß die Oberfläche auch bei einer sonst völlig gleichmäßig aufgebauten Schmelze grundsätzlich von ihrem Massiv abweicht. Dies läßt sich mit einem einfachen Experiment belegen: Zwei Schmelzen aus gleichem Glas werden in zwei Platintiegeln unter gleichen Voraussetzungen hergestellt. Man überzeugt sich von ihrer Homogenität. Die eine zeigt, wenn man sie unberührt aus dem Ofen nimmt, eine senkrechte Schicht herauspräpariert und in Immersion bettet, keine Störung der erzielten Homogenität. Wenn man jedoch bei der anderen, die durch den gleichen Schmelzvorgang erzeugt wurde, mittels eines sauberen Platinrührers die Oberfläche kurz in den Schmelzkuchen einrührt, so zeigt dieser nach der Erstarrung bei der Durchsicht eine lebhafte Durchsetzung mit Schlieren (Abb. 51). Durch

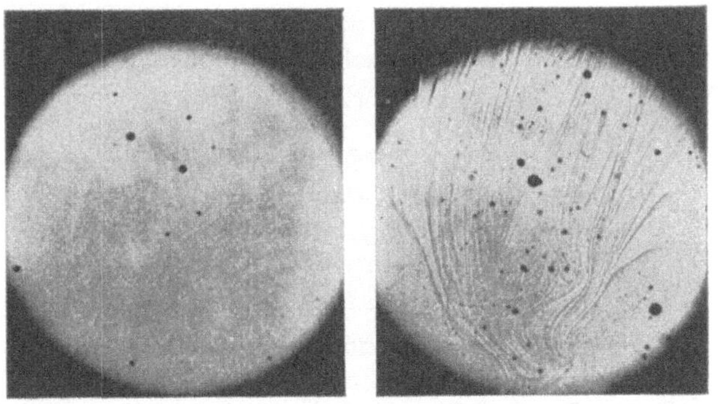

a b

Abb. 51. Vergleich zwischen zwei Schmelzen im Platintiegel. a) unverändert erstarrt und zerlegt, b) nach Einrührung der Oberfläche mittels eines Platinrührers partielle Verdampfung von Bestandteilen aus der Oberfläche besteht diese also aus einem „fremdartigen" Glas, welches sich nur unter auffallend starker Schlierenbildung mit dem Grundglas vereinigen läßt. *Die Schmelzoberfläche besteht also grundsätzlich aus einem anderen Glas als das Schmelzmassiv* [95], und zwar im Tiegel sowohl wie in der industriellen Schmelze.

6 Überwachung des Glases

6.1 Analytische Kontrolle des Glases

Eine laufende analytische Überwachung ist notwendig. Sie trägt dazu bei, Ursachen von Störungen zu erfassen. Die Analysen weisen aus, ob die Zusammensetzung des Glases wirklich so gleichmäßig verläuft, wie man sie sich denkt, oder ob Gründe zu der Annahme bestehen, daß Abweichungen von dem normalen Zustand an der Störung beteiligt sind. Einrichtung und Betrieb eines Überwachungslaboratoriums rechtfertigen den dafür erforderlichen Kostenaufwand, wenn es gelingt, sich Sicherheit über den Verlauf der Glasanalyse und die verwendeten Rohstoffe zu verschaffen.

Schwankende Zusammensetzung oder Feuchtigkeit der Rohstoffe, wie Verstaubung beim Einlegen, Mechanismus und Ablauf des Einwiegens sind Vorgänge, die aus Gründen menschlicher und technischer Unvollkommenheit zur Störungsquelle werden können. Es ist also damit zu rechnen, daß sich die Werte des Glases gelegentlich so weit von ihren Sollwerten entfernen, daß ernstliche Schwierigkeiten, insbesondere bei der Verarbeitung, hervorgerufen werden können. Sei es, daß plötzlich Entglasungen auftreten oder daß die Geschmeidigkeit des Glases sich ändert oder die Homogenität zu wünschen übrig läßt; oft gibt die Analyse Aufschluß über den Grund.

Vereinzelt angefertigten Analysen kommt nur eine orientierende Bedeutung zu. Erst die regelmäßige Folge derselben ermöglicht es, klar zu sehen, weil sie den „Trend" verrät; vgl. Abb. 30.

Es wird aber den gefundenen Einzelwerten oft eine übertriebene Bedeutung beigemessen. Wenn ein Kieselsäurewert 71,15 beträgt anstatt 71,00, gilt er schon als „zu hoch". In Wirklichkeit erfordert die Fehlergrenze der Analyse einen Spielraum, der nicht immer zu dem Rückschluß berechtigt, daß hier eine Veränderung vorliegt. Auch das Gegenteil kommt leider noch vor: Man hält Schwankungen von 1%, die weit außerhalb der analytischen Fehlergrenzen liegen, für unwesentlich für die Verarbeitungseigenschaften des Glases, während sie in Wirklichkeit eine mehr als ausreichende Erklärung für sein verändertes Verhalten sein können.

Analysenwerte haben also nur dann praktische Bedeutung, wenn man sich über folgende Fragen klar ist:

1. Welches sind diejenigen Werte, die für die Eigenart des Betriebes als wünschenswert zu gelten haben?

2. Wie groß ist die Genauigkeit der analytischen Bestimmung einzelner Komponenten, d.h. von welcher Differenz gegenüber den unter 1. genannten Werten darf man auf eine wirklich vorhandene Veränderung schließen?

3. In welchem Rahmen sind Veränderungen zulässig, ohne ein nachteiliges Verhalten der Schmelze oder des Glases bei der Verarbeitung befürchten zu müssen?

4. Auf welche Weise können mit Sicherheit festgestellte Differenzen aus dem Wege geschafft werden?

Zu 1. hat jeder Betrieb die Entscheidung aus eigener Erfahrung zu treffen.

Zu 2. Es darf für einzelne Komponenten mit folgender Bestimmungsgenauigkeit gerechnet werden:

SiO_2: $\pm$ 0,10%,	ZnO: $\pm$ 0,15%,
Al_2O_3: $\pm$ 0,05% bis (bei höheren Mengen) $\pm$ 0,1%,	B_2O_3: $\pm$ 0,3%,
MgO, PbO, CaO, BaO: 0,1%,	Na_2O: $\pm$ 0,2%.
Fe_2O_3: (bei geringeren Mengen) $\pm$ 0,01%	
(bei größeren Mengen) $\pm$ 0,05 ,	

Spezialanalysen ergeben wesentlich höhere Genauigkeiten. Größere Differenzen müssen sich bei zuverlässiger Arbeit vermeiden lassen, also auch wirklich im Glase begründet liegen. Sie lassen dementsprechende Maßnahmen gerechtfertigt erscheinen.

Zu 3. Die einzelnen Verarbeitungsverfahren sprechen verschieden empfindlich auf Veränderungen im Glase an. Offenkundig gehören die fortlaufend arbeitenden Verfahren, wie z.B. das Ziehen von Tafelglas, zu denjenigen, die kaum mehr als das Doppelte der Analysengenauigkeit ertragen, ohne daß ihr Ablauf beeinflußt wird.

Änderungen, die am Gemenge vorgenommen werden (s. Abb. 30), sollten genau verfolgt werden. Wenn dem Betrieb bekannt wird, daß infolge einer Gemengeänderung auch ein abweichendes Verhalten des Glases zu erwarten ist, „lauert" das Personal sozusagen darauf, daß sie greifbar in Erscheinung tritt. Wird jetzt von den Verarbeitungsstellen des Glases ein verändertes Verhalten gemeldet, ist man geneigt, dies als die erwartete Folge der Gemengeumstellung anzusprechen. Andere Einflüsse werden dann leicht übersehen, z. B. Temperaturschwankungen, die ihrerseits ein verändertes Verhalten des Glases bedingen konnten, das nun fälschlicherweise einer Änderung der Zusammensetzung zugeschrieben wird. Es besteht also die wichtige Aufgabe, den Einfluß der Zusammensetzung von derjenigen der Temperatur durch statistische Aufzeichnung deutlich zu trennen (Abb. 30).

Nach der am 9. Tage des Diagramms erfolgten Umstellung eines Gemenges im Sinne einer Erhöhung des SiO_2-Wertes auf Kosten der Komponenten CaO und Na_2O sind in diesem Fall 5 Tage vergangen, bis die (gestrichelte) Mittelwertskurve aus ihrer alten Lage abgelenkt wurde. 7 Tage später hat sich der Übergang fertig vollzogen. Da aus dem Verhältnis der Einzelwerte zur Mittelwertskurve ersichtlich ist, mit welchen Streuungen zu rechnen ist (schraffiert), können erst solche Werte die Ablenkung der Mittelwertskurve nach sich ziehen, die außerhalb des Streubereiches liegen. Die Ablenkung kommt dann oft in einen Teil der Zahlenwerte zu liegen, die für sich allein noch nicht erkennen ließen, daß das Glas begonnen hat, die Änderung durchzumachen.

Die „*Tendenz der Mittelwertskurve*" ist also das sicherste Mittel zur Beurteilung des Betriebes. Ohne sie würde z. B. eine Folge zufällig steigernder Werte nach Art des 9.–11. (SiO_2) zu dem Trugschluß verleiten, daß sich hier bereits eine Änderung vollzöge. – Die laufende Verfolgung der Analysenwerte des *normalen* störungsfreien Glases enthebt den Betrieb der Unsicherheit, erst *während* des Vorhandenseins von Störungen nach ihren Ursachen in dieser Richtung suchen zu müssen. Es ist einfacher und sicherer, aus der Kenntnis reibungsloser Arbeitsbedingungen heraus den Betrieb zu überwachen, als unter dem Druck besonderer Umstände sich Entschlüsse abringen zu müssen, die stets eine Beunruhigung des Betriebes bedeuten.

Diese Art einer Statistik erlaubt es meistens, eine Fehlerquelle (z. B. durch die veränderte Feuchtigkeit im Sande) rechtzeitig zu ermitteln. Ebenso ermöglicht sie es, eine solche mit der gleichen Bestimmtheit auszuschließen, wenn sie sich nicht in das einmal mit genügender Sicherheit ermittelte Schema fügt.

6.2 Dichtebestimmung (K. Dinger)

Mehr und mehr hat sich aber zur langfristigen Überwachung der Zusammensetzung des Glases eine physikalische Methode durchgesetzt. An Stelle einer chemischen Analyse wird das Glas ständig durch genaue Bestimmung der Dichte auf gleichbleibende Eigenschaften untersucht. Dafür kommt eine Schwebemethode zur Anwendung, deren Prinzip auf der Angleichung der Dichte von Glas und einer Schwerflüssigkeit beruht.

Nach M. A. Knight [*98*] verwendet man Bromnaphthalein (Dichte: 1,658) und Tetrabromäthan (Dichte: 2,964). Die Mischung von einer Dichte zwischen 2,4 und 2,6 g/cm³ hat eine Dichteänderung von 0,00178 g/cm³/°C. Die Temperatur der Schwerflüssigkeit wird so eingestellt, daß alle Prüfstücke zunächst schweben. Man gibt in den Prüfzylinder außerdem ein Stück eines Vergleichsglases, dessen Dichte sehr genau bestimmt wurde. Dann wird die Temperatur mit einer Geschwindigkeit von 0,1 °C/min konstant gesteigert, wobei die Dichte der Schwerflüssigkeit abnimmt und die Glasstückchen absinken. Man liest die Temperatur der Flüssigkeit ab, wenn die Glasstückchen eine am Prüfzylinder angebrachte Marke passieren. Aus der Differenz der Absinktemperaturen des Prüfstückes und des Vergleichsglases läßt sich die Dichte berechnen. Die Anordnung mehrerer Prüfzylinder in einem Gerät, welches in den Preston-Laboratorien entwickelt wurde, gestattet die gleichzeitige Messung von etwa 6–8 Prüfstückchen.

R. D. Duff [*99, 100*] verwendet als Schwerflüssigkeiten Tetrabromäthan (Dichte: 2,964) und Isopropylsalicat (Dichte: 1,010). Die Dichteänderung einer Mischung von der Dichte zwischen 2,4 und 2,6 g/cm³ beträgt hier 0,001 g/cm³/°C. Duff verfährt umgekehrt, indem zunächst die Temperatur gerade so hoch gehalten wird, daß alle Prüfstückchen zu Boden sinken und dann gekühlt wird, bis sie aufsteigen.

Zur Bestimmung der relativen Dichte können an der Luft abgeschreckte Proben verwendet werden. Erforderlich ist nur, daß das Abschreckverfahren reproduzierbar ist. Für Absolutmessungen müssen die Proben sorgfältig nachgekühlt werden.

Die täglichen Dichtemeßwerte des Glases einer Ofen- oder Maschineneinheit werden in der in Abb. 52a u. b dargestellten Weise aufgezeichnet. Man kontrolliert die Streuung der Meßwerte dreier aufeinanderfolgender Tage, die sog. Drei-Tage-Spanne (Δ 3 D) und kann aus deren Größe die Bewertungsstufe der Schmelze ablesen [*101*]. An den erheblich größeren Dichteschwankungen in einer Hohlglaswanne (Abb. 52a) – auch noch, nachdem Verbesserungen der Gemengezubereitung und Ofenführung vorgenommen wurden – gegenüber einer Tafelglaswanne (Abb. 52b) erkennt man die größere Gleichmäßigkeit der Tafelglasschmelze im Vergleich zu der des dargestellten Flaschenglases.

Untersuchungen über die Schwebemethode mit Abänderungen in der technischen Handhabung liegen ferner vor von Ghering [*102*], Bishop und Stapels [*103*], Manring und Waid [*104*], sowie Coe [*105*].

Weitere Arbeiten beschäftigen sich mit der Trennung der Inhomogenitäten über den Dichteunterschied [*106*, *107*].

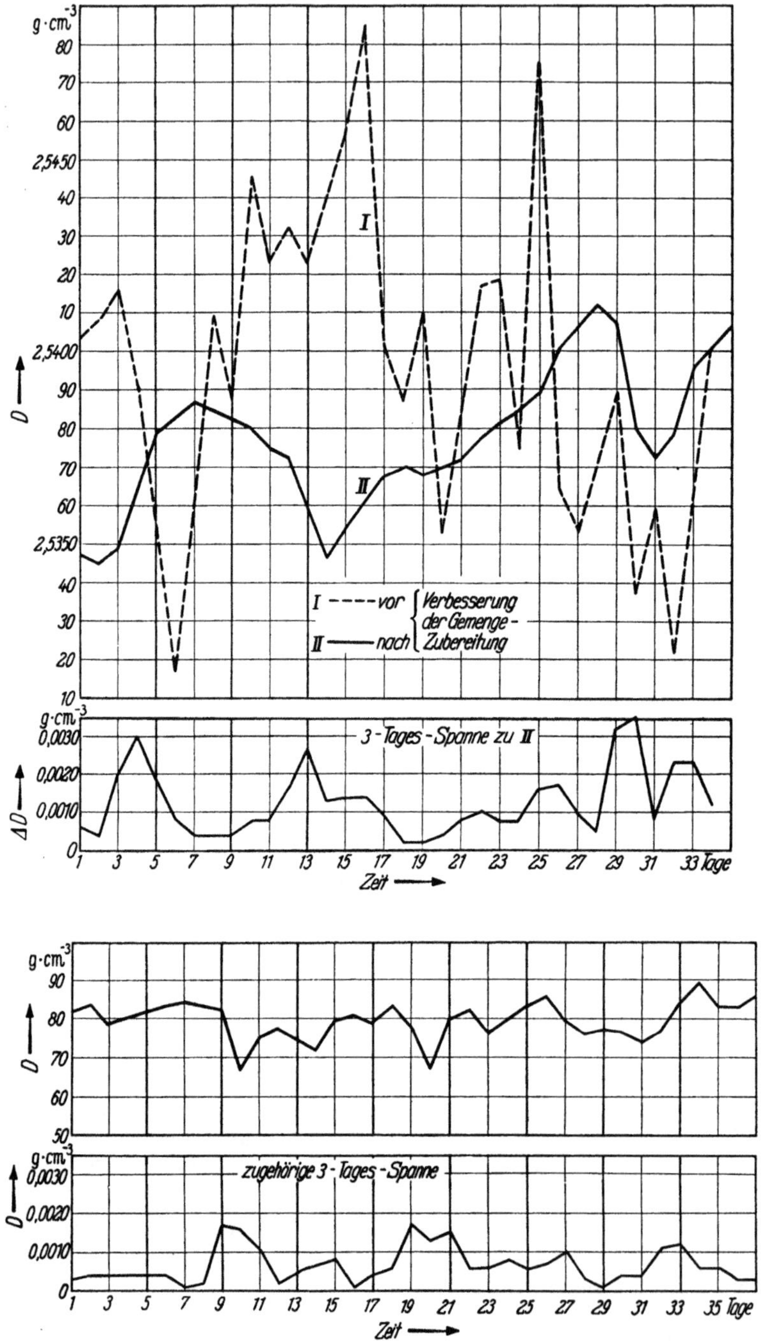

a

b

Abb. 52. Dichteänderung eines halbweißen Flaschenglases (a) und eines gezogenen Tafelglases (b) über einen Monat. Die Streuungen beim Flaschenglas liegen weit außerhalb der Fehlergrenze, beim Tafelglas innerhalb derselben

7 Verschiedene Schlierenarten am Erzeugnis

Glastechnische Fabrikationsfehler tragen zum Teil unklare Bezeichnungen. Von der alten Glasmacherkunst her haben sich eine Reihe von Ausdrücken eingebürgert, die zwar jedem geläufig sind, unter denen man sich aber je nach der Mundart nicht immer dasselbe vorstellt. Dieser Umstand kann zu Mißverständnissen führen. Es ist daher zu erläutern, welche Auffassung dieser Darstellung zugrunde gelegt wurde. Dabei sei im wesentlichen Ausführungen gefolgt, die schon an anderer Stelle [*108*] versucht haben, eine Aufklärung zu treffen, und Zustimmung fanden.

„*Schlieren*" sind *keine bestimmte Erscheinungsform* von Inhomogenitäten des Glases (vgl. Ziff. 1). Das Wort „Schlieren" umfaßt vielmehr eigentlich diejenigen Inhomogenitäten, die überhaupt dadurch entstehen, daß *eine Glasart in einer anderen* eingelagert ist, von der sie sich optisch unterscheidet, und zwar zunächst gleichgültig, aus welcher Ursache und in welcher Form. Die Schliere ist also ein *übergeordneter Begriff*, der sich in andere Bezeichnungen unterteilen läßt. Im allgemeinen sind darunter vorzugsweise faden- oder schichtförmig, parallel oder durcheinander angeordnete Glasstränge zu verstehen. Sie entstehen in der Hauptsache dadurch, daß das reagierende Gemenge von vornherein schon gar keine gleichmäßige Schmelze liefert; aber auch unter Mitwirkung der Auflösungsbestandteile von ff. Material.

Alle sonstigen glasigen Inhomogenitäten lassen sich dem Begriff der Schliere unterordnen, weil sie stets Sonderfälle darstellen, denen darum auch eine besondere Beschreibung zukommt (vgl. Schematische Tabelle).

7.1 Schlieriges Glas

In bezug auf eine schlierige Glasschmelze etwa nach Abb. 53 schlechthin ist es müßig, die Frage

Schlieren

Übergeordneter Sammelbegriff. Glasige Inhomogenität der Schmelze und des fertigen Artikels schlechthin, und zwar aus *chemischer* Ursache. Insbesondere Folge unvollkommener Homogenisierung der Schmelzbestandteile des Gemenges, vorzugsweise im Innern sitzend, in jedem Glas, außer dem optischen, vorhanden.

(Sonstige, an besondere Herstellungsverfahren geknüpfte Störungen der Homogenität.)

Fäden	Knoten, Tropfen[1]	„Gekämmtes" Glas	Winden	Rampen	(Ziehstreifen)
Mehr oberflächlich liegende, unter Umständen aus Knoten stammende, „abgesponnene" Substanz. Entstehungsort: Inner- und außerhalb der Glasschmelze, ff. Material, Entglasung usw.	Abtriefende Glasur aus dem Ofeninnern, und zwar sowohl vom Gewölbe usw. (außerhalb der Schmelze) als auch innerhalb der Schmelze, unter dem Glasspiegel.	Aus tonerdereichem Haftglas in der Randschicht ungleichmäßig aufgelösten ff. Materials, z. B. durch Strömung abgesponnene Fadenbündel im Innern des Glases.	feinere Form von Inhomogenität, meist mehr an der Oberfläche liegend; fühlbar, häufig verlaufende Konturen. Ursache chemisch und thermisch, auch durch Galle, Gläser verschiedener Viskosität, Überlappungen.	gröbere Form. Wulstige Verdickung mit stärkerer Optik, auch thermisch (?) fehlerhaften Ursprungs, oft erst aus der Verarbeitung (Formgebung) herrührend.	gestreckte Form der Rampe. Auch Korden, Riegel, Strie usw. genannt.

Fäden, Knoten, Tropfen: Ablösungen aus ff. Material, die nicht vollständig in die Schmelze aufgenommen wurden.

Rampen, Ziehstreifen: Chemische von thermischer Störung zu unterscheiden durch ein Immersionsbad.

Winden, Rampen, Ziehstreifen: Homogenitätsfehler, die nicht aus der Schmelzzeit stammen müssen und dem Glase erst im späteren Stadium zugefügt sein können.

[1] Knoten = Tropfen mit Einschlüssen, Tropfen = glasklar.

danach aufzuwerfen, welche dieser Fäden oder Filme aus normalem Glas bestehen, welche nicht. Es liegen eben Gebilde nebeneinander, von denen ebensoviel nach der einen wie nach der anderen Seite von der durchschnittlichen Zusammensetzung abweichen. Erst ihr Ausgleich führt zu abnehmender Sichtbarkeit und läßt das Glas homogener erscheinen als zuvor [*109*].

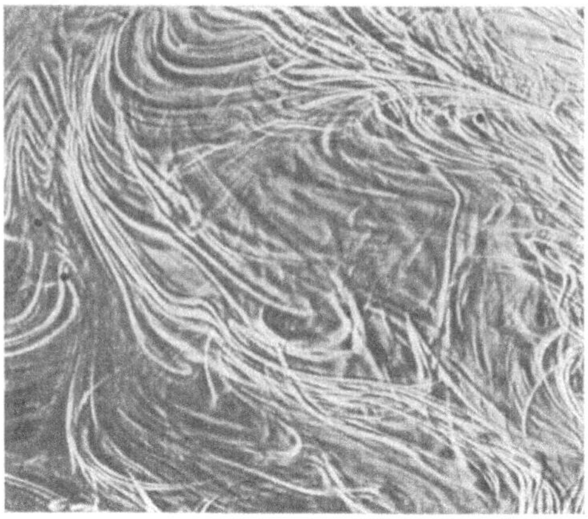

Abb. 53. Schlieriges Glas

Abb. 54. Schlierenverlauf als Indikator für die Bewegung

Die Anordnung der Schlierenzüge im Glas steht fast immer deutlich in Abhängigkeit von Strömungserscheinungen, die sich darin abgespielt haben. So deutet jede Falte der Schlierenschichten auf eine entsprechende Verlagerung hin (Abb. 54). Neben knäuelartigen Schlierenzentren

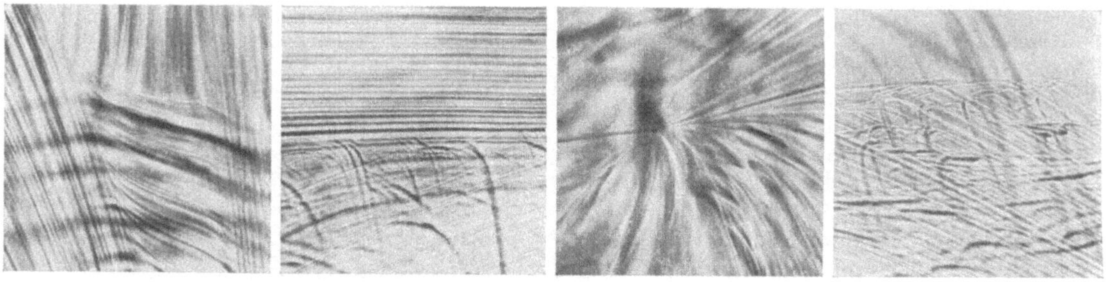

Abb. 55. Verschiedene Arten von Schlierenanordnungen

finden sich bandförmige Durchdringungen (Abb. 55). Stets deutet das Bild auf eine schlechte Mischbarkeit hin, da die Grenzflächen relativ scharf aufrecht erhalten bleiben. So fällt z. B. auf, daß einzelne Schlierenschichten gegen andere oder eine homogene Lage gerichtet sein können, an denen sie umgelenkt werden, ohne die Nachbarschaft in Mitleidenschaft zu ziehen (Abb. 55).

Gelegentlich vermag eine „Scherung" innerhalb des Glasflusses wie ein Schnitt durch das Schlierenbild zu wirken. In Abb. 56 stößt ein schlierenführender gegen einen fast homogenen Teil und zeigt Schlierenstümpfe, die – offenbar durch quergerichtete Bewegungen – geradezu aufgerollt worden sind. Sie haben sich also gegenüber der Friktionswirkung nachbarlicher Schichten wie selbständige Gebilde verhalten.

Abb. 56. Gegen eine relativ schlierenarme Partie des Glases angrenzende teilweise schlauchartig durchsetzte Schlierenschicht

Die gegenseitigen Beziehungen von Schlieren und Blasen machen es nötig, auch die nächste Umgebung der Blasen unter die Lupe zu nehmen. Blasen, die mehr oder weniger im Zuge der Schlieren liegen, werden von diesen „relativ" in gleicher Weise umflossen, wie es der Hydrodynamiker von kugelförmigen Körpern her kennt (Abb. 57). Auftreff- und Abzugseite des Glases an dem Hindernis „Blase" lassen sich bei der gegenläufigen Bewegung deutlich ausmachen. In den meisten Fällen sind die durch die Blasen verursachten Deformierungen der Schlieren besonders augenfällig.

Bewegt sich eine Blase quer zu den Schlierenlagen, so staucht sie sie zusammen, schiebt sie als Mantel vor sich her oder quetscht sie seitlich ab. Dabei kann die Blase sich (wie im Fall Abb. 58)

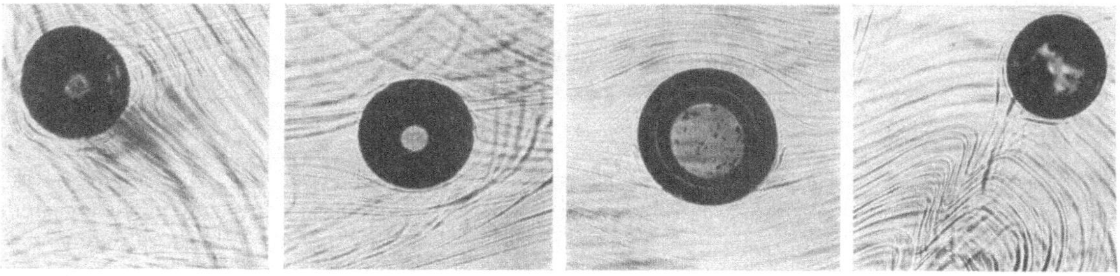

Abb. 57. Relativbewegung von Blasen in schlieriger Umgebung

unter der Last ihrer Arbeit abplatten. Die Strömungsfäden werden durch sie u. U. extrem deformiert bis zum Verschwinden ihrer Wahrnehmbarkeit.

7.11 Schlierenstruktur in gezogenem Glas

Normalerweise liegen die Schlieren in der Wandung eines gezogenen Tafelglases parallel wie die Blätter eines Buches. Sie stören deshalb auch nicht einmal dann die Durchsicht, wenn solches Glas für Brillenoptik verwendet wird.

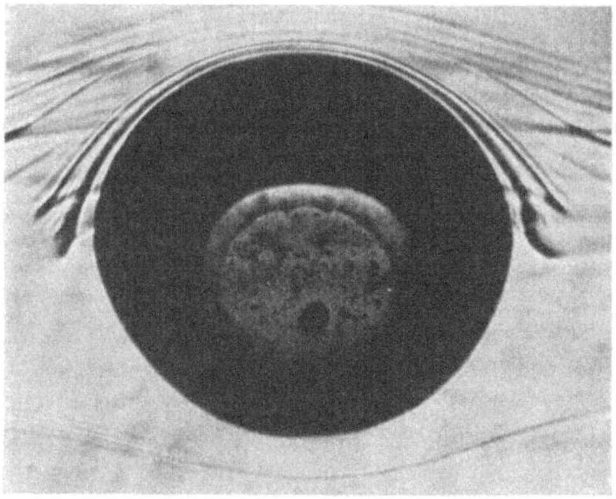

Abb. 58. Stauchung einer aufsteigenden Blase durch eine Schlierenschicht

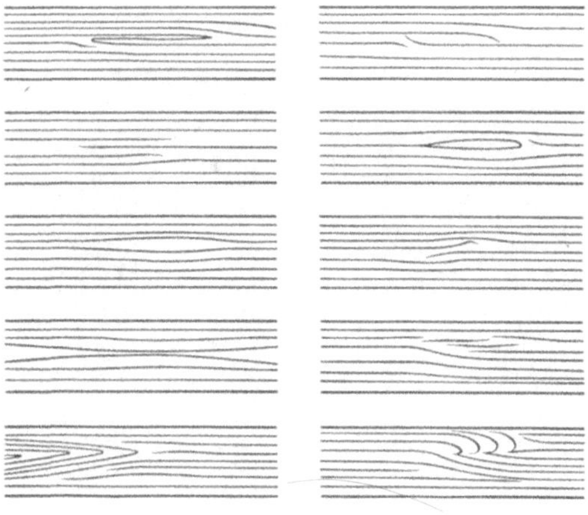

Abb. 59. Verschiedene Typen von Störungen der Schlierenlagen in gezogenem Tafelglas

Es ist aber leicht festzustellen, daß diese Schlierenlagen gelegentlich gestört sind und Stauchungen, Überlappungen usw. vorkommen, deren Typ in Abb. 59 schematisiert dargestellt ist. (Sie sind, entgegen einer früheren Mitteilung [*110*], kein Merkmal für das Herstellungsverfahren.)

Unregelmäßige Schlierenlagen können nach Abb. 60 Anlaß zu sichtbaren Störungen an der Oberfläche geben, indem sie dort den Eindruck „fädigen“ oder „streifigen“ Glases hervorrufen (Abb. 61, 62) und seine optische Wirkung beeinträchtigen [*111*]. Sie werden u. U. erst im Immersionsbad sichtbar (Abb. 63).

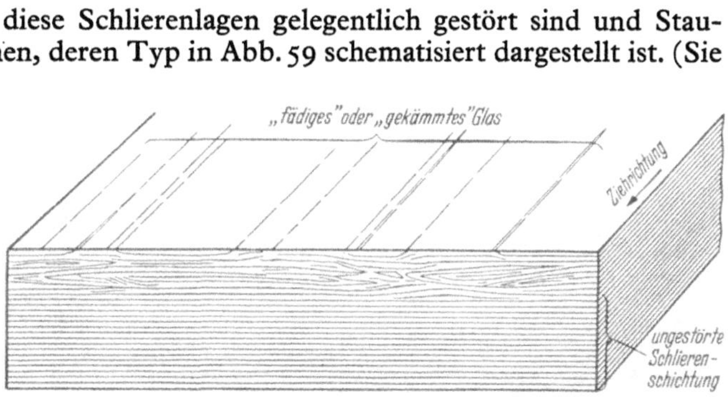

Abb. 60. Gestörte Schlierenlagen können sich in Form von Fäden auf die Oberfläche des Glases auswirken

Wenn man sorgfältig abgeteilte Streifen des gezogenen Glases quer zu seiner Ziehrichtung in eine Immersion einbettet, so besteht ein deutlicher Zusammenhang zwischen der inneren Veranlagung des Glases und seiner äußeren Beschaffenheit. In einer Reihe von Fällen stimmen die Orte optischer Abweichungen auffallend überein mit denen von Störungen der Schlierenlagen.

Eine Erklärung für diesen Zusammenhang hat man in strömungstechnischen Ursachen bzw. in Schichtenbildungen zu suchen. Es ist leicht vorstellbar, aber schwer zu lokalisieren, daß der Zustrom der Glasmasse zur Formgebungsstelle Stauchungen, Überlappungen usw. unterliegt, die nicht ohne Einfluß auf die Parallelwandigkeit des Erzeugnisses bleiben. Das stärkere und schwächere Auftreten dieser Störungen der Schlierenlage kann sich auch von Schwankungen in der Ofenführung, Wechsel des Glasspiegels usw. herleiten. Bemerkenswert ist der Umstand, daß ein Abschleifen und Polieren der von der Ebenheit abweichenden Erhebungen jegliche Störung zum Verschwinden bringt. Dasselbe gilt für eine Einbettung in einer Immersion, obwohl auch hierbei die eigentliche chemische Störung, nämlich die unregelmäßige Schlierenlage im Innern, damit weder beseitigt noch ausgeschaltet ist. Diese auf Schlieren zurückführende Störung leitet also ihrem Effekt nach hinüber zu den Formfehlern (vgl. Kap. VII B).

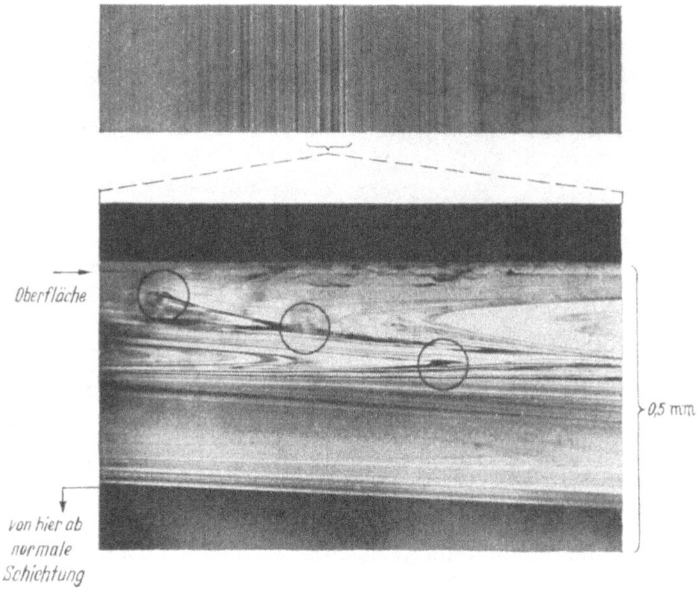

Abb. 61. Oben: Schattenbild fädigen Glases. Unten: Zugehöriges Schlierenbild nahe der Oberfläche, wo sie am meisten gestört ist. In den Kreisen: Gebilde, von denen Fadenwirkung ausgeht

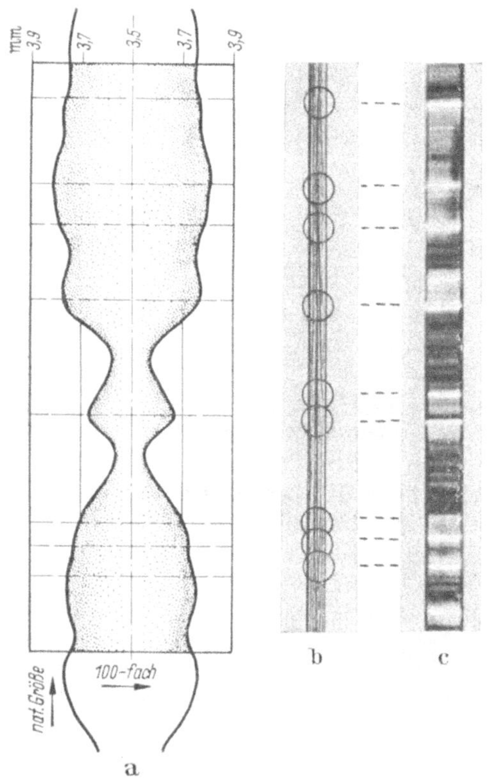

Abb. 62. Mikrometrische Vermessung (a) eines Glasstreifens im Vergleich mit seiner Schlierenschichtung (b) (in den Kreisen Überlappungen) und dem optisch gewonnenen Ebenflächigkeits-Fotogramm (c). – Die optischen Störungen haben ihren Sitz am gleichen Ort mit den Schlierenkeilen

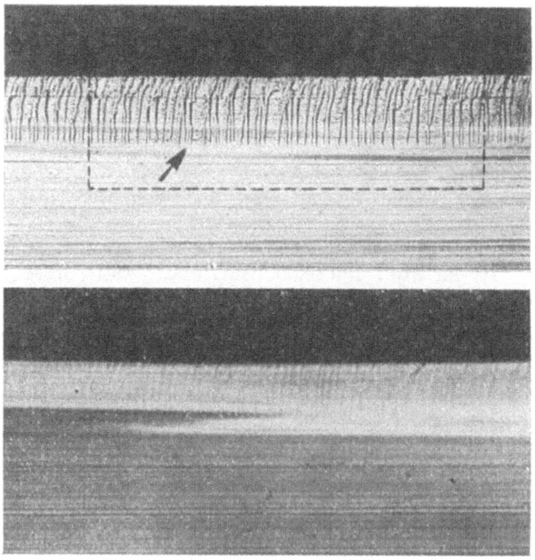

Abb. 63. Sichtbarmachen einer durch die Bruchstruktur verdeckten Schichtenbildung
(a) im Immersionsbad (b) Gleiches Präparat

R. RAMSAUER [*112*] hat den Feinheiten dieser Schlierengebilde im Tafelglas und ihren Ursachen eine besondere Studie gewidmet.

Über die Auswirkung von Schlieren auf die Optik von Tafelglas liegen mehrere weitere Arbeiten vor [*113–120*].

7.12 „Fäden"

Ausgesprochene „Fäden" kommen meist nur mittelbar, d.h. von außen her durch Einwirkung fremder Substanz auf das Glas zustande. Entweder handelt es sich um Lösungsbestandteile von ff. Material, die sich wegen ihrer hohen, durch Al_2O_3-Gehalt bedingten Zähigkeit langsam von den Wandungen (übrigens auch von Entglasungen) abspinnen. Dann kann der Faden u.U. von linsenförmigem Querschnitt in der Glasmasse eingebettet sein (Abb. 64).

Es wird oft unterschieden zwischen Fadenbündeln oder Einzelfäden, die ihrer Ursache nach recht verschieden sein können. Das „fädige" Glas ist durchsetzt mit ganzen Bündeln oder Gruppen (Abb. 65a) oft nur hauchfein. Der einzelne Faden liegt meist mehr *auf* dem Glas, häufig mit dem Fingernagel fühlbar (Abb. 65b). Er kann als „Flugfaden" (Abb. 65c) auch wieder vom triefenden Gewölbe herrühren, hätte dann also ursprünglich eine gewisse Verwandtschaft zum „Knoten" oder „Tropfen". Er schlängelt sich je nach der Glasart oft hartnäckig an der Entnahmestelle in das

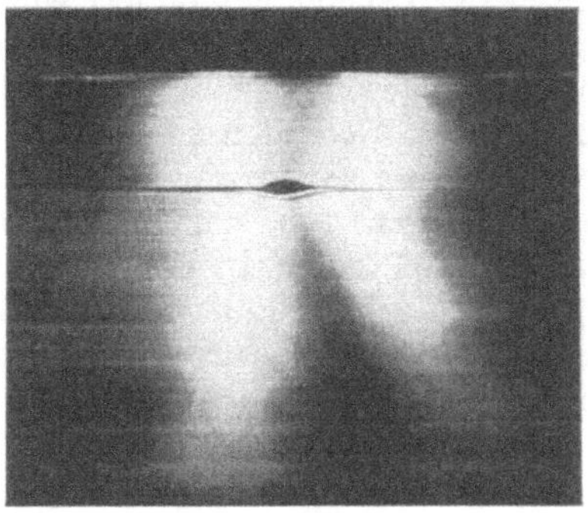

Abb. 64. Einzelfadenbildung im Querschnitt: Linsenförmige Verdickung in einer tonerdereichen Haut. Polarisiertes Licht

a b

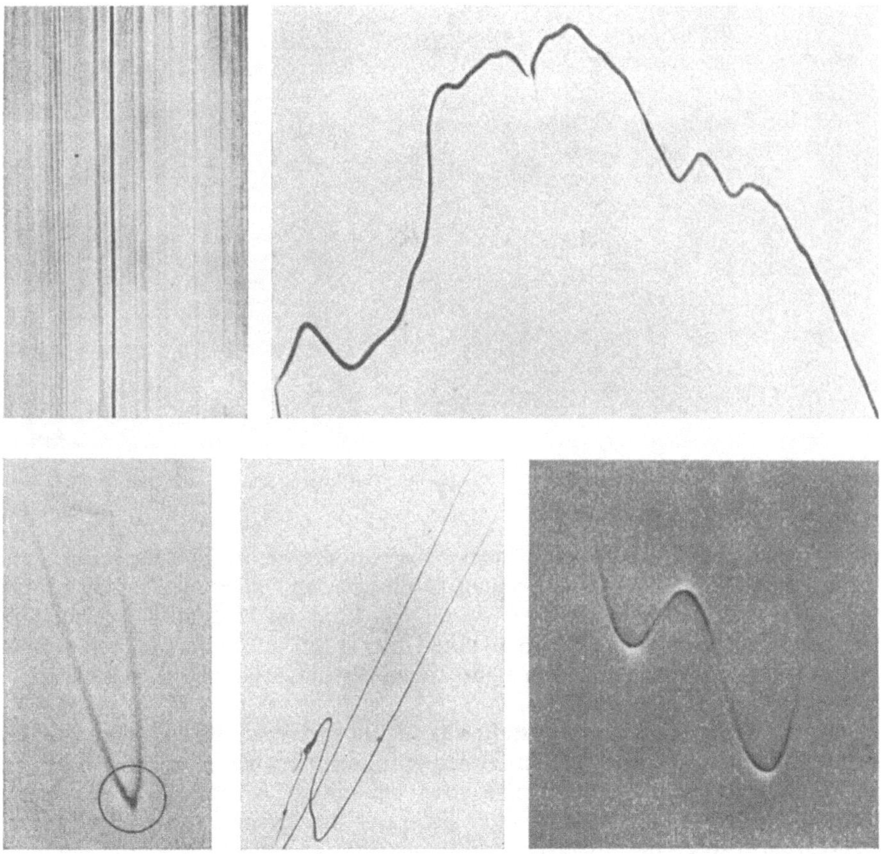

c d e

Abb. 65. Verschiedene Typen von „Fäden" auf Glas

Erzeugnis (Abb. 65 d, e). Seine Ursache liegt also u. U. im Oberofen, außerhalb des *Glasbades*, mit dessen Substanz er nur nachträglich mehr oder weniger verschweißt. Das „Abspinnen" verrät sich gelegentlich durch seine ungleichmäßige Stärke, wie sie durch das Mitschleppen eines tonerdereicheren Knötchens od. dgl. eintritt und optisch ein Schattenbild wie Abb. 66 oder 67 ergibt. Treten Einzelfäden in zarterer Form auf, so können sie windenartig „verlaufen". Im Gegensatz hierzu ist ein stark mit Fäden durchsetztes Glas, wie es dann als „gekämmt" bezeichnet wird (Abb. 65 a), das Ergebnis eines Vorganges, wie er oben schon geschildert wurde. Es entsteht aus Auflösungsbestandteilen von Schwimmern, Ringen, Stiefeln u. dgl., die mit zunehmendem Gebrauchsalter dazu neigen, störend auf die Glaserzeugung einzuwirken. Je gleichmäßiger sich ein solches Material abnutzt, desto größer ist die Gewähr, daß diese Fehlerart nicht darauf zurückgeführt werden und eine vorzeitige Auswechslung verursachen muß.

Besonders im Zusammenhang mit einer Ablagerung von Galle auf der Schmelzbadoberfläche (vgl. Ziff. 9) ist die „Faden"bildung

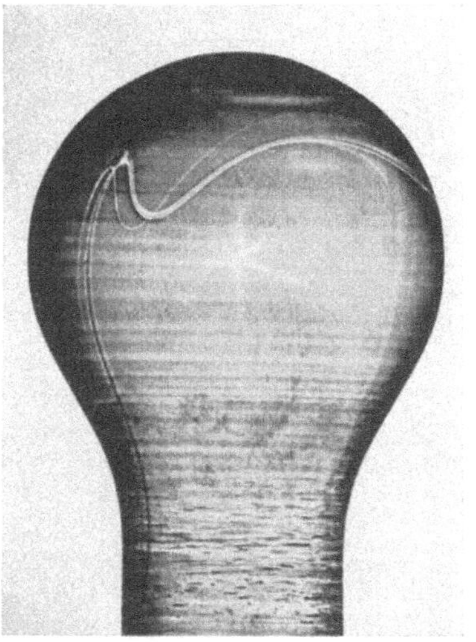

Abb. 66. Fadenbildung im Glühlampenkolben

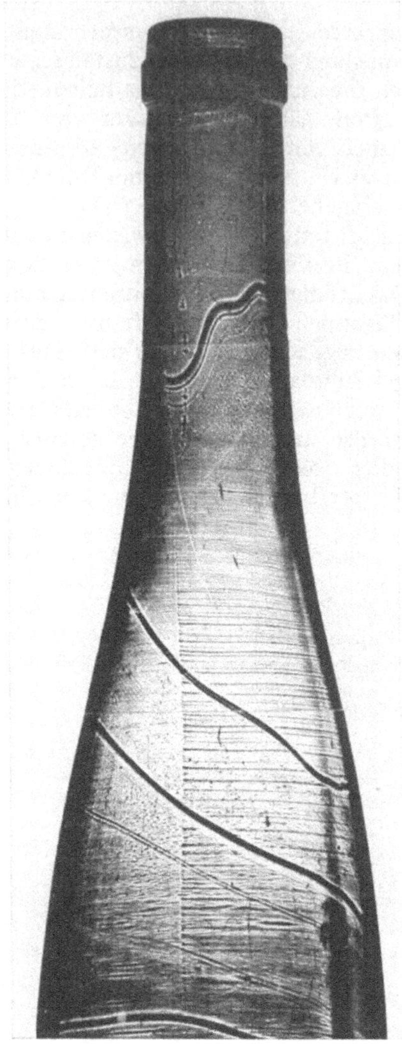

Abb. 67. Fadenartige Bildung aus „kaltem Glas" an einer Flasche

zu befürchten, da jede Verstärkung der normalen Korrosion eine örtliche Aufladung mit tonerdehaltigen Lösungsbestandteilen mit sich bringen muß. „Fäden" können also sogar mittelbar mit der Ofenatmosphäre zusammenhängen und durch das Phänomen dynaktiver Flüssigkeitspaare, bestehend aus dem normalen Glas und dem mit Tonerde aufgeladenen, durch einen Aufspaltungsprozeß hervorgerufen werden. Die entsprechende Reaktionsfolge ist Gegenstand einer besonderen Darstellung [*121*].

Eine ganz andere Art von „Fäden" besteht aus nichts anderem, als aus „kaltem" Glas. Wenn der zur Verarbeitung bestimmte Posten dem Hafen entnommen wird, so zieht sich bei ungeschicktem Ablösen des Postens aus der Schmelze oder bei einem Anstoßen an die Ofenglasur ein „Schwanz" nach. Wird dieser nicht, solange er sich noch auf Temperatur befindet, sofort wieder dem Külbel einverleibt, so verliert er rasch an Wärme. Findet jetzt die Verformung statt, so preßt sich der zähe „Faden" zwar an die Form, vereinigt sich aber nicht mehr völlig mit der Hauptmasse. Infolgedessen bleibt er als sichtbare Störung darin enthalten und verläuft so, wie es die jeweilige Bewegung des Postens mit sich bringt. Ist diese mit einem Recken und Drehen verbunden, wie z. B. bei einer mundgeblasenen Flasche (Abb. 67), so kann eine regelrechte Spirale zustandekommen, durch welche der Gegenstand unansehnlich wird. – Die geübte Hand des Glasbläsers kann diesen Fehler vermeiden.

7.13 „Winden"/„Rampen"

Löst sich ein „Faden" oberflächlich auf dem Glas oder übertragen sich Gallebildungen bis in das Erzeugnis, die auf der Oberfläche örtliche Störungen hervorrufen, so zeichnen sich gelegent-

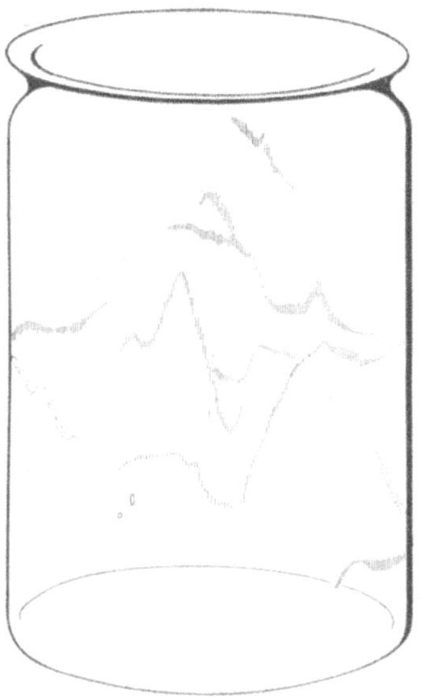

Abb. 68. Einmachglas, „windig"

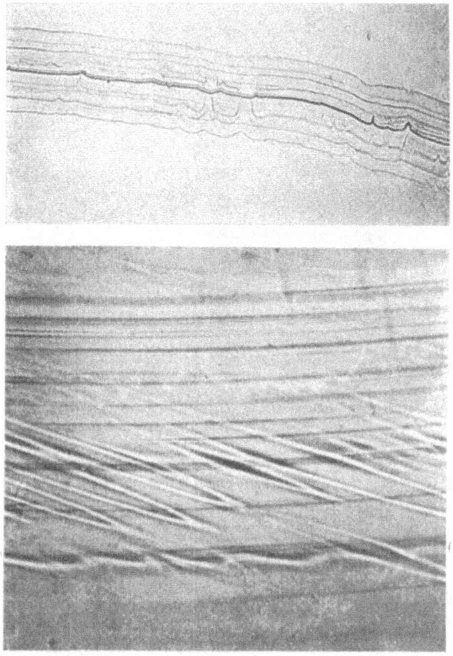

Abb. 69. Als „Winden" bezeichnete, in Auflösung befindliche Schlieren

lich unscharf verteilte, verschwommene Umrisse auf dem Glase (Abb. 68) ab, häufig durch den Formgebungsvorgang gegeneinander versetzt. Dann ergibt sich eine Homogenitätsstörung, wie sie unter dem Namen „Winden" bekannt ist. Das „windige" Glas ist unruhig durch eine feine Ungleichmäßigkeit, die sich auf die Oberfläche des Glases eingeschlichen hat (Abb. 69). Dem üblichen Sprachgebrauch entsprechend scheint der Ausdruck „Winden" dann am Platz zu sein, wenn irgendwelche Schlieren sich in verteilender Lösung befinden (Abb. 70), also im Begriff stehen, zu „verschwimmen". Ebenfalls wird man eine Erscheinung wie in Abb. 71 hier einordnen müssen, obwohl sie manchmal auch als thermische Schlieren aufgefaßt wird.

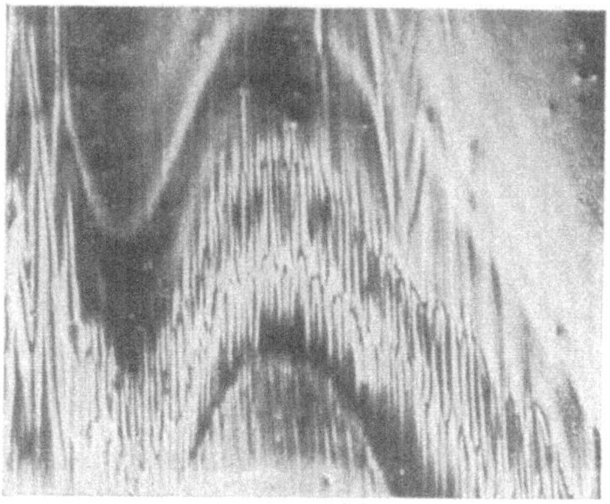

Abb. 70. Im Schlierenverfahren verstärkt sichtbar gemachte, in Auflösung befindliche Winde

(Eine ähnliche Erscheinungsform oberflächlicher Störungen ergibt sich aus einem ganz anderen Grunde, wenn nämlich ein in Vorbereitung befindliches Külbel beim Motzen oberflächlich etwas getaucht wird, so daß ganz schwache Überlappungen eintreten, die später wieder verschweißen, in ihren Umrissen aber doch noch die veränderten Grenzflächen nachfolgender Glas„posten" erkennen lassen, dabei ähnlichen Formen folgend, wie die aus Fäden oder echten Schlieren hervorgegangenen „Winden".)

Die „Rampe" ist eine kräftigere Form des Homogenitätsmangels. Auch sie schlägt bis auf die äußere Begrenzung des Glases durch und macht sich als Verdickung oder sonstige, länglich ausgerichtete, u. U. wulstförmige Ungleichmäßigkeit des Erzeugnisses bemerkbar (Abb. 72). „Rampen“ führen zurück auf chemische, aber auch auf thermische Fehler, sofern man auch Wellen von gezogenem Tafelglas hier einordnen darf. Beliebige Zähigkeitsunterschiede, die aus dem einen oder anderen Grund auftreten, lassen sie entstehen, gelegentlich erst bei der Verarbeitung, ohne daß das Glas diese Veranlagung mit aus dem Ofen gebracht haben müßte. Die Erscheinung macht sich dann erst am fertigen Produkt bemerkbar. Ihre Ursachen können aber auch im Ofen liegen in Gestalt einer unzureichenden Schmelzverteilung, Temperaturungleichheiten, Schichtenbildungen [*122–124*]. Ihr selbständiges Zustandekommen als „Entmischung“ muß jedoch angezweifelt werden. – Bestimmte Angaben über einen so allgemeinen Fehler lassen sich nicht machen, ohne Gefahr zu laufen, Vorkommnisse zu verallgemeinern, die es nicht erlauben, weil sie aus besonderen Betriebsbedingungen hervorgehen.

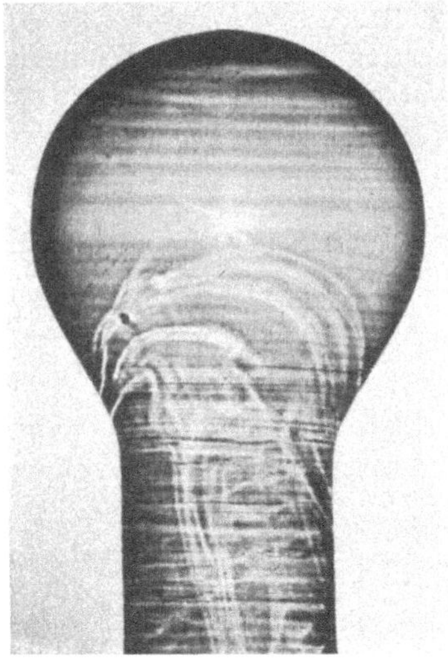

Abb. 71. „Windiges“ Glas eines Glühlampenkolbens (sog. „thermische“ Schlieren)

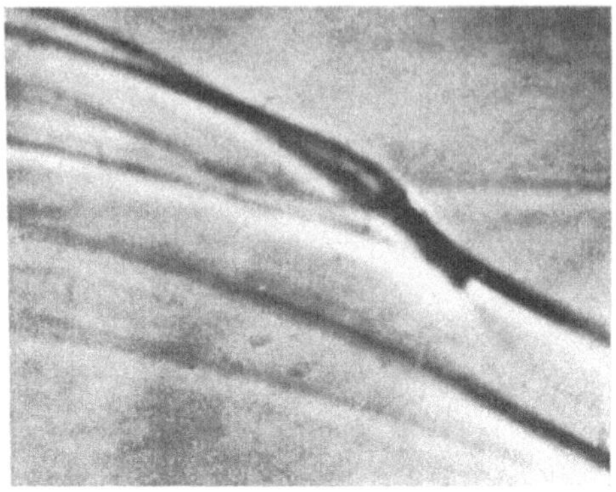

Abb. 72. „Rampe“

Dem Techniker ist daran gelegen, wenigstens unterscheiden zu können, ob sich das Glas aus chemischer oder formtechnischer Ursache „rampig“ zeigt. Daher ist es zweckmäßig, stets eine Flüssigkeit bereitzuhalten von gleichen Brechungseigenschaften, wie sie das normale Glas besitzen würde. Wird der Gegenstand in ein solches Immersionsbad eingetaucht, so verraten sich chemisch abweichende Stellen sofort, während aus thermischer Ursache entstandene Störungen in der Flüssigkeit verschwinden. Das gleiche gilt für mikroskopische Untersuchungen.

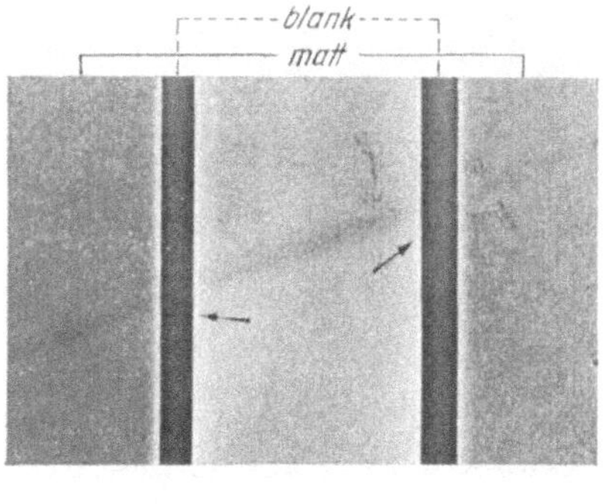

Abb. 73a. Auf Fadenbildung zurückzuführende diagonal verlaufende Störung der Einheitlichkeit einer Fläche nach erfolgter Mattätze

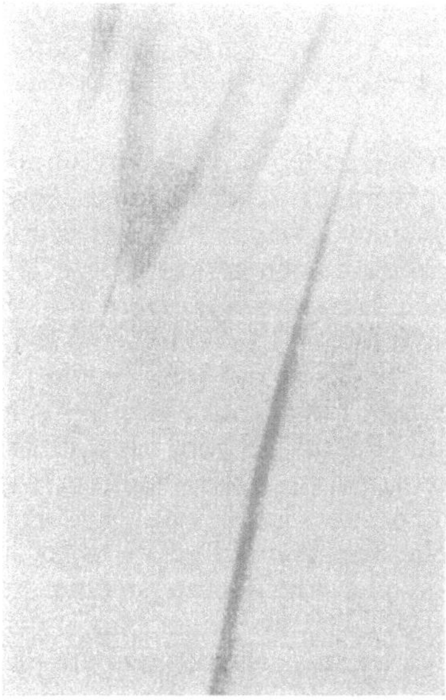

Abb. 73b. Versteckte, erst durch Anätzen sichtbar gewordene, als verlaufende „Winde“ angeordnete Schlierenbildung

Je nach der Glasart ist hierfür eine Mischung von Benzol (C_6H_6, $n_D = 1{,}502$) mit Schwefelkohlenstoff $n_D = 1{,}626$ geeignet. Hat das Glas z. B. die Brechung $n_D = 1{,}5200$, so führt eine Mischung von 82,5% Benzol mit 17,5% Schwefelkohlenstoff zu einer passenden Flüssigkeit. Alle Arten von Flüssigkeiten mit bestimmtem Brechungsindex sind einschlägigen Präparatenlisten zu entnehmen.

7.14 „*Versteckte*“ *Schlieren*

Nicht alle Schlieren im Glas sind gleich für das Auge sichtbar. Sie können so wenig von ihm abweichende Eigenschaften besitzen, daß ihre Grenzflächen aus diesem Grunde verborgen bleiben. Ihre Ausbreitung kann aber auch in einer Weise geschehen, daß bei der Hauptblickrichtung auf oder durch den Glasgegenstand die Schichtdicke der Schliere viel zu gering ist, um eine merkliche Störung zu verraten. Sie entgeht dem Beschauer, tritt aber aus ihrem latenten Dasein hervor, wenn sie an der Oberfläche liegt, und diese Oberfläche einer differenzierenden Bearbeitung unterworfen wird.

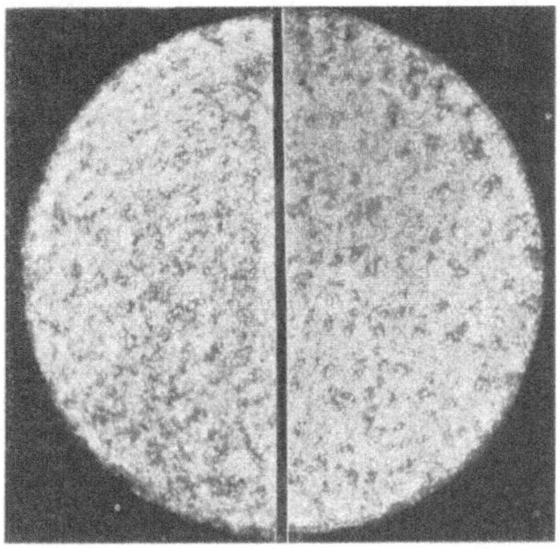

Abb. 74. Vergleichendes Mikrobild der Mattierung an den Störungsstellen mit der normalen Fläche aus Abb. 73

So treten gelegentlich besondere Arten oberflächlicher Schlieren, z.B. als eine Folge von Vorgängen unter dem Einfluß der Ofenatmosphäre auf. Ein Niederschlag von Sulfatbestandteilen aus der Ofenatmosphäre, z.B. vor einem Schwimmer oder Ring, führt zu besonderen Anfressungen, wie sie auch sonst schon von geringen Spuren von Galle bewirkt werden. Der durch das sich fortbewegende Glas abgesponnene Tonfaden scheint dann in seiner Bewegung hin und her zu pendeln, parabelartige Figuren anzunehmen usw., die nur den Relativbewegungen der Schmelze gegenüber, dem Ausgangspunkt der Fehlerquelle, entspringen.

Solche und ähnliche hauchfeine Fäden oder Schlieren verlaufen unter Umständen zu seitlich unscharf begrenzten Gebilden, die, wie Abb. 73, 74 zeigen, durch Anätzen der Oberfläche absichtlich oder höchst unerwünscht herausgeschält werden können. Es handelt sich hierbei um ein Vorkommen, das bei der Fabrikation wertvoller Gläser, z.B. Bleikristallerzeugnissen, an denen eine Mattierung oder Ätzung vorgenommen werden soll, außerordentlich störend in Erscheinung treten kann und deren Fehler schon in der Schmelze selbst bekämpft werden muß.

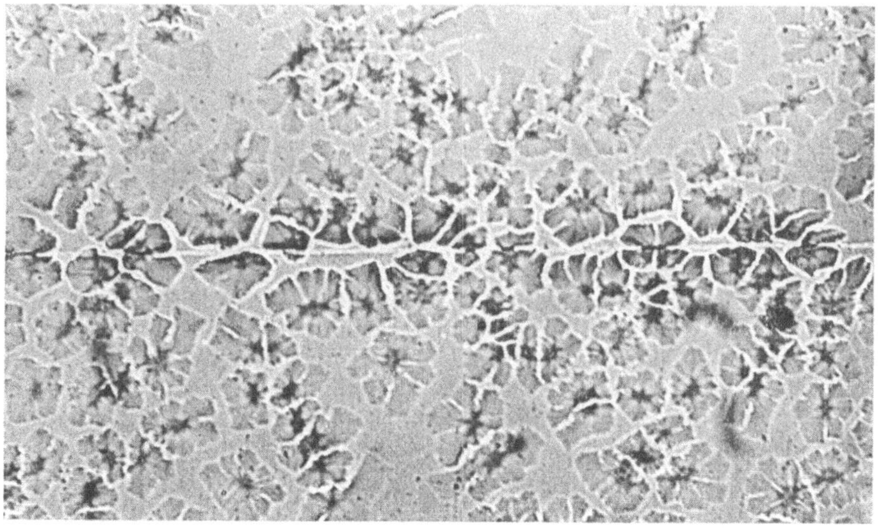

Abb. 74a. Mikroskopisch 200fach vergrößerte Struktur einer Mattätze auf einer „fädigen“ Glasoberfläche: Erst durch das Ätzen kommt die Fadenstruktur zum Vorschein. (Unterschiedliche Schutzkristallwirkung) (phot. UNGEMACH)

In einem solchen Fall sind also nicht trotz, sondern *wegen* der nachträglichen chemischen Bearbeitung unter Umständen *höhere* Anforderungen an die Homogenität des Glases zu stellen, als ohne sie.

Dies wird z.B. besonders offenbar an Tafelglas, dessen Oberfläche für optische Zwecke mit einer feinen Ätzstruktur versehen werden soll. Hier kann es passieren, daß eine vorher unsichtbare, u. U. verfahrensbedingte Fadenstruktur erst durch den Ätzvorgang sichtbar wird. Einen solchen Fall zeigt Abb. 74a: Der „Faden“ nimmt die Ätzstruktur in ganz anderer Form an als die Umgebung und macht das Glas für seinen Verwendungszweck unbrauchbar.

7.2 „Thermische Schlieren“

Wenn man eine homogene Flüssigkeit oder einen homogenen Glasfluß an einer bestimmten Stelle erhitzt, so bilden sich „Wolken“ von dichterem und weniger dichtem Medium, die einen durchfallenden Lichtstrahl ablenken und, dem Auftrieb folgend, Schattengebilde hervorrufen, die zweifellos von echten Schlieren herrühren. Es ist also möglich, daß in einem Medium auch Schlieren auftreten, die ausschließlich auf Anwendung von Wärme beruhen und deren Änderung der Licht-

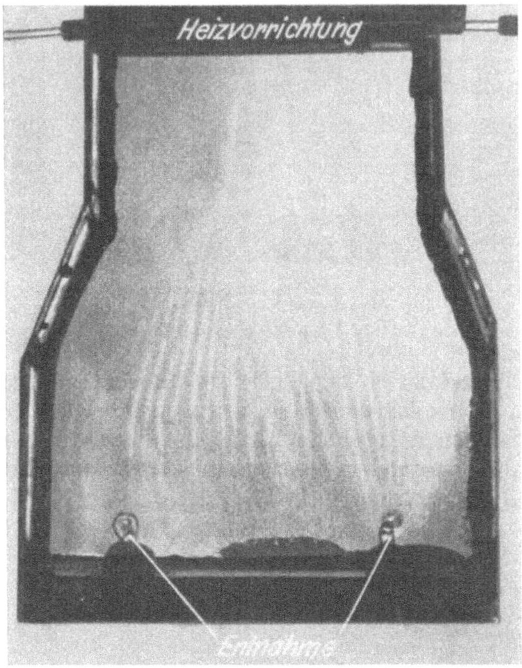

Abb. 75. Strömungsmodell einer Tafelglaswanne – Draufsicht. – Letztes Brennermodell (Heizvorrichtung) am oberen Bildrand

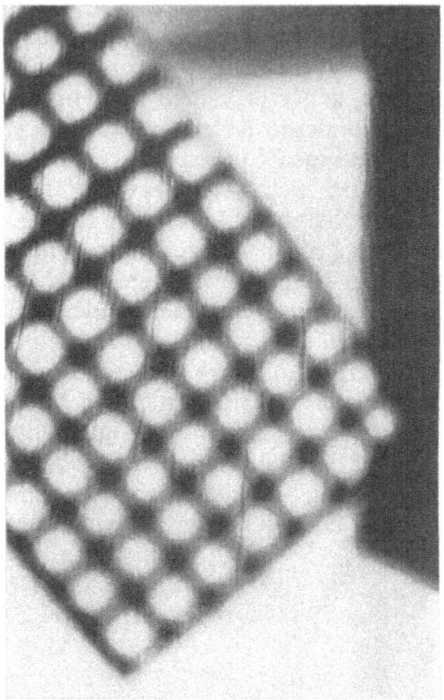

Abb. 76. Der Inhalt des nicht beheizten Teils (s. Abb. 75) bildet thermische Schlieren, die durch verschiedene Lichtbrechung sichtbar werden

brechung ohne Änderung der chemischen Zusammensetzung zustandekommt. Sie sind aber nur solange sichtbar, wie die lokalen Temperaturdifferenzen anhalten. Dieser Fall tritt auch am Glase ein. Er hat sich am zähflüssigen Inhalt von Wannenmodellen mit Glyzerin als Inhalt sichtbar machen lassen, deren Beheizung der Wirklichkeit getreu durch von oben wirkende Wärmestrahlbänder erfolgte (Abb. 75). Das Bild ihres Verlaufes ist identisch mit deutlich wahrnehmbaren Tönungsunterschieden in der Strahlungsemission einer in sich erkaltenden, ursprünglich thermisch homogenen Glasmasse einer vollen Schmelzwanne. Das ist eine wichtige Beobachtung, zu der allerdings selten Gelegenheit gegeben ist, weil die Wannen bei Stillegung im allgemeinen entleert werden. Die „Glas“masse zeigt sich vor einem kontrastreichen Hintergrund (Abb. 76) von Schlierenstreifen durchsetzt, die vorher nicht vorhanden waren.

Mit zunehmender Abkühlung tritt ein völliger Temperaturausgleich ein. Während aus chemischer Ursache entstandene Schlieren dann weiterhin sichtbar bleiben, müssen thermisch bedingte „Schlieren“ notwendig verschwunden sein. Sie können am fertigen Glas nicht mehr vorliegen und sind auch nicht mehr durch ein Immersionsbad sichtbar zu machen, es sei denn, daß man eine unterschiedliche Wandstärke als *Folge* thermischer Differenzen mit „Schlieren“ bezeichnen will (vgl. jedoch Auffassung SCHARDIN [*6*]).

Im übrigen ist der Begriff „thermischer“ Schlieren unklar, soweit die durch Temperaturen verursachten Unterschiede im Zähigkeitsverhalten sich letzten Endes nur auf die Wandstärke usw. auswirken. Es wäre abwegig, Unregelmäßigkeiten der *Form* des Glases technologisch in die Kategorie der Schlieren einzubeziehen, nur, weil sie nach gleichen optischen Verfahren wie diese zu erfassen sind.

Störungen in der Gleichmäßigkeit von Spannungen des Glases, wie sie selbst an homogenem Glas vorkommen können, wenn dies örtlich verschiedener Kühlung unterliegt, also auch z. B. mit örtlich verschiedener Dichte (Brechung) anfällt oder die Schwelle vom zähen zum spröden Zustand örtlich mit verschiedener Geschwindigkeit überschreitet, sind zwar physikalische Inhomogenitäten, weichen aber ihrem Wesen nach vom eigentlichen Begriff der „Schlieren" ab, daß an dieser Stelle darauf verzichtet wird, sie einzubeziehen. – Man folge also dem Standpunkt W. EITELS [*125*], daß am Glase selbst eigentlich nur chemische Schlieren vorhanden sind.

Sichtbare Grenzflächen an Glasteilen, die in Form verschieden temperierter Posten auf die Pfeife genommen wurden, sind nicht als thermische Schlieren anzusprechen, sondern chemischer Natur. Es handelt sich um solche Flächen, die, wenn auch nur eine kurze Zeit lang, eine freie Oberfläche gebildet und sich (durch Verdampfung von Alkali od. dgl.) gegenüber der Masse genug verändert haben, um in dieser deutlich als Grenzflächenschliere erkennbar zu bleiben (vgl. Abb. 35).

Soll die echte Schliere, die ihren Sitz im Innern des Glases hat, von einer nur vorhandenen Unregelmäßigkeit der Oberfläche unterschieden werden, die aber optisch ähnliche Bilder entwirft, so dient das Immersionsbad als gebräuchliches Erkennungsmittel: Man taucht den Glaskörper (nach Abb. 39) in eine als passend ermittelte Flüssigkeit von gleichem optischem Verhalten, wie dem des Glases und verschafft sich damit praktisch ungestörten Einblick in das Innere.

8 Grenzflächenkräfte als Prinzip des Schlierenschwundes

Der Oberfläche einer Schmelze kommt eine besondere Bedeutung zu (vgl. Ziff. 5). Sie ist (außer den Hüllen der Blasen) der einzige und durch die Strömungsbewegung fortwährend im Wechsel befindliche Teil der Schmelze, der gegen eine gasförmige Phase angrenzt. Es ist daher unausbleiblich, daß sich hier alle Folgen der Molekularkräfte in Gestalt der Oberflächenspannung

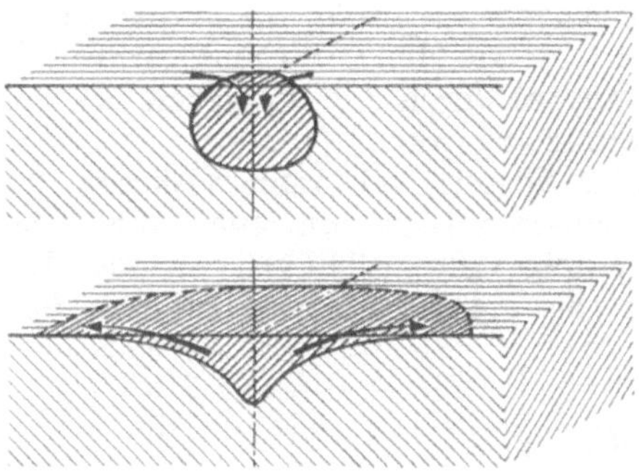

Abb. 77. Schwimmende Einschlüsse auf der Oberfläche einer Schmelze: Oben mit größerer Oberflächenspannung als diese (Knotenbildung), unten mit kleinerer Oberflächenspannung als diese (Spreitung), schematisch

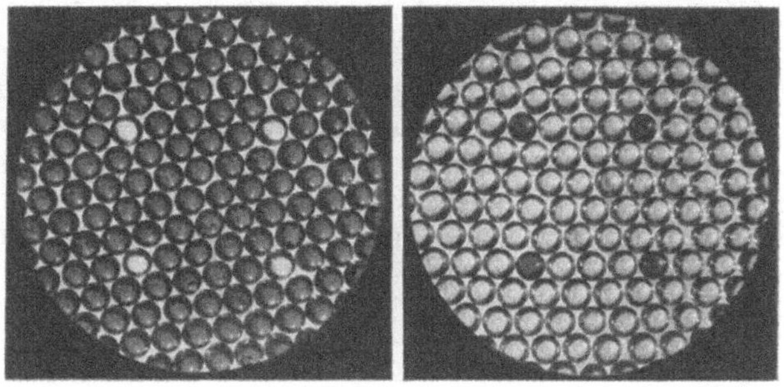

Abb. 78. Versuchsschmelzen aus Kugeln mit eingebauten Schlieren. Das helle Glas hat die größere, das dunkle Glas die kleinere Oberflächenspannung

einstellen und auswirken. Die Oberflächenspannung ist eine *Energie*, die dem Glase permanent innewohnt. Etwaige Unterschiede an Oberflächenspannung zwischen verschiedenen (zellenförmig voneinander getrennten) Raumteilen müssen sich also durch einen deformierenden Materialtransport auswirken (Abb. 77). Die hohe Zähigkeit des Glases setzt der Auswirkung dieser Kräfte zwar einen gewissen Widerstand entgegen, demgegenüber sich die Ober- oder Grenzflächenspannungskräfte aber allemal durchsetzen.

Im einzelnen sieht das folgendermaßen aus:

Wenn man in einer Platinmulde eine Glasschmelze ansetzt, die von verschiedenen zusammengesetzten Kügelchen ausgeht (Abb. 78), so läßt sich die Gestaltänderung dieser Raumteile durch stufenförmiges Einfrieren mikroskopisch verfolgen.

Nach Abb. 79 verhält sich die Kugelschliere des weißen Glases A (272 dyn/cm) mit der größeren Oberflächenspannung in der Umgebung des farbigen Glases (260 dyn/cm) als relativ stabiles physikalisches System „passiv" und bleibt zunächst unverändert. Im umgekehrten Fall hat sich die ehemalige Kugelschliere des hier farbigen Glases B (260 dyn/cm) als physikalisches instabiles System in gleicher Zeit spontan bis auf einen geringen hypozykloidförmigen Rest abgebaut und hautförmig über das farblose Glas ausgespannt. Eine solche Schliere sucht also von selbst zu schwinden, man könnte sie wortspielartig geradezu als „schwind-süchtig" bezeichnen.

Im umgekehrten Fall, wenn sich das Glas mit der größeren Oberflächenspannung in demjenigen mit der kleineren eingebettet befindet, bleibt das Schlierenzentrum zunächst kompakt erhalten. Es sind also ganz wesentlich Grenzflächenkräfte, die über die Substanzverteilung schlierenartig aneinander grenzender Gläser der Schmelzoberfläche bis zur Auflösung – also den Schlierenschwund – entscheiden.

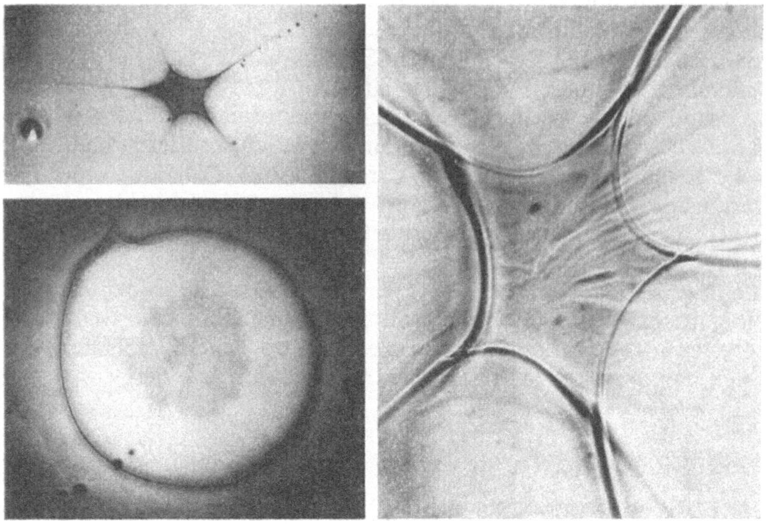

Abb. 79. Beobachtung des Verhaltens der Schlierenzentren aus dem Versuch Abb. 78: Kugelförmiger Abschluß des hellen Glases, Spreitung des dunklen Glases mit hypozykloidartiger Formation (Strömungsfäden im rechten Bildteil)

Eine Betrachtung einzelner Schlierenzentren bei stärkerer Vergrößerung zeigt, daß dieser Abbau ersichtlich unter lebhafter Bildung von Strömungsfäden erfolgt. Es treten also beträchtliche Substanzverlagerungen auf seiten des Glases mit der jeweils größeren Benetzungsfähigkeit ein. Die Ausbreitungsgeschwindigkeit dieses Glases auf seiner Unterlage oder in seiner Umgebung und damit zugleich sein „Aktionsradius" in der Zeiteinheit steigt mit fallender Oberflächenspannung und sinkender Viskosität. Sie betrug im vorliegenden Fall 0,2 bzw. 0,4 mm/min bei 1000°. Damit übertrifft sie die Diffusionsgeschwindigkeit um Größenordnungen. Sie muß sich also in der Schmelze durch die Häufigkeit des Vorganges entscheidend auf den Fortschritt der Homogenisierung auswirken.

Ähnliche Beobachtungen teilt W. B. SILVERMAN [*128*] an Gläsern bekannter Viskosität und Oberflächenspannung mit: Ein Überschuß von 2 bis 3 dyn/cm genügt, um einen künstlichen Schlierenfaden mit einem Spannungshof zu erhalten, der im umgekehrten Fall verschwindet. Eine Senkung der Oberflächenspannung durch Vanadiumoxyd (bis 0,5 Gew.-%) verhalf dem hartnäckigen Schlierenfaden zum Abbau.

8.1 Dynaktivität der Schlieren

Die durch die Oberflächenspannung gekennzeichneten Raumteile unterliegen gerade bei der Glasschmelze besonders häufig einem Sonderfall [*95*, *126*. *131*]. Wenn nämlich die Oberflächenspannung und Dichte beider Partner, die an eine gemeinsame Gasphase angrenzen, entgegengesetzte Werte aufweisen, also $\sigma_A > \sigma_B$ und $\varrho_A < \varrho_B$ (von JETTMAR und ROESLER in die Formel gebracht: $(\varrho_A - \varrho_B)(\sigma_A - \sigma_B) < 0$ [*132*]), so tritt der Fall ein, daß es nicht mit der Spreitung des Stoffes bei der geringeren Oberflächenspannung sein Bewenden hat, sondern daß dieser von der Oberfläche her in die Unterlage einbricht. Hier wird er durch echte Lösung verbraucht und aus Gründen gestörten Gleichgewichtes nachgeliefert. Es kommt zu einer besonderen „*Dyn*amik" der der Oberflächen*aktiv*ität, die es nahelegte, diesen Vorgang als „*Dynaktivität*" zu bezeichnen [*133*]. Je nach Anordnung der Partner zueinander tritt der nach Abb. 80 dargestellte Effekt ein und, zwar entweder gekennzeichnet nach der linken oder nach der rechten Bildhälfte. Phänomenologisch bringt es das „Schlierenwirbelphänomen" also mit sich, daß eine *einseitige* Vereinnahmung des Stoffes mit der kleineren Oberflächenspannung, aber dem größeren spez. Gewicht durch den Partner mit den stärkeren Molekularkräften, also der größeren Oberflächenspannung, aber dem kleineren spez. Gewicht eintritt, *niemals umgekehrt*. Dadurch erstreckt sich das Schlierigwerden ausschließlich auf den Raumteil mit der größeren Oberflächenspannung; ein Vorgang, der für die Homogenisierung einer Glasschmelze Beachtung verdient.

Dieses Prinzip wird schon wirksam, wenn nur sehr geringe Unterschiede in dem Wert der Oberflächenspannung (etwa 1% ~ 3dyn/cm) und wenige Einheiten der dritten Dezimale im spez.

Gewicht vorliegen. Das genügt, um sich gegen die hohe Viskosität, die diesem Vorgang gewissermaßen als „Bremse“ angelegt ist, mit Erfolg durchzusetzen [*95*].

Die Allgemeingültigkeit dieses Prinzips als eine Naturgegebenheit konnte inzwischen an zahlreichen Flüssigkeitspaaren von normaler Zähigkeit bestätigt werden [*132*, *134*]. Es ist ausnahmslos eingetreten im Bereich einer Zähigkeit im Verhältnis von 1:30000 [*135*].

Es gehört zu den jüngst erkannten Eigentümlichkeiten der Glasschmelzflüsse, daß nicht nur gelegentliche, sondern auffallend häufige Veränderungen, die sie im Zuge ihres technischen Werdeganges erleiden, dazu führen, daß die veränderten Raumteile sich zu den unveränderten „dynaktiv“ verhalten [*95*]: Eine örtliche Anreicherung von SiO_2 durch ungleichmäßigen Ablauf des Schmelzprozesses führt ebenso zu einer Verringerung des spez. Gewichtes und zu einer Steigerung der Oberflächenspannung wie eine Anreicherung mit Al_2O_3 aus Lösungsbestandteilen des feuerfesten Materials. Gleiches gilt für die Verdampfung von Na_2O aus der Schmelzoberfläche. Analytisch so wenig voneinander abweichende Gläser wie ein nach LIBBEY-OWENS und ein nach FOURCAULT gezogenes Tafelglas (man denke an die Verwendung uneinheitlicher Scherben) stehen schon im dynaktiven Verhältnis zueinander. Auch die Einflüsse der Ofenatmosphäre auf den Oxydationsgrad der im Glase enthaltenen S-Ionen üben einen ähnlichen Einfluß aus. Das gilt z.B. für weißes bzw. braunes Flaschenglas auf gleicher Gemengebasis [*91*]. Dadurch, daß sich an der Schmelzoberfläche ständig analytische Veränderungen vollziehen, kommt dieser durch das Inkrafttreten der Dynaktivität eine besondere, nicht zu unterschätzende Bedeutung für den Fortschritt der Homogenität zu [*136*].

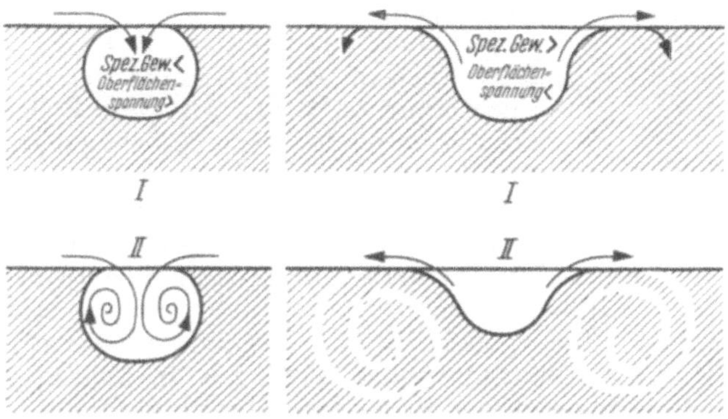

Abb. 80. Schematische Darstellung des unterschiedlichen Verhaltens dynaktiver Raumteile. Oben: Anfangsstadium Unten: Fortgeschrittenes Stadium. Linke Hälfte: Der Raumteil hat geringes spez. Gewicht, aber größere Oberflächenspannung. Rechte Hälfte: Umgekehrt

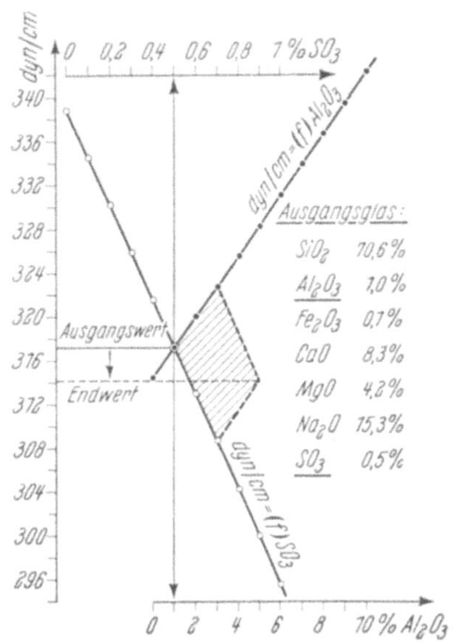

Abb. 81. Graphische Darstellung der veränderten Oberflächenspannung eines gegebenen Ausgangsglases durch zusätzliche Aufnahme von 2% Al_2O_3 *und* 0,2% SO_3. – Schraffiertes Feld = Parallelogramm der Kräfte als geometrischer Ort für die sich einstellende Oberflächenspannung

Die Stärke der Einwirkung geringer Mengen einzelner Bestandteile auf das „*dynaktive*“ Verhältnis einzelner Raumteile zueinander gehe aus Abb. 81 hervor: Ein Mehr oder Weniger an 0,2% SO_3 vermag die oberflächenspannungssteigernde Wirkung von 2% Al_2O_3 mehr als zu kompensieren. Dadurch kann eine Spreitung tonerdehaltiger Lösung zustande kommen oder eine spontane Aufspaltung zu fadenartigen Gebilden („gekämmtes Glas“) [*121*], vgl. Ziff. 7.12.

8.11 Mikroskopische Einzelheiten

Stets ist es derjenige Raumteil mit der größeren Oberflächenspannung, der eine Aufspaltung erleidet, indem seine Umgebung einhüllend über ihn hinwegkriecht (Abb. 81) und in mikroskopischen Strömungssystemen in ihn einbricht, Abb. 82. Daraus folgert, daß von zwei nebeneinander befindlichen Raumteilen, die mit der Oberfläche in Verbindung stehen, zunächst derjenige inhomogen (schlierig) wird, dem die größere Oberflächenspannung zukommt. Dies ist mit eine Erklärung für den Umstand, daß tonerdehaltige Partien im Schmelzofen immer besonders schlierig anzutreffen sind.

Er ist weiter die Ursache dafür, daß Schlieren an der Oberfläche, wenn genügend Zeit zur Verfügung steht, in diesen Fällen eine fortschreitende Unterteilung erfahren bis zur Fadenbildung (bei Ziehprozessen) [*121*]. Oftmals ist eine regelrechte Unterteilung in Kanal- und Zellsysteme anzutreffen.

Wenn und wo zwei solche Mikro„flutwellen“ eines Glases (Abb. 80) mit geringerer Oberflächenspannung aufeinanderstoßen, so dringen sie ins Innere des Glases ein (Abb. 81). Das hat zur Folge, daß im Einflußbereich mehrerer Schlierenzentren eine starke gegenseitige Durchdringung der beiden Glasarten stattfindet. Es entsteht eine beachtliche Durchmischung. Sie ist erkennbar an den Schlierenhäufungen an der Grenze des gegenseitigen Einflußbereiches, Abb. 83. Dadurch bietet es spontan die größere Oberfläche dar und wird durch Diffusion rascher abgebaut als umgekehrt (vgl. Abschnitt „Scherben und Oberflächenspannung“).

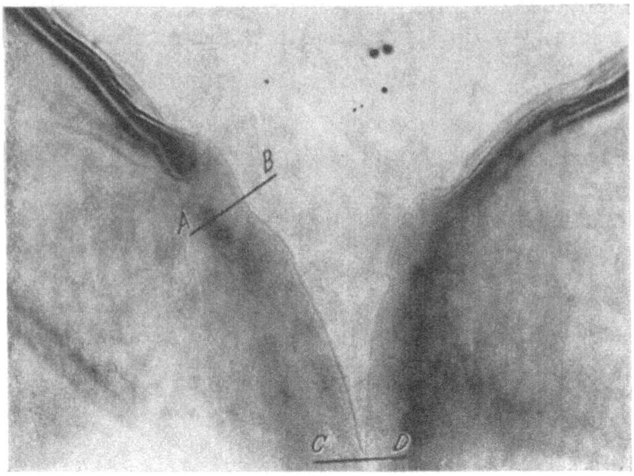

Abb. 82 a. Über eine Glasoberfläche hinweg kriechende Glashaut mit geringerer Oberflächenspannung. Die Schnitte A–B bzw. C–D kehren in Abb. 82 b wieder

Die Durchmischung vollzieht sich in ihren feinsten Ausläufern adern- und zellenförmig (Abb. 84), bis diese Zellen durch verzerrende Strömungsbewegungen die strähnige Beschaffenheit normaler Schlieren annehmen. Strähnig geformte Schlieren sind danach nur noch als hydrodynamisch verzerrte Zellen zu betrachten.

Als Regulativ für diese Vorgänge können einzelne Bestandteile des Glases z. B. in Abhängigkeit von dessen Redoxbehandlung wirken:

Ein Glas, dessen Schwefelgehalt in Form von SO_3-Ionen vorliegt, hat wegen des die Oberflächenspannung des Glases stark erniedrigenden Faktors (– 40 für 1% SO_3) die Tendenz, ein gleichartiges Glas mit S-Ionen einzuhüllen. In schwefelbraunen Gläsern kommen beide Sorten nebeneinander vor. Daher spreitet das SO_3-haltige Glas über das andere, das S-haltige einhüllend und aufspaltend (Abb. 85). An den jeweiligen Grenzflächen, auch an den Spaltflächen der S-haltigen Zelle, treten interne Reaktionen unter den Schwefelbestandteilen auf und geben Blasen. Diese haben ihren Sitz an den jeweiligen Grenzflächen. [*91*]

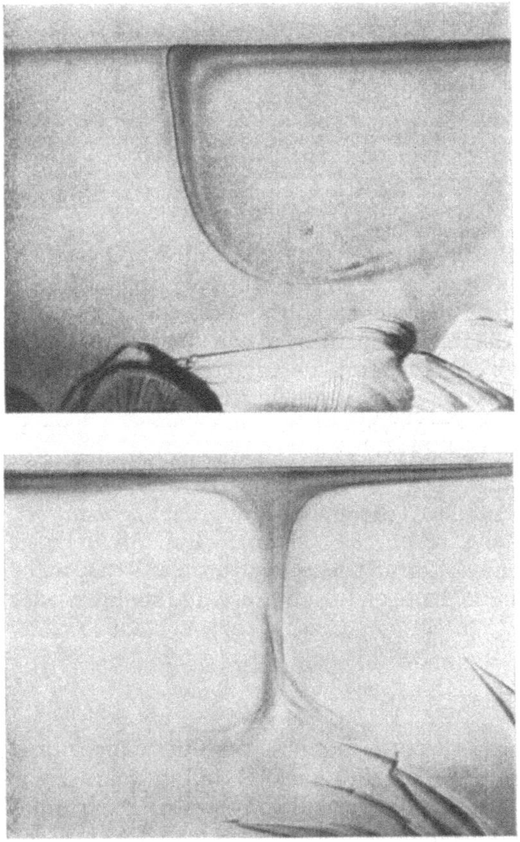
Abb. 82 b. Eindringen der Ausbreitungsfilme an ihrer Ausbreitungsfront in die Unterlage

8.2 Scherben und Oberflächenspannung

Der Schmelze einverleibte Scherben verhalten sich wie vorgeformte Raumteile. Entsprechend ihrer von der Grundmasse abweichenden Oberflächenspannung können sie im Bereich der Oberfläche sich entweder abschließend gegen ihre Umgebung und damit störend oder aufgeschlossen und damit weniger widerspenstig gegen eine Inlösungnahme verhalten (Abb. 86).

Dem liegt folgender Versuch zugrunde: Verleibt man zwei gleichartigen Schmelzen von der Oberfläche her ein kugelförmiges Stück Glas ein, so wird sich dieses je nach dem Verhältnis seiner Oberflächenspannung zum Grundglas gegen dieses abschließen und seine Kugelgestalt beibehalten oder sich darüber ausbreiten, um „abgebaut“ und verzehrt zu werden [*95, 126, 129*].

Zwei Gläser A und B werden miteinander eingeschmolzen. A hat die größere Zähigkeit und größere Oberflächenspannung, B wegen seines PbO-Gehaltes die niedrigere Zähigkeit und Oberflächenspannung.

Wurden diese Gläser in einer Platinmulde dergestalt eingeschmolzen, daß das Verhältnis beider

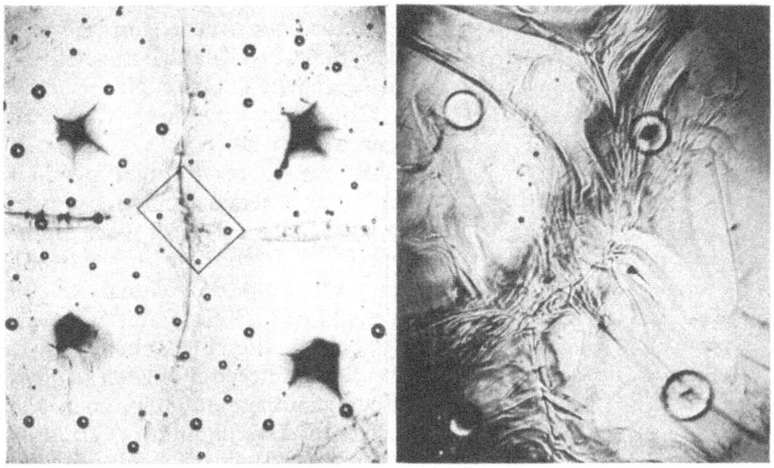

Abb. 83. Ergebnis des Versuches aus Abb. 78, linke Hälfte: Spreitung der dunklen Schlierenzellen über das helle Glas und ihre Begegnung in dem rechts vergrößert dargestellten schlierigen Mischbereich

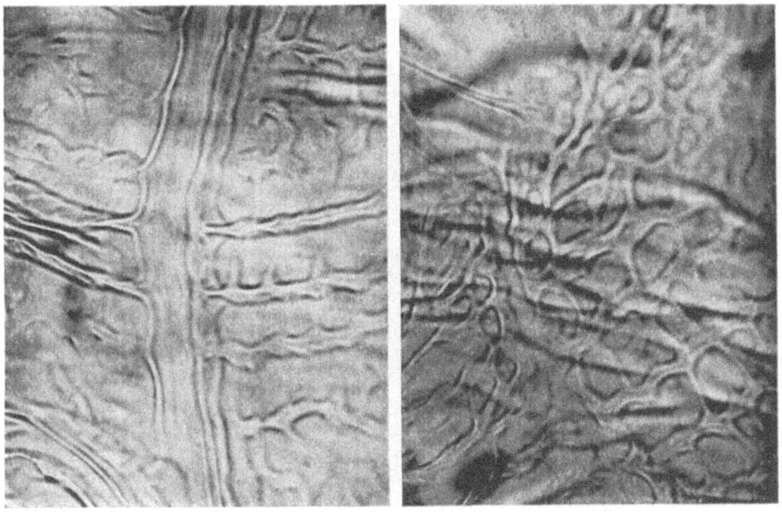

Abb. 84. Kanalartige Ausbreitung von Schlieren über die Oberfläche des Glases

zueinander in einem Fall 25 A : 75 B, im anderen Fall 75 A : 25 B betrug, so ergab sich, daß die Schmelze mit dem 25%igen Anteil des Glases B in 75% A der anderen in der Homogenisierung nach gleicher Zeit weit voraus war (Abb. 87 a), und zwar *obwohl die mittlere Zähigkeit der gemeinsamen Schmelzmasse als diejenige eines PbO-ärmeren Glases*

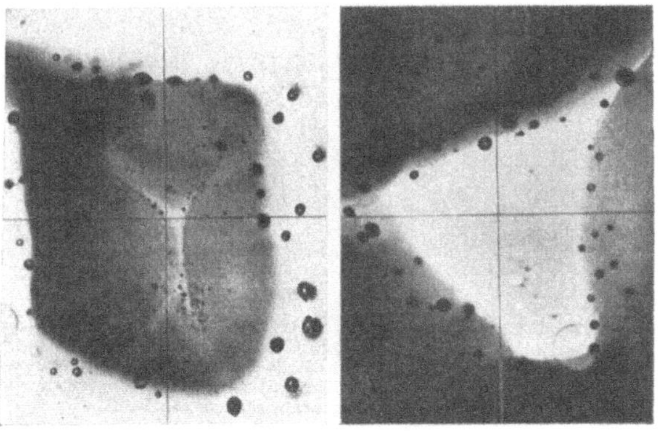

Abb. 85. Schwefelbraune Kugelschliere in farbloses, und farblose Kugelschliere in schwefelbraunes Glas eingebettet. Reaktionsblasen an den Grenzschichten; sogar *in* dem durch das helle Glas aufgespaltenen braunen Raumteil (links). M = 16:1

beträchtlich größer war als diejenige des anderen. Das zähere Grundglas A zeigt also bei dem Zuschlag B in Höhe der betriebstechnischen Scherbenmenge von 25% einen erheblich stärkeren Schlierenschwund gegenüber dem umgekehrten Fall. *Demzufolge vollzieht sich der Schlierenschwund in einer Glasschmelze, deren mittlere Zähigkeit größer ist, wie schon früher erwiesen, u. U. rascher als in einer solchen mit geringerer Zähigkeit.*

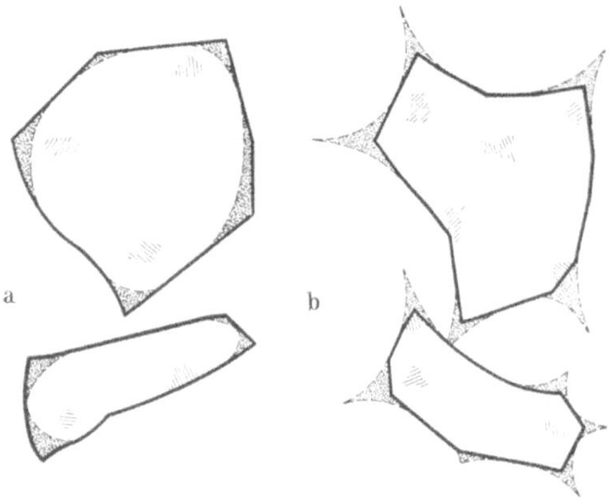

Abb. 86. Scherben mit größerer (a) und mit kleinerer (b) Oberflächenspannung verteilen sich verschieden auf ihrer Umgebung, schematisch

Daraus geht hervor, um wieviel unbedenklicher es ist, Scherben (natürlich auch ein Gemengeglas) dem gegebenen Grundglas einzuverleiben, wenn die Oberflächenspannung des Zuschlags den geringeren Wert hat.

Als besonderes Beispiel hierfür sei auf das nach dem TOEPLERschen Schlierenverfahren hergestellte, also quantitativ vergleichbare Bilderpaar 87b hingewiesen. Gleichartige tonerdehaltige Einschlüsse (von 7,5% Tonerde) einmal in eine Schmelze mit nur 2,5% Al_2O_3, ein anderes Mal in eine solche mit 17,5% Al_2O_3 hineingegeben, wurden von letzterer trotz ihrer höheren Zähigkeit in gleicher Zeit leichter und vollständiger aufgenommen als von der dünnflüssigeren. Das spontane Verteilungsbestreben hat den Schlierenschwund im ersten Fall beträchtlich gefördert; ihr Fehlen im zweiten Fall verzögerte ihn.

Das verschiedene Verhalten von Hafen- und Wanneninhalten, die auf anderes Glas umgestellt werden (z. B. grünes → braunes Flaschenglas), je nach der Richtung, in welcher die Umstellung erfolgt, läßt die Deutung zu, daß hieran eine Auswirkung der Verteilungsform in Abhängigkeit von Grenzflächenkräften beteiligt ist. – Dasselbe gilt für Veränderungen in der Beschaffenheit der Rohstoffe und Gemenge, z. B. in Abhängigkeit von schwankendem Feuchtigkeitsgehalt.

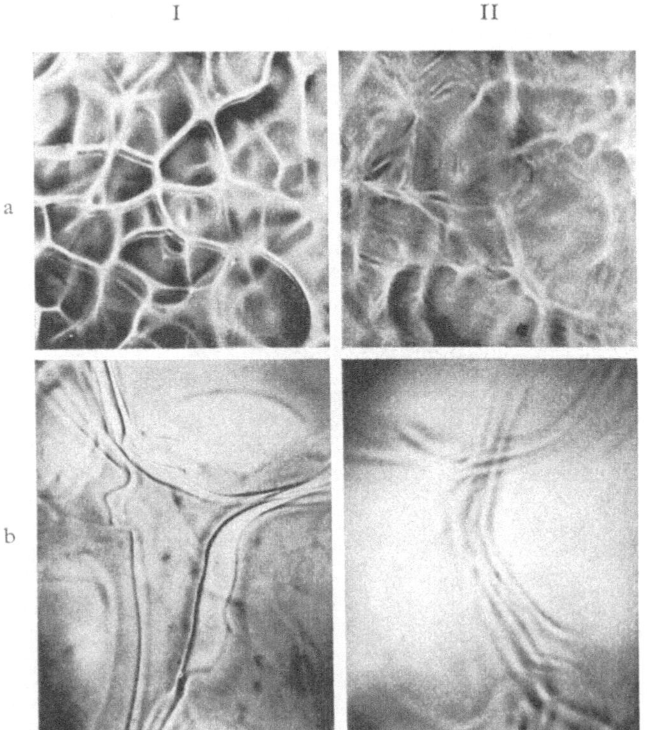

Abb. 87a. Gegenüberstellung von Glasmischungen im Verhältnis der betriebstechnisch gebräuchlichen von Gemenge: Scherben = 75 : 25. I. 75% A – 25% B. II. 75% B – 25% A. a) Reflexfotogramme der Schmelzoberfläche, bei I noch scharf begrenzte Zellenstruktur, bei II bereits verlaufend. b) Typische Schlierenkomplexe, bei I noch scharf umrissen, bei II schon verschwommen

8.3 Grenzflächen als bevorzugter Sitz von Fehlern

Wie schon aus Abb. 35 hervorgeht, sind Grenzflächen im Innern des Glases, die aus einer ehemals freien Oberfläche des Glases hervorgegangen sind, als (wenn auch noch so dünne) Schichten einer fremdartigen Glaszusammensetzung zu betrachten. Sie kommen zustande aus den vormals freien Oberflächen vorgeformter Schmelzraumbestandteile, z. B. Scherben (vgl. Ziff. 2.9). Ebenso aber wird jede Art im plastischen Zustand zusammengesetzten Glases davon betroffen.

In diesem Sinne ist es von besonderer Bedeutung, daß die inneren Grenzflächen des Glases, also die Umhüllung ihrer Raumteile, gegeneinander zum bevorzugten Sitz fast aller Arten von Fehlern werden kann [*126 b*] (Abb. 88). Sie sind von entsprechenden *Schlieren*gebilden begleitet, innerhalb welcher sich besonders häufig *Blasen*bildungen und -ausscheidungen bemerkbar machen. Ferner können an ihnen – soweit sie mit der Oberfläche in Verbindung stehen –

*Sicker*vorgänge auftreten, wenn Veränderungen der ehemals freien Oberfläche durch die Einwirkung schwefelhaltiger Gase hervorgerufen sind (vgl. Abb. 89). Darüber hinaus bilden sich auf Grund dieser „zellförmigen" Veranlagung der Schmelze in erstarrtem Zustand *Spannungen*

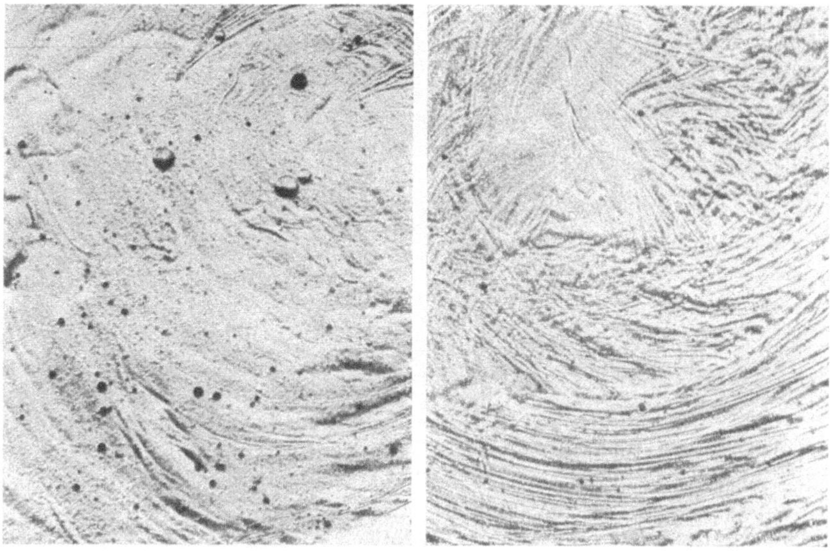

Abb. 87 b. Homogenisierung von 2 Tiegelschmelzen im umgekehrten Verhältnis zur Zähigkeit (Rauhigkeit = unzureichend immergierter Anschliff). (Aufnahmen nach dem TOEPLERschen Schlierenverfahren quantitativ vergleichbar.) M = 5 : 1. Links: 17,5% Al_2O_3. Rechts: 2,5% Al_2O_3, beide Grundschmelzen mit gleichen Mengen eines dritten Glases mit 7,5% Al_2O_3 versehen

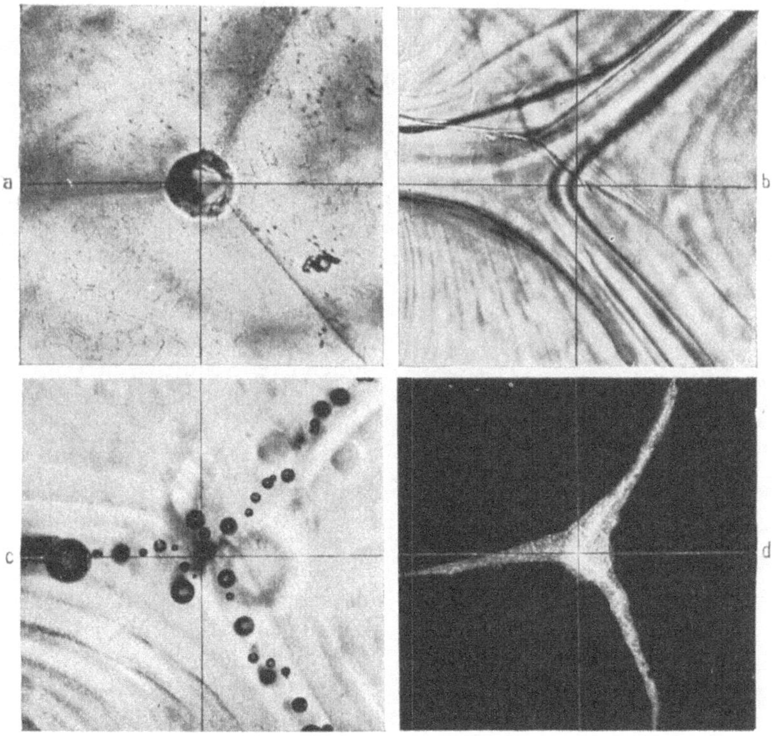

Abb. 88. Grenzflächen als bevorzugter Sitz von Fehlern. a) Angelpunkt der Grenzflächen von Schlierenzellen mit Blase; diese an sich zarten Grenzflächen sind der bevorzugte Sitz verschiedenster Vorgänge. b) Schlierenbildungen (Durchlicht, Hellfeld). c) Reaktionsblasen (Durchlicht, Hellfeld). d) Aussickerung von Sulfat (Auflicht, Dunkelfeld)

längs dieser Grenzfläche aus, die beim Auftreten von *Entglasungen* auf Grund ihrer abweichenden Zusammensetzungen auch wieder zum Anlaß besonders starker *Kristallkeim*bildungen werden.

Den Grenzflächen und ihrer praktischen Auswirkung muß also im Zusammenhang mit fast allen Glasfehlern eine besondere Aufmerksamkeit geschenkt werden.

Wie gering die Störungen nur zu sein brauchen, um doch erhebliche Spannungen auszulösen, geht aus folgendem Versuch hervor: Glaskügelchen, die bei einer Temperatur von etwa 1100° zu einer Masse vereint werden, schmelzen keineswegs „nahtlos" zusammen, sondern bleiben durch ein schlieriges Häutchen, in welchem die Grenzflächenspannung ihren Sitz hat, voneinander getrennt. Es entsteht eine zellenförmige Inhomogenität. Sie ist, wie Abb. 88a zeigt, von entsprechenden Spannungsfeldern begleitet. Diese rührt davon her, daß die Oberfläche der Glaskügelchen schon bei ihrer Formung Gasen ausgesetzt war, durch die eine geringe chemische Veränderung an ihr vorgegangen ist. Auch haben sie durch Lagern an der Luft Veränderungen erlitten. Diese genügen, um in der Schmelze so deutliche Spuren einer Homogenitätsstörung zu hinterlassen, daß sie sich in erstarrtem Zustand des Glases als Spannung bemerkbar macht.

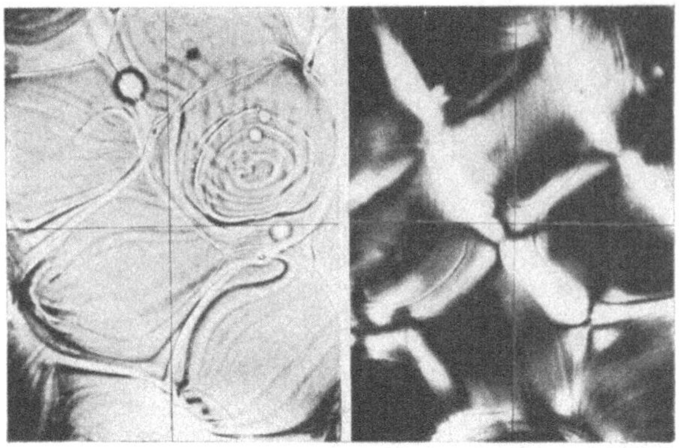

a b

Abb. 89. a) Schlierenzellen einer Glasschmelze aus vorgeformten, aber gleich zusammengesetzten Raumteilen. b) Starke Spannungen längs der Zellwände. – M = 20:1

Werden solche Kügelchen zuvor mit einem Gemisch von SO_2 und O_2 künstlich begast, so zerfällt die aus ihnen entstehende Schmelze sogar regelmäßig in netzförmigen Bruch, d.h. also, die Beeinflussung der Glas*oberfläche* durch von außen einwirkende Gase kann die mechanische Festigkeit des Glases so stark beeinträchtigen, daß Bruch eintritt. Nur ganz frische Bruchflächen des Glases (z.B. frisch hergestellte Trümmer), die weder hydrolytischen, noch gasigen Einflüssen ausgesetzt waren, *verschmelzen wirklich nahtlos miteinander.* Diese Erscheinung ist von besonderer Bedeutung für die Verarbeitung des Glases vor der „Lampe", wenn ein festes und möglichst nahtloses Verschweißen verschiedener Glasteile miteinander erzielt werden soll.

9 Ursprung und Wirkung von „Galle"

Die Ausscheidung von Galle ist glastechnisch der bekannteste Vorgang der Abtrennung eines Reaktionsteilnehmers aus dem Schmelzfluß nach Ziff. 2.5. Man setzt dem Gemenge mehr Sulfat zu, als das Glas davon aufnehmen kann. Dieses ist – je nach der Zusammensetzung – etwa mit maximal 1% SO_3 entsprechend 1,8% Na_2SO_4 gesättigt.

Jede darüber liegende Menge muß sich nach vollendeter Schmelze in Tropfenform ausscheiden und als Galle an der Oberfläche in Erscheinung treten. Hier sammelt sie sich *bei unrichtiger Ofenführung* oft in so großer Menge, daß sie als Pfütze auf dem Glase schwimmt und gelegentlich die Fugen der Wannensteine nach außen durchbricht und erstarrt (Abb. 90). Die Farbe der Galle muß nicht weiß sein, sie kann je nach Bestandteilen, die sie in Lösung enthält, rötlich, seltener grau bis schwarz gefärbt ausfallen.

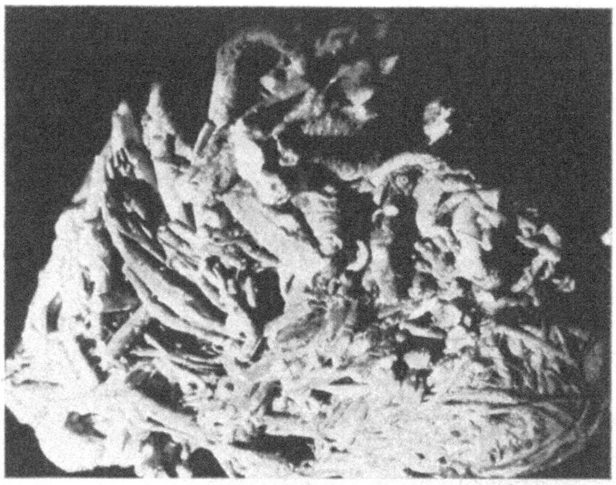

Abb. 90. Glas-„Galle"; aus einer Wannenschmelze durch Steinfugen ausgelaufen

Die Galle selbst bedeutet gegenüber dem Glas eine echte Heterogenität. In geschmolzenem Zustand hat sie ein dem Glase sehr nahe kommendes spezifisches Gewicht. Das hat zur Folge, daß Partikel davon, die in die Glasschmelze hineingeraten (etwa durch das zwangsläufige Verschlepptwerden durch Eintauchen im Zuge der Strömung an einem Schwimmerprofil od.dgl.), in dieser als Tröpfchen mit nur sehr geringem Auftrieb schwimmen. Sie treten als „Galle"- oder Salzblasen auf in Verbindung mit einem Hohlraum wie bei jeder regelrechten Blase.

Eine solche Störung des gleichmäßigen Ablaufs der Schmelze liegt weniger in einer Trennung der beiden Stoffe an sich, als vielmehr darin, daß der eine dem anderen durch sein stärkeres Lösungsvermögen gewisse Schmelzbestandteile entziehen bzw. vorenthalten kann. So vermag Galle Na_2SO_4, erhebliche Mengen von CaO – und zwar bis über 10% – in Lösung aufzunehmen, welches damit also der Teilnahme an den Glasbildungsvorgängen entzogen wird (Schlierengefahr). Dadurch erfährt die Hauptschmelze eine Störung der Homogenität [*137*]. Auch kann nach TAMMANN und OELSEN [*138*] Na_2OSiO_2 von „Galle“ aufgenommen werden. Daher kann die Störung der Homogenität durch Galle von der Oberfläche her eine gewisse Tiefenwirkung erzeugen [*139*]. Die sich zunächst tropfenförmig absetzende Galle (Abb. 91) wirkt auf die darunter befindliche Schmelze ein und erzeugt deutlich wahrnehmbare Schlieren, die von Blasen begleitet sein können (Abb. 92).

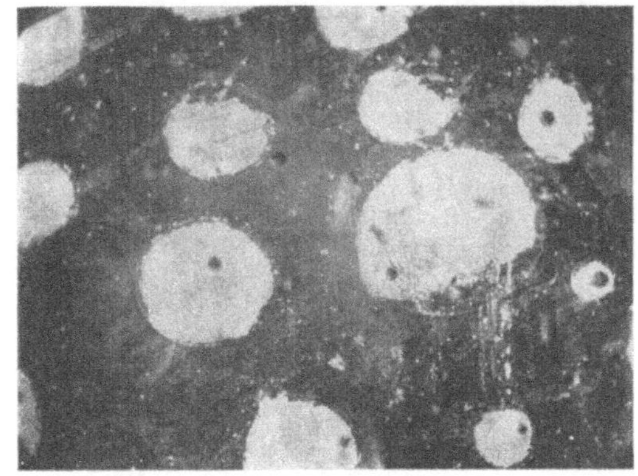

Abb. 91. Galletropfen auf der Schmelzoberfläche mit Reaktionsblasen

Die Galle kann aber auch durch Rückbildung aus der [Na_2O-dampf- und ($SO_2 + O_2$)-haltigen] Ofenatmosphäre zustandekommen, in welcher sich jederzeit das Gleichgewicht $\frac{2\,Na_2O + 2\,SO_2 + O_2}{2\,Na_2SO_4}$ nach unten, d. h. im Sinne einer Kondensation, verschieben kann, wenn und wo die Temperatur von 1240 °C unterschritten wird. Sie ist die Zersetzungstemperatur für Na_2SO_4, im umgekehrten Sinn also auch die Temperaturgrenze, unterhalb welcher Na_2O und ($SO_2 + O_4$) zu Na_2SO_2 kondensieren.

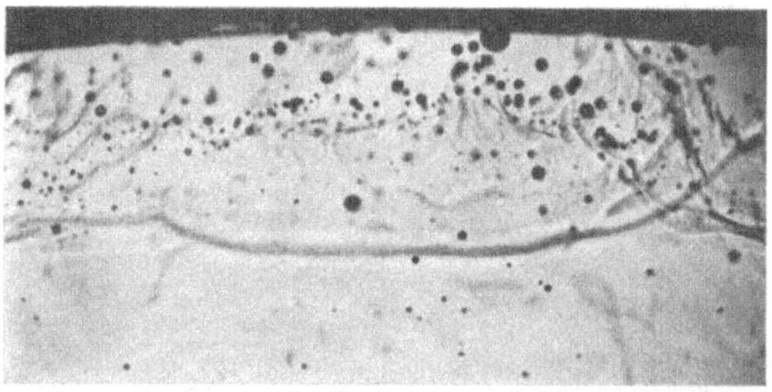

Abb. 92. Schlierige und blasige Schicht unter der Oberfläche einer von Galle befallenen Schmelze

Manchmal enthält jeder Galleflecken ein Bläschen. Zerfällt er wieder unter dem Einfluß der Ofenatmosphäre, so hinterläßt er eine rauhe Narbe (Abb. 93); vor allen Dingen zeigen sich als Folge seiner Auflösung von ihm abziehende Schlierenbildungen, die eine beachtliche Tiefenwirkung haben. Es kann sich unterhalb einer von Galle befallenen Schmelzfläche eine von Schlieren durchsetzte Schicht von nicht weniger als 5 mm Dicke (= 12,5 kg Glas/m²) bilden, die bei der Ausarbeitung ein Mehrfaches davon in Mitleidenschaft ziehen kann.

Ein schwacher Befall der Schmelzoberfläche mit Galle ist deswegen besonders heimtückisch, weil ihn das Auge nicht ohne weiteres wahrnimmt. Oftmals geht deshalb die Galle in Verbindung mit einer „fädigen“ Struktur des Glases [*121*], einher indem sie verstärkend zur verschlackenden Korrosion der Wandung beiträgt.

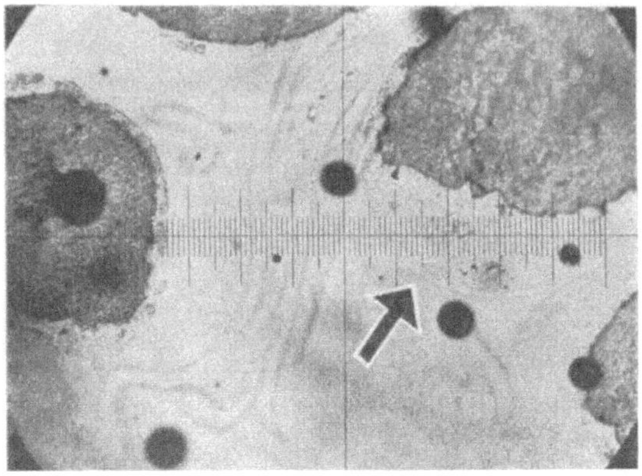

Abb. 93. Die Wiederauflösung von Galletropfen durch Reduktion hinterläßt eine narbige Oberfläche

Auf einer mit Galle befallenen Glasschmelze läßt sich deutlich eine glasige Schicht nachweisen, die von dem Massiv abweicht [*135*]. Wenn sie auf Grund ihrer andersartigen Ausdehnung abspringt, erhält man Einblick in einen eigentümlich verlaufenden Mischvorgang an der Grenzfläche. Teile der alkalireicheren Schicht bereiten sich auf Grund ihrer geringen Oberflächenspannung in verästelten flußlaufähnlichen Gebilden aus, deren Zweige von eingeschlossenen Partikeln genährt werden (Abb. 94).

Schon die geringe Anreicherung von Sulfat an der Oberfläche von Glasteilen (z. B. Scherben), die der Schmelze einverleibt werden, aber vorher der Behandlung durch schwefelhaltige Gase ausgesetzt waren, genügt, um Aussickerungen zustandekommen zu lassen. Dieser Vorgang erfolgt vornehmlich an denjenigen Stellen, wo mehrere Raumteilgrenzen (ehemals freie Oberflächen) zusammenstoßen (Abb. 95). Diese „Sickerstellen" bilden dann den Ausgangspunkt von Schlieren. Danach genügen die äußerst geringen, an der blanken Oberfläche haftenden Spuren einer von Flammengasen herrührenden Sulfatierung, um auf mechanischem Wege, d. h. durch Oberflächenspannung, als selbständige Gebilde in Erscheinung zu treten – ein Hinweis auf die Quelle von Gallebildungen sulfatarm betriebener Schmelzen. Es finden also Materialwanderungen statt, die von den Schubkräften der Grenzspannung ausgelöst werden (vgl. S. 54, Ziff. 8.1). Sie werfen ein Licht auf die leicht eintretende Übersättigung der Oberfläche an Bestandteilen der Ofenatmosphäre, der man im allgemeinen viel zu wenig Bedeutung beimißt.

Auch unter Zusatz von fluorhaltigen Zuschlägen für Opakgläser betriebene Schmelzen können Ausscheidungen geben, die als „Fluorgalle" bezeichnet werden [*140*] (Abb. 96). Sie stehen aber nicht mit Sulfat in Verbindung, sind vielmehr als regelrechte Schmelzrelikte anzusehen, zu deren Auslegung P. BEYERSDORFER [*141*] kritisch Stellung genommen hat. Er behandelte auch die Ursachen der Bildung von Bleisulfatgalle [*142*, *143*].

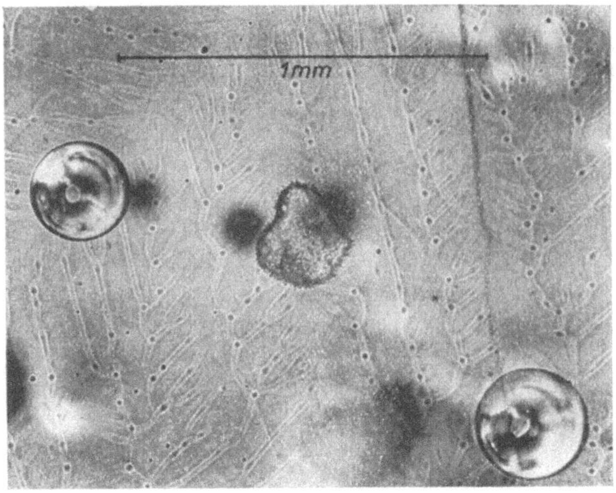

Abb. 94. Verästelte Ausbreitung von Gallesubstanz auf die Schmelzoberfläche

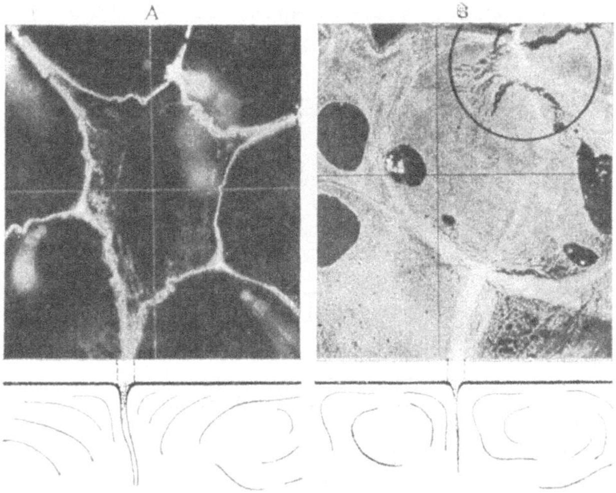

Abb. 95. a) Aus den Grenzflächen vormals selbständiger Schmelzraumteile (Kügelchen, Trümmer oder Scherben), die an ihrer Oberfläche schwefelhaltigen Gasen ausgesetzt waren, austretendes Sulfat (Galle). b) Fortgeschrittenes Stadium: Die Oberfläche der Schmelze ist fast geschlossen mit einem Galleschleier überzogen. M = 12:1

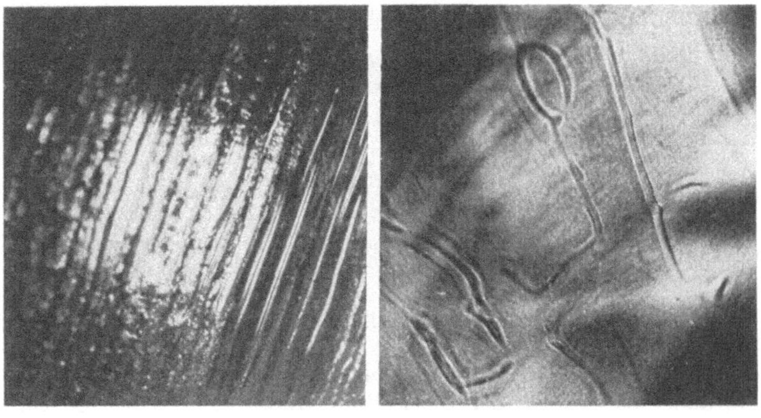

Abb. 96. Fluorgalle (nach JOCHMANN)

9.1 Bekämpfung von Galle

Eine Bekämpfung des Auftretens von Galle erfolgt in erster Linie dadurch, daß den sulfathaltigen Gemengen Reduktionsstoffe zugeschlagen werden in Form von Kohlepulver [*144*] (vgl. Ziff. I, 5). Durch diesen Kohlezuschlag wird der größte Teil des Sulfats seinem Verhalten nach dem der Soda angenähert. Nur noch ein überschüssiger Rest des Sulfats dient als Läutermittel (s. dort). Eine weitere Einwirkung auf das an der Glasbildung beteiligte Sulfat erfolgt von der Seite der Ofenatmosphäre her. Sulfatschmelzen werden im allgemeinen, wenigstens im Anfang, reduzierend erschmolzen, um der thermischen Zersetzung des Sulfats chemisch nachzuhelfen. Je höher die Temperatur der Schmelze allerdings getrieben wird, desto mehr sorgt bereits die thermische Dissoziation für eine Zersetzung des Sulfats, und desto leichter kann auf die Reduktion verzichtet werden.

Aus dem Zusammenspiel von dem Reduktionsvorgang im Innern des schmelzenden Gemenges, der Einwirkung reduzierender Gase von der Oberfläche her und der Schmelztemperatur ergibt sich ein gallefreies Schmelzen auch von solchen Gläsern aus hochsulfathaltigen Gemengen. Ein zu starkes Reduzieren kann durch Überreduktion zu Braunfärbungen führen, mit deren Auftreten „interne" Reaktionen der Schwefeloxyde in Verbindung stehen, die zu Blasenbildungen führen können.

Der nachträglich stattfindende Niederschlag von Sulfat auf der Schmelze oder an Ofenteilen ist ein im höchsten Maße unerwünschter Vorgang. Solche Gallebildungen können zwar durch nachträgliches Einwirken reduzierender Flammen oder von verkohlenden Sägespänen, die auf die Glasschmelze geworfen werden, rückgängig gemacht werden, selten jedoch ohne nachteilige Einflüsse auf die Glasschmelze. Es ist daher notwendig, daß die Schmelzbedingungen der Sulfatschmelzen den jeweiligen Umständen genau angepaßt und sorgfältig im Gleichgewicht gehalten werden (Abb. 97).

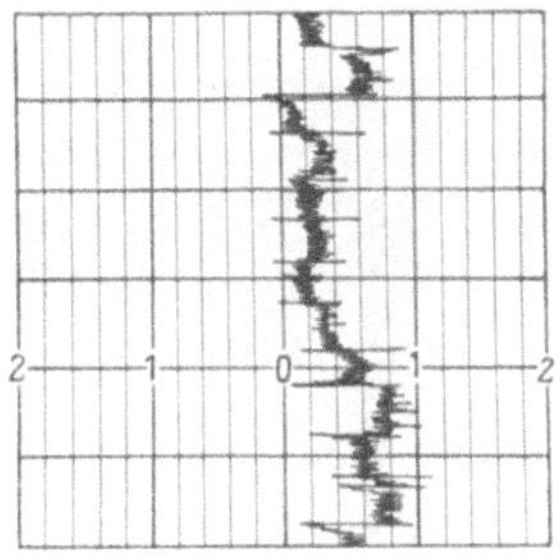

Abb. 97. Wechselnder Ofendruck als Ursache gelegentlich auftretender Niederschläge auf der Glasoberfläche

10 Schlieren von feuerfestem Material [*145-166*]

Das feuerfeste Material ist der einzige glasfremde Stoff, mit dem die Schmelze in Berührung kommt. Da es nur begrenzt widerstandsfähig ist, bildet seine langsame Auflösung eine Quelle von Schlierenbildungen. Wenn man an verschiedenen Stellen eines voll Glas erkalteten Schmelzgefäßes mit Hilfe einer Diamantsäge Schnitte durch die Grenzschicht Stein/Glas legt, die so erhaltenen Stücke in Immersion einbettet oder mit Kanadabalsam und Glasplatten belegt, bekommt man einen Eindruck von der Beschaffenheit der Grenzfläche [*94*]. Die Stelle stärkster Abnutzung des ff. Materials, die Spülkante, ist zugleich diejenige stärkster Aufladung mit Tonerde (Abb. 98).

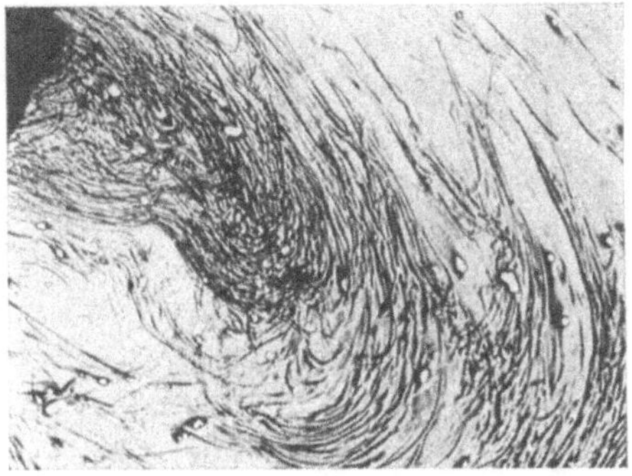
Abb. 98. Von der Auflösung feuerfesten Materials ausgehende Tonerdeschlieren mit Körnern beladen

Diese Spülkante ist überhaupt insofern ein kritischer Ort für die Entstehung von Schlieren, als jede Veränderung des Glasspiegels einen Ablauf oder Stau der im Bereich der Spülkante angereicherten Korrosionslösung mit sich bringt. Eine solche Niveauveränderung tritt ein als Folge verringerter Schmelzleistung bei Störungen in der Befeuerung oder absichtlich, darum nicht weniger gefährlich, an Ruhetagen der Arbeit. Sie sollte daher strikte vermieden werden.

Im Hinblick auf die Homogenität der Schmelze darf der Schmelzspiegel keinen Schwankungen unterworfen werden. Mit einem Auf und Nieder des Schmelzspiegels findet eine wechselnde Beteiligung der Schlierennester am vorüberstreichenden Glase statt. Eine sorgfältige Einhaltung des Glasspiegels durch geeignete optische Kontrollvorrichtungen sollte daher in empfindlichen Betrieben nicht fehlen.

Die Spülkante selbst hat bei weitem am meisten unter dem Angriff des Glases zu leiden. Man kann sich zu ihrer Schonung verschiedener Hilfsmittel, insbesondere der Luftkühlung [*167*] von außen her, bedienen, die zwar in erster Linie das Ziel verfolgen, die „Lebensdauer" des Steines zu verlängern, zugleich aber den Zweck erfüllen, die Schlierenbildung zu mäßigen.

Besteht der Auflösungsvorgang in der Freilegung kleiner Zapfen und Riffeln [*168*], deren Hohlraum Tonerdelösungen von oft nur Tropfengröße einschließen, so kann die Schmelze an ihr die als hartnäckigen Fehler bekannten „Tonfäden" empfangen. Selbstverständlich erzeugen Steine mit unregelmäßigem Auflösungscharakter [*169*] mehr Schlieren als glatte. Unterschiede im strukturellen Verhalten werden aber noch nicht durch ausreichende Prüfverfahren erfaßt. Sie sind aber für die Güte der Schmelze von derselben Bedeutung wie die Quantität der Auflösung.

Eine Grenzschicht besonders schlierenhaltigen Glases von nennenswerter Dicke tritt weniger leicht auf, wenn die Strömung des Glases eng an der ff. Wandung vorüberzieht. Es bilden sich dort die bekannten Erosionsrillen aus (Abb. 99a). Eine sich bildende Lösungsschicht wird sogleich fortgetragen. Das Zustandekommen dieser Furchen wird in Abb. 99b schematisch dargestellt [*94*]. Eine örtlich stärker angreifbare Stelle des ff. Materials führt zu einer mehr oder weniger ausgeprägten Lochbildung. Der Strömungsdruck des Glases richtet sich hauptsächlich auf den ihm

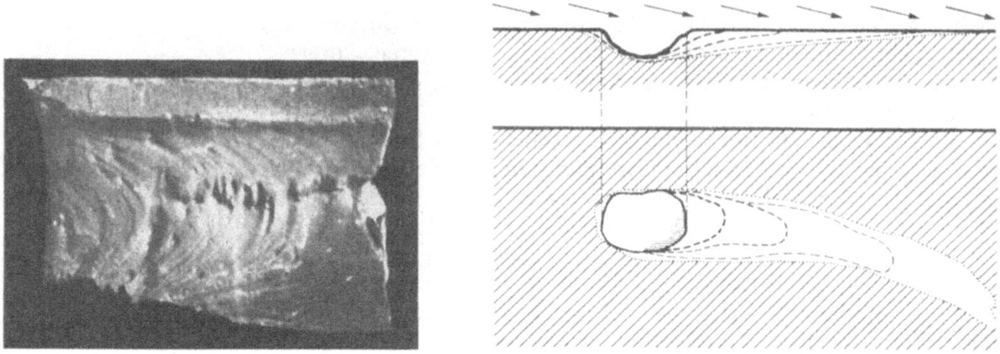
a b

Abb. 99. a) Durch „anliegende" Strömung entstandene Erosionsrillen an einem Wannenblock. b) Schema der Entstehung einer von einer Lochbildung ausgehenden Erosionsrille

entgegenstehenden Rand des Kraters und trägt ihn stärker ab, als den ihm zugekehrten Rand, der im Strömungsschatten liegt. Eine chemisch oder strukturell unterschiedliche Angreifbarkeit ist also die Voraussetzung für die Form der mechanisch ungleichmäßigen Abtragung. Wannenblöcke verschiedener Herkunft sind verschieden empfänglich für die Ausbildung dieser Strömungsrillen. Diese selbst sind aber brauchbare Anzeiger für die Wege, die das flüssige Glas in Berührung mit dieser Wand zurücklegt. K. Lossen [*168*] hat sie für die Verhältnisse einer Fourcault-Wanne eingehend studiert und konnte wertvolle Rückschlüsse auf die Strömungen ziehen. Es gibt Fälle, bei denen das Glas ebenso an der Wand abwärts ging, wie daß es aufwärts stieg. Das muß aber von Fall zu Fall entschieden werden.

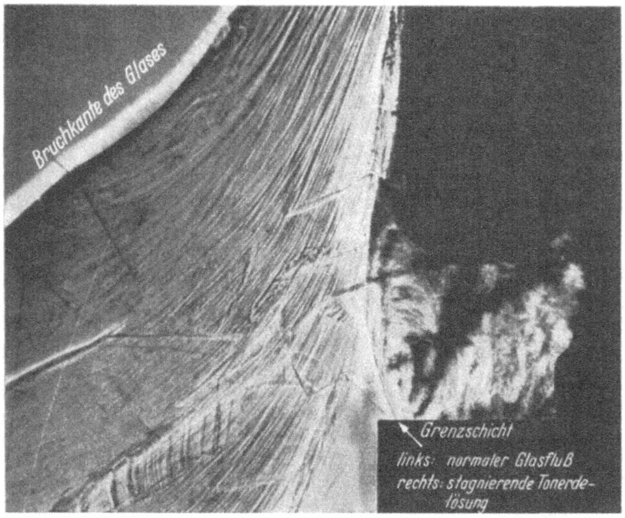

Abb. 100. Senkrechter Schnitt durch eine vorspringende Nase von feuerfestem Material (1/4 ×)

Abb. 100 zeigt einen Schnitt senkrecht durch einen Wannenblock mit überstehender Nase. In beiden Fällen meidet die laminare Strömung den Raum hinter Ecken oder diese selbst, vielmehr schneidet sie diese entweder ab oder läßt seitlich einen „toten" Raum liegen. Die Glassubstanz dieser toten Ecken lädt sich erheblich mit Tonerdebestandteilen auf, besitzt eine andere Glasfarbe (schmutzig gelbgrün) und ist wegen ihrer Schlierenhaftigkeit trüb-undurchsichtig. Sie ergibt eine vom normalen Glas durch Al_2O_3-Überschuß abweichende Analyse; z. B. ein Plus an 3,7% Al_2O_3.

Darin liegt der Beweis für die Selbständigkeit dieser „toten Ecken". Von ihnen wird an das vorüberströmende Glas nach und nach schlierige Substanz abgegeben. Dadurch wird verständlich, daß Wannen und Häfen von einem gewissen Alter ab wegen immer stärkerer Ausbildung von Klüften, Fugen, Löchern usw. stärkeren Homogenitätsstörungen unterliegen können als im Anfang.

Die tonerdehaltige Schicht ist meist scharf gegen das anstehende normale Glas abgegrenzt (vgl. Abb. 110). Eine wirkliche Mischung findet selten statt, zumal die kriechenden Strömungen keiner Turbulenz unterliegen. Charakteristisch ist Abb. 101a. Die abgebrochene Schale einer Hafenwandung mit einer anhaftenden, etwa 10 mm starken Glasschicht läßt bei gewöhnlicher Lichtbildaufnahme wenig mehr als eine Zerklüftung der Schamotte gegenüber dem Glas erkennen. (Das Bild ist zudem leicht verschwommen, wegen der störenden optischen Einflüsse des nicht homogenen Glases.) Fängt man aber das Reflexbild der Oberfläche auf, so ändert sich das Bild (Abb. 101b).

Die zerklüftete Steinwand überträgt auf das anliegende Glas eine deutliche „Zellen"struktur. Sie besteht aus rundlichen Gebilden. Außerdem aber wird eine faserige Längsstruktur im Photogramm sichtbar als Abbild des vorüberstreichenden Glases, welches sich mit Tonerdebestandteilen auflädt.

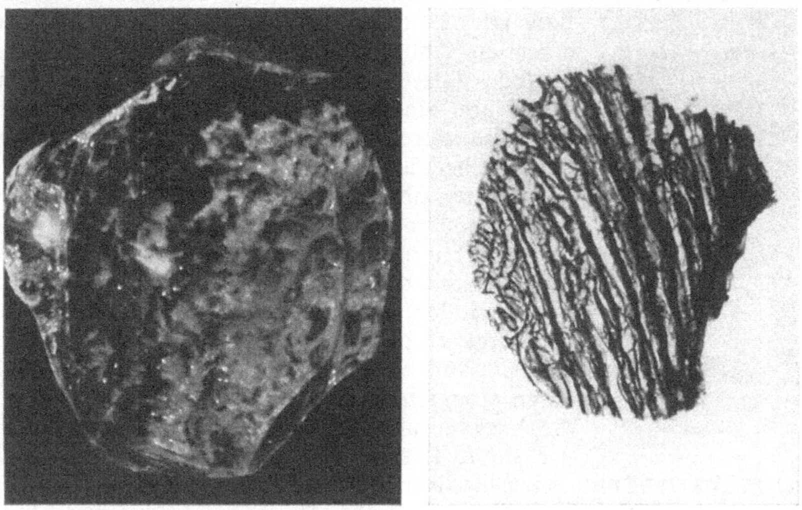

a b

Abb. 101. Stück Hafenschale mit anhaftender Glasschicht. a) Draufsicht, b) Reflexphotogramm (1/2 ×)

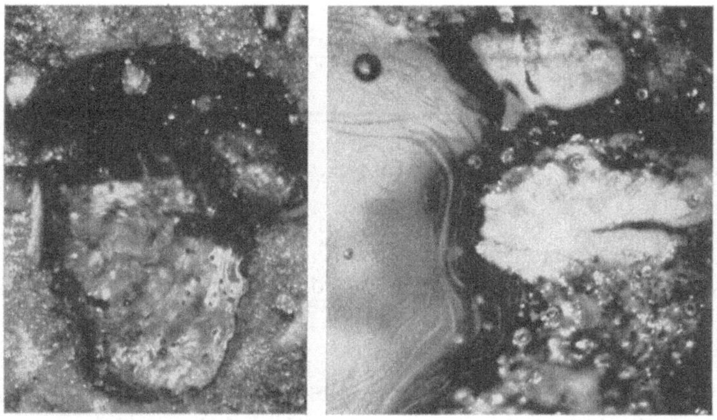

a b

Abb. 102. Lunkerbildung in feuerfestem Material durch Glasfraß. a) Vergrößerung mit erkennbarer Schlierenhäufung, b) Randpartie noch stärker vergrößert mit Schlieren und Bloßlegung eines Magerkorns

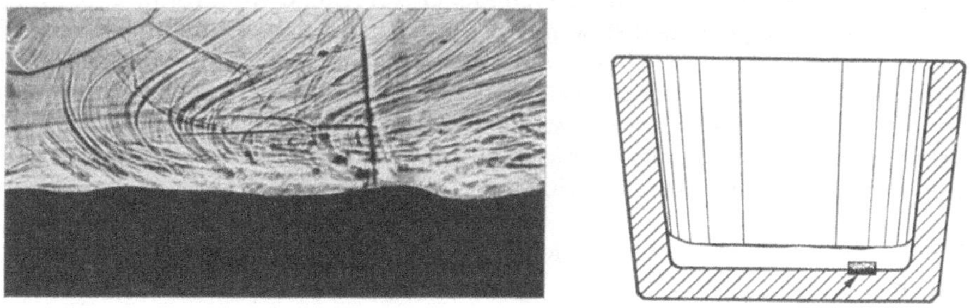

a b

Abb. 103. a) Schlierengehalt eines Glases aus dem Bodenstück eines Hafens, b) Andeutung der Stelle einer Entnahme von Abb. 103a

Wenn sich Höhlen oder Furchen ausbilden, so sammelt sich in diesen tonerdereicher „Schleim" an (Abb. 102). Es tritt leicht eine stoßweise Entladung infolge irgendwelcher Temperaturverlagerung ein.

Häfen besitzen durch ihre runde Form einen großen Vorzug. „Tote Ecken" kommen in ihnen nicht vor, außer denjenigen kleinen Klüften, die sich mit der Zeit in der Struktur des ff. Materials selbst ausbilden (Wichtigkeit des Auflösungscharakters! Vgl. Ziff. V, 8.51). In ihnen ist es hauptsächlich der Boden, auf welchem das Glas durch eine Schicht rückständiger Tonerde beeinträchtigt wird. Auch noch die folgende Schmelze kann gestört werden, wenn der Rest nicht durch völliges Leerarbeiten des Hafens regelmäßig entfernt wird. Ein aus einem Hafenbetrieb stammendes Stück Bodenglas läßt den Schlierengehalt und seine Struktur deutlich erkennen (Abb. 103).

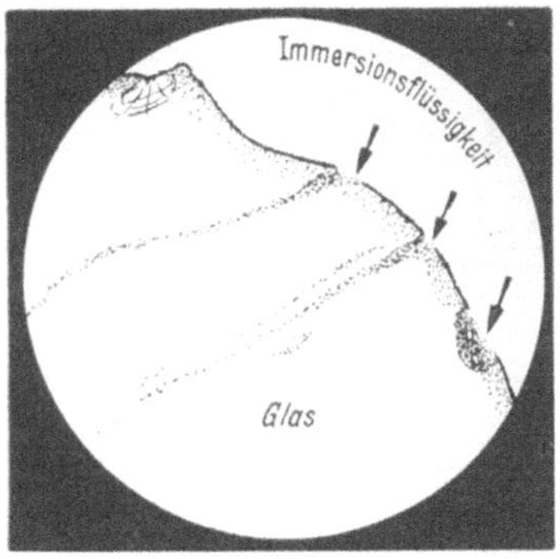

Abb. 104. Ermittlung der Lichtbrechung von Schlieren im Mutterglas

Jedes Glasoxyd hat die Eigenschaft, die Lichtbrechung des Glases um einen bestimmten Betrag zu verändern. Es lassen sich also durch optische Prüfungen entsprechende Anhaltspunkte über den Störenfried gewinnen, die jedoch mit Vorbehalt zu bewerten sind. Am besten an der Einschußstelle von Fäden, Schlieren, Tropfen usw. auf die Bruchkante eines Glasstückes (Abb. 104) nimmt man die Untersuchung nach der kristallografisch bekannten Methode vor bis zum möglichst weitgehenden Verschwinden des Überganges Schliere/Immersionsflüssigkeit. Ein Vergleich der Schlierenbrechung mit derjenigen des Mutterglases erlaubt Rückschlüsse auf diejenige Substanz zu ziehen, deren Anreicherung zur Schlierenbildung führte, wenn man die Veränderung der Brechung durch diese Bestandteile kennt, wie sie A. Dietzel für normale Gläser zusammengestellt hat.

Studien von A. Dietzel [*170*] geben darüber Aufschluß, in wie hohem Maße die von ihm als „Glasschleim" bezeichnete Randzone mit verseuchenden Lösungsbestandteilen aufgeladen ist. Seinen Mitteilungen läßt sich entnehmen, daß nach der Bestimmung des Brechungsexponenten (Abb. 104) eine Mischung von 80% des Schamottematerials mit nur 20% normalen Glases (bei hochtonerdehaltigen Steinen die Hälfte) vorliegen kann.

Tabelle 2

1% Anreicherung von	Verändert Lichtbrechung um
SiO_2	− 0,0005 bis 0,001
CaO	+ 0,0025
Na_2O	+ 0,0007
K_2O	+ 0,0006
Al_2O_3	+ 0,0001
Schamotte (20−40% Al_2O_3)	− 0,0003
Sillimanit	− 0,0001
Silikatropfen (Glasur)	+ 0,0001
Magnesit	+ 0,0015 usw.

10.1 Die Rolle ihrer Oberflächenspannung

In besonders störenden Fällen kann der tonerdereiche Inhalt von löcherig angefressenen Steinen oder die von Zapfen abtriefende Glasur tropfenartig an das Glas abgegeben werden (Abb. 105a). Dann erhält das verseuchte Glas rundliche Gebilde, entsprechend Abb. 105b. Diese folgen in dem lebendigen Bild zwar der allgemeinen Bewegung oder treiben wurstförmig in der Schmelze umher. Gewisse Sorten ff. Materials neigen bevorzugt zu diesen Gebilden (vgl. Knoten in Kap. V). Das hängt ab von dem Verhältnis der Grenzflächenspannung des tonerdereichen zum normalen Glas, wie man an verkuppelten Glaspaaren mit steigendem Tonerdegehalt nachweisen kann (Abb. 106) [*171*]. Sie bildet sich im Verlauf der chemischen bzw. mechanischen Abtragung aus. Sie ist also auch bestimmend für den Charakter der Schlieren, die vom ff. Material auf das Glas übertragen werden.

Nach J. Löffler [*159, 163, 164*] entspricht aber der Aufladungsvorgang des Glases mit Al_2O_3 nicht einfach einer Lösung des ff. Materials in der Schmelze. Es ist vielmehr ein deutlicher Differenzierungsvorgang damit verbunden. An ihm ist eine Art fraktionierter Diffusion der Glasbestandteile in dem Stein beteiligt. Die anfallende Verschlackungslösung (Glasschleim) besteht aus einer Zusammensetzung, die einer Zunahme des Glases um eine nephelinähnliche Substanz entspricht.

Dementsprechend ist die Oberflächenspannung des Schlackenglases im allgemeinen stark erhöht. Die Schlieren verhalten sich entsprechend ihrem Tonerdegehalt als Glasbezirke, die u. U. zur Kugelform neigen und als (unterhalb der Glasoberfläche entstandene) Tropfen, Knoten u. dgl. auftreten können (Abb. 105).

J. LÖFFLER konnte ferner feststellen, daß das spez. Gewicht des Glases durch die Lösung von ff. Steinmaterial je nach dessen Beschaffenheit sowohl eine Zu- als auch eine Abnahme erfahren

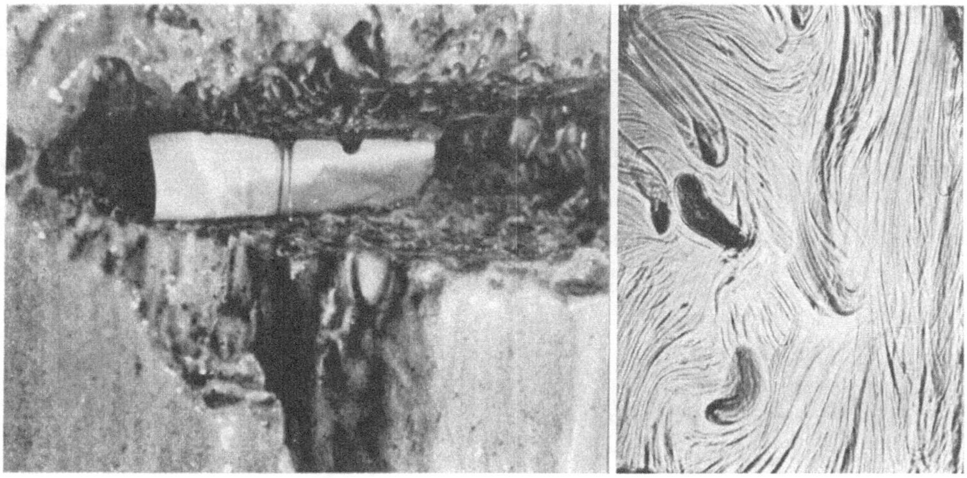

Abb. 105. a) Tropfenbildung in der korrodierten Fuge (Papier dient als Hintergrund), b) von „Knoten" durchsetzte Schlierenbildungen aus feuerfestem Material

kann. Das ist natürlich entscheidend für den Verbleib der Schlieren in der Schmelze. Denn nach H. JEBSEN-MARWEDEL tritt ein besonderer Effekt, das sog. Schlierenwirbelphänomen, ein, sobald das Produkt aus den Differenzen der spezifischen Gewichte und Oberflächenspannungswerte der beiden in Berührung befindlichen Gläser einen negativen Wert annimmt. Es handelt sich um den Effekt dynaktiver Flüssigkeitspaare. Für die Korrosion an der Spülkante feuerfester Steine hat er die Bedeutung, daß nach Abb. 107 ein selbständiger Umlauf der tonerdereichen Lösung einsetzt, der eine verstärkte Auswaschung zur Folge hat. Damit erklärt sich die einschneidende Wirkung der Spülkante als das Ergebnis eines dynamischen Systems der zwei Phasen Glas + Tonlösung in gemeinsamer Berührung mit der angrenzenden Gasphase (vgl. unter 8.1).

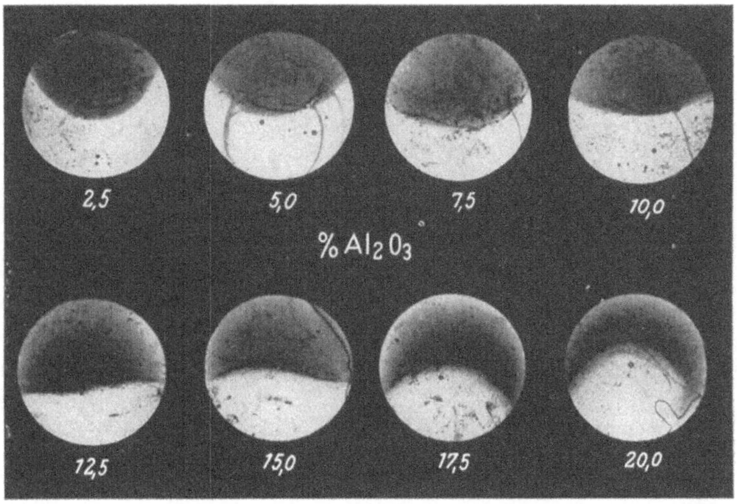

Abb. 106. Umkehrung der Grenzflächenspannung (= Krümmung der Berührungsfläche) eines Schlackenglases gegen eine Reihe von Gläsern mit von 2,5–20% steigendem Al_2O_3-Gehalt – 1100 °C

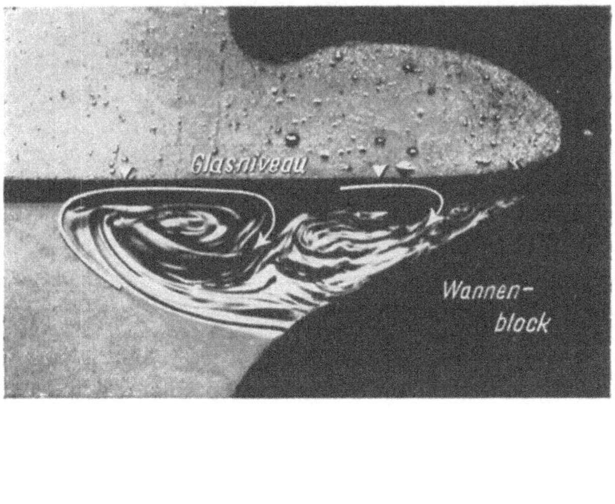

Abb. 107. Gegen die Wand gerichtete Wirbelbildung der Lösung feuerfesten Materials führt zu einem tief eingefressenen Profil in Höhe des Glasspiegels. Mikrokinematografische Aufnahme an einem Modellflüssigkeitspaar

10.2 Fugen von Wannenblöcken als Angriffsort für Korrosion

Jede Korrosion des Wannenbaumaterials führt der Glasschmelze unerwünschte Stoffe zu, die ihre Homogenität stören. Infolgedessen ist es notwendig, vermeidbare Vorgänge dieser Art zu verhindern. Das mit zunehmender Auswaschung von Horizontalfugen schwindende Auflager von Wannenblöcken ist außerdem mitbestimmend für die Beschränkung der Lebensdauer von Wannen [*172*, *173*].

Horizontalfugen können den Ansatz bilden für Auswaschungen der Auflagefläche. Das hat zur Empfehlung der *Palisaden*bauweise geführt. Es entspricht ferner einem Vorschlag von A. Becker,

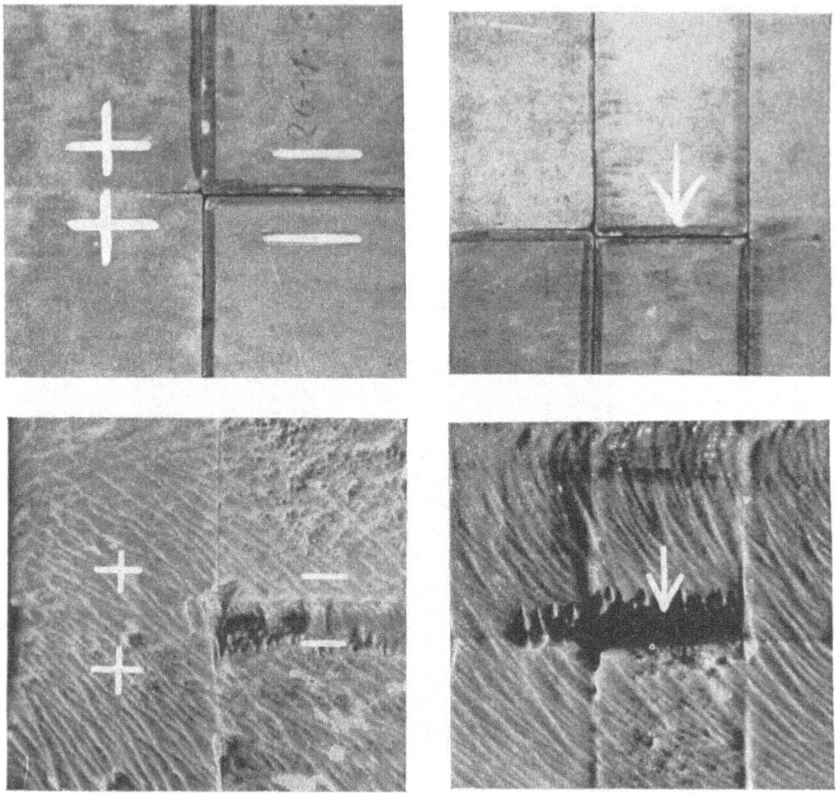

Abb. 108. Fugenloses Verschweißen von Wannenblöcken an Flächen fester Auflage und klaffende Auswaschung an offenen Fugen

die Wannensteine nicht im Verband zu setzen, sondern bündig übereinander. Damit soll verhindert werden, daß einzelne Steine auf einer Fuge stehen. Wenn die Unterlage nämlich auch nur ein geringes Maß in der Höhe unterschiedlich ist, setzt sofort die Korrosion im hohlen Teil der Fuge ein. Dies hat sich anschaulich nachweisen lassen (Abb. 108):

Es wurden einzelne Stellen einer durchreparierten Schmelzwanne dort mit besonderen Zeichen versehen, wo ein möglicher Einfluß der Fugen im Laufe der Betriebszeit erwartet werden konnte. Nach einer Betriebsdauer von 20 Monaten wurden genau dieselben Stellen erneut photographiert und mit den gleichen Zeichen versehen. Aus dem Ergebnis ist ohne weiteres zu erkennen, daß *die Beschaffenheit der Fugen im neuen Zustand bereits seine weitgehende Vorausbestimmung für den Ablauf der Korrosion und die Erhaltung der Standfläche darstellt*. Ein Klaffen von 1 mm und wenig mehr kann schon einen einschneidenden Angriffspunkt für zusätzliche Korrosion ausmachen. Umgekehrt kann ein wirklich vollkommener Anschluß der Steine aneinander zu einem fugenlosen Verband führen.

Das in Fugen eindringende Glas bereitet durch Verdampfung von Alkalien den Verschlackungsprozeß der Fugenwände vor, Abb. 109.

Es ist bekannt, daß nach unten gerichtete Horizontalflächen durch Abtragung der anliegenden Lösungsschicht besonders gefährdet sind. Daher sollte ihre Zugänglichkeit durch schlecht schließende Fugen so weit wie möglich vermieden werden. Aus diesem Grunde ist es wichtig, daß die Steine an ihren Stand- und Berührungsflächen nicht nur *gleiche Dimensionen* aufweisen, sondern auch *eben* sind und *genau rechtwinklig*. Nur so kann mit Aussicht auf Erfolg erreicht werden, daß Fugen als Ansatzpunkte für zusätzliche Korrosion vermieden oder auf ein Mindestmaß beschränkt werden.

Die Rolle, die die Anordnung der Fugen des Blockmaterials in Wannen bezüglich der Auflösung spielt [*169, 174*], läßt sich sichtbar machen, wenn man Stücke einer erstarrten Grenzfläche untersucht [*94*]. So konnte die hier folgende Abb. 110 gewonnen werden. Zum Beleg für die getreue Wiedergabe dienen Abb. 111a u. b, die den gekennzeichneten Stellen in Abb. 110 entsprechen.

Die Abb. 98 u. 112 zeigen, daß von einem unter dem Glasfluß aus irgendwelchen Gründen überstehenden Vorsprung (Simsbildung) [*175*] Unmassen von schlierigem Glas abtriefen können, die eine an der Wandung entlang absinkende Kaskade von Tonerdeschleim bilden. Überhaupt ist jedes überhängende Profil Ursache starker Auflösung. Ein Schwimmwiderlager, welches versuchsweise nur in der obersten Blockreihe eingebaut war, verschwand nach kurzer Zeit vollkommen bis auf die außerhalb des Glases befindliche Schale (Abb. 112) [*170*].

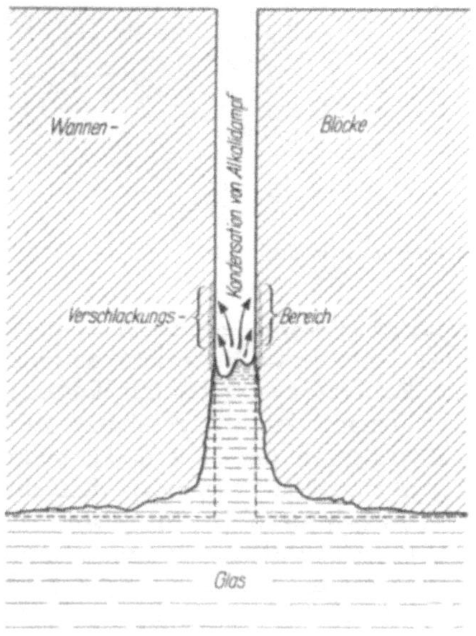

Abb. 109. Schematische Darstellung der korrosionsfördernden Wirkung von Alkalidämpfen aus der vordringenden Glasschmelze in einer Fuge von Wannenblöcken

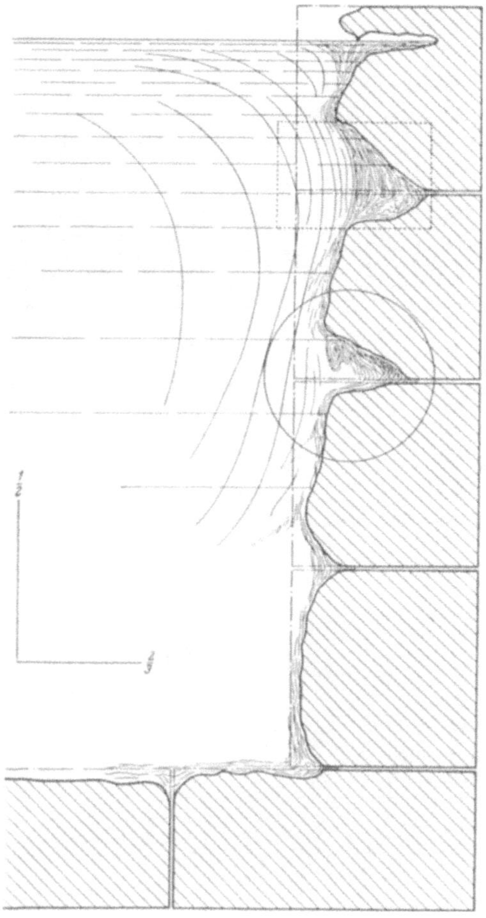

Abb. 110. Profil einer Wannenmauer nach 8monatiger Betriebsdauer. Zeichnerische Eintragung des Glases in den entsprechenden Ausschnitten nach Einzelheiten Abb. 111

Waagerechte Fugen sind nächst der Spülkante dem Angriff und der Schlierenbildung vorzugsweise ausgesetzt. Sie müssen also möglichst gering gehalten werden. Dies kann geschehen, indem an Stelle der *zwei* oberen, liegenden Blockreihen *eine* senkrecht stehende angebracht wird (sog. Palisadenbauweise). Auf diese Weise gelingt es, einen wesentlichen Angriffspunkt auszuschalten.

10.3 Veränderung der Glaszusammensetzung durch ff. Material?

Der Tonerdegehalt des technisch erschmolzenen Glases, soweit er nicht absichtlich eingeführt wird, stammt gewöhnlich aus den Begleitstoffen der Rohmaterialien.

Man hält vielfach eine empfindliche analytische Beeinflussung der durchschnittlichen Glaszusammensetzung durch Auflösungsbestandteile des ff. Materials für möglich. Abgesehen von optischen Hafenschmelzen liegt sie aber kaum vor. Hierüber lassen sich z. B. folgende Angaben [176] machen. Im Verlauf einer Ofenreise wurden beschickt:

An Gemenge	2039,600 kg	
abzüglich Schmelzverlust	407,920 kg	
Also Glassubstanz	1631,680 kg	
Hierzu an Scherben	+ 1145,000 kg	oder 36%
Zusammen	2776,680 kg	

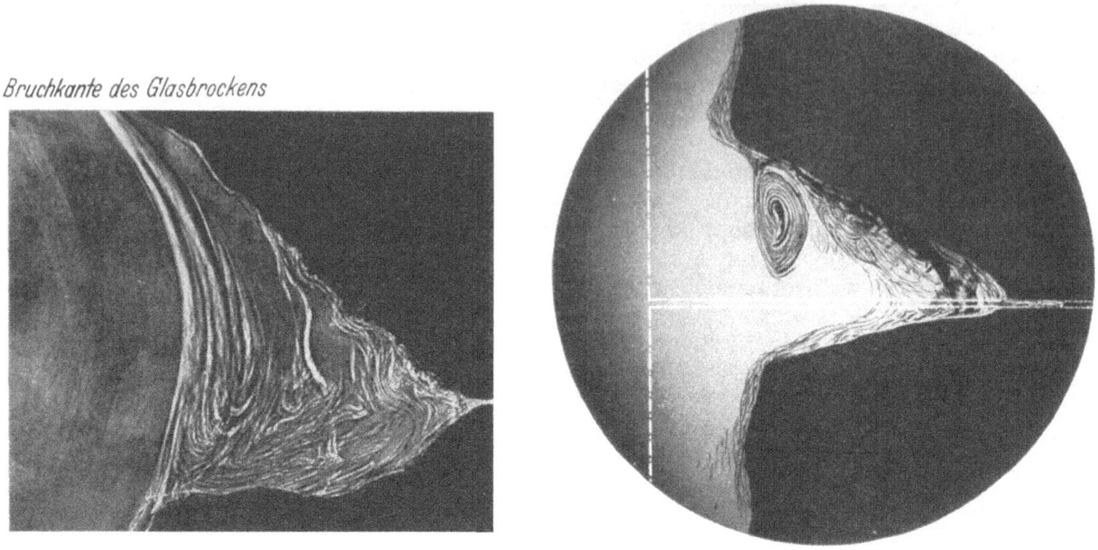

Abb. 111. Einzelheiten aus Abb. 110. – Schlierennester in Steinfugen.

Abb. 112. Ein mißglückter Versuch: Schwimmerwiderlager nur in der oberen Blockreihe wurde mangels schützender Unterlage von unten her vollständig abgetragen

In dieser Glasmenge hat sich nachweislich aufgelöst die fehlende Schamotte an den im Verlauf der Reparatur ausgebauten Wannenblöcken. Diese Substanz konnte geschätzt werden auf etwa 2000 kg. In diesen 2000 kg befindet sich annähernd derselbe Prozentsatz Kieselsäure wie im Glas. Er kann also den SiO_2-Wert des Glases nur in kaum fühlbarer Weise verändern. Es bleibt eine Menge von 28% = 560 kg Al_2O_3 als verändernde Größe übrig. Dieser Anteil macht aber, verteilt auf den Durchsatz von 2770,000 kg, aus: 0,02%; also eine analytisch kaum nachweisbare, jedenfalls unterhalb der üblichen Fehlergrenze eines gewöhnlichen Analysenganges liegende Menge. Entsprechendes gilt für die Veränderung des Farbstiches vom Glas durch den Eisengehalt des ff. Materials. Auch diese Möglichkeit ist nach der aufgestellten Rechnung nur sehr gering

Ein ähnliches Mengenverhältnis des aufgelösten Wannenblockmaterials zum Durchsatz wird für viele Fälle zutreffen. In Hafenschmelzen mag der relative Anteil der Auflösungsbestandteile des Hafenmaterials im ausgebrachten Glas höher liegen.

Die Auflösungsbestandteile des ff. Materials allerdings vermögen das *Randglas stark* zu verunzieren. Dort macht sich also der Korrosionsprozeß durch die Häufung fremder Bestandteile im Glas störend als Fabrikationsfehler bemerkbar. Es ist mehr an diesen Fall zu denken, wenn von der analytischen Beeinflussung des Glases durch das ff. Material die Rede ist.

Es zeigt sich überdies ein direkter Zusammenhang der *Ofenatmosphäre* mit der Korrosion und der Al_2O_3-Aufnahme eines Sulfatglases, jedenfalls an der Spülkante der Schmelze. Folgender Versuch in großen Tontiegeln konnte das deutlich machen [*177*]. Das gleiche Gemenge (mit rd. 4% Na_2O aus Sulfat) wird in zwei gleiche Hälften A und B geteilt und in Tiegel aufgefüllt, die eine Hälfte (A) wird oxydierend, die andere (B) reduzierend unter sonst gleichen Bedingungen geschmolzen. Die Analysen der fertigen Gläser enthält Tab. 3.

Tabelle 3

Glas	SiO_2	R_2O_3	RO	R_2O	SO_3
A	75,70	1,9	11,37	10,88	0,41
B	75,55	0,75	11,66	11,51	0,38
C	73,88	0,44	12,61	12,93	Spuren
D	73,87	0,48	12,56	12,55	0,50

Wie man sieht, nimmt die oxydierend geschmolzene Glasmasse (A) bedeutend mehr Tonsubstanz auf als die reduzierend geschmolzene (B), selbst dann, wenn der Sulfatgehalt des Gemenges so gering bemessen wird, daß er in Lösung gehen könnte. Das erklärt sich damit, daß es eben auch dann noch zu vorübergehender Ausscheidung von Galle kommt, die als korrodierendes Agens auftritt.

Um nun festzustellen, ob sich das *in Lösung befindliche* Sulfat auch noch als Aufschlußmittel verhält, wurden noch einmal zwei Gläserpaare in Platin erschmolzen. Das eine Gemenge (C) enthielt ausschließlich Soda, das andere (D) immer noch 1% Na_2O als Sulfat. Das Glas wurde flüssig in Tontiegel umgefüllt und hierin 2 Stunden lang auf 1400° gehalten, die Analysen sind ebenfalls in Tab. 5 enthalten. Jetzt besteht kein Unterschied mehr in dem Angriff auf das Tiegelmaterial. In der Hauptsache wird also die Korrosion von loser Galle bewirkt, deren Zustandekommen allerdings von schwefelhaltigem Brennstoff mitbestimmt wird. Entsprechendes gilt für den Industrieofen.

10.31 Anforderungen an feuerfeste Steine für Wannen

Eine schematische Darstellung (Abb. 113) für die an feuerfeste Stoffe zu stellenden Anforderungen läßt erkennen, daß sie in den verschiedenen Bezirken des Ofens sehr unterschiedlichen Ansprüchen gewachsen sein müssen [*151*]. Im Schmelzraum ist in erster Linie ihre chemisch-thermische Resistenz maßgebend und die Entstehung von Schlieren von untergeordneter Bedeutung. Anders ist es im Bereich der Entnahme. Hier tritt die Resistenz zurück, aber die notwendige Harmlosigkeit des Auflösungsvorganges hinsichtlich Schlieren (und Blasen) in den Vordergrund. Die Bedingungen ihrer Bewährung kehren sich also geradezu um. Sie sind von der örtlichen Lage im Ofen abhängig. Die Auswahl der Steine und ihre Anbringung im Ofen muß daher zur Vermeidung glastechnischer Fabrikationsfehler unter den Gesichtspunkten von Abb. 113 erfolgen.

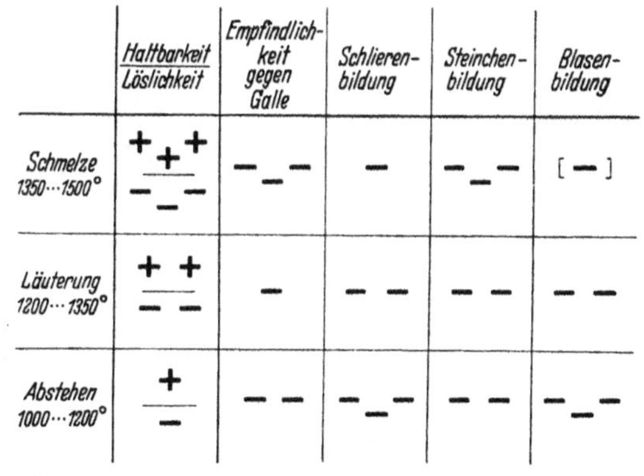

Abb. 113. Anforderungen an feuerfestes Material in verschiedenen Bereichen von Glasschmelzwannen. Die eingetragenen Zeichen bedeuten die Stärke der Anforderung hinsichtlich des Auflösungsverhaltens in verschiedenen Bereichen der Schmelzwanne

11 Verschlackung des Oberofens als Schlierenquelle

Nicht nur die Wechselwirkung des ff. Materials mit dem Glasbade selbst kommt als Schlierenquelle in Betracht. Ihr überlagert sich der Verschlackungsvorgang, dem der Oberofen durch alkalischen Gemengeflugstaub zum Opfer fällt [*147*]. Solange es sich um den normalen Ablauf der Verschlackung handelt, braucht man die Störung von dieser Seite nicht allzu hoch einzuschätzen. Sobald aber über eutektische Schmelzflüsse örtlich hervortretende Erweichungserscheinungen entstehen, kann die Verschlierung der Schmelze durch abtriefende Schlacke beträchtlich werden. Nach Abb. 114a haben sich, wahrscheinlich als Folge der Zugänglichkeit von Eisenteilen für die verzundernd wirkende Ofenatmosphäre, Kaskaden von Schlackenströmen in die Schmelze ergossen. Sie sind deswegen besonders heimtückisch, weil sie, dem Auge unzugänglich, erst nach Durchfressung der überhängenden Nase der Wannenblöcke in die Schmelze gelangten. Diese Schlierenquelle wurde erst mit dem Ablassen des Wanneninhaltes sichtbar. In dem Einzelfall Abb. 114b stammt eine von ihnen von einem ungeeigneten Stein, der in das Gefüge der Seitenwand eingesetzt worden war und zu eutektischen Schmelzflüssen Veranlassung gab.

Solche Fälle sind keineswegs so selten, wie man

a

b

Abb. 114. a) Schlackenflüsse aus dem Oberofen verursacht durch Bildung eutektischer Schmelzen: b) Einzelfall. Die Störung nimmt ihren Ausgang von dem mit Kringel bezeichneten Stein

meint. Namentlich die Auswahl der Abschlußsteine, die auf den Wannenblöcken liegend, den Übergang und Anschluß zu dem Oberofen bilden, muß sorgfältigster Auswahl unterliegen. Wenn sie mit ihrer Umgebung (im Sinne von Ziff. V, 8.4) reagieren, können durch ihre Erweichung Unmassen von Schlierensubstanz in die Schmelze gelangen. In Abb. 115 handelt es sich um einen einzelnen Reaktionsherd, an welchem Eisenoxyd beteiligt ist, der sich auf die Schmelze ausgewirkt hat.

Abb. 115. Schlackenfluß aus eutektischer Korrosion des Oberofens

Bei Anordnung der Abschlußsteine muß darauf geachtet werden, daß sie den richtigen Übergang der von dem Oberofen herabkriechenden Schlacke zum Wannenblockmaterial bilden. Niemals darf der Abschlußstein aus Silika bestehen, wenn im Oberofen Sillimanit oder ein anderes hochtonerdehaltiges Material Verwendung fand.

Es hat sich als Erfahrung herausgestellt, daß solche Wandteile des Ofens, die quer zu seiner Achse angeordnet sind, stärker von verschlackenden Ablagerungen befallen werden als andere. Tropfenbildungen rühren daher oft von Querwänden u. dgl. her. Dies ist mit der Prallflächenwirkung der quergestellten Ofenwände zu erklären, an denen sich alkalibeladene Ofenatmosphäre niederschlägt.

11.1 Vom Silikagewölbe ausgehende Störungen

Auch das Gewölbe eines Glasschmelzofens kann zur Homogenitätsstörung der Schmelze beitragen. Gelegentlich auftretende Stalaktitenbildungen und andere Verschlackungserscheinungen (Abb. 116a u. b) führen auf ungenügend dichte Fugen zurück. Die Ursache dieses Mangels kann darin liegen, daß die verwendeten Steine nicht maßhaltig genug waren (Bauchigkeit, Krümmung, unterschiedliche Dimensionierung durch ungleichmäßigen Brand, ungleichförmige Keiligkeit). Auch ist die Verlegung vielleicht nicht sorgfältig erfolgt und entweder gar keiner oder zu schlechter Mörtel zum Ausgleich verwendet

a

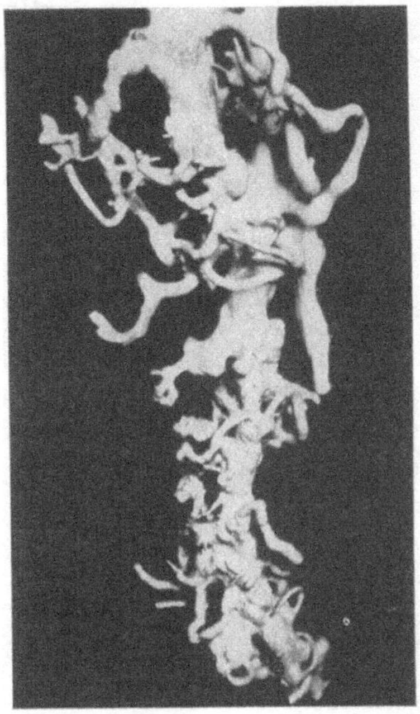
b

Abb. 116. a) Stalaktitenbildungen am Silikagewölbe einer Schmelzwanne, b) durch turbulente Gasströmung geformter Schmelzwannenstalaktit

worden. Ebenso sind bestimmte Steinsorten für den verschlackenden Angriff empfänglicher als andere [*178*].

Eine ungünstige Auftemperung des Gewölbes kann dazu führen, daß ursprünglich geschlossene Fugen sich öffnen und den Durchtritt der Gase freigeben.

Undichte Fugen geben infolge ihrer ansaugenden Kaminwirkung den mit aggressiven Bestandteilen (Alkalien, Kalk, SO_3 und sonstige Schwebestoffe sowie Wasserdampf) beladenen Verbrennungsgasen Durchtritt nach außen [*179*]. Ihre Einwirkung erzeugt von der Innenseite her nicht sichtbare spechthöhlenartige Kavitationen (Abb. 117). Durch Ablagerungen wird der Verschlakkungsprozeß eingeleitet und greift um sich. Die dabei gebildeten Schlackenflüsse können sich unter bestimmten Bedingungen zu hochkieselsäurehaltigen Stalaktiten ausformen. Von Stalaktiten abfallende Tropfen lösen sich zwar im allgemeinen im Glase gutartig auf. Sie stören aber durch die Gefahr der Knotenbildung das Lösungsgleichgewicht der Schmelze für Gase und können begleitet sein von der Ausscheidung feiner Bläschen, die um so kritischer werden, je näher sich dieser Ort an der Formgebungsstelle befindet. Der chronologische Ablauf der Kavitationsbildung läßt sich an Abb. 117 verfolgen. Die Vorbereitung der Steine für diesen Vorgang durch Eindringen von Flußmitteln konnte an Hand von zonenweise angefertigten Analysen (179) nachgewiesen werden. Die Verteilung der Stalaktitenbildungen am Gewölbe, die von dieser Erscheinung befallen sind, läßt einen deutlichen Zusammenhang mit den Strömungsverhältnissen in der Ofenatmosphäre vermuten. Es hat sich gezeigt, daß die dem Ofen zugekehrten Seiten der Gewölbesteine mit Alkalien durchtränkt sind bis 3,5%, während der SO_3-Wert am höchsten im äußeren Drittel war.

Es hat sich als vorteilhaft erwiesen, die Steine vor ihrer Verlegung in Mörtel mit Wasser zu durchtränken, um den Mörtel plastisch zu erhalten und nicht durch die Kapillarität des Steines steif werden zu lassen, ohne einen plastischen Verschluß zu erzielen.

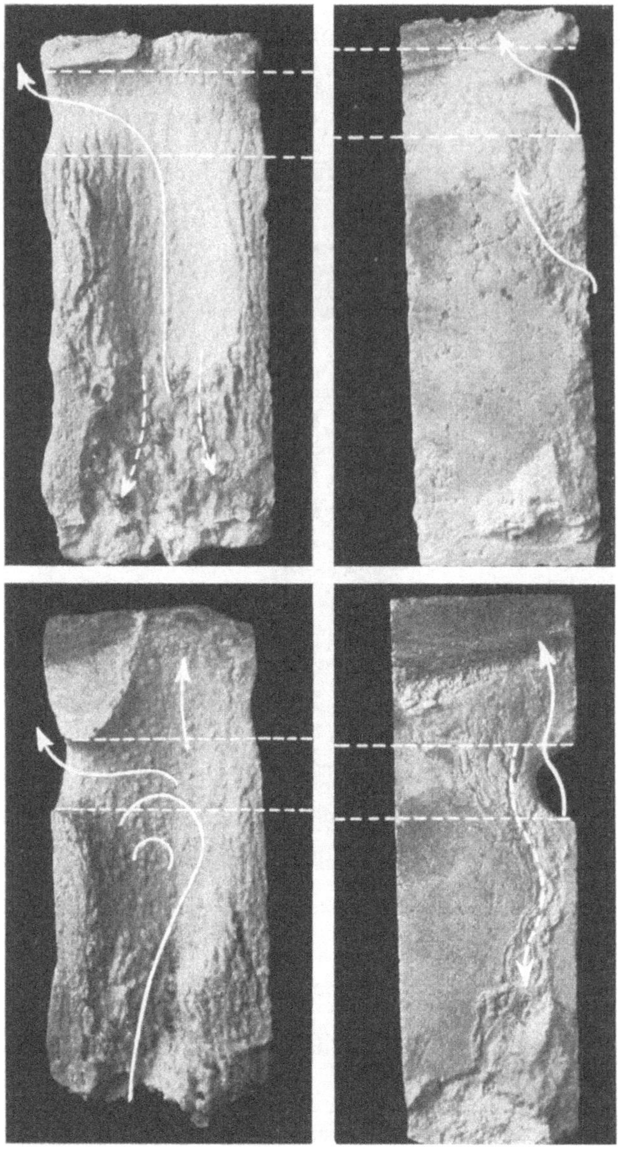

Abb. 117. Profile von ausgebauten Gewölbesteinen aus Silika nach ihrer Erosion in Form von Kavitationen. Die ausgezogenen weißen Pfeile geben den Weg der austretenden Gase an, die gestrichelten Pfeile den Weg der abtriefenden Schlacke

12 Schlieren als Erzeuger von Spannungen

Schlieren bestehen aus beliebig ineinander angeordneten Bezirken unterschiedlich zusammengesetzter Gläser. Diese besitzen verschiedene Ausdehnungskoeffizienten. Es kann also nicht ausbleiben, daß schlierige Gläser auch nach der Kühlung noch permanente Spannungen aufweisen. Eine noch so sorgfältige Kühlung vermag die Spannungen nicht zu beseitigen. Infolgedessen hat die Schlierigkeit auch einen unmittelbaren Einfluß auf das mechanische Verhalten des Glases hinsichtlich seiner Festigkeit (Flaschen), Schneidbarkeit (Tafelglas), Lagerfähigkeit usw. Die bereits vorhandene Spannung kann die Aufnahmefähigkeit für zusätzliche Spannungen bis zum eintretenden Schwellenwert, demzufolge Bruch eintritt, erheblich mindern (vgl. jedoch Ziff. 12.1).

Die Spannungen zeigen dann eine Anordnung, die sich eng an diejenige der Schlieren anlehnt (Abb. 118). Entsprechende Verhältnisse treffen wir am fertigen Gegenstand an:

In zwei gleichgeformten Gegenständen verschiedenen Schlierengehaltes wird in Abb. 119 das im polarisierten Licht erscheinende Spannungsbild verglichen: Es verrät stark lokalisierte Spannungen in dem grobschlierigen, jedoch kaum wahrnehmbare Spannungen in dem feinschlierigen Glas. Die Suche nach der Herkunft dieser Störungen führt verschiedene Wege:

Entweder kann das zur Verarbeitung gelangende Glas bereits aus der Schmelze Schlierengebilde mitgebracht haben, die ihm zum Schaden gereichen. Wenn es sich z. B. unterwegs mit

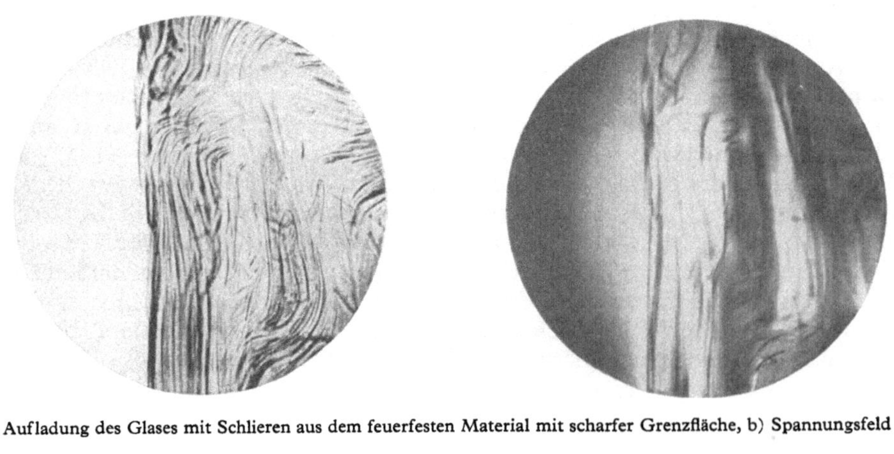

a b

Abb. 118. a) Aufladung des Glases mit Schlieren aus dem feuerfesten Material mit scharfer Grenzfläche, b) Spannungsfeld dazu ($^3/_4\times$).

Bestandteilen aus tonerdehaltigen Randschichten aufgeladen hat, so enthält es damit u. U. eine entsprechende Veranlagung zu gefährlichen Spannungsfeldern.

Die Störungen können aber schon in der Veranlagung des Gemenges selbst begründet liegen. Ein solcher Fall findet sich in Abb. 120 vor. Es handelt sich um ein mit Basalt eingeschmolzenes Flaschenglas. Man war aus bestimmten Erwägungen heraus zu gröberem Material von 3 mm Korngröße übergegangen. Die Schmelze erwies sich zwar als ausreichend, um eine Verglasung herbeizuführen, jedoch war sie unzulänglich zur Homogenisierung. Daher macht sich noch eine örtliche Anreicherung „knotigen" Glases bemerkbar. Man vermeint im Spannungsbild (Abb. 120) an einzelnen Stellen die Körner geradezu als Zellen (vgl. Ziff. II, 2.4) wiederzufinden. Mit der Rückkehr zu feinerem Material war dieser ausgesprochene Fehler behoben.

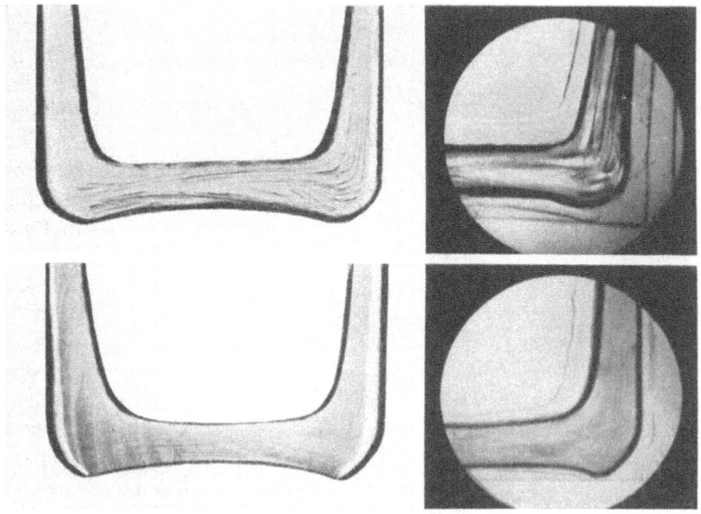

Abb. 119. Unterschiedlicher Spannungsgrad in einem schlierenreichen (oben) und schlierenarmen (unten) Becherglas ($^2/_3$ ×). (Rechte Hälfte: Im Spannungsprüfer.)

Einen gewissen Hinweis in dieser Richtung bedeuten Untersuchungen von A. Russ [*60*]. Man hatte festgestellt, daß verschiedene Arten von Glasschmelzen sich durch Stehenlassen verändern. Die Schlagfestigkeit der zu Stäben geformten Proben nahm über 18% ab. Die zunächst gehegte Vermutung, daß gebildete Kristallisationskeime den Festigkeitswert mehr und mehr beeinträchtigen, mußte auf Grund sorgfältiger Prüfung der Kristallisationsverhältnisse zur Festigkeit fallengelassen werden. Dagegen erlaubte eine Untersuchung der Proben mit optischen Hilfsmitteln eine brauchbare Abschätzung des Verschlierungsgrades. Er nahm im gleichen Sinne zu wie die Aufnahme von Tonerdeschlieren aus dem ff. Material. Im Falle eines Bleiglases, das bei der Schmelze von vornherein Ausscheidungen in Form eines „Pelzes" zeigte, ergab sich Entsprechendes: Das nicht abgefeimte Glas zeigte sich im Verhältnis zum abgefeimten an Festigkeit um 10% unterlegen. Besonders gut konnte der Einfluß mehrmaligen Frittens auf das Zunehmen der Festigkeit (27%) nachgewiesen werden.

Für den Fall, daß nicht nur Schlieren, sondern auch Partikel von ungeschmolzenen Bestandteilen, wenn auch nur mikroskopischen Ausmaßes, vorhanden waren, belief sich die Festigkeitsminderung sogar auf über 30%.

Ein Zusatz von Scherben hat sich bis zur Höhe von 40 bis 50% (vgl. Ziff. II, 2.8) als vorteilhaft im Sinne der Homogenisierung erwiesen.

Abb. 120. Knotenförmige Schlierenbildung durch grobkörnigen Rohstoff in einem Flaschenhalsring (Nic. +)

Einzelheiten über Schlieren als Anzeiger für den Verlauf der Verformung und ihren Einfluß auf die Beschaffenheit fertiger Flaschenglaserzeugnisse nach W. Eitel [*180*] sind unter Kap. VII 17 zu finden, die sachlich eng verbunden ist mit dem hier behandelten Gegenstand. Ringförmige Ausschnitte von Glasgefäßen erlauben die Prüfung auf Schlieren und Spannungen [*181*].

12.1 Zusammenhang von Verschlackungen im Ofen mit Bruch des Erzeugnisses

Der besonders einleuchtende Fall einer erheblichen fabrikatorischen Störung an Flaschen durch Bruch führte auf den Schlackenfluß von Ofenbaustoffen außerhalb der Schmelze zurück [*150*]. Er zeigt, wie schwerwiegend die Störung der Homogenität der Schmelze von dieser Seite her auszufallen vermag. Der tragende Teil einer Durchlaßbrücke zur Arbeitswanne bestand aus tonerdehaltigen Steinen (40%) in einer Umgebung von Silika (Abb. 121). Unter dem Einfluß verstaubender

Gemengebestandteile vollzog sich die Bildung eutektischer Schmelzflüsse, die die Standfestigkeit des Baumaterials beeinträchtigen.

Es trat nach Abb. 121 eine Senkung ein, durch die das tonerdereiche Material der unteren Bankplatten mit der Glasschmelze in Berührung kam, die ihrerseits nun mit starker Korrosion einsetzte. Der den Durchlaß durchfließende Glasstrom wurde also mit tonerdehaltigen Schlieren aufgeladen und fand seinen Weg in den Erzeugungsgang. Als Folge ergab sich trotz sorgfältiger Kühlung ein unerträglich hoher Bruch unter den *lagernden* Flaschen.

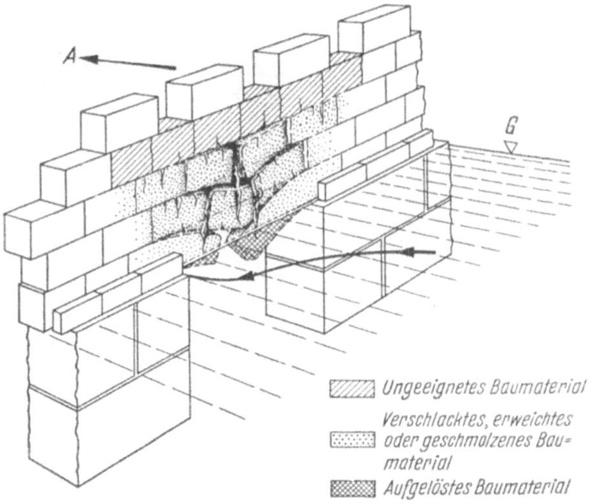

Abb. 121. Durchlaß einer kleinen Flaschenwanne, überbrückt durch Platten und eine unterbrochene Wand als Strahlungsschirm gegen den Arbeitsraum. Zum Bau der Wand waren (schraffiert angelegt) tonerdehaltige Bausteine aus älteren Vorräten mitverwendet worden, die unter dem Einfluß des Gemengestaubes und Alkalidampfes mit ihrer Umgebung zu einer Schlackenmasse reagierten, die, abwärts triefend, auch die Bankplatten zum Erweichen brachte
A = Arbeitsraum, *G* = Glasniveau

Diese wurden in der Nähe des entstehenden Bruchsystems untersucht, indem ein Schnitt durch den Flaschenkörper gelegt wurde (Abb. 122). Schon das Schlierenbild des Bodenstückes deutet auf starke Verschlierung des Külbels hin. Betrachtet man jedoch den Ring des Flaschenkörpers unmittelbar neben dem entstandenen Sprung (Abb. 123), so wurde die Ursache desselben offenbar: Unmittelbar neben einer Masse von ausreichend homogenem Glas zog sich ein scharfer Schlierenstrang („Schlauch" nach Eitel) in der Flaschenwandung hoch, dessen um Al_2O_3 angereicherte Zusammensetzung gegenüber dem normalen Glas zu erheblichen Span-

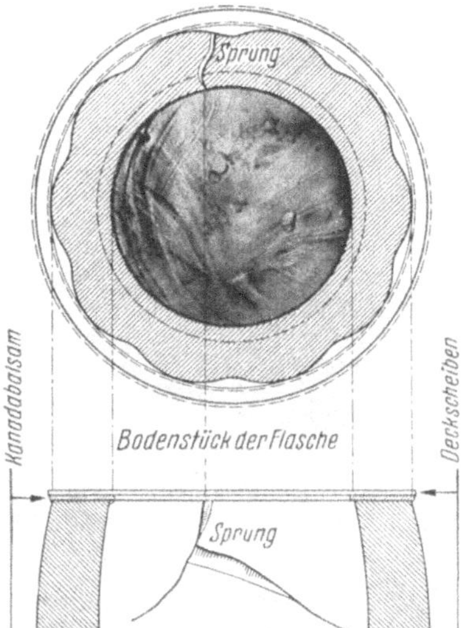

Abb. 122. Schlierenbild des Bodenstückes einer der gesprungenen Flaschen

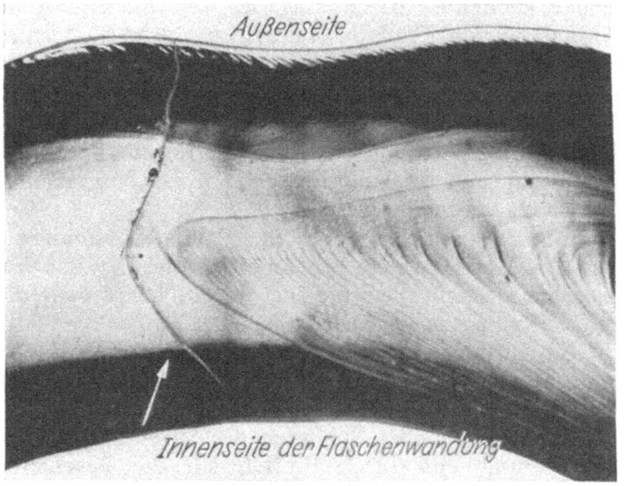

Abb. 123. Schlierenstrang in der Wandung einer im benachbarten homogenen Teil am Pfeil gesprungenen Flasche. (Waagerechter Schnitt durch die Flaschenwand.) Schlierenstrang und Sprungbildung stehen in ursächlichem Zusammenhang miteinander. Im polarisierten Licht (hier nicht gezeigt) werden besonders starke Spannungen an dieser Stelle sichtbar. Vergrößerung etwa 6fach. – Die Falten bei „Außenseite" rühren von Kanadabalsam her

nungen führte und den Bruch auslösen mußte. Die hier gewonnene Erfahrung ist im Grunde allgemeingültig und lenkt die Aufmerksamkeit noch einmal nachdrücklich auf die Gefährdung der Schmelzqualität verschiedenster Glassorten durch Korrosionsvorgänge am Ofenbaumaterial *außerhalb der Glasschmelze*.

12.2 Schlieren im Erzeugnis – Bedeutung ihrer Anordnung

Fabrikationserzeugnisse aus Glas fallen mit einem sehr verschiedenen Grad an Inhomogenität an. Im Sinne einer Betriebskontrolle besteht eine beträchtliche Schwierigkeit, die Gefährdung des Erzeugnisses durch den Grad der darin enthaltenen Inhomogenität zahlenmäßig zu kennzeichnen. In einigen Farbbildern [vgl. Glastechn. Ber. 27 (1954) Nr. 10, S. 364, 1–4] sind z.B. Schnitte durch den Flaschenkörper einander gegenübergestellt, die der Betrieb mit Recht sehr verschieden bewertet. Im Farbbild 1 liegt ein Präparat vor, welches fast keine Spannungen im Zusammenhang mit der relativ wenig gestörten Schlierenschichtung verrät. Im Falle des Farbbildes 2 treten Schlierenbildungen auf, die schon etwas Spannung verraten, gleichzeitig aber auch Indikatoren für eine im Laufe der Formgebung erfolgte Stauchung sind. Im Falle des Farbbildes 3 treten aber Stellen in der Flaschenwand auf, die nicht nur durch örtliche Akkumulation der Schlieren von sehr starker Spannung begleitet sind, sondern bei denen diese Spannung auch bedenklich nahe an die Außenwand des Flaschenkörpers zu liegen kommt. Sie sind in Farbbild 4 einzeln dargestellt.

Die Größe der durch Schlieren erzeugten Spannung muß nämlich nicht ein Gradmesser für die drohende Bruchgefahr sein. Nehmen wir an, daß sich im Innern der Flaschenwandung ein Schlierenstrang nach Abb. 124 befände, dessen Zusammensetzung ein größeres Ausdehnungsvermögen ergibt als das normale Glas, dann würden die äußeren Schichten der Wandung genau wie bei vorgespanntem Sicherheitsglas (Spannglas) unter Druckspannung zu stehen kommen. Eine Beanspruchung der Flasche auf steigenden Innendruck würde also zunächst die außenliegende Druckspannungszone abbauen müssen, bevor der bruchgefährliche Schwellenwert einer Zugspannung erreicht wird. Eine solche Flasche würde sich also widerstandsfähiger gegen Berstdruck zeigen als eine homogene Flasche.

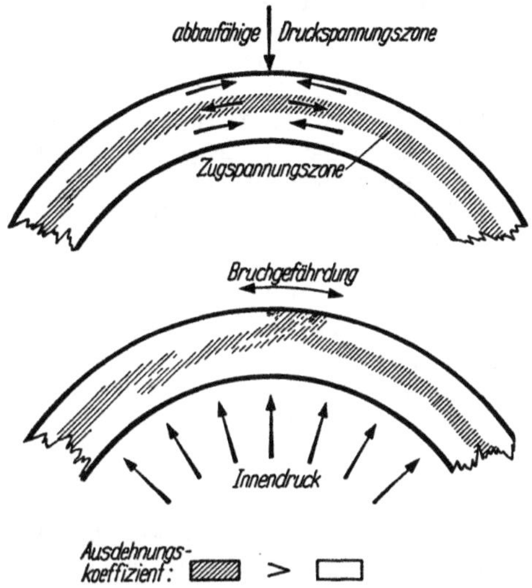

Abb. 124. Stärkung und Schwächung einer Flaschenwand durch verschiedene Schlieren*anordnung* (schematisch)

Leider befinden sich aber, wie schon in den Farbbildern 1 u. 2 zu sehen ist, die Schlieren nicht immer im Ordnungszustand konzentrisch verlaufender Schichten, sondern zeigen, wie schon W. Eitel [*180*] ausführte, durch den Herstellungsgang bedingt, Stauchungen, Überlappungen, Knotenbildungen usw. und dringen nicht selten bis in die Oberflächenhaut vor (Farbbild 4). Schlierenschichten mit einem größeren Ausdehnungskoeffizienten, als dem normalen Glase entspricht, bedeuten *dann* eine Gefährdung des Glaskörpers, wenn und wo sie an die Oberfläche stoßen und an dieser, bei Einwirkung von Innendruck am meisten beanspruchten Stelle lokal zusätzlich eine Zugspannungszone erzeugen. Diese wirkt dann vermindernd auf den Schwellenwert des Berstdruckes. Von dem Fall der oben erwähnten Farbbilder darf z.B. mit einiger Sicherheit angenommen werden, daß er in diesem Sinne gewirkt haben würde.

Umgekehrt wird eine Schliere, deren Glas über einen *kleineren* Ausdehnungskoeffizienten verfügt als die Umgebung, dann besonders schädlich sein, wenn sie eine zusätzliche Zugspannung auf die gefährdete Oberfläche ausübt, indem sie parallel zu dieser verläuft.

Nicht die Größe der durch Inhomogenität erzeugten Zugspannung allein ist also ein Gradmesser für das Gefahrenmoment eintretenden Bruches, sondern Ort und *Stellung* der Zugspannungszone zu der bei der Beanspruchung am meisten exponierten Stelle des *Körpers* in bezug auf den Initialsprung des einsetzenden Bruches.

13 Schrifttum

II. Schlieren (Glas in Glas)

[*1*] (*a*) F.A. Bericht III d. DGG. Erläuterungsbedürftige Fachausdrücke. Glastechn. Ber. Bd. 16 (1938) S. 151.
(*b*) Was sind Schlieren? Glashütte Bd. 63 (1933) S. 440.
(*c*) Springer, L.: Über schlieriges Glas. Glashütte Bd. 71 (1941) S. 169.
(*d*) Zschacke, F. H.: Über schlieriges Glas. Glashütte Bd. 71 (1941) S. 207.
(*e*) Jebsen-Marwedel, H.: Zur Schliere. Glashütte Bd. 71 (1941) S. 362.

(f) Nochmals Schliere. Glashütte Bd. 71 (1941) S. 527.
(g) JOCHMANN, F.: Nochmals die Schliere. Sprechsaal Bd. 74 (1941) S. 376.
(h) Sammelreferat „Schlieren im Glas". Glastechn. Ber. Bd. 21 (1943) S. 73.
[2] JEBSEN-MARWEDEL, H.: Schlieren im Glas. Sprechsaal Bd. 75 (1942) S. 295.
[3] LÖFFLER, J.: Was ist eine Schliere? Glastechn. Ber. Bd. 28 (1955) S. 81.
[4] PFEFFERKORN, K.: Zur Kenntnis der Schlieren in keramischen Gießmassen. Sprechsaal Bd. 67 (1934) S. 401.
[5] JEBSEN-MARWEDEL, H.: Ursprung und Verhalten von Blasen und Schlieren in ruhender und strömender Glasschmelze. Glastechn. Ber. Bd. 10 (1932) S. 257.
[6] SCHARDIN, H.: Das TOEPLERsche Schlierenverfahren. Forschungsheft 367. VDI-Verlag 1934.
[7] WRIGHT, F. E.: Schlieren und Oberflächenfehler von Glaswaren. J. Amer. ceram. Soc. Bd. 4 (1921) S. 655, nach Chem. Zbl. 1922 II S. 80. Ref. Glastechm. Ber. Bd. 4 (1926/27) S. 107.
8] PEDDLE, C. J.: Mängel des Glases. Teil III: Mangel an Homogenität. Glass Bd. 2 (1924/25) S. 696. Ref. Glastechn. Ber. Bd. 5 (1927/28) S. 39.
[9] KNIGHT, M. A.: Schlieren im Glas. Glass Ind. Bd. 37 (1956) S. 491.
[10] Die Homogenität in der handelsüblichen Glasware. Sprechsaal Bd. 64 (1931) S. 735.
[11] Homogenität des Glases – ein Begriff, für den der Maßstab fehlt. Sprechsaal Bd. 68 (1935) S. 195. Ref. Glastechn. Ber. Bd. 32 (1936) S. 32.
[12] DIMBLEBY, V., H. W. HOWES u. W. E. S. TURNER: Untersuchung über die Homogenität des Glases beim Schmelzen kleiner Mengen im Platintiegel. J. Soc. Glass Technol. Bd. 13 (1929) S. 243. Ref. Glastechn. Ber. Bd. 7 (1929/30) S. 531.
[13] GREEN u. TURNER: Die Homogenität des im Hafen fabrikmäßig hergestellten Glases. J. Soc. Glass Technol. Bd. 11 (1927) S. 407. Ref. Glastechn. Ber. Bd. 6 (1928/29) S. 708.
[14] HACK, M.: Tolérance pour les stries dans les verres de lunetterie. (Toleranzgrenzen für Schlieren in Brillenglas.) Verr. et Réfract. Bd. 3 (1949) S. 24. Ref. Glastechn. Ber. Bd. 25 (1952) S. 190.
[15] JEBSEN-MARWEDEL, H. u. G. OPPERMANN: Homogenisierung des Glases. F.A. Bericht III d. DGG. Nr. 10.
[16] SCHUKOWSKI, G. J.: Die mechanische Durchmischung des Glases in der Wanne. Keram. i Steklo, Mosk. Bd. 6 (1930) S. 414. Ref. Glastechn. Ber. Bd. 10 (1932) S. 220.
[17] JEBSEN-MARWEDEL, H.: F.A. Bericht d. DGG. Nr. 16 Teil I: Gemengebereitung.
[18] PARKER, M. u. W. E. S. TURNER: Der Einfluß von Feuchtigkeit auf das Mischen der Gemenge von Natron-Kalk-Silikat-Gläsern. J. Soc. Glass Technol. Bd. 10 (1926) S. 114. Ref. Glastechn. Ber. Bd. 5 (1927/28) S. 132.
[19] JEBSEN-MARWEDEL, H.: Bewertung der Homogenität des Gemenges. Glastechn. Ber. Bd. 7 (1929) S. 25.
[20] TURNER, W. E. S.: Der Einfluß der Feuchtigkeit bei den Vorgängen der Glasherstellung. Glastechn. Ber. Bd. 5 (1927/28) S. 57.
[21] BERGER, E.: Soll der Glasschmelzsand feucht oder getrocknet verwendet werden? Glastechn. Ber. Bd. 12 (1934) S. 361.
[22] ZSCHACKE, F. H.: Über die Homogenisierung der Gemenge I. Sprechsaal Bd. 61 (1928) S. 321. – II. Über die Frage der Entmischung mit zunehmender Mischdauer beim Handmischen. Sprechsaal Bd. 64 (1931) S. 645. – III. Über den Einfluß der Feuchtigkeit des Sandes auf die Durchmischbarkeit und Entmischung der Gemenge. Sprechsaal Bd. 65 (1932) S. 840.
[23] RIEDEL, L.: Verfahren zur Prüfung der Homogenität von Gemengen. Glastechn. Ber. Bd. 30 (1957) S. 113.
[24] GÜNTHER, R.: Einfluß der Gemengebereitung und des Einlegens auf die Homogenität. Glastechn. Ber. Bd. 30 (1957) S. 115.
[25] OPPERMANN, G. u. F. H. ZSCHACKE: Gemengebereitung. Glastechn. Ber. Bd. 13 (1935) S. 37. Nachtrag zu F.A. Bericht d. DGG. Nr. 16.
[26] KITAIGORODSKY, I. I., W. I. BOKOUNJAJEWA u. W. W. POLLJAK: Wann entmischt sich das Gemenge? Keram. i Steklo, Mosk. Bd. 11 (1935) S. 22. Ref. Glastechn. Ber. Bd. 14 (1936) S. 29.
[27] Der Einfluß des Wassers auf die Glasschmelze. Keram. Rdsch. Bd. 44 (1936) S. 439. Ref. Glastechn. Ber. Bd. 15 (1937) S. 38.
[28] Gemenge und rampiges Glas. Glass Industr. Bd. 18 (1937) S. 91. Ref. Glastechn. Ber. Bd. 15 (1937) S. 433.
[29] GELSTHARP, F.: Glasfehler entstehen zuerst beim Mischen des Gemengesatzes. Ceram. Ind. Bd. 34 (1940) S. 27. Ref. Glastechn. Ber. Bd. 20 (1942) S. 49.
[30] ZSCHACKE, F. H.: Einige Hinweise über die Vorbehandlung der Rohstoffe für die Glasschmelze. Glashütte Bd. 71 (1941) S. 454. Ref. Glastechn. Ber. Bd. 20 (1942) S. 21.
[31] CTYROKY, V.: Über einige beim Glasschmelzen mit Gesteinsrohstoffen vorkommende Fehler. Sklár. Rozhl. Bd. 21 (1944) S. 4; dtsch. S. 9. Ref. Glastechn. Ber. Bd. 22 (1948/49) S. 24.
[32] RAF, S. JA.: Über das Anfeuchten des Gemenges für das Glasschmelzen (orig.russ.). Steklo i Keram. Bd. 8 (1951) S. 7. Ref. Glastechn. Ber. Bd. 28 (1955) S. 65.
[33] KLUG, J. L.: Gemengeanlagen, Gemengeentmischung und Staubüberwachung. Ceram. Ind. Bd. 58 (1952) S. 122 (Nr. 4) S. 69 (Nr. 5). Ref. Glastechn. Ber. Bd. 26 (1953) S. 120.
[34] JEBSEN-MARWEDEL, H.: „Schmelzen" und Lösen von Sand zu Glas. Glastechn. Ber. Bd. 30 (1957) S. 122.
[35] LÖFFLER, J.: Diffusionsvorgänge um das Sandkorn. Glastechn. Ber. Bd. 30 (1957) S. 129.
[36] DIETZEL, A. u. H. WICKERT: Einige Beobachtungen über das Verhalten von Quarzsand und Quarzmehl in Glasschmelzen. Glastechn. Ber. Bd. 27 (1954) S. 170.
[37] REUMUTH, H. u. W. BUSS: Beiträge zur mikroskopischen Durchforschung der Glasschmelzvorgänge bei Temperaturen bis 1500°. Glastechn. Ber. Bd. 30 (1957) S. 145.

[38] KRÖGER, C. u. Mitarb.: Gemengereaktionen und Glasschmelze. Forschungsberichte der Wirtsch. und Verkehrsminister. Nordrhein-Westfalen Nr. 319 S. 1.
[39] LÖFFLER, J.: Sintern der Glasrohstoffe als Vorstufe des Schmelzens. Glastechn. Ber. Bd. 24 (1951) S. 287.
[40] LÖFFLER, J.: Über den Einfluß des Einschmelzvorganges, insbesondere seiner ersten Stadien, auf die Homogenität. Glastechn. Ber. Bd. 30 (1957) S. 117.
[41] EITEL, W.: Physikalische Chemie der Silikate. Leipzig: Leopold Voß 1929.
[42] KRAUSE, H. F. u. W. WEYL (S. F. I.): Physikalisch-chemische Betrachtungen über den Einschmelzvorgang einfacher Glasgemenge. Glastechn. Ber. Bd. 5 (1927/28) S. 213.
[43] KORDES, E.: Reaktion im festen Gemenge. Glastechn. Ber. Bd. 6 (1928/29) S. 44.
[44] HOWARTH, J. T. u. W. E. S. TURNER: Zersetzung des Natriumkarbonats beim Erhitzen. Mitt. a. d. Departement of Glass Techn. Univers. Sheffield. Glastechn. Ber. Bd. 9 (1931) S. 218.
[45] WHITING, G. A. u. W. E. S. TURNER: Dissoziationsdruck und -geschwindigkeit des Kalziumkarbonats. Mitt. a. d. Departement of Glass Techn. Univers. Sheffield. Glastechn. Ber. Bd. 9 (1931) S. 226.
[46] HOWARTH, J. u. W. E. S. TURNER: Die Reaktion zwischen Natriumkarbonat und Kieselsäure, gemessen durch den Zersetzungsdruck. Mitt. a. d. Departement of Glass Techn. Univers. Sheffield. Glastechn. Ber. Bd. 9 (1931) S. 222.
[47] WEYL, W.: Über Reaktionen der Kohlensäure mit Silikaten unter hohen Drucken. Glastechn. Ber. Bd. 9 (1931) S. 641.
[48] LINDE, W. u. F. H. ZSCHACKE: Über die Abhängigkeit der Reaktionsgeschwindigkeit in Glasgemengen von der physikalischen Beschaffenheit und der chemischen Zusammensetzung der Gemengerohstoffe. I. Die Abhängigkeit der Reaktionsgeschwindigkeit in Sand-Soda-Gemischen von der Korngröße des Sandes. Glastechn. Ber. Bd. 11 (1933) S. 445.
[49] HERMANN, H.: Zur Kenntnis des Schmelzprozesses der Kalk-Natron-Silikatgläser. Sprechsaal Bd. 61 (1928) S. 666.
[50] HOWARTH, J. T., W. MASKILL u. W. E. S. TURNER: Die Reaktionsgeschwindigkeit zwischen SiO_2 und Na_2SO_3 bei verschiedenen Temperaturen und der Vorgang der Glasbildung. J. Soc. Glass Technol. Bd. 17 (1933) S. 25. Ref. Glastechn. Ber. Bd. 13 (1935) S. 99.
[51] RÖSCH, S.: Über Feinstrukturen im Reflexbild. Neues Jahrbuch für Mineralogie usw. Beil. Bd. 64, Abt. A (Brauns Festb.) (1931) S. 35.
[52] GREIG, J. W.: Unmischbarkeit in Silikatschmelzen I. (*a*) Amer. J. Sci. Silliman (5) Bd. 13 (1927) S. 1. Ref. Glastechn. Ber. Bd. 5 (1927/28) S. 367. – (*b*) Amer. J. Sci. (5) Bd. 13 (1927) S. 133. Ref. Glastechn. Ber. Bd. 5 (1927/28) S. 368.
[53] Auseinandersetzung mit der Frage von Aussaigerungen aus schmelzenden Glasgemengen. Sprechsaal Bd. 71, (1938) S. 373.
[54] BARTSCH, O.: Studien über Hafenauflösung. Glastechn. Ber. Bd. 4 (1926/27) S. 260.
[55] SPRINGER, L.: Über Metallabscheidungen bei der Glasschmelze. Keram. Rdsch. 1926 S. 503. Ref. Glastechn. Ber. Bd. 4 (1926/27) S. 475.
[56] MARSON, P.: Einige Bemerkungen über Glashäfen. J. Soc. Glass Technol. Bd. 12 (1928) S. 141. Ref. Glastechn. Ber. Bd. 6 (1928/29) S. 673.
[57] Fachausschuß III: Neuere Erkenntnisse über Glasströmungen in Wannenöfen. F.A. Bericht d. DGG. Nr. 30 (dort ausführlicher Schrifttumsnachweis).
[58] BOWMAKER, E. J. C. u. J. D. CANWOOD: Untersuchung der Glasströmungen in Wannen unter Verwendung von bariumhaltigem Glas. Ref. Glastechn. Ber. Bd. 9 (1931) S. 447.
[59] CURRIE, J.: Über die Geschwindigkeit, mit der die Zusammensetzung des Glases in einer Wanne einer Änderung der Gemengezusammensetzung folgt. J. Soc. Glass Technol. Bd. 4 (1920) S. 382. Ref. Glastechn. Ber. Bd. 7 (1929/30) S. 285.
[60] RUSS, A.: Einfluß der Glas-Herstellung und -Verarbeitung auf seine Sprödigkeit. (Daselbst reichhaltiger Schrifttumsnachweis.) I. Teil: Glastechn. Ber. Bd. 9 (1931) S. 481. – II. Teil: Glastechn. Ber. Bd. 9 (1931) S. 529.
[61] (*a*) CHILDS, A. A., V. DIMBLEBY, H. W. HOWES u. W. E. S. TURNER: Wirkung des wiederholten Schmelzens von Scherben in Sillimanit- und Tonhäfen. Glastechn. Ber. Bd. 7 (1929/30) S. 511.
(*b*) DIMBLEBY, V., H. W. HOWES, W. E. S. TURNER u. F. WINKS: Wirkung des wiederholten Schmelzens im Platintiegel auf die Eigenschaften von Kalk-Natron-Glas. Glastechn. Ber. Bd. 7 (1929/30) S. 582.
[62] ZSCHACKE, F. H.: Die Bewertung der Soda für Glasschmelzzwecke unter besonderer Berücksichtigung ihrer Verstaubfähigkeit. Sprechsaal Bd. 60 (1927) S. 34. Ref. Glastechn. Ber. Bd. 5 (1927/28) S. 322.
[63] INSLEY, H.: Einige Beobachtungen über die Oberflächen-Ablagerungen, die sich in Glasschmelzofen-Regeneratoren bilden. J. Amer. ceram. Soc. Bd. 9 (1926) S. 635. Ref. Glastechn. Ber. Bd. 5 (1927/28) S. 184.
[64] ZSCHACKE, F. H.: Über die Verflüchtigung von Bestandteilen des Glases während der Schmelze und der Läuterung. Glashütte Bd. 59 (1929) S. 331. Ref. Glastechn. Ber. Bd. 7 (1929/30) S. 592.
[65] (*a*) NIEUWENBURGH, C. J. VAN u. H. B. BLUMENDAHL: Über die Flüchtigkeit der Kieselsäure in Wasserdampf. Rec. Trav. chim. Pays-Bas Bd. 49 (1930) S. 835, Bd. 50 (1931) S. 338. Ref. Glastechn. Ber. Bd. 8 (1930) S. 540. Ref. Glastechn. Ber. Bd. 9 (1931) S. 408.
(*b*) MOREY, G. W.: Die Flüchtigkeit der Kieselsäure mit Wasserdampf. Trans. Amer. geophys. Union, Carnegie Inst. Wash. Bd. 13 (1932) S. 269. Ref. Glastechn. Ber. Bd. 11 (1933) S. 415.
[66] SCHOLES, S. R.: Der Verlust an Kieselsäure während des Glasschmelzens. J. Amer. ceram. Soc. Bd. 11 (1928) S. 79. Ref. Glastechn. Ber. Bd. 6 (1928/29) S. 194.

[67] DIETZEL, A. u. L. MERKER: Entstehung von Inhomogenitäten in der Glasschmelze durch Verdampfung einzelner Bestandteile. Glastechn. Ber. Bd. 30 (1957) S. 134.
[68] SKORNJAKOW, M. M.: Über die Entstehung von chemischen Uneinheitlichkeiten in Bleigläsern (orig.russ.). Optiko-mechan. Prom. Bd. 9 (1939) S. 11. Ref. Glastechn. Ber. Bd. 18 (1940) S. 223.
[69] SSOLOMIN, N. W.: Über eine der hauptsächlichsten Quellen der Schlierenbildung in schwer schmelzbaren Borosilikatgläsern (orig. russ.). Stekoln. prom. Bd. 16 (1940) S. 17. Ref. Glastechn. Ber. Bd. 18 (1940) S. 368.
[70] DRALLE-KEPPELER: Die Glasfabrikation, S. 210, 2. Aufl. München: Oldenbourg.
[71] KITAIGORODSKY, J. J. u. S. K. KUROWSKAJA: Die Flüchtigkeit des Fluors im Glasschmelzprozeß. Keram. i Steklo (Leningrad) Bd. 7 (1931) S. 43. Ref. und kritische Stellungnahme unter Bezug auf Untersuchungen von G. GEHLHOFF: Glastechn. Ber. Bd. 11 (1933) S. 336.
[72] a) PRESTON, E. u. W. E. S. TURNER: Eine Untersuchung über die Verflüchtigung und den Dampfdruck eines Alkali-Bleioxyd-Silikatglases bei hohen Temperaturen. J. Soc. Glass Technol. Bd. 16 (1932) S. 331. Ref. Glastechn. Ber. Bd. 11 (1933) S. 419.
(b) TURNER, W. E. S.: Studien über Verflüchtigungen aus dem Glase. Glastechn. Ber. Bd. 12 (1934) S. 409. – PRESTON, E. u. W. E. S. TURNER: Das Vorkommen von Verbindungen in geschmolzenen Gläsern. Der Fall der Na_2O–SiO_2-Gläserreihen. Glastechn. Ber. Bd. 10 (1932) S. 116. – PRESTON, E. u. W.E. S. TURNER: Untersuchung der Verflüchtigung aus K_2O–SiO_2-Gläsern. J. Soc. Glass Technol. Bd. 17 (1933) S. 122. Ref. Glastechn. Ber. Bd. 12 (1934) S. 391.
[73] (a) TURNER, W. E. S.: Einige Versuche über die Beschleunigung des Glasschmelzens bei der Verwendung leichtflüchtiger Gemengezusätze. J. Soc. Glass Technol. Bd. 12 (1928) S. 134. Ref. Glastechn. Ber. Bd. 6 (1928/29) S. 461.
(b) MOTSCHALOFF, A. I. u. CHOMEJNKO: Das Glasschmelzen mit Schmelzbeschleunigern. Keram. i Steklo, Mosk. Bd. 7 (1931) S. 14. Ref. Glastechn. Ber. Bd. 11 (1933) S. 28.
[74] HORAK, J.: Schmelzen des Glases aus Scherben. Ceskosl. Sklar. Bd. 2 (1952) S. 145. Ref. Glastechn. Ber. Bd. 27 (1954) S. 334.
[75] DIETZEL, A. u. E. WEGENER: Einfluß von SO_3 auf die Oberflächenspannung von Gläsern. Atti III Congr. intern. Vetro, Venedig 1953 S. 354.
[76] HODKIN, F. W., H. W. HOWES u. W. E. S. TURNER: Der Einfluß von Scherben auf die Schmelzgeschwindigkeiten und andere Eigenschaften des Natron-Kalk-Kieselsäure-Glases. Glastechn. Ber. Bd. 6 (1928/29), S. 681.
[77] GEHLHOFF, G., A. KALSING u. M. THOMAS: Über die Läuterung des Glases. Glastechn. Ber. Bd. 8 (1930) S. 1.
[78] OPPERMANN, G. (WBG): Scherbenverluste in Glashütten. Glastechn. Ber. Bd. 10 (1932) S. 421.
[79] s. [17] und [81].
[80] JEBSEN-MARWEDEL, H.: Theoretisch errechneter Einfluß der Scherben auf das Schmelzalter und die Zusammensetzung von Gemenge-Schmelzen des Glases (zugleich Referat über BAILEY, J.: Glass Ind. 1931, S. 191). Sprechsaal Bd. 65 (1932) S. 44. Ref. Glastechn. Ber. Bd. 10 (1932) S. 282.
[81] DIETRICHS, W., H. JEBSEN-MARWEDEL, J. LÖFFLER u. F. WEFER: Glasschmelzen mit Scherben. Glastechn. Ber. Bd. 27 (1954) S. 221. (F.A. Bericht d. DGG. Nr. 52.)
[82] Das Phänomen kurzlebiger Interferenzfarben an frischen Glasbruchflächen (Eine Analogie Edelstahl–Glas). Sprechsaal Bd. 83 (1950) S. 84. Ref. Glastechn. Ber. Bd. 23 (1950) S. 233.
[83] TUCH, I. I.: Methode zur Bestimmung der Natur von Schlieren (orig.russ.). Steklo i Keram. Bd. 7 (1950) S. 9. Ref. Glastechn. Ber. Bd. 24 (1951) S. 254.
[84] TURNBULL, J. C.: Trennung von Inhomogenitäten im Flaschenglas durch den Dichteunterschied. J. Amer. ceram. Soc. Bd. 24 (1941) S. 37. Ref. Glastechn. Ber. Bd. 20 (1942) S. 152.
[85] s. [5].
[86] MARDEN, A. L.: The flow of glass in tanks. (Der Glasfluß in Wannenöfen.) J. Soc. Glass Technol. Bd. 20 (1936) S. 676. Ref. Glastechn. Ber. Bd. 15 (1937) S. 244.
[87] FAICK, C. A., A. E. WILLIAMS u. G. F. RYNDERS: The effect of convestions currents on the distribution of striae in pots of optical glass. (Die Wirkung der Konvektionsströmung auf die Verteilung von Schlieren in Häfen mit optischem Glas.) Glass Ind. Bd. 30 (1949) S. 82. Ref. Glastechn. Ber. Bd. 23 (1950) S. 140.
[88] FAICK, C. A., A. E. WILLIAMS u. G. F. RYNDERS: Effect of currents on the distribution of striae in pots of optical glass. (Auswirkung der Wärmeströmung auf die Schlierenverteilung im Hafen bei optischem Glas.) J. Res. Nat. Bur. Stand. Bd. 42 (1949) S. 153. Ref. Glastechn. Ber. Bd. 26 (1953) S. 319.
[89] LIESEGANG, R. E.: Schlieren. Glastechn. Ber. Bd. 21 (1943) S. 230. – Scheinoptik bei Kapillarerscheinungen. Kolloid-Z. Bd. 103 (1943) S. 95. – Kapillaranalyse. Z. anal. Chem. Bd. 126 Nr. 5.
[90] JEBSEN-MARWEDEL, H.: Einfluß der Ofenatmosphäre auf Glas und Schmelze. Sprechsaal Bd. 76 (1943) S. 331. Ref. Glastechn. Ber. Bd. 22 (1948/49) S. 24.
[91] JEBSEN-MARWEDEL, H.: Erklärungen zur Schwefelbraun-Glasschmelze und ihren Fehlern. Glastechn. Ber. Bd. 22 (1948/49) S. 325.
[92] JEBSEN-MARWEDEL, H.: Die Homogenisierung der Glasschmelze als Difformationsvorgang. Kolloid-Z. Bd. 60 (1932) S. 37. Ref. Glastechn. Ber. Bd. 11 (1933) S. 26.
[93] OSTWALD, WA.: Über difforme Systeme. I. Stereometrie und Systematik difformer Systeme. Kolloid-Z. (1931) S. 257. Ref. Glastechn. Ber. Bd. 11 (1933) S. 25.
[94] JEBSEN-MARWEDEL, H.: Der Homogenisierungsvorgang an Glasschmelzen. Angew. Chem. Bd. 50 (1937) S. 400.

[95] JEBSEN-MARWEDEL, H.: Schlieren- und spannungsoptisches Verhalten methodisch inhomogener Glasschmelzen. Glastechn. Ber. Bd. 27 (1954) S. 357.

[96] GEFFCKEN, W.: Vorgänge der Homogenisierung in der Schmelze, Ausziehen der Schlieren, Diffusion. Glastechn. Ber. Bd. 30 (1957) S. 143.

[97] ENDELL, K.: Über Diffusionserscheinungen in Silikatschmelzen bei höheren Temperaturen. Neues Jahrbuch für Mineralogie usw. Bd. 2 (1913) S. 129.

[98] KNIGHT, M. A.: Glass densities by settling method. (Bestimmung der Glasdichte nach der Schwebemethode.) J. Amer. ceram. Soc. Bd. 28 (1945) S. 297. Ref. Glastechn. Ber. Bd. 23 (1950) S. 310.

[99] DUFF, R. D.: Glass density determinations by sink-float method. (Bestimmung der Glasdichte nach der Schwebemethode.) J. Amer. ceram. Soc. Bd. 30 (1947) S. 12.

[100] FANDERLIK, M.: Betriebskontrollmethoden der Glasqualitäten in der Hütte (orig.tschech.). Sklár. Rozhl. Bd. 25 (1949) S. 1. Ref. Glastechn. Ber. Bd. 23 (1950) S. 355.

[101] F.A Bericht d. DGG. Nr. 53 S. 400.

[102] GEHRING, L.: Refined method of control of cordiness and workability of glass during production. (Verfeinerte Methode der Kontrolle der Schlierigkeit und Verarbeitbarkeit von Glas während der Produktion.) J. Amer. ceram. Soc. Bd. 27 (1944) S. 260.

[103] BISHOP, F. u. J. STAPELS: Furnace density surveys. (Überwachung der Dichte im Glasschmelzofen.) Zusammenfassung: Glass Ind. Bd. 27 (1946) S. 516.

[104] MANRING, W. u. D. WAID: Doghause sampling techniques and a method of estimating day to day changes in the working properties of glass. (Ausführung der Probenahme am Doghaus und eine Methode zur Beurteilung der täglichen Änderungen der Verarbeitungseigenschaften des Glases.) Zusammenfassung: Glass Ind. Bd. 27 (1946) S. 516.

[105] COE, A.: Density changes, their measurement and influence on the quality of container glass. (Dichteänderungen, ihre Messung und ihr Einfluß auf die Qualität.) J. Soc. Glass Technol. Bd. 33 (1949) S. 199.

[106] s. [84].

[107] TURNBULL, J. C. u. L. G. GHERING: Schlierenanalyse. J. Amer. ceram. Soc. Bd. 24 (1941) S. 264. Ref. Glastechn. Ber. Bd. 22 (1948/49) S. 22.

[108] s. [1] (b).

[109] s. [1 (h) u. 2].

[110] DIETZEL, A.: Unterscheidung von Flachgläsern. Sprechsaal Bd. 74 (1941) S. 221.

[111] DETAG u. DELOG: Zur Schlierenstruktur und Optik maschinengezogenen Tafelglases. Sprechsaal Bd. 77 (1944) S. 100.

[112] RAMSAUER, R.: Anwendung des Schlierenmikroskopes zur Untersuchung der Schichtung von Tafelglas. Glastechn. Ber. Bd. 27 (1954) S. 374.

[113] BERMAN, S. S.: Der Temperaturverlauf im FOURCAULT-Kanal und die Streifigkeit des Glases (orig.russ.). Keram. i Steklo Bd. 12 (1936) S. 5. Ref. Glastechn. Ber. Bd. 16 (1938) S. 135.

[114] KOLDAJEW, B. G.: Über die Ziehmethoden und die Streifigkeit des Glases (orig.russ.). Keram. i Steklo Bd. 14 (1938) S. 13. Ref. Glastechn. Ber. Bd. 17 (1939) S. 18.

[115] PATENKO, A. P.: Der Einfluß der Temperaturregelung auf die Streifigkeit von Tafelglas (orig.russ.). Stekoln. prom. Bd. 14 (1938) S. 5. (Zit. Glastechn. Ber. Bd. 17 (1939) S. 149.)

[116] KASANSKIJ, M. S. u. N. G. ABELTSCHUK: Eine objektive Methode für die quantitative Bestimmung des Grades der Streifigkeit von nach dem FOURCAULT-Verfahren gezogenem Fensterglas (orig.russ.). Stekoln. prom. Bd. 15 (1939) S. 20. Ref. Glastechn. Ber. Bd. 17 (1939) S. 149.

[117] SVEN-NILSSON, I.: Orientierende Versuche mit Meßeinrichtungen zur Feststellung von Streifen usw. in maschinengezogenem Fensterglas. Glastechn. Ber. Bd. 18 (1940) S. 129.

[118] ADAMS, F. W. u. P. W. FRENCH: Charakteristiche Interferenzfiguren von Spiegel- und Fensterglas. J. Amer. ceram. Soc. Bd. 24 (1941) S. 378. Ref. Glastechn. Ber. Bd. 21 (1943) S. 18.

[119] Zur Schlierenstruktur und Optik maschinengezogenen Tafelglases. Sprechsaal Bd. 77 (1944) S. 100. Ref. Glastechn. Ber. Bd. 22 (1948/49) S. 116.

[120] BISHOP, F. L. u. F. W. MOWREY: Qualitätskontrolle für Flachglas. Ceram. Ind. Bd. 54 (1950) S. 115. Ref. Glastechn. Ber. Bd. 23 (1950) S. 356.

[121] JEBSEN-MARWEDEL, H.: Fäden im Glas – eine Folge „dynaktiven" Verhaltens von Schlieren. Glastechn. Ber. Bd. 29 (1956) S. 269.

[122] SCHWEZOW, B. S.: Über die Abschichtung von Glas im Laufe seiner Erstarrung. Bull. Akad. Wiss. USSR., Math.-naturwiss. Kl. Ser. Bd. 7 (1931) S. 1141. Ref. Glastechn. Ber. Bd. 12 (1934) S. 207.

[123] HOLLAND, A. J., E. PRESTON u. W. E. S. TURNER: Cords, surface condition, and the quality of glassware. (Streifen, Oberflächenzustand und Glasqualität.) J. Soc. Glass Technol. Bd. 26 (1942) S. 177. Ref. Glastechn. Ber. Bd. 22 (1948/49) S. 413.

[124] (a) TURNER, W. E. S.: The problem of cords in glass. (Das Problem der Schlieren im Glas.) J. Soc. Glass Technol. Bd. 27 (1943) S. 42. Ref. Glastechn. Ber. Bd. 22 (1948/49) S. 264.
(b) (ohne Verf.Angabe): Glass cords are a sour note. (Schlieren im Glas sind eine unangenehme Sache.) Ceram. Ind. Bd. 54 (1950) S. 119. Ref. Glastechn. Ber. Bd. 25 (1952) S. 225.

[125] EITEL, W.: Physikalische Chemie der Silikate. Leipzig: Leopold Voß 1929. Neuausgabe „The physical Chemistry of the Silicates", Chicago 1954, The University Chicago Press.

[126a] JEBSEN-MARWEDEL, H.: Grenzflächenkräfte als Prinzip des Schlierenschwundes in flüssigen Gläsern. Glastechn. Ber. Bd. 21 (1943) S. 57 (und Berichtigungen S. 148).

[126b] JEBSEN-MARWEDEL, H.: Einblick in den Mechanismus des Einschmelzens von Gläsern. Glastechn. Ber. Bd. 22 (1948/49) S. 4.

[127] KNIGHT, A.: Surface tension and persistence of cords in glass. (Oberflächenspannung und Beständigkeit von Schlieren im Glas.) J. Amer. ceram. Soc. Bd. 27 (1944) S. 143. Ref. Glastechn. Ber. Bd. 22 (1948/49) S. 183.

[128] JEBSEN-MARWEDEL, H.: Grenzflächen-Mikroreaktionen und Glasschmelzen. Glass Ind. Bd. 29 (1948) S. 553. Ref. Glastechn. Ber. Bd. 24 (1951) S. 256.

[129] JEBSEN-MARWEDEL, H.: La capillarité et la tension superficielle comme proprietés technologiques du verre. (Kapillarität und Oberflächenspannung als technologische Eigenschaften des Glases.) Verr. Silic. ind. Bd. 13 (1948) S. 245; 14 (1949) S. 2. Ref. Glastechn. Ber. Bd. 23 (1950) S. 133.

[130] SILVERMAN, W. B.: Die Oberflächenspannung des Glases und seine Wirkung auf Schlieren. J. Amer. ceram. Soc. Bd. 25 (1942) S. 168. Ref. Glastechn. Ber. Bd. 21 (1943) S. 175.

[131] JEBSEN-MARWEDEL, H.: Kapillare Hydrodynamik an löslichen Flüssigkeitspaaren als Folge „negativer" Oberflächenspannung. – Koll.-Ztschr. 111 (1948) 1, S. 46.

[132] JETTMAR W. u. F. C. ROESLER: Zur kapillaren Hydrodynamik nach H. J.-M.-Koll. Ztschr. 123 (1951) S. 2–4.

[133] JEBSEN-MARWEDEL, H.: „Dynaktive" Flüssigkeitspaare. Kolloid-Z. Bd. 137 (1954) S. 118.

[134] JEBSEN-MARWEDEL, H.: Das Schlierenwirbelphänomen an löslichen Flüssigkeitspaaren als Analogon zu Vorgängen an der Oberfläche von Glasschmelzen, die von Molekularkräften gesteuert werden und mitbestimmend sind für die Homogenisierung. Sprechsaal Bd. 84 (1951) S. 1. Ref. Glastechn. Ber. Bd. 25 (1952) S. 29.

[135] JEBSEN-MARWEDEL, H.: Spontane Mischbewegungen in Flüssigkeiten als Folge „dynaktiven" Materialtransportes durch Grenzflächenkräfte. – Umschau (1957) 6, 165.

[136] JEBSEN-MARWEDEL, H.: Dynaktive Flüssigkeitspaare, ihr Verhalten und ihre praktische Bedeutung für die Glasschmelze. Glastechn. Ber. Bd. 29 (1956) S. 233.

[137] ZSCHIMMER, E.: Theorie der Glasschmelzkunst, Bd. 2 S. 70. Jena: Verlag Volksbuchhandlung G.m.b.H. 1923. – DRALLE-KEPPELER: Die Glasfabrikation, 2. Aufl., Bd. 1 S. 220f. München und Berlin: R. Oldenbourg 1926.

[138] TAMMANN, G. u. R. OELSEN: Die Reaktionen beim Zusammenschmelzen von Glassätzen. Z. anorg. allg. Chem. Bd. 193 (1930) S. 245. Ref. Glastechn. Ber. Bd. 9 (1931) S. 358, hierselbst beachtenswert Abb. 3 und zugehöriger Text.

[139] JEBSEN-MARWEDEL, H.: Beobachtungen beim Auftreten von Glasgalle. Glastechn. Ber. Bd. 18 (1940) S. 184.

[140] (a) JOCHMANN, F.: Fluorgalle. Glas-Email-Keramo-Technik Bd. 5 (1954) S. 85.
(b) JOCHMANN, F.: Galleausscheidungen bei Opalglas. Glashütte 74 (1941) S. 644. Ref. Glastechn. Ber. Bd. 20 (1942) S. 80.

[141] BEYERSDORFER, P.: Zur Darstellung und Deutung von Beobachtungen bei der Glasschmelze, erläutert am Beispiel der Fluorgalle. Glas-Email-Keramo-Technik Bd. 6 (1955) S. 305.

[142] BEYERSDORFER, P.: Über die Bleisulfatgalle und das Erkennen von Bleigläsern mit einer Sulfidreaktion. Silikattechnik Bd. 2 (1951) S. 74.

[143] Glasschmelzen mit Natriumsulfat. F.A. Bericht d. DGG. Nr. 46, besonders Abschnitt 3, 7.

[144] SACK, W.: Vorgänge bei der Reduktion von Natriumsulfat mit Kohle beim Erhitzen. 2. Mitteilung. Silikattechnik Bd. 2 (1951) S. 172. Ref. Glastechn. Ber. Bd. 25 (1952) S. 29.

[145] BAYER, E.: Ein Prüfverfahren feuerfester Steine für Glasschmelzwannen. Keram. Rdsch. Bd. 43 (1935) S. 544. Ref. Glastechn. Ber. Bd. 14 (1936) S. 297.

[146] ALLOLIO, R.: Entstehung von Glasknoten und Schlieren aus feuerfesten Wannenbaustoffen. Glastechn. Ber. Bd. 14 (1936) S. 125.

[147] JEBSEN-MARWEDEL, H.: Verschlackungsvorgänge im Glasofen außerhalb der Schmelze. Glastechn. Ber. Bd. 15 (1937) S. 131.

[148] BARTSCH, O.: Wannensteinprüfung. Glastechn. Ber. Bd. 15 (1937) S. 353.

[149] BESBORODOW, M. A. u. N. O. ABELTSCHUK: Luminescenz-Methode zur Erkennung von Schlieren im Glas (orig.russ.). Savadskaja Labor Bd. 8 (1939) S. 65. Ref. Glastechn. Ber. Bd. 19 (1941) S. 235.

[150] JEBSEN-MARWEDEL, H.: Von Ofenbaustoffen außerhalb der Schmelze ausgehende Störungen der Homogenität des Glases bis zum Auftreten von Bruch. Glastechn. Ber. Bd. 18 (1940) S. 160.

[151] JEBSEN-MARWEDEL, H.: Verschlackung feuerfester Steine in Glasschmelzwannen. Radex-Rdsch. (1950) S. 180. Ref. Glastechn. Ber. Bd. 26 (1953) S. 123.

[152] THOMAS, M.: Über die Schlierenbildung in Gläsern durch feuerfeste Massen. Glastechn. Ber. Bd. 20 (1942) S. 258.

[153] SCHMIDT, R. u. M. THOMAS: Über die Schlierenbildung in Gläsern durch feuerfeste Massen. Glastechn. Ber. Bd. 22 (1948/49) S. 17.

[154] THOMAS, M.: Schlierenbildung in Gläsern durch feuerfestes Material. Glastechn. Ber. Bd. 23 (1950) S. 45.

[155] THOMAS, M.: Schlierenbildung in Gläsern durch feuerfestes Material. Glastechn. Ber. Bd. 24 (1951) S. 141.

[156] FRANZ, E.: Schlierenbildung in Gläsern durch feuerfestes Material. Glastechn. Ber. Bd. 25 (1952) S. 66.

[157] LÖBER, H.: Schlierenbildung in Gläsern durch feuerfestes Material. Glastechn. Ber. Bd. 25 (1952) S. 305.

[158] JAUPAIN, M.: Studie über den Angriff von feuerfesten Steinen mit Hilfe der Fluoreszenzanalyse des angrenzenden Glases. Verr. et Refract. Bd. 6 (1952) S. 356. Ref. Glastechn. Ber. Bd. 27 (1954) S. 299.

[159] LÖFFLER, J.: Reaktionen zwischen Glas und feuerfesten Wänden. Glastechn. Ber. Bd. 25 (1952) S. 405.

[160] Schlierenbildung in Gläsern durch feuerfestes Material. Glastechn. Ber. Bd. 27 (1954) S. 103.
[161] DIETZEL, A.: Schlierenbildung in Gläsern durch feuerfestes Material. Glastechn. Ber. Bd. 27 (1954) S. 355.
[162] LÖFFLER, J.: Spezielle Erscheinungsformen bei der Korrosion von ff. Material durch die Glasschmelze. Glastechn. Ber. Bd. 27 (1954) S. 355.
[163] LÖFFLER, J.: Reaktionen zwischen Glas und feuerfesten Wänden. Teil II: Das Verhältnis der Dichten von Schlieren feuerfester Wände zu der von Tafelglas bei höheren Temperaturen. Glastechn. Ber. Bd. 27 (1954) S. 392.
[164] LÖFFLER, J.: Reaktionen zwischen Glas und feuerfesten Wänden. Teil III: Der Angriff von Blasen in Glas auf feuerfestes Material. Glastechn. Ber. Bd. 27 (1954) S. 415.
[165] DIETZEL, A.: Schlierenbildung in Gläsern durch feuerfestes Material. Glastechn. Ber. Bd. 28 (1955) S. 120.
[166] GOTT, O.: Inhomogenitäten durch feuerfestes Material. Glastechn. Ber. Bd. 30 (1957) S. 139.
[167] Fachausschuß II: Kühlung von Wannensteinen II. F.A. Berichte d. DGG. Nr. 2 u. Nr. 23.
[168] s. [57].
[169] ROSS, D. W.: Die Auflösung von Wannensteinen. J. Amer. ceram. Soc. Bd. 9 (1926) S. 641. – Gestaltung und Verwendung der Wannensteine. J. Amer. ceram. Soc. Bd. 10 (1927) S. 774. Ref. Glastechn. Ber. Bd. 5 (1927/28) S. 87; Bd. 6 (1928/29) S. 607. – Glass Ind. Bd. 7 (1926) S. 64. Ref. Glastechn. Ber. Bd. 4 (1926/27) S. 351.
[170] BARTSCH, O., A. DIETZEL, H. JEBSEN-MARWEDEL u. H. KALSING: Betriebserfahrungen mit Wannensteinen. F.A. Bericht d. DGG. Nr. 39.
[171] JEBSEN-MARWEDEL, H.: Einfluß der Oberflächenspannung des Schlackenglases aus feuerfestem Material auf seine Knoten- und Schlierenbildung. Glastechn. Ber. Bd. 15 (1937) S. 163.
[172] JEBSEN-MARWEDEL, H.: Fugen von Wannenblöcken als Angriffspunkt für ihre Auflagenfläche. Glastechn. Ber. Bd. 26 (1953) S. 150.
[173] Über die Entstehung zusätzlicher Korrosion durch ungenaue Setzweise von Wannenblöcken in Glasschmelzen. Glas-Email-Keramo-Technik Bd. 1 (1950) S. 54. Ref. Glastechn. Ber. Bd. 25 (1952) S. 187.
[174] ARTHUR, E. P. u. A. E. MCGEE: Über die Theorie der Wannensteinauflösung. Glass Ind. Bd. 7 (1926) S. 107. Ref. Glastechn. Ber. Bd. 4 (1926/27) S. 191.
[175] FLINT, F. C. u. A. R. PAYNE: Wannenblock-Korrosion durch Bildung von Vorsprüngen. J. Amer. ceram. Soc. Bd. 9 (1926) S. 613. Ref. Glastechn. Ber. Bd. 4 (1926/27) S. 352.
[176] Notiz über den Einfluß der Lösungsbestandteile von feuerfestem Material auf die Zusammensetzung des Glases. Glashütte Bd. 63 (1933) S. 240. Ref. Glastechn. Ber. Bd. 11 (1933) S. 419.
[177] JEBSEN-MARWEDEL, H.: Einflüsse des Ofens auf die Beschaffenheit des Glases in Wannen. F.A. Bericht d. DGG. Nr. 17.
[178] CHRZAN, E. S., E. C. PETRIE u. S. M. SWAIN: Study of silica brick from glass tank crown. J. Amer. ceram. Soc. Bd. 35 (1952) S. 173.
[179] JEBSEN-MARWEDEL, H. u. G. BAUM: Untersuchungen an Steinen und Stalaktiten des schadhaften Silikagewölbes einer Glasschmelzwanne. Sprechsaal Bd. 86 (1953) S. 208.
[180] EITEL, W. (S. F. I.):
(*a*) Studien über die Strömungsvorgänge bei der vollautomatischen Glasverarbeitung im Owens-Prozeß. Glastechn. Ber. Bd. 10 (1932) S. 469.
(*b*) Studien über die Strömungsvorgänge bei der vollautomatischen Glasverarbeitung im Feeder- und Kipp-Prozeß. Glastechn. Ber. Bd. 11 (1933) S. 201.
(*c*) Studien über die Strömungsvorgänge bei der vollautomatischen Glasverarbeitung zu Flaschen im Feeder-Prozeß mit der Owens Bottle Co.-Maschine. Glastechn. Ber. Bd. 12 (1934) S. 222.
[181] (ohne Verf.Angabe): Die Prüfung ringförmiger Ausschnitte von Glasgefäßen auf das Vorhandensein von Schlieren und Spannungen. Sprechsaal Bd. 75 (1942) S. 382. Ref. Glastechn. Ber. Bd. 20 (1942) S. 354.

III. Erkennung von Schlieren

1 Sichtbarmachen von Schlieren

von H. JEBSEN-MARWEDEL, Gelsenkirchen

Schlieren sind wohl der charakteristischste Fehler von Glas. In ihren schwächeren Formen ist ihrer schwer habhaft zu werden. Ihre Bedeutung für die Beurteilung glastechnischer Gütewerte macht es notwendig, sowohl die Verfahren zu ihrer Sichtbarmachung, d.h. ihrer optischen Erfassung, als auch die Feststellung ihrer Art und Zusammensetzung gesondert zu behandeln.

Die Schwierigkeit, Schlieren in durchsichtigen, sonst gleichförmigen Stoffen (z.B. Gasen, Luft, Lösungen) zu erkennen, hat schon früh zu einer Reihe von Verfahren geführt, über die uns H. SCHARDIN [1(*a*)] unterrichtet.

Die Verfahren laufen auf die *qualitative* Sichtbarmachung, Registrierung und *quantitative* Vermessung geringer Lichtablenkungen überhaupt hinaus. Bei dieser grundlegenden Betrachtungsweise kann es nicht ausbleiben, daß die Definition dessen, was im (physikalischen) Sinne H. SCHARDINS [*1*(*b*)] unter Schliere verstanden wird, ganz anders ausfällt, als sie oben unter ausschließlicher Anwendung auf die glastechnischen Belange gegeben wurde. Es heißt jetzt:

Abb. 125. Verzerrung einer geradlinigen Schwarz-Weiß-Grenze durch ein Schlierenmedium

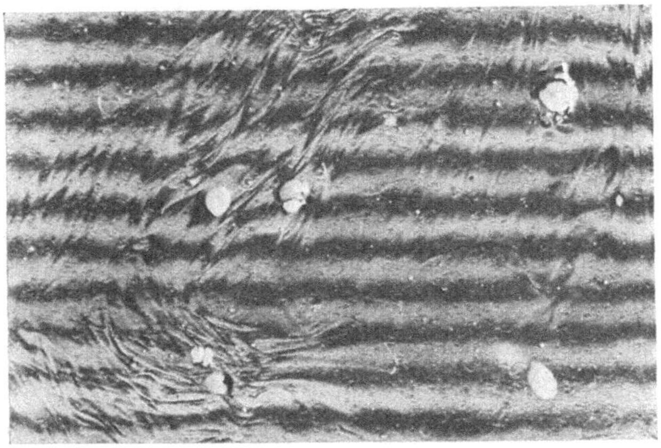

Abb. 126. Schlierenmedium vor einer wiederholten Schwarz-Weiß-Grenze unter Mitabbildung des Rasters

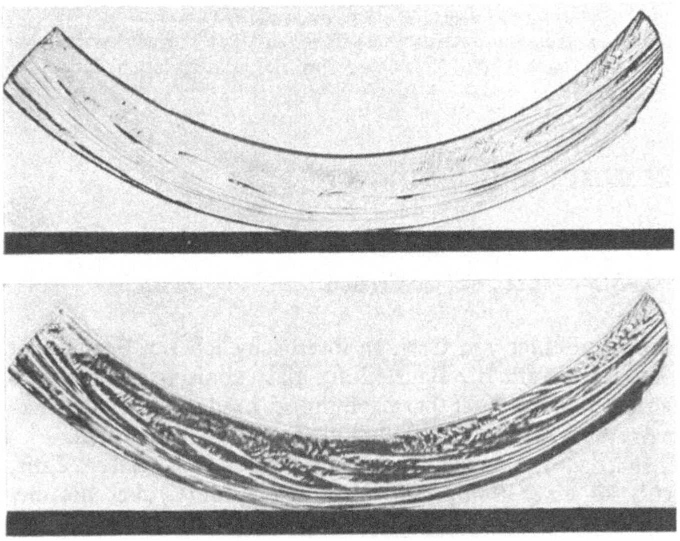

Abb. 127/128. Abbildung eines Stückes Flaschenwand ohne (oben) und mit (unten) Anwendung des Schlierenverfahrens

„Die Ursache für jede, auf ein verhältnismäßig kleines Gebiet beschränkte irreguläre Abweichung des Lichtes werde als Schliere bezeichnet.“

In diesem Sinne wären Wärmewolken in der Luft ebenso als Schlieren anzusprechen wie Unregelmäßigkeiten in der Gestalt von Glasflächen oder – um die umfassende Bedeutung zu kennzeichnen – die von Schallwellen hervorgerufenen Verdichtungserscheinungen in einem, z. B. gasigen Medium. – *Glastechnisch muß der Begriff enger gefaßt werden* (vgl. unter II, 1), weil sonst Mißverständnisse unvermeidlich wären.

Mit dem bloßen Auge sind Schlieren nur dann sichtbar, wenn der schlierige Gegenstand sich *so* vor einem teils hellen, teils dunklen Hintergrund befindet, daß die Lichtablenkungen helle Stellen vor dem Dunkel ergeben und dunkle Stellen vor dem Hell. Das Ineinandergreifen dieser optischen Struktur ist charakteristisch für die Schlierenanordnung bzw. -gestalt (Abb. 125).

Eine Schwarz-Weiß-Grenze des Hintergrundes macht die Schlieren nur längs dieser Kontrastlinien sichtbar (Abb. 125). Eine Wiederholung eines solchen Kontrastes (z. B. in Form eines Linienrasters) läßt die Schlieren des ganzen Gesichtsfeldes erkennen, allerdings unter (meist unerwünschter) Mitabbildung des Rasters (Abb. 126). (Beispiel: Abb. 18.)

Geschickte optische Anordnungen des Strahlenganges erlauben es, diese Mitabbildung des Kontrastfeldes zu verhindern. Es entstehen verstärkte Schlierenkontraste, die das Auge sonst nicht wahrzunehmen vermöchte (Abb. 127 u. 128). Wie eben gesagt, werden auf diese Weise aber auch solche Abweichungen registriert (wenn sie nicht ausdrücklich durch Immersion ausgeschaltet werden), die auf Formabweichungen einer idealen Ebenflächigkeit beruhen (vgl. VII e). Diese entsprechen dann allein der *physikalischen* Definition einer Schlierenwirkung, nicht aber der glastechnischen aus II, 1.

Liegen definierte optische Verhältnisse vor, so kann an ein und demselben Präparat nahezu jeder beliebige Grad an Empfindlichkeit eingestellt werden, um nicht nur den Ort, sondern auch die Stärke der lokalisierten Lichtablenkung zu ermitteln (Abb. 129).

Auf die praktische Bedeutung der Untersuchung von Schlieren weisen verschiedene Arbeiten hin (Schrifttum S. 98 u. 112).

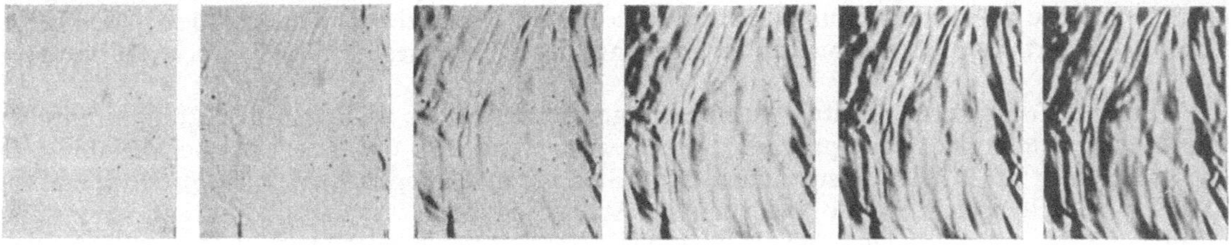

Abb. 129. Schlieriges Objekt, zur quantitativen Auswertung mit nach rechts steigend empfindlicher Einstellung des Schlierenverfahrens aufgenommen. – Schwarze Stellen: > 45′ (ohne) – bis 45′ – bis 42′ – bis 35′ – bis 28′ – bis 14′ Lichtablenkung; stufenförmig zerlegt. Weniger schlierige Objekte verlangen viel empfindlichere Abstimmung der Apparatur

A. Optische Verfahren zur Erfassung von Schlieren

Von H. Hannes, Freiburg/Leverkusen

2 Allgemeines

Unter eine Schliere versteht der Physiker kurz gesagt eine irgendwie geartete Inhomogenität eines sonst einheitlichen Körpers. Diese Kennzeichnung ist sehr allgemein und läßt noch zahlreiche Möglichkeiten offen, da es eine ganze Reihe von Stoffeigenschaften gibt, die als Kriterium für die Homogenität gelten können, etwa die chemische Zusammensetzung, die Lichtbrechung, die Dichte od. dgl. mehr. Da die Inhomogenitäten im Glas fast ausschließlich chemische Ursache haben, sieht der *Glastechniker* mit Recht die chemische Differenzierung als das wesentliche Merkmal einer Schliere an.

Der Nachweis von Schlieren erfolgt allerdings im allgemeinen nicht auf chemischem Wege. Man verwendet am häufigsten optische Verfahren, die darauf beruhen, daß Unterschiede in der Zusammensetzung in der Regel auch Unterschiede im Brechungsindex bewirken. Jede chemische Inhomogenität erzeugt daher, von Ausnahmefällen abgesehen, auch eine optische Inhomogenität, die oft schon dem freien Auge infolge einer Verzerrung der durch die Schliere beobachteten Gegenstände bemerkbar wird.

Zur physikalischen Sichtbarmachung solcher optischer Inhomogenitäten dienen das Schattenverfahren, die Toeplersche Schlierenanordnung und die Interferenzmethode, die grundsätzlich alle auf die Bestimmung der Brechzahl zurückgehen. Am einfachsten arbeitet das in der Glastechnik weit verbreitete Schattenverfahren. Es registriert optische Fehlstellen in ähnlicher Weise wie das freie Auge, jedoch mit besserer Empfindlichkeit. Leider erlaubt ein Schattenbild nur selten quantitative Aussagen. Diesen Nachteil behebt bis zu einem gewissen Grade das Toeplersche Verfahren, besonders wenn man sich einer Farbschlierenanordnung bedient. Wirklich quantitative Ergebnisse liefert erst das interferometrische Verfahren, das sich in den letzten Jahren auch für die Belange der Flach- und Hohlglastechnik als außerordentlich brauchbar erwiesen hat. Allerdings erfordert es etwas mehr Aufwand als die Schlieren- oder die Schattenmethode.

Neben der Brechzahl werden gelegentlich auch andere Größen, wie die Spannungsdoppelbrechung oder die Ätzbarkeit zur Darstellung von Schlieren herangezogen. Jedes Verfahren hat in bestimmten Fällen seine Vorzüge, von denen die praktische Bedeutung der vorgenannten Nachweismethoden abhängt.

3 Das Wesen der Interferenz- und Schlierenverfahren

Wenn in Ziff. 2 gesagt wurde, daß die Interferenz- und Schlierenverfahren auf die Brechzahl reagieren, so bedarf dies noch einiger Erläuterungen. Allgemein ist es nämlich die sog. optische Weglänge $n \cdot D$, die in der Interferenzmethode direkt, beim Schlieren- bzw. Schattenverfahren mittelbar registriert wird. Dabei bedeutet *n* den in Lichtrichtung gemittelten Brechungsindex und *D* die Länge des in der Schliere durchlaufenen Lichtweges. Es kommt also für den optischen Effekt auch auf die Dicke bzw. auf die Form einer Schliere an. Man wird nach Möglichkeit die Anordnung so treffen, daß die Brechzahl längs jedes die Schliere durchsetzenden Lichtstrahles konstant bleibt. Wenn außerdem die Größe von *D* bekannt ist, kann man aus der Messung der optischen Dicke die Lichtbrechung quantitativ ermitteln. Wenn der Brechungsindex in der Lichtrichtung variiert, kann im allgemeinen nur die längs des Lichtweges gemittelte Brechzahl bestimmt werden.

Im einzelnen reagieren die drei Verfahren folgendermaßen [*3*]: Während die Interferenzstreifen unmittelbar den Verlauf der optischen Dicke registrieren, zeigt das TOEPLERsche Verfahren die Lichtablenkung an, die im wesentlichen dem Gradienten der optischen Dicke proportional ist. Das Schattenbild spricht auf die Änderung der Ablenkung, oder, was dasselbe ist, auf den zweiten Gradienten der optischen Dicke an. Infolge dieser sehr verschiedenartigen Reaktionsweisen kann man die Empfindlichkeit der einzelnen Verfahren nicht ohne weiteres miteinander vergleichen. Es bestehen vielmehr qualitative Unterschiede und es hängt sehr stark von der Art einer Schliere ab, auf welche Weise man sie am besten erfassen kann. In vielen Fällen wird die Anwendung mehrerer Verfahren nebeneinander zweckmäßig sein.

Von außerordentlicher praktischer Wichtigkeit ist der Umstand, daß die optische Weglänge auch durch die Glasdicke beeinflußt wird. Die Interferenz- und Schlierenverfahren sprechen daher in gleicher Weise wie auf Brechzahländerungen auch auf Unebenheiten der Oberfläche, die „Formfehler" an. Um die eigentlichen Schlieren zu isolieren, muß der äußere Effekt zum Verschwinden gebracht werden. Das geschieht entweder durch entsprechendes Planschleifen der Glasoberflächen oder dadurch, daß das Objekt in eine Immersionsflüssigkeit gebracht wird, welche die gleiche Brechzahl wie das Glas besitzt. Auf diese Weise werden Oberflächenstörungen unwirksam gemacht. Dieses Einbettungsprinzip ist besonders in der Hohlglastechnik, wo ein Planschleifen meist nicht möglich ist, seit langem gebräuchlich. Es gestattet vor allem in Verbindung mit dem Interferenzverfahren eine außerordentlich elegante und absolut quantitative Trennung von Schlieren und Formfehlern des Glases [*4*].

Die Tatsache, daß die Formfehler optisch genauso zur Wirkung kommen wie die Schlieren im Innern des Glases, hat dazu geführt, daß die Bedeutung des Wortes „Schliere" im physikalischen Sprachgebrauch häufig etwas weiter gefaßt wird, als in der Glastechnik. Während der Glastechniker nur Inhomogenitäten innerhalb des Glases als Schlieren gelten läßt, ist der Physiker gelegentlich geneigt, auch Unregelmäßigkeiten der Form in den Begriff der Schliere mit einzubeziehen [*1* (*b*)]. Damit hält er sich zwar nicht streng an die in Ziff. 2 gegebene Erklärung, schafft sich aber eine gemeinsame Bezeichnung für alles, was im Interferenz- oder Schlierenbild sichtbar gemacht werden kann. In der Glastechnik führt diese Definition jedoch zu Konsequenzen, die mit den üblichen glastechnischen Begriffen nicht gut vereinbar sind.

Man denke sich etwa eine Glasplatte, die innerlich vollkommen homogen ist, an den Oberflächen aber Formfehler aufweist. Befindet sich die Platte in Luft, so hätte man – dem erwähnten Sprachgebrauch folgend – eine Schliere vor sich. Dagegen ist keine Schliere vorhanden, wenn das Glas in eine geeignete Immersion eingebettet ist. Hierin liegt an sich kein Widerspruch, wenn man, wie die physikalische Auffassung es verlangt, nicht das Glas für sich allein betrachtet, sondern das System Glas-Luft bzw. Glas-Immersion. Es verliert aber dann seinen Sinn, von der Schlierigkeit eines Glases schlechthin zu sprechen, ohne daß dabei angegeben wird, in welchem Medium es sich befindet. Daß eine solche Begriffsbildung in der Glastechnik nicht brauchbar ist, liegt auf der Hand. Es ist daher durchaus gerechtfertigt, wenn in der Technologie des Glases zwischen wirklichen Schlieren und Formfehlern begrifflich streng unterschieden wird.

3.1 Das Interferenzverfahren

Für die glastechnische Anwendung des Interferenzverfahrens kommt in erster Linie der MACH-ZEHNDERsche Interferenzrefraktor in Frage, der sich durch weiträumigen Aufbau und ein verhältnismäßig großes Gesichtsfeld auszeichnet. Die meisten Geräte besitzen einen Gesichtsfelddurchmesser von 10 bis 20 cm; zur ausschnittweisen Untersuchung finden aber weit größere Objekte in der Apparatur Raum.

Der Strahlengang ist in Abb. 130 dargestellt. Bei *L* befindet sich eine Lichtquelle, die für die meisten Zwecke monochromatisch sein muß. Das mit Hilfe der Linse O_1 erzeugte parallele Lichtbündel fällt auf die halbdurchlässig verspiegelte Platte S_1. Dort wird es in zwei kohärente Teilstrahlenbündel zerlegt, die sich nach der Reflexion an S_2 bzw. S_3 bei der ebenfalls halbverspiegelten Platte S_4 wieder vereinigen.

Etwa in der Mitte zwischen den Spiegeln S_3 und S_4 wird das Objekt angeordnet. Es kann in eine Immersionsküvette K eingebettet werden, was zur Unterscheidung der echten Schlieren von bloßen Oberflächenfehlern des Glases notwendig ist [4]. Um die Symmetrie der Anordnung zu wahren, muß im Vergleichstrahlengang eine möglichst gleiche Küvette K' angebracht werden. Das Objekt wird mit der Optik O_2 und O_3 auf die Mattscheibe (Photoplatte) P abgebildet.

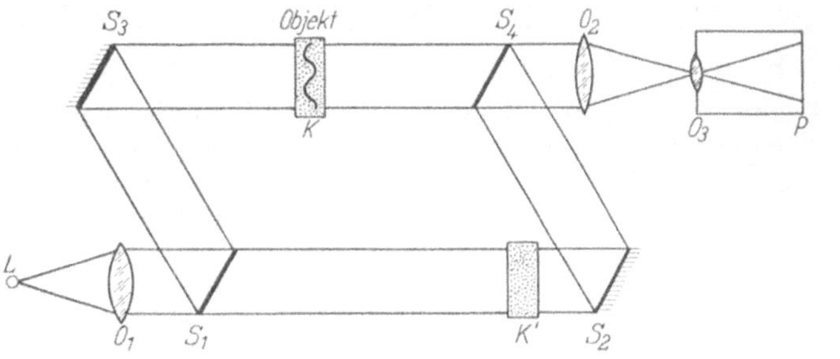

Abb. 130. MACH-ZEHNDER-Interferometer mit Immersionsküvetten. L Lichtquelle, O_1, O_2, O_3 Objektive, S_4, S_1 Halbdurchlässige Platten, S_2, S_3 Planspiegel, P Photographische Platte oder Mattscheibe, K, K' Immersionsküvetten

Bei der Überlagerung der beiden Strahlenbündel treten infolge der Wellennatur des Lichtes Interferenzstreifen auf, deren Lage und Gestalt von den Phasenbeziehungen oder, was dasselbe ist, von den Lichtwegdifferenzen der beiden interferierenden Bündel abhängt. Solange das Interferometer sich in „Grundstellung" befindet, d.h. solange die vier Spiegel exakt parallel stehen und die Lichtwege in beiden Teilstrahlengängen genau übereinstimmen, kommen überhaupt keine Interferenzstreifen zustande, das Gesichtsfeld erscheint vielmehr gleichmäßig hell. Eine eigentliche Interferenzerscheinung entsteht erst, wenn die beiden Lichtwege verschiedene Länge besitzen, insbesondere dann, wenn die Wegdifferenzen nicht über den ganzen Bündelquerschnitt konstant sind. Das ist z.B. der Fall, wenn eine schlierige Glasplatte in den Strahlengang gebracht wird. Die auftretenden Interferenzstreifen geben, wenn die Spiegel in Grundstellung stehen, unmittelbar den Verlauf der Linien gleicher Lichtwegdifferenz an. Von Streifen zu Streifen ändert sich die Wegdifferenz um einen ganz bestimmten Betrag.

In der Praxis geht man aber meist nicht von der Grundstellung aus, sondern von einer Einstellung, bei der schon von vornherein (also auch ohne Objekt) Streifen vorhanden sind. Durch geeignete Justierung der Spiegel kann man nämlich erreichen, daß über das gesamte Gesichtsfeld gerade, parallele und äquidistante Streifen erscheinen. Richtung und Abstand dieser Ruhestreifen lassen sich nach Belieben einstellen. Das ganze Interferometer wirkt dabei gewissermaßen wie ein einfacher Interferenzkeil, dessen räumliche Lage und Keilwinkel beliebig variiert werden kann. Bringt man jetzt ein Objekt in den Strahlengang, so erhält man ein deformiertes Streifensystem dergestalt, daß im Objekt die Interferenzstreifen gegenüber ihrer Ruhelage verschoben sind. Die Streifenverschiebung ist nun der durch das Objekt verursachten optischen Wegdifferenz direkt proportional, und hierauf beruht die quantitative Auswertbarkeit des Interferenzbildes, die der interferometrischen Methode vor allen vergleichbaren Verfahren einen so entscheidenden Vorteil verleiht.

Es sei ausdrücklich betont, daß die Wirkungsweise des Interferenzrefraktors hier nur grundsätzlich beschrieben wurde. Bei der praktischen Anwendung bedeutet es eine gewisse Schwierigkeit, die Interferenzstreifen so zu lokalisieren, daß sie gleichzeitig mit dem Objekt, also bei P scharf erscheinen. In der Theorie des Interferenzrefraktors wird gezeigt, wie dies durch geeignete Justierung der Spiegel zu erreichen ist, doch kann hierauf im einzelnen nicht eingegangen werden [5, 6, 7].

Obwohl das MACH-ZEHNDER-Interferometer vornehmlich für größere Objekte gedacht ist, die in natürlicher Größe oder verkleinert betrachtet werden, kann man es in gewissem Umfange auch für kleinere Details heranziehen. So lassen sich noch 10- bis 40fache Vergrößerungen, wie sie z.B. für Schichtuntersuchungen des Glases erforderlich sind, im Interferenzrefraktor erzielen [8].

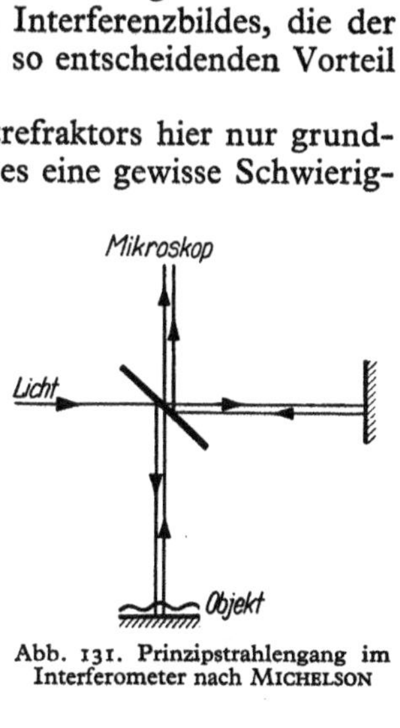

Abb. 131. Prinzipstrahlengang im Interferometer nach MICHELSON

Bei sehr kleinen Objekten, zu deren Betrachtung noch stärkere Vergrößerungen notwendig sind, muß man auf die Verwendung eines Interferenzmikroskopes zurückgreifen. Mit diesem Gerät kann man die gleiche optische Auflösung erzielen wie mit einem gewöhnlichen Mikroskop. Natürlich können auch schwache Vergrößerungen angewendet werden. – Das Interferenzmikroskop arbeitet nach dem Prinzip von MICHELSON [9]. Seine Anordnung ist ohne weiteres Abb. 131 zu entnehmen. Bezüglich der Entstehung der Interferenzen herrschen grundsätzlich ganz ähnliche Verhältnisse wie beim Interferenzrefraktor. Wesentlich ist allerdings, daß auch in Reflexion beobachtet werden kann, wovon bei der Oberflächenvermessung Gebrauch gemacht wird.

3.11 Beispiele für die Anwendung des Interferenzverfahrens

Bringt man ein Stück Tafelglas in Immersion und untersucht es interferometrisch, so sind im allgemeinen keinerlei Schlieren nachweisbar. Das hängt damit zusammen, daß die Schlieren im Tafelglas mehr oder weniger parallel zur Oberfläche geschichtet sind und ist im übrigen in Ziff. *4* näher erklärt. Die Schlieren werden aber sofort erkennbar, wenn man das Glas im Querschliff untersucht.

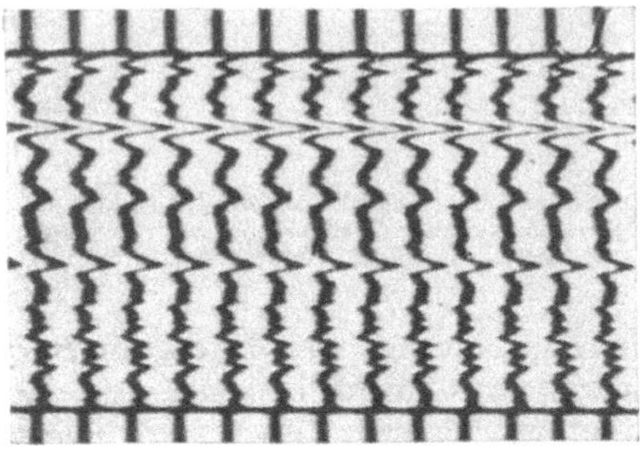

Abb. 132. Interferenzbild eines gleichmäßig geschichteten Tafelglasquerschnittes

Abb. 132 zeigt das Interferenzbild eines Querschliffes von einem Glase mit sehr gleichmäßiger Schichtung. Die Interferenzstreifen zeichnen den Verlauf der Brechzahl in den einzelnen Schichten graphisch auf. Das Maß für die von den Streifen angezeigte Brechzahländerung ist der Abstand der ungestörten Streifen außerhalb des Objektes. Die Empfindlichkeit, mit der die Brechzahlschwankungen registriert werden, ist der Dicke des Querschliffes proportional. Im vorliegenden Falle beträgt die Schliffdicke etwa 2 mm, eine Auslenkung um einen Streifenabstand entspricht einer Änderung der Brechzahl um 2 bis 3 Einheiten der vierten Dezimale. Nachweisbar sind auf der Aufnahme noch Unterschiede im Brechungsindex bis zu $\Delta n = 0{,}00005$. In dieser Größenordnung liegen etwa die beim Tafelglas praktisch vorkommenden Brechzahldifferenzen [*4, 10*]. Sie entsprechen Schwankungen in der Glaszusammensetzung von weniger als 0,05% der Hauptglasbildner.

Vielfach ist die Schichtung nicht so gleichmäßig ausgebildet wie bei diesem Beispiel. In Abb. 154 a sind starke Schichtstörungen vorhanden, die sich durch eine ungleichmäßige Streifenauslenkung innerhalb ein und derselben Schicht bemerkbar machen.

Während eine gleichmäßige Schichtung grundsätzlich nur im Querschliff nachweisbar ist, können Schicht*störungen*, wenn sie intensiv genug sind, auch bei Beobachtung senkrecht zur Schichtung sichtbar werden. Um im Interferenzbild eine merkliche Streifenverschiebung zu bewirken, muß allerdings der Brechungsindex in der Schliere schon in der dritten Dezimale von der des Grundglases abweichen (vgl. Ziff. 4). Das ist nur bei sehr groben Fehlstellen, etwa in der Umgebung von Knoten oder Steinchen der Fall.

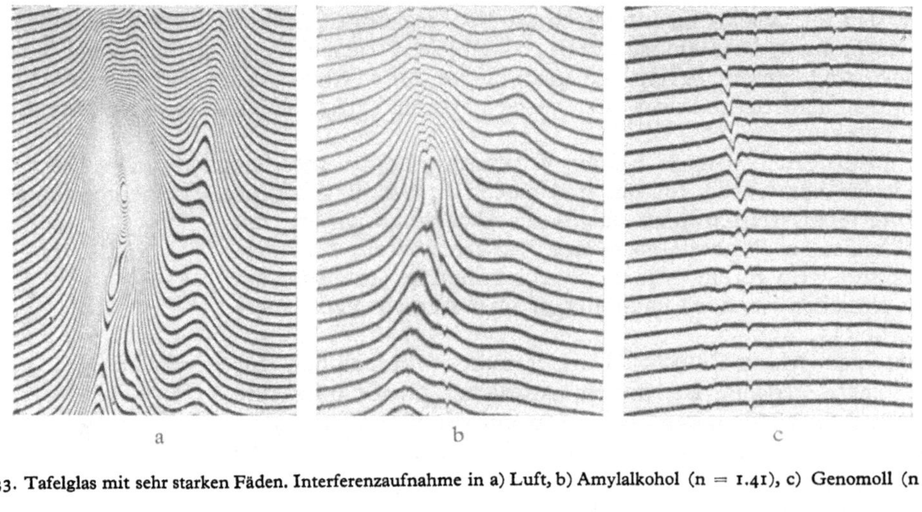

a b c

Abb. 133. Tafelglas mit sehr starken Fäden. Interferenzaufnahme in a) Luft, b) Amylalkohol (n = 1.41), c) Genomoll (n = 1.51)

So handelt es sich in Abb. 133 c um sehr kräftige Tonerdefäden, die sich, da sie eine kleinere Brechzahl aufweisen als ihre Umgebung, durch nach unten gerichtete, zackenförmige Streifenauslenkungen bemerkbar machen. Bei der Beurteilung von Abb. 133 c könnte man zunächst im Zweifel sein, ob die Streifenverschiebung wirklich durch Brechzahländerungen hervorgerufen wird, oder ob es sich etwa um einen infolge mangelhafter Einbettung noch vorhandenen Oberflächeneffekt handelt (Ziff. 3). Tatsächlich wurde aber die Immersionsflüssigkeit der Brechzahl des Glases soweit angeglichen, wie es zur Vermeidung derartiger Störungen notwendig war. Das ist jedoch in der Praxis nicht immer erforderlich. Oft ist es einfacher, die fragliche Probe nacheinander in zwei Medien mit verschiedenen Brechzahlen zu beobachten (Abb. 133 a, b). Die durch eine Dickenänderung des Glases hervorgerufenen Streifenverschiebungen sind dann proportional der Differenz der Brechzahlen von Immersion und Objekt, ihre Größe wechselt also mit dem Immersionsmittel. Demgegenüber werden die Schlieren unabhängig von der jeweiligen Einbettung registriert, sie sind also daran erkennbar, daß die Streifenauslenkung auf allen Bildern gleich groß ist.

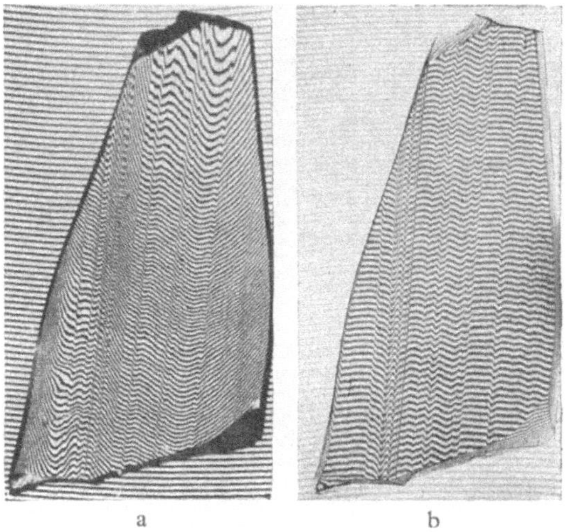

Abb. 134. Interferenzbild eines schlierigen Flaschenscherbens. a) schlechte, b) gute Immersion

Eine so einfache Möglichkeit zur exakten Trennung von Schlieren und Formfehlern hat man, das sei hier besonders betont, nur bei Verwendung des Interferenzverfahrens. Im Fall des Schlieren- und des Schattenverfahrens fehlt ein direktes quantitatives Maß für den beobachteten Effekt, wie es für die interferometrische Methode durch die Streifenverschiebung gegeben ist.

Beim Hohlglas sind stärkere Inhomogenitäten keineswegs eine Seltenheit. So zeigt Abb. 134 die Interferenzaufnahme einer in Immersion befindlichen Flaschenscherbe. Das gezackte Aussehen der Streifen ist hier ausschließlich den Schlieren im Innern des Glases zuzuschreiben. Ein ähnliches Beispiel bietet das Bruchstück eines schlierigen Glühlampenkolbens in Abb. 135.

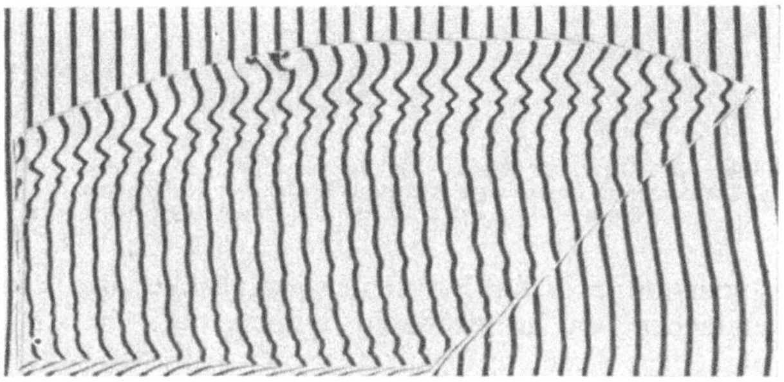

Abb. 135. Bruchstück eines schlierigen Glühlampenkolbens. (Interferenzbild in Immersion)

Auch die Untersuchung von Hohlglasobjekten wird man in vielen Fällen an Querschliffen vornehmen. Abb. 136 gibt den Schnitt durch ein stark inhomogenes Flaschenkülbel. Abb. 137 zeigt ein anderes Külbel mit sehr ausgeprägter, aber fast störungsfreier Schichtung.

3.2 Das Toeplersche Schlierenverfahren

Die klassische Anordnung zum Nachweis von Schlieren jeglicher Art ist das in Abb. 138 skizzierte Toeplersche Schlierenverfahren. Eine Lichtquelle mit möglichst gleichmäßiger Leuchtdichte beleuchtet über einen Kondensor C eine scharfkantige Blende B, so daß eine geradlinig begrenzte Leuchtfläche L entsteht. Diese wird mit Hilfe einer farbkorrigierten Linse K (sog. Schlierenkopf) nach L' abgebildet, wo sich gleichzeitig eine ebenfalls scharfbegrenzte Blende SB

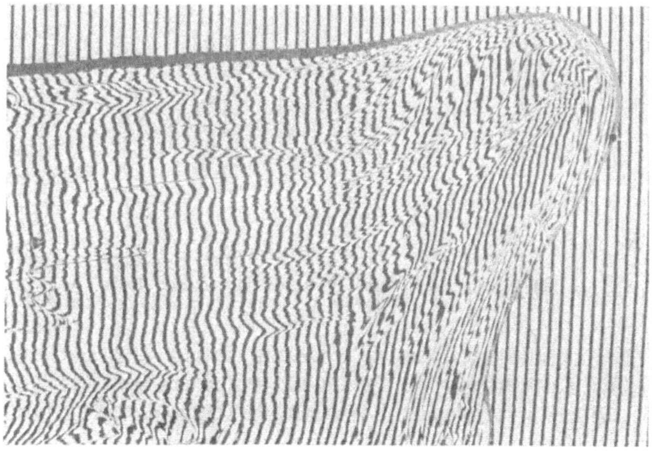

Abb. 136. Querschliff eines stark inhomogenen Flaschenkülbels

befindet, die als Schlierenblende oder „Stopper" bezeichnet wird. Der geradlinige Rand der Schlierenblende ist parallel zur Lichtquellenkante orientiert und so eingestellt, daß ein Teil von L' abgedeckt wird, ein anderer, streifenförmiger Teil aber freibleibt.. Ein bei S befindliches Objekt wird mit Hilfe des Objektives O auf die Mattscheibe (Photoplatte) P abgebildet.

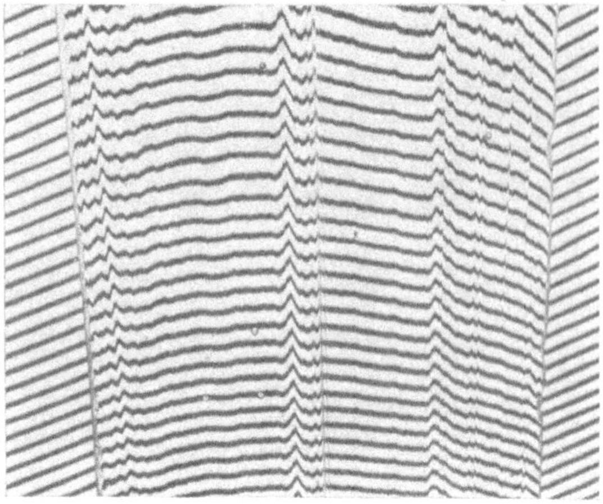

Abb. 137. Flaschenkülbel mit gleichmäßiger Schichtung

Das an der Schlierenblende vorbeifallende Licht erzeugt auf der Mattscheibe, solange kein Objekt vorhanden ist, eine gleichmäßige Beleuchtung, deren Helligkeit im wesentlichen von der Breite des durchgelassenen Lichtstreifens abhängt. Bringt man nun ein schlieriges Objekt in den Strahlengang, so erfolgt eine Ablenkung des Lichtes. Die Breite des wirksamen Teiles von L' wird für die das Licht ablenkenden Stellen des Objektes größer oder kleiner, je nachdem die Ablenkung von der Blende weg oder auf sie hin gerichtet ist. Die entsprechenden Stellen des Bildes machen sich also je nach Richtung der Ablenkung durch eine Aufhellung oder Verdunkelung bemerkbar. Eine Ablenkung parallel zur Stopperkante tritt bei dieser Anordnung nicht in Erscheinung, sie kann aber durch Verwendung eines kreisförmigen Stoppers erfaßt werden (s. u.).

Die Empfindlichkeit, mit der auf diese Weise Lichtablenkungen nachweisbar sind, ist offenbar um so größer, je schmaler der von der Schlierenblende freigelassene Lichtstreifen und je größer der Abstand des Objektes von der Stopperebene ist. Begrenzt wird die Empfindlichkeit durch die bei zu starker Abblendung des Lichtquellenbildchens eintretenden Beugungserscheinungen [*1* (*b*), *11*].

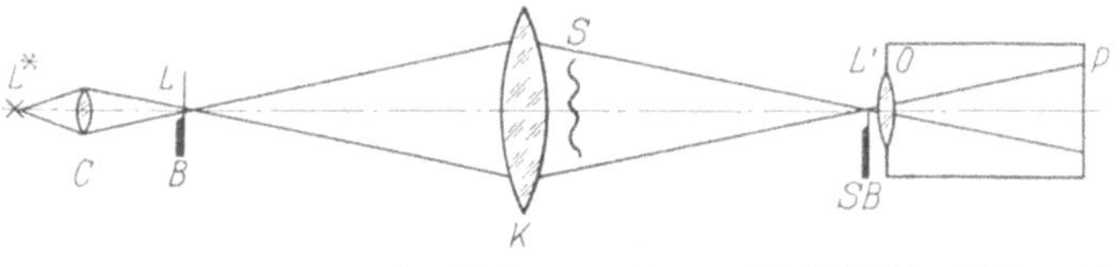

Abb. 138. Die TOEPLERsche Schlierenanordnung. L^* Wirkliche Lichtquelle, C Kondensor, L Geradlinig begrenzte Leuchtfläche, K Schlierenkopf, SB Schlierenblende (Stopper), O Objektiv, P Photoplatte (Mattscheibe)

Neben dieser Grundform der TOEPLERschen Anordnung gibt es zahlreiche Varianten des Verfahrens, von denen hier nur einige angedeutet werden sollen[1]. So kann man z. B. als Schlierenkopf statt der Linse auch einen Hohlspiegel verwenden, was den Vorteil hat, daß bei der Erzeugung des Lichtquellenbildes L' ein Farbfehler von vornherein ausgeschlossen ist. Außerdem lassen sich Spiegel einfacher und in größeren Dimensionen herstellen als Linsen. Wenn man das Objekt im parallelen Strahlengang untersuchen will, wie es in vielen Fällen zweckmäßig ist, so kommt man bei Verwendung einer Spiegeloptik zu der in Abb. 139 dargestellten Anordnung.

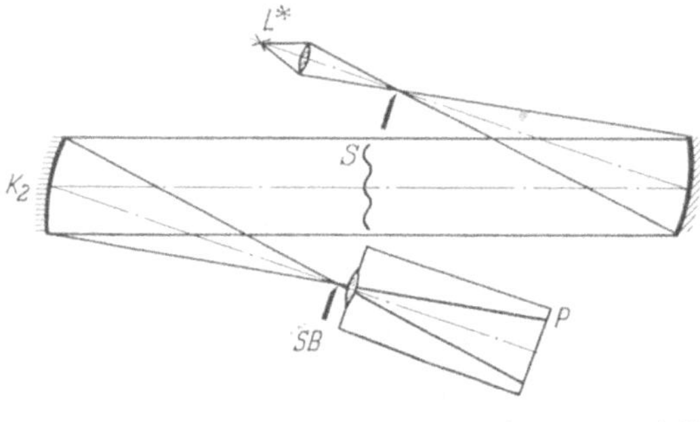

Abb. 139. Schlierenanordnung unter Verwendung von zwei Hohlspiegeln

Weitere Modifikationen des Schlierenverfahrens ergeben sich durch Veränderung der Form von Lichtquelle und Schlierenblende. Man kann etwa die Lichtquelle kreisförmig ausbilden und als Stopper eine Lochblende benutzen [*12*]. In diesem Falle werden die Ablenkungen unabhängig von ihrer Richtung registriert. Ähnlich ist es, wenn das direkte Lichtquellenbild durch eine Kreisscheibe abgedeckt wird, so daß nur abgelenkte Lichtstrahlen auf die Bildebene gelangen (Dunkelfeldbeleuchtung). Erwähnt sei ferner das Gitterblendenverfahren [*1*], bei dem als Lichtquelle ein Spalt und als Stopper ein dazu paralleles Gitter Verwendung finden. Das Gitterblendenverfahren gestattet oft eine quantitative Auswertung, ist aber nicht besonders empfindlich.

Einen wesentlichen Fortschritt brachte die von SCHARDIN [*1* (*b*), *13*] vorgeschlagene farbige Kenn-

[1] Wegen ausführlicher Darstellung vergleiche man bei SCHARDIN [1, 3].

zeichnung der Lichtablenkung, realisiert entweder durch Einschaltung entsprechender Farbblenden (z. B. mehrfarbige Ringblenden) oder durch spektrale Zerlegung des Lichtes. Dieses Prinzip findet seine wichtigste Anwendung im Schlierenmikroskop, das für glastechnische Untersuchungen außerordentliche Bedeutung gewonnen hat [*10*, *11*].

Die Anordnung ist in Abb. 140 dargestellt. Ein mit weißem Licht beleuchteter Spalt B wird mit Hilfe achromatischer Linsen K_1 und K_2 in die Stopperebene bei SB abgebildet. Infolge eines dazwischengeschalteten Geradsichtprismas Pr entsteht aber kein einfaches Spaltbild, sondern ein Spektrum. Der Stopper ist unmittelbar vor dem Objektiv des zur Beobachtung dienenden Mikroskopes angeordnet und ebenfalls als Spalt ausgebildet. Er blendet aus dem Spektrum einen schmalen Bereich heraus, so daß das Gesichtsfeld (ohne Objekt) in einer bestimmten Farbe erscheint. Eine Lichtablenkung im Objekt, das im parallelen Strahlengang zwischen K_1 und K_2 angeordnet wird, bewirkt eine Verschiebung des Spektrums vor dem Spalt und damit eine Veränderung der Farbe an der betreffenden Stelle des Bildes. Aus der Farbverschiebung kann nach erfolgter Eichung quantitativ auf die Größe der Lichtablenkung (senkrecht zur Spaltrichtung) geschlossen werden.

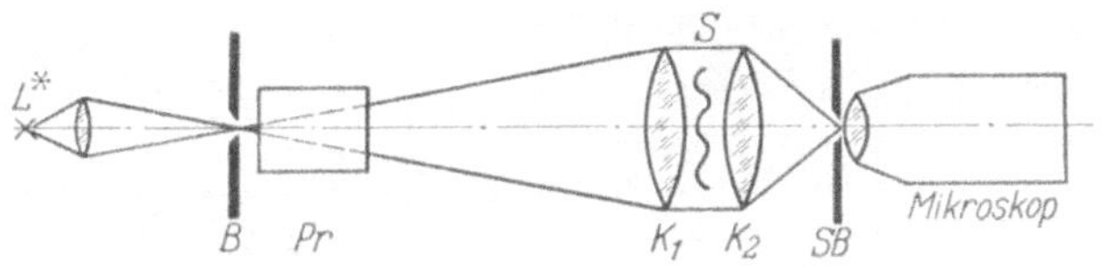

Abb. 140. Farbschlierenanordnung mit prismatischer Zerlegung des Lichtes (Schlierenmikroskop). B Spaltblende, Pr Geradsichtprisma, K_1, K_2 Schlierenkopf, SB Schlierenblende (Spalt)

Natürlich kann man das Schlierenmikroskop unter Fortlassung des Prismas auch mit anderen Blendenanordnungen benutzen. Das Farbschlierenverfahren erweist sich aber gerade in bezug auf die Auflösung kleiner Objekte als besonders günstig [*11*].

Abb. 141. Schlierenaufnahme eines schlierigen Glühlampenscherbens in Immersion

3.21 Beispiele für die Anwendung des Schlierenverfahrens

Die Toeplersche Schlierenmethode ist dadurch gekennzeichnet, daß sie die Ablenkung des Lichtes sichtbar macht. Für die Praxis der Schlierenuntersuchung bedeutet das, daß ein Schliereneffekt nur dort auftritt, wo eine *Änderung* der Brechzahl vorhanden ist, denn nur dort werden die das Glas durchdringenden Lichtstrahlen aus ihrer Richtung abgelenkt. Das kommt in Abb. 141 zum Ausdruck, wo die in Abb. 135 interferometrisch dargestellte Glühlampenscherbe nach dem Schlierenverfahren aufgenommen ist. Man erkennt in Abb. 141 einige feine Schlieren, die der Interferenzaufnahme entgehen. Das Toeplersche Verfahren zeigt also in diesem Falle eine etwas bessere Empfindlichkeit.

Dasselbe gilt für Abb. 142, die zu der Probe in Abb. 133 gehörige Schlierenaufnahme. Auch hier treten die Fäden wesentlich markanter in Erscheinung als im Interferenzbild. Trotzdem kann man nicht allgemein sagen, daß die Empfindlichkeit des Schlierenverfahrens eine bessere sei als diejenige der Interferenzmethode. Der kräftige Schliereneffekt der Abb. 141 u. 142 beruht darauf, daß die Brechzahl sich hier auf kleinem Raum fast unstetig ändert. Es entsteht also eine verhältnismäßig große Lichtablenkung, während die absolute Änderung der Brechzahl, die im Interferenzbild angezeigt wird, nur sehr klein ist. Langsame Änderungen der Brechzahl lassen sich interferometrisch mit besserer Empfindlichkeit nachweisen. (Vgl. auch Kap. VII C, Abb. 644.)

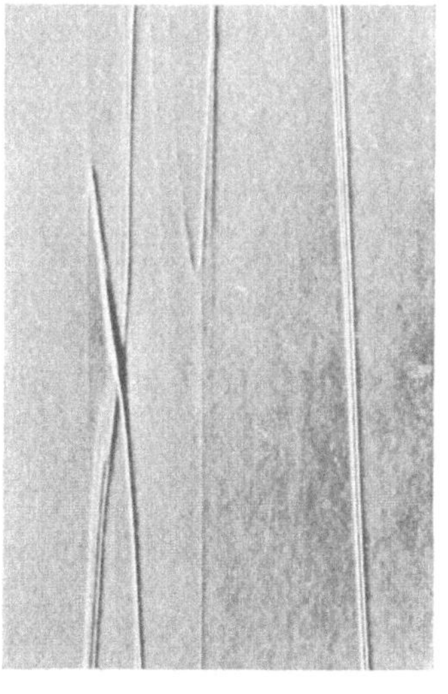

Abb. 142. Starke Tonerdefäden in einem Tafelglas

Ein großer Vorzug des Toeplerschen Verfahrens besteht in der Anschaulichkeit der Schlierenaufnahmen. Die Bilder wirken so, als ob die Schlieren von der Seite her beleuchtet würden. Die Schlierenaufnahme des Flaschenkülbels in Abb. 143 vermittelt einen plastischen Eindruck von der inhomogenen Struktur des Glases. Strömungslinien,

Stauchungserscheinungen und andere Einzelheiten, die oft über den Herstellungsprozeß Aufschluß geben können, werden sichtbar.

Die folgenden Bilder sollen einige Beispiele für die mikroskopische Anwendung des Schlierenverfahrens geben. Abb. 144 zeigt den Querschliff eines sehr sauber geschichteten Tafelglases. Das

Abb. 143. Schlieren in einem Flaschenkülbel

Licht erfährt beim Durchdringen der Schichtung infolge der Änderung der Brechzahl quer zum Schichtverlauf eine Ablenkung, die sich im Idealfall längs einer ungestörten Schicht nicht ändert. Daher läßt das Schlierenbild die Schichtung deutlich hervortreten. Es erlaubt aber nicht so unmittelbar quantitative Schlüsse wie die Interferenzaufnahme des gleichen Querschliffs (Abb. 132).

Abb. 144. Gleichmäßige Schlierenschichtung in einem Tafelglasquerschliff

Eine weniger störungsfreie Schichtung wie das vorige Beispiel weist die Probe in Abb. 145 auf. Die sehr kräftigen Schlieren sind in diesem Falle auf eine Betriebsstörung zurückzuführen.

Das Präparat in Farbbild 156a stellt den Auflösungsvorgang eines Steinchens in der Glasschmelze dar. Von dem sich auf lösenden Material werden entsprechend der Strömung in der Schmelze Fäden gezogen. Farbbild 155a gibt die ausgeprägte Schlierenstruktur einer Probeschmelze. (Vgl. auch Ziff. 5.)

Abb. 145. Tafelglasquerschnitt mit starken Schichtstörungen

3.3 Das Schattenverfahren

Projiziert man ein schlieriges Objekt mit Hilfe einer punktartigen Lichtquelle auf eine Mattscheibe M (Abb. 146), so ergibt sich auf dem Schirm eine ungleichmäßige Helligkeitsverteilung, das sog. Schattenbild. An gewisse Stellen des Schirmes gelangt infolge der unterschiedlichen Ablenkwinkel mehr, an andere weniger Licht, als es bei gleichmäßiger oder auch ganz fehlender Ablenkung der Fall wäre. Im Gegensatz zur TOEPLERschen Anordnung, die den Ablenkwinkel des Lichtes sichtbar macht, spricht aber das Schattenbild nur auf Änderungen der Ablenkung an. In Abb. 147 sei S ein Objekt, welches die von links einfallenden Lichtstrahlen oberhalb des Punktes P unbeeinflußt hindurchtreten läßt, während unterhalb von P eine Ablenkung nach unten um den Winkel ε erfolgt. Die bei P vorhandene Änderung der Lichtablenkung wird dadurch sichtbar gemacht, daß ein bestimmter Winkelraum kein Licht erhält. Auf dem Schirm erscheint daher eine dunkle

Linie *D*. Ist unterhalb des Punktes *Q* die Ablenkung wieder gleich Null, so tritt dementsprechend bei *H* eine helle Linie auf.

Bei stetiger Änderung der Lichtablenkung erfolgen auch die Helligkeitsänderungen im Schattenbild allmählich. Im allgemeinen kann man aber aus dem Schattenbild keine quantitativen Schlüsse

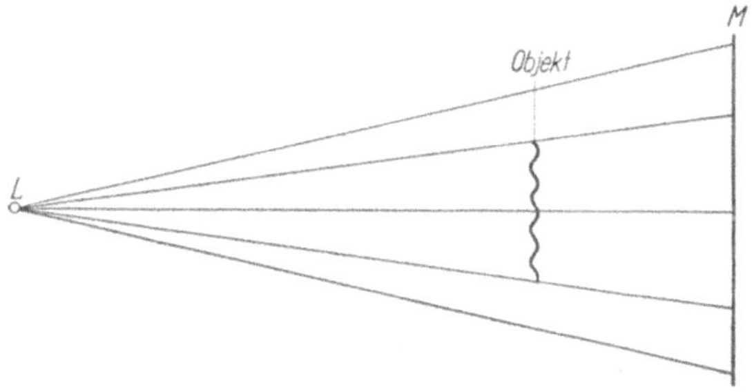

Abb. 146. Anordnung beim Schattenverfahren. *L* Möglichst punktförmige Lichtquelle, *M* Auffangebene (Mattscheibe oder Photoplatte)

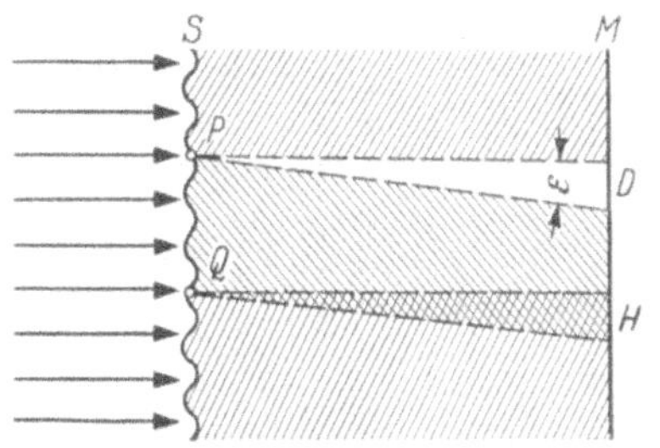

Abb. 147. Zur Entstehung des Schatteneffektes (Erläuterung im Text)

über die Beschaffenheit des Objektes ziehen. Unter Umständen wird es nicht einmal möglich sein, eine Schliere überhaupt zu lokalisieren, da nicht ohne weiteres eine Zuordnung zwischen den Helligkeitswerten im Bildfeld und den Punkten des Objektes gegeben ist. Indessen liegt der Wert der Schattenmethode nicht so sehr in einer quantitativen Erfassung der Schlieren, als vielmehr in der Möglichkeit, mit einfachsten Mitteln einen allgemeinen Überblick über die „Schlierigkeit" des Objektes zu erhalten. Häufig ist es auch das spezifische Ansprechen auf die Änderung der Ablenkung, das die Anwendung des Schattenverfahrens zweckmäßig erscheinen läßt. (Vgl. Ziff. 3.31.)

Die Empfindlichkeit des Verfahrens hängt nur von den geometrischen Abmessungen der gewählten Anordnung ab. Nach SCHARDIN [*1 (b)*] ist die Schattenempfindlichkeit am größten, wenn das Objekt sich gerade in der Mitte zwischen Lichtquelle und Bildebene befindet. Im übrigen steigt sie mit wachsendem Gesamtabstand Lichtquelle–Schirm.

Da bei der Schattenmethode keine optische Abbildung des Objektes erfolgt, weist jedes Schattenbild prinzipiell eine gewisse Unschärfe auf, die im allgemeinen mit steigender Empfindlichkeit zunimmt. Hieraus ergibt sich die Begrenzung der Empfindlichkeit, die teilweise durch geometrisch-optische Unschärfe, letzten Endes aber wie beim Schlierenverfahren durch den Einfluß der Beugung bestimmt ist [*14*]. In vielen Fällen ist aber eine große Schattenempfindlichkeit gar nicht erwünscht. Vielmehr gibt es gerade in der Glastechnik Objekte, deren Beurteilung bei geringer Schattenempfindlichkeit eine bessere ist als mit einer sehr empfindlichen Anordnung.

Um ein Schattenbild photographisch festzuhalten, muß bei der Anordnung in Abb. 146 die Photoplatte unmittelbar an den Ort des Bildes gebracht und im sonst verdunkelten Raum belichtet werden. Insofern ist das Verfahren etwas unpraktisch zu handhaben, zumal die Helligkeit infolge der notwendig kleinen Lichtquelle meist gering ist. Diesen Nachteil kann man beheben, wenn man statt der Zentralprojektion die Anordnung in Abb. 148 benutzt [*14*]: Die Schliere wird nicht divergent, sondern parallel durchstrahlt. Dadurch wird an der Entstehung des Schattenbildes prinzipiell nichts geändert. Anstatt aber das Schattenbild bei *M* unmittelbar aufzufangen, macht man das Licht wieder konvergent, so daß es auf die Mattscheibe *M** gelangt. Die Betrachtungsvorrichtung O_2O_3 wird aber nicht auf das Objekt, sondern auf *M* scharfgestellt. Bei *M** tritt dann die gleiche Helligkeitsverteilung auf, die auf einer bei *M* befindlichen Mattscheibe sichtbar wäre. Das Schattenbild kann also auf diese Weise optisch abgebildet und mit einer normalen Kamera photographiert werden, wobei sich durch entsprechende Bildverkleinerung eine beträchtliche Helligkeitssteigerung [*14*] erzielen läßt[1].

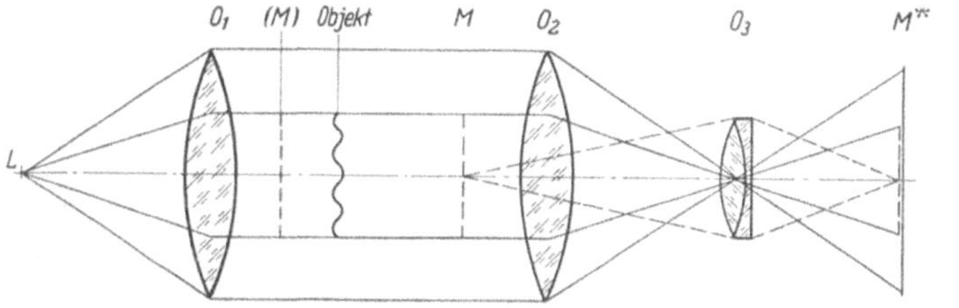

Abb. 148. Das Schattenverfahren in der optischen Abbildung. *M* Scheinbare Auffangebene, *M** Wirkliche Auffangebene, (*M*) Scheinbare Auffangebene beim virtuellen Schatteneffekt

[1] Diese Anordnung läßt sich ohne weiteres in jeder Interferenz-Schlieren- oder ähnlichen Apparatur verwirklichen [*8*].

Eine derartige Realisierung des Schattenprinzips in der optischen Abbildung (vgl. auch bei [*15*]) besitzt noch den Vorteil, daß man sich die Ebene *M* auch *vor* das Objekt gelegt denken kann ($\bar{M}$). Die dann in der Bildebene entstehende Helligkeitsverteilung ist als reelles Bild des in diesem Falle nur virtuell vorhandenen „primären" Schattenbildes bei ($\bar{M}$) aufzufassen. Ein solcher virtueller

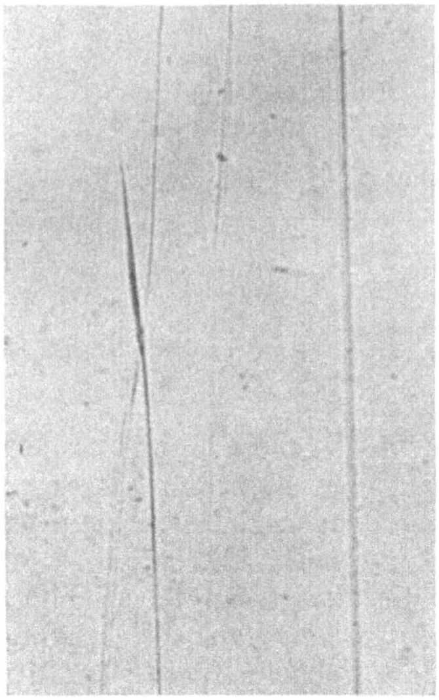

Abb. 149. Schattenbild des Tafelglases aus Abb. 142 (Immersion)

a

b

Abb. 150. Querschliff der Platte in Abb. 149. a) Kontaktschatten, b) Zur besseren Sichtbarmachung der Schichtung etwas unscharf gestellt

Schatteneffekt, der beim direkten Schattenverfahren natürlich nicht realisierbar ist, ermöglicht in einigen Fällen eine übersichtlichere Darstellung als das gewöhnliche, reelle Schattenbild. (Vgl. Kapitel VII C, Ziff. 1.4.)

Nachteilig ist bei der Anordnung in Abb. 148 die Begrenzung des Gesichtsfeldes durch die Linsen O_1 und O_2. Ferner kann es vorkommen, daß zu stark abgelenkte Lichtstrahlen an der Fassung von O_3 ausgeblendet werden, so daß die betreffenden Stellen des Bildfeldes dunkel erscheinen. In diesem Falle hat man es nicht mit einer Schattenwirkung, sondern mit einem Schliereneffekt zu tun.

3.31 Beispiele für die Anwendung des Schattenverfahrens

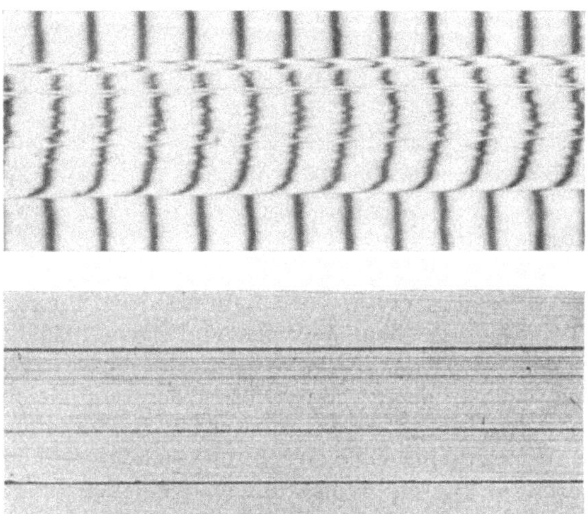

Abb. 151. Tafelglasquerschliff mit Bearbeitungsfehlern. Der unzureichende Schliff tritt im Interferenzbild trotz Immersion in Erscheinung (Streifenkrümmung), wird aber im Schattenbild unterdrückt

Das Schattenverfahren zeigt im allgemeinen eine geringere Empfindlichkeit als das Interferenzverfahren oder die TOEPLERsche Anordnung. Es wird daher häufig zur Sichtbarmachung von gröberen Schlieren angewendet, wobei man sich meist auf eine qualitative Beurteilung des Objektes beschränkt. Wegen seines einfachen Aufbaues ist es in der Glastechnik weit verbreitet. Auch ein großer Teil der Abbildungen dieses Buches ist nach dem Schattenverfahren aufgenommen, so daß es sich fast erübrigt, noch besondere Beispiele anzuführen. Einige typische Reaktionsweisen des Schatteneffektes sollen aber hier im Zusammenhang erläutert werden.

Ein Schattenbild spricht am empfindlichsten dort an, wo die Lichtablenkung sich auf kleinem Raum rasch ändert. Das ist bei den häufig auftretenden fadenartigen Schlieren der Fall, wo die Brechzahl fast unstetig auf einen anderen Wert springt. Abb. 149 gibt die

Schattenaufnahme eines Tafelglases mit kräftigen Fäden. Das Bild vermittelt einen ähnlichen Eindruck wie das Schlierenbild dieser Platte (Abb. 142). Es ist aber zu beachten, daß die im Schattenbild sichtbaren Strukturen nicht genau mit der wirklichen Lage der Schlieren übereinstimmen. In der Schattenaufnahme erscheinen die Schlieren erstens etwas verschoben und zweitens unscharf, und zwar beides in um so stärkerem Maße, je größer die gewählte Empfindlichkeit ist. Das stört im allgemeinen die qualitative Beurteilung der Schlieren nicht, kann aber unter Umständen dazu führen, daß eine Zuordnung zwischen dem Schattenbild und dem Objekt überhaupt nicht möglich ist.

Bei der Untersuchung von Querschliffen erscheint die Schichtung des Glases bei Benutzung des TOEPLERschen Verfahrens oft gleichmäßiger, als sie es in Wirklichkeit ist. Die Schichtstörungen (z. B. Fäden) werden, besonders wenn nur *eine* Komponente der Lichtablenkung registriert wird, häufig unterdrückt. Die Eigenart des Schattenverfahrens, auf die Änderung der Ablenkung anzusprechen, bringt es nun mit sich, daß gerade die Schichtstörungen deutlich hervortreten, wie man bei dem Querschliff in Abb. 150 erkennt.

Die Aufnahmen in Abb. 150 wurden in einer Anordnung nach Abb. 148 gewonnen, wobei in Abb. 150a genau auf den Querschliff fokussiert, in Abb. 150b dagegen etwas unscharf gestellt wurde. In Abb. 150a werden die vorhandenen Fäden als Kontaktschatten (Ziff. 4) maßstabsgetreu abgebildet. Das eigentliche Schattenbild Abb. 150b läßt auch die gleichmäßige Schichtung deutlicher sichtbar werden, die Konturen werden aber in diesem Falle unscharf, so daß z. B. nicht mehr auf die wirkliche Größe und Gestalt des Fadenquerschnittes geschlossen werden kann.

In vielen Fällen kann man sich die verhältnismäßig geringe Allgemeinempfindlichkeit des Schattenverfahrens zunutze machen. Es kommt beispielsweise vor, daß der Nachweis der eigentlichen Schlieren durch anderweitige Lichtablenkungen gestört wird. So machen sich bei der Untersuchung von Querschliffen Schleifspuren und Abweichungen von der Planparallelität trotz Immersionsbad oft unangenehm bemerkbar, wenn das Interferenz- oder Schlierenverfahren angewendet wird (Abb. 151). Die Herstellung von größeren Schliffen in der für die empfindlicheren Verfahren notwendigen Qualität erfordert einen erheblichen Aufwand. Abb. 152 zeigt als Schattenaufnahme den Querschnitt eines Flaschenkülbels, der nur grob bearbeitet wurde und Dickenunterschiede und Schleifspuren aufweist, die (ohne Immersion) selbst dem freien Auge deutlich sichtbar sind. Man erkennt, daß im Schattenbild diese Bearbeitungsfehler ohne weiteres unterdrückt und nur die wirklichen Schlieren registriert werden, die hier einen guten qualitativen Überblick über die Inhomogenität des Külbels und den Strömungsverlauf in der betreffenden Herstellungsphase geben.

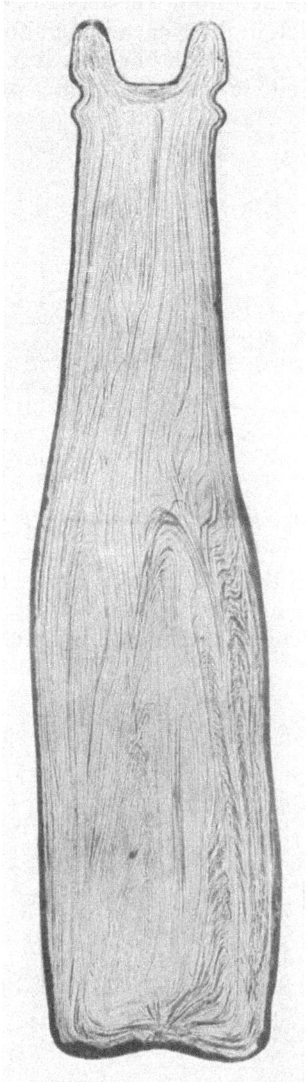

Abb. 152. Schattenbild eines Flaschenkülbels (Querschliff in Immersion)

Ähnlich wie in dem eben behandelten Beispiel liegen die Dinge, wenn etwa eine ganze Flasche – in Immersion eingebettet – auf Schlieren untersucht werden soll. Hier würde schon ein geringer Unterschied in den Brechzahlen von Immersion und Glas die Interferenz- bzw. Schlierenbeobachtung sehr erschweren, wenn nicht ausschließen. Das Schattenverfahren mit seiner geringeren Empfindlichkeit spricht auch bei schlechter Einbettung auf die durch die Form des Objektes entstehenden Lichtablenkungen nicht an, ist aber andererseits empfindlich genug, um die Inhomogenitäten der Flasche sichtbar werden zu lassen.

4 Die Untersuchung von Querschliffen

Wenn man eine Tafelglasscheibe in den Strahlengang eines Interferenzrefraktors bringt, so beobachtet man im Interferenzbild mehr oder weniger starke Streifenverschiebungen, die aber in den meisten Fällen nicht auf Schlieren, sondern auf Formfehler des Glases zurückzuführen sind.

Man erkennt das daran, daß – von Ausnahmefällen abgesehen – alle Deformationen sofort verschwinden, wenn das Glas in eine geeignete Immersion eingebettet wird (vgl. Kap. VII C, Ziff. 1.2). Ein entsprechendes Ergebnis erhält man bei Anwendung des Schlieren- oder des Schattenverfahrens. Ohne weiteres sind also beim Tafelglas keine Schlieren nachweisbar.

Es wäre aber falsch, wollte man daraus schließen, daß überhaupt keine Inhomogenitäten vorhanden sind. Tatsächlich ist ja jedes nicht gerührte Glas aus einzelnen Schichten aufgebaut, die sich in ihrer chemischen Zusammensetzung bzw. in der Lichtbrechung voneinander unterscheiden. Diese Schichtung tritt beim Durchblick durch die Scheibe nur deswegen nicht in Erscheinung, weil sie im wesentlichen parallel zur natürlichen Oberfläche des Glases ausgerichtet ist. Sie läßt sich aber leicht mit Hilfe eines Querschliffes nachweisen. Ein Beispiel mit sehr gleichmäßiger Parallelschichtung gibt Abb. 132.

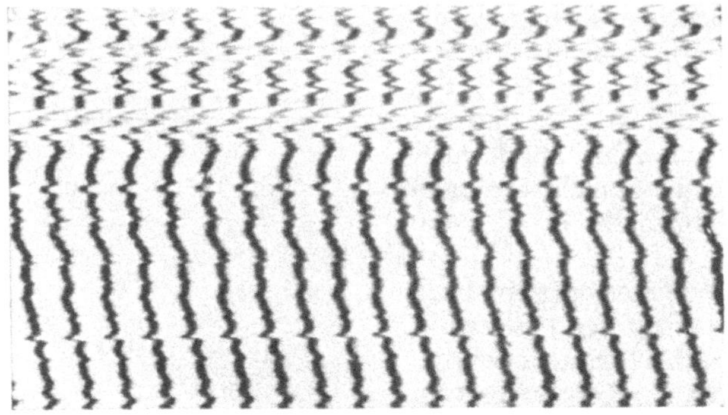

Abb. 153. Interferenzbild eines Dickglasquerschliffes bei hoher Empfindlichkeit

Nun sind aber in den meisten Fällen Abweichungen von der idealen Parallelschichtung vorhanden, wie etwa die Schichtstörungen in Abb. 145. Diese müßten auch bei Beobachtung senkrecht zu den Schichtebenen zutage treten. Daß dies nicht der Fall ist, kann einmal so erklärt werden, daß in der Schichtung eine teilweise Kompensation von Brechzahländerungen verschiedenen Vorzeichens erfolgt. Vor allem aber liegen die in Frage kommenden Schwankungen der mittleren Brechzahl infolge der außerordentlich geringen Dicke der einzelnen Schichten, die selten mehr als 0,1 mm beträgt, meist unterhalb der Empfindlichkeitsgrenze der Interferenz- und Schlierenverfahren. Beispielsweise ist die Streifenverschiebung im Interferenzbild der Abweichung der Brechzahl in der Schichtstörung vom Normalwert und der Dicke der Schliere proportional. Selbst bei einer Schichtdicke von 0,1 mm tritt eine deutlich erkennbare Streifenverschiebung erst auf, wenn die Brechzahl in dieser Schicht in der dritten Dezimale variiert. Solche Schwankungen kommen beim Tafelglas nur selten vor.

a

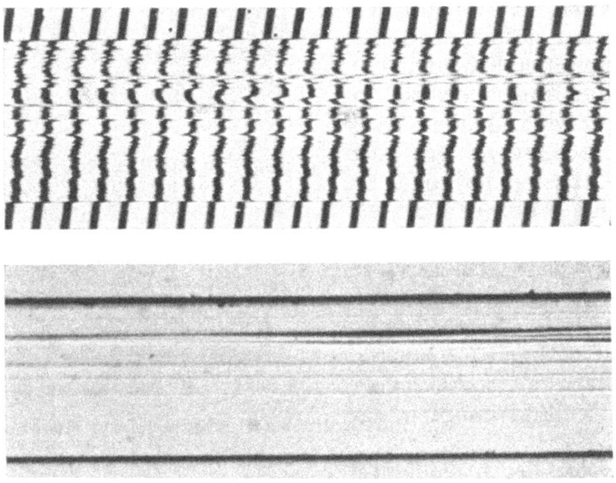

b

Abb. 154. Querschliff mit starken Schichtstörungen. a) Interferenzbild, b) Kontaktschatten

Bei der Querschliffbetrachtung verlaufen die Lichtstrahlen nicht senkrecht, sondern parallel zu den Schichtebenen. Der Brechungsindex bleibt also längs eines bestimmten Lichtstrahles konstant, anstatt wie sonst in unkontrollierbarer Weise zu variieren. Dadurch wird erstens eine bessere quantitative Auswertung ermöglicht und zweitens erreicht, daß die Empfindlichkeit nicht mehr durch die Dicke einer einzelnen Schicht, sondern durch die Dicke des Querschliffes bedingt ist. Die Empfindlichkeit liegt also schon bei einigen Millimetern Schliffdicke um ein Vielfaches höher als bei der Durchsicht durch die ursprüngliche Platte.

Auch bei Querschliffen läßt sich die Empfindlichkeit nicht beliebig steigern. In stark schlierigen Objekten tritt bei zu großer Schliffdicke schon innerhalb des Schliffes eine gewisse Schattenwirkung ein, die darauf beruht, daß die Lichtstrahlen in der Schichtung unter Umständen stark gekrümmt verlaufen [*16*]. Dieser als „Kontaktschatten" bezeichnete Effekt stört den Kontrast der Interferenzstreifen und verfälscht die Helligkeitswerte eines Schlierenbildes.

Ein Kontaktschatten tritt z. B. im oberen Teil von Abb. 153 auf. Dieser Schliff besitzt eine extrem hohe Empfindlichkeit. Ein anderer Fall ist in Abb. 154 gegeben. Auf der Interferenzaufnahme sieht man in etwa drei Viertel der Schliffhöhe eine Schicht, die die Interferenzstreifen nach

Tafel I

Nachweis des grundsätzlichen Unterschiedes spannungs- und schlierenoptischer Betrachtung von Homogenitätsstörungen

a) schlierenoptisch b) spannungsoptisch

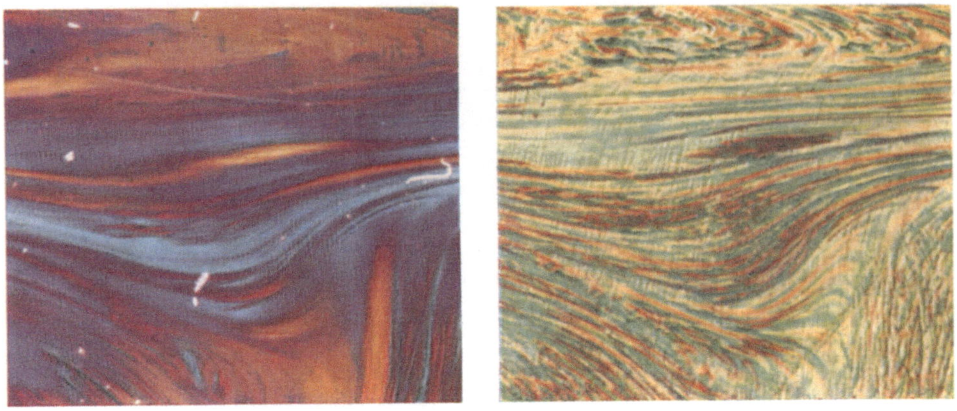

Abb. 155. Schlieren in einer Probeschmelze. Beide Bilder zeigen ähnliche Struktur

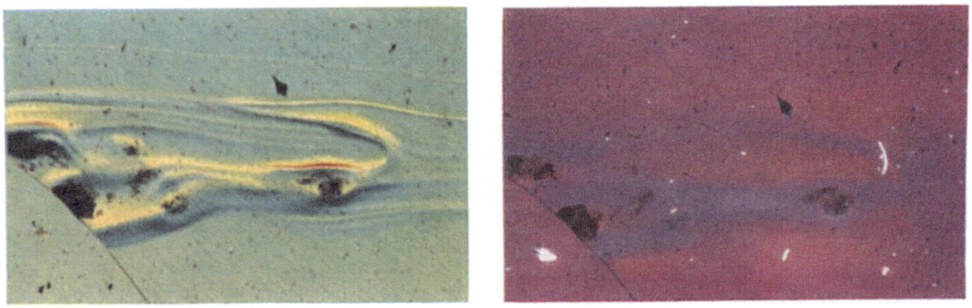

Abb. 156. Auflösungsvorgang von Steinchen. Im spannungsoptischen Bild ist die Inhomogenität nur sehr schwach angedeutet

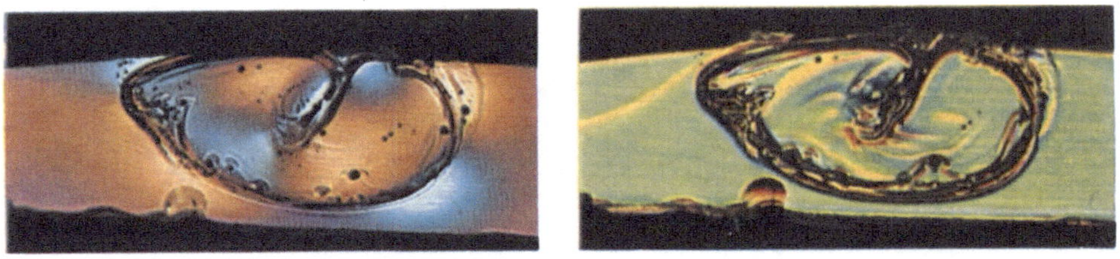

Abb. 157. Künstliche Schliere aus Nephelinlösung und Normalglas. Schlieren- und spannungsoptisches Bild zeigen keine Ähnlichkeit (vgl. auch Abb. 711)

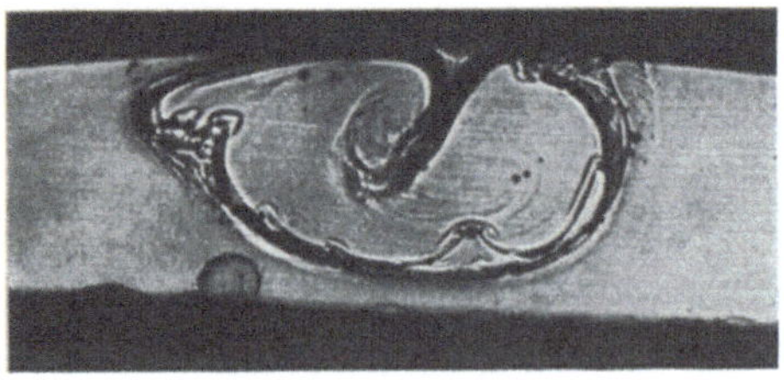

Abb. 158. Künstliche Schliere aus Nephelinlösung und Normalglas. Kontaktschattenaufnahme zu Abb. 157

Sämtliche Aufnahmen nach H. Schardin

Die weißen bzw. schwarzen Flecken in Abb. 155 bis 157 sind auf geringfügige Verunreinigungen der Präparate zurückzuführen dem rechten Bildrand zu immer schlechter erkennen läßt. Deckt man den Vergleichstrahlengang im Interferometer ab, so erkennt man, daß an dieser Stelle ein Kontaktschatten das Zustandekommen einer sauberen Interferenzerscheinung verhindert.

Wohlgemerkt handelt es sich hier nicht um eine durch unscharfe Einstellung hervorgerufene Schattenwirkung (Ziff. 3.3). Der Effekt tritt bei exakter Scharfstellung auf das Objekt auf und kann nur dadurch vermieden werden, daß die Dicke des Schliffes und damit die Empfindlichkeit in bestimmter, von der Natur des Objektes abhängiger Weise begrenzt wird [*16*]. Zu bemerken ist ferner, daß ein Kontaktschatten auch dadurch vorgetäuscht werden kann, daß die Aperturblende bei der Abbildung des Objektes als Schlierenblende wirkt.

5 Spannungsoptischer Nachweis von Schlieren

Bei den interferenz- und schlierenoptischen Verfahren werden die Inhomogenitäten auf Grund ihres gegenüber dem Grundglas veränderten Brechungsindex sichtbar gemacht (Ziff. 2 u. 3). Als weiteres Kriterium für die Schlierigkeit des Glases ist die Spannungsdoppelbrechung – wohl zu unterscheiden von der Lichtbrechung im gewöhnlichen Sinne – benutzt worden [*19*]. Obwohl sich das Spannungsbild in vielen Fällen für eine orientierende Schnellprüfung eignet, muß man doch beim spannungsoptischen Nachweis von Schlieren eine gewisse Vorsicht walten lassen [*20*].

So wertvoll nämlich das Polarisationsmikroskop ist, wenn es um die Beurteilung der mechanischen Festigkeit des Glases geht, so schwierig ist die spannungsoptische Bestimmung von chemischen Inhomogenitäten. Was man im Polarisationsmikroskop sieht, sind mechanische Spannungen, also ein *Zustand* des Glases, nicht aber eine Stoffeigenschaft, die ähnlich wie die Brechzahl oder auch die Ätzbarkeit [*17, 18*] unmittelbar von den Bestandteilen des Glases abhängt. Es treten zwar in allen schlierigen Bereichen Spannungen auf, die teils aus der Formung, teils durch die vom Normalglas abweichende Wärmeausdehnung verursacht werden. Aber bei starker Durchwirbelung von Schlieren und Normalglas können Fälle eintreten, in denen die Spannungen infolge gegenseitiger Beeinflussung über die schlierigen Bereiche hinausgreifen. In diesem Fall ist es schwierig, wenn nicht unmöglich, eine Schliere auf Grund des Spannungsbildes zu lokalisieren[1]. Außerdem kann es umgekehrt vorkommen, daß bei verschiedener Glaszusammensetzung die gleiche Wärmeausdehnungszahl vorliegt, so daß kein spannungsoptischer Effekt nachweisbar ist (s. u.). Entsprechendes kann allerdings auch für die Brechzahl eintreten.

Die Abb. 155a, b (s. Tafel I) geben sowohl das schlieren- als auch das spannungsoptische Bild einer Probeschmelze nebeneinander wieder. Dieses Beispiel stellt gewissermaßen den „Normalfall" dar, daß beide Bilder im großen und ganzen ein ähnliches Aussehen besitzen. Bei Betrachtung von Einzelheiten zeigen sich jedoch Unterschiede.

In Abb. 156 (s. Tafel I) sieht man in Auflösung befindliche Steinchen. Hier ist von der im Schlierenbild deutlich sichtbaren Inhomogenität der Schmelze spannungsoptisch nichts zu bemerken, was darauf zurückzuführen sein dürfte, daß es sich um eine Tonerdeschliere handelt[2].

Die Abb. 157 (s. Tafel I) gibt schließlich ein Beispiel dafür, daß die Spannungen nicht unbedingt an den Ort der Schliere gebunden zu sein brauchen. Es handelt sich in diesem Falle um eine künstliche Schliere: Ein Stück Nephelinlösung wurde in entsprechend präpariertes Normalglas eingebettet und beides in einem Pt-Tiegel zusammengeschmolzen [*19*]. Chemische Inhomogenitäten bestehen somit nur an den Berührungsstellen sowie im oberen Teil der Nephelinzelle, wo infolge der dynaktiven Durchwirbelung [*19*] Glas von außen eingedrungen ist. Diese Stellen werden im Schlierenbild als Brechzahländerung sichtbar. Dagegen zeigt das Polarisationsmikroskop auch dort Spannungen, wo in Wahrheit gar keine Schlieren vorhanden sind. Zu beachten ist, daß die nicht farbigen Konturen im Spannungsbild nur durch den Kontaktschatteneffekt (Ziff. 4), der ja wie das Schlierenbild auf die Lichtbrechung anspricht, hervorgerufen werden (Abb. 158, s. Tafel I). Ähnliches gilt übrigens auch für die vorangehenden Bilder.

Man erkennt aus diesen Beispielen, daß man sich des physikalischen Gehaltes des jeweils angewendeten Verfahrens wohl bewußt sein muß, wenn Fehldeutungen vermieden werden sollen.

[1] Restliche Kühlspannungen können das Bild überdies verfälschen. Es muß daher in allen Fällen auf ihre Beseitigung geachtet werden. (Vgl. J. Löffler auf S. 104).

[2] Al_2O_3 hat in bezug auf die Wärmeausdehnung fast den gleichen Wirkungsfaktor wie SiO_2. (Vgl. [*17*])

6 Schrifttum

III. Erkennung von Schlieren

A. Optische Verfahren zur Erfassung von Schlieren

[1] (a) SCHARDIN, H.: Das TOEPLERsche Schlierenverfahren. VDI-Forsch.-Heft 367 (1934) Heft 5.
(b) SCHARDIN, H.: Die Schlierenverfahren und ihre Anwendungen. Erg. exakt. Naturw. Bd. 20 (1942) S. 303.
[2] (a) SEDDON, E.: Vorrichtung zum Nachweis von Schlieren, Inhomogenitäten und Formfehlern in Glasgegenständen. J. Soc. Glass Technol. Bd. 21 (1937) S. 281. Ref. Glastechn. Ber. Bd. 16 (1938) S. 135.
(b) BESBORODOW, M. A.: Die Eigenschaften von Schlieren und ihre Erkennung. Stekoln. prom. Bd. 15 (1939) Nr. 10, S. 25, 28 (orig. russ.). Ref. Glastechn. Ber. Bd. 18 (1940) S. 104.
(c) KUBOTA, H.: Über die Beobachtung von Streifen (Schlieren) im optischen Glas. Sci. Jap. Inst. phys. chem. Res., Tokyo, 337, Beil. Bull. abstr. Bd. 20 (1941) S. 30. Ref. Glastechn. Ber. 21 (1943) S. 73.
(d) ROSENTHAL, G.: Das Sichtbarmachen von Schlieren und Messen kleiner Unterschiede im Brechungsindex mit Hilfe der Interferenz. Glastechn. Ber. Bd. 23 (1950) S. 131.
[3] SCHARDIN, H.: Glastechnische Interferenz- und Schlierenaufnahmen. Glastechn. Ber. Bd. 27 (1954) S. 1.
[4] HANNES, H.: Das Einbettungsverfahren im Interferenzrefraktor. Glastechn. Ber. Bd. 29 (1956) S. 10.
[5] SCHARDIN, H.: Theorie und Anwendung des MACH-ZEHNDERschen Interferenzrefraktometers. Z. Instrumentenkde Bd. 53 (1933) S. 396, 424.
[6] KINDER, W.: Theorie des MACH-ZEHNDER-Interferometers und Beschreibung eines Gerätes mit Einspiegeleinstellung. Optik Bd. 1 (1946) S. 413.
[7] HANNES, H.: Zur Theorie der Lokalisierung des MACH-ZEHNDER-Interferometers. Optik 14 (1957) S. 165.
[8] HANNES, H.: Die Anwendung des Interferenzrefraktors in der Glastechnik. Diss. Freiburg 1955.
[9] KINDER, W.: Ein Mikro-Interferometer nach W. LINNIK. Zeiß-Nachr. Bd. 2 (1937).
[10] RAMSAUER, R.: Anwendung des Schlierenmikroskopes zur Untersuchung der Schichtung von Tafelglas. Glastechn. Ber. Bd. 27 (1954) S. 374.
[11] SCHARDIN, H.: Das Schlierenmikroskop und seine Anwendung in der Glastechnik. Glastechn. Ber. Bd. 27 (1954) S. 70.
[12] DINGER, K.: Optische Prüfung von Tafelglas mit einem SCHARDIN-Gerät. Glastechn. Ber. Bd. 27 (1954) S. 287.
[13] SCHARDIN, H. u. G. STAMM: Prüfung von Flachglas mit Hilfe eines farbigen Schlierenverfahrens. Glastechn. Ber. Bd. 20 (1942) S. 249.
[14] HANNES, H.: Über die Eigenschaften des Schattenverfahrens. Optik Bd. 13 (1956) S. 34.
[15] ARNULF, A.: Principes d'un contrôle rationnel des qualités optiques des vitrages. Comm. des Lab. de l'Institut d'Opt. Bd. 5 (1944) S. 105.
[16] HANNES, H.: Uber die Empfindlichkeit der Interferenz- und Schlierenverfahren bei der Untersuchung der Schichtung des Tafelglases. Glastechn. Ber. Bd. 29 (1956) S. 78.
[17] LÖFFLER, J.: Die Analyse von Schlieren und Schichten durch Ätzung und Interferenzmessung. Glastechn. Ber. Bd. 27 (1954) S. 381.
[18] LÖFFLER, J.: Analysen von Schlieren durch Ätzen und Interferenzaufnahmen. (Vortrag auf der 30. Glastechn. Tagung, Tübingen 1956.)
[19] JEBSEN-MARWEDEL, H.: Schlieren- und spannungsoptisches Verhalten methodisch inhomogener Glasschmelzen. Glastechn. Ber. Bd. 27 (1954) S. 357.
[20] SCHARDIN, H. u. H. HANNES: Vergleich von spannungsoptischen und schlierenoptischen Beobachtungen an Gläsern. Vortrag auf dem IV. Internationalen Glaskongreß, Paris 1956.

B. Feststellung der Art und der Zusammensetzung von Schlieren

Von JOH. LÖFFLER, Witten/Ruhr

7 Einleitung, Einteilung

Die Feststellung der Art und, wenn möglich, der genauen Zusammensetzung der Schlieren ist der erste Schritt zur Erkennung und zur Beseitigung ihrer Ursache. Besteht eine Glaswanne rundherum aus einem einheitlichen Baumaterial, so kann man bestenfalls Wand- und Gemengeschlieren unterscheiden. Bei einem Aufbau aus verschiedenem Material ist es dagegen möglich, die Herkunft der Wandschliere genauer zu lokalisieren, weil jeder feuerfeste Stoff Schlieren typischer Zusammensetzung ergibt.

Um die Art und die Zusammensetzung einer Schliere festzustellen, kann man sich verschiedener Methoden bedienen:

1. Man kann Schlüsse aus der Gestalt oder der Farbe der Schliere ziehen.
2. Man kann die Schliere auf „Totalreflexion" prüfen.
3. Man kann die „bleibende" Spannung der Schliere messen.
4. Man kann die Differenz der Lichtbrechung zwischen Normalglas und Schlierenglas messen.
5. Man kann die Ätzbarkeit der Schliere in Flußsäure, in Borflußsäure-Salzsäure und in Natronlauge bestimmen.
6. Zum Nachweis besonderer feiner Schlieren und zur Untersuchung ihrer Gestalt kann man den Differentialquotienten der Lichtbrechungsänderung bestimmen, z.B. im Schlierenmikroskop nach H. Schardin [*1, 2*].
7. Man kann schlieriges Glas pulverisieren und in einer Schwerelösung Glas und Schlierensubstanz voneinander trennen und dann die Schlierensubstanz analysieren [*3* bis *10*].
8. In besonders günstigen Fällen, z.B. bei manchen Knoten, kann man die Substanz der Schliere durch Abschleifen des Normalglases isolieren und analysieren.

8 Entstehung der verschiedenen Schlierenarten

Man muß mit folgenden Arten von Schlieren rechnen: Jeder Art entspricht dann eine andere mehr oder weniger typische Zusammensetzung.

A. Schlieren aus dem Gemenge und der Schmelze:

a) aus ungleichmäßiger Mischung oder falscher Einwaage ergeben sich bei tonerdefreien Gläsern kieselsäurereiche und kieselsäurearme Schlieren. Obwohl selten mit Sicherheit beobachtet, gibt es wohl auch kalk- oder dolomitreiche oder -arme Schlieren. Bei tonerdehaltigen Gläsern kommen noch Schlieren mit Überschuß und Unterschuß an denjenigen Stoffen hinzu, die die Tonerde in das Gemenge bringen.

b) Aus ungleichmäßigem Abschmelzen können Schlieren entstehen, bisher liegen nur allererste Beobachtungen vor. Man muß mit denselben Arten von Schlieren rechnen, wie unter Aa aufgeführt. Kieselsäureschlieren können u.U. relativ an Alkali angereichert sein [*11, 12*].

c) Durch Verdampfung von flüchtigen Stoffen einschließlich der Alkalien wird die Oberfläche meist kieselsäurereicher und solche Anreicherungen können Schlierenform annehmen.

d) Bei der Bildung von Galle – ohne Berücksichtigung ihrer Reaktion mit den feuerfesten Wänden – können an der Oberfläche alkalireichere Schichten entstehen, die unter Umständen durch den Gehalt der Galle an $CaSO_4$ in dieser Richtung verändert sind.

B. Schlieren von den Wänden der Schmelzgefäße und der Einbauten aus feuerfestem Material. Dabei bestehen die Schlieren selbst fast ausschließlich aus den Auflösungs- bzw. Mischungsprodukten der an der Grenze zwischen der feuerfesten Wand und dem Glas entstehenden Reaktionsschichten.

a) Aus den Schamottewänden mit 25% Tonerde bilden sich durch Alkalianlagerung an diese (1 Mol Alkalioxyd auf 1 Mol Tonerde) Alkalialumosilikate mit einer Zusammensetzung von 65 bis 68% SiO_2, 17 bis 21% Tonerde, 12 bis 13% Na_2O, 9,5% Na_2O + 5% K_2O [*13*]. Dabei wird in kalihaltigen Gläsern ebenfalls 1 Mol auf 1 Mol Al_2O_3 angelagert, das K_2O aber etwas bevorzugt [*14*]. Auch an Schamottewänden mit mehr Tonerde, beispielsweise 35% Al_2O_3 (37% R_2O_3), werden ähnliche Grenzschichten gebildet, z.B. 53,6% SiO_2, 28,0% Al_2O_3, 0,4% Fe_2O_3, 1,0% TiO_2, 1,4% CaO, 0,5% MgO, 13,7% Na_2O, 1,4% K_2O. Aus dieser Schicht scheidet sich unter Umständen Nephelin aus und dadurch kann sie in zwei verschieden zusammengesetzte, eine kristallisierte mit hohem Al_2O_3- und Na_2O-Gehalt und eine glasige mit erhöhtem SiO_2-Gehalt (inkongruente Grenzschicht) geteilt werden.

b) An Wänden aus Corhart: Hier bilden sich ebenfalls durch Alkalianlagerung Mischungen aus viel Nephelin mit feldspatähnlichen Substanzen, oft vermischt mit alkaliarmem Glas. Die Schlieren sind dann wiederum meist Mischungen dieser Substanzen mit Glas.

c) An Wänden aus Corhart-Zac-Material. Die Zusammensetzung der an diesen Steinen sich bildenden Grenzschichten ist bisher nicht bekannt. Sie können aber trotzdem qualitativ nachgewiesen werden (s. S. 108).

d) An Wänden aus praktisch reiner Tonerde, z.B. aus Monofrax M. oder H. Die Zusammensetzung der Grenzschichten ist nicht bekannt.

e) An Wänden aus Mischungen von Tonerde mit Zirkonoxyd, z.B. Monofrax S. Auch hier ist die Zusammensetzung der Grenzschichten bisher nicht bekannt.

f) An Wänden aus geschmolzener Kieselsäure. Im allgemeinen werden Wände aus geschmolzener Kieselsäure nur für Sondergläser verwendet. Auch hier ist nicht bekannt, ob die beobachteten Grenzschichten [*11*] irgendwo in Schlierenform auftreten.

g) Aus feuerfesten Wänden und Galle. Es bilden sich die gleichen Grenzschichten wie aus feuerfesten Wänden und Glas, nur sind die Ansammlungen meist konzentrierter, und es kommen innerhalb dieser Schichten auch alkalireiche und alkaliarme Zonen aus der Wechselwirkung zwischen Glas und Galle vor.

C. Schlieren vom Oberbau der Öfen.

a) Die Silikasteine der Gewölbe absorbieren den von der Glasschmelze ausgehenden Alkalidampf. Wird dabei ein Alkaligehalt von etwa 8 bis 15% erreicht, so fangen die betreffenden Teile an zu triefen, besonders wenn ein wenig Tonerde im Silikastein enthalten ist. Die abfließenden Substanzen hängen u. U. in langen Stalaktiten in den Feuerraum hinein und tropfen schließlich in das Glas. Dort lösen sie sich zu kieselsäurereichen Schlieren auf.

b) Silikasteine der Seitenwände absorbieren ebenso Alkalidampf und kommen gleichfalls zum Triefen. Läuft dieses Triefende, oder auch das vom Gewölbe, auf die tonerdehaltigen Steine des Wannenbassins, so werden diese durch die relativ sauren Schmelzen aus dem Oberbau sehr stark korrodiert. Es bilden sich dabei Schlieren wechselnder Zusammensetzung, die aber doch oft Ähnlichkeit haben mit den Schlieren an Schamotte. In FOURCAULT-Glaswannen mit Corhart als Bassinmaterial ergab sich als Besonderheit dieser Schlieren eine wechselnde Schichtung, bei der auffallenderweise meist außen kieselsäurereiche, im Kern alkalireiche und dazwischen tonerdehaltige Zonen anzutreffen waren. Es ist nicht bekannt, ob sich diese Art der Schlieren auch noch an anderen Öfen bildet.

9 Störwirkung der Schlieren in verschiedenen Glassorten

Die störende Wirkung der Schlieren im fertigen Glasgegenstand ist verschieden je nach Art des Glases und man muß die Methoden zu ihrer Auffindung, oft auch die zu ihrer Identifizierung nach der typischen Störwirkung aussuchen.

Im optischen Glas und im Spiegelglas wird immer die optische Wirkung der Schlieren, d. h. die Differenz der Berechnungsindizes, stören. Dabei ist in der Mehrzahl der Fälle die Lichtbrechung der Schlieren niedriger als die des Normalglases.

Im Weißhohlglas kann sich eine Schliere durch ihre veränderte Lichtbrechung wie auch durch den vom Normalglas abweichenden Viskositätsabfall bemerkbar werden. Durch die Lichtbrechung, d. h. durch ihre Sichtbarkeit werden Schlieren in sog. „Eisböden" von Vasen oder in geschliffenen Stielen von Kelchen auffallen. Wenn dagegen eine Schliere in den Kelchteil eines Weinglases gerät und dort wie ein Strick um den Kelch herum geschlungen ist, wird die Sichtbarkeit erst durch den beim Blasen in Erscheinung tretenden anderen Viskositätsabfall hervorgerufen.

In Bier- und Weinflaschen wird oft die Störwirkung der Schlieren von der vom Normalglas abweichenden Wärmeausdehnung ausgehen. Solche abweichende Wärmeausdehnung kann trotz aller Kühlung das Glas nicht spannungsfrei werden lassen und, wenn diese Spannung eine gewisse Höhe erreicht, wird eine Bruchgefahr auftreten, besonders sobald Zugspannungen an die Oberfläche gelangen.

Bei allen Glasfabrikationen, bei denen das flüssige Glas seine Oberfläche ohne Formmittel selbst ausbildet, wie bei Tafelglas und Röhrenglas, werden die Schlieren nur durch ihren gegenüber dem normalen veränderten Viskositätsabfall und durch dessen Wirkung auf die Oberfläche sichtbar [*15*].

10 Untersuchung von Schlieren

10.1 Untersuchung von Schlieren an Hand ihrer Gestalt

Die Gestalt der Schlieren, wie sie sich aus der Ablösung am Entstehungsort, dem Verhalten in der Schmelze und der Veränderung durch die Formgebung herausbildet, unterliegt bestimmten Gesetzen, die aber für jede Art von Schlieren und wahrscheinlich auch für die Grundtypen der Glasformung verschieden sind. Bisher liegen hier nur wenige systematische Studien vor. Bei der Untersuchung von Schlieren in FOURCAULT-Glas hat sich gezeigt, daß man Gemenge- und Wandschlieren meist schon an ihrer Form erkennen kann. Die Mehrzahl der Wandschlieren bilden sich etwa auf folgende Weise: Zunächst entstehen die Grenzschichten zwischen Glas und den Aluminiumsilikaten der feuerfesten Wand, deren Zusammensetzung von der beider abhängt, die aber nicht etwa (oder nur in ganz seltenen Fällen) die einfachen Mischungen sind. Bei Schamottewänden und Natron-Kalk-Gläsern haben diese Zwischenschichten einen hohen Überschuß an Alkali, der ungefähr ein Mol Alkali auf ein Mol Tonerde beträgt [*13*, *14*]. Bei CORHART-Schlieren ist der Alkaliüberschuß in Prozenten ausgedrückt noch größer, so daß man mit einer Zusammensetzung der Grenzschicht von viel Nephelin, weniger feldspatartiger Zusammensetzung und einem gewissen Kieselsäureüberschuß rechnen muß. Alle diese Schlieren haben an ihrem Entstehungsort eine viel höhere Viskosität als das umgebende Glas. Durch dessen lösende Wirkung werden aus diesen Grenzschichten Mischungen mit dem Glas erzeugt, die sich durch die Strömung ablösen, und zwar vermutlich besonders an vorspringenden Zacken der Wand [*16*]. Durch diesen Ablösungsvorgang und durch die nicht unerheblich höhere Oberflächenspannung dieser Mischungen aus Grenzschicht und Glas wird der Querschnitt dieser Schlieren sich mehr oder weniger stark einem Kreis nähern. Die strangförmig runden Gebilde werden dann von der Strömung erfaßt und z.T. an den Entnahmeort, z.T. in irgendwelche Rückströmung geführt. Auf dem Wege dorthin wirkt

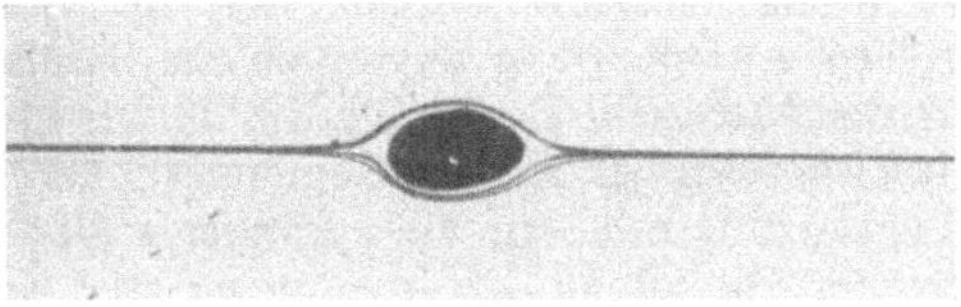

Abb. 159. Faden aus Wandglasur mit breit gedrückter Vermischungszone in FOURCAULT-Glas

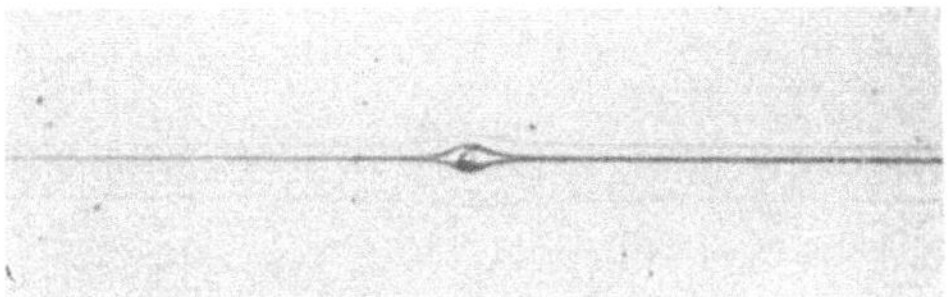

Abb. 160. Tonerdeschicht mit Verdickung

das Glas weiter auf die Schlieren ein im Sinne einer allmählichen gegenseitigen Vermischung, so daß meist eine Hülle von Vermischungssubstanz um einen Kern angeordnet ist, der einen höheren Anteil an Grenzschicht, vielleicht diese sogar in reiner Form enthält. Oftmals sind auf solche fadenartigen Gebilde Verdickungen gleichsam aufgereiht, die dann als Knoten anzusprechen sind. Durch die Formung kann die Gestalt und der Querschnitt der Schliere verändert werden (s. auch [*17*]), z.B. werden im FOURCAULT-Glas die äußeren Vermischungsschichten um den Faden herum durch die Düse zusammengedrückt, so daß der zähflüssige Kern in der Fadenform erhalten bleibt, die äußere Hülle aber zu einer begrenzten Schicht parallel zu den Außenflächen zusammengedrückt wird. Der Querschnitt eines solchen Fadens ergibt sich nach der Formung wie in Abb. 159 dargestellt ist. Der auf Abb. 159 dunkel erscheinende Kern besteht aus praktisch reiner Wandglasur (von CORHART-ZAC), das helle, schwarz eingerahmte und die nach rechts und links verlaufende Linie bestehen aus Vermischung von Wandglasur mit Glas. Diese Mischzone verlief vor der Formung vermutlich konzentrisch um den dunklen Kern. Auch bei denjenigen Ziehverfahren, die ohne Düse arbeiten, wird eine seitliche Pressung durch den Formungsvorgang hervorgerufen, wenn auch wahrscheinlich nicht so ausgesprochen wie bei FOURCAULT-Glas. Oftmals treten Tonerdeschlieren in ganzen Schichten auf, die sich z.B. von den Wannenböden abgelöst haben können. Solche Schichten sind – im Gegensatz zu anderen – meist verhältnismäßig dünn und fast immer von einzelnen Verdickungen durchzogen und so von anderen in etwa zu unterscheiden (Abb. 160).

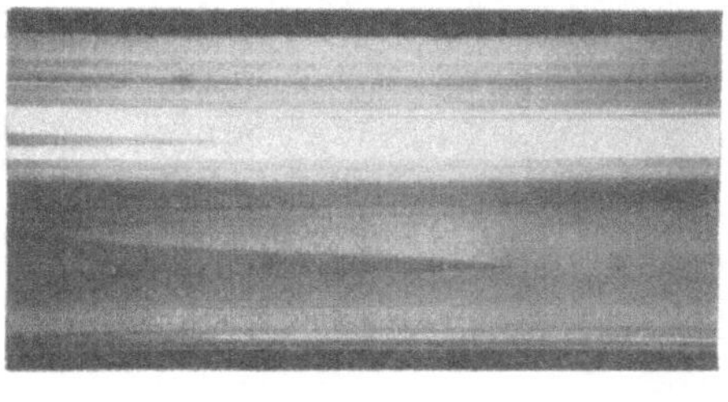

Abb. 161. Gemengeschichtung in FOURCAULT-Glas

Schlieren, die aus dem Gemenge stammen – wohlgemerkt sicher beobachtet nur beim FOURCAULT-Glas – sind immer dicker und außerdem mehr oder weniger mit Verwerfungen versehen. Das kommt daher, daß die Schichten mit mehr SiO_2 zwar höhere Oberflächenspannung haben als die alkalireicheren, aber doch nicht so viel, daß eine ausgesprochene Neigung zur Bildung von Strängen oder Fäden auftreten könnte. In einem FOURCAULT-Glas sehen also Gemengeschlieren etwa so aus, wie in Abb. 161 dargestellt. Typische Gemengeschlieren sind auch bei W. EITEL [*18*] dargestellt. Gemenge wird entweder vom Haufen oder in Dünnschichteinlage geschmolzen. Man kann daher erwarten, daß sich aus den Tonerdeträgern im Gemenge bei Disproportionierung, bei falscher Einwaage oder schlechter Mischung eher Schichtungen wie aus Gemenge, nicht aber die typischen „Tonerdeschlieren“ wie sie sich von den Wänden ablösen, bilden werden.

Eigene Merkmale haben Schlieren in gefärbtem oder getrübtem Glas. Gemengeschlieren in getrübtem Glas sind meist nur schwächer getrübt, während echte Wandschlieren vollständig ungetrübt sind. Analog liegen die Verhältnisse bei gefärbten Gläsern. Gemengeschlieren bei gefärbten Gläsern sind meist schwächer oder mit etwas anderer Nuance gefärbt, während Wandschlieren ausnahmslos die gelbgrünliche Farbe der Eisenverbindungen der feuerfesten Materialien zeigen. Die Farbe solcher Schlieren kann man feststellen, wenn man ein Stück heraussucht, das etwa gerade ist, evtl. indem man das Glasstück (z.B. durch Recken) so biegt, daß die Schliere gerade wird. Dann beobachtet man das Glas unter einer binokularen Lupe oder einem Stereomikroskop gegen eine hell beleuchtete ebene Platte aus Milchglas (s. auch folgenden Abschnitt).

10.2 Untersuchung von Schlieren an Hand der Totalreflexion an der Grenze Glas/Schliere

Die Prüfung einer Schliere auf *Totalreflexion* wird durchgeführt, um in einem Schnellverfahren Gemengeschlieren von Wandschlieren zu unterscheiden. Es ist eine bekannte Tatsache, daß die tonerdehaltigen Substanzen wie sie an den Schamotte- und CORHART-Wänden entstehen, relativ wenig Neigung haben, sich im Glas aufzulösen. Auf alle Fälle zeigten solche Schlieren in der Mehrzahl der Fälle im Gegensatz zu Kieselsäureschlieren oder Gemengeschlieren eine Begrenzung mit sehr viel geringerer Übergangszone. Da solche Schlieren gegenüber der Mehrzahl der Gläser eine erniedrigte Lichtbrechung haben, kann bei geeigneter Beleuchtung an der Grenze Tonerdeschliere-Glas eine Totalreflexion erreicht werden. An der Grenze zwischen Gemenge- oder Kieselsäureschlieren und Glas ergibt sich eine solche nur in sehr seltenen Fällen. Die Betrachtung der Schliere muß so erfolgen, daß man fast senkrecht auf ihren Querschnitt mit einem sehr spitzen Winkel auf ihre Längsrichtung sieht. Die Beleuchtung muß mit diffusem Licht erfolgen und muß die Schliere streifen. Das Glasstück soll nicht poliert sein, sondern nur auf beiden Seiten mit Stahlrädchen geschnitten. (An polierten Glasstücken sieht man u. U. auch die viel schwächeren Effekte an Kieselsäureschlieren.) Oft genügt es bereits, wenn man mit einer Uhrmacherlupe durch das Glas gegen einen hellen Horizont (nicht gegen Sonnenlicht) sieht. Je nach Haltung der Schliere kann man sowohl eine helle wie eine dunkle Totalreflexion auf oder unter der Schliere erzeugen. Die Anordnung, wie sie sich bei der Betrachtung von Tafelglas bewährt hat, ist in Abb. 162 dargestellt. Man erzeugt das diffuse Licht durch Reflexion eines gerichteten Lichtstrahles an einer getrübten Ebene, am einfachsten an einem ebenen Trübglas. Man kann die Beobachtung sehr erleichtern, wenn man hinter das weißgetrübte Glas einen Streifen schwarzen Glases anfügt, so daß man durch die zu untersuchende Glasprobe hindurch eine Schwarz-Weiß-Kante anvisieren kann. Man nimmt die Glasprobe in die Hand und sucht unter der binokularen Lupe die Stellung aus, an der man die Totalreflexion sehen kann. Man stellt die Lupe am besten scharf auf die Oberfläche ein, von der aus man dann die Totalreflexion in das Glas hineinlaufen sieht. Hält man die Glasprobe so, daß durch die Totalreflexion das weiße Glas gespiegelt wird,

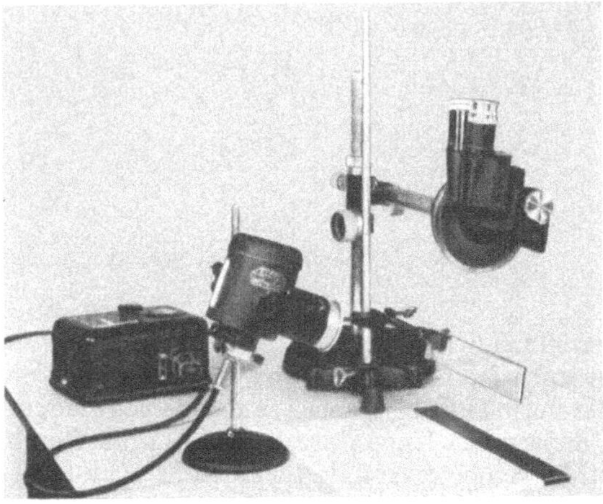

Abb. 162. Apparatur zur Prüfung von Schlieren auf Totalreflexion

Abb. 163. Tonerdeschlieren in FOURCAULT-Glas durch Totalreflexion und Spiegelung des weißen Glases sichtbar gemacht

Abb. 164. Tonerdeschlieren in FOURCAULT-Glas durch Totalreflexion und Spiegelung des schwarzen Glases sichtbar gemacht, dasselbe Glas wie Abb. 163

so sieht man die Schliere weiß leuchten. [Die Totalreflexion entsteht dann an der dem Licht abgekehrten Grenzfläche (Abb. 163).] Hält man die Schliere so, daß das schwarze Glas gespiegelt wird, so erscheint sie auf heller Umgebung dunkel, weil die Totalreflexionen dann an der dem Licht zugekehrten Seite entsteht (Abb. 164).

Die Totalreflexion ergibt sich nicht durch eine Eigenschaft, die unbedingt und nur durch die Wandschlieren hervorgerufen werden kann. Aber abgesehen von *einem* Fall wurden die für die Totalreflexion notwendigen Vorbedingungen (Lichtbrechung des Schlierenglases niedriger als des Normalglases, geringe Vermischungszone zwischen Schlierensubstanz und Glas) nur bei Tonerdeschlieren, und zwar in Hunderten von Fällen gefunden. Die Lichtbrechung der reinen Verglasungsschicht zwischen Kalk-Natron-Glas und Schamottewand beträgt etwa 1,505, während das zugehörige Kalk-Natron-Glas (71,5% SiO_2) eine solche von 1,515 hat. Die Mischungen zwischen beiden haben dann dazwischenliegende Werte.

Mit Hilfe der Totalreflexion und zusammen mit der Gestalt lassen sich Schlieren in den weitaus meisten Fällen nach ihrer Herkunft von der Wand oder aus dem Gemenge identifizieren, sofern die Lichtbrechung etwa bei 1,5 oder darüber liegt. Beide Methoden wurden zunächst nur für FOURCAULT-Glas ausgearbeitet, können aber auch für andere Gläser mit Erfolg angewandt werden.

Die Totalreflexion kann auch beim Betrachten der Glasproben unter einem normalen Mikroskop, wenn auch nicht so sicher, sichtbar gemacht werden: Man bringt beispielsweise einen Tafelglasstreifen von etwa 40 mm Breite, in dem eine Tonerdeschliere quer zum Streifen läuft, hochkant unter das Mikroskop (Vergrößerung etwa 25fach), so daß er sich etwa in der Mitte des Strahlenganges befindet. Dann verkantet man den Glasstreifen ein wenig. Die Tonerdeschliere ergibt auf dem Bild einen Schatten. Bei Schlieren, die unmittelbar an der Oberfläche liegen, kann die Totalreflexion normalerweise nicht beobachtet werden. Nur wenn man zwei solcher Gläser aufeinanderschweißt, kann sie unter Umständen sichtbar gemacht werden.

10.3 Untersuchung von Schlieren durch Messung der Differenz der Lichtbrechung Glas/Schliere

Hier soll nur diejenige Arbeitsweise beschrieben werden, die man bei Verwendung eines Interferenzmikroskopes anzuwenden hat. Das zu untersuchende Glas wird entspannt, quer zur Richtung der Schliere geschnitten und dabei nach Möglichkeit einer Vorprüfung durch Spannungsmessung unterzogen, um festzustellen, wie groß der Unterschied zwischen Schlierenglas und Normalglas ist. Zeigt die Gestalt der Schliere eine solche aus dem Gemenge an und ist ein etwa um 1% erhöhter Kieselsäuregehalt zu erwarten (bleibende Spannung $\sim 220\ \mu\mu/\text{cm}$), so stellt man sich einen Dünnschliff von 0,1 mm her, der auf beiden Seiten optisch poliert sein muß. Auf diesem Dünnschliff macht man sich um die zu messende Stelle, z. B. eine Schlierenverwerfung, ein Zeichen, z. B. einen Ring mit Tinte. Dann legt man das Plättchen unter ein Meßinstrument, das 1 μ Dicke zu messen erlaubt, z. B. ein „Millimeß" von der Firma Mahr[1], und mißt an der bezeichneten Stelle die Dicke, dann legt man den Dünnschliff auf einen ebenen Spiegel und fügt darunter einen Tropfen Zedernholzöl. Den Spiegel samt Zedernholzöl legt man unter das Interferenzmikroskop. Eine Auslenkung der Interferenzstreifen nach der Bergseite um eine Streifenbreite zeigt bei 0,1 mm Dicke eine Differenz der Lichtbrechungen von etwa $-0{,}00275$ an. Die Berechnung der Differenz der Lichtbrechungsindizes von Normalglas und Schlierenglas erfolgt nach der Formel $dn = \frac{K\lambda}{2D}$, wobei K die Auslenkung der Interferenzen ausgedrückt in Streifenbreiten, D die Dicke des Präparates in μ und λ die Wellenlänge des Lichtes in μ ist.

Eine Änderung der Lichtbrechung umzurechnen auf die Änderung der Zusammensetzung ist nur dann möglich, wenn man sichere Anhaltspunkte dafür hat, in welcher Richtung die zu erwartende Änderung etwa liegt. Bei einer Lichtbrechung von 1,500 wird die Lichtbrechung durch Titan, Eisen, Barium, Kalzium, Zink, Magnesium, Natrium, Kalium mit fallender Wirksamkeit erhöht, durch Tonerde unverändert gelassen und durch Kieselsäure und Borsäure erniedrigt. Zur Berechnung dieser Reihe haben die von O. KNAPP [*19*] angegebenen Faktoren gedient, die sich in der Praxis mit am besten bewährt haben. In einem Glas mit der Lichtbrechung 1,51 erzeugt demnach eine reine Kieselsäureschliere mit einem Überschuß von etwa 1% eine Lichtbrechungsdifferenz von etwa $-0{,}00275$, d.h. bei Anwendung eines Dünnschliffes von 0,1 mm gerade eine Auslenkung von etwa einer Streifenbreite. Wie aus dem Obengesagten zu ersehen ist, sollte man die Lichtbrechungsmessung nur als Ergänzungsmessung benutzen.

---

[1] K. Mahr, Eßlingen, Neckar

10.4 Untersuchung von Schlieren durch Messung der „bleibenden“ Spannung

Die Spannung ist keine Eigenschaft des Glases, sondern ein Zustand. Wenn man von diesem auf irgendwelche Eigenschaften und von diesen auf die Zusammensetzung Rückschlüsse ziehen will, ist es selbstverständlich, daß alle Maßregeln getroffen werden müssen, die dies ermöglichen. Die wichtigste dieser Maßregeln ist eine sorgfältige Entspannung, da damit die durch die Formung entstandenen Spannungen verschwinden. Die Formspannungen entstehen – nach einer Vorstellung von O. SCHOTT – dadurch, daß beim schnellen Abkühlen ein Zustand durchlaufen wird, in welchem das Äußere, schneller Abgekühlte bereits praktisch starr ist, während das Innere in einem beweglich flüssigen Zustand verharrt. Dadurch, daß die äußeren, schon praktisch starren Schichten sich weiter abkühlen und dabei zusammenziehen, verschieben sie sich auf den noch beweglichen inneren Schichten ein wenig. In dem Augenblick jedoch, wo jetzt auch die inneren Schichten fest werden und sich zusammenziehen, üben sie auf die äußeren, die mit der Zusammenziehung schon ein paar Grade weiter fortgeschritten sind, einen Druck aus, während sie selbst infolge der bereits eingetretenen Erstarrung sich dem Verhalten der äußeren Schichten nicht mehr anpassen können. Man hat also bei „normaler“ Abkühlung von Glasgegenständen im Inneren Zug-, in den äußeren Schichten Druckspannungen. Werden solche Glasstücke sorgfältig entspannt, d.h. in 2 Stunden von etwa 15° oberhalb bis 15° unterhalb des Transformationspunktes abgekühlt, so bekommen die Schichten Gelegenheit und Zeit, sich gegeneinander wieder in jene Lage zu bringen, in der sie ohne Entstehung von Spannungen abgekühlt werden können. Man erhält also auch dann ein Glas mit Spannung, wenn man ein von Inhomogenitäten freies Glas einer technischen Formung unterwirft, entspannt man es jedoch wie hier beschrieben, erhält man ein Glasstück ohne jede Doppelbrechung.

Die sog. „bleibende“ Spannung dagegen wird dadurch hervorgerufen, daß innerhalb der Schichtung des Glases einzelne Schichten größere oder kleinere Wärmeausdehnung, also abweichende Eigenschaften haben als die Masse des Glases. Bei einer sorgfältigen Befreiung von den Formspannungen gleichen sich oberhalb des Entspannungspunktes alle aus der verschiedenen Wärmekontraktion entstandenen Spannungen aus, so daß beim Entspannungspunkt selbst keine Spannung vorliegt. Erst unterhalb des Entspannungspunktes werden dann die Differenzen in der Wärmeausdehnung wirksam. Dabei bekommen alle Kieselsäureschlieren und alle Schamotteschlieren infolge ihrer geringen Wärmeausdehnung Druckspannungen. Die Schlieren aus Tonerdeträgern im Gemenge richten sich selbstverständlich nach der Wärmeausdehnung dieser Tonerdeträger *im* glasigen Zustand. Die stark nephelinhaltigen Schlieren von CORHART-Material in Kalk-Natron-Glas

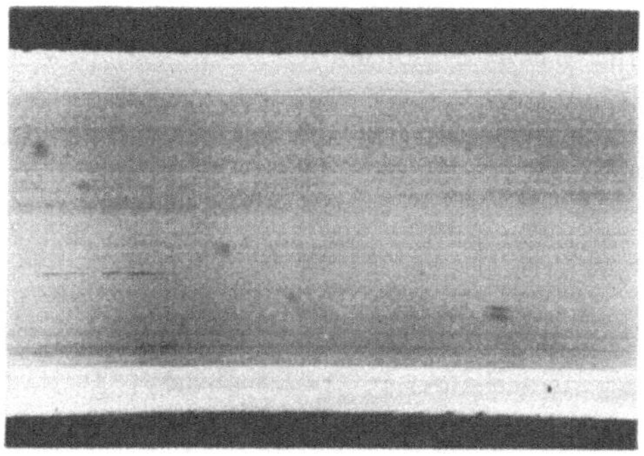

Abb. 165. FOURCAULT-Glas mit Inhomogenitäten, unentspannt

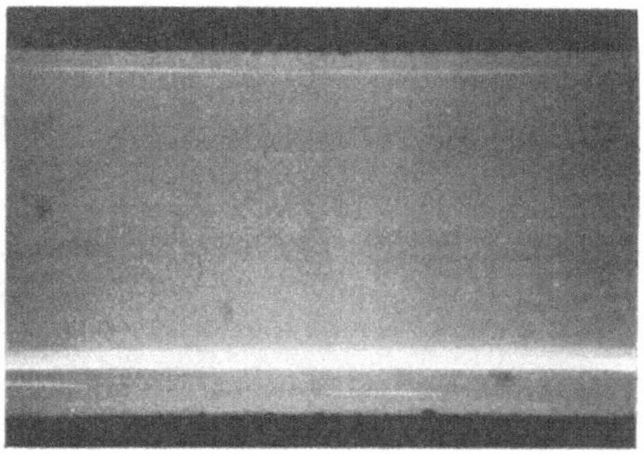

Abb. 166. FOURCAULT-Glas mit Inhomogenitäten, entspannt

haben etwa dieselbe Wärmeausdehnung wie ein solches Glas mit 15% Na_2O. Sie würden also zwar die Totalreflexion zeigen, ergeben aber keine Spannung. Oft sind sie auch an der gelben Farbe zu erkennen.

Die Abb. 165 u. 166 zeigen dasselbe FOURCAULT-Glas einmal unentspannt und einmal entspannt, aufgenommen durch ein mineralogisches Mikroskop mit eingeschaltetem Gipsblättchen. In der unentspannten Probe überlagern sich die nach den Seitenflächen zunehmenden Formspannungen mit den „bleibenden“ Spannungen. Da beide in diesem Fall etwa von gleicher Größenordnung sind, können die bleibenden Spannungen eben gerade festgestellt, aber weder gemessen noch in ihrer Ausdehnung genau erkannt werden. Der Vergleich mit der entspannten Probe zeigt, daß es sinnlos ist, unentspannte Proben für die Feststellung von Schlieren heranzuziehen.

Für die Umdeutung der an bleibender Spannung erkennbaren Inhomogenitäten muß man die Tatsache beachten, daß verschiedene im Glase vorhandene Spannungen sich *gegenseitig* beeinflussen können. Schmilzt man z.B. – wie das zur Kontrolle der Wärmeausdehnungen oft gemacht wird [*20*] – zwei Gläser mit verschiedener Wärmeausdehnung aneinander und mißt die dabei entstehende Spannung, so wird man immer finden, daß das Glas mit der kleineren Wärmeausdehnung eine Druckspannung, das Glas mit der größeren eine Zugspannung hat, d.h. eine genügend dicke Schicht von Glas mit bleibender Druckspannung induziert in dem umgebenden Glas eine Zugspannung. Auch wenn beispielsweise sehr feine Schichten mit voneinander verschiedener Druckspannung direkt nebeneinander liegen, so wird man in der Mehrzahl der Fälle beim Messen eine Art von Integralwert messen. Endlich ist noch zu beachten, daß runde Fäden von verglaster Schamotte (andere Substanzen geben kaum jemals im Querschnitt runde Fäden) um sich herum einen starken Hof von Druckspannungen induzieren, die in ihrer Richtung von einem Viertelkreis zum anderen rechtwinklig zueinander stehen. Es ist also bei eingeschaltetem Gipsblättchen immer ein Viertelkreis blau und der nächste gelb.

Für die Beobachtung unter dem Mikroskop müssen die auf Spannungen zu prüfenden Schlieren soweit irgend möglich gerade sein. Es ist besser ein kurzes Stück einer gerade gerichteten Schliere zu untersuchen, als ein langes gekrümmtes; denn man sieht die gesamte Spannung, die auf dem Weg, den der Lichtstrahl durch das Glas nimmt, vorhanden ist. Weicht der Lichtweg nur eine Kleinigkeit von der wirklichen Schliere ab, so gerät er in diejenigen Zonen, in denen die Schliere vielleicht eine entgegengesetzte Spannung induziert hat. Die Messung der Spannung erfolgt am besten mit einem Kompensator nach Berek unter einem mineralogischen Mikroskop. Die Beziehung zwischen Wärmeausdehnung, Spannung und evtl. dem Kieselsäuregehalt von Fourcault-Gläsern liest man am besten bei A. Russ [*21*] und J. Löffler [*22*] nach.

Wie gesagt, wird die bleibende Spannung von Schlieren durch die gegenüber dem Normalglas veränderte Wärmeausdehnung hervorgerufen. Alle Stoffe in den Schlieren werden also proportional ihrer Wirkung auf diese erkennbar, am stärksten 1. die Kieselsäure, die sehr kleine Wärmeausdehnungen, also Druckspannungen erzeugt, und 2. die Alkalien, die das Gegenteil hervorrufen Wie die einzelnen Oxyde wirken, ersieht man aus den Faktoren für die Berechnung der kubischen Wärmeausdehnung von W. E. S. Turner, die hier angegeben sind:

$SiO_2 = 0{,}12 \cdot 10^{-7}$	$CaO = 4{,}89 \cdot 10^{-7}$
$Al_2O_3 = 0{,}42 \cdot 10^{-7}$	$BaO = 4{,}20 \cdot 10^{-7}$
$B_2O_3 = -1{,}90 \cdot 10^{-7}$	$PbO = 3{,}00 \cdot 10^{-7}$
$Fe_2O_3 = 2{,}0 \cdot 10^{-7}$	$K_2O = 11{,}70 \cdot 10^{-7}$
$TiO_2 = 2{,}0 \cdot 10^{-7}$	$Na_2O = 12{,}70 \cdot 10^{-7}$
$MgO = 1{,}35 \cdot 10^{-7}$	

Die kubische Wärmeausdehnung eines durchschnittlichen Glases liegt bei 240 bis $270 \cdot 10^{-7}$.

10.5 Untersuchung von Schlieren an Hand ihrer Ätzbarkeit in HF, HBF_3OH + HCl, NaOH unter dem Interferenzmikroskop

Die Methode wurde ausgearbeitet, um folgende Bestandteile des Glases direkt zu bestimmen:

1. Kieselsäureüberschuß,
2. Kieselsäureunterschuß,
3. Tonerde in Form von Schamotteschlieren,
4. Tonerde in Form von Corhart-Schlieren,
5. Einen qualitativen Nachweis von Schlieren von Corhart-Zac,
6. Ob Schlieren von anderen Wannenbaustoffen charakterisiert werden können, ist mangels Kenntnis der Zusammensetzung der dort entstehenden Schlieren nicht bekannt,
7. Da die Ätzmethode auf Unterschiede im SiO_2- und Al_2O_3-Gehalt reagiert, vermag sie natürlich auch mit Scherben eingelegtes Fremdglas nachzuweisen, da dies oft Anlaß zu Schlieren gibt [*23*].

Die Arbeitsweise basiert auf der Tatsache, daß die Auflösungsgeschwindigkeit eines Glases in Flußsäure, in einem Gemisch von Borflußsäure und Salzsäure, in 10%iger Natronlauge oder anderen das Glas zerstörenden Agentien (z.B. wasserfreie Phosphorsäure) eine Größe ist, die von folgenden Umständen abhängt:

1. von der Zusammensetzung des Glases,
2. von seinem molekularen Ordnungszustand,
3. von der Art des Ätzmittels,
4. von der Temperatur des Ätzmittels,
5. von der Konzentration des Ätzmittels,
6. von der Zeit der Einwirkung.

Wenn man die zu untersuchenden Gläser sorgfältig kühlt, d. h. in 2 Stunden von 15° über bis 15° unter dem Transformationspunkt tempert, die Konzentration und Temperatur des Ätzmittels sowie die Einwirkungszeit konstant hält, zeigt das durch die Unterschiede in der Auflösungsgeschwindigkeit zwischen Normal- und Schlierenglas entstehende Profil direkt die Abweichung der Schlierenzusammensetzung von der des Normalglases an. Man muß natürlich die Ätzbarkeiten des Normalglases und der zu erwartenden Schlierengläser kennen; denn man mißt normalerweise nur die Differenz beider, kann aber auch die Ätzbarkeit des Normalglases direkt bestimmen. Diese Größen wurden bisher nur für FOURCAULT-Glas bestimmt. Die Profilhöhen werden am besten in Interferenzstreifenbreiten angegeben, eine Streifenbreite ist bei Weißlicht = 0,275 μ. Am besten verfährt man, indem man die Ätzung mit künstlich hergestellten Schlieren regelrecht eicht.

Die Untersuchung wird wie folgt ausgeführt:

Die schlierige Probe wird zunächst sorgfältig entspannt, wie oben beschrieben, senkrecht zur Schliere geschnitten und die Schnittfläche optisch poliert. Es ist nötig, diese Fläche auf Ebenheit zu prüfen, indem man sie unter das Interferenzmikroskop legt. Die Interferenzstreifen müssen gerade sein. Die polierte Fläche wird zunächst 6 Minuten lang der Einwirkung einer 1,000%igen Flußsäure bei 25 °C ausgesetzt. Kieselsäurereiche Schlieren werden dabei langsamer geätzt als das normale tonerdearme Glas. Sie verwandeln sich also in Bergprofile. Tonerdehaltige Schlieren von einer Schamottewand werden ebenfalls langsamer geätzt, verwandeln sich in hohe Berge, haben aber die Eigenart, daß die reine Schamottewandglasur etwas stärker angelöst wird als die Mischungen zwischen Schamottewandglasur und Glas. Ein Faden aus reiner Wandglasur, der im Glas natürlich immer von einer Vermischungsschicht umgeben ist, wird in der Mitte, wo sich die unvermischte Wandglasur befindet, ein etwas niedrigeres Profil ergeben (etwa 2,5 Interferenzstreifen Berg) als in der diesen Kern umgebenden Vermischungszone (etwa 3,5 Interferenzstreifen Berg). Schlieren von CORHART-Steinen zeigen ein bis zu einem gewissen Grade ähnliches Ätzprofil in Flußsäure: Die Vermischungszone außen wird weniger geätzt als das Normalglas, ergibt also ein Bergprofil. Der Kern der Schliere wird praktisch genauso geätzt wie das Normalglas. Man bekommt also insgesamt die Umrandung eines Tales durch zwei Wälle, theoretisch mit maximal 2,0 Interferenzstreifen Berg, die aber meist wegen eines SiO_2-Überschusses etwas höher sind. Schlieren von CORHART-ZAC-Steinen werden, soweit bisher bekannt, von Flußsäure als sehr tiefe Täler geätzt. Die chemische Zusammensetzung dieser Schlieren ist nicht bekannt.

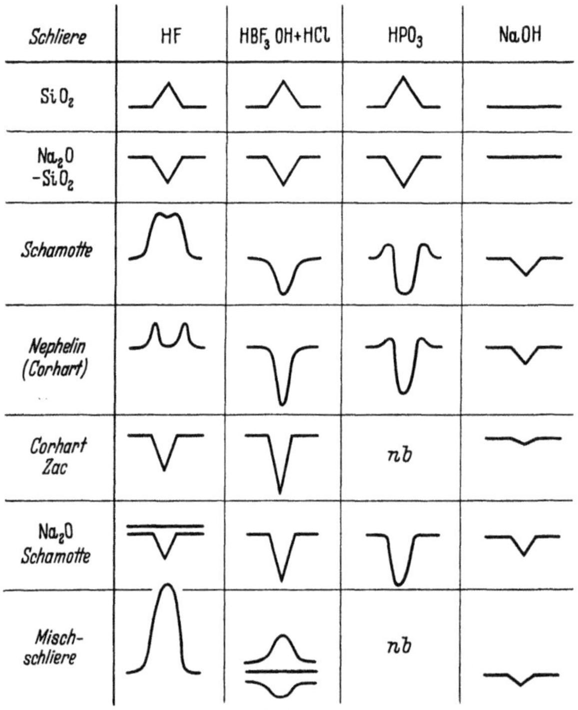

Abb. 167. Schemabild über die Ätzbarkeiten der Schlierengläser in FOURCAULT-Glas, Profilhöhe durch verschiedene Agentien

Eine zweite Schnittfläche durch die Schliere oder aber dasselbe Stück nach Ausmessung der Flußsäureätzung und erneuter Politur wird dann bei 70 °C 75 Minuten lang in einer Mischung von Borflußsäure HBF_3OH von der Dichte 1,220 und Salzsäure von der Dichte 1,108, beide bei 20°, die nach der Mischung mit festem H_3BO_3 gesättigt und dann filtriert wurde, geätzt. Dabei werden Schlieren mit erhöhter Kieselsäure wiederum als Berge geätzt wie bei Verwendung von Flußsäure.

Die Vorschriften über Zeit und Temperatur sind gerade so abgepaßt, daß in einem FOURCAULT-Glas die Kieselsäureschlieren von beiden Ätzmitteln genau gleich hoch geätzt werden. In anderen Gläsern würde das vielleicht ein wenig anders sein. Aber man kann sicherlich leicht durch Variation von Temperatur und Zeit der Borflußsäure-Salzsäure-Ätzung auch in anderen Grundgläsern gleiche Ätzbarkeiten der Kieselsäureschlieren erzeugen. Das ist insofern von großer Wichtigkeit, als zur Erkennung kleiner Mengen von Tonerde in irgendwelchen Kieselsäureschlieren das genaue Verhältnis der Ätzbarkeiten von Flußsäure zu Borflußsäure-Salzsäure bekannt sein muß. Tonerdeschlieren, und zwar sowohl solche von Schamotte wie solche von CORHART und von

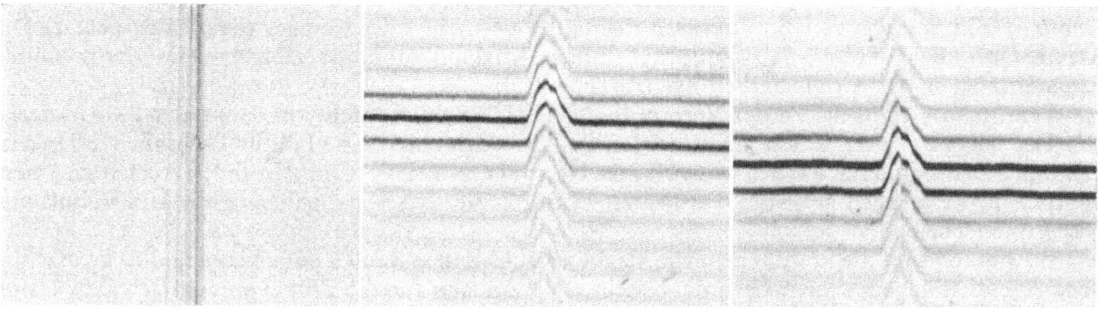

Abb. 168. Technische Schliere mit Kieselsäureerhöhung um 2,35%

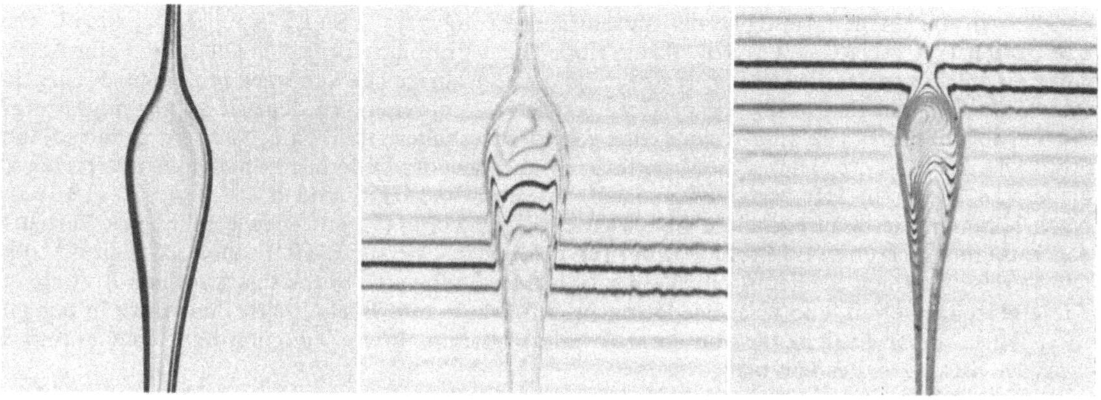

Abb. 169. Technische Schliere abgelöst von Schamotte

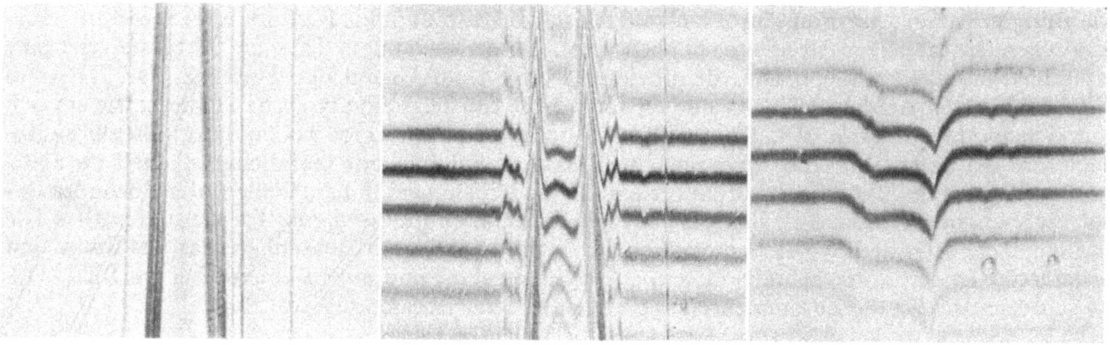

Abb. 170. Technische Schliere abgelöst von CORHART

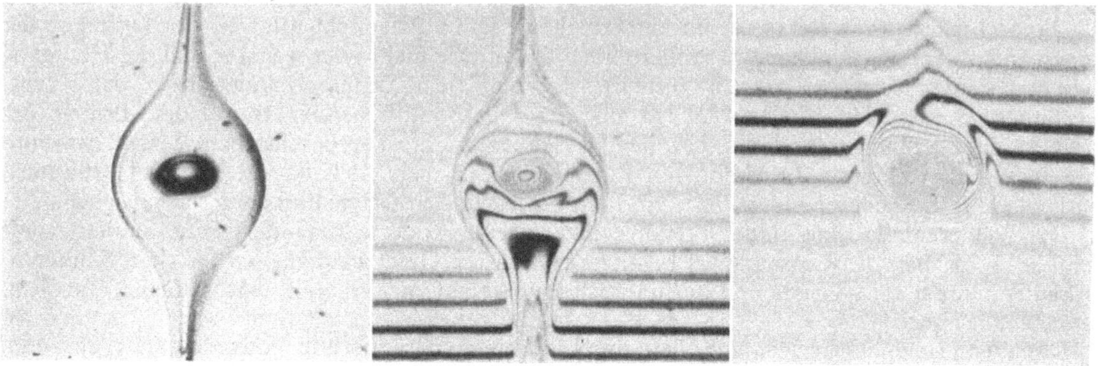

Abb. 171. Technische Schliere mit Alkali-, Tonerde- und Kieselsäurezonen

CORHART-ZAC werden von Borflußsäure-Salzsäure als mehr oder weniger tiefe Täler geätzt. Die Ätzung mit Borflußsäure-Salzsäure muß unter Rückflußkühlung erfolgen. Die dafür nötige Apparatur ist in der Originalarbeit nachzusehen [24].

Wenn man Grund hat zu der Vermutung, daß eine Schliere sich vom CORHART-ZAC-Material abgelöst hat, kann man durch einen dritten Schnitt oder eine dritte Politur Gewißheit erlangen: CORHART-ZAC-Schlieren werden von 10%iger Natronlauge bei 95 °C in 2 Stunden Ätzzeit zu einem deutlichen, wenn auch geringen Tal geätzt, wodurch sie sich von Schlieren mit Überschuß von Na_2O unterscheiden.

In Abb. 167 sind die Profilhöhen, wie sie die verschiedenen Schlieren bei Ätzung durch verschiedene Agentien geben, schematisch dargestellt. Die Zeichen für die Profile sind so gewählt, als ob das Typische der betreffenden Zusammensetzungen nach der Mitte zu zunähme.

In der Mehrzahl der Fälle wird eine eindeutige qualitative Bestimmung des Charakters der Schliere ausreichen. Aber es wird doch in manchen Fällen nötig sein, eine quantitative Bestimmung der Zusammensetzung durchzuführen, um eine genaue Feststellung der Herkunft durchführen zu können. In einem Grundglas der Zusammensetzung 71,3% SiO_2, 0,7% R_2O_3, 8,05% CaO, 4,2% MgO, 15,3% Na_2O, 0,4% SO_3, das in 1,000%iger Flußsäure bei 25° in 6 Minuten eine Ätztiefe von fünf Interferenzstreifenbreiten ergibt, zeigen kieselsäurereiche Schlieren mit einem Mehrgehalt von + 1% SiO_2 ein Bergprofil von 0,7 Interferenzstreifenbreiten. In demselben Grundglas ergibt bei der Borflußsäure-Salzsäure-Ätzung eine Kieselsäureschliere mit + 1% SiO_2 ein genau so hohes Profil wie in Flußsäure. Dieses Profil ergibt sich aber aus der Differenz von zwei Ätzbarkeiten, die beide von denen in HF verschieden sind: $5 - 4{,}3 = 0{,}7$ (HF) und $7 - 6{,}3 = 0{,}7$ (HBF_3OH). Nach höheren Kieselsäuregehalten bis zu einem Wert von 75% gilt etwa ein lineares Verhältnis von Zusammensetzung und Profil, sowohl für Flußsäure- wie für Borflußsäure-Salzsäure-Ätzung. Die kieselsäurearmen Schlieren geben auch ungefähr ein lineares Verhältnis zwischen Ätztiefe und Kieselsäureüberschuß, und zwar wiederum bei Flußsäure und Borflußsäure-Salzsäure in der gleichen Weise. Einer Auslenkung von einer Interferenzstreifenbreite Tal entspricht eine Verminderung des SiO_2-Gehaltes von 0,7%.

Auf Seite 107 sind einige typische Interferenzaufnahmen von Ätzungen technischer Schlieren gegeben. Dabei sind jedesmal drei Bilder nebeneinander gesetzt; links ist eine Aufnahme ohne Interferenzen, um den Umfang und die Richtung der Schliere zu zeigen, in der Mitte befindet sich das Bild der Ätzung mit Flußsäure, rechts das nach Behandlung mit Borflußsäure-Salzsäure. Auslenkungen der Interferenzstreifen nach oben zeigen Berge, nach unten Täler an. Abb. 168 zeigt eine typische Kieselsäureschliere. Die Identifizierung erfolgt auf Grund der Tatsache, daß HF- und HBF_3OH + HCl-Ätzung gleiche Profile ergaben. Abb. 169 zeigt eine typische Schliere, wie sie sich von Schamotte mit etwa 25% R_2O_3 ablöst. Flußsäureätzung ergibt hohen Berg, Borflußsäure-Salzsäure ein tiefes Tal. Abb. 170 zeigt eine CORHART-Schliere mit merklichem Gehalt an SiO_2-reichem Glas. Die Flußsäureätzung zeigt ein Tal zwischen zwei hohen Wällen, die Borflußsäure-Salzsäure-Ätzung nur ein Tal. Bei reinen Nephelinschlieren müßte dieses Tal viel tiefer sein. Die geringe Tiefe zeigt den SiO_2-Überschuß an. Abb. 171 stellt eine Mischschliere dar aus Silika und Schamotte. In der Mitte befindet sich ein Alkaliüberschuß und außen ein solcher an SiO_2. Dazwischen entspricht die Zusammensetzung etwa der einer Schamottegrenzschicht.

10.6 Untersuchung von Schlieren durch Bestimmung des Differentialquotienten der Lichtbrechungsänderung

Die Sichtbarkeit von Schlieren im einheitlichen Medium ist nicht nur von der Differenz der beiden Lichtbrechungen abhängig, sondern auch davon, wie mehr oder weniger steil der Übergang zwischen beiden Lichtbrechungen verläuft, d.h. von dem Differentialquotienten der Lichtbrechungsänderung. H. SCHARDIN [1] hat aus dieser Erkenntnis heraus ein auf dem Prinzip der TOEPLERschen Schlierenanordnung beruhendes Schlierenmikroskop beschrieben, dessen Anwendbarkeit für Glastechnische Probleme von R. RAMSAUER [2] behandelt wurde. Die Konstruktionsmerkmale dieses Schlierenmikroskopes sind am besten in den Originalarbeiten nachzusehen.

Das Schlierenmikroskop nach SCHARDIN dient vor allem dazu, besonders feine Schlierenzüge sichtbar zu machen. R. RAMSAUER [2] benutzte es, um die Gesetzmäßigkeiten bei dem Schlierenaufbau des FOURCAULT-Glases und dessen zeitlichen Ablauf zu studieren, eine Aufgabe, für die es besonders geeignet ist.

Das Meßprinzip beruht darauf, daß die Lichtbrechungsänderung entweder als mehr oder weniger dunkler Schatten oder als Farbe dargestellt wird. Wenn in das Instrument ein Gradsichtprisma eingebaut wird, kann man fallende und steigende Lichtbrechung durch Farben, die sich jeweils in verschiedener Richtung vom Normalfarbton unterscheiden, sichtbar machen. Sei beispielsweise Grün als Normalfarbton gewählt, so ergäbe eine allmählich steigende Lichtbrechung ein Blau, eine ebenso fallende ein Gelb. Eine steil steigende Lichtbrechung ergäbe ein Violett, eine steil fallende ein Rot. Bleibt die Lichtbrechung nach dem Steigen oder Fallen konstant, aber von der ursprünglichen verschieden, so wird diese veränderte Lichtbrechung nicht angezeigt, sondern nur die Stelle mit der Änderung. Nach RAMSAUER kann man Lichtbrechungsänderungen von 0,00002 noch deutlich beobachten. Sehr steile Übergänge, wie sie an manchen Tonerdeschlieren vorkommen, zeigt das Instrument nicht mit der erforderlichen Deutlichkeit an. Die absolute Differenz der Lichtbrechungsindizes läßt sich bis zu einem gewissen Grad rechnerisch erfassen, doch benutzt man in Fällen, wo dies nötig ist, besser Interferenzmethoden.

Die Durchführung der Bestimmung erfordert Glasproben, die quer zur Schlierenrichtung geschnitten sind und die so dünn sind, daß man die Schliere über diesem Bereich als konstant zusammengesetzt annehmen kann. Bei der Herstellung des Schnittes muß sorgfältig darauf geachtet werden, daß die Schlieren keinen Winkel zur Mittelebene bzw. keinen von 90° abweichenden von der Schnittfläche bilden. Bei Tafelglas hat sich im Durchschnitt eine Dicke von 2 mm als günstig erwiesen. Die Schnittflächen müssen hinreichend gut poliert sein.

10.7 Untersuchung von Schlieren durch Mahlen und Zentrifugieren

Die Trennung von Normalglas und Schlierenglas nach der Dichte durch Mahlen und Zentrifugieren gelingt gut, sobald man einige Vorsichtsmaßregeln zur Anwendung bringt. Die Arbeitsweise ist ausführlich beschrieben von J. C. TURNBULL [*6*] sowie von J. C. TURNBULL u. L. G. GHERING [*8*]. Eine neuere Überarbeitung stammt von E. PLUMAT [*9*]. Hier sei die Arbeitsweise von TURNBULL als die grundlegende beschrieben:

2 bis 3 g des schlierigen Glases werden gepulvert, auf eine Korngröße von 0,05 bis 0,15 mm gesiebt und vom Staub durch Waschen mit Methylalkohol befreit. Das so erhaltene Glaspulver wird 3 Stunden lang im Vakuum von 0,01 mm Hg auf 525 °C erhitzt und im Exsikkator, am besten wohl über CaO, erkalten gelassen. Bei dieser Operation wird die Hauptmenge der auf der Oberfläche der Körner adsorbierten Gase einschließlich der Wasserhaut entfernt. Für die Einbettung stellt man sich eine Mischung her aus Tetrabromäthan, Dichte 3,0, und Isopropylsalizylat, Dichte 0,9, mit der gleichen Dichte wie das zu untersuchende Glas. (Die beiden genannten Flüssigkeiten haben etwa gleiche Dampfdrücke, die Mischung kann sich also nicht durch einseitiges Verdampfen in ihrer Dichte ändern.) Mit Hilfe eine großen Glasstückes der zu untersuchenden Art wird die Dichte der Flüssigkeitsmischung so eingestellt, daß das Glas bei einer Temperatur von 35 °C gerade schwebt. Dann wird die Flüssigkeit selbst bei 100 °C und 0,01 mm Hg entgast. Flüssigkeit und Glaspulver werden nun in ein Zentrifugiergefäß mit einer Einschnürung gebracht und noch einmal gemeinsam evakuiert. Nach der Originalvorschrift sollen die Zentrifugiergläser zugeschmolzen werden, es dürfte aber auch genügen, einen anderen gut passenden Verschluß (Gummistopfen, Schliffstopfen) anzuwenden.

Die beschickten Zentrifugengläser werden in eine Zentrifuge gesetzt, die 3000 Umdrehungen je Minute einzustellen erlaubt. Die Zentrifuge muß ferner so konstruiert sein, daß sie mit Wasser genau definierter Temperatur durchspült werden kann, so daß die Zentrifugierung bei konstanter oder systematisch veränderter Temperatur vorgenommen wird. Kleine Unterschiede in der Temperatur ergeben im Verhältnis zur Zusammensetzung große Unterschiede in der Dichte: Einem Temperaturunterschied von 1 °C entspricht eine Dichteänderung von 0,002 g/cm³ und damit eine Differenz in der Zusammensetzung von 1% SiO_2 (nach den Faktoren von ELLIOT [*25*]). Die Zentrifugierung wird dann bei 3000 Upm durchgeführt.

Die Angaben über die Umdrehungszahl der Temperatur, Korngröße, Entgasung usw. sind auf Grund vieler zum Teil systematisch durchgeführter Versuche als optimale Bedingungen festgestellt worden und es dürfte anzuraten sein, sie einzuhalten.

Später ist die Apparatur noch dahin verbessert worden, daß eine stroboskopische Beleuchtungseinrichtung geschaffen wurde, die es erlaubte, das Anwachsen des in der Zentrifuge Ausgeschleuderten zu beobachten (TURNBULL u. GHERING [*8*]). Man kann auf diese Weise die gesamte Glasprobe in Einzelfraktionen nach der Dichte zerlegen, d. h. nach einer gewissen Zeit das Ausgeschleuderte entfernen und den Rest weiter verarbeiten. Die Fraktionierung geschieht durch Erhöhung der Temperatur, d. h. Erniedrigung der Dichte wie oben beschrieben.

Die Auswertung wurde ebenfalls zu einem eigenen System ausgearbeitet, und zwar auf folgende Weise: Das Glaspulver wird nach der Dichte durch systematisches Steigern der Temperatur in eine Anzahl von Fraktionen geteilt. Die erhaltenen Fraktionen werden in ein Diagramm eingetragen, in dem der Anteil der verschiedenen Fraktionen die Ordinate, die Dichte oder die Zentrifugiertemperatur die Abszisse gibt. Je nach Art der aus den darstellenden Punkten der Fraktionen erhaltenen Kurve kann man unter Umständen bereits aus dem Kurvenzug ohne Analyse konkrete Aussagen machen.

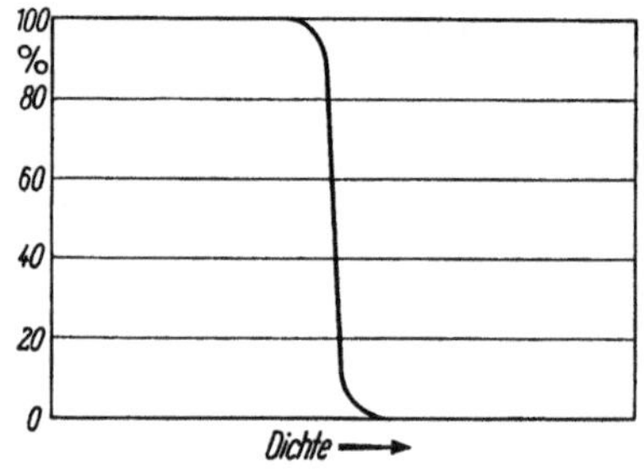

Abb. 172

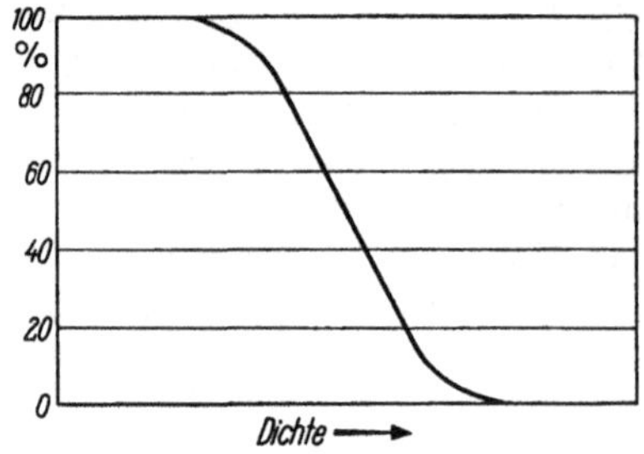

Abb. 173

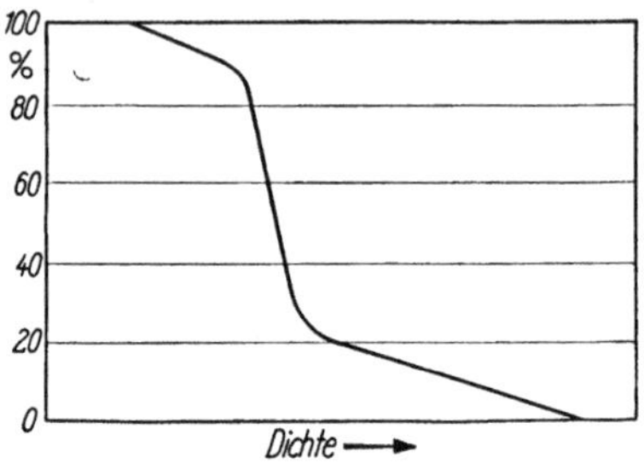

Abb. 174

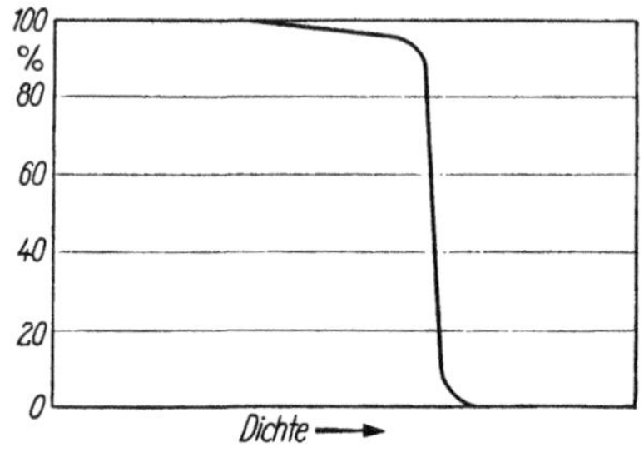

Abb. 175

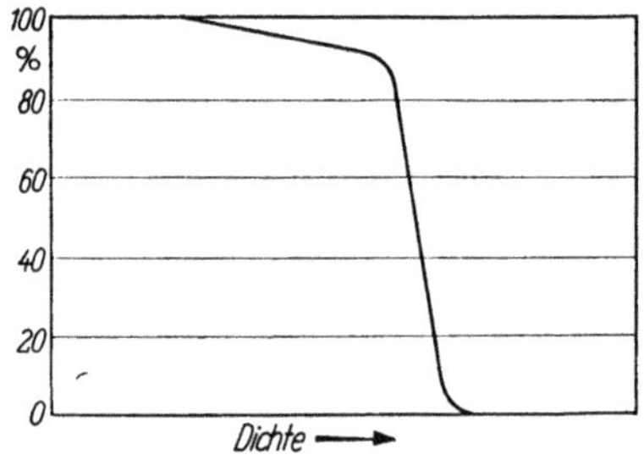

Abb. 176

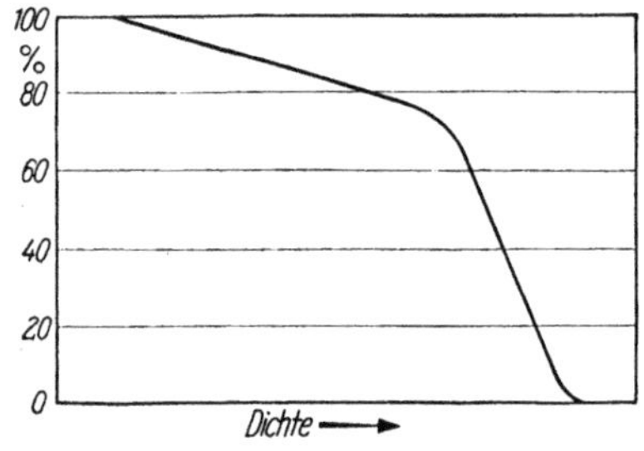

Abb. 177

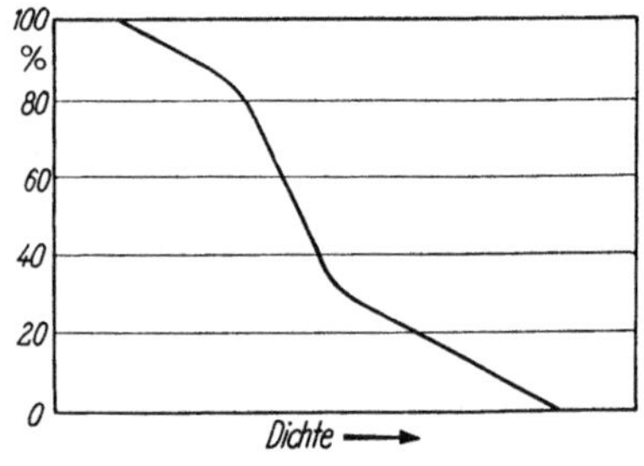

Abb. 178

Abb. 172 bis 178. Dichte-Zusammensetzungs-Kurven beim Zentrifugieren schlierigen Glases nach KNIGHT (Näheres s. Text)

Die theoretischen Kurvenzüge sind in den Abb. 172, 173, 174 dargestellt, einige der in der Praxis erhaltenen Kurven in den Abb. 175, 176, 177, 178. Abb. 172 stellt ein Glas dar, das ganz oder praktisch homogen ist. Die kleine Neigung der Kurve gegen die Null- und die Hundertprozent-Linie kann man als Versuchsfehler ansehen. Abb. 173 stellt ein Glas dar, dessen Zusammensetzung in weitem Umkreis um die gewollte schwankt. Solche Streuungen erhält man meistens, wenn durch schlechte Mischung oder durch ungleichmäßiges Abschmelzen die Zusammensetzungen streuen. Abb. 174 stellt ein Glas dar, in dem etwa 20% zu schwere Schlieren und etwa 15% zu leichte vorhanden sind, neben einer Hauptmenge normalen Glases. Die Abb. 175, 176, 177 zeigen dreimal den gleichen Fall von einer Mischung normalen Glases mit leichterem Schlierenglas. Wie man sieht, ist der Prozentgehalt der Schlieren von 175 nach 177 zu gesteigert. Man muß aber auch darauf achten, daß der Kurventeil, der die Dichte des normalen Glases angibt, in derselben Reihenfolge allmählich stärker geneigt ist. Die Abb. 178 stellt eine Mischung von normalem Glas und zu schwerem und zu leichtem gleichzeitig dar. Solche Kurven erhält man besonders bei schlechter Mischung, wenn ein Teil des Glases zu reichlich, ein anderer Teil in zu knappem Maße Flußmittel enthält. Die Abb. 172 bis 178 stammen aus der Arbeit von M. A. KNIGHT [*10*].

Aus den dargestellten Kurven kann man drei Größen mit Sicherheit erkennen:

1. Den Gesamtanteil an Schlieren aus der Ordinatenhöhe für die stärker geneigten Kurventeile.

2. Die Neigung des mittleren Teiles, die ein Maß dafür ist, wie stark sich Schlieren und normales Glas vermischt haben und

3. endlich die Gesamtstreuung zwischen dem höchsten und niedrigsten Anteil, die ein Maß dafür angibt, zwischen welchen Extremen die Zusammensetzungen schwanken.

Die Genauigkeit und Trennung der verschiedenen Fraktionen hängen etwas von der Verdichtung des Suspensionsmittels durch die Zentrifugalbeschleunigung ab, die proportional dem Abstieg vom Rotationsmittelpunkt ist. Die dadurch bedingte Änderung der Dichte beträgt etwa maximal $0,6 \times 10^{-3}$.

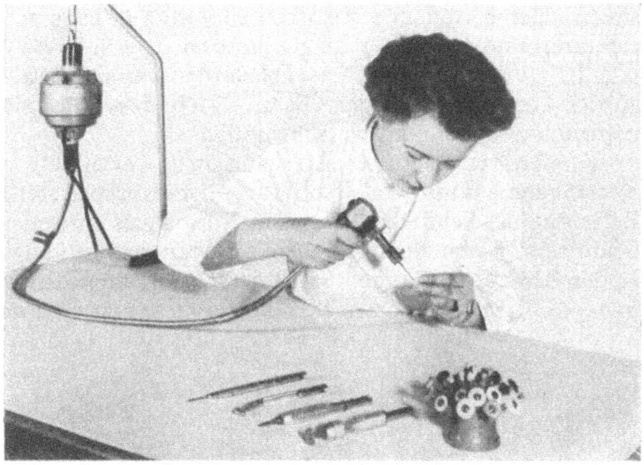

Abb. 179. Diprofilmaschine

Die Einzelfraktionen können insgesamt oder auf besondere charakteristische Gehalte analysiert werden. Die erzielte Genauigkeit betrug beispielsweise bei TURNBULL u. GHERING [8] beim Glas 451: Na_2O = 13,21 in der schweren, 13,11 in der mittleren, 12,99 in der anderen mittleren und 12,92 in der leichten Fraktion.

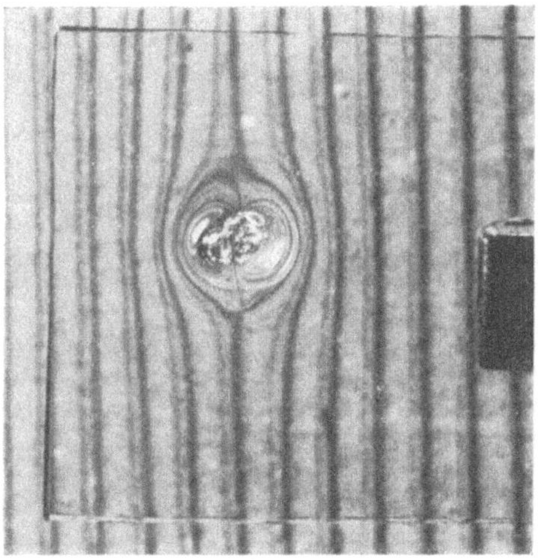

Abb. 180. Tonerdeknoten in Tafelglas, über Wellpappe fotografiert

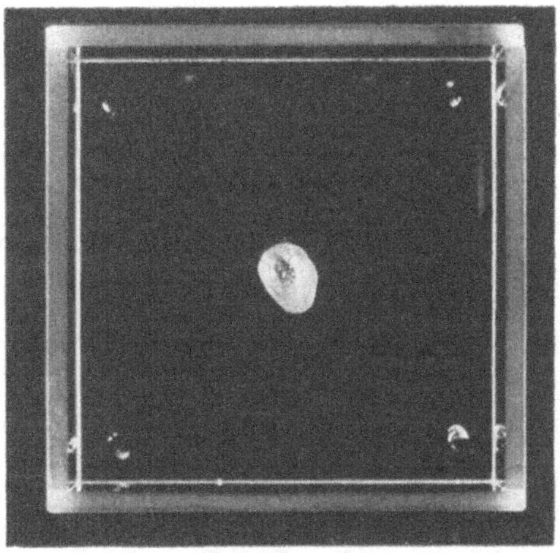

Abb. 181. Tonerdeknoten nach dem Herauspräparieren

10.8 Untersuchung von Schlieren durch Herausschleifen des Schlierenglases

Die sicherste Auskunft über die integrale Zusammensetzung von Schlieren erhält man durch Herausschleifen des Schlierenglases. Voraussetzung für eine solche Isolierung ist natürlich, daß die Schliere eine genügend große Ausdehnung hat, und daß sie entweder in sich einheitlich ist, oder daß man irgendeinen sicheren Anhaltspunkt darüber hat, was für etwa eingesprengtes Normalglas von der analytischen Zusammensetzung abgezogen werden muß, um die Zusammensetzung der reinen Schliere zu erhalten. Tonerdeknoten können auf diese Weise leicht isoliert werden, Kieselsäureschlieren nur selten. Einmal ist es dem Verfasser gelungen, eine Kieselsäureschliere mit einer Erhöhung des SiO_2-Gehaltes um etwa 1% aus einem Tafelglas herauszuschneiden und zu analy-

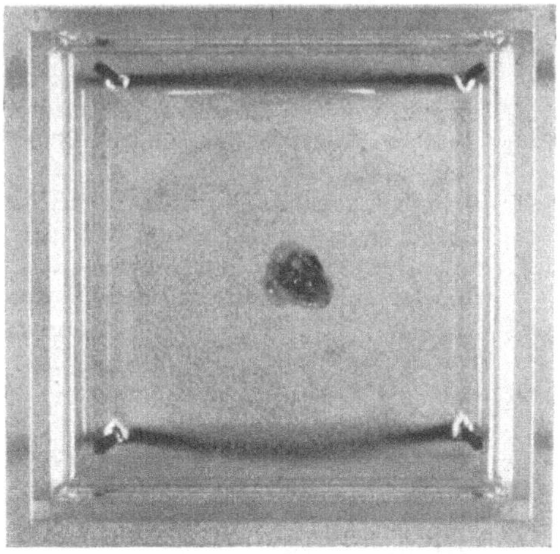

Abb. 182. Tonerdeknoten nach dem Herauspräparieren, eingebettet in Benzol

sieren. Der betreffende Ziehstreifen wurde in etwa 20 Stücke von je 10 mm Höhe (in der Ziehrichtung) und 30 mm Breite geschnitten. Die Schliere war auf diese Breite genau ebenflächig und parallel zu den Außenflächen. Erkennbar war sie zunächst an der bleibenden Spannung und dann an der Lage innerhalb des Glases. Nach dem Abschleifen des beiderseitigen Normalglases war natürlich die Spannung verschwunden.

Knoten verschiedener Art kann man vorteilhaft mit der „Diprofilmaschine" von Joisten & Kettenbaum, Wuppertal (Abb. 179), herauspräparieren. Man benutzt dabei als Merkmal für die Befreiung des Schlierenglases vom Normalglas entweder die Farbe oder die Lichtbrechung, welche beide beim Eintauchen in Benzol als Immersionsflüssigkeit (n. D. 20° = 1,501) erkennbar werden. In den Abb. 180, 181 und 182 ist derselbe Knoten einmal im Glasstück (photographiert über Wellpappe, Abb. 180), einmal nach dem Herauspräparieren und einmal eingebettet in Benzol dargestellt.

11 Schrifttum

III. Erkennen von Schlieren

B. Feststellung der Art und der Zusammensetzung von Schlieren

[*1*] SCHARDIN, H.: Das Schlierenmikroskop und seine Anwendung in der Glastechnik. Glastechn. Ber. Bd. 27 (1954) S. 70.

[*2*] RAMSAUER, R.: Anwendung des Schlierenmikroskopes zur Untersuchung der Schichtung von Tafelglas. Glastechn. Ber. Bd. 27 (1954) S. 374.

[*3*] (*a*) WECKERLE, K.: Über die chemische Untersuchung von Steinchen und Schlieren in Gläsern. Sprechsaal Bd. 74 (1941) S. 29.

(*b*) ZARBO, G. J., H. J. HUNT u. D. C. SMITH: Analyse von Schlieren und Steinen. J. Amer. ceram. Soc. Bd. 27 (1944) S. 138. Ref. Glastechn. Ber. Bd. 22 (1948/49) S. 263.

[*4*] PUTNOKY, L. VON u. N. VON BOBEST: Beitrag zur Untersuchung der Steinchenfehler im Glas. Sprechsaal Bd. 72 (1939) S. 402. Ref. Glastechn. Ber. Bd. 17 (1939) S. 312.

[*5*] FAICK, C. A., A. E. WILLIAMS u. G. F. RYNDERS: Effect of convection currents on the distribution of striae in pots of optical glass. J. Res. Nat. Bur. Stand. Bd. 42 (1949) S. 153. Ref. Glastechn. Ber. Bd. 26 (1953) S. 319.

[*6*] TURNBULL, J. C.: Separation of inhomogeneities in bottle glass by density differences. J. Amer. ceram. Soc. Bd. 24 (1941) S. 37. Ref. Glastechn. Ber. Bd. 20 (1942) S. 152.

[*7*] DOUGLAS, R. W. u. G. A. JONES: A study of configuration changes in glass by means of density measurements. J. Soc. Glass Technol. Bd. 32 (1948) S. 309. Ref. Glastechn. Ber. Bd. 25 (1952) S. 88.

[*8*] TURNBULL, J. C. u. L. G. GHERING: Cord analysis. J. Amer. ceram. Soc. Bd. 24 (1941) S. 264. Ref. Glastechn. Ber. Bd. 22 (1948/49) S. 109.

[*9*] PLUMAT, E.: Étude de l'homogénéité du verre par centrifugation dans les liqueurs denses. Verr. et Réfract. Bd. 7 (1953) S. 5. Ref.: Glastechn. Ber. Bd. 27 (1954) S. 333.

[*10*] KNIGHT, M. A.: Cords in Class. Glass Ind. Bd. 37 (1956) S. 491, 555, 570.

[*11*] LÖFFLER, J.: Diffusionsvorgänge um das Sandkorn. Glastechn. Ber. Bd. 30 (1957) S. 129.

[*12*] LÖFFLER, J.: Einfluß des Einschmelzvorganges, insbesondere seiner ersten Stadien auf die Homogenität des Glases. Glastechn. Ber. Bd. 30 (1957) S. 117.

[*13*] LÖFFLER, J.: Reaktionen zwischen Glas und feuerfesten Wänden. Glastechn. Ber. Bd. 27 (1954) S. 415. Ref. Chem. Zbl. Bd. 125 (1954) S. 2251.

[*14*] STEINHOFF, E.: Auflösungsvorgänge an Wannensteinen. Glastechn. Ber. Bd. 27 (1954) S. 309.

[*15*] (ohne Verf. Angabe): Zur Schlierenstruktur und Optik maschinengezogenen Tafelglases. Sprechsaal Bd. 77 (1944) S. 100.

[*16*] (ohne Verf. Angabe): Der aufwärts gerichtete Lochfraß von Blasen an horizontalen Steinflächen von Wannenblöcken. Sprechsaal Bd. 85 (1952) S. 378.

[*17*] JEBSEN-MARWEDEL, H.: Schlieren- und spannungsoptisches Verhalten methodisch inhomogener Glasschmelzen. Glastechn. Ber. Bd. 27 (1954) S. 357. Ref. Chem. Zbl. Bd. 126 (1955) Nr. 20 S. 4673.

[*18*] EITEL, W.: Studien über die Strömungsvorgänge bei der vollautomatischen Glasverarbeitung im OWENS-Prozeß. Glastechn. Ber. Bd. 10 (1932) S. 121, 469.

[*19*] KNAPP, O.: Brillancy and composition of glassware. Glass Ind. Bd. 8 (1927) S. 73. Ref. Glastechn. Ber. Bd. 6 (1928/29) S. 245.

[*20*] THOMAS, M. in L. H. LEHNERT: Überwachung der Schmelze durch physikalische Methoden. F.A. Bericht d. DGG. Nr. 53, Januar 1955, Frankfurt a. M.

[*21*] RUSS, A.: Einfluß der Glasherstellung und -verarbeitung auf seine Sprödigkeit. Glastechn. Ber. Bd. 9 (1931) S. 481, 529.

[*22*] LÖFFLER, J.: Die Analyse von Schlieren und Schichten durch Ätzung und Interferenzmessung. Glastechn. Ber. Bd. 27 (1954) S. 381.

[23] LÖFFLER, J. in W. DIEDRICHS: Glasschmelzen mit Scherben. F.A. Bericht d. DGG. Nr. 52. Glastechn. Ber. Bd. 27 (1954) S. 221.
[24] LÖFFLER, J.: Analyse von Schlieren und Schichten durch Ätzung und Interferenzmessung II. Glastechn. Ber. Bd. 30 (1957) S. 457.
[25] ELLIOT, R. M.: Glasskomposition and density changes. J. Amer. ceram. Soc. Bd. 28 (1945) S. 303. Ref. Glastechn. Ber. Bd. 23 (1950) S. 310.
[26] SCHARDIN, H.: Glastechnische Interferenz- und Schlierenverfahren. Glastechn. Ber. Bd. 27 (1954) S. 1.
[27] HANNES, H.: Über die Empfindlichkeit der Interferenz- und Schlierenverfahren bei der Untersuchung der Schichtung des Tafelglases. Glastechn. Ber. Bd. 29 (1956) S. 83.
[28] HESSE, C.: Die chemische Homogenität des FOURCAULT-Glases. Silikattechnik Bd. 5 (1954) S. 419.

IV. Blasen (Gase im Glas)

Von W. LERCH, Gelsenkirchen
unter Mitarbeit von K. HOLLER, Gelsenkirchen

1 Allgemeines

Blasen gehören zu denjenigen Fehlern des Glases, denen immer schon die größte Aufmerksamkeit geschenkt wurde, weil sie dessen wichtigste Eigenschaft, die freie Durchsicht, beeinträchtigen.

Die Bezeichnung „Blase" trifft für jeden gasförmigen Einschluß zu, unabhängig von der Form, in die er durch den jeweiligen Verformungsprozeß gebracht wird, Abb. 183. Als ein gegenüber der Glasschmelze anderer Aggregatzustand gehören Blasen zu den Heterogenitäten des Glases.

Die in der Glasschmelze enthaltenen Gase sind in Gestalt von Blasen ein wichtiges Werkzeug zu ihrer Homogenisierung und somit unentbehrlich. Werden sie aber nicht rechtzeitig daraus entfernt, so empfindet man sie im fertigen Glas als störenden Fehler.

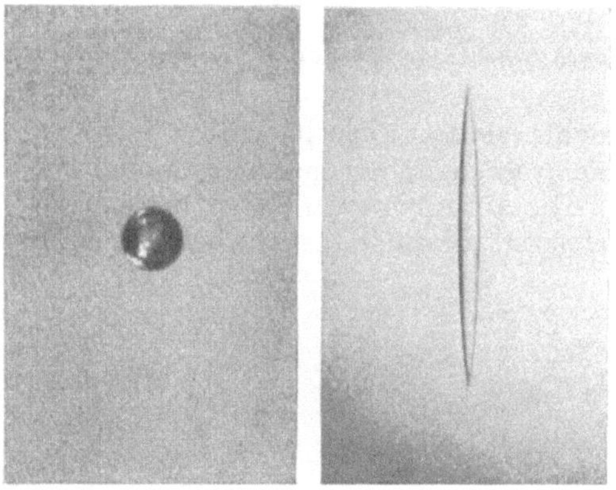

Abb. 183. Typus einer „idealen" und einer durch Verformung deformierten Blase

Die Vorgänge in einem Glasschmelzofen werden nach LÖFFLER [1] in vier Abschnitte unterteilt:

1. Die Gemengehaufenreaktion, eine Sinterung unter Bildung von Silikaten und deren eutektischen Schmelzen.
2. Die Restschmelze, im wesentlichen die Auflösung des restlichen Sandes in den vorher gebildeten Silikaten.
3. Die Läuterung.
4. Das Abstehen bis zur Verarbeitungstemperatur.

Alle vier Vorgänge gehen jedoch lückenlos ineinander über und sind für den Blasengehalt des Glases verantwortlich. Sie unterliegen thermischen, mechanischen und chemischen Einflüssen.

Der Läuterungsgrad eines Glases wird nicht nur in der Läuterzone bestimmt, sondern alle Vorgänge müssen auf eine optimale Wirkung abgestimmt sein.

Ein Mindestgehalt des schmelzenden Gemenges an gasführenden Bestandteilen (15 bis 20%) ist erforderlich, wenn es nicht tot erscheinen, d.h. dahinschmelzen soll, ohne sichtbar aufgewühlt zu werden. Darum gelingt es auch nicht, ein Gemenge, in dem z.B. der Kalk durch gebrannten Kalk oder -hydrat oder Gips ersetzt ist, zu einem vollwertigen Glas zu schmelzen.

Aber nicht nur diese, noch aus der Schmelze stammenden Blasen, dürfen für ein schlechtes Glas verantwortlich gemacht werden. Die Wechselwirkung zwischen inhomogenen Teilen der Schmelze sowie zwischen Glas und Ofenatmosphäre ist nicht selten die Ursache, ein bereits gutes Glas zu verderben. Ebenso können alle anderen Stoffe, mit denen das Glas in Berührung kommt, in erster Linie das ff. Material der Ofenauskleidung, sowie Fremdkörper, die mit dem Gemenge oder von Werkzeugen in den Ofen kommen, Blasen im Glas hervorrufen.

Blasen, die bei den vielfältigen Arten der Verformung ins Glas hineingebracht werden oder im Glas entstehen, müssen einer besonderen Betrachtung unterzogen werden.

1.1 Glasschmelze aus Scherben allein

Von ihr wird im allgemeinen nicht erwartet, daß sie blasenfrei ausfällt. Selbst Gemengeschmelzen, wenn sie mit zuviel Scherben versetzt werden, neigen bekanntlich dazu, wenig gut zu läutern. Die aus dem Gemengeanteil austretenden Gase müssen einen relativ größeren Raumteil verflüssigten Glases von Blasen befreien, als bei reinem Gemengeglas. Aber dieser Unterschied genügt nicht als Erklärung, wenn man von der Voraussetzung ausgeht, daß die Scherben an sich schon blasenreines Glas darstellen und daß die zwischen ihnen liegende Luft beim Zusammenschmelzen vorwiegend so große Blasenräume ergeben müßte, daß mit einem starken Auftrieb und ihrer raschen Entfernung aus der Schmelze gerechnet werden könnte. Gerade auf dieser Vorstellung scheint aber der Irrtum zu beruhen.

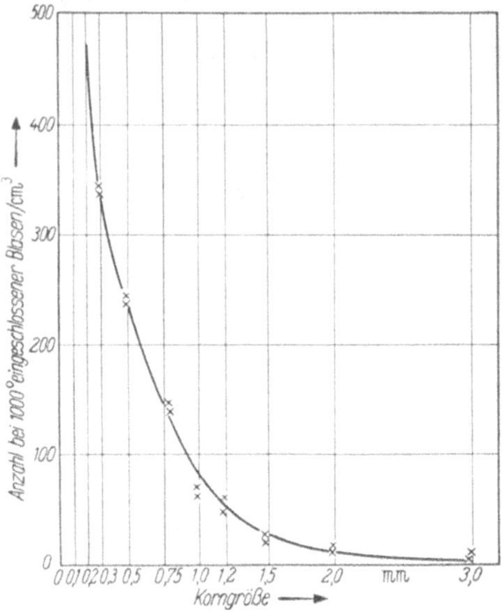

Abb. 184. In schmelzendem Glasgrieß eingeschlossene Anzahl Luftblasen in Abhängigkeit von der Korngröße

Schmelzen aus Glastrümmern definierter Korngröße enthalten bei 1000 °C Luftblasen, deren Größe und Anzahl nichts anderes als eine Funktion der Korngröße bzw. der Kornzwischenräume ist. Abb. 184.

An den Grenzflächen von Scherbensplittern, die zusammengeschmolzen werden, zeigen sich oft mit aller Deutlichkeit – wahrscheinlich nicht unabhängig von Verunreinigungen – Einschlüsse winziger Blasen. Sie kennzeichnen stellenweise die ehemalige Begrenzung der sich im Zuge der Erweichung flächig aneinanderlegenden Scherben. Sie haben also ihren Sitz längs solcher Grenzflächen von „Schlieren". Dies konnte eindeutig nachgewiesen werden durch systematisch durchgeführte Scherbenschmelzen mit Brocken, Scherben und Granulat.

Die Absorption von Gasen, besonders von Wasserdampf, und an der Oberfläche wie auch immer geformter Glasteile bewirkt beim Einschmelzen eine Ausscheidung von Blasen an der jeweiligen Grenzfläche. Sie ist um so lebhafter, je mehr die Glasoberflächen Gelegenheit hatten (z. B. beim Abschrecken zu Granulat in Wasser) gasförmige Bestandteile aufzunehmen. Die Ausscheidung beginnt oberhalb von 1000 °C und ist bei 1150 °C lebhaft. Sie trägt zum „Verwischen" der Grenzflächen bei.

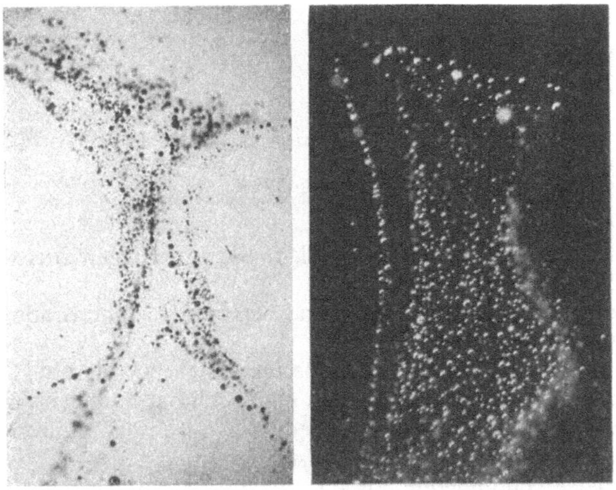

Abb. 185. In Scherbenschmelzen auftretende Blasenfelder (mikroskopisch)

Diese Blasen sind es, die (Abb. 185) sich auch nur wenig vergrößern und den blasendurchsetzten Zustand scherbenreicher Schmelzen ausmachen. Die Tatsache, daß diese Erscheinung beim Einschmelzen von dem Gemenge beigemischten Scherben fortbleibt, spricht als wesentlicher Grund für die Verteilung von Scherben im Gemenge, statt ihres portionsweisen Zuschlages zum Schmelzgut, wie er noch oft erfolgt.

Andererseits ist aber bekannt, daß auch ausschließlich aus vorgeschmolzenem Glas bestehende Schmelzen mit Erfolg betrieben werden. Dabei handelt es sich dann gerade um Glas in flüssig abgeschreckter Form [2], dessen Gas- bzw. Wasserdampfgehalt offenbar ausreicht, um eine ausreichende Läuterung zu bewerkstelligen.

1.2 Das Wärmefeld im Ofen

Sowohl die physikalische als auch die chemische Entwicklung des Glases spielt sich unter dem Einfluß der Wärme*übertragung* auf die Schmelze ab. Ideal wäre diese, wenn von jeder Stelle im Ofenraum auf jedes Schmelzteilchen ein gleiches Wärmegefälle (homogenes Wärmefeld) erzeugt werden könnte. Diese Bedingung ist weder bei Hafenschmelzen noch in Wannen erfüllt. Vielmehr sind die einzelnen Häfen verschiedenen Strahlungsverhältnissen ausgesetzt, je nach dem Weg, den das Feuer zurücklegt (vgl. auch Abb. 55 in Fabrikationsfehler 1936), und der örtlichen Wärme, die

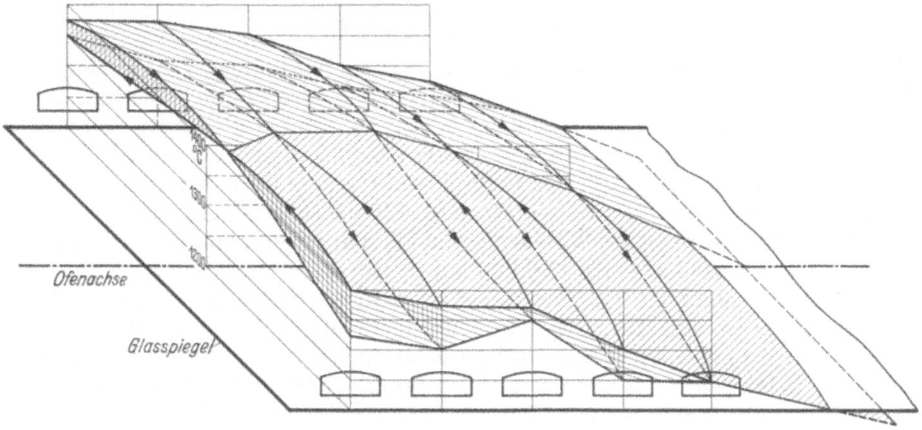

Abb. 186. Schema des Temperaturfeldes über dem Schmelzraum einer zweiseitig beheizten Regenerativ-Glaswanne mit Schachtbrennern

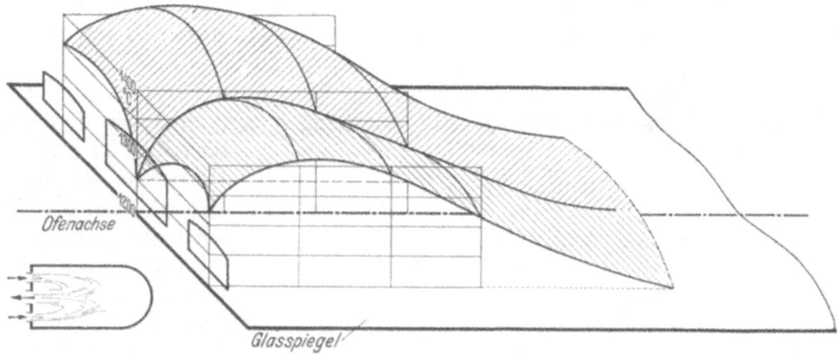

Abb. 187. Schema des Temperaturfeldes über dem Schmelzraum einer von der Stirnseite her beheizten Rekuperativ-Wanne

(Zu Abb. 186/187. In grundsätzlicher Übereinstimmung mit R. GÜNTHER, „Glasschmelz-Wannenöfen", S. 31, Abb. 16, Verlag der DGG.)

es entwickelt. Immerhin wird der einzelne Hafen von einer allseitigen Einwirkung und damit einem gewissen Ausgleich betroffen. In Wannen ist nur die Oberfläche der Schmelze einer Einwirkung des Wärmefeldes zugänglich. Tiefere Schichten sind es nur unter deren Durchdringung durch Strahlung und mit Hilfe ihrer eigenen Umwälzung. Die gleichmäßige Verteilung des Wärmefeldes quer zur Wannenachse und sein möglichst sprungloser Verlauf längs der Wannenachse ist also eine wichtige Bedingung zur fehlerlosen thermischen Entwicklung des Glases. Sie ist praktisch wohl kaum vorhanden, weil eine Mehrzahl von Brennern auch einen mehrfachen Temperaturimpuls bedeutet, der der Schmelze zuteil wird. Die Einhaltung der Wärmesymmetrie eines zweiseitig periodisch beheizten Ofens stellt aber auch quer zur Ofenachse eine besondere Aufgabe dar; praktisch wird sie in letzter Feinheit wohl selten erreicht. Abb. 186 soll schematisiert ein Bild darüber vermitteln, welcher Art die Wärmeverteilung über der Schmelzoberfläche zu denken ist. Vergleicht man das dargestellte Wärmefeld mit einem solchen, wie man es sich aus einer Rekuperativwanne mit Hufeisenflamme vorzustellen hat (Abb. 187), so leuchtet ein, daß nicht unbedingt ein gleicher Wärmeverlauf für beide Arten, Glas zu schmelzen, vorausgesetzt werden darf, wenn auch die Strahlung als hauptsächlichre Überträger der Wärme eine vereinheitlichende Wirkung ausübt.

Vielmehr sollen diese Beispiele zeigen, wie weitgehend die Besonderheiten der Schmelzanlagen die Allgemeingültigkeit von Erfahrungswerten in Frage stellen. Diese Darstellung soll daher auch die Aufmerksamkeit auf weniger beherrschte Faktoren lenken. Sie ist ein Beispiel dafür, daß Mitteilungen über das Verhalten des Glases in verschiedenen Öfen nicht überall zutreffen können.

Diesen Schwierigkeiten tragen neuere Ofenkonstruktionen, wie z. B. der Unit-Melter der Hartfort Corp. USA., Rechnung. Durch Einbau einer Vielzahl von kleineren, geregelten Brennern wird ein weitgehendst gleichmäßiges Wärmefeld erzeugt. Diese Wirkung wird durch das Wegfallen des Wechselns noch erhöht. (Vgl. Abb. 207.)

1.3 Die drei Temperaturen

Alle Vorgänge in einem Glasschmelzofen vollziehen sich mit einer Verzögerung gegenüber der durch die Beheizung bestimmten Temperatur. Es ist außerordentlich schwierig, den zu einer bestimmten Temperatur gehörigen *Zustand* des Glases auf seinem Werdegang im Ofen zu erzielen, aus mehreren Gründen: Abgesehen von der schwierigen Zugänglichkeit der Schmelze mit wirklich zuverlässigen Meßinstrumenten, sagt der Befund wenig genug über den Zustand aus, in welchem sich das Glas jeweils befindet. Von reinem Wasser läßt sich behaupten, daß es im Augenblick der Annahme einer Temperatur von 100 °C bei 760 mm QS den vollen Dampfdruck entfaltet, weil es in diesem Augenblick physikalisch auch wirklich auf den Zustand des Phasenwechsels eingestellt ist. Das ist jedoch bei Glas nicht der Fall. Das Nachhinken in der Einstellung des Temperaturzustandes auf eine Temperatur ist eine Eigenheit der jeweiligen Glasart, die als „Verzögerung" gekennzeichnet wird. Hat man also am Wassertopf im wesentlichen nur mit zwei Temperaturen zu tun, nämlich der des Wärmespenders einerseits (bzw. der Kochkesselwandung) und der Eigentemperatur des Wassers, so tritt uns bei der Glasschmelze eine weitere und leider recht unzugängliche Größe hinzu, nämlich die Gleichgewichtstemperatur, die gerade durchlaufen wird und den Umständen nach erheblich von der Eigentemperatur abweichen kann.

Durchläuft das Glas in der technischen Schmelze überhaupt jemals sein Gleichgewicht? Oder wird es ihm wegen der beschränkten Verweildauer auf bestimmten Temperaturen stets ferngehalten?

Nehmen wir den Längsschnitt einer kleinen, mit Doppel-U-Flamme von der Stirnseite her beheizten Wanne als Diagrammunterlage hin und tragen wir zunächst den meßtechnisch ermittelten Temperaturverlauf im Ofenraum als ausgezogene Kurve ein (Abb. 188). Das Maximum wird dort erreicht, wo die Flamme ihre höchste Temperatur entwickelt und wo das eingetragene Gemenge bereits in Glas überzugehen begonnen hat. Von hier ab fällt die Ofentemperatur stetig nach der Entnahmestelle hin ab.

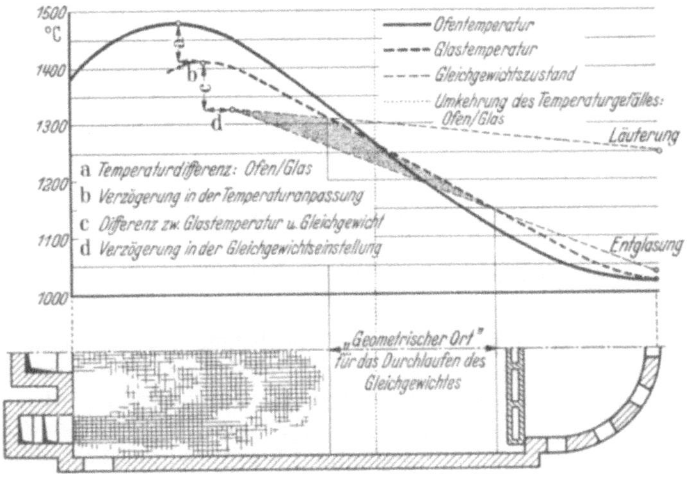

Abb. 188. Ofentemperatur, Glastemperatur und Gleichgewichtsverlauf der Schmelze (schematisch)

Mißt man die Glastemperatur selbst, so ist erfahrungsgemäß zu erwarten, daß die Ofentemperatur nicht erreicht wird (*a*), daß aber auch das Maximum an etwas späterer Stelle gelegen ist (*b*), da die Temperatur des Ofenraumes sich nur langsam der Schmelze mitteilt. Die Schmelze entzieht sich schließlich durch ihre Vorwärtsbewegung der Einwirkung der Flamme und gelangt in einen Bereich, in welchem sie Wärme an den Ofenraum abgeben muß. Die beiden Temperaturkurven müssen sich somit schneiden [*3*].

Die Einstellung des physikalisch-chemischen Gleichgewichtszustandes des Glases ist nochmals gegenüber seiner Eigentemperatur „verzögert". Es läßt sich schematisch ein Zurückbleiben um den Betrag *c* annehmen, der räumlich wieder um *d* verlagert sein mag. Als Gleichgewichtstemperatur wäre diejenige anzusprechen, bei welcher die Schmelze erneut erhitzt, wieder Gase auszuscheiden beginnen würde. Sie wäre, laboratoriumsmäßig ermittelt, eine wichtige Betriebskonstante, da sie allein einen strengen Maßstab für den erreichten Grad der Entgasung liefern würde. Ein entsprechendes Kontrollverfahren ist aber noch nicht für die Praxis entwickelt worden. Im Augenblick der Verarbeitung wurde das Gleichgewicht des Glases thermisch bereits unterschritten; bezüglich der Entglasung um einen sehr geringen Betrag (denn es gelingt oft nur „gerade eben", ihr aus dem Wege zu gehen), bezüglich des Läuterzustandes (Gasgehaltes) jedoch um mehrere 100 °C. Berücksichtigt man diesen Umstand und verbindet diese Gleichgewichtspunkte mit dem vorher ermittelten, so ergibt sich ein punktiert angelegtes Streufeld, welches die Temperaturkurve des Glases schneidet. Im Bereich der Schnittlinie – praktisch gesprochen im Bereich der Projektion dieses Schnittes auf die Schmelzoberfläche – liegt also der „geometrische" Ort, wo die Glasschmelze einmal wirklich den physikalisch-chemischen Gleichgewichtszustand durchläuft, den ihr die Eigentemperatur vorschreibt. Hier und hier allein entsprechen sich einmal thermischer und phasentheoretischer Zustand des Glases. Hier hätte eigentlich mit aller Vorsicht das „Abstehen" einzusetzen, ein störungsfreies Abklingen des Glases auf die zur Verarbeitung erforderliche Beschaffenheit.

2 Gasausscheidung während der Schmelze

Mit dem Gemenge kommen 15 bis 20% an die Rohstoffe gebundene Gase als Schmelzverlust in den Ofen. Diese müssen während der Glasbildung bis auf einen kleinen Rest von etwa 0,1 bis 1,0% ausgeschieden werden. Die Austreibung erfolgt im wesentlichen in den ersten zwei Abschnitten der Schmelze (vgl. Ziff. 1); im dritten Abschnitt ist es notwendig, die in Form von Blasen noch in der Schmelze befindlichen freien Gase auszuscheiden, wobei die Diffusion gebundener Gase in Blasen eine bedeutende Rolle spielt. Im vierten Abschnitt muß man dafür Sorge tragen, daß während des Abstehenlassens keine gasfreimachenden Reaktionen erneut ablaufen können.

Um diese Vorgänge soweit als möglich beherrschen zu können, erscheint es nötig, sich über die Orte, an denen Gase frei werden, und über die dort auftretenden Bedingungen klar zu werden.

Die Orte sind durch die von Löffler getroffene Einteilung der Schmelze gegeben, jedoch muß noch zwischen der Gasentbindung aus der Oberfläche und der im Innern der Schmelze unterschieden werden, da beide unter verschiedenen Bedingungen ablaufen. Hier sei gleich gesagt, daß zwischen Wannen- und Hafenschmelze Unterschiede bestehen. Erstens spielen sich im Hafen die Schmelzvorgänge in zeitlicher, in der Wanne in räumlicher Folge ab und zweitens ist das Verhältnis zwischen der Gasabgabe an der Oberfläche und im Innern ein Verschiedenes. Es wird soweit als möglich auf jeden Fall eingegangen werden, doch ist dies nicht immer nötig, da die gewonnenen Erkenntnisse des einen Falles meist sinngemäß auf den anderen angewandt werden können.

Die Orte, an denen in einer Wanne Gas aus der Schmelze entweicht, sind:

1. Die Oberfläche des schmelzenden Gemenges,
2. das Innere des Gemengehaufens bzw. Teppichs,
3. die Oberfläche der Restschmelze, in der die Restkieselsäure von den bereits gebildeten Silikaten gelöst wird,
4. das Innere derselben,
5. die Läuterzonenoberfläche,
6. das Glas darunter und schließlich
7. die Oberfläche der Abstehzone und
8. das Tiefenglas in dieser.

Zu 1. und 2. Die erste und zweite Zone ist ihrer Lage nach genau definiert, jedoch herrscht über einen Punkt noch weitgehend Unklarheit: Finden an der unteren Grenzfläche des Gemengehaufens glasbildende Reaktionen statt?

Zu 3 und 4. Als den Raum, in dem die Auflösung des noch nicht gelösten Sandes und eine weitere Dissoziation der Karbonate stattfindet, kann man wohl den vom Fuß des Gemengehaufens bis zur Schaumgrenze reichenden ansprechen. Die dort zu beobachtende starke Gasentbindung (vgl. Abb. 189) läßt diese Annahme rechtfertigen. In gewissem Maße wird sich dieser Raum mit der Läuterzone überschneiden, da die Zersetzung der Läutermittel bereits dort beginnen wird. Wie tief diese Schicht ist, wurde bisher noch nie genau definiert, jedoch ist aus den Tiefbadmessungen von Trier *[4]* zu entnehmen, daß sie sich nur auf einige Zentimeter erstrecken kann, da die Temperaturen 5 cm unter dem Schaum 75 bis 140 °C niedriger als an der Oberfläche gemessen werden.

Bei den späteren Betrachtungen (Ziff. 2.3 bis 2.5) spielt die effektive Tiefe aber keine entscheidende Rolle. Wesentlich ist aber, daß an der Oberfläche eine ständig sich erneuernde Atmosphäre herrscht, während bereits 1 cm darunter nur die Atmosphäre der Blase selbst vorhanden ist.

Zu 5 und 6. Auch über die Trennlinie dieser beiden Zonen herrschen keine klaren Vorstellungen und es gilt hierfür das gleiche wie das zu 3. und 4. Gesagte. Es wäre nicht zu verstehen, wie in einer Tiefe von 15 cm unter normalen Bedingungen Blasen vorhanden sein oder entstehen sollten, wenn dort die Temperatur um etwa 100 °C niedriger ist.

Wie schon gesagt, wird der Beginn der Läuterzone sich mit der Zone der Restschmelze überschneiden, jedoch ist sicher anzunehmen, daß sie über die Schaumgrenze hinausgeht. Ihr Ende ist nicht streng definiert, sondern verläuft allmählich. Reicht es zu weit in die Abstehzone, fällt das Glas gispig aus.

Grundsätzlich ist festzuhalten, daß in der Läuterzone Gase, die durch Schmelzreaktionen als Blasen freigeworden sind, aus dem Glas entfernt werden müssen. Danach bleibt im Glas noch ein Gasrest zurück. Mit diesem ist in der Abstehzone sehr vorsichtig umzugehen, da *viele Möglichkeiten darauf „lauern", aus ihm Blasen freizumachen.*

Zu 7. und 8. Als Abstehzone kann der Teil des Ofens angesehen werden, in dem die Temperaturen so niedrig sind, daß Blasen das Glas nicht mehr verlassen können. Wie weit unter die anderen Zonen reichende Rückströmungen dazu gerechnet werden können, sei dahingestellt.

2.1 Vorgänge an der Oberfläche des Gemenges

Wird Gemenge in einen Glasschmelzofen gebracht, so wirkt auf dieses die Flamme ein. Während die Wirkung in einem Hafenofen allseitig ist, d.h., daß auch durch die Gefäßwandung die Hitze eindringt, wird in einem Wannenofen das Gemenge nur von oben durch die Flamme zum Schmelzen gebracht. Wie schon erwähnt, ist der Einfluß des unter dem Gemenge befindlichen heißen Glases auf dieses noch ungeklärt, doch kann man annehmen, daß die Wirkung infolge der dort niedrigen Temperatur gering ist. SCHADOK u. VAN ZEE [5] fanden im Doghouse und in der Speiserrinne gleiche Gasgehalte. Auch vom Bearbeiter wurden an mehreren Gußglaswannen im Doghouse und im Überlauf gleiche SO_3- und Blasengehalte gefunden, was obige Annahme unterstützt.

Abb. 189. Schmelzendes Gemenge, Einblick in einen Wannenofen; rechts (Pfeil) auftreibende Blase

Unter dem Einfluß der Hitze bildet sich auf der Oberfläche des Gemenges schnell eine dünne Schmelzschicht, die unter Einwirkung der Schwerkraft abfließt und neues Gemenge der Hitze freigibt.

Auch durch die aus dem Innern des Gemenges ausbrechenden Gase (Abb. 189), die große Blasen bilden und die Schmelzschicht löchrig erscheinen lassen, wird das neugebildete Glas vom Gemenge abgedrängt. Auch scheint sich die Oberflächenspannung auf die neugebildete Schmelze auszuwirken, indem sie diese hügelartig zusammenzieht. Im Verlauf dieser Erstschmelze werden nach KRÖGER [6] aus dem Sand und den als Karbonaten vorliegenden Alkalien und Erdalkalien bereits bei 500 °C $Na_2O \cdot 3\,CaO \cdot 6\,SiO_2$ und $Na_2O \cdot CaO \cdot 3\,SiO_2$, also leicht schmelzbare Silikate gebildet.

Durch diese ersten Reaktionen wird eine große Menge CO_2 und H_2O-Dampf frei [*7, 8, 9, 10, 11*].

Nach LÖFFLER [*1*] bindet das neugebildete Natriumsilikat wieder begierig Wasser, welches es ins fertige Glas als Gasrest mitnimmt. Daß einmal gelöstes Wasser im Glas sehr fest gebunden ist, bestätigt DIETZEL [*12*] durch Absorptionsversuche mit Ultrarotstrahlen. Daß im Verlauf der Erstschmelze ein großer Teil der im Gemenge befindlichen Luft ausgetrieben wird, braucht nur am Rande erwähnt zu werden.

Eine Reaktion zwischen Na_2SO_4 und SiO_2 findet in diesem Raum mindestens im wesentlichen noch nicht statt. Das Na_2SO_4 wird als Schmelze (Schmelzpunkte 884 °C) mitgeführt. Allerdings kann eine Reduzierung des Na_2SO_4 durch Kohle oder CO zu Na_2S bereits stattfinden.

Befindet sich im Gemenge als Läuter- oder Entfärbungsmittel Arsenik und Salpeter, so wird in dieser Zeit der Salpeter zersetzt und der freiwerdende Sauerstoff oxydiert das As_2O_3 zu As_2O_5.

Ebenso ereignet sich in diesem Bereich der Zerfall von Halogeniden, die zum Zwecke der Trübung, Läuterung oder Schmelzbeschleunigung eingeführt werden.

Da die Temperaturen auf der Oberfläche des Gemengehaufens sehr verschieden sein können, sie liegen zwischen Raumtemperatur und etwa 1000 °C, und sehr von Ofenbauart, Flammenführung usw. abhängig sind, ist es nicht genau bestimmbar, wie weit diese Reaktionen im einzelnen getrieben werden.

Die Gasabgabe erfolgt auf der Gemengehaufenoberfläche sehr rasch, da durch die vorbeistreichenden Ofengase der Partialdruck laufend niedrig gehalten wird. Auf den Einfluß des Partialdruckes auf die Gasentbindung wird in Abschnitt 2.5 noch genauer eingegangen.

2.2 Das Innere der Gemengehaufen

Die Reaktionen im Innern des Gemengehaufens oder auch der Dünnschicht verlaufen anders als auf der Oberfläche. Das läßt sich aus dem Temperaturverlauf im Gemenge und den daraus zu ziehenden Schlußfolgerungen ableiten. GIEGERICH [*13*] stellte fest, daß die Wärmeleitzahl von losem Gemenge 0,235, gesintertem Gemenge 0,37 und von Glas 0,9 kcal/m² h °C bei 20 °C beträgt. Die niedrige Wärmeleitfähigkeit wirkt der Erwärmung des Innern stark entgegen. Darüber wurden in einem Laborofen Versuche angestellt, deren Ergebnis in Abb. 190 dargestellt ist. Nach dreistündigem Erwärmen erreichte die Oberfläche eine Temperatur, bei der schon die ersten Reaktionen beginnen können, während in 8 cm Tiefe gerade 100 °C überschritten wurden.

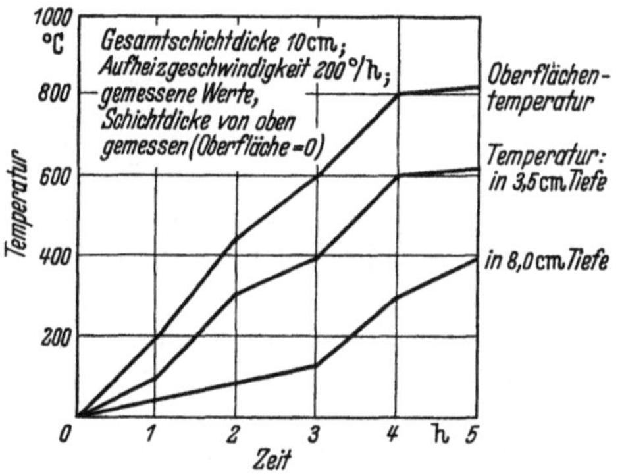

Abb. 190. Messung der Erwärmung von Gemenge (nach GIEGERICH)

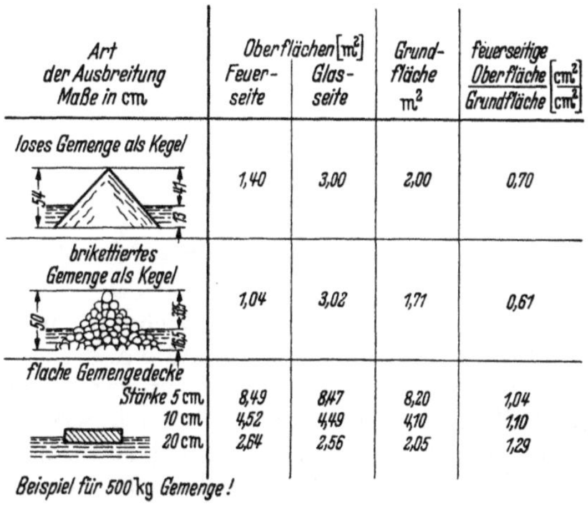

Abb. 191. Ausbreitung des Gemenges in der Wanne (nach GIEGERICH)

Durch diesen geringen Temperaturanstieg kann es im Innern des Gemenges nur sehr langsam zur Reaktion kommen. Finden welche statt, so werden sie durch den rasch entstehenden hohen Partialdruck (vgl. Ziff. 2.5) des entbundenen Gases, das ja nicht oder nur sehr schwer entweichen kann, wieder gehemmt. Hinzu kommt nach KRÖGER [*14*], daß durch endotherme Reaktionen die Erwärmung im Gemengehaufen gehemmt wird.

Es ist daher notwendig und es hat sich in den letzten Jahren zum größten Teil durchgesetzt, das Gemenge so in den Ofen zu bringen, daß dem Feuer die größtmögliche Oberfläche dargeboten wird. In Abb. 191 hat GIEGERICH dargestellt, wie das Verhältnis der dem Feuer dargebotenen Oberfläche zu der vom Glas bedeckten Grundfläche durch die Einlegeweise gestaltet werden kann.

Es sei noch gesagt, daß bei der Dünnschichtschmelze dem sich auf der Oberfläche bildenden Glas durch Unterbrechungen im Teppich die Möglichkeit zum Ablaufen gegeben werden muß.

Da es eine Grundregel der Glasschmelzkunst ist, alle Vorgänge im Ofen so gleichmäßig wie möglich ablaufen zu lassen, sei gleich darauf hingewiesen, daß schon die Einlegeweise auf die Läuterung einen Einfluß ausüben kann. In einem großen Gemengehaufen werden die ersten Reaktionsprodukte infolge ihrer anderen Wärmevergangenheit einen anderen Gasgehalt haben als die letzten. Bei einer Dünnschichtschmelze kann der Unterschied nicht mehr so groß sein.

2.3 Restschmelze an der Oberfläche

Die vom Gemenge abfließende Schmelze ist noch sehr inhomogen und gasreich. Schon die visuelle Beobachtung der Schmelze zeigt dies. Um das Gemenge finden noch heftige gasabspaltende Reaktionen statt, die sich durch heftige Bewegung bemerkbar machen und selbst in dem etwas entfernter liegenden Schaum kann man das dauernde Aufplatzen und Neubilden großer Blasen beobachten (Abb. 192).

In diesem Bereich stehen erst jene hohen Temperaturen zur Verfügung, welche für eine weitgehendste Entbindung der Kohlensäure notwendig sind [6]. Der Großteil des CO_2 wird wohl schon bei Temperaturen von 500 bis 1200 °C freigemacht, angefangen von Vorreaktionen im festen Zustand über die Metasilikatbildung nach

$$3\,Na_2Ca(CO_3)_2 + 6\,SiO_2 = Na_2O \cdot 2\,CaO \cdot 3\,SiO_2 + 2\,Na_2O \cdot CaO \cdot 3\,SiO_2 + 6\,CO_2,$$

welche später die überschüssige SiO_2 lösen und bis zur Dissoziation des Karbonates. Der trivariante Charakter der den Hochtemperaturreaktionen zugrunde liegenden Gleichgewichte zwischen den nun noch vorliegenden Silikaten und dem Karbonat bedingt jedoch das Vorhandensein eines CO_2-Restes bis in die Rauhschmelze hinein, dessen Größe durch die Schmelztemperatur und die örtlichen Konzentrationsverhältnisse der Reaktionspartner gegeben ist. Diese trivarianten Gleichgewichte verschieben sich erst bei wesentlicher Temperaturerhöhung (1450 °C) zugunsten der CO_2-Entbindung. Die endgültigen CO_2-Restgehalte liegen unter 0,02% [6].

Abb. 192. Verschwindende Gemengehaufen auf der Glasschmelze

Auch Pincus u. Weyl [7] bestätigen, daß das bestehende Gleichgewicht zwischen Alkalien CO_2 und SiO_2 sich stark nach der SiO_2-Seite verschieben kann und daß dann nur wenig CO_2 im Glas verbleibt.

Durch das Ansteigen der Temperatur beginnen auch die Läutermittel zu dissoziieren. Über den Blasenhaushalt in diesem Bereich berichtete Jebsen-Marwedel [15]. Er bestimmte die Menge der Blasen in frischem Fensterglas zu maximal 10 Volumprozenten.

Die Blasen enthalten Kohlensäure aus der Zersetzung von Soda und Kalkstein, SO_3 und O_2 aus dem Sulfat und sonstigen Läutermitteln, sowie Wasserdampf aus der Gemengefeuchtigkeit. Auch Luft, die im Gemenge eingeschlossen war, gehört hierzu, indessen ist ihr Anteil, wie Dietzel [16] hervorhebt, gering, da ein Kilogramm Gemenge nur 0,2 l Luft gegenüber etwa 60 l CO_2 enthält. Sonstige Angaben über Art und Menge der Gase, die in den Blasen des frisch geschmolzenen Gemenges eingeschlossen sind, liegen nicht vor. Es verdient hervorgehoben zu werden, daß die Gase, die während der Schmelze und Läuterung aus dem Gemenge ausgetrieben werden, ein Volumen einnehmen, welches mehr als 100mal größer sein kann als das Volumen des fertigen Glases. Daraus ist die interessante Feststellung zu machen, daß der im frischen Glas nach Jebsen-Marwedel mögliche Blasengehalt [15] 1000mal umgesetzt werden müßte, wenn nicht erhebliche Teile des Gases direkt in die Ofenatmosphäre entweichen würden.

Dies geht auch daraus hervor, daß die gesamte Gasaustreibung unter verhältnismäßig geringer Schaumbildung vor sich geht. Zu beachten ist in diesem Zusammenhang die Bemerkung von Jebsen-Marwedel [17], daß eine Tafelglasschmelze zu keinem Zeitpunkt mehr Blasen enthält, als einem SO_3-Gewicht von 0,016% entspricht, während sie bis zu 1% SO_3 gelöst enthalten kann.

Aus diesen Ausführungen ist zu erkennen, wie wichtig die Oberfläche mit ihrer Wechselwirkung zur Ofenatmosphäre für die Entgasung der Schmelze ist.

Um den Vorgang der Gasausscheidung richtig zu verstehen, muß man sich vor Augen halten, daß er zwar eine Folge der Temperatursteigerung ist, aber nicht mit ihr Schritt hält. Je höher die Temperatur, desto lebhafter, je länger die Einwirkung, desto vollständiger ist die Gasabspaltung.

Aber erst nach Stunden würde die Schmelze wirklich den Zustand annehmen, der ihrem thermischen Gleichgewicht entspricht (vgl. Ziff. 1.3).

Die technische Ofenführung räumt ihr aber diese Zeit gar nicht ein, bis ihr Gasgehalt sich der durchlaufenen Temperatur angepaßt hat, sondern überhöht die Temperatur einfach. Dadurch wird erreicht, daß ein Glas, welches einer Ofentemperatur von 1440 °C ausgesetzt war und selbst vielleicht 1360 °C durchgemacht hat, wenigstens so viel Gase ausgeschieden hat, als ob es beliebig lange auf – sagen wir – 1300 oder 1320 °C gestanden hätte. Letztere entspräche der Gleichgewichtstemperatur. Wird diese jedoch später einmal überschritten, beginnt die Schmelze erneut Gas abzugeben. Gasfrei, d.h. unfähig, Blasen zu bilden, ist sie niemals. Sie enthält stets ein „*potentionelles Blähungsvermögen*".

2.4 Restschmelze unter der Oberfläche

Wenn aus dem vorhergehenden Abschnitt zu erkennen war, daß erhebliche Gasmengen durch Diffusion direkt in die Ofenatmosphäre abgeschieden werden, so bleibt doch noch ein großer Teil übrig, der nicht auf diesem Wege, sondern über Blasen ausgetrieben werden muß. Über das Verhältnis dieser Anteile sind bisher noch keine Aussagen gemacht worden. Unter der Oberfläche sind die Bedingungen, unter denen Gas abgespalten werden kann, komplizierter, da entweder neue Blasen gebildet werden müssen – Abb. 193 u. 194 zeigen in der Umgebung noch nicht gelöster Sandkörner eine Anhäufung von vielen neugebildeten kleinen Blasen – oder das Gas in vorhandene Blasen eindiffundieren, diese vergrößern und zum Aufsteigen bringen muß. Hier liegt eine klare Überschneidung mit der Läuterung vor. Der Mechanismus der Gasaustreibung (vgl. Ziff. 3.1 bis 3.3) ist aber eng mit der Restschmelze verbunden.

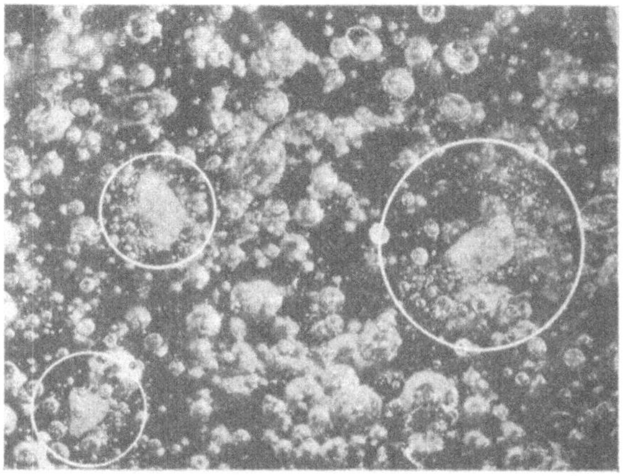

Abb. 193. In der Nähe noch nicht aufgelöster Sandkörner starke Anhäufung kleiner Blasen

Die unter der Oberfläche ablaufenden Reaktionen sind die gleichen, wie unter Ziff. 2.3 beschrieben. Hierbei ist es von Interesse zu überlegen, wie tief die reagierende Schicht sein kann, da sowohl der Transport der Gase zur Oberfläche als auch die Einwirkung von Temperatur und Ofenatmosphäre davon wesentlich abhängig sind. Direkte Angaben wurden darüber noch nicht gemacht. Jebsen-Marwedel nimmt im Abschnitt „Nutzanwendung des Läuterdiagramms", Glastechn. Fabrikationsfehler 1936, an, daß eine Blase bei 1400 °C aus einer mittleren Tiefe von 25 cm aufsteigen soll. Es wird daher auch vorausgesetzt, daß eine Blase in 50 cm Tiefe vorhanden ist. Dies kann unter dem Gesichtspunkt der Erklärung der physikalischen Gesetze nach denen der Auftrieb von Gasblasen in einer Flüssigkeit erfolgt, gemacht werden, und es sind auch leider bisweilen Blasen in dieser Tiefe vorhanden. Es ist aber sehr fraglich, ob diese dann in den Begriff der Schmelze und Läuterung einbezogen werden dürfen, denn bei Blasen, welche in solchen Tiefen vorkommen, handelt es sich meist nicht um Läuterblasen.

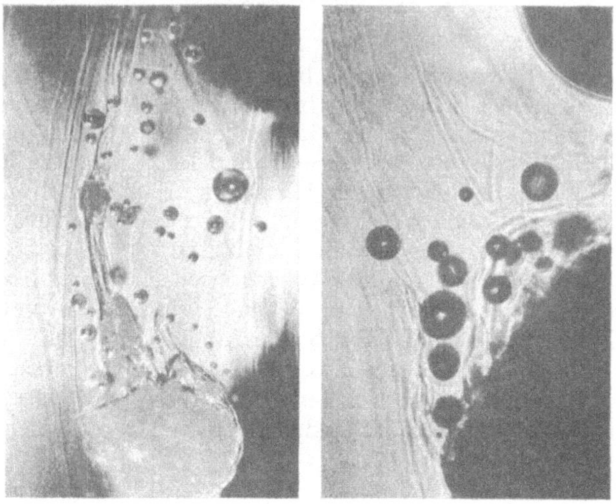

Abb. 194. Gasblasen werden in der unmittelbaren Nähe von Sandkörnern, die in Auflösung begriffen sind, durch Anreicherung von Kieselsäure ausgetrieben

Jebsen-Marwedel [*15*] hat von Schöpfproben (Abb. 195), die im Bereich vom 1. Brenner bis zum Schwimmer in einer L.-O.-Wanne genommen wurden, das Raumgewicht bestimmt und dabei festgestellt, daß das Glas in der Nähe des Gemengehaufens infolge des Blasengehaltes ein Raumgewicht von nur 2,25 und am 2. Brenner von 2,48 hatte. Erst am 3. Brenner hatte das Glas ein Raumgewicht von 2,5, wobei zu berücksichtigen ist, daß der Volumanteil der Gasblasen im heißen Zustand erheblich höher und daher das Raumgewicht des Glases niedriger ist. TRIER [4] hat bei Tiefbadmessungen an den gleichen Wannen festgestellt, daß die Temperaturen 5 cm unter dem Glasspiegel im Bereich zwischen 3. und 4. Brenner (vgl. Abb. 196), in dem die Restschmelze bereits vollzogen ist, 40 bis 50 °C niedriger sind als die des Glases an der Oberfläche. Es ist also das Glas in dieser Tiefe

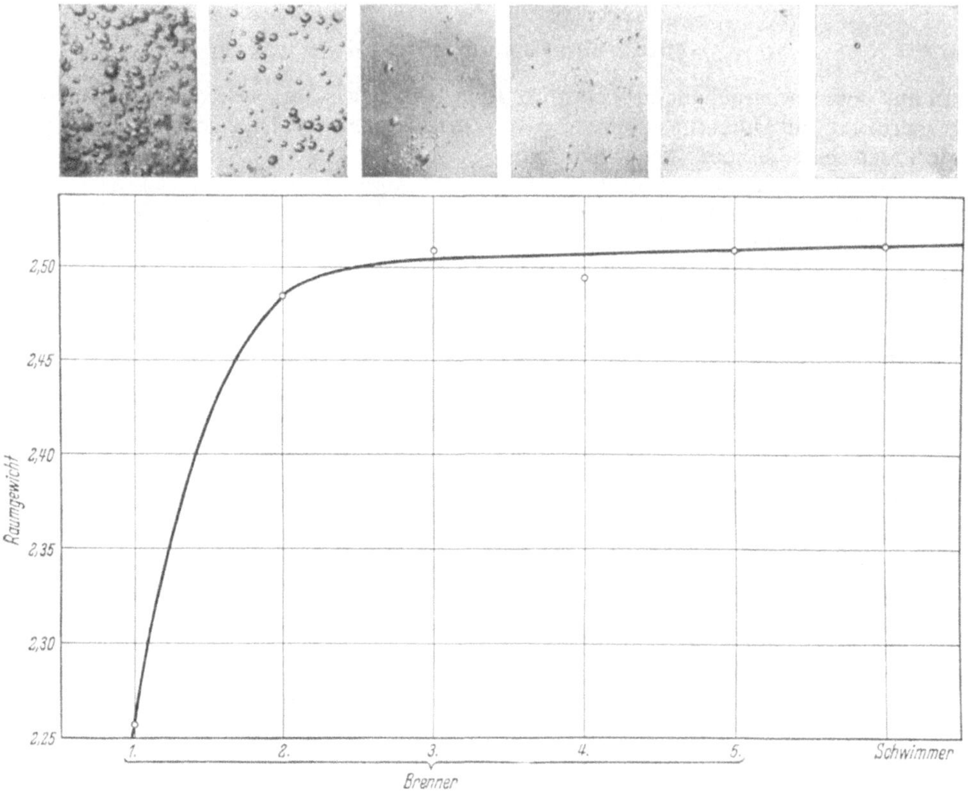

Abb. 195. Verlauf des Raumgewichtes von Glas aus einer Wannenschmelze und sein Blasengehalt

schwerer als an der Oberfläche und es ist mit Sicherheit anzunehmen, daß die Restschmelze so lange an der Oberfläche bleibt, bis sie durch Verringerung des Blasengehaltes und Abkühlung mindestens gleich schwer wie das tiefere Glas ist. Aus diesen Überlegungen ist anzunehmen, daß die Schicht, in der die Restschmelze und Läuterung stattfinden, nur einige Zentimeter dick sein kann.

Während also bei der Restschmelze an der Oberfläche die Entgasung hauptsächlich durch direkte Diffusion vor sich geht, erfolgt dies unter der Oberfläche zum Großteil unter Neubildung oder Vergrößerung vorhandener Blasen.

Durch einen gewissen Ortswechsel der beweglichen Massen zwischen Tiefe und Oberfläche erhalten jedoch auch tiefer liegende Glasteilchen die Gelegenheit, durch direkte Diffusion in die Ofenatmosphäre Gas abgeben zu können.

Über den Mechanismus der Blasenbildung haben verschiedene Forscher gearbeitet (Ziff. 3.1). In Häfen und Tageswannen liegen die Verhältnisse, je nach der Einlegeart und der dadurch bedingten Zeit zum Vollenden der Schmelze zwischen zwei Einlagen, anders.

2.5 Partialdruck („Ofenklima") und Gashaushalt der Schmelze

Obwohl aus einem Glasgemenge wesentlich größere Mengen CO_2 als SO_3 ausgetrieben werden, enthält das fertige Glas größere Mengen an SO_3 als CO_2 gebunden.

Aus diesem Grund wurden die Zusammenhänge zwischen gebundenem SO_3 und Glas früher erforscht, als diejenigen zwischen CO_2 und Glas [14].

Es genügen schon die geringsten Gasreste im Glas, um bei Zustandsänderungen der Schmelze zu erheblichen Störungen Anlaß zu geben, da im Augenblick des Auftretens von CO_2 in gasförmigem Zustand ihr, wenn auch noch so geringes Gewicht, als beachtliches Volumen in Erscheinung tritt. So machen 0,01 Gew.-% CO_2 in einer Schmelze von 100 g = 40 cm³ Glas vom spezifischen Gewicht 2,5, schon ohne Berücksichtigung der thermischen Ausdehnung, ein Volumen von 5,0 cm³ aus, also nicht weniger als 12,5 Vol.-%. Es wurden aber sogar 0,05 Gew.-% festgestellt! Erhebliche Bedeutung für diese im Glase verbleibenden CO_2 – Reste kommt dem CO_2 – Partialdruck in der Ofenatmosphäre und später in der Blase zu. Dies gilt in erster Linie für den Schmelzvorgang im Gemengehaufen. Schon die Zuführung verschiedener Brennstoffe in einem Glasschmelzofen ergibt eine andere Zusammensetzung der Ofenatmosphäre, deren unterschiedliche Partialdrücke auf den Schmelzverlauf einwirken können.

Ein Beispiel: Der Zersetzungsdruck von Kalk ($CaCO_3$) beträgt bei:

500	600	700	750	800	850	900	1000	°C
0,95	9,2	50	101	195	369	700	2829	mm Hg.

Ein Generatorgas entwickelt bei vollkommener Verbrennung theoretisch etwa 16% CO_2. Der atmosphärische Partialdruck betrüge demnach $\frac{16 \cdot 760}{100} = 121{,}6$ mm Hg. Diesem gegenüber vermag sich die Zersetzung des Kalkes, etwa bei 760 °C beginnend, durchzusetzen. Enthielte die Ofenatmosphäre jedoch, aus Koksofengas gespeist, nur 8% CO_2, so entspräche diese Konzentration einem Partialdruck von $\frac{8 \cdot 760}{100} = 60{,}8$ mm Hg, den eine entsprechende Zersetzungsspannung des Kalkes schon von etwa 710 °C ab (also 50 °C niedriger!) überwinden würde. – Im Innern eines Gemengehaufens dagegen würde eine Zersetzung erst von 910 °C ab (also 200 °C höher!) vonstatten gehen können, denn es ist zu berücksichtigen, daß ja doch nur die Oberfläche des Schmelzhaufens den Gasen freien Abzug gewährt. Das Innere ist darauf angewiesen, die CO_2-Abspaltung unter einem Partialdruck von nahezu 1 at CO_2 vorzunehmen, was völlig veränderte Bedingungen bedeutet. Wie deutlich diese sichtbar zu machen sind, erweist ein einfacher Versuch: Zwei gleichartige Gemenge mit theoretischem Glühverlust von 17,5% werden in Platintiegeln von verschiedenem Format in einen Ofen von 950 °C eingesetzt. In dem einen beträgt das Verhältnis der freien Oberfläche zur angewandten Menge 7,0 cm²/5 g, in dem anderen 16,6 cm²/5 g. Die im elektrischen Glühofen festgestellte Geschwindigkeit der CO_2-Abspaltung ist stark verschieden. Wie zu erwarten ist, kommt die Schmelze mit größerer freier Oberfläche rascher zum Ziel, und zwar bei jeder

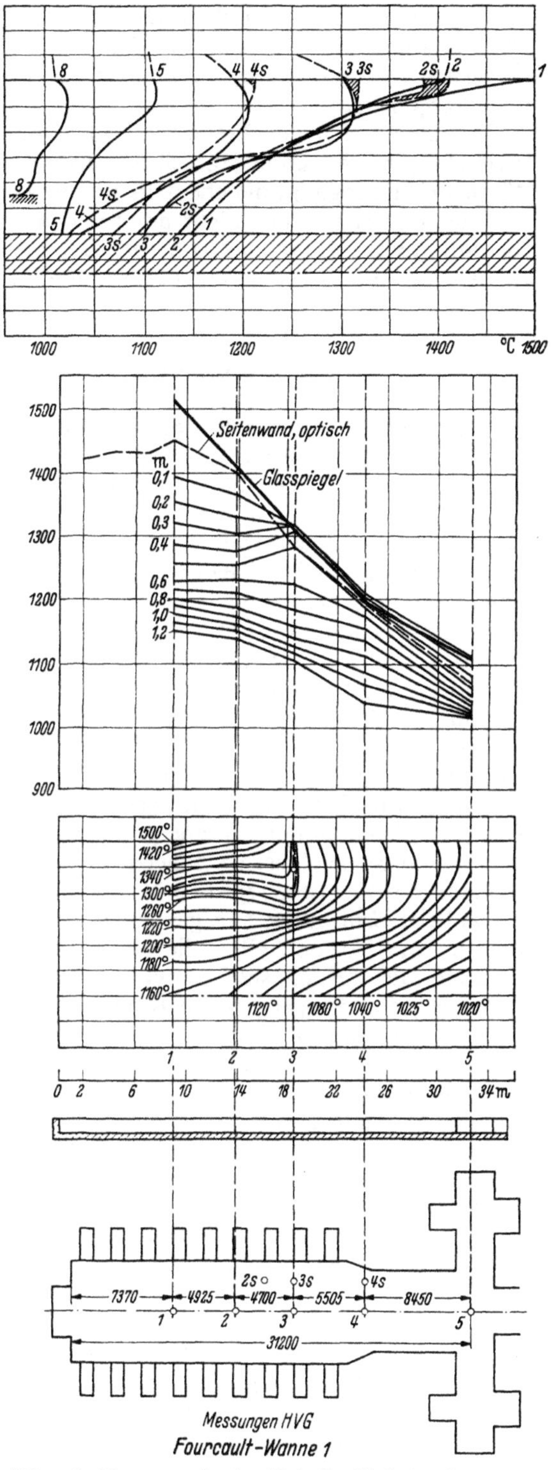

Abb. 196. Messungen in der Tiefe des Glasbades einer FOURCAULT-Wanne (nach TRIER)

Temperatur. Ähnlich fällt der Versuch aus, wenn der Einfluß des Partialdruckes sichtbar gemacht wird, indem die Gasabgabe bei offenem Tiegel mit derjenigen aus verdecktem Tiegel verglichen wird. Immer sorgt die Durchlüftung der offenen Tiegel für ein wesentlich rascheres Fortschreiten der thermischen Dissoziation. Der Unterschiede tritt besonders auffällig in Erscheinung bei Temperaturen, bei denen der Zerfall gerade erst einsetzt; er vermindert sich mit steigernder Wärmezufuhr, muß aber auch noch bei Schmelztemperaturen von wesentlicher Bedeutung sein.

Es handelt sich bei diesen Versuchen nicht ausschließlich um Einflüsse des Partialdruckes. Vielmehr gibt die unterschiedliche Ausbreitung des Gemenges auch eine verschieden rasche Wärmedurchdringung, die ebenfalls für die Geschwindigkeit der Gasabgabe zu bewerten ist.

Daß der Partialdruck nicht nur für den CO_2-Gehalt maßgebend ist, beweist die Feststellung von SHUKOWSKI u. POLLJAK [*18*, *19*]: Der Schwefelgehalt und die SO_2-Konzentration der Ofenatmosphäre sind sinngemäß nicht ohne Einfluß auf den SO_3-Gehalt des Glases.

2.6 Einfluß der Korngröße der Rohstoffe und Scherben

Einen nicht zu vernachlässigenden Einfluß auf die Läuterung übt die Korngröße der Rohstoffe aus. Einige Regeln kann man schon als allgemein bekannt voransetzen. So, daß der Sand und der Kalk nicht zu fein, der Dolomit nicht grob sein darf.

Die Korngröße der Flußmittel, insbesondere der Soda, scheint keinen Einfluß auszuüben, da man selbst Spiegelglas erfolgreich mit feiner, leichter Soda schmilzt.

Über den Einfluß der Korngröße des Sandes liegen mehrere Untersuchungen vor. Da mit zu feinem Sand erschmolzenes Glas schwer blank wird, wird eine Korngröße von 0,1 bis 0,4 mm für Qualitätsglas empfohlen [*20*, *21*].

Für gewöhnliches Glas kann der Sand grobkörniger sein. Es werden sogar vereinzelt Körnungen bis 1,5 mm verwendet. Nach anderen Angaben [*20*] liegt die obere Grenze bei 0,5 bis 0,9 mm. Die Autoren führen die Schwierigkeiten mit feinem Sand auf zu schnelles Auflösen des Sandes und dadurch zu raschem Viskositätsanstieg der Schmelze zurück. REIL [*22*] erklärt die Wirkung des gröberen Sandes damit, daß zur Abspaltung des SO_3 bis in die Läuterung hinein noch ungelöster Sand vorhanden sein müßte (s. Ziff. 5). R. SCHMIDT legt Wert auf ein splittriges Korn, um den Flußmitteln eine große Angriffsfläche darzubieten. Allgemein wird bestätigt, daß der Gewinn der leichteren Schmelzbarkeit durch feinen Sand durch die längere Läuterzeit wieder wettgemacht wird [*23*, *24*].

Daß der Kalk nicht fein gemahlen sein sollte, steht außer Zweifel, da das Glas sonst gispig werden kann [*21*, *25*]. Über die zu verwendenden Korngrößen besteht jedoch keine einheitliche Meinung. Es werden solche von 0,1 bis 0,3 mm, aber auch gröbere vorgeschlagen. Man geht meist bis 3,0 und sogar 5,0 mm Körnung.

Steine im Glas durch etwa zu grobe Mahlung treten kaum auf, da der Kalk rasch zerfällt und sich dann leichter auflöst.

R. SCHMIDT [*21*] empfiehlt statt dichter, grob kristalliner Kalke amorphe, lockere zu verwenden, wie Kreide, Tuffe und Wiesenkalke.

Für Dolomit wird eine Körnung von 0,1 bis 0,3 mm vorgeschlagen. Die Schmelzbarkeit des Glases nimmt durch geringen Dolomitzusatz unwesentlich zu, erhöht sich aber sehr bei Zusätzen von mehr als 8% [*21*, *23*].

Über den Einfluß der Gemengefeuchte berichtet H. SCHILLING [*26*], daß diese die Ursache gispigen Glases sein könne, während W. E. S. TURNER einen Feuchtigkeitsgehalt von einigen Prozent zur Verbesserung der Läuterung empfiehlt. Feldspate und über 1% Konstitutionswasser enthaltende vulkanische Rohstoffe können starkes Schäumen der Schmelze hervorrufen.

BESBORODOV, ZAVJALOV u. ZELIGER [*27*] untersuchten den Einfluß des Scherbenzusatzes bei verschiedenen Korngrößen von 0,15 bis 1,5 mm und Temperaturen von 800 und 900 °C auf die Reaktionsgeschwindigkeit des Gemenges.

Eine Zusammenfassung der Veröffentlichungen über Korngrößen bei Glasrohstoffen ist im F.A. Bericht III vom 10. März 1950 zu finden, eine Ergänzung dazu im F.A. Bericht III vom 19. 1. 1951.

Das gleiche Problem für Scherben behandelt der F.A. Bericht III 1952 [*2*].

3 Gasausscheidung während der Läuterung

3.1 Die Bildung der Blasen im Glas

Zur Neubildung von Blasen sagt DIETZEL [*16*], „daß die Bildung einer Blase die Schaffung neuer Oberflächen im Glasinnern verlangt. Das bedeutet, daß die Glasstruktur über eine (vom atomaren Standpunkt aus gesehen) große Fläche aufgerissen, d. h. eine große Zahl von Si–O–Si-Bindungen gleichzeitig gelöst werden müßten. Diese Bindungen, wenn gleich im Schmelzfluß durch die Wärmeschwingungen gelockert, sind aber relativ stark und es gehört viel Energie dazu, eine größere Anzahl von ihnen gleichzeitig zu zerreißen".

„SMEKAL [*28*] hat die molekulare Zerreißfestigkeit für gewöhnliche Temperaturen zu rd. 1000 kg/mm², also 100000 at berechnet. Man darf diese Zahl wenigstens größenordnungsmäßig wahrscheinlich auch für höhere Temperaturen zugrunde legen. Das würde also bedeuten: Ein freiwerdendes Gas ist zwar unter Normalbedingungen im Glas nicht löslich, aber es muß solange in der Schmelze echt gelöst bleiben können, bis es entweder auf dem Wege der Diffusion aus der Schmelze herauskommt, oder aber bis durch fortschreitende Zersetzung des Läutermittels der Gasdruck so weit angestiegen ist, daß das Gas die Struktur zerreißen und damit eine neue innere Oberfläche, eine Blase, bilden kann. Die Theorie erfordert dazu die erwähnten hohen Gasdrucke".

Diese Überlegungen werden gestützt durch Untersuchungen von CSAKI u. DIETZEL [*29*] über den Sauerstoffdruck in Glasschmelzen, aus welchen man bei vorsichtiger Extrapolation zu ähnlichen Größenordnungen gelangt.

LÖFFLER [*1*] nimmt allerdings an, daß für die thermische Dissoziation geringere Drucke ausreichen, als sie DIETZEL vorausgesetzt hat. Bei jeder Blasenbildung aus Flüssigkeiten heraus muß ein Aufreißen des Molekularverbandes eintreten. Dies ist keine besondere Eigenheit des (SiO_4)-Netzwerkes. Die Gasübersättigung im Wasser kann viel größer sein als in der Glasschmelze, obwohl die Arbeit für die Trennung der Wassermoleküle vermutlich geringer ist als bei Kieselsäure.

Hat sich nun eine Blase neu gebildet, so soll sie durch Diffusion vergrößert werden. Welche Hemmungen ihr im Wachstum auferlegt werden, untersuchte WIDTMANN [*30*], indem er den Einfluß der Oberflächenspannung auf den Innendruck in einer Blase errechnete. Für die Größe des durch die Oberflächenspannung hervorgerufenen Innendruckes in einer Blase gilt die Formel

$$p = \frac{2\sigma}{r}$$

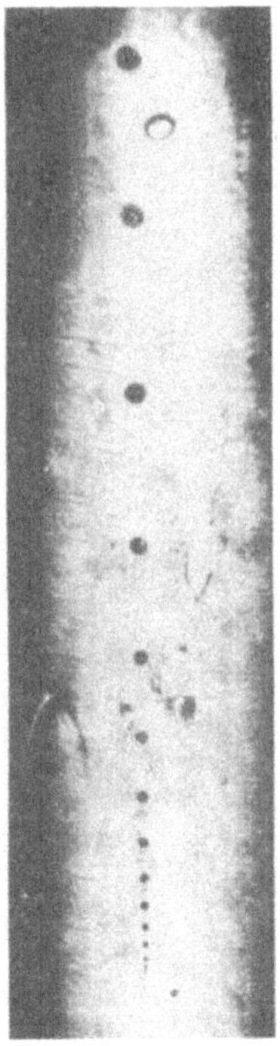

Abb. 197. Vergrößerung der Blasen durch Diffussion der Gase in den Hohlraum mit zunehmender Steighöhe. Modellflüssigkeit: Bier

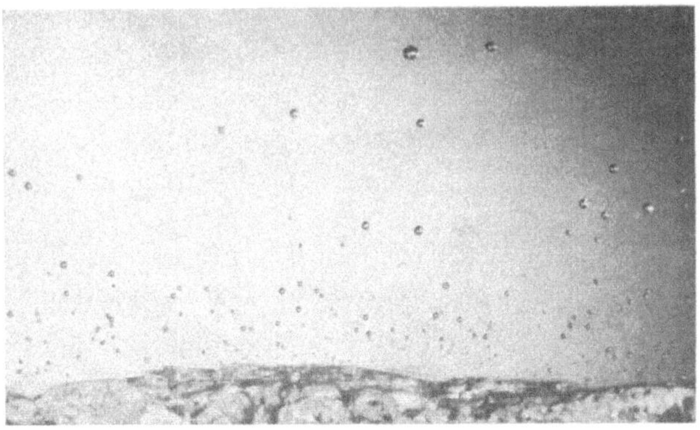

Abb. 198. Blasen, die aus der Grenzfläche feuerfester Stein/Glas aufsteigen

worin p der Druck in der Blase, σ die Oberflächenspannung, die für Glas mit 300 dyn/cm angenommen werden kann, und r der Radius der Blase ist. Rechnet man den Druck in einer kleinen, neugebildeten Blase von 0,001 mm Durchmesser nach, so findet man, daß der allein durch die Oberflächenspannung bedingte Innendruck 12 at beträgt, den ein in die Blase eindiffundierendes Gas überwinden müßte. Bei einer Blase von 1 mm Durchmesser ist der Druck nur mehr 0,012 at und wird der Diffusion nicht mehr hinderlich sein.

In einer Blase herrscht also ein Druck, der sich aus dem Atmosphärendruck, dem Druck der über der Blase befindlichen Glasmasse und dem durch die Oberflächenspannung bedingten Druck zusammensetzt [*31*]. Ein in die Blasen eindiffundierendes Gas muß aber nur den, seinem Molanteil entsprechenden Partialdruck überwinden, d. h., daß sich dem Eindiffundieren von z. B. CO_2 in eine SO_3-Blase selbst kleinsten Durchmessers, zumindest anfänglich, kein Widerstand entgegensetzt. Dies ist die physikalische Grundlage der Wirkung der Läutermittel. Um den Einfluß des Partialdruckes auszunutzen, ist es vorteilhaft, verschiedene Gase abgebende Läutermittel einzusetzen [*32*].

Wenn auf diesem Wege der Gasgehalt einer Schmelze wesentlich verringert werden soll, so muß, wie DIETZEL [*16*] hervorhebt, eine große Zahl von Blasen mit dünnwandiger Glasmasse dazwischen zur Verfügung stehen, denn die Diffusion kann sich in der zur Verfügung stehenden Zeit immer nur über eine kurze Strecke im Glase hin auswirken. Wie langsam diese Diffusion vonstatten geht, erkennt man daraus, daß der Diffusionskoeffizient der Gläser bei 0,01 bis 0,1 cm^2 je 24 Stunden liegt, während man bei Flüssigkeiten gewöhnlich mit einigen cm^2/24 h und bei Gasen mit einigen cm^2/sek rechnen kann. Der Diffusionskoeffizient ist dem Kehrwert der Zähigkeit proportional und direkt proportional dem Radius der diffundierenden Moleküle.

Die Vergrößerung der Blasen während des Aufsteigens durch Diffusion und Verringerung des hydrostatischen Druckes läßt sich an CO_2-haltigen Flüssigkeiten gut beobachten (Abb. 197). Daß diese Verhältnisse beim Glas ähnlich liegen, zeigt Abb. 198.

3.2 Das Aufsteigen der Blasen im Glas

Das Aufsteigen von Blasen in einer viskosen Flüssigkeit ist von Größe und Inhalt der Blase, sowie von den Eigenschaften der Flüssigkeit abhängig. Für die Homogenisierungsleistung [*33*] der aufsteigenden Blasen im Sinne von Abb. 199 ist die Erkenntnis wichtig, daß ein Zerreißen von

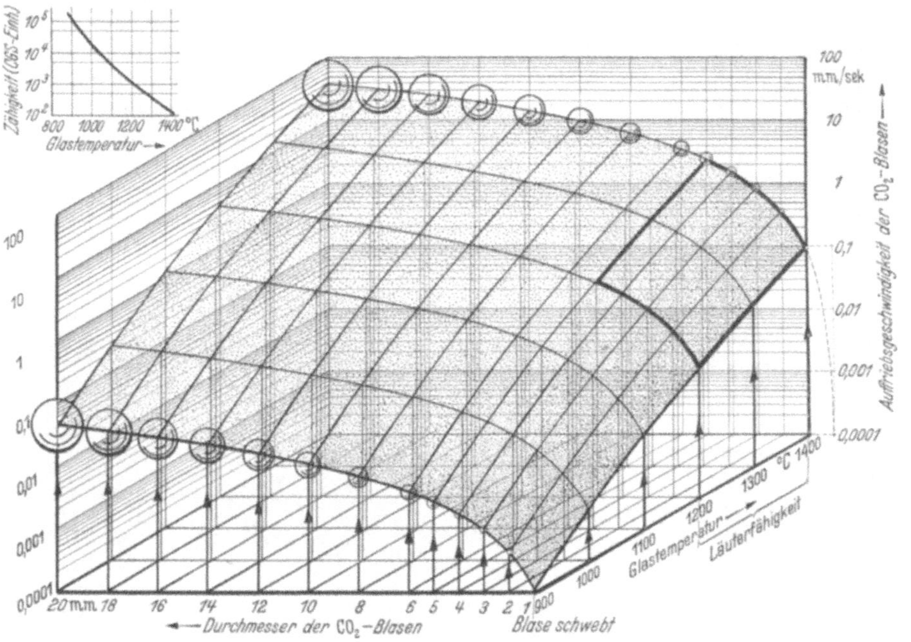

Abb. 199. Hydrodynamisches Läuterdiagramm. – Auftrieb verschieden großer CO_2-Blasen in einem Glas von oben links angedeutetem Zähigkeitsverlauf. (Stark umrandeter Teil der Fläche: Technisch wichtiges Gebiet.) [Nach Glastechn. Ber., Bd. 10 (1935) S. 5.]

Stromfäden bei diesen Bewegungsvorgängen auch nach theoretischen Erwägungen nicht zustande kommt [*34*] (vgl. Ziff. 3.4).

Nach NEWTON gilt, daß der Widerstand (W) eines gleichförmig bewegten Körpers seiner größten Projektionsfläche senkrecht zur Bewegungsrichtung (F), der Dichte der Flüssigkeit (ϱ) und dem Quadrat der Geschwindigkeit (w) proportional ist.

$$W = c F \frac{\varrho w^2}{2}$$

Auf experimentellem Wege hat man gefunden, daß die Widerstandszahl c eines in Flüssigkeit bewegten Körpers eine funktionelle Abhängigkeit von einer Kenngröße (R) hat, der Reynoldsschen Zahl.

$$c = f(R) = \frac{\gamma w d}{g \mu}$$

Darin ist γ = spezifisches Gewicht, w = Geschwindigkeit, d = Dimension des Körpers, μ = Zähigkeit, g = Erdbeschleunigung. R wird auch $\frac{w d}{v}$ geschrieben, worin $v = \frac{\mu g}{\gamma} = \frac{\mu}{\varrho} \frac{(\mathrm{cm}^2)}{(\mathrm{sec})}$ als kinematische Zähigkeit bezeichnet wird.

Aus der Größe der Reynoldsschen Zahl kann man schließen, ob bei der Bewegung des Körpers Strömungen laminarer oder turbulenter Art in der Flüssigkeit auftreten, je nachdem R den kritischen Wert von 1300 unter- bzw. überschreitet. Außerdem ist die Größe der Reynoldsschen Zahl auch ein Maß dafür, ob der Gesamtwiderstand des Körpers im wesentlichen aus Deformationswiderstand oder aus Reibungs- und Druckwiderstand besteht.

Für den Fall, daß Gasblasen in einem Glase der Zähigkeit 10^2 Poisen und darüber hinaus aufsteigen, läßt sich leicht überschlagen, daß R stets kleiner als 1(!) bleibt. Das bedeutet, daß das durch den Auftrieb von Gasblasen bewegte Glas stets laminaren Strömungsgesetzen folgt (Hagen-Poiseuillesches Gesetz).

Für sehr kleine Reynoldssche Zahlen – also kleine Geschwindigkeiten und große Zähigkeiten – hat Stokes ein Widerstandsgesetz entwickelt. Nach diesem mehrfach bestätigten Gesetz ergibt sich für die feste Kugel vom Radius r und der gleichförmigen Geschwindigkeit w in einer homogenen, inkompressiblen Flüssigkeit von der Zähigkeit μ ein Widerstand W von

$$W = 6 \pi \mu r W$$

Das Gesetz ist bei Reynoldsschen Zahlen unterhalb 0,2 hinreichend genau (schleichende Bewegungen) [*35*]. Von R = 0,2 bis 0,5 ergibt das von Oseen verbesserte Stokessche Gesetz genauere Werte.

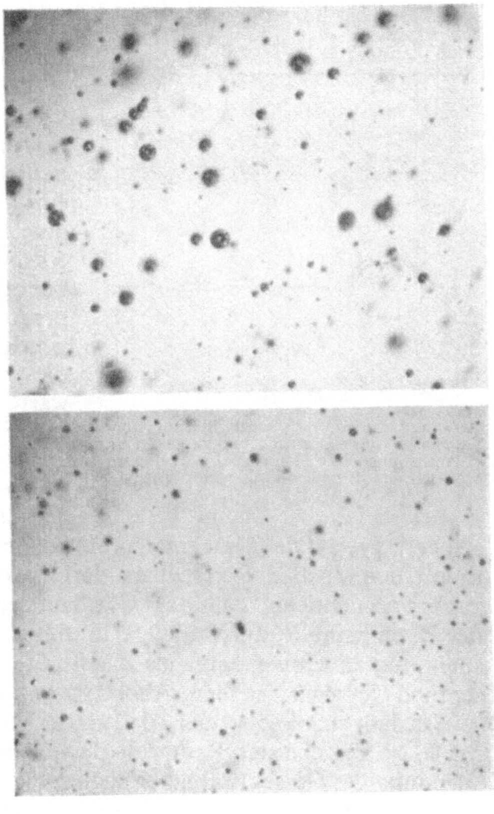

Abb. 200. Rascherer Auftrieb größerer gegenüber kleineren Blasen: Mikroausschnitt aus dem oberen und unteren Bereich einer Tiegelschmelze

Mit dem Widerstandsgesetz von Stokes kann man die wesentliche Frage nach der Auftriebsgeschwindigkeit einer Gasblase in einem ruhenden, zähflüssigen und homogenen Glase beantworten [*36*]. Aus der in erster Annäherung abgeleiteten Gleichung [*34*] folgt nach W. Gottschall für die Auftriebsgeschwindigkeit einer Gasblase:

$$w = \frac{2}{9} r^2 g \frac{(\varrho_1 - \varrho)}{\mu}$$

worin ϱ_1 die Dichte der Gasblase und ϱ die Dichte des Glases, g die Erdbeschleunigung, μ die Zähigkeit des Mediums, r der Radius der Blase ist und w die gesuchte gleichförmige Auftriebsgeschwindigkeit.

Diese ist also abhängig vom Quadrat des Blasenradius, von der Zähigkeit des Glases und der Differenz der Dichten. Letztere ist ein Faktor, der die Größe des Auftriebes so stark beeinflußt, daß er bestimmend wird für w überhaupt. Ist die Differenz praktisch = Null, wie es ungefähr für Salz-„blasen“ aus Na_2SO_4 der Fall sein dürfte, so tritt bei jeder Größe ein Schweben der Blase ein.

Nur wenn die Blasen die sich aus diesen Gesetzen ergebenden günstigsten Bedingungen in der Schmelze vorfinden, ist das Optimum der Läuterung gewährleistet. Jeder Widerstand, den sie unnötigerweise vorfinden, erschwert die Läuterung und kann zu Fehlern Anlaß geben.

Nach diesem Gesetz erfolgt die Berechnung des Auftriebs von Blasen von 1 bis 20 mm Durchmesser bei Temperaturen von 900 bis 1400 °C in einem Glas normaler Zusammensetzung von dem in Abb. 199 oben links angedeuteten Zähigkeitsverlauf. Den drei Koordinaten sind zugeteilt: Blasengröße (Durchmesser), Temperatur (Viskosität) und Auftrieb (Weg : Zeit). Es ergab sich als obere Begrenzung eines jeweiligen Auftriebes in der Zeiteinheit bei logarithmischer Darstellung die in Abb. 199 räumlich dargestellte gekrümmte Fläche; sie gestattet den Vergleich des Aufsteigens der Blasen unter verschiedensten Voraussetzungen. Als Inhalt der Blasen wurde Kohlensäure angenommen, die auf den mittleren Druck von 25 cm Glassäule und die entsprechenden Temperaturen bezogen wurde. Aus diesen Kurven erkennt man deutlich die quadratische Abhängigkeit der Auftriebsgeschwindigkeit vom Durchmesser der Blase; die kleinsten Blasen schweben förmlich. Es findet eine „Sichtung" statt: Stets werden in den oberen Schichten einer Schmelze die größeren, in ihren unteren die kleineren Blasen angetroffen, Abb. 200.

Das damit entwickelte Bild über die Auftriebsgeschwindigkeit von Gasblasen ist für die Läuterung ebenso interessant wie für die Homogenisierung des Glases. Aus dem Bild erkennt man, daß die Auftriebsgeschwindigkeit von Gasblasen bei Läutertemperaturen von 1400 bis 1200 °C durch die rasch ansteigende Zähigkeit des Glases in hohem Maße gehemmt werden und daß das Läuterproblem sowohl ein Temperatur- als auch ein Zeitproblem ist.

Da die Entnahmeströmung durch starke thermische Strömungen überlagert ist, hat eine Blase noch weniger Zeit aufzusteigen und es besteht immer die Gefahr, daß sie durch eine Strömung vorzeitig in die Tiefe gezogen wird.

3.3 Das Austreten der Blasen aus dem Glas

Bemerkenswert ist die Bedeutung der Oberflächentemperatur des Glasbades für das Entweichen der Blasen. Der Durchbruch vollzieht sich nach dem Schema Abb. 201. Bald nachdem die Glasmasse den direkten Wirkungsbereich der Ofenbrenner verlassen hat – bei Hafenschmelzen nach dem Blankschüren –, kehrt sich der Wärmefluß um. Während bisher die Schmelze Wärme aus der Flamme aufnahm, gibt sie jetzt Wärme an die Umgebung ab. Dementsprechend kann nun eine Bildung oberflächlich zäheren Glases stattfinden, das den Durchbruch der Blasen hemmt.

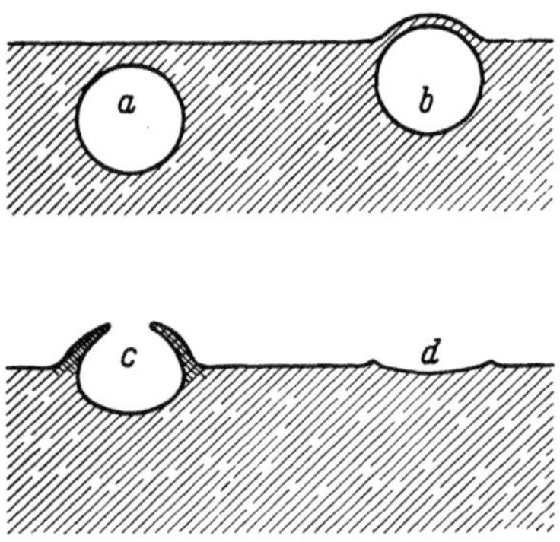

Abb. 201. Durchbruch einer Blase an der Oberfläche (schematisch). a) Annäherung, b) Aushebung eines Häutchens, c) Aufreißen der Haut, d) restliche Mulde mit Wulst

Dieser Fall kann leicht eintreten, wenn die Abkühlung des Glases in Hafen oder Wanne rascher vor sich geht als ein Wärmeausgleich unter den der Oberfläche benachbarten Schichten. Damit erklärt sich auch, daß die oberen Schichten einer Hafenschmelze oft viel blasenreicher angetroffen werden, als es dem durchschnittlichen Zustand der Schmelze entspricht. Die Blasen sind dann, aus größerer Tiefe aufkommend, von der durch eine zu rasche Senkung der Temperatur entstandenen zähen Oberflächenschicht „eingefangen" worden und geraten in die Glasposten, deren Substanz aus dieser Schicht gebildet wird. Eine Besserung ist erst zu erwarten, wenn die betroffene Schicht durch Ausarbeitung entfernt wurde.

Aber selbst dann schon, wenn in der Oberflächenschicht gleichförmige Zähigkeit vorhanden ist, wird der Durchbruch der Blasen durch die Oberflächenspannung des Glases erschwert [34]. Die Blase platzt erst dann, wenn der auftreibende Druck des unter der „Glaslinie" befindlichen Restkörpers der Blase größer ist als die Oberflächenspannung. Hierbei ist zu berücksichtigen, daß das Glashäutchen, welches den aus dem Glase herausragenden Teil der Blase einhüllt, durch äußere Einflüsse, wie z. B. die Ofenatmosphäre, eine andere Oberflächenspannung annehmen kann als das übrige Glas. Das Aufplatzen der Blase kann hierdurch wesentlich verzögert werden, Abb. 201, was zur Schaumbildung führen kann, Abb. 202.

Oft läßt sich beobachten, daß an der Oberfläche liegende Blasen aufgeplatzt sind, ohne daß der im Glase eingebettete Raumrest derselben sofort verdrängt wird. In diesem Fall ist die Schubspannung des Glases (Zähigkeit) nahezu gleich groß mit dem kommunizierenden Druck. Die Oberflächenspannung des Glases beträgt bei 1050 bis 1150 °C etwa 480 mg/cm. Es ist deutlich zu bemerken, daß schon bei Glyzerin mit einer Oberflächenspannung von 44 mg/cm, die also bedeutend unter derjenigen des Glases liegt, Luftblasen von etwa 2 mm Durchmesser erst nach kurzer Verzögerung aufplatzen.

Der Zustand der Oberfläche in einem Glasschmelzgefäß sagt wenig aus über den Zustand der Schmelze. Allein schon das plötzliche Zusammensinken einer durch Hitze schaumig aufgetriebenen

Schicht (Abb. 202) kann einen Blasenreichtum vortäuschen, den die eigentliche Schmelze nicht besitzt, da er u. U. nur eine Eigenschaft der oberen Schicht ist, die sich als solche nicht ohne weiteres zu erkennen gibt.

3.4 Homogenisierung und Läuterung

Läuterung und Homogenisierung des Glases gehören eng zusammen und es ist das eine ohne das andere nicht vorstellbar, schließlich beruhen beide Vorgänge auf der Bewegung von Gasen (Blasen) im Glas. Wie schon früher gezeigt wurde, wird CO_2 und SO_3 auch durch die Einwirkung der Kieselsäure aus der Schmelze entbunden. JEBSEN-MARWEDEL [*37*] fand (s. Ziff. 4.211), daß im Gasrest bei jedem Prozent mehr Kieselsäure bei sonst gleichen Bedingungen 0,03 Gew.-% SO_3 weniger vorhanden sind. Kommt also eine SiO_2-arme mit einer SiO_2-reichen Glaspartie in Berührung, wird das Gleichgewicht in der SiO_2-armen Partie gestört und neue Blasen werden auftreten. Es ist daher wichtig, von Anfang an darauf zu achten, daß Bedingungen für eine größtmögliche Homogenität geschaffen werden. Man muß schon bei der Gemengebereitung Sorge tragen, daß nicht nur die Rohstoffe gut gemischt werden, sondern auch, daß die Verhältnisse der Rohstoffe zueinander gleich bleiben. Eine Feuchtigkeitsänderung im Sand von 0,5% kann, wie oben ausgeführt, 0,015 Gew.-% SO_3 oder 0,045 cm^3/g, also erhebliche Gasmengen freimachen, wenn diese verschiedenen Partien sich in der Wanne später an irgendeiner Stelle begegnen. Dies wird natürlich, da keine vollkommene Vermischung zustande kommen kann, nicht quantitativ ablaufen, aber eine Störung wird eintreten.

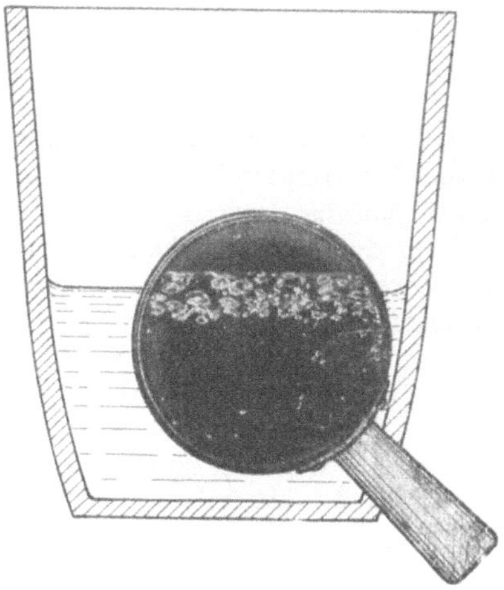

Abb. 202. Anreicherung von Blasen in der Oberflächenschicht einer Glasschmelze

Da das Gemenge keine molekulare Homogenität aufweist, sondern eine Mischung verhältnismäßig grober Teilchen darstellt, ist der homogenisierenden Wirkung der Gasentwicklung während der Restschmelze eine besondere Bedeutung zuzuerkennen [*7*]. Werden an dieser Stelle nicht dauernd durch die Gasentwicklung SiO_2-reiche und SiO_2-arme Teile zueinander und immer wieder mit anderen Teilen in Berührung gebracht, würde der Ablauf der glasbildenden Reaktionen bei dem bekannt geringen Diffusionskoeffizienten (s. Ziff. 3.1) nie zu Ende zu bringen sein. Ohne diese homogenisierende Wirkung der Gasentwicklung ist eine Läuterung nicht vorstellbar, aber auch ohne die Läuterung ist eine Homogenisierung nicht möglich.

Die Homogenisierungswirkung der Blasen in der Läuterzone untersuchte JEBSEN-MARWEDEL [*34*].

Für die Restschmelze liegen ähnliche Betrachtungen noch nicht vor, doch bekommt man schon eine gewisse Vorstellung von der ungleich stärkeren Homogenisierungswirkung in diesem Bereich, wenn man bedenkt, daß der Gasaustritt in der Restschmelze um ein Vielfaches größer ist als während der eigentlichen Läuterung.

Während in der Restschmelze makroskopisch homogenisiert wird, geschieht dies in der Läuterzone mikroskopisch.

JEBSEN-MARWEDEL zeigt, daß eine Blase imstande ist, eine Schlierenschicht weitgehendst zu verformen. Ein Rühren oder Mischen im Sinne einer turbulenten Bewegung tritt hierbei nicht ein, da immer nur laminare Strömung herrschen kann (s. Ziff. 3.2). Die Blasen ziehen während des Aufsteigens die Schlieren, mit denen sie von unten her in Berührung kommen, in den benachbarten Bereich mit nach oben, so daß sie aus der waagerechten in die senkrechte Lage umgelenkt und dabei auseinandergezogen werden. Die homogenisierende Wirkung beruht darauf, daß die zähen Schlieren durch eine Vielzahl von Blasen ausgezogen werden und ihre Oberflächen entsprechend vergrößern ohne zu reißen. Für die Diffusion zwischen den unhomogenen Schichten steht damit eine ungleich größere Fläche zur Verfügung, als dies ohne die Einwirkung der Blasen der Fall wäre. Die so entstehenden, riesig vergrößerten Grenzflächen unterliegen weiter der Einwirkung der Oberflächenspannung, dem osmotischen Druck usw. Der Erfolg dieser Vorgänge ist mit dem eines kräftigen Rührens in der Schmelze zu vergleichen.

Diese Verteilung der Schlieren und Inhomogenitäten im Glas, welche durch die Blasen zustande kommt, kann als „differmes System" nach W. OSTWALD angesprochen werden. Dieser Begriff ist zusammengesetzt aus „Diffusion und Deformation" und soll bedeuten, daß durch Deformation eine Verteilung zustande kommt, welche die Diffusion entscheidend fördert [*37 (a)*].

Auch beim Rühren, wie es bei optischen Schmelzen durchgeführt wird, wird es sich um Difformation handeln.

Wie weit Glasströmungen eine homogenisierende Wirkung haben, ist noch nicht geklärt, jedoch können sie die Läuterung stark beeinflussen.

3.5 Glasströmung und Läuterung

Daß das Glas in einem Glasschmelzofen keine geradlinige Bewegung einschlägt, sondern auf thermisch bedingten Umwegen vom Einlegeende bis zur Arbeitsstelle strömt, ist heute als allgemein bekannt vorauszusetzen.

Über den vermutlichen Verlauf der Strömungen und ihre Auswirkung wurde Anfang der 30er Jahre von verschiedenen Autoren gearbeitet [38–45]. Nach einer anscheinend durch den Krieg bedingten Pause erschien 1947 eine umfassende Arbeit von PEYCHÈS [46], die eine weitere Vertiefung der Kenntnisse über Strömungen gestattet. Im wesentlichen ist aber immer noch die von SCHILD [47] dargestellte Ansicht zu vertreten (vgl. Abb. 203).

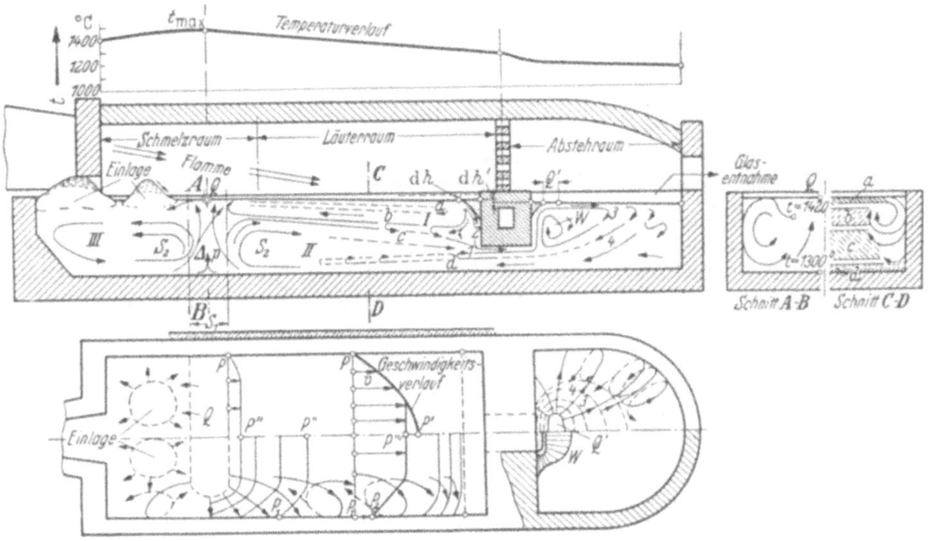

Abb. 203. Schema einer Durchfluß-Brückenwanne mit eingezeichneten thermischen Strömungssystemen nach A. SCHILD

Als die wichtigsten Strömungsmerkmale sind zu erwähnen:

Aufsteigende Strömung an der heißesten Stelle der Wanne (Quellpunkt), in der Längsachse nach dem Entnahmeende zu schnelle flache Oberströmung und langsame tiefgreifende Rückströmung. In der Querachse zwei symmetrische Kreisläufe infolge der Wandabkühlung, dem Hauptstrom überlagert. Im Gemengebereich zwischen Einlegestelle und Quellpunkt sind die Vorgänge wenig geklärt.

Die wichtige Rolle, die der Glasströmung hinsichtlich der Läuterung zukommt, soll nachfolgende Überlegung aufzeigen:

Das vom Gemengehaufen abfließende, frisch geschmolzene Glas hat das Bestreben, an der Oberfläche zu bleiben, da es infolge seines Blasengehaltes und infolge der unmittelbaren Wärmeeinwirkung das spezifisch leichteste Glas in der Wanne ist. Während dieses Glas, den bekannten Erfahrungen folgend, auf der Glasoberfläche dahinströmt, vollzieht sich die Läuterung. Dadurch wird das Glas blasenärmer und infolge des Abströmens aus dem heißen Teil der Wanne kälter, also spezifisch schwerer, bis es endlich absinkt. Bis zu diesem Zeitpunkt muß jedoch die Läuterung abgeschlossen sein, da der Widerstand gegen das Entweichen einer Blase um so größer wird, je mehr die Blase vom Gebiet hoher Temperatur in ein solches niedriger Temperatur bzw. höherer Zähigkeit der Schmelze bewegt wird. Ist der Weg der Oberflächenströmung vom Gemengehaufen bis zu den Ringsteinen der Wanne zu kurz, sei es durch ungünstige Wannenkonstruktion oder falsche Ofenführung, so kann es geschehen, daß blasenhaltiges Oberflächenglas in die Tiefe abgedrängt wird. Ist dies einmal erfolgt, so gelingt es meist nicht mehr, diese Blasen rechtzeitig aus der Schmelze auszutreiben. Dies ist im Verein mit der Forderung für eine gute Wärmeübertragung mit ein Grund für die Festlegung einer Mindestschmelzfläche für eine bestimmte Schmelzleistung.

Wenn man den Tiefenströmungen keinen positiven Einfluß auf die Läuterung zuschreibt, ist auch die Tendenz der modernen Wannenbautechnik nach einer *niederen Badtiefe* zu verstehen. Dadurch wird gleichzeitig auch eine bessere Lenkung der Strömung möglich.

Das Wichtigste für den Wannenbetrieb ist, einen einmal eingestellten Strömungszustand durch möglichste Konstanthaltung sämtlicher Betriebsbedingungen, wie Entnahme, Temperatur, Wannenkühlung, Einlegerhythmus usw. beizubehalten. Jede Veränderung der genannten Einflußgrößen kann das Strömungsbild verändern, wodurch das oben erwähnte Verschleppen von Läuterblasen in die Tiefenströmung eintreten kann.

4 Die Läuterung

Wenn im Verlaufe des Einschmelzens auch schon der größte Teil der mit dem Gemenge als Schmelzverlust eingebrachten Gase entfernt wurde, so bleiben im Glas neben einem unerträglich hohen Gasrest doch noch so viele kleine Blasen, daß das Glas unbrauchbar wäre. Diese Blasen, die infolge ihrer Kleinheit nicht mehr rechtzeitig aus dem Glas austreten, zu entfernen (s. Ziff. 3.3), ist Aufgabe der Läuterung. Wie schon erwähnt, ist Restschmelze und Läuterung voneinander nicht exakt zu trennen; die Läuterung beginnt schon, bevor die letzte Kieselsäure in der Schmelze aufgelöst ist. Zur Erniedrigung des Gasrestes und Austreibung der restlichen Blasen aus der Schmelze bedient sich die Glastechnik *thermischer*, *chemischer* und *mechanischer* Hilfsmittel, welche dieser Reihenfolge nach einzeln behandelt werden sollen.

4.1 Thermische Läuterung

4.11 Zschimmers „Temperaturstoß“

Aus einer Versuchsreihe an Tiegelschmelzen, die mit Sulfat oder Arsenik geläutert wurden, leitete E. ZSCHIMMER [*48*] ein Schema für die Wärmebehandlung des Glases ab, dessen wesentliches Merkmal eine als Temperaturstoß bezeichnete vorübergehende Erhöhung der Temperatur ist, Abb. 204.

Dies ist eine zwingende Schlußfolgerung aus der Tatsache, daß der Gleichgewichtszustand des Glases sehr weit hinter der tatsächlichen Temperatur nachhinkt (vgl. Ziff. 1.3), und daß es viele Stunden dauert, bis die Gleichgewichtstemperatur annähernd der Umgebungstemperatur entspricht.

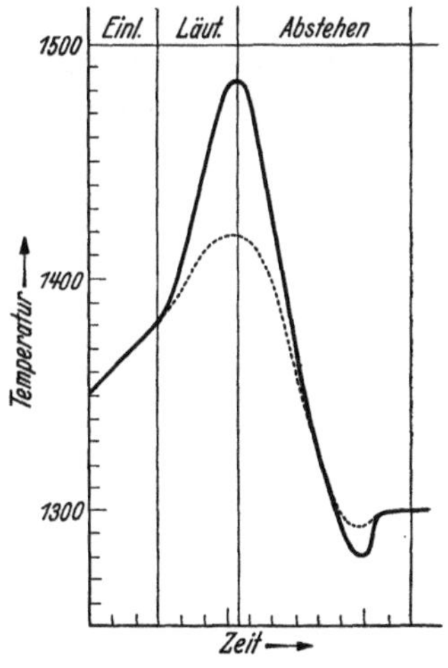

Abb. 204. Temperaturstoß nach ZSCHIMMER als Richtlinie für das Entgasen von Glasschmelzen. Ausgezogene Kurve: Temperatureinwirkung, punktiert: Glastemperatur

Durch den Temperaturstoß wird erreicht, daß das Glas sich wesentlich schneller auf den Gleichgewichtszustand einstellt, der der geforderten Temperatur ohne Temperaturstoß entsprechen sollte. Es wird dadurch ein gewisser Sicherheitsfaktor eingeschaltet.

Durch diese Temperatursteigerung wird nicht nur die Blasenneubildung und die Diffusion der Gasreste in die Blasen erleichtert, sondern auch gleichzeitig das Aufsteigen und Ausscheiden der Blasen begünstigt.

Wenn man bei Hafenofen- oder Tageswannenschmelzen den Temperaturstoß im Rahmen der Haltbarkeit der Schmelzanlage in beliebiger Höhe treiben kann, so ist dies bei Wannenöfen nicht möglich, da durch Wärmeaustausch in den anderen Ofenraum eine Temperaturspitze sich verflacht. Ein so starker Temperaturstoß wie in Hafenöfen ist aber auch nicht nötig, da in der Wanne nur eine dünne Oberflächenschicht an der Läuterung teilnimmt und diese insbesondere in der Schaumzone leicht überhitzbar ist.

Im Unit-Melter kann der Temperaturstoß auch für eine Wanne recht kraß verwirklicht werden, da durch die lange und schmale Bauart dieses Ofens der Wärmeausgleich durch Strahlung geringer ist als in normalen Wannenöfen (vgl. Ziff. 4.12).

4.12 Gestaltung des Temperaturverlaufes

Es ist nicht möglich, ofenbautechnische Fragen in diesem Zusammenhang zu erörtern. Wirft man aber auch nur einen Blick darauf, welchen Einfluß neben ihrer Anordnung allein die Konstruktion der Brenner [*49, 50*] auf die erzeugten Flammengarben und damit auf die Wärmeverhältnisse im Ofen ausübt, so ist offenbar, daß auch bauliche Elemente in mehr oder weniger direktem Zusammenhang mit einer fehlerhaften Glaserzeugung stehen können.

Wenn auch eine geeignete Ofenkonstruktion die Voraussetzung für eine gute Glasqualität ist, so ist die Betriebsweise ein fast noch wichtigerer Faktor. Der heutige Stand der Technik gibt dem Betriebsmann eine Fülle von Meß- und Regelgeräten an die Hand, mit denen er diese Bedingungen erfüllen kann.

Gleichmäßigkeit ist das A und O der Ofenführung. Es ist oft gar nicht entscheidend, ob der Ofen so oder anders geführt wird. Viel wichtiger ist es, daß ein einmal eingestellter Zustand aufrechterhalten bleibt. Alle wesentlichen Einflußfaktoren auf die Gestaltung eines konstanten Temperaturverlaufes wie Gasheizwert, Luftüberschuß, Temperatur, Kaminzug und Glasstand können geregelt werden. Die Wärmetechnik in einer Glashütte soll neben der wirtschaftlichen Seite der Brennstoffersparnis, in erster Linie die technologischen Erfordernisse des Ofenbetriebes, d.h. vollständige Gleichmäßigkeit gewährleisten.

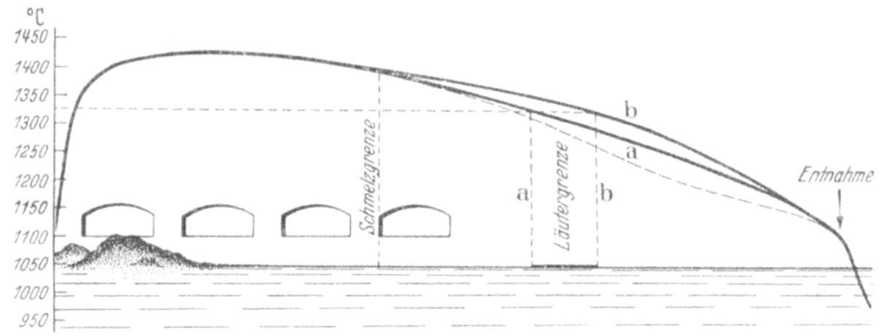

Abb. 205. Unterschiedlicher Temperaturverlauf längs einer Glasschmelze, Verlagerung der Läutergrenze

Der in einem Ofen von gegebener Bauart erzielte Grad der Läuterung ist von zwei Größen abhängig: Der Höhe der Temperatur und der Dauer ihrer Einwirkung. Der Höhe der Temperatur sind praktisch Grenzen gezogen, die auch, soweit wie es der Ofenbau zuläßt, ausgenutzt werden. Geht man von der Überlegung aus, daß die Schmelze im Ofen eine möglichst weitgehende Annäherung an Gleichgewichtszustände anstrebt, so hängt die Sicherheit dieses Vorganges außerdem nur noch von der Dauer der thermischen Einwirkung ab.

Es befinden sich – um einer bestimmten Darlegung zu folgen [*51*] – im Ofen zwei Punkte, die hinsichtlich der Temperatur festliegen. Der eine ist am Anfang durch die höchstzulässige Temperatur gegeben, der andere am Ende durch die zur Verformung erforderliche, engbegrenzte Verarbeitungstemperatur. Der Temperaturverlauf, wie er sich im beheizten Teil eines Wannenofens einstellt, spielt sowohl in Richtung der Ofenachse (Brenner) als auch quer zu ihr (durch den „Wechsel") um eine Gleichgewichtslage, deren mittlere Temperatur in der Gesamtheit betrachtet, sich auf das Schmelzbad überträgt und ihm den Wärmeverlauf Abb. 205 verleiht. Mit der letzten Wärmezufuhr beginnt die Läuterung. Der ihr zustehende Raum wird

1. durch Strahlung von Flammen und Gewölbe her erwärmt, vgl. dazu [*52*], ferner

2. durch den Wärmeinhalt, der sich fortlaufend umwälzenden Glasmasse (vgl. Abb. 203), endlich

3. durch die sich im Ofen aus dem herrschenden Druck oder Zug einspielende Atmosphäre und die in ihr stattfindenden Strömungen [*53, 54, 55*].

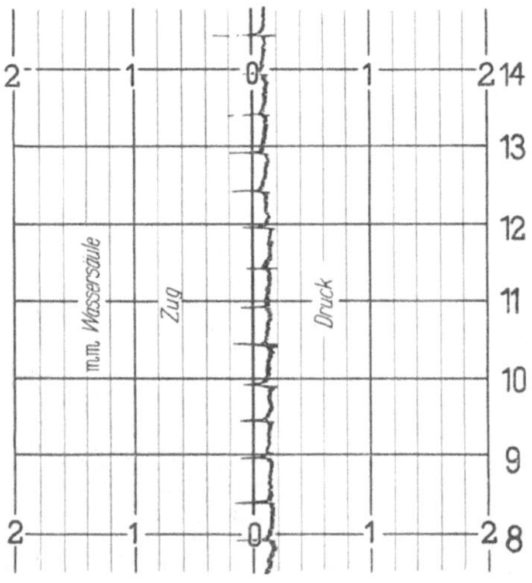

Abb. 206. Auf $^1/_{10}$ mm WS geregelter Druck im Ofenraum

Da gerade der Verlauf der Läuterung auf eine bestimmte „Entwicklung des Glases" abgestimmt sein muß, taucht die Frage auf, in welcher Weise er zu beherrschen ist. In erster Linie dienen die Einrichtungen der Brenner dazu, Vorgang und Ablauf der Schmelze zu bestimmen, doch ist ihr unmittelbarer Einfluß auf den nicht beheizten Teil des Ofens ein beschränkter. Die Strömung des Glases stellt sich von selbst ein, scheidet also auch als Mittel zur Einhaltung der vorgeschriebenen Temperatur aus. Dagegen vermag eine feine Regulierung von Druck und Zug im Ofen um wenige Millimeter W.S. als feinfühliger und durchaus beweglicher Faktor herangezogen zu werden, um wenigstens den ausklingenden Ast des Wärmeverlaufes unter Umständen so zu verlagern, daß im Verein mit der Flammeneinstellung selbst der Läutergang der Schmelze bis zu einem gewissen Grad beeinflußt werden kann. Bis zu welcher Feinheit sich dieser Druck im Ofenraum mit Hilfe geeigneter Anlagen einspielen läßt, besagt Abb. 206.

Nehmen wir an, daß in Abb. 205 die Kurve *a* denjenigen Wärmeverlauf darstellt, der sich unter den gegebenen Bedingungen freiwillig einstellen möchte, so hört das Blasenlassen – um einen Festpunkt zu nennen – bei 1325 °C praktisch auf. Gelingt es also, mit Hilfe bestimmter Maßnahmen den

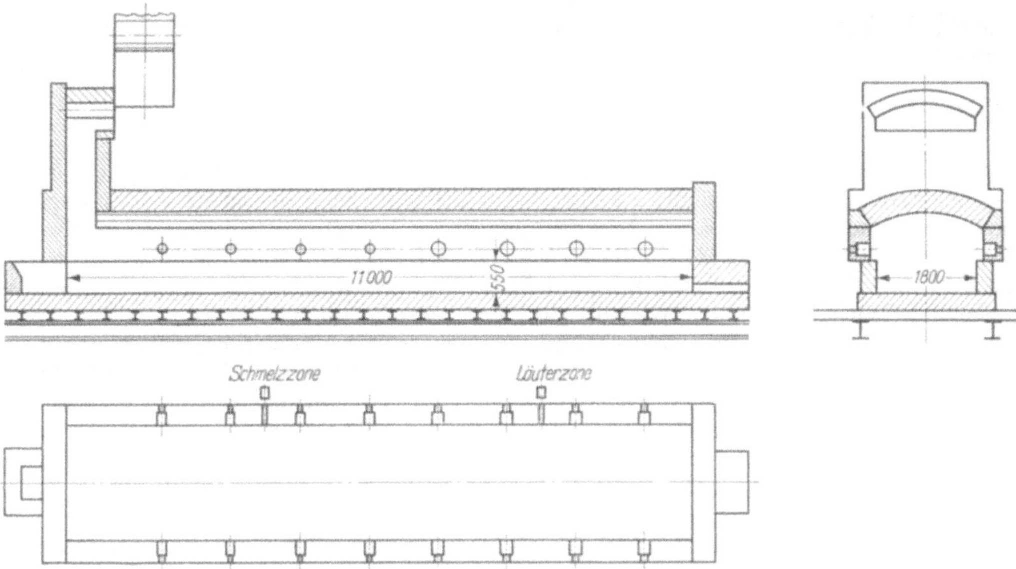

Abb. 207. Prinzip des Unit Melters

Temperaturverlauf nicht einfach „hinzunehmen", sondern auf *b* zu verlegen, so wäre der Endpunkt des Blasenlassens (1325 °C) eine Strecke weit verlegt worden, die der Badoberfläche, und zwar dem unproduktiven Abstehraum (beim Hafen der Abstehzeit) als Läuterplatz abgerungen worden ist. Erst auf diese Weise, wenn nämlich der Temperaturverlauf oder sogar die chemische Zusammensetzung, also das Zähigkeitsverhalten der Schmelze, auch wirlich auf die bauliche Anordnung der Schmelzanlage „abgestimmt" ist, wird die bestmögliche Wirkung erzielt.

Wenn das bisher Gesagte für Öfen üblicher Bauart zutrifft, soll kurz eine Ofenkonstruktion erwähnt werden, bei der durch besondere Bauart und Betriebsweise unter Verwendung modernster Regelmöglichkeiten, die bisher recht schwierige und oft dem Ofen überlassene Einstellung des Temperaturverlaufes bewußt und zwangsläufig gesteuert werden kann. Mit diesem Beispiel soll gezeigt werden, wie weitgehend man heute in der Lage ist, durch Ausnutzung der modernen technischen Mittel den Zufälligkeiten der Glasschmelze beizukommen.

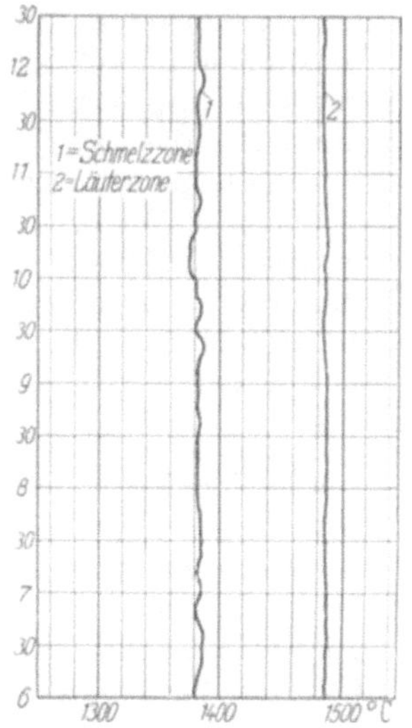

Abb. 208. Wannentemperatur im Unit Melter. *1* Schmelzzone, *2* Läuterzone

Der Unit-Melter ist ein Wannenofen mit kleinstem Glasinhalt, von langgestreckter Form – Breite : Länge = 1 : 6 – mit niedrigem Glasstand von 55 cm, der mittels einer Reihe von an den Längswänden gegenüberliegend angeordneten Metallbrennern mit Starkgas oder Öl im Gegenstromprinzip flammenlos beheizt wird, Abb. 207. Die Abgase entweichen durch eine über dem Doghouse liegende Esse, wo sie noch rekuperativ ausgenutzt werden können. Der Schmelzraum ist in eine Schmelz- und eine Läuterzone eingeteilt, und die Temperatur wird für jede Zone getrennt geregelt. Da der Ofen nicht an einen Kamin angeschlossen ist, ist der Ofendruck nur von der Menge des zugeführten Brennstoffes und der Luft abhängig, und da diese wieder geregelt sind, sehr konstant (Abb. 208). Die Regelung erlaubt es, die Temperatur in der Läuterzone auf mindestens ± 3 °C zu halten. In der Schmelzzone wird die Temperaturkonstanz durch die in der Meßzone schwimmenden Gemengehaufen etwas gestört, erreicht aber immerhin auch ± 10 °C. Durch das Entfallen des Wechselns ist die Temperatur während der ganzen Zeit konstant. Betrachtet man bei diesem Ofen den Temperaturverlauf in der Läuterzone, so kann man feststellen, daß gegenüber dem vorher Gesagten folgende Vorteile vorliegen:

1. Die Läuterzone kann im Ofen dorthin verlegt werden, wohin man sie haben will und bleibt dort.

2. Ein Wandern der Läuterzone bzw. der Läutergrenze erfolgt nicht, weil:

a) die Strahlungsintensität der Flamme bzw. des Gewölbes konstant ist,
b) durch die Abmessungen des Wannenbeckens Strömungen stark unterdrückt sind,
c) durch den Schornstein veränderter Ofendruck nicht möglich ist.

4.2 Chemische Läuterung

Neben der thermischen Einwirkung auf die Schmelze, welche für sich allein im allgemeinen noch keine befriedigenden Ergebnisse erzielt, wird die Läuterung vor allem durch Zugabe von gasabgebenden Chemikalien erreicht. Die Wirkung dieser Läutermittel besteht darin, ihren Gasgehalt erst zu einem so späten Zeitpunkt abzugeben (vgl. Ziff. 3.1), daß die im Glase noch verbliebenen kleinen Blasen aufgebläht und zum Aufsteigen gebracht werden können. Hierzu ist es nötig, daß die Temperatur hochgetrieben wird, und zwar möglichst schnell, um eine spontane Zersetzung der Läutermittel zu erreichen und die Viskosität des Glases so zu verringern, damit die Blasen leicht aufsteigen können (vgl. Ziff. 4.11). Als Läutermittel müssen solche Stoffe verwendet werden, die ein anderes Gas abspalten als aus der Restschmelze im Glase als Blasen übrig geblieben sind [*16*]. Ist z.B. eine sehr kleine Blase, die, wie früher gezeigt wurde, durch die Oberflächenspannung einen Innendruck von 12 at aufweist, mit CO_2 gefüllt, so müßte der Zersetzungsdruck eines Läutermittels, das CO_2 abgibt, über 12 at liegen. Gibt das Läutermittel aber SO_3 oder O_2 ab, so braucht der Zersetzungsdruck nur sehr gering sein, da der Partialdruck in der nur mit CO_2 gefüllten Blase für SO_3 oder O_2 Null ist. Mit zunehmender Diffusion des Läutergases in die Blase nimmt zwar der Partialdruck zu, aber auch die Blase vergrößert sich und der durch die Oberflächenspannung bedingte Innendruck wird kleiner.

GEHLHOFF [*32*] empfiehlt deshalb, mit einer größeren Zahl von Gasarten zu arbeiten. Die Wirkung des Läutermittels liegt aber nicht nur darin, noch vorhandene CO_2-Blasen aus der Restschmelze zu vergrößern und zum Aufsteigen zu bringen, sondern auch noch im Glas gebundenes CO_2 in Blasen, die mit Läutermittelgas gefüllt sind, eindiffundieren zu lassen, um so den Gasrest zu vermindern.

Die Glasschmelze ohne Läutermittel ist nach LÖFFLER [*1*] eine in hohem Maß an Gas übersättigte Flüssigkeit. Die Übersättigung gleicht dem Siedeverzug überhitzter Flüssigkeiten. Die im Glas gelösten Läutermittel spalten bei hohen Temperaturen Gas ab, zeigen aber im Gegensatz zu den glasbildenden Reaktionen keinen oder nur geringen Siedeverzug.

Es können nur solche Stoffe als Läutermittel wirken, die unter Bildung von Siedeblasen ohne Verzug Gas abspalten. Das unterschiedliche Verhalten der Gase hinsichtlich des Siedeverzuges könnte nach LÖFFLER [*1*] mit verschiedener Bildungsenergie erklärt werden.

Verbindungen, die exotherm entstehen, wie die Läutermittel, ergeben mit steigender Temperatur steigende Dissoziation. Dabei wird ein Teil der von außen zugeführten Energie als Dissoziationswärme verbraucht, wie es auch beim Sieden von Flüssigkeiten geschieht. Umgekehrt sind Verbindungen, die unter Wärmeaufnahme entstehen, oft bei hoher Temperatur beständiger als bei tiefer, wofür die Tatsache spräche, daß stark gasübersättigte Gläser bei hohen Temperaturen blasenfrei sein können, beim Wiedereinschmelzen aber, schon bei tiefen Temperaturen, sehr stark Gasblasen entwickeln.

Nach R. SCHMIDT [*56*] werden zur Läuterung folgende Stoffe benützt:

Nitrate aller Art: Gasabgabe meist Sauerstoff und Stickstoff.
Arsenik, Antimonoxyd, zusammen mit Salpeter: Gasabgabe Sauerstoff.
Peroxyde, Chlorate, Perchlorate: Gasabgabe Sauerstoff.
Sulfate, besonders Na_2SO_4, sowie elementarer Schwefel: Gasabgabe SO_3.
Chloride: Fast völlige Verdampfung (LÖFFLER fand dagegen bis 2,2% NaCl im Glas).
Fluoride: Gasabgabe bzw. SiF_4 bzw. H_2F_2.
Ammonsalze: Völlige Verdampfung. Dies wird von PINCUS u. WEYL [*57*] bestätigt.

Man kann wohl sagen, daß heute die Sulfatläuterung bei allen Gebrauchsgläsern sowohl in der Flach- als auch Hohlglasindustrie angewendet wird, wobei häufig auch Schwerspat als SO_3-Träger benutzt wird. Selbst bei der Herstellung von weißem Glas wird mit Sulfat geläutert und der Zusatz von Sauerstoffträgern nur im Hinblick auf die chemische Entfärbung durchgeführt.

BEYERSDORFER u. JOCHMANN [58] erwähnen, daß sie bei Verwendung arsenhaltiger Scherben in einem Sulfatglas Läuterschwierigkeiten hatten. Durch Versuche wurde erwiesen, daß bei der Einwirkung von Arsenik auf Schwefelsäure diese zu schwefliger Säure reduziert wird. Auch der Verfasser konnte feststellen, daß ein Sulfatglas bei der Umstellung von Arsenik auf Antimon wesentlich schneller und besser läuterte. Lediglich bei einzelnen Farb- und Trübgläsern macht die zersetzende Wirkung auf einige Farbstoffe und Trübungskörper die Verwendung von Sulfat unmöglich.

Für die Sulfat- und Sauerstoffläuterung gibt es heute gültige Regeln, während die anderen Läuterungsmittel jeweils dem speziellen Zweck angepaßt werden müssen.

Über die Anwendung und die benötigten Mengen der einzelnen Läutermittel gibt Tab. 4 Aufschluß.

Tabelle 4

Läutermittel	Angewandte Menge kg/100 kg Sand	Kombination	Bemerkungen
Salpeter	3 bis 4 bei Alkalikalkgläsern 4 bis 6 bei Bleikristall	+ halbe Menge Sulfat	Äquiv. Salpetermenge vom Na K Ba
KNO_3			1,0 1,2 1,5
$NaNO_3$			0,85 1,0 1,25
$Ba(NO_3)_2$			0,7 0,8 1,0
Arsenik As_2O_3	0,3 bis 0,5	+ 1,5 bis 3,5 kg $NaNO_3$	Verdampfung 10 bis 50% Besonders für Al_2O_3-haltige Gläser geeignet
Antimonoxyd Sb_2O_3	0,3 bis 0,5	+ 4- bis 8fache Salpetermenge	wirkt schwächer als Arsenik
Sulfat Na_2SO_4	1 bis 1,5 (enger Bereich) 0,7 bis 1,2% des Gemengegewichtes entsprechend 0,3 bis 0,5% Na_2O im Glas	allein oder + 0,7 bis 1,5 kg KNO_3	Menge über Läuterzusatz hinaus muß durch 4 bis 6% C reduziert werden. Tonerdehaltige Gläser neigen zum Schäumen
Ceroxyd Ce_2O_3	0,5 kleinste wirksame Menge	allein oder + $NaNO_3$ je nach Befund	Größere Mengen als 1,5% neigen zum Schäumen
Kochsalz NaCl	2 bis 5	allein	besonders für Kohlegelbglas [59]

Die Wirkung der Läuterungsmittel wird bestimmt:

Durch die Temperatur, bei der die Gasabspaltung einsetzt,

durch den Einfluß verschiedener Gemengebestandteile auf die Zersetzungstemperatur,

durch die Viskosität des Glasflusses beim Läuterprozeß, der das Läutermittel besonders angepaßt sein muß.

Der Chemismus der einzelnen Läutervorgänge wurde verschiedentlich beschrieben. Über Sulfatläuterung schrieben STANWORTH u. TURNER [60] sowie JEBSEN-MARWEDEL [61, 62, 15, 17], über Arseniklãuterung TURNER u. Mitarb. [63]. Über die gesamte Sauerstoffläuterung arbeiteten KÜHL, RUSOW u. WEYL [64]. Ferner liegen Arbeiten von GEHLHOFF u. Mitarb. und mehrere kleinere Arbeiten vor [65–68]. Auf die Zusammenfassung von SCHMIDT sei hingewiesen [56]. Von JEBSEN-MARWEDEL wurden alle Vorgänge der Gasabspaltung tabellarisch zusammengefaßt (Tab. 5).

4.21 Die Sulfatläuterung

Die Zersetzung des Sulfates kann erfolgen:

a) durch Reduktion,

b) durch Silikatbildung,

c) durch thermische Dissoziation.

Als Zwischenreaktion ist die Bildung von Sulfiden und ihre weitere Reaktion mit SO_3 (interne Reaktion) [61, 62] anzusehen. Die Reaktionen müssen etwa in der aufgeführten Reihenfolge ablaufen, werden sich aber gegenseitig beeinflussen und überschneiden.

Tabelle 5

Ursache der Gasabspaltung	Vorgang	Reaktion	Einzelheiten	Ungefährer Temperaturbereich
mechanisch	1. Ausscheidung von Luft aus dem lockeren Gemenge	$O_2\uparrow N_2\uparrow$	O_2 oft weitgehend vom Glas absorbiert, N_2 entweicht	Laufend durch therm. Ausdehnung, Verdrängung durch andere Gase, „Spülung" usw.
	2. Ausscheidung von Wasserdampf	$H_2O\uparrow$	Aus Gemengefeuchtigkeit oder kristallwasserhaltigen Stoffen. Zeitweilig vom Glasfluß festgehalten	Laufend mit steigender Temperatur bzw. bei der jeweiligen Zersetzungstemperatur
durch fortschreitende Auflösungsvorgänge	3. Gasverdrängung durch Lösung stabiler Säurereste (SiO_2)	$2\,SiO_2 + 2\,Na_2SO_4 =$ $= 2\,Na_2SiO_3 + 2\,SO_2\uparrow + O_2\uparrow$	Möglichkeit der Entstehung von Spätgispen, auch durch Lösung von Al_2O_3	ab 1200 °C
	4. Kohlensäureabspaltung aus den Karbonaten	Na_2-, K_2-, Ca-, Mg-, Ba-, usw. $CO_3 = R_{(2)}O + CO_2\uparrow$	Nur geringe Reste bleiben im Glas	Reaktion im festen Zustand bei Gegenwart von SiO_2 von 400 °C an
durch Temperatursteigerung	5. siehe 2.			
	6. Abspaltung von Schwefeloxyden aus Sulfaten	$2\,Na_2SO_4 = 2\,Na_2O + 2\,SO_2\uparrow + O_2\uparrow$ Ausgesprochene Läuterreaktion ($2\,SO_3 = 2\,SO_2 + O_2$)	SO_2 und O_2 treten äquivalent auf. Bis 1% bleibt im Glas zurück. Großer Teil entweicht, reduziert, ohne Blasenbildung aus der Oberfläche	Allein bei 1200 bis 1220°, mit SiO_2 ab 1100°, lebhaft bei 1300 °C, stark abhängig von der Ofenatmosphäre
	7. Zerfall von Salpeter (K-, Na-, Ca-Salpeter)	$4\,KNO_3 = 2\,K_2O + 2\,N_2\uparrow + 5\,O_2\uparrow$	Verbunden mit starker Oxydationswirkung	Zwischen 500 und 800 °C
	8. Sauerstoffabspaltung aus höheren Oxyden (s. S-Oxyde)	$2\,Pb_3O_4 = 6\,PbO + O_2\uparrow$	Silikatbildung unter O_2-Abgabe	Zwischen 1000 und 1200 °C
		a) $2\,KNO_3 + As_2O_3 =$ $= As_2O_5 + K_2O + N_2O\uparrow + O_2\uparrow$ b) $As_2O_5 = As_2O_3 + O_2\uparrow$	Sauerstoffaufnahme aus dem Salpeter, dann Zersetzung von As_2O_5	ab 1200 °C
		$4\,CeO_2 = 2\,Ce_2O_3 + O_2\uparrow$	Auch Ce_2O_3 kann wieder Sauerstoff aufnehmen	1350 bis 1400 °C, je nach Sättigung mit CeO_2
		$4\,MnO_2 = 2\,Mn_2O_3 + O_2\uparrow$	Löst sich im Glasfluß zu Manganosilikat und oxydiert dabei Kohle, Sulfide u. Eisenoxydulsilikat	Beginn bei etwa 530 °C
	9. Völlige od. teilweise Verdampfung flüchtiger Zuschläge	$NaCl\uparrow$ $NH_4Cl\uparrow$ $(NH_4)_2CO_3\cdot H_2O\uparrow$ $NH_4NO_3\uparrow$ $(NH_4)_2SO_4\uparrow$	Bei NH_4-Verbindungen tritt meist freies NH_4 auf	verschieden

Fortsetzung von *Tabelle 5*

Ursache der Gas-abspaltung	Vorgang	Reaktion	Einzelheiten	Ungefährer Temperaturbereich
durch Temperatursteigerung	10. Sauerstoffabgabe v. Peroxyden Chloraten Perchloraten Perborat Bariumsuperoxyd	$2Na_2O_2 =$ $= 2Na_2O + O_2\uparrow$ $NaClO_3$ ($KClO_3$) $NaClO_4 \cdot H_2O$ $NaBO_3 \cdot 4\,H_2O$ $2BaO_2 = 2BaO + O_2\uparrow$	Begleitreaktionen: Starke Oxydationsvorgänge unter gleichzeitiger Chloridverdampfung	verschieden
durch chemische Reaktionen	11. Gasentwicklung durch interne Schwefeloxydreaktionen	$2SO_3 + C = 2SO_2\uparrow + CO_2\uparrow$ $SO_3 + CO = SO_2\uparrow + CO_2\uparrow$ $S^{--} + 2SO_3 = 3SO_2\uparrow$	Störungsquelle für die Blasenausscheidung mit Sulfat erschmolzener Gläser, bes. „kohlegelber" (schwefelbrauner)	In Abhängigkeit von der Ofenatmosphäre und dem Sauerstoffhaushalt der Schmelze
	12. Zerfall von Halogeniden	$2CaF_2 + SiO_2 = 2CaO + SiF_4\uparrow$ $Na_2SiF_6 = 2NaF + SiF_4\uparrow$ $2\,NaCl(NaF) + H_2O-$ $Na_2O + 2\,HCl(HF)$	z. T. Begleiterscheinung beim Erschmelzen von Trübgläsern (Schmelzbeschleuniger)	ab 200 °C ab 990 °C

Nur der Sulfatanteil, der nicht durch Reduktion mit Kohle oder durch die Ofenatmosphäre schon vorzeitig zersetzt wird, hat auf die Läuterung Einfluß, da die bei der Reduktion entstandenen Gase alsbald in die Ofenatmosphäre entweichen, Abb. 209 [*17*, *60*]. Häufig wird des niedrigeren Preises wegen Soda durch Sulfat ersetzt. Dies ist nach Jebsen [*17*] bis zu einem Verhältnis 1 : 5, höchstens 1 : 3,5 möglich, da sonst das ff. Material leidet und auch der Farbstich ungünstig beeinflußt wird. Bringt man größere Mengen Sulfat ins Gemenge als zur Läuterung erforderlich sind, so muß zur Vermeidung von Gallebildung Kohle zugesetzt werden. Für die Läuterung selbst kommt aber nur der Sulfatanteil zur Auswirkung, welcher nicht schon frühzeitig durch die Kohle zersetzt wurde. Es wirkt daher wenig Sulfat ohne Kohle ähnlich wie viel Sulfat mit Kohle. Schmidt [*56*] sowie Shukowski, Polljak u. Orlowa [*19*] empfehlen, mit etwa 1 bis 1,5 kg Sulfat auf 100 kg Sand zu arbeiten, das etwa 0,3 bis 0,5% Na_2O im fertigen Glas aus Sulfat entspricht. Um Gallebildung mit Sicherheit zu vermeiden, hält er einen Kohlezusatz von 6,3% (das ist das $1^1/_2$fache der theoretischen Menge) des Sulfatgewichtes für erforderlich. Im einzelnen hängen die nötigen Mengen sehr vom Ofengang ab, so daß allgemeingültige Vorschriften nicht gegeben werden können.

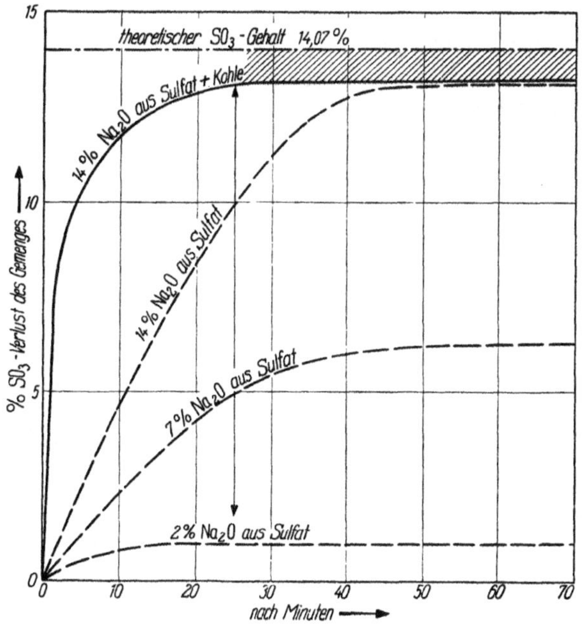

Abb 209. SO_3-Abgabe des einschmelzenden Gemenges bei verschieden hohem Sulfatzusatz ohne und mit Kohle bei 1300 °C. – Schraffiert: Für den weiteren Verlauf maßgebender SO_3-Rest. Etwas schematisiert

Nach Rekus [*65*] kann Natriumsulfat auch durch Bariumsulfat (Schwerspat) ersetzt werden, was heute schon häufig gemacht wird. Er hält eine Zugabe von 2 bis 3% des Gemenges als höchstzulässig, da sonst Galle oder bei reichlich Kohle Grünfärbung auftritt.

Auch andere Sulfate, wie K, Mg, Ce, Al werden nach Schmidt vereinzelt als Läutermittel benutzt [*56*].

Bei Gläsern, die mit Selen entfärbt werden, darf die Sulfatzugabe nicht zu groß sein, da diese Schmelzen empfindlich auf Sulfat reagieren und sonst die Entfärbung leidet.

4.211 Reaktionen der Schwefeloxyde. *Reduktion.* Die erste Reaktion, der das Sulfat (ob Natrium oder ein anderes Sulfat ändert daran nichts Wesentliches) unterworfen wird, ist die Reduktion durch Kohle oder CO. Nach JEBSEN [*61, 69*] läuft diese Reaktion nach dem vereinfachten Schema (ohne Berücksichtigung von Zwischenstufen):

$$SO_3 + CO = SO_2 + CO_2 \quad \text{bzw.} \quad 2\,SO_3 + C = 2\,SO_2 + CO_2$$

ab. Auf Grund der Beobachtung, daß sulfathaltige Gläser sowohl in Wannen- als auch in Hafenschmelzen vorübergehend eine leichte Gelb- bis Olivfärbung zeigen, schloß JEBSEN, daß eine vorübergehende Sulfidbildung stattfinden müßte, und betrachtete die Wiederauflösung des Sulfids unter Reaktion mit der höheren Oxydationsstufe als „Interne Reaktion", die sich unter Blasenbildung vollzieht.

$$3\,SO_3 + Na_2S = Na_2O + 4\,SO_2\uparrow$$

Es werden aber verschiedentlich auch andere Reaktionsmöglichkeiten angenommen [*70*].

KRÖGER [*71 (a)*] führte mit seinen Mitarbeitern eingehende, leider noch nicht abgeschlossene Untersuchungen über die Grundreaktionen des Sulfatglas-Schmelzprozesses durch. Bei der laboratoriumsmäßigen Untersuchung wurde der Gasdruck über der Schmelze gemessen und die Zusammensetzung der Atmosphäre und des Bodenkörpers analysiert. Es konnten Aussagen über die Gleichgewichtslage der Reaktionen und des Reaktions- bzw. Systemcharakters gemacht werden. KRÖGER kommt unter Berücksichtigung der gewählten Versuchsanordnung zu folgender Summenformel:

$$7\,Na_2SO_4 + 13\,C = 4\,Na_2CO_3 + 3\,Na_2S_2 + 7\,CO_2 + CO + COS \qquad \Delta H = 410{,}93\ \text{kcal}$$

Interessant ist die Bildung von Soda und eines Polysulfides als Bodenkörper. Die Sulfatreduktion beginnt bereits bei 580 °C merklich. Die Umsetzung erfolgt über Na_2S und COS (Kohlenoxysulfid). Daß Natriumsulfit als Zwischenkörper nicht gebildet wird, konnte nachgewiesen werden.

Ferner stellte KRÖGER fest, daß die Einwirkung von Kohlenstoff auf die Produkte der Sulfatreduktion zur Einstellung des monovarianten Gleichgewichtes

$$2\,Na_2CO_3 + 2\,Na_2S_2 + C = 4\,Na_2S + 3\,CO_2$$

führt, das jedoch von einer CO- und COS-Bildung etwa gemäß

$$6\,Na_2CO_3 + 7\,Na_2S_2 + 4\,C = 13\,Na_2S + 8\,CO_2 + COS + CO$$

begleitet ist.

Im Bodenkörper wurde bei diesen Versuchen eine grünlich-gelbe bis braune Schmelze gefunden.

Die Zersetzung des Sulfats durch Kieselsäure erfolgt nach der allgemeinen Formel

$$Na_2SO_4 + n\,SiO_2 = Na_2O\,n\,SiO_2 + SO_3$$

JEBSEN [*37*] hat gezeigt, daß Schmelzen mit zunehmendem Kieselsäuregehalt in gleicher Zeit und bei gleicher Temperatur so viel mehr SO_3 aus der Schmelze in Freiheit setzen, wie ungefähr 0,03 Gew.-% SO_3 für jedes zunehmende Hundertteil SiO_2 entspricht, Abb. 210.

KRÖGER [*71 (a)*] hat die Sulfatreduktion bei Gegenwart von Quarz untersucht. Er fand, daß die Reduktion dadurch bei Temperaturen von 580° bis 645 °C verlangsamt wird, darüber aber wird der die Geschwindigkeit erhöhende Einfluß der Temperatur allerdings in starkem Maße wirksam.

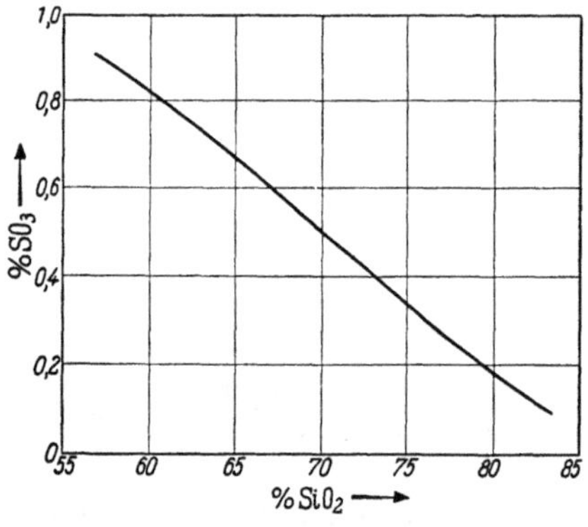

Abb. 210. Verminderung des SO_3-Gehaltes mit steigendem SiO_2-Gehalt

Thermische Dissoziation [*61*]. Die für die Läuterung wichtigste Reaktion des Sulfates ist die thermische Zersetzung, da diese erst in einem Temperaturbereich beginnt, in dem die noch vorhandenen kleinen Blasen durch das freiwerdende SO_3 vergrößert werden müssen und die durch die Temperatursteigerung niedrigste Viskosität einen raschen Auftrieb gestattet. Diese Reaktion vollzieht sich unter rein thermischen Gesichtspunkten

$$2\,SO_3 + \text{Wärme} = 2\,SO_2 + O_2$$

Die Schmelze muß so gesteuert werden, daß zum Zeitpunkt der Läuterung noch unzersetztes Sulfat zur Verfügung steht. Ist die Reduktion zu stark gewesen oder wurde das Sulfat durch zu feinkörnigen Sand zu früh zersetzt, erfolgt keine Läuterung und das Glas bleibt gispig.

4.212 Einfluß oxydierender und reduzierender Atmosphäre auf Sulfatgläser [*33*]. Die Einwirkung oxydierender und reduzierender Ofenatmosphäre auf den Zersetzungsverlauf von SO_3 im Glas läßt sich sauber scheiden. Das war leicht durchzuführen an einem Ausgangsglas mit dem ziemlich hohen SO_3-Gehalt von 0,8%, was einer Na_2SO_4-Menge von 1,2 bis 1,4% entspricht, durch eine Verfolgung des veränderten SO_3-Gehaltes unter gleichzeitig stufenweise erhöhter Temperatur. Das Ergebnis liegt in Form von Kurvenpaaren vor, die zum Zwecke besserer Übersicht und Vergleichsmöglichkeit in Abb. 211 als Raummodelle einander gegenübergestellt sind.

Sie geben senkrecht die Höhe des in der Schmelze verbliebenen SO_3-Gehaltes an, waagerecht von links nach rechts dessen Abnahme im Verlauf von 24 Stunden mit von hinten nach vorne fallender Temperatur. Die vordere, gekrümmte Fläche gestattet also die Ablesung der bei bestimmten Temperaturen in bestimmten Zeiten unter der Einwirkung verschiedener Ofenatmosphäre erreichten Gasabspaltung.

Die Gültigkeit der Kurven ist eine grundsätzliche, dagegen sind die Mengenverhältnisse an die Voraussetzung des für diese Untersuchung verwendeten Glases von folgender Zusammensetzung gebunden:

SiO_2	R_2O_3	RO	R_2O
72,5 bis 73,0	0,5	13,2 bis 13,8	13,5 bis 14,0

davon 2% aus Sulfat stammend ohne Zusatz von Kohle.

Über die Entstehung der Kurven ist folgendes zu sagen, was zugleich für die technische Schmelze von Bedeutung ist: bei herrschender Oxydation vollzieht sich die Zersetzung des SO_3-Restes allein im Sinne einer thermischen Gleichgewichtsannäherung. Die Glasschmelze wird aber von thermischen Bedingungen durch und durch erfaßt, stellt sich also einigermaßen homogen auf denselben Zustand ein. Infolgedessen entfielen die unter oxydierenden Bedingungen gewonnenen Punkte auch sehr nahe an den Verlauf der Kurve, während unter reduzierenden Bedingungen immer eine gewisse Streuung festzustellen war. Unter reduzierender Atmosphäre erfährt der SO_3-Zerfall eine zusätzliche Beschleunigung nach der Gleichung $SO_3 + CO = SO_2 + CO_2$. Dieser chemische Vorgang setzt aber von der Oberfläche her ein. Einzelne Raumteile ergaben infolgedessen erhebliche Unterschiede in der Höhe des SO_3-Gehaltes. An dieser Stelle muß allerdings auf den Schluß dieses Kapitels verwiesen werden, aus welchem hervorgeht, daß man es bei reduzierender Atmosphäre (und nur bei ihr) aus Gründen gesteigerter Oberflächenspannung des Glases mit einer ständigen Erneuerung der Oberfläche zu tun hat, durch die sich zugleich eine gewisse Tiefenwirkung der Reduktion erklärt.

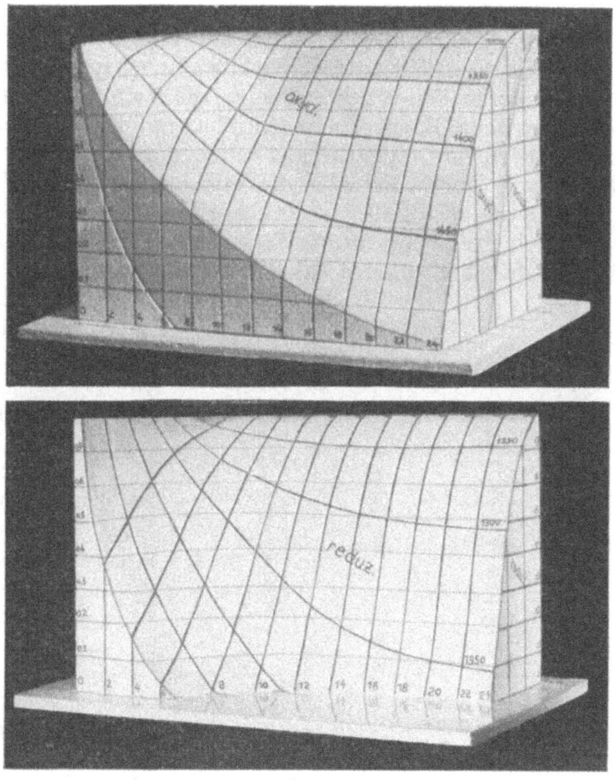

Abb. 211. Raumdiagramme des SO_3-Gehaltes bei oxydierender und be reduzierender Behandlung der Glasschmelze

Greifen wir aus den in Abb. 211 dargestellten Kurvenpaaren zunächst ein charakteristisches heraus, nämlich das bei 1350°C entstandene: Die gefundenen Werte lassen bei Vorhandensein von etwa 5% Sauerstoff in der Atmosphäre gerade noch eine schwache Abnahme des SO_3-Gehaltes erkennen. Offenbar genügt diese Temperatur noch zur „laufenden" Abgabe (Entbindung) von Gasen in der Schmelze. Im technischen Sinne heißt das, daß sie auch zur Entstehung von Gispen ausreicht.

Soll nun verglichen werden, auf welche Weise ohne Zuhilfenahme reduzierender Gase, also nur durch thermische Wirkung, ein ähnlicher Verlauf des SO_3-Gehaltes zu finden ist, so müssen wir schon die entsprechende Kurve von 1500 °C heranziehen. Auch hier klingt der SO_3-Gehalt in etwa 17 Stunden auf Null ab. Der chemische Einfluß der Ofenatmosphäre auf den SO_3-Gehalt kann also, jedenfalls für die oberen Schichten eines Glasflusses, auf ähnlicher Stufe stehen wie eine Temperaturdifferenz von mehr als 100 °C! Das heißt aber, daß *um so eher auf die Reduktion verzichtet werden kann, je weiter die thermische Zersetzung durch die Schmelztemperatur getrieben wird.*

Ein Überblick über die übrigen Kurven läßt leicht erkennen, daß unterhalb 1350 °C eine SO_3-Abnahme nicht mehr oder kaum noch stattfindet, daß reduzierende Verhältnisse aber noch immer erhebliche Veränderungen bis weit unter 1300 °C bewirken können. Bei 1200 °C endlich ist die Tiefenwirkung in die Schmelze so behindert, daß in der angesetzten Zeit von 24 Stunden auch unter reduzierender Atmosphäre keine merkliche SO_3-Abnahme mehr stattfindet.

Bei steigender Temperatur ist zu sehen, daß bei 1400 °C die Einstellung des SO_3-Restes auf eine den jeweiligen Bedingungen angeglichene Konzentration immerhin 24 Stunden auf sich warten läßt. Mit dieser SO_3-Konzentration ist jedoch noch kein Gleichgewicht im physikalisch-chemischen Sinne erreicht, sondern nur ein Zustand, der sich immer noch in größeren Zeiträumen verändern kann. Man wird nämlich annehmen müssen, daß bei den genannten Temperaturen trotz des scheinbar „statischen" Zustandes doch immer noch eine gewisse Zersetzungsspannung von SO_3 in diesen sauren Gläsern besteht, deren Auslösung in der Schmelze stark verzögert ist. Im Vakuum tritt sie nämlich plötzlich in Erscheinung.

Mit steigender Temperatur (1450 °C) geht die SO_3-Abnahme noch ein wenig steiler vor sich; bei 1500 °C endlich vollzieht sich die Ausscheidung des Sulfates recht schnell. Der Unterschied in der Austreibung des SO_3-Restes zwischen oxydierender und reduzierender Atmosphäre beträgt bei 1200 °C Null, ist bei 1350 °C am größten, nähert bei sich aber 1500 °C wieder einander an, weil schließlich thermische Dissoziation und chemische Tiefenwirkung gleich gründlich sind.

Unter dem Einfluß der Ofenatmosphäre wird der Oberfläche sulfathaltiger Schmelzen SO_3 entzogen und gleichzeitig deren Oberflächenspannung beträchtlich heraufgesetzt. Indem sie dadurch anderen Teilen der Schmelze, die noch über eine geringere Oberflächenspannung verfügen, nach dem Einhüllungsprinzip den Platz räumen und neuem Glas zum Durchbruch verhelfen muß, findet durch ihre reduzierende Beheizung ein gleicher, ständiger Substanzwechsel an der Oberfläche statt. Durch diesen ist die Tiefenwirkung reduzierender Ofenatmosphäre auch zwanglos zu erklären, die keinesfalls durch Diffusion allein bewerkstelligt wird. In dem Substanzwechsel ist wohl auch der Grund für die Tatsache zu erblicken, daß ein so großer Teil an SO_3 lediglich durch die Oberfläche, d. h. ohne das Blasenstadium zu durchlaufen, abwandert. – Entsprechendes dürfte für die Verdampfung von Alkali gelten. Zu ähnlichen Ergebnissen kommt auch W. H. Mannring [*71* (*b*)].

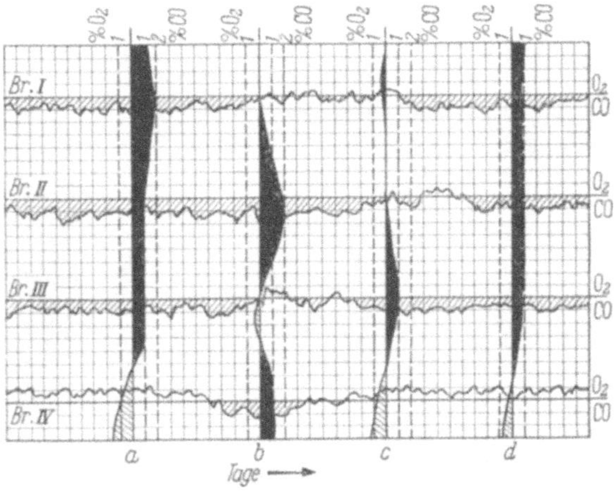

Abb. 212. Rauchgasanalysen der Brenner (waagerecht) und Entwicklung der Glasschmelze (senkrecht) an verschiedenen Stichtagen

Die in einem Ofen vorliegenden Verhältnisse lassen sich durch ein Diagramm (Abb. 212) veranschaulichen. Es ist in Anlehnung an technische Verhältnisse entstanden und gibt einen Einblick in die verschiedene Entwicklung, der eine Glasschmelze ausgesetzt sein kann, deren Heizbedarf von 4 Brennern zugeführt wird. Die Zusammensetzung der Abgase der 4 Brenner sei von Tag zu Tag ermittelt und in Form der 4 waagerecht liegenden Kurvenzüge eingetragen worden. Dem allgemeinen Bild ist zu entnehmen, daß die Einstellung der ersten 2 Brenner normalerweise auf etwa 1 bis $1^1/_2$% CO abzielt, der Brenner 3 auf etwa $^1/_2$ bis 1% CO und der Brenner 4, in der Annahme, daß hier kein Bedarf mehr für Reduktionswirkung vorhanden ist, auf 1% O_2. Im Verlauf der im Diagramm dargestellten Zeitspanne ereignet sich, daß die Zusammensetzung der Abgase der verschiedenen Brenner für kurze Zeit andere Eigenschaften annimmt. Sie geben, für sich betrachtet, keinen wesentlichen Anlaß zur Beunruhigung, wenn sie nach kurzer Zeit behoben werden.

Legt man jedoch durch das waagerechte Diagramm an 4 herausgegriffenen Stichtagen senkrecht angeordnete Kurvenzüge, welche darstellen, wie die Ofenatmosphäre an diesen Tagen ausgesehen hat für ein Glas, das den Weg von der Stirnseite des Ofens über Brenner 1, 2, 3, 4 nach der Läuterwanne zurückzulegen hat, so zeigt sich mit aller Deutlichkeit, wie außerordentlich verschieden die atmosphärischen Einflüsse sind, denen es ausgesetzt war, wie verschieden sich also seine jeweilige „klimatische“ Vergangenheit gestaltet. Im Falle *a* herrscht eine kräftige Reduktion, die erst mit dem 4. Brenner aufhört. Dem Sulfat ist also reichlich Gelegenheit gegeben, sich zu zersetzen und das Natriumoxyd als Glasbestandteil freizugeben. Im Falle *b* fehlt es bei Brenner 1 an der nötigen Reduktion, infolgedessen wird das sulfathaltige Glas unter dem CO-Einfluß bei Brenner 2 besonders stark zur Gasabspaltung neigen, die an Brenner 3 jedoch wieder ebenso plötzlich unterbrochen wird, um bei Brenner 4 – zu spät – erneut aufzutreten und dadurch mit ziemlicher Sicherheit eine blasendurchsetzte Schmelze zu liefern. Bei *c* fehlt es überhaupt an einer ausreichenden Reduzierung, weil zufällig an diesem Tage alle Brenner CO-arm, der Brenner 1 sogar sauerstoffhaltig betrieben wurde. In diesem Fall ist kaum anzunehmen, daß ein Sulfatglas ausreichend entgast werden kann. Abgesehen davon müßte mit Auftreten von Galle gerechnet werden. Erst am Tage *d* findet sich wieder der Zustand vor, der *a* entspricht, d.h., das Sulfatglas wird über 3 Brenner hinaus ausreichend reduziert und tritt mit der Gewähr für hinreichend erniedrigten SO_3-Gehalt über Brenner 4 in den Läuterraum ein.

Durch diese Darlegung soll die Aufmerksamkeit auf die Notwendigkeit einer ausreichenden Überwachung der Ofenatmosphäre zur Verhinderung des Auftretens glastechnischer Fabrikationsfehler gelenkt werden.

4.213 Zur Läuterung von Schwefelbraun-(Kohlegelb-)Glas [*72*]. Es ist bekannt, daß „kohlegelbe“ Glasschmelzen besonders schwer zu läutern sind [*73*].

Abb. 213. Von Blasen durchsetzter Flaschenkörper. (Dieses Beispiel und andere wurden in dankenswerter Weise von Glaswerke Ruhr zur Verfügung gestellt.)

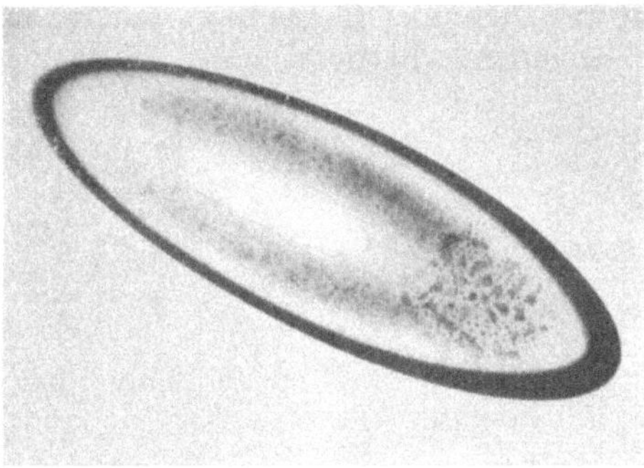

Abb. 214. Im Inneren der Blase Niederschlag von Sulfat (M = ca 5 : 1)

Auch im späten Stadium der Schmelze sind immer noch Blasen anzutreffen, die längst entwichen sein müßten, wenn sie aus dem Anfang der Schmelze herstammen würden. Es handelt sich um Reaktionsblasen, zu deren Entstehung auch im fortgeschrittenen Stadium der Schmelze noch Gelegenheit gegeben ist, Abb. 213 und Abb. 214. Die in Abb. 214 gezeigten Blasen sind so groß, daß es unwahrscheinlich ist, daß sie durch den Durchfluß durchgekommen sein können.

Die zugehörigen Reaktionen lassen sich für beide Fälle – Polysulfide I und Sulfoferrite II – in folgende Formel bringen:

I) $$5\,SO_3 + Na_2S_2 = Na_2O + 7\,SO_2\uparrow \quad \text{oder}$$

$$5\,Na_2SO_4 + Na_2S_2 + 6\,SiO_2 = 6\,Na_2SiO_3 + 7\,SO_2\uparrow \quad \text{und}$$

II) $$2\,NaFeS_2 + 11\,SO_3 = 2\,FeO + Na_2O + 15\,SO_2\uparrow$$

In beiden Fällen ist es bemerkenswert, daß 1 Molekül des jeweiligen Farbkörpers genügt, um unter eigener Entfärbung ein Mehrfaches an Molekülen Sulfat bei Berührung mit ihnen zur Abgabe ihres Gasinhaltes in Form von SO_2 zu veranlassen. Das ist unter Hinweis auf die relativ große Blasengefahr von erheblicher Bedeutung.

Es reagiert also der in unterschiedlichen Schmelzraumteilen nebeneinander vorliegende Schwefelgehalt verschiedener Oxydationsstufen miteinander. Dieser wird von der Seite der Ofenatmosphäre mitbestimmt, denn nach H. SALMANG und A. BECKER ist erwiesen, daß deren Bestandteile in genügender Menge in das Glas eintreten können. Es ergibt sich daraus eine mehr oder weniger vollständige Einspielung eines recht empfindlichen Gleichgewichtes, dessen Verschiebung leicht von Blasenbildungen begleitet ist.

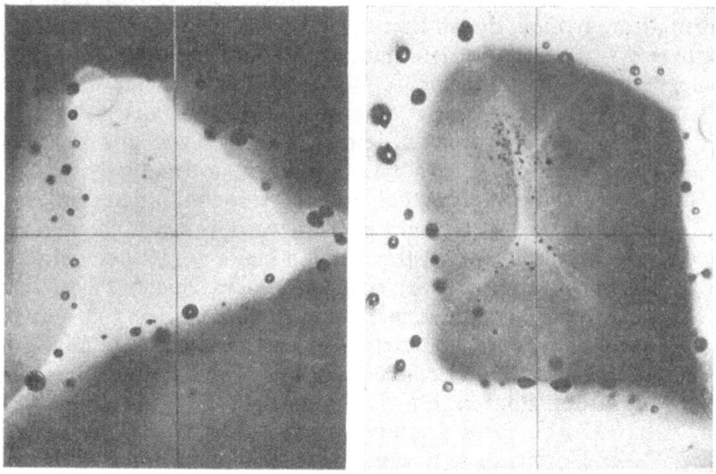

Abb. 215. An den Grenzflächen farblosen und aus gleichem Gemenge erschmolzenen schwefelbraunen (kohlegelben) Glases entstehen – unabhängig von der Anordnung zueinander – Reaktionsblasen (M = 30 : 1). (Aus Glastrümmern gleicher Korngröße erschmolzen; 30 Min. bei 1000°)

Ausgehend von einer Schmelze, die unter oxydierenden Bedingungen einem SO_3-Gehalt von etwa 0,35% zusteuern würde, bilden sich unter reduzierenden Bedingugnen Polysulfide oder (und) Sulfoferrite an der Oberfläche, die von der Umgebung nach obigen Gleichungen solange zerstört werden, bis kein SO_3 mehr zur Verfügung steht und der vorhandene SO_2-Rest mehr oder weniger vollständig in die Polysulfid- bzw. Sulfoferritform überführt ist.

Es gelingt ohne weiteres, die blasenbildende Reaktion zwischen schon braun mit noch weiß vorliegendem Glas nachzuweisen, wenn man beide miteinander verkuppelt (Abb. 215). Es muß aber auch möglich sein, das örtlich verstreute beginnende Sichbraunfärben farbloser Schmelzen zu verfolgen. Es gelingt bei kräftig reduzierender Behandlung einer Tropfenschmelze auf Platin von der Ofenatmosphäre her: Die beginnende Färbung erfolgt in flockiger Verteilung und ist meist deutlich mit örtlichen Anhäufungen von Blasen verknüpft (Abb. 216); eben denjenigen, die das Läutern „kohlegelber" Gläser so sehr erschweren. Die Verteilung der Berührungsflächen unterschiedlicher Schmelzraumteile regelt sich nach Maßgabe der Grenzflächenkräfte.

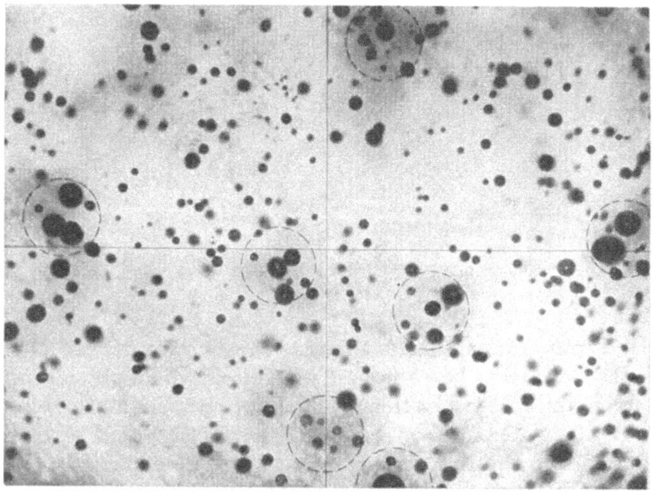

Abb. 216. Blasenbildung an Stellen beginnender Braunfärbung

Als weitere Quelle von Blasenbildungen ist in Betracht zu ziehen [*17*], daß der Scherbenzuschlag zur Schwefelbraunschmelze nicht immer ausschließlich aus braunem Glas besteht. Wenn im gleichen Betrieb ein gleicher oder ähnlicher Gemengesatz zu farblosem Glas erschmolzen wird, liegt die Versuchung nahe, sich bei Überfluß weißer Scherben auch ihrer zu bedienen. Diese enthalten aber SO_3 und müssen sich in der Schmelze an der gegenseitigen Einspielung eines Gleichgewichtes gegebenenfalls unter Blasenbildung, beteiligen, da von ihnen ein Oxydationsvorgang (s. oben) ausgeht.

Die Mitverwendung farbloser Scherben bedeutet also eine Erschwernis für die Braunglasschmelze. Die Bedeutung dieser Beziehungen drückt sich in einer Anzeige aus, die ihrem Inhalt nach darauf Rücksicht nimmt (Abb. 217). Wegen der unter Ziff. 4.21 (Nr. 11) behandelten Reaktion erscheint es zweifelhaft, ob überhaupt blasenfreies Kohlegelbglas erschmolzen werden kann [*73*].

Ist man bei der Braunfärbung nicht auf die Überführung des im Glase vorhandenen Schwefels hoher Oxydationsstufe durch Reduktion in die niedrigere angewiesen, sondern verleibt dem Gemengesatz einen Körper ein, der bereits selbst, zum mindesten aber ohne Reduktion, schwefelhaltigen Farbstoff bildet, so entsteht ein Glas, welches weitaus weniger der Gefahr einer verschleppten Blasenbildung ausgesetzt ist. Das Zustandekommen der Farbverbindung ist nach folgender Gleichurg denkbar, d. h. ohne Inanspruchnahme oder Erzeugung einer Gasphase:

Abb. 217. Kaufgesuch berücksichtigt SO_3-Gehalt von Scherben

$$FeS_2 + Na_2O + 2\,FeO = Na_2FeS_2 + Fe_2O_3$$

Darin hat man den Grund zu erblicken, daß ein Zusatz von FeS_2 (als Pyrit) zum Gemenge eine gute und vielfach angewendete Maßnahme zur Bildung eines leuchtend braunen Glases ist, das mit Recht in dem Ruf steht, besser zu läutern als ein Sulfatglas, welches allein durch Reduktion mit Kohle schwefelbraun gefärbt wird. Ein solches Glas verdient erst recht nicht mehr den Namen „kohlegelb“, denn es entsteht sogar bei neutraler Atmosphäre und ohne Gegenwart von Kohle.

Jede nachträgliche Berührung der Braunglasschmelze mit Sauerstoff oder einer sauerstoffhaltigen Verbinduug (Galle) bedeutet die Gefahr des Auftretens von Blasen. Im Gegensatz zur farblosen Schmelze, bei der der gastragende Bestandteil (Na_2SO_4) mit seinem „potentiellen B ähungsvermögen“ [*17*] durch Oxydation im Glase fixiert wird, wird in der Braunglasschmelze SO_2 durch sie in Freiheit gesetzt.

Abb. 218. Angeschliffene Schöpfprobe „überreduzierten“ Glases zeigt an der Grenzfläche des braunen zum weißen Glas Anhäufungen von Blasen

An einer Schöpfprobe eines Glases (Abb. 218), bei dem durch Überreduktion braun gefärbte Schlieren sich neben klaren Schichten befinden, sieht man in Bestätigung des Experimentes (Abb. 215) an den Grenzflächen eine starke Blasenanhäufung, die durch interne Reaktionen des Schwefels verschiedener Oxydations stufen entstanden ist.

4.22 Die Sauerstoffläuterung

Für die Läuterung mit Sauerstoffträgern werden in erster Linie Arsenik, aber auch Antimonoxyd, oder Ceroxyd, oder deren Salze verwendet. Mit der Wirkung dieser Läutermittel ist gleichzeitig eine chemische Entfärbung durch Oxydation des Eisenoxyduls zu Eisenoxyd verbunden. In vielen Fällen, insbesondere bei der Massenherstellung von Gebrauchsgläsern, wird die Läuterung durch Beigabe von Sulfaten unterstützt.

Arsenik ohne Nitrat hat nach GEHLHOFF [*32*] keine läuternde Wirkung. Erst mit Salpeter wird die Läuterung gefördert. GEHLHOFF zieht Kalisalpeter wegen seiner geringeren Hygroskopizität dem Natronsalpeter vor. Die Wirkung dieses Gemisches erfolgt auf folgende Weise:

$$2\,KNO_3 + As_2O_3 = As_2O_5 + K_2O + N_2O + O_2$$
$$As_2O_5 = As_2O_3 + O_2$$

Während des Schmelzens wird der Salpeter schon zersetzt. Der freiwerdende Sauerstoff wandelt das Arsenik zu Arsenpentoxyd um, das sich wiederum bei Läutertemperatur zersetzt und Sauerstoff als Läutergas abgibt. Diese Theorie wurde von O. SCHOTT aufgestellt, von ZSCHIMMER [*74*] und von KÜHL [*64*] u. Mitarb. bestätigt.

GEHLHOFF [*32*] fand bei Laboratoriumsversuchen wie auch im Hafenofen bei einem Einsatz von 0,02% Arsenik und 1% K_2O als Nitrat die beste Läuterwirkung. Bei höheren Arsenikzusätzen nahm die Läuterung ungefähr proportional dem Arsenikzusatz ab. KÜHL [*75*] konnte bei tensimetrischen Messungen an Arsenpräparaten feststellen, daß die Zersetzung von As_2O_5 bei 625 °C meßbare Werte annimmt, bei 750 °C lebhaft wird und bei 850 °C schnell zu Ende geht, während Natriumpyroarseniat ($Na_4As_2O_7$) erst bei etwa 1000 °C eine meßbare Zersetzung aufweist und selbst bei 1400 °C nach 2 Stunden nur ein Viertel seines Sauerstoffes abgegeben hat. Bei Gegenwart von Glassubstanz war die abgegebene Sauerstoffmenge doppelt so groß wie beim Arseniat. Aus seinen Versuchen kommt KÜHL zu dem Schluß, daß eine Resorption von Sauerstoff in der abkühlenden Schmelze durch noch vorhandenes As_2O_3 möglich ist. Arsenik oder Salpeter allein haben keine Wirkung. Der Salpeter, weil er schon bei Temperaturen, die für die Läuterung noch nicht in Betracht kommen, dissoziiert, das Arsenik oder das sich bildende Arseniat, weil es vor Eintritt der Glasbildung in Arsensäure und metallisches Arsen, das verdampft, aufspaltet. Erst der durch die Zersetzung des Salpeters freiwerdende Sauerstoff verhindert dies, indem das freiwerdende Arsen zu Arsenik zurückoxydiert wird.

Eng verknüpft mit der Sauerstoffläuterung ist die chemische Entfärbung durch Oxydation des Eisenoxyduls; sie wurde von KÜHL eingehend bearbeitet. Es soll hier kurz erwähnt werden, daß von ihm die gegenseitige Einwirkung der in verschiedenen Wertigkeiten vorkommenden Sauerstoffträger, und zwar die Oxyde des Mangans, Chroms, Cers, Arsens, Antimons und Eisens untersucht wurde. Er stellte auf Grund seiner Beobachtung und der anderer Forscher eine Reihe dieser Oxyde nach fallendem bzw. steigendem Sauerstoffdruck auf.

$$\xrightarrow{\quad} \text{fallender Sauerstoffdruck}$$
$$Mn_2O_3—CrO_3—CeO_2—As_2O_5—Sb_2O_5—Fe_2O_3$$
$$\xleftarrow{\quad} \text{steigender Sauerstoffdruck}$$

Er weist dieser Kette allerdings nur einen empirischen Charakter zu, weil verschiedene Einflüsse, wie Zersetzungspotential und -geschwindigkeit, das Mengenverhältnis, Glaszusammensetzung und Temperatur beim Vergleich noch berücksichtigt werden müßten.

In diese Reihe müßte auch noch das SO_3 eingefügt werden, da es an der Einstellung des Oxydationsgleichgewichtes stark beteiligt ist.

Der Chemismus der Läuterung mit Antimon ist der gleiche wie der mit Arsenik, jedoch ist die Wirkung nicht so stark. Ähnlich liegen die Verhältnisse bei Cer.

4.23 Läuterung von optischem Glas[1]

Die Läutermittelanteile des optischen Glases übersteigen im allgemeinen nicht 1,5 Gew.-% der oxydprozentigen Zusammensetzung des Glassatzes.

Für das optische Glas werden praktisch die gleichen Stoffe wie für die Läuterung des Hohlglases benutzt, außer Natriumsulfat, welches hier keine Verwendung findet. Die Läutermittel werden dem Gemenge in Mehlform beigemischt.

Es gelangen zur Anwendung:

1. Arsenoxyd (As_2O_3) und Antimonoxyd (Sb_2O_3) zusammen mit den Nitratverbindungen des Natriums, Kaliums, Bariums oder des Bleis. Die verwendeten Nitratmengen betragen etwa das 3- bis 5fache des eingeführten Arsen- und Antimonoxydgehaltes. Beim Schmelzprozeß werden Arsen- und Antimontrioxyde in Gegenwart von Nitraten zu Pentoxyden

$$(As_2O_5 \quad \text{und} \quad Sb_2O_5)$$

oxydiert. Diese Pentoxyde geben bei den höheren Läutertemperaturen spontan Sauerstoff an die Schmelze ab und werden dabei selbst zu den Trioxyden

$$(As_2O_3 \quad \text{und} \quad Sb_2O_3)$$

reduziert. Die Zersetzungstemperatur liegt beim Arsenpentoxyd höher als beim Antimonpentoxyd Der Anwendungsbereich für das Arsenoxyd erstreckt sich auf Läutertemperaturen über 1400 °C derjenige des Antimonoxydes auf den Bereich von etwa 1300 bis 1450 °C. Beide Stoffe werden sowohl getrennt als auch gemeinsam zur Läuterung verwendet. Der Einsatz von Arsenoxyd und Antimonoxyd zusammen verlängert die Zeit der Sauerstoffentbindung.

2. Halogenverbindungen.

a) Natriumchlorid (NaCl) wird nur wenig und dann in Anteilen bis 1,0 Gew.-% verwendet, im allgemeinen mit der gleichen bis 5fachen Menge an Nitratverbindungen der Alkalien. Die Läuterwirkung des Natriumchlorids (Kochsalz) beruht auf der nahezu vollständigen Verdampfung als solches.

[1] Von Dr. SACK, Mainz

Nur zu einem geringen Teil wird NaCl in Natriumoxyd und Chlor aufgespalten und von der Schmelze aufgenommen. Der analytisch feststellbare Chlorgehalt im Glas bewegt sich zwischen 0,02 und 0,06 Gew.-%; der Gehalt wird stark von der angewandten Läutertemperatur beeinflußt. Als unterste Läutertemperatur ist etwa 1400 °C anzusetzen.

An Stelle von Natriumchlorid wird mitunter auch Kaliumchlorid (KCl) benutzt. Die Wirkungsweise ist hier wie dort gleich. Andere Chloridverbindungen, wie die des Calciums und des Bariums, finden keine Verwendung.

b) Flußspat (CaF_2) gelangt vielfach in Verbindung mit Antimonoxyd und Nitrat zur Anwendung für Läutertemperaturen, die dem günstigen Läuterbereich des Antimonoxyds entsprechen. Der Fluorgehalt des Flußspats wird im überwiegenden Maße als gasförmiges Siliziumtetrafluorid (SiF_4) in Freiheit gesetzt, während der Calciumgehalt als Calciumoxyd (CaO) von der Schmelze gebunden wird. Neben der läuternden Wirkung ist aber auch die schmelzbeschleunigende Wirkung des Flußspats, wie überhaupt aller anderen gebräuchlichen Fluoridverbindungen, zu erwähnen. Alle Fluoridverbindungen erniedrigen schließlich noch die Viskosität des Schmelzflusses und erleichtern somit zusätzlich die Läuterung.

c) Kaliumbifluorid (KHF_2), Natriumsilikofluorid (Na_2SiF_6), Natriumaluminiumfluorid oder Kryolith (Na_3AlF_6).

An Stelle von Flußspat kann in vielen Fällen einer dieser drei genannten Stoffe zur Läuterung eingesetzt werden, allein oder in Verbindung mit Nitrat bzw. mit Nitrat und Antimonoxyd, seltener mit Arsenoxyd. Der Läuterbereich erstreckt sich auf Temperaturen über 1300 °C. Die Wahl der jeweiligen Fluoridverbindung richtet sich nach der Glaszusammensetzung.

Die verschiedenen aufgeführten Nitratverbindungen reichen allein zur Läuterung des optischen Glases nicht aus. Ihre Wirkung ist zu schwach, so daß sich damit die hohen Ansprüche nach einem möglichst blasenfreien Glas nicht erreichen lassen. Nitratverbindungen werden daher stets im Verein mit den anderen genannten Läutermitteln eingesetzt, um so mehr, als dadurch die Lichtdurchlässigkeit der Gläser verbessert wird. Die resultiert in erster Linie aus der damit verbundenen Überführung des stark färbenden zweiwertigen Eisenoxydes (blau) in das schwach färbende dreiwertige Eisenoxyd (gelb). Die geringen Verunreinigungen an Eisenoxyd (einige Tausendstel Prozente) gelangen aus den Glasrohstoffen und aus dem ff. Material der Schmelzhäfen in den Glasfluß.

4.3 Mechanische Läuterverfahren

Neben den chemischen und thermischen Maßnahmen zur Läuterung werden aber auch bisweilen, insbesondere beim periodischen Schmelzen in Häfen oder Tageswannen, mechanische Mittel zur Beschleunigung der Läuterung eingesetzt. Als solche sind bekannt:

1. Bülwern oder Blasen und Rühren.
2. Gaseinblasen.
3. Ultraschall bzw. Schall.
4. Rauhe Oberflächen.
5. Druck oder Vakuum.
6. Entglasung.
7. Beeinflussung der Glasströmungen.

Zu 1. Das Bülwern der Schmelze durch Rühren mit nassem Holz oder ähnlichem bringt die Schmelze in eine sehr lebhafte Bewegung und fördert bei gleichzeitig damit verbundener Homogenisierung erheblich die Läuterung. Die Berührung der Glasschmelze mit der Gasphase wird intensiviert und der Gasrest wird herabgesetzt. Auch das Rühren mit eingehängten, sich drehenden Rührern aus ff. Material fördert die Homogenisierung und damit die Läuterung.

Zu 2. Schon lange wird versucht, die Aufgabe der Läutermittel, Gase abzuspalten, mechanischen Apparaturen zu übertragen, die unabhängiger von den Zufälligkeiten der Schmelze bezüglich Ort und Zeit eingesetzt werden könnten. Dieser Gedanke wurde bereits von KEPPELER [*33*] und auch von WASHBURN [*76*] erwähnt, führte aber zu keinem praktischen Ergebnis. Neuerdings führte WIDTMANN mit einer wassergekühlten schwenkbaren Sonde Gasblasen am Boden einer Wanne ein. (Vgl. Abb. 219.) Auch mehrere amerikanische und englische Patente beschäftigten sich mit diesem Verfahren.

Zu 3. KLEIN [*77*], KRÜGER [*78*] und EDEN [*79*] schlagen vor, bzw. versuchten, Glasschmelze durch Schall bzw. Ultraschall zu entgasen. Die Schwierigkeiten bestehen in der Übertragung der Energie und der zu erwartenden Kavitation des ff. Materials.

Zu 4. Die gasabspaltende Wirkung rauher Oberflächen wird noch beschrieben (Ziff. 5), ebenso die Bedeutung dieser Erscheinung für Versuchsschmelzen. Eine technische Anwendung kommt außer bei der Emailschmelze [*1*] bisher nicht in Betracht.

Zu 5. Die Entgasung des Glases durch Schmelzen bzw. Abkühlen im Vakuum [*7*] hat bisher nur theoretische Bedeutung, ebenso wie das Einfrieren eines Hochtemperatur-Gleichgewichtszustandes durch Abkühlen unter Druck [*1*].

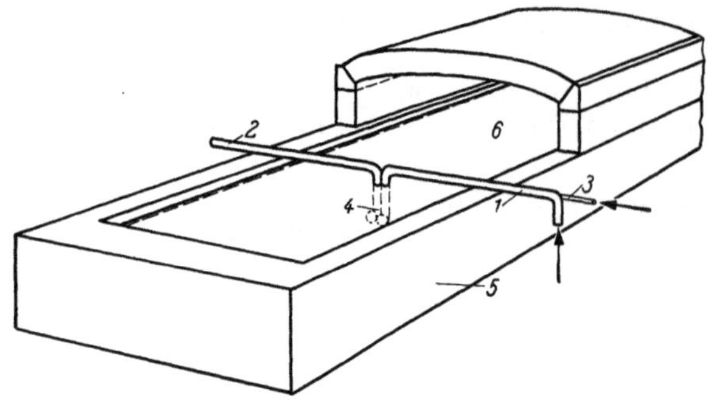

Abb. 219. Einblasen von Gasen in eine Wannenschmelze als Läuterimpuls. Prinzipskizze nach J. WIDTMANN

Zu 6. Eine Entgasung der Glasschmelze, die bisher nur im Laboratorium erprobt wurde, kann durch Entglasen und nachfolgendes Schmelzen durchgeführt werden [*1*].

Zu 7. Wird ein Glas ganz oder teilweise durch JOULEsche Wärme (direkte elektrische Widerstandsbeheizung) beheizt, können die Strömungen durch entsprechende Anordnung der Elektroden so beeinflußt werden, daß die Läuterung gefördert wird [*80*].

5 Der Gasrest

Ein Glas ist gut geläutert, wenn es frei oder fast frei von Blasen ist. Trotzdem sind im Glas noch Gase vorhanden. Die Menge dieses Gasrestes ist kein Maß für den Läutergrad, jedoch birgt er die Gefahr der nachträglichen Blasenbildung in sich. Es ist deshalb die Läuterung, natürlich in wirtschaftlichen Grenzen, auf einen möglichst kleinen Gasrest hin zu treiben, um das Glas nach vollzogener Läuterung möglichst unempfindlich gegen die vielen Einflüsse, die zu erneuter Blasenbildung führen können, zu machen.

Um die Bedeutung des Gasrestes für die Unterscheidung der Herkunft von Blasen zu unterstreichen, soll hier eine klare Grenze zwischen Läuterungs- und Spätblasen gezogen werden. Selbstverständlich befindet sich von der ersten Gemengehaufenreaktion an ein immer mehr abnehmender Anteil an Gasen im Glas, der zur Neubildung oder zum Aufblähen vorhandener Blasen dient oder direkt in die Ofenatmosphäre entweicht. Dieser Gasanteil wurde aber schon behandelt, er soll nach erfolgreicher Läuterung nicht mehr im Glas enthalten sein. Als Gasrest soll nur der Teil der Gase angesprochen werden, der im fertig geläuterten Glas noch vorhanden ist, und zwar nicht in Form von Blasen. Die physikalischen und chemischen Erkenntnisse, die in diesem Kapitel beschrieben werden, gelten selbstverständlich auch für den Mechanismus der Gasausscheidung in der Schmelze und Läuterung.

Die Ursache für das Vorhandensein des Gasrestes ist in der Verzögerung [*17*] der Einstellung des physikalisch-chemischen Gleichgewichtes zu sehen (s. Ziff. 1.3). Seine Bedeutung wurde schon frühzeitig erkannt und war Anlaß zu eingehenden Forschungen [*80*(*a*), (*b*), (*c*)].

Die frühesten Überlegungen über den Gasgehalt der Schmelzen stützen sich auf Beobachtungen von GELSTHARP [*81*], aus denen man schließen kann, daß geläuterte Gläser bis zu 1% SO_3 enthalten können. Die erste experimentelle Arbeit wurde von WASHBURN, FOOTIT u. BUNTING [*76*] ausgeführt. Sie bestimmten quantitativ die Gasabgabe geläuterter Gläser beim Wiedereinschmelzen im Vakuumofen, konnten aber keine Gesetzmäßigkeit beobachten. SALMANG u. BECKER [*82*] untersuchten die Gasabgabe verschiedener Gläser beim Wiedereinschmelzen und kamen zu der Ansicht, „daß die beim Läutern des Glases und beim Wiedereinschmelzen erkalteten Glases auftretenden Bläschen durch eine nachträgliche Zersetzung von Verbindungen, die beim Einschmelzen unverändert geblieben und als Glasbildner in das Glas eingegangen waren, entstehen". Sie fanden in Karbonatgläsern Gasmengen in der Größenordnung bis 0,01 Gew.-% (entsprechend etwa 0,05 cm^3/g) CO_2, bis 0,05 Gew.-% (0,65 cm^3/g) H_2O und eine etwas geringere Menge O_2. Der Gasgehalt von Sulfatgläsern erwies sich als ungleich höher; es wurden bis 0,02 Gew.-% (0,1 cm^3/g) CO_2, bis 0,3 Gew.-% (0,9 cm^3/g) SO_2 gefunden, außerdem bis 0,06 Gew.-% (0,4 cm^3/g) O_2 und 0,04 Gew.-% (0,5 cm^3/g) H_2O. Aus dem Mengenverhältnis $SO_2 : O_2$ wie etwa 2 : 1 schlossen sie auf einen Zerfall des SO_3 in SO_2. Ferner untersuchten sie die Gasaufnahme schmelzflüssiger Gläser aus der Atmosphäre und konnten nachweisen, daß Gase vom Glas nur dann aufgenommen werden, wenn eine unter den jeweiligen Bedingungen beständige Verbindung entstehen kann. Es gelang ihnen, Sauerstoff in FeO-haltige Schmelzen und $SO_2 + O_2$, ferner auch H_2S

in saure Soda-Kalk-Kieselsäuregläser einzuführen. Sie stellten auch fest, daß saure Gläser einen kleineren Gasrest besitzen als basische. Dies wurde auch von JEBSEN-MARWEDEL [*37*] bestätigt, vgl. Ziff. 4.211 und Abb. 210. Daß aber nicht nur der Kieselsäureanteil, sondern auch die Sandkörnung die Läuterung und damit auch den Gasrest beeinflußt, zeigt REIL [*22*] auf (Ziff. 2.6). Er findet bei vergleichenden Untersuchungen an Gläsern verschiedener Werke, daß der SO_3-Rest umgekehrt proportional der Korngröße des Sandes ist und führt dies auf ein längeres Vorhalten der gröberen Sandkörner in der Schmelze zurück.

DIETZEL [*16*] interpretiert die Feststellung von SALMANG und BECKER dahin, „daß z. B. Sauerstoff nur dann aufgenommen werden kann, wenn das Glas etwa zweiwertiges Eisen (FeO), Mangan (MnO) od. dgl. enthält, das ihn als Fe_2O_3, Mn_2O_3 usw. chemisch binden kann. Ist dies nicht der Fall, kann kein Sauerstoff im Glas gelöst werden. Bei gewöhnlichen, farblosen Gläsern, die keine Elemente mit mehreren Wertigkeiten enthalten, gibt es also keine Löslichkeit von Sauerstoff in der Schmelze. Im Gegensatz dazu vermag der von SALMANG und BECKER erwähnte Wasserdampf sich in jedem Glas unter chemischen Bindungen zu lösen, was unter Bildung von OH-Gruppen vor sich geht, nach:

$$Na_2O + H_2O = 2\,NaOH$$

Diese Folgerungen decken sich vollkommen mit den derzeitigen Vorstellungen von der Glasstruktur. Es ist in der Glasstruktur kein Platz für freie Gasmoleküle".

DIETZEL gibt allerdings an anderen Stellen [*16*] die Möglichkeit einer erzwungenen Löslichkeit, wie sie z. B. für Stickstoff bei Stählen besteht, zu, indem er im Zusammenhang mit der Blasenbildung sagt: „Ein freiwerdendes Gas ist zwar unter Normalbedingungen im Glas nicht löslich, aber es muß solange in der Schmelze echt gelöst bleiben, bis es entweder auf dem Wege der Diffusion aus der Schmelze herauskommt, oder aber bis durch fortschreitende Zersetzung des Läutermittels der Gasdruck erneut angestiegen ist, daß das Gas die Struktur zerreißen und damit eine neue, innere Oberfläche, eine Blase bilden kann."

Auch WEYL und PINCUS [*83*] stellten fest, daß bei reinem Soda-Kalk-Glas kein Sauerstoff gebunden werden kann. Erst mit Zusätzen von Läutermitteln, färbenden Oxyden, Blei und Barium können Glasschmelzen Sauerstoff aufnehmen oder abgeben. NEUMANN [*84*] untersuchte die Gasaufnahme aus der Ofenatmosphäre; aus CO_2-freien Rohstoffen erschmolzene Barytkrongläser nahmen bei 1300 °C wohl CO_2, hingegen kein O_2 aus der Ofenatmosphäre auf.

WEYL und seine Mitarbeiter MÖTTING und THÜMEN [*85, 86, 87*] untersuchten die Gasaufnahme von Gläsern unter hohen Drucken bis 1000 at und stellten fest, daß sowohl Na- wie K-Silikate Kohlensäure unter Karbonatbildung aufnehmen und ein Gleichgewicht von Silikaten und Karbonaten in Gläsern bestehen kann. Die gleichen Versuche wurden mit Sauerstoff, insbesondere für Farbgläser, durchgeführt. Auch bei diesen Versuchen ergab sich, daß die Gläser Sauerstoff unter Bildung höherwertiger Oxyde des Eisens, Chroms und Mangans aufnehmen. Dies wurde durch Ausmessung der spektralen Absorption nachgewiesen.

Mit der Frage des Sauerstoffgleichgewichtes befaßten sich weiter DIETZEL und CSAKI [*29*], während die Gleichgewichte mit Wasserdampf von DIETZEL [*16*] und GEPPERT [*88*] bearbeitet wurden.

Außerdem behandelten DALTON [*89, 90*] sowie später SHADDOCK und VAN ZEE [*5*] erneut den Gasrest. Die Ergebnisse ihrer Arbeiten bestätigen im wesentlichen die von SALMANG und BECKER angegebenen Befunde, einschließlich der hohen Wasserdampfgehalte. Eine Zunahme des H_2O-Gehaltes führen sie auf die Ofenatmosphäre zurück. Sie sehen diese Vermutung dadurch bestätigt, daß ein Glas, das im Betriebsofen 0,529 cm^3/g H_2O enthielt, bei der Schmelze im elektrischen Laboratoriumsofen nur 0,148 cm^3/g aufwies.

LÖFFLER [*1*] vertritt hingegen die Auffassung, daß der in technischen Gläsern vorhandene Wasserdampf zum überwiegenden Teil aus der Rohstoff-Feuchte komme. Er weist auch darauf hin, daß SALMANG und BECKER volumenmäßig zwölfmal so viel Wasserdampf wie Kohlensäure fanden, obwohl in dem Ausgangsprodukt ungleich mehr Kohlensäure als Wasserdampf enthalten ist. Er erwähnt in diesem Zusammenhang, daß das 2:1 Natriumsilikat sehr begierig Wasser aufnimmt und festhält [*91*]. Er schließt daraus, daß die Feuchtigkeit des Gemenges gleich bei den ersten Reaktionen festgehalten wird und daß sie weiter, wenn mit fortschreitender Auflösung des Sandes das basische Silikat allmählich verschwindet, unter Änderung der Bindungsart, bzw. unter Ausbildung einer Übersättigung, in Lösung bleibt. LÖFFLER [*92*] und THILO [*93*] weisen auch auf andere Silikate, die Wasser binden, hin.

Auch DIETZEL und SCHOLZ [*12*] bestätigen die feste Bindung von H_2O im Glas (vgl. Ziff. 2.1). Ebenso kommen WEYL und PINCUS [*8*] zu dem Schluß, daß Wasser im Glas eine chemische Verbindung eingehen kann. Für die Menge des H_2O-Anteiles im Glas machen sie den Wassergehalt der Ofenatmosphäre verantwortlich. LÖFFLER [*1*] ist der Meinung, daß die Gase sich in einem Zustand der Übersättigung im Glas befinden und weist dies an Hand von Schmelzversuchen in Korundtiegeln und vergleichenden Demonstrationen mit kohlensäuregesättigtem Wasser nach. Die Korundwandung, deren Wirkung entweder dem Spitzeneffekt und oder der Kapillarwirkung zuzuschreiben ist, überzieht sich mit einem dichten Blasenschleier, der bei feuchtem Gemenge stärker und bei Läutermittelzusatz geringer ist. Den Einfluß der Wandflächenrauhigkeit bestätigt auch R. K. DAY [*80(c)*]. In der Nähe des Glasspiegels, wo die Übersättigung abnimmt, ist die Tiegelwand blasenfrei. Bei Schmelzen in Porzellantiegeln tritt trotz der größeren Al_2O_3-Löslichkeit der Wandung dieser Effekt nicht auf. Nach seiner (LÖFFLER [*1*]) Auffassung kommt die Übersätti-

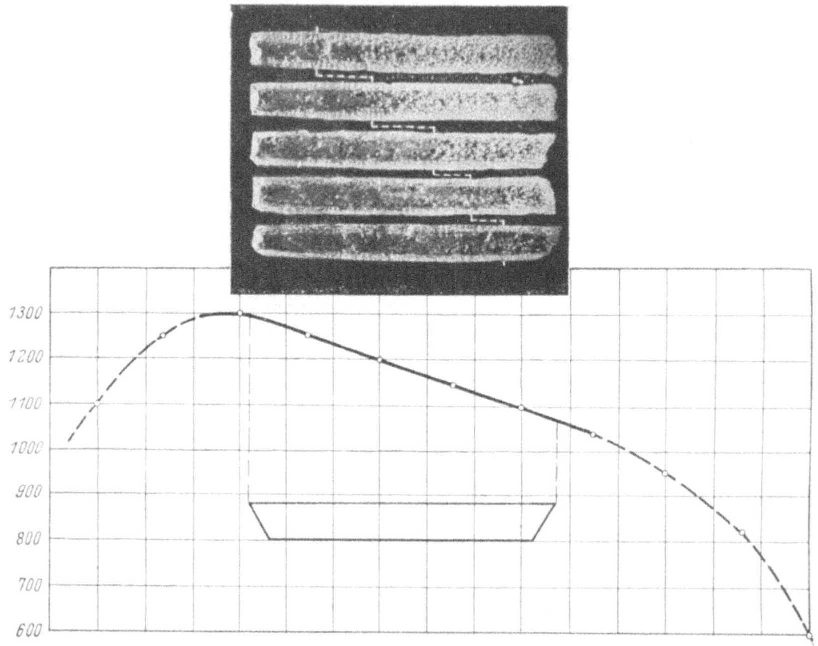

Abb. 220. Glasschmelzen in einem polythermisch behandelten Schiffchen zeigen infolge verschiedener thermischer Vorbehandlung nach aufgesetztem Vakuum eine deutlich verschobene Grenze des Wiederauftretens von Gasblasen aus dem in der Schmelze verbliebenen Gasrest

gung daher, daß die Gase (H_2O, CO_2) eine Hemmung in der Blasenbildung haben, ähnlich dem Siedeverzug in Flüssigkeiten. Nur Stoffe, die Gas ohne Siedeverzug abspalten, können als echte Läutermittel wirken.

Trotz dieser physikalischen Erklärung der Bindungsart des Gasrestes faßt LÖFFLER den Inhalt der Arbeiten von DRALLE-KEPPELER, E. ZSCHIMMER, E. ZIMPELMANN u. L. RIEDEL, G. GEHLHOFF, H. KALSING u. M. THOMAS sowie von W. WEYL dahin zusammen, daß „die treibende Kraft beim Aufsteigen und Abstoßen der Blasen aus der sich läuternden Glasschmelze eine thermische Dissoziation von im Glas gelösten, Gase enthaltenden Stoffen ist“.

JEBSEN-MARWEDEL u. DINGER [*94*] bezeichnen die Fähigkeit des Gasrestes, erneut Blasen zu bilden, als „potentielles Blähungsvermögen“ und haben verschiedene Glasarten diesbezüglich einer Prüfung unterzogen, indem sie die Schmelze in einem Platinschiffchen einem Unterdruck aussetzten. Die Temperatur, bei der die Gläser erneut Gas abspalten, wurde als Maß für das „potentielle Blähungsvermögen“ angesehen.

Man kann das am besten demonstrieren, wenn die Schmelzen im Schiffchen einer linear ihrer Längsachse steigenden Temperatur ausgesetzt werden. Gibt man jetzt plötzlich einen Unterdruck auf die Schmelze, so zeigt sich ziemlich genau, bis zu welchem Punkt (Temperaturbereich) sich die noch im Glas gelösten Gase in Blasen verwandeln. Nach Abb. 220 zeigen verschiedene Gläser deutliche Abstufungen in Abhängigkeit von ihrer Beschaffenheit und Vorbehandlung.

Die experimentellen Messungen erlaubten die Aussage, daß im Prüfbereich 1 °C und 0,21 bis 0,46 mm QS bzw. 1 mm QS und 2,2 bis 2,4 °C einander etwa gleichwertig sind hinsichtlich ihres Einflusses auf die blasenförmige Ausscheidung von Gasen. Die Ergebnisse zeigten, daß Spiegel- und Tafelgläser besonders günstig liegen, ein braunes Flaschenglas besonders ungünstig. Starke

Streuungen zeigten Gußgläser; auch ein chemisches Geräteglas zeigte frühe Blasenbildung. Die Temperatur des Wiedereinsetzens der Blasenbildung hängt zweifellos vom Wärmeaufwand, mit dem die betreffende Schmelze betrieben wurde, ab, aber auch von ihrer chemischen Zusammensetzung und Viskosität.

Die widerstreitenden Auffassungen, wonach Gase im Glas physikalisch gelöst oder chemisch gebunden sein sollen, werden von A. Dietzel in einer persönlichen Mitteilung geklärt. „Es gibt im Glas eine physikalische Lösung von Gasmolekülen; sie ist aber relativ klein. Daneben sind Gase in wesentlich größerer Menge chemisch gebunden". Zahlenangaben über das Verhältnis der gebundenen und gelösten Gasmengen sind bis heute noch nicht bekannt.

5.1 Die Resorption von Blasen

Daß durch das Glas Gase aus der Ofenatmosphäre aufgenommen werden können, wurde unter Ziff. 5 mehrfach erwähnt.

Dies ist dann besonders leicht der Fall, wenn eine Glaskomponente mit dem Gas eine Verbindung eingehen kann. Diese Erkenntnis läßt erwarten, daß Blasen während der Abkühlung vom Glas resorbiert werden. Dies ist aber nur bei O_2-, H_2O- oder CO_2-Blasen möglich. SO_3 ist dagegen bei hohen Temperaturen in SO_2 und O_2 zerfallen. Wegen verschiedener Diffusionsgeschwindigkeit dieser beiden Gase ist nicht anzunehmen, daß in einer Blase stets äquivalente Mengen für eine Rückbildung von SO_3 bzw. Na_2SO_4 verbleiben. Danach kann eine Blase von der Sulfatläuterung her nicht oder nur zum Teil resorbiert werden.

In den folgenden Abschnitten soll erörtert werden, welche Möglichkeiten der Blasenbildung aus dem Gasrest bestehen.

6 Drei Arten Blasen

Es erleichtert die Suche nach der Ursache von Blasen sehr, wenn man eine Unterscheidung nach der Art der Herkunft der Blasen trifft:

1. Blasen aus mangelhafter Läuterung.
2. Blasen aus dem Gasrest (Spätgispen).
3. Blasen aus der Verarbeitung.

Wenn man sich die Gasaustreibung aus dem Glase vergegenwärtigt, so erkennt man, daß in den ersten drei Abschnitten der Schmelze (vgl. Ziff. 1) das Gas aus dem Gemenge bzw. Glas freigemacht wird und daß dieses in Form von Blasen freigemachte Gas durch die Läuterung aus dem Glas so weit als möglich entfernt werden muß. Ist die Läuterung mangelhaft, so verbleiben restliche Blasen im Glas. Dies ist die eine Art der Blasen.

Aber selbst bei der besten Läuterung bleibt ein Rest von Gasen im Glase gebunden. Dieser ist der Gasrest (s. Ziff. 5), dessen Menge aber kein Gradmesser für die Güte der Läuterung ist. Er ist von den verschiedensten Bedingungen abhängig.

Während der Abstehzeit ist der Gasrest durch Inhomogenitäten im Glas, Temperaturstöße, Einwirkung der Ofenatmosphäre, ff. Material, Fremdkörper u. a. großen Gefahren ausgesetzt und kann durch eine oder mehrere dieser Ursachen zu einer neuerlichen Gasabspaltung gereizt werden. Die so gebildeten Blasen entstehen in einem schon gut geläutertem Glas und sind als die zweite Art – meist als „Spätblasen" bezeichnet – zu betrachten.

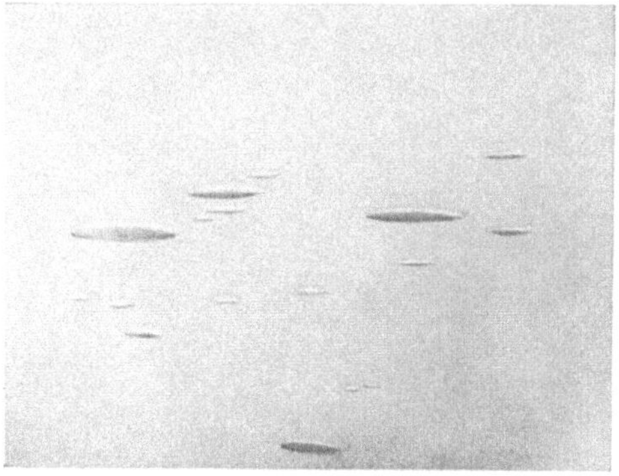

Abb. 221. Blasenschar ohne besonderes Merkmal

Die dritte Art der Blasen entsteht bei der Verarbeitung des Glases. Meist handelt es sich hierbei um Luft oder Gase die durch unsachgemäße Verarbeitung eingeschlossen wurden oder aus Formen, Formenschmiermitteln oder keramischen Teilen, die der Verformung dienen, herrühren.

Wenn auch die überwiegende Anzahl von Blasen, die in einem Fabrikat auftreten, keine besonderen Merkmale (Abb. 221) trägt, aus denen man auf ihre Entstehungsgeschichte schließen könnte, so läßt dies doch oft ihre Anordnung im Glase zu. Insbesondere sagt die Form der gasförmigen Einschlüsse nichts über den Vorgang aus, der zu ihrer Bildung führte, da diese nur eine

Folge der Bewegung ist, die die Umgebung der Blase während der Formgebung erleidet. Darüber hinaus kann aber eine genaue Prüfung erstarrter Schmelzflüsse in Häfen und Wannen schon mit sehr einfachen Hilfsmitteln Aufschluß über eine Reihe von Entstehungsursachen von Blasen im Glas geben, über die nachstehend berichtet wird.

Insbesondere bietet die Größe der Blasen, oft eingeteilt nach „großen“, „mittleren“ und „kleinen“, keinerlei sicheren Anhaltspunkt über die verschiedenen Quellen ihrer Entstehung. Allein thermische Veränderungen im Schmelzverlauf können dazu führen, daß die im Erzeugnis vorhandenen Blasen gleicher Herkunft alle Größenordnungen zeigen.

Abb. 222. Wegen Mangel an Läuterzusatz von feinsten Bläschen durchsetzte Glasschmelze. [Nach Glastechn. Ber. Bd. 13 (1935) S. 4.]

6.1 Blasen bei mangelhafter Läuterung

Zu diesem Abschnitt braucht nicht mehr viel gesagt werden. Ist die Entfernung der aus den Schmelzreaktionen frei gewordenen Gase, die noch als Blasen im Glase sind, nicht ausreichend gelungen, sei es durch Verwendung ungeeigneter Läutermittel oder durch mangelhafte Ofenführung, so spricht man von Läuterblasen. Abb. 222 zeigt einen Glasblock, der wegen Mangel an Läuterzusatz vollständig und gleichmäßig von feinsten Bläschen durchsetzt ist.

Das Typische der Läuterblasen ist im allgemeinen ihre Kleinheit und die gleichmäßige Verteilung im ganzen Glase.

6.2 Blasen aus dem Gasrest

6.21 Blasen, die durch die Beheizung in der Abstehzone entstehen

Durch falsche Feuerführung oder unzweckmäßige Gestaltung des Ofens kann es vorkommen, daß das Glas an der Verarbeitungsstelle zu kalt ankommt. Ein nachträgliches Aufheizen des Glases mit einer zu scharfen Flamme kann sehr leicht dazu führen, den Gasrest wieder zur Blasenbildung zu veranlassen (Ziff. 5).

Durch eine entsprechende Einstellung des Feuers, wobei besonders darauf zu achten ist, daß die Flamme nicht das Glas berührt, läßt sich dieser Fehler oft beseitigen.

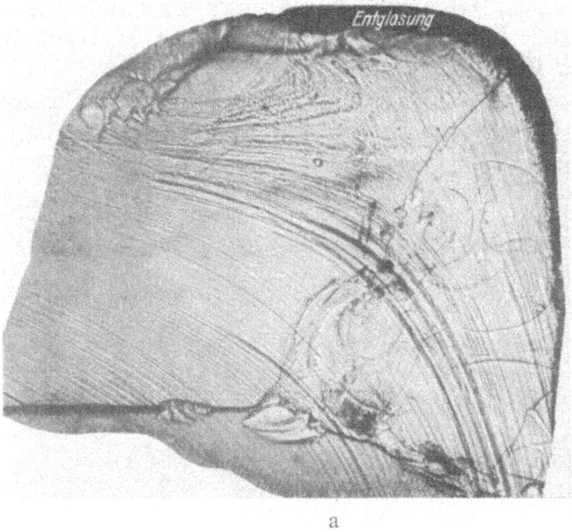

a

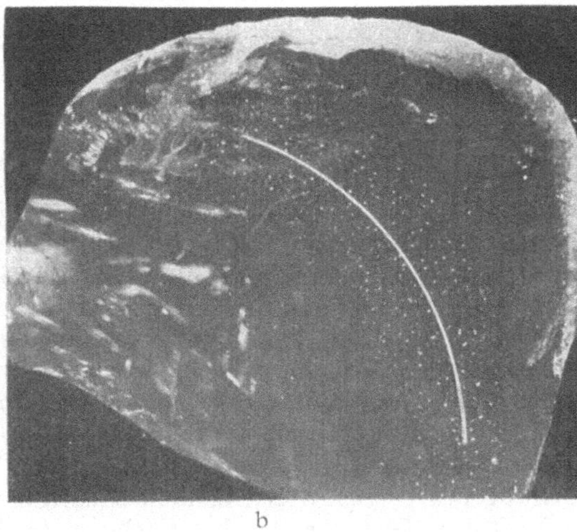

b

Abb. 223. a) Glasbrocken mit besonders hervortretender Schicht von Schlieren, b) Blasenhäufung um die Grenzflächen

SHUKOWSKI u. POLLJAK [*18*] berichten, daß an einer FOURCAULT-Anlage die Randmaschinen bevorzugt Spätgispen führen, wenn das Glas dort aufgeheizt werden muß. In diesen Blasen fanden sie schweflige Säure und Kohlensäure.

Die Atmosphäre, die über dem Glas in der Abstehzone herrscht, wobei auch Ziehkanäle, Speiserrinnen u. ä. mit eingeschlossen sind, kann die Ursache für Spätgispen sein. Gallebildung durch Anwesenheit von SO_2 und Sauerstoff oder Sulfidbildung durch reduzierende Atmosphäre können insbesondere durch Vermischung – hervorgerufen durch Veränderung der Oberflächenspannung [95, 96] – den Gasrest zur Bildung von Blasen veranlassen.

6.22 Blasen durch Zusammentreffen verschieden zusammengesetzter Glaspartien

Wie in Ziff. 3.4 ausgeführt, wird beim Zusammentreffen z. B. von kieselsäurereichen mit -armen Schichten der Gasrest in dem SiO_2-ärmeren Glas durch die hinzugekommene Kieselsäure unter Blasenbildung freigemacht.

In Abb. 223 befindet sich unter den Schlieren des Brockens eine deutlich hervortretende mittlere Schicht. Es ist dieselbe, um welche bei geeigneter Dunkelfeldbeleuchtung eine Häufung

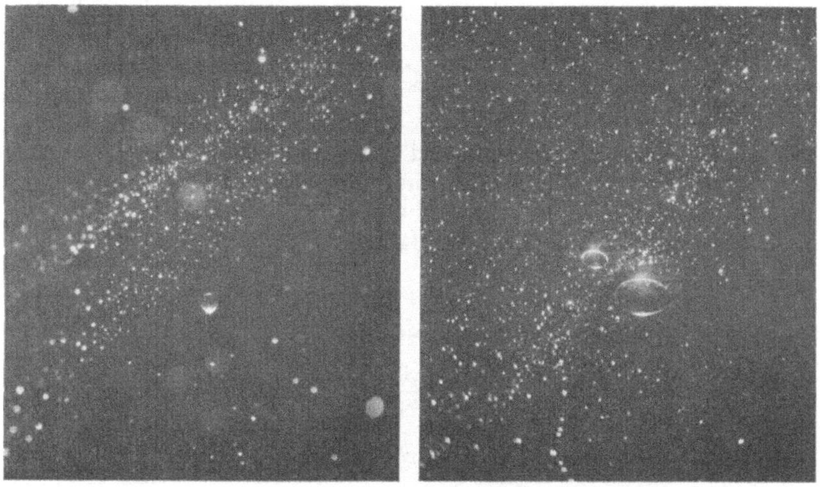

Abb. 224. „Wolkige“ Verteilung der Blasen im Glas

von kleinen und kleinsten Blasen sichtbar wird. Die Lage von Schlieren, Grenzflächen und Blasen in der Schmelze steht also unmittelbar miteinander in Verbindung. Leider ergibt die analytische Untersuchung solcher Glasbezirke keine merkbaren Unterschiede, doch beweist dies nur, wie empfindlich einmal abgestimmtes Glas mit seiner Gleichgewichtsannäherung auf kleine Veränderungen seiner thermischen oder chemischen Behandlung reagiert.

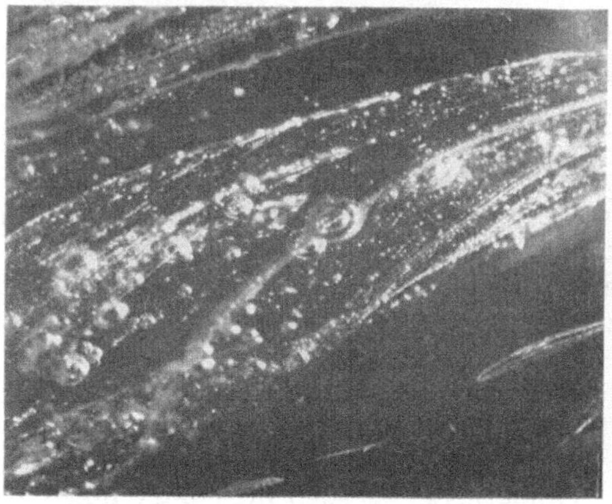

Abb. 225. Einem Schlierenzug folgende Häufung von Blasen

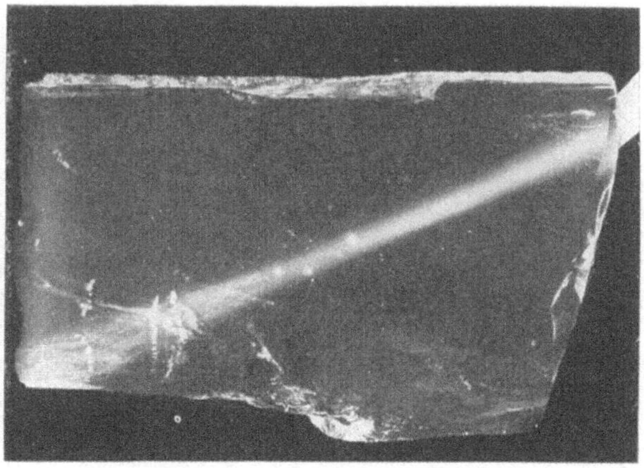

Abb. 226 Lichtstrahl, der einen Glasbrocken durchfährt, trifft nur beim Durchstoß einer vereinzelten Schicht auf Blasen

Wenn man auf größere Blasen achtet, die in der Schmelze vorgefunden werden, hat man den Eindruck als ob diese ziemlich gleichmäßig darin verteilt seien. Wenn man das Glas aber einer Seitenbeleuchtung aussetzt, ändert sich das Bild. Es treten oft winzige, für das Auge sonst unsichtbare Bläschen hervor, seltener gleichmäßig verteilt, als vielmehr in „Wolken", ähnlich wie Sterne im Milchstraßensystem, also in einer wahrscheinlich mit der Zusammensetzung bzw. Vorbehandlung des Glasbezirkes wechselnden Häufung (Abb. 224). Gelegentlich finden sich regelrechte Stränge sichtbarer Schlierenbildung, die von Blasen durchsetzt sind. Als grober Fall dieser Art sei noch Abb. 225 gezeigt, wie ein Schlierenzug geradezu mit Blasen beladen sein und dadurch ein zum größeren Teil einwandfreies Glas stark beeinträchtigen kann. Auf diese Weise kann es vorkommen, daß ein Glasbrocken bei der Durchleuchtung mit einem schmalen Lichtstrahl nur an einer Stelle – und auch dort nur vereinzelt – Blasen aufleuchten läßt (Abb. 226). Erst eine nähere Untersuchung des Gegenstandes gibt eine Erklärung dafür ab: Die Blasen liegen vorwiegend auf einer gewölbten Grenzfläche und der Lichtstrahl bringt nur drei von ihnen, nämlich allein am Durchstoßpunkt, zum Aufleuchten. In Abb. 227 zeigt sich auch mikroskopisch mit aller Deutlichkeit die Häufung von kleinen und kleinsten Blasen in unmittelbarer Anlehnung an eine bestehende, im Schnitt erfaßte Grenzfläche.

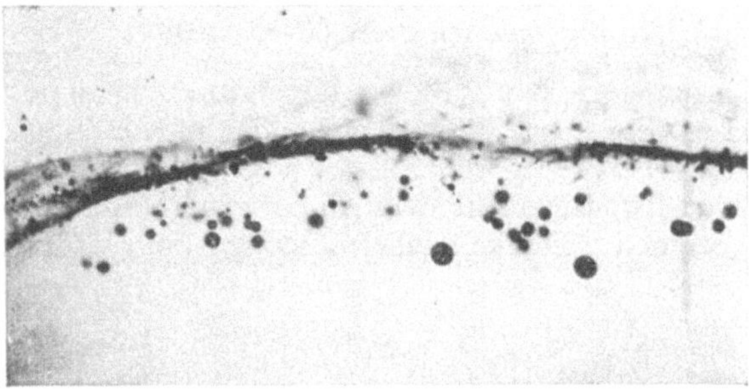

Abb. 227. Blasenbildung an der Grenzfläche unterschiedlich zusammengesetzter Schmelzraumteile (mikroskopisch)

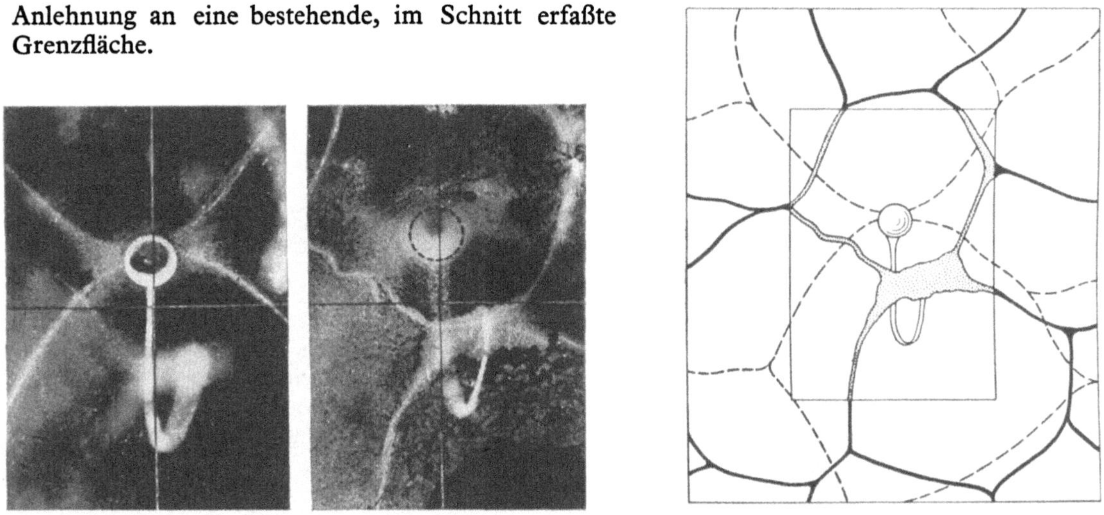

a b

Abb. 228. a) Verbindung von Schlieren und Sickerzentren untereinander durch einen Blasenschlauch. – Beide Aufnahmen mit verschiedenem Tiefenschärfebereich am identischen Präparat. b) Schematische Darstellung der Abb. 228a)

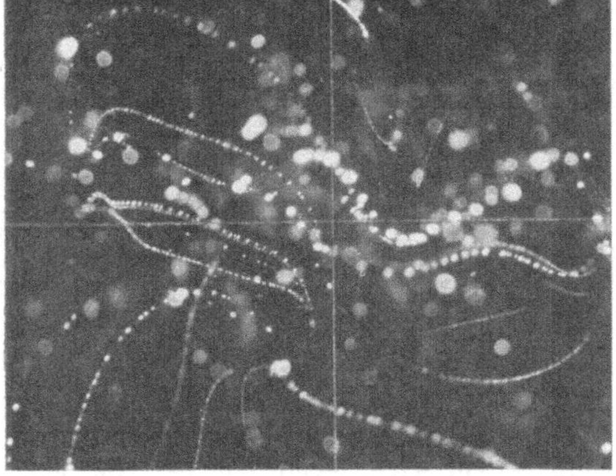

Abb. 229. Den Schlierenzügen folgende Blasenketten (M = 30:1)

Wie auch bei der Entstehung von Schlieren (vgl. Kap. II, 8) hat die Oberflächenspannung bzw. Grenzflächenspannung unterschiedlicher Raumteile, besonders im Anfang des Schmelzflusses, einen Einfluß auf das Auftreten und die Verteilung der Blasen sowie auf den Mechanismus der Blasenbewegung in der Schmelze. Die bei der Ausbreitung eines („aktiven") Glasteiles mit geringerer Oberflächenspannung auftretenden Schubkräfte sind so beträchtlich, daß Hindernisse, so auch Blasen, die ihnen im Wege liegen, von den voranstoßenden Schlierenfilmen befördert werden [97].

Bei näherer Untersuchung von Präparaten, die aus symmetrischen Körpern, z. B. Kugeln, bei 1000 °C erschmolzen werden, sind in geregelter Verteilung Blasen anzutreffen, die meist durch einen nabelschnurartigen Schlauch mit dem Angelpunkt von Schlierenzentren einer darunterliegenden Ebene verbunden sind, also auch tatsächlich mit solch einem Zentrum zusammenhängen (Abb. 228a, b) [97]. Auch der Mechanismus der Blasenverteilung wird also bevorzugt von Orten aus gesteuert, an denen Grenzflächenkräfte ihren Sitz haben und die den gesamten Glasfluß durchsetzen. – Oftmals finden sich Reihen von Blasen in perlenschnurartiger Anordnung, offenkundig in Abhängigkeit von der Form besonderer Schlierenzüge, Abb. 229.

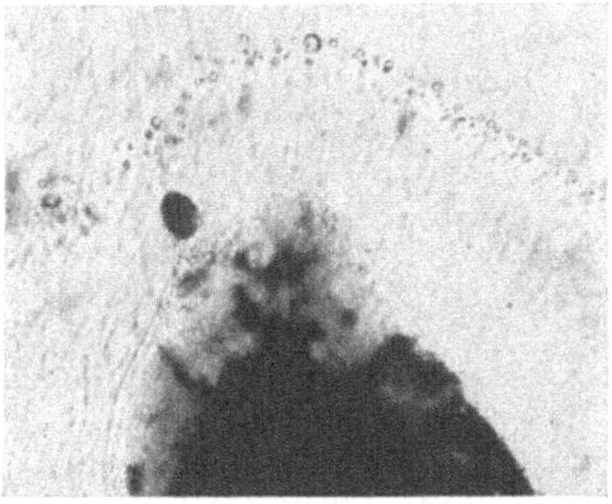

Abb. 230. Sich auflösendes Schamottekorn: Blasenausscheidung an der Lösungsgrenze

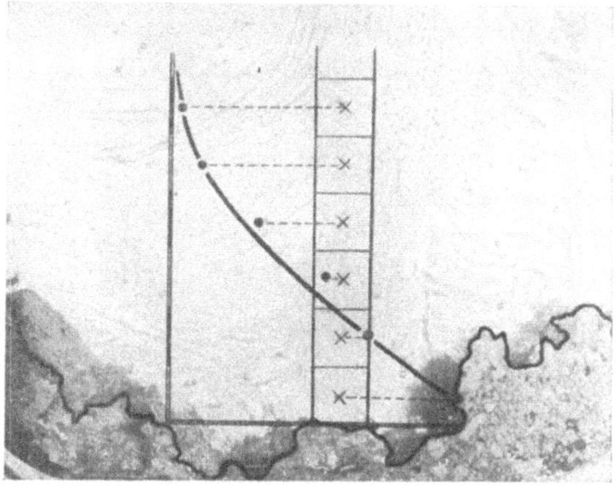

Abb. 231. Blasen in der Randschicht am ff. Material. – Zunehmende Anzahl mit größerer Nähe

6.23 Blasenbildung an der Grenzfläche Glas / ff. Material

Die besonders hartnäckige Quelle einer Verunzierung des Glases durch Blasen beruht auf einer Mitwirkung des ff. Materials [34].

Die Grenzschicht, die das Glas mit dem ff. Material bildet, muß in jeder Beziehung als kritisch für die Qualität des Glases angesprochen werden. Viele Anzeichen deuten darauf hin, daß die Anzahl

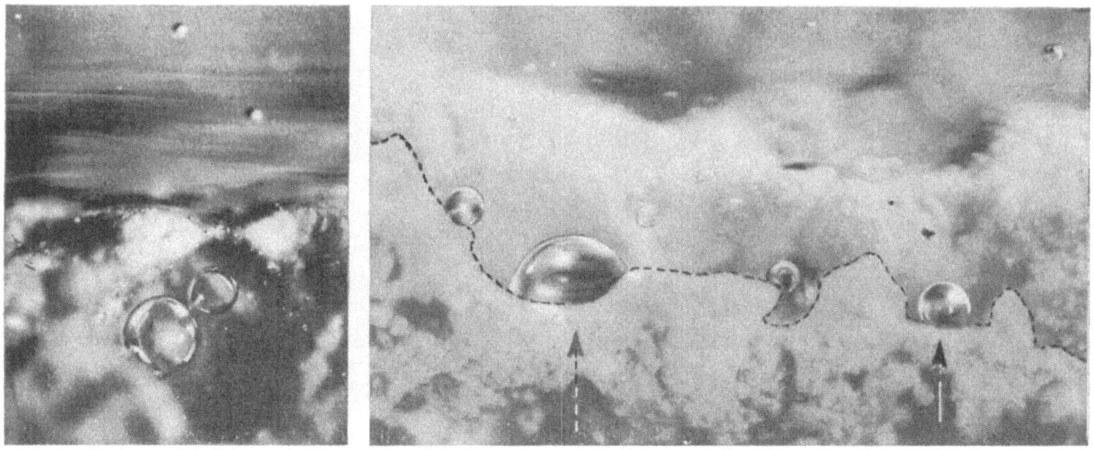

Abb. 232. Entstehung von Blasen in Verbindung mit dem Porenraum von feuerfesten Steinen, Schnitt durch die Grenzfläche

der durch Einwirkung aus feuerfesten Materiales entstandenen Blasen viel höher ist, als man gemeinhin annimmt.

Die Entstehung dieser Blasen führt auf verschiedene Ursachen zurück. Es ist denkbar, daß schon dem im ff. Material enthaltenen Eisenoxyd eine katalytisch zersetzende Wirkung auf die Salzreste im Glase zukommt. Außerdem mag schon die durch Auflösung kieselsäure- und tonerdehaltiger Substanz bewirkte Anreicherung (Abb. 230) austreibend auf den im Glase enthaltenen Gasrest wirken (vgl. Ziff. 4.21 und 3.4). Die Lösungsbestandteile Al_2O_3 und SiO_2 verursachen also eine Verschiebung der „Gashaltigkeit" der Schmelze, denn es handelt sich sowohl bei SiO_2 als auch bei Al_2O_3 um als Säure wirkende Oxyde, deren Anreicherung verdrängend auf die weniger stabilen CO_2- und SO_3-Verbindungen wirken kann.

Man kann an Hand von Abb. 231 verfolgen, wie die tonerdehaltigen Schlieren (ihrer Anordnung nach wie Pflanzenwurzeln) in das Glas hineinwachsen, ohne eine besondere Richtung ein-

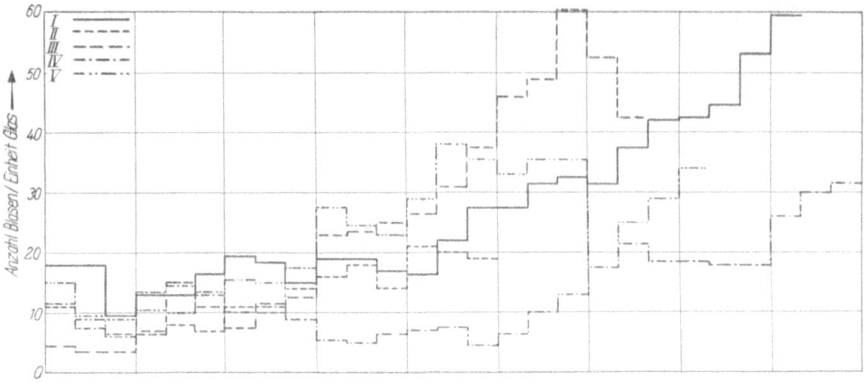

Abb. 233. Monatsmittelwerte einer Glasproduktion nach vierteljährlichen Abschnitten an fünf verschiedenen Wannenreisen: Ansteigen der mittleren Blasenzahl mit zunehmendem Wannenalter

zuschlagen. Sie sind außerdem durchsetzt von zahlreichen kleinen und kleinsten Blasen, deren zunehmende Anzahl mit größerer Nähe der Steine auf einen Ursprung aus diesen schließen läßt.

Am offenkundigsten aber ist der Porenraum der Steine selbst, dessen Inhalt die Blasenbildung verursacht.

Das Bildpaar 232 verrät mit aller Deutlichkeit die Herkunft der Blasen aus dem Bodenstein.

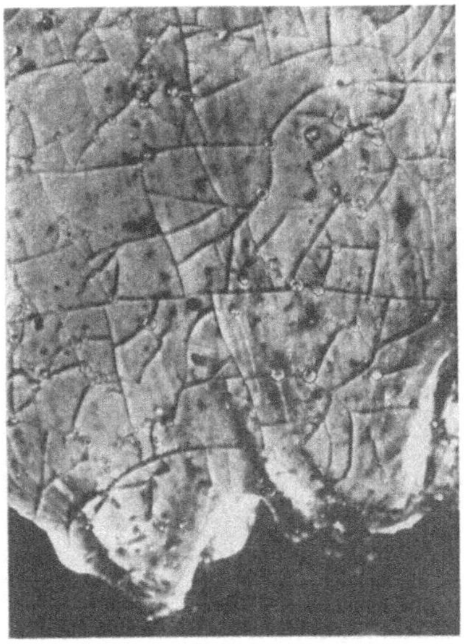

Abb. 234. In Steinporen verankerte Blasen in der Glasur eines Wannenblockes

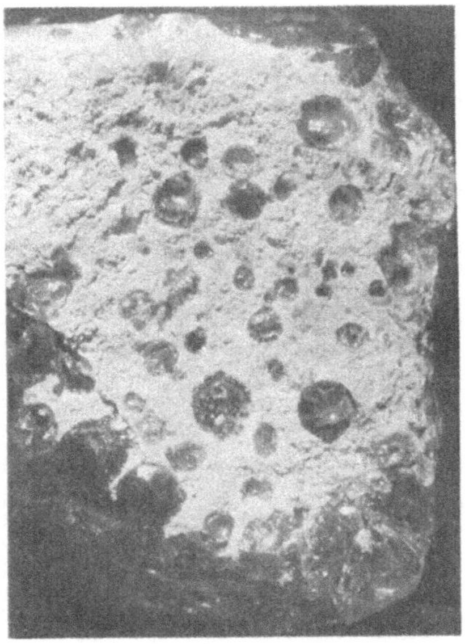

Abb. 235. Durch Blasen verursachte Löcher in der Steinschale aus der Grenzfläche Stein/Glas

Dieser Vorgang ist besonders kritisch zu betrachten, weil er nicht mit Vollendung der eigentlichen Schmelze aufhört, sondern anhält bis kurz vor der Ausarbeitung des Glases. Wenn auch der Anteil gelöster ff. Baustoffe, der auf den Glasdurchsatz entfällt, nur etwa 0,5 kg/t Glas oder 1,25 g/dm³ Glas zu betragen braucht, kann der in Freiheit gesetzte Poreninhalt (20% des Gelösten), etwa 0,1 cm³/l Glas oder 200 Bläschen/l, ausmachen, wovon hauptsächlich die Randzonen betroffen werden. Hiermit hängt wahrscheinlich zusammen, daß fast alle Wannenreisen, deren Glas statistisch auf die Häufigkeit auftretender Blasen untersucht wird, mit zunehmendem Alter einen Anstieg der Blasenanzahl verraten (Abb. 233).

In Abb. 234 finden sich zahlreiche Blasen in der rissigen Glasur eines Wannenblocks vor, die sichtbar in Steinporen verankert sind. Man wird nicht selten (Abb. 235) eine vielfache, kreisrunde Durchlöcherung der bereits abgetrennten Schicht ff. Materials finden, nichts anderes als Blasen in der Grenzschicht.

Auch diese können durch die Strömung fortgetragen werden. Bevorzugt liegen sie allerdings unter dachartigen Vorsprüngen, unter denen sie sich fangen und am Entweichen gehindert sind.

Abb. 236 zeigt die horizontale Unterfläche eines Wannensteines mit Lochfraß [98] durch Blasen. Jebsen führt diese Wirkung von Blasen auf das „dynaktive" Verhalten von Flüssigkeitspaaren zurück [99] (vgl. Abb. 236, S. 155).

Eine Untersuchung der Grenzfläche zwischen ff. Material und dem Glasfluß zeigt regelmäßig, daß die dichter gebrannten Magerkörner weniger zur Ausscheidung von Blasen führen als das Bindemittel (Abb. 237).

Abb. 236. Blick auf die horizontale Unterfläche eines Schamottesteins mit Lochfraß durch Blasen

Häufig sind Stellen anzutreffen, die in besonders auffälliger Weise Blasen in das Glas eintreten lassen (Abb. 238). Fast immer ergibt sich, daß die Blasen am ff. Material mit Hohlräumen desselben in Verbindung stehen, wie man besonders gut nachweisen kann, wenn ein Schnitt durch die Grenzfläche gelegt wird (Abb. 239a, b, c, d).

Der Mechanismus des Auftretens solcher Gasblasen aus Hohlräumen, die mit der Schmelzseite in Berührung gelangen, läßt sich leicht verständlich machen. An freigelegten Hohlräumen setzen Kapillaritätskräfte ein, die das Glas bzw. die Schlacke einsaugen und das in dem Kanalsystem enthaltene Gas nach der Seite geringeren Widerstandes verdrängen. Hierzu wird sich oft genug ein zweiter Kanalarm bieten, der auf Grund seiner Abmessung oder Form der Kapillarität des Nachbarschlauches keine gleichwertigen Kräfte entgegenzustellen hat (Abb. 240); hier werden die Gase blasenförmig zu entweichen versuchen. Dieser Vorgang läßt sich an einem Modell (Abb. 241) verfolgen, dessen Kapillarsystem aus Fließpapier in einer Glasröhre *B* besteht und die darin enthaltene Luft lange Zeit hindurch allmählich aus *C* verdrängt und in *D* aufsteigen läßt. In Abb. 242 ist der Fall festgehalten, wo ein solches Blasenvolumen noch in einem Kapillarsystem des ff. Materials gefangen ist, aber im Begriff steht, sich blasenförmig freizumachen. Es tritt dann der Fall (Abb. 243) ein, nach welchem aus ein und derselben Stelle eine ständige Folge von Blasen heraussperlt.

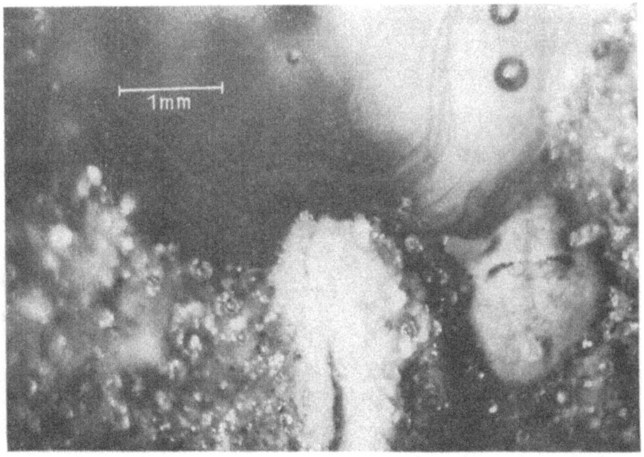

Abb. 237. Unterschiede in der Anfressung von Magerkorn und Bindemittel

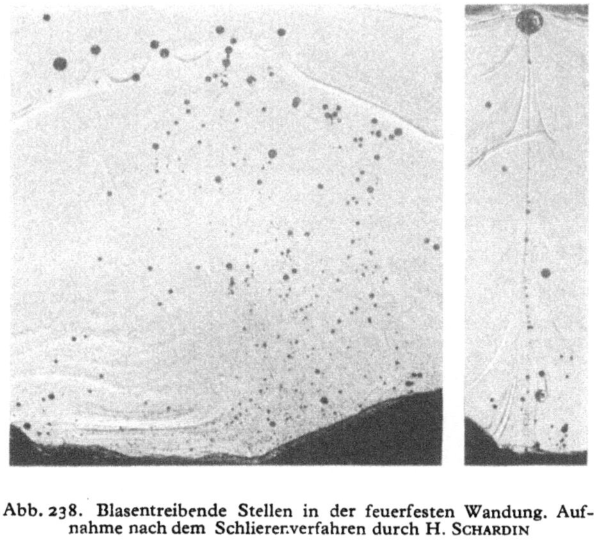

Abb. 238. Blasentreibende Stellen in der feuerfesten Wandung. Aufnahme nach dem Schlierenverfahren durch H. Schardin

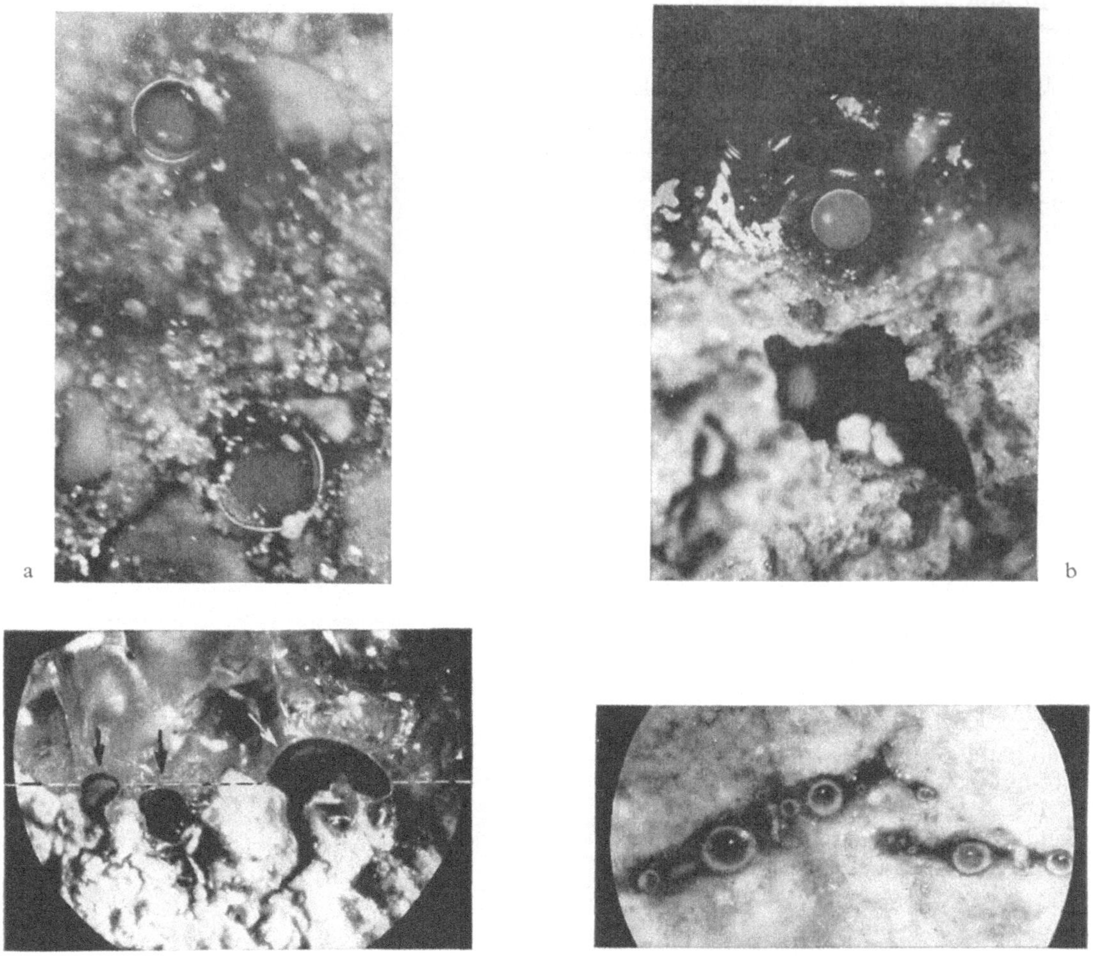

Abb. 239. a) Blasen, die beginnen, sich aus dem Gefüge herauszublähen. (Aufnahme durch 5,5 cm dickes schlieriges Glas), b) Schnitt durch die Grenzfläche an der Stelle einer sich eben loslösenden Blase. Im Innern des Steins der zugehörige Hohlraum, c) Blasenbildungen an der Grenzfläche Stein/Glas im Zusammenhang mit Porenschläuchen. – Eingezeichnete Linie = ungefähre mittlere Lage der Grenze Stein/Glas, d) Blasen in den Nachschwindungsrissen einer FOURCAULT-Ziehdüse

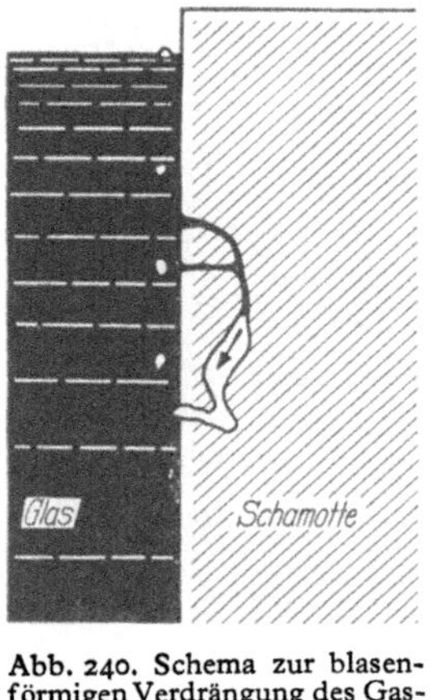

Abb. 240. Schema zur blasenförmigen Verdrängung des Gasvolumens aus Porenkanälen der Schamotte

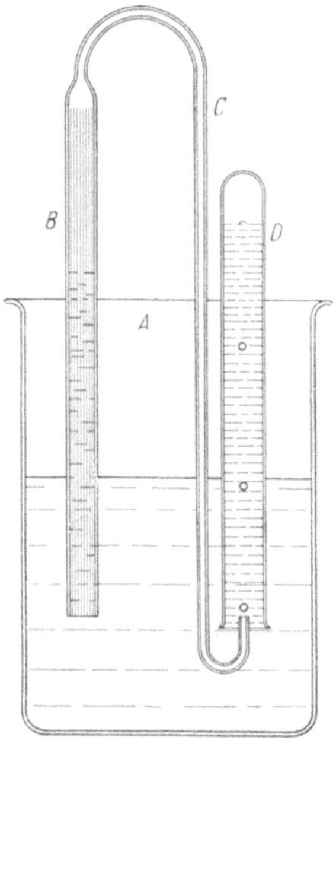

Rechts

Abb. 241. Schauversuch zur Entwicklung von Blasen durch Kapillarität

Beim Absuchen des Bodens einer stillgelegten Wanne mit einer restlichen erstarrten Schicht von etwa 40 cm Glas haben sich solche Blasen„sprudel“ entsprechend Abb. 244 mehrfach nachweisen lassen, wobei auffällig ist, daß die Menge des in Form von Blasen abgegebenen Gases in keinem Verhältnis zum geringen Porenvolumen steht.

LÖFFLER erklärt diese Erscheinung damit, daß in einen Porenraum des ff. Materials aus dem Glas Gas hineindiffundiert, und zwar solange, bis die Pore „überläuft“ und eine Blase bildet. Sowohl Gasrest als auch Lufteinschlüsse können somit allein oder gemeinsam die Ursache zur Blasenbildung aus Poren des ff. Materiales sein.

In einer mit feuerflüssig gegossenen Steinen ausgekleideten Tages-

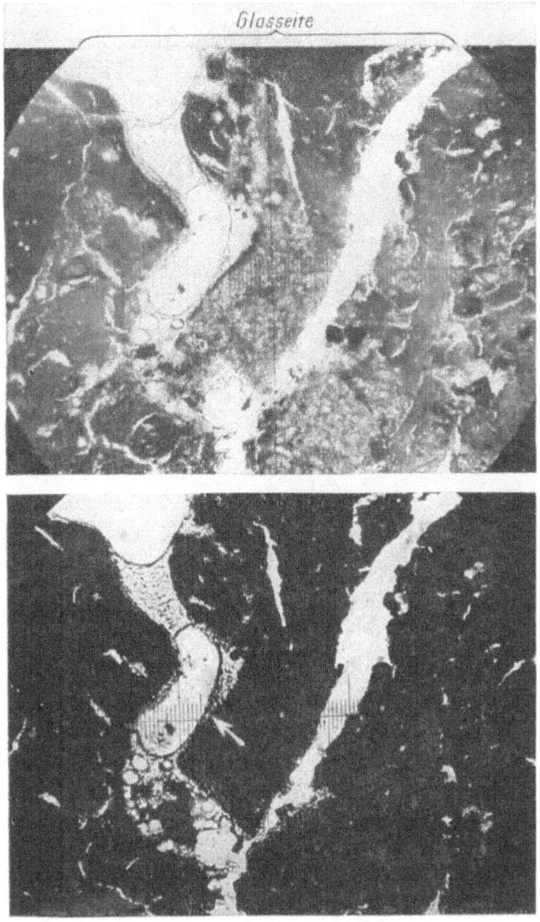

Abb. 242. Umspülung eines Gefügebestandteiles in kommunizierenden Porenkanälen. In sie eingedrungenes Glas umschließt eine noch ungeborene Blase (Pfeil)

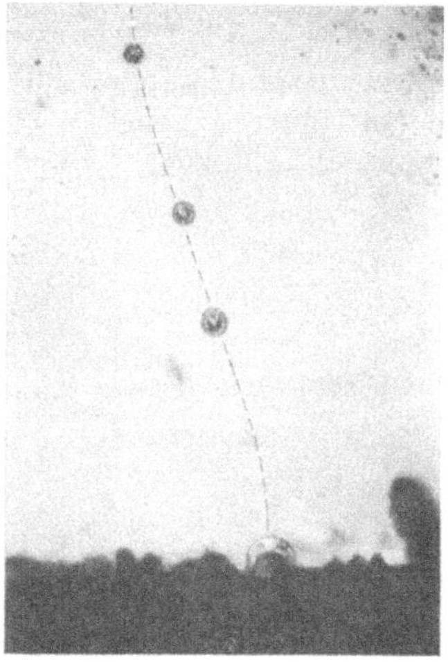

Rechts

Abb. 243. Blasenfolge aus einer Bodensteinplatte

Oben

Abb. 244. Aufperlender Blasenquell aus einer Fuge von Bodensteinen. Am oberen Bildrand ist noch ein Teil des Reflektors der Lampe sichtbar, die, auf das Bodenglas aufgesetzt, ins Innere leuchtet

Links

Abb. 245. Blasenbildungen im Restglas einer ausgelassenen Wanne (kalt)

wanne wurde $1^1/_2$ Jahre mit Braunstein gefärbtes Glas einwandfrei erschmolzen. Der Versuch, fluorgetrübtes Glas, das in Schamottewannen gut geschmolzen wurde, in dieser Wanne zu schmelzen, mißlang völlig. Das Glas war dauernd mit großen Blasen übersät. Nach dem Ab-

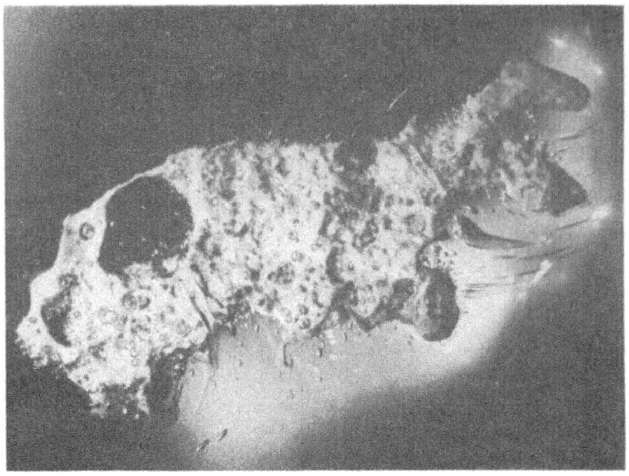

Abb. 246. Abgelöster Steinkörper mit lebhaftem „Gasen"

lassen zeigten sich an verschiedenen Stellen des Bodens große Blasen, Abb. 245, die durch eine noch nicht geklärte Wirkung zwischen Auskleidung und Glas entstanden sind.

Kline [*100*] berichtet von einer Bleiglaswanne, daß durch Erhöhung des Glasstandes und Verwendung von Schamotte statt Corhartsteinen, die Schmelze nicht mehr einwandfrei durchzuführen war. Nach Wiederherstellung des alten Zustandes war das Glas wieder einwandfrei. Die Umstellung von Rekuperativ- auf Regenerativfeuerung wurde aber belassen.

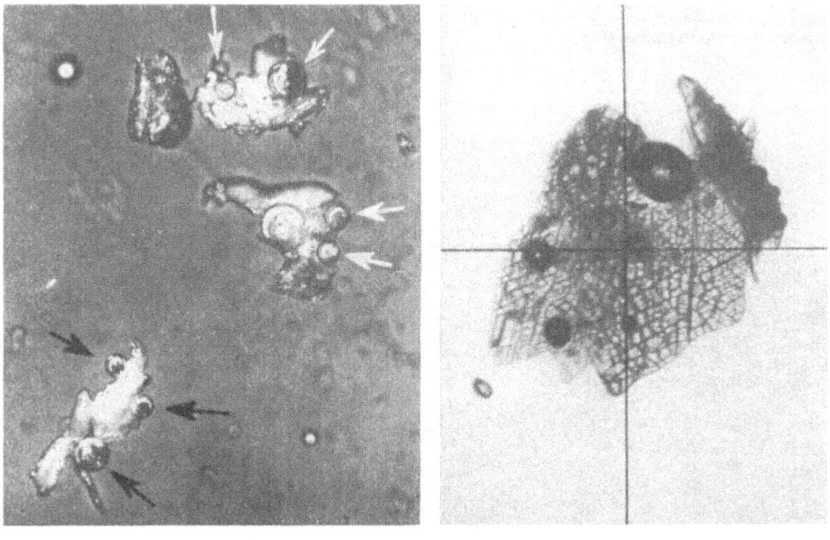

Abb. 247. Bestandteile von Silikastalaktiten, auf eine Glasschmelze aufgebracht, zeigen nach einer Stunde bei 1200 °C deutlich Blasenbildungen. (M = 10:1)

Abgelöste Steinpartikel umgeben sich mit Blasen und geben diese laufend ab (Abb. 246). Ebenso können abgefallene Stalaktiten vom Gewölbe zur Ursache der Blasenbildung (Abb. 247) werden.

Tiegelversuche mit einem ungeeigneten Schwimmermaterial zeigt Abb. 248. Ein Blindversuch ohne Prüfkörper ergab einwandfreies Glas.

Einen wichtigen Indizienbeweis für die Herkunft von Blasen aus ff. Material bildet die Abb. 249. Während die Blase *a* normaler Herkunft ist, kann man bei der Blase *c* bei genauer Betrachtung an den Ecken Fremdsubstanz feststellen. In *b* ist bei der gleichen Blase durch Anwendung des

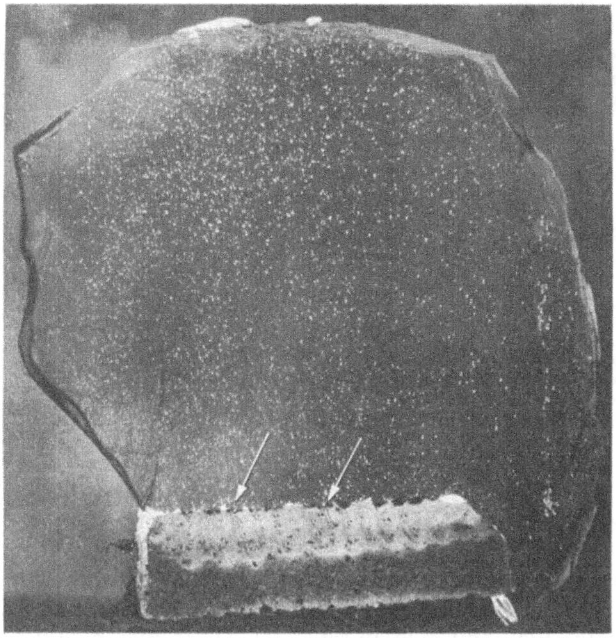

Abb. 248. Versuchskörper eines gasenden Schwimmermaterials zeigt im Bereich der Pfeile deutlich Blasenentwicklung und Verseuchung der Schmelze mit Blasen. – Paralleler Blindversuch ergab praktisch blasenfreies Glas

optischen Schlierenverfahrens ein starker Schlierenzug feststellbar, der auf die Einwirkung von ff. Material bei der Blasenbildung schließen läßt. Bei der Blase *d* ist die Schlierenhülle abgezogen [*101–104*].

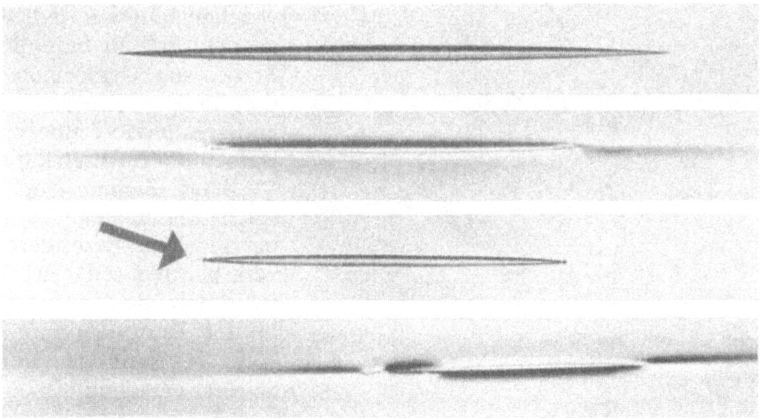

Abb. 249. Lanzettförmige Gasblasen in Tafelglas, a) Normale Gasblase, glatt, b) Gasblase mit Fremdsubstanz in den Ecken und starken Schlierenschwänzen, durch „Schlierenverfahren" optisch sichtbar gemacht, c) dieselbe ohne Anwendung des Schlierenverfahrens, d) weitere Gasblase mit abgezogener Schlierenhülle. Die abziehenden Schlierenschwänze deuten (im Gegensatz zu a) mit Sicherheit auf einen Zusammenhang der Blasenbildung mit einer Reaktion des feuerfesten Materials und seinem Lösungsvorgang hin

6.24 Blasen aus Verunreinigungen des ff. Materials

Nicht selten handelt es sich um Verunreinigungen des ff. Materials, welche *örtlich* zur verstärkten Blasenquelle werden.

Abb. 250 zeigt ein an der Grenzfläche Glas/ff. Material gebildetes Blasennest, von der Glasseite her gesehen. Eine solche Störung deutet auf eine Fehlerquelle hin, die ihren Sitz im Stein selbst hat. Es wird wohl kaum gelingen, diese Störungen jemals ganz zu beseitigen, doch ermöglicht eine Untersuchung bei Gelegenheit von Ofenstillsetzungen, Erkaltungen von Häfen u. dgl., festzustellen, ob und gegebenenfalls wo sie auftreten. Besonders schädlich in diesem Sinne können kleine Pyriteinschlüsse im ff. Material wirken, wie sie sich durch schwarze Flecken nach der Bloßlegung des

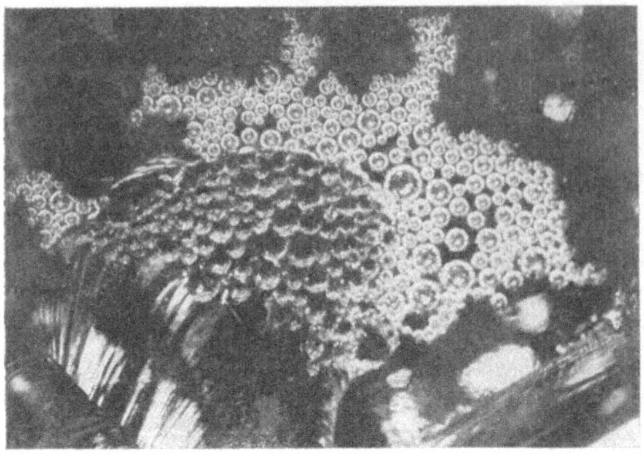

Abb. 250. Blasennest an ff. Material

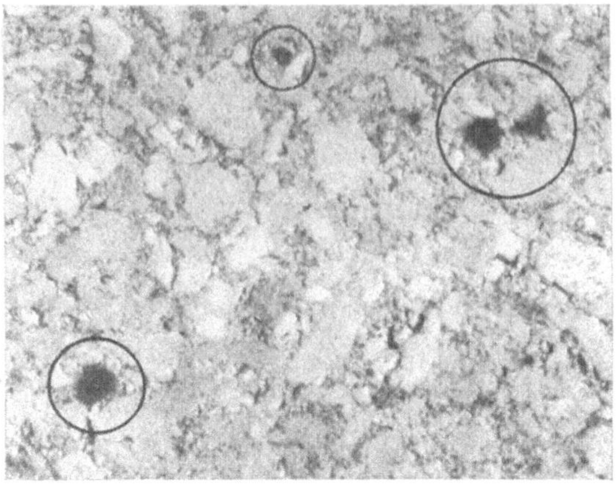

Abb. 251. Pyriteinschlüsse in Schamotte

Innern eines Steines verraten und wie sie auf unzureichende Aufbereitung des verwendeten Tones zurückzuführen sind (Abb. 251). Dieser Komplex wurde von JEBSEN [*105*] experimentell bearbeitet, indem auf ff. Material im Laboratoriumsofen ein Glasfilm aufgeschmolzen wurde. Die Abb. 252 u. 253 zeigen deutlich, daß auf dem reinen ff. Stein das Glas blank bleibt, während über einer Verunreinigung eine starke Blasenbildung zu sehen ist. Diese Blasen sind besonders unangenehm, wenn der Herd zu ihrer Entstehung nahe an der Verarbeitungsstelle liegt, wie das z. B. bei Düsen, Überlaufsteinen, Drehwannen od. dgl. der Fall ist. Abb. 254 zeigt solche Blasen aus dem Überlaufstein einer Gußglaswanne. Sie sind u. U. sehr groß und können, da sie direkt an der Verarbeitungsstelle entstehen, aus dem Glas nicht mehr entweichen. Diesem Fall wird dadurch begegnet, daß an besonders empfindlichen Stellen sog. Osmoseton Verwendung findet, dessen feinere Aufbereitung unter anderem jede Verunreinigung mit blasentreibenden Substanzen ausschließt.

Abb. 252. Glas„pfütze" auf der Bruchfläche eines einwandfreien feuerfesten Materials bleibt blasenfrei

Beim Ziehen von Röhren können solche Blasen lange Rohrstücke unbrauchbar machen. Besonders bei der Weiterverarbeitung, z. B. zu Ampullen, ergeben sie erhebliche Störungen, Abb. 255. Die in der Rohrwandung laufenden, durch Pfeile bezeichneten drei Blasen im Rande des verschmolzenen Bodens sind zu Pusteln geworden, die die Abdichtung des Bodens gefährden.

Eine noch häufigere, aber leider oft vernachlässigte Quelle von Blasenbildung durch ff. Material liegt in der Art der Durchführung ihres Brandes oder der Auftemperung z. B. von Schwimmern. Geschieht diese nämlich nicht unter oxydierendem Feuer, so können sich aus den Gasen, die bis in das Innere des Steines diffundieren, beträchtliche Mengen von Kohlenstoff ablagern, die aus katalytischer Zersetzung des CO unter dem Einfluß der im Stein enthaltenen Eisenoxyde herrühren. Das ist ein in der gesamten keramischen Industrie wohlbekannter, meist auch streng verhüteter Fehler, der aber dem Meister, der auf der Glashütte den Brand durchzuführen hat, nur allzu leicht unterlaufen kann. Als Beispiel sei bildlich ein Kammerschlichter [*106*] (Abb. 256) gezeigt, der sich unter abziehenden Ofengasen eines reduzierend gefahrenen Glasschmelzwannenofens mit Ablagerungen von Verkrackungsprodukten vollsetze. Für Brände empfindlicherer

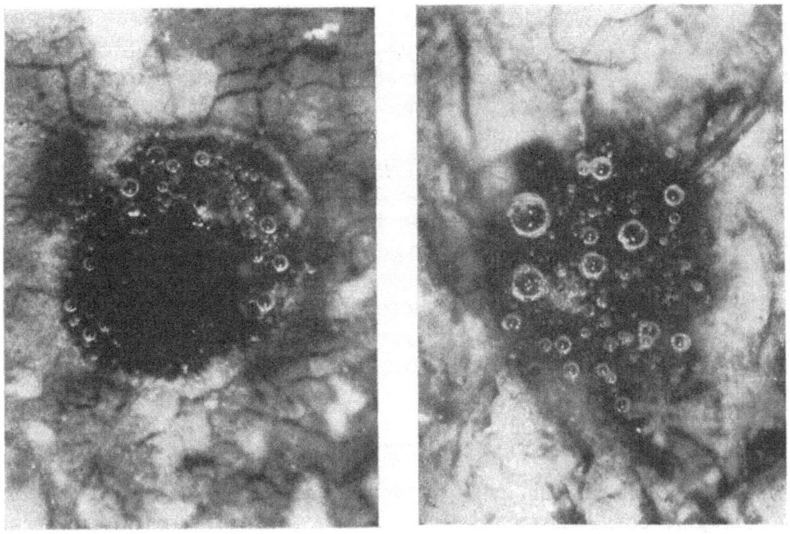

Abb. 253. Schwarze Einschlüsse in einer Schamotte mit Blasenbildung unter Glas

Abb. 254. Nachgeschleppte Blasen aus einem Überlaufstein

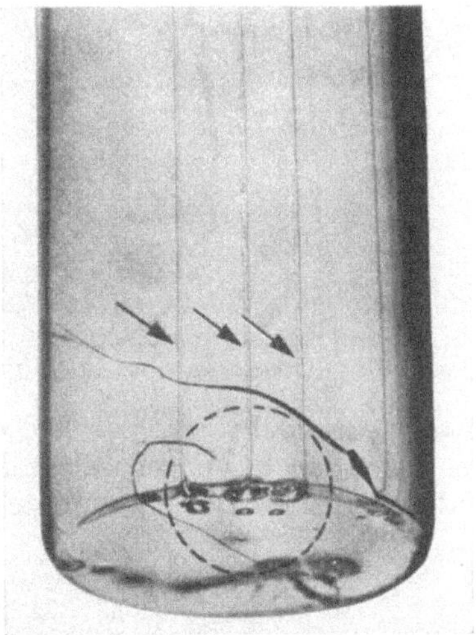

Abb. 255. Blasen werden im Röhrenziehverfahren zu dünnen Gasfäden ausgezogen (Pfeile). Diese erschweren das Verschmelzen des Bodens (innerhalb des gestrichelten Kreises)

Abb. 256. Durch Eisenoxydgehalt verursachte Kohlenstoffablagerung in Schamotte bei reduzierendem Brand

Körper wie Schwimmer, Ziehdüsen, Pfeifen, Ringe, Schiffchen, Stiefel usw. ist daher ein abgedeckter Brennraum vorzuziehen, der die Berührung der Flamme mit der Schamotte möglichst gar nicht erst zuläßt. Hat das Gas erst Gelegenheit, durch Diffusion in das Steinmaterial einzudringen und Kohlenstoff abzuspalten, verbrennt dieser später bei Hinzutritt von wenig Luft oder Sauerstoff nach und nach unter Bildung von Kohlensäure, die, wenn sie nicht anders entweichen kann, bläschenweise in das Glas eintreten muß.

Je näher das Ofenbaumaterial der eigentlichen Verarbeitungsstelle ist, um so mehr ist es nötig, solchem Material den Vorzug zu geben, welches die geringste Gefahr zur Bildung von Reaktionsblasen bietet. Das ist oft nur mit erheblichem Kostenaufwand für hochwertiges, elektrisch geschmolzenes Material zu erzielen. Die Reaktionsfähigkeit des Glases mit dem Stein ist in erster Linie abhängig vom Gehalt des Glases an verfügbarem Sauerstoff (SO_3, Mn_2O_3 von einer Manganfärbung usw.), sowie von oxydierbaren Bestandteilen auf seiten des feuerfesten Steines (C, FeO, FeS, Spuren metallischen Eisens usw.). Möglichst eisenfreies Material bietet also eine weitgehende Gewähr für die geringste Wahrscheinlichkeit des Auftretens nachträglicher Reaktionsblasen. Das gilt ganz besonders auch für die Bodensteine.

6.25 Blasen aus Eisen

Es gehört leider zu den niemals ganz zu verhindernden Vorkommnissen bei Wannen- und Hafenbetrieben, daß gelegentlich Eisenteile [*107*, *108*] (Ofenkonstruktion, Werkzeug, Nägel) in die Schmelze gelangen, deren Kohlenstoffgehalt [*109* *110*] im Zusammenhang mit dem Gasrest nun anfängt zu gasen. Daß nicht nur der im Eisen gebundene oder freie Kohlenstoff, sondern auch der Gasrest im Glase an dieser Art von Blasenbildung beteiligt ist, beweisen die von J. Enns [*111*] durchgeführten Analysen von aus Eisen stammenden Blasen, durch die neben CO_2 und CO auch H_2 bestimmt werden konnte. Die Strömung entführt die hiervon aufsteigenden Blasen an so weit entfernte Stellen, daß ein Rückschluß auf die Lage der Fehlerquelle nicht gemacht werden und eine Störung der Fabrikation auf lange Zeit in Kauf genommen werden muß. Wer ein einziges Mal an verantwortlicher Stelle miterlebt hat, welcher Schaden dadurch angerichtet werden kann, daß ein von der Reparatur her liegen gebliebenes Werkzeug oder das abgebrochene Stück einer Schöpfkelle od. dgl. in der Wannenschmelze hartnäckig sein Wesen treibt, wird keine Anstrengung zu

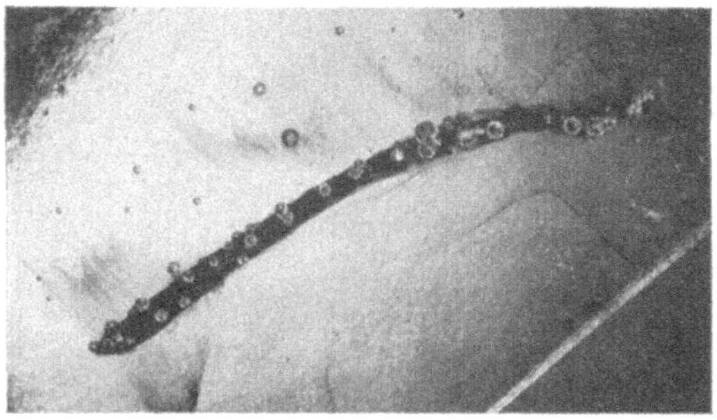

Abb. 257. Blasentreibender Eisennagel im Glas

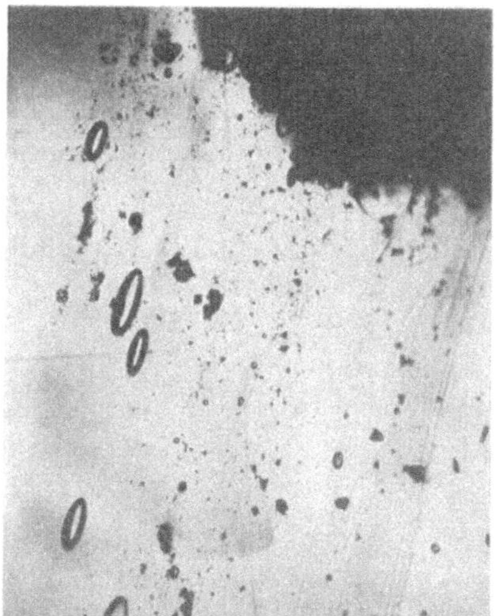

Abb. 258. Blasen im Zuge von Schlieren, die einem Eisenspan entstammen (50 ×)

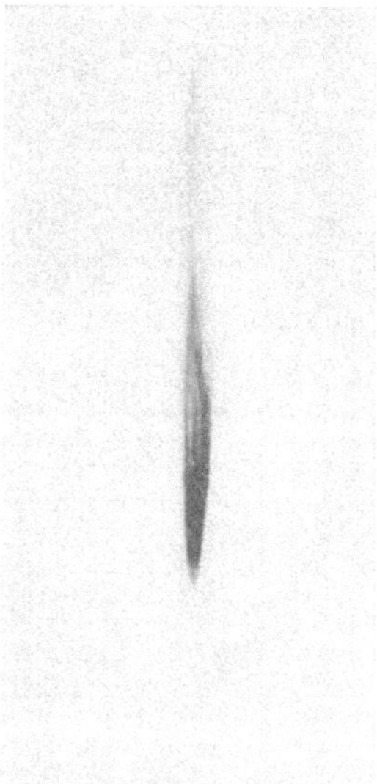

Abb. 259. Eisenspan zu Abb. 258, natürliche Größe, mit gefärbtem „Hof“

groß finden, um das zu verhindern. Dasselbe gilt für Fremdkörper, die nur allzu leicht ihren Weg ins Gemenge (namentlich über die Scherben) finden, wenn keine strenge Abtrennung von Aufbereitung und Transport des Gemenges vom übrigen Betriebe durchgeführt wird.

Ein kleines Stück Eisen kann wochen- und monatelang Blasen treiben. So hängt eine Reihe von Blasen an einem Nagel, Abb. 257, auch zeigt das Mikrofoto Abb. 258, daß auch ein sehr kleiner Fetzen von Eisen, wie er in Abb. 259 dargestellt ist, viele Blasen entwickeln kann. Bei sorgfältiger Beobachtung fällt es meist nicht schwer, von Eisen herrührende Blasen als solche zu erkennen. Da die Fehlerquelle örtlich ist, tritt der Fehler selbst meist nur an einer Arbeitsstelle, in einem Hafen usw. auf, wohingegen sich ausgesprochene Schmelzfehler viel breiter machen. Außerdem wird ja das Eisen bei diesem Vorgang zersetzt und gibt den Blasen oft eine braune Randfärbung mit auf den Weg (Abb. 260), die ihren Ursprung verrät. Gelegentlich werden die Reaktionsblasen von Farbschlieren begleitet, Abb. 261; es zeigen sich auch manchmal Spuren ihnen anhaftender bräunlicher Schlieren. Ja, es kommt vor, daß eine ganze „Blase" angefüllt ist mit stark gefärbten Eisenverbindungen, die gelblichbraun, sogar giftgrün ausfallen. Ab und zu wird ein weiterer Verräter ihrer Herkunft –

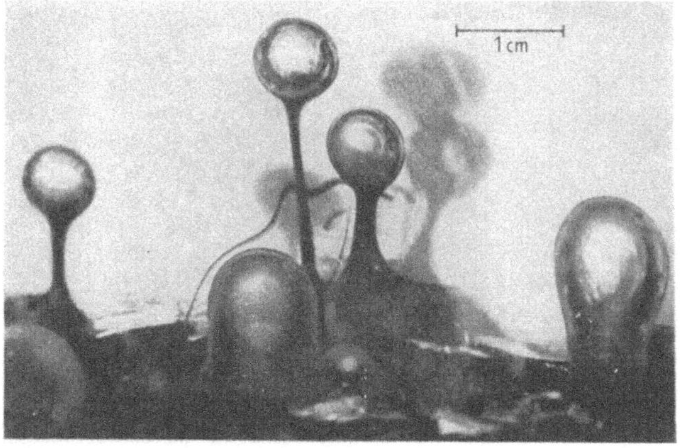

Abb. 260. Blasen lösen sich von gastreibender Unterlage (Eisen) ab und verraten ihre Herkunft durch braune Schlieren

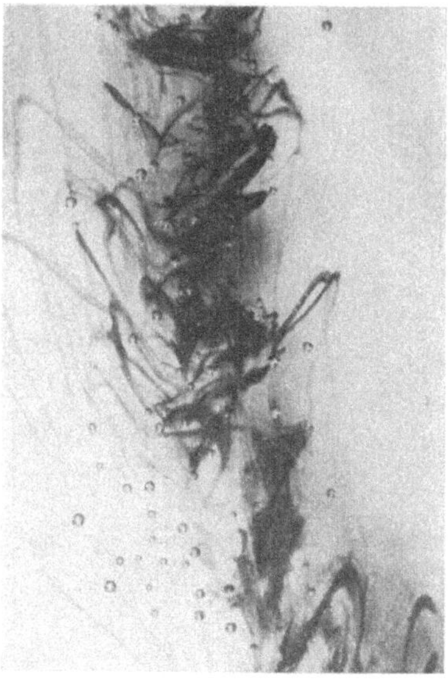
Abb. 261. Von Eisen als Fremdkörper ausgehende, von Reaktionsblasen begleitete Farbschlieren (nach einem Präparat des SFI, von A. DIETZEL zur Verfügung gestellt). M = etwa 1 : 1

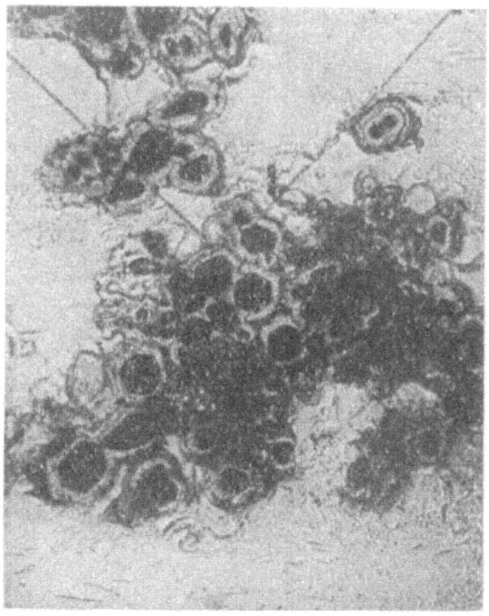
Abb. 262. Stark gefärbte Kristallplättchen (Fayalit?) in eisenhaltiger Verunreinigung des Glases

ein kleines Stückchen Metall oder Oxyd – von der Blase ins Schlepptau genommen und läßt dann keinen Zweifel mehr über die Entstehungsart offen. Sucht man solche Präparate mikroskopisch ab, so zeigen sich häufig bräunliche bis leuchtend tomatenrote sechseckige Kristalle von Eisensilikaten (Abb. 262), die ebenfalls das ihrige zur Erkennung beitragen. – Abb. 260 stammt von einem erstarrten Wanneninhalt, auf dessen Boden ein flacher eiserner Fremdkörper abgesunken war. Man sieht an dem Musterbeispiel, wie sich die heftige Gasentwicklung ihren Weg in die Glasschmelze bahnt und die Reinheit der Schmelze zu stören vermag.

Daß selbst bei Temperaturen der Verarbeitung des Glases die Blasenbildung störend – z. B. auf die Formgebung – einwirken kann, läßt Abb. 263a u. b erkennen, wie die Einführung eines

Stahlschaftes in die Glasperle (bzw. das Umhüllen mit einem Glastropfen) zum Ansatz einer Blasentraube führt (vgl. Ziff.: „Verspannung des Glases durch seine Verbindung mit Metall“). Dieser Hinweis ist wichtig wegen der zahlreichen Gründe, aus welchen das Glas oft kurz vor der

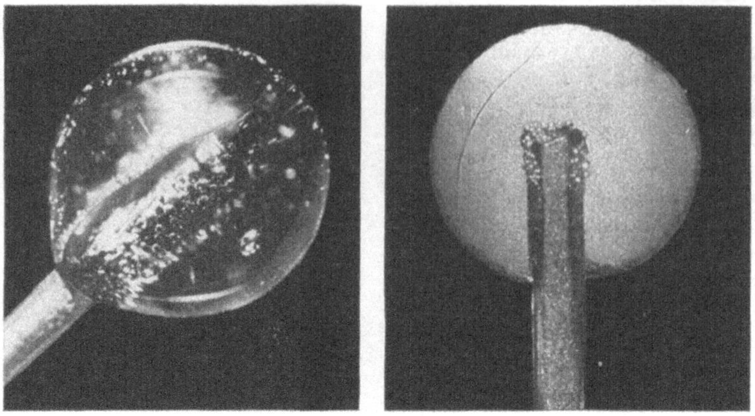

a b

Abb. 263. a) Blasenbildung am Stahlschaft eines Stecknadelkopfes, Sprungbildung in der Glasperle, b) Anschliff

Verarbeitung mit eisernen Geräten in Berührung gebracht wird (Krückeisen usw.). Bei der Herstellung von Drahtglas ist diese Erscheinung sehr kritisch zu beobachten (vgl. Abb. 264–266). Nur die in Abb. 264 dargestellten Blasen kann man ihrer Lage nach als „Blasen aus Eisen“ ansprechen.

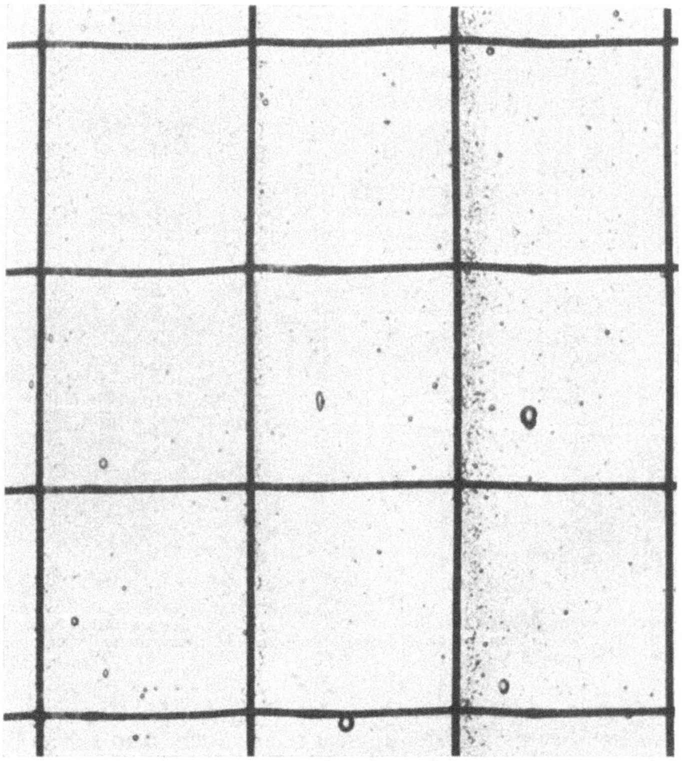

Abb. 264. Drahtglas mit Blasen, die durch Verunreinigungen im Draht hervorgerufen sind

Sie entstehen durch Reaktionen zwischen dem Eisen (bzw. dessen Oxyd, C- und S-Gehalt) und dem Gasrest, wobei ein Teil des Gasrestes unter Blasenbildung frei gemacht wird. Von Interesse ist dabei die Feststellung, daß reduzierend geschmolzene Gläser, wie z. B. Kohlegelb, viel weniger dazu neigen, durch den Draht zur Blasenbildung angeregt zu werden.

Die in Abb. 265 u. 266 gezeigten Blasen gehören eigentlich zu den Arbeitsfehlern und können nicht als „Eisenblasen“ angesehen werden. Jene stammen von durch Fett verunreinigtem Draht, diese

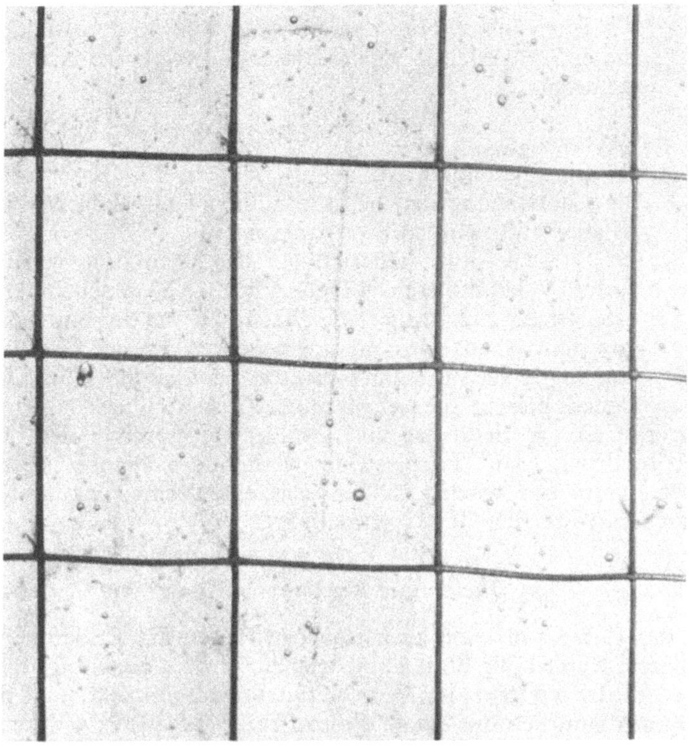

Abb. 265. Drahtglas mit gleichmäßiger Blasenbildung durch Reaktionen zwischen Glas und Draht

stellen reine Lufteinschlüsse, die beim Einführen des Drahtnetzes in das Glas gekommen sind, dar.

Bei dem in Abb. 266 gezeigten Drahtglas wurde geknickter Draht eingewalzt. Es ist ver-

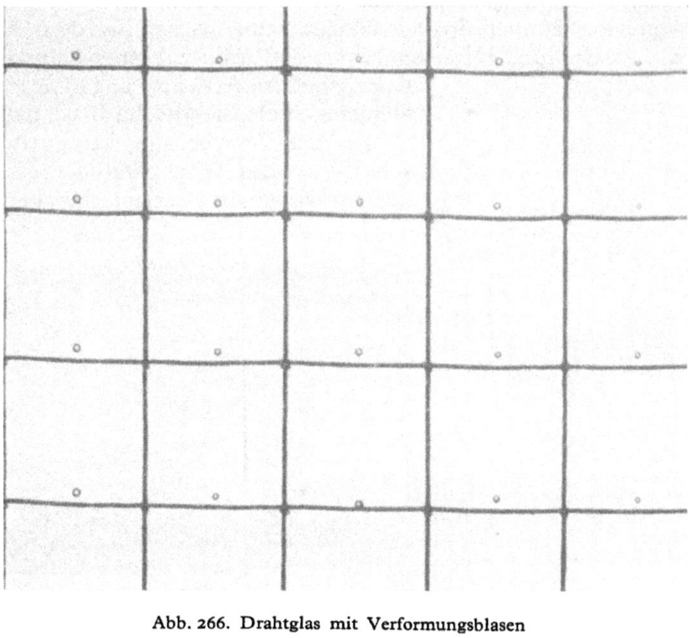

Abb. 266. Drahtglas mit Verformungsblasen

blüffend, mit welcher Regelmäßigkeit an jeder Knickstelle ein Luftbläschen entsteht. (Walzrichtung bei Abb. 264, 265, 266 nach unten.)

In Begleitung von Blasen, die aus Eisen stammen, befinden sich gelegentlich eisenhaltige Tröpfchen in Blasengestalt (Abb. 267), deren verschlackter Inhalt grau, braun, grün, rötlich usw. ausfällt. Sie verraten u. U. die Herkunft derjenigen Scharen von klaren Blasen, in deren Gesellschaft sie sich befinden.

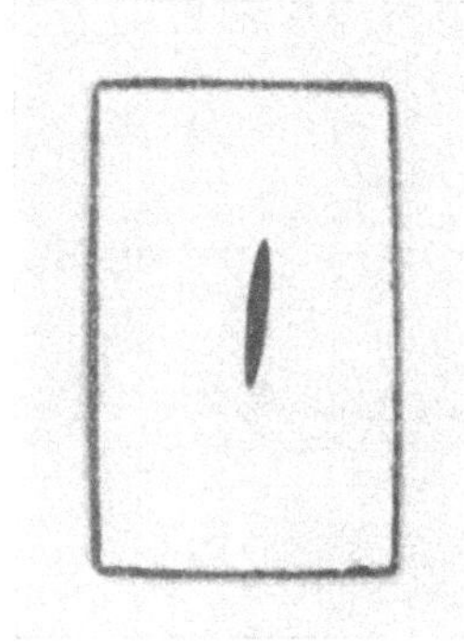

Abb. 267. Tröpfchen Eisenschlacke

Interessante Hinweise auf den Einfluß von Metallen auf Glas, auch unter Berücksichtigung der Blasenbildung, werden von R. D. SMITH [*112*] gemacht.

6.26 Vakuumblasen

Eine besondere Art von Blasen, die im Glase vorkommen, verdankt ihre Entstehung den beim Abkühlen kompakter Massen (z. B. optischen Glases) auftretenden Zugspannungen.

So ist bekannt, daß sich bei der Abkühlung von Hafeninhalten mitunter Vakuumblasen bilden können. Wahrscheinlich füllen sie sich, wenigstens zum Teil, mit Gasen, die sie dem umgebenden Glas durch Sog entziehen; dementsprechend wäre die Gefahr ihres Auftretens um so größer, je mehr Gasreste das Glas noch enthält. Die so entstandenen Blasen, die sehr groben Gaseinschlüssen gleichen können, vermögen beim Wiedererhitzen der Schmelze auch wieder zu verschwinden. Ihr Volumen fällt unter dem Atmosphärendruck, den die plastisch werdende Schmelze überträgt, zusammen. Vorhandene Gasspuren vermögen wieder in das Glas einzutreten. Vakuumblasen sind für die Auswahl des weiter zu verarbeitenden Glases sehr störend.

6.3 Blasen aus der Verarbeitung

Während die in den Ziff. 6.2 bis 6.26 beschriebenen Blasen aus Reaktionen mit dem Gasrest stammen, sollen in diesem Kapitel nur Blasen beschrieben werden, die infolge fehlerhafter Arbeitsmethoden entstehen. Bei der Vielzahl der Verarbeitungsarten von Glas und den vielen Fehlerquellen dieser Art können natürlich nur einige dieser Fehler aufgeführt werden.

6.31 Blasen durch Lufteinschlüsse

Das Einschließen von Luft während der Verarbeitung des Glases ist eine leider oft zu beobachtende Erscheinung. Bei der Vielzahl der Verarbeitsungsverfahren sind natürlich auch die dabei entstehenden Blasenformen sehr unterschiedlich.

Beim Anfangen von Glas können Lufteinschlüsse eingewickelt werden. Abb. 268 zeigt eine solche Blase, wobei die Feststellung interessant war, daß während einer längeren Arbeitszeit jede vom gleichen Arbeiter angefangene Flasche an der gleichen Stelle die gleiche Blase hatte.

Bei der Verarbeitung kann jederzeit ein Lufteinschluß in das Glas geraten, wenn es verteilt wird oder sonstwie im Verlauf der Verformung zwei getrennte Glasflächen aufeinander gebracht werden, wie z. B. beim Ansetzen von Stielen, Henkeln, Vereinigen von Schichten usw.

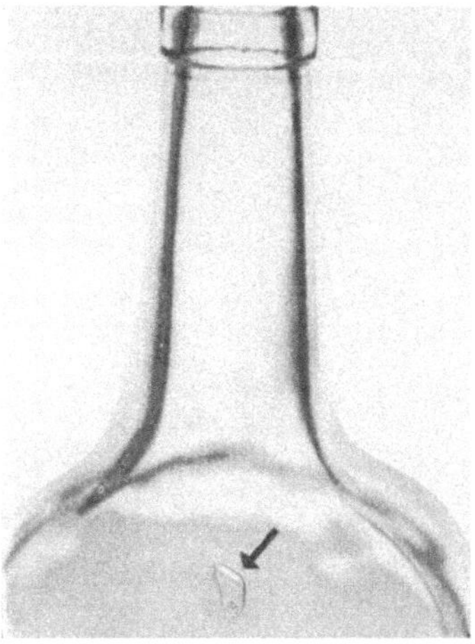

Abb. 268. Anfangblase an einer Flaschenschulter

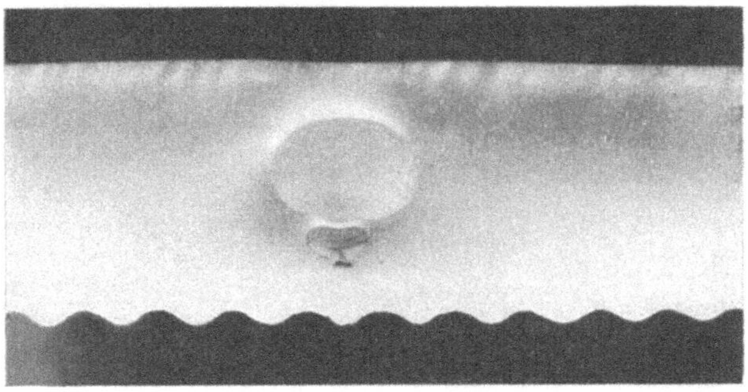

Abb. 269. Gießblase in einem Opakglas

In Abb. 269 ist eine Blase abgebildet, wie sie z. B. beim Löffelguß von Opakglas entsteht, wenn beim Ausgießen auf den Tisch durch Überlappung Luft eingeschlossen wird.

Durch die Zusammenziehung der Luft während des Abkühlens fällt die Oberfläche des Glases ein, so daß, obwohl die Blase im getrübten Glas nicht sichtbar ist, ein störender Fehler auftritt.

Abb. 270. Lufteinschlüsse beim Guß von Drahtglas

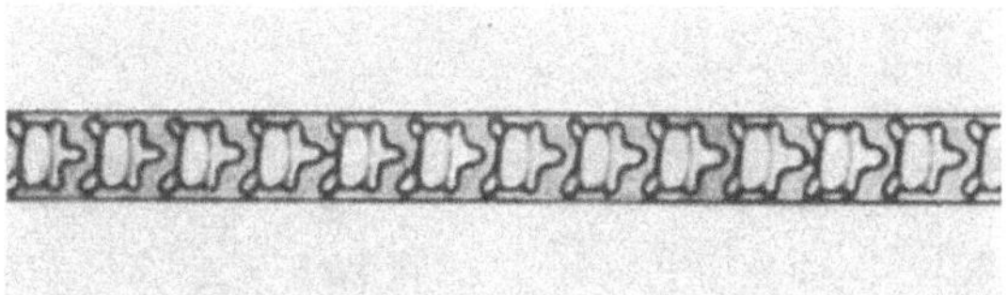

Abb. 271. Durch das schütternde Antriebsystem eines Ziehverfahrens rhythmisch unterteilte Luftblase

Abb. 272. Speiserblase an einer Flaschenmündung

Bei der Herstellung von Drahtglas nach dem Tischverfahren mit der Eindrückwalze kann Luft eingeschlossen werden, wenn die nachziehende Glattwälze die Rillen zuerst oben schließt, Abb. 270.

Auch bei der Herstellung von Drahtglas nach dem BOUDIN-Verfahren kann durch den Draht Luft in das Glas gebracht werden (vgl. Abb. 266). Ein sehr eigentümlicher Fall dieser Art ist die bei mechanischer Tafelglasfabrikation entstandene Blase (Abb. 271), die in einem auffallend gleichmäßigen Rhythmus, dessen Ursache im Antriebssystem lag, ausgebildet ist und deren Intervalle sogar Rückschlüsse auf die Quellen gestatteten.

SHUKOWSKI u. POLLJAK [*18*] haben Blasen in FOURCAULT-Glas auf ihren Gasinhalt untersucht und festgestellt, daß der größte Teil der Blasen nur Stickstoff und Sauerstoff enthielt. Sie schließen daraus, daß diese Blasen aus Poren des ff. Materials der Ziehdüse stammen (vgl. Ziff. 6.24) und empfehlen, das ff. Material möglichst hoch zu brennen und der Düsenmasse Feldspat zuzusetzen.

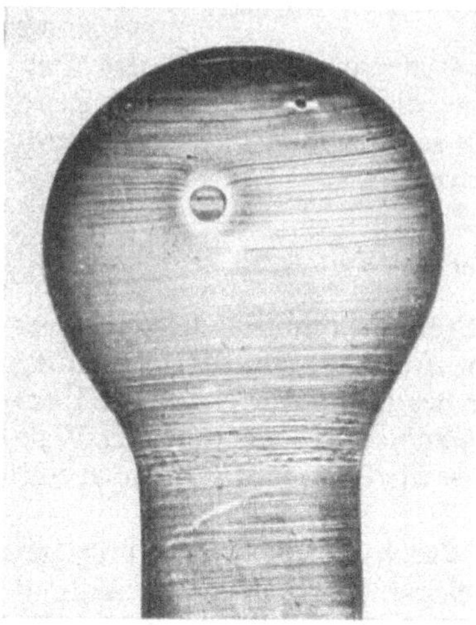

Abb. 273. Lufteinschluß im Glühlampenkolben. Entnahmefehler

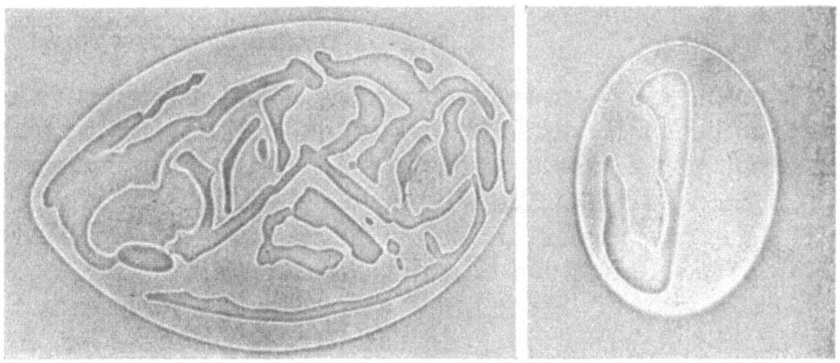

Abb. 274. Luftblasen vom „Anfangen" eines Postens durch den Bläser

Ebenso können bei der mechanischen Herstellung von Hohlgläsern Lufteinschlüsse entstehen; so kommt es im Speiserbetrieb vor, daß beim Zurückholen nach dem Schnitt ein Lufteinschluß im Tropfen entsteht. Abb. 272 zeigt eine solche Blase.

Bei Saugblasmaschinen kann durch überlappendes Zurückfallen des Abschnittes Luft eingeschlossen werden, wie das in Abb. 273 an einem Glühlampenkolben gezeigt wird.

Solche Luftblasen sind oft relativ groß und treten eigentlich nur vereinzelt auf. Sie zeigen von einer gewissen Größe an eine Zerklüftung zu unregelmäßigen Feldern, wobei sich die Blasenwände flächenweise berühren und dazwischen noch Lufteinschlüsse vorhanden sind (Abb. 274).

Es ist selbstverständlich, daß die Anordnung eingefangener Lufteinschlüsse von der Art der Bewegung, die die Glasmasse bei der Verformung durchgemacht hat, abhängt. Umgekehrt läßt dann aber oft die Anordnung auf den Vorgang schließen, der den Fehler entstehen ließ. So gibt der zungenförmige Auslauf einer scharf begrenzten Blasenkette in Abb. 275 zu erkennen, daß – es handelt sich um gewalztes Spiegelglas – Luft in eine Überlappung eingewalzt wurde, wie es entstehen kann, wenn der Glaszufluß rascher geschieht, als das Walzwerk ihn verarbeiten kann. Abb. 276 zeigt Blasen in einer Flasche, die zu verschiedenen Zeiten entstanden sind. Während eine Blase bei einem Verformungsgang in die Länge gezogen wurde, wurde die andere bei einem anderen Verformungsgang quer verformt.

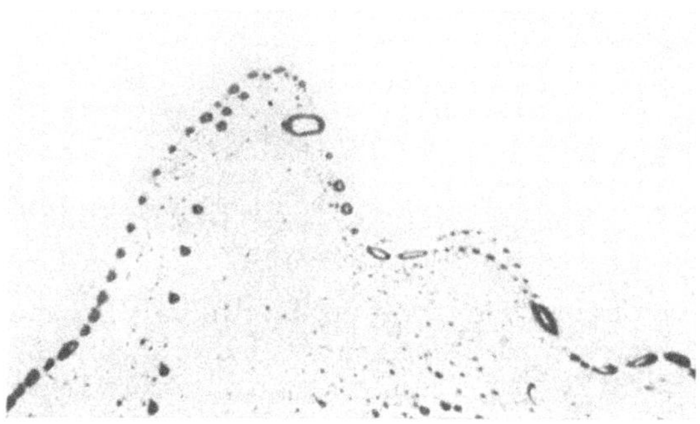

Abb. 275. Durch Überlappung eingefangene Luft beim Guß von Spiegelglas

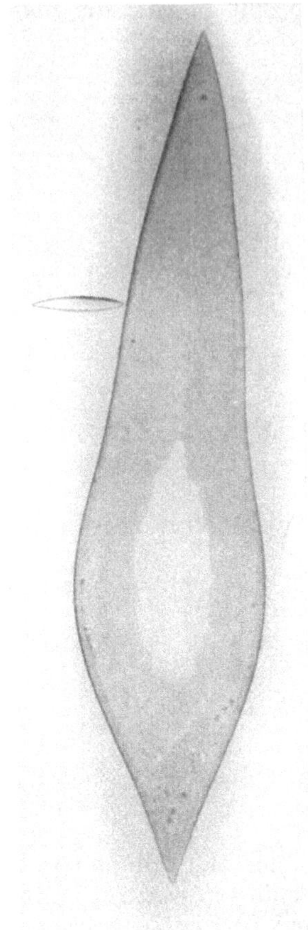

Abb. 276. Lufteinschluß und Blase verraten durch ihre Anordnung quer zueinander verschiedenen Ursprung

6.32 Blasen durch andere Fremdkörper

Während der Verformung kann das Glas in Berührung mit Stoffen kommen, die selbst vergasen und das Glas durch Blasenbildung in Mitleidenschaft ziehen. Alle Formen, deren Wandung durch Öl oder Graphit gepflegt wird, vertragen dies nur in einer bestimmten Menge; ein Überschuß kann zu Blähungen führen, die das Glas einseitig entformen, so z. B. entsteht bei Walzspiegelglas eine regelrechte Beule, die dann als „Blase“ bezeichnet wird, ohne eine echte zu sein (da sie ja nie allseitig von Glas umschlossen war), Abb. 277.

Anders sieht die Erscheinung aus, wenn der vergasende Stoff durch die im Herstellungsgang liegende Besonderheit direkt in das Glas eingeführt wird. Als Beispiel hierfür sei nochmals die Abb. 265 angeführt (vgl. Ziff. 6.25), weil dieser Fall den Vorgang besonders auffällig macht: Das Drahtgewebe kann an der Oberfläche durch Schlackeneinschlüsse, aber auch Fett oder sonstige vergasbare Stoffe verunreinigt sein. Dann stößt das Drahtgewebe Wolken von feinsten Bläschen aus, die zudem häufig schmutzig ölfarbig gefärbt sind. Die Ursache eines solchen Fehlers liegt offenkundig außerhalb des Glases.

Bei der reichlichen Verwendung von Öl oder anderen Maschinen- und Formenschmiermitteln, wie sie meist nicht immer erforderlich ist, besteht leicht die Möglichkeit, daß Öl oder Öldämpfe mit dem Glas in Berührung kommen und die Ursache zu Blasenbildung darstellen. Gelegentlich ergeben sich dann grauschwarze verkohlte Einschlüsse wie bei dem Flaschenkörper, Abb. 278. Jedoch zeigt der ähnlich angeordnete feine Blasenschleier, Abb. 279, an gewalztem Spiegelglas entstanden,

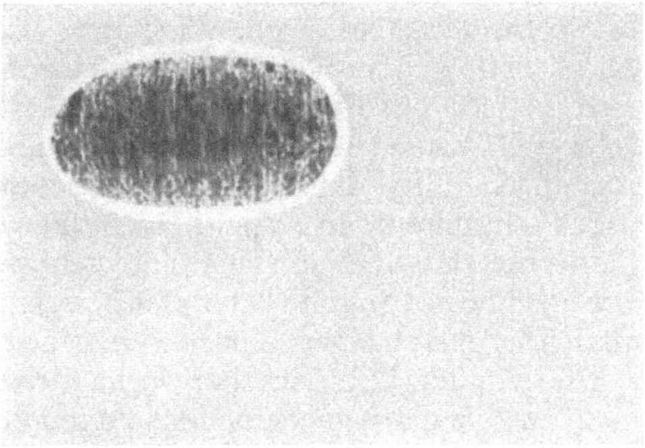

Abb. 277. Luft-„Blase“ (Auswölbung) bei gegossenem Spiegelglas

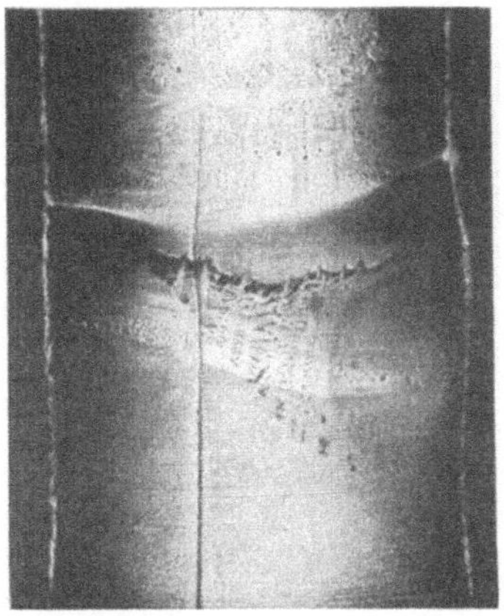

Abb. 278. In einem Flaschenkörper eingeschlossener Schleier verkohlter Ölreste aus der Form

darauf hin, daß auch sehr geringe Mengen Öl, sobald sie nicht frei verdampfen können, dem Glase häßliche Flecken anhaften, die einen Ausfall verkäuflicher Ware bewirken. Zur Abwendung der Gefahr dieser Störungen durch die Schmiermittel ergibt sich die Forderung – ohne daß eine Regel angegeben werden könnte – eine, den betrieblichen Besonderheiten entspringende, genau einzuhaltende Menge zu verwenden.

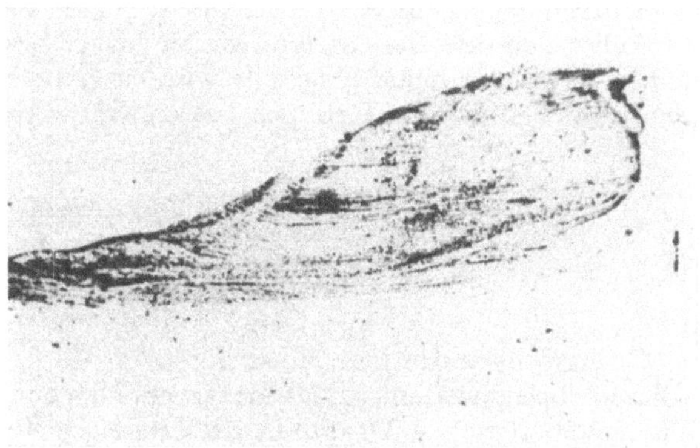

Abb. 279. Ähnliches an Gußglas wie Abb. 278

Wenn eine so stark ausgeprägte Störung auftritt, wie Abb. 280 erkennen läßt, braucht meist nicht lange nach der Ursache geforscht zu werden, da sie unmittelbar zu beobachten ist. Entweder ist das Glas nach einer vorgenommenen Bülwerung noch nicht genug abgestanden, oder die Oxydschicht einer frischen Schöpfkelle bläht sich in Berührung mit der glutflüssigen Schmelze. Die Einordnung erfolgt an dieser Stelle, weil auch hier Schaumbildung eintreten kann, durch Wasser- oder Öldampfbildung an dem Schöpfgerät.

KÖRRN beschreibt eingehend [*113*] die Ursache von Blasen beim Überfangen von Opalglas. Ist der WULGER-Löffel nicht aus einwandfreiem Holz und ausreichend naß und das Glas zu heiß, können sich Kohlepartikel am Glas festsetzen, die nach dem Überfangen vergasen und Blasen bilden.

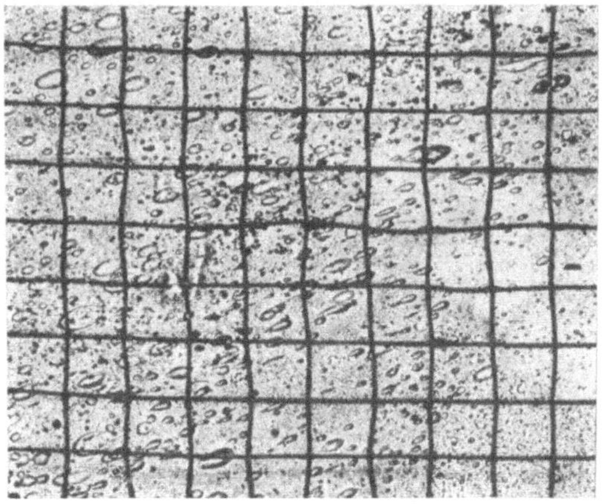

Abb. 280. Glas aus „schäumender“ Schöpfkelle

6.33 Von Beschlägen gebildete Blasen

Eine Anzahl derjenigen Stoffe, die an der Blasenbildung innerhalb der Schmelze beteiligt sind, können auch auf andere Weise Anlaß zu Blasenbildungen geben. So kann das Sulfat noch im Ofen selbst, wie unter Ziff. I, 9 beschrieben, ein Gallehäutchen erzeugen [*114*, *115*], bei dessen Untermischung mit der Schmelze z. B. durch eine Schöpfkelle, eine Stange oder sonstiges Werkzeug, durch die umwälzende Eigenströmung des Glases selbst eine Blasenbildung nicht ausbleiben kann, ja die sich dann bis zur Entnahmestelle hinzieht. Der häufigste Fall dieser Art aber findet in einem noch späteren, nämlich dem Verarbeitungszustand des Glases, statt. Bei der Entnahme des Glases in Form einzelner, aufeinandergewickelter Posten (vgl. Abb. 281) kann es sich ereignen, daß die Temperatur des vorangehenden Postens niedrig genug geworden ist, um in Berührung mit der Ofenatmosphäre oder der Brenngase eines Hilfsofens einen hauchfeinen Niederschlag von Na_2SO_4 oder selbst von Ruß auf seiner Oberfläche entstehen zu lassen. Das gleiche gilt für Ölreste z. B. aus der MOTZ-Form od. dgl., die gerne Rückstände auf der Oberfläche des Vorformlings absetzen. Wird ohne Rücksicht hierauf ein nächstfolgender heißer Posten neu aufgenommen, so zersetzt sich der Film von „Hüttenrauch“ [*116*] und teilt sich zu Tausenden von winzig kleinen Bläschen auf, mit denen das Glas dann oft ganz gleichmäßig in einer weißlich schimmernden Schicht (auch „Feuerweiß“ genannt) durchsetzt ist. Wahrscheinlich genügen sehr kurze Verweilzeiten im falsch (oxydierend) eingestellten Feuer, um den Grund zu einer solchen Fehlermöglichkeit zu legen. Die nämlich stets sichtbar vorhandene Trennungsschicht zwischen den nacheinander aufgenommenen Posten kann nicht anders entstanden gedacht werden als durch die geringen Einflüsse (Verdampfung, Niederschläge), denen die heiße Glasoberfläche in der kurzen Zwischenzeit bis zum Verschmelzen mit der nächstfolgenden ausgesetzt ist. Es genügt die geringste zusätzliche Veränderung, um diese Grenzschicht zum Sitz eines besonderen Fehlers zu machen (Abb. 281; vgl. auch Kap. I, 8.3).

Abb. 281. Bläschenschleier, von Beschlägen gebildet („Feuerweiß“, 3 ×)

Außer den drei Blasenarten, wie sie bisher beschrieben wurden und die, ihrer Herkunft nach in drei große Gruppen eingeteilt wurden, gibt es noch einige Arten von Blasen, die nicht oder nur bedingt in die drei Gruppen passen. Sie werden deshalb gesondert beschrieben.

7 Sonstige Blasen

7.1 Salzblasen, ihre Ursache und Merkmale

Gewisse blasenförmige Einschlüsse im Glas, die in der Praxis schlechthin mit dem Namen „Blasen“ belegt werden, sind weder ihrem Ursprung noch ihrer Beschaffenheit nach Blasen, sondern Flüssigkeitströpfchen. Das gilt in der Hauptsache für solche „Blasen“, die durch eine mehltaufarbige Trübung od. dgl. verraten, daß in ihnen eine dem Glas fremde Substanz vorliegt. Am besten lassen sich ihre Erscheinungsform an Schmelzen verfolgen, deren Gemenge Sulfat enthielt. Ihre Eigenschaft, ein hartnäckiger Fehler zu sein wird durch den Umstand bedingt, daß das spez. Gewicht eines *Salztröpfchens* sich nicht wesentlich von dem des Glases unterscheidet, so daß es viel weniger Auftrieb entwickelt als Gasblasen, also auch nicht ausgeschieden wird.

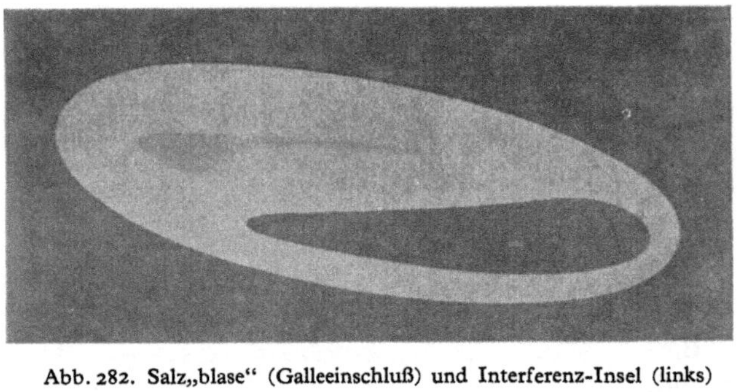

Abb. 282. Salz„blase“ (Galleeinschluß) und Interferenz-Insel (links)

Die Größe dieser „Blasen“ kann sehr beträchtlich sein (Abb. 282). Gelegentlich zeigen sich Inseln in ihnen, wo die einander gegenüberliegenden Glasteile wieder zusammengefallen und verschmolzen sind. An denjenigen Stellen, wo die Verschmelzung noch nicht eintrat, und erst Berührung vorliegt, treten dann Inseln von Interferenzfarben auf (Abb. 282).

Glas kann nicht unbeschränkt Sulfat in Lösung nehmen, sondern (nach GELSTHARP) nur eine Menge, die etwa 1% SO_3 entspricht. Wird der übrige Teil nicht rechtzeitig durch beigegebene Kohle oder reduzierende Ofenatmosphäre zersetzt, so scheidet er sich als „Galle“ aus. Da *Einschlüsse* im Glase der zersetzungsfördernden Ofenatmosphäre nicht mehr zugänglich sind, muß ihre Entstehung durch sorgfältig abgestimmtes Gemenge $\frac{(\text{Sulfat})}{(\text{Kohle})}$-Verhältnis (vgl. Ziff. 4.2 u. Abb. 209) und reduzierendes Ofenfeuer von vornherein vermieden werden. Wenn einer von beiden Vorgängen nicht vollständig gelingt, so bleiben Sulfatreste in Tröpfchenform im Glase enthalten, deren Inhalt während der Verarbeitung des Glases und der begleitenden Abkühlung kristallisierend erstarrt. Gelegentlich treten Scharen solcher „Blasen" oder „Galleflecken" auf, die bei näherer Betrachtung (Abb. 283) deutlich den von einem Zentrum ausgehenden radialen Kristallisations-

Abb. 283. Schar von Galleflecken; richtiger: Galletröpfchen, weil im Glas gelegen

Abb. 284. Grobgekrakelter Einschluß (4 ×)

vorgang [*117*] erkennen lassen, oder nach Abb. 284 gekrakelt sind. Sie sind oft charakteristisch spaltbar in eine trübe und eine weniger trübe Seite, wenn nämlich der Flüssigkeitstropfen des Einschlusses sich in einen Dampfmantel hüllt, der das Ringsumverwachsen mit dem Glase verhindert. (Obwohl sich für solche Blasen in gewissen Zweigen der Glasindustrie der Name „Sodablasen" eingebürgert hat, trifft diese Bezeichnung im allgemeinen nicht zu, s. jedoch weiter unten.)

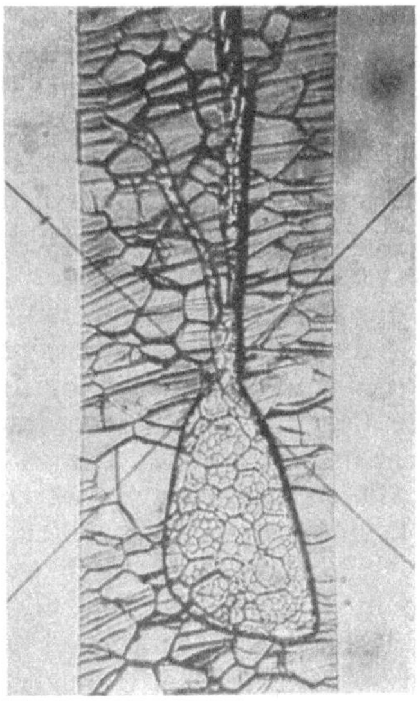

Abb. 285. Sulfat„blase", lang ausgezogen, mit eutektischem Erstarrungssystem

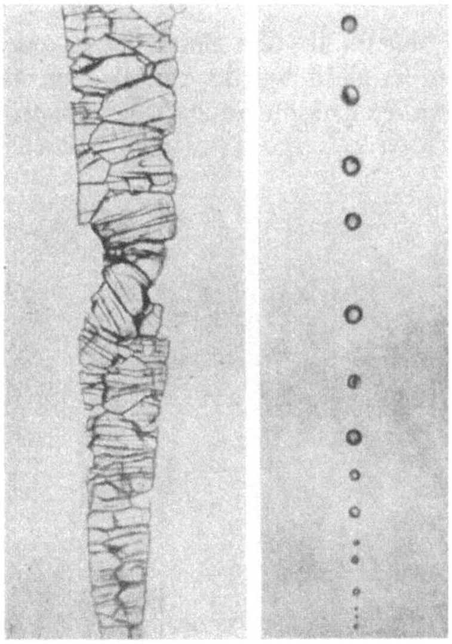

Abb. 286. Lanzettförmiger Sulfateinschluß; er teilt sich unter dem Einfluß der Oberflächenspannung bei erhöhter Temperatur in kleine Kügelchen auf

Es ist zu vermuten, daß es sich bei der kristallisierten Substanz, die sich beim Öffnen der „Blasen" absplittern läßt, nicht allein um Na_2SO_4 handelt, wenn auch eine Reaktion mit Bariumchlorid meist durch die entstehende Trübung sofort das SO_4'' anzeigt. Vielmehr ist naheliegend, daß sich in Berührung mit der Glaswand SiO_2-arme Silikate bilden, die als unbeständige Gläser örtlich kristallisieren. Dies wird dadurch belegt, daß diese Sulfateinschlüsse in ihrer eigentümlichen Art an den Grenzen mehr oder weniger groß ausgebildeter Kristallite craqueléeartig zerklüften (Abb. 284). Dabei zeigt sich häufig eine Insel, die sich von der Umgebung durch viel kleinere Kristallite abhebt, in der nichts anderes als der eutektische Rest des Tropfeninhaltes zu erblicken ist. Ein Muster dieser Art findet sich in Abb. 285 vor, wo der Blaseninhalt nach erfolgter Erstarrung der Hauptmenge durch ein Kanalsystem geradezu „entwässert" wird, bis endlich auch der Inhalt dieser mit Eutektikum gefüllten Adern erstarrt.

Die hier gezeigten „Blasen" sind entsprechend der Verformung des Glases, an der sie teilgenommen haben, lang ausgezogen und haben dadurch das Aussehen eines Tropfens verloren und

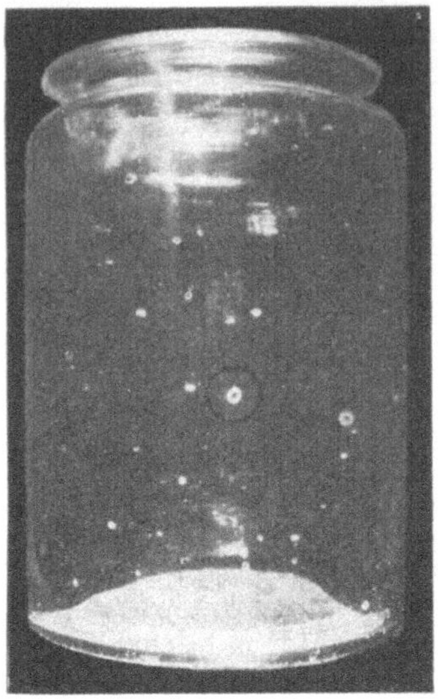

Abb. 287. Einmachglas mit Blaseneinschlüssen (aus dem Handel)

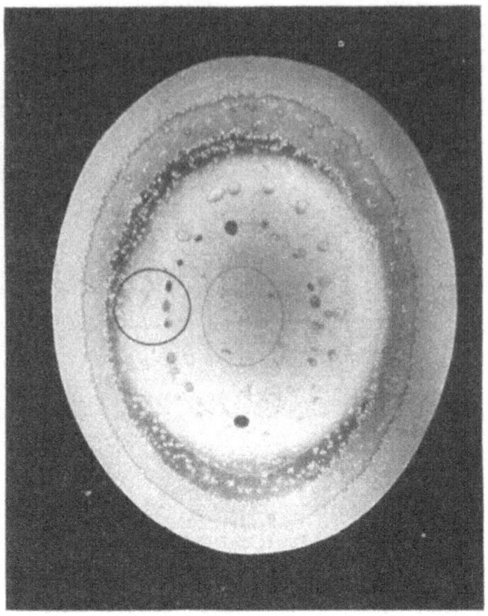

Abb. 288. Sulfat„blase" mit Kondensateinschlüssen und Tropfenbildungen

werden darum in den Betrieben auch selten als solche angesprochen. Wenn es sich wirklich um Tropfen handeln würde, die also unfähig sind, vom Glase in Lösung aufgenommen zu werden, so müßte sich doch auch deren Oberflächenspannung als die eines Fremdkörpers bestätigen. In Abb. 286 wird eine solche lanzettförmige „Blase" nach kurzer Wiedererhitzung gezeigt. Die ursprünglich geraden Umrisse schnüren sich an einigen Stellen ein. Nach längerem Verweilen bei hinreichender Temperatur (1000 °C) zerreißt der ganze Inhalt und teilt sich in eine Kette kleiner Tropfen auf, deren jeder zufolge der Oberflächenspannung kugelrunde Gestalt annimmt.

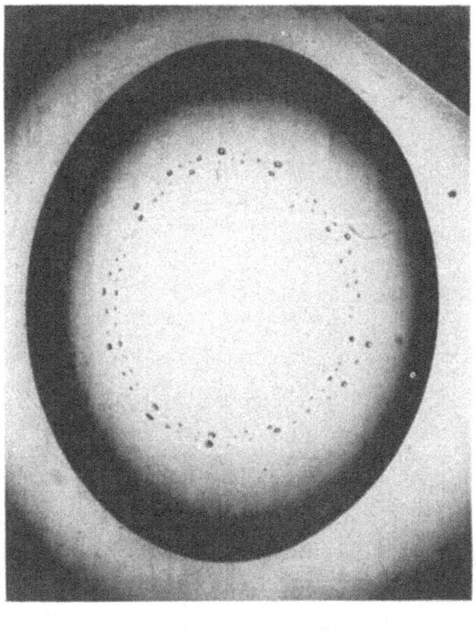

Abb. 289. Rhythmische Tropfenbildungen in einer Sulfat-Dampfblase

Die Verhältnisse liegen durchaus nicht immer so einfach, daß der Abkühlungsverlauf des Glases eine glatte Kristallisation des „Blasen"inhaltes gestattet. Die Wechselwirkung der noch nach Einwirkung der Ofenatmosphäre (s. dort) im Glas verbleibenden Salzreste bzw. ihrer Ausscheidungen zu dem sie umgebenden Glas, verläuft unter einer Fülle gestaltreicher Merkmale [*34*].

Ein im Handel befindliches Haushaltsglas, Abb. 287, ist völlig von „Blasen" verseucht. Zwei derselben werden in den Abb. 288 u. 289 stark vergrößert gezeigt. Das reizvolle Bild zierlichster Musterung läßt eine Fülle von sich gegenseitig überschneidender Vorgänge erkennen. Zunächst ist es selbstverständlich, daß sich außer der flüssigen Phase des Salzrestes in seiner Umgebung auch eine dampfförmige befinden muß, weil die Glasschmelztemperaturen dies mit sich bringen (Zersetzungstemperatur von Na_2SO_4 bei 1200 °C). Es wirken also mehrere Phasen aufeinander ein: Lösung, Flüssigkeit und Dampf, die versuchen, ihr Gleichgewicht mit den jeweiligen Bedingungen in Einklang zu bringen. Der nicht in Dampf verwandelte Teil des flüssigen Tropfens verteilt sich, entsprechend den Druckverhältnissen innerhalb des Glases während seiner Verarbeitung, gelegentlich in verblüffender Symmetrie (Abb. 288), zu kleineren Tröpfchen, die selbst, unabhängig voneinander, wieder kristallisiert sind, während der dampfförmige Teil sich zu hauchfeinen Niederschlägen – ähnlich dem „Hüttenrauch" – auf den „Blasen"-wandungen verdichtet. Hierselbst kann das Kondensat wieder eigenen Kristallisations- und Schmelzvorgängen nachgehen (Abb. 290). Zugleich bilden sich zierlich rhythmische Gebilde aus, die beinahe dekorativ sind und die eigentlich auch nur wieder eine Folge der Auswirkung der Oberflächenspannung sein können.

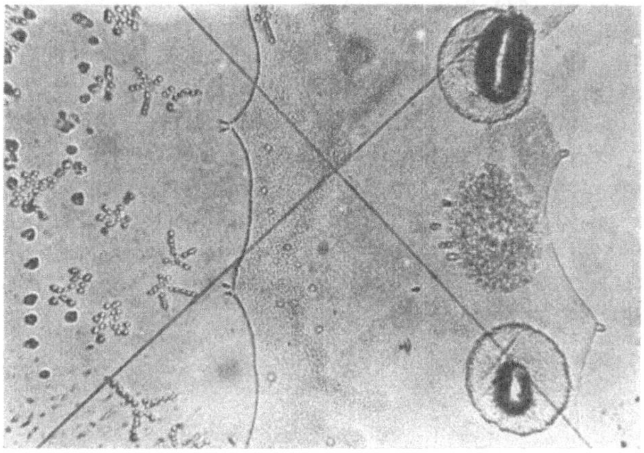

Abb. 290. Einzelheit aus Abb. 288. [Nach Glastechn. Ber. Bd. 10 (1932) S. 5.]

Die Bildung dieser Blasen im Glas ist also das Ergebnis komplizierter Wirkungen und Gegenwirkungen. Wenn sich der Befund auch nicht viel über seine Beschreibung erhebt, so trägt er doch dazu bei, ein klares Bild über das Wesen dieses Glasschmelzfehlers zu erhalten. Es ist hervorzuheben, daß weißlich-trüb ausgefüllte Blasen häufig als „Sodablasen" angesprochen werden, wenngleich ihr Inhalt stets eine Sulfatreaktion

Abb. 291. Fluorgallenblase nach JOCHMANN

ergibt. Trotzdem muß ausdrücklich darauf hingewiesen werden, daß dieser Sulfatinhalt bez. seiner Herkunft irreleitend *sein kann.* Beim Einlegen *verstaubender* Soda kann sie sich auf dem Glasspiegel absetzen und Tröpfchen bilden. Diese sind der ($SO_2 + O_2$-) haltigen Ofenatmosphäre ausgesetzt. Es setzt augenblicklich eine Reaktion ein

$$(2\,Na_2CO_3 + 2\,SO_2 + O_2 = 2\,Na_2SO_4 + 2\,CO_2)$$

unter Zersetzung von Soda und Bildung von Galle. Es kann also an dem Auftreten von Sulfatbläschen verstaubende (also „feine" oder „leichte") Soda schuld sein; ein Zusammenhang, der Beachtung verdient.

Überhaupt beweist dieser Umstand, daß sich Karbonatreste in der Glasschmelze nicht lange gegenüber den in der Atmosphäre enthaltenen SO_2-Spuren bei Gegen-

Abb. 292. Sulfidblase nach J. LÖFFLER

wart von Sauerstoff halten können. Es läßt sich leicht überprüfen, daß Sodastaub, den man über eine Glasschmelze unterhalb 1200 °C streut, in kurzer Zeit in Sulfat verwandelt wird und „galliges Glas" gibt.

Besonders häufig ist also die Blasenfrage eine solche nach Sulfat bzw. seinen Bestandteilen SO_2 und O_2. Sollte es hierzu eines weiteren Nachweises bedürfen, so sei auf die „Bildung von Sulfatlauge im Sodaglas" verwiesen, wie sie KITAIGORODSKI und SCHKOLNIKOW [*114*] ausführlich geprüft und beschrieben haben. Es zeigte sich, daß schon ein Sodagemenge unter 750 °C sich intensiv mit schwefligsauren Gasen (bei Anwesenheit von Sauerstoff) umsetzt. Bei Glas übt der Alkaligehalt einen begünstigenden Einfluß aus. Der Höchstwert der Sulfatbildung lag während der Versuche zwischen 900 und 1300 °C bei 1200 °C. Im übrigen ist die Gallebildung selbstverständlich eine Frage der Massenwirkung der Reaktionsteilnehmer auf beiden Seiten, wobei der Sauerstoff (nicht das SO_2) mit ausschlaggebend ist.

Aber nicht nur Galleblasen aus Sulfaten gibt es. JOCHMANN [*118*] weist auf die Existenz von Fluorgalleblasen und beschreibt, diese Abb. 291. LÖFFLER und PRINZ [*119*] fanden im FOURCAULT-Glas lange Blasen, deren Inneres mit einer wäßrigen Lösung aus Natriumsulfid und auch mit Eisensulfid gefüllt war (Abb. 292). Eine sichere Aussage über die Herkunft dieser Blasen kann nicht gemacht werden. Wahrscheinlich stehen sie jedoch im Zusammenhang mit dem gelegentlich anzutreffenden Markassitgehalt (FeS_2) „feuerfester" Tone.

7.2 Metall- oder Oxyddämpfe als Blasenursache

Zu den selteneren Fällen von Blasenbildungen gehören diejenigen – betriebstechnisch auch infolgedessen weniger wichtigen –, die mehr oder weniger dem Zufall ihre Entstehung verdanken. Immerhin geben auch diese Vorkommnisse einen wertvollen Fingerzeig auf die vielen Seiten, von denen her das Glas Störungen, in Gestalt von Blasen, zu empfangen vermag. Leicht verdampfbare Zutaten – wie z. B. Arsenik – können durchaus selbständig Blasen bilden, ja, unter reduzierenden Einflüssen könnte der aus ihnen entstehende Metalldampf unter Umständen den vorherrschenden Inhalt der Blasen ausmachen.

Abb. 293. Blasen mit gelblichem Beschlag und Metall- oder Sulfidregulus

Ohne daß das in Abb. 293 wiedergegebene Beispiel aus der Schmelze eines normalen Kalk-Natron-Silikatglases näher untersucht worden wäre, erinnert es doch daran, daß auch diese Gebilde zu den Gefahren zu zählen sind, die die fehlerfreie Qualität des Erzeugnisses bedrohen: In der Mitte der Blase befindet sich ein schmaler Flecken gelblichen Niederschlages. Außerdem enthält sie auf beiden Seiten je einen kleinen metallischen oder sulfidischen Regulus (Pfeile). Die Betrachtung bei starker Vergrößerung zeigt außer der regelmäßigen Form des kristallisierten Korns kleine Flocken eines Niederschlages, die den Eindruck eines Sublimationsvorganges verstärken, der sich am Blaseninhalt vollzog, indem dieser den thermischen Veränderungen folgte.

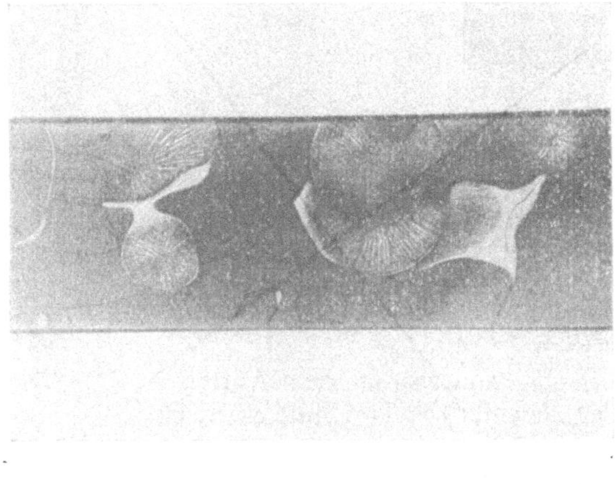

Abb. 294. Eisenhaltiger, sphärolithisch durchsetzter, rötlich gefärbter „Blasen"inhalt

Die Untersuchung einer anderen langgezogenen, auffallend rötlich gefärbten Blase (Abb. 294) ergab ihre Anfüllung mit einer radialstrahlig gewachsenen Substanz, in welcher eine analytisch bestätigte Eisenkieselsäureverbindung gefunden wurde. Danach ist anzunehmen, daß von Fremdkörpern in oxydischer Form losgelöste Partikel im Verlauf ihrer Wanderung durch das Glas Verbindungen mit Bestandteilen der Schmelze eingehen können, durch deren mineralogische Merkmale auf die Fehlerquelle geschlossen werden kann. – Wiederum einen anderen Anblick gibt Abb. 295 von einer gelbgrün gefärbten Blase, deren Inhalt von Wachstumskristallen durchsetzt ist, die außer der nachweisbar gewesenen Galle auf einen weiteren, nicht näher ermittelten Stoff hindeuten, der an ihrer Entstehung mitwirkte.

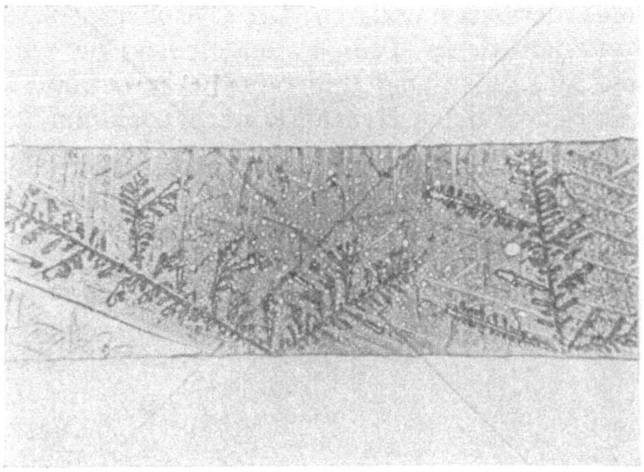

Abb. 295. Hellgrün gefärbter „Blasen"inhalt mit Wachstumskristallen (Sulfatreaktion bestätigt)

8 Blasenbildung bei der Verarbeitung vor der Lampe

Die Möglichkeit der Entstehung von Blasen hört nicht erst mit Beendigung der Schmelze auf. Die örtliche Erhitzung des Glases bei der Verarbeitung vor der Lampe führt u. U. ein Auftreten von Blasen herbei, über die J. ENNS [*120*] und M. THOMAS [*121*] berichteten. Gläser, die leicht flüchtige Bestandteile enthalten, wie z. B. B_2O_3, blasen in der Hauptsache infolge der Verdampfung des Bortrioxyds, und zwar besonders bei Zutritt von Wasserdampf, jedoch auch bei reiner CO-Flamme. Dabei bildet sich eine Art Schaum, der u. U. abblättert (Abb. 296). Die nähere Untersuchung der sich bildenden Kruste ergab eine Verminderung des Borsäuregehaltes um etliche Prozente.

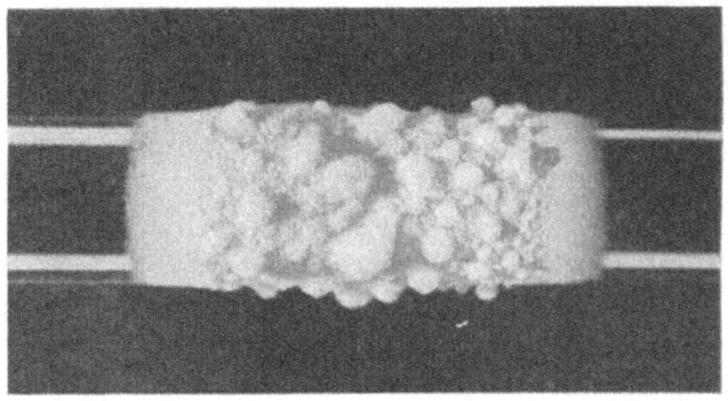

Abb. 296. Schäumen eines borsäurehaltigen Glases (mit hohem Transformationspunkt) in scharfer Sauerstoffflamme (nach M. THOMAS). M = 1,3 : 1

Auch borsäurefreie Gläser aus dem System

$SiO_2—Al_2O_3—CaO—BaO$

haben gewisse Bereiche ihrer Zusammensetzung, in denen sie zur Blasenbildung neigen, ohne daß eine befriedigende Klärung der Ursache herbeigeführt werden konnte. Die kritischen Gebiete sind in einem Diagramm des genannten 4-Stoff-Systems (Abb. 297) festgelegt. Eine andere Erscheinung beruht auf dem Auftreten eines Kranzes von Blasen in der Umgebung des Auftreffpunktes der Flamme (Abb. 298). Sie sind nicht auf Schmelzfehler zurückzuführen, denn die nähere Untersuchung ihres Inhaltes ergab eindeutig, daß sie ausschließlich von Wasserstoff verursacht sind. Ihr Zustandekommen läßt sich

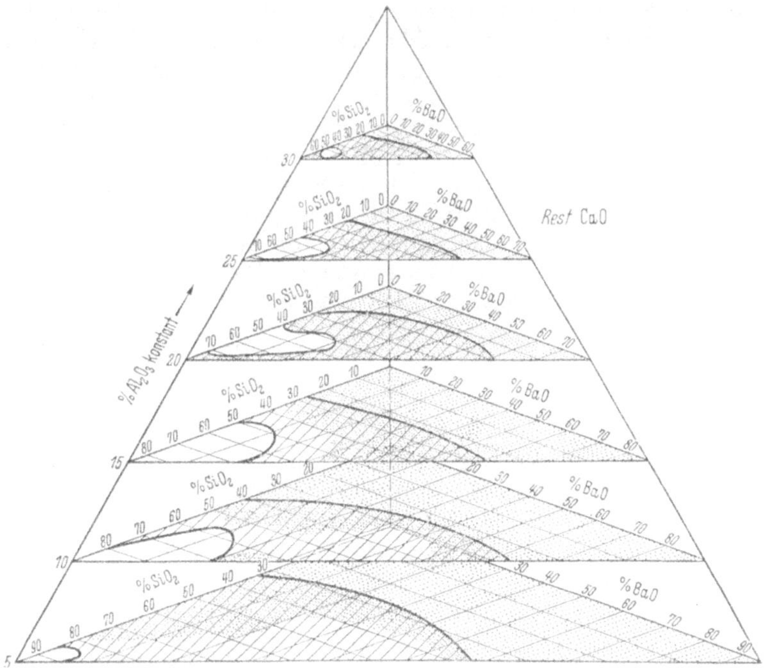

Abb. 297. Glastechnisch wichtiger Ausschnitt aus dem Vierstoffsystem SiO_2-Al_2O_3-CaO-BaO. Punktiert: Gebiet der Entglasung, schraffiert: Gebiet der bei der Verarbeitung stark blasenden Gläser, weiß: Gebiet der brauchbaren Gläser [*121*]

folgendermaßen erklären: Die Glasoberfläche durchläuft *nacheinander* Temperaturen bis 1000 °C. Innerhalb dieser Temperaturzone liegt die günstige *Bildungs*temperatur von Hydriden bei 300 °C und ihre *Zersetzungs*temperatur bei etwa 800 °C. Die an und unmittelbar unter der Oberfläche des Glases gebildeten Hydride können, nachdem die Oberfläche selbst flüssig geworden und hermetisch abgeschlossen ist, nur noch seitlich, d. h. kranzförmig um die Erhitzungsstelle herum entweichen.

Beispiel: $Na_2SiO_3 + H_2 = NaH + NaHSiO_3$

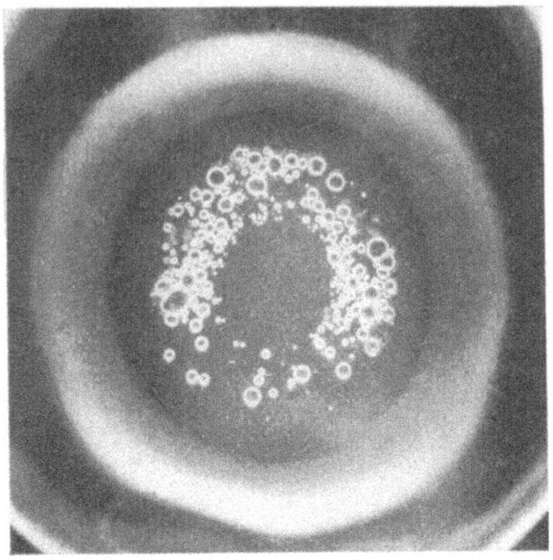

Abb. 298. Blasen, die in reduzierender Flamme an einem bleifreien Glühlampenkolben entstanden sind. M = 1:1 (Osram)

Nur mit alkali- und erdalkalifreien Gläsern gelang es, der Blasenbildungsgefahr aus dem Weg zu gehen. Mit elektrischer Aufheizung war auch das Auftreten geringfügiger Blasen zu verhindern.

Über das Auftreten von Gaseinschlüssen beim Verschmelzen von Zweistärkenbrillengläsern berichten ausführlich H. Fesefeldt u. Th. Graff [*122*].

9 Analyse des Gasinhaltes von Blasen

Es ist in jedem Fall wünschenswert, wenn äußere Anzeichen keine Rückschlüsse auf die Fehlerquelle gestatten, aus dem Gasinhalt der Blasen selbst auf ihre Entstehungsgeschichte schließen zu können. Hierzu ist ein Verfahren geeignet, das, von J. Enns [*111*] angegeben, im Gegensatz zu früheren Mitteilungen [*12*], mit geringen Hilfsmitteln durchführbar ist. Die im Glase enthaltenen Gasblasen werden, nachdem eine Seite des Glases bis zur hinreichenden Dünnwandigkeit abgeschliffen wurde, in einem kleinen Trog von 5 cm Länge und 1 cm Tiefe unter Glyzerin aufgestochen. Die aufsteigenden Gasblasen werden daraufhin unter einem schwimmenden Objektträger aufgefangen, dort mit Hilfe einer feinen Pipette mit verschiedenen Absorptionsmitteln umgeben und jeweils nach der Behandlung wieder ausgemessen. Der kleine Trog, in dem sich die Handhabung vollzieht, trägt am Boden eine kleine, mit Glas verkittete Öffnung, damit eine Beobachtung im Strahlengang des Mikroskops erfolgen kann. Die dabei festgestellte Genauigkeit entspricht dem Nachweis einer Menge von 17 bis 23% Sauerstoff in einer Luftblase. Das Ausmessen geschieht mittels Okularschraubenmikrometer oder einer Lupe. Die Anordnung wird wiedergegeben durch [*111*] Abb. 299.

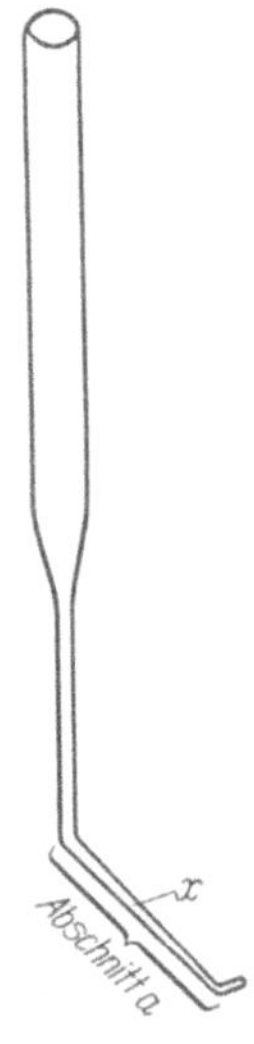

Abb. 299. Pipette zur Analyse des Gasinhalts von Gasblasen

Es besteht nach der Angabe von Enns die Möglichkeit, daß außer N (als Luftbestandteil) auch Spuren von NO bzw. NO_2 vorliegen können. – Abgesehen von der Zersetzung von Sulfaten oder einer Aufnahme von SO_3 aus der Ofenatmosphäre, wie es unter Ziff. 4.21 behandelt wurde, könnten SO_2 und H_2S nach folgenden Gleichungen entstehen:

$$3S_2 + 4\,H_2O = 4\,H_2S + 2\,SO_2$$
$$SO_2 + 3\,H_2 = 2\,H_2O + H_2S$$
$$2\,H_2 + S_2 = 2\,H_2S$$

Es muß also auch auf Grund theoretischer Erörterungen mit dem Auftreten von H_2S gerechnet werden.

Nach folgenden Gleichungen kommt Kohlenoxyd und Wasserstoff neben der selbstverständlich vorhandenen Kohlensäure in Betracht:

$$CO_2 + C = 2\,CO\,(-\,38\text{ cal})$$
$$C + H_2O = CO + H_2\,(-\,28\text{ cal})$$
$$C + 2\,H_2O = CO_2 + 2\,H_2\,(-\,18\text{ cal})$$
$$CO + H_2O = CO_2 + H_2\,(+\,10\text{ cal})$$

Das Gleichgewicht der ersten drei Gleichungen rückt mit fallender Temperatur nach links, dasjenige der vierten nach rechts. Da für die Auswertung des Verfahrens die Löslichkeit der Gase in der Sperrflüssigkeit von Bedeutung ist, berücksichtigt Enns bei der Beschreibung seiner Methode auch die Löslichkeit der Gase in Wasser bzw. Glyzerin.

Im Gang der Analyse wird zuerst das Vorhandensein von viel, d.h. von über 50% SO_2, daran erkannt, daß die Blase wegen Absorption dieses Gases durch Glyzerin sofort anfängt, kleiner zu werden. Bei geringerer SO_2-Konzentration werden etwa 20 Blasen unter Wasser zusammengeführt; diese Menge muß dann genügen, um nach erfolgter Oxydation einen Nachweis der Gegenwart von H_2SO_4 durch $BaCl_2$ durchzuführen. Das Vorhandensein von Kristallen in Blasen deutet mit großer Wahrscheinlichkeit auf SO_2 bzw. SO_3 hin. – H_2S verrät sich durch sofortige Bildung eines braunen Randes in Berührung mit Kadmiumazetat als Absorptionsmittel.

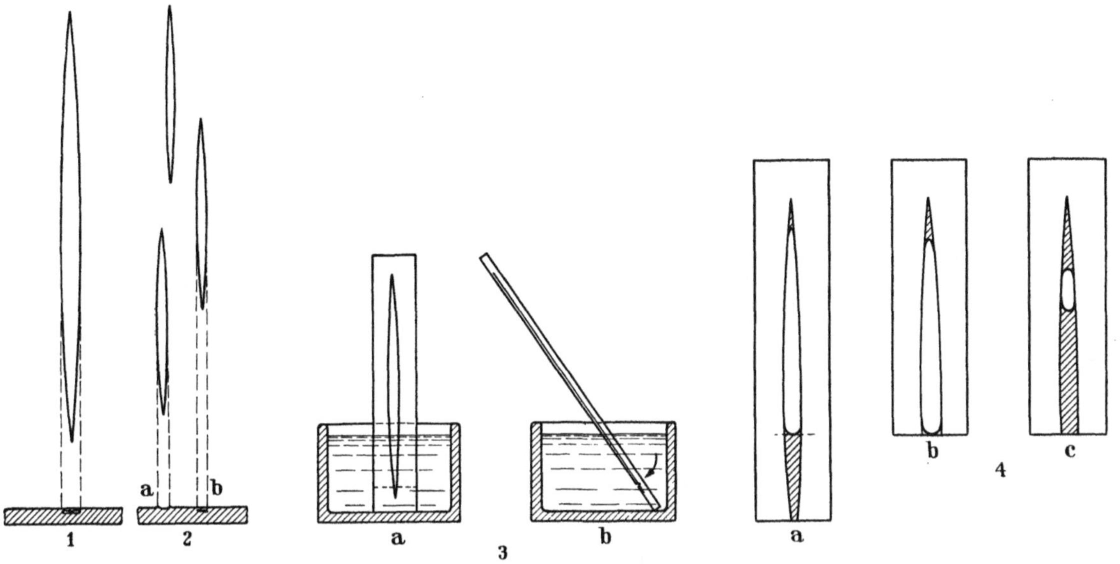

Abb. 300. Untersuchung des Gasinhalts langgezogener Gasblasen in Tafelglas. 1) und 2) Lage der Blasen im Glas, 3) Eintauchen der angeschnittenen Blase in das Reagenzbad und Aufbrechen derselben, 4) Vollsaugen der Blase mit dem Reagenzmittel

Bei der Prüfung auf CO_2 ist zu bedenken, daß SO_2 und CO_2 nebeneinander vorliegen können nach der Gleichung

$$Na_2SO_4 + CO = Na_2O + SO_2 + CO_2.$$

Die Absorption erfolgt durch Kalilauge.

Die Untersuchung auf O_2 erfolgt durch wäßrige Hypersulfitlösung, auf NO durch Permanganatlösung in schwach schwefelsaurem Wasser, gegebenenfalls auch durch Ferrosulfatlösung, die sich unter Bildung des Eisenoxydsalzes der Nitrosisulfosäure braun färbt, auf CO durch ammoniakalische Kupferchlorürlösung, endlich auf H_2 durch eine Lösung kolloidalen Palladiums in einer mit Pikrinsäure neutralisierten Natronlauge. Der verbleibende Rest wird als N_2 angesehen. In den meisten Fällen wird eine qualitative Prüfung genügen, um sich über den Ursprung der Blasen zu unterrichten. – Einzelheiten über die Anwendung des Verfahrens zur quantitativen Analyse sind in der Originalarbeit nachzulesen.

Einen besonderen Fall stellen die Gispen und gasleeren Blasen dar, die wegen ihrer Kleinheit nicht einzeln zu verarbeiten sind. Die Analyse erfolgt dann durch geschicktes Zusammenführen einer Mehrzahl von Blaseninhalten. Häufig erhalten die Blasen Kristalle, die aus der Reaktion des Blaseninhaltes mit dem Glas entstanden sind (vgl. Ziff. 7.2 u. Abb. 293). Dann ist ihr Hohlraum nahezu gasleer.

Zu ergänzen ist folgendes: Bei sehr langen und schmalen Blasen, wie sie gelegentlich bei Glasziehverfahren auftreten, kann mit einiger Annäherung direkt aus der Volumverkürzung unter dem Einfluß der verschiedenen Reaktionsflüssigkeiten auf den Inhalt geschlossen werden. Das Einlassen der Flüssigkeit geschieht jeweils durch Anritzen der Blase kurz neben der Spitze, im weiteren Verlauf der Analyse neben dem bereits eingedrungenen Flüssigkeitsmeniskus und ihr Öffnen (Abbrechen des Glasstreifens) unterhalb des nächstfolgenden Reagens (Abb. 300).

Bei ursprünglicher Füllung der Blasen mit Luft hinterbleibt oft allein Stickstoff, denn der Sauerstoff kann von Glasbestandteilen im Verlauf der Abkühlung resorbiert werden. Sauerstoff muß dann also nicht mehr angetroffen werden. – Eine Füllung mit SO_3 kann unter Umständen qualitativ dadurch kenntlich gemacht werden, daß beim Einlassen oder Umgeben mit Bariumchlorid in saurer Lösung (bei SO_2 in Gegenwart eines Oxydationsmittels, z. B. Bromwasser) unter dem Mikroskop eine sichtbare $BaSO_4$-Fällung eintritt.

In der zwingenden Annahme, daß das Glas von seiner, bei etwa 550° C eintretenden Erstarrung an einer weiteren Verminderung des mit abnehmender Kühltemperatur schrumpfenden Gasvolumens nicht mehr zu folgen vermag, hat man sich klar zu machen, daß in *jeder* Blase bei 20° C ein Unterdruck zustandekommt, dessen Größe sich rechnerisch überschlagen läßt. Beträgt das ursprüngliche Gasvolumen bei 550° C das Volumen V_{550}, so sagt die Gleichung $V_{550} = V_{20}(1 + dt)$, nach V_{20} aufgelöst,

$$V_{20} = \frac{V_{550}}{\frac{273 + 530}{273}} = \frac{V_{550} \cdot 273}{803} = 0{,}34$$

daß eine Kontraktion bis auf rd. $^1/_3$ stattfinden möchte, gleichbedeutend mit einem Druck von nur noch 253 mm Hg.

Die *erste* eindringende Flüssigkeit hat also zweckmäßigerweise zur Entspannung des Unterdruckes eine neutrale Flüssigkeit (Glyzerin oder Alkohol) zu sein. Die dabei eintretende Volumverminderung ist also nicht als Absorption auszulegen. – Wenn, wie man häufig feststellen wird, diese Volumverminderung nicht immer wirklich bis auf $^1/_3$ vor sich geht, so mag daran schuld sein, daß die an den Blasenwandungen im Glas adsorbierten Gasanreicherungen im Augenblick einsetzenden Unterdrucks zum Teil in die Blase eintreten. Der Wunsch nach Kenntnis der Zusammensetzung des Blaseninhaltes hat viele Forscher zu seiner Untersuchung angeregt [*7, 26, 124, 125, 126, 127*]. Neben der gasanalytischen Methode, bei der sowohl das Herankommen an den Inhalt der Blase als auch die verwendeten Reagenzien variiert wurden, wurde versucht, auf spektralanalytischem Wege und auch durch Ausnutzung der Infrarotdurchlässigkeit an das Problem heranzukommen.

Sehr eingehende Untersuchungen über Blasen, besonders im gezogenen Tafelglas, sind P. Augenot [*129*] zu verdanken. Sowohl ihre Verteilung im gezogenen Glasband als auch ihre Deformation durch den Ziehprozeß, sowie die Analyse ihres Inhalts sind der Gegenstand seiner Ausführungen. Es wurden folgende Inhalte festgestellt: SO_2, N_2, CO_2, H_2O, O_2, CO, selten H_2; als Mischungen Luft, Luft + O_2, Luft + CO_2, CO + CO_2 und $CO_2 + N_2$; manchmal auch Luft + $CO_2 + O_2$, $SO_2 + H_2S + CO_2$. Daraus lassen sich Rückschlüsse auf die Herkunft der Blasen ziehen.

10 Schrifttum

IV. Blasen (Gase im Glas)

[*1*] Löffler, J.: Gasungleichgewichte beim Schmelzen und Läutern von Glas. Glastechn. Ber. Bd. 23 (1950) S. 11.

[*2*] Jebsen-Marwedel, H.: Die Scherbenschmelze. F.A. Bericht d. DGG. Nr. 3 (1952). Glastechn. Ber. Bd. 26 (1953) S. 26.

[*3*] Glasschmelzwannenöfen (Glasschmelzhafenöfen). Selbstverlag der Wärmetechnischen Beratungsstelle der deutschen Glasindustrie, Frankfurt 1926.

[*4*] Trier, W.: Temperaturmessungen im Glaspart von Wannenöfen. Glastechn. Ber. Bd. 26 (1953) S. 6.

[*5*] Shaddock, H. A. u. A. van Zee: Analysis of gases disolved in glass and gases present in seeds. J. Amer. ceram. Soc. 25 (1942) S. 69. Ref. Glastechn. Ber. Bd. 21 (1943) S. 175.

[*6*] Kröger, C.: Die ternären und quaternären Systeme Alkalioxyd–CaO–SiO_2–CO_2, Gleichgewichte, Reaktionsgeschwindigkeiten und ihre Beziehung zum Glasschmelzprozeß, Teil II. Glastechn. Ber. Bd. 22 (1948/49) S. 331.

[*7*] Weyl, W. u. A. G. Pincus: The Role of Gases in Glass: II. Carbone Dioxide. (Die Rolle der Gase im Glas: II. Kohlendioxyd.) Glass Ind. Bd. 19 (9) S. 347.

[*8*] Weyl, W. u. A. G. Pincus: The Role of Gases in Glass: III. Wasser. (Die Rolle der Gase im Glas: Wasserdampf.) Glass Ind. Bd. 19 (11) S. 417.

[*9*] (ohne Verf.Angabe): Zur Kenntnis der bei der Glasschmelze Wasser abspaltenden Rohstoffe. Sprechsaal Bd. 84 (1951) Nr. 16, S. 319. Ref. Glastechn. Ber. Bd. 25 (1952) S. 152.

[*10*] Joffe, Z. A.: Der Einfluß von Wasserdampf auf die Umsetzungen bei der Glasbildung. Stekoln. Prom. Bd. 14 (1938) Nr. 11, S. 24. Ref. Glastechn. Ber. Bd. 17 (1939) S. 111.

[*11*] (ohne Verf.Angabe): Durch Rohstoffe verursachte Fehler im Glas. Slarske rozhledy Bd. 19 (1942); dtsch. S. 129, 132. (Ref. Glastechn. Ber.)

[*12*] Scholz, H. u. A. Dietzel: Untersuchungen über den Wassergehalt von Gläsern durch Bestimmung der Ultrarot-Absorption im Bereich von 1–5 μ. Glastechn. Ber. Bd. 28 (1955) S. 375.

[*13*] Giegerich, W.: Aufbereitung des Gemenges vor dem Schmelzen. Glastechn. Ber. Bd. 24 (1951) S. 293.

[14] KRÖGER, C.: Gemengereaktionen und Glasschmelze. Glastechn. Ber. Bd. 25 (1952) S. 307.
[15] JEBSEN-MARWEDEL, H.: Raumgewicht und Blasengehalt schmelzender Sulfatgläser unter dem Einfluß von Temperatur und Ofenatmosphäre. Glastechn. Ber. Bd. 19 (1941) S. 165.
[16] DIETZEL, A.: Gase im Glas. Glashütte Bd. 75 (1948) S. 125. Ref. Glastechn. Ber. Bd. 22 (1948/49) S. 436.
[17] JEBSEN-MARWEDEL, H.: Die blasenförmige Gasausscheidung sulfathaltiger Glasschmelzen. Sprechsaal Bd. 75 (1942) S. 120. Ref. Glastechn. Ber. Bd. 20 (1942) S. 353.
[18] SHUKOWSKI u. POLLJAK: Über die Ursachen der Bildung von Blasen im FOURCAULT-Kanal. Stekoln. Prom. Bd. 16 (1940) Nr. 2, S. 12. Ref. Glastechn. Ber. Bd. 18 (1940) S. 191.
[19] SHUKOWSKI, POLLJAK u. ORLOWA: Die Bedingungen für die Bildung von Blasen und Gispen in Tonerde-Magnesiaglas, das aus soda- und sulfathaltigem Gemenge erschmolzen wurde. Stekoln. Prom. Bd. 15 (1939) Nr. 6, S. 26. Ref. Glastechn. Ber. Bd. 17 (1939) S. 344.
[20] (ohne Verf.Angabe): Durch Rohstoffe verursachte Fehler im Glas. Slarske rozhledy Bd. 19 (1942) dtsch. S. 129, 132 (Ref. Glastechn. Ber.).
[21] SCHMIDT, R.: Der praktische Glasschmelzer. Verlag „Die Glashütte“, Dresden A 20, 4. Aufl. (1951). Ref. Glastechn. Ber. Bd. 25 (1952) S. 64.
[22] FIRTH, E. M., F. W. HODKIN, M. PARKIN, W. E. S. TURNER u. F. WINKS: The function of arsenic in soda-lime-silica-glasses. J. Soc. Glass Technol. Bd. 10 (1926) S. 3; Bd. 11 (1927) S. 190. Ref. Glastechn. Ber. Bd. 4 (1926/27) S. 299 und Bd. 5 (1927/28) S. 608.
[23] (ohne Verf.Angabe): Einfluß der Rohstoffmahlung auf Schmelze und Eigenschaften von Glas. Keram. Rdsch. Bd. 46 (1938) Nr. 25, S. 281. Ref. Glastechn. Ber. Bd. 16 (1938) S. 306.
[24] THÜRMER, A. u. G. GLASER: Schmelze und Glaseigenschaften in Abhängigkeit vom Zustand der Rohstoffe und des Gemenges. Sprechsaal Bd. 71 (1938) Nr. 21, S. 254. Ref. Glastechn. Ber. Bd. 16 (1938) S. 306.
[25] (ohne Verf.Angabe): Einige Beobachtungen über die Kornfeinheit von Glasrohstoffen. Glashütte Bd. 69 (1939) Nr. 49, S. 809. Ref. Glastechn. Ber. Bd. 18 (1940) S. 102.
[26] SCHILLING, H.: Über Gaseinschlüsse in Gläsern in Form von Gispen oder Blasen und ihre qualitative Bestimmung. Chemiker-Ztg. (Köthen) Bd. 60 (1936) Nr. 14, S. 149. Ref. Glastechn. Ber. Bd. 15 (1937) S. 152.
[27] BESBORODOV, M. A., N. N. ZAVJALOV u. E. N. ZELIGER: The influence of cullet on the reactions occuring during the melting of glass. (Der Einfluß des Scherbenzusatzes auf die Reaktionen beim Glasschmelzen.) J. Soc. Glass Technol. Bd. 20 (1936) Nr. 78, S. 95. Ref. Glastechn. Ber. Bd. 15 (1937) S. 313.
[28] SMEKAL, A.: Ritzvorgang und molekulare Festigkeit. Naturwiss. 30 (1942) S. 224. Ref. Glastechn. Ber. Bd. 20 (1942) S. 154.
[29] CSAKI, P. u. A. DIETZEL: Elektrochemische Messungen des Sauerstoffpartialdruckes in Glasschmelzen. Glastechn. Ber. Bd. 18 (1940) S. 33, 65.
[30] WIDTMANN, J.: Läuterung des Glases durch Einführung zusätzlicher Gase. Nicht veröffentlichter Vortrag im F.A. Bericht III d. DGG. vom 1. 4. 1954, HVG Mitteilung Nr. 667, August 1954.
[31] LYON, K. C.: Effect of surface tension on seedy glass. Ceram. Ind. Bd. 28 (1937) S. 138. Ref. Glastechn. Ber. Bd. 16 (1938) S. 69.
[32] JEBSEN-MARWEDEL, H.: Raumgewicht und Blasengehalt schmelzender Sulfatgläser unter dem Einfluß von Temperatur und Ofenatmosphäre. Glastechn. Ber. Bd. 19 (1941) S. 165.
[33] DRALLE-KEPPELER: Die Glasfabrikation. 2. Aufl., Bd. 1, S. 230.
[34] JEBSEN-MARWEDEL, H : Ursprung und Verhalten von Schlieren in ruhender und strömender Glasschmelze. Glastechn. Ber. Bd. 10 (1932) S. 257.
[35] PRANDTL-TETJENS: Hydro- und Aerodynamik. 2. Bd., S. 129.
[36] LEVI-CIVATA: Integrazione dell'equazione funzionale che vegge la caduta die una sfera in un liquido viscoso. Atti Accad. Lincei Rediconti. Bd. 16, Ser. 5 (1907) S. 45.
[37] JEBSEN-MARWEDEL, H.: Einfluß der Lösung von Kieselsäure auf den Gasgehalt von Glasschmelzen (Verdrängung) von SO_3 durch SiO_2. Glastechn. Ber. Bd. 12 (1939) S. 325.
[38] SCHNEEKLOTH, W. u. F. SCHULTZ-GRUNOW: F.A. Bericht d. DGG. Nr. 30: Glasströmungen. Glastechn. Ber. Bd. 24 (1951) S. 77.
[39] JEBSEN-MARWEDEL, H., F. VON VOPELIUS, R. ALLOLIO u. A. SCHILD: F.A. Bericht d. DGG. Nr. 30: Neuere Erkenntnisse über Glasströmungen in Wannenöfen. Dort auch vollständige Schrifttumübersicht bis 1. Jan. 1934.
[40] CONE, C.: Heat transfer in glasstanks. Ceram. Ind. 27 (1936) S. 34. Ref. Glastechn. Ber. Bd. 15 (1937) S. 38.
[41] PRESTON, F. W.: The behaviour and misbehaviour of glass in tanks. Bull. Amer. ceram. Soc. Bd. 15 (1936) S. 408. Ref. Glastechn. Ber. Bd. 15 (1938) S. 399.
[42] BUCKINGHAM, E.: The use of models for studying the circulation in glass tanks. J. Amer. ceram. Soc. Bd. 20 (1937) S. 1. Ref. Glastechn. Ber. Bd. 16 (1938) S. 400.
[43] SCHNEEKLOTH, W.: Zur Frage der Glasströmungen in Wannenöfen. Glastechn. Ber. Bd. 17 (1939) S. 99.
[44] HALLE, R., E. PRESTON u. W. E. S. TURNER: The distribution of temperature in molten glass masses of coloured and colourless glasses. J. Soc. Glass Technol. 23 (1939) S. 171. Ref. Glastechn. Ber. Bd. 17 (1939) S. 311.
[45] SAWAI, J., H. JINNO u. K. TAKAHASHI: On the flow of glass through the throat of the bridgewall of a glass-melting tank. Att. III. Congre intern. Vetro. Venedig 1953, S. 482. Ref. Glastechn. Ber. Bd. 28 (1955) S. 166.
[46] PEYCHES, I.: Les courants de convection dans les fours á bassin der verrierie. Verr. et Réfract. 1947 S. 326. Ref. Glastechn. Ber. Bd. 22 (1948/49) S. 370 und Bd. 24 (1951) S. 161.

[47] SCHILDT, A.: Strömungsvorgänge in Glasschmelzöfen. 2 VDI Bd. 78, Nr. 13, S. 411.
[48] ZSCHIMMER, E., E. ZIMPELMANN u. L. RIEDEL: Über das Läutern von reinen und tonerdehaltigen Alkali–Kalk–Silikat-Gläsern mit Sulfat oder Arsenik. Sprechsaal Bd. 59 (1926) S. 331, 353, 393, 411, 422. Ref. Glastechn. Ber. Bd. 4 (1926) S. 181, 281.
[49] METZGER, K.: Brenner für Glasschmelz-Wannenöfen. Glastechn. Ber. Bd. 9 (1931) S. 465.
[50] GÜNTHER, R.: Glasschmelzwannenöfen. Frankfurt: Verlag DGG. 1954, S. 92.
[51] (ohne Verf.Angabe): Betrachtungen über die Ofenführung einer Schmelzwanne. Sprechsaal Bd. 65 (1932) S. 676.
[52] Vgl. [50] S. 30.
[53] KOFLER, F. u. G. SCHEFELS: Strömungsvorgänge im Herdraum von Siemens-Martin-Öfen. Stahl u. Eisen Bd. 53 (1933) S. 162. Ref. Glastechn. Ber. Bd. 11 (1933) S. 350.
[54] RUMMEL, K. u. H. SCHWIEDESSEN: Die räumliche und zeitliche Entwicklung der Verbrennung in technischen Feuerungen. Mitt. 183. Wärmestelle Ver. dtsch. Eisenhüttenleute 1933. Ref. Glastechn. Ber. Bd. 12 (1934) S. 63.
[55] GÜNTHER, R.: Brenneruntersuchungen I und II. Glastechn. Ber. Bd. 26 (1953) S. 53 u. 97.
[56] SCHMIDT, R.: Die Rohstoffe der Glaserzeugung. Leipzig 1943, S. 427. Dort auch ausführliche Schrifttumsübersicht.
[57] WEYL, W. u. A. G. PINCUS: The role of Gases in Glass: IV. Miscellaneous Gases. (Die Rolle der Gase im Glas: IV. Verschiedene Gase.)
[58] BEYERSDORFER, P. u. F. JOCHMANN: Eine bisher nicht bekannte Ursache blasigen Glases. Glashütte Bd. 75 (1948) Nr. 1, S. 5. Ref. Glastechn. Ber. Bd. 22 (1948/49) S. 436.
[59] EGELER, F. u. Mitarb.: Glasschmelzen mit Natriumsulfat. Frankfurt: F.A. Bericht d. DGG. Nr. 46, 1952.
[60] STANWORTH, J. E. u. W. E. S. TURNER: The effect of small additions of sodium sulphate on the reaction in the mixture $6\,SiO_2 + Na_2CO_3 + CaCO_3$. J. Soc. Glass Technol. Bd. 21 (1937) S. 359. Ref. Glastechn. Ber. Bd. 16 (1938) S. 69.
[61] JEBSEN-MARWEDEL, H. u. A. BECKER: Der SO_3-Gehalt im Glas. Glastechn. Ber. Bd. 8 (1930) S. 525.
[62] JEBSEN-MARWEDEL, H.: Verlauf der Gasabgabe von schmelzenden Glasgemengen, die Sulfat neben Karbonaten enthalten. Sprechsaal Bd. 69 (1936) S. 460, 473, 488. Ref. Glastechn. Ber. Bd. 15 (1937) S. 186.
[63] FIRTH, E. M., F. W. HODKIN, M. PARKIN, W. E. S. TURNER u. F. WINKS: The function of arsenic in soda-lime-silica-glasses. J. Soc. Glass Technol. Bd. 10 (1926) S. 3; Bd. 11 (1927) S. 190. Ref. Glastechn. Ber. Bd. 4 (1926/27) S. 299 und Bd. 5 (1927/28) S. 608.
[64] KÜHL, C., H. RUDOW u. W. WEYL: Verhalten der Sauerstoffspender im Glase beim Schmelz- und Läutervorgang. Glastechn. Ber. Bd. 16 (1938) S. 37.
[65] RECKUS, E.: Bariumsulfat als Läuterungsmittel für die Glasschmelze. Glas-Ind. Bd. 37 (1929) S. 7. Ref. Glastechn. Ber. Bd. 8 (1930) S. 35.
[66] SALAQUADRA, F.: Vorgänge bei der Läuterung des Glases mit Arsenik. Sprechsaal Bd. 65 (1932) S. 292, 514. Ref. Glastechn. Ber. Bd. 11 (1933) S. 295.
[67] (ohne Verf.Angabe): Calciumfluorid als Glasläuterungsmittel und sein Einfluß auf die Acidität einiger Ampullengläser. Glas u. Appar. Bd. 14 (1933) S. 70 zit.
[68] (ohne Verf.Angabe): Bariumnitrat als Läutermittel. Glashütte Bd. 63 (1933) S. 373. Ref. Glastechn. Ber. Bd. 12 (1934) S. 94.
[69] JEBSEN-MARWEDEL, H.: Einflüsse des Ofens auf die Beschaffenheit des Glases in Wannen. F.A. Bericht d. DGG. III, Nr. 17.
[70] (ohne Verf.Angabe): Die Bildung von Schwefelverbindungen des Natriums bei der Glasschmelze. Sprechsaal Bd. 82 (1949) Nr. 21, S. 47. Ref. Glastechn. Ber. Bd. 25 (1952) S. 29.
[71] (a) KRÖGER, C. u. E. VOGEL: Über die Grundlage des Sulfatglasschmelzprozesses. I. Die Sulfatreduktion. Glastechn. Ber. Bd. 28 (1955) S. 426.
(b) MANNRING, W. H.: Der Einfluß der Ofenatmosphäre auf die Glasqualität. Glass-Ind. Bd. 32 (1951) S. 266. Ref. Glastechn. Ber. Bd. 26 (1953) S. 15.
[72] JEBSEN-MARWEDEL, H.: Erklärungen zur Schwefelbraunglasschmelze und ihren Fehlern. Glastechn. Ber. Bd. 22 (1948/49) Nr. 15, S. 325.
[73] HAHNEL, K. O.: Gibt es blasenfreies Kohlegelb? Sprechsaal Bd. 69 (1936) Nr. 20, S. 284.
[74] ZSCHIMMER, E.: Theorie der Glasschmelzkunst. Bd. II. Jena: Thür. Verlagsanstalt 1924, S. 137.
[75] KÜHL, C.: Über die Wirkung der Sauerstoffspender in der Glasschmelze. Verlag Dr. Emil Ebering, Berlin 1937.
[76] WASHBURN, E. W., Fr. F. FOOTIT u. E. N. BUNTING: Dissolved gases in glass. Univ. Illinois Bull. Bd. 18 (1920) Nr. 15. – Bull. Eng. Exp. Stat. Bd. 118. Ref. Glastechn. Ber. Bd. 3 (1925/26) S. 59.
[77] KLEIN, V.: Entgasung von Glasschmelzen durch Schallwellen. Glastechn. Ber. Bd. 16 (1938) S. 232.
[78] KRÜGER, F.: Über die Entgasung von Glasschmelzen durch Schallwellen. Glastechn. Ber. Bd. 16 (1938) S. 233.
[79] EDEN, C.: Ultraschall-Entgasung von Glasschmelzen im Hochfrequenzinduktionsofen. Glastechn. Ber. Bd. 25 (1952) S. 83. – BOREL, E. V.: Die Praxis der elektrischen Glasschmelze. Glastechn. Ber. Bd. 23 (1950) S. 213.
[80] (a) BUREAU OF STANDARDS: Studies, Gases dissolved in Glass. Ceram. Ind. Bd. 28 (1937) S. 352. Ref. Glastechn. Ber. Bd. 16 (1938) S. 207.

(*b*) HAHNER, C., G. Q. VOIGT u. A. N. FINN: Gase in einigen optischen und anderen Gläsern. J. Res. Nat. Bur. Stand Bd. 19 (1937) S. 95. Ref. Glastechn. Ber. Bd. 16 (1938) S. 307.
(*c*) DAY, R. K.: Beseitigung von Gasen aus dem Glase. Ceram. Ind. Bd. 60 (1953) S. 129 u. 154.
[*81*] GELSTHARP, F.: Die Löslichkeit einiger Salze in Glas. Trans. Amer. ceram. Soc. Bd. 14 (1912) S. 665. Ref. Sprechsaal Bd. 46 (1913) S. 97.
[*82*] SALMANG, H. u. A. BECKER: Gase im Glas. I. Glastechn. Ber. Bd. 5 (1927/28) S. 520, und Bd. 6 (1928/29) S. 625, und Bd. 7 (1929) S. 241.
[*83*] WEYL, W. u. A. G. PINCUS: The Role of Gases in Glass: I. Oxygen. (Die Rolle der Gase im Glas: I. Sauerstoff.) Glass-Ind. Bd. 197, S. 255.
[*84*] NEUMANN, T. T.: Der Einfluß der Schmelztemp. auf den Gasgehalt schwerer Barytkrongläser. Optikomechan. Prom. (Opt.-mechan. Ind.) Bd. 11 (1941) Nr. 4, S. 9 (orig. russ.). Ref. Glastechn. Ber. Bd. 21 (1943) S. 175.
[*85*] WEYL, W.: Über die Reaktion der Kohlensäure mit Silikaten unter hohen Drucken. Glastechn. Ber. Bd. 9 (1931) S. 641.
[*86*] MÖTTING, H. u. W. WEYL: Das Verhalten glasbildender Oxyde unter hohen Sauerstoffdrucken. Glastechn. Ber. Bd. 11 (1933) S. 67.
[*87*] WEYL, W. u. E. THÜMEN: Über die Konstitution des Glases. Glastechn. Ber. Bd. 11 (1933) S. 113.
[*88*] GEPPERT, R.: Über die Diffusion und Absorption von Wasserdampf durch Glas und die Verbesserung der heißen Lösungsalkalität durch die Wasserdampfbehandlung der Schmelze. Diss. Karlsruhe 1935.
[*89*] Dalton, R. H.: Gases in Glass. J. Amer. ceram. Soc. Bd. 16 (1933) S. 425. Ref. Glastechn. Ber. Bd. 12 (1934) S. 178.
[*90*] DALTON, R. H.: Extraction and Analysis of gases from glass. J. Amer. chem. Soc. Bd. 57 (1935) S. 2150. Ref. Glastechn. Ber. Bd. 21 (1943) S. 175.
[*91*] D'ANS, J. u. J. LÖFFLER: Metalloxyde und Ätznatron. Ber. Dtsch. Chem. Ges. 63 (1930) S. 1446. Ref. Glastechn. Ber. Bd. 8 (1930) S. 64.
[*92*] LÖFFLER, J.: Sintern der Glasrohstoffe als Vorstufe des Schmelzens. Glastechn. Ber. Bd. 24 (1951) S. 287.
[*93*] THILO, R.: Strukturchemische Untersuchungen von Silikaten. Silikat-Techn. Bd. 2 (1951) S. 357. Ref. Glastechn. Ber. Bd. 27 (1954) S. 214.
[*94*] JEBSEN-MARWEDEL, H. u. K. DINGER: La températur d'equilibre de la teneur en gaz de différents verres en fusion, comme critérium de l'affinage. Verr. et Réfract. 1 (1947) S. 19. Ref. Glastechn. Ber. Bd. 22 (1948/49) S. 370.
[*95*] JEBSEN-MARWEDEL, H.: Beobachtungen beim Auftreten von Glasgalle. Glastechn. Ber. Bd. 18 (1940) S. 184.
[*96*] JEBSEN-MARWEDEL, H.: Das Schlierenwirbelphänomen an löslichen Flüssigkeitspaaren als Analogen in Vorgängen an der Oberfläche von Glasschmelzen, die von Molekularkräften gesteuert werden und mitbestimmend sind für die Homogenisierung. Sprechsaal Bd. 84 (1951) S. 1 u. 21.
[*97*] JEBSEN-MARWEDEL, H.: Einblick in den Mechanismus des Einschmelzens von Gläsern. Glastechn. Ber. Bd. 22 (1948/49) S. 4.
[*98*] (ohne Verf.Angabe): Der aufwärts gerichtete Lochfraß von Blasen an horizontalen Steinflächen von Wannenblöcken. Sprechsaal Bd. 85 (1952) S. 378.
[*99*] JEBSEN-MARWEDEL, H.: Schlieren- und spannungsoptisches Verhalten methodisch inhomogener Glasschmelzen. Glastechn. Ber. Bd. 27 (1954) S. 357.
[*100*] SCHMIDT, RUDOLF: Der praktische Glasschmelzer. 4. Aufl. Dresden: Verlag „Die Glashütte", 1951. Ref. Glastechn. Ber. Bd. 25 (1952) S. 64.
[*101*] JEBSEN-MARWEDEL, H.: Blasenbildungen in Glasschmelzen aus Poren feuerfester Steine. Glastechn. Ber. Bd. 20 (1942) S. 221.
[*102*] WASHBURN, E. W.: Porosity. J. Amer. ceram. Soc. Bd. 4 (1921) S. 916, 961 u. 983.
[*103*] BARTSCH, O.: Die Bestimmung der Wasserdurchlässigkeit von feuerfesten Chamottemassen als Mittel zur Strukturkennzeichnung. Ber. dtsch. keram. Ges. Bd. 12 (1931) S. 619. Ref. Glastechn. Ber. Bd. 10 (1092) S. 665.
[*104*] PRESTON, E.: A critical survey and report on the permeability of refractory materials to gases. J. Soc. Glass Technol. Bd. 18 (1934) S. 336. Ref. Glastechn. Ber. Bd. 14 (1936) S. 111.
[*105*] JEBSEN-MARWEDEL, H. u. G. BAUM: Störungen der Glasschmelze durch eisenhaltige Einschlüsse von Fremdkörpern in feuerfestem Material. Glastechn. Ber. Bd. 25 (1952) S. 199.
[*106*] (ohne Verf.Angabe): Alterserscheinungen an Gittersteinen von Gaskammern. Sprechsaal Bd. 59 (1926) S. 647. Ref. Glastechn. Ber. Bd. 4 (1926/27) S. 312.
[*107*] (ohne Verf.Angabe): Eisen in der Glasschmelze. Sprechsaal Bd. 60 (1927) S. 597.
[*108*] JEBSEN-MARWEDEL, H.: Schmelzen und Formgebung des Glases. Leipzig: Akad. Verl.-Ges. 1929.
[*109*] SALMANG, H. u. A. BECKER: Die Gase im Glas. II. Glastechn. Ber. Bd. 6 (1928/29) S. 625.
[*110*] (ohne Verf.Angabe): Farblose Gläser. Die Bildung von Gispen durch Eisen. Glass Bd. 9 (1932) S. 472. Ref. Glastechn. Ber. Bd. 12 (1934) S. 431.
[*111*] ENSS, I.: Analyse des Gasinhaltes von Gasblasen. Sprechsaal Bd. 66 (1933) S. 662; Berichtigung ebendort S. 680. Ref. Glastechn. Ber. Bd. 11 (1933) S. 424.
[*112*] SMITH, R. D.: Was die Glasindustrie von der Metallurgie braucht. Metals and Alloys Bd. 7 (1936) S. 217 u. 263. Ref. Glastechn. Ber. Bd. 15 (1937) S. 244.

[113] KÖRRN, G.: Blasen im Opal-Überfangglas. Keram. Rdsch. Bd. 44 (1936) Nr. 27, S. 315. Ref. Glastechn. Ber. Bd. 15 (1937) S. 71.
[114] KITAIGORODSKY, I. u. I. u. I. A. SCHKOLNIKOW: Bildung der Sulfatlauge in Sodaglas. Sprechsaal Bd. 68 (1935) Nr. 36, S. 556, 572; vgl. auch das kritische Ref. Glastechn. Ber. Bd. 13 (1935) Nr. 12 S. 435.
[115] JOCHMANN, F.: Über Weiß-Streifigkeit und Kristallbildung bei Gläsern, die während des Arbeitsvorganges entstehen. Glashütte Bd. 70 (1940) Nr. 32, S. 395.
[116] SPRINGER, L.: F.A. Bericht d. DGG. Nr. 22. Hüttenrauch.
[117] (a) (ohne Verf.Angabe): Salzblasen. Sprechsaal Bd. 58 (1925) S. 886.
(b) Kristallisierte Blasen. Sprechsaal Bd. 59 (1926) S. 581.
[118] JOCHMANN, F.: Fluorgalle – Fluor im Opakglas. Glas-Email-Keramo-Technik Bd. 5 (1954) Nr. 3, S. 85 bis 88. Ref. Glastechn. Ber. Bd. 28 (1955) S. 27.
[119] LÖFFLER, J. u. W. PRINZ: Über Blasen im Tafelglas gefüllt mit einer Lösung von Natriumsulfid in Wasser. Glastechn. Ber. Bd. 25 (1952) S. 170.
[120] ENNS, J.: „Das Blasen" des Glases bei der Weiterverarbeitung vor der Flamme. Glastechn. Ber. Bd. 14 (1936) Nr. 7, S. 255.
[121] THOMAS, M.: Über das Verhalten von Gläsern beim Verarbeiten vor der Lampe. Glastechn. Ber. Bd. 14 (1936) Nr. 14, S. 341.
[122] FESEFELDT, H. u. TH. GROFF: Mikroskopische Überwachung der Fabrikation von Brillengläsern. Glastechn. Ber. Bd. 19 (1941) S. 55.
[123] RYDE, I. W. u. R. HUDDART: Analyse von Blasen im Glas. Proc. phys. Soc., London, Bd. 35 (1923) S. 197. Chem. Zbl. 1924, II, S. 2291. Ref. Glastechn. Ber. Bd. 2, S. 120.
[124] (ohne Verf.Angabe): The Micro-Analysis of Gases in Glass. (Die Mikroanalyse der Gase im Glas.) Glass Ind. Bd. 28 (1947) S. 516, 538.
[125] ANGENOT, P.: Technique de microanalyse des „Bouillons" dans le verre. (Mikroanalytisches Verfahren bei Blasen im Glas.) Glastechn. Ber. Bd. 23, S. 317.
[126] SHADDUCK, H. A. u. VAN ZEE: Analysis of gases dissolved in glass and gases present in seeds. (Analyse der im Glas gelösten u. i. d. Blasen vorhandenen Gasen.) J. Amer. ceram. Soc. Bd. 25 (1942) Nr. 3, S. 69. Ref. Glastechn. Ber. Bd. 21 (1943) S. 175.
[127] KRUSZEWSKI u. KRUSZEWSKY: Die Untersuchung von Blasen und Bläschen in Glaserzeugnissen. J. Soc. Glass Technol. Bd. 38, S. 66. Ref. Glastechn. Ber. Bd. 28 (1955) S. 370.
[128] BORIN, G., F. EVANCESCHINI u. G. ROMAGNOLI: Technologie der Glaszusammensetzungen. Venezia: Centro Nazionale di Studi Vetravivi 1951. Ref. Glastechn. Ber. Bd. 26 (1953) S. 329.
[129] ANGENOT, P.: Contribution à l'Etude des bouillons etirés en verre LIBBEY-OWENS. Symposium sur l'Affinage du Verre, Paris 1955.

V. Entglasungen, Steinchen, Knoten (Feste Körper im Glas)

Von L. RIEDEL und H. PETERMÖLLER, Düsseldorf

1 Allgemeines

Als Steinchen werden im allgemeinen alle festen Einschlüsse im Glas unabhängig von ihrer Herkunft bezeichnet. Zu ihnen gehören uneingeschmolzenes Gemenge, mit diesem ungewollt in die Schmelze gelangende schwerlösliche Fremdkörper, wie etwa Chromeisenstein und unverschmolzene Reste von feuerfestem Ofenbaumaterial, also Stoffe, die von außen in die Schmelze geraten sind; aber auch Entglasungen, also aus dem Glas selbst entstandene Kristalle in den verschiedenartigsten Erscheinungsformen.

Schließlich gehören hierher auch die „Knoten", glasige Fremdkörper von so großer Zähigkeit, daß sie durch den Verarbeitungsprozeß nicht oder nur wenig deformiert werden. Als glasige Einschlüsse sind sie Inhomogenitäten, müssen aber wegen ihres ähnlichen Verhaltens an dieser Stelle behandelt werden, obwohl sie als Grenzfall zu den Schlieren (Kap. II) gehören. Sie entstehen häufig aus Steinchen, die unter Aufnahme glaseigener Bestandteile (Alkalien) im Glas schmelzen, ohne sich mit diesem zu vermischen. Wenn sie von außen, also durch Abtropfen von feuerfestem Material, das durch Aufnahme von Alkalien verglast ist, in die Schmelze gelangen, werden sie auch als Tropfen bezeichnet.

In den Abb. 301 u. 302 sind zwei Vorgänge gegenübergestellt, die sich bei der Auflösung von Steinchen abspielen können. Abb. 301: Der Fremdkörper liegt fest umrissen im Glase, löst sich aber darin so langsam auf, daß er kleiner und kleiner wird, *ohne* einen größeren „Glashof" auszubilden. Abb. 302: Der schwimmende Körper löst sich rascher, als die Lösung sich mit dem Glas vereinigt. Dann bildet sich schließlich über mehrere Übergangsstufen ein glasklarer „Knoten", dessen Ursache nicht unbedingt verschieden von der des „Steinchens" sein muß. Häufiger allerdings hat sich der runde glasige Einschluß als Tropfen gebildet und ist als solcher von außerhalb oder aus der Grenzfläche Stein/Glas ins Glas eingetreten.

Beide Fehlerarten sind sowohl ihrer Ursache nach eng miteinander verbunden (zumal sich zahlreiche Übergangsstufen finden) als auch hinsichtlich ihrer störenden Wirkung. Sie werden daher öfters nebeneinander erwähnt werden müssen.

Gleichgültig, welche Ursachen sie haben, sind Steinchen ein grober Fehler, der unbedingt soweit wie möglich ausgeschaltet werden muß. Sie stören die klare Durchsicht des Glases und

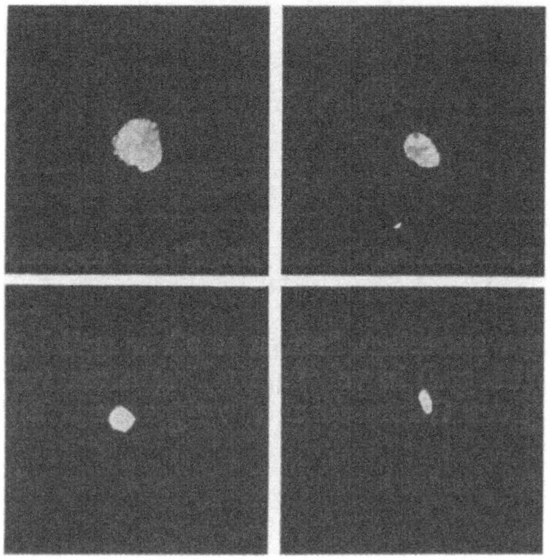

Abb. 301. Steinchen im Glas ohne Lösungshof

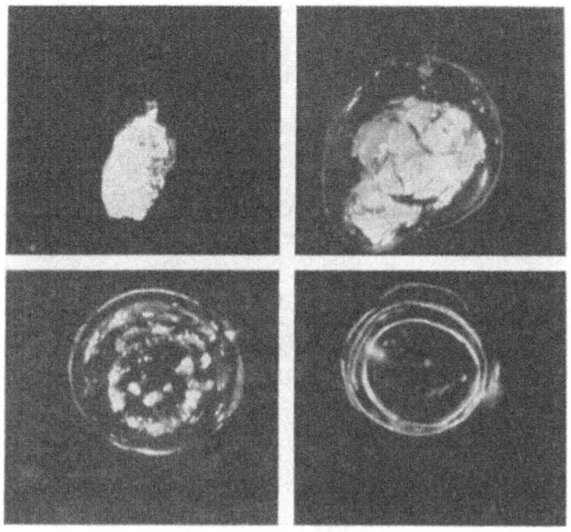

Abb. 302. Steinchen mit Lösungshof, „Zellenbildung"

beeinträchtigen so das Aussehen der Erzeugnisse. Häufig wird aber auch durch sie die Brauchbarkeit der Glaswaren gemindert, weil um die Steinchen ein engbegrenztes Spannungsfeld besteht, von dem eine erhebliche Bruchgefahr ausgeht.

Sehr viele Veröffentlichungen haben sich mit dem Problem der Bestimmung von Steinchen im Glas befaßt [*1–12*][1].

Trotzdem ist es bis heute noch nicht gelungen, immer mit Sicherheit die Ursache bzw. die Herkunft des Steinchens festzustellen. Der Wunsch, daß man z. B. einwandfrei sagen kann, dieser oder jener feuerfeste Stein in der Wanne sei die Quelle der auftretenden Steinchen, bleibt noch unerfüllt.

Um den Fabrikationsfehler „Steinchen" erfolgreich bekämpfen zu können, ist es notwendig, diese ihrer Art und Herkunft nach unterscheiden zu lernen. Einen Weg, der in manchen Fällen ohne eingehendere Untersuchungen zum Ziele führt, gibt der F.A. Bericht d. DGG. Nr. 37 an. Meistens muß man sich aber zu diesem Zweck verschiedener exakter Untersuchungsmethoden bedienen. Die chemische Makroanalyse kann selten exakte Aufklärung über die Art der Steinchen bringen, da diese häufig sehr klein und nicht sauber von dem sie umgebenden Glas zu trennen sind; man kann dann nur durch Rechnungen, die mit einer gewissen Unsicherheit behaftet sind, näherungsweise die Zusammensetzung der Steinchen erfahren. In vielen Fällen kann aber die mineralogische Bestimmung der in den Steinchen vorhandenen Kristallarten und deren Habitus Auskunft darüber geben, woraus sie bestehen und wo ihr Ursprung zu suchen ist. Dazu gehören aber hüttenmännische Erfahrungen, wenn man nicht zu Fehlschlüssen gelangen will.

2 Steinchen und Knoten als Bruchgefahr

Nicht alle Fremdkörper bedeuten in gleicher Weise eine Bruchgefahr für das Glas. Es versteht sich von selbst, daß diese um so größer ist, je schlechter die Ausdehnungsverhältnisse des oft inhomogenen Steinchens bzw. Knotens zu dem Ausdehnungskoeffizienten des Glases passen, in dem sie eingebettet sind (vgl. Ziff. IX, 3.3).

[1] Die Schrifttumshinweise bringen nur einen Ausschnitt aus der Vielzahl der Veröffentlichungen, die die allgemeine Identifizierung von Steinchen im Glas behandeln. (S. 282).

Es läßt sich nicht aufzählen, welche Steinchen besonders gefährlich sind [*13*]. Eine Prüfung im Spannungsprüfer [*14*] (vgl. Ziff. IX, 2) ermöglicht, sich über den Grad der Gefahr zu unterrichten. In Abb. 303 wurde ein Steinchen (Korn ff. Materials) aufgenommen, in dessen Umgebung ein kräftiges Spannungsfeld besteht. Verständlicherweise bedeutet eine so starke örtliche Spannungshäufung eine erhebliche Gefahrenquelle, die auch nicht durch noch so sorgfältige Kühlung zu beseitigen ist. Besonders, wenn die thermische Ausdehnung des Einschlusses kleiner ist als die

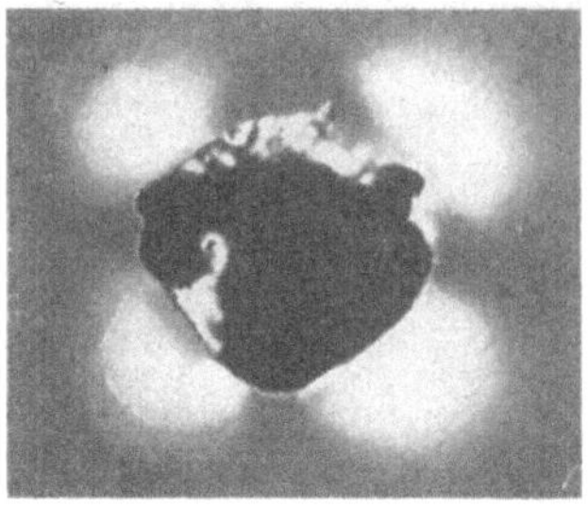

Abb. 303. Steinchen im Glas zwischen gekreuzten Nicols, Spannungsfeld

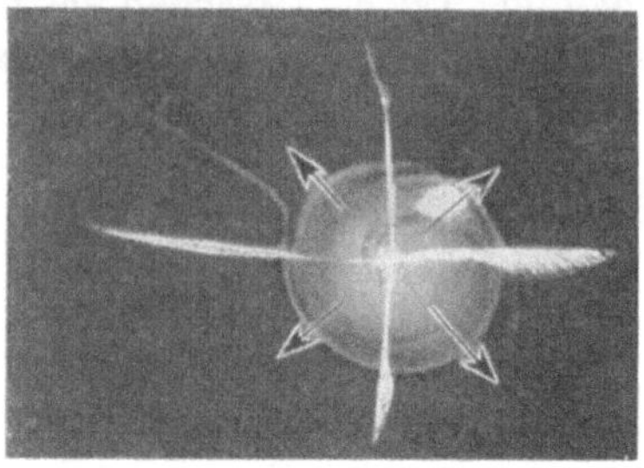

Abb. 304. Sprungbildung, von einer „Kugel"-Zelle ausgehend

des Glases und an der Grenzfläche im Glase Zugspannungen entstehen, kommt es oft zu radialen Sprungbildungen, wie es an der kugelförmigen „Zelle" (Abb. 304) in vollendeter Symmetrie vor sich gegangen ist. Zum mindesten kann eine Schwächung des Glases durch das Spannungsfeld

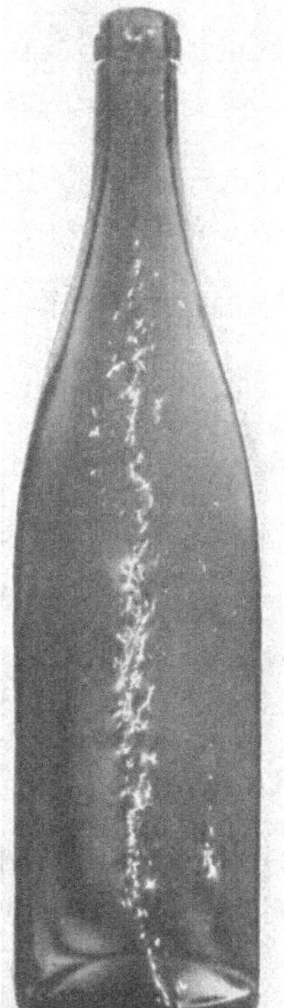

Abb. 305. Weinflasche mit Entglasungskristallen (Wollastonit) im Spannungsprüfer

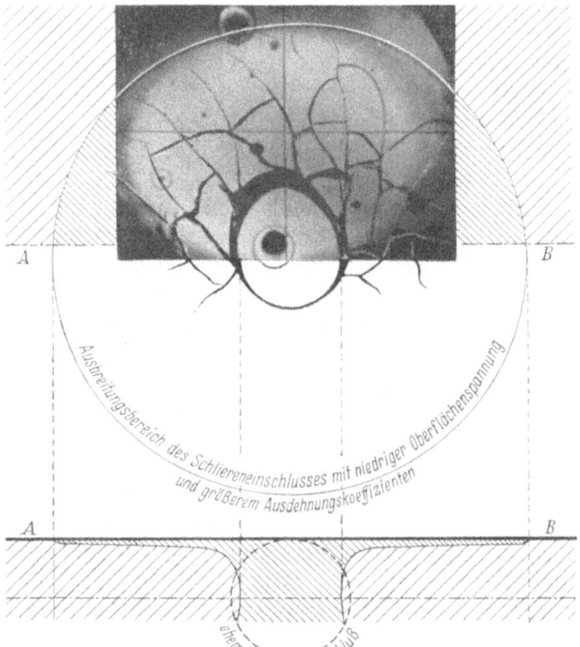

Abb. 306. Ehemaliger Kugeleinschluß mit Sprungbildung

nicht ausbleiben. Es hängt von der Art des Erzeugnisses ab, ob man Steinchen vor allem als Schönheitsfehler oder als Bruchgefahr betrachten muß. Ersteres kann der Fall sein, wenn einzelne voneinander unabhängige Gegenstände (z. B. Hohlglas) hergestellt werden und einige davon auf Grund von solchen Einschlüssen als unbrauchbar aussortiert werden müssen. Hiervon bringt Abb. 305 ein Beispiel in Form einer Weinflasche mit Entglasungskristallen.

Bei fortlaufenden Verfahren, wie z. B. dem Ziehen von Tafelglas, kann der Fehler viel schwerwiegender in Erscheinung treten. Hier kann das durch ein einziges Steinchen verursachte Spannungsfeld durch Auslösen eines Sprunges (Abb. 304) eine sehr verlustreiche Störung hervorrufen, indem es das Glasband viele Meter weit aufreißt.

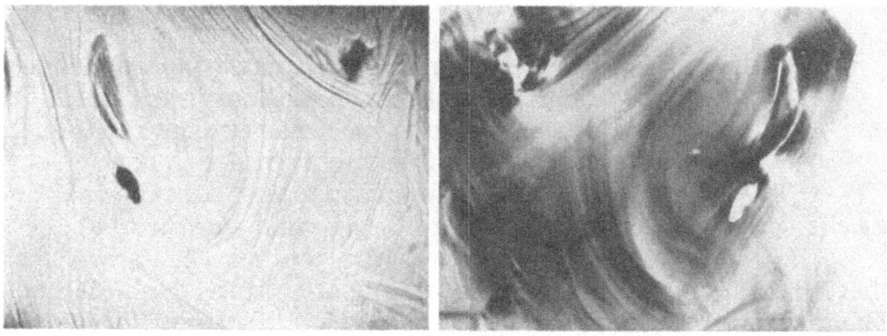

a b

Abb. 307. a) Knotengebilde in schlierigem Glas, b) Spannungsfeld dazu

Abb. 306 zeigt, daß auch glasklare Einschlüsse wegen des Unterschiedes ihrer Ausdehnung zu der des Grundglases zu Sprüngen neigen. Bei dem im Bild gezeigten ehemaligen Kugeleinschluß gehen die Sprünge nicht über den Knotenbereich hinaus, was jedoch nicht allgemeingültig sein muß.

Gelegentlich kann allerdings der sich um einen Fremdkörper bildende Lösungshof als „Verbindungsglas" wirken und durch Übergänge in den Ausdehnungskoeffizienten eine Bruchbildung verhindern. Es bleibt in solchen Fällen bei der Entwicklung von Spannungsfeldern, die den von dem Fremdkörper abgelösten oder sie begleitenden Schlierenzügen fleckenartig folgen (Abb. 307).

Die einer weitgehenden Abwandlung fähigen Gebilde mit Sprungansätzen (Abb. 308) werden ihrem äußeren Ansehen nach häufig als „Spinnen" u. dgl. bezeichnet.

In Abb. 308a sieht man einen symmetrischen Sprungansatz, wohingegen in Abb. 308b jegliche bestimmte Orientierung fehlt.

Der Kampf gegen diese Fehler richtet sich im wesentlichen auf eine wirksame Beeinflussung der Auflösung.

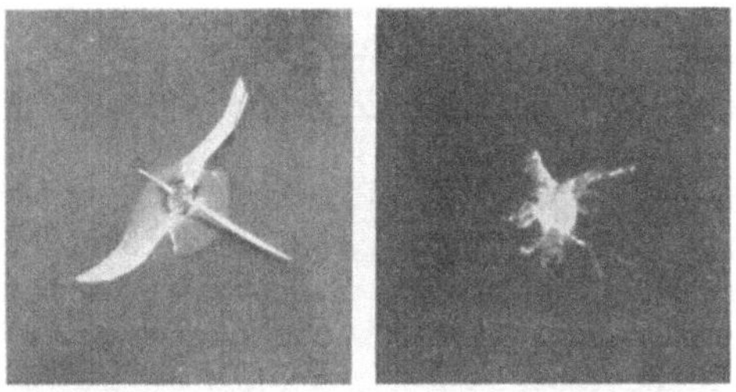

a b

Abb. 308. Von Fremdkörpern ausgehende Sprungbildungen

3 Untersuchungsmethoden

3.1 Untersuchungsmethoden ohne Zerstörung der Steinchen

Bei der Untersuchung von Steinchen im Glas geht man am zweckmäßigsten so vor, daß man mit Methoden beginnt, bei denen das zu untersuchende Objekt nicht zerstört zu werden braucht.

Hierzu gehört die Untersuchung der Umgebung des Steinchens auf Spannungen mit Hilfe eines gewöhnlichen Spannungsprüfers. (Für Braunglas empfiehlt sich ein Spannungsprüfer ohne Rot-I. Ordnung, da hier eine Aufhellung besser festgestellt werden kann als ein Farbumschlag.) Man stellt so fest, ob das Glas um ein Steinchen herum verspannt ist oder nicht. Spannungen im Glas um ein Steinchen deuten auf dessen Herkunft aus tonerdehaltigem Material; Steinchen aus Kieselsäure oder Entglasungen verspannen das umgebende Glas meist nicht so stark, daß die Spannungen im Spannungsprüfer auffallen. Hier ist ausdrücklich darauf hinzuweisen, daß lediglich die Spannungen im Glas unmittelbar um das Steinchen herum als Hinweis von Bedeutung sind. Doppelbrechung (s. Ziff. 4) des Steinchens selbst kann bei dieser groben Methode keine eindeutige Auskunft geben.

Als zweite der einfachen Methoden ist die Untersuchung mittels einer Lupe oder eines Binokularmikroskops mit geringer Vergrößerung zu empfehlen. Auch hierbei braucht das Objekt nicht bearbeitet zu werden. Man kann mit diesen Instrumenten schon viel sehen, was auf die Art des Steinchenmaterials schließen läßt.

Beispielsweise erkennt man, ob das Steinchen von einer kräftigen oder von einer schwach ausgebildeten Schliere umgeben ist, ob das Steinchen kompakt oder aufgelöst aussieht, ob es von

Sprüngen durchzogen wird und ob etwa an einer Stelle identifizierbare Kristalle vorhanden sind.

Oft ist das Steinchen von einem Glasknoten umgeben, der aus der Oberfläche des Glasgegenstandes herausragt. Durch dessen Linsenwirkung wird es undeutlich und kann nicht gut beobachtet werden. Zur Aufhebung dieser Linsenwirkung bringt man den Knoten in eine Immersionsflüssigkeit mit einem dem Glas ähnlichen Brechungsindex (Monochlorbenzol oder Immersionsöl). Kann man aus irgendeinem Grund nicht den ganzen Fehler in einer Küvette mit der Immersionsflüssigkeit unterbringen, dann hilft man sich nach einem Vorschlag von DIETZEL [3] so, daß man ein Stück Glasrohr um das Steinchen herum auf den Gegenstand aufkittet und die so entstandene kleine Küvette (Abb. 309) mit der Immersionsflüssigkeit füllt.

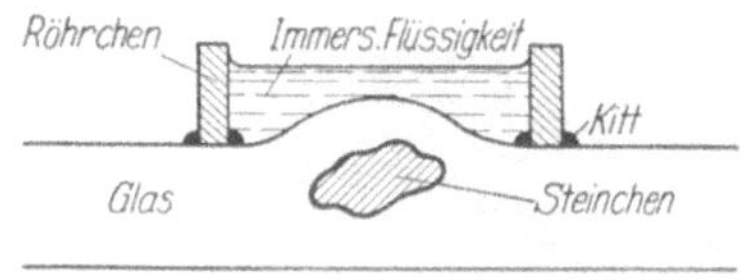

Abb. 309. Optische Ausschaltung der Linsenwirkung des Glaswulstes durch Immersion in einem aufgekitteten Rohrstück

Hat man alles beobachtet, was mit Hilfe dieser „nicht zerstörenden" Methoden festzustellen ist, ohne zu einem sicheren Ergebnis zu kommen, so kann man noch weitere Untersuchungsmethoden anwenden, um die Art des Steinchens zu erkennen, bei denen es allerdings zerstört wird.

3.2 Untersuchungsmethoden mit Zerstörung der Steinchen

Sodaprobe: Zur Unterscheidung zwischen tonerdefreien und tonerdehaltigen Steinchen empfehlen WEISS u. TREINEN [2] die Sodaprobe. Hierzu befreit man mittels einer scharfen Zange das Steinchen soweit wie möglich vom umgebenden Glas und wirft es in eine Sodaschmelze von etwa 900° (Platin- oder Nickeltiegel). Löst sich das Steinchen gleich unter Aufbrausen auf, so besteht es vorwiegend aus Kieselsäure, also entweder aus Sand (Gemenge), Silikamaterial oder aber aus einer tonerdefreien Entglasung. Wenn sich das Steinchen – evtl. nach einer anfänglichen geringen Reaktion (anhaftende Glasreste) – nicht oder nur sehr langsam löst und auf den Boden des Tiegels sinkt, handelt es sich um ein Steinchen, das viel Tonerde enthält, also meist aus ff. Material besteht, wenn tonerdehaltige Rohstoffe nicht in Betracht kommen.

Pulverpräparat: Pulverpräparate werden angefertigt, um die in einem Steinchen vorhandenen Kristalle durch die Bestimmung ihres Brechungsindex zu identifizieren. Als Hilfsmittel ist dazu ein Mikroskop notwendig. In den meisten Fällen genügt eine schwache Vergrößerung. Polarisationseinrichtung und Schlitz zur Aufnahme eines optischen Hilfspräparates (z. B. Rot-I. Ordnung) sind zu empfehlen, da sich damit auch die später zu beschreibenden anderen Charakteristika feststellen lassen. Zur Herstellung des Pulverpräparates wird das vom Glas weitgehend befreite Steinchen in einer Reibschale aus Achat oder Sintertonerde feinst pulverisiert.

Hat man nur wenig Substanz zur Verfügung und möchte Verluste durch Herausspringen des Steinchens aus der Reibschale vermeiden, empfiehlt es sich, das Steinchen mit einem Tropfen Alkohol anzufeuchten.

Das Pulver wird auf einem Objektträger mit einem Tropfen einer Immersionsflüssigkeit von bestimmtem Brechungsindex versehen und unter dem Mikroskop beobachtet. Zwei farblose oder gleichfarbige Substanzen haben dann den gleichen Brechungsindex, wenn ihre Umrisse an der Berührungsstelle praktisch verschwinden (Abb. 310). Die Messung geschieht also durch Vergleich des bekannten Brechungsindex der Immersionsflüssigkeit mit dem unbekannten der Steinchensubstanz. Auf folgende Weise[1] kann man feststellen, ob der Brechungsindex der Kristalle höher oder niedriger liegt als der der Immersionsflüssigkeit: Beim ***Heben*** des Mikroskoptubus aus der Scharfeinstellung heraus wandert eine ***helle*** Linie (die sog. BECKE-Linie, die besonders bei starker Abblendung zu erkennen ist) in das Medium mit dem ***höheren*** Brechungsindex[2]. Durch Variation verschiedener Immersionsflüssigkeiten gelingt es, die Brechungsindizes der Kristalle festzustellen. Eine Anzahl praktischer Immersions-

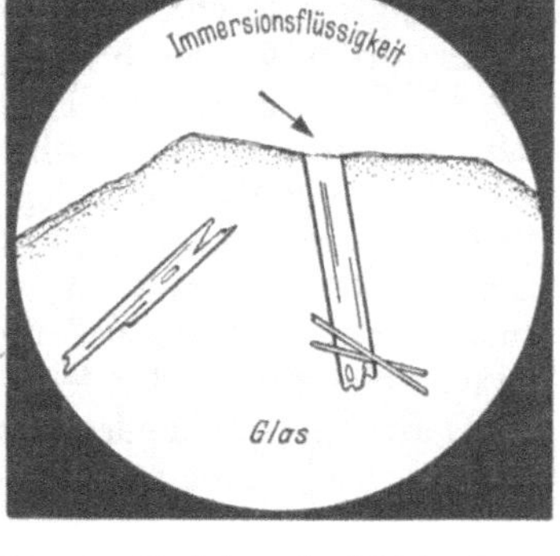

Abb. 310. Ermittlung der Lichtbrechung von Kristallen

[1] „3-H-Regel".

[2] Bei einigen modernen Mikroskopen ist der Tubus fest. Die Scharfeinstellung geschieht durch Bewegen des Tisches. Bei der Beobachtung der BECKE-Linie ist darauf zu achten, daß hier der Abstand zwischen Objekt und Objektiv durch Senken des Tisches erreicht wird.

flüssigkeiten ist in der linken Hälfte der Abb. 312 (S. 193) zusammengestellt. Durch Mischung stellt man sich Flüssigkeiten her, die im Brechungsindex den zu erwartenden Kristallen entsprechen. Es ist wichtig, daß beide Bestandteile der Mischung gleich schwer flüchtig sind, damit sich nicht ihr Brechungsindex durch Abdampfen einer Komponente verändert. Der Brechungsindex der Mischungen wird mit dem Refraktometer kontrolliert.

Dünnschliff: Die weitaus beste Auskunft über den Aufbau und das Gefüge von Steinchen, die man mit relativ einfachen Mitteln erhalten kann, gibt die Untersuchung von Dünnschliffen unter dem mineralogischen Mikroskop. Die Herstellung von Dünnschliffen wird in jedem Lehrbuch der Mikroskopie und Mineralogie eingehend beschrieben, so daß sich ihre Besprechung hier erübrigt. Eine sehr instruktive Beschreibung des Dünnschleifens von Inhomogenitäten in Glas findet sich bei TAYLOR u. HILL [*9*].

Röntgenanalyse: Nur erwähnt sei die Röntgenanalyse, da nur wenige Glashütten eine dazu erforderliche Apparatur und darauf eingearbeitete Mitarbeiter haben dürften. Durch DEBYE-SCHERRER-Aufnahmen kann man alle Kristallarten identifizieren, die in einem Steinchen vorhanden sind. Aber dies gelingt im allgemeinen nur qualitativ oder annähernd quantitativ. Sie führt aber auch dort zum Ziele, wo die Untersuchung mit dem mineralogischen Mikroskop versagt. So konnte beispielsweise ROOKSBY [*11*] in einem modernen amerikanischen Blei-Opalglas als trübendes Medium ein Bleioxyarsenat mit apatitähnlicher Kristallstruktur von der Zusammensetzung $3Pb_3(AsO_4)_2PbO$ nachweisen. Wurde an Stelle von Arsen mit Phosphor getrübt, konnte er das entsprechende isomere Phosphat finden.

Hinweise auf die Textur erhält man mit der Röntgenanalyse nicht [*11*, *8*, *9*].

Analytische Untersuchungen: Eine chemische Analyse der Steinchen scheint häufig aussichtslos, da sie meist relativ klein und kaum quantitativ von dem sie umgebenden Glas zu trennen sind.

Es sind aber Methoden veröffentlicht worden, nach denen man auch ohne quantitative Entfernung des umgebenden Glases die Zusammensetzung des Steinchens analytisch und rechnerisch ermitteln kann. Auf diese Methode wird unter Ziff. 8.42 eingegangen werden. Auch der Dichteunterschied zwischen Glas und Einschluß kann zur Trennung von beiden benutzt werden. Zum Beispiel empfehlen PUTNOKY u. BOBEST [*5*] als Trennflüssigkeit Acetylentetrabromid (spez. Gew. etwa 3,0), dem Xylol (spez. Gew. 0,86) solange zugegeben wird, bis sich Glas und Steinchensubstanz (feingepulvert) voneinander trennen. Hierzu gibt WECKERLE [*6*] ergänzend an, daß schon 0,4 g Substanz bei einer Korngröße von 0,3 bis 0,5 mm ausreichen sollen, um genügend aufschlußreiche Ergebnisse zu erzielen.

Isolierung der Steinchen vom Glas mit einer Gebläseflamme oder aber durch Wegschleifen des Glases mit einem Siliciumcarbidrädchen und anschließende Mikroanalyse empfehlen ZARBO, HUNT u. SMITH [*7*]. Auch LÖFFLER [*15*] trennt die Steinchen von dem umhüllenden Glas, indem er dieses vor dem Gebläse zu Fäden auszieht.

ANGENOT [*12*] gibt an, wie man durch Anbohren der Steinchen mit kleinen Diamantbohrern, durch die nicht wie beim Verfahren von ZARBO u. Mitarb. im Glas vorhandene Elemente (Si) eingeschleppt werden können, und mikroanalytische Bestimmung des Bohrstaubes recht genaue Angaben über die chemische Zusammensetzung der Steinchen erhalten kann.

4 Merkmale für die mikroskopische Bestimmung von Kristallen

Nur in den seltensten Fällen ist es möglich, die in einem Steinchen vorhandenen Kristalle durch eine einzige Eigenschaft zu bestimmen. Meist muß man die verschiedensten Eigenschaften beobachten und miteinander in Beziehung bringen, um schließlich die einzig mögliche Kristallart zu erkennen.

In diesem Abschnitt werden kurz die Hauptmerkmale von Kristallen besprochen, die im allgemeinen zur genügend genauen Identifizierung ausreichen. Die Ausführungen können wegen des knappen Raumes keinen Anspruch auf Vollständigkeit erheben. Zur näheren Information sei auf die spezielle Literatur hingewiesen.

Form (Habitus, Tracht): Es ist eine bekannte Tatsache, daß kristalline Materialien wegen ihrer regelmäßigen Atomanordnung in bestimmten Systemen kristallisieren. Die Form der Kristalle kann bei gegebenem System verschiedenartig sein. Umgekehrt muß aber auch eine bestimmte Form nicht immer auf eine bestimmte Kristallart hinweisen. Es ist vielmehr oft der Fall, daß völlig unterschiedliche Substanzen in gleicher Form kristallisieren. Daher ist die Form allein kein Beweis für die Identität, sondern bestenfalls ein Hinweis. Die Form zeigt sich am besten im Dünnschliff,

Brechungsindex: Durch die Bestimmung des Brechungsindex gelingt es am besten, eine Kristallart zu charakterisieren. Es gibt nur wenige Kristallarten, die in Glassteinchen vorkommen können und die ungefähr den gleichen Brechungsindex aufweisen. Der Brechungsindex wird im Pulverpräparat bestimmt. Im Dünnschliff ist nur die relative Aussage möglich, ob der Brechungsindex eines Kristalles höher oder niedriger ist als der seiner Umgebung.

Doppelbrechung: Dreht man Kristalle unter dem mineralogischen Mikroskop zwischen gekreuzten Nicols um 360°, so zeigen sie entweder viermal Aufhellung und viermal Auslöschung oder sie erscheinen während der gesamten Drehung dunkel. Die dunkelbleibenden Kristalle nennt man isotrop[1]. Sie gehören zum kubischen oder regulären Kristallsystem und haben nur einen Brechungsindex (n). Alle anderen Kristalle haben entlang der verschiedenen Kristallrichtungen

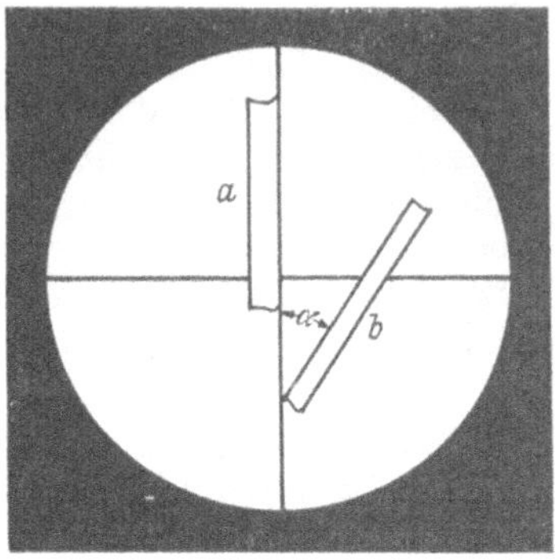

Abb. 311a. Kristalle zwischen gekreuzten Nicols in Auslöschungsstellung, *a* Gerade Auslöschung, *b* Schiefe Auslöschung, *α* Auslöschungswinkel

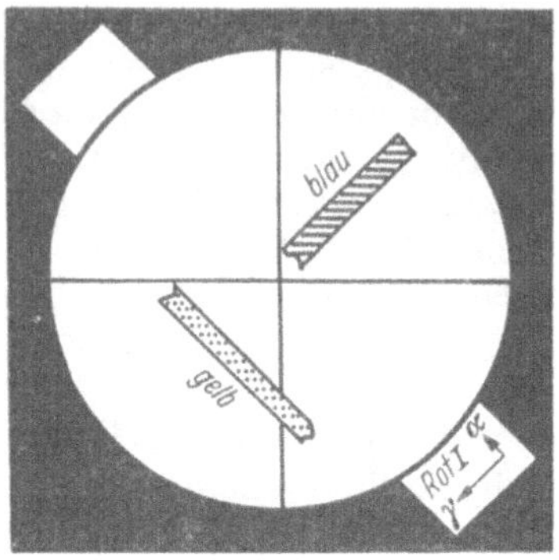

Abb. 311b. Kristalle mit positivem Charakter der Hauptzone (positive Elongation) bei eingeschobenem Rot-I-Ordnung

unterschiedliche Brechungsindizes. Man nennt sie anisotrop. Die Kristalle des hexagonalen, trigonalen und tetragonalen Systems sind optisch einachsig und haben zwei Hauptbrechungsindizes (ω und ε). Die Kristalle der übrigen Kristallsysteme (rhombisch, monoklin und triklin) sind optisch zweiachsig und haben drei Hauptbrechungsindizes (n_α, n_β, n_γ), wobei n_α der kleinste und n_γ der größte ist. Bei den optisch einachsig positiven Kristallen entspricht ω dem n_α und ε dem n_γ. Bei den optisch einachsig negativen ist dann $\omega = n_\gamma$ und $\varepsilon = n_\alpha$. Die Differenz zwischen dem größten und dem kleinsten Brechungsindex wird als Doppelbrechung (im allgemeinen: $n_\gamma - n_\alpha$) bezeichnet. Für jedes anisotrope kristalline Material hat die Doppelbrechung einen bestimmten Absolutwert. Scheinbar kann allerdings die Doppelbrechung variieren. Die Größe der scheinbaren Doppelbrechung hängt ab von der wahren Doppelbrechung, der Dicke und der Lage des Kristalls. Auch die Doppelbrechung wird im Pulverpräparat bestimmt. Viele anisotrope Kristallarten ändern ihre Doppelbrechung beim Erhitzen bzw. verlieren sie ganz. Zur Feststellung dieser Eigenschaft ist ein Erhitzungsmikroskop [*16*] nützlich (aber in betrieblichen Fällen selten erforderlich).

Auslöschung: Je nachdem, ob die Lage der Kristallkanten in Auslöschungsstellung parallel zu den Schwingungsrichtungen der Nicols (angedeutet durch das Fadenkreuz im Okular) oder schief dazu liegt, spricht man von paralleler oder auch gerader Auslöschung und von schiefer oder auch geneigter Auslöschung. Bei der letzteren ist der größte Auslöschungswinkel für das Material charakteristisch. Bestimmt wird der Auslöschungswinkel am besten im Dünnschliff. Aber auch das Pulverpräparat ist hierfür geeignet (Abb. 311a).

Elongation: Dieser wegen seiner Kürze aus dem Englischen übernommene Ausdruck heißt im Deutschen „optischer Charakter der Hauptzone". Die Elongation bei in der Länge ausgedehnten Kristallen kann positiv oder negativ sein, je nachdem sich die Schwingungsrichtungen im Kristall mit denen des Rot-I, mit dessen Hilfe sie bestimmt werden, addieren oder subtrahieren. Sie ist positiv, wenn der Kristall in seiner Lage senkrecht zur Einschieberichtung des Rot-I blau und parallel zur Einschieberichtung gelb aussieht (Abb. 311b). Bei negativer Elongation ist es umgekehrt. Die Elongation kann im Pulverpräparat und im Dünnschliff bestimmt werden.

Achsenbild: Ist ein Kristall im Dünnschliff nicht allzu klein und liegt er günstig, so gelingt es, durch Erzeugung des Achsenbildes festzustellen, ob er optisch einachsig oder zweiachsig und positiv oder negativ ist. Optisch einachsig sind die Kristalle des hexagonalen, trigonalen und tetra-

[1] Werden anisotrope Kristalle zufällig senkrecht zu einer optischen Achse geschnitten, bleiben sie auch beim Drehen dunkel und können so unter Umständen zu einer Täuschung führen.

gonalen Systems (2 Brechungsindizes), während optisch zweiachsige Kristalle zum rhombischen, monoklinen oder triklinen System gehören (3 Brechungsindizes). Die Erzeugung des Achsenbildes wird bei TAYLOR u. HILL [9] ausführlich beschrieben. Die Ausführungen hier zu wiederholen, verbietet der Platzmangel. Außerdem ist zur Feststellung dieser Eigenschaft ein gutes Polarisationsmikroskop mit einem stark vergrößernden Objektiv notwendig.

Zwillingsbildung: Kristallzwillinge scheinen zwischen gekreuzten Nicols aus mindestens zwei voneinander geradlinig getrennten Teilen zu bestehen. Bei Betrachtung im gewöhnlichen Licht ist die Trennlinie nicht mehr zu sehen. Man unterscheidet zwischen lamellaren und keilförmigen Zwillingen.

Achsenwinkel: Auf den Achsenwinkel bei optisch zweiachsigen Kristallen – bei einachsigen ist er 0° – sei nur kurz hingewiesen, da zu seiner Bestimmung der Universaldrehtisch nach FEDOROW benutzt werden muß. Aus der Praxis der Verfasser hat sich ergeben, daß der Achsenwinkel nur selten zur Identifizierung von Steinchen herangezogen werden muß, da die übrigen beschriebenen Eigenschaften zur Kennzeichnung ausreichen.

Nach dieser kurzen Übersicht sollen die Kristallarten besprochen werden, die am häufigsten in Steinchen angetroffen werden. Es wird mit Einstoffsystemen begonnen, an die sich Zweistoffsysteme und schließlich Mehrstoffsysteme anschließen. Bei chemisch gleichen Kristallarten wird zuerst die Hochtemperaturform[1] als die kristallographisch am besten geordnete besprochen.

5 Kristallarten, die in Entglasungen, Steinchen und Knoten vorkommen können

In den folgenden Zusammenstellungen (Tab. 6 u. Abb. 312) wurde bewußt darauf verzichtet, alle möglichen Kristallarten zu berücksichtigen. Es wurden nur die Kristallarten aufgenommen, die als Fehler in gewöhnlichen technischen Gläsern vorkommen können. Für Spezialfälle sei auf die Zusammenstellung von WINCHELL [*17*] hingewiesen.

Tab. 6 bringt in der Reihenfolge Einstoff-, Zweistoff-, Drei- und Mehrstoffsysteme die optischen Daten der Kristallarten. Die nachfolgende Abb. 312 enthält dieselben Verbindungen nach steigendem Brechungsindex geordnet. Aus der Tabelle gehen ferner die Doppelbrechung und der optische Charakter hervor. Zu beachten ist, daß der zweite Teil dieser Abb. 312 im halben Maßstab des ersten Teiles aufgetragen ist und sich mit diesem zum Teil überschneidet.

Die sich dann anschließenden Ziff. 5.1 bis 5.3 enthalten kurze Beschreibungen der in der Tab. 6 u. Abb. 312 zusammengefaßten Kristallarten.

Tabelle 6. *Optische Daten von in Glasfehlern vorkommenden Kristallarten*

Name und Formel (Ziffer im Text)	Form	Brechungsindex Doppelbrechung	Optischer Charakter Achsenwinkel (2 V)	Elongation	Bemerkungen
Einstoffsysteme					
Cristobalit SiO_2 (5.111)	Dendrite; Gezahnte Spieße	$\omega = 1{,}487$ $\varepsilon = 1{,}484$ $\omega - \varepsilon = 0{,}003$	− 0°	(+)	Komplexe lamellare Zwillinge
Tridymit SiO_2 (5.111)	Dendrite; Hexagonale Tafeln	$n_\alpha = 1{,}469$ $n_\beta = 1{,}47$ $n_\gamma = 1{,}473$ $n_\gamma - n_\alpha = 0{,}004$	+ 35°	(−)	Keilförmige Zwillinge
Quarz SiO_2 (5.112)	Rundliche Körner	$\omega = 1{,}544$ $\varepsilon = 1{,}553$ $\varepsilon - \omega = 0{,}009$	+ 0°		
Korund Al_2O_3 (5.121)	Rundliche Körner; Hexagonale Tafeln	$\omega = 1{,}768$ $\varepsilon = 1{,}760$ $\omega - \varepsilon = 0{,}008$	− 0°	(+)	

[1] Dem neueren Gebrauch folgend bezeichnen wir die Hochtemperaturform als α- und die den fallenden Temperaturen entsprechend folgenden als β- usw. Modifikationen.

Tabelle 6. *Optische Daten von in Glasfehlern vorkommenden Kristallarten* (Forts.)

Name und Formel (Ziffer im Text)	Form	Brechungsindex Doppelbrechung	Optischer Charakter Achsenwinkel (2 V)	Elongation	Bemerkungen
β-Tonerde (Na_2O, K_2O) 10–12 Al_2O_3 (5.122)	Große, dünne hexagonale Tafeln	ω = 1,665–1,680 ε = 1,63 –1,65 $\omega-\varepsilon$ = 0,025–0,045	– 0°	(+)	
Calciumoxyd CaO (5.3)	Sehr feinkörnig	n = 1,837	isotrop		
Calcit $CaCO_3$ (5.3)	In Steinchen meist sehr feinkörnig	ω = 1,6585 ε = 1,4864 $\omega-\varepsilon$ = 0,1721	– 0°		
Chromoxyd Cr_2O_3 (5.3)	Dünne grüne bis braune Tafeln	n = 2,5 ±	+ 0°		
Baddeleyit ZrO_2 (5.13)	Dendrite	n_α = 2,13 n_β = 2,19 n_γ = 2,20 $n_\gamma - n_\alpha$ = 0,07	– 30°	(–)	Schiefe Auslöschung bis zu 35°
Zweistoffsysteme					
Zirkon $ZrO_2 \cdot SiO_2$ (5.13)	Rundliche Körner; Prismen; Dendrite	ω = 1,920–1,960 ε = 1,96 –2,02 $\varepsilon-\omega$ = 0,04 –0,06	+ 0°	(+)	
α-(Pseudo-)Wollastonit $CaO \cdot SiO_2$ (5.141)	Hexagonale Tafeln; Latten; Dendrite	$n_\alpha = \omega$ = 1,610 $n_\gamma = \varepsilon$ = 1,654 $n_\gamma - n_\alpha$ = 0,044	fast + 0°	(–)	
β-Wollastonit $CaO \cdot SiO_2$ (5.142)	Langgestreckte Tafeln; Nadeln	n_α = 1,616 n_β = 1,629 n_γ = 1,631 $n_\gamma - n_\alpha$ = 0,015	– 39°	(+) (–)	
Mullit $3Al_2O_3 \cdot 2SiO_2$ (5.15)	Nadeln; Prismen	n_α = 1,642 n_β = 1,644 n_γ = 1,654 $n_\gamma - n_\alpha$ = 0,012	+ 45 bis 50°	(+)	
Bariumdisilikat $BaO \cdot 2SiO_2$ (5.16)	In die Länge gezogene Tafeln; Faserbüschel	n_α = 1,621 n_β = 1,612 n_γ = 1,697 $n_\gamma - n_\alpha$ = 0,024	– 75°	(–)	
$BaO \cdot SiO_2$ (5.16)	Körner oder Nadeln	n_α = 1,673 n_β = 1,674 n_γ = 1,678 $n_\gamma - n_\alpha$ = 0,005	+ 29°	(–)	
Forsterit $2MgO \cdot SiO_2$ (5.24)	Latten; Im Schliff tafelig	n_α = 1,6359 n_β = 1,6507 n_γ = 1,6688 $n_\gamma - n_\alpha$ = 0,0329	+ 85°	(+)	Schiefe Auslöschung bis zu 40° Bildet mit Fayalit Mischkristalle (Olivine)
Fayalit $2FeO \cdot SiO_2$ (5.3)	Latten; Rechteckige Täfelchen	n_α = 1,835 n_β = 1,877 n_γ = 1,886 $n_\gamma - n_\alpha$ = 0,051	– 47°		Bildet mit Forsterit Mischkristalle (Olivine)
Clinoenstatit α-$MgO \cdot SiO_2$ (5.24)	Tafeln; Prismen	n_α = 1,651 n_β = 1,654 n_γ = 1,660 $n_\gamma - n_\alpha$ = 0,009	+ 59°		

Tabelle 6. *Optische Daten von in Glasfehlern vorkommenden Kristallarten* (Forts.)

Name und Formel (Ziffer im Text)	Form	Brechungsindex Doppelbrechung	Optischer Charakter Achsenwinkel (2 V)	Elongation	Bemerkungen
Enstatit β-$MgO \cdot SiO_2$ (5.24)	Faserig; Prismen	$n_\alpha = 1{,}650$ $n_\beta = 1{,}653$ $n_\gamma = 1{,}658$ $n_\gamma - n_\alpha = 0{,}008$	+ 31°		
Thenardit Na_2SO_4 (5.17)		$n_\alpha = 1{,}471$ $n_\beta = 1{,}477$ $n_\gamma = 1{,}484$ $n_\gamma - n_\alpha = 0{,}013$	+ 83°		Craqueléartige Zellenstruktur der Galleblase
Arcanit K_2SO_4 (5.17)		$n_\alpha = 1{,}494$ $n_\beta = 1{,}495$ $n_\gamma = 1{,}497$ $n_\gamma - n_\alpha = 0{,}003$	+ 67°		Craqueléartige Zellenstruktur der Galleblase
Glaserit $3\,K_2SO_4 \cdot Na_2SO_4$ (5.17)		$\omega = 1{,}493$ $\varepsilon = 1{,}499$ $\varepsilon - \omega = 0{,}006$	+ 0°		Craqueléartige Zellenstruktur der Galleblase. Brechungsindizes nehmen mit steigendem Na_2SO_4-Gehalt ab.
Drei- und Mehrstoffsysteme					
Carnegieit $Na_2O \cdot Al_2O_3 \cdot 2\,SiO_2$ (5.211)	Unregelmäßige trübe Flächen; Dendrite	$n_\alpha = 1{,}509$ $n_\beta = 1{,}514$– $n_\gamma = 1{,}514$ $n_\gamma - n_\alpha = 0{,}005$	− 12 bis 15°		Komplexe lamellare Zwillinge
Nephelin $Na_2O \cdot Al_2O_3 \cdot 2\,SiO_2$ (5.212)	Unregelmäßige trübe Flächen; Dendrite; Hexagonale Tafeln; Prismen	$\omega = 1{,}537$ $\varepsilon = 1{,}533$ $\omega - \varepsilon = 0{,}004$	− 0°	(−)	
Leucit $K_2O \cdot Al_2O_3 \cdot 4\,SiO_2$ (5.213)	Würfelchen	$n_\alpha = n_\beta = 1{,}508$ $n_\gamma = 1{,}509$ $n_\gamma - n_\alpha = 0{,}001$	+ sehr klein		Komplexe lamellare Zwillinge
Sodalith $3(Na_2O \cdot Al_2O_3 \cdot 2\,SiO_2)$ $2\,NaCl$ (5.214)		$n \sim 1{,}483$	isotrop		
Nosean $3(Na_2O \cdot Al_2O_3 \cdot 2\,SiO_2)$ Na_2SO_4 (5.214)	Im Schliff: Quadrate; Sechsecke; Dendrite	$n \sim 1{,}495$	isotrop		
Hauyn $3(Na_2O \cdot Al_2O_3 \cdot 2\,SiO_2)$ $2\,CaSO_4$ (5.214)		$n \sim 1{,}502$	isotrop		
Feldspäte					
Alkalifeldspäte (Orthoklas, Sanidin, Mikroklin, Anorthoklas) $(K_2O, Na_2O) \cdot Al_2O_3 \cdot 6\,SiO_2$		$n_\alpha = 1{,}519$–$1{,}523$ $n_\gamma = 1{,}525$–$1{,}530$ $n_\gamma - n_\alpha$ = gering	− 10 bis 80°		Komplexe lamellare Zwillinge
Plagioklase (Albit–Anorthit) $Na_2O \cdot Al_2O_3 \cdot 6\,SiO_2$ bis $CaO \cdot Al_2O_3 \cdot 2\,SiO_2$		$n_\alpha = 1{,}528$–$1{,}576$ $n_\gamma = 1{,}538$–$1{,}589$ $n_\gamma - n_\alpha$ = gering	± 70 bis 90°		Komplexe lamellare Zwillinge

Tabelle 6. *Optische Daten von in Glasfehlern vorkommenden Kristallarten* (Forts.)

Name und Formel (Ziffer im Text)	Form	Brechungsindex Doppelbrechung	Optischer Charakter Achsenwinkel (2 V)	Elongation	Bemerkungen
Feldspäte					
Analbit $Na_2O \cdot Al_2O_3 \cdot 6\,SiO_2$ (5.22)	Tafelige Dendrite	$n_\alpha = 1{,}527$ $n_\beta = 1{,}533$ $n_\gamma = 1{,}534$ $n_\gamma - n_\alpha = 0{,}007$	$-43°$ $\pm 2°$		Komplexe lamellare Zwillinge
Devitrit $Na_2O \cdot 3\,CaO \cdot 6\,SiO_2$ (5.23)	Nadelbüschel oder -pinsel; Sphärolithe	$n_\alpha = 1{,}564$ $n_\beta = 1{,}570$ $n_\gamma = 1{,}579$ $n_\gamma - n_\alpha = 0{,}015$	$+75°$	(+)	
$Na_2O \cdot 2\,CaO \cdot 3\,SiO_2$ (5.3)	Quadrate	$\omega = 1{,}596$ $\varepsilon = 1{,}599$ $\varepsilon - \omega = 0{,}003$	$+0°$		Lamellare Zwillinge
$Na_2O \cdot 2\,MgO \cdot 6\,SiO_2$ (5.24)	Große Tafeln	$n_\alpha = 1{,}538$ $n_\gamma = 1{,}548$ $n_\gamma - n_\alpha = 0{,}010$	+		
Diopsid $CaO \cdot MgO \cdot 2\,SiO_2$ (5.24)	Körner; Latten oder Nadeln	$n_\alpha = 1{,}665$ $n_\beta = 1{,}671$ $n_\gamma = 1{,}695$ $n_\gamma - n_\alpha = 0{,}030$	$+59°$	(+)	Schiefe Auslöschung bis zu 44°
Jeffersonit (Diopsid mit MnO, ZnO) (5.24)		$n_\alpha = 1{,}68 - 1{,}72$ $n_\gamma = 1{,}71 - 1{,}75$ $n_\gamma - n_\alpha = 0{,}03$	+ mittelgroß		
Akermanit $2\,CaO \cdot MgO \cdot 2\,SiO_2$ (5.24)	Tafeln; Prismen	$\omega = 1{,}631$ $\varepsilon = 1{,}638$ $\varepsilon - \omega = 0{,}007$	$+0°$		
Monticellit $CaO \cdot MgO \cdot SiO_2$ (5.24)	Körnig	$n_\alpha = 1{,}663$ $n_\beta = 1{,}674$ $n_\gamma = 1{,}680$ $n_\gamma - n_\alpha = 0{,}017$	$-74°$		
Gehlenit $2\,CaO \cdot Al_2O_3 \cdot SiO_2$ (5.3)	Prismen	$\omega = 1{,}669$ $\varepsilon = 1{,}658$ $\omega - \varepsilon = 0{,}011$	$-0°$		
Cordierit $2\,MgO \cdot 2\,Al_2O_3 \cdot 5\,SiO_2$ (5.24)	Faserbüschel; Hexagonale Prismen	$\omega = 1{,}528$ $\varepsilon = 1{,}519$ $\omega - \varepsilon = 0{,}009$	$-0°$	(−)	

5.1 Ein- und Zweistoffsysteme

5.11 Kieselsäure SiO_2

Sowohl das Glas, also auch ein Teil seiner Rohstoffe, wie auch die feuerfesten Baustoffe, aus denen die Schmelzbehälter – Häfen und Wannen – erstellt werden, enthalten in großer Menge Kieselsäure entweder direkt als solche oder in Form von Verbindungen (Silikate). Daher ist zu erwarten, daß auch eine Vielzahl der als Steinchen bezeichneten Fremdkörper Kieselsäure enthalten oder vollständig daraus bestehen. Tritt die Kieselsäure als solche auf, kann sie in den bekannten Modifikationen als Cristobalit, Tridymit oder als Quarz in Erscheinung treten. Obwohl sie meist gut zu identifizieren ist, ist es nicht immer leicht festzustellen, woher die aus ihr bestehenden Steinchen stammen.

5.111 Cristobalit und Tridymit. In allen früheren Darstellungen, von denen hier nur einige aus neuerer Zeit zitiert werden sollen [*18*], sprach man von zwei Hochtemperaturmodifikationen der Kieselsäure, dem Cristobalit und dem Tridymit. Lange Zeit galt als feststehend, daß es sich

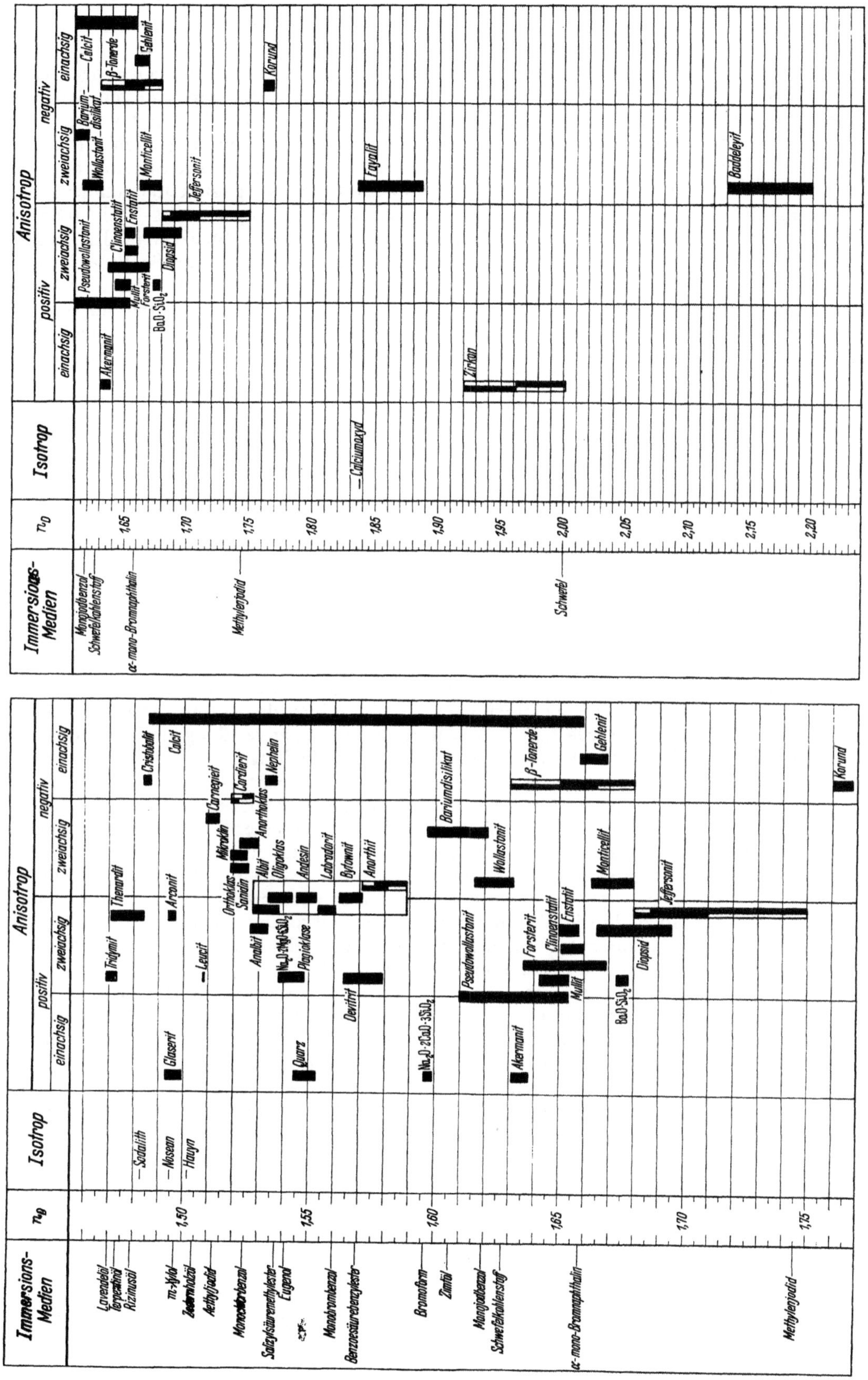

Abb. 312. Kristallarten der Tabelle 6 nach steigendem Brechungsindex geordnet

hierbei um zwei verschiedene Kristallarten handelt, die zwar chemisch gleich sind, aber unter verschiedenen Bedingungen auftreten bzw. sich ineinander umwandeln können, wenn die zu ihrer Ausbildung notwendigen Bedingungen herrschen [*19*].

Im Gegensatz dazu kam FLÖRKE [*20*] auf Grund von Röntgenstrukturuntersuchungen zu dem Schluß[1], „daß es nur zwei kristalline Kieselsäuremodifikationen gibt, wenn man von dem Coesit und der Faserkieselsäure absieht, nämlich *Quarz* und *Cristobalit*. Der Tridymit ist keine reine Kieselsäuremodifikation, sondern entsteht nur, ähnlich wie die „β-Tonerde" (s. Ziff. 5.122), wenn gewisse Mengen Fremdionen mit in das Gitter eingebaut werden können. Die Struktur des Tridymits ist nicht einheitlich, sondern es liegen auf Grund eines sehr komplizierten, eindimensionalen Fehlordnungsmechanismus zwischen der im hexagonalen Sinne gepackten 2-Schicht-Struktur (früher: Tridymit) und der im kubischen Sinne gepackten 3-Schicht-Struktur in den einzelnen Kriställchen verschiedene Strukturprinzipien nebeneinander vor, was die große Variationsbreite aller physikalischen Eigenschaften bedingt. „Tridymit" ist ein „Sackbegriff", der eine Vielzahl von kristallinen Ordnungszuständen umfaßt. Als „Cristobalit" sollen nur die Kristalle angesprochen werden, die zum überwiegenden Teil nach dem Prinzip der 3-Schicht-Ordnung aufgebaut sind. Durch diese Einschränkung kommt einem großen Teil der bisher als „Cristobalit" bezeichneten Kristallarten jetzt die Bezeichnung „Tridymit" zu."

Um im Rahmen unseres Buches zu bleiben, soll lediglich festgestellt werden, daß die Eigenschaften von Cristobalit und Tridymit in Abhängigkeit vom kristallinen Ordnungszustand schwanken können. Bei der Beschreibung der Eigenschaften sollen aber die Namen der altbekannten Kristallarten Cristobalit und Tridymit weiter verwendet werden, wobei es offen bleiben mag, ob es sich im Einzelfall um eine mehr oder weniger fehlgeordnete Struktur handelt, ob also weniger oder mehr Cristobalitanteile in einem Kristall vorhanden sind.

Reiner Cristobalit ist optisch einachsig negativ mit den Hauptbrechungsindizes $\omega = 1{,}487$ und $\varepsilon = 1{,}484$, die niedriger sind als die der meisten technischen Gläser mit Ausnahme einiger Borosilikatgläser. Die Doppelbrechung (0,003) ist schwach, was ein Erkennen der hier und da vorkommenden lamellaren Zwillinge erschwert.

Je mehr der Cristobalit durch Fremdioneneinwanderung tridymitisiert ist, um so niedriger wird die Lichtbrechung, wobei der optische Charakter nach zweiachsig positiv wechselt. Die niedrigsten Hauptbrechungsindizes, die bisher dem Tridymit zugeschrieben wurden, sind $n_\alpha = 1{,}469$, $n_\beta = 1{,}47$ und $n_\gamma = 1{,}473$. Die Doppelbrechung ist etwas größer als beim reinen Cristobalit. Bei senkrecht stehenden Tafeln, die wie Latten aussehen, ist eine negative Elongation zu beobachten. Der Tridymit zeigt häufig die für ihn typischen keilförmigen Zwillinge.

In Entglasungen ist die gewöhnliche Kristalltracht des Cristobalit in weniger fehlgeordnetem Zustand diejenige gezahnter Spieße (Dendrite), die den Wachstumsformen des regulären Kristallsystems entsprechen (Abb. 313a). Der Cristobalit kristallisiert bei seiner Bildung regulär (kubisch) und wandelt sich beim Abkühlen streng reversibel in die bei normaler Temperatur stabile tetragonale Form um. Ebenso ist es beim fehlgeordneten Cristobalit, dem Tridymit, der bei hoher Temperatur hexagonal und bei niedriger Temperatur rhombisch ist. Bei beiden hat die Umwandlung von der Hoch- in die Tiefmodifikation eine starke Dichtezunahme zur Folge. Da aber bei der Umwandlungstemperatur[2] das umgebende Glas bereits fest ist, hat die Zunahme der Dichte oft eine starke Sprungbildung zur Folge (Abb. 314a, b).

Oft sind die Spießkriställchen so eng gestaffelt, daß sie tannenbaumartig aussehen (Abb. 313c, d, e). TAYLOR u. HILL [*9*, hier Abb. 42] sprechen treffend von einem Stadtplanmuster („New York Pattern"). Die Seitenäste liegen sowohl im 90°- als auch im 60°-Winkel oft nebeneinander am gleichen Stamm an, wie sie vor allem FENNER [*19*] beschrieben hat. Solche Zwischenformen leiten dann schon hinüber zu den sechseckigen, farnkrautartigen Sternen, die entstehen, wenn die Tridymitisierung schon weiter fortgeschritten ist. Bei noch größerer Fehlordnung, also beim „reinen" Tridymit, zeigt sich die Kristallisation in hexagonalen Täfelchen (Abb. 314d). In Abb. 315 ist ein deutlich hexagonal begrenztes Wachstum von einer SiO_2-Kristallisation dargestellt, das von einem dichten Pelz feinster Cristobalitkristalle umgeben ist. Abb. 316 zeigt 9 Übergangsformen zwischen „reinem" Cristobalit und „reinem" Tridymit, wobei es offen bleiben mag, ob das erste kleine Bild wirklich Cristobalit zeigt, da ja nach der Erkenntnis von FLÖRKE in technischen Glasschmelzen Cristobalt nur als Kristallkeim bestehen kann.

---

[1] Die nachfolgenden Zeilen verdanken die Verfasser einer privaten Mitteilung von Herrn Dr. O. W. FLÖRKE.

[2] Die starken Streuungen der Werte, die bisher in der Literatur als Temperaturen für die Umwandlungen Hoch-/Tief-Cristobalit und Hoch-/Tief-Tridymit angegeben worden sind (Cristobalit: 180 bis 270°; Tridymit: 100 bis 150°; 140 bis 180° und 180 bis 220°), sind nach FLÖRKE [*20*] durch die verschiedenen Fehlordnungsgrade erklärlich.

In den soeben beschriebenen Kristallformen (Abb. 315) kann der Cristobalit oder Tridymit leicht mit anderen Kristallarten wie Pseudowollastonit oder Nephelin verwechselt werden, wenn man nicht seine niedrige Lichtbrechung beobachtet.

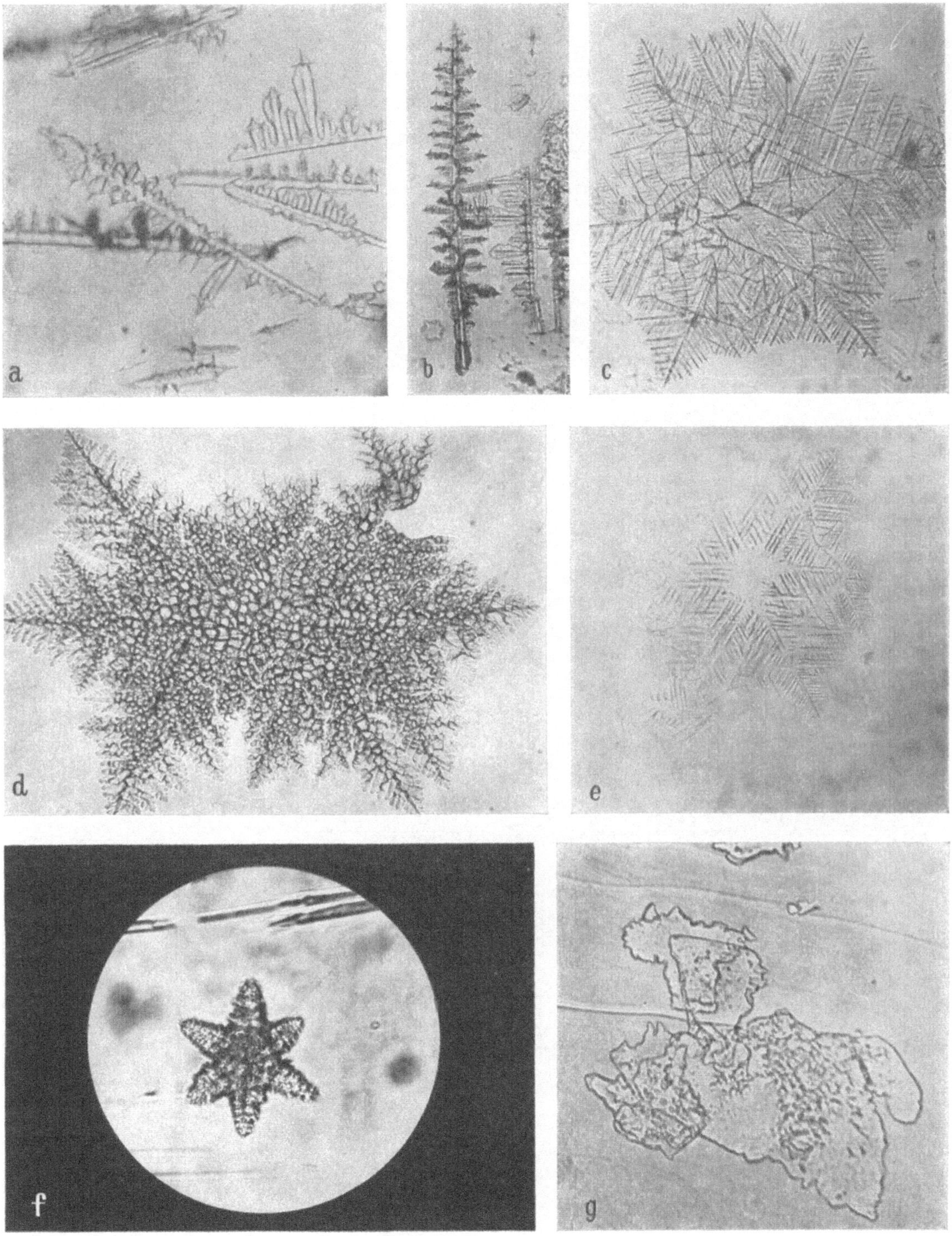

Abb. 313. Formen von Cristobalit und Tridymit: a) Gezahnte Spieße, b) Mit Torsionssprüngen, c), d), e) farnkrautartige Sterne, f) Spielart, g) Schollenbildung durch Überhitzung

Soviel über die Trachten bei Entglasungen. War die ursprüngliche Substanz eines Steinchens Quarz, so kann die Quarzkornform sehr wohl erhalten bleiben. Man kann die Umwandlung dann

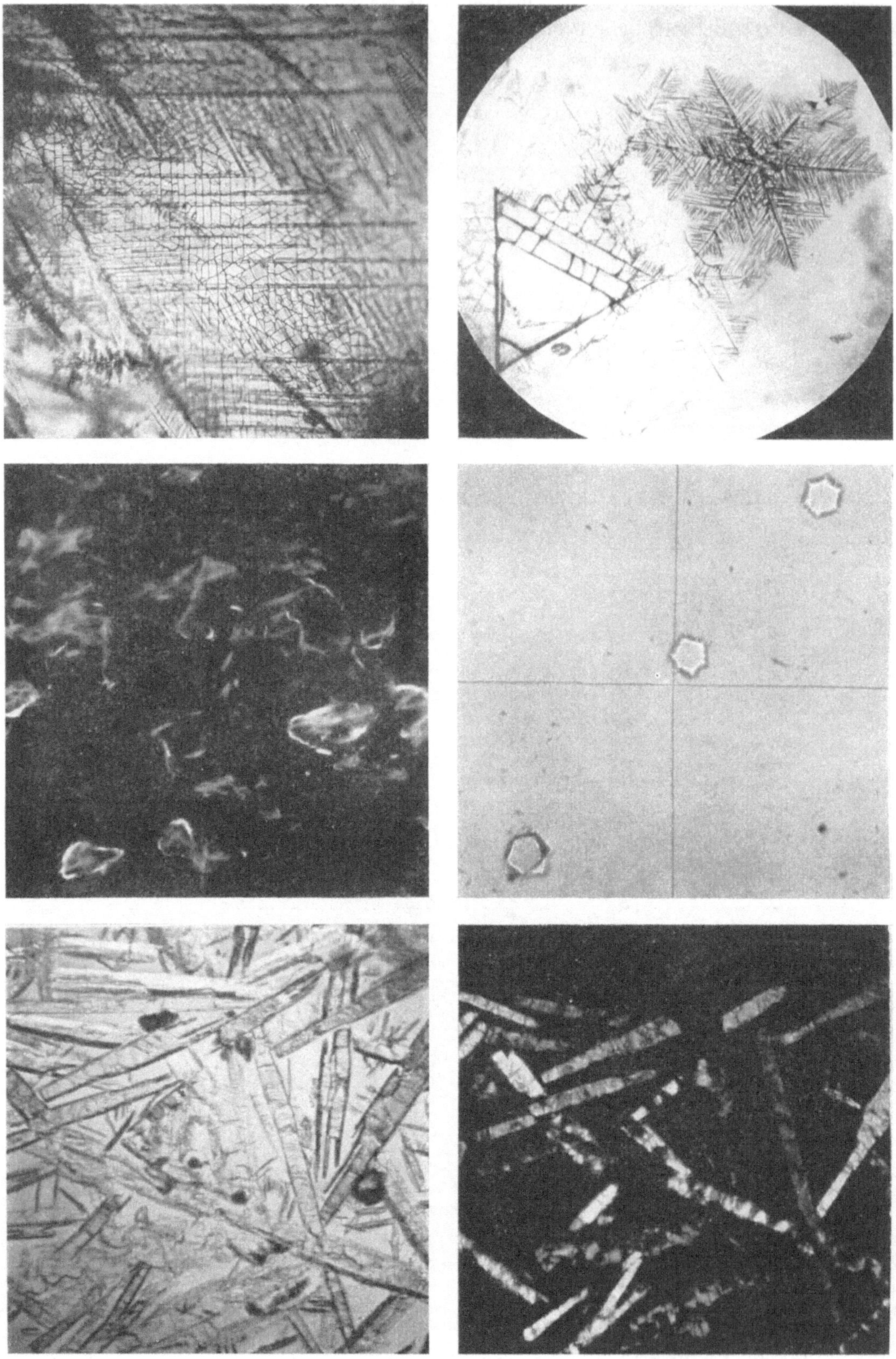

Abb. 314. Formen von Cristobalit und Tridymit: a), b) mit Sprungbildung, c) flockig ausgeschiedene Kieselsäure, d) tafelig, e), f) aus Silika

aber durch Bestimmung des Brechungsindex feststellen. Hier beobachtet man auch häufig, daß aus dem Quarzkorn Tridymitkristalle herauswachsen, was dem Steinchen ein nadelkissenartiges Aussehen gibt (Abb. 317).

5.112 Quarz SiO_2. Der Quarz ist die Niedertemperaturform der Kieselsäure. Sein Stabilitätsbereich reicht nach den neuesten Erkenntnissen [*20*] bis über 870°, wo er sich in Cristobalit umwandelt. Bei 573° findet eine streng reversible Umwandlung aus der α- in die β-Phase statt. Bei gewöhnlicher Temperatur liegt immer β-Quarz vor. Er ist optisch einachsig positiv und hat die Hauptbrechungsindizes $\omega = 1{,}544$ und $\varepsilon = 1{,}553$. Seine Doppelbrechung beträgt 0,009. Da Quarzkörner im Gegensatz zu den anderen meist dünnen Kristallausscheidungen oft die gesamte Dicke eines Dünnschliffes einnehmen, erscheint die Doppelbrechung wesentlich stärker als sie tatsächlich ist. In Steinchen hat Quarz zumeist die Form rundlicher Körner (Abb. 381); dies ist der Fall, wenn er aus dem Sand (Abb. 318) oder aus anderen Rohstoffen stammt, aber auch die Quarzkörner aus dem feuerfesten Material sind rundlich. Im Steinchen ist Quarz als Entglasung nur in Ausnahmefällen zu finden [*21*]. Man wird, wenn ein solcher gefunden wird, sorgfältig prüfen müssen, ob das Glas, aus dem Quarz als Entglasungsprodukt ausgeschieden wurde, wirklich vollständig geschmolzen war, oder ob nicht vielmehr in der Schmelze noch Quarzreste vorhanden waren. In neuerer Zeit fanden Dietzel u. Flörke [*22*], daß unter besonderen Bedingungen, die allerdings bei der technischen Glasherstellung nicht erreicht werden, Quarz auskristallisieren kann.

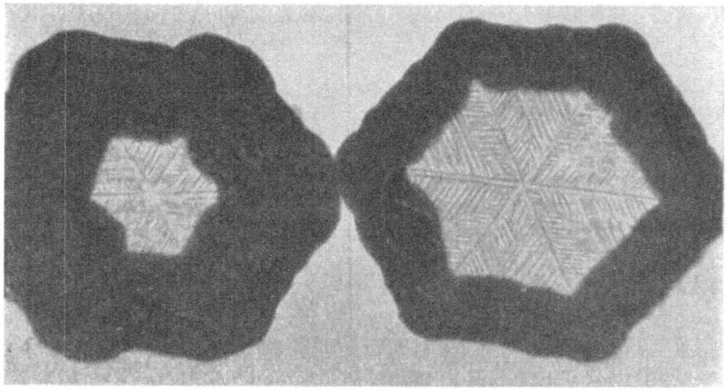

Abb. 315. Cristobalit mit Randkristallisation

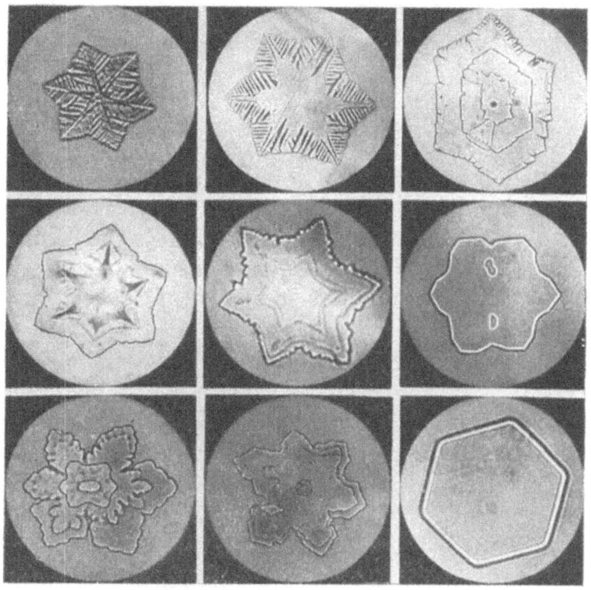

Abb. 316. Verschiedene Formen von Cristobalit und Tridymit

5.12 Tonerde

5.121 Korund (α-Tonerde) Al_2O_3. Der hexagonale Korund hat die Hauptbrechungsindizes $\omega = 1{,}768$ und $\varepsilon = 1{,}760$ (Doppelbrechung 0,008). Er ist einachsig negativ. Positive Elongation.

In Steinchen beobachtet man ihn entweder in Form von abgeschmolzenen rundlichen Körnern, die sich vom Quarz durch ihre wesentlich höhere Lichtbrechung und ihren optischen Charakter unterscheiden lassen, oder als dünne hexagonale Tafeln (Rekristallisationen). Während die primären rundlichen Körner aus dem ursprünglich hochtonerdehaltigen feuerfesten Material stammen, kann man die sekundären Rekristallisationen als Entglasungen aus den viel Tonerde enthaltenden Schlieren ansehen,

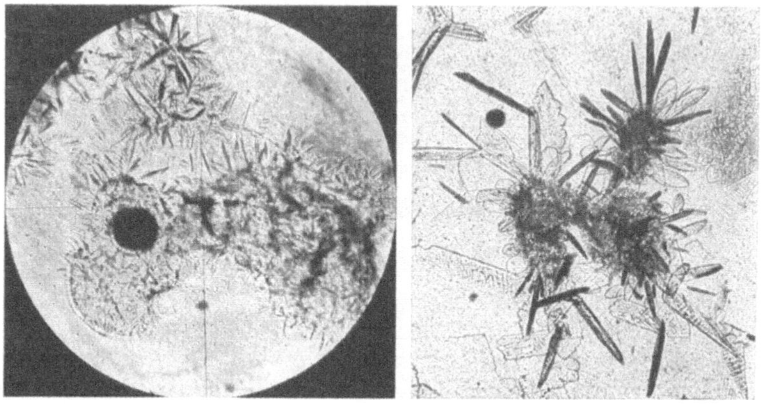

Abb. 317. Gemengesteinchen: Zum größten Teil umgewandelte Quarzkörner, aus denen Tridymite herauswachsen

die sich um ein einschmelzendes feuerfestes Steinchen bilden. Die Abb. 319 zeigt Korundrekristallisationen, in Abb. 319a größtenteils in der Draufsicht und in Abb. 319b größtenteils im Schnitt.

Auch diese Kristallart ist ihrer Tracht nach „getarnt", da man die Täfelchen ohne Beachtung des Reliefs oder Brechungsindex mit Tridymit oder, wenn sie wie in Abb. 319b senkrecht geschnitten sind, mit β-Wollastonit verwechseln kann. Diese Verwechslungen werden jedoch durch den Umstand erschwert, daß man nur relativ selten Steinchen findet, die einzig und allein aus Korund bestehen. Meist ist er mit Nephelin oder einem anderen Feldspatvertreter oder mit Mullit oder aber mit beiden vergesellschaftet. Auch die β-Tonerde kommt mit Korund zusammen vor.

Abb. 318. Quarz (Glasschmelzsand)

Die Quelle für Korund enthaltende Steinchen dürfte vorwiegend im tonerdehaltigen feuerfesten Material des Schmelzofens zu suchen sein. Als Entglasungsprodukt ist Korund äußerst selten anzutreffen, zumal Gläser mit der zu seiner Entstehung notwendigen Menge Al_2O_3 Sonderfälle darstellen.

5.122 β-Tonerde (Na_2O, K_2O) · 10—12 Al_2O_3. Wesentlich früher als bei der Kieselsäure stieß man bei der Tonerde auf eine Modifikation, die durch Einlagerung von Alkaliionen in das Korundgitter entsteht. Diese sog. β-Tonerde hat ein ähnliches hexagonales Aussehen wie der Korund. Allerdings sind die Tafeln oft größer und dünner als bei diesem. Der optische Charakter ist ebenfalls einachsig negativ. Unterscheiden kann man die β-Tonerde vom Korund durch ihre wesentlich stärkere Doppelbrechung (0,025 bis 0,045) und die etwas niedrigeren

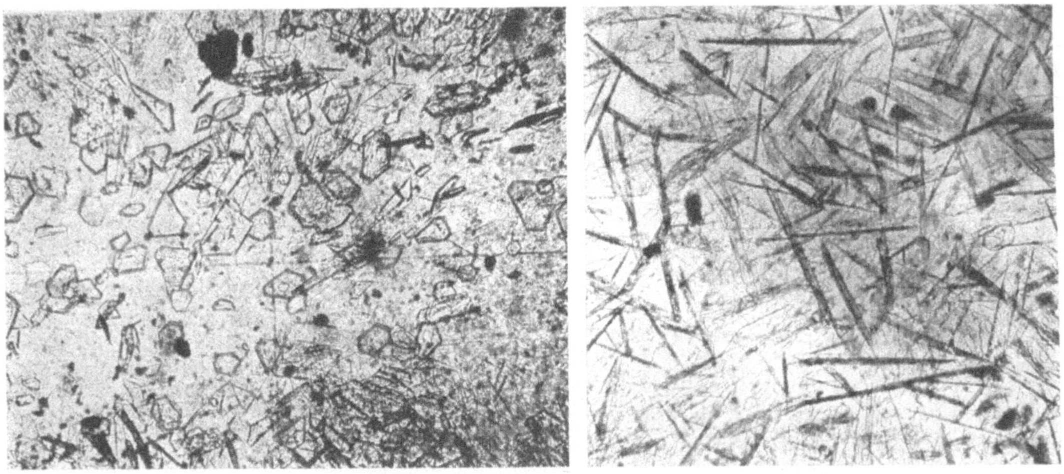

a b

Abb. 319. Korund-Rekristallisationen: a) größtenteils Aufsicht, b) größtenteils Schnitt

Hauptbrechungsindizes $\omega = 1{,}665$ bis $1{,}680$ und $\varepsilon = 1{,}63$ bis $1{,}65$. Diese Schwankung hängt vom Alkaligehalt ab. In Steinchen kann die β-Tonerde mit Korund und anderen Tonerdeverbindungen wie Mullit und Nephelin vorkommen.

Vom praktischen Gesichtspunkt ist es unwesentlich, zwischen Korund und β-Tonerde zu unterscheiden, da beide auf dieselbe Fehlerquelle, das tonerdehaltige ff. Material, hinweisen.

5.13 Baddeleyit ZrO_2 und Zirkon $ZrO_2 \cdot SiO_2$

In der Glasindustrie finden immer mehr hochfeuerfeste Materialien Verwendung, die Zirkoniumverbindungen enthalten, z. B. Corhart-Zac mit 30 bis 40% Zirkonoxyd, der aus Zirkonsand und Kaolin erschmolzen wird. Beim Abkühlen des gegossenen Blockes scheidet sich neben

Korund und Mullit Zirkonoxyd (Baddeleyit) ZrO_2 aus[1]. Werden diese Steine in einen Wannenofen eingebaut, dann muß man auch mit dem Auftreten dieses Minerals in Steinchen [23] rechnen, wenn das Material, durch irgendwelche widrigen Umstände veranlaßt, überhaupt Steinchen an die Schmelze abgibt. Trotz der großen Temperaturwechselempfindlichkeit der schmelzgegossenen zirkonhaltigen Steine ist es bei kontinuierlichem Wannenbetrieb unwahrscheinlich, daß Stücke

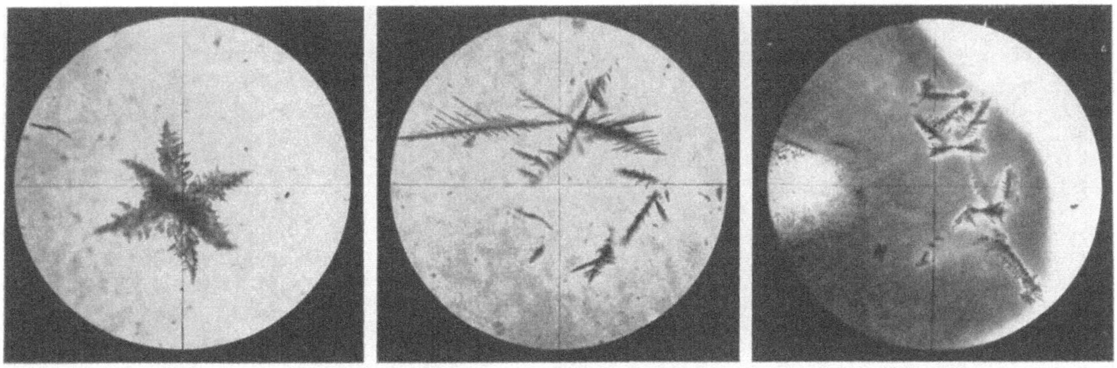

a b c

Abb. 320. Baddeleyit-(Zirkondioxyd-)Rekristallisationen aus Steinchen von zirkonhaltigem feuerfesten Material, c) in nephelitischer Grundmasse

des ursprünglichen Materials abbrechen und so als Steinchen in das Erzeugnis gelangen. In diesem Fall müßte man neben Zirkonoxyd auch Korund oder Mullit in primärer Form finden. Vielmehr ist die Reaktionszone zwischen feuerfestem Material und Glas zur Steinchenbildung befähigt. Hier finden wir in Knoten ausgeschiedene Zirkonoxyd-Rekristallisationen (Abb. 320a, b) oder auch dieselbe Kristallart in Nephelin – dem Reaktionsprodukt aus Kalk-Natron-Glas und tonerdehaltigem ff. Material – eingebettet (Abb. 320c).

Wie die Abb. 320a, b, c zeigen, kristallisiert Baddeleyit in Dendriten. Seine Hauptbrechungsindizes sind $n_\alpha = 2{,}13$, $n_\beta = 2{,}19$ und $n_\gamma = 2{,}20$. Er ist zweiachsig negativ mit dem Achsenwinkel 30°. Durch die hohe Lichtbrechung und die sehr starke Doppelbrechung (0,07) ist er leicht von allen anderen Kristallarten, die in dendritischer Form kristallisieren, zu unterscheiden. Die Auslöschungsschiefe beträgt bis zu 35°.

Auch der optisch einachsig positive Zirkon hat hohe Lichtbrechung und starke Doppelbrechung: $\omega = 1{,}920$ bis 1,960 und $\varepsilon = 1{,}96$ bis 2,02 (Doppelbrechung = 0,04 bis 0,06). Er zeigt sich in Form von rundlichen Körnern, die an Quarz erinnern, aber wegen des starken Reliefs nicht damit verwechselt werden können.

Mit dem Baddeleyit sei die Beschreibung der häufiger in Glassteinchen vorkommenden Einstoffsysteme abgeschlossen. Der Zirkon führt bereits hinüber zu den *Zweistoffsystemen.*

5.14 Calcium-Silikate

5.141 α-Wollastonit (Pseudowollastonit) $CaO \cdot SiO^2$. Im Dreistoffsystem Na_2O–CaO–SiO_2 liegt das Gebiet der industriell brauchbaren Gläser in der Nähe des Gleichgewichtsfeldes, das den Kristallarten Wollastonit und Devitrit zugeordnet ist.

Oberhalb von 1180° ist der α- oder Pseudowollastonit beständig. Man findet ihn in langsam erstarrten Schmelzflüssen, wie es öfters große Glaswanneninhalte sind, mitunter in Form sechseckiger schneeweißer Plättchen, die sich im Schnitt nach der Mitte zu in eine klare Masse verwandeln, die ein Loch vortäuschen kann. In Abb. 321a ist er an vereinzelten, wohlausgebildeten Exemplaren an dem Brocken einer Tafelglaswanne zu sehen, kann aber auch als dichtes Haufwerk in farbigem Flaschenglas auftreten. Die natürliche Größe der Plättchen beträgt 2 bis 6 mm. Zwei besonders schöne Pseudowollastonitentglasungen, die aus einem kalkreichen Sonderglas stammen, zeigt Abb. 322 in natürlicher Größe. Die großen Kristallaggregate zeigen sich bei mikroskopischer Betrachtung aus kleinen hexagonalen Täfelchen aufgebaut. Eine Identifizierung ist oft erst am Dünnschliff möglich, da die Ähnlichkeit mit der äußeren Erscheinungsform von Cristobalit (oder Tridymit) mit Randkristallisation (Abb. 315) zur Vorsicht mahnt. Der Dünnschliff (Abb. 321b) zeigt deutlich den mehrfach wiederkehrenden Winkel von 120° und löst den Kristall in dach-

[1] Das Zirkonsilikat zerfällt bei 1630° in $ZrO_2 + SiO_2$. Die Kieselsäure geht in die Glasphase des Steines über.

ziegelförmig sich abdeckende Lamellen von farnkrautartigen Kristalliten auf. Ihr in bezug auf das umgebende Glas hoher Brechungsindex unterscheidet sie äußerlich von den schon beschriebenen Trachten des Cristobalit oder Tridymit. Diese Kristallart scheint für den laufenden Betrieb nicht ganz so selten zu sein, wie angenommen wurde. Wegen der Vielgestaltigkeit der Erscheinungsform mag man sie vielleicht nicht einheitlich bewertet haben.

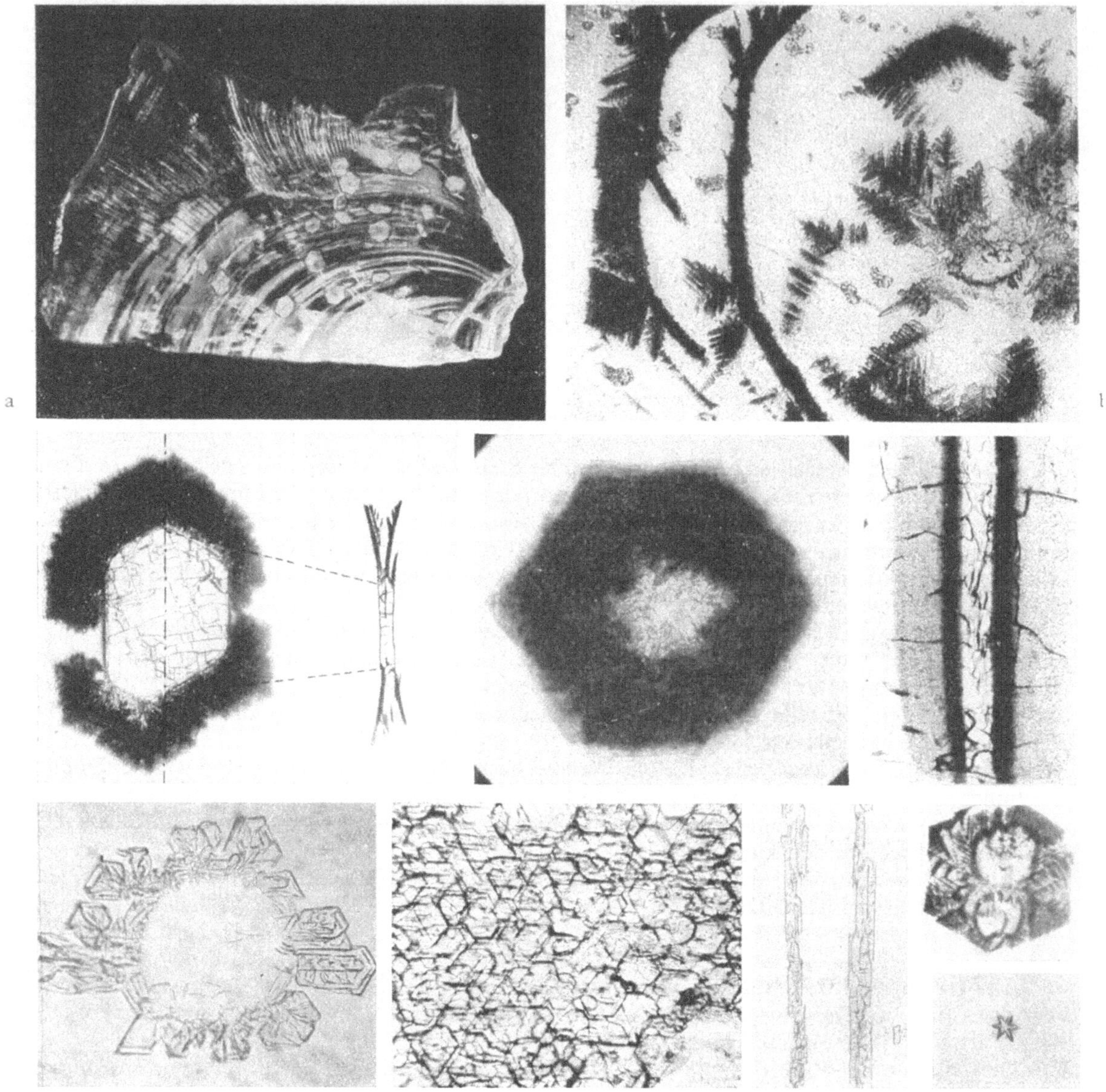

Abb. 321. Kristalltracht des Pseudowollastonit: a) Sechseckige Täfelchen, b) Dünnschliff davon. Übrige Einzelbilder nach Bellière [24]

Der Pseudowollastonit ist einachsig positiv mit den Hauptbrechungsindizes $\omega = 1{,}610$ und $\varepsilon = 1{,}654$. Die sehr starke Doppelbrechung beträgt 0,044. Seine Elongation (bei schräg oder senkrecht geschnittenen Tafeln) ist negativ. Wenn soeben von dem einachsig positiven Charakter des Pseudowollastonits gesprochen wurde, dann sei hier angefügt, daß er in Wirklichkeit zweiachsig positiv ist, mit einem sehr kleinen Achsenwinkel. Er wirkt deshalb im Konoskop als einachsig.

Wichtig ist die Mitteilung von Bellière [24], daß bei einer Züchtung von $CaO \cdot SiO_2$-Kristallen in Glas die bei höherer Temperatur entstandenen α-Kristalle den sich später, unter 1180°, bildenden der β-Modifikation *nicht* als Impfmittel dienen. Die Kristallisation der einen Modifikation setzt also in anderen Kernen ein als die der anderen. Die eine scheint nicht imstande zu sein, dem Glas das Gitter der anderen aufzuzwingen, was bei verschiedener Kristallformation auch verständlich ist. Für die Beurteilung der Impfwirkung in der Tiefe von Wannen zweifellos vorhandener „permanenter“ Entglasungen auf die vorüberströmende Glasmasse ist diese Tatsache von gewisser praktischer Bedeutung.

5.142 β-Wollastonit $CaO \cdot SiO_2$. Die Niedertemperaturform des Calciummetasilikates, der β-Wollastonit, erscheint meist in Form von mehr oder weniger derben bis feinen Nadeln, die in Wirklichkeit

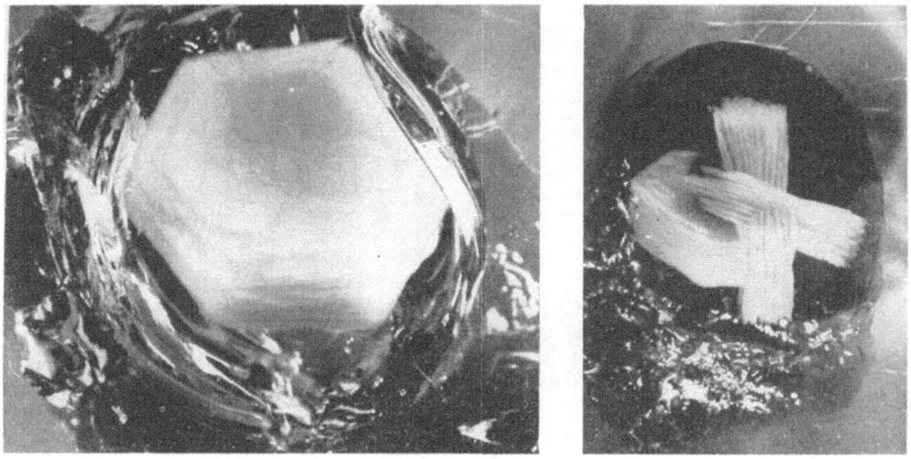

Abb. 322. Pseudowollastonit-Entglasung aus einem kalkreichen Glas (natürliche Größe)

Prismen sind. Ihre an den Schmalseiten oft typischen Anfressungserscheinungen (s. Nebenbild Abb. 324a) geben einen weiteren, allerdings nur äußerlichen Anhaltspunkt für die Kristalltracht des Wollastonits. Die Nadeln können sich auch in sphärolithischer Form ausscheiden (Abb. 324d).

Optisch ist der β-Wollastonit folgendermaßen zu identifizieren: Er kristallisiert monoklin, ist daher optisch zweiachsig mit negativem Charakter und dem Achsenwinkel 40°. Die Hauptbrechungsindizes sind $n_\alpha = 1{,}616$, $n_\beta = 1{,}629$ und $n_\gamma = 1{,}631$. Die Doppelbrechung 0,015 ist mäßig. Ein für den β-Wollastonit typisches Charakteristikum ist seine Elongation, die sowohl positiv als auch negativ sein kann. Das beruht darauf, daß die kristallographische c-Achse beim Wollastonit nicht wie in vielen Fällen mit der Richtung des langsamen Strahles (n_γ) zusammenfällt, sondern senkrecht dazu steht. Die kristallographische c-Achse fällt mit n_β zusammen.

Da nicht immer ein mineralogisches Mikroskop zur Verfügung steht, erscheint es nicht überflüssig, darauf hinzuweisen, daß selbst sehr feine Kristalle, die für das Auge kaum sichtbar sind, im Spannungsprüfer mit Rot-I. Ordnung deutlich gelb oder blau (je nach Lage) aufleuchten.

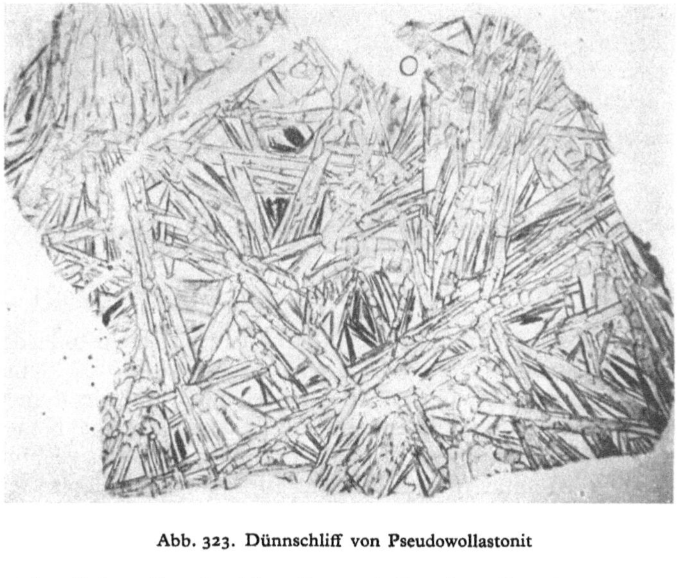

Abb. 323. Dünnschliff von Pseudowollastonit

Als besonderer Fall scheint Abb. 324b erwähnenswert. Hier liegt ein derbes β-$CaSiO_3$-Prisma vor, das in der Mitte eine taillenartige Einschnürung zeigt. Diese erweist sich bei der Untersuchung als isotrop, hat also nichts mit dem Kristall zu tun. Der Kristall wurde gewaltsam zerrissen, als das Glas schon zu zäh war, um in die entstehende Lücke einzudringen. Es entstand unter dem Einfluß der Zugkräfte eine Vakuumblase, die nur unvollkommen von dem Glas ausgefüllt wurde. Eine solche Erscheinung läuft meist mit einer nachträglichen Erhitzung des Glasbezirkes einher, so daß sich später von der Bruchstelle zugleich Schlieren abziehen (vgl. Abb. 324c) und die stattgefundene Erhitzung verraten.

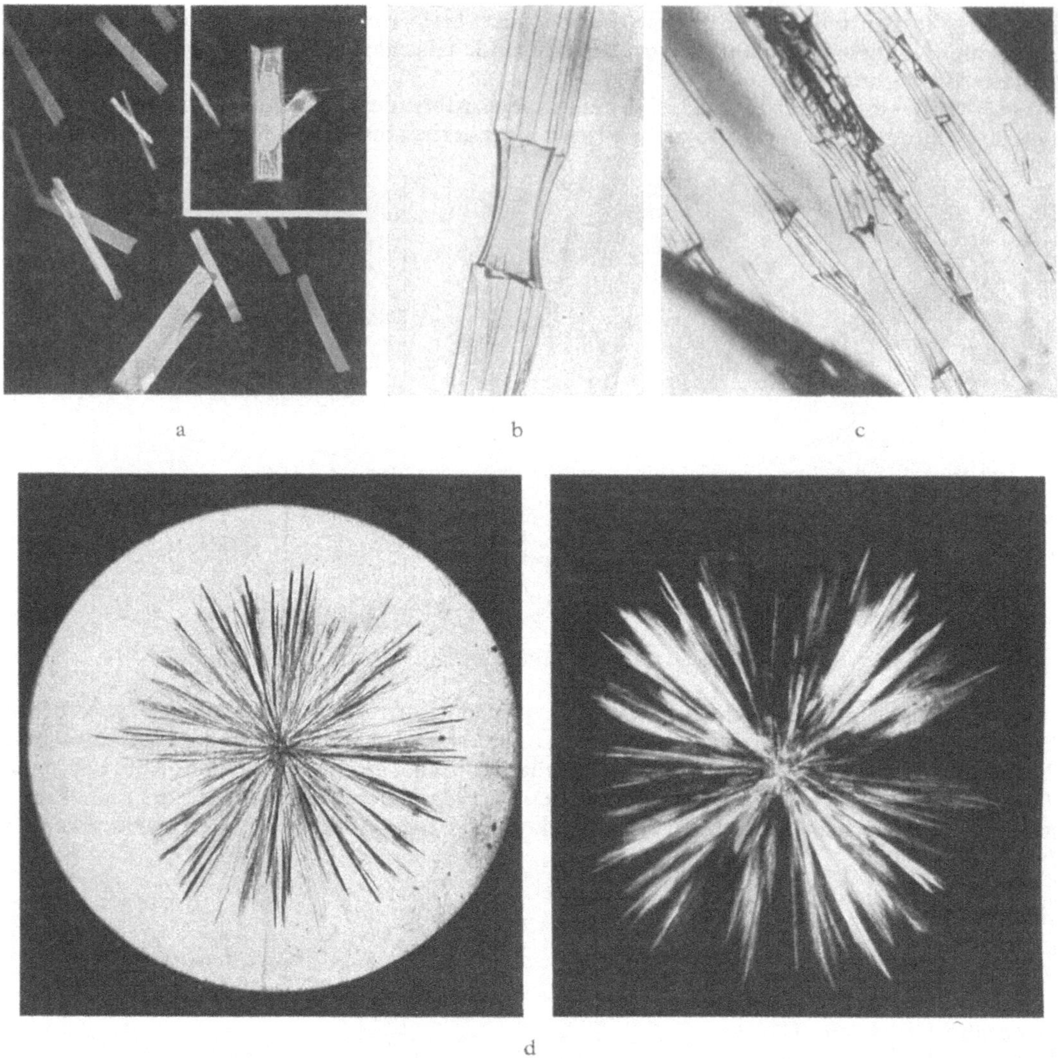

Abb. 324. β-Wollastonit: a) derbe Balken, b) einzeln zerrissen, c) Gruppe, überhitzt und zerrissen, d) in sphärolithischer Ausführung (50fach)

5.15 Mullit $3 Al_2O_3 \cdot 2 SiO_2$

Mullit, ein Aluminiumsilikat, kommt in fast allen tonerdehaltigen feuerfesten Steinen vor. In Schamottesteinen ist er jedoch aber meist nur in so kleinen Kristallen vorhanden, daß seine Identifizierung sehr schwer ist. In Steinchen, die aus dem tonerdehaltigen feuerfesten Material stammen, liegt der Mullit oft in Form langer dünner Nadeln vor, die sich durch ihre starke Doppelbrechung verraten (Abb. 325a). In elektrisch geschmolzenen feuerfesten Materialien sind sehr große Mullitkristalle bis herauf zu 2 bis 3 cm Länge vorhanden. Diese können leicht identifiziert werden, und dabei zeigt es sich auch, daß die Nadeln eigentlich Prismen sind.

Mullit ist zweiachsig positiv mit $n_\alpha = 1{,}642$, $n_\beta = 1{,}644$ und $n_\gamma = 1{,}654$. Positive Elongation.

Vergesellschaftet ist der Mullit oft mit Nephelin, Carnegieit, Leucit oder aber bei einem Ursprung aus ff. Material mit mehr Al_2O_3 auch mit Korund oder β-Tonerde.

Wie schon erwähnt, ist der Ursprung von Steinchen mit Mullitkristallen in der Hauptsache im feuerfesten Material zu suchen. Man findet aber auch, allerdings sehr selten, Mullite als Entglasungen aus hochtonerdehaltigen Gläsern (Abb. 325b).

5.16 Bariumsilikate

Die Bariumsilikate treten als Entglasungsprodukte in Glasschmelzen auf, die wesentliche Mengen BaO enthalten, wie es bei vielen optischen Gläsern der Fall ist.

Hier kommt in der Hauptsache eine Verbindung in Frage, das Bariumdisilikat $BaO \cdot 2\,SiO_2$. Es hat die Form faseriger Büschel oder rhombenförmiger oder hexagonaler Tafeln (Abb. 379). Oft sind die rhombenförmigen Kristalle, wie durch HOLLAND u. PRESTON [4] festgestellt wurde, von einem

a b

Abb. 325. Mullit (gekreuzte Nicols): a) aus der Reaktionszone ff. Material/Glas, b) Entglasung eines Glases mit über 30% Al_2O_3

Saum kleiner Kristalle umgeben, so daß sie in der Mitte hohl erscheinen, wenn man sie nicht zwischen gekreuzten Nicols ansieht.

Die optisch zweiachsig negativen Kristalle des Bariumdisilikats haben die Hauptbrechungsindizes $n_\alpha = 1{,}597$, $n_\beta = 1{,}612$ und $n_\gamma = 1{,}621$, also eine mäßig starke Doppelbrechung. Ihre Elongation ist negativ. Sie löschen das Licht parallel aus.

WINCHELL [17] fand für die Brechungsindizes des Bariumdisilikats in optischen Gläsern $n_\alpha = 1{,}595$ und $n_\gamma = 1{,}613$. Diese Abweichung ist vielleicht auf einen Gehalt an $K_2O \cdot 2\,SiO_2$ zurückzuführen.

Die optischen Daten anderer, hin und wieder in Entglasungen gefundener Bariumsilikate sind der Tab. 4 und Abb. 312 zu entnehmen.

5.17 Galle

Enthält die Glasschmelze mehr Sulfat, als sie gelöst halten kann, so scheidet sich dies als Galle in Form von Alkalisulfat aus und gelangt auch so in das Erzeugnis. In den Galleblasen ist während der Verarbeitung das Alkalisulfat noch flüssig, kristallisiert aber bei der Abkühlung aus. Die Blasen erscheinen trüb und zeigen unter dem Mikroskop ein typisches Aussehen (s. Ziff. 7.1 S. 170 u. die dortigen Abb.). Abgesehen von diesem an sich schon sicheren Nachweis kann man die Galle auch chemisch identifizieren. Die Alkalisulfate sind wasserlöslich und ergeben mit Bariumchlorid den Bariumsulfatniederschlag.

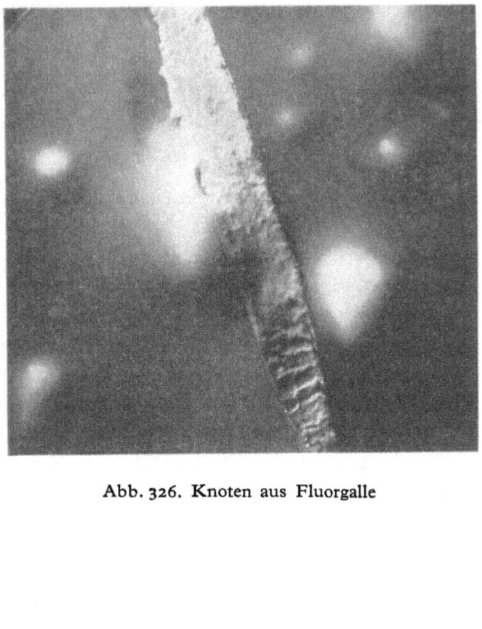

Abb. 326. Knoten aus Fluorgalle

Als Kristallprodukte in den Galleblasen kommen mehrere Verbindungen in Frage.

Die häufigste Kristallart dürfte der Thenardit Na_2SO_4 sein. Er ist zweiachsig positiv mit $n_\alpha = 1{,}471$, $n_\beta = 1{,}477$ und $n_\gamma = 1{,}484$; $n_\gamma - n_\alpha = 0{,}013$.

In Kaligläsern kristallisiert analog der Arcanit K_2SO_4 aus. Seine optischen Daten sind: zweiachsig positiv, $n_\alpha = 1{,}493$, $n_\beta = 1{,}494$ und $n_\gamma = 1{,}497$; $n_\gamma - n_\alpha = 0{,}004$.

Eine weitere interessierende Kristallart in Galleblasen wurde von KÖPPEN u. WICKERT [25(a)] beschrieben, der Glaserit, eine Mischkristallisation aus Arcanit und Thenardit. Ihm wird meist die Formel $3\,K_2SO_4 \cdot Na_2SO_4$ zugeschrieben, wobei die Zusammensetzung etwas schwanken kann. Dies zeigt sich in der Lichtbrechung, für die bei dem im übrigen optisch einachsig positiven Glaserit folgende Werte angegeben werden: $\omega = 1{,}487$ bis 1,491 und $\varepsilon = 1{,}492$ bis 1,499.

Die bisher besprochenen Kristallarten, aus denen die Galle bestehen kann, enthalten alle Sulfat. Aber auch andere Ausscheidungen auf der Glasschmelze, die als Knoten im Fertigprodukt erscheinen können, werden als Galle bezeichnet. Als Beispiel sei hier die Fluorgalle angeführt (Abb. 326), die JOCHMANN [*25*(b)] beschrieben hat und die kein Sulfat enthält. Sie kann natürlich nur in durch Fluor getrübten Gläsern auftreten.

5.2 Drei- und Mehrstoffsysteme

In den folgenden Ziffern werden Drei- und Mehrstoffsysteme behandelt, die als Kristallarten in Steinchen von Interesse sind. Es wird unterschieden zwischen Feldspatvertretern (Feldspatoiden) und Feldspäten. Beide sind Alkali-Tonerde-Silikate, die auch Calcium enthalten können (Plagioklase). Der Unterschied zwischen beiden besteht in dem größeren Kieselsäuregehalt der Feldspäte.

Zu den hier besprochenen Feldspatoiden gehören Carnegieit, Nephelin, Leucit und das in Glasfehlern öfters vorkommende Glied der Sodalithgruppe, der Nosean. Daran schließen sich die Feldspäte an. Zum Schluß werden dann einige andere Kristallarten behandelt, die in Steinchen identifiziert werden können.

5.21 Feldspatvertreter

5.211 Carnegieit $Na_2O \cdot Al_2O_3 \cdot 2\,SiO_2$. Die trikline Hochtemperaturform des Feldspatoids $Na_2O \cdot Al_2O_3 \cdot 2\,SiO_2$ ist unter dem Namen Carnegieit bekannt. Er ist zweiachsig negativ mit einem kleinen Achsenwinkel (12 bis 15°) und den Hauptbrechungsindizes $n_\alpha = 1{,}509$, $n_\beta = 1{,}514-$ und $n_\gamma = 1{,}514$. Die Doppelbrechung ist also schwach. Typisch für den Carnegieit (allerdings nicht für ihn allein) sind die komplexen lamellaren Zwillinge, die asymmetrisch auslöschen. Da der Brechungsindex nur sehr wenig niedriger als der eines gewöhnlichen Kalk-Natron-Glases ist, hat der Carnegieit ein sehr schwaches Relief.

Findet man in Steinchen Carnegieit, so ist es ziemlich wahrscheinlich, daß diese Steinchen ihren Ursprung im tonerdehaltigen feuerfesten Material haben, genauer gesagt in tonerdehaltigen feuerfesten Steinen, die mit der natronhaltigen Glasschmelze reagieren können. Aber auch tonerdehaltige feuerfeste Steine oberhalb des Glasspiegels können Carnegieit bilden; diesmal allerdings durch verdampfendes oder verstaubendes Gemenge.

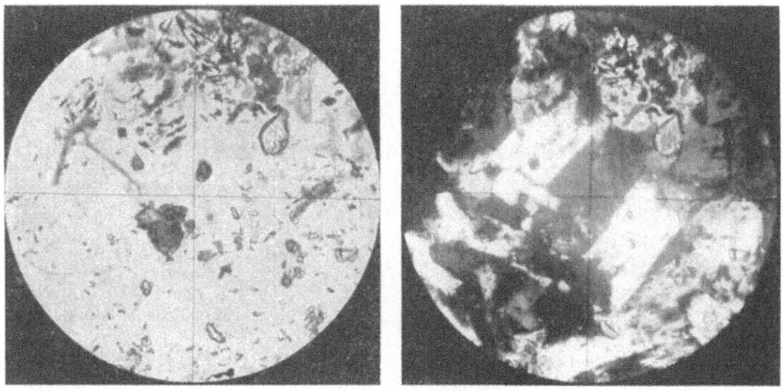

a b

Abb. 327. Dünnschliff eines Steinchens mit Carnegieit, Nephelin und Korund. b) + Nicols

Die Form des Carnegieits ist zumeist dendritisch mit den oben erwähnten lamellaren Zwillingen. Rein visuell ist er mit Cristobalit oder Nephelin zu verwechseln, kann aber durch Brechungsindex (Cristobalit niedriger, Nephelin höher) und Achsenbild von diesen – die beide einachsig negativ sind – unterschieden werden.

Wie schwach das Relief des Carnegieit ist, d.h. wie wenig sich sein Brechungsindex von dem des umgebenden Glases unterscheidet, zeigt die Abb. 327 eines Dünnschliffes von einem Steinchen im Glas, das neben Carnegieit Korund und Nephelin zeigt, Abb. 327a im gewöhnlichen Licht, Abb. 327b zwischen gekreuzten Nicols. Carnegieit sind die großen hellen Flächen in Abb. 327b, die in Abb. 327a kaum zu erkennen sind.

Soeben wurden schon die Kristallarten genannt, mit denen Carnegieit zusammen vorkommen kann. Außer Nephelin und Korund sind dies noch β-Tonerde und Mullit.

5.212 Nephelin $Na_2O \cdot Al_2O_3 \cdot 2\,SiO_2$. Der Nephelin ist die hexagonale Niedertemperaturform des Feldspatvertreters $Na_2O \cdot Al_2O_3 \cdot 2\,SiO_2$, die häufigste Kristallart in Steinchen aus feuerfestem Material. Aber auch Steinchen aus tonerdehaltigen Rohstoffen wie z.B. Phonolith oder andere Eruptivgesteine können Nephelinkristalle zeigen. Die optischen Daten des Nephelin sind: einachsig negativ mit $\omega = 1{,}537$ und $\varepsilon = 1{,}533$, schwacher Doppelbrechung (0,004) und – bei Prismen – negativer Elongation und gerader Auslöschung.

Die trüben, durchscheinenden Säume, die man oft um (feuerfeste) Steinchen findet, bestehen häufig aus Nephelin. Hierzu bringt die Abb. 328 ein Beispiel. An dieser erkennt man auch das sehr schwache Relief, das eine Nephelinkristallisation in einem gewöhnlichen Kalk-Natron-Glas zeigt, hervorgerufen durch die nur wenig voneinander abweichenden Brechungsindizes. Die in Abb. 328 gezeigte Nephelintracht wird durch Abb. 329a deutlicher gemacht. Man kann sie vielleicht als Pflasterstruktur bezeichnen. Die hexagonalen Prismen des Nephelin sind übereinander geschichtet und bilden Dendrite, die beim Drehen zwischen gekreuzten Nicols fleckenweise auslöschen. Oft sind die nephelitischen Säume durch Eisen braun gefärbt.

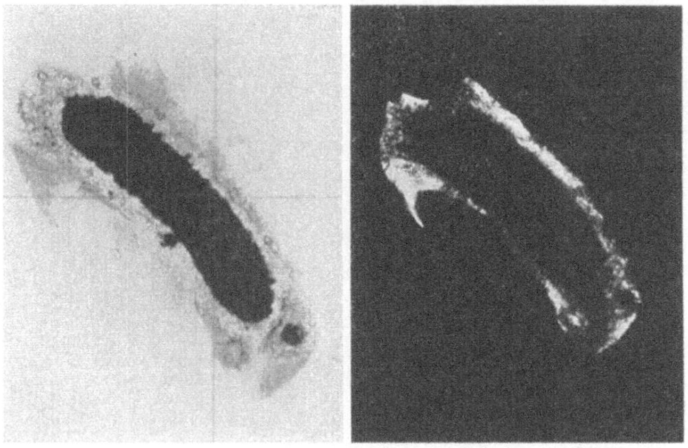

a b

Abb. 328. Tonerdehaltiges feuerfestes Steinchen mit Nephelin-Randkristallisation b) + Nicols (zeichnerisch verstärkt)

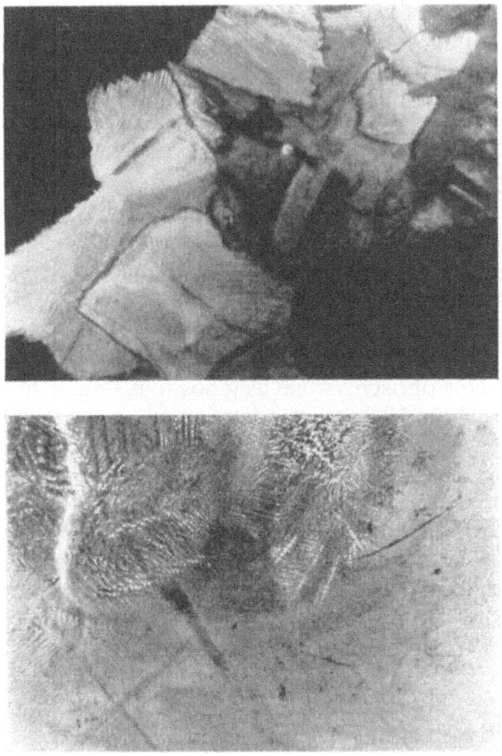

a

b

Abb. 329. Nephelinkristalle. a) + Nicols

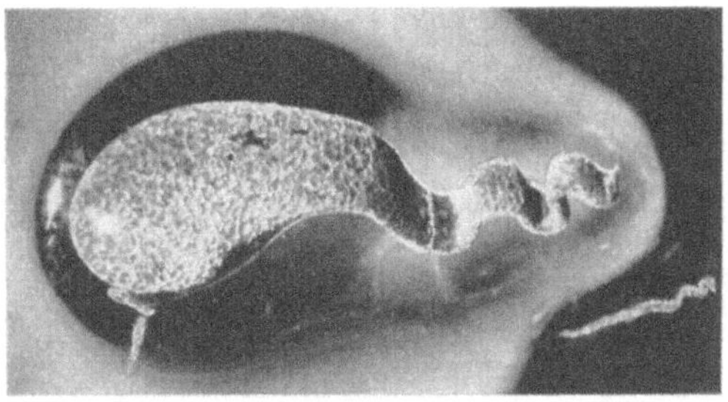

Abb. 330. Nephelin-„Wurm" (Kaulquappe)

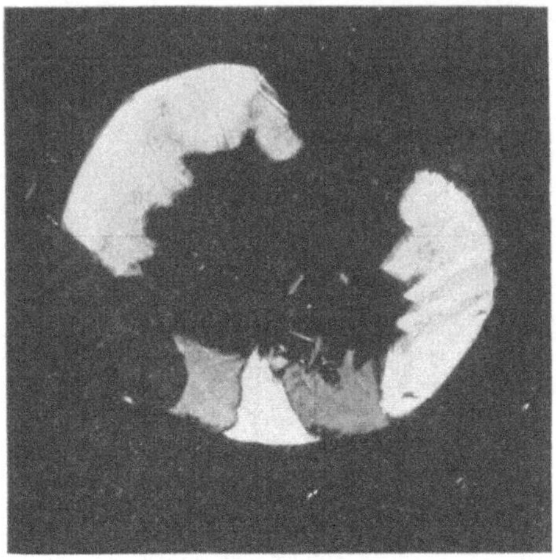

Abb. 331. Nephelin-Ausscheidungen aus einem braunen Schamottetropfen (+ Nicols)

Eine ebenfalls nicht seltene Form des Nephelins sind die sog. „Würmer", entglaste Tropfen aus abgeschmolzenem tonerdehaltigem ff. Material [26] (Abb. 330 u. 331).

Der Nephelin kann begleitet werden von Carnegieit, Leucit, Mullit und Korund oder β-Tonerde.

Wegen seiner verschiedenen Tracht ist der Nephelin leicht mit verschiedenen anderen Kristallarten zu verwechseln. Man unterscheidet ihn in seiner dendritischen Form von Tridymit und Cristobalit durch den Brechungsindex. Vom Korund unterscheidet man den hexagonalen Nephelin durch das schwache Relief und in Prismenform von Wollastonit oder Mullit durch Relief und Achsenbild.

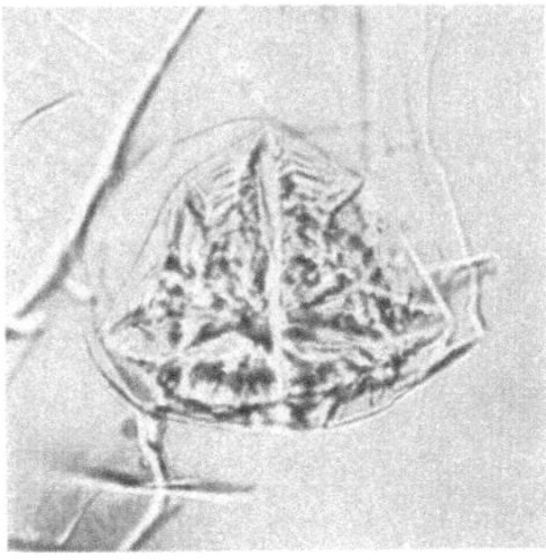

Abb. 332. Leucit-Entglasung aus einem Phonolithglas (345 ×) (Aufnahme von Frau Dipl.-Ing. N. KÖPPEN)

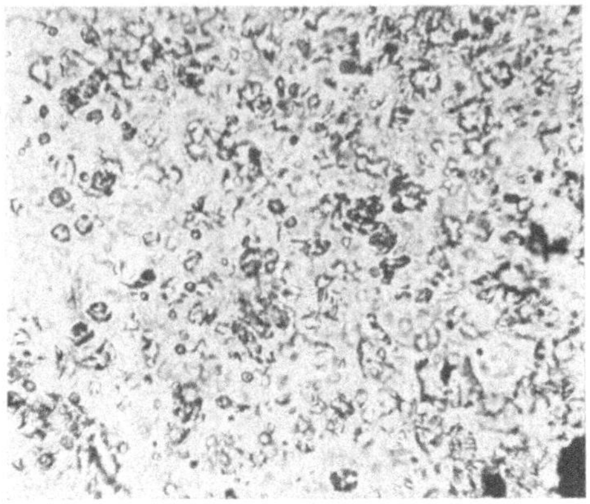

Abb. 333. Leucit aus einem Phonolithsteinchen (144 ×) (Aufnahme von Frau Dipl.-Ing. N. KÖPPEN)

5.213 Leucit $K_2O \cdot Al_2O_3 \cdot 4\,SiO_2$. Ein anderer Feldspatoid, der hier von Interesse ist, kann überall dort auftreten, wo Kaligläser mit Tonerde angereichert werden, also z.B. beim Angriff von Blei-Kali-Glas auf ff. Material. Aber auch die Verwendung von Rohstoffen, die zur Einführung von Tonerde dienen und Kalium enthalten wie Phonolith, schließt die Möglichkeit ein, Leucit in Steinchen zu finden. Einen Leucitkristall aus einem aus Phonolith erschmolzenen und dann entglasten Glas bringt Abb. 332[1]. Er zeigt dendritartige Struktur. Eine andere, häufigere Form ist in Abb. 333 zu sehen, nämlich hexagonale Täfelchen. Leucit tritt manchmal gemeinschaftlich mit Nephelin auf. Das hier gezeigte Steinchen war aus zu grobem Phonolith entstanden, der infolge falscher Feuerführung zu schnell, d.h. ohne sich auflösen zu können, durch die Wanne gewandert war.

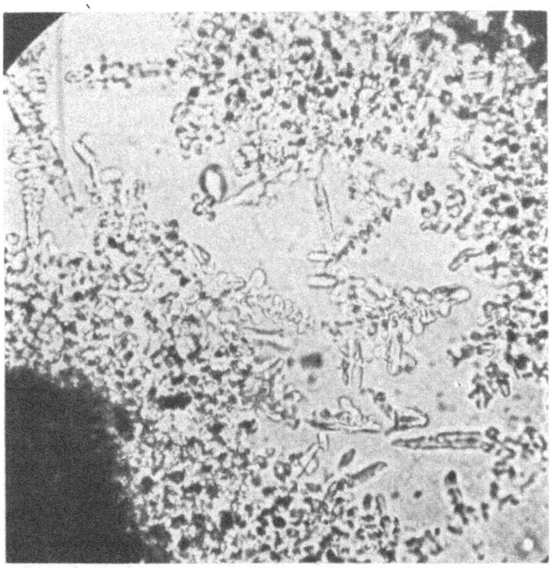

Abb. 334. Dendritartiger Nosean im Glas neben Schamottesteinchen. Durchsichtige körnige Noseanzone und undurchsichtiger Mullitfilz (auf der Abb. schwarz) (360 ×) (Aufnahme von Frau Dipl.-Ing. N. KÖPPEN)

Der optisch zweiachsig positive Leucit hat die Hauptbrechungsindizes $n_\alpha = n_\beta = 1{,}508$ und $n_\gamma = 1{,}509$ mit sehr kleinem Achsenwinkel. Wegen der geringen Doppelbrechung sieht Leucit zwischen gekreuzten Nicols fast isotrop aus. Komplexe lamellare Zwillinge sind häufig, aber nur sehr schlecht erkennbar, besonders, wenn kein Rot-I zur Verfügung steht.

Der Brechungsindex des Leucit liegt deutlich niedriger als der der Blei-Kali-Gläser, in denen er manchmal gefunden wird. Daher müßte man ein deutliches Relief erwarten. Das muß aber nicht unbedingt der Fall sein, da das Glas unmittelbar um die Kristalle herum eine ganz andere Zusammensetzung haben kann als das Grundglas. Sind z.B. die Kristalle von einem stark kieselsäurehaltigen Glas umgeben, wie es durch Auflösung von saurem Hafenmaterial entsteht, so kann das Relief alles andere als gut sein.

[1] Wir verdanken die Leucitaufnahmen Frau Dipl.-Ing. N. KÖPPEN.

Weitere Bilder von Leucit sind in der Monographie von TAYLOR u. HILL [9] zu finden.

5.214 Nosean $3(Na_2O \cdot Al_2O_3 \cdot 2\,SiO_2) \cdot Na_2SO_4$. Wie die Formel aussagt, ist Nosean ein Nephelin mit Sulfat. In der Natur findet man ihn in Eruptivgesteinen wie z. B. Phonolith zusammen mit den beiden anderen Mineralien der Sodalithgruppe dem Sodalith $3(Na_2O \cdot Al_2O_3 \cdot 2\,SiO_2) \cdot 2\,NaCl$ und dem Hauyn $3(Na_2O \cdot Al_2O_3 \cdot 2\,SiO_2) \cdot 2\,CaSO_4$. Er kann also einmal in Steinchen aus schlecht eingeschmolzenem Phonolith (zusammen mit Leucit und Nephelin) erscheinen, andererseits bildet er sich, wie KÖPPEN [27] zeigte, durch Einwirkung von Galle (Na_2SO_4) auf das feuerfeste Material. Optisch ist er isotrop. Sein Brechungsindex ist $n = 1{,}495$ für den natürlichen Nosean. KÖPPEN bestimmte ihn im Glas als zwischen 1,487 und 1,500 liegend. Sodalith hat $n = 1{,}483$ und Hauyn $n = 1{,}502$. Der Nosean kristallisiert würfelig oder dendritisch (Abb. 334). In der letzteren Form ist er ohne Beachtung seiner Isotropie mit dem Cristobalit zu verwechseln, zumal auch seine Lichtbrechung unter der der üblichen Gläser liegt.

5.22 Feldspäte

Die gesamten Feldspäte, sowohl die Kalifeldspäte Orthoklas, Sanidin, Mikroklin und Anorthoklas $K_2O \cdot Al_2O_3 \cdot 6\,SiO_2$ mit mehr oder weniger Na_2O, als auch die Reihe der Plagioklase Albit bis Anorthit, $Na_2O \cdot Al_2O_3 \cdot 6\,SiO_2$ bis $CaO \cdot Al_2O_3 \cdot 2\,SiO_2$, kommen weitverbreitet in der Natur vor. Man kann sogar sagen, daß sie die häufigsten Mineralien überhaupt sind. In glastechnischen Fabrikationsfehlern sind sie jedoch ziemlich selten, obwohl man Feldspat häufig als Gemengerohstoff zur Einführung von Tonerde verwendet. Die hierfür in Frage kommenden Kali- und Natronfeldpäte schmelzen so leicht ein, daß sie nur in seltenen Fällen unter besonders ungünstigen Verhältnissen als Steinchen auftreten können. Es mag z. B. im Winter vorkommen, daß feuchter Feldspat zu größeren Klumpen zusammenfriert, dadurch mit den übrigen Rohstoffen schlecht gemischt wird, zu schnell die Wanne passiert, ohne aufgeschlossen zu werden, und so Steinchen bildet. Anders ist es mit Kristallisationen in der Reaktionszone zwischen ff. Material und Glas. Hier ist es vor allem der Analbit, die Hochtemperaturform des Albit, der zu Steinchen Anlaß geben kann [28] (Abb. 335).

Abb. 335. Dendritartige Analbitkristalle aus der Reaktionszone ff. Material/Glas. Links unten feuerfester Stein (+ Nicols, 77 ×) (Aufnahme von Frau Dipl.-Ing. N. KÖPPEN)

Mineralogisch sind die Feldspäte folgendermaßen zu identifizieren: Sie gehören alle dem triklinen oder monoklinen System an und sind daher optisch zweiachsig entweder positiv oder negativ mit Achsenwinkel zwischen 70 und 90°. Ihre Brechungsindizes liegen zwischen 1,518 und 1,589. Ihre Doppelbrechung ist mäßig. Besonders die Plagioklase zeigen komplexe lamellare Zwillinge. Man kann sie mit Quarz verwechseln, von diesem aber leicht durch ihren optischen Charakter unterscheiden.

Der Analbit, der in Steinchen aus dem ff. Material gefunden wird, hat die Hauptbrechungsindizes $n_\alpha = 1{,}527$, $n_\beta = 1{,}533$ und $n_\gamma = 1{,}534$. Zweiachsig negativ mit $2\,V = 43 \pm 2°$ [28].

5.23 Devitrit (1-3-6-Silikat) $Na_2O \cdot 3\,CaO \cdot 6\,SiO_2$

Der Devitrit wurde von MOREY u. BOWEN [29] als typischer Störenfried von technischen Glasschmelzen entdeckt und auf Grund dieser Eigenschaft (Devitrification = Entglasung) benannt [30]. Er ist früher oft mit dem Wollastonit verwechselt worden, was seine Ursache in der Ähnlichkeit des Habitus hat. Bei näherer Untersuchung ergibt sich jedoch, daß er öfters als vorherrschende Entglasung zu finden ist, zumal in den meisten Fällen, in denen die Entstehung der Entglasung unterhalb 1047°, dem Übergang des 1-3-6-Silikats in β-Wollastonit + Schmelze, zu suchen ist. Dieser Übergang verrät sich gelegentlich durch Zerfallserscheinungen; dies scheint sich aber in Anbetracht der bei der Fabrikation von dieser Temperatur ab relativ rasch fortschreitenden und selten durch einen vorübergehenden Temperaturanstieg unterbrochenen Abkühlung des Glases nicht oft wirklich zu vollziehen. Der Devitrit hat mit dem Wollastonit auch gemein, daß das Auftreten beider unter den jeweils gegebenen Verhältnissen an einen Überschuß kalkhaltiger Silikate gebunden ist. Beide erfordern praktisch die gleichen Voraussetzungen, aber auch die gleichen Gegenmaßnahmen, wenn sie störend auftreten.

Der Devitrit zeigt sich in Form feiner, ineinander verfilzter, langer schmaler Nadeln. Sie sind oft schon unter einer gewöhnlichen Lupe leicht als solche zu erkennen. Abb. 336a zeigt ein Devitritaggregat bei auffallendem Licht. Die Lagerung der Kristalle im Glas hängt damit zusammen, daß bei Verzerrungen des Glases, wie sie sich beim Arbeitsprozeß ergeben, namentlich beim Recken, Parallelstruktur eintritt, weil die Nadeln in der Querlage einen größeren Widerstand bieten.

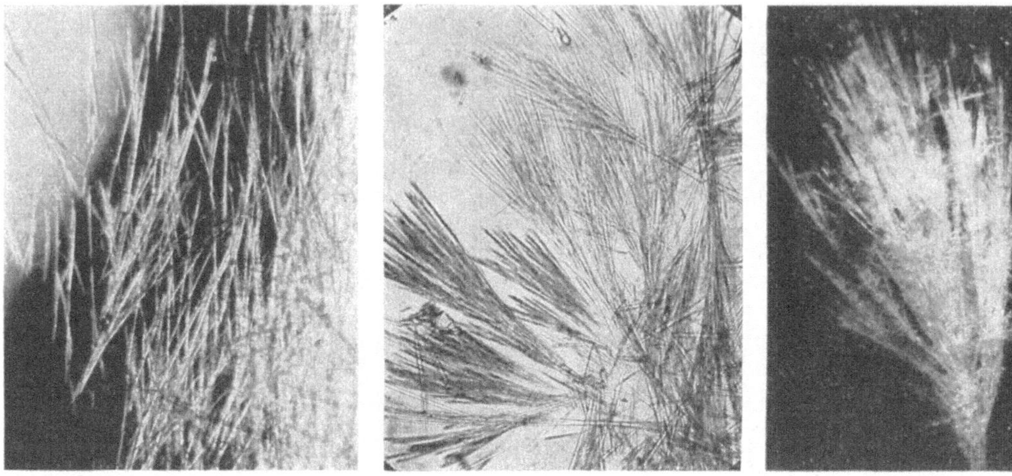

a b c

Abb. 336. Devitrit: a) Nadeln, b) und c) Pinsel

Eine weitere Tracht des 1–3–6-Silikates setzt sich aus regelmäßig zu Pinseln vereinigten Nadelbüscheln zusammen (Abb. 336b u. c). Gerade sie gehören zu den unverkennbaren, oft schon mit bloßem Auge zu unterscheidenden kalkhaltigen Kristalltrachten technischer Gläser. Ihre Länge beträgt dann etwa 2 bis 3 mm, ja gelegentlich 2 bis 3 cm!

Die Hauptbrechungsindizes des Devitrits sind $n_\alpha = 1{,}564$, $n_\beta = 1{,}570$ und $n_\gamma = 1{,}579$ bei einer als mäßig anzusprechenden Doppelbrechung (0,015). Die Elongation ist *immer* positiv (Unterscheidung von Wollastonit). Der optische Charakter ist zweiachsig positiv mit dem Achsenwinkel $2\,V = 75^\circ$. Der Devitrit löscht das polarisierte Licht parallel aus.

Es ist nicht immer leicht, den Brechungsindex der Devitritnadeln durch die Immersionsmethode im Pulverpräparat festzustellen, besonders dann, wenn die einzelnen Nadeln sehr fein sind. Sie sind dann nur schwer vom Glas zu isolieren. Meist sind es nur schmale Streifen der Kristalle, die direkt mit der Immersionsflüssigkeit in Berührung sind. Es darf jedoch betont werden, daß es in den seltensten Fällen wirklich erforderlich ist, eine kristallographische Identifizierung vorzunehmen, da es unter den gleichbleibenden Bedingungen einer technischen Glasschmelze meistens genügt, die Kristalltracht selbst – nachdem sie einmal mit Sicherheit als Devitrit erkannt wurde – zum Anhaltspunkt zu nehmen.

5.24 Magnesiumhaltige Silikate

Der *Diopsid* $CaO \cdot MgO \cdot 2SiO_2$ ist die Magnesiumverbindung, die am häufigsten in Steinchen auftreten kann, allerdings ausschließlich als Entglasung. Seine Form wird durch die Abb. 337 veranschaulicht. Hier sieht man die Anfänge von Sphärolithen. Eine andere Tracht zeigt die Abb. 338[1], lange feine Latten.

Die Hauptbrechungsindizes des Diopsid liegen viel höher als der des Glases: $n_\alpha = 1{,}664$, $n_\beta = 1{,}672$, $n_\gamma = 1{,}694$. Die Doppelbrechung (0,030) der optisch zweiachsig positiven Kristalle ist stark. Die Elongation ist positiv. Der Diopsid gehört zu den Kristallarten in Glasfehlern, die schiefe Auslöschung aufweisen. Der Auslöschungswinkel kann bis zu 44° betragen. Der Achsenwinkel beträgt 59°.

[1] Wir verdanken das Objekt für diese Aufnahme Herrn Dr. Löffler.

Zu erwarten ist der Diopsid als Entglasungsprodukt technischer Glasschmelzen mit mehr als 4 bis 5% MgO.

Als Abart des Diopsid kommt in Spezialgläsern eine ähnliche Kristallart, der *Jeffersonit*, vor, der MnO und ZnO enthält. Er ist zweiachsig positiv mit $n_\alpha = 1{,}68$ bis 1,72 und $n_\gamma = 1{,}71$ bis 1,75.

Der *Cordierit* $2MgO \cdot 2Al_2O_3 \cdot 5SiO_2$, der als Entglasung, aber auch als Reaktionsprodukt zwischen MgO-haltiger Glasschmelze und Schamotte auftreten kann, ist einachsig negativ oder zweiachsig negativ mit sehr kleinem Achsenwinkel. Die Brechungsindizes liegen zwischen 1,519 und 1,528. Nach TAYLOR u. HILL [9] kristallisiert Cordierit pseudohexagonal.

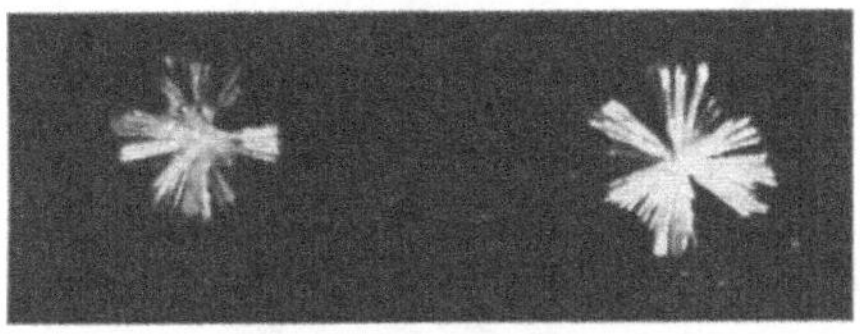

Abb. 337. Diopsid aus einer MgO-reichen Versuchsschmelze

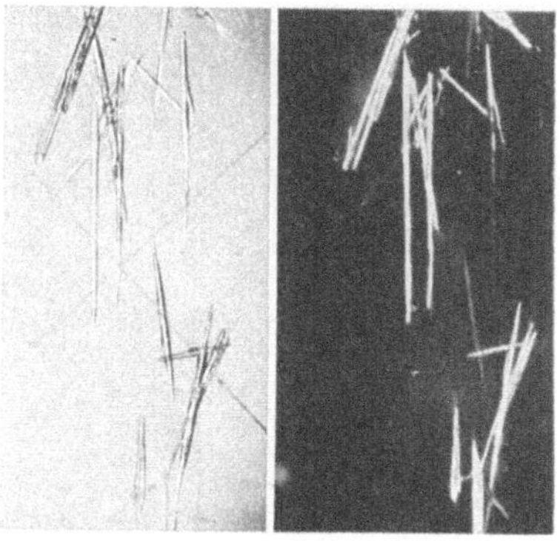

Abb. 338. Diopsidkristalle aus einem Tafelglas, rechts + Nicols

Die Gebilde scheinen aus Fasern zu bestehen, die parallel zur Kristallänge liegen. Gelegentlich zeigen sich auch massivere Formen, z. B. hexagonale Prismen. Die Auslöschung des Cordierit ist gerade und seine Elongation negativ.

Auch *Forsterit* $2MgO \cdot SiO_2$ ist als Entglasungssteinchen in Gläsern mit viel MgO gefunden worden. $n_\alpha = 1{,}635$, $n_\beta = 1{,}651$, $n_\gamma = 1{,}670$. Zweiachsig positiv mit großem Achsenwinkel (85°). Die Form gleicht der des Diopsid, mit dem der Forsterit auch wegen der schiefen Auslöschung (bis 40°) zu verwechseln ist.

Weitere Kristallarten mit MgO, die hin und wieder in Glasfehlern auftreten können, sind in Tab. 4 aufgeführt [3].

5.3 Sonstige Kristallarten, die in Steinchen vorkommen können

Nachdem in den vorausgegangenen Ziffern die wichtigsten der in Steinchen gefundenen Kristallarten kurz beschrieben worden sind, bleiben nur noch wenige übrig, die zu erwähnen von einigem Interesse ist. Ihre optischen Daten sind aus Abb. 312 zu entnehmen.

Die beiden Abb. 339 u. 340 zeigen *Olivine*, also Mischkristalle der Reihe *Forsterit* $2MgO \cdot SiO_2$ (s. Ziff. 5.24) bis *Fayalit* $2FeO \cdot SiO_2$. Abb. 339 stellt nach einer Untersuchung von EITEL Fayalit dar, während Abb. 340 die in Ziff. 8.3 erwähnten Olivinkristalle zeigt, die ziemlich nahe beim Forsterit liegen und die für diese Mischkristallreihe charakteristischen Dendrite aufweisen.

In Gemengensteinchen[1] findet man unter Umständen *Calciumoxyd CaO* und *Calcit* $CaCO_3$ (vgl. Ziff. 7). Auch *Chromoxyd* Cr_2O_3 kann man in Steinchen identifizieren (Ziff. 7.2).

Ferner sei noch auf zwei Entglasungsprodukte hingewiesen, von denen das erste dem Devitrit ähnelt. Es hat die Zusammensetzung $Na_2O \cdot 2CaO \cdot 3SiO_2$. Über das Auftreten dieser Kristallart ist nur selten berichtet worden [9].

Das zweite Entglasungsprodukt ist der *Gehlenit* $2CaO \cdot Al_2O_3 \cdot SiO_2$ (Abb. 341), der sich in tonerdereicheren Gläsern, aber auch in den Reaktionszonen Schamotte/Glas ausscheiden kann.

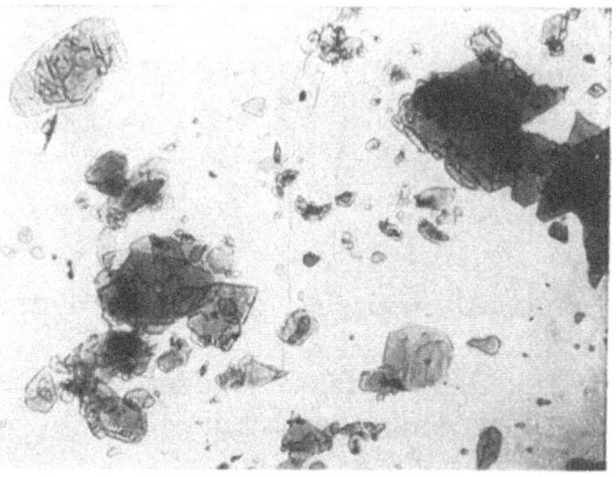

Abb. 339. Fayalit

[1] Die Verfasser glauben bemerkt zu haben, daß man Gemengesteinchen – wenn auch nicht in allen Fällen – dadurch als solche identifizieren kann, daß in Dünnschliffen von diesen feine Schleier aus einem isotropen Stoff vorhanden sind, deren Einzelteilchen noch bei 800facher Vergrößerung für eine genaue Bestimmung zu klein sind. Sie dürften aus CaO bestehen. Diese „Kalkschleier" sind nur bei Gemengesteinchen in Gläsern beobachtet worden, die mit Kalk*stein* als Rohstoff erschmolzen worden waren.

Zum Schluß sollen noch einige weitere Kristallarten erwähnt werden, die schon in Steinchen gefunden wurden, ohne daß auf ihre optischen Eigenschaften eingegangen wird.

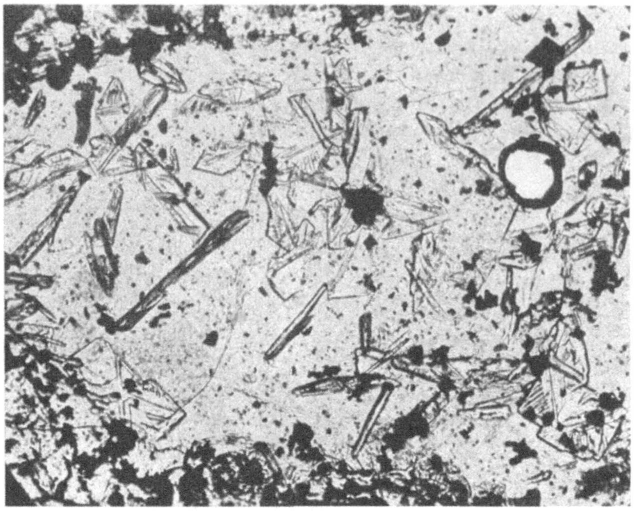

Abb. 340. Olivine mit charakteristischen Dendriten (Aufnahme von Frau Dipl.-Ing. N. KÖPPEN)

BELJANKIN u. LAPIN [31] konnten kristalline Ausscheidungen in Schlieren eines Glühlampenkolbenglases, die zuerst für Nephelin gehalten worden waren, als *Apatit* $9CaO \cdot CaF_2 \cdot 3P_2O_5$ identi-

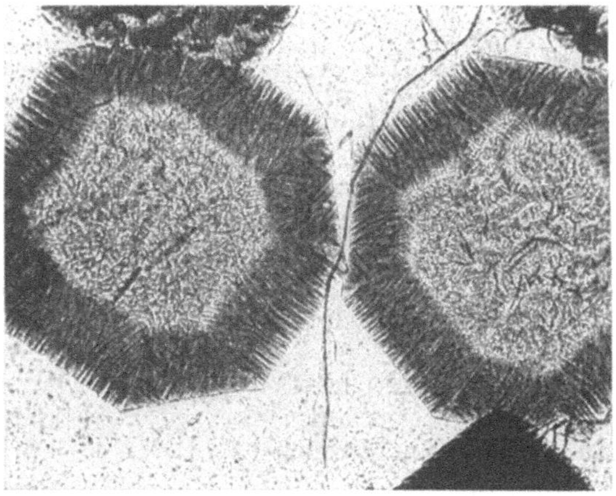

Abb. 341. Gehlenit (Aufnahme von Frau Dipl.-Ing. N. KÖPPEN

fizieren. Als Ursache wurde der Gemengedolomit erkannt, der geringe Mengen Phosphorsäure enthielt.

Dieselben Verfasser fanden auch eisenhaltigen *Spinell* $MgO \cdot Al_2O_3$ als Reaktionsprodukt zwischen Glas und feuerfestem Material.

5.4 Kristalle als Wegweiser zur Fehlerquelle

Aus der Vielzahl der im vorhergehenden beschriebenen Kristallarten sind es nur wenige, die man als häufig in Steinchen vorkommend bezeichnen kann. Wo deren Quellen möglicherweise zu suchen sind, geht aus der folgenden Aufstellung (Tab. 7) hervor, die an eine ähnliche aus der Arbeit von TAYLOR u. HILL [9] wegen deren Klarheit angelehnt ist.

Tabelle 7. *Mögliche Quellen für in Steinchen gefundene Kristallarten (geordnet nach steigendem Brechungsindex)*

Kristallart	Mögliche Quelle
Tridymit	Uneingeschmolzenes Gemenge. Silikasteine. Entglasungen (von Grundglas oder Glas aus der Umgebung von Kieselsäuresteinchen). Zufälliges Eindringen von Silikamörtel, Sand-Ton-Mischungen usw. in das Glas. Hafenton und Schamottesteine (wenn außerdem tonerdehaltige Steinchen vorkommen).
Cristobalit	Wie bei Tridymit.
Leucit	Tonerdehaltiges feuerfestes Material, das zum Schmelzen von Kaliglas verwendet wird. Entglasung von Tropfen. Tonerdehaltige Rohstoffe (Phonolith).
Carnegieit	Tonerdehaltiges feuerfestes Material, das zum Schmelzen von Natronglas verwendet wird. Entglasungen von Tropfen. Tonerdehaltige Rohstoffe.
Cordierit	Entglasungen von Glas, das Magnesia und Tonerde enthält.
Nephelin	Wie bei Carnegieit. Kann auch in den Regeneratorenkammern vorkommen.
$Na_2O \cdot 2MgO \cdot 6SiO_2$	Entglasungen von Natronglas, das Magnesia enthält.
Quarz	Uneingeschmolzenes Gemenge. Zufälliges Hineingelangen von Sand in das Glas, z.B. durch neuen Schwimmer. Hafenton oder Schamotte. Verunreinigungen im Kalkstein oder Feldspat. *Sehr selten* aus Silika.
Devitrit	Häufigste Entglasung von Kalk-Natron-Glas.
$Na_2O \cdot 2CaO \cdot 3SiO_2$	Entglasung von Kalk-Natron-Glas mit niedrigem SiO_2-Gehalt.
Bariumdisilikat	Entglasung von Glas mit wesentlichen Mengen Barium.
α- und β-Wollastonit	Entglasung von Kalk-Natron-Glas (entweder aus umgewandeltem Devitrit oder bei höherem Kalkgehalt, der auch nur örtlich gebunden sein kann, vielleicht bedingt durch zu groben Kalkstein).
Mullit	Tonerdehaltiges feuerfestes Material. Tonerdehaltige Verunreinigungen im Gemenge.
Forsterit	Entglasungen von Glas mit viel Magnesia.
β-Tonerde	Alkalieinwirkung auf tonerdehaltiges feuerfestes Material.
Diopsid	Entglasung von magnesiahaltigem Glas.
Korund	Wie bei β-Tonerde. Sehr selten von Tonerde im Gemenge.
Zirkon und Baddeleyit	Feuerfeste Steine, die Zirkon oder Zirkondioxyd enthalten.

Die nachfolgenden Kristallarten sind nicht nach steigendem Brechungsindex geordnet.

Natriumsulfat und Kaliumsulfat	Gemenge (möglicherweise Verunreinigungen). Reaktion zwischen Flammengasen und Alkalidampf.
Calciumoxyd	Klumpen von Kalkstein, dann meist in Verbindung mit Wollastonit.
Calcit	Wie bei Calciumoxyd.
Chromit	Verunreinigungen im Sand. Grober Chromeisenstein.
Chromoxyd	Chromit im Sand. Chromeisensteinzusammenballungen. Zufällige Einschlüsse von viel Chrom enthaltenden Legierungen in der Schmelze.
Eisen	Zufällige Einschlüsse von metallischem Eisen.
Blei	Reduktion von Bleiglas.
Nickel	Zufällige Einschlüsse von metallischem Nickel.
Silizium	Heftige Reduktion von Silikatglas.

Wie man aus der Tabelle sieht, kommt für eine Kristallart nur in den seltensten Fällen eine einzige Fehlerquelle in Frage. Deswegen, und das muß immer wieder betont werden, ist es von äußerster Wichtigkeit, durch eine Vielzahl von Beobachtungen die einzig mögliche Fehlerquelle deutlich herauszustellen, um nicht durch falsche Annahmen zu falschen Maßnahmen geführt zu werden und so den Fehler und damit den Ausschuß noch zu vergrößern, anstatt ihn abzustellen.

6 Entglasung

Unter denjenigen festen Körpern, mit denen ein Glas behaftet sein kann, wenn die formbereite Schmelze nicht einwandfrei ist, nehmen die Entglasungen einen besonderen Platz ein, weil sie die Substanz zu ihrem Aufbau dem Glase selbst entnehmen, also eigentlich nicht als „Fremdkörper" anzusprechen sind, wenn sie diesen auch in ihrer nachteiligen Wirkung auf Durchsichtigkeit, Bruchfestigkeit usw. ähnlich sind. Leider ist ihre Erscheinungsform oft derjenigen der „Steinchen" so ähnlich, daß häufig zwischen beiden nicht unterschieden wird. Selbst dann, wenn die Kristalle als solche erkannt wurden, begnügt man sich in vielen Fällen in den Betrieben damit, diese Tatsache als „Krankheit" des Glases festzustellen und ihr in irgendeiner Form zu begegnen. Dementsprechend erfolgt ihre Bekämpfung dann auch oft nicht sinngerecht. Verfolgt man aber ihre Entstehungsgeschichte in gleicher Weise wie die Anzeichen einer organischen Krankheit, so kann man aus ihr die Art der Krankheit und evtl. den Weg zur Heilung erkennen. Daß Kristalle im Glas aber nicht immer ein Fehler sein müssen, sondern auch zur Erzielung dekorativer Wirkungen gezüchtet werden, zeigen z.B. die Aventuringläser [*32*, *33*]. Weitere Gläser, in denen Kristalle ausgesprochen dekorativen Zweck haben, sind die Seidenglanzgläser der Glasschmuckwarenindustrie, denen durch den Ziehprozeß parallel gerichtete mikroskopisch erkennbare Kristalle ein seidenartiges Aussehen der Oberfläche erteilen, oder die Korallgläser, die durch mit freiem Auge nicht erkennbare Kristalle gefärbt und getrübt werden. Gläser, in denen Kristalle wirksam sind, die man mit dem mineralogischen Mikroskop nicht mehr identifizieren kann, sind die Opalgläser [*11*].

6.1 Entglasung als Betriebsstörung

Die Entglasung ist als weit verbreitete Störung schon mehrfach Gegenstand von Untersuchungen [*34*] gewesen, deren man sich im Hinblick auf die Bedeutung für die Praxis mit mehr oder weniger System angenommen hat, unter denen auf die von PEDDLE besonders hingewiesen sei.

H. INSLEY [*35*] sowie H. HERMANN [*36*] haben sich darum auch schon früh die Frage vorgelegt, ob sich aus Entglasungen technologische Erkenntnisse ziehen lassen bzw. ob eine Wannenkontrolle mit ihrer Hilfe durchzuführen ist. Gerade vor der einsetzenden Formung, auf die ja der ganze Fabrikationsprozeß hinausläuft und abgestimmt ist, soll das Glas in jeder Beziehung stets dieselbe Beschaffenheit haben. Immer, wenn also an einer Stelle irgendein Entglasungsprozeß unter sonst gleichbleibenden Bedingungen abläuft, sei es am Werkzeug, am Rand des Schmelzgefäßes in Bodenschichten oder Ecken u. dgl., ist die mikroskopische Kontrolle der sich bildenden Kristalle ein vorzügliches Mittel, schon sehr geringe Abweichungen von den Verhältnissen, wie sie sein sollen, oder wie sie am normalen Glase wären, an Hand einer mehr oder weniger plötzlich veränderten Kristalltracht [*37*] der Entglasung festzustellen. Auf diese Weise hält man, unterstützt von Analysen, deren Ergebnis aber erst einige Tage später vorliegt, Schritt mit den Veränderungen des Glases an der Stelle seiner Verarbeitung, soweit sie sich auf diesem Wege verraten.

Dabei wird man stets die Erfahrung machen, daß Gläser, für die man, meist aus wirtschaftlichen Gründen, das technisch einzigartig wichtige Kalk-Natron-Silikatsystem (vgl. Ziff. I, 3.2) nur wenig abwandeln kann (z.B. Tafel- oder Spiegelglas) viel häufiger und leichter von Entglasungen betroffen werden als andere Arten. Das hat seinen Grund darin, daß an Gläser dieser Art bei gleichzeitig hohen Homogenitätsansprüchen zwei Anforderungen gestellt werden, die alle anderen erdrücken:

1. Sie müssen hydrolytisch möglichst haltbar sein;

2. ihre Zähigkeit muß im Augenblick der Verarbeitung so sein, daß eine hohe Erzeugung gewährleistet wird.

Beide Punkte werden durch eine Zusammensetzung begünstigt, die die Entglasungsgefahr heraufbeschwört (vgl. Ziff. I, 3.2). Man begibt sich also bewußt in die Nähe der Gefahrenzone, um den technisch wirtschaftlichen Erfolg soweit wie möglich sicher zu stellen. Gewiß, auch an andere Gläser werden gleiche Anforderungen gestellt. Sobald sie aber einem Al_2O_3-haltigen Mehrstoffsystem angehören (Flaschen, Geräte), ist der Homogenitätsanspruch geringer und entfällt die Gefahr der Entglasung schon vielfach wegen der anderen Verarbeitungstemperatur und -art. Bei anderen Gläsern, bei denen es auch noch auf andere wichtige Eigenschaften ankommt (z.B. Glanz bei Bleikristall, Brechung bei optischen Gläsern, Ausdehnungsverhalten bei Glühlampenglas, Verhalten bei der Blasarbeit vor der Lampe bei Röhren), gibt es mehr Freiheiten bei der Wahl der Gemengekomponenten und somit geringere Gefahr der Entglasung.

Es ist also berechtigt, wenn Einzelheiten der Entglasung vorzugsweise am System Na_2O-CaO-SiO_2 aufgezeigt und nur beiläufig durch Entglasungen ergänzt werden, die an anderen Glasarten auftreten.

6.2 Die die Kristallisation bewirkenden Kräfte

Glas besitzt als unterkühlte Flüssigkeit keinen Schmelzpunkt, der sich bei ansteigender Temperatur als Haltepunkt verrät. Umgekehrt macht sich auch der Kristallisationspunkt, an dem das Glas Kristalle ausscheiden möchte [*38*], nicht immer bemerkbar, weil dieser Vorgang, wie alle am Glase von der Diffusion abhängigen, einer starken Verzögerung unterworfen ist (vgl. Ziff. I, 2.2).

Diese Eigenschaft, daß bei genügend raschem Durchschreiten des Kristallisationsintervalls keine Kristallbildung erfolgen muß, ermöglicht überhaupt erst das Entstehen des Glases. Seine Verarbeitung muß daher immer rasch genug erfolgen, um es an jener Krise vorbeizuführen, die den Inbegriff der Glasigkeit, die einwandfreie Durchsichtigkeit, bedroht [*39*].

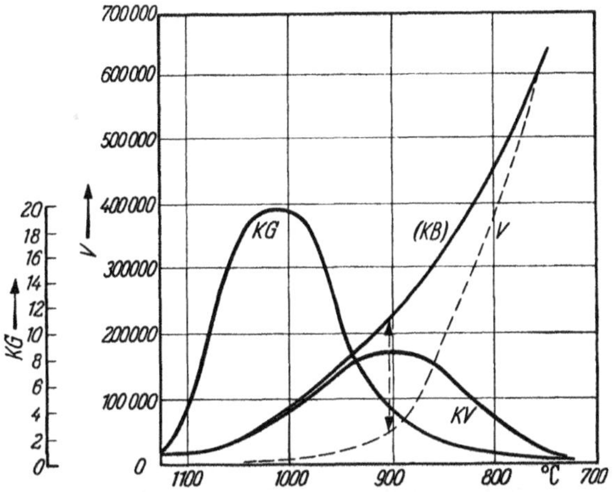

Abb. 342. Verlauf und Lage der Kristallisationsgeschwindigkeit (KG) und des Kristallisationsvermögens (KV) im Unterkühlungsbereich

Die bei der Entglasung auftretenden Kräfte ergeben sich aus einer genaueren Betrachtung des vorliegenden physikalischen Zustandes: Das Kristallisationsbestreben des Glases steigt mit zunehmender Unterkühlung mehr und mehr an (Abb. 342), und dementsprechend nimmt die Neigung der Moleküle, in Lösung zu gehen, zu schmelzen, zu dissoziieren oder zu diffundieren, also den umgekehrten Verlauf einzuschlagen, ab. Das Glas ist durch den Widerstand, den die innere Reibung einer Molekülverlagerung entgegensetzt, darin behindert, dem Kristallisationsvermögen nachzugeben. Man kann sich das, wie in Abb. 342 erläutert, vorstellen. Wenn die Kristallisation mit einer gegenseitigen Annäherung und Einpassung der molekularen Wirkungsbereiche zum Gitter stellenweise begonnen hat, so ist das ein Zeichen dafür, daß die ordnenden Kräfte des gebildeten „Kernes" überwiegen und sich als Kristallisationsvermögen (KV) betätigen. Dieses hat mit zunehmender Unterkühlung solange steigende Tendenz, wie das herrschende Kristallisationsbestreben (das man auch „potentielles Kristallisationsvermögen" nennen könnte) der gleichzeitig wachsenden inneren Reibung voraneilt. Das Kristallisationsvermögen erreicht seinen Höhepunkt dort, wo die größte Differenz zwischen Kristallisationsbestreben und innerer Reibung liegt, um schließlich wieder bis auf Null abzufallen, wenn dieses gegen die erdrückende Zunahme der Zähigkeit unterliegt.

Findet also unter geeigneten Bedingungen eine Bildung von Kristallen statt, so geschieht dies nicht, weil das Kristallisationsbestreben allein am Werke ist, sondern weil es überwiegt. Die dabei zu leistende Arbeit besteht in der Überwindung der inneren Reibung zur Sammlung der eigenen, wie zur Verdrängung der artfremden Moleküle. Gerade letzteres hat man sich als wesentliches Mittel zur Behinderung der Entglasung vor Augen zu halten; für die Praxis ergibt sich daraus die Forderung, soviel Komponenten im Glase unterzubringen wie möglich. Diese Arbeit kann (und soll, im technischen Sinne) so groß sein, daß es gar nicht zur Kristallisation kommt, selbst wenn ein gewisser positiver Wert an KV vorhanden ist. Welche Zeitspanne zur Ordnung der Moleküle zu einem Kern bei gegebener Temperatur erforderlich ist, scheint noch ungeklärt [*40*]. Nach Versuchen, die Wiehr [*41*] am Natriumdisilikat durchführte, ist sie äußerst kurz. Wenn die sich aus seinen Kurven ergebende Keimbildungsdauer überhaupt reell ist, dann ist sie um mindestens eine Größenordnung kleiner als die, die bei der Rekristallisation von Steinsalz für eine Wachstumsgeschwindigkeit (die der KG entspricht) gefunden wurde. Wiehr fand bei seinen Versuchen, daß sich bei gegebener Temperatur alle möglichen Keime gleichzeitig bilden.

Die Zahl der bei einer bestimmten Temperatur gebildeten Keime ist aber nicht nur von der Art des Glases an sich, sondern von mancherlei Umwelteinflüssen (Atmosphäre [*42*], Staub, Änderung der Oberfläche durch Verdampfung [*40*], Behälterwandungen) abhängig.

Ebensowenig wie die Zeit, die zur Keimbildung notwendig ist, scheint die niedrigste Temperatur festzustehen, bei der sie überhaupt möglich ist. Nach KUMANIN [43] können Gläser auch unterhalb der Entspannungstemperatur kristallisieren, wenn auch sehr langsam, da der Transformationspunkt mit der Viskosität 10^{13} Poisen keine Grenze ist, an der sich die Eigenschaften sprungweise ändern. Dies dürfte aber nur bei reinen Verbindungen der Fall sein. (Nach einer privaten Mitteilung von A. DIETZEL.) WIEHR [41] konnte indessen bei Entglasungsversuchen, bei denen er ein Na-Metasilikat-Glas 100 Stunden beim Transformationspunkt hielt, keine Keimbildung feststellen (er wies die Keimbildung durch Fluoreszenz bei Bestrahlung mit Röntgenstrahlen nach). Ebensowenig konnten die Verfasser bei einem Flaschenglas, das 10 Monate beim Transformationspunkt getempert wurde, Keimbildung nachweisen.

(Ein Bericht der PTR [44], daß an einem arsenhaltigen Barytglas bei Zimmertemperatur während der Dauer von 15 Jahren eine starke Vermehrung der darin enthaltenen Kristalle beobachtet worden ist, steht völlig isoliert.)

Das KV ist nicht die alleinige Größe für die Ausbildung der sichtbaren Form der Entglasung. Außer der Anzahl von „Kernen", in denen die Kristallbildung als Ausdruck für das KV einsetzt,

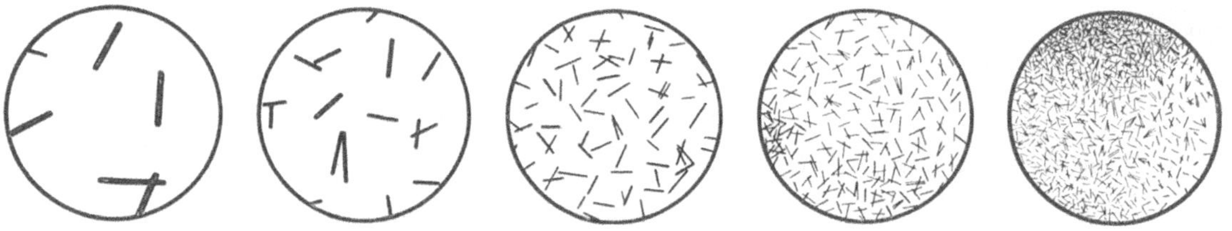

Abb. 343. Kristallisations„dichte": von kleinem KV, geringer Kernzahl mit großer KG (starkem Wachstum) links nach großem KV mit geringer KG rechts verlaufend

ist deren Wachstumsgeschwindigkeit (Kristallisationsgeschwindigkeit KG) ein weiterer praktisch fast noch wichtigerer Faktor, der bestimmend dafür ist, wie sich die Entglasung auswirkt. Auch sie hat bekanntlich einen ausgesprochenen Höchstwert, der stets in einer geringeren Entfernung unter der theoretischen Phasengrenze gelegen ist als derjenige des KV. Eine Bestätigung dafür erbrachten auch elektronenmikroskopische Untersuchungen an Opakglasbruchflächen [45], die allerdings in ganz anderer Absicht angestellt worden waren. Das mag daher rühren, daß die Wege der Ionen zum Wachsen der Kristalle wegen deren relativer Größe weiter sind, als die bei der Keimbildung, so daß sich schon ein geringerer Anstieg der Viskosität verzögernd auswirkt. Auch die Wachstumsgeschwindigkeit ist also – in noch höherem Maße als die Kernbildung – von der (statistischen Gesetzen unterliegenden) Sammlung von Kristallbausteinen in Verbindung mit der Verdrängung der Mutterlauge abhängig.

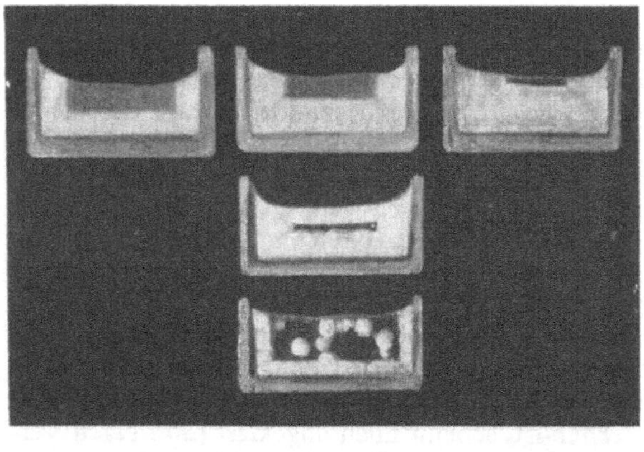

Abb. 344. Querschnitte durch Schmelztiegel mit verschiedenen Entglasungsformen. Obere Reihe: Fortschreitende Randkristallisation. Mitte: Zusätzliche Oberflächen-Entglasung. Unten: Sphärolithische Kristallisation

In der Praxis wird man feststellen, daß viele Formen der Ausscheidung möglich sind, von groben Einzelkristallen bis zum feinsten Kristallfilz (Abb. 343). Bei ersteren ist die Kernzahl klein, die Kristallisationsgeschwindigkeit groß, bei letzteren umgekehrt. Von besonderem Vorteil für die Glasfabrikation ist selbstverständlich eine kleine Kernzahl bei gleichzeitig geringem Fortschreiten des Wachstums im Verarbeitungsbereich. Das ist insbesondere meist bei der automatischen Verarbeitung des Glases gegeben, da man sich hier dem Verarbeitungsbereich von höherer Temperatur, also dem Gebiete kleinerer Kernzahl nähert. Im allgemeinen wird eine etwas höhere Kristallisationsgeschwindigkeit weniger störend empfunden als eine hohe Kernzahl.

Über die äußere Form des Auftretens der Entglasung ist folgendes zu sagen:

Man hat technisch zu unterscheiden zwischen

a) Randkristallisation bei keimfreier Oberfläche, verursacht durch Reizwirkung der Grenzfläche Glas/ff. Material, die häufigste Grundform des Auftretens von Entglasung (obere Reihe in Abb. 344).

b) Oberflächenkristallisation als Kristallbildung an der Oberfläche des Schmelzflusses; bevorzugt verursacht durch Reizwirkung von Staubteilchen, aber auch durch Veränderung der chemischen Zusammensetzung an der Oberfläche etwa durch Verdampfung einzelner Bestandteile und daher z. B. Anreicherung von SiO_2 (mittleres Glied in Abb. 344).

c) Sphärolitische Kristallisation im ungestörten Innern der Glasmasse, die von wenigen, aus nicht näher bekannten Gründen besonders veranlagten Stellen der Glasmasse ausgeht und sich dann meist kugelförmig ausbreitet (unteres Glied in Abb. 344).

Die im technischen Fakrikationsbereich störend auftretende Entglasung in der Schmelzmasse verdankt ihre Entstehung fast nur dem unter a) bezeichneten Vorgang. Bei einzelnen, in der Glasmasse auftretenden Kristallgebilden handelt es sich vorwiegend um solche, die sich von vorhandenen Randkristallisationen losgelöst haben.

Der Vorgang b) tritt eigentlich nur dann – auf jeden Fall aber später als a) – auf, wenn das Glas auf Grund besonderer Anforderung an seine Zusammensetzung schon leichter zur Kristallisation neigt. Oberflächenkristallisation kann auch im Verarbeitungsbereich an der Oberfläche entstehen.

Die unter c) angeführte Erscheinungsform bleibt auf langsam erstarrende Glasschmelzen, z. B. erkaltende Häfen oder Wannen, beschränkt und spielt im technischen Herstellungsgang kaum eine Rolle. Ihr stärkeres oder schwächeres Auftreten (unter sonst gleichen Umständen) deutet auf den Grad der Neigung zum Entglasen hin (Beispiel [*46*]).

6.21 Die Kristallisationsgeschwindigkeit

Wie man das von der Temperatur und Zeit abhängige Wachsen der Kristalle exakt messend verfolgen kann, zeigten ZSCHIMMER u. DIETZEL [*47*] (Abb. 345). DIETZEL änderte später [*40*] die Methode der Ausmessung der gebildeten Kristalle etwas ab, da sich gezeigt hatte, daß die Entglasungen an der Oberfläche alkalireicherer Gläser infolge Alkaliverdampfung aus dieser zu schnell wachsen. Versuche verschiedener Forscher, die mühsame Kleinarbeit zur Schaffung der Entglasungskurve zu beschleunigen, führten, fußend auf einer Angabe von TAMMANN, zu einer Methode, bei der eine Vielzahl von Proben bei verschiedenen Temperaturen gleichzeitig entglast wird; diese gibt mit der bis dahin im Geophysik. Laboratorium in Washington verwendeten klassischen Methode bis auf 4 °C übereinstimmende Werte [*48, 49*].

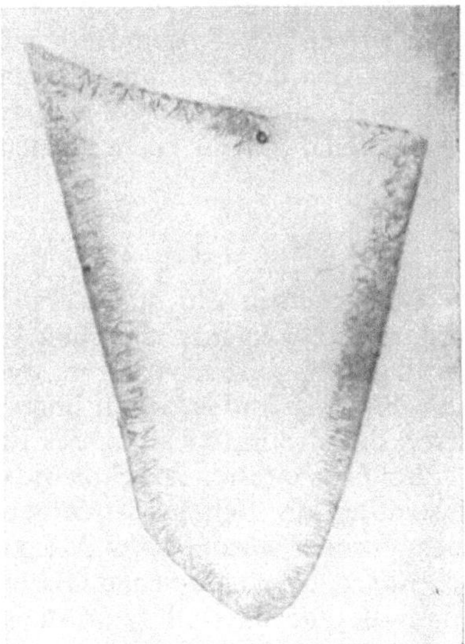

Abb. 345. Dünnschliff einer Entglasungsprobe nach der Methode von ZSCHIMMER und DIETZEL

Die Temperatur-Zeit-Kurven der Kristallisationsgeschwindigkeit zeigen einen ausgesprochenen Höchstwert (Abb. 346a). Wenn, wie das bei steigender Temperatur vorkommt, zwei Kristallarten nacheinander auftreten, können sich zwei Höchstwerte ergeben (Abb. 346b), die entweder annähernd gleich oder auch sehr verschieden groß sein können. Der dazwischen liegende Tiefwert kann entweder sehr flach oder auch ziemlich tief sein. ZSCHIMMER u. DIETZEL fanden, daß es im System Na_2O–CaO–SiO_2 einen zusammenhängenden Streifen geringster Entglasung gibt, der durch die Regel „Bei technischen Kalk-Natron-Kieselsäure-Gläsern soll der $CaO + Na_2O$-Gehalt zusammen 26% betragen“ ausgedrückt werden kann.

Dieser Streifen ist in Abb. 4, S. 8 (I, 3.2) in das Dreistoffsystem Na_2O–CaO–SiO_2 von MOREY u. BOWEN eingezeichnet. Er verläuft nahezu gleich mit einer Phasengrenze zwischen Wollastonit bzw. Devitrit einerseits und Cristobalit bzw. Tridymit andererseits [*50*] (Abb. 372). Daraus ergibt sich, daß die Neigung eines Glases zu gemischten Ausscheidungen im allgemeinen weniger gefährlich ist, da sich diese sozusagen die Steine zu ihrem Aufbau streitig machen und sich in ihrer Entglasungsgeschwindigkeit gegenseitig hemmen [*43*]. Allerdings kann durch gemischte Ausscheidungen der Temperaturbereich verbreitert werden, in dem Entglasung erfolgt.

Liegt gemischte Entglasung vor, bei der die eine Kristallart eine wesentlich kleinere Entglasungsgeschwindigkeit hat als die andere, oder bei der der zwischen beiden liegende Tiefwert klein ist, ist es unter Umständen möglich, durch kleine Veränderungen in der Fabrikationsweise in das Gebiet der kleineren KG zu gelangen und so weniger gestört zu werden.

Eine bessere Lösung, in ein Gebiet kleinerer KG zu kommen, ist aber vielfach eine mehr oder weniger bedeutende Änderung der Zusammensetzung des Glases [*40, 43, 51*].

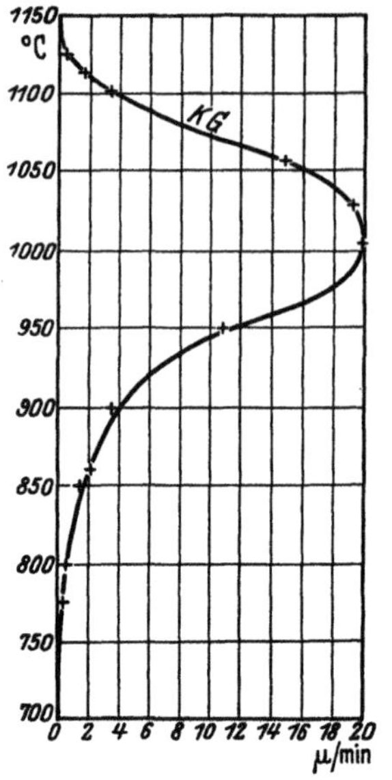

Abb. 346a. Gemessene KG an einem Na_2O-CaO-SiO_2-Glas nach ZSCHIMMER und DIETZEL

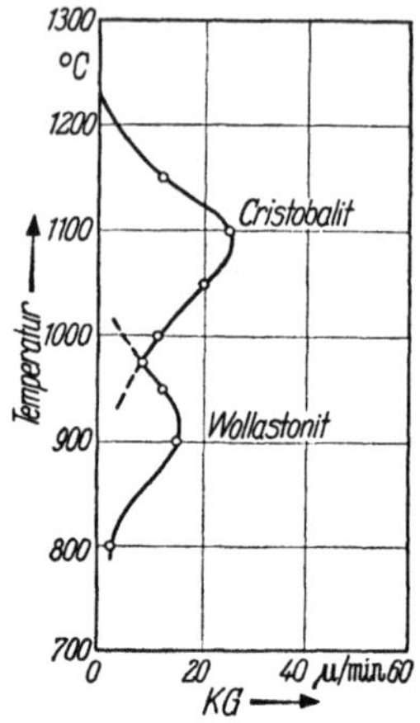

Abb. 346b. Entglasungskurve mit 2 Maxima (Cristobalit und Wollastonit) nach DIETZEL

Den Versuch einer rechnerischen Erfassung des Kristallwachstums unternimmt E. PRESTON [*49*]. Er stellt fest, daß sich das Kristallwachstum der meisten Handelsgläser aus dem Natron-Kalk-Kieselsäure-System zu dem Gleichgewichtsdiagramm Na_2O-CaO-SiO_2 in Beziehung bringen läßt, da sich diese in ihrer Zusammensetzung den reinen Drei-Komponenten-Gläsern genügend nähern. Er nimmt an, daß sich aus den Abweichungen, die sich ergeben, der Einfluß der Glasbestandteile, die nur einen kleinen Anteil der Zusammensetzung ausmachen, rechnerisch erfassen läßt.

6.22 Einfluß von Beistoffen

Wie schon in Ziff. I, 3.2 erwähnt, konnte das reine Dreistoffsystem auf die Dauer den Anforderungen der mechanischen Verarbeitung nicht gerecht werden. Nicht zuletzt auf die Entglasung ist es zurückzuführen, wenn mehr und mehr Beistoffe in das Grundsystem Na_2O-CaO-SiO_2 Eingang fanden, wofür unter anderem die Darstellung von J. M. MÜHLIG [*52*] für den besonderen Fall der Entwicklung des FOURCAULT-Glases Zeugnis ablegt.

Am bekanntesten ist schon die vorteilhafte Wirkung der Tonerde als an sich „verunreinigender" Bestandteil der Schmelzsande gewesen, bevor ihr Einfluß auf die Entglasung [*53*] meßtechnisch nachgewiesen wurde. Nach MÜLLENSIEFEN u. ZSCHIMMER [*54*] tritt bis zu einem Gehalt von 3 bis 4% Al_2O_3, bei alkalireichen Gläsern (18% Na_2O) allerdings nur bis 1% Al_2O_3, eine deutliche Verminderung der Kristallisationsneigung ein; bei weiterem Zusatz nimmt die Kristallisation jedoch zu, was auch durch die Ergebnisse von TABATA u. Mitarb. belegt ist [*55*]. Darüber hinaus gilt für den Einfluß jedes Beistoffes, daß seine Wirkung nur dann als spezifisch betrachtet werden darf, wenn eine reine Zugabe zum Grundglas erfolgte, die also alle Glasoxyde anteilig verdrängt. Sobald jedoch ein Austausch mit einem bestimmten Bestandteil des Glases vorgenommen wird, kann der größere Wirkungsanteil u. U. auf dessen Verdrängung entfallen. Außerdem kann die Bedeutung eines Zuschlages darin bestehen, daß er zwar den Höchstwert der Kristallisation nicht oder nicht wesentlich verändert, daß er aber den Temperaturbereich, in welchem das Maximum auftritt, verlegt, oder daß er die Liquidustemperatur erniedrigt [*40, 56, 57*] und dadurch für bestimmte Fabrikationsgänge eine größere Bewegungsfreiheit schafft. Praktische Erfahrungen auf diesem Gebiet liegen in reichhaltiger Weise vor.

In Flaschengläsern mit 8 bis 12% Al_2O_3, 6 bis 14% CaO + MgO, 10 bis 16% Alkalien, Rest Kieselsäure, wurden systematisch Substitutionen von SiO_2 durch Al_2O_3, CaO, MgO, BaO, ZnO durchgeführt und das Entglasungsverhalten studiert. Dabei wurden folgende Ergebnisse erhalten [*57*]:

Ersatz	Liquidustemperatur	Krist. Geschwindigkeit
Al_2O_3	steigt sehr wenig	steigt wenig
CaO–MgO	steigt stark	steigt sehr stark
Na_2O	sinkt	sinkt
BaO	sinkt	sinkt
ZnO	keine Änderung	steigt

Unter denjenigen Glasanteilen, durch die das Entglasungsverhalten bewußt beeinflußt werden sollte, steht das Magnesiumoxyd MgO [*58*] der Tonerde nicht nach. Die Gleichgewichtstemperaturen Kristall–Schmelze und die Kristallisationsgeschwindigkeiten sinken, wenn man Kalk durch steigende Mengen Magnesia gewichtsprozentig ersetzt, etwa um 10 °C bzw. 10% für je 1% MgO [*40*].

Verwendet man größere Mengen Al_2O_3 neben Magnesia, so kann man sehr entglasungsträge Gläser erschmelzen, die unter Laboratoriumsbedingungen innerhalb 8 Wochen nicht entglasen [*56*]. Dem ist zu danken, daß vielerorts ein Teil des Kalkes im Gemenge durch Dolomit ersetzt wurde, gelegentlich zugleich mit einem Zusatz von Feldspat [*59*]. Berichte aus der Praxis, die gute Erfolge im Betrieb bestätigen, liegen vor [*60*].

Als dritter der Stoffe, die sich – meßtechnisch in der Hauptsache bis zu einem 5%igen Zusatz belegt [*61*] – im Kampf gegen die Entglasung praktisch bewährten [*62*], muß die Borsäure B_2O_3 erwähnt werden. Bei hochentwickelten Industriegläsern, die als Massenware hergestellt werden, finden sich aus diesem Grunde gelegentlich, infolge des hohen Preises aber immer seltener, geringe Mengen B_2O_3 neben Al_2O_3 und MgO vor, wobei eine gleichzeitig erzielte Erleichterung der Schmelze von weiterem Nutzen ist. Grundsätzlich darf überhaupt im Auge behalten werden, daß ein Glas im allgemeinen um so schwerer kristallisiert, je mehr (verschiedene) Anteile es enthält, die sich selbst an der Kristallisation nicht beteiligen, also auch das Sichfinden der Moleküle zur Gitteranordnung erschweren.

Tabata [*58, 63*] hat noch weitere Stoffe in ihrer Wirkung auf die Entglasungsneigung untersucht, deren Verwendung in Massengläsern aber meist an dem Preis scheitert. Das Zinkoxyd ZnO könnte als ziemlich leicht zugänglicher Rohstoff noch Bedeutung erlangen, wenn es preisgünstig zu erhalten wäre. Als wichtig darf aus dieser Versuchsreihe festgestellt werden, daß Kaliumoxyd K_2O an Stelle von Natriumoxyd Na_2O die Neigung zur Entglasung einschränkt [*64*]. In der Reihe xK_2O, $(1-x)Na_2O$, 1 BaO, 10 SiO_2 wird die KG beim Ersatz des Na_2O durch K_2O deutlich kleiner [*65*].

Den technischen Nutzen dieser Erkenntnis zeigte unter anderem Panussjuk [*66*]. Er schildert, daß er ein normales Kalk-Natron-Glas, welches bis dahin in einem unbeheizten Feeder immer durch Entglasungen verseucht war, durch Einführen von 3% K_2O von diesem Fehler befreien konnte. Als er infolge mangelhafter Versorgung mit dem betreffenden Rohstoff gezwungen war, den K_2O-Gehalt auf 1,5% herabzusetzen, traten die Entglasungen wieder auf.

Daß man auch bei Fourcault-Glas die Neigung zur Entglasung mit K_2O herabsetzen kann und daß man davon in Rußland praktischen Gebrauch macht, zeigt Tscherewatenko [*67*].

Dem Bariumoxyd kommt deswegen eine besondere Bedeutung zu, weil es im Gegensatz zu den bisher genannten Beistoffen sich selbst an der Kristallisation beteiligt (vgl. Ziff. 6.6), was man bisher nur von MgO sagen könnte, das in größeren Mengen angewandt, zu einer Ausscheidung von Diopsid und Åkermanit [*40*] führen kann.

Auch von Stoffen, die nur in sehr geringen Mengen im Glase vorliegen, wie z. B. Arsenoxyd, liegen Beobachtungen [*68*] vor, nach welchen ein erheblicher (in diesem Fall nachteiliger) Einfluß auf die Entglasung angenommen werden muß. – Ein Einfluß von Kochsalz und Sulfat [*69*] konnte nicht ermittelt werden. – Trotzdem muß unterstellt werden, daß es bei Vergleichen des Verhaltens verschiedener Gläser keineswegs einerlei sein kann, ob in ihnen größere oder geringere Mengen von flüchtigen Stoffen (z. B. SO_3) vorhanden sind.

Für die Einwirkung von Beistoffen auf Tracht und Habitus der Kristalle sind allgemeingültige Regeln noch nicht bekannt. Beyersdorfer [33] z. B. stellte fest, daß „die im Aventuringlas gewachsenen Kupferkristalle stets nach Tracht und Habitus die gleichen sind, ohne Rücksicht darauf, in welchem Grundglas sie entstanden sind. Bei geringer Ca-Konzentration entwickeln sich mehr körperliche – Oktaeder, Rhombendodekaeder – (Bild 310 in [*33*]) bei höherer Konzentration mehr flächige Gebilde, drei- und sechsseitige Täfelchen (Bild 305 in [*33*]). Die glasbildenden Anteile sind offenbar ohne Einfluß auf die Form der Kristalle.“

Dagegen fand VOGEL [70] bei der Untersuchung von Phosphatgläsern, daß

a) in einer Metaphosphorsäure-Glasschmelze Aluminiummetaphosphat sich nur als Würfel ausscheidet (Bild 8 in [70]),

b) in wasserfreien Phosphatglasschmelzen, d.h. in reinen P_2O_5-Gläsern Aluminiummetaphosphat sich nur in Form von Tetraedern ausscheidet (Bild 6 in [70]),

c) in wasserfreien Phosphatglasschmelzen, denen Fluoride zugesetzt sind, Aluminiumphosphat als Oktaeder auskristallisiert (Bild 7 in [70]),

d) aus Phosphatglasschmelzen, deren Grundglas aus einem Gemisch von HPO_3-Glas und P_2O_5-Glas besteht, Aluminiummetaphosphat in Form von Kombinationen derjenigen Formen, die in reinem HPO_3-Glas bzw. reinem P_2O_5-Glas beständig sind, nämlich Tetraeder und Würfel, auskristallisiert (Bild 13a u. 13b in [70]),

e) aus Phosphatglasschmelzen, deren Grundglas aus einem Gemisch von HPO_3-Glas und P_2O_5-Glas, dem Fluorionen zugesetzt worden sind, Aluminiummetaphosphat in Form von Kombinationen der einfachen Formen, die in HPO_3-Glas und in P_2O_5-Glas mit Fluoridzusatz beständig sind, nämlich Würfel und Oktaeder, auskristallisiert (Bild 16a u. 16b in [70]).

Zweifellos gibt die Arbeit von VOGEL einen starken Anreiz, auch in anderen Gläsern die Einwirkung von Beistoffen auf Tracht und Habitus der entstehenden Kristalle zu studieren, da man dadurch unter Umständen Vorgänge klären können wird, für die dies heute noch nicht möglich ist.

6.3 Allgemeine Entglasungsformen und ihre Wirkung auf das Glas

Die in einem „Keim" oder „Kern" beginnende Kristallisation besteht zunächst in einer Ordnung weniger Ionen zu einem bestimmten Kristallgitter, das nicht nach allen Seiten hin gleichmäßig wachsen muß, sondern in Richtung seiner 3 Kristallachsen verschiedene Wachstumsgeschwindigkeit aufweisen kann. Keime müssen aber nicht notwendigerweise das gleiche Kristallgitter aufweisen, wie die in der metastabilen Schmelze überfälligen Kristalle; beliebige Fremdkörper können impfend wirken und so den Anlaß zur fortlaufenden und vollständigen Kristallisation des Glases geben.

Unter geeigneten Bedingungen, namentlich einer ausreichenden Wärmestatik, kommt es dazu, daß das kugelförmig um einen solchen „Kern" gelegene Glas nach und nach der vordringenden Entglasung zum Opfer fällt. Es bilden sich sog. „Sphärolithe", kugelförmige Entglasungen (Abb. 347a), die aus nadelförmigen, radial von einem Mittelpunkt ausgehenden Kristallen aufgebaut werden (Abb. 325b). Sie beanspruchen als im molekularen Ordnungszustand befindlicher Stoff weniger Raum als das Glas, so daß sie sich bei der Abkühlung oft durch Sprungbildung (Abb. 347b) von ihm loslösen und damit einen Hohlraum erzeugen, der Vakuum aufweist oder

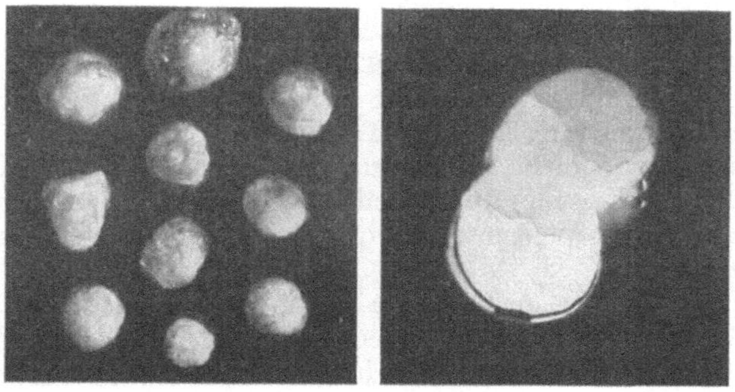

a b

Abb. 347. Sphärolithe: a) Aus dem Glas herausgeschält (natürliche Größe), b) Von der Glasoberfläche

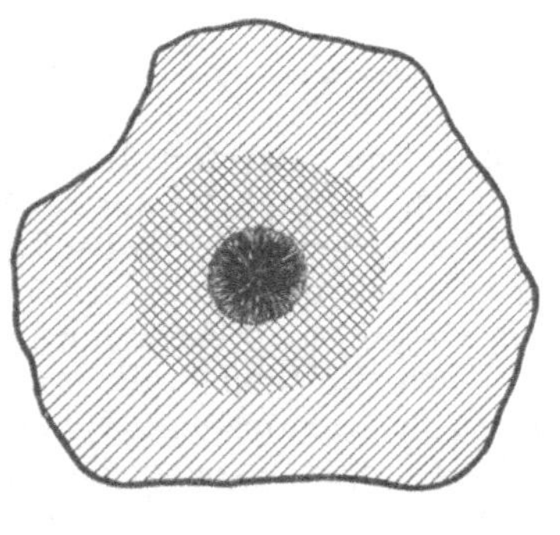

Abb. 348. Sphärolith mit hydrolytisch geschwächter Umgebung

Gase enthält, die eine Blase vortäuschen. Dadurch ist ein leichtes Herauspräparieren derartiger Entglasungen aus dem Glase möglich. Die Substanz zu ihrem Aufbau wird den Sphärolithen durch Diffusion aus der Umgebung zugeführt. Es hinterbleibt unter Umständen ein an den Aufbaustoffen des Kristalles verarmtes Restglas, wie sich manchmal analytisch nachweisen läßt [37]. Daher zeigt auch die Umgebung von Sphärolithen, bei entsprechender Versuchsanordnung, über Salzsäuredämpfen früher Interferenzfarben als das normale Glas. So ergab es sich wenigstens in einem

H. Jebsen-Marwedel vorliegenden Fall (Abb. 348). Eine interessante Parallele hierzu teilt P. Beyersdorfer in seinen Studien über Aventuringlas, dortige Abb. 26 [*33*] mit.

Da zur sphärolithischen Entglasung lang anhaltende Wärme erforderlich ist, zeigt sie sich meist nicht als ausgesprochener Fabrikationsfehler. Sie durchsetzt vielmehr das Massiv von Schmelzen, die in Häfen oder Wannen erstarrt sind. Wenn das Erkalten derselben aber unter bestimmten, vom Betrieb veranlaßten Bedingungen vor sich geht, bedeutet die Art und Weise

Abb. 349. Kristalldruse, die durch das Ablassen der Wanne freigelegt wurde. Nadellänge bis 60 mm

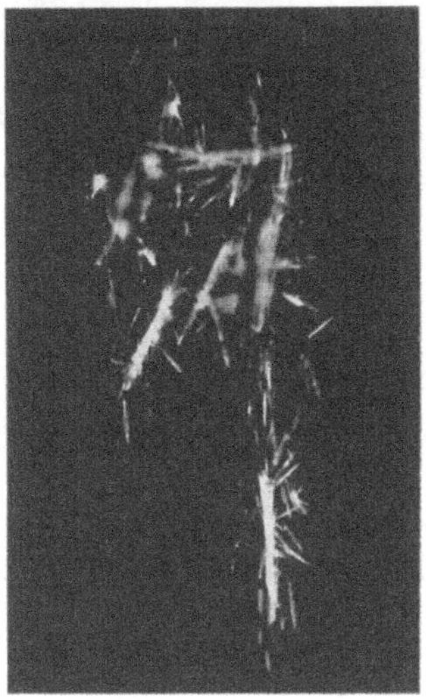

Abb. 350. Sporadisch auftretende Kristalle, aus einer Tiefenkristallisation losgelöst

der Anordnung dieser Entglasung und ihre Häufung ein vorzügliches Mittel zur vergleichenden Beobachtung des Verhaltens verschiedener Glasschmelzen, die bei einiger Systematik zugleich Rückschlüsse auf die Veranlagung des Glases für die „Entglasung" zuläßt (vgl. auch [*46*]).

Die Tatsache, daß in einer abgelassenen Wanne nach Abb. 349 Kristalldrusen von beträchtlicher Größe gefunden werden können, deren einzelne Kristalle bis 5 und 6 cm groß sind, beweist, daß in bestimmten Schichtungen erhebliche Stoffumsetzungen eintreten können; dafür muß nur eine passende Temperatur vorhanden sein, die in der Tiefe auch stets als wirklich vorhanden angenommen werden darf. Die Entglasung macht sich aber nicht allein dadurch als Störung bemerkbar, daß sie die Kristallsubstanz aufbaut und zeitweise in die Glasströmung abgibt (Abb. 350), sondern auch dadurch, daß ihre „Zehrkraft" mittelbar örtliche Änderungen der Zusammensetzung des vorüberstreichenden Glases mit sich bringen kann [*37, 71*].

Ganz besonders tückisch wirkt sich aus, daß Gase, die in den Glasschmelzen gelöst sind (z.B. SO_3), nicht in das Kristallgitter eingehen, andererseits aber auch nicht vom Restglas aufgenommen werden können, da dieses bereits gesättigt ist; daher treten Blasen auf, von denen man die Entglasungen häufig durchsetzt findet (Abb. 351).

Abb. 351. Blasenbildungen in einem Kristallisationsnest

Diese Blasen entfernen sich unter Umständen infolge des Auftriebes aus der Entglasungsmasse, ohne ihre Herkunft anders zu verraten, als durch gelegentliches Mitschleppen von Kristallstückchen. Da mit geringen Änderungen im Glas Entglasung mehr oder weniger plötzlich auftreten kann, hat man auch mit dem plötzlichen Auftreten von Blasen aus dieser Ursache zu rechnen. Der Vorgang selbst ist dem bekannten „Spratzen" bestimmter Gesteinsarten zu vergleichen

[(50a], dort S. 354), bedeutet also für den Mineralogen kein unerwartetes Verhalten der Glasschmelze.

Ein Niederschlag von Staub u. dgl. auf der Oberfläche einer Schmelze vermag eine Entglasung auszulösen, bei der sich zunächst halbkugelige Gebilde zeigen, die in der Kälte oft fischschuppen-

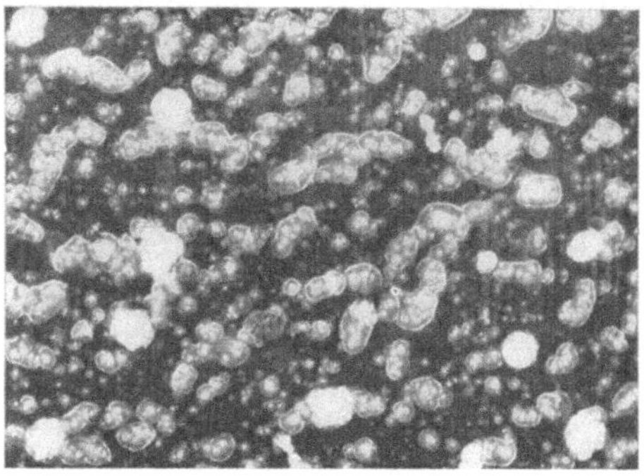

Abb. 352. Halbkugelige Oberflächenentglasung, durch Impfwirkung von Staub ausgelöst

Abb. 353. Geschlossen entglastes Stück Schmelzoberfläche

artig abblättern (Abb. 352). Später findet ein völliges Zuwachsen der Oberfläche statt (Abb. 353). Auch eingerührter Glasstaub vermag eine Schmelze zum Aufgeben ihres Unterkühlungszustandes zu veranlassen.

6.4 Entglasungen an Grenzflächen

Einige Sonderfälle des Auftretens von Entglasung oder sie betreffender Umstände müssen noch erwähnt werden, weil sie einerseits das Verständnis für Eigentümlichkeiten der Kristallisation erhöhen, andererseits bei ihrem Eintreten entsprechende Rückschlüsse zulassen.

Es ist bereits erwähnt worden, daß Inhomogenitäten im Glase selbstverständlich auch eine ungleichmäßige Verteilung der Entglasungsneigung veranlassen. Dieser Umstand führt dazu, daß die Entglasung in erstarrenden Schmelzmassen unter Umständen vorzugsweise an bestimmten Flächen oder Strängen entlang einsetzt und damit deren besondere Veranlagung verrät (Abb. 354 u. 355). Es ist bekannt, daß es diese Erscheinung sogar ermöglichte, Rückschlüsse auf die Strömung des Glases [*46*, *72*] in tieferen Schichten zu ziehen (Abb. 356; vgl. Abb. 355). Ob es sich dabei um eine Reizerscheinung der sich friktionsmäßig berührenden Schichten handelt oder um eine Anschwemmung von Kristallkeimen an ihnen nach entgegengesetzter Art des bildlich festgehaltenen „Strudels“ (Abb. 357), ist nicht leicht festzustellen. Wichtig ist aber der Umstand, daß recht geringfügige Unterschiede chemischer oder physikalischer Natur gegenüber der Umgebung ein solches Bild ergeben, welches dann aber nur bedingt als Anhaltspunkt für die normale Entglasungsneigung der Schmelze gelten darf.

Abb. 354. Entglasung folgt den Schlierenzügen eines erstarrten Flaschenglases

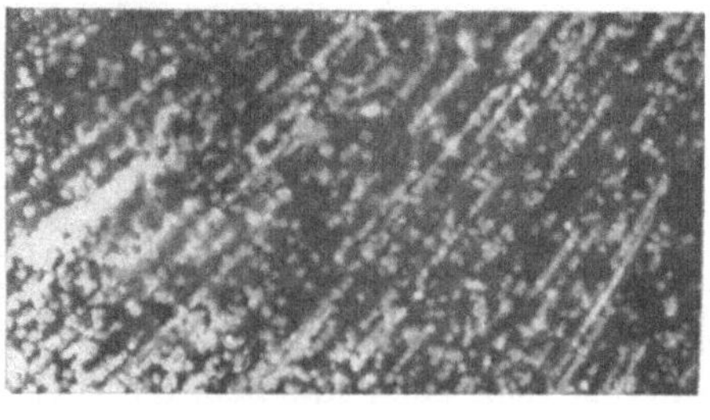

Abb. 355. „Schleier“ von Entglasungskristallen im Glas aus einer Wanne. Rechts: Einzelheit

Ähnlich - jedoch umgekehrt - liegt der Fall, wenn Grenzflächen vorhanden sind, die zwar nicht strömungstechnisch zustande kamen, aber doch künstlich erzeugt wurden. Dies ist z. B. der Fall, wenn Glasposten nacheinander auf die „Pfeife" genommen werden, wobei sich niemals ein

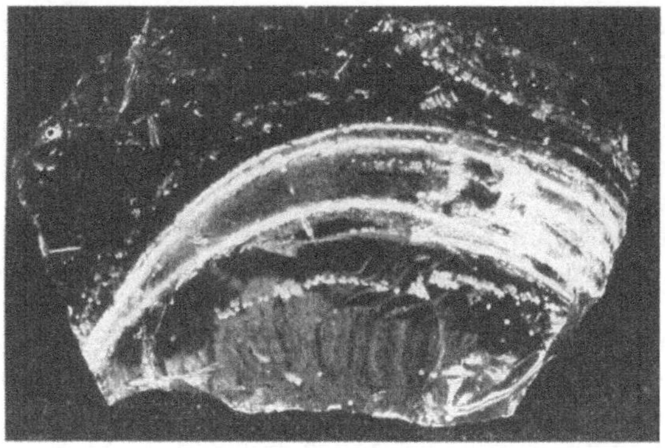

Abb. 356. Durch Strömungsverlauf bedingte Entglasungsgrenzflächen

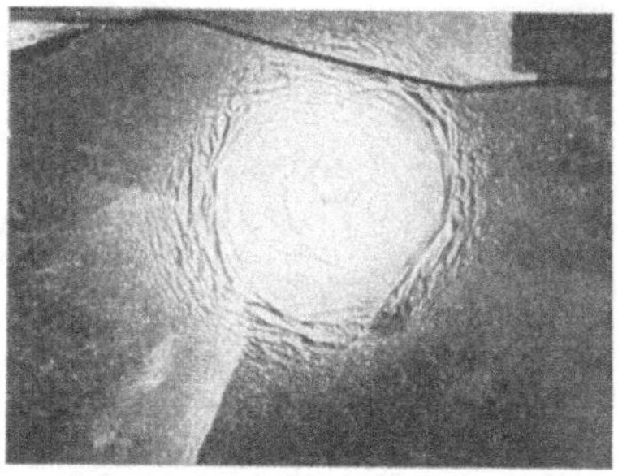

Abb. 357. Beim Erkalten eines Wanneninhaltes gebildeter Strudel, der anschwimmende Kristallkeime sammelt (Umkehrung zum Betriebszustand)

völlig grenzflächenloser Übergang ergibt, wie auch Abb. 358 deutlich macht. Handelt es sich um ein opales, also von winzigen Kristallausscheidungen durchsetztes Glas, z. B. ein Stangenglas, wie es für sanitäre Zwecke hergestellt wird, so nehmen die Postengrenzflächen wieder eine Sonderstellung ein; an ihnen versagt unter Umständen das Anlassen der opalisierenden Ausscheidungen, wie der Schnitt Abb. 358 darlegt. Wiederum ist es also ein geringfügiger, chemisch kaum nachweisbarer Umstand, der das - gegenüber der Hauptmasse abweichende - Verhalten bedingt. Zu vermuten ist als Ursache ein Verdampfen von Fluor bzw. SiF_4, oder eine Reduktion von PO_4 durch die Ofengase oder im Wolgerholz an den jeweiligen Oberflächen der einzelnen Posten, denen damit ein Teil desjenigen „Mineralisators" fehlt, der in der Masse ausreichend vorhanden ist.

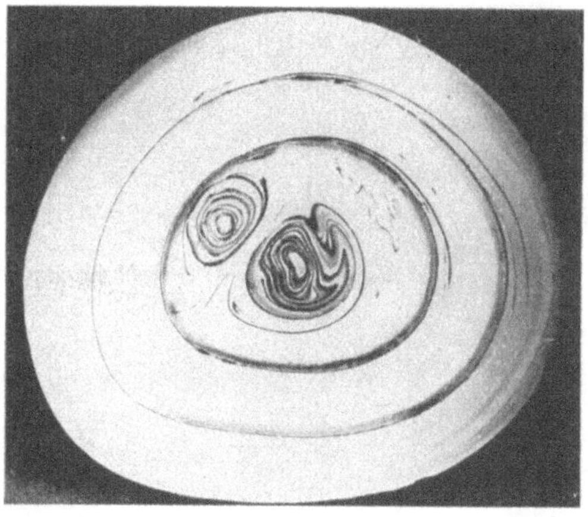

Abb. 358. Opales Stangenglas (Schnitt). Das Ausscheiden der Trübung blieb an den Postenschichten aus

Solche Flächen eines Glases, die auch nur eine kurze Zeit lang freie Oberflächen gewesen sind, können sich in dieser Zeit genügend verändert haben, um ein gegenüber der Masse völlig abweichendes Entglasungsverhalten zu zeigen. Aber auch sonst zeigen verschiedenartig behandelte Oberflächen des Glases beim Wiedererhitzen recht verschiedenartiges Verhalten hinsichtlich der Kristallisation.

Ein im Kühlofen mit Hüttenrauch beschlagenes Glas, das vollständig gereinigt und dann wieder bis zum Erweichungspunkt erhitzt wurde, zeigte, wie BULLE u. DIETZEL [*73*] feststellten, starke oberflächliche Entglasung. Das trat besonders bei Gläsern mit mehr als 16% Alkali und 74% SiO_2 auf, also Gläsern, bei denen sich bei der Entglasung SiO_2 ausscheidet.

WIEHR [*41*] bestätigte an Hand exakter Versuche, daß die feuerpolierte Fläche die wenigsten, die natürliche Bruchfläche 2- bis 3mal soviel, fein- bzw. grobgeschliffene Oberflächen 10- bis 20mal soviel Kristalle je Einheit zeigen, während die Kristallisationsgeschwindigkeit (KG) bei gleicher Temperaturbehandlung nur wenig geändert wird. Der gleiche Verfasser stellte auch den Einfluß verschiedener atmosphärischer Bedingungen fest. Die Kristallzahl und -größe war am kleinsten im Vakuum, größer in trockenem Stickstoff und noch größer in gewöhnlicher Luft.

Im Betrieb durchgeführte Untersuchungen [*42*] ergaben verschiedene Kristallisationsgeschwindigkeit, je nachdem ob mit Wassergas, Wasserstoff oder Kohlenoxyd und oxydierend oder reduzierend geheizt wurde. Als Ursache wird die verschiedenartige Verarmung der Oberfläche an Alkali angenommen.

Daß sich normale Oberflächen wesentlich anders als das Innere verhalten, läßt sich folgendermaßen zeigen: Aus einem zusammenhängenden Stück Fensterglas werden kleine, gleich große

Stücke geschnitten und nebeneinander hochkant in einen Schmelztiegel gestellt. Dieser wird Temperaturen ausgesetzt, bei denen das Auftreten von Entglasung zu erwarten ist. Man beobachtet, daß eben diese Entglasung an den Grenzflächen gebildet wird. Sie nimmt ihren Ausgang an den chemisch veränderten, nämlich an Alkali verarmten, ehemalig freien Oberflächen (Abb. 359).

Abb. 359. Vorher freigelegene Oberflächen bilden wegen ihrer chemischen Veränderung als Grenzflächen im zusammengeschmolzenen Glas den Ansatzort für Entglasung (senkrecht gestellte Fensterglasstücke im Schmelztiegel)

Auch die Grenzfläche sonstiger, miteinander verschmolzener Glasbereiche, kann zum Sitz hervorsprießender Kristallkeimlinge (Abb. 360) werden. Möglicherweise ist daran die dichtere Packung der Moleküle im Bereich der Grenzflächenspannung nicht unbeteiligt. Die Entglasung wächst dann ins Innere fort.

Daß Grenzflächen aber nicht immer der Ausgangspunkt von Entglasungen sein müssen, zeigt folgender Versuch der Verfasser:

Aus einem Flaschenboden wurde ein rechteckiges Stück Glas herausgeschnitten und an zwei gegenüberliegenden Seiten poliert. Das Stück zeigte, wie zu erwarten, Schlieren (Abb. 361 a). Nun wurde das Stück bei 850 °C 24 Stunden lang entglast. Parallel zu den ehemals polierten Flächen wurde aus dem Stück ein 5 mm breiter Streifen herausgeschnitten. Es zeigte sich (Abb. 361 b), daß in Übereinstimmung mit Wiehr [*41*] die Kristalle von den feuerpolierten Oberflächen mit der gleichen Geschwindigkeit wie von den geschliffenen senkrecht in das Glas gewachsen sind. Die Schlieren stellten weder einen Ausgangspunkt für neue Kristalle noch ein Hemmnis für die weiterwachsenden dar.

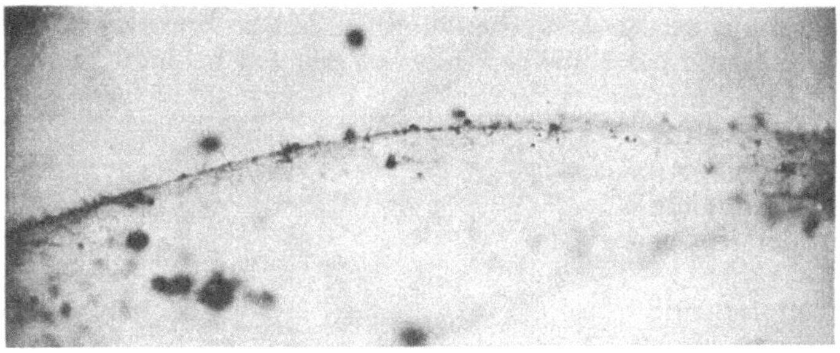

Abb. 360. Entglasungskristalle an der Grenzfläche einer sphärisch gewölbten Schlierenschicht

Wie man durch Einflußnahme auf die Oberfläche (Verdrängen der Luft durch Stickstoff, Evakuieren, Spülen mit Wasserstoff und Schmelzen im elektrischen Ofen) Glasgrieß bei niedrigeren Temperaturen zu einem homogenen Glas zusammenschmelzen kann, ohne daß es ausgehend von den ehemaligen Oberflächen zu Entglasungen kommt, zeigt Mosmieri [*74*].

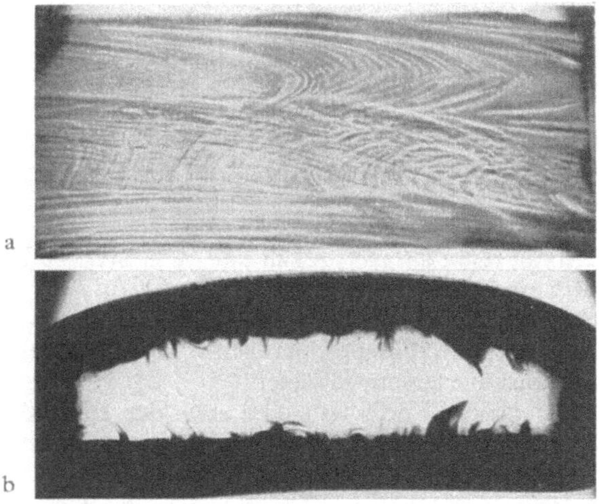

Abb. 361. Schlieriger Flaschenboden. b) Entglast

Ein weiteres und letztes Beispiel für den Einfluß von Grenzflächen mit ihrer molekularen Verdichtung auf die Entglasung führt uns zur entsprechenden Wirkung der Oberflächenspannung. Die Kristallbildung setzt stets dort vor der allgemeinen Entglasung ein, wo entweder eine besondere Reizwirkung (Tiegelränder, Impfpartikel) oder aus sonstigen Gründen ein molekül-verdichtender Zustand (Oberflächenspannung) vorlag, wie ihn auch Tabata [*75*] dafür heranzog. Hat man also einen Schamottetiegel voll Glas, so setzt die Kristallisation zuerst an den Berührungsflächen Schamotte/Glas ein, sofern die Oberfläche wirklich keimfrei gehalten wird. Sie dringt von dieser gleichzeitig vor, wenn Staubpartikel die gleiche Wirkung wie die Wand ausüben; dann beginnt sie an anderen Stellen (Risse, Kanten usw.), deren Oberflächenspannung entglasungsfördernd wirkt. Hierzu gehören in erster Linie die Grenzflächen von Blasen. Blasen sind bekannt als Ansatzpunkte von Kristallisationen (Abb. 362). Erst zuletzt beginnt der spontane, unbeeinflußte Entglasungsvorgang in Kernpunkten der Masse selbst. Da die technische Entglasung in den meisten Fällen ihren Ausgang an Reizstellen nimmt, ist der Weg zur meßtechnischen Verfolgung derselben eigentlich gegeben, indem man die zu untersuchenden Gläser in Schamottetiegeln einschmilzt und die Entwicklung der Entglasung bei verschiedenen Temperaturstufen verfolgt.

Wegen der großen Bedeutung der Grenzflächen für das Auftreten der Entglasung und ihre Größe hat sich TABATA [75] näher mit ihnen befaßt und auch DIETZEL [47] diese Art der Entglasung zum Ausgangspunkt seines Meßverfahrens gemacht. An Oberflächen sind es oft Risse, Narben oder sonstige Unregelmäßigkeiten, an denen das Kristallisieren bevorzugt einsetzt.

Zu erwähnen ist noch, daß oberflächliche Zersetzungserscheinungen von Gläsern nichts mit dem eigentlichen Entglasen zu tun haben, wenn ihr Aussehen auch unter Umständen sehr an Entglasungen erinnert (Abb. 363 u. 364). Entsprechende Bezeichnungen beruhen auf einer mißverständlichen Ausdrucksweise aus Laienkreisen [76]. Besonders GEILMANN hat an antiken Gläsern Zersetzungserscheinungen behandelt, die Entglasungen zum Verwechseln ähnlich sind.

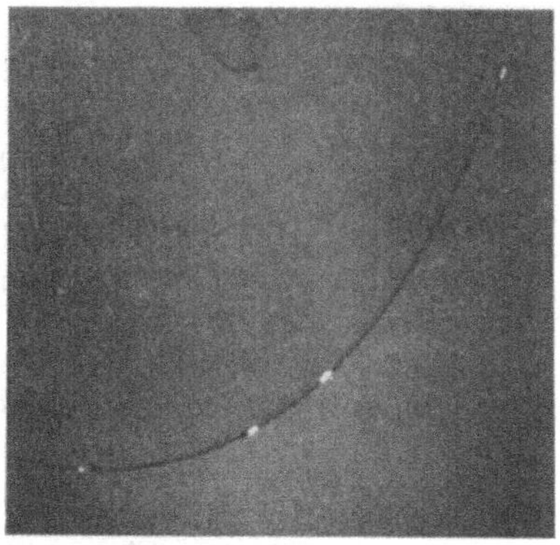

Abb. 362. Rand einer Blase mit Kristallkeimbildungen (+ Nicols)

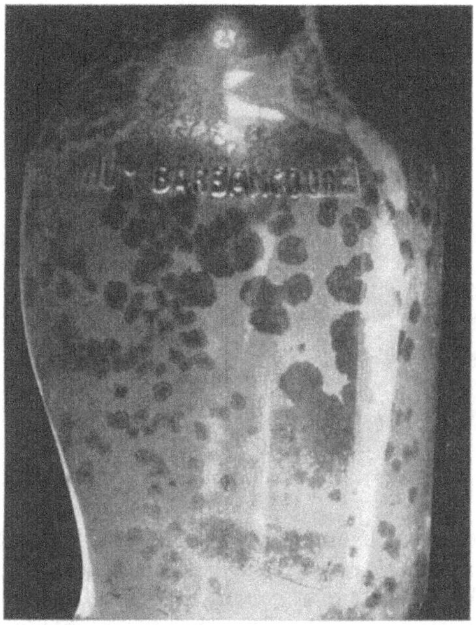

Abb. 363. Hydrolytisch zersetzte Flasche

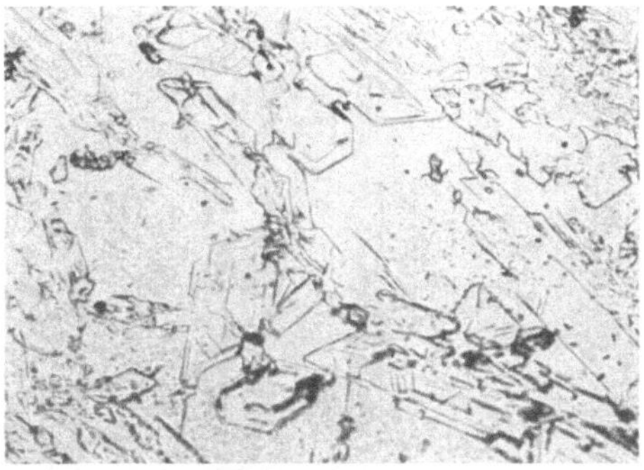

Abb. 364. Hydrolytisch zersetzte Flasche. Einzelheit bei stärkerer Vergrößerung (Aufnahme von Prof. Dr. W. GEILMANN)

6.41 Entglasungen in Schlieren

Besondere Beachtung muß man Entglasungen in Schlieren widmen, da es hier bei nur makroskopischer Betrachtung leicht zur Verwechslung mit Steinchen kommen kann. Steinchen wie Entglasungen sehen weiß aus, und die Schlieren können einen Zellenhof vortäuschen. Bei mikroskopischer Betrachtung erkennt man aber die Entglasungen an den besser ausgebildeten Kristallindividuen, dem fehlenden Massiv (Ziff. 8.81) und dem fehlenden Zellenhof.

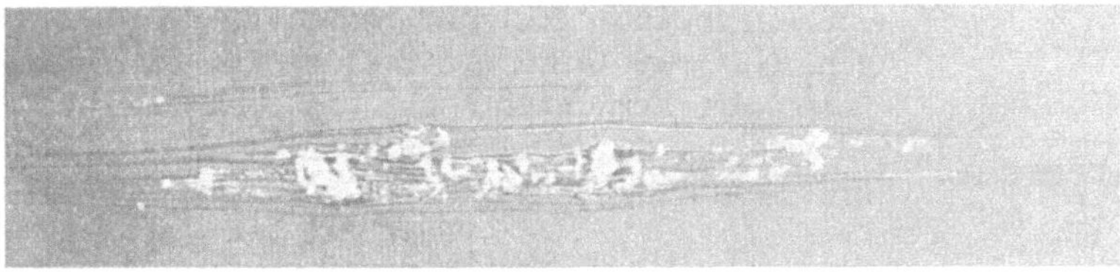

Abb. 365. Entglasung in einem Schlierenzug

Es ist bei Entglasungen in Schlieren nicht immer ohne weiteres festzustellen, ob es sich dabei um Entglasungen aus einer z. B. durch Fremdkörper verursachten Schliere oder umgekehrt um Schlieren handelt, die durch die Auflösung von Entglasungen entstanden sind (Abb. 365). Man darf sich bei der Beurteilung derartiger Fälle nie von einem einzelnen Objekt leiten lassen, sondern muß immer versuchen, sich aus der Beobachtung vieler Objekte ein eindeutiges Bild zu schaffen; erst dieses kann zu betriebswirtschaftlich entscheidenden Schlüssen führen.

Abb. 366. Kristallausscheidung in einer Schliere

Ergibt sich in der Mehrzahl der Fälle ein Bild wie Abb. 366, so besteht kein Zweifel, daß aus einer Schliere, die aus einem anderen Grund gebildet wurde, die überschüssige Substanz als Entglasung ausgeschieden worden ist. Als Fehler muß also der eigentliche Schlierenbildner (ff. Material, Rohstoff) gesucht werden. In diesem Fall gehen die Schlieren meist weit über den Bereich der Kristalle hinaus (Abb. 367). Ziehen sich umgekehrt die Schlieren deutlich von den Kristallen ab (Abb. 368), die ihrerseits Auflösungserscheinungen zeigen, so braucht nach der Ursache der Schliere nicht mehr gesucht zu werden. Sie ist dann auf eine Wiederauflösung der Kristalle, meist infolge einer Überhitzung, zurückzuführen.

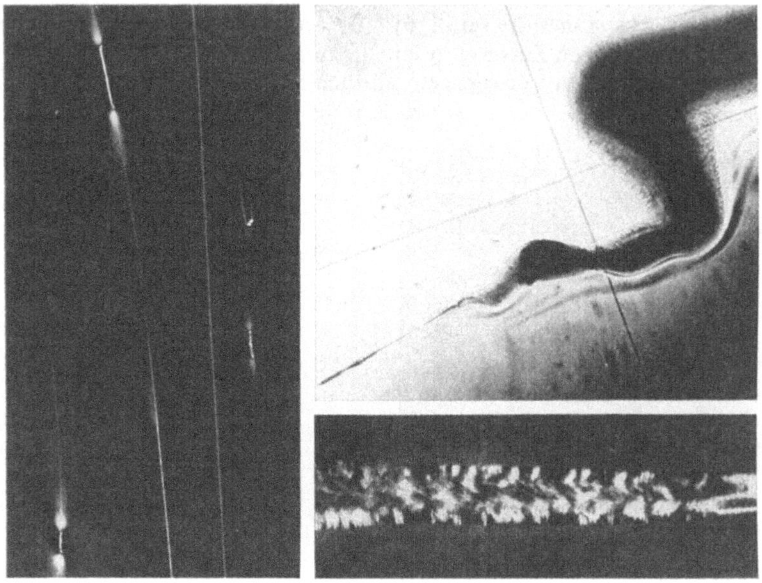

a b c

Abb. 367. a) Stellenweise entglaste Fadenschliere, b) Einzelheit vergrößert (50 ×), c) Kristallisation eines Feldspatoids (+ Nicols)

Nicht immer muß aber eine solche der Grund der Auflösung der Kristalle sein; es kann auch dann zu einer Auflösung kommen, wenn die Zusammensetzung der Schmelze durch geringe innere Verschiebungen „umschlägt". In diesem Falle besitzt sie ja, genau wie bei steigender Temperatur, ein Lösungsvermögen für die vorher ausgeschiedene Entglasung. Dies führt zur Loslösung einzelner Kristalle vom kompakten Entglasungskörper. Treten diese, unvollständig gelöst, im Erzeugnis in Erscheinung, so ist das nicht ein Zeichen, daß die Schmelze unter den gegebenen Umständen an der auskristallisierten Verbindung übersättigt ist, sondern vielmehr für ein vorhandenes, aber nicht ganz ausreichendes Lösungsvermögen. Nur eine sorgfältige Prüfung von Einzelheiten (gegebenenfalls unter Berücksichtigung von Analysen und der zeitlichen Abwicklung der Erscheinung) vermag hier Grundlagen für eine Entscheidung zu geben.

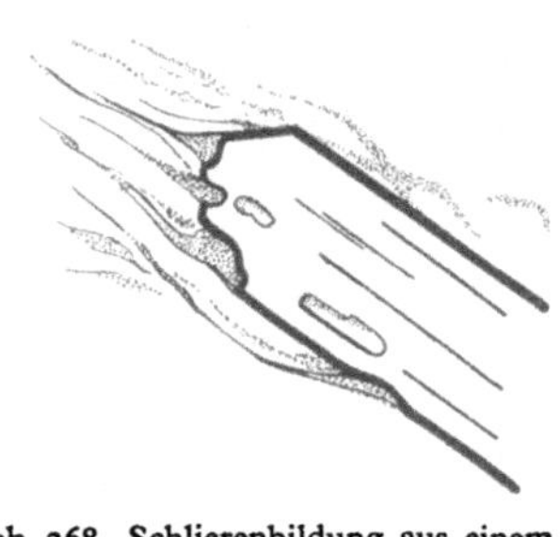

Abb. 368. Schlierenbildung aus einem Kristall

6.42 Entglasung als Anzeiger der Schlieren- und Steinchensubstanz

Wie in der vorigen Ziffer erwähnt wurde, kommt es häufig zu Entglasungen aus der Schlierensubstanz. Es liegt nahe, daß man versucht ist, aus der Art der ausgeschiedenen Kristalle auf den Schlierenbildner rückzuschließen, und daß man dies in einzelnen Fällen auch tun kann, da sich die Schlieren phasentheoretisch wie abgeschlossene Zellen verhalten. Abb. 369 zeigt z. B. einen

Silikatropfen, der in die Schmelze eines optisches Glases gefallen war und darin allein kristallisierte. Als Entglasungsprodukt wurde Cristobalit festgestellt.

Aber nicht immer liegen die Dinge so einfach. J. LÖFFLER schreibt dazu in einer privaten Mitteilung:

„Eine Schliere, die noch im glastechnologischen Sinne eine Störung der Produktion darstellt, wird durch denjenigen Stoff typisiert, der die Störung der Fabrikation hervorruft und dem sie die auffallendste Eigenschaft, die Abweichung der Viskosität von der gewollten verdankt. Man wird also mit Recht eine Schliere aus 50% Glas gewollter Zusammensetzung und 50% einer tonerdehaltigen Wandglasur als eine Tonerdeschliere ansprechen; denn das gegenüber dem Normalglas typische Verhalten wird durch den erhöhten Tonerdegehalt hervorgerufen. Man wird aber eine Schliere, die aus einer durch Ton hervorgerufenen Zusammenballung des Sandes erschmolzen worden ist, ebenfalls mit Recht als eine Tonerdeschliere ansprechen; denn sie ist im wesentlichen durch den Tonerdegehalt des die Sandkörner zusammenbackenden Tones charakterisiert. Wenn in dem ersten Beispiel 50% des gewollten Glases aus einem magnesiumoxydhaltigen Tafelglas bestehen und die genannte Mischung Gelegenheit zum Kristallisieren hätte, so wird je nach der Art der Mischungsverhältnisse entweder Diopsid oder Wollastonit auskristallisieren, auch wenn im Glas Devitrit als stabile Phase entglast. Im zweiten Falle wird wahrscheinlich als Entglasung Cristobalit entstehen. Aus zwei verschiedenen Schlieren, die beide als Tonerdeschlieren zu charakterisieren sind, scheiden sich also ganz verschiedene Kristalle aus, die in nichts auf Tonerde hinweisen.

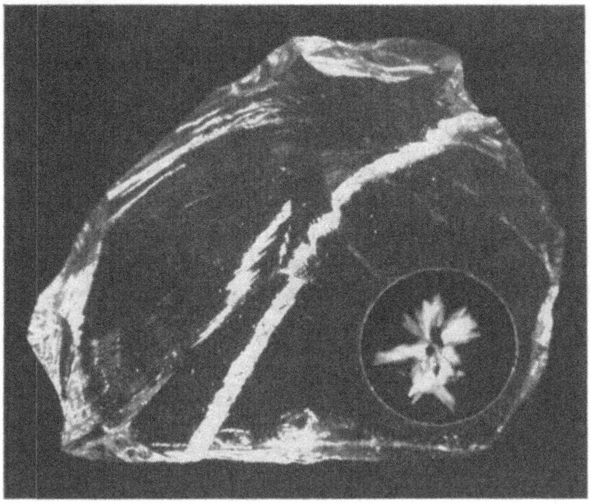

Abb. 369. Entglaste Bahn eines Silikatropfens in einem Glasbrocken aus der Hafenschmelze eines Schwerkrons (im Kreis: Kristallbildung einzeln 50 ×)

Wollte man die Schliere mit Cristobalitentglasung als „Kieselsäureschliere", die Wollastonit ausscheidende als „Kalkschliere" ansprechen, so wäre das fehlerhaft.

Man darf also nicht ohne weiteres aus der Art der Entglasung auf das typische einer Schliere oder eines Einschlusses schließen, man muß vielmehr deren sonstiges Verhalten mit berücksichtigen bzw. deren Gesamtzusammensetzung zu ergründen suchen."

LÖFFLER hat (nach einer privaten Mitteilung an den Herausgeber) in einem Tafelglas nach dem LIBBEY-OWENS-Verfahren eine von einem Wollastonitkristall abziehende Schliere nach seinem eleganten Ätzverfahren [*70(a)*] als ausschließlich von Kieselsäure verursachte Schliere identifizieren können. Darin läßt sich eine Vorstufe erkennen zu der Kristallisation von Cristobalit, die oft in dem einer derben Wollastonitkristallisation anliegenden Restglas zu beobachten ist (vgl. [*71*]). Zu einer Kristallisation der Kieselsäure ist es in diesem Fall noch nicht gekommen. LÖFFLER macht darauf aufmerksam, daß zwischen FOURCAULT-Glas und LIBBEY-OWENS-Glas insofern ein Unterschied besteht, als im normalen FOURCAULT-Glas Wollastonit sich nur dann ausscheidet, wenn sich das Glas mit tonerdehaltiger Wandglasur gemischt hat, also in einer „Tonerdeschliere", da die im Grundglas zu erwartende stabile Kristallphase der Devitrit ist. Man findet also wiederum in einer Schliere eine Kristallart, die auf den ersten Blick durch gar nichts auf die eigentliche Schlierenursache hinweist. Das ist zur Beurteilung wichtig. Der Mechanismus, der zu dieser Erscheinung führt, läßt sich folgendermaßen deuten (J. LÖFFLER):

Tonerde kann nur dann in die Glasstruktur eingehen, wenn sie genügend Alkali zur Verfügung hat. Dieses Alkali fehlt dann aber zum Aufbau des Devitrits. Das Glas wird in diesem Sinne quasi „alkaliärmer". Demnach fällt also bei einer Kristallisation das alkalifreie Metasilikat – der Wollastonit – aus.

Nichtsdestoweniger bleiben aber die aus den Schlieren ausgeschiedenen Kristalle interessant und können die anderen Untersuchungsergebnisse stützen. Daher ist es manchmal von Nutzen, Schlieren, die an und für sich keine Entglasungen zeigen, Temperaturen auszusetzen, bei denen Entglasung erfolgt und die Kristalle soweit wachsen zu lassen, bis man sie identifizieren kann („Thermische Exposition").

Einen besonders schönen Fall einer stellenweise entglasten, sich weithin durch ein normales Fensterglas erstreckenden Schliere zeigt Abb. 367. Die Kristalle konnten als Nephelin identifiziert werden.

Als seltenerer Fall ist zu erwähnen, daß gelegentlich beim „Anfangen" des Glasmachers ein Faden („Schwanz") kälteren Glases in die Schmelze zurückfällt. Unter Umständen kann dessen

a

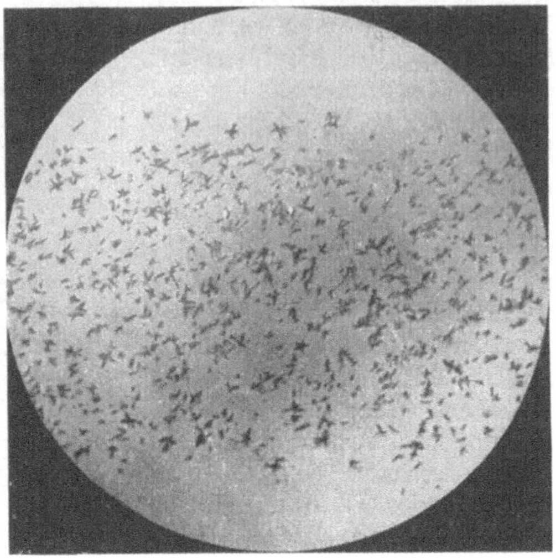

b

Abb. 370. a) Schlierenschwanz aus „kaltem" Glas, entglast, b) Randloser Übergang des kristallisierten Teils zum nichtkristallisierten

abweichender Temperaturverlauf einer Entglasung günstig sein. Es zeigt sich dann im nächsten Posten ein milchiger Streifen, der scheinbar verknotet liegen kann (Abb. 370). Seine mikroskopische Betrachtung zeigt einen randlosen Übergang des von winzigen Kriställchen durchsetzten Stranges zur Hauptmasse, was besagt, daß ein Unterschied in der Zusammensetzung nicht vorliegt, sondern nur thermische Bedingungen die Entglasung verursacht haben.

6.5 Stufenkristallisation technischer Gläser

Die Kristallisation des Glases unterliegt besonderen Regeln, da sie von einer ihm eigentümlichen „Verzögerung" beherrscht wird. Die Kristallbausteine werden der Lösung durch die Kristallisation rascher entzogen, als sie durch Diffusion nachgeliefert werden können. Findet also eine Entglasung statt, so verarmt das den Kristall umgebende Glas an den Molekülen, die als Gitterbausteine dienen, und reichert sich zugleich an den Molekülen an, die für den Kristallaufbau nicht gebraucht werden. Nach Abb. 348 kann man gelegentlich nachweisen, daß sich die Umgebung, z. B. von Sphärolithen, als hydrolytisch schlechter haltbar erweist als das Grundglas, da sie sich, beispielsweise bei der Ausscheidung von Wollastonit an Na_2O anreichert und an CaO verarmt. Das führt zu der Erkenntnis, daß die Kristallsubstanz nicht allein dem restlichen Zwischenglas entnommen zu sein scheint, sondern auch der etwas weiteren Umgebung. Diese „Zehrkraft" der Kristalle äußert sich unter Umständen unangenehmerweise darin, daß Glas, das an im Wachsen begriffenen Entglasungshaufen in Ecken usw. vorüberströmt (vgl. Abb. 349), hierbei eine Veränderung erleidet, da ihm für den Weiterbau der Kristalle notwendige Moleküle entzogen werden. Dabei büßt das Glas einen bereits erreichten Homogenitätsgrad ein. Dies kann umgekehrtenfalls auch dadurch geschehen, daß sich ein solcher Entglasungshaufen auflöst und das Glas mit einem Übermaß seiner Bestandteile belädt.

Die „Zehrkraft", welche eine um sich greifende Entglasung auf ihre Umgebung ausübt, läßt sich mitunter sogar analytisch erfassen: Kristall und das ihn umgebende Glas weichen dann nachweislich etwas in entgegengesetzter Richtung von dem normalen Glas ab (s. Tab. 8) (vgl. auch [71, 77]).

Wenn man bedenkt, daß im Sphärolith noch Restglas vorhanden ist und man nicht weiß, wie weit die „Zehrkraft" in das Umgebungsglas hineinwirkt, so sieht man, daß die an und für sich kleinen Unterschiede doch die Richtung bestätigen.

Tabelle 8

	SiO_2	R_2O_3	CaO	Na_2O
Sphärolith	71,88	0,44	14,08	13,38
Seine Umgebung	71,61	0,52	13,44	14,14
Mittel beider	71,74	0,48	13,76	13,81
Normales Glas	71,77	0,54	13,60	14,01

Dies führt aber zu der Erkenntnis, daß damit das Restglas in ein anderes Gebiet des Phasendiagrammes fallen kann. Wir finden hier also ähnliche Verhältnisse wie bei geschmolzenen vulkanischen Gesteinen. Die Phasenlehre läßt sich nicht mehr ohne weiteres auf die Vorgänge des Glasens und Entglasens anwenden, weil die Verzögerung den Vorgängen ihre eigene Gesetzmäßigkeit aufprägt.

In dem in Abb. 371 dargestellten technisch wichtigen Ausschnitt des Dreistoffsystems $Na_2O-CaO-SiO_2$ sind die Phasenumschlaggrenzen eingetragen, die für das Glas maßgebend sind, wenn zeitlich ausreichende thermische Bedingungen das Eintreten des Gleichgewichtes gestatten. Dies ist im technischen Betrieb wohl niemals der Fall. Hier nähert sich das Glas dem Gleichgewicht nur schrittweise über Stufen, die sich unter Umständen einzeln zu erkennen geben.

Im Augenblick der Kristallisation können wir das Glas nicht mehr als einheitliches Ganzes betrachten, da das ausgeschiedene Restglas einen neuen Platz im Phasendiagramm einnimmt.

Unser Ausgangsglas (72% SiO_2, 14% Na_2O und 14% CaO) sei dargestellt durch den Punkt im Felde des β-Wollastonits ($CaO \cdot SiO_2$).

Dieser Kristall hätte also ordnungsgemäß in der Gegend von 1100 °C als erster zu erscheinen und tut es auch. Wird nun 1 Teil $CaO \cdot SiO_2$ anteilmäßig von der Zusammensetzung des Ursprungsglases abgezogen, so ergibt sich ein Restglas von 72,4% SiO_2, 13,3% CaO und 14,3% Na_2O. Diese vom $CaO \cdot SiO_2$-Punkt fortstrebende Richtung wird so lange beibehalten, bis die Überschreitung einer Phasenumschlaggrenze die Ausscheidung eines neuen Körpers bedingt. Dabei macht die Durchschreitung des Devitritfeldes ($Na_2O \cdot 3\,CaO \cdot 6\,SiO_2$) gewisse Schwierigkeiten. Zwar tritt der Devitrit häufig als technische Entglasung auf, aber längst nicht immer, wenn die Entglasung in einem ihm zustehenden Gebiet erfolgt. Das liegt daran, daß sein Bedarf an Gitterbausteinen so vielseitig ist, daß er aus rein statistischen Gründen nicht leicht die geeigneten Bedingungen vorfindet. Daher scheidet sich statt seiner häufig Wollastonit aus. Dagegen tritt aber sofort, wenn die Phasengrenze zum Felde SiO_2 überschritten wird, der Cristobalit oder später der Tridymit auf.

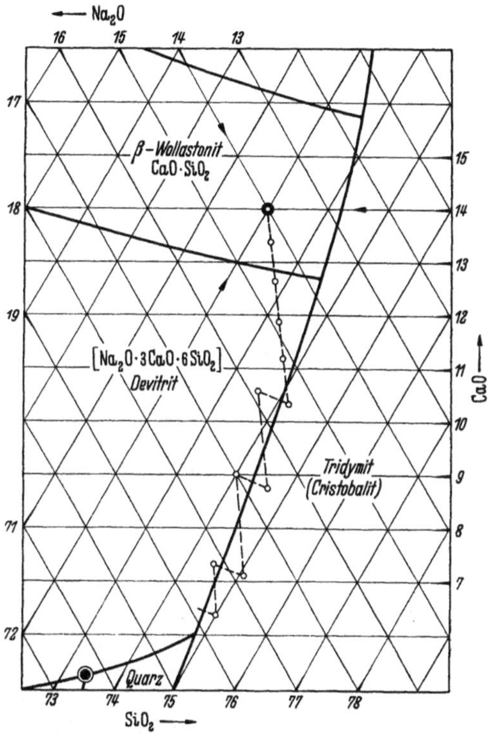

Abb. 371. Schematisierte Darstellung einer wegen der Verzögerung sich stufenweise vollziehenden Entglasung längs einer Phasengrenze

Um eine derartige Überschreitung der Phasengrenze scheint es sich bei dem unter Ziff. 6.42 von Löffler beschriebenen Fall zu handeln.

Würden die dem ursprünglichen (primären) Wollastonitkristall anliegenden Restbestandteile sofort mit dem übrigen Glas in Austausch treten, so müßte aller Wollastonit ausfallen, bevor sich eine andere Phase zeigt. Da dies aber nicht der Fall ist, lagert sich ihm, wenn der Vorgang an dieser Stelle nicht einfriert, als sekundäre Phase Cristobalit an. Dieser erzeugt aber wiederum, wie man rechnerisch ermitteln kann [*38*], ein anderes, dem SiO_2-Eckpunkt abgekehrtes Restglas, dessen Ort im ternären Diagramm wieder im linken Feld zu suchen ist. Eigentlich sollte sich die Entglasung also längs dieser Phasengrenze, d. h. durch gleichzeitiges Ausscheiden von Devitrit, Wollastonit und Cristobalit (Tridymit) vollziehen (Abb. 372).

Da sich aber immer wieder Verzögerungen ergeben, kommt es – wenigstens im Anfang – oft zu einer durchwachsenen Entglasung, die beide Kristallkörper zwar örtlich nebeneinander, zeitlich aber wahrnehmbar nacheinander, entstehen läßt. Das Restglas steuert, gewissermaßen auf Umwegen, selbstverständlich dem Eutektikum bei 725° zu.

Läßt sich die Notwendigkeit der Änderung der Zusammensetzung des Glases durch das Ausscheiden der Kristalle theoretisch auch leicht einsehen, war es doch schwierig, einen Nachweis

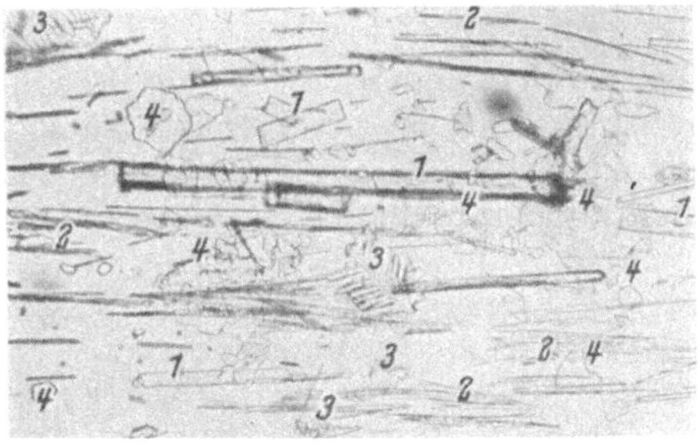

Abb. 372. Mischkristallisation von β-Wollastonit *1*, Devitrit *2* und Cristobalit (Tridymit) *3,4*

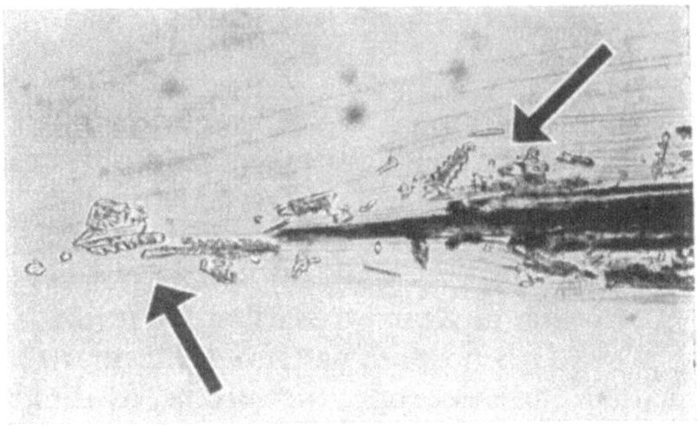

Abb. 373. Von derbem Devitrit ziehen sich Schlieren ab, in denen Cristobalit (Tridymit) auskristallisiert

dafür zu erbringen. JEBSEN-MARWEDEL [79] zeigt (Abb. 373) einen derben Devitritpinsel, der von Schlieren umgeben ist, in denen Kristallite von Cristobalit bzw. Tridymit wachsen, die sich gegen die Spitze des Pinsels zu häufen. Diese Kristalle beziehen ihre Nahrung allein aus dem Restglas und sind deutlich in ihm verankert. Das bedeutet, daß sie dem Grundkristall nur lose angelagert sind und mit dem Abfließen des Restglases mit diesem abwandern können. Aus diesem Vorgang ergeben sich zwei praktische Gesichtspunkte:

1. Das Auftreten zarter SiO_2-Kristallisation kann auf einen der Zugänglichkeit entzogenen derben Ausfall an Wollastonit oder Devitrit zurückzuführen sein, muß also nicht auf einen Überschuß von Kieselsäure im Grundglas hinweisen.

2. Schlieren in der Nachbarschaft von Kristallen brauchen nicht auf einer Wiederauflösung infolge von Temperaturerhöhung oder Änderung der Zusammensetzung des Grundglases zu beruhen. Findet man an den Kristallen keine Auflösungserscheinungen, kann man immer damit rechnen, daß sie aus „Restglas" bestehen.

6.51 *Erscheinungsformen der gemischten Kristallisation (Paragenese)*

Die vorstehend abgeleitete Vergesellschaftung von Kristallen kann sehr verschieden ausfallen.

In irgendeiner ihrer Erscheinungsformen ist sie fast immer an der Entglasung beteiligt, soweit diese nicht ganz einseitig von einer Phase bestritten wird.

In Abb. 374a liegen Wollastonitstäbchen vor, die in recht lockerer Weise Cristobalit in den Zwischenräumen eingelagert enthalten, der außerhalb ihrer nicht vorhanden ist, also ursächlich mit dem Zwischenglas zusammenhängt.

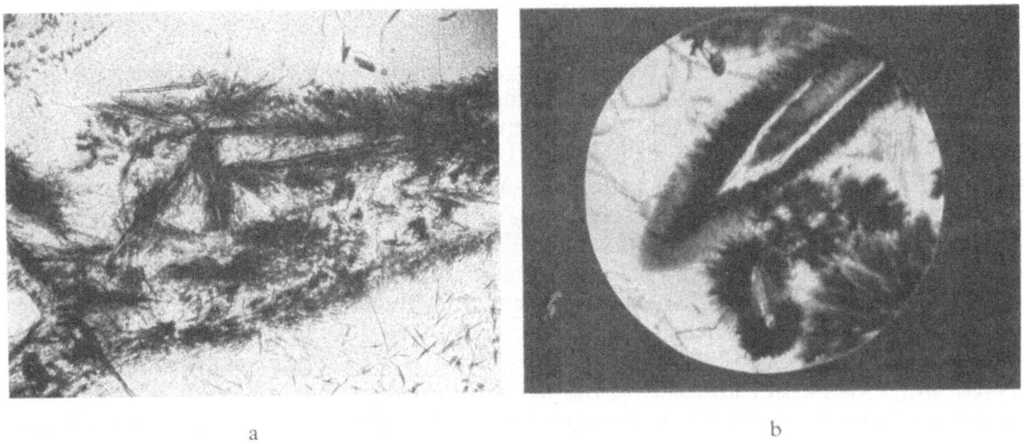

a b

Abb. 374. a) Wollastonitnadeln mit eingestreuten Cristobalitschollen, b) Derber Wollastonit mit Cristobalitpelz besetzt

Abb. 374b zeigt die Verwachsung eines dichten Geflechts von Cristobalit mit einer derben Wollastonitnadel.

Ein sehr schöner Fall von Paragenese liegt in Abb. 375 vor. Auf einem wohlausgebildeten Wollastonitkristall sind kleine Cristobalite aufgewachsen.

Die eingestreuten Schollen der SiO_2-Kristallisation treten vornehmlich in der Gestalt der Abb. 376 auf, befinden sich also selbst nicht im Gleichgewicht mit der Schmelze, was sich an den Auflösungsumrissen zeigt. In solchen Fällen zeigt sich stets, daß der Tridymit mit einem Temperaturanstieg leichter und früher wieder seine Form verliert als der Wollastonit, wie es dem Phasendiagramm nach auch nicht anders zu erwarten ist. Aus Feinheiten in der Abstufung dieser fortschreitenden Wiederauflösungserscheinungen bis zum wiedereinsetzenden Zerfall des Wollastonits lassen sich bei guter Beobachtung brauchbare Rückschlüsse auf den Ort und den Gang der Entglasung ziehen. Schichtenweise Entglasung gehört durchaus nicht zu den seltenen Erscheinungen. Selbst an massiven Entglasungsbrocken ist häufig schon mit dem bloßen Auge wahrzunehmen, daß in ihrer äußeren Wachstumszone, z. B. in Form einer transparenten Schicht, eine andere Kristallart vorliegt, als in dem bereits völlig verfilzten Kern.

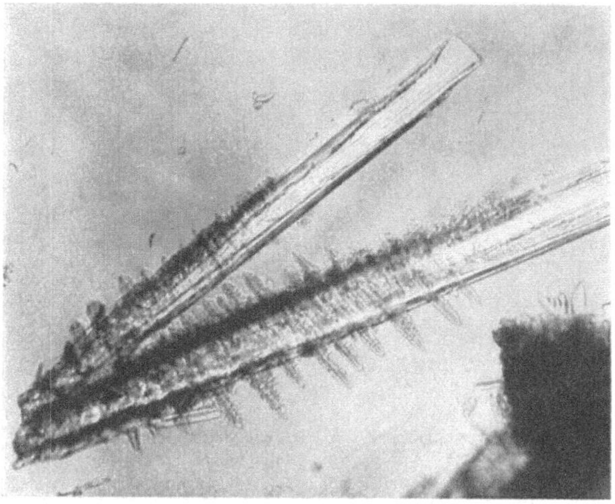

Abb. 375. Gut ausgebildeter Wollastonit mit Cristobalitdendriten besetzt

Ein Ausschnitt aus einem solchen Grenzbezirk liegt in Abb. 377 vor. Man erkennt einen Wald von Devitritpinseln, die sich gemäß ihrer Wachstumsrichtung als diesmal voraneilende Primärkristallisation zu erkennen geben. In dem noch reichlich vorhandenen Zwischenglas kommt schließlich SiO_2 zur Übersättigung und dringt verspätet als Cristobalit dem Devitrit nach. Daß der Wollastonit bzw. Devitrit in diesen Entglasungen meistens den Vorsprung hat, beweist nur, daß das Glas ursprünglich auf deren Stabilitätsgebiet entfiel.

Für die Forschung wie für den Betrieb ist gerade die Tracht der Vergesellschaftung von Kristallen ein wichtiger Anhaltspunkt für die Art und den Grad der Übersättigung des Glases an gewissen Bestandteilen unter den jeweils herrschenden Bedingungen. Sie kann auch ein Hilfsmittel zur Abschätzung dieser Bedingungen werden, soweit sie von den normalen abweichen. Es sind Fälle bekannt, in welchen die bestimmte Erscheinungsform einer gemischten Kristallisation als Begleiter des Fabrikationsprozesses als Anhaltspunkt für die auch sonst (z. B. im Hinblick auf die Viskosität) geeignete Zusammensetzung dienten.

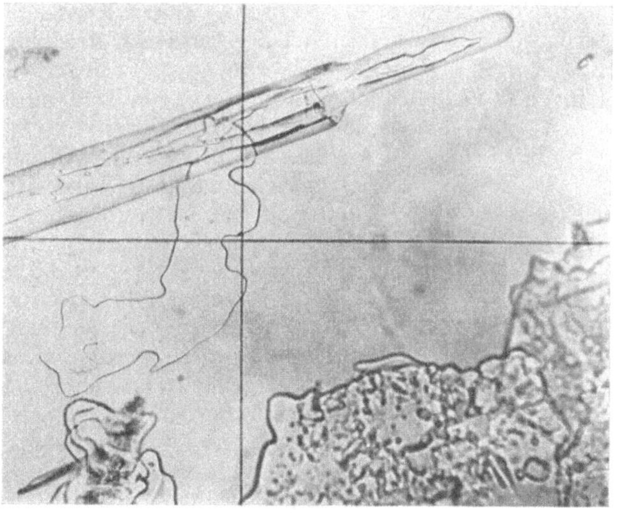

Abb. 376. Auflösungserscheinungen an Wollastonit und Tridymit

Wenn sie sich auch zunächst nur auf diejenigen Glasarten beschränken, die näher an der Entglasungsgrenze „gefahren" werden, so scheint eine Sammlung gleicher Beobachtungen an anderen Gläsern doch wünschenswert zur Stärkung des Urteils über ihr betriebstechnisches Verhalten.

Abb. 372 liefert den Anblick einer Vergesellschaftung von vier Kristallarten; sie darf in diesem Sinne dahin ausgelegt werden, daß hinsichtlich der Entglasungsgefahr eine den Arbeitsbedingungen gut angepaßte, ausgeglichene Zusammensetzung des Glases vorlag.

In den zonaren Verarmungserscheinungen bei der Kristallisation technischer Gläser wiederholt sich nun, was R. E. LIESEGANG für geologische Diffusionen geschildert und an Kieselgel künstlich hervorgerufen hat. Die ausfällungshemmende Wirkung des Kieselgels bildet also dort wie hier mehr oder weniger den eigentlichen Grund für die merkwürdige Form, in der sich die durch Verzögerung in Stufen zerlegte Kristallisation des Glases äußert.

Abb. 377. Devitrit mit nachdringendem Cristobalit

6.6 Entglasung von Blei- und optischen Gläsern

Wenn Bleigläser auch weniger zur Entglasung neigen als Kalk-Silikat-Gläser und Bleioxyd manchmal Gläsern in geringen Mengen zugesetzt wird, um unter anderem auch die Entglasung hintanzuhalten [*80*], so kommen doch Störungen dieser Art vor (Dannerröhren, Bleikristall), die einen Überblick über das Kristallisationsverhalten erfordern.

Die alte Bleiglasregel

$\% K_2O = (76 - \% PbO) \cdot 0{,}27$ (ZSCHIMMER I)

bzw.

$\% K_2O = (79 - \% PbO) \cdot 0{,}26$ (KEPPELER II)

gibt eine Richtlinie an, wie klein der K_2O-Gehalt bei vorgegebenem PbO-Gehalt gehalten werden kann, ohne daß man das Auftreten von Entglasungen befürchten muß. Es war auch schon gefunden worden, daß die Glasigkeit im Bereich von 6 bis 14% mit steigendem K_2O-Gehalt verbessert wird, und zwar sowohl durch Abnahme der Kristallisationsgeschwindigkeit als auch der Temperatur, bei der ihr Maximum liegt.

Von GEPPERT u. DIETZEL [*81*] wurden Gläser erschmolzen, die längs der ZSCHIMMERschen Bleiglaslinie lagen. Ihre Analyse ergab gegenüber der Synthese einen Abbrand von 0,35 bis 0,50% K_2O. Das Entglasungsverhalten wurde nach dem DIETZELschen Verfahren (vgl. Ziff. 6.21) untersucht. Um überhaupt in praktischen Zeiten Kristalle zu erhalten, mußten die Schmelzproben bei 400 bis 500 °C „vorkeimen". Die gefundenen Kristalle, sechseckige Täfelchen ($+2\,V = 40° \pm 20°$) und farnartige Wedel ($-2\,V = 30° \pm 20°$) mit schwacher Doppelbrechung und einem n_D in der Nähe von 1,48 ließen auf SiO_2 in Form von Tridymit und Cristobalit (? – s. Ziff. 5.111) schließen, letzterer z. T. in Form von Oktaedern (!) (Abb. 378). Bei 940° bzw. 1020° neigten die Proben zur Abscheidung von Gas, dessen Zusammensetzung nicht sicher ist. Der KG-Höchstwert lag zwischen 950° und 1000 °C, also tiefer als bei Natriumsilikatgläsern. Die an vier verschiedenen Gläsern gemessenen Kristallängen ergaben in Verbindung mit älteren Untersuchungen von KRAZEK, MOREY u. BOWEN einen Überblick über die Gleichgewichtsverhältnisse in der Nähe der Bleiglaslinie des Systems K_2O–PbO–SiO_2. Die Isothermen verlaufen nicht parallel mit der Bleiglaslinie, sondern werden von ihr spitz geschnitten. Das verändert jedoch deren Sinn nicht, da sie ja zugleich die hydrolytische Haltbarkeit berücksichtigt. Außerdem hat stets die beste Verarbeitbarkeit als Grunderfordernis zu gelten. Aus ihr ergibt sich das beste Verhalten im Sinne der Glasigkeit ohne Verzicht auf Haltbarkeit, wenn die obere Entglasungsgrenze (T_E) unterhalb der Verarbeitungstemperatur (T_V) gelegen ist. Den Abstand von T_E und T_V zu vergrößern, hat keinen Zweck. Wenn auch die Verarbeitungstemperatur beim Ersatz von SiO_2 durch K_2O gehoben wird, so ist doch zu beachten, daß die Entglasungsgrenze noch stärker ansteigt. Diese Vorgänge werden von der Bleiglasregel in ihrer Fassung I erfaßt.

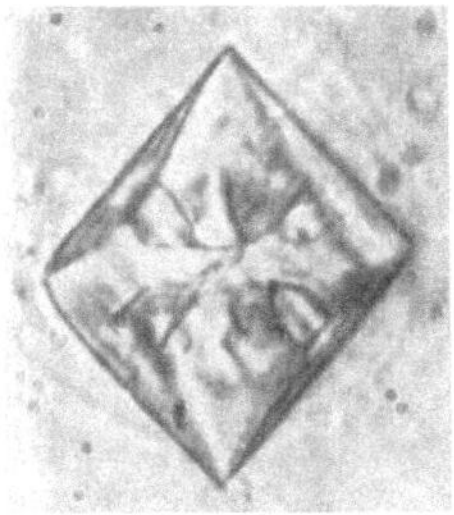

Abb. 378. Cristobalit-Oktaeder aus Bleiglas nach DIETZEL

Außerhalb des Alkali-Kalk-Silikatsystems sind es ferner Barytgläser, die eine besonders störende Neigung zur Entglasung zeigen. Optische Gläser mit größerem Gehalt an Bariumoxyd sind leicht entglasungsempfindlich. Hierüber hat BOWEN [*82*] nähere Mitteilungen gemacht. Am häufigsten scheinen es allerdings wiederum die Spielarten der Kieselsäure zu sein, die auch in optischen Gläsern auftreten [*83*]. Die $BaO \cdot 2\,SiO_2$-Kristalle können bis 6 mm² groß ausfallen. In einer Schmelze von 57% $BaO \cdot 2\,SiO_2$ schieden sie sich bei 1100 bis 1115 °C aus (Schmp. 1426 °C). Die Kristalle sind mit bloßem Auge schlecht sichtbar. Sie treten als fischschuppenartige Flitterchen in Erscheinung, wie sie Abb. 379a in natürlicher Größe zeigt. Die Vergrößerung der in *a* eingekreisten

Exemplare liegt in Abb. 379b u. c vor. Der Kristall, um den es sich dabei handelt, zeigt deutlich sechseckige Gestalt. Er entwickelt sich zu einem hexagonalen Täfelchen nach Art von *c*, wobei im späteren Zustand die äußere Wachstumszone wegfällt. Mehrere vorzügliche Bilder von Erschei-

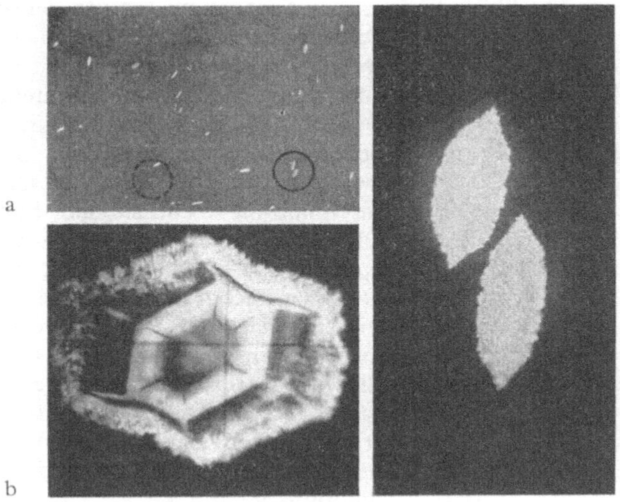

Abb. 379. Bariumdisilikat aus einem Schwerkron

nungsformen bariumhaltiger Entglasungen sind von PEDDLE [*34*] veröffentlicht worden. Dort sind auch Angaben über die Konzentration zweiwertiger Oxyde im Glas zu finden, die zur mehr oder weniger vollständigen Ausbildung von Entglasungen bei ein- oder mehrmaligem Erhitzen Anlaß geben.

7 Gemengesteinchen

Die Gefahr, daß Gemengereste in Form von Steinchen in Erscheinung treten, ist natürlich um so größer,

1. je gröber die verwendeten Rohstoffe sind [*84*],
2. je schlechter das Gemenge gemischt ist,
3. je höher ein Ofen auf Durchsatz belastet ist oder, was auf dasselbe hinausläuft, je mehr die Dauer einer Hafenschmelze unter sonst gleichen Bedingungen abgekürzt wird.

Wenn die Rohstoffe im Betriebe selbst einer unzureichenden Zerkleinerung unterworfen werden oder die angelieferten Rohstoffe infolge von Betriebsstörungen des Mahlwerkes (Siebbruch u. dgl.) Abweichungen in der Korngröße aufweisen, kann der Fall eintreten, daß die sonst als normal bekannten Schmelzbedingungen unzureichend werden und versagen (s. auch Ziff. 5.112). Es bleiben dann in der Schmelze Restbestandteile übrig; die Häufigkeit und Verteilung der auftretenden Störung gibt einen Hinweis auf ihren Ursprung.

Ein gutes Gemenge sollte so beschaffen sein, daß der unter den Rohmaterialien am schwersten lösliche Sand von genügend Soda umgeben ist, so daß er Gelegenheit zum guten Aufschließen hat. Von DE KÖRÖSY [*85*] wurde vorgeschlagen, bei schwer schmelzbaren Gläsern das Gemenge als kolloidale Lösung herzustellen, die man anschließend eindampft. Das mag zweifelsohne die Schmelzdauer bei sehr schwer schmelzbaren Gläsern erheblich herabsetzen, wird aber nur in seltenen Fällen wirtschaftlich vertretbar sein.

DIETZEL u. WICKERT [*86*] stellten fest, daß Quarzmehl im Gegensatz zu viel gröberem Quarzsand zu Kieselsäuresteinchen führte. Sie beseitigten diesen Mißstand, indem sie das Quarzmehl enthaltende Gemenge vor der Mischung naß machten und nach gründlicher Mischung trockneten. Hierdurch wurde die Schmelzdauer erheblich herabgesetzt.

Aber nicht nur eine gute homogene Mischung ist zur Vermeidung von Gemengesteinchen notwendig. Ebenso wichtig ist es auch, das Gemenge ohne Entmischung in die Wanne oder den Hafen zu bringen [*87*].

Vereinzelt kann der grobe, aber auch ziemlich seltene Fehler eintreten, daß aus irgendeinem Grunde ein Teil Glas in der Wanne schlecht geschmolzen ist. Dafür gibt es verschiedene Ursachen: Infolge schlechter Kontrolle des Ofenganges oder aus technischen Mängeln kann eine unzureichende Temperatur herrschen, die das Gemenge nicht in der normalen Zeit einschmelzen läßt. Ferner kann sich infolge örtlich zu hoher Temperatur ein Teil des kompakten Gemengehaufens loslösen und rasch fortwandern. Des weiteren liegt auch eine Beobachtung vor, nach welcher das Davonlaufen eines stark feuchten, mit der Kelle eingelegten Gemengehaufens nach Art des LEIDENFROSTschen Phänomens, also auf einem aus eigener Feuchtigkeit entwickelten Dampfpolster gleitend, möglich ist. Solche ausgesprochenen Betriebsstörungen verraten sich meist durch die Grobheit des auftretenden Fehlers.

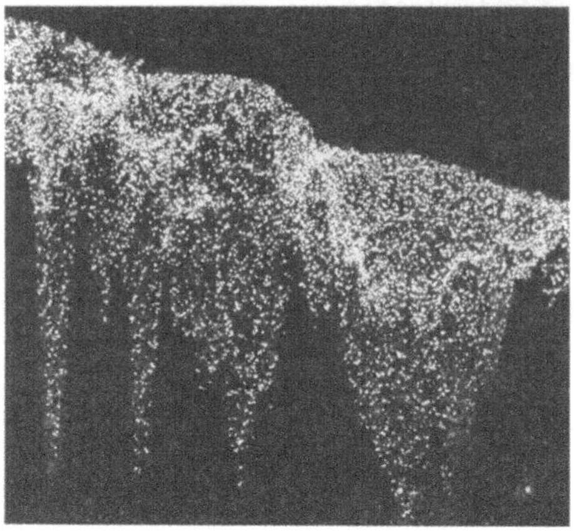

Abb. 380. „Ungeschmolzenes" im Spiegelglas (natürliche Größe)

Abb. 380 zeigt eine auf Spiegelglas verarbeitete Schmelze. Entsprechend der Bewegung der Glasmasse während des Walzprozesses liegt die das „Ungeschmolzene" enthaltende Schicht überlappt im Glase. Woraus kann dieses Korn bestehen?

Zunächst ist daran zu denken, daß die Bestandteile des Glasgemenges nicht alle mit der gleichen Intensität am Schmelzprozeß teilnehmen. Von den Alkalien und ihren Salzen ist bekannt, daß sie sich rasch unter der Einwirkung der Schmelzhitze zersetzen und in die aggressivere Form ihrer Oxyde übergehen. Auch die erdalkalischen Komponenten zeigen sich höchst reaktionsgierig und neigen dazu, mit den Alkalien dünnflüssige Eutektika zu bilden, die nun ihrerseits die Kieselsäure angreifen.

Die häufig geäußerte Vermutung, daß Gemengesteinchen im Glas auch von Kalk und ähnlichen Bestandteilen im Gemenge herrühren könnten, läßt sich nur bei groben Betriebsstörungen [*88*] aufrecht erhalten (vgl. Abb. 120). Versuche zur künstlichen Erzeugung von Gemengesteinchen [*89*] zeigten, daß Kalk nur dann zur Steinchenbildung neigt, wenn er im gasarmen, also nicht von selbst zerklüftenden Zustand, als Weißkalk, eingeführt wird. Immerhin scheint Kalk*spat* etwas stärkere Neigung zu besitzen, sich als kompaktes Korn zu erhalten, als der polykristalline Kalk*stein*, der rascher in sich zerfällt. Daß es sich um ein Steinchen aus Kalk handelt, läßt sich oft aus der Anwesenheit von Wollastonit oder vielleicht noch häufiger von Pseudowollastonit in seiner Umgebung erkennen. Kleinere Steinchen bestehen fast durchweg vollständig aus CaO. In den größeren dieser Art findet man auch noch $CaCO_3$. Der Nachweis von CaO ist hier meist leicht analytisch zu führen.

Die Frage, ob für das Glasgemenge besser Rohkalk oder Branntkalk verwendet werden soll, taucht immer wieder auf [*90*]. Sie läßt sich wohl dahin beantworten, daß dem Rohkalk in den meisten Fällen der Vorzug zu geben ist, da er einmal durch seinen CO_2-Gehalt zur Durcharbeitung der Schmelze beiträgt; zum anderen ist er auch billiger. Schließlich besteht bei ihm keine Gefahr wechselnder Zusammensetzung infolge von Wasser- und Kohlensäureaufnahme. Die im Aufsatz herausgestellte Eisenarmut des Branntkalkes, die darauf zurückzuführen ist, daß einerseits das Material für den Branntkalk sorgfältiger ausgelesen und andererseits kein zusätzliches Eisen durch die Vermahlung eingebracht wird, muß nicht immer gegeben sein. Es gibt recht eisenarme Kalkspate, die bei sorgfältiger Behandlung niedrigere Eisengehalte aufweisen als der Branntkalk und zur Herstellung hochwertigen Weißglases geeignet sind.

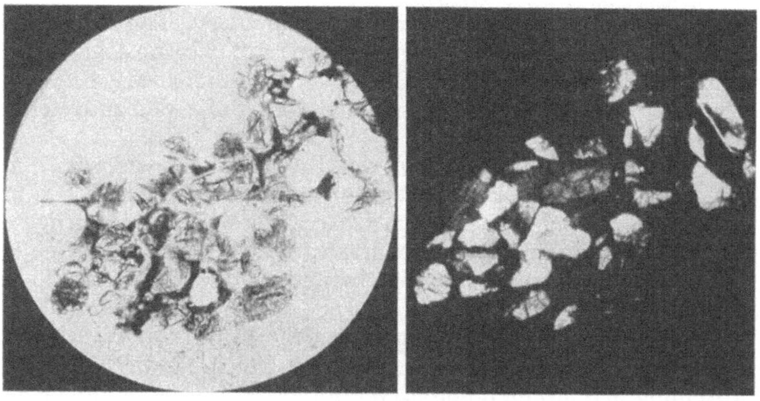

Abb. 381. Grober Quarz aus dem Feldspat; rechts zwischen gekreuzten Nicols

Auf Grund mehrfach von verschiedenen Seiten wiederholter Versuche, selbst unter absichtlich erschwerten Bedingungen, darf man behaupten, daß in den meisten Fällen *der Sand und tonerde-*

haltige Rohmaterialien wie Phonolith, Basalt, Feldspat oder Mergel u.dgl. zur Steinchenbildung neigen. Dies ist wohl auf ihre Schwerlöslichkeit und die örtliche Steigerung der Zähigkeit des Glases durch sie zurückzuführen. Gerade wegen dieser Ähnlichkeit des Verhaltens mit den aus ff. Material herrührenden Steinchen ist es wichtig, diese Fehler genau zu trennen.

Ein besonderer Fall liegt natürlich vor, wenn Teile eines Rohstoffes ungeschmolzen bleiben, die nicht in diesen hineingehören und schon dort Fremdkörper bedeuten [*91*]. So fanden sich auch beispielsweise Quarzkörner mit einem Durchmesser von mehr als 1 mm im Feldspat (Abb. 381). Da der Feldspat aus Feldspatsand ausgewaschen wird, ist hier das Auftreten von Quarz verständlich. Weniger verständlich war in einem anderen Fall das Auftreten von Quarz im Kalkstein. Es ist unwahrscheinlich, daß Quarz in derber Form als Gangart im Kalkstein vorkommt. Er war in diesem Fall durch unsauberes Abtragen des Abraums (Kieselgeröll) in den Kalkstein gelangt. Da dieser nur auf 3 mm vermahlen wird, waren die Quarzkörner so groß, daß sie nicht restlos aufgeschlossen wurden. Versuchsschmelzen ergaben, daß diese großen Quarzkörner, in Weißglasscherben eingelegt, in 10 Stunden bei 1450° nicht restlos gelöst wurden. Der Rückstand war zwar zum großen Teil in Tridymit umgewandelt; aber Quarz war immer noch nachweisbar.

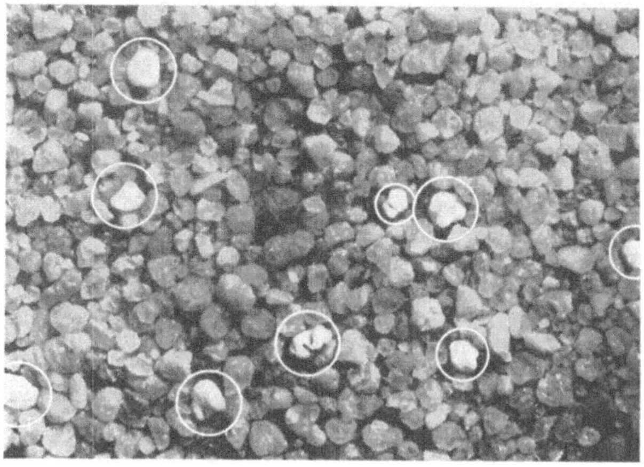

Abb. 382. Für Hafenschmelzen aus Kaolin ausgewaschener Sand; enthält Fremdkörper, die als „Tonsteinchen" auftreten (10 ×)

Abb. 382 zeigt einen Sand, der Reste von Kaolinkörnern enthält, die in der zur Verfügung stehenden Zeit nicht von der Schmelze aufgenommen werden. Hier steht man vor dem an sich seltenen, darum aber besonders bemerkenswerten Fall, daß Steinchen, deren nähere Untersuchung Anzeichen erhöhten Al_2O_3-Gehaltes geben muß, trotzdem zum *Sand* als eigentliche Fehlerquelle führen. Ähnliche, meist gröbere Einschlüsse können vom Abraum der Sandvorkommen herrühren (unsorgfältige Trennung, Bruch des Siebes, geologische „Störungen" usw.).

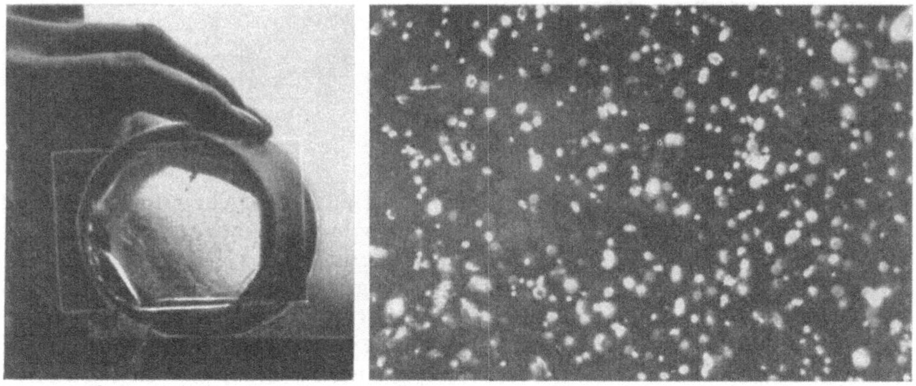

a b

Abb. 383. a) 1 kg-Versuchsschmelze, Tiegelboden abgesägt, mit Kanadabalsam und Glasplatte belegt, b) Einzelheit daraus

Wird für das Gemenge Tonsand verwendet, so empfiehlt es sich nach [*92*], diesen vor der Mischung zu brennen, um Steinchen oder Knoten im Glase zu vermeiden, die durch das Zusammenballen des feuchten Tonsandes entstehen können. Dies wird aber nicht in allen Fällen zu empfehlen sein. Dort, wo die Zusammenballungen größer sind, ist es besser, den Sand abzusieben.

In weitaus den meisten Fällen, in denen ausgesprochene Schmelzfehler auftreten, läßt sich der Nachweis führen, daß es sich bei den im Glas verbleibenden weißen Partikeln um Kieselsäure handelt [*89*].

Wenn es gilt, das Schmelzverhalten eines bestimmten Gemenges oder darin enthaltener Zusätze [93] im kleinen Maßstab zu ermitteln, empfiehlt es sich, möglichst keine viel kleinere Menge als 1 kg zu benutzen. Auch dürften Rückschlüsse aus *einzelnen* Versuchstiegelschmelzen kaum zuverlässig sein. Da schon kleinere Verschiedenheiten im Ofengang merkliche Unterschiede hervorrufen können, lassen sich fast stets nur solche Glasflüsse miteinander vergleichen, die im gleichen Ofengang erschmolzen wurden. Werden dann aber genügend Probeschmelzen durchgeführt unter eingehender Bewertung derjenigen Schmelzstufe, die dem Verschwinden der *letzten* festen Körperchen in dem am *flottesten* schmelzenden Glas unmittelbar vorausgeht, so lassen sich oft brauchbare Anhaltspunkte gewinnen. Abb. 383a zeigt die Ansicht einer solchen Versuchsschmelze und Abb. 389b Einzelheiten ihres Zustandes.

Man kann Schmelzunterschiede am besten beobachten, wenn die Temperatur nicht über 1250° hinausgetrieben wird. Hier prägen sich etwa vorhandene Unterschiede im Schmelzverhalten stärker aus als bei höherer Temperatur; diese verwischt zu leicht die Unterschiede. Überhaupt läßt sich die Veränderung des Glases durch verschiedene Zusätze gut an Tiegelschmelzen beobachten.

7.1 Kieselsäure-„Steinchen" und -„Knoten"

Wie in der vorigen Ziffer dargelegt wurde, bestehen die meisten Gemengesteinchen aus Kieselsäure. Sie verraten ihre Herkunft oft dadurch, daß sich in der engeren Umgebung der Körper Kristalle befinden, die entweder schon an ihren charakteristischen Formen zu erkennen, sonst aber mit Hilfe eines mineralogischen Mikroskops zu identifizieren sind. Tritt der Fehler allerdings so stark auf wie in Abb. 381, so war meist die Zeit unzureichend, um erkennbare Kristalle zu erzeugen.

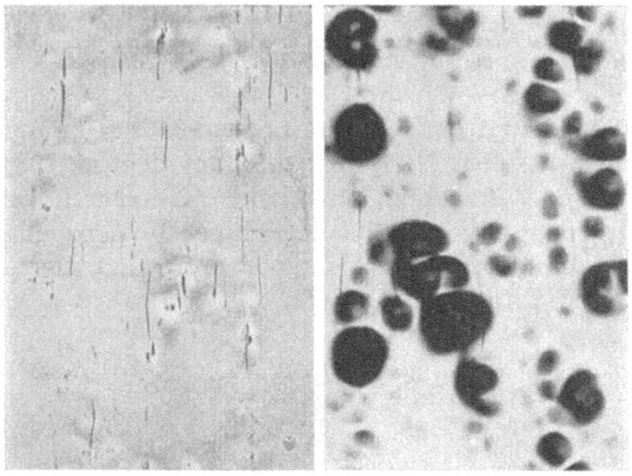

a b

Abb. 384. Sandkörnerschar, ungeschmolzen a) Kontaktdruck, b) Optische Linsenwirkung der umgebenden Knotenbildungen (natürliche Größe)

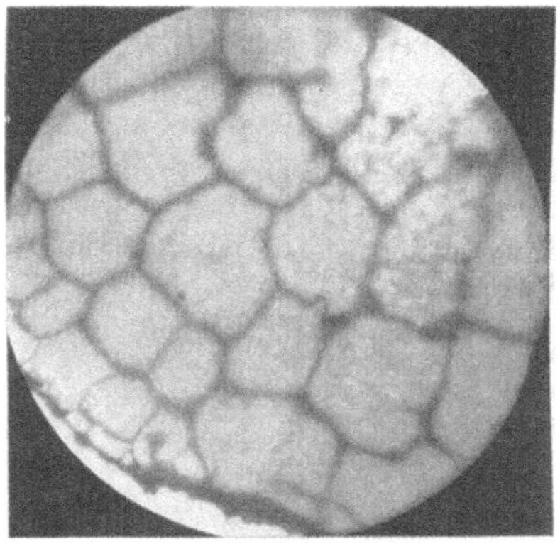

Abb. 385. Zerfallendes Quarzkorn (100 ×)

Handelt es sich um kleinere Körnerscharen (Abb. 384a), die wahrscheinlichere Form des Auftretens, so tragen diese um sich herum einen mit SiO_2 angereicherten – im Gegensatz zum tonerdehaltigen – ungefärbten Hof, der sie wegen seiner höheren Zähigkeit auch wulstig umschließt. Er verhält sich im durchfallenden Licht wie eine linsenartige Optik und wird mit der Bezeichnung „Knötchen" belegt (Abb. 384b). Oft ist überhaupt nur noch der Hof vorhanden, das Korn selbst bereits aufgezehrt; ist dieses aber noch vorhanden, so ist es unter der Einwirkung der Hitze in eine wabenartige Struktur zerfallen. Diese wird in Abb. 385 gezeigt und ergibt sich daraus, daß der β-Quarz bei höherer Temperatur zunächst in den etwas dichteren α-Quarz übergeht, dessen Raumbeanspruchung geringer ist. Diese kennzeichnende Struktur vermag sich sogar noch zu erhalten, wenn das Gebilde schon in Cristobalit bzw. Tridymit übergegangen ist. Sie deutet manchmal schon genügend auf den Ursprung des Steinchens aus Sand hin, aber nicht mit ausreichender Sicherheit, weil tonhaltige Körper gelegentlich ähnliche Bilder ergeben. Immerhin zeigt Abb. 386a, daß Reste einer reinen Quarzglasschmelze, also mit Sicherheit nichts anderes als SiO_2-Splitter, eine ähnliche Tracht zur Schau tragen. Bei hoher Temperatur bricht allerdings das zu Kieselglas schmelzende Sandkorn plötzlich und total in sich zusammen, Abb. 386b.

Wenn ein normales Kalk-Natron-Glas mit SiO_2 angereichert wird, rückt es bei den kritischen Temperaturen um 1000° in das Gebiet größerer Kristallisationsgeschwindigkeit (Zschimmer u. Dietzel [47] Ziff. 6.21). Während also die Hauptmasse des normalen Glases klar bleibt, befinden sich dann in der Umgebung eines von Sand herrührenden Steinchens sehr leicht Cristobalitkristalle, deren charakteristische Formen auf Anhieb eine Entscheidung über die Fehlerquelle möglich machen.

Auch wenn im Inneren des Steinchens keine Quarzsubstanz mehr vorhanden ist, so hat das SiO_2-reiche Glas, das den linsenartigen Wulst bildet, doch meist schon Cristobalit aus der zwischen-

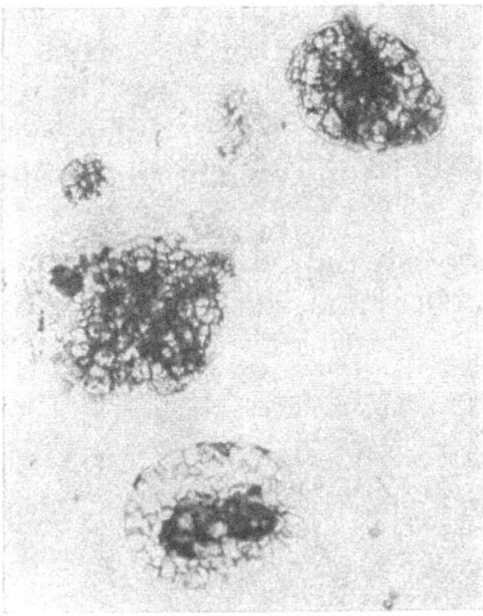

Abb. 386a. Quarzkornreste in einer Quarzglasschmelze

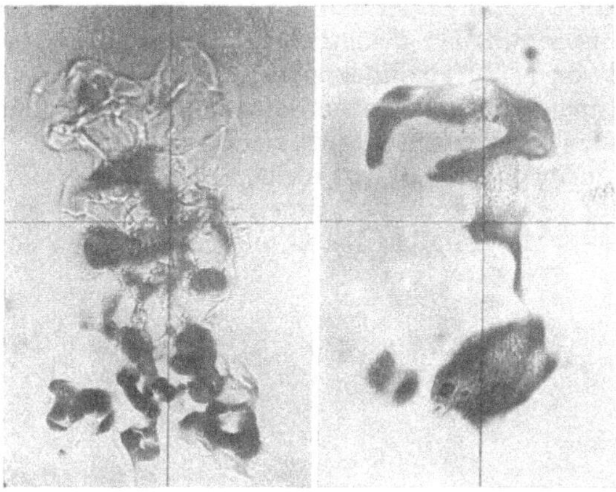

Abb. 386b. Schmelzende Sandkörner in reiner Quarzschmelze (M 60:1)

zeitlich gebildeten Lösung ausgeschieden; in der Umgebung findet sich dann häufig die typische Kristallisationsform der Kieselsäure vor (Abb. 387). Das Mikrobild der Abb. 387 entspricht etwa einem Fehler im Glase, wie er durch Abb. 388 dargestellt wird, einem durchsichtigen Knötchen, von dem sich ein Schlierenschwanz zähen, SiO_2-reichen Glases, wahrscheinlich von Silika herrührend, abzieht. Der starke Kontrast des Bildes gegen die Umgebung ist nur in der Linsenwirkung auf das Licht begründet und tritt durchaus nicht immer auf.

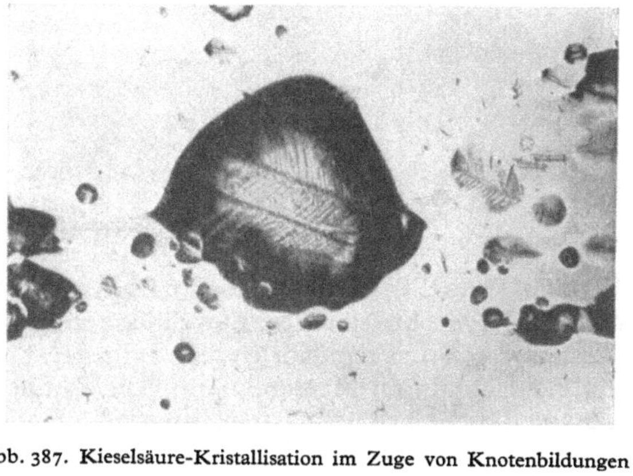

Abb. 387. Kieselsäure-Kristallisation im Zuge von Knotenbildungen

Von einem so gebildeten zellenförmigen Einschluß zieht sich häufig ein Faden ab, der ebenfalls aus mit SiO_2 angereichertem Glas besteht. An diesem bilden sich ebenfalls verschiedene Kristalldendrite aus, die dann eindeutig den Ursprung des Fehlers verraten, der ihre Mutterlauge bildete, wenn das Korn selbst zu dicht ist, als daß es mikroskopisch

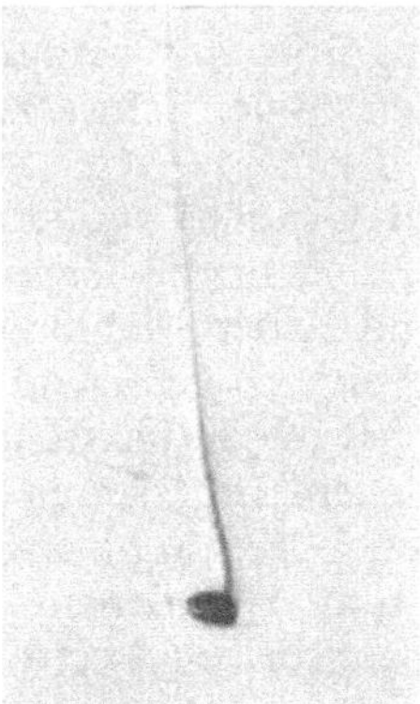

Abb. 388. Knotenbildung mit Schlierenschwanz

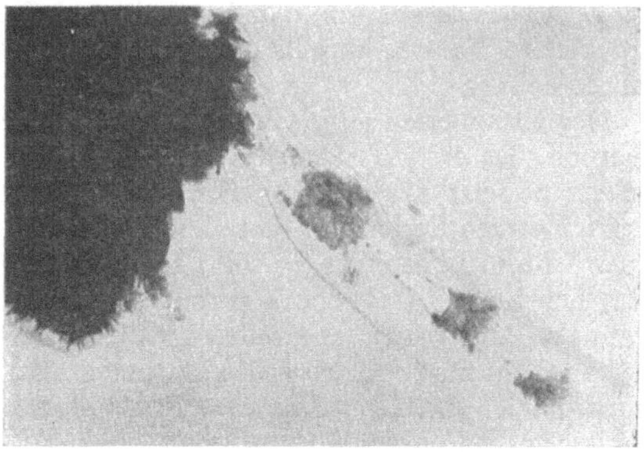

Abb. 389. Kieselsäure-Kristallisation am Rand und in der abziehenden Schliere eines Einschlusses

durchschaut werden könnte (Abb. 389). Dann wird die Fehlerquelle durch die Schliere aufgedeckt [*94*] und damit die Mühe der Anfertigung eines Dünnschliffes gespart. (Beachte aber Ziff. 6.42.)

7.2 Schwarze Steinchen

Immer wieder findet man im Glas schwarze Steinchen, die direkt oder indirekt aus dem Gemenge stammen. Ihr eigentlicher Ursprung ist aber an verschiedenen Stellen zu suchen, da sie sowohl von Natur aus in einigen Rohstoffen vorkommen als auch durch ganz andere Ursachen in das Gemenge hineingelangen. Hier seien mehrere Beispiele angeführt, die zeigen sollen, wie vielfältig die Ursachen zu diesem Fehler sein können, und daß keine – auch nicht unvermutete – Fehlerquelle außer Betracht bleiben darf.

Sollten die Einschlüsse, deren Auflösung im Glas so gering ist, daß eine besondere „Hofbildung" fehlt, grünliche Farbschlieren aufweisen, so kommt ein chromhaltiger Körper als Stören-

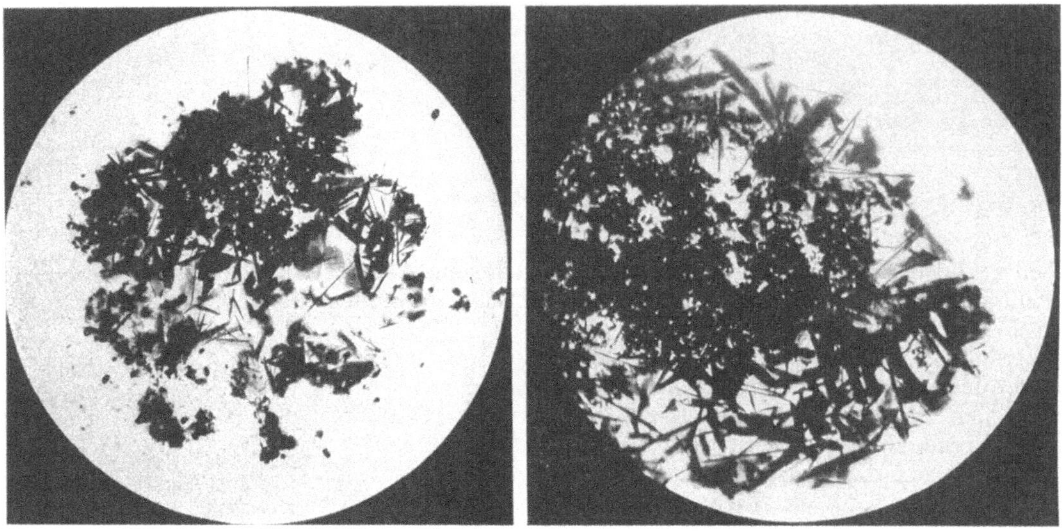

Abb. 390. Dünnschliffe mit grünen Chromoxydtafeln

fried in Betracht. Das allein benutzte Sandvorkommen eines größeren Spiegelglaswerkes führte einmal durch chromhaltige Einschlüsse eine augenfällige Veränderung des Farbstiches herbei, dessen Ursache in Fremdkörperchen aufgedeckt wurde. Es handelt sich hier um Chromit $FeO \cdot Cr_2O_3$, der vielleicht durch Meteoreinfall in die Sandlagerstätten hineingeraten ist [*9*]. Über die Identifizierung dieser Chromeisensteinkörner veröffentlichte LÖFFLER [*15*] eine eingehende Arbeit. Daraus ist zu entnehmen, daß es sich bei diesen „Schwarzen Steinchen" meist um tiefdunkelgrüne Chromoxydkristalle (Abb. 390) handelt, die sich durch Einwirkung der Glasschmelze auf die verschiedenen Chromverbindungen, Chromit $FeO \cdot Cr_2O_3$ oder Chromspinell $MgO \cdot Cr_2O_3$, bilden. LÖFFLER wies darauf hin, daß Chromit und Chromspinell in Korngrößen bis herauf zu 0,1 mm für größere Wannen unschädlich sind, während gröbere Körnungen zu den schwarzen Steinchen führen können.

Der Chromeisenstein (Chromit) gewinnt heute als Rohstoff für Grünglas immer größere Bedeutung. Da er, wie schon im vorigen Absatz angedeutet wurde, sich in der Glasschmelze nur schwer zersetzt bzw. aufschließen läßt, besteht bei nicht genügend feiner Mahlung die Gefahr von schwarzen Steinchen. Aber auch eine schlechte Mischung des an sich genügend fein gemahlenen Chromeisensteines (er soll nach unseren Erfahrungen möglichst ohne Rückstand das 10000-Maschen-Sieb – DIN 100 – passieren) verursacht schwarze Steinchen. Im ersteren Fall sind sie kompakt (Abb. 391 a), im zweiten als Zusammenballung zu erkennen (Abb. 391 b). Zweckmäßigerweise mischt man den *trockenen* Chromeisenstein vor der Zugabe zum eigentlichen Gemenge mit einem feinkörnigen und *trockenen* Rohstoff, z. B. Sand oder Feldspat, vor; man verdünnt ihn also gewissermaßen.

Auch wenn der schwerlösliche Chromeisenstein, der das einzige praktisch ausgebeutete Chromerz darstellt, nicht als Glasrohstoff verwendet wird, kann er – abgesehen von seiner Herkunft aus dem Sand – in die Schmelze gelangen und zu schwarzen Steinchen Anlaß geben. So besteht bei Bezug natürlicher Mineralien als Rohstoffe die Möglichkeit, daß Verunreinigungen während des gemeinsamen Transportes (z. B. auf dem Wasserwege) entstehen. Dies ist zwar ein grobes und wohl auch seltenes Ereignis, liegt aber immerhin im Bereich der Möglichkeit, wie die Praxis gezeigt hat [95].

Eine Flaschenhütte hatte darüber zu klagen, daß das Glas einer ihrer kleinen Wannen plötzlich von kleinen schwarzen Steinchen durchsetzt war, deren Untersuchung keinen Anhaltspunkt für ihre Herkunft gab. Nach der Stillegung fand man sie an den Wannensteinen in der Glasur verankert (Abb. 392). Nachdem geklät war, daß sie nicht aus dem feuerfesten Material stammten, wurden die Rohstoffe untersucht. In einem von ihnen ließen sich tatsächlich durch Siebanalyse diese Partikel abscheiden. Sie deckten sich aber keineswegs mit der Substanz des Rohstoffes, entstammten also einem fremdartigen Material. Kurzum, es hat sich nachweisen lassen, daß an der Zerkleinerungsmaschine eine Störung aufgetreten war, in deren Verlauf sich durch Beschädigung des Werkstoffes selbst dessen Bruchstücke dem Rohstoff beigemischt hatten. Als solches Material kommen ebenfalls Chromite in Betracht, Korund und ähnliche für diese Zwecke verwendete, auf Härte beanspruchte Stoffe.

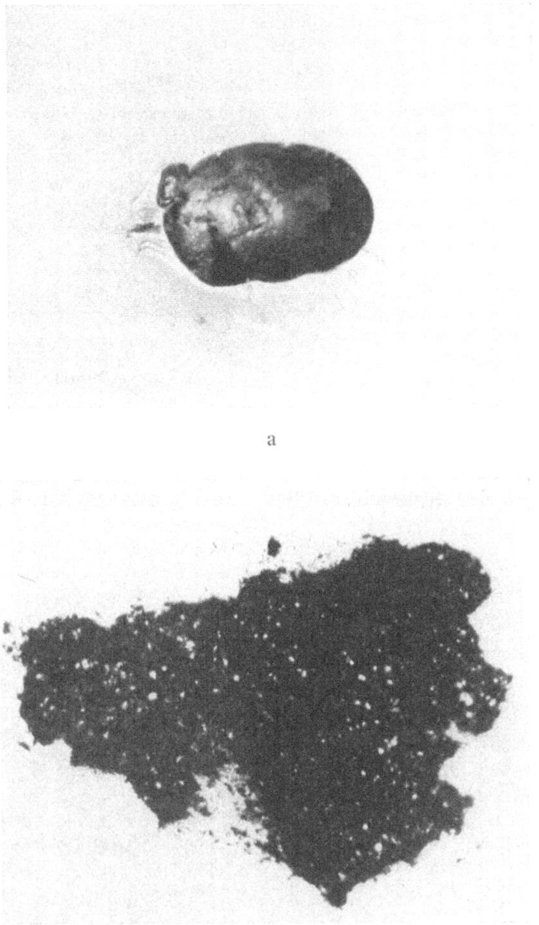

a b

Abb. 391. Chromeisenstein, a) Kompakt, b) Zusammenballung

Es sind mehrere Fälle bekannt geworden, in denen „schwarze Körnchen" ganz ungewöhnlicher Herkunft zu erheblichen Betriebsstörungen Anlaß gegeben haben. Um einen Anhaltspunkt darüber zu gewinnen, woraus der Fremdkörper bestand, war er zunächst in möglichst großer Anzahl herauszupräparieren. Mitunter genügt eine Analyse des noch mit Glas behafteten Korns, um durch Anreicherung einer bestimmten analytischen Fällung (z. B. R_2O_3) im Gang der normalen Glasanalyse Schlüsse auf die Zusammensetzung zuzulassen. Genügt dies nicht, so müssen das anhaftende Glas durch Behandlung mit Flußsäure zerstört und die freigelegten Körnchen aus dem Bodensatz herausgewaschen werden. Sofern sich nun dabei Tonerde nachweisen läßt, ist an einen so widerstandsfähigen Körper wie Korund zu denken. Tatsächlich können Korundkörner in Rohstoffen, z. B. für Flaschenglas, vorkommen. So erwähnt KLOCKMANN im Lehrbuch für Mineralogie, daß gewisse Basalte stellenweise Korundeinschlüsse enthalten. Diese Ursache lag dann auch in einem der erwähnten Fälle nachweislich als Grund für die dauernde Durchsetzung des Glases mit feinen schwarzen Körnchen während eines halben Jahres (!) vor.

Endlich erwähnt PRESTON [96] einen ganz ungewöhnlichen Fall. Hier reagierte Bichromat, das als Färbemittel verwendet wurde, mit Schamotte unter Bildung von praktisch unlöslichem Chromkorund (Abb. 393).

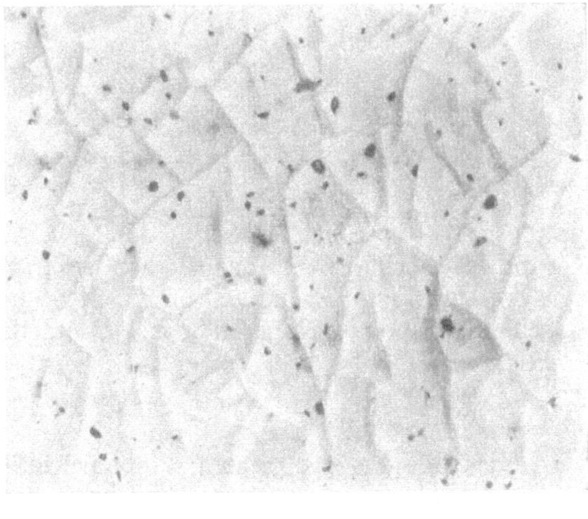

Abb. 392. Schwarze Steinchen in der Ofenglasur einer abgelassenen Wanne

Führen also sowohl Korund als auch Chrom-Eisen-Verbindungen zu ähnlichen Erscheinungen, so ist auch die Reaktion beider Bestandteile zu Chrom-Tonerde-Verbindungen nicht von der Hand zu weisen. Die häufige Verwendung von Chromeisenlegierungen als hitzebeständige Konstruk-

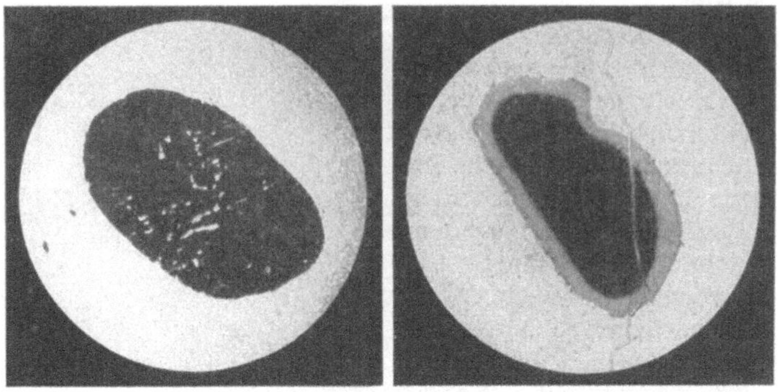

a b

Abb. 393. Chromkorund, b) mit gelblicher Randzone

tionsbestandteile in Verbindung mit tonerdehaltigen Auskleidungen rückt diese Möglichkeit in den Bereich der Erwägungen. In einem Fall aus der Praxis konnte, zur Zerstreuung letzter Zweifel, an der ungewöhnlichen, durch qualitative Analyse geschätzten Zusammensetzung auf spektro-

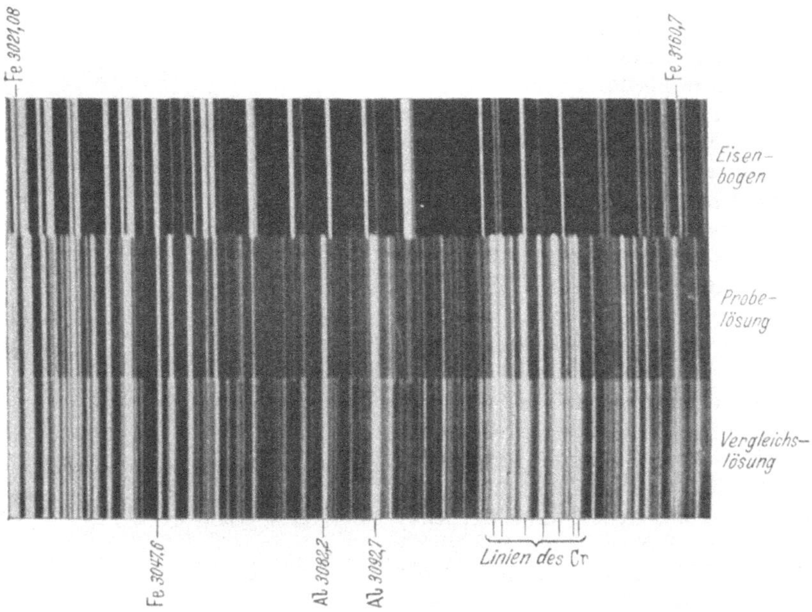

Abb. 394. Spektrophotometrische Analyse schwarzer Steinchen: Chromkorund (Aus dem chem. Labor. der Fa. Krupp A.G. Essen)

graphischem Wege nach Abb. 394 der Beweis erbracht werden, daß es sich um eine Art Chromkorund mit geringem Eisengehalt handelte, in welchem aber das Chromoxyd unverhältnismäßig stark vertreten war. Es braucht nur noch ausgedrückt zu werden, daß auch hier der Fremdkörper durch einen Rohstoff eingeschleppt worden ist und beträchtlichen Schaden angerichtet hat.

7.3 Metallische Steinchen

In das Glasgemenge geraten manchmal infolge Unachtsamkeit Metallstücke, die u. U. im Glas als Steinchen erscheinen können. So ist z. B. bei der Verwendung von Flaschenscherben die Gefahr groß, daß Stücke der eisernen Verschlußbügel in den Scherben bleiben. Sind die Stücke größer, so sinken sie wegen ihres hohen spez. Gewichtes auf den Boden und geben Anlaß zu Blasenbildung (vgl. Ziff. 6.25, S. 162) oder Änderung der Farbe (oliv-braun, Abb. 261, 482). Werden die Eisendrähte aber bei der Scherbenmahlung mit zerkleinert, dann können kleine Eisenstückchen von sich bildenden Reaktionsblasen wie von Luftballons durch die Wanne getragen werden und als „Steinchen" in das Fertigprodukt gelangen. Abb. 395 zeigt ein solches Eisenkügelchen, das von einem dichten Kranz von Gasblasen umgeben ist. Zweifellos besteht diese Gefahr besonders, wenn das Glas einen höheren SO_3-Gehalt hat. Deswegen ziehen sich meist von diesen Steinchen gelb bis braungefärbte Schlieren ab.

Auch andere Metalle wie Nickel, Chrom oder deren Legierungen können als Steinchen erscheinen.

Auch Steinchen aus elementarem Silizium wurden schon im Glas gefunden. Das ist natürlich nur dann möglich, wenn sehr stark reduzierende Verhältnisse herrschen, durch die die sehr stabile Kieselsäure im Glas bis zum Silizium reduziert wird. Nach Taylor u. Hill [9] ist dies möglich, wenn Aluminium, z. B. von Flaschenverschlüssen, in die Schmelze gerät.

Abb. 395. Eisenkügelchen mit Gasblasen

In Bleigläsern ist die Gefahr der Reduktion wesentlich größer, da diese schon durch Rauchfeuer reduziert werden können. Zunächst bildet sich dabei kolloidal gelöstes metallisches Blei, welches das Glas grau färbt. Bei größerem Gehalt an metallischem Blei ballt sich dieses aber zu Kügelchen zusammen und sinkt wegen des hohen spez. Gewichtes auf den Hafen- oder Wannenboden (Abb. 29), so daß es kaum Ursache für Steinchen werden wird.

8 Steinchen und Knoten aus dem feuerfesten Material

Bisher wurden Steinchen besprochen, die aus dem Gemenge stammten bzw. durch dieses in die Schmelze eingeschleppt wurden. Die am weitaus häufigsten vorkommenden Steinchen haben ihren Ursprung im feuerfesten Material. Daher bedarf es bei der Besprechung dieses Fehlers einer besonders genauen Würdigung aller Umstände, die zu seiner Entstehung führen können, zumal er, *wenn* er einmal auftritt, selten eine sporadische, sondern meist eine hartnäckige Störung darstellt. Seine Bekämpfung ist nämlich oft schwierig, wenn nicht der Betrieb noch mehr in Mitleidenschaft gezogen werden soll, als es schon durch den Fehler selbst geschieht. Die völlige Beseitigung der Steinchen aus dem ff. Material ist meist nur durch gründliche Veränderungen möglich, wozu sich erst bei fälligen Ofenreparaturen Gelegenheit bietet. Solche Ofenreparaturen sollten aber eigentlich mit der Erzeugung selbst ein geschlossenes Fabrikationsprogramm bilden, das keine Störung ohne damit verbundene wirtschaftliche Nachteile für das Werk duldet.

Infolgedessen ist die Haltbarkeit des ff. Materials nicht *allein* maßgebend, um seine Eignung als Baustoff für die Glasschmelzwanne zu begründen. Vielmehr ist es auch die Art und Weise, in der sich seine Auflösung vollzieht. Die Ursache der als „Tonfäden", „Steinchen", „Knoten" usw. bekannten Fabrikationsfehler im Glase führt nur allzuoft auf das ff. Material zurück. Sie können so überhand nehmen, daß die durch eine längere Haltbarkeit der Steine eingesparten Kosten für die Reparatur des Ofens durch die Qualitätsverminderung des Glases oder den Produktionsausfall weit übertroffen werden. In solchen Fällen ist es natürlich wirtschaftlicher, sich mit einem weniger haltbaren Material zu begnügen, von dem man erfahrungsgemäß weiß, daß es sich glatt auflöst.

Da noch heute vielfach ein Teil des feuerfesten Materials in hütteneigenen Abteilungen hergestellt wird, erscheint es angebracht, einige Gesichtspunkte über ihre Herstellung darzulegen, soweit sie allgemeiner Natur und mit der Gefahr der Steinchenbildung verknüpft sind. Ein glastechnischer Betrieb ist so eng mit dem feuerfesten Material auf Gedeih und Verderb verbunden, daß diesem eine eingehende Betrachtung gewidmet werden muß. Der Einheitlichkeit dieses Abschnittes wegen muß jedoch mehrfach von der Behandlung des feuerfesten Materials selbst unter dem Gesichtspunkt der Steinchenbildungsgefahr abgewichen und mancher andere Vorgang, der sich zum Nachteil des Glases an ihm vollzieht, in die Bearbeitung einbezogen werden.

Bevor aber zur Besprechung der soeben angedeuteten Probleme übergegangen wird, soll noch kurz dargelegt werden, wie Steinchen aus dem feuerfesten Material erkannt werden können und was man aus ihrer Anwesenheit für Rückschlüsse ziehen kann.

8.1 Erkennung von feuerfesten Steinchen aus dem Kleingefüge

Steinchen aus tonerdehaltigem feuerfestem Material bestehen oft aus einem massiven Kern, der um sich herum Kristallisationen zeigen kann. Letzteres erleichtert ihre Identifizierung, da man sich in diesem Falle oft die Anfertigung von Dünnschliffen ersparen kann. Beispielsweise läßt das in der Scherbe Abb. 396 enthaltene Steinchen für das unbewaffnete Auge nur wenig mehr als eine gewisse Zerklüftung erkennen. Dies ist aber für die Untersuchung immer willkommen, da sich die die Herkunft verratenden Kristalle vorzugsweise an den Ausfransungen ansiedeln. Betrachten wir den gleichen Stein mikroskopisch (Abb. 397a), so zeigt sich deutlich ein massiver Restkörper, der selbst stark angegriffen ist, aber auch an den „Lösungshöfen" nur sehr geringe kristallische Struktur zeigt. Dies ändert sich bei der Betrachtung zwischen gekreuzten Nicols (Abb. 397b). Jetzt treten deutlich einzelne Elemente in Erscheinung, die eine feine Verteilung der für Feldspatvertreter so typischen „Pflasterstruktur" verraten (vgl. Ziff. 5.212). Die zwei kleinen weißen Flecken oben links

Abb. 396. Glasscherbe mit Steinchen

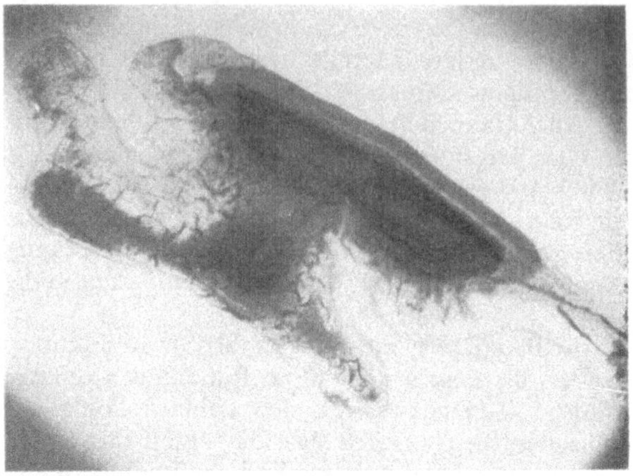

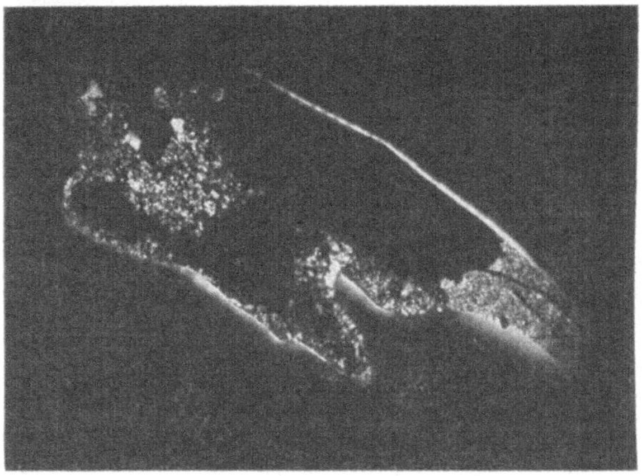

Abb. 397. a) Einschluß aus Abb. 396, mikroskopisch, b) + Nicols

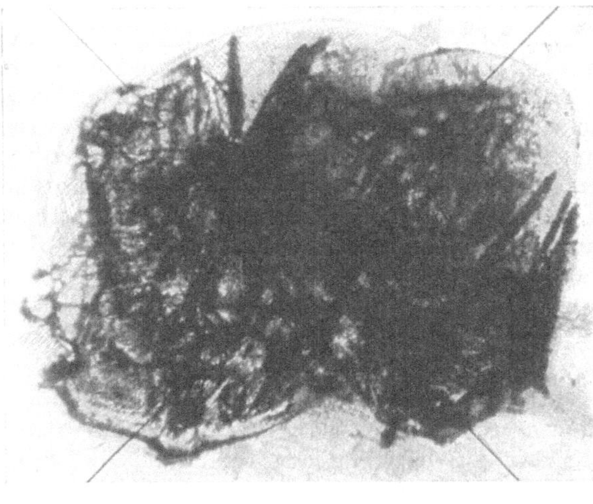

Abb. 398. Tonerdehaltiges Steinchen mit dentrischer Randkristallisation von Nephelin (zeichnerisch verstärkt)

zeigen „Schraffierung", ein gutes äußeres Merkmal für Nephelin. – Wesentlich einfacher ist das Urteil über die Fehlerquelle zu fällen, wenn die Feldspatoidentwicklung in der Randstruktur so wohl ausgebildet ist, wie bei Abb. 328a u. b, so daß damit auf das Vorhandensein von Tonsubstanz und damit die Wahrscheinlichkeit einer Herkunft aus ff. Material geschlossen werden kann. Zeigt sich die Schraffierung so deutlich wie in Abb. 398, so vermag schon die Betrachtung im gewöhnlichen Licht die Entscheidung nahezurücken. – Eine besonders gute Ausbildung von Wachstumskristallen eines Steinchens, das durch und durch nephelitische Tracht angenommen hatte, läßt alle Einzelheiten dieser gutachtlich wichtigen Struktur hervortreten (Abb. 399). Zu beachten ist in solchen Fällen eine Verwechslungsmöglichkeit mit Cristobalit, die nur durch eine Bestimmung des Brechungsindex (muß größer sein als der des Kalk-Natron-Glases) ausgeschaltet werden kann.

Einzelne wohlausgebildete Feldspatvertreter sind seltener anzutreffen, lassen dann aber um so sicherere Rückschlüsse zu (Abb. 26).

Nicht immer jedoch sind eingehende Kristallbestimmungen notwendig. Wo immer ein und dasselbe Glas unter gleichen Verhältnissen vorliegt, wird man häufig schon aus den bekannten

a 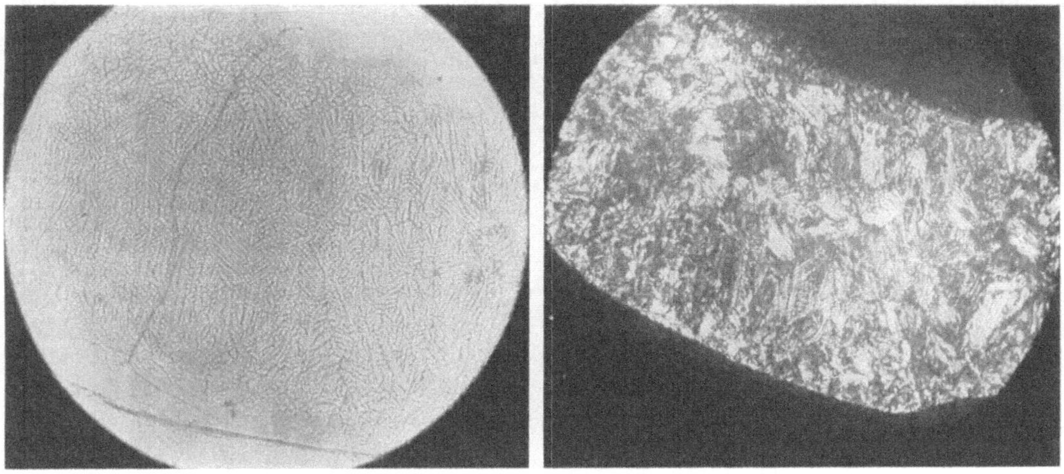 b

Abb. 399. Nephelitisch durchwachsenes Gefüge eines Steinchens (30 ×), b) + Nicols

Erscheinungsformen der Steinchen weitgehend richtige Schlüsse ziehen können. Man muß dabei allerdings sehr sorgfältig und immer mehrere Steinchen beobachten und sollte im Falle auch nur leisester Zweifel genaue Bestimmungen vornehmen, um sich vor Fehlschlüssen zu schützen.

Gelegentlich zeigen natürlich andere als Nephelinkristalle die „Tonsubstanz" im Steinchen an. So zeigt Abb. 400 einen völlig anderen Typus. Das Massiv ist fest und unzerklüftet erhalten, gibt (an einer Vielzahl beobachtet) regelmäßig Blasen ab bzw. erzeugt solche in Reaktion mit dem Glas (vgl. Abb. 246, 250) und läßt andersartige Kristalle fahren, ohne daß es zu einer wesentlichen Hofbildung kommt. Da der Korund – um

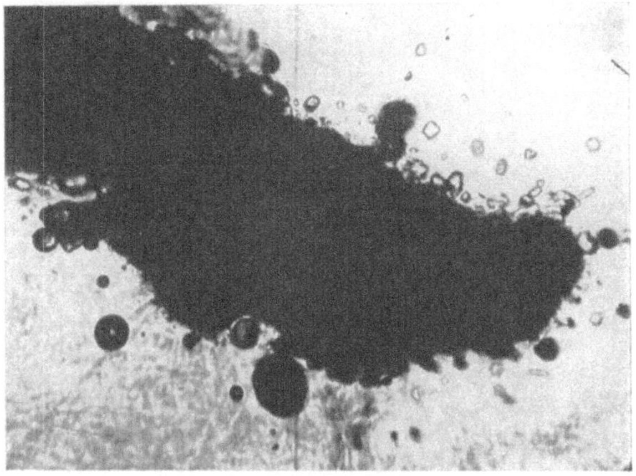

Abb. 400. Tonerdehaltiges Steinchen mit Korundtäfelchen und Feldspatvertretern am Rande

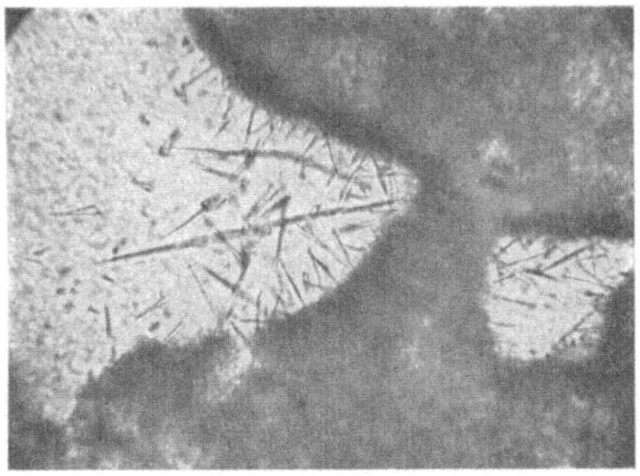

Abb. 401. Zerklüftetes Steinchen aus hochbasischem Material mit Mullitkristallisation

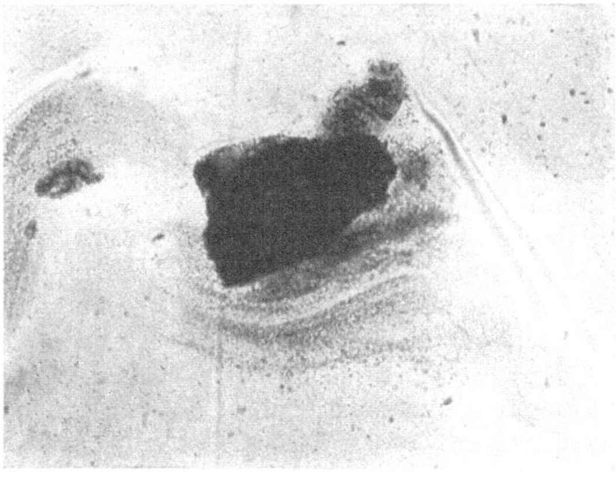

Abb. 402. Steinchen im Flaschenglas

den es sich hierbei hauptsächlich handelt – äußerlich an der Schollenbildung erkennbar ist, die bis zu derben sechseckigen Täfelchen führt, ist auch hier die Kristallisation der Bundesgenosse im Kampf um die Erkennung der Fehlerursache (wegen Verwechslungsgefahr mit Tridymit usw. vgl. Ziff. 5.121).

INSLEY [97] hebt hervor, daß unter dem Einfluß von Alkali und wahrscheinlich auch des Kalkes die Aluminiumsilikate in Korund und eine flüssige Phase dissoziieren. Damit steht im Zusammen-

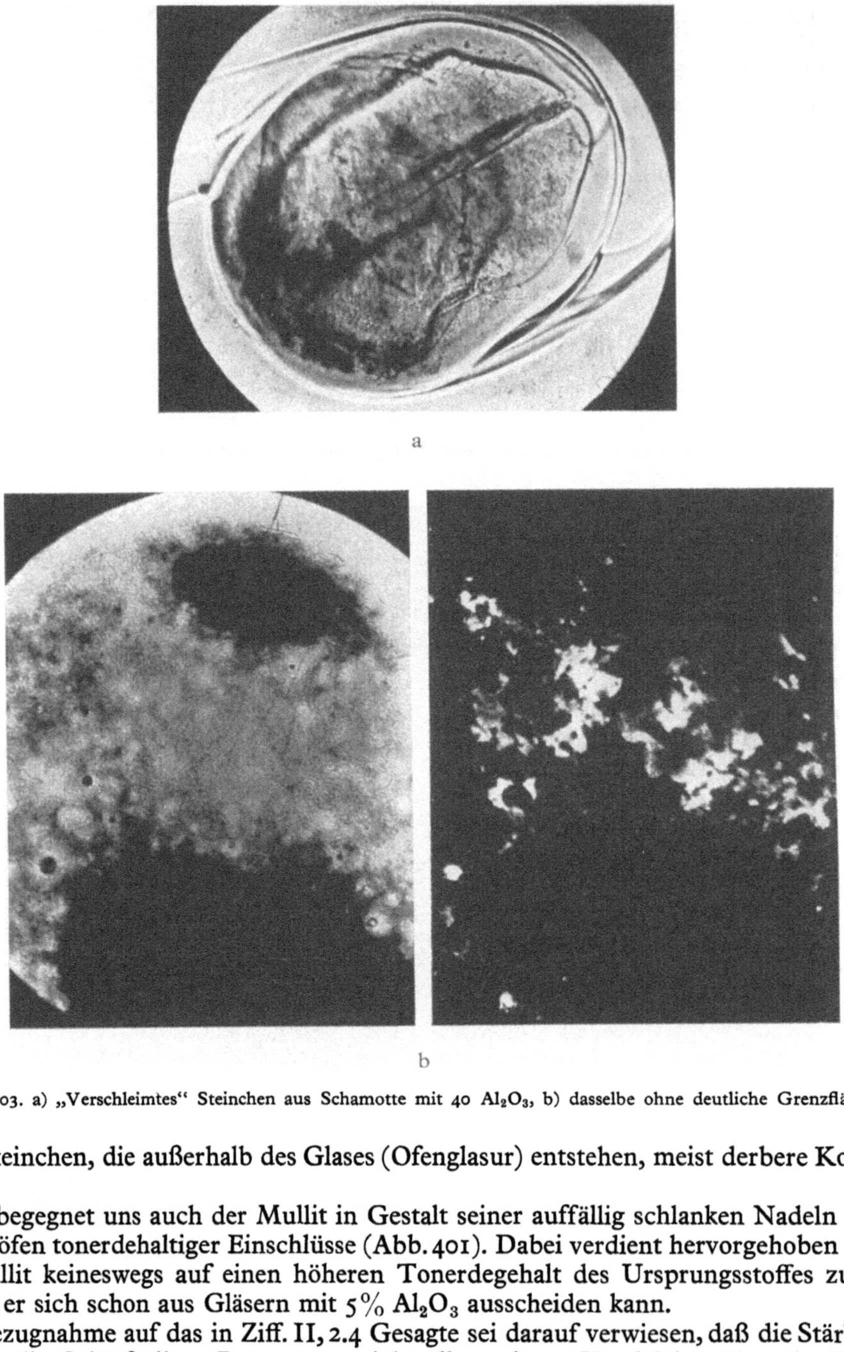

Abb. 403. a) „Verschleimtes" Steinchen aus Schamotte mit 40 Al_2O_3, b) dasselbe ohne deutliche Grenzfläche

hang, daß Steinchen, die außerhalb des Glases (Ofenglasur) entstehen, meist derbere Korunde enthalten.

Endlich begegnet uns auch der Mullit in Gestalt seiner auffällig schlanken Nadeln als Kristall in Lösungshöfen tonerdehaltiger Einschlüsse (Abb. 401). Dabei verdient hervorgehoben zu werden, daß der Mullit keineswegs auf einen höheren Tonerdegehalt des Ursprungsstoffes zu schließen gestattet, da er sich schon aus Gläsern mit 5% Al_2O_3 ausscheiden kann.

Unter Bezugnahme auf das in Ziff. II, 2.4 Gesagte sei darauf verwiesen, daß die Stärke der Hofbildung oder die Schärfe ihrer Begrenzung nicht allgemein zu Vergleichen über das Kleingefüge herangezogen werden darf. Gläser, die reichlich Tonerde enthalten, z. B. einige Flaschengläser, lassen manchmal – wahrscheinlich wegen ihrer Verwandtschaft mit dem Lösungsgebilde tonerdehaltiger Körper – keine so ausgeprägte „Zellenbildung" zu wie tonerdefreie Gläser (Abb. 402). Die grießigen Einschlüsse in der Umgebung solcher Steinchen bestehen entweder aus winzig kleinen Feldspatvertretern oder Korundtäfelchen und geben sich oft erst bei sehr starker Vergrößerung, wenn überhaupt, zu erkennen.

Bei der Untersuchung weiterer Proben fällt auf, daß wiederholt solche Steinchen, die nach-

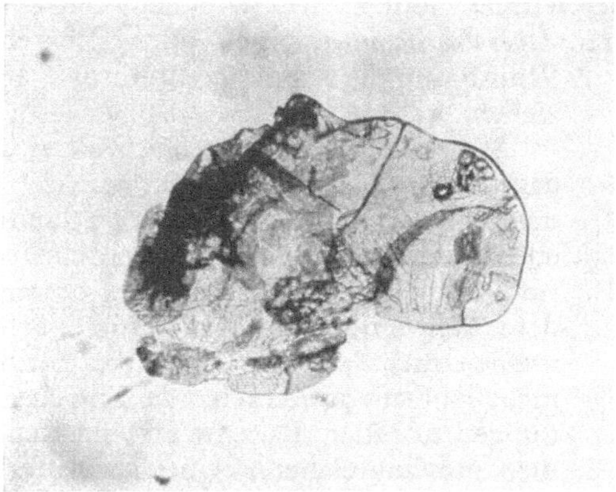

Abb. 404. Klares, von Korundtäfelchen durchsetztes Steinchen (Material mit 28% Al_2O_3)

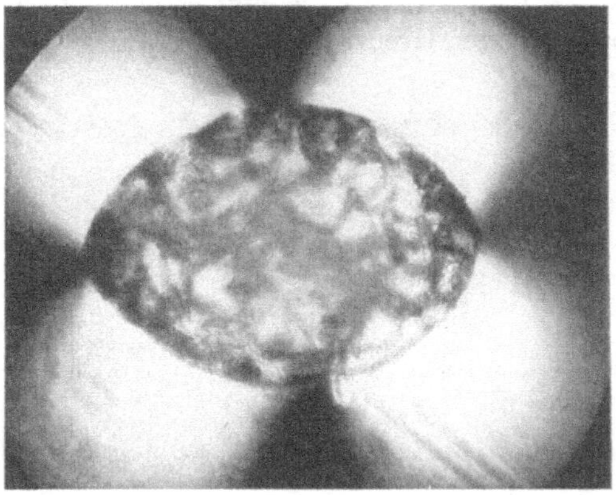

Abb. 405. Randscharfes, nephelitisch verfilztes Steinchen (Material mit 36% Al_2O_3)

weislich aus einer Schamotte von höherem Tonerdegehalt (40%) als der normalen herrühren, zu „Verschleimung“ in sich neigen. Als Beispiel hierfür sei Abb. 403 angeführt.

Wenn den bis hierhin angeführten Steinchen noch die Proben Abb. 404 u. 405 hinzugefügt werden, so geschieht es im wesentlichen, um den Reichtum an Typen darzustellen, in denen uns

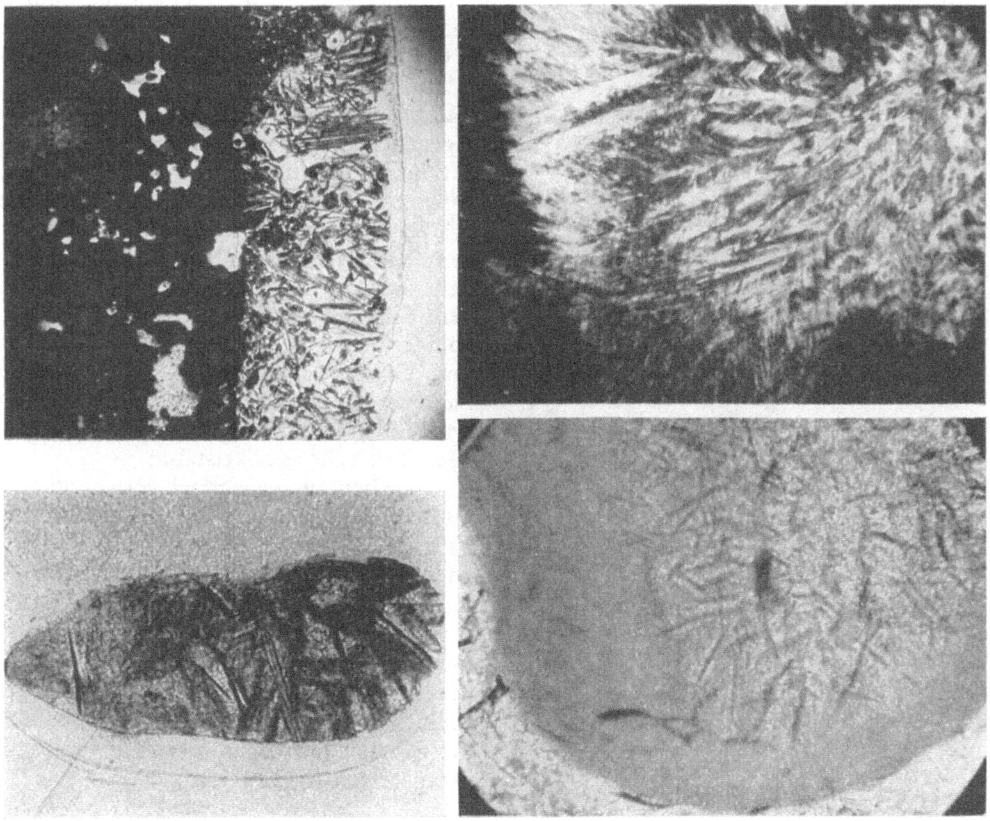

a b

Abb. 406. Sicherer Herkunftsnachweis aus der vergleichenden Untersuchung des Steinchens und einer Grenzschicht gegen Glas (Tonerdegehalt in a) 30%, in b) 64%)

dieser Fehler begegnet, ersteres als ein fast glasklares, deutlich mit Korundtäfelchen durchsetztes, letzteres als ebenso randscharfes, nephelitisch verfilztes Steinchen.

Alle Bemühungen, allein aus der Tracht solcher Einschlüsse auf ihre Herkunft zu schließen, haben trotz reichlich gesichteter Unterlagen *nicht* zu einem befriedigenden Ziel geführt. Nur selten, wie z. B. in Abb. 406, gelingt es nämlich, aus dem Vergleich des Gefüges des Steinchens mit der gefährdeten Grenzschicht eines ff. Materials und ihrer *Übereinstimmung*, einen unmittelbaren Schluß auf die schuldige Steinsorte zu ziehen.

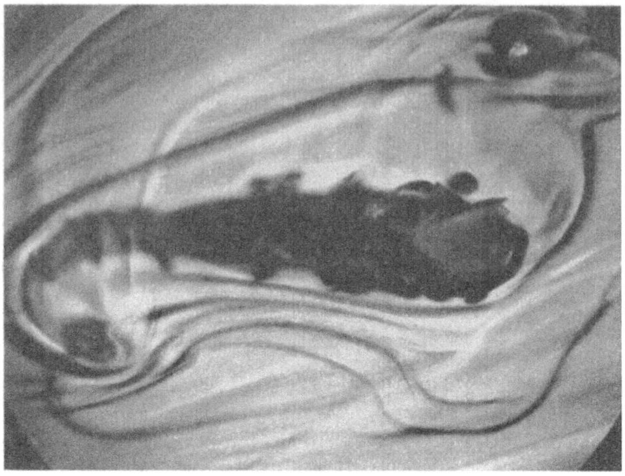

Abb. 407. Steinchen mit schlierigem Lösungshof (10 ×)

Mit ziemlicher Sicherheit läßt sich dagegen von Fall zu Fall rasch entscheiden, ob es sich um tonerdehaltige Steinchen handelt oder nicht. Die im Schrifttum verbreiteten Angaben über besondere Schwierigkeiten treffen im allgemeinen nicht zu. Dagegen ist es meist nicht einfach, weitergehende Entscheidungen zu fällen. Dies ist erst im Rahmen umfangreicherer Untersuchungsreihen möglich. So gelingt es z. B. durch Modellversuche auszukundschaften, in welcher Form ein feuerfester Stein in einem bestimmten Betrieb, d. h. unter bestimmten Bedingungen Steinchen gibt, so daß später auch ungefähr von der Erscheinungsform auf den Ursprungskörper geschlossen werden kann. Allem Anschein nach lassen sich solche Erfahrungen aber auch dann nicht sicher auf andere Verhältnisse übertragen, wenn ähnlich geartete Gläser vorliegen. Besondere Vorgänge an der Ablösungsstelle des Steinchens aus seinem Verband (vgl. Ziff. 8.51 bzw. 8.52) vermögen das Bild stark zu verändern.

Ähnliche Verhältnisse liegen bei *Steinchen aus Silikamaterial* vor. Hier ist allerdings die große Gefahr einer Verwechslung mit Gemengesteinchen gegeben. In groben Zügen kann man sagen, daß in Silikasteinchen die Kieselsäure als Cristobalit oder Tridymit viel derber kristallisiert, als das bei Gemengesteinchen der Fall ist. Ist in dem Kieselsäuresteinchen noch Quarz vorhanden, so rückt die Möglichkeit der Herkunft aus dem Silikamaterial weiter weg. Aber auch bei völliger Abwesenheit von Quarz läßt die Form und Größe der ehemaligen Quarzkörner auf Sand als Quelle der Steinchen schließen. Die als Silikarohstoff verwendeten Quarzite sind zum Teil sehr grobkristallin.

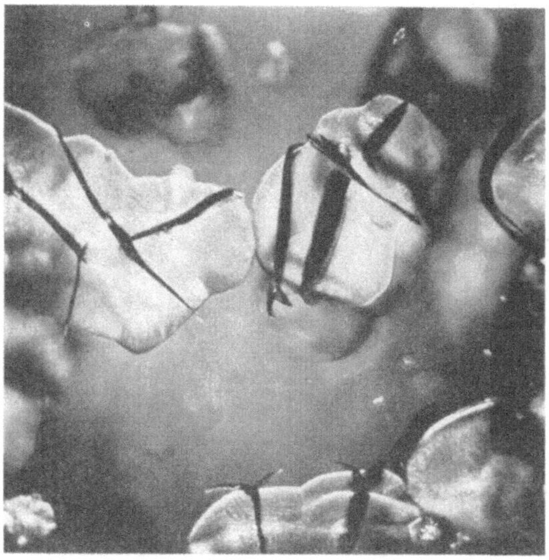

Abb. 408. Schollenförmige Nephelinkristalle (mit Sprüngen) aus dem Lösungshof eines tonerdehaltigen Steinchens (60 ×)

Eine heutzutage vielfach verwendete Stampfmasse, aus der z. B. Wannenseitenwände oberhalb des Glasspiegels zwischen den Brennern oder Brennerplatten hergestellt werden, ist das *Sioxal*. Es besteht zum großen Teil aus Quarzglas, aber auch aus den kristallinen Kieselsäuremodifikationen. Dieses Material kann auch durch Abplatzen in die Schmelze gelangen und Steinchen verursachen. Hier ist ebenfalls auf die Möglichkeit einer Verwechslung mit Gemengeresten hinzuweisen.

8.2 Übergangsformen Steinchen/Knoten

Es gibt eine Reihe häufig wiederkehrender Übergangsformen von steinigen zu glasigen Fremdkörpern, aus denen deutlich hervorgeht, wie sich der feste Körper zunächst mit einem Lösungshof umgibt. Bisweilen bildet dieser Hof geradezu ein sackartiges Gehäuse, von dem sich dann – bei feuerfesten Steinchen – tonerdehaltige Schlieren abziehen, während der Körper im Inneren verbleibt (Abb. 407), gelegentlich auch „ausschlüpft".

Die im Lösungshof anzutreffenden Kristallarten können Kunde von der Natur des in Lösung befindlichen Stoffes geben. Schollenartige Nephelinkristalle (Abb. 408) sind ein sicheres Zeichen für eine gewisse Sättigung mit Al_2O_3. Manchmal baut sich der Kern eines solchen Gebildes ziemlich vollständig aus einer Substanz auf, die zum großen Teil nur noch aus Nephelinkristallen besteht (Abb. 409) und oft charakteristische Wurmgestalt annimmt (Nephelinwürmer).

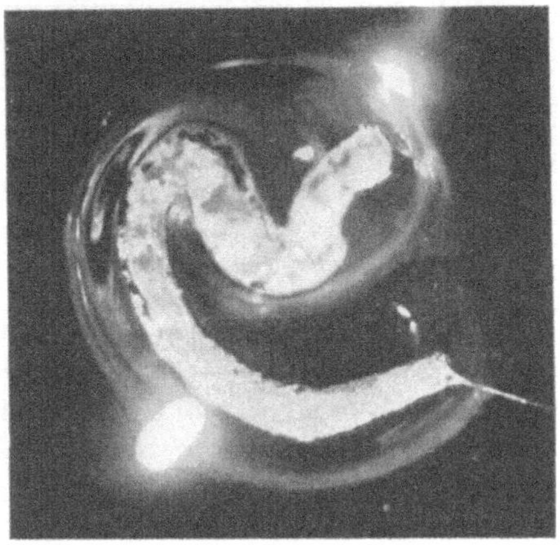

Abb. 409. Wurmförmiger, vorwiegend nephelitisch kristallisierter Kern eines sonst glasigen Einschlusses (3 ×)

Eine eigenartige Übergangsform der Kugelschliere oder Schlierenzelle zur laminaren Form besteht in Zusammenhang mit dem Auflösungsvorgang aus dem Kern eines ursprünglich eingeschlossenen Fremdkörpers, der im Zuge längsgerichteter Schlieren liegt. Es kann nach Abb. 410 ein Gebilde entstehen, das – Zwiebelschalen vergleichbar – sich konzentrisch um einen Schlierenhof legt und mehr oder weniger elliptisch deformiert erscheint. Es handelt sich dabei wieder um einen Zwitter kugelförmiger und laminarer Schlierenbildungen. Genaueres über die Entstehungsweise dieser Gebilde hat sich nicht ausfindig machen lassen, insbesondere nicht, ob hier Schichtungen vorliegen in der Art, wie sie nach LIESEGANG bei Diffusionen auftreten.

8.3 Tropfen und Knoten

Unter den Störungen, die ihren Ursprung sowohl oberhalb als auch unterhalb des Glasspiegels haben können, nehmen die „Tropfen" und „Knoten" eine besondere Stellung ein, obwohl sie ursächlich eng mit den „Steinchen" verbunden sind. Sie sind eigentlich schon, wie oben gezeigt

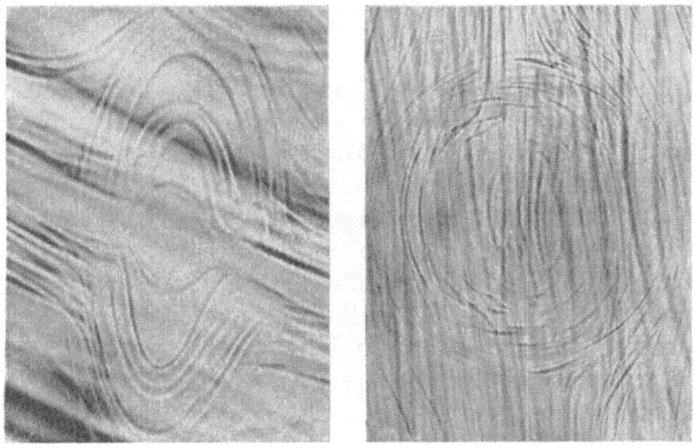

Abb. 410. Schlierenschalen um einen Schlierenhof

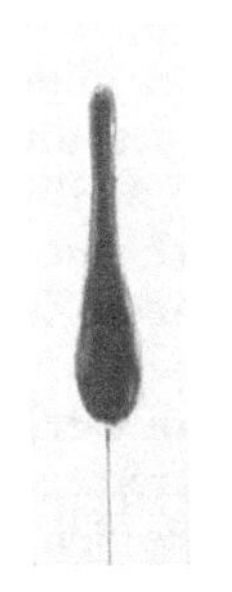

Abb. 411. Gewölbetropfen, grünbräunlich gefärbt

wurde, als Übergangsstufe zur Schliere (s. dort) aufzufassen, werden aber in diesem Abschnitt behandelt, weil ihre *„geballte" Form* sich wie ein *„Steinchen"* auswirkt, so daß eine Trennung beider unnatürlich wäre.

Der Tropfen vom Gewölbe (Abb. 411), dieser gefürchtete Fehler, ist im allgemeinen gleich als solcher zu erkennen; es ist jedoch zweckmäßig, zwischen Tropfen und Knoten zu unterscheiden, zumal letzterer ein späterer Zustand des ersteren sein kann.

Unter Knoten wird ein mehr rundlich abgeschlossener Teil des Glases verstanden, wie er auch durch unvollkommene Verglasung abgeschnürter Partikel von ff. Material entsteht; er enthält oft noch feste Substanz, wenn auch in mehr oder weniger zerklüfteter Form (s. Abb. 302). Der Tropfen dagegen besteht aus einem glasklaren Störungsbezirk der Schmelze, der oberhalb des Glasspiegels entstanden und an der Form kenntlich ist. – Seine Entstehung geht aus Abb. 412 hervor. Knoten und Tropfen heben sich meist deutlich von der Umgebung, oft schon infolge ihrer grünlich-bräunlichen Färbung ab. Der Ausdruck Tropfen erscheint nur berechtigt, wenn der betreffende Fehler nach seiner ganzen Veranlagung (Schwanzbildung) auch darauf hindeutet, daß er durch ein fadenspinnendes Abfallen gebildet wurde. Abb. 413 gibt ein solches Gebilde in einem Glühlampenkolbenglas wieder. Auch der Name „Perle" ist gebräuchlich.

Auch hier ist es wichtig, das Innere zu untersuchen [*3*], sobald es auch nur geringste Reste fester Substanz oder aus einer Zellsubstanz ausgeschiedene Kristalle enthält. Durch den Nachweis, ob es sich dabei um Tonerde oder Kieselsäure handelt, kann man Rückschlüsse auf seinen Herkunftsort (Ofenbaumaterial) ziehen (vgl. Ziff. 5.4 u. 8.1).

Wesentlich für das Auftreten von Tropfen ist das Maß, in welchem das Ofeninnere – meist der Schmelzraum – von einer Glasur überzogen wird, die aus den verstaubten und verdampften Gemengebestandteilen besteht [*98*]. In Verbindung mit zu hoher Temperatur können Stalaktitenbildungen [*99*]

Abb. 412. Tropfen an der Innenkante eines Mauerwerkes von einer Wanne außerhalb der Schmelze

Abb. 413. Tropfen mit Schlierenschwanz in einem Glühlampenkolben. Darüber: dasselbe in Fensterglas

(mit Vorliebe an Kanten, Abb. 412) auftreten, an denen entlang die Glasur sich ihren Weg sucht und in regelmäßigen Abständen tropfenförmig abfällt oder als „Flugfaden" abspinnt. Die Verwendung eines unangebrachten Mörtels oder sogar von Asbest zum Verstopfen von Fugen begünstigen diese Bildung ungemein! (vgl. Ziff. 8.74).

Vor einen zunächst rätselhaften Fall sahen sich eines Tages die Verfasser gestellt, als in einer relativ geringen Zahl von OWENS-Flaschen Knoten auftraten, in denen Olivin-Kristalle[1], die ihren optischen Daten nach viel Forsterit und wenig Fayalit enthielten, zu finden waren, obwohl weder in der Wanne noch im Gemenge MgO enthalten war. Es stellte sich heraus, daß die Schutzwand, die bei Reparaturen der OWENS-Maschine zwischen diese und die Drehwanne gezogen wird, schadhaft war. Die Schutzwand besteht aus zwei Wellblechen, zwischen denen sich Asbest als Isolierschicht befindet. Das äußere Wellblech war durchgebrannt, so daß Asbest und Hammerschlag auf den Spiegel der Drehwanne fallen konnten, wo sie dann die Knoten und die Kristalle bildeten.

Die Bekämpfung dieses Fehlers kann – je nach seinem Ursprung – von zwei Seiten her erfolgen: durch Verminderung der Verstaubung des Gemenges und damit der Verschlackung des Ofeninnern, sofern die Ursache *außerhalb des Glasbades* zu suchen ist, durch systematische Beobachtung des Verschleißes der Wannensteine und der Temperaturen, bei denen das ff. Material die Neigung entfaltet, Knoten an die Glasschmelze abzugeben, soweit die Ursache *unterhalb des Glasspiegels*, z. B. in den ausgespülten Räumen von Fugen (Ziff. 8.71) liegt. Auch Maßnahmen auf seiten des Gemenges und des Ofenbaues können wirksam herangezogen werden. Hierzu ist eine Beobachtung von ALLOLIO [*100*] interessant. In einer Braunglaswanne trat in erheblichem Maße Knotenbildung auf. Nach Umstellung der Wanne auf Weißglas, wobei die oxydische Zusammensetzung des Glases die gleiche blieb, also lediglich die Reduktionskohle weggelassen wurde, hörte die Knotenbildung fast völlig auf. Ob dies mit der geänderten Strahlungsdurchlässigkeit, Oberflächenspannung oder was sonst immer zu tun hat, wurde nicht ergründet. Die Wanne wurde bei der nächsten Reparatur

[1] Olivine: Mischkristalle aus Forsterit $2MgO \cdot SiO_2$ und Fayalit $2FeO \cdot SiO_2$.

so umgebaut, daß die Steinflächen der Glasströmung stärker als vorher ausgesetzt wurden. Damit wurde die Anhäufung von Übergangsmasse Wannenstein/Glas zurückgedrängt und das übermäßige Auftreten von Knoten tatsächlich verhindert. LAMORT [*101*] schlägt vor, die Wanne so voll zu halten, daß sich keine Spül- und dementsprechend Tropfkante ergibt, oder die Wannenblöcke der obersten Reihe gegen den Glasspiegel zu abzuschrägen. Zur Vermeidung der Entstehung von Tropfen unter dem Glasspiegel empfiehlt er, die Wannensteine als „Palisaden" aufzustellen, damit die erste Horizontalfuge möglichst tief liegt.

In beiden Fällen vermag eine statistische Erforschung der Zusammenhänge zwischen sporadischem Auftreten des Fehlers und Veränderungen im Ofeninnern (z. B. der der Temperatur) die Aufklärung über die zweckmäßig zu treffenden Maßnahmen zu fördern.

8.4 Ofenglasur als Ursache von „Knoten" und „Steinchen"

Es ist bekannt, daß unter den Bestandteilen, die sich vom eingelegten Gemenge, ja selbst vom Glas her schwebend oder dampfförmig im Ofen herumtreiben, Alkalien vorherrschend sind. Das liegt an ihrer Feinstaubigkeit, in der sie die meisten anderen Rohstoffe übertreffen. Dieser Flugstaub bzw. Dampf vermag an Silikagewölben, auch an Wänden aus Schamotte, eine Glasur zu bilden, deren Flüssigkeitsgrad ihr gestattet, unter dem Einfluß der Schwerkraft dauernd abwärts zu kriechen.

In einer besonders derben Form zeigt Abb. 414 an einer bereits leergelaufenen Wanne, welche Massen sich u. U. auf diese Weise in das Glas in Bewegung setzen.

Daraus wird die verschlackende Wirkung dieser Glasur deutlich, zugleich aber die Bedeutung der Verhütung einer übermäßigen Verstaubung des Gemenges. In Abb. 415 ist sowohl am Schaustück selber als auch an der zugehörigen Zeichnung zu erkennen, wie der Vorgang sich abspielt: Die Ofenglasur läuft als feiner Film über das Ofenbaumaterial, reichert sich mehr

Abb. 414. Abtriefende Schlackenglasur im Innern eines Ofens

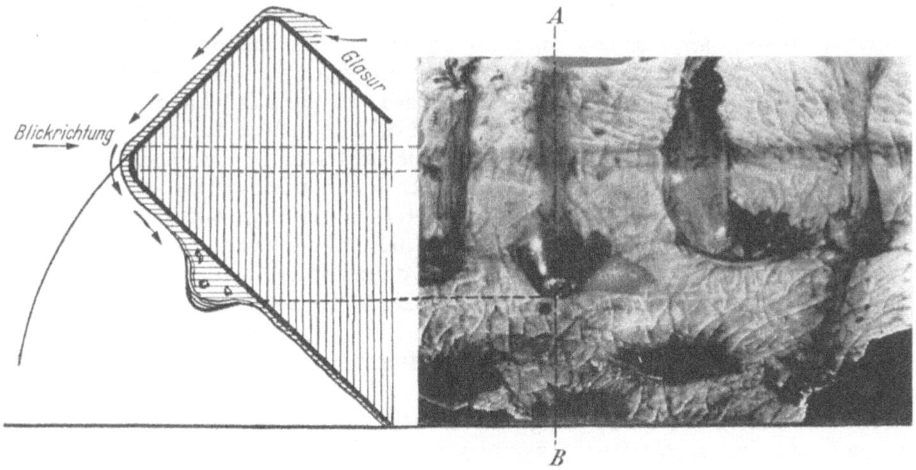

Abb. 415. Tropfenbildungen durch Ofenglasur

und mehr an dessen Bestandteilen an und wird damit zu einer zähflüssigen Masse. Diese sammelt sich an Stellen, wo sie kraft ihrer Oberflächenspannung Tropfen formt, die schließlich abfallen oder sich abschnüren, u. U. sogar noch mitgerissene Steinsubstanz enthalten und damit zum

Störenfried der Glasschmelze werden. – Abb. 416 zeigt solche schmutzig-braungrün gefärbten Knotengebilde, deren anhaftendes normales Glas durch Einbettung in Immersionsflüssigkeit zum Verschwinden gebracht wurde.

Meist sind es die gleichen feuerfesten Körper, an denen unter dem Einfluß solcher Tropfenbildungen die schon mehrfach erwähnten Zapfengestaltungen vor sich gehen (Abb. 417). Ein ein-

Abb. 416. In Immersionsflüssigkeit eingetauchte Glasscherben mit „Knoten" aus der Störungsperiode eines Betriebes

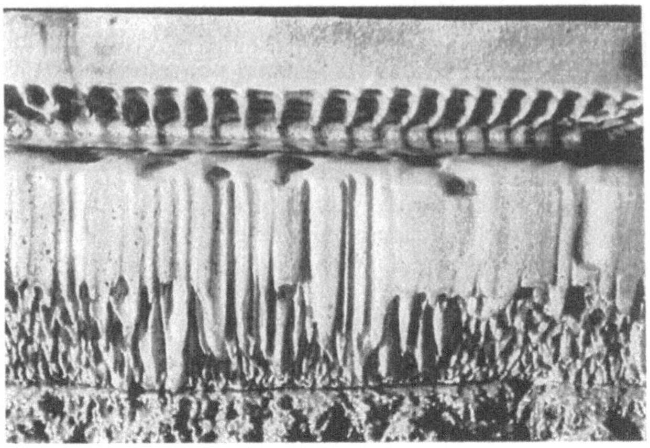

Abb. 417. Ausbildung von Glasurtropfen an der Kante eines ff. Blockes und von Zapfen unterhalb des Glases

facher Modellversuch führt den Vorgang vor Augen: Zähflüssiger Kanadabalsam, der von einer Kante abläuft, formt sich dort nach Abb. 418 zu tropfenförmigen Strähnen.

Über eine entsprechende Knotenbildung an Wannenblöcken „oberhalb" und „unterhalb" des Glases ist ergänzend auf Ausführungen über ihren Entstehungsmechanismus [*103*] zu verweisen. Dort wird ebenfalls die Auffassung vertreten, daß der Oberflächenspannung dabei eine entscheidende Rolle zufällt, ähnlich wie es bei Regentropfen am Telegraphendraht der Fall sei, die bekanntlich auch gleichmäßige Abstände einnehmen.

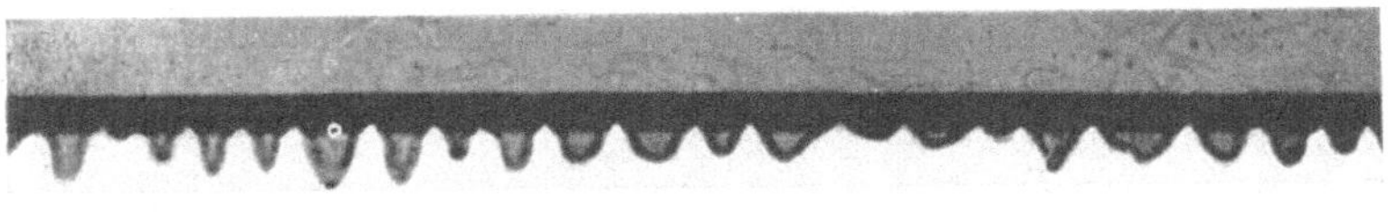

Abb. 418. Modellversuch: Von einer Kante abtriefender Kanadabalsam formt Tropfen

Auf diese Weise entstandene Knoten stellen also *im Gegensatz zu anderen* (Abb. 302) *kein fortgeschrittenes Auflösungsstadium eines Steinchens dar, sondern sind als eigene Gebilde anzusprechen.*

Innerhalb der Glasschmelze führt der Ansatz von Knoten unter dem Einfluß der Oberflächenspannung dazu, daß sich die Tropfen laufender Glasur an zunächst kleinsten Kuppen sammeln [*103*], indem sie an jeweils tiefste Stellen laufen, wie sie sich gerade durch geringe Unebenheiten, Ablösungen usw. ergeben (Abb. 419). Hier haften sie längere Zeit und schützen den von ihnen berührten Teil vor weiterem Angriff. Sie selbst üben kaum noch eine abtragende Wirkung aus, weil sie ja mit Auflösungsbestandteilen des ff. Materials gesättigt sind. Dagegen schreitet die Korrosion in der Nachbarschaft weiter fort. Auf diese Weise werden nach und nach Zapfen (Abb. 419 b) herausgeschält, wobei nun erst recht an deren Spitze Schlackenglasur zusammenläuft und als Schutzlage wirkt, gleichzeitig aber auch als Fabrikationsfehler zu stören droht (Abb. 419 c).

Wenn Lyle [*10*] die Auffassung vertritt, daß ein Abfließen der Glasur unter dem Glasspiegel nicht möglich sei, da hier der Auftrieb der Schwerkraft entgegenwirkt, so ist dies nur in bestimmten Fällen richtig.

Wenn der Stein an sich schon dazu neigt, sich seinem Gefüge nach unterschiedlich zu verhalten, so müßten solche Zapfen rasch seitlich angefressen und abgeschnürt werden, d. h. das Bild würde von einer allgemeinen Zerklüftung abgelöst werden. Unterschiede an waagerechten und senkrechten Auflösungsflächen würden verschwinden. Also bestätigt sich überlegungsgemäß *die verbreitete Erfahrung, daß leider gerade diejenigen Steine, bei denen Neigung zur gleichmäßigen Auflösung und Ausbildung sonst befriedigend glatter Flächen besteht, an geneigten Stellen* (also von der unerfreulichen Furchenzerklüftung ausgehend) *stärker zur Zapfenbildung neigen,* sobald überhaupt Ansätze von Tropfen auftreten.

Dagegen darf nun nicht auf den umgekehrten Vorgang geschlossen werden, daß nämlich immer, wenn Zapfenbildungen vorliegen, Knoten auftreten *müßten*. Dies scheint vielmehr auch noch von anderen Umständen, der Ofenlage usw., abzuhängen.

Eine andere Theorie [*104*] kommt auf Grund sinnvoller Modellversuche zu folgender Auffassung:

Sie fanden statt an einem Eisblock, der mit Alkohol und Wasser gleicher Dichte wie das Eis in Berührung stand. An der unteren Fläche des Eisblocks bilden sich kleine auf und ab tanzende Blasen, die anfingen, sich im Eis aufwärts zu bohren. Bei Abwesenheit von Blasen trat kein aufwärtsgerichteter Lochfraß ein. Bedingungen für den Lochfraß sind:

1. Die Dichte der Lösung und des aufgelösten Stoffes muß größer sein, als die der Lösung allein, sonst kommt der Angriff zum Stillstand.
2. Die Oberflächenspannung der Lösung muß durch die Auflösung des festen Stoffes erhöht werden.
3. Der Bestandteil der Lösung, welcher von der Oberfläche der Blasen adsorbiert wird und ihre Oberflächenspannung verringert, muß die Auflösung des festen Stoffes unterstützen.

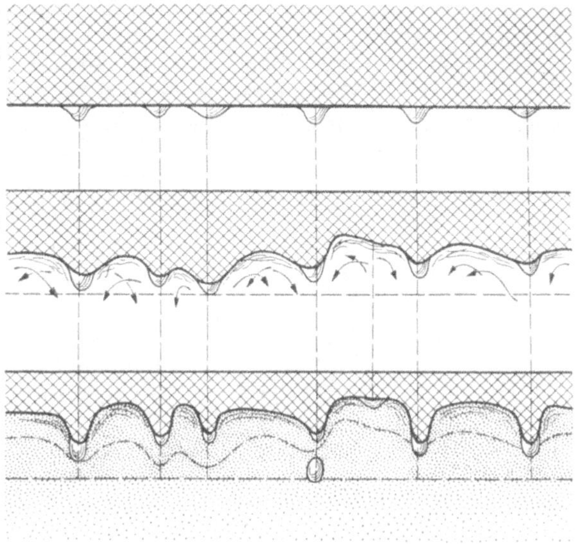

Abb. 419. Schematische Darlegung von Abb. 417

Die Parallele zu den Korrosionsvorgängen an feuerfestem Material ist eine sehr weitgehende, wie LÖFFLER [*105*] zeigte. Dieser wies nach, daß Alkali aus dem die Blase umgebenden Glas in das feuerfeste Material eindiffundiert. Dadurch erhöht sich die Oberflächen- bzw. Grenzflächenspannung des Restglases, so daß dieses das Bestreben bekommt, sich zusammenzuziehen und aus dem Spalt zwischen Blase und feuerfestem Material auszuwandern. Daher kann ständig neues Glas zuströmen und Alkalien an das feuerfeste Material abgeben. Die entstehende tonerdehaltige Schicht wird bei dem Auswandern des alkaliverarmten Glases mechanisch mitgerissen, so daß an dieser Stelle keine Schutzschicht im normalen Umfang wachsen kann.

Es ist deswegen wichtig, sich diesen Mechanismus klarzumachen, weil die Gasphase durch Verdrängung der anliegenden Glasur u. a. m. verstärkend an der Profilgestaltung teilnimmt.

Abb. 420. Abspülung von Steinchenbildungen durch die Ofenglasur

Gelegentlich lassen sich Fälle nachweisen, die sich wegen des Zusammenwirkens von zwei an sich unabhängigen Umständen besonders störend bemerkbar machen. Hierfür wurde als hervorragendes Beispiel Abb. 420 bildlich zugänglich. Eine Steinart (mit 42% Al_2O_3) außerhalb der Glasschmelze im Wannenofen angebracht, zeigte ausgesprochene Neigung, ihr Magerkorn durch die Glasur herausschälen zu lassen. Diese Erscheinung wurde bereits beschrieben; sie braucht solange nicht als Fabrikationsfehler aufzutreten, wie diese Körner in der zähen Glasur liegen oder im Steingefüge verankert bleiben oder, wenn sie aus Quarz bestehen (z. B. in „saurer" Schamotte), immer noch leicht genug löslich sind, um in der Schmelze zu vergehen. Nun wurde im vorliegenden Falle, wahrscheinlich aus Mangel an einheitlichen Steinen, auf den Silikavorrat zurückgegriffen (weiße Steinreihe oben links im Bereich des Halbkreises). Diese hat jedoch aus den unter Ziff. 8.52 beschriebenen chemischen Gründen (darüber angeordnete Schamotte) einen dünneren Glasfluß ergeben als in der Nachbarschaft. Was ist die Folge? Diese Glasur trieft ab und „spült" auf ihrem Wege das gesamte *Korn* der Schamotte ab, um es zuletzt in der Glasschmelze abzuladen. Das Zusammentreffen zweier an sich vielleicht harmlos verlaufender Störungen wird damit u. U. zur entscheidenden Frage der Aufrechterhaltung des Betriebes. Man erkennt im Bilde deutlich die verschiedene Beschaffenheit der Schamotteoberfläche, oberhalb derer sich Silika befand, gegenüber derjenigen, die normal vermauert war. – Ist es in solchen Fällen auch müßig, sich über die Schuldfrage an der Störung zu unterhalten, so steht doch fest, daß Ofenbauer und Chemiker an der Bekämpfung solcher Vorkommnisse beteiligt sind. Diese Zusammenhänge sind von so grundsätzlicher Art, daß sie gar nicht genug beachtet werden können.

8.41 Einfluß der Oberflächenspannung des Schlackenglases auf seine Knotenbildung [*106*]

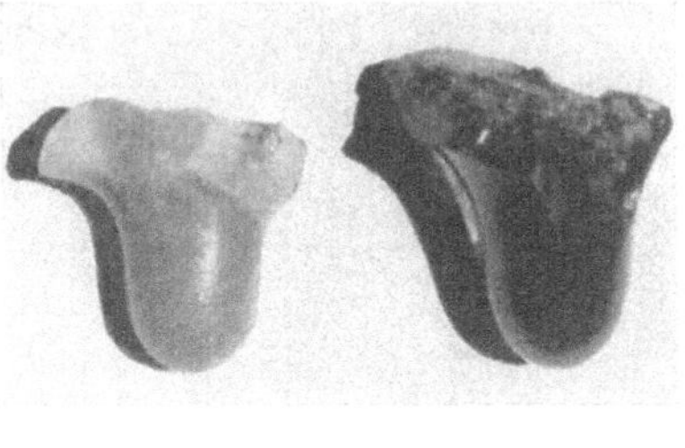

Abb. 421. Tropfen von Sillimanit (links) und Schamotte (rechts)

Verschiedene Steinarten, die als Wannenblöcke Verwendung finden, neigen in stark unterschiedlicher Weise dazu, Nasen und Zapfen zu bilden, an denen sich Tropfen von Schlacke formen. Schon das Aussehen und Verhalten solcher Gebilde ist auch dann voneinander abweichend, wenn gleiche Temperaturverhältnisse vorgelegen haben (Abb. 421) [*106*]. Die Analysen der Tropfen unterscheiden sich im wesentlichen durch die SiO_2- und Al_2O_3-Werte in dem Sinne, daß der Schamotteschlacke der höhere SiO_2-Wert, der Sillimanitschlacke der höhere Tonerdewert zukommt; Beispiel:

Tropfen aus	SiO_2	R_2O_3	CaO	MgO	Na_2O	SO_3
Schamotte	68,46	21,08	1,80	0,48	7,60	0,38
Sillimanit	53,58	39,94	2,10	Spur	4,38	Spur

Dieser Schlackenfluß hat auf Grund seiner Zusammensetzung eine höhere Oberflächenspannung (bis *über* 400 dyn/cm) als das normale Glas (bis etwa 300 bis 360 dyn/cm) und zeigt daher diesem gegenüber – auch innerhalb der Schmelze – mit zunehmender Anreicherung ein ausgeprägtes „Tropfen"- oder „Knotenbildungsbestreben". Dies läßt sich auf einfache Weise sichtbar machen. Ein Stück des Glasflusses von 1 g Gewicht verläuft auf einem Platinblech bei bestimmter Temperatur zu einem rundlichen Gebilde, einer plankonvexen Linse von bestimmter Flächengröße. Wenn die angewendete Menge (1 g), die Benetzung der Unterlage (Platin) und das spez. Gewicht nahezu gleich sind, so entscheidet nur die Oberflächenspannung über die Gestalt. Man erhält Tropfenplättchen verschiedener Größe und Höhe (Abb. 422). Sie nähern sich der Kugelgestalt mit sinkender Temperatur und steigendem Al_2O_3-Gehalt, d. h. also bei zunehmender Oberflächenspannung.

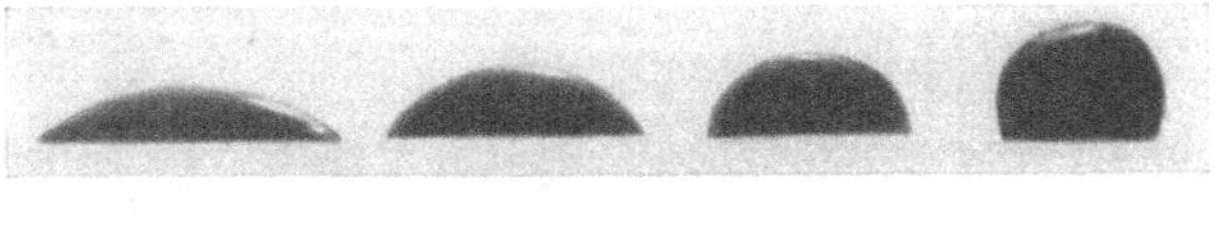

Abb. 422. Zunehmende Höhe und abnehmende Breite der Tropfenplättchen mit um je 50° fallender Temperatur oder mit steigendem Al_2O_3-Gehalt

Wenn man nun Glasproben herstellt, denen eine steigende Menge Schamotte oder eines tonerdereichen Gesteins bis zur völligen Verschlackung einverleibt wird, so läßt sich auf die geschilderte Art und Weise das Tropfenbildungsbestreben der betreffenden Schlackenflüsse deutlich sichtbar machen (Abb. 423). Man erkennt in beiden Fällen eine zunehmende Oberflächenspannung (abnehmende Plättchengröße) mit fallender Temperatur, desgleichen mit steigendem Steingehalt, wobei sich jedoch bei Schamotte ungleich rascher eine Sättigung vollzieht, Hand in Hand mit einer Braunfärbung wegen ihres höheren Fe_2O_3-Gehalts. Die Grenze der Aufnahmefähigkeit des Glases für die Steinsubstanz lag im Falle Sillimanit bei 40%, im Falle Schamotte bei etwa 75 bis 80% (vgl. Abb. 424), d. h. bei einem Al_2O_3-Gehalt zwischen 22 und 26%. Dies deckt sich mit Ermittlungen DIETZELS [*107*], der aus den Brechungskoeffizienten der Randschicht (von ihm als „Glasschleim" bezeichnet) ähnliche Substanzgehalte feststellte.

Beide Schlackenlösungen können also ungefähr denselben Grenzwert an Al_2O_3 annehmen, nur wird er bei der leichter löslichen Schamotte früher erreicht werden, also auch eher „Tropfenbildungsbestreben" entfalten. Hinzu kommt ein weiterer Gesichtspunkt: Ebenso, wie sich von einer schmalen Spitze ein kleinerer Wassertropfen zum freien Fall ablöst, von einem stumpfen Stab dagegen ein größerer, ist auch die beschriebene Auflösungsstruktur der Steine von Einfluß auf die Formation der Tropfen: An den rundlicheren Formen der erodierten Schamotte bilden sich große, behäbige Tropfen, an der feinen Zerklüftung des Sillimanits nur kleine. Beide Umstände wirken im Verein mit der schweren Löslichkeit dem an sich höheren Al_2O_3-Gehalt des Sillimanits entgegen und tragen zur ungleich höheren Gefahr der Tropfenbildung bei der normalen Schamotte bei, wie sie auch vorzugsweise in den Fugen angetroffen wird.

Der praktisch an Knoten gefundene Al_2O_3-Gehalt lag zwischen 3,0% und 21%. Es genügt also unter Umständen schon eine relativ geringe Anreicherung an Tonerde, um genügend „Abschlußkraft" gegenüber der Umgebung zu erzeugen und so Knotengebilde zustandekommen zu lassen.

Solange solche Tropfen oder Knoten noch am Stein verankert sind, können sie auch stark deformiert werden zu wurstartigen Gebilden (Abb. 425), oder im Zuge des strömenden Glases „Fäden" abhaspeln (Abb. 426).

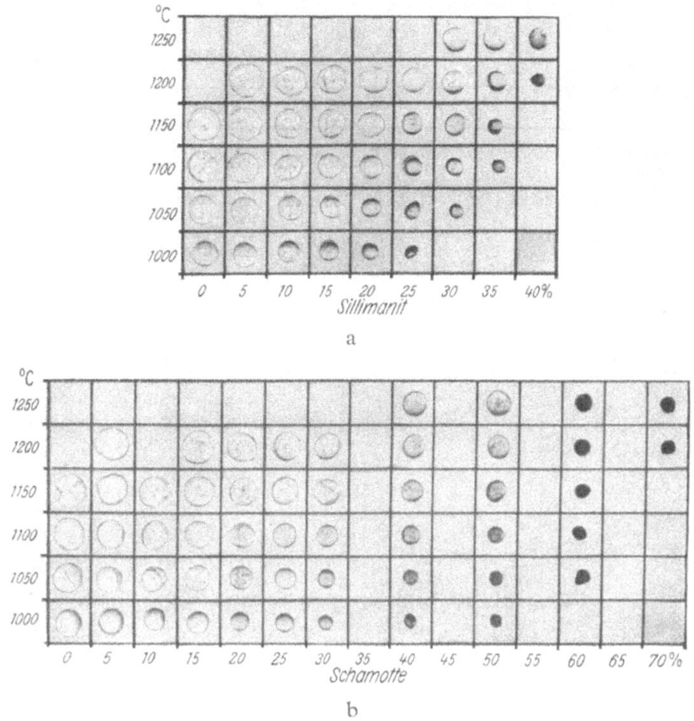

Abb. 423. Tropfenbildungsbestreben von 1-g-Proben an Gläsern mit ff. Materialien in Lösung bei 1000–1250°. a) 0–40% Sillimanit, b) 0–70% Schamotte

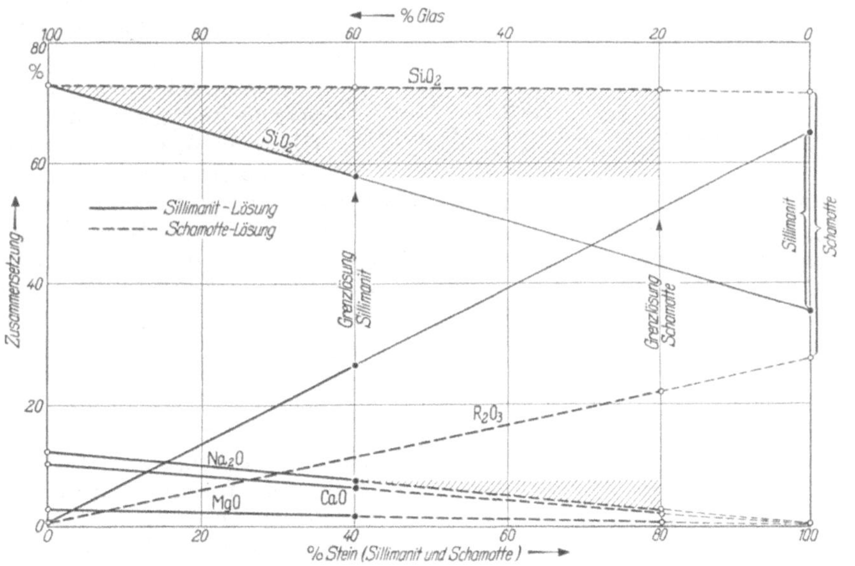

Abb. 424. Fluchtlinientafel zur Ermittlung der Zusammensetzung der Grenzlösung von 40% Sillimanit und 80% Schamotte in gegebenem Glas. Schraffiert: Hauptsächliche Differenz der beiden Schlackenarten etwa 15% SiO_2

8.42 *Analytische Herkunftsbestimmung*

Wurde durch Vorprüfung und mikroskopische Untersuchung festgestellt, daß ein Steinchen oder Knoten aus dem feuerfesten Material stammen muß, so interessiert es, welche Steinart dafür verantwortlich ist, da es fast immer mehrere davon im Ofen gibt, die in Betracht zu ziehen sind.

Dies kann *manchmal* durch eine Analyse geklärt werden – in erster Linie allerdings nur dann, wenn das Steinchen groß genug und der Angriff nicht zu weit fortgeschritten ist – und zwar nach einem rechnerischen Verfahren wie bei Tab. 9.

Tabelle 9
Rechnerische Ermittlung der Steinsorte

	SiO_2	R_2O_3	RO	R_2O
1. Glas (%)	71,69	0,60	12,30	(15,41)
2. Steinchen und Glas (%)	70,61	8,36	9,33	11,70
3. CaO-Äquivalent (Gew.-T.)	54,38	0,45	9,33	11,69
5. 2 abzüglich 3 (Gew.-T.)	16,23	7,91	—	0,01
4. ff. Stein (%)	67,23	32,77		

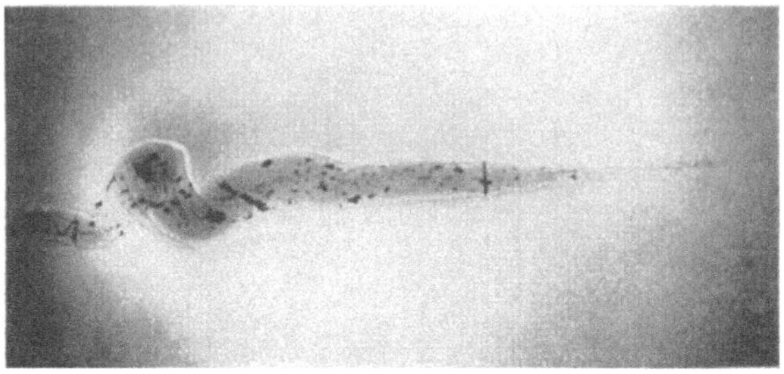

Abb. 425. In die Länge gezogener Knoten

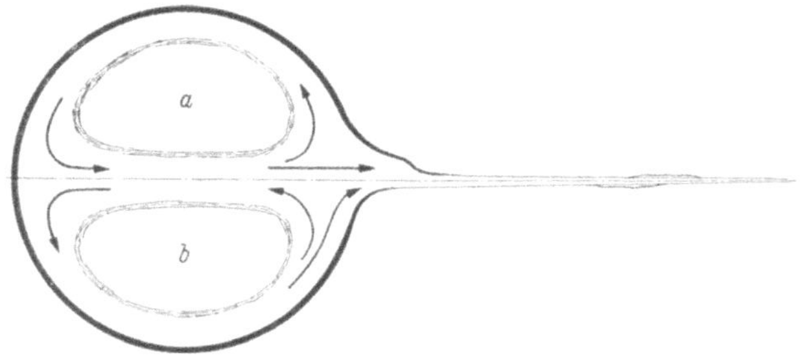

Abb. 426. Schema des Ausspinnens von Fäden aus einen Knoten. a) Spinnen aus dem Inneren, b) Abhaspeln der Haut

Besteht das Glas aus der Zusammensetzung Zeile 1 (Tab. 9) und hat die Analyse des Steinchens mit dem ihm anhaftenden Glas die Werte der Zeile 2 ergeben, so lassen sich dem in Zeile 2 gegebenen CaO-Wert, der nicht vom feuerfesten Material herrührt, die ihm zugehörigen Glaswerte (Zeile 3) zuordnen. Diese Werte von Zeile 2 abgezogen, ergeben mengenmäßig die Fremdsubstanz (Zeile 4). Rechnet man diese Werte auf 100 um, so ergibt sich eine Analyse, durch die man manchmal *angenähert* eine bestimmte Sorte ff. Material wiedererkennt, das im Ofen eingebaut ist, und damit die Quelle des Steinchens.

Ähnliche Ergebnisse wie bei dem rechnerischen Verfahren kann man auch graphisch erreichen, wie schon DIETZEL [*3*] zeigte.

Man trägt in ein Diagramm als Ordinate die Zusammensetzung des bekannten Glases als Anteile der gesamten Strecke bis 100 ein und in einem Abstand davon als zweite Ordinate die Zusammensetzung der Mischung aus Steinchen und Glas. Die analytisch zueinander gehörenden Punkte werden miteinander verbunden und diese Verbindungsgeraden verlängert, bis eine von ihnen die Abszisse durch 100 schneidet. In diesem Punkt errichtet man eine dritte Ordinate, auf der man die prozentuale Zusammensetzung des Steinchens direkt ablesen kann (hier etwa 33% Al_2O_3). Die Linie des Stoffes, der in der Mischsubstanz (Steinchen + Glas) nur durch das begleitende Glas vorhanden ist, muß ebenfalls durch diesen Punkt gehen, da er ja mit dem Wert Null in der Zusammensetzung des Steinchens vertreten ist (Abb. 427). Das Verhältnis der Strecken, die von der ersten Ordinate bis zur zweiten einerseits und von dieser bis zur dritten andererseits auf der Abszisse gebildet werden, gibt das Mischungsverhältnis des Glases mit dem Steinchen an. Dies hat deswegen Bedeutung, weil es die Genauigkeit der Bestimmung zu beurteilen gestattet, die natürlich um so größer ist, je höher der Anteil des Steinchens ist.

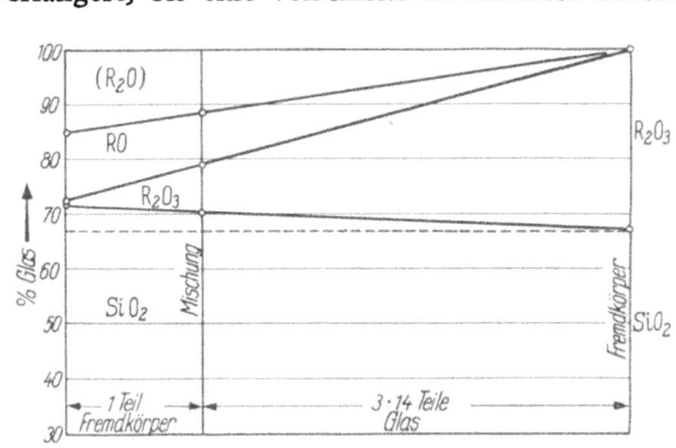

Abb. 427. Analytisch-geometrisch ermittelte Zusammensetzung des mit Glas gemischt vorliegenden „Steinchens"

Will sich jedoch bei sauberer Arbeit in mehreren Fällen kein Ergebnis einstellen, das zu einem feuerfesten Material in Beziehung zu bringen ist, so besteht die Möglichkeit einer anderen Ursache.

LÖFFLER [*108*] hat festgestellt, daß zwischen der feuerfesten Wand und der Glasschmelze eine Potentialdifferenz mit negativer Ladung besteht. Hierdurch diffundiert bevorzugt Alkali in die Grenzschicht ein, so daß die Analysenwerte u. U. stark verschoben werden können. Man wird dann bei dem oben beschriebenen Rechnungsgang oder der graphischen Ermittlung den Alkaligehalt,

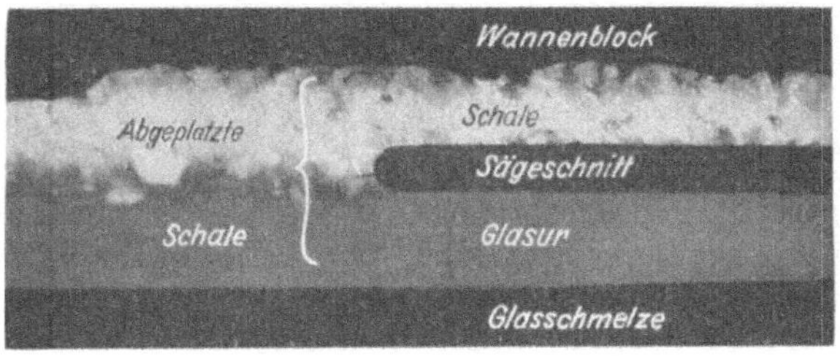

	SiO_2	R_2O_3	CaO	MgO	SO_3	Na_2O
IV	71,46	28,16	Spur	–	–	0,38
III	67,94	24,18	Spur	–	–	7,88
–	durch das Sägeblatt entfernte Trennschicht (1 mm)					
II	68,29	14,98	2,04	–	–	14,69
I	73,62	1,36	9,15	Spur	0,43	15,44

Abb. 428. Abgeplatzte Schale eines glasierten Wannensteines; Analysen der Schichten

der durch die verstärkte Diffusion in die Grenzschicht hineingetragen worden ist, berücksichtigen müssen. Angenähert kann man sagen, daß das feuerfeste Material, soweit es sich um Schamotte vom Wannensteintyp handelt, um 2 bis 2,5% Alkalioxyde enthält. Was über diesen Betrag hinausgeht, ist bei der Berechnung abzuziehen.

Aber nicht nur die verstärkte Alkalidiffusion trägt zu einer Erschwernis der analytischen Herkunftsbestimmung bei. In der Grenzschicht Glas/ff. Material bilden sich außerdem Kristallaus-

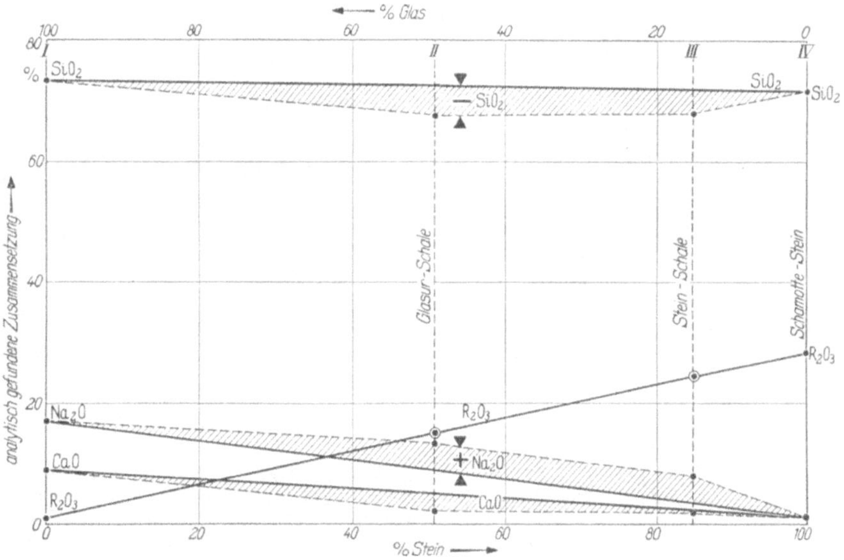

Abb. 429. Nomographische Darstellung der Übergangsschichten zwischen Schamotte und Glasschmelze. Schraffiert: Analytisch nachgewiesene Abweichungen von der theoretischen Fluchtlinie; „Differenzierungsprozeß"

scheidungen (Nephelin, Mullit, Korund oder β-Tonerde), die als Schutzschicht wirken können; diese Schutzschichten können sich als solche vom Stein trennen und dann Analysen ergeben, die anscheinend in keinem Zusammenhang mit dem Stein stehen.

JEBSEN-MARWEDEL [*106*] hat die Schichten der Reaktionszone eines Wannensteines analysiert. Abb. 428 bringt seine Ergebnisse. Auch hier wurde schon festgestellt, daß die Analysenwerte der einzelnen Schichten nach Eintragen in eine graphische Darstellung (Abb. 429) nicht auf den geraden Verbindungslinien liegen. Es trat ein Überschuß an Na_2O und ein Defizit an SiO_2 auf. Diese Erscheinung wurde dann – wie schon oben angegeben – von LÖFFLER [*108*] gedeutet.

Auch durch die Analyse von Tropfen und Knoten – also von Steinchen, bei denen der Lösungsprozeß schon sehr weit fortgeschritten ist – kann man das oben Gesagte sehr oft bestätigt finden. Hiervon gibt Tab. 10 ein Beispiel.

Tabelle 10

	SiO_2	R_2O_3	CaO	MgO	Na_2O	SO_3
Schamottestein	71,69	27,48	0,57	Spur	Spur	Spur
Schamottetropfen	68,46	21,08	1,80	0,48	7,60	0,58
Errechnetes Gemisch (75,8 T. Schamotte + 24,2 Glas)	71,89	21,08	3,07	0,67	3,24	0,10
Differenz	— 3,43		— 1,27	— 0,19	+ 4,36	

8.5 Bedeutung der Grenzschicht ff. Material/Glas

Legt man einen Schnitt durch die Übergangsstelle des ff. Materials zum Glas, so wird man bei genauer Untersuchung stets verschiedene Eindrücke empfangen. Der eine Stein bleibt scharf abgegrenzt gegenüber dem Glas, der andere nimmt Glas oder Glasoxyde in seine Oberflächenschicht auf – was nicht allein durch Porosität, sondern auch durch Diffusion geschieht – und verändert damit völlig sein Gefüge. Auch ist die dem Stein unmittelbar anliegende Schicht des Glases [*109*] verschieden stark mit Tonerde aufgeladen, selbst bei ähnlichem Steinmaterial. Dann ist aus

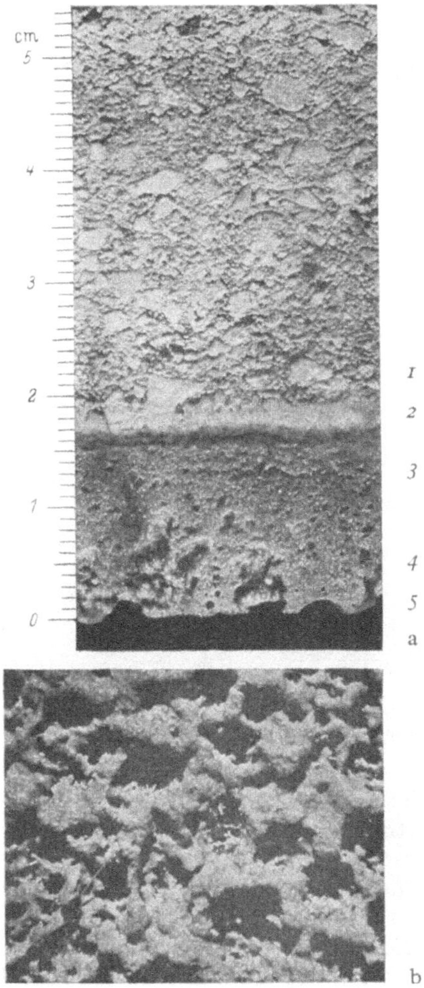

Abb. 430. a) Schnitt durch die dem Glase zugekehrte Randschicht eines Sillimanit-Wannenblockes (ältere Fabrikation), *1* Unveränderter Stein, *2* Glasig gesintert, weiß, *3* Schlackig, braun, *4* Schaumig, bräunlich, porenreich, *5* Schwammig zerklüftete Schlacke; b) Aufsicht auf die dem Glase zugekehrte Fläche

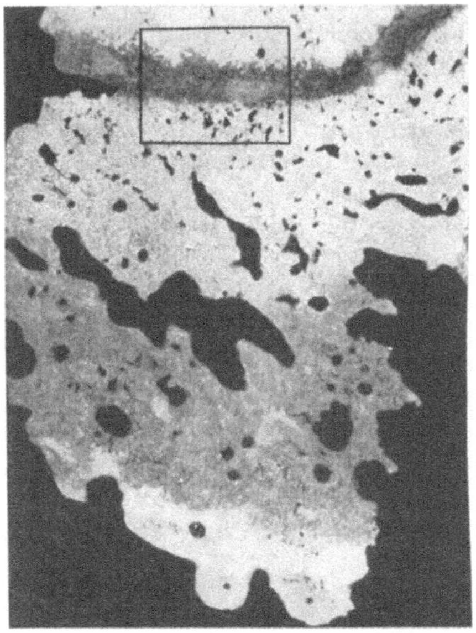

Abb. 431. Vergrößerter Dünnschliff der schwammigen Schlackenschicht mit kristallisierter Grenzfläche

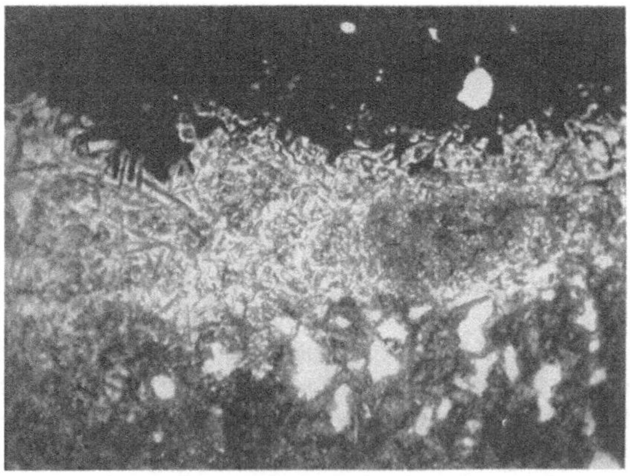

Abb. 432. Mullit- und Korundfilz nächst der glasig gesinterten Grenzschicht 2 aus Abb. 430. (Vergrößerte Wiedergabe des in Abb. 431 bezeichneten Ausschnittes.)

Vergleichen zu entnehmen, daß der Grad der gegenseitigen Durchdringung von Glas und Stein an der Kontaktstelle durchaus nicht immer ein Urteil über die chemische Widerstandsfähigkeit erlaubt, weil es von den Eigenschaften der aus den gemeinsamen Bestandteilen herrührenden Zwischenschicht abhängt, ob diese sich als Schutzmittel verhält oder im Gegenteil den Abtransport der Lösungsbestandteile besorgt. Von dem Versuch, die Korrosionsfähigkeit eines Steines aus dieser „Durchtränkungs"schicht [*110*] ableiten zu wollen, darf trotzdem ein wertvoller Anhalt für die Beurteilung des Verhaltens erwartet werden. Liegt die Durchdringungsschicht mehr auf seiten des Glases, so verliert sie u. U. den Halt an der Wandung. Bleibt sie strukturmäßig verwachsen mit dem Stein, so entwickelt sie u. U. ein reiches Netz von Kristallen (z. B. Korund, Mullit usw.), dem das Glas weniger anhaben kann. In jedem Fall kommt einer Größe, die keinerlei Beziehung zu dem Steinmaterial an sich hat, ein erheblicher Einfluß zu; das ist der Umtrieb (die Zirkulation) des Glases, dessen Mitwirkung [*109, 111*] mehrfach in Verbindung mit pyrochemischen und Lösungseigenschaften der Tone hervorgehoben wurde.

Die vorstehenden Bilder – obwohl durchaus nicht von einem hervorragenden Verhalten des (hochtonerdehaltigen) Steines zeugend – sollen hier zeigen, wie ausgesprochen sich diese Grenzschicht in Berührung mit Glas (hier der Glasur des Ofeninneren) stufenweise in eine Verfilzung kristallischer Strukturelemente umwandelt. In Abb. 430 ist die unveränderte Schnittfläche *1* zu erkennen. Ihr am nächsten liegt eine unter dem Einfluß der ersten Spuren vordringender Glasbestandteile entstandene glasige Schicht *2*, die ihrerseits einer dunkleren, schlackenartigen Lage *3* benachbart ist. Dieser liegt eine aufgelockerte, porenreiche, schaumartige Masse *4* an, deren letzte, dem Glasfluß zugekehrte Schicht *5* völlig schwammartig zerklüftet ist. Diese löcherige Struktur wird am besten von der Aufsicht auf den Stein wiedergegeben.

Das Mikrobild einer solchen Schichtung an der Korrosionsgrenze (Abb. 431) zeigt bereits, daß von der Schicht *3* ab ein dichter Filz von Kristallen ausgebildet wurde, der nichts mehr von der ursprünglichen Struktur erkennen läßt. Der in Abb. 431 bezeichnete Ausschnitt kehrt in Abb. 432 noch stärker vergrößert wieder. Er zeigt die Lage der Korundtäfelchen in einer Glasmasse, die sich auf Grund der verschiedenen Diffusionsgeschwindigkeit einzelner Bestandteile (vgl. LÖFFLER [*108*]) an dieser Stelle ausgebildet hat.

Die Bedeutung der in diesen Grenzschichten auftretenden Kristallphasen liegt auf der Hand. Es wurde schon oft auf sie hingewiesen [*112, 113*], doch scheint das Verhalten dieser zähen Masse Einflüssen von verschiedenen Seiten (Grundmasse des Steines [*114*], Temperaturverlauf im Glasbad und Stein [*115*] durch die Nähe der Wand [*116*] bzw. ihre Wärmeleitfähigkeit) zu unterliegen, die bisher keine allgemeinen Regeln erkennen ließen.

So lehrreich diese Betrachtung der Grenzschicht Glas/ff. Material ist, so wenig hatte man sie früher zum Gegenstand messender Untersuchungen im Hinblick auf den Chemismus der Steinauflösung gemacht. Die Untersuchungen DIETZELS [*107*] auf diesem Gebiet haben bereits die gewünschte Richtung eingeschlagen. Sie ließen erkennen, daß schon eine Mischung von 20% Glas und 80% (!) Schamotte (bzw. 60% Glas und 40% Sillimanit) zu einer schleimartig fließenden Grenzschicht werden.

In neuerer Zeit hat LÖFFLER [*108*] durch eine umfassende analytische Arbeit bewiesen, daß sich durch Diffusion in der Grenzschicht Alkali (Na_2O) anreichert, wie schon in Ziff. 8.42 dargestellt wurde.

8.51 Auflösungsform von feuerfestem Material

Mit Abb. 433 [*117*] soll erklärt werden, wie stark unterschiedlich die Struktur der Auflösung verschiedener feuerfester Materialien gegenüber der gleichen Schmelze (hier Fensterglas) ausfallen kann. Der Stein *R* läßt alle Zeichen einer starken Auflösung erkennen, doch hat er trotz seiner zerklüfteten Oberfläche niemals Anlaß zu Fabrikationsfehlern in Form von Steinchen gegeben, weil seine *leichte Auflösbarkeit* diejenige aller Steinarten übertraf. Seine Lebensdauer war also sehr beschränkt. Sie betrug kaum mehr als 6 Monate. Der Stein *D* zeigt eine an sich vorzügliche Auflösungsform. Man kann aus der glatten Fläche schon mit einer gewissen Wahrscheinlichkeit den Schluß ziehen, wie es sich auch im Betrieb gezeigt hat, daß er keinen Anlaß zu Steinchen gab. Seine „Lebensdauer" war allerdings mit 8 bis 9 Monaten nicht sehr zufriedenstellend.

Aus dem Bestreben heraus, die Reparaturkosten des Ofens zu verringern, wurde später ein Stein *S* verwendet, dessen Lebensdauer den Stein *D* um das Doppelte übertraf. Seine Auflösungsform zeigt aber ein ausgesprochen schlechtes Bild. In Anbetracht seiner Schwerlöslichkeit müssen die gebildeten Vorsprünge, Riffeln usw. für den Fall, daß sie abgeschnürt werden, als eine hohe Gefahr für die Entstehung von Steinchen, Schlieren usw. bewertet werden.

Die Strukturen *D*, *R* und *S* lassen äußerlich keinen Zusammenhang des Auflösungsprozesses mit der Lage des Magerkorns in seiner Umgebung, d. h. der Struktur der Elemente des Steines erkennen. Als Gegenstück hierzu sei noch Bild *N* erwähnt. Es handelt sich hier um eine mit

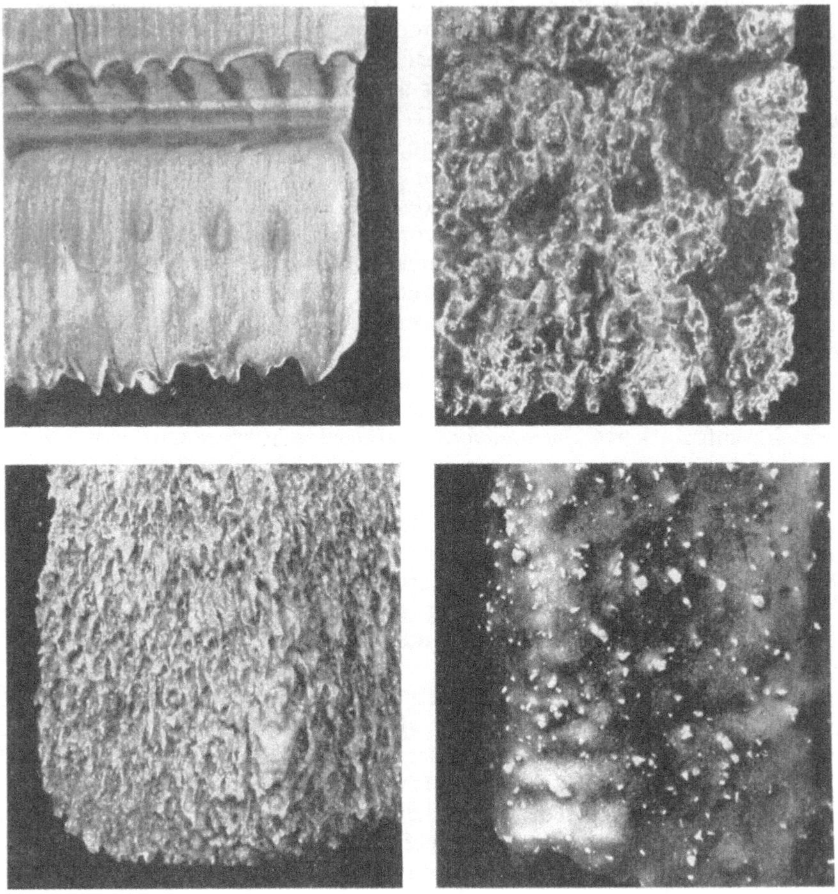

D *R* *S* *N*

Abb. 433. Unterschiedliche Auflösungsformen von Wannenblöcken

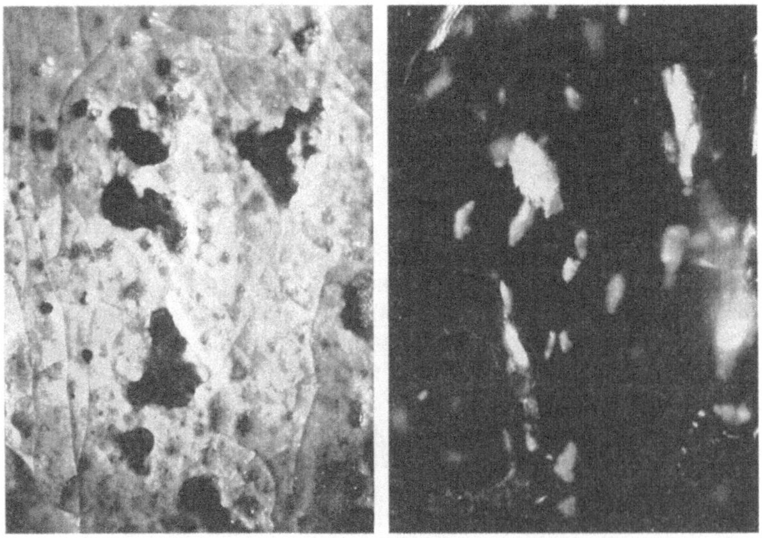

a b

Abb. 434. Ausspülung von Körnern und Höhlenbildung

Quarzkörnern versetzte Schamotte. Die alkalische Glasur im Innern eines Glasofens war nicht in der Lage, die groben Quarzkörner des Steines ebenso rasch zu lösen wie ihre Umgebung. Sie wurden also freigelegt und konnten als Steinchen in die Schmelze gelangen. Grundsätzlich der gleiche Fall kann auch bei tonerdereicheren Produkten auftreten, wenn sich das Magerkorn aus irgendwelchen noch zu erörternden Gründen schwerer auflöst als die übrigen Bestandteile des Steines [*118*] (vgl. weiter unter Stein *C*).

Eine besondere Art der Steinchenbildung, die man als „Ausspülung" bezeichnen könnte, wurde in Abb. 434 festgehalten. Das ff. Material ist an Stellen lochartig angefressen, die ohne jeden Zweifel durch Porenanhäufung od. dgl. lunkerartig schadhaft waren und das Vordringen des Glasflusses unzureichend aufhielten. In solchen Lunkern vorhandene Magerkörner, die also nur schwach eingebettet sind, treiben dann im Gefolge einer zähen tonerdehaltigen Glasmasse, die sich abspinnt, heraus und durchsetzen in unliebsamer Weise die benachbarte Glasschmelze (Abb. 443).

Man hat das feuerfeste Material herkömmlicherweise als basisch (wenn es viel Tonerde enthielt) oder als sauer [*119*] bzw. halbsauer (wenn es mehr oder weniger reich an Kieselsäure war) bezeichnet und oft allein nach diesem Gesichtspunkt für einen bestimmten Verwendungszweck ausgesucht. Aber die einfache, immer wieder nachzuweisende Tatsache, daß *feuerfeste Steine chemisch zwar die gleiche Analyse ergeben, sich in Größe und Art der Korrosion aber stark unterscheiden können, beweist, daß andere Faktoren von stärkerem* Einfluß auf das Verhalten während der Auflösung sind als ihre chemische Zusammensetzung. – Diesen Faktoren nachzuspüren, steht infolgedessen im Vordergrund glastechnischer Fragen. Eine Reihe von Vorschlägen [*120*] hat aber noch nicht zu einem allgemein anwendbaren Verfahren geführt.

8.52 Magerkorn und Bindemittel

Die meisten Prüfverfahren für das voraussichtliche Verhalten von feuerfesten Wannenblöcken bzw. Hafenmaterial gegen Glasschmelzen erlauben zwar, sich ein Bild über die Auflösungs*geschwindigkeit* zu machen, nicht aber über den Auflösungs*charakter*, d.h. die Neigung zur Steinchenbildung. Man muß aber durch ein Prüfverfahren feststellen können, wie sich ein ff. Material in bezug auf Steinchenbildung verhält.

Abgesehen von den erfolgreichen Bestrebungen, durch Versuche in Modellwannen – unter denen die DIETZELsche Anordnung [*121*] hervorzuheben ist –, in denen der zu prüfende Stein sich fortwährend erneuerndem Glas ausgesetzt ist, das Auflösungsverhalten zu ermitteln, ist nur ein Versuch bekanntgegeben worden [*120*], der das Ziel hatte, das unterschiedliche Verhalten der *Teilchen* eines Steines *chemisch* zu erfassen. Er kommt wohl bisher einem Aufschluß über den „Chemismus" der Steinchenbildung am nächsten.

Abb. 433 brachte schon einige feuerfeste Steine mit unterschiedlichem Auflösungsverhalten. Ein an sich leichtlösliches Material führt auch dann nicht zu Steinchen, wenn der Auflösungscharakter rauh und zerklüftet ausfällt. Dagegen bedeuten für ein schwerlösliches Material schon kleine Vorsprünge, Riffeln usw. durch die Möglichkeit ihrer Abschnürung und Abtrennung eine Gefahr für die Schmelze.

Abb. 433 (*N*) zeigt einen Stein, bei dem das Bindemittel ausgewaschen und das Magerkorn freigelegt ist. Es muß daher angestrebt werden, daß Magerkorn und Bindemittel sich *gleich langsam* auflösen. Das Bindemittel bleibt immer der Hauptangriffspunkt für die korrodierende Glasschmelze. Für die Reaktionsoberfläche dagegen ist in der Hauptsache die „Packung" des Magermittels in Verbindung mit der Porenstruktur (Durchtränkungsschicht) maßgebend.

Wenn ein Prüfkörper aus ff. Material der Einwirkung einer beliebigen Schmelze ausgesetzt wird, so macht sich in dem Ergebnis die Gesamtheit aller Faktoren, also der chemischen Zusammensetzung *und* des Gefüges bemerkbar. Da die Verschlackung des feuerfesten Materials unter der Einwirkung normaler Glasflüsse zu langsam voranschreitet, hat man versucht, beschleunigt zu einem Ergebnis zu kommen, indem man kleine Würfel eine Zeitlang geschmolzener Soda aussetzte [*122*]. Derselbe Versuch wurde dann auch mit Sulfat bei 1350° durchgeführt [*117*]. Es ergibt sich ein spiegelbildliches Kurvenpaar, dessen „Ungelöstes" (Rückstand) und „Abgelöstes" (Schwimmendes) + „Gelöstes" (Silikate, Aluminate) sich auf halbem Wege treffen, wenn nämlich der Würfelrest auf die Hälfte seines ursprünglichen Gewichtes zurückgegangen ist. Dieser Zeitpunkt wird „Halbwertszeit" genannt. Es hat sich leider herausgestellt, daß die so ermittelte Widerstandsfähigkeit gegen Soda von 1000° *nicht* mit dem Verhalten beim praktischen Gebrauch übereinstimmt. Dies wurde von BARTSCH bestätigt. Dagegen ergab die Prüfung mit Sulfat von 1350° eine bessere Beziehung zum vorliegenden praktischen Ergebnis, vor allen Dingen eine richtige zeitliche Rangordnung der Haltbarkeit, wenn auch in übertrieben unterschiedlichen Zeitabschnitten. Dies wird verständlich, wenn man bedenkt, daß oft die Galle die Anfressungen im Betrieb verursacht. Bemerkenswert ist in diesem Zusammenhang, daß z. B. die in der Praxis bewährtesten Steine im Sodaversuch schlecht abschneiden können, während sie sich gegen Sulfat durchaus bewähren: Ein Zeichen dafür, daß ihre Herstellung zu einem Angriff durch Sulfat in näherer Beziehung steht als zu einem Angriff durch Soda.

Tabelle 11

Materialbezeichnung (5-g-Würfel)	R	G	D	A	C	S
Halbwertszeit gegen Sulfat (1350°) in Minuten	15	unter 10	über 360	über 360	350	über 480
Halbwertszeit gegen Soda (1000°) in Minuten	unter 10	17	38	62	über 420	über 420

Die chemische Zusammensetzung jedes ff. Steines kann durch eine einzige Zahl angegeben werden, den (Ur-)Quotienten, der sich aus dem Verhältnis der beiden Hauptbestandteile SiO_2 und Al_2O_3 zusammensetzt. Die Auflösung kann sich nun genau in demselben Verhältnis, also homogen vollziehen; dann bleibt der Quotient des Rückstandes gleich oder ändert sich nur wenig. Versuche zeigen aber, daß durch ein Glas SiO_2 „ausgelaugt" werden kann, so daß der Rückstand sich mehr oder weniger an Tonerde anreichert. Unter sonst gleichen Versuchsbedingungen bildet sich ein Gleichgewicht aus, das für die Art der Auflösung typisch zu sein scheint.

Ein mit fortschreitender Zersetzung durch Sulfat gleichbleibendes Verhältnis von $SiO_2 : Al_2O_3$ im Rückstand deutet auf eine homogene Auflösung hin, was einem „monolytischen" Verhalten entsprechen würde. Dies ist z. B. bei dem Stein *R* nach Tab. 12 der Fall. Im Gegensatz hierzu verändert sich Stein *G* stark durch Anreicherung an Al_2O_3, *D* jedoch wenig, A gar nicht.

Tabelle 12

Veränderung des Verhältnisses $SiO_2 : Al_2O_3$ im Laufe der Behandlung

Materialbezeichnung (5-g-Würfel) Ur-Quotient ($SiO_2 : Al_2O_3$)	R 3,03	G 2,80	D 2,50	A 2,30	C 1,68	S 0,65
Ungelöstes gegen Sulfat 1350°	+ 0,3	− 0,5	− 0,2	+ 0,0	− 0,25	− 0,04
Abgelöstes gegen Sulfat 1350°	− 1,2	− 0,5	− 0,1	+ 0,5	− 0,25	+ 0,35
Ungelöstes gegen Soda 1000°	—	+ 0,03	− 0,7	− 0,4	− 0,3	+ 0,004
Abgelöstes gegen Soda 1000°	—	+ 0,03	+ 3,4	+ 5,8	+ 0,15	+ 2,2

Wenn man annehmen darf, daß der Quotient $Q = \frac{SiO_2}{RO + R_2O} = 2{,}6$ *auch* ein gewisser Ausdruck für die „Azidität" eines *Glases* ist, so darf man das geringste Reaktionsgefälle zwischen Glas und ff. Material bei denjenigen Steinen vermuten, deren Quotient in der Nähe des Glaspunktes liegt (*G*, *D*, *A*). Verändert sich *Q* jetzt durch Tonerdeanreicherung, so darf auf die Bildung einer tonerdereicheren Grenzschicht geschlossen werden. Sie kann als Schutz wirken, wird aber um so bedenklicher, je weiter der Quotient von vornherein vom Glaspunkt entfernt war (*C*). Ist er sehr weit davon entfernt (*S*), so besteht an sich schon Steinchengefahr. Diesen Umständen nach kamen hier also nur *G*, *D* und *A* als aussichtsreichste ff. Materialien für steinchenfreie Auflösung in Frage. *G* scheidet nach den gefundenen Halbwertszeiten (Tab. 11) als zu kurzlebig aus. Die Steine *D* und *A* stehen in engerer Wahl. Ein Anreiz für die Verwendung der Steine *C* und *S* liegt trotz des Steinchenwagnisses allerdings immer noch in ihrer hohen Halbwertszeit.

Die Untersuchung der *abgelösten* (schwimmenden) Bestandteile ergibt, daß bei Stein *D* ein relativ günstiger Quotient gewahrt bleibt, ebenfalls bei Stein *A*. Der Quotient des letzteren zeigt sogar eine gewisse Abgabe von Tonerde an das Glas an, was besagen würde, daß diese Bröckchen sich an SiO_2 anreichern, eine Unlöslichkeitsgefahr also kaum vorliegt. Die ziemlich „sauren" Steine *R* und *G* ergeben zwar auch eine Tonerdeanreicherung ihrer schwimmenden Teilchen, jedoch ist diese in Verbindung mit den kurzen Halbwertszeiten ohne Bedeutung. Dagegen reagierte der Stein *C* ausgesprochen falsch. Sein Ur-Quotient ist schon hoch an Tonerde, die losgelösten Teile selbst zeigen sogar, wie auch der Rückstand, eine drohende Unlöslichkeit durch sinkendes Verhältnis von $SiO_2 : Al_2O_3$ an. Auch für das Abgelöste gilt, daß erst ein Wert von 2,7 (entsprechend dem Wert des Glases) als gefahrlos anzusprechen ist. Werte in der Nähe von 1 und darüber sind selbst dann bedenklich, wenn sie eine steigende Tendenz zeigen.

Wenn man die vorstehende Auseinandersetzung auch nur als Tastversuch ansehen kann, so zeigt sie doch, daß die Aufklärung des Verhaltens von ff. Steinen gegenüber Glas, was die Gefahr von Steinchenbildungen anbelangt, aus ganz anderer Richtung zu erwarten ist, als man sie allein mit Prüfungen ihrer *Dauer*haftigkeit erreichen könnte.

Versuchen, nur aus dem „Kriechen" des feuerfesten Materials ein Maß für die Steinchenbildung [*123*] zu gewinnen, muß man wohl mit Vorsicht gegenübertreten, da man ein solches bestimmt nicht aus einer einzigen Eigenschaft erhalten kann.

Auf die Rolle des Porenraumes wird noch einzugehen sein (vgl. Ziff. 8.54). Die damit zusammenhängenden Fragen wurden erstmalig von PRESTON [*124(a)*] aufgerollt, der die Durchlässigkeit für Gase betrachtete. – Hiermit in engster Verbindung stehen Beiträge über das Saug- und Durchtränkungsverhalten [*110, 125(b)*] der Steine, die in dem F.A. Bericht Nr. 38 [*120*] Aufnahme gefunden haben.

8.53 Gefügebilder

Schon aus der makroskopischen Struktur der Steine läßt sich andeutungsweise auf das voraussichtliche Verhalten im Gebrauch hinsichtlich der „Steinchengefahr" schließen:

Die Darstellungen Abb. 435 [*117*] zeigen plangeschliffene Schnittflächen durch das Gefüge von Steinen in etwa doppelter Vergrößerung.

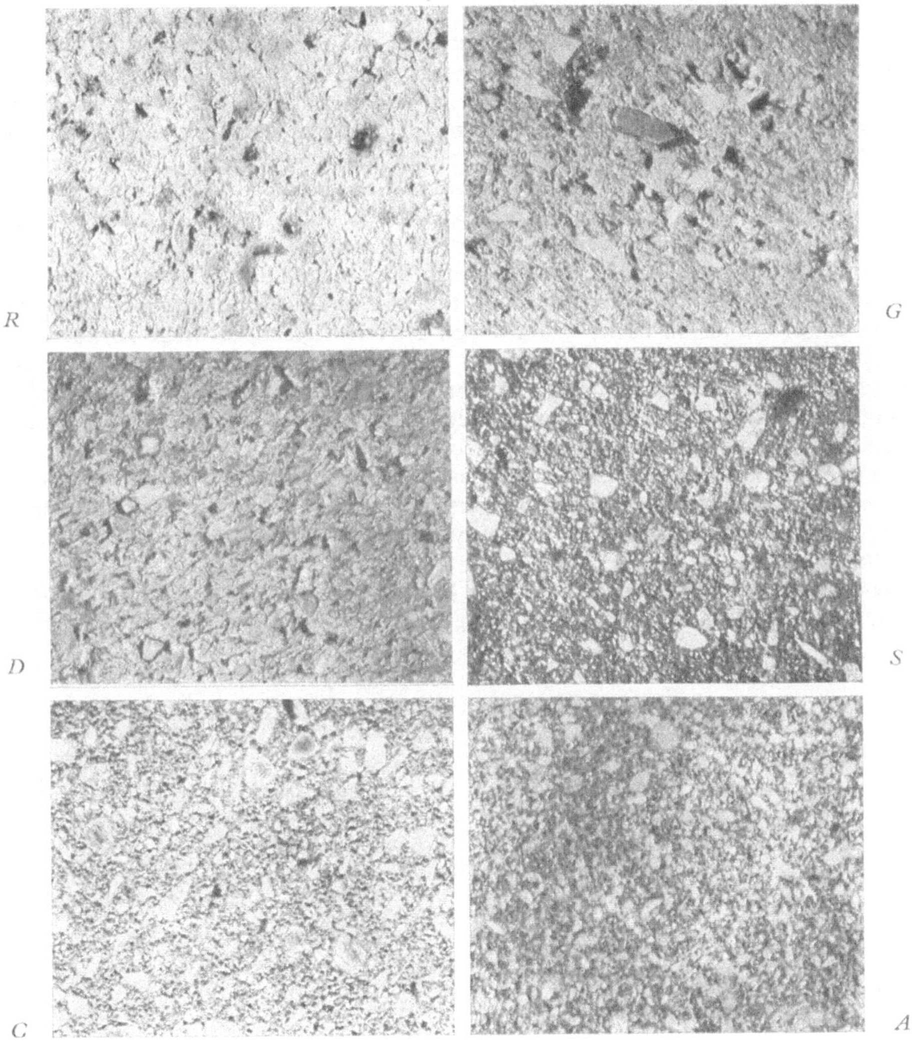

Abb. 435. Gefügebilder von Wannenblöcken (Anschliffe)

Der Stein Abb. 435 *R* entspricht einem selbst in den Magerkörnern schwach gebrannten, sehr porösen Stein. Auf Grund des verschiedenen Aussehens der einzelnen, übrigens recht groben Magerkörner, kann man schließen, daß ihre Zusammensetzung und Brennvergangenheit uneinheitlich ist. Die Abstufung der Magerkorngrößen erscheint willkürlich. Ein großer Teil der Körner ist von Hohlräumen umgeben, also nicht genügend fest gebunden und läßt sich leicht ausbrechen. Der Stein hat geringe mechanische Festigkeit. Er wäre, nach dem Gefüge zu urteilen, gefährlich für eine Verunreinigung des Glases durch Steinchen. Seine Leichtlöslichkeit bewirkte jedoch, daß die Auflösungsfläche zwar stark zerklüftet ausfiel, abgelöste Teile sich aber rechtzeitig und vollständig auflösten. Seine Lebensdauer war gering.

Abb. 435 *G*: Ein Material von ziemlich gleichmäßiger Zusammensetzung. Der Stein ist recht porös. Auch die Magerkörner sind wenig dicht und zum Teil sehr grob. Man erkennt eine schwache, von der Formgebung herrührende Schichtenbildung. Das Material hat sich als nicht genügend haltbar erwiesen, war jedoch wegen seiner Leichtlöslichkeit im Hinblick auf Steinchenbildung ungefährlich.

Abb. 435 *D* zeigt ein Material von ziemlich hoher mechanischer Festigkeit. Das Magerkorn ist dicht und offensichtlich scharf gebrannt. Auch der Gesamtbrand muß ziemlich hoch gewesen sein. Die Magerkörner sind ziemlich feinkörnig, aber nicht genügend abgestuft. Darin ist der Grund für den reichlich vorhandenen, zudem ungleich verteilten Porenraum zu suchen, während die groben Hohlräume darauf zurückzuführen sind, daß die durch die Formgebung erzielte „Packung" zu wünschen übrig läßt. Die Anordnung von Poren und Magerkörnern läßt eine deutliche Schichtenbildung vom Herstellungsvorgang erkennen. Der Verband ist fest, man kann aus der Bruchfläche keine Körner ausbrechen. Die Haltbarkeit des Steines entsprach einer normalen Schamotte. Nach dem Ausbau war die korrodierte Fläche glatt (vgl. Abb. 433 *D*). Zwischen den waagerechten Fugen, d.h. wo keine Bewegung der Glasschmelze vorlag, bildeten sich allerdings Warzen aus.

Abb. 435 *S* zeigt ein hochtonerdehaltiges (63%) Material von großer Festigkeit und Härte. Besonders das einzelne Magerkorn ist sehr dicht und hart. Man erkennt, daß im Gefüge das feine Korn vorherrscht. Die Körner sind daher besonders dicht gepackt, das Bindemittel tritt auffallend stark zurück, so daß darin der Grund für die Tatsache zu suchen wäre, daß einige Körner aus der Bruchfläche herausgerieben und wohl auch von der Schmelze ausgewaschen werden können. Das Gefüge läßt kaum die Anwesenheit von Bindeton erkennen. Die „Glasfestigkeit" dieses Steines war vorzüglich, der Auflösungscharakter schlecht (Abb. 433 *S*). Eine erhebliche Steinchenbildung erscheint bei dieser Korrosionsfläche schon wegen der Dichtigkeit des Magerkornes unvermeidlich.

Abb. 435 *C* gibt ein außerordentlich festes, wenig poröses Gefüge wieder. Die Magerkörner liegen infolge guter Größenabstufung dicht verpackt. Es sind nur feine Poren vorhanden und diese gleichmäßig verteilt. Ein Bruch führt durch jedes Magerkorn hindurch. Aus der Bruchfläche läßt sich unmöglich ein einzelnes Magerkorn ausbrechen. Große Magerkörner scheinen bei ihrem Vorbrand überhitzt worden zu sein, daher der glasig gesinterte Kern. Diese müssen der Korrosion einen stärkeren Widerstand entgegensetzen, bergen also die Gefahr der Steinchenbildung in sich, die dadurch bestätigt wurde, daß man ihre teilweise Freilegung im Sinne von Abb. 433 *N* beobachten konnte.

Abb. 435 *A* zeigt das Gefüge eines sehr feinkörnigen Steines. Auch hier ist die Porosität gering, zudem sehr fein und gleichmäßig verteilt. Die gute Abstufung der Korngrößen ergibt eine dichte

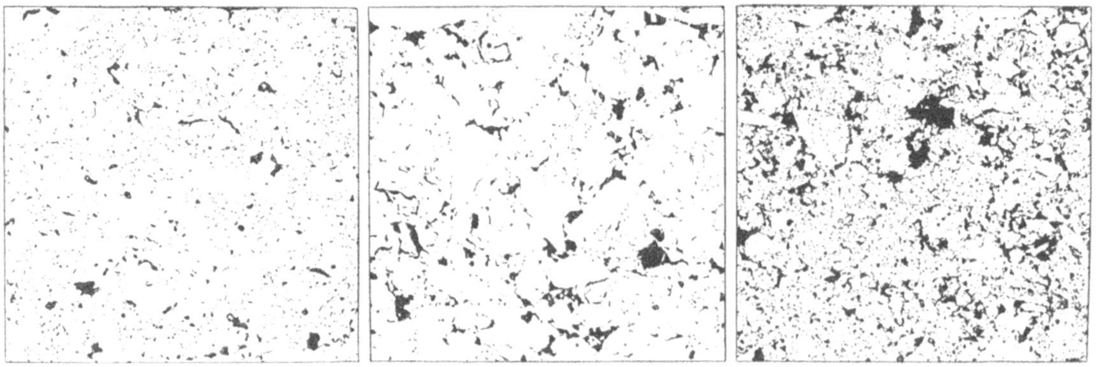

Abb. 436. Porenphotogramme

Packung der Magerkörner. Der Verband erwies sich als außerordentlich fest. Auch hier läuft der Bruch durch jedes Magerkorn hindurch. Sowohl vom Gesichtspunkt der Struktur als auch nach dem praktischen Gebrauch dürfte dieses Material als gut bezeichnet werden. Hier, wie schon in

Abb. 435 *C* u. *S* tritt das Bindemittel mengenmäßig so stark im Gefügebild zurück, daß es kaum noch zu erkennen ist.

Als wesentlicher Gefügebestandteil ist ferner Stärke und Form des darin verteilten Porenraumes zu beachten. Nicht allein die Größe, sondern auch Form und Verlauf der Poren sind maßgeblich an der Zugänglichkeit des feuerfesten Materials für Korrosionsvorgänge beteiligt, denn sie beeinflussen die Kapillarität, mit welcher das flüssige Medium eindringt [*124(b)*, *126*], und damit die wirksame Reaktionsoberfläche.

Die von JEBSEN-MARWEDEL nach besonderem Verfahren hergestellten Photogramme [*127*] dieses Porenraumes machen es möglich, diesen nach Form und Größe zu registrieren. Die Beispiele in Abb. 436 lassen charakteristische Unterschiede in Erscheinung treten, deren Auswirkung auf den Verlauf der Korrosion nicht unerheblich sein kann. Dieser Frage quantitativ nachzugehen, ist eine oft bearbeitete grobkeramische Aufgabe.

8.54 Aufbau und Lösung des feuerfesten Materials

Daß die Auflösungsfläche ff. Material/Glasschmelze überhaupt anders als glatt ausfallen kann, liegt daran, daß die Auflösungsbedingungen nicht an jeder Berührungsstelle die gleichen sind. Dabei ist bemerkenswert, daß man dieses Ergebnis einer Differenzierung verschieden löslicher Bestandteile bei einer Temperatur von nur 1250° im allgemeinen stärker in Erscheinung treten sieht als bei wesentlich höheren Temperaturen, bei denen der intensivere Angriff die Abnutzung der Blöcke bzw. Häfen verhältnismäßig glatt ausfallen läßt. Dieser Vorgang ist gut mit dem Ätzen von Metallschliffen in der Metallurgie zu vergleichen [*117*]. Wenn man einen Schliff haben will, der alle Einzelheiten der Struktur deutlich erkennen läßt, so wählt man ein *schwaches* bzw. gedämpftes Ätzmittel (z. B. alkoholische Salpetersäure). Bei Benutzung eines kräftigen Ätzmittels (höhere Temperatur) ist die Korrosion so stark, daß die Unterschiede der Struktur verschwinden. Damit rückt aber die Steinchenbildungsgefahr – ofentechnisch gesehen – an eine Stelle, wo mit einer nachträglichen Auflösung etwa abgeschnürter Partikel kaum noch gerechnet werden kann.

Die Stärke des in bestimmter Zeiteinheit ausgeübten Angriffs auf einen Wannenblock oder Hafen wird von seiten des Glases durch zwei Faktoren bestimmt: die Zusammensetzung der Schmelze und ihre Temperatur. Da diese Werte in allen Betrieben als gegeben zu betrachten sind, müssen diejenigen Faktoren näher untersucht werden, die von seiten des ff. Materials für die Auflösungsvorgänge bestimmend sind. In Form von zwei Größen setzt die Korrosion am Wannenblock ein: dem durch die Grundstoffe „Magerkorn" und „Bindemittel" vorbestimmten *Reaktionsgefälle*, womit das chemische Verhältnis zur Schmelze bezeichnet ist, und der *Reaktionsoberfläche*, deren mechanisches Verhältnis zur Schmelze, wie es von der Porosität bzw. Dichtigkeit bestimmt wird. Diese beiden Größen ihrerseits werden im Verlauf des keramischen Herstellungsprozesses herausgebildet und bedingen sowohl die Auflösungsdauer als auch den Auflösungscharakter nach folgendem Beziehungsschema:

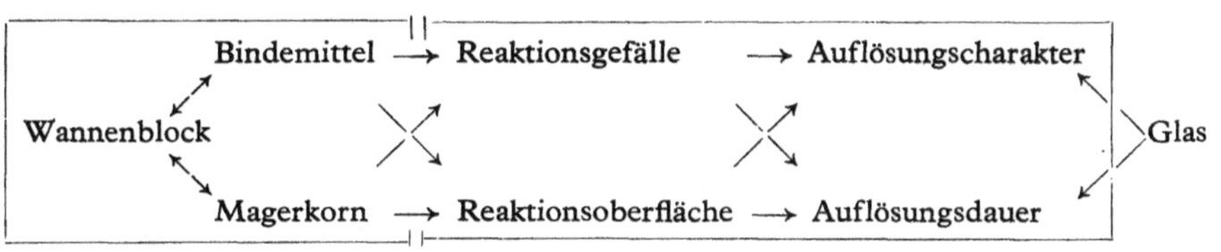

Von seiten des Glases wird das Reaktionsgefälle durch *eigenen* Tonerdegehalt nachgewiesenermaßen [*128*] vermindert.

Jedes gebrannte ff. Material setzt sich aus den zwei Aufbauelementen „Magerkorn" und „Bindemittel" zusammen. Die Herkunft und Aufbereitung beider beeinflußt ihre chemische Zusammensetzung. Doch spielt der Grad der Mineralisierung durch den späteren Brand auch eine Rolle für ihr chemisches Verhalten, das „Reaktionsgefälle" gegenüber der Schmelze. Denn eine vollständigere Absättigung von SiO_2 und Al_2O_3 durch Mullitbildung unter sonst gleichen Voraussetzungen bedingt, daß das Steinmaterial weniger Valenzen im Sinne einer Schlackenbildung zu betätigen hat, als ein anderer Stein von gleichem Verhältnis $SiO_2 : Al_2O_3$, der nur schwächer mineralisiert wurde.

Für die Auflösungsgeschwindigkeit eines Wannenblockes spielt nun seine Porosität (Dichtigkeit) in Gestalt der „Reaktionsoberfläche" eine besondere Rolle. Namentlich aber der „Auflösungscharakter" hängt ab

a) von dem Verhältnis der Porosität des Magerkornes zur Porosität des Gesamtgefüges, das man als „Verteilung der Dichtigkeit" bezeichnen könnte; in dieses Verhältnis spielen fast alle Eigenheiten der verschiedenen Herstellungsverfahren hinein;

b) von dem Verhältnis der chemischen Zusammensetzung der Strukturelemente des Steines (Magerkorn/Bindemittel) untereinander.

Der zeitliche und örtliche Reaktionsablauf zwischen ff. Material und Glasschmelze hängt mithin ab von der Aufbereitung und anteilmäßigen Menge von Bindemittel und Magerkorn, dem Vorbrand des letzteren, der chemischen Zusammensetzung beider, der Mischung und Feuchtigkeit, dem Formgebungsverfahren, dem Brand als Grad der Mineralisierung, Frittung und Bildung eines glasigen Bestandteiles, sowie der gegenseitigen Beziehung dieser Faktoren. Aus diesem Grund ergibt sich, daß alle Eigenschaften sowohl im chemischen als auch mechanischen Sinne möglichst gleichmäßig in den Bauelementen des Steines verteilt sein müssen, wenn eine unregelmäßige Auflösung verhindert werden soll, wie sie Abb. 437 schematisiert offenbart.

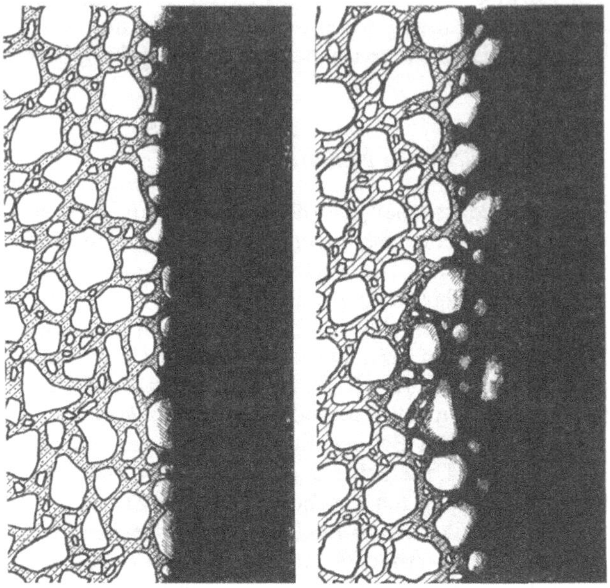

Abb. 437. Schematisierte Wiedergabe eines monolytischen Verhaltens und einer steinchenbildenden Auflösung

Das vorliegende Schema (Abb. 438) [129] läßt die einzelnen Faktoren erkennen, die sich während des Werdeganges auf die Veranlagung des fertigen Steines auswirken. Es erlaubt zugleich, sich darüber klar zu werden, wie die einzelnen Eigenschaften sich gegenseitig bedingen und schließlich zu den für das voraussichtliche Verhalten des ff. Materials in der Praxis so bedeutsamen Größen Reaktionsgefälle und Reaktionsoberfläche führen. In jedem einzelnen der in dem Schema angeführten Vorgänge liegt die Möglichkeit, sich innerhalb des durch den eigenen Fabrikationsgang vorgeschriebenen Spielraums den Verwendungszwecken anzupassen.

Die Schwierigkeit liegt allerdings darin, daß das Magerkorn wegen seiner besseren Mineralisierung durch den Vorbrand zunächst *immer* schwerer löslich sein wird als das Bindemittel, so daß seine Ausspülung aus dem festen Verband und damit die Bildung von Steinchen zur akuten Gefahr wird. Ein Ausweg ist auf dem Wege zu suchen und auch schon mit praktischem Erfolg durchgeführt worden[1], daß das Bindemittel, soweit es die erforderliche Plastizität zuläßt, *auf chemischem Wege schwerer löslich gemacht wird als das Magerkorn, und zwar möglichst um den gleichen Betrag, um welchen dieses durch den doppelten Brand an Glasfestigkeit im Vorsprung ist.* Die bedingungslose Forderung nach Gleichmäßigkeit aller Eigenschaften des Steines innerhalb seiner bisher als „monolithisch" geforderten Struktur bedarf also unter vorstehendem Gesichtspunkt einer Ergänzung. Sie erweitert sich zu der Notwendigkeit einer Angleichung derjenigen Eigenschaften, um welche sich das Verhalten des einen Bestandteiles gegenüber der Glasschmelze vom Verhalten des anderen im Gesamtgefüge unterscheidet. Die noch vor nicht allzulanger Zeit vertretene Ansicht [*130*], daß Schamotte und Bindeton *gleiche* Zusammensetzung haben müßten, verkehrt sich also mit steigender Unlöslichkeit des Steines u. U. ins Gegenteil.

So ergibt sich, daß der Mullit als solcher [*131*] dem Glase am besten standhält. Es erscheint also erstrebenswert, diese Kristallart im Gefüge des ff. Materials heranzuzüchten [*132*]. Ja, durch Erzeugung eines Wannenblocks, der von entsprechenden Rohstoffen her durch und durch aus Mullit besteht, schien das Problem gelöst zu sein [*133*]. Sobald aber mit fortschreitender Mineralisierung der Bestandteile nicht auch ein gesteigertes Maß an Gleichmäßigkeit des Gefüges erreicht wird, ist die Gefahr einer Differenzierung zwischen den mehr oder weniger mineralisierten Stellen nur gewachsen, und die durch höheren Aufwand an Herstellungskosten gewonnene Haltbarkeit wird bedroht durch örtliche Konzentrationsunterschiede im Gefüge, die wirtschaftlichen Schaden

---

[1] Soweit bekannt, erstmalig durch B. ROSENOW.

[134] verursachen. Die Beobachtung [135], daß sich Sillimanitnester unzerstört aus dem Verband herauslösen und als Steinchen auftreten können, mußte bedenklich stimmen. – Selbst aber Untersuchungen der Korngröße [136], ja, sogar sehr gründliche über die Korngrößenverteilung [137] (vgl. Abb. 10) richteten sich – mit Erfolg – mehr auf eine steigende Haltbarkeit als auf die Einheitlichkeit der Auflösung, die es für manche Fabrikate herbeizuführen galt.

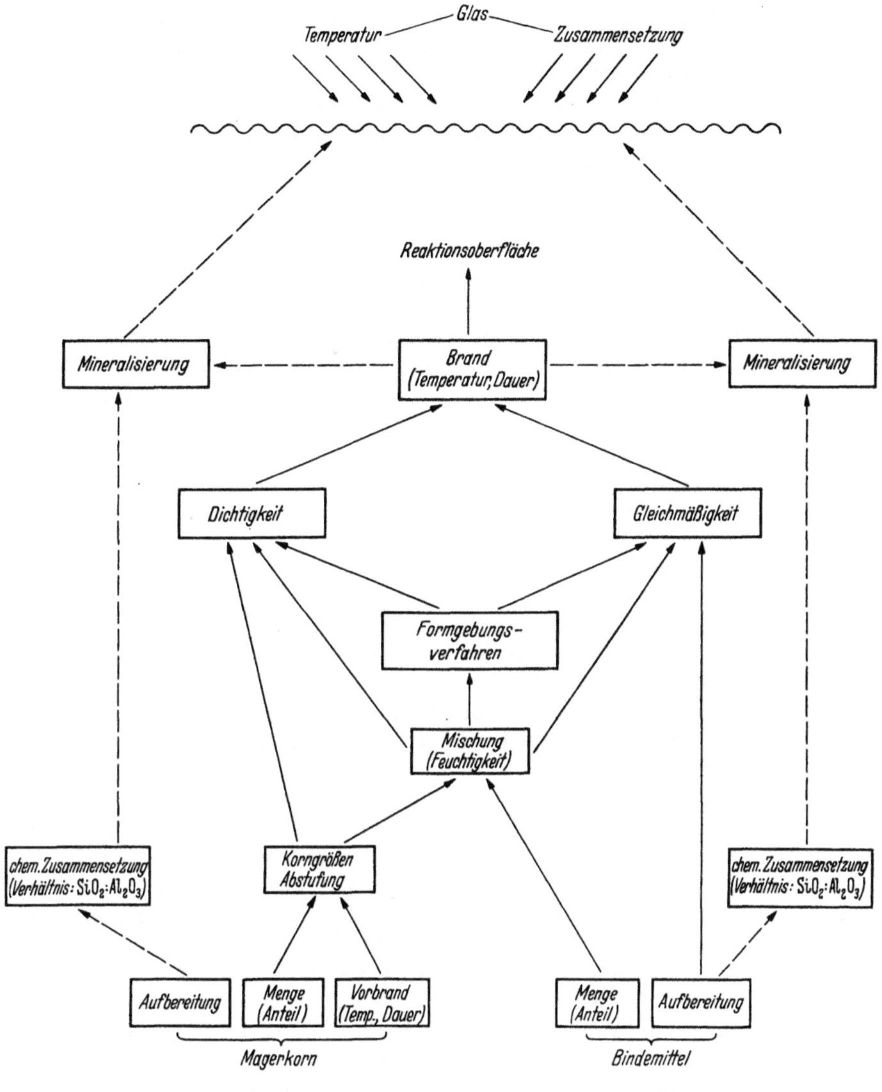

Abb. 438. Schema der gegenseitigen Beziehungen von Faktoren, die den Aufbau und das Verhalten ff. Materials bestimmen

Es ist selbstverständlich, daß die besonderen Eigenschaften feuerfester Tone [122] die Grundlage ihrer Eignung für die Glasindustrie bleiben, doch läßt sich im übrigen das Verhalten von feuerfesten Produkten gegenüber Glasschmelzen – abgesehen von ihrer Haltbarkeit – nur aus der Oberfläche beurteilen, die sie möglichst unter praktischen Bedingungen gegenüber Glas entwickeln. Versuche, die zu diesem Zweck in Anlagen von Modellgröße [121, 138] angestellt wurden, haben sich als geeignet erwiesen und ergeben eine brauchbare Prüfmethode.

8.6 Verhalten von feuerfesten Baustoffen (Schrifttum)

Die Frage nach dem Verhalten von ff. Baustoffen ist so reich an Problemen, daß hierüber zahlreiche Mitteilungen [120, 123, 130, 139, 140] vorliegen, die auch zum Glas in engerer Beziehung stehen, namentlich, was ihre Verschlackung [141] angeht, deren Stärke bekanntlich weitgehend von dem angreifenden Stoff [142] abhängt.

Die besonderen Auflösungsvorgänge von Gefäßwandungen für Glasschmelzen, insbesondere Wannenblöcken [*143*], sind schon von mehreren Seiten untersuchend in Angriff genommen und aufschlußreich dargestellt worden. Auch wurden die Gründe vorzeitiger Schäden zusammenfassend in Berichten wiedergegeben [*144*].

Da die *Dauerhaftigkeit* des Widerstandes der Steine gegen den Angriff des Glases jedoch nur in loser Beziehung zu den durch jene erzeugten Fehlern steht, kann hier auf diese allgemeinen Prüfverfahren und Beobachtungsbefunde nur eben hingewiesen werden. Selbst Erweichungsprüfungen ergeben – trotz ihrer Unentbehrlichkeit – eine reine Materialkonstante, die wenig genug über die Eignung des Steinkörpers aussagt.

Das Verhalten feuerfester Baustoffe gegenüber Temperaturschwankungen gibt schon etwas bessere Aufschlüsse. An die Temperaturwechselbeständigkeit [*145*] muß ein Mindestmaß an Anforderungen gestellt werden, wenn die leidigen Rissebildungen, das Abplatzen und ähnliche Störungen (vgl. Ziff. 8.7 u. 8.71) vermieden werden sollen. Einer allgemeinen Normung [*146*] von Wannenblöcken stehen daher auch nicht unerhebliche Schwierigkeiten entgegen.

Die Wirkung der Kühlung [*147*] von Wannensteinen steht *mittelbar* in Verbindung mit ihrem Verhalten gegenüber dem Glas, und nähere Untersuchungen führten zu Richtlinien für ihre zweckmäßigste Anwendungsform.

Von besonderem Interesse sind auch die Einwirkungen der Ofenatmosphäre auf feuerfeste Steine [*148*]. Gerade weil auch Glasschmelzen deren chemischen Einflüssen ausgesetzt sind, mögen diese oft eine genügende Erklärung für ihr unterschiedliches Verhalten dem feuerfesten Material gegenüber unter sonst ähnlichen Betriebsumständen begründen.

Einige Beobachtungen aus dem praktischen Betrieb befassen sich jedoch schon mit besonderen Auflösungs*formen* und kommen damit dem Gegenstand, der die eigentlichen Fabrikationsfehler des *Glases* (Steinchen und Knoten) betrifft, schon näher. So steht außer Frage, daß die Fugen [*149*], insbesondere waagerechte, einer verstärkten Abtragung (vgl. Abb. 108 u. Ziff. 8.71) unterliegen, was durch senkrechte Anordnung der oberen Lage (sog. Palisaden) verhindert werden konnte. Auch fand die Lochbildung unterhalb von Vorsprüngen ihre Aufklärung durch dort eingefangene Gasblasen (Abb. 236), die (in Verbindung mit Oberflächenspannungserscheinungen, wie ergänzt werden muß) gewisse Zapfenbildungen hervorrufen, deren Abschnürung Steinchen- und Knotenbildungen (s. Ziff. 8.4) verursachen kann.

Damit zeigen sich Bestrebungen, der besonderen Auflösungs*form* von feuerfesten Baustoffen auf die Spur zu kommen. Ihr Erfolg spricht dafür, daß auf diesem Wege weitere Aufschlüsse zu gewinnen sind.

Wenden wir uns denjenigen Veränderungen an der Grenzschicht feuerfestes Material/Glas zu, die sich von den Strukturelementen Magerkorn und Bindemittel herleiten, also für eine Steinchenbildung maßgebend sind, so läßt uns das Schrifttum praktisch im Stich. Es liegen nur wenige Versuche vor [*150*], Unterschiede im Verhalten dieser beiden zu ermitteln. Doch steht eine mechanische Abtragung in der Kugelmühle oder unter dem Sandstrahlgebläse zu der Korrosion durch das Glas nur rein äußerlich, eine Prüfung mit Flußsäure auch nur in so loser Beziehung, daß ihre Ergebnisse nur als bedingt zuverlässig für praktische Rückschlüsse anzusprechen sind.

Die besonderen Einflüsse der Korngröße und Packung [*151*] auf die Eigenschaften des feuerfesten Materials wurden ebenfalls zum Teil erkannt; die seitens der feuerfesten Industrie hieraus zu ziehenden Folgerungen bleiben jedoch vielfach aus.

Endlich stehen noch Fragen der Temperaturübertragung und Wärmeleitfähigkeit [*125*] in enger Verbindung mit dem Verhalten des feuerfesten Materials in Glasöfen.

Von besonderem Wert sind allgemeine Betriebserfahrungen mit Wannensteinen [*152*], die an Hand sorgfältiger Ermittlungen alle Fragen kritisch beleuchten, die mit dem Verhalten von Schmelzofenbaustoffen zusammenhängen. Man kann die das Gefüge betreffenden Fragen in dem Satz zusammenfassen: *Das Steinmaterial muß nicht monolithisch sein, aber es soll sich monolytisch verhalten.*

8.7 Besondere Ursachen, die die Verschlackung von feuerfestem Material begünstigen

Die Bedeutung der „Fugen“ als Ansatzpunkt für die verstärkt einsetzende Verschlackung wurde bereits behandelt. Hier soll aber noch gezeigt werden, wie geringfügige Unterschiede dabei zu beträchtlichen Wirkungen führen können. JEBSEN-MARWEDEL [*149*] hat an Hand einiger Bildpaare von feuerfesten Wannensteinen vor und nach der Wannenreise dokumentarisch nachgewiesen, wie verheerend sich kleine Fugen aus wirken können. Zwei dieser Bildpaare sollen zur Verdeutlichung beitragen (Abb. 108 im Kapitel II).

Eine wenig beachtete Quelle örtlicher Anfressungen in Fugen beruht nämlich darauf, daß es nicht genügt (etwa durch Schleifen), eine Planparallelität der Wannenblockflächen herzustellen. Befindet sich unter den Bausteinen einer, der – auch nur um Millimeter – höher ist als seine Umgebung, so stützt er, im Verband versetzt, die auf ihm liegenden Blöcke ab. Ein überstehender Teil des letzteren wird dadurch freitragend und findet (s. Abb. 439) kein Auflager. Infolgedessen bilden sich offene Fugenabschnitte, die dem Glas von vornherein Zutritt lassen und als Angriffsstelle für entsprechende Aushöhlungen und für das Zustandekommen von Zapfen wirken. Sie führen also möglicherweise zu Schlieren – ja sogar zu Steinchenbildungen. Bemerkenswert ist dabei, daß u. U. der an sich schuldige Stein (in der Abbildung der mittlere, mit Pfeil bezeichnete, in der unteren Reihe) selbst am wenigsten davon betroffen wird; so können leicht Fehlschlüsse über die Ursachen des Schadens und seinen eigentlichen Sitz entstehen, der u. U. in mangelhaften Eigenschaften der Nachbarsteine gesucht wird. – Eine Schlußfolgerung, die aus vorstehendem Sachverhalt gezogen wurde, veranlaßte A. BECKER zu einer den Didier-Werken geschützten Anordnung der Steine:

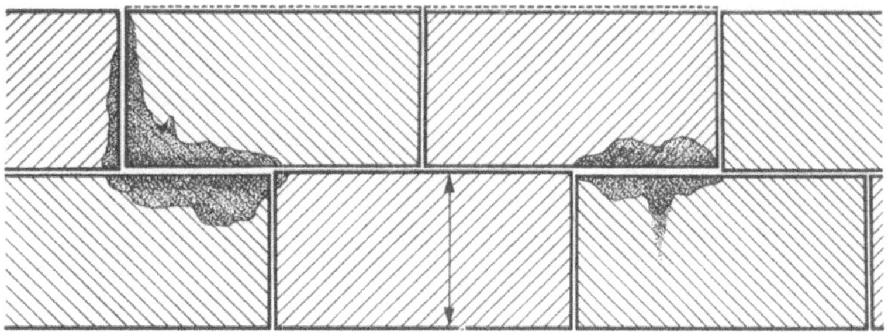

Abb. 439. Schematisierte Darstellung zur Abb. 108

Bei dieser wird von einem mauerartigen Verband abgesehen, so daß jeweils ein Stein nur auf *einen* anderen zu liegen kommt, womit die Möglichkeit von „nicht tragenden", also „offenen" Fugen beseitigt wird. Allerdings wird dadurch das „Schieben" der Steine, wozu während des Auftemperns eine Möglichkeit bestehen muß, u. U. erschwert, indem „Scherungs"-Drucke an den Kanten entstehen.

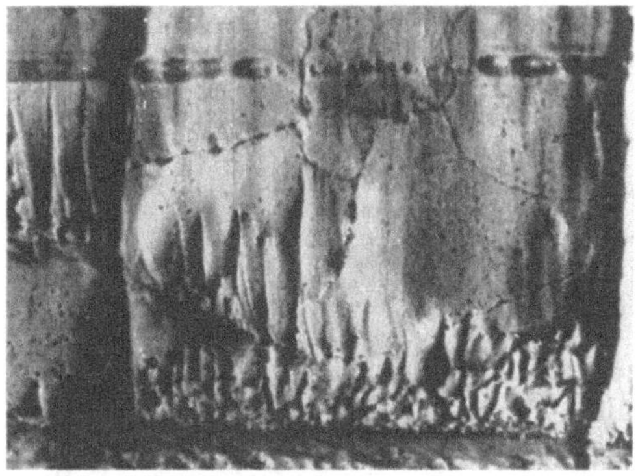

Abb. 440. Beginnende Auswaschung eines Netzes von Haarrissen

Im gleichen Sinne wirken Rißbildungen. Im allgemeinen wird das Auftreten von Temperrissen an ff. Baumaterial von Glasöfen, insbesondere Wannenblöcken, als Fehlerquelle für das Auftreten von Steinchen und Schlieren, also auch ihrer vorzeitigen Abnutzung, *unter*schätzt. Sind anfangs auch nur Haarrisse vorhanden, deren Grenzflächen noch fast vollkommen aufeinander liegen, so bahnt sich der zehrende Glasfluß doch infolge der Kapillarität darin einen Weg, der zu ihrer Ausweitung und schließlich zur völligen Zerklüftung des betreffenden Wannenblockes führt.

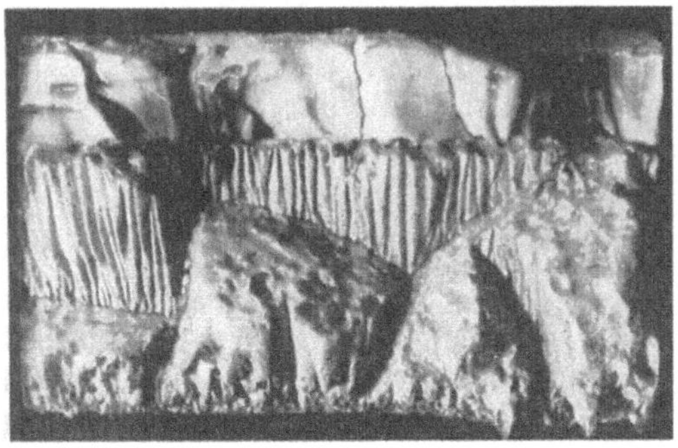

Abb. 441. Zerklüftung des Steines, die von Haarrissen ausgeht

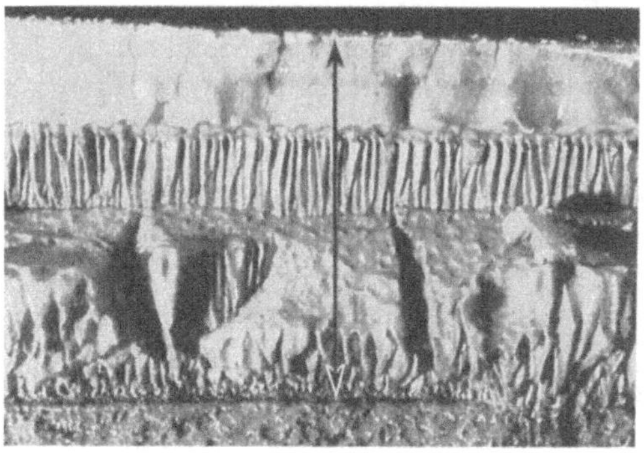

Abb. 442. Spaltung eines Steines durch Reißen auf halber Höhe (Stampflage?)

Abb. 440 zeigt den beginnenden Fraß an dem Netzwerk von Haarrissen. Aus Abb. 441 geht hervor, wie stark ein solcher Stein durch diesen Vorgang zerklüftet werden kann. Niemand wird behaupten wollen, daß die Ursache der sich ergebenden Aufteilung des Steines etwa in dessen mangelnder Homogenität zu suchen sei. Daran wäre schon eher zu denken, wenn ein Stein – möglicherweise entlang einer nicht völlig verbundenen Stampflage – z. B. in halber Höhe (Abb. 442) reißt und auf diese Weise dort *zwei* Fugen ausbildet, wo sich nur eine befinden sollte.

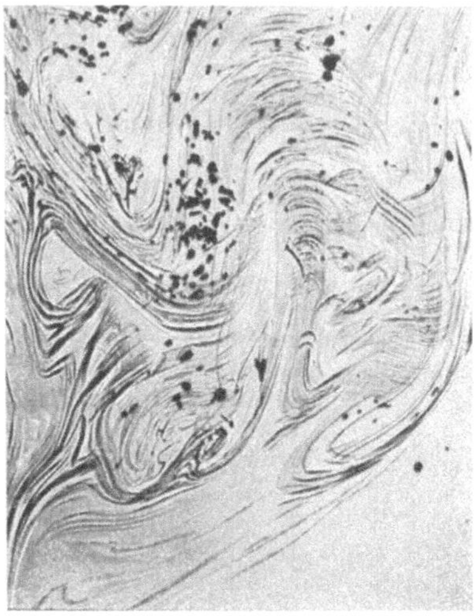

Abb. 443. „Steinchen" im Zuge abtriefender Schlieren aus zerstörter Schamotte

Abb. 444. Unpassender Mörtel verursacht Schlacken- und Tropfenbildung

Es sind allein Temperrisse, die in Verbindung mit Auswaschungserscheinungen (unterstützt von Ausbröckelungen) diese Zerklüftung – und damit eine stärkere Auflösung als ohne sie – mittelbar herbeiführen. Auf diese Weise wird der Glasschmelze ein höheres Maß an Lösungsbestandteilen, je nach dem Verhalten des Blockes vielleicht sogar an Steinchen (Abb. 443) zugeführt, als dies bei ungestörtem Gefüge der Fall gewesen wäre. Daher ist die größtmögliche *Schonung* der Blöcke vor und bei dem Einbau eine Voraussetzung für ihr einwandfreies Verhalten. Allerdings soll damit keine Entscheidung über die Ursache des Auftretens von Temperrissen vorweggenommen sein: Dieses ist häufig auch darauf zurückzuführen, daß die Hersteller von feuerfesten Steinen ihr Material für ausreichend temperaturwechselbeständig halten, ohne daß sie sich der Schwere der in der Glasindustrie unvermeidlichen Beanspruchungen bewußt sind.

Eine seltenere, immerhin aber auch nicht außer Betracht zu lassende Quelle von Steinchen besteht im Abplatzen von Steinkanten, Vorsprüngen usw. unter dem Einfluß von Temperaturschwankungen, insbesondere in Berührung mit Werkzeug, das aus irgendwelchen Gründen in den Ofen eingeführt wird. – Für den Fall sog. „heißer Reparaturen" ist die Kenntnis der Temperaturspanne unerläßlich, die der Stein verträgt, um, ohne Schaden zu leiden, auf Betriebstemperatur gebracht werden zu können. Es ist aber nicht bekannt, daß diese Angabe einem Stein als Qualitätsmerkmal mit auf den Weg gegeben wird, damit sie zur Unterlage des betriebstechnischen Handelns gemacht werden könnte.

Dagegen fehlt es nicht an Untersuchungen über Temperaturwechselbeständigkeit der Steine. Ihre Neigung, abzusplittern [*145*] erweist sich als eine Eigenschaft, durch die das Glas nur allzuleicht mit Steinchen durchsetzt werden kann. Kann auch das Abbröckeln durch *äußere* Einwirkungen verursacht werden und einen Stein betreffen, dessen Herstellung bis zuletzt einwandfrei verlief, so ist diese Störung doch auch häufig vorbedingt durch Schäden, die mit dem (ungleichmäßigen oder zu raschen) Trocknen und Schwinden des Steines evtl. auch von Häfen, entstehen. Allgemeine Untersuchungen ergaben, daß kieselsäurereiche Massen sich günstiger verhalten, wohingegen mehr Schamotte, schlechte Wärmeleitfähigkeit, mangelnde Elastizität, Feinkörnigkeit, höhere Wärmeausdehnung und dichterer Brand zu steigender Empfindlichkeit beitragen. Bei letzterem kann durch falsch geleitete Verbrennung der Heizgase eine Verminderung der Bruchfestigkeit durch

Ablagerung von Kohlenstoff in den Poren eintreten. Eine gewisse Temperaturwechselbeständigkeit ist immer anzustreben. Der Grad, in dem sie zu fordern ist, hängt weitgehend von der Behandlung und dem Verwendungszweck ab, dem der feuerfeste Körper zugeführt wird.

Gelegentlich vorkommende Verwechslungen von Mörteln (vgl. Ziff. 8.73) können geringe Schäden (Abb. 444), aber auch geradezu verheerende Wirkungen auslösen. Man kann ihnen dadurch begegnen, daß die verschiedenartigen Mörtel, die an ihrem normalen Aussehen kaum unterscheidbar sind, zur besseren Kenntlichmachung eingefärbt werden.

Abb. 445 zeigt als Beispiel die völlige Zerstörung von Silika durch eine auf ihrem Weg alles einschmelzende Schlacke von Sillimanitmörtel, der sich durch seine intensive Rosafärbung verriet. Nach BÜSSEM u. WEYL [*158*] beruht sie auf einer Rubinbildung, die oft an Sillimanit beobachtet werden kann.

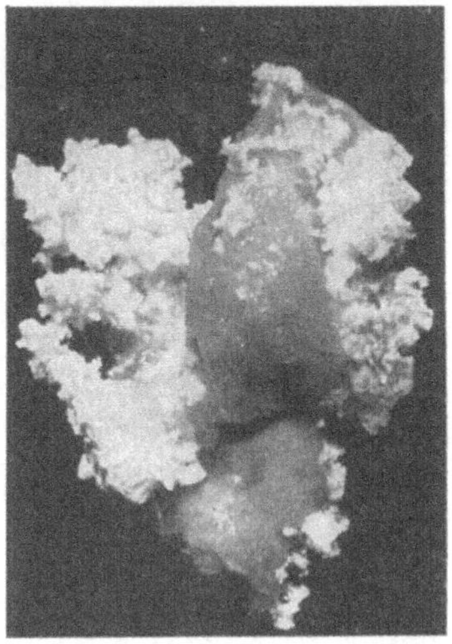

Abb. 445. Tonerdereicher Mörtel zerstört Silika. Die aus der Reaktion entstandene Schlacke läuft aus und schmilzt weitere Teile ein

8.71 Auflösungsprofile von Wannenblöcken

Jede Reparatur eines Schmelzofens bringt Störungen für die Fabrikation mit sich. Ihre Fälligkeit ergibt sich meist allein aus der Stärke, mit welcher das Blockmaterial an der Spülkante des Glases angefressen wurde. Nun ist der Fall nicht nur denkbar, sondern leicht nachweisbar, daß der gesamte Substanzverlust von zwei verglichenen Steinen (Abb. 446) größenordnungsmäßig gleich, aber seine Verteilung auf das Profil so verschieden sein kann, daß die Lebensdauer in einem stark veränderten Verhältnis zur stofflichen Abtragung steht. Dies kann nur damit zusammenhängen, daß beide Steine in verschiedenem Maße für die Korrosionskräfte an der Spülkante und unter dem Glasspiegel zugänglich sind. Ein weiteres Zeichen dafür, wie schwierig sich das Verhalten von feuerfestem Material vorherbestimmen läßt und bei der Ausarbeitung von Prüfmethoden eine methodische Berücksichtigung verdient, wie dies im F.A. Bericht Nr. 38 [*120*] geschehen ist.

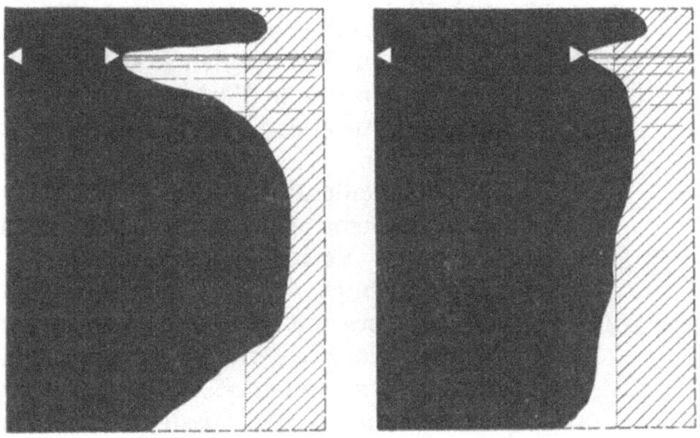

Abb. 446. Verschiedene Auflösungsprofile bei ungefähr gleicher Auflösungsmenge (mittlere Gesamtauflösung, schraffiert)

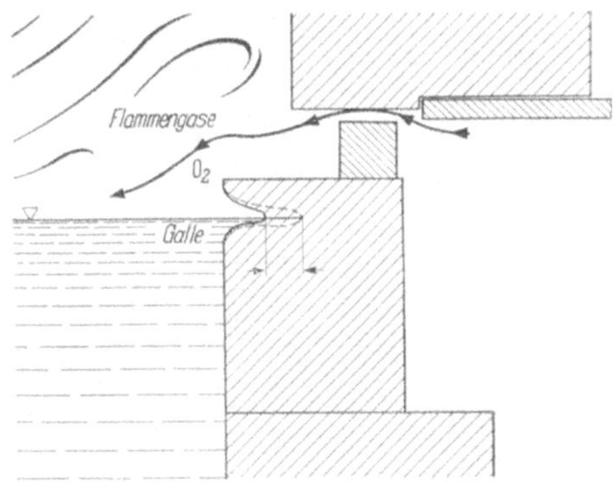

Abb. 447. Verschieden tiefer Einschnitt der Spülkante je nach Abdichtung gegen eindringende Luft und Gallebildung

Für die Ausbildung verschieden tiefer Abtragungen an der Spülkante kann für den Fall, daß die Ursache hierzu nicht im Steingefüge selbst zu suchen ist, noch eine Erklärung herangezogen werden: Oberhalb der Wannenblockreihe (Abb. 447) befinden sich fast stets Abschlußsteine, um die Öffnung zwischen Oberteil und Unterteil des Ofens zu verschließen. Gelegentlich läßt sich feststellen, daß dieser Verschluß nicht ausreichend dicht ist, um ein dem Unterdruck des Ofens folgendes Eindringen von Luft zu verhindern. Infolgedessen kann es zwischen dem Auftreffpunkt der Flamme und dem Rande der Schmelze zu einem mit Sauerstoff angereicherten Dreieck kommen, in dem sich bevorzugt Galle absetzt (vgl. Ziff. II, 9), die sich zerstörend auf den Stein auswirkt. Bei wirklich dichtem Verschluß würde in solchen Fällen die Korrosion weniger tief vordringen. Auch die von SCHWEGER [*153*] empfohlenen Schutzwalzen sollen die Ausbildung einer tiefen Spülkante verhindern. Sie wurden später noch von LAMORT [*101*] und von PIRINGER [*154*] als wirksamer Schutz der Wannensteine in Glasspiegelhöhe befürwortet.

Abb. 448. Durch Auflösung in der Fuge „von unten her" unterspülte Wannenblockreihe

Abb. 449. Beginnende Höhlenbildung durch die lockere Mitte eines auf der Strangpresse hergestellten Steines

Abb. 450. Aushöhlung eines Wannenblockes

Abb. 451. Abgelöstes Schwimmerwiderlager

Leider zeigen gerade Steine mit ziemlich glatter Auflösung an senkrechten Flächen eine besonders ausgeprägte Neigung zur Ausgestaltung von Zapfenprofilen, die von ursprünglich waagerechten Flächen ausgingen (Abb. 448). Dies hängt wiederum ohne Zweifel damit zusammen, daß die Korrosion (durch erhöhten Durchsatz, die Gasphase usw.) von *unten* her weitaus stärker fortschreitet als von der Seite. Das kann soweit gehen, daß jegliches Auflager verloren wird (Abb. 448) oder sogar ganze Aushöhlungen vorkommen (Abb. 449), wie sie an senkrechten Flächen nur in Verbindung mit besonderer struktureller Veranlagung möglich sind (Abb. 450).

Wie entscheidend das spez. Gewicht des sich durch Korrosion bildenden Schlackengases für den Verlauf der Auflösung ist, beleuchtet Abb. 451. Ein Schwimmerwiderlager wurde versuchsweise nur als vorragender Wannenblock in die obere Steinreihe eingebaut in der Annahme, daß die darunter befindlichen Steine überflüssig wären. Das Ergebnis war ein völliges Verschwinden des an sich gut haltbaren Steines bis auf eine außerhalb des Glases befindliche Schale. Der Stein war schutzlos dem nach unten abtriefenden Fraß preisgegeben.

Damit begibt man sich bereits auf den Boden der Betrachtung von Tropfenbildungen, die sich gerade aus diesem Verhalten von Steinen herleiten.

8.72 „Eutektische" Korrosion

Dem Auftreten eutektischer Korrosion wird im allgemeinen viel zu wenig Bedeutung beigemessen, während sie in Wirklichkeit nur allzuoft im technischen Ofen, auch außerhalb der Glasschmelze, ihr Wesen treibt. – Hierüber gibt es nur wenige Mitteilungen einschlägiger Beobachtungen [155].

Unter diesem Gesichtspunkt ist es z. B. keineswegs zulässig, jedes Ofenbaumaterial an ein

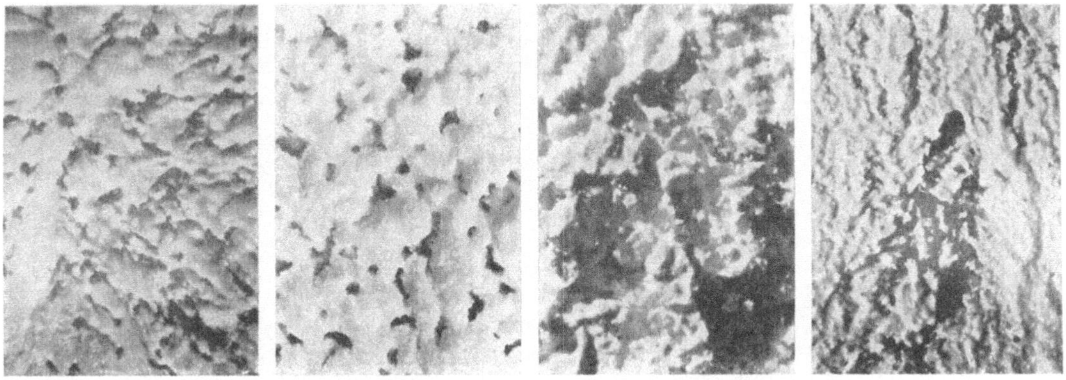

a b c d

Abb. 452. Fortschreitende eutektische Korrosion: a) Eindringen der Schlacke in Kanäle, b) Ausweitung der Kanäle, c) Schwammiges Gerippe, d) Austritt der Kanäle an vertikaler Fläche

beliebiges anderes anstoßen zu lassen. Selbstverständlich vermögen verschieden „saure" Schamottesteine keine große Wirkung aufeinander auszuüben, weil das Reaktionsgefälle des einen zum anderen nicht ausreicht. Wiederum unterrichtet uns ein Blick auf ein Dreistoffsystem, das leider wegen seiner außerordentlichen Verschiedenheiten der Viskosität und des Entglasungsvermögens nur ganz oberflächlich erforscht ist, wo Gefahren zu befürchten sind: Das System $Na_2O-Al_2O_3-SiO_2$ besitzt bei 800° ein Eutektikum von 17,5% Na_2O, 33,5% Al_2O_3 und 49% SiO_2[1]. Hierbei handelt es sich um eine Zusammensetzung, die z. B. in der Nachbarschaft von Silika- und Sillimanitsteinen unter Vermittlung alkalireicher Reaktionsteilnehmer nur allzu leicht zustande kommen kann. (Schon die Eutektika von 26,1% Na_2O und 73,9% SiO_2 bei 793° bzw. von 37,9% Na_2O und 62,1% SiO_2 bei 846°

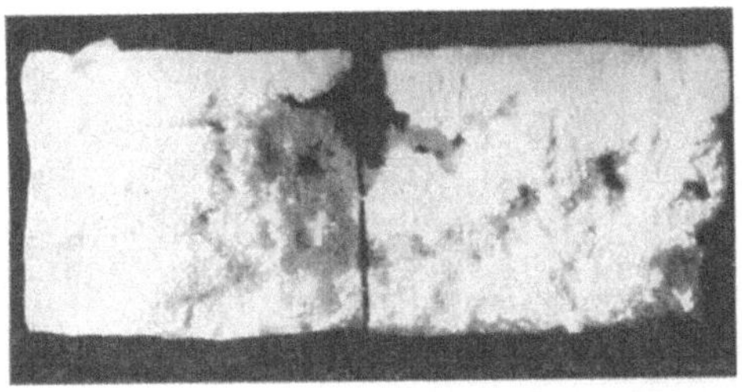

Abb. 453. Durch Schlackenfraß vor einem Brennermaul zerstörte Steinfuge

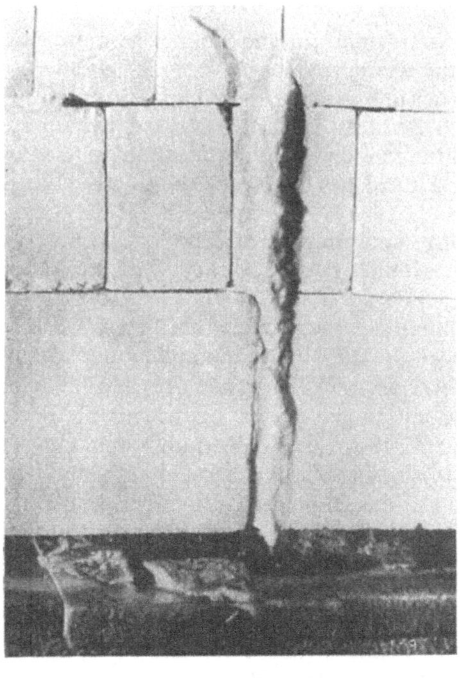

Abb. 454. Kaskade aussickernder Schlacke

Abb. 455. Zerstörung von Silika durch aushilfsweise eingebaute Schamotte

[1] Glastechnische Tabellen S. 46, nach Rice (dort allerdings Druckfehler).

mögen dazu beitragen.) Die Wahrscheinlichkeit ist also sehr groß, daß zwischen SiO_2 (Silika) und tonerdereichen Steinen (Sillimanit, Mullit) geradezu verheerende Wirkungen eintreten *können*. Ähnliches gilt für die Verwendung von Mörteln [*113*]. Ohne daß man sich auf den gleichartigen Verlauf dieser Reaktion festlegen kann, gibt es doch Fälle, die ähnliche Vorgänge in allen Einzelheiten verfolgen lassen: In Abb. 452 entspricht *a* einem Stein im Anfangsstadium einer typisch eutektischen Anfressung auf einer horizontal nach oben gekehrten Fläche. Kleine Rinnsale der Schlacke fressen sich in ähnlichen Spuren, wie sie Borkenkäfer im Holz hinterlassen, in das feuerfeste Material ein, wo sie an zufällig weniger widerstandsfähigen Stellen (Bindeton, Poren) ver-

Abb. 456. Begonnene Zerstörung („Infiltration") von Silika durch Nachbarschaft glasierter Schamotte

sickern. Schließlich sind diese so stark erweitert, daß der Stein (in *b*) nur noch als schwammartiges Gerippe dasteht, das immer weiter nachgibt und sich nur wie ein Moosgewächs (c) gerade eben noch selbst tragen kann, um bei der geringsten Beanspruchung zu verfallen. Das Rinnsaal aus a kann sich so durch den Stein hindurchfressen (d, vgl. auch Abb. 472). daß an anderer Stelle, z. B. einer senkrecht stehenden Seitenfläche, die Austrittsöffnungen der Kanäle deutlich in Erscheinung treten, ohne daß die sonstige Oberfläche oder der Umriß des Steines wesentlich verändert wurde.

Ähnlich wie an den Berührungsstellen unter Mitwirkung von Glasur und Flugstaub eutektisch reagierender Nachbarsteine können Fugen als Durchtrittsstellen der Schlacke völlig ausgehöhlt werden (Abb. 453).

Auch kann die Schlacke selbst als Kaskade an der Innenfläche des Ofens auftreten, nachdem sie sich dahin einen zerstörenden Weg gebahnt hat (Abb. 454). Alles Fälle, die auf Konstruktionsfehler zurückzuführen sind, die ihrerseits zu Fabrikationsfehlern Anlaß geben. Es genügt, wenn allein aus zufälligem Mangel an geeignetem Baumaterial auf ungeeignetes zurückgegriffen wird. So haben zwei Schamottesteine im Verband von Silika genügt, um durch Bildung einer abwärtskriechenden Schlacke Zerstörungen anzurichten (Abb. 455). Selbst die Nachbarschaft einer Schamotte kann unter Vermittlung ihrer Glasur einen Angriff auf das Silikagerüst ausüben (Abb. 456).

Eine Reihe weiterer Belege (Abb. 457/458) diene dazu, einen Eindruck über die Vielgestaltigkeit zu gewinnen, mit welcher diese Reaktionsvorgänge beträchtliche Verheerungen unter dem Baumaterial eines Ofens anrichten können. Stets gehört der Unterbau von Brennern zu den besonders gefährdeten Stellen, weil diese meist zum Glasbade hin geneigt angelegt werden und daher auch die in ihnen entstehende Schlacke in dieses hineinlaufen lassen. – Von Fall zu Fall lassen sich zweckmäßige Bauweisen finden, um derartigen Erscheinungen aus dem Weg zu gehen.

Betrachtet man das Glas als einheitlichen Stoff, was in diesem Zusammenhang wohl zulässig ist, so ließe sich ein Dreistoffsystem SiO_2–Al_2O_3-Glas auf derartige Vorkommnisse untersuchen.

A. DIETZEL fand (nach einer privaten Mitteilung an H. JEBSEN-MARWEDEL) auf diesem Wege (Glas mit 16% Na_2O) eine Zusammensetzung von 8,6% SiO_2, 2,4% Al_2O_3 und 89% Glas als eine bei 1000° schon stark zum Fließen neigende Mischung. Das würde auch wiederum bedeuten, daß die Nachbarschaft hochtonerdehaltiger Steine und Silika nicht unbedenklich ist, wenn der Lage der Dinge nach ein Glasfluß ihre Reaktion vermitteln kann.

Abb. 459 [*156*] zeigt, wie die von einer Silikawand abtriefende Schlacke dazu beitragen kann, den stehengebliebenen Rand der Wannenblöcke zusätzlich wegzufressen und anzuzahnen.

8.73 Verschlackung am Gewölbe

Zu den Quellen unliebsamer Verschlackungserscheinungen und vorzeitiger Beschädigung von Ofenbauelementen gehören die Einführungsstellen von Pyrometerrohren im Gewölbe von Schmelzöfen. Da die Öffnungen, durch welche die Rohre gesteckt werden, vielfach nicht vorgeformt sind, sondern meist ausgehauen werden, schließen sie oft nicht dicht genug um das Pyrometerrohr ab. Beim Versuch, die Stelle abzudichten, um das Herauslecken von Flammen zu verhindern, wird leicht ein unpassender Mörtel gewählt, ja, man hat sogar schon versucht, mit Asbest abzudichten. Asbest – ein magnesiumhaltiges Silikat – ergibt mit dem Silikamaterial des Gewölbes und der Tonerde des Rohres eine niedrigschmelzende Schlacke, die in das Ofeninnere abtrieft (Abb. 460), und gleichzeitig Pyrometerrohr und Gewölbe zerstört.

Es ist ebenso unzweckmäßig, im Innern des Pyrometers zur Abstandhaltung der Schutzrohre Asbestschnur zu verwenden. Die Abdichtung erfolgt am besten nach Abb. 461. Auf dem Gewölbe liegt über der Öffnung ein Silikanormalstein, in den ein dem Außendurchmesser des Pyrometerrohres angepaßtes Loch gebohrt ist. Der Silikanormalstein ist mit Silikamörtel gegen das Gewölbe abgedichtet. Ständige Überwachung ist nötig, da von dem Augenblick an, in dem sich eine Öffnung bildet, durch Kaminwirkung glühende Gase entweichen, die den Pyrometerkopf verzundern und die Packung nebst Umgebung einschmelzen.

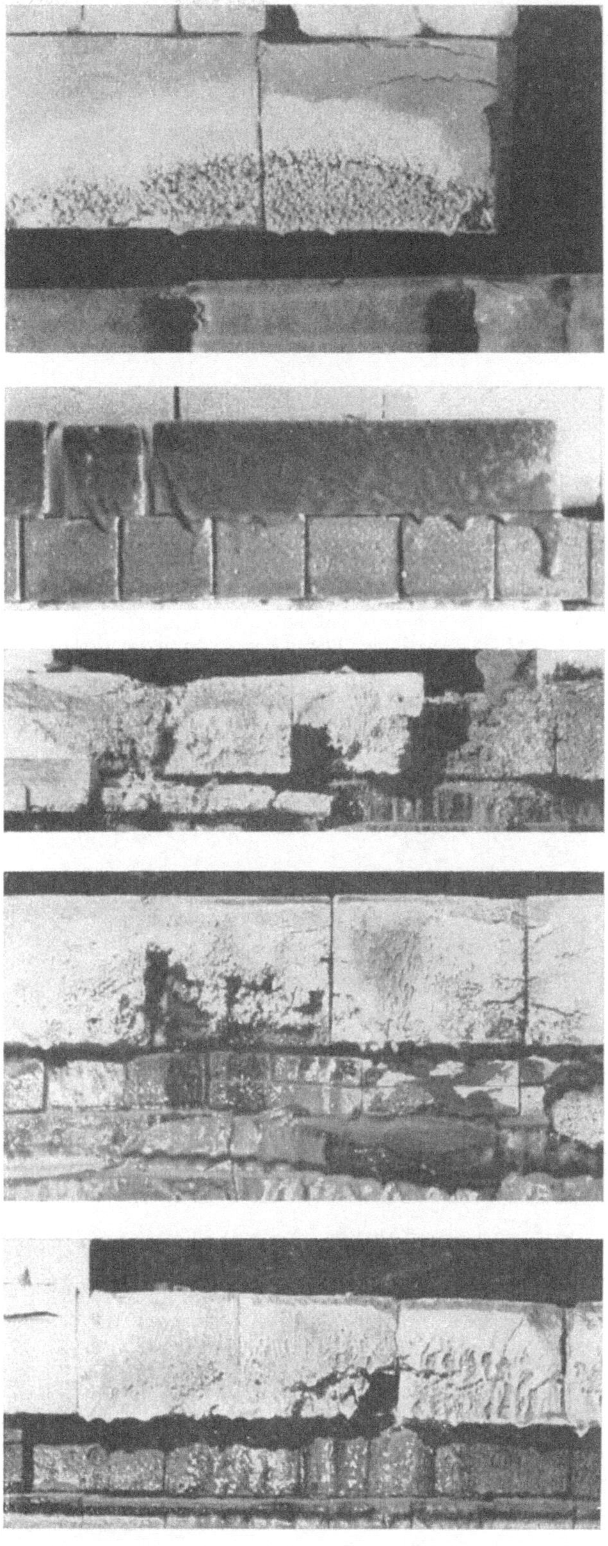

a b c d e

Abb. 457/458. Verschlackung durch Reaktionen von Steinen untereinander unter Vermittlung der Glasur. a) Unterkante Silikaseitenwand, b) Verschlußstein, c), d), e) Unterkante Brennermaul

Abb. 459. Zusätzliche Korrosion der Wannenblockkante durch sich einfressenden, aus dem Oberofen von Silika abtriefenden Schlackenfluß

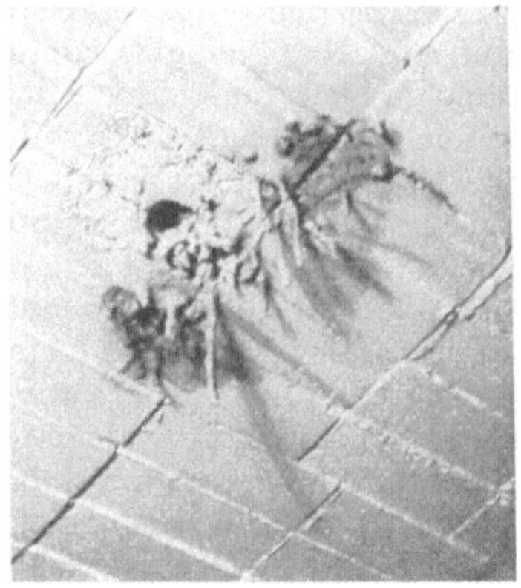

Abb. 460. Stalaktitenbildung um eine Pyrometeröffnung

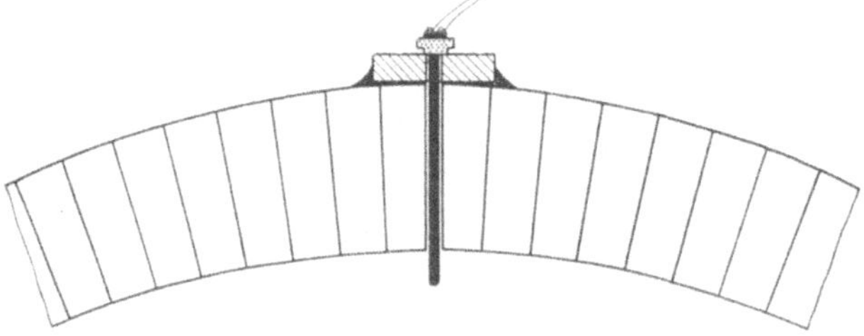

Abb. 461. Fugenarmer Einbau eines Pyrometerschutzrohres

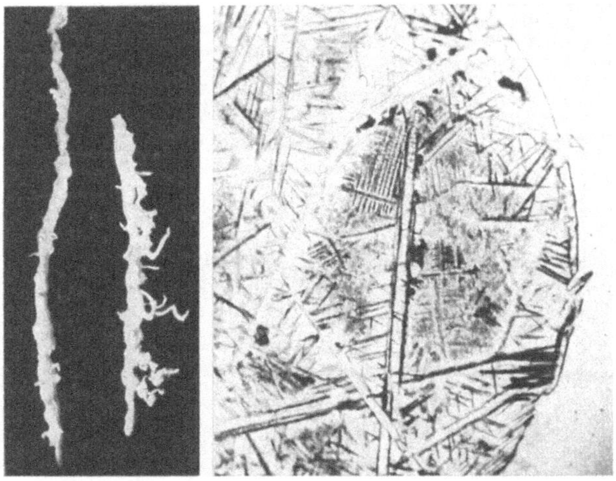

Abb. 462. Stalaktiten vom Silikagewölbe (links); Schnitt durch einen Stalaktiten, Dünnschliff (rechts); Cristobalit und Tridymit. (M = 20:1)

Wie JEBSEN-MARWEDEL u. BAUM [157] durch eingehende Untersuchungen zeigten, können auch schon relativ kleine Fugen zwischen den Silikasteinen eines Glaswannengewölbes dadurch Anlaß zu frühzeitiger Zerstörung geben, daß durch sie mit aggressiven Stoffen (Alkalien, Kalk, Schwefeltrioxyd sowie Wasserdampf) beladene Abgase in das Innere des Gewölbes gelangen, sich dort in kälteren Zonen kondensieren und die Verschlackung einleiten. Der Angriff bleibt solange unsichtbar, bis der Schlackenfluß genügend stark ist, um als Stalaktit aus dem Gewölbe nach unten herauszuwachsen. Solche Stalaktiten sowie einen Dünnschliff durch seinen Querschnitt zeigt Abb. 462. Den Vorgang fortschreitender Ausfressungen im Innern der Gewölbesteine zeigt die Bildreihe Abb. 463.

Ähnliches liegt vor, wenn die staubförmige Ablagerung auf dem Ofengewölbe, die zum großen Teil Glas bzw. Soda enthält (Abb. 464), durch die Ofenhitze unter Verschlackungserscheinungen eingeschmolzen wird. Abb. 465 liefert den Beweis, daß die Dehnungsfuge an einem Ofengewölbe leicht hierzu den Anlaß

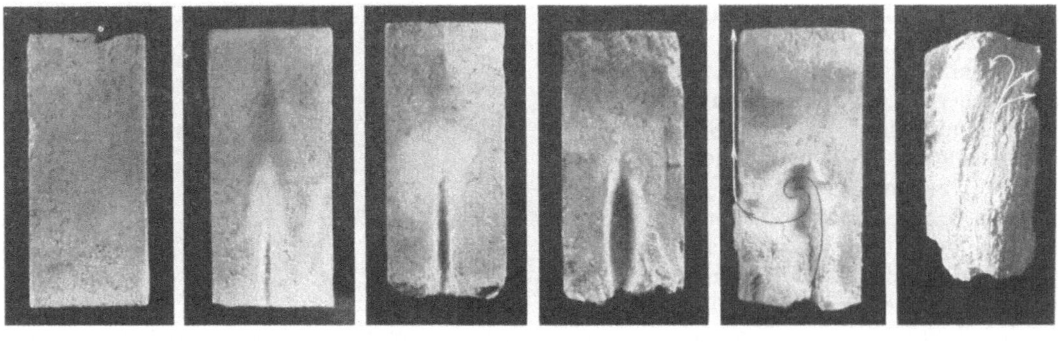

Abb. 463. Entstehung fortschreitender Korrosion („Spechthöhlen") von undichten Fugen in einem Silikagewölbe

geben kann. Endlich besteht auch die Gefahr, daß sich durch geringe Mengen von Eisen (Rost) Infiltrationserscheinungen zeigen, durch welche Gewölbesteine dem Zerfall preisgegeben sein können (Abb. 466). Gerade die schmelzpunkterniedrigende Wirkung von Eisenoxyden, insbesondere Eisen-II-oxyd FeO, verdient in dieser Beziehung eine warnende Beachtung.

Will man erreichen, daß die Fugen der Gewölbesteine so dicht wie möglich abschließen, so ist es in erster Linie notwendig, daß die Maßhaltigkeit der Steine eine wirklich gute Paßform ergibt. Trotzdem ist es kaum möglich, einen wirklichen Abschluß durch trockenes Verlegen und nachträglich durch alleiniges Ausschlämmen der Fugen mit Mörtel zu erzielen.

Abb. 464. Staubablagerung auf einem Ofengewölbe

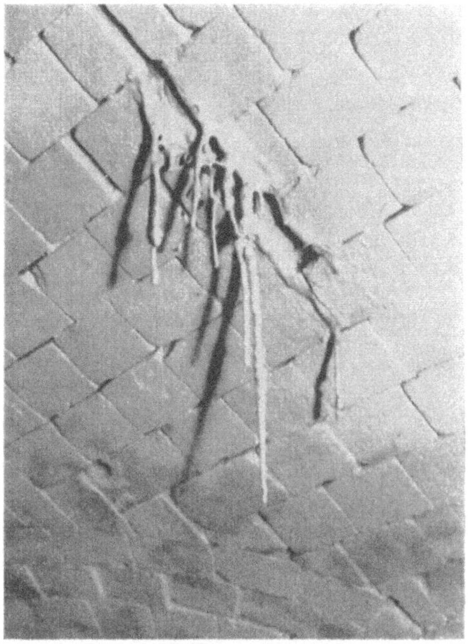

Abb. 465. Stalaktiten an einer Dehnungsfuge eines Ofengewölbes

Die Verwendung von Mörtel beim Verlegen selbst bedingt aber, daß dieser Mörtel, dünn aufgetragen, bis zum Augenblick des Kontaktes einer Steinfläche mit der anderen seine Plastizität bewahrt. Das ist aber nicht möglich, wenn die Kapillarität des trockenen Steines ihm sofort das Wasser entzieht und ihn, noch bevor der Stein an den Nachbarstein angerieben wird, austrocknet. G. BAUM [*102*] konnte nachweisen, daß der Mörtel erst nach einer Aufhebung der Kapillarkräfte seine Aufgabe erfüllen kann. Das erfolgt dadurch, daß den Steinen vor ihrer Verlegung in einem Wasserbad Gelegenheit gegeben werden muß, den aktiven Porenraum mit Wasser zu sättigen. Erst dann bleibt der aufgetragene Mörtel lange genug plastisch, um eine vollflächige Berührung zu erzielen und damit den notwendigen Abschluß gegen durchstreichende Gase. – Der Wasserballast ist ohne Nachteil für das Verhalten des Gewölbes beim Auftempern; er entweicht rechtzeitig.

Abb. 466. Verschlackung von Silika-Gewölbesteinen durch Eiseneinlagerung

8.74 Schlackenbildung durch Verunreinigung

In deutschen feuerfesten Rohtonen und Schamotten sind in der Regel eisenhaltige Einsprenglinge vorhanden, oft in Form von Markasit, FeS_2. Diese werden beim Brand zu FeO oder Fe_2O_3 oxydiert und verschlacken dabei ihre Umgebung. JEBSEN-MARWEDEL u. BAUM [*159*] haben gezeigt, wie diese Verschlackungen einmal der Anlaß zur Blasenbildung, zum anderen aber auch zu verstärkter Korrosion sind (Abb. 253, 467 u. 468). Ähnlich wirken Eisenflitter, die beim Mahlen der Schamotte von der Kugelmühle her in das Mahlgut gelangen (Abb. 469). Diese Verunreinigungen sind unangenehm, da sie zu unregelmäßigen Störungen führen, deren Ursache oft nicht leicht zu finden ist. Wie weit sie an der Zerstörung des feuerfesten Materials beteiligt und Anlaß zu unregelmäßigen Anfressungen und damit von Steinchen sind, hängt von ihrer Häufigkeit, Lage und Größe ab.

Häufiger, als man glauben möchte, ereignet sich der Fall, daß eiserne Konstruktionsteile des Ofens durch Abplatzen der sie schützenden Steine od. dgl. bloßgelegt werden. Hierunter ist nicht zu verstehen, daß sie jetzt sozusagen in den freien Ofenraum hineinragen, sondern es genügt, daß sie den Ofengasen durch Ritzen, Fugen od. dgl. chemisch und thermisch zugänglich sind. Sobald sie diesem Angriff ausgesetzt sind, beginnt ihre Oxydation oder Sulfurierung und dann das Abblättern des Hammerschlages. Wenn dieser unter Vermittlung des alkalischen Gemengestaubes mit dem feuerfesten Material in Berührung kommt, beginnt eine gefährliche Reaktion (Abb. 470).

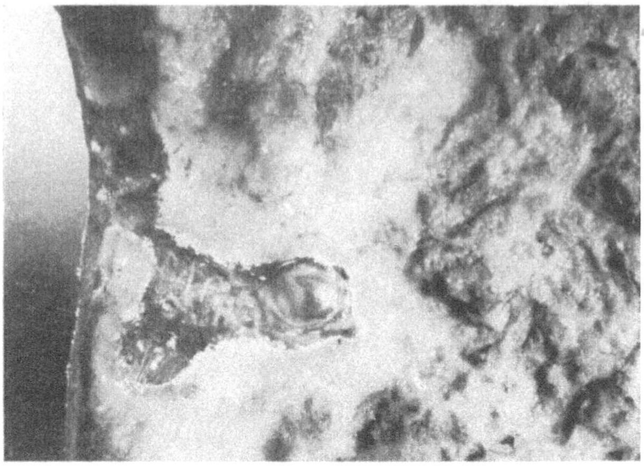

Abb. 467. Wannenblock mit braunen Kratern

Da es sich dabei meist um massive Eisenteile handelt, kommen sogar größere Mengen Hammerschlag in Frage, der nach und nach seinen Weg in den Ofen sucht. Die stets im Innern des Ofens befindliche Glasur besitzt ein hohes Lösungsvermögen für Eisenoxyd. Sie wird durch seine Auflösung besonders dünnflüssig und außerordentlich reaktionsfähig. Am stillgesetzten Ofen sind solche Stellen daran zu erkennen, daß sich die bekannten grünlich-braunen Schlieren an dem Material entlangziehen (Abb. 471), deren Zurückverfolgung bis zum Ausgangspunkt die eigentliche Fehlerquelle aufdeckt. Gerade die Reparatur eines Wannenofens gibt Gelegenheit, an solchen Stellen zu studieren, wie dieses Vorkommen zustande kam und durch sinngemäße Maßnahmen verhindert werden kann.

Abb. 468. Versteckter Hohlraum an der Grenzfläche als Ausgangspunkt für steinchenförmige Ablösungen

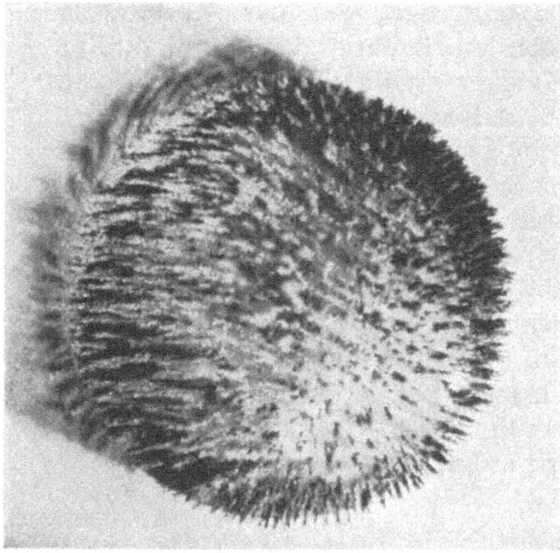

Abb. 469. 0,15 g Eisenflitter aus 1 kg Schamotte

Das Zweistoffsystem $FeO-SiO_2$ [*160*] gibt einen Anhaltspunkt für die Korrosionsgefahr durch Eisen. Zwei tiefliegende Eutektika bei 33% FeO und 66% SiO_2 bzw. 36% FeO und 63% SiO_2 mit einer zugehörigen Temperatur von nur 1065° können sich bilden, wenn Silika auf Eisenteilen aufliegt. Sobald jedoch Na_2O als weitere Komponente hinzutritt, wie es durch die aus Flugstaub gebildete Ofenglasur der Fall sein kann, erniedrigt sich die Liquidustemperatur weiter, in der Nähe der Zusammensetzung von $5\,Na_2O \cdot Fe_2O_3 \cdot 8\,SiO_2$ sogar bis auf 825° [*161*]! Weitere Beimengungen (CaO, Al_2O_3) vermögen die Gefährlichkeit dieser Vorgänge noch zu steigern, worauf W. EITEL (*162*) im Hinblick auf das Verhalten von Silika in Stahlöfen ausdrücklich hingewiesen hat.

Aus der Eisenhüttenkunde ist bekannt, welch riesig großes Korrosionsvermögen Eisenschlacken gegenüber ff. Material besitzen. Nach SALMANG [*163*] steht FeO an der Spitze der korrodierenden

Abb. 470. Starker Fluß von Eisenschlacke

Oxyde, was sich auch darin zeigt, daß der geringe Eisengehalt von Schamotte (3% Fe_2O_3), deren Erweichungspunkt [*164(b)*] unter reduzierender Atmosphäre um 355° herabsetzen kann! Im Vergleich mit Eisenoxydul ist der normale Angriff des Glases fast noch als harmlos zu bezeichnen. Die Eisenschlacke kann, wenn sie auf Vorsprünge zu liegen kommt, geradezu Löcher in das ff. Material fressen (Abb. 472). Zuhaltesteine, die den Anschluß des eigentlichen Wannenbeckens an die Gewölbekonstruktion vermitteln sollen, können bei Berührung mit Eisenoxyd innerhalb weniger Tage zerstört werden. Einen Stein in dieser Art, der an einer schadhaften Stelle nachgeschoben wurde und innerhalb von 14 Tagen auf die Hälfte geschwunden war, zeigt die Abb. 473. Da gerade diesem Zuhaltestein die Aufgabe zufällt, das Trageisen zu schützen, sitzt hier manchmal der Ursprung erheblicher Störungen. Besteht er z. B. aus einem spröden oder wenig temperaturwechselbeständigen Material, so kann er abplatzen oder erweichen. Seine Schutzwirkung ist dann dahin. Ebenso tritt dieser Fall ein, wenn diese Steine ohne Dehnungsfugen verlegt wurden, so daß sie sich beim Antempern gegenseitig aus der lose gefügten Reihe herausdrängen oder auch nur verschieben oder verkanten. Geben sie einmal Anlaß zur Entstehung von Schlacke, so sucht

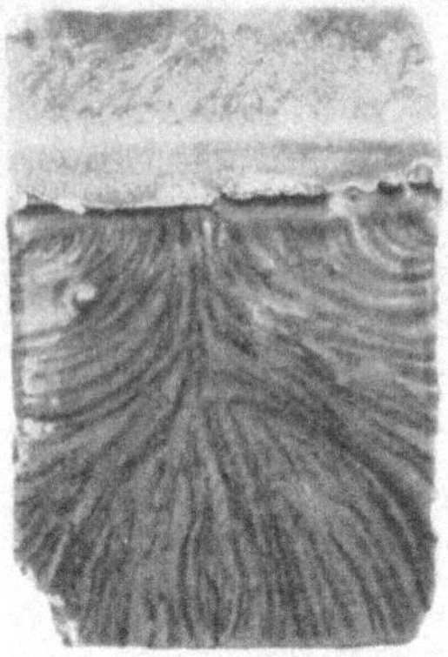

Abb. 471. Eisenschlieren in der Glasur einer Wannenblockoberfläche

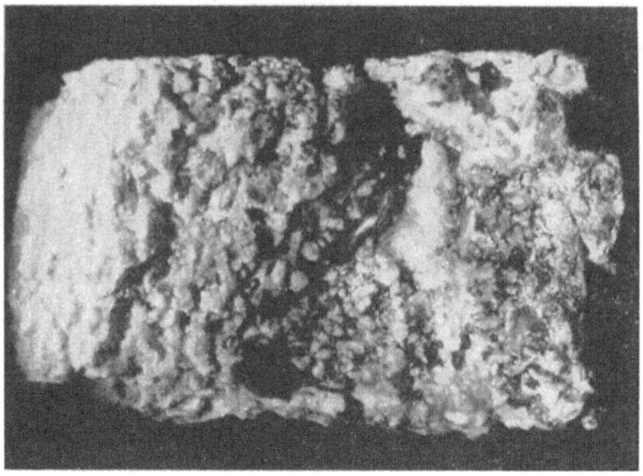

Abb. 472. Eisenhaltige Schlacke von Ofenkonstruktionsteilen frißt ein Rinnsal durch ff. Material

sich diese ihren Ausweg in Richtung zunehmender Dünnflüssigkeit und Reaktionsfähigkeit, d.h. nach dem heißen Ofeninnern zu. Sie frißt sich als Rinnsal durch alles, was sich ihr in den Weg stellt, und gelangt u.U. auch an die Wannenblöcke. Wird sie hier nicht zufällig von der Strömung des Glases fortgetragen, so findet sie Gelegenheit, in Höhe der ohnehin schon gefährdeten

Abb. 473. Verschlußstein eines Wannenofens, in 14 Tagen zur Hälfte von Eisenschlacke zerstört

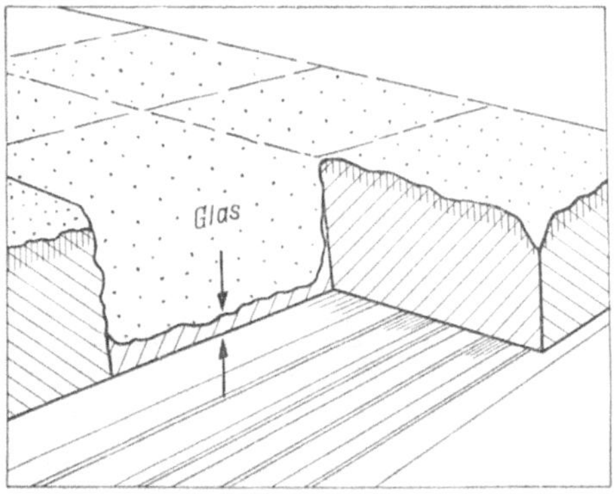

Abb. 474. Einzelner völlig zerstörter Bodenstein im Verband mit anderen unbeschädigten Steinen

Abb. 475. Schaumige Verschlackung der Grenzfläche Stein/Glas. – Aufschließung von Porenkanälen (Pfeil)

Spülkante weiteren Schaden anzurichten. Wird aber entdeckt, daß an dieser Stelle die Glut an die Außenseite vorzudringen beginnt, so fragt man sich: „Warum ist ausgesprochen hier die Korrosion so stark gewesen?" Als Antwort wäre ins Auge zu fassen: ... weil ausgerechnet dort Eisenschlacke mitgewirkt hat.

Mehrfach sind Notizen erschienen [*164*], die aus praktischer Erfahrung heraus auf die Gefährlichkeit des Eisens in Verbindung mit Korrosionsvorgängen hinwiesen und sich zugleich mit der Frage befaßten, wie dem auch im Hafenbetrieb zu begegnen sei.

Die Empfindlichkeit des ff. Materials gegen geringste Verunreinigungen wird noch durch einen besonderen Fall beleuchtet [*165*]. Der Boden einer Hohlglaswanne war aus Wannenblöcken gleicher Herstellungsart und Lieferung zusammengesetzt. Während der Wannenreise ergab sich eine ungewöhnlich starke Abnutzung einzelner Bodensteine, die nach der Zeit von nur wenigen Wochen zur akuten Durchbruchsgefahr wurde. Da das erzeugte Glas zudem stark von Blasen durchsetzt war, führte dies zwangsläufig die Stillegung der Ofenanlage herbei. Einzelne Bodensteine waren einer hochgradigen Zerstörung zum Opfer gefallen, ohne daß die angrenzenden Blöcke in Mitleidenschaft gezogen worden wären (Abb. 474). Die Berührungsfläche mit dem Glas war stark schaumig, teilweise verfärbt und schlierig. Die Ursache konnte also nur in dem Steinmaterial selbst gesucht werden. In diesem ließen sich kleine graue bis grünlichblaue Flitter von Siliziumkarbid nachweisen. Es hatte genügt, daß die Mahlanlage im Herstellerbetrieb nach einer Verarbeitung von Siliziumkarbid nicht vollständig gereinigt worden war, so daß einzelne Teile der später hergestellten Schamotte in geringem Maße mit Siliziumkarbidflittern durchsetzt waren. Jedes einzelne dieser Teilchen bildete in Berührung mit der Glasschmelze den Ausgangspunkt für einen Zerstörungsprozeß. Die entstandene Gasentwicklung (Abb. 475) in Verbindung mit dem starken örtlichen Verschlackungsprozeß (Abb. 476) ergab eine völlige Zermürbung und den raschen Abbau des ff. Materials.

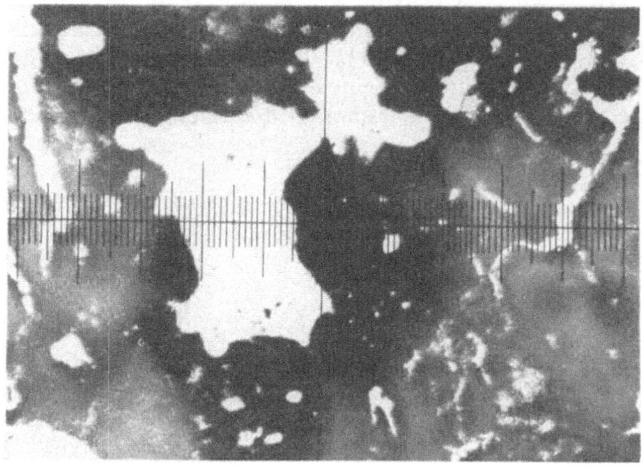

Abb. 476. Bereich eines SiC-Flitters im Dünnschliff bei stärkerer Vergrößerung: Lochbildung durch Vergasung, Einschmelzen der Umgebung (runde Poren) und Infiltration der Schlacke

8.75 Einfluß der Reaktionsfolge von Schlackenflüssen

Man hat so erkannt, daß es Regeln für den Glasofenbau gibt, die erst einmal aufgedeckt werden müssen, damit die sich aus der baulichen Anordnung des ff. Materials ergebenden Vorgänge beherrscht und, wo erforderlich, bekämpft werden können. Um einen Einblick in die Möglichkeit der *praktischen* Auswertung eines Mehrstoffsystems zu geben, sei hier ein Beispiel angeführt, durch welches die Beziehungen von ff. Material zu Glasschmelzen beleuchtet werden sollen.

In Abb. 477 ist ein Dreiecksdiagramm aufgezeichnet worden, dessen zwei Seiten von den hauptbeteiligten Stoffen Al_2O_3 und SiO_2 eingenommen werden. Wenn man sich jetzt der Übersicht halber die Freiheit erlaubt, die übrigen im Glas bzw. ff. Material vorkommenden Oxyde als „Flußmittel" unter dem Zeichen $R_{(2)}O$ zusammenzufassen, so läßt sich auf der dritten Seite dieses Diagramms der Gehalt an den übrigen Stoffen summarisch ablesen.

Eine normale Schamotte darf mit der Zusammensetzung 72% SiO_2, 27% Al_2O_3 und 1% $R_{(2)}O$ eingetragen werden. Desgleichen ist eine Silika mit folgenden Werten berücksichtigt: 96% SiO_2, 1,5% Al_2O_3, 2,5% $R_{(2)}O$. Unter den hochtonerdehaltigen feuerfesten Stoffen wurde der „Sillimanit" herausgegriffen mit den abgerundeten Werten 34% SiO_2 und 66% Al_2O_3. Als Vertreter der Glasseite wurde außer den ebenfalls eingetragenen Punkten für Weißhohl- und Flaschenglas ein normales Fensterglas angenommen. Soll jetzt verfolgt werden, welcher Reaktionsverlauf zu erwarten ist, wenn der Gemengestaub bzw. -dampf im Innern des Ofens mit dem Baumaterial reagiert, so müssen diejenigen Punkte aufgesucht werden, die einer Mischung von Glas mit Silika entsprechen. Dabei ist als einzige Voraussetzung anzunehmen, daß die Glasur im Innern eines Ofens praktisch die Zusammensetzung des Glases hat. Diese Annahme trifft im allgemeinen nicht zu; sie darf aber zunächst für eine grundsätzliche Überlegung zu Recht bestehen, wenn auch bekannt ist, daß die Flußmittel sich mehr an einer Glasurbildung beteiligen als der Sand, ja, daß an Kondensationserscheinungen (Ziff. 8.8) überwiegend Alkalien beteiligt sind.

Der Punkt *a* entstammt einer Zusammensetzung von 1 Teil Silika und 1 Teil Glas, der Punkt *b* von 1 Teil Silika und 2 Teilen Glas. Mit fortschreitender Auflösung bewegt sich also die Zusammensetzung der Glasur auf der Verbindungslinie Glas/Silika. Dasselbe gilt für die Vorgänge an der

Grenzschicht Glas/Schamotte (im Diagramm punktiert). Als dritte Möglichkeit ist im Diagramm die Reaktion Glas/Sillimanit gezeigt.

Mit Rücksicht auf die in den Abb. 452-458 beschriebenen Vorgänge soll nun im folgenden die Erkenntnis hervorgehoben werden, daß es durchaus nicht einerlei ist, in welcher Weise feuerfeste Materialien verschiedener Zusammensetzung im Ofen *angeordnet* werden. Betrachten wir zunächst als Beispiel die Ausbildung einer Grenzschicht an Sillimanit. Angenommen, dieser besäße einen freien Porenraum von 20%, der sich an der Grenzschicht im Laufe der Zeit mit Glas vollsaugt. Diese Schicht hätte dann eine Zusammensetzung von 4 Teilen Sillimanit und 1 Teil Glas, entsprechend dem Punkt *c* im Diagramm. Mit fortschreitendem Lösungsprozeß bewegt sich die Zusammen-

	SiO_2	Al_2O_3	$R_{(2)}O$
(Tafel)-Glas	72	1	27
Schamotte	72	27	1
Silika	96	1,5	2,5
Sillimanit	34	66	–

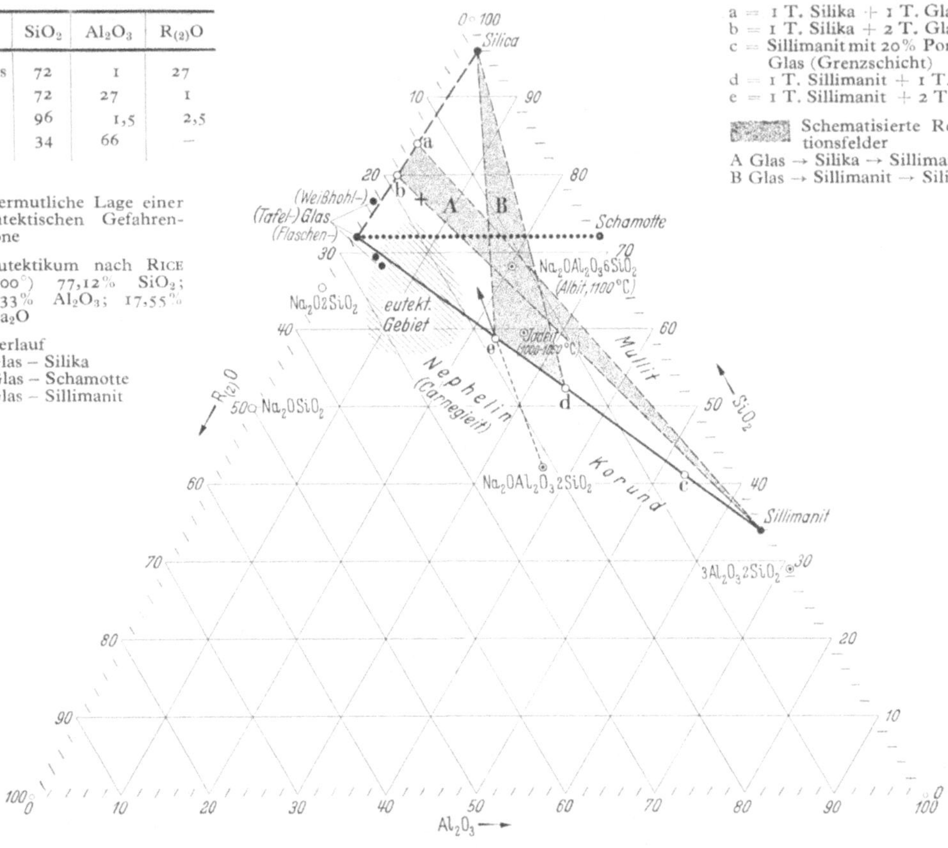

Abb. 477. Schematisierte Reaktionsvorgänge zwischen Ofenbaumaterial und Glasur

setzung einer Glasur in Richtung auf den Glaspunkt und erreicht in *d* die Zusammensetzung von 1 Teil Glas und 1 Teil Sillimanit, im Punkt *e* die Zusammensetzung von 2 Teilen Glas und 1 Teil Sillimanit.

Fassen wir jetzt zwei Fälle ins Auge: Im ersten Falle habe sich die Glasur im Inneren des Ofens an der Grenzfläche von Silika mit Kieselsäure angereichert bis zu den Punkten *a* und *b*. Der Schwerkraft folgend gelangt sie jetzt über tiefer unten befindliche Sillimanitsteine (Abb. 478). Die Zusammensetzung der Reaktionsteilnehmer verschiebt sich in diesem Augenblick von den Punkten *a* und *b* auf den Sillimanitpunkt zu, entsprechend dem Reaktionsfeld *A* im Diagramm. Auf dieses Reaktionsfeld entfällt (+ im Diagramm) ein früher von RICE angegebenes Eutektikum bei 5,33% Al_2O_3, 17,55% Na_2O und 77,12% SiO_2, das sich noch bis herab zu einer Temperatur von nur 800 °C glasig erhält. Es kann demnach durch eine geringe Zunahme des SiO_2-Reichtums „umgangen" werden. Zu erinnern ist ferner an zwei Eutektika nach KRACEK zwischen 62 und 74% SiO_2 um 800° bei 38 bzw. 26% Na_2O. Umgekehrt, wenn die Glasur zuerst Lösungsbestandteile des Sillimanits aufnimmt bis zu den Punkten *d* und *e* und dann erst Gelegenheit hätte, Silika anzugreifen, so würde von den Reaktionsteilnehmern das Feld *B* bestrichen. Es verliefe ziemlich genau in Richtung der bekannten Feldspatvertreter $Na_2O \cdot Al_2O_3 \cdot 2\,SiO_2$ (Nephelin, Carnegieit, gleichzeitig auch Lage des Eutektikums zwischen 45,5% Anorthit und 54,5% Nephelin; 42,2% SiO_2,

35,9% Al_2O_3, 9,9% Na_2O und 12,0% CaO bei 1304°) über $Na_2O \cdot Al_2O_3 \cdot 4\,SiO_2$ (Hauptbestandteil des Jadeits, 1000 bis 1060°) und $Na_2O \cdot Al_2O_3 \cdot 6\,SiO_2$ (Albit, 1100°). Also auch hier liegen die Schmelz- bzw. Erweichungstemperaturen u. U. beträchtlich niedriger, als daß die Aufgabe des ff. Materials sich ungestört erfüllen könnte.

Man erkennt also, daß völlig verschiedene Gebiete des Dreistoffdiagramms durchlaufen werden, je nachdem Silika über Sillimanit oder Sillimanit über Silika angeordnet wird (Abb. 479). Dasselbe gilt natürlich für andere feuerfeste Materialien mit verschiedener chemischer Zusammensetzung. So gehört es zur allgemeinen Erfahrung, daß Silika und Schamotte sich fast niemals störungsfrei verhalten, wenn ihre lose Berührung unter Vermittlung von Ofenglasur zu einem Reaktionsfeld wird. Das gilt ganz besonders für Schamotte mit etwa 40% Al_2O_3. Es braucht nur ein eutektisches Reaktionsgebiet *in der Nähe des einen Reaktionsfeldes zu liegen, ohne daß das andere davon betroffen wird,* um zu der Tatsache zu führen, daß in einem Falle die Nachbarschaft der verschiedenen ff. Materialien ohne Folge bleibt, im anderen jedoch unter Vermittlung der Glasur zu Reaktionen führt, die eine völlige Verschlackung des Materials bewirken. Von diesem Vorgang kann auch ganz einseitig z. B. nur der Bindeton getroffen werden, während das Magerkorn praktisch unberührt als Gerüst ohne jede bauliche Festigkeit erhalten bleibt.

Abb. 478. Brenneröffnung mit Silika über Sillimanit

Da im allgemeinen die Glasur im Innern eines Ofens alkalireicher ist, als der Zusammensetzung des Glases entspricht, und da erfahrungsgemäß hochtonerdehaltige Materialien, im Oberteil des Ofens eingebaut, häufiger die Erscheinungen aus Ziff. 8.72 zeigen, als wenn sie in tieferen Ofenteilen eingebaut sind, so darf daraus geschlossen werden, daß in der Nähe der Sättigungslinie des Glases mit Bestandteilen des Sillimanits sich weiterhin noch ein Gebiet befindet, in welchem die Phasengleichgewichte eines oder mehrerer Eutektika mit Na_2O allein oder mit CaO zusammen liegen, worauf ja schon die Zusammensetzung der Flaschengläser als ziemlich leichtflüssiger Schmelzen hindeutet. Dies würde für die Haltbarkeit des feuerfesten Materials eine ausgesprochene Gefahrenzone bei den Vorgängen im Innern des Ofens gemäß Abb. 477 darstellen (im Diagramm schraffiert), deren Umgehung in dieser Reaktionsfolge kaum möglich wäre!

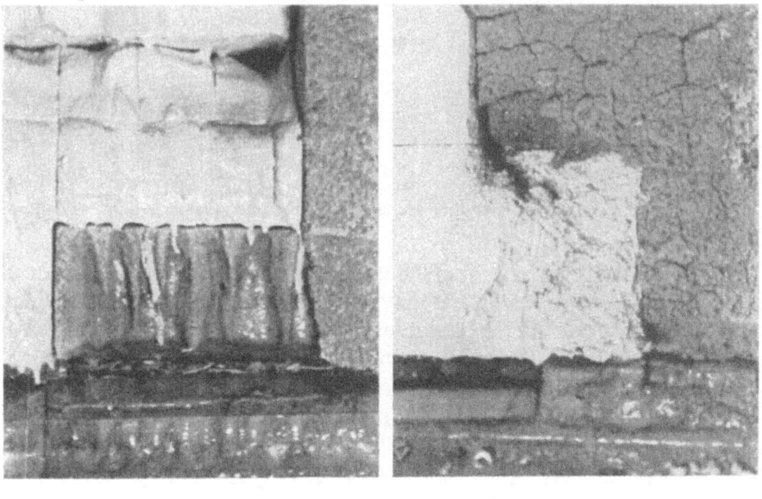

Abb. 479. Anordnung von a) Silika über Sillimanit, b) Sillimanit über Silika

Die Grenzschichten von Sillimanit in der Nähe der Zusammensetzung des Punktes *c* zeigen fast ausnahmslos eine ausgezeichnete *Korund*entwicklung (vgl. Ziff. 5.121), während die Randzonen von Steinchen usw., die schon mehr von Glas durchsetzt sind, in der Nähe der Punkte *d* und *e* fast immer Ausscheidung von *Nephelin* zeigen. Aus der Häufigkeit dieser Erscheinungen darf geschlossen werden, daß die Gebietsteile primärer Kristallphasen entsprechend den Eintragungen im Diagramm gelegen sind.

Von besonderem Interesse ist noch die Frage, welche Verschiebung der Zusammensetzung der

Randzonen von Steinchen eintritt, wenn aus der tonerdehaltigen Glaszelle z. B. Nephelin primär auskristallisiert. Da eine Mischung des tonerdehaltigen Glases *e* mit Nephelin sich auf der Linie in Richtung auf den Punkt $Na_2O \cdot Al_2O_3 \cdot 2\,SiO_2$ hinzu bewegen würde, tritt im umgekehrten Falle auch das Umgekehrte ein: Die Zusammensetzung des Glasur- oder „Zellen"restes *e* bewegt sich nach dem Auskristallisieren von Nephelin von dem Punkt $Na_2O \cdot Al_2O_3 \cdot 2\,SiO_2$ über den Punkt *e* in Richtung des Pfeiles. Man erkennt also an dieser Eintragung, daß sämtliche Vorgänge sich in einem solchen Diagramm schematisiert verfolgen lassen und in dem Augenblick klar und in allen

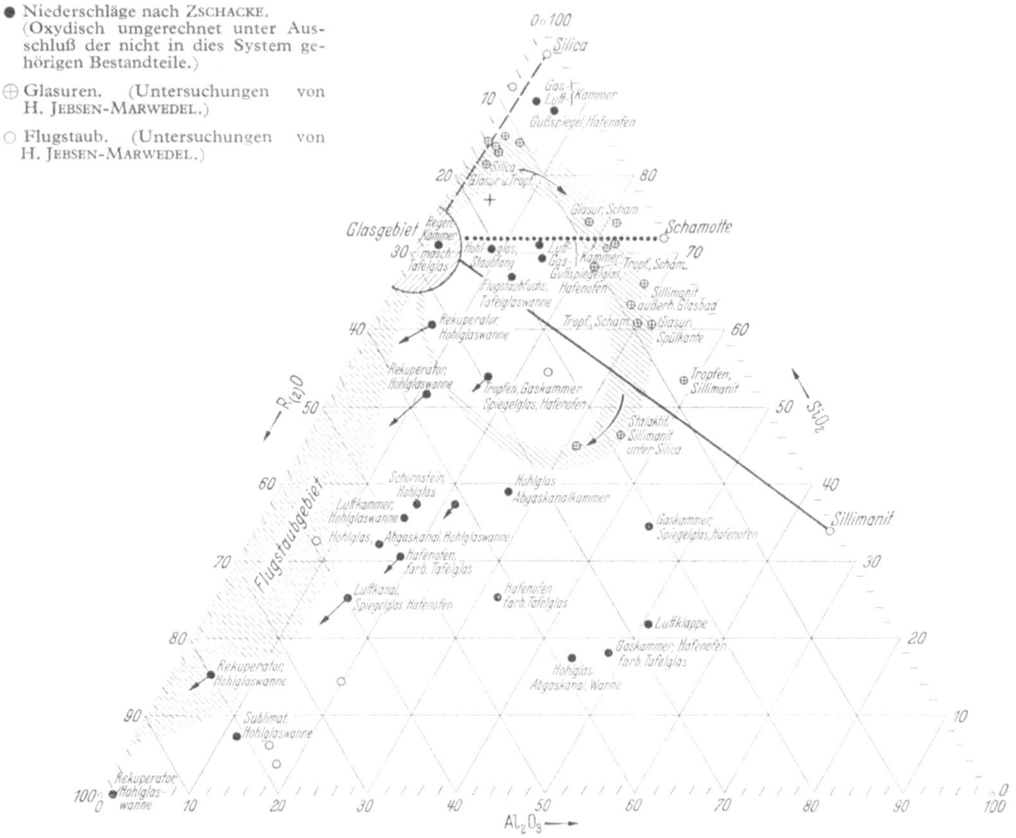

Abb. 480. Analytische Eintragungen im Dreistoffdiagramm Al_2O_3–SiO_2–$R_{(2)}O$. Kreisprozeß der Schlacke

ihren Auswirkungen zu überschauen sein müssen, in welchem das phasentheoretische Gleichgewichtsdiagramm des Dreistoffsystems SiO_2–Al_2O_3–$R_{(2)}O$ vorliegt.

Die niedrigere Gleichgewichtstemperatur einer bestimmten Zusammensetzung mit darin ausgeschiedenen Kristallen sagt an sich wenig über die Gefahr der Schlackenbildung in Form von Tropfen usw. aus, weil Isothermen und Linien gleicher Viskosität (analog Abb. 4) *unabhängig* voneinander verlaufen. U.U. kann ein „Glasschleim", der noch keine Kristallisation ausgebildet hat, durch seine Strengflüssigkeit weniger dazu neigen, das Glas zu stören, als wenn er Kristalle ausscheidet, die ein Rest- oder „Zwischenglas" von geringerer Zähigkeit hinterlassen, das nun knoten- oder schlierenbildend „aussickert".

Zur Frage der möglichen Zusammensetzung der Glasuren im Ofeninneren, wie sie sich aus verstaubten oder verdampften Anteilen bilden, sei auf Untersuchungen von ZSCHACKE [*166*] „Über Niederschläge in Glasschmelzöfen" zurückgegriffen. Er untersuchte die Ablagerungen in den Abgasräumen. Die angegebenen Zusammensetzungen enthalten fast immer schon Lösungsbestandteile der Unterlage, also Schamotte; sie wären also als Übergangsprodukte zwischen Glas und Stein bzw. vormaligem Staub und Stein zu bewerten. Unter ihnen befinden sich solche mit einer Erweichung bei 620 °C. Rechnet man die dortigen Angaben oxydisch um (zur Vereinfachung einer grundsätzlichen Betrachtung unter Ausschluß der *nicht* in das System Al_2O_3–SiO_2–$R_{(2)}O$ gehörigen Bestandteile), so ergeben sich die in Abb. 480 eingetragenen schwarzen Punkte. Der erste Blick verrät, daß praktisch mit jeder beliebigen Zusammensetzung nach der tonerdeärmeren Seite hin zu rechnen ist. Darüber hinaus ergibt sich bei näherer Betrachtung, daß oft ein an Alkali reicherer Anteil vorliegt, wenn die Stelle der Probenahme weiter von der Einlegestelle weg (näher dem Kamin) gelegen war. Das würde bedeuten, daß entweder unter dem Verstaubenden eine regelrechte Windsichtung stattfinden kann oder das verdampfte Alkali später so kondensiert, daß an entfernter liegenden Punkten eine Anreicherung an Alkalien stattfindet. Damit kann u. U. im Gebiet einer niedrigeren Temperatur ein ebenso starker Verschlackungs- bzw. Erweichungsprozeß einsetzen, wie andernorts bei höherer. Dies läßt sich analog auf das Glasofeninnere selbst anwenden und gilt z. B. auch für Temperaturgebiete unterhalb von 1250°, in denen Sulfat als Kondensationsprodukt auftritt (vgl. folg. Ziffer).

Verändert man die Lage dieser Punkte im Diagramm dadurch, daß man sie ihrer Lösungsbestandteile an ff. Material entkleidet (aus dem Al_2O_3-Gehalt zuzüglich einem, einer normalen Schamotte entsprechenden SiO_2-Anteil zu berechnen), so bewegen sie sich meist auf den $R_{(2)}O$-Rand des Diagrammes zu. Die Angaben ZSCHACKEs lassen dies für die mit Pfeil versehenen Werte zu. Sucht man nun aus zusätzlichen Analysen von Glasuren im Ofeninneren dasjenige Gebiet auf, auf welches die meisten Verstaubungswerte entfallen, so ergibt sich das schraffiert-gestrichelte „Flugstaubgebiet". Damit bestätigt sich, daß die Gefahr der Bildung eutektischer Schmelzflüsse sehr groß ist. Denn von hier aus findet in der Regel eine Anreicherung an Silikabestandteilen (des Oberbaus) statt. Dabei wird das Glasgebiet durchlaufen oder gestreift. Die Anreicherung an Silikabestandteilen ist aber begrenzt, denn alsbald ändert sich – um bei dem obigen Beispiel zu bleiben – die Unterlage durch fortschreitendes Abtriefen. Trifft sie auf Schamotte oder Sillimanit, so findet eine mehr oder weniger plötzliche Ablenkung der Schlackenglasur nach dorthin statt.

Tropfende Schlacke von anderen Steinen hat meistens eine Zusammensetzung, die durch Anreicherung der Glasur an Flußmitteln einerseits und Lösungsbestandteilen andererseits *außerhalb* der geradlinigen Verbindung Glas/Stein liegt und damit zeigt, daß sich Vorgänge abspielen, die *außerhalb* des durch die Konstruktionselemente des Ofens eigentlich „vorgeschriebenen" Verlaufes liegen.

Zuletzt gelangt die an ff. Material angereicherte Glasur tropfend oder sonstwie in die Schmelze des Glasgebietes. Der (schraffierte) Kreis ist damit geschlossen. Das bestrichene Feld des Diagramms enthält die eutektischen Gefahrenpunkte. Sie zu umgehen, ist eine Frage der chemisch-technischen Ofenkonstruktion, nachdem man die Einzelheiten gegenseitiger Einwirkung der Reaktionsteilnehmer besser kennengelernt haben wird. – Es gereicht zur Genugtuung für entwickelte Vorstellung, daß eingeschickte Schlackenproben tatsächlich nach ihrem analytischen Befund auf den schraffiert angedeuteten Kreisprozeß entfallen oder wenigstens in seine Nähe, was bei der Vielgestaltigkeit möglicher Vorgänge in Glasöfen als Bestätigung für den geschilderten Sachverhalt angesehen werden darf.

8.8 Galle außerhalb des Glases

Die Verglasung und Verschlackung des Ofeninneren braucht nicht immer durch Flugstaub verursacht zu werden. Die Rückläufigkeit von Dissoziationen mit sinkender Temperatur ist ebenfalls daran beteiligt.

Um einen Begriff davon zu geben, *wie* wirksam die jeweiligen Gleichgewichtsbedingungen z. B. für Sulfat in den verschiedenen Ofenteilen, z. B. einer Glasschmelzwanne sind, wird in Abb. 481

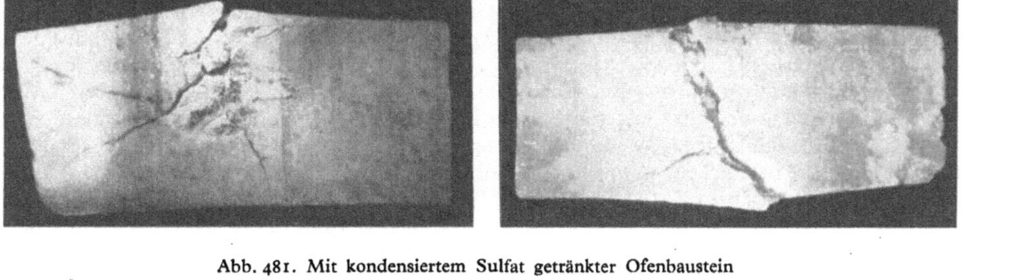

Abb. 481. Mit kondensiertem Sulfat getränkter Ofenbaustein

ein Stein gezeigt, der als Bauelement eines Flachbogens vor der Entnahmestelle diente, wohin kein Gemengestaub gelangen konnte. Dort herrschte während des Betriebes eine Temperatur von etwa 1100 bis 1150 °C, die geeignet ist, wenn die Bestandteile SO_2 und O_2 sich gleichzeitig in der Ofenatmosphäre vorfinden, die Rück- bzw. Neubildung von Sulfat (Galle) zu verursachen. Der Schmelzpunkt des Sulfats liegt bei 880°. Kondensiert das Salz in porösem Material, z.B. Schamotte, so dringt es, der abfallenden Temperatur folgend, in den Kapillarräumen vor, um sie schließlich erstarrend restlos auszufüllen. Dieser Vorgang lag dem Befund aus der Abb. 481 zugrunde. Die ausgebauten, noch völlig formgerechten Steine ließen mit dem Auge kaum eine Veränderung erkennen. Erst als sie längere Zeit an der Luft lagen, kam es zunächst zu Ausblühungen, dann zum Quellen des Steines, schließlich zu seinem Platzen unter dem Einfluß der sprengenden Wirkung des sich zu $Na_2SO_4 \cdot n$ aq umwandelnden Sulfates. – Abgesehen von einer Korrosionsgefährdung des ff. Materials (Tropfenbildungen wie in Abb. 412) zeigt dieses Beispiel, welch große Rolle den Gleichgewichtsverschiebungen chemischer Reaktionen im Glasschmelzofen in jeder Beziehung zukommt, auch wenn nur geringe Mengen daran beteiligt sind. Die Zeit ersetzt, was an Menge fehlt.

Derartige Rückbildungs- und Ablagerungserscheinungen finden besonders dann statt, wenn die Brennstoffe (Kohle, Öle) viel Schwefel enthalten. Seitdem die Verwendung von schwefelreichem Heizöl in der deutschen Glasindustrie stark zugenommen hat, wird man auch hier auf diese Möglichkeit achten müssen. Der *Ursprung* der Bestandteile in der Ofenatmosphäre ist aber ohne Bedeutung für ihre Verdichtbarkeit [*167*], so daß auch dissoziiertes Sulfat, das als Gemengebestandteil eingeführt wurde, an ihr teilnimmt.

9 Schrifttum

V. Entglasungen, Steinchen, Knoten (Feste Körper im Glas)

[*1*] PLENSKE, E.: Über das Wesen, die Ursache und Verhütung der Glasfehler. Sprechsaal Bd. 44 (1911) Nr. 1. – STAHL, C. J.: Glasfehler, ihre Ursachen und Verhütung, ihre Pflege und Ausnützung in der Glastechnik unserer Zeit. Glashütte (1920/21) ab Nr. 52. – PEDDLE, C. J.: Mängel des Glases. Teil I: Steine. Glass Bd. 2 (1924/25) S. 612. Ref. Glastechn. Ber. Bd. 5 (1927/28) S. 36. – SPRINGER, L.: Erfahrungen und Untersuchungen über Glasfehler. Glastechn. Ber. Bd. 3 (1926) S. 395. / Sprechsaal Bd. 60 (1927) Nr. 28. / Sprechsaal Bd. 63 (1930) Nr. 25. / Sprechsaal Bd. 64 (1931) Nr. 7. Ref. Glastechn. Ber. Bd. 9 (1931) S. 177. – EITEL, W.: I. Teil: Steiniges Glas. Glastechn. Ber. Bd. 11 (1933) S. 95. – HUNDESHAGEN, F.: Studien über fehlerhafte Gläser. Glastechn. Ber. Bd. 8 (1930) S. 530; Bd. 9 (1931) S. 35. – INSLEY, H.: Über die Entwicklung von Steinen im Glas. J. Amer. ceram. Soc. Bd. 6 (1923) S. 706. – INSLEY, H.: Die mikroskopische Untersuchung steiniger Ausscheidungen im Glas. J. Amer. ceram. Soc. Bd. 7 (1924) S. 14. – INSLEY, H.: Feststellung der Ursachen von Steinen im Glase und Mittel zu ihrer Beseitigung. J. Res. Nat. Bur. Stand. Bd. 2 (1929) S. 1077. / J. Amer. ceram. Soc. Bd. 12 (1929) S. 143. / Glass Bd. 6 (1929) S. 146. Ref. Glastechn. Ber. Bd. 7 (1929/30) S. 524. – BOWEN, N. L.: Die Bestimmung der Steine im Glas. J. Amer. ceram. Soc. Bd. 1 (1918) S. 594. – SMIRNOW, H. H.: Über Kristalle aus Stalaktiten eines Glasschmelzofens. Arbeiten des (russ.) Staatlichen Experimentalinstitutes der Silikate. Moskau (1924) Nr. 16, S. 9. Ref. Glastechn. Ber. Bd. 4 (1926/27) S. 438. – INSLEY, H.: Das Gesteinsmikroskop als Instrument für den Glastechnologen. J. Amer. ceram. Soc. Bd. 11 (1928) S. 812. Ref. Glastechn. Ber. Bd. 7 (1929/30) S. 395. – DIETZEL, A.: Die Identifizierung der Entglasungsprodukte von technischen Kalk–Natron–Kieselsäure-Gläsern. Glastechn. Ber. Bd. 9 (1931) S. 307. – SPRINGER, L.: Über steiniges Glas. Sprechsaal Bd. 69 (1936) S. 550, 564. Ref. Glastechn. Ber. Bd. 14 (1936) S. 364. – THOMPSON, C. L.: Bestimmung von Steinen im Glas. (Identification of stones in Glass.) Glass Ind. Bd. 17 (1936) S. 236. Ref. Glastechn. Ber. Bd. 14 (1936) S. 365. – F.A. Bericht d. DGG. Nr. 37: Einfache Anleitung zur Bestimmung von Steinchen im Glas. – (ohne Verf.Angabe): Die Eigenschaften der Glassteine. (The properties of Glass stones.) Glass Ind. Bd. 19 (1938) S. 272. Ref. Glastechn. Ber. Bd. 16 (1938) S. 271. – HÜBSCHER, M.: Glasfabrikationsfehler. Teil I: Entglasungen. Leipzig: Fachbuchverlag 1954. Ref. Glastechn. Ber. Bd. 28 (1955) S. 79. – THOMPSON, C. L.: Die Identifizierung von Steinchen im Glas. (The identification of stones in Glass.) Glass Ind. Bd. 17 (1936) S. 265. Ref. Glastechn. Ber. Bd. 16 (1938) S. 207. – FANDERLIK, M.: Steinchen im Glase (orig. tschech.). Sklar. Rozhl. Bd. 16 (1939) S. 105. Ref. Glastechn. Ber. Bd. 18 (1940) S. 165. – KNIGHT, M. A.: Ein Führer zur Feststellung der Herkunft von Steinen im Glas. (Glass-plant guide to identification of stones in glass.) Glass Ind. Bd. 28 (1947) S. 69, 90, 92, 94, 96. Ref. Glastechn. Ber. Bd. 22 (1948/49) S. 370. – FABIANIC, W. L.: Glassteinchen. (Glasshouse stones.) J. Amer. ceram. Soc. Bd. 27 (1944) S. 330. Ref. Glastechn. Ber. Bd. 23 (1950) S. 140. – LARSSON, T.: Einige Steinchentypen im Glase in der Glashütte von Drammen, Norwegen (orig. schwed.). Glastekn. T. Bd. 5 (1950) S. 47. Ref. Glastechn. Ber. Bd. 24 (1951) S. 46. – TAYLOR, H. E.: Die Bestimmung von Steinen im Glas. (How to identify stones in glass.) Ceram. Ind. Bd. 55 (1950) Nr. 6 S. 62, 107. Zit. Glastechn. Ber. Bd. 25 (1952) S. 221. – HILL, D. K. u. H. E. TAYLOR: Die Prüfung von Steinchen im Glas durch das Auge. (The visual examination of stones in glass.) J. Soc. Glass Technol. Bd. 34 (1950) News S. 78. Ref. Glastechn. Ber. Bd. 25 (1952) S. 421. – LINDROTH, ST.: Steinchen im Glas (orig. schwed.). Glastekn. T. Bd. 6 (1951) S. 3. Ref. Glastechn. Ber. Bd. 26 (1953) S. 185. – SWIFT, H. R.: Praktische Erleichterung des Studiums von Steinchen im Glas. (Practical

approach to the study of stones in Glass.) Glass Ind. Bd. 34 (1953) S. 191, 220. Ref. Glastechn. Ber. Bd. 26 (1953) S. 319. – RADEMAKER, S. C.: Die Identifizierung von Steinchen im Glase. (Vortrag 1953.) Ref. Glastechn. Ber. Bd. 27 (1954) S. 101. – INSLEY, H. u. F. VAN DERCK: Mikroskopie der Keramik und Zemente. (Microscopy of ceramics and cements.) New York: Academic Press (1955). Ref. Glastechn. Ber. Bd. 29 (1956) S. 28.

[2] WEISS, TH. u. L. TREINEN: Beitrag zur Unterscheidung von Steinchen im Glase. Glastechn. Ber. Bd. 10 (1932) S. 646.

[3] DIETZEL, A.: Methoden zur Untersuchung von Steinchen und Knoten im Glas. Sprechsaal Bd. 66 (1933) S. 837, 853, 867. Ref. Glastechn. Ber. Bd. 12 (1934) S. 235.

[4] HOLLAND, A. J. u. E. PRESTON: Die mikroskopische Prüfung und Identifizierung von Kristallausscheidungen in handelsüblichen Gläsern. (The microscopical examination and identification of crystalline products in commercial glasses.) J. Soc. Glass Technol. Bd. 21 (1937) S. 395. Ref. Glastechn. Ber. Bd. 16 (1938) S. 173. – HOLLAND, A. J. u. E. PRESTON: Die mikroskopische Prüfung und Identifizierung von Kristallausscheidungen in handelsüblichen Gläsern. II. (The microscopical examination and identification of crystalline products in commercial glasses. II.) J. Soc. Glass Technol. Bd. 22 (1938) S. 82. Ref. Glastechn. Ber. Bd. 16 (1938) S. 271.

[5] PUTNOKY, L. VON u. N. VON BOBEST: Beitrag zur Untersuchung der Steinchenfehler im Glas. Sprechsaal Bd. 72 (1939) S. 402. Ref. Glastechn. Ber. Bd. 17 (1939) S. 312.

[6] WECKERLE, K.: Über die chemische Untersuchung von Steinchen und Schlieren in Gläsern. Sprechsaal Bd. 74 (1941) S. 29. Ref. Glastechn. Ber. Bd. 19 (1941) S. 132.

[7] ZARBO, G. J., H. J. HUNT u. D. C. SMITH: Analyse von Schlieren und Steinen. (Analysis of cords and stones.) J. Amer. ceram. Soc. Bd. 27 (1944) S. 138. Ref. Glastechn. Ber. Bd. 22 (1948/49) S. 263.

[8] TAYLOR, H. E. u. D. K. HILL: Die Identifizierung von Steinen im Glas. (The identification of stones in glass.) J. Soc. Glass Technol. Bd. 34 (1950) S. 25. Ref. Glastechn. Ber. Bd. 24 (1951) S. 46.

[9] TAYLOR, H. E. u. D. K. HILL: Die Bestimmung von Steinchen im Glas durch physikalische Methoden. (The identification of stones in glass by physical methods.) The Glass Delegacy of the University of Sheffield. Sheffield (1952). Ref. Glastechn. Ber. Bd. 26 (1953) S. 221.

[10] LYLE, A. K.: Einige gewöhnliche Quellen und Gründe für „Steinchen" im Glas kontinuierlich arbeitender Schmelzöfen. (Some common sources and causes of stones in glass from continuous melting furnaces.) Bull. Amer. ceram. Soc. Bd. 31 (1952) S. 240. Ref. Glastechn. Ber. Bd. 27 (1954) S. 50.

[11] ROOKSBY, H. P.: Bestimmung kristalliner Einschlüsse in Glas durch Röntgenstrahlbeugung. (Identification by X-ray diffraction of crystalline inclusions in glass.) Analyst Bd. 77 (1952) S. 759. Ref. Glastechn. Ber. Bd. 27 (1954) S. 473.

[12] ANGENOT, P.: Technik der Probenahme und Analyse von Glaseinschlüssen. (Technique de prélevement et d'analyse d'inclusions dans le verre.) Atti III. Congr. intern. Vetro, Venedig (1953) S. 558. Ref. Glastechn. Ber. Bd. 28 (1955) S. 167.

[13] LESTER, W. R.: Der Einfluß von Kieselsäuresteinchen auf die Festigkeit von Glasbehältern. (Influence of silica stones on the strength of glass containers.) Glass Ind. Bd. 23 (1942) S. 461. Ref. Glastechn. Ber. Bd. 22 (1948/49) S. 153.

[14] SPÄTE, F.: Über die Untersuchung von Glas mittels des polarisierten Lichtes. Glastechn. Ber. Bd. 2 (1924/25) S. 1. – LEHNERT, L. H.: Ein neuer Glasspannungsprüfer. Glastechn. Ber. Bd. 25 (1952) S. 49.

[15] LÖFFLER, J.: Identifizierung von Chromeisensteinkörnern im Sand. Glastechn. Ber. Bd. 25 (1952) S. 129.

[16] GLASER, C.: Das Erhitzungsmikroskop und seine Bedeutung für die glastechnische Forschung. Glastechn. Ber. Bd. 4 (1926/27) S. 161. – DIETZEL, A., O. W. FLÖRKE u. H. SAALFELD: Ein einfaches Hochtemperaturmikroskop. Ber. DKG Bd. 31 (1954) S. 80. Zit. Glastechn. Ber. Bd. 27 (1954) S. 347. – SPANGENBERG, K.: Ein neues Hochtemperaturmikroskop und seine Anwendungsmöglichkeiten. Vortrag auf dem 4. Steine- und Erden-Tag in Aachen vom 29./30. 4. 1954. Ref. Sprechsaal Bd. 87 (1954) S. 596.

[17] WINCHELL, A. N.: Die mikroskopischen Charakteristiken der künstlichen anorganischen festen Stoffe oder künstlichen Mineralien. (The Microscopic Characters of Artificial Inorganic Solid Substances or Artificial Minerals.) 2. Aufl. New York (1931).

[18] GRIMSHAW, R. W., A. WESTERMAN u. A. L. ROBERTS: Symposium über die Siliciumdioxyd-Umwandlung. (A symposium on silica inversions.) Trans. Brit. ceram. Soc. Bd. 48 (1948) S. 280. Ref. Glastechn. Ber. Bd. 27 (1954) S. 90. – TOOL, A. QU. u. J. B. SAUNDERS: Ausdehnungsverhältnisse bei der Umwandlung von Kieselsäurekristallen in gewissen entglasten Gläsern. (Expansion effects on the inversion of silica crystals in certain devitrified glasses.) J. Res. Nat. Bur. Stand. Bd. 21 (1938) S. 773. Ref. Glastechn. Ber. Bd. 18 (1940) S. 224. – TOOL, A. QU. u. H. INSLEY: Beobachtungen über kristallisierte Kieselsäure in bestimmten entglasten Gläsern. (Observations on crystalline silica in certain devitrified glasses.) J. Res. Nat. Bur. Stand. Bd. 21 (1938) S. 743. Ref. Glastechn. Ber. Bd. 17 (1939) S. 254. – RIECK, G. D. u. J. M. STEVELS: Einfluß einiger Metallionen auf die Entglasung. (The influence of some metal ions on the devitrification of glasses.) J. Soc. Glass Technol. Bd. 35 (1951) S. 284. Ref. Glastechn. Ber. Bd. 27 (1954) S. 89. – RIECK, G. D.: Einige Gesichtspunkte zum Problem der Entglasung von Quarzglas (orig. holländ.). Chem. Weekbl. Bd. 48 (1952) S. 713. Ref. Glastechn. Ber. Bd. 27 (1954) S. 214. – KAINARSKI, I. S. u. E. W. DEGTJAREWA: Kristallisationsvorgänge beim Quarzglas (orig. russ.). Dokl. Akad. Nauk SSSR (1953) Nr. 2 S. 355. Ref. Glastechn. Ber. Bd. 28 (1955) S. 31. – VOGEL, W.: Aufklärung und Identifizierung von Steinchenbildung und Kristallisationserscheinungen in optischen Silikatgläsern. Silikattechnik Bd. 6 (1955) S. 469.

[19] EITEL, W.: Physikalische Chemie der Silikate, Teil IV. Das System SiO_2. S. 280. Leipzig: Leopold Voß (1929). – FENNER, C. N.: Die Beziehungen zwischen Tridymit und Cristobalit. Trans. Soc. Glass Technol. Bd. 3 (1919) S. 116. Ref. Glastechn. Ber. Bd. 1 (1923/24) S. 88.

[20] FLÖRKE, O. W.: Strukturanomalien bei Tridymit und Cristobalit. Ber. DKG Bd. 32 (1955) S. 369.

[21] TROSTEL, L. J.: Über das Auftreten von Quarz bei der Entglasung von Quarzglas. (Note on the appearance of quartz as a devitrification product of vitreous silica.) Bull. Amer. ceram. Soc. Bd. 15 (1936) S. 85. Ref. Glastechn. Ber. Bd. 14 (1936) S. 231.

[22] DIETZEL, A. u. O. W. FLÖRKE: Gleichgewichtszustände im flüssigen Glas. Glastechn. Ber. Bd. 28 (1955) S. 423.

[23] LAPINE, V.V.: Zirkondioxyd als Steinchen im Glas (orig. russ.). Ber. Akad. Wiss. UdSSR Bd. 84 (1952) Nr. 3 S. 567. Ref. Chim. et Ind. Bd. 68 (1952) S. 914. Ref. Glastechn. Ber. Bd. 26 (1953) S. 187.

[24] BELLIÈRE, M.: Des Cristaux héxagonaux dans du verre devitrifié. Ann. Soc. géol. Belg. Bd. 47 (1925) S. 89. – BELLIÈRE, M.: Wollastonitkristalle im entglasten Glase. Glass Bd. 5 (1928) S. 159. Ref. Glastechn. Ber. Bd. 8 (1930) S. 423. – BELLIÈRE, M.: Eine merkwürdige Bildung von Pseudowollastonit bei der Abkühlung eines Wannenofens. Rev. belge Ind. verr. Bd. 3 (1932) S. 218. – BELLIÈRE, M.: Die Kristallbildung von Pseudowollastonit bei Entglasung. Verre et Silice ind. Bd. 5 (1934) S. 162. Ref. Glastechn. Ber. Bd. 12 (1934) S. 318.

[25] (a) KÖPPEN, N. u. H. WICKERT: Glaserit als ungewöhnliche Kristallausscheidung in einer Glasgalle. Glastechn. Ber. Bd. 27 (1954) S. 17.
(b) JOCHMANN, F.: Fluorgalle – Fluor im Opakglas. Glas-Email-Keramo-Technik Bd. 5 (1954) S. 85.

[26] (ohne Verf.Angabe): Nephelin-„Würmer", ihre Ursache und Beseitigung. (Nephelite „worms"-their cause and cure.) Glass Ind. Bd. 18 (1937) S. 417. Ref. Glastechn. Ber. Bd. 16 (1938) S. 173.

[27] KÖPPEN, N.: Noseanbildung bei Schamottesteinchen. Glastechn. Ber. Bd. 29 (1956) S. 16.

[28] KÖPPEN, N.: Analbit in der Reaktionszone zwischen sauerem feuerfestem Stein und Glasschmelze. Glastechn. Ber. Bd. 27 (1954) S. 169.

[29] TAMMANN, G.: Über die Gläser als unterkühlte Flüssigkeiten. Glastechn. Ber. Bd. 3 (1925/26) S. 73.

[30] MOREY, G. W. u. N. L. BOWEN: Benennung der neuen Natron–Kalk-Kieselsäure-Verbindung $Na_2O \cdot 3CaO \cdot 6SiO_2$. Glass Ind. Bd. 12 (1931) S. 133. Ref. Glastechn. Ber. Bd. 9 (1931) S. 409.

[31] BELJANKIN, D. S. u. W. W. LAPIN: Steine im Glas des Moskauer (Glühlampen)Kolbenglaswerkes (orig. russ.). Akad. Nauk SSSR, Iswest. Otdel. techn. Nauk (1940) Nr. 3 S. 81. Ref. Glastechn. Ber. Bd. 20 (1942) S. 265.

[32] (ohne Verf.Angabe): Glasfehler als Verzierung. Dtsch. Glaserztg. Bd. 53 (1942) Nr. 13 S. 3. Ref. Glastechn. Ber. Bd. 21 (1943) S. 17.

[33] BEYERSDORFER, P.: Studien über Aventuringlas. Glastechn. Ber. Bd. 21 (1943) S. 1.

[34] DRALLE-KEPPELER: Die Glasfabrikation, 2. Aufl., Bd. 2. München: Oldenbourg. – LIESEGANG, R. E.: Entglasung. Sprechsaal Bd. 46 (1913) S. 703. – BOWEN, N. L.: Über die Entglasung. J. Amer. ceram. Soc. Bd. 2 (1919) S. 261. – KNOBLAUCH, H.: Über die Entglasungserscheinungen in der Praxis der Glashüttenbetriebe. Sprechsaal Bd. 57 (1924) S. 234 (Sonderdruck). Ref. Glastechn. Ber. Bd. 6 (1928/29) S. 143. – PAYNE, A. R.: Entglasung des Kalk–Kieselsäure-Glases in einer Wanne. J. Amer. ceram. Soc. Bd. 7 (1924) S. 271. Ref. Glastechn. Ber. Bd. 10 (1932) S. 656. – PEDDLE, C. J.: Mängel des Glases. Teil IV: Entglasung. Glass Bd. 2 (1924/25) S. 736, 776, 797, 816, 835, 852, 888, 910. Ref. Glastechn. Ber. Bd. 5 (1927/28) S. 275.– SMIRNOFF, N. N.: Die Mikrostruktur entglaster Gläser. U.S.S.R. Scient.-techn. Departm. Nr. 176. Trans. State Exp. Inst. Silicates (1926) Nr. 26. Ref. Glastechn. Ber. Bd. 9 (1931) S. 51. – KITAIGORODSKY, J. J.: Untersuchung der Entglasung. J. Soc. Glass Technol. Bd. 13 (1929) S. 219. – GROSSMANN, V.: Entglasungserscheinungen. Glastechn. Ber. Bd. 7 (1929/30) S. 269. – HUNDESHAGEN, F.: Studien über fehlerhafte Gläser. Glastechn. Ber. Bd. 9 (1931) S. 35; Schrifttumshinweise S. 48. – (ohne Verf.Angabe): Entglasung. Glass Bd. 10 (1933) S. 184, 197. Ref. Glastechn. Ber. Bd. 12 (1934) S. 432. – GRANGER, A.: Die Steine im Glas und die Entglasung. Céram. et Verrer. Emaill. Bd. 2 (1933/34) S. 3, 53, 101, 103, 106, 149, 151, 154, 389. Ref. Glastechn. Ber. Bd. 13 (1935) S. 101. – EITEL, W., M. PIRANI u. K. SCHEEL: Entglasung. Abschn. 24 d. Glastechn. Tabellen S. 612 bzw. 625. Berlin: J. Springer 1932.

[35] INSLEY, H.: Über die Bildung der Steine im Glas. J. Amer. ceram. Soc. Bd. 6 (1923) S. 706. – INSLEY, H.: Bestimmung der Herkunft von Steinen im Glas. J. Amer. ceram. Soc. Bd. 12 (1929) S. 143. – ohne Verf.-Angabe): Wannen-Kontrolle und Entglasung. Glass Ind. Bd. 7 (1926) Nr. 1 S. 1. Ref. Glastechn. Ber. Bd. 4 (1926/27) S. 148.

[36] HERMANN, G.: Kann die Beobachtung von Entglasungen zu technologischen Erkenntnissen führen? Sprechsaal Bd. 59 (1926) S. 142. Ref. Glastechn. Ber. Bd. 4 (1926/27) S. 187.

[37] JEBSEN-MARWEDEL, H.: Kristalltrachten der technischen Kalk–Natron–Silikat-Entglasung und ihre Auslegung. Sprechsaal Bd. 62 (1929) S. 715, 735, 753, 773 (Sonderdruck), 95 Abb. Ref. Glastechn. Ber. Bd. 7 (1929/30) S. 464.

[38] EITEL, W.: Der physikalisch-chemische Zustand des Glases. Glastechn. Ber. Bd. 3 (1925/26) S. 195.

[39] JEBSEN-MARWEDEL, H.: Schmelzen und Formgebung des Glases. S. 44. Leipzig: Akadem. Verlagsges. m. b. H. 1929.

[40] DIETZEL, A.: Der Einfluß der Magnesia auf die Entglasungskonstanten von Natron-Kalk-Gläsern. Glastechn. Ber. Bd. 19 (1941) S. 43.

[41] WIEHR, H.: Über die Kristallisation von einfachen Natriumsilikatgläsern. Sprechsaal Bd. 70 (1937) S. 146, 158, 173, 182, 198. Ref. Glastechn. Ber. Bd. 16 (1938) S. 70.

[42] MEUNIER, G.: Einfluß der Atmosphäre auf die Geschwindigkeit der Oberflächenentglasung von Glas. (Influence de l'atmosphère ambiante sur la vitesse de dévitrification superficielle du verre. Silic. industr. Bd. 15 (1950) S. 210. Ref. Glastechn. Ber. Bd. 24 (1951) S. 102.

[43] KUMANIN, K. G.: Die Struktur und die Eigenschaften von Gläsern vom Blickpunkt der Phasenregel (orig. russ.). Iswestija Akad. Nauk SSSR, Ser. fis. Bd. 4 (1940) S. 588. Ref. Glastechn. Ber. Bd. 20 (1942) S. 326.

[44] (ohne Verf.Angabe): Aus dem Tätigkeitsbericht der Physikalisch-Technischen Reichsanstalt für 1935. Glas u. Appar. Bd. 17 (1936) S. 87. Darin ERK: Kristallbildung in Glas bei Zimmertemperatur. Ref. Glastechn. Ber. Bd. 14 (1936) S. 225.

[45] KERKHOF, F., R. SEELIGER u. W. WESTPHAL: Elektronenmikroskopische Untersuchungen an Opakglasbruchflächen. Glastechn. Ber. Bd. 28 (1955) S. 262.

[46] ZSCHACKE, F. H.: Über Entglasungserscheinungen Sprechsaal Bd. 72 (1939) S. 522. Ref. Glastechn. Ber. Bd. 17 (1939) S. 311.

[47] ZSCHIMMER, E. u. A. DIETZEL: Die Temperatur-Zeit-Kurven der sichtbaren Entglasung bei Spiegelglas. Sprechsaal Bd. 60 (1927) S. 110.

[48] PRESTON, E.: A note on the determination of the devitrification temperatures of glasses. J. Soc. Glass Technol. Bd. 24 (1940) S. 101. Ref. Glastechn. Ber. Bd. 19 (1941) S. 133. – KUMANIN, K. G. u. JE. JA. MUCHIN: Polythermische Methode zur Untersuchung der Kristallisationsneigung von Gläsern (orig. russ.). Opt.-Mechan. Prom. Bd. 10 (1940) Nr. 1 S. 3. Ref. Glastechn. Ber. Bd. 19 (1941) S. 235. – (ohne Verf.Angabe): Neue Methoden zur Untersuchung von Kristallisation in Gläsern. (New method studies crystallisation in glasses.) Glass Ind. Bd. 31 (1950) S. 410. Ref. Glastechn. Ber. Bd. 24 (1951) S. 133. – GRAUER, O. H. u. E. H. HAMILTON: Eine verbesserte Apparatur zur Bestimmung von Schmelztemperaturen und Kristallwachstumsgeschwindigkeiten in Gläsern. (An improved apparatus for the determination of liquidus temperatures and rates of crystal growth in glasses.) J. Res. Nat. Bur. Stand. Bd. 44 (1950) S. 459. Ref. Glastechn. Ber. Bd. 24 (1951) S. 255

[49] PRESTON, E.: Kristallisationsverhältnisse in einem Natron–Kalk–Magnesia -Kieselsäure-Tafelglas und der Entglasungsvorgang. (The crystallisation relationsships of a soda-lime-magnesia-silica glass as used for drawn sheet and the process of devitrification. J. Soc. Glass Technol. Bd. 24 (1940) S. 139. Ref. Glastechn. Ber. Bd. 19 (1941) S. 364.

[50] EITEL, W.: Physikalische Chemie der Silikate. Leipzig: Leopold Voß (1929). – EITEL-PIRANI-SCHEEL: Glastechn. Tabellen S. 614. Berlin: Springer 1932.

[51] KALSING, H., R. SCHMIDT u. M. THOMAS: Über das Kristallisationsvermögen technischer Gläser. Glastechn. Ber. Bd. 21 (1943) S. 66.

[52] MÜHLIG, J. M.: Die Glaszusammensetzung von FOURCAULT-Glas. Glastechn. Ber. Bd. 12 (1936) S. 45.

[53] MOREY, G. W.: Einfluß der Tonerde auf die Entglasung eines Kalk–Natron–Kieselsäure-Glases. J. Amer. ceram. Soc. Bd. 13 (1930) S. 73. Ref. Glastechn. Ber. Bd. 9 (1931) S. 169.

[54] MÜLLENSIEFEN, W. u. E. ZSCHIMMER: Über den Einfluß der Tonerde auf die Entglasungskonstanten der Natron–Kalk–Silikat-Gläser. Glastechn. Ber. Bd. 9 (1931) S. 280; dort ausführliche Schrifttumsangaben.

[55] TABATA, K., K. YEGAMI u. K. TODA: Über die Entglasung der Gläser. 5. Bericht. Ber. elektrotechn. Forschungslabor. Tokyo (1929) Nr. 269. Ref. Glastechn. Ber. 8 (1930) S. 32.

[56] SILVERMANN, W. B.: Wirkung von Tonerde auf die Entglasung von Natron–Kalk–Magnesia-Gläsern. (Effect of Alumina on devitrification of sodium oxide-dolomite-lime-silica glasses.) J. Amer. ceram. Soc. Bd. 23 (1940) S. 274. Ref. Glastechn. Ber. Bd. 19 (1941) S. 233.

[57] HLAVAC, J. u. M. LHOTA: Hochtonerdehaltige Flaschengläser unter dem Gesichtspunkt der Kristallisationseigenschaften (orig. tschech.). Ceskosl. Sklar. Keram. Bd. 4 (1954) S. 276. Ref. Glastechn. Ber. Bd. 28 (1955) S. 250.

[58] MOREY, G. W.: Einfluß der Magnesia auf die Entglasung eines Natron–Kalk–Kieselsäure-Glases. J. Amer. ceram. Soc. Bd. 13 (1930) S. 714. Ref. Glastechn. Ber. Bd. 9 (1931) S. 168. – TABATA, K.: Über die Entglasung des Glases, 4. Bericht. Res. elektrotechn. Labor. Tokyo (1927) Nr. 191. Ref. Glastechn. Ber. Bd. 6 (1928/29) S. 145 und Ergänzung zum 4. Bericht S. 146. – OCHOTIN, M. W. u. R. S. LEWINA: Der Einfluß der Erhöhung des MgO-Gehaltes auf die Kristallisation des Glases (orig. russ.). Steklo i Keram. Bd. 11 (1954) Nr. 11 S. 6. Ref. Glastechn. Ber. Bd. 28 (1955) S. 163.

[59] KITAIGORODSKI, J.: Der Einfluß von Al_2O_3 und MgO auf die Kristallisationsfähigkeit des Glases. Moskau (1928).

[60] RAF, S. JA. u. I. JE. SCHAPIRO: Über die Verminderung des Alkaligehaltes und die Erhöhung der chemischen Widerstandsfähigkeit von FOURCAULT-Glas (orig. russ.). Stekoln. Prom. Bd. 15 (1939) Nr. 10 S. 15. Ref. Glastechn. Ber. Bd. 18 (1940) S. 135.

[61] MOREY, G. W.: Die Wirkung des Boroxyds auf die Entglasung der Natron–Kalk–Kieselsäure-Gläser. Das Vierstoffsystem Na_2O–CaO–B_2O_3–SiO_2. J. Amer. ceram. Soc. Bd. 15 (1932) S. 457. Ref. Glastechn. Ber. Bd. 11 (1933) S. 417.

[62] (ohne Verf.Angabe): Wie vermeidet man Entglasungen und Verwitterungserscheinungen beim FOURCAULT-Glas? Glashütte Bd. 61 (1931) S. 129. Ref. Glastechn. Ber. Bd. 9 (1931) S. 565.

[63] TABATA, K.: Über die Entglasung von Gläsern III. Res. elektrotechn. Labor. Tokyo (1926) Nr. 175. Ref. Glastechn. Ber. Bd. 5 (1927/28) S. 324.

[64] EITEL-PIRANI-SCHEEL: Sämtliche Meßergebnisse s. Glastechn. Tabellen S. 614. Berlin: J. Springer 1932.

[65] TABATA, K., T. MORIYA u. T. SUGAHARA: Über die Entglasung von Glas. Teil 14 u. 15. (On the devitrification of glass.) J. Soc. chem. Ind. Japan Bd. 38 (1935) S. 304 B. Ref. Glastechn. Ber. Bd. 15 (1937) S. 39.

[66] PANUSSJUK, W. I.: Entglasungen in unbeheizten Speisern (orig. russ.). Keram. i Steklo Bd. 13 (1937) Nr. 7 S. 11. Ref. Glastechn. Ber. Bd. 16 (1938) S. 104.

[67] TSCHEREWATENKO, L. W.: Erfahrungen mit dem Schnellziehen von Tafelglas (orig. russ.). Steklo i Keram. Bd. 10 (1953) Nr. 6 S. 4. Ref. Glastechn. Ber. 28 (1955) S. 321.

[68] MARKIN, M. u. W. E. S. TURNER: Die Entglasung der Natron–Kalk–Kieselsäure-Gläser. Von übermäßigem Arsenoxydgehalt. J. Soc. Glass Technol. Bd. 10 (1926) S. 20. Ref. Glastechn. Ber. Bd. 4 (1926/27) S. 184.

[69] SAK, A. P. u. S. J. JOFFE: Der Einfluß von Kochsalz und Sulfat auf die Kristallisation des Tafelglases. Keram. i Steklo, Moskau Bd. 7 (1931) Heft 4 S. 23. Ref. Glastechn. Ber. Bd. 10 (1932) S. 656. – MOREY, G. W.: Die Entglasung von „Pyrex"-Gläsern. J. Amer. ceram. Soc. Bd. 14 (1931) S. 529.

[70] VOGEL, W.: Kristallisationserscheinungen in Phosphatgläsern, ein Beitrag zur Kenntnis der Struktur von Phosphatgläsern. Silikattechnik Bd. 6 (1955) S. 510.

[70] (*a*) LÖFFLER, J.: Die Analyse von Schlieren und Schichten durch Ätzung und Interferenzmessung. Glastechn. Ber. Bd. 27 (1954) S. 381.

[71] JEBSEN-MARWEDEL, H.: Analytischer Nachweis der Homogenitätsstörung einer Glasschmelze durch das Restglas einer umfangreichen Entglasung. Glastechn. Ber. Bd. 25 (1952) S. 140. – HÖGEL, G.: Rechnerische Prüfung der Zusammensetzung einer Glasschmelze nach eingetretener Entglasung. Glastechn. Ber. Bd. 25 (1952) S. 142.

[72] JEBSEN-MARWEDEL, H.: Entglasungsiso(dia)thermen. Sprechsaal Bd. 59 (1926) Nr. 47, 48. Ref. Glastechn. Ber. Bd. 4 (1926/27) S. 387. – JEBSEN-MARWEDEL, H.: Strömungen des Glases in der Wannenschmelze. Glastechn. Ber. Bd. 5 (1927/28).

[73] BULLE, G. u. A. DIETZEL: Über das Trübwerden von gekühlten Glaswaren beim Wiedererhitzen. Sprechsaal Bd. 69 (1936) S. 358. Ref. Glastechn. Ber. Bd. 15 (1937) S. 72.

[74] MOSMIERI, L.: Über ein neues Verfahren für die Erzeugung von vollständig homogenen optischen Gläsern. Atti III congr. intern. Vetro, Venedig (1953).

[75] TABATA, K.: Über die Entglasung von Glas. 2. Bericht. Res. electrotechn. Lab. Tokyo (1925) Nr. 162; (1926) Nr. 165. Ref. Glastechn. Ber. Bd. 4 (1926/27) S. 225. – VILBRANDT, F. C.: Behebung der Oberflächenentglasung von Quarzglas. J. Soc. chem. Ind. Bd. 44B (1925) S. 849. (Nach J. Amer. ceram. Soc. B. 9 (1926) Abstr. S. 149.) – TABATA, K.: Über die Ursachen der Oberflächenentglasung von Gläsern. J. Amer. ceram. Soc. Bd. 10 (1927) S. 6; vgl. TABATA, K.: Res. electrotechn. Lab. Tokyo (1926) Nr. 165. Ref. Glastechn. Ber. Bd. 4 (1926/27) S. 225; Bd. 5 (1927/28) S. 224.

[76] GERMANN, F. O.: Die Entglasung von Glas – eine Oberflächenerscheinung. Die Regenerierung kristallisierter Glasapparate. Proc. Amer. ceram. Soc. Bd. 43 (1920) S. 11. Ref. Glastechn. Ber. Bd. 5 (1927/28) S. 69. – AMENOMIYA, Y.: Über die durch Wärme verursachte Entglasung an der Oberfläche von Fensterglas. J. Soc. Glass Technol. Bd. 6 (1922) S. 231. Ref. Glastechn. Ber. Bd. 1 (1923/24) S. 50.

[77] LÖFFLER, J.: Homogenitätsänderungen von Glasschmelzen durch Entglasung. Glastechn. Ber. Bd. 25 (1952) S. 291.

[78] JEBSEN-MARWEDEL, H.: Fraktionierte Kristallisation technisch reinen Glases. Naturwiss. Bd. 17 (1929) S. 84. (Berichtigung S. 124.)

[79] JEBSEN-MARWEDEL, H.: Entmischung des Glases durch Kristallisation: Paragenese. Sprechsaal Bd. 87 (1954) S. 239.

[80] (ohne Verf.Angabe): 10 Regeln für Blei im Glas. (10 reasons for lead in Glass.) Ceram. Ind. Bd. 59 (1952) Nr. 4 S. 85. Ref. Glastechn. Ber. Bd. 26 (1953) S. 181.

[81] GEPPERT, R. u. A. DIETZEL: Die Entglasungskonstanten einiger Kali–Blei–Silikat-Gläser längs der Bleiglaslinie. Sprechsaal Bd. 67 (1934) S. 591.

[82] BOWEN, N. L.: Über Entglasung. J. Amer. chem. Soc. Bd. 2 (1919) S. 261. Ref. Glastechn. Ber. Bd. 4 (1926/27) S. 347.

[83] BISKE, F.: Die Natur der Kristalle in einigen optischen Gläsern. Arb. Ukrain. Wiss. Silikatforschgsinst. (1929) Lief. 1 S. 20. Ref. Glastechn. Ber. Bd. 9 (1931) S. 674.

[84] ZSCHACKE, F. H.: Einige Hinweise über die Vorbehandlung der Rohstoffe für die Glasschmelze. Glashütte Bd. 71 (1941) S. 454. Ref. Glastechn. Ber. Bd. 20 (1942) S. 21. – CTYROKY, V.: Über einige beim Glasschmelzen mit Gesteinsrohstoffen vorkommende Fehler. Sklár. Rozhl. Bd. 21 (1944) S. 4, dtsch. S. 9. Ref. Glastechn. Ber. Bd. 22 (1948/49) S. 24.

[85] KÖRÖSY, F. DE: Kolloidale Mischungen als Gemenge zum Glasschmelzen. (Colloidal mixtures as batches for glassmelting.) Bull. Amer. ceram. Soc. Bd. 20 (1941) S. 163. Ref. Glastechn. Ber. Bd. 22 (1948/49) S. 146.

[86] DIETZEL, A. u. H. WICKERT: Einige Beobachtungen über das Verhalten von Quarzsand und Quarzmehl in Glasschmelzen. Glastechn. Ber. Bd. 27 (1954) S. 170.

[87] GELSTHARP, F.: Glasfehler entstehen zuerst beim Mischen des Gemengesatzes. (Glass defects first originate in batch mixing operation.) Ceram. Ind. Bd. 34 (1940) Nr. 3 S. 27. Ref. Glastechn. Ber. Bd. 20 (1942) S. 49

[88] ROSENFELD, A.: Ein interessanter Fall von Steinbildung im Glas. Sprechsaal Bd. 64 (1931) S. 542. Ref. Glastechn. Ber. Bd. 10 (1932) S. 93.

[89] ECKERT, F. u. F. H. ZSCHACKE: Praktische Synthesen von Gemengesteinen. Sprechsaal Bd. 64 (1931) S. 227, 243. – KAREFF, J. P.: Über Gemengesteine im Glas. Keram. i Steklo, Moskau Bd. 6 (1930) S. 428. Ref. Glastechn. Ber. Bd. 10 (1932) S. 226.

[90] (ohne Verf.Angabe): Die Art des Kalks für Hohlglasgemenge. (Status of lime in container batches.) Glass Ind. Bd. 17 (1936) S. 92. Ref. Glastechn. Ber. Bd. 15 (1937) S. 186.

[91] LESTER, W. R.: Cyanitsteinchen im Glas. (Kyanite as a glass stone.) Glass Ind. Bd. 21 (1940) S. 395. Ref. Glastechn. Ber. Bd. 19 (1941) S. 132. – SCHMELEWA, N. A.: Gemengesteine in Bleikristallglas (orig. russ.). Steklo i Keram. Bd. 10 (1953) Nr. 6. S. 30. Ref. Glastech. Ber. Bd. 28 (1955) S. 316.

[92] (ohne Verf.Angabe): Einiges über Glasschmelzsande. Glashütte Bd. 65 (1935) S. 507. Ref. Glastechn. Ber. Bd. 14 (1936) S. 221.

[93] EMER, P.: Untersuchungen zur Auflösung von Silikatmineralien und -gesteinen in trockenen Silikatschmelzen. Diss. Techn. Hochschule Karlsruhe (1955).

[94] JEBSEN-MARWEDEL, H.: Bewertung der Homogenität des Gemenges. Glastechn. Ber. Bd. 7 (1929) S. 25.

[95] HARTLEY, F. u. W. J. R. MERREN: Ein Bericht über einige systematische Arbeiten zur Aufklärung des Ursprungs der schwarzen Steinchen im Glas. (An account of some systematic work to establish the origin of blak specks – pierres noires – in glass.) Atti III. Congr. intern. Vetro, Venedig (1953) S. 543. Ref. Glastechn. Ber. Bd. 28 (1955) S. 316.

[96] PRESTON, F. W.: „Chrom-Korund". J. Amer. ceram. Soc. Bd. 17 (1934) S. 356.

[97] INSLEY, H.: Das Gesteinsmikroskop als Instrument für den Glastechnologen. J. Amer. ceram. Soc. Bd. 11 (1928) S. 812. Ref. Glastechn. Ber. Bd. 7 (1929/30) S. 395.

[98] BRASS, W.: Die Zerstörung der feuerfesten Steine durch das Gas und den mitgeführten Flugstaub und die Möglichkeit der Beseitigung dieser schädlichen Einflüsse. Sprechsaal Bd. 60 (1927) S. 553. Ref. Glastechn. Ber. Bd. 6 (1928/29) S 323. – HARTMANN, F.: Ein Prüfverfahren zur quantitativen Bestimmung des Angriffs von Flugstaub auf feuerfeste Steine. Stahl u. Eisen (1927) S. 182. – SCHMITZ, F.: Der Einfluß des Flugstaubes auf die Zerstörung der feuerfesten Steine im Siemens-Martin-Ofen. Ref. Glastechn. Ber. Bd. 5 (1927/28) S. 619.

[99] SCHWEZOW, B. S.: Über Stalaktite eines Wannenofens des Welikodwover Glaswerkes. Arbeiten des Staatlichen Experimentalinstitutes der Silikate. Moskau (1924) Nr. 16 S. 3. Ref. Glastechn. Ber. Bd. 4 (1926/27) S. 438.

[100] ALLOLIO, R.: Entstehung von Glasknoten und Schlieren aus feuerfesten Wannenbaustoffen. Glastechn. Ber. Bd. 14 (1936) S. 125.

[101] LAMORT, J.: Über Entstehung, Prüfung und Verhütung von Tropfen im Wannenglas. Sprechsaal Bd. 69 (1936) S. 250. Ref. Glastechn. Ber. Bd. 14 (1936) S. 261.

[102] BAUM, G.: Methodische Untersuchungen über das Anbringen des Silica-Mörtels beim Neubau von Gewölben. Glastechn. Ber. Bd. 29 (1956) Nr. 11, S. 452.

[103] (ohne Verf.Angabe): Mechanismus der Steinchen- und Knotenbildung an feuerfestem Material in Glasschmelzen. Sprechsaal Bd. 68 (1935) S. 540. Ref. Glastechn. Ber. Bd. 14 (1936) S. 182.

[104] PRESTON, F. W. u. J. C. TURNBULL: Die Physik des aufwärts gerichteten Lochfraßes. Glass Ind. Bd. 22 (1941) S. 57. Ref. Glastechn. Ber. Bd. 19 (1941) S. 369.

[105] LÖFFLER, J.: Reaktionen zwischen Glas und feuerfesten Wänden. Teil III: Der Angriff von Blasen im Glas auf feuerfestes Material. Glastechn. Ber. Bd. 27 (1954) S. 415.

[106] JEBSEN-MARWEDEL, H.: Einfluß der Oberflächenspannung des Schlackenglases aus feuerfestem Material auf seine Knoten- und Schlierenbildung. Glastechn. Ber. Bd. 15 (1937) S. 163.

[107] DIETZEL, A.: Vorgänge in der Grenzschicht zwischen feuerfestem Stein und geschmolzenem Glas. Ber. DGG Bd. 17 (1936) S. 353. Ref. Glastechn. Ber. Bd. 14 (1936) S. 111, 124, 126. S. auch F.A. Bericht d. DGG. Nr. 38.

[108] LÖFFLER, J.: Reaktionen zwischen Glas und feuerfesten Wänden. Teil I: Schamottewände und Kalk–Natron-Glas. Glastechn. Ber. Bd. 25 (1952) S. 405.

[109] BARTSCH, O.: Über die Einwirkung von Glasschmelzflüssen auf feuerfeste Baustoffe. Glastechn. Ber. Bd. 3 (1925/26) S. 249.

[110] MIEHR, W., J. KRATZERT u. H. IMMKE: Beitrag zur Bestimmung der Schlackenwiderstandsfähigkeit feuerfester Baustoffe. Tonind.-Ztg. Bd. 51 (1927) S. 121. Ref. Glastechn. Ber. Bd. 5 (1927/28) S. 186.

[111] ROSENHAIN, W.: Erscheinungen von Hafenauflösungen (Zirkulationstheorie). Trans. Soc. Glass Technol. Bd. 3 (1919) S. 93. Ref. Glastechn. Ber. Bd. 1 (1923/24) S. 90.

[112] SOSMAN, R.: Einige grundlegende Prinzipien betreffend die Zerstörung von Schamotte durch Glas. J. Amer. ceram. Soc. Bd. 8 (1925) S. 191. Ref. Glastechn. Ber. Bd. 5 (1927/28) S. 556. – BELJANKIN, D. S. u. W. A. EGOROW: Über die Schutzschicht zwischen Schamotte und Glasschmelze. Keram. Rdsch. Bd. 40 (1932) S. 265. Ref. Glastechn. Ber. Bd. 11 (1933) S. 150.

[113] JAESCHKE, J.: Der Einfluß der Glasschmelze auf feuerfeste Erzeugnisse. Feuerfest Bd. 3 (1927) S. 19. Ref. Glastechn. Ber. Bd. 6 (1928/29) S. 326.

[114] HYSLOP, J. F.: Über einige Umstände, welche die Widerstandsfähigkeit der Häfen gegen Glasangriff bedingen. J. Soc. Glass Technol. Bd. 10 (1926) S. 148. Ref. Glastechn. Ber. Bd. 6 (1928/29) S. 267.

[115] BYSON, F. F. S.: Temperaturverlauf im Glasbad und Steinabnützung im Wannenofen. J. Soc. Glass Technol. Bd. 13 (1929) S. 140. Ref. Glastechn. Ber. Bd. 8 (1930) S. 114.

[116] SCHOFFIELD, R. K. u. G. W. S. BLAIS: Einfluß der Nähe einer feuerfesten Wand auf die Zähigkeit viskoser und plastischer Stoffe. III. J. phys. Chem. Bd. 35 (1931) S. 1212. Ref. Glastechn. Ber. Bd. 9 (1931) S. 559.

[117] DELOG: Kritische Prüfung von Wannensteinen. Rev. Belge Ind. verr. Bd. 3 (1932) Nr. 7, 8 S. 146. Sprechsaal Bd. 66 (1933) S. 61. Ref. Glastechn. Ber. Bd. 11 (1933) S. 148.

[118] (ohne Verf.Angabe): Bewertung des Verhaltens von Wannenblöcken. Glashütte Bd. 64 (1934) S. 821.

[119] FELSNER, E.: Saure oder basische Bausteine für den Glasschmelzofen. Keram. Rdsch. Bd. 39 (1931) S. 372. Ref. Glastechn. Ber. Bd. 9 (1931) S. 624. – ARNOT, E.: Zur Frage der Erzeugung eines guten Wannenbassinsteines. Sprechsaal Bd. 65 (1932) S. 809. Ref. Glastechn. Ber. Bd. 11 (1933) S. 350.

[120] F.A. Bericht d. DGG. Nr. 38: Wannensteinprüfung.

[121] DIETZEL, A.: Die Prüfung von Wannensteinen gegen den Angriff schmelzender Gläser in der Modellwanne. Sprechsaal Bd. 64 (1931) S. 828, 846. Ref. Glastechn. Ber. Bd. 10 (1932) S. 507.

[122] GEHLHOFF, G., G. KALSING, K. LITZOW u. M. THOMAS: Die Eigenschaften feuerfester Tone für die Glasindustrie. Glastechn. Ber. Bd. 6 (1928/29) S. 489, 507.

[123] PARTRIDGE, J. H.: Das Kriechen von Feuerfestmaterial. (Creep of refractory materials.) Trans. Brit. ceram. Soc. Bd. 53 (1954) S. 731. Ref. Glastechn. Ber. Bd. 28 (1955) S. 276.

[124] PRESTON, E.: A critical survey and report on the Permeability of Refractory Materials to Gases. J. Soc. Glass Technol. Bd. 18 (1934) S. 336. – MÖSER, A.: Beitrag zur kritischen Prüfung von Wannensteinen zur Beurteilung der voraussichtlichen Haltbarkeit. Sprechsaal Bd. 68 (1935) S. 442. Ref. Glastechn. Ber. Bd. 13 (1935) S. 372.

[125] MCCAULEY, G. O.: Die Grundzüge des Wärmeflusses in geschmolzenem Glas und dem umgebenden Mauerwerk. J. Amer. ceram. Soc. Bd. 8 (1925) S. 493. – MCSWINEY, D. J.: Das Fließen in der Wanne. Glass Ind. Bd. 8 (1927) S. 156, 255. – BRYSON, F. F. S.: Temperaturverteilung und Steinkorrosion in Glaswannenöfen. J. Soc. Glass Technol. Bd. 13 (1929) S. 140. – FRITZ-SCHMIDT, M. u. G. GEHLHOFF: Wärmeleitfähigkeitsmessungen an feuerfesten Baustoffen. Glastechn. Ber. Bd. 8 (1930) S. 206. – WILKES, G. B.: Die Wärmeleitfähigkeit feuerfester Massen. J. Amer. ceram. Soc. Bd. 17 (1934) S. 173.

[126] WASHBURN: J. Amer. ceram. Soc. (1921) S. 961, 983. – BARTSCH, O.: Ber. DKG Bd. 12 (1931) S. 612.

[127] JEBSEN-MARWEDEL, H.: Sichtbarmachen der Porenstruktur feuerfester Stoffe. (Procédé rendant visible la structure des produits réfractaires.) Verr. et Réfract. Bd. 1 (1947) Nr. 5 S. 19.

[128] BUDNIKOFF, P. P., G. W. KUKOLEW u. J. S. SMELJANSKI: Einfluß des Tonerdegehaltes im Glas auf den Zerfressungsgrad des Schamottematerials der Glasöfen. Glastechn. Ber. Bd. 9 (1931) S. 144.

[129] (ohne Verf.Angabe): Schema derjenigen Faktoren, die den Auflösungsvorgang von feuerfestem Material in Glasschmelzen bestimmen. Sprechsaal Bd. 66 (1933) S. 130. Ref. Glastechn. Ber. Bd. 11 (1933) S. 150.

[130] JAESCHKE, J.: Der Einfluß der Glasschmelze auf ff. Erzeugnisse. Feuerfest Bd. 3 (1927) S. 19. Ref. Glastechn. Ber. Bd. 6 (1928/29) S. 326.

[131] (ohne Verf.Angabe): Die Wannensteinfrage. Ergebnis einer Rundfrage. Glastechn. Ind. Bd. 7 (1926) S. 283. Ref. Glastechn. Ber. Bd. 5 (1927/28) S. 184. – (ohne Verf.Angabe): Beobachtungen an Glaswannenblöcken. Pott. Gaz. Bd. 51 (1926) S. 1573. Ref. Glastechn. Ber. Bd. 5 (1927/28) S. 384. – GREIG, J. W.:. Die Bildung von Mullit aus Cyanit, Andalusit und Sillimanit. J. Amer. ceram. Soc. Bd. 8 (1925) S. 465.

[132] SCHOLES, S. R.: Haltbarkeit der Wannensteine. Glass Ind. Bd. 8 (1927) S. 61. Ref. Glastechn. Ber. Bd. 5 (1927/28) S. 499.

[133] (ohne Verf.Angabe): Die Lösung des Wannenblocksteinproblems in Corning. Glass Ind. Bd. 7 (1926) S. 257. Nach Abstr. Amer. ceram. Soc. Bd. 6 (1927) S. 22.

[134] SCHOLES, S. R.: Sind dauerhaftere Wannenblöcke nötig? Ref. Glastechn. Ber. Bd. 5 (1927/28) S. 184.

[135] BALESTROV, A.: Die feuerfesten Steine. Ind. dei Silic. Bd. 9 (1931) Nr. 8 S. 11. Ref. Glastechn. Ber. Bd. 10 (1932) S. 242.

[136] NAPPALKOFF: Der Einfluß des Zerkleinerungsgrades der Schamotte auf die Widerstandsfähigkeit feuerfester Massen. Tonind.-Ztg. Bd. 53 (1929) S. 1365. Ref. Glastechn. Ber. Bd. 7 (1929/30) S. 541.

[137] LITZOW, K.: Über den Einfluß der Korngrößenverteilung der Schamotte auf die Dichte ff. Materialien. Glastechn. Ber. Bd. 8 (1930) S. 149.

[138] HYSLOP J. F., R. GRUMM u. H. BIGGS: Korrosions- und Erosionserscheinungen und ihre Beziehungen zur Makrostruktur der feuerfesten Materialien. J. Soc. Glass Technol. Bd. 10 (1926) S. 405. Ref. Glastechn. Ber. Bd. 5 (1927/28) S. 442. – PENDERGAST, W. L. u. H. INSLEY: Das Verhalten von Wannensteinen in einer kleinen Versuchsschmelzwanne. J. Amer. ceram. Soc. Bd. 12 (1929) S. 123. Bur. Stand. J. Res. Pap. 44. Ref. Glastechn. Ber. Bd. 7 (1929/30) S. 260. – FRANKL, J.: Untersuchung von Glaswannensteinen. N.N.U.S. Bur. Stand. Notes Soc. (1927) Nr. 204 S. 808. Ref. Glastechn. Ber. Bd. 8 (1930) S. 557.

[139] ENDELL, K. u. R. HARR: Feuerfeste Stoffe. Einfluß oxydischer Beimengungen auf die physikalischen Eigenschaften von Silikasteinen. Werkstoffausschuß, Ber. Nr. 79. – SOSMAN, R. B.: Einige Grundsätze betreffs der zerstörenden Einwirkungen von Glas auf Schamottegegenstände. J. Amer. ceram. Soc. Bd. 8 (1925) S. 191. – (ohne Verf.Angabe): Die Einwirkung des Glasschmelzflusses auf das Ofenbaumaterial. Keram. Rdsch. Bd. 33 (1925) S. 463. Ref. Glastechn. Ber. Bd. 3 (1925/26) S. 272. – KOHLMEYER, F. A.: Die Auswahl von feuerfesten Steinen. J. Amer. ceram. Soc. Bd. 8 (1925) S. 313. Ref. Glastechn. Ber. Bd. 3 (1925/26) S. 271. – BARTSCH, O.: Über die Einwirkung von Glasschmelzflüssen auf feuerfeste Baustoffe. Glastechn. Ber. Bd. 3 (1925/26) S. 249. – GARDNER, W. T.: Die feuerfesten Baustoffe in der Glasindustrie. Trans. ceram. Soc. Bd. 25 (1925/26) Teil IV S. 471. – GELLER, R. F. u. W. L. PENDERGAST: Vergleichende Prüfungen einiger amerikanischer und deutscher Schamottesteine. J. Amer. ceram. Soc. Bd. 9 (1926) S. 370. – THURET, A.: Der Einfluß der Porosität und der Dichte in feuerfesten, in der Glasindustrie verwandten Materialien. Céram. et Verrer. Bd. 46 (1926) S. 493, 773. – DALE, A. J.: Die Einwirkungen der Temperatur auf die mechanischen Eigenschaften von Silikaerzeugnissen. Trans. ceram. Soc. Bd. 27 (1927/28) Teil I S. 23. – HOWE, R. M., S. M. PHELPS u. R. F. FERGUSON: Die Wirkung von Schlacke auf ff. Material

usw. J. Amer. ceram. Soc. Bd. 5 (1922) S. 420; Bd. 6 (1923) S. 589. Ref. Glastechn. Ber. Bd. 2 (1924/25) S. 122. – LECHER, O.: Betrachtungen über die Fabrikation von Häfen und Wannensteinen in Glashüttenbetrieben. Glass. Ind. Bd. 37 (1929) S. 94. Ref. Glastechn. Ber. Bd. 8 (1930) S. 46. – BUDNIKOFF, A. P.: Bewertung der Qualität feuerfester Steine. Keram. i Steklo, Mosk. Bd. 4 (1928) S. 208. Ref. Glastechn. Ber. Bd. 8 (1930) S. 438. – PARTRIDGE, J. H. u. H. C. BIGGS: Feuerfestes Material für Glashütten. Untersuchung des Korrosionswiderstandes. J. Soc. Glass Technol. Bd. 14 (1930) S. 63. – HYSLOP, J. F. u. H. C. BIGGS: Die Prüfung feuerfester Steine auf ihre Widerstandsfähigkeit gegen Verschlackung und raschen Temperaturwechsel. Trans. ceram. Soc. Bd. 30 (1931) S. 288. – HYSLOP, J. F. u. H. C. BIGGS: Die Zerfressung der feuerfesten Steine. Quantitative Prüfung und Dauerhaftigkeit. Trans. ceram. Soc. Bd. 31 (1932) S. 173. Ref. Glastechn. Ber. Bd. 11 (1933) S. 150. – GOFFREY, STANILAND u. G. W. LEE: Eigenschaften und Verwendung der wichtigeren ff. Materialien. Engineering and Boiler House Rev. London Bd. 45 (1932) S. 701. – BARTSCH, O.: Über die Einwirkung von Natriumsulfat auf ff. Baustoffe. Glastechn. Ber. Bd. 11 (1933) S. 285. – KALSING, H.: Wannensteine. Aus der Sitzung des Fachausschusses II, 29. Mai 1935, Darmstadt. Ref. Glastechn. Ber. Bd. 13 (1935) S. 255. – REES, W. J.: Feuerfeste Baustoffe für Glaswannenöfen. Auszug in Angew. Chemie Bd. 46 (1933) S. 700. Sprechsaal Bd. 66 (1933) S. 886. Ref. Glastechn. Ber. Bd. 13 (1935) S. 66. – BAYER, E.: Ein Prüfverfahren feuerfester Steine für Glasschmelzwannen. Keram. Rdsch. Bd. 43 (1935) S. 544. Ref. Glastechn. Ber. Bd. 14 (1936) S. 297. – SÖDERSTRÖM, H.: Einige Gesichtspunkte zum feuerfesten Material in Glasschmelzöfen (orig. schwed.). Glastekn. T. Bd. 5 (1950) S. 6. Ref. Glastechn. Ber. Bd. 23 (1950) S. 142. – MOORE, H.: Die feuerfesten Baustoffe für Glasschmelzöfen. (Les réfractaires pour la fusion du verre.) Silic. industr. Bd. 17 (1952) Nr. 1 S. 5. Ref. Glastechn. Ber. Bd. 26 (1953) S. 155. – HAUSNER, H.: Saure oder basische Glasschmelzhäfen. Sprechsaal Bd. 85 (1952) S. 223. Ref. Glastechn. Ber. Bd. 26 (1953) S. 186. – BEAULIEU MARCONNAY, A. v.: Steine und Blöcke aus Quarzgut. Werkstoffe u. Korrosion Bd. 5 (1954) S. 123, 129. Ref. Glastechn. Ber. Bd. 28 (1955) S. 28. – (ohne Verf.Angabe): Beitrag zur Magnesitanwendung in der Glasindustrie. Radex-Rdsch. (1953) S. 44/6. Ref. Glastechn. Ber. Bd. 28 (1955) S. 108. – TRESS, H. J.: Einige auffallende Formen der Auflösung alumo-silikatischer feuerfester Oberflächen durch verschiedene geschmolzene Gläser: Die Oberflächenspannung und der Mechanismus des Angriffs auf feuerfestes Material. (Some distinctive contours worn on alumine-silica refractory faces by different molten glasses: surtension and the mechanism of refractory attack.) J. Soc. Glass Technol. Bd. 38 (1954) S. 89. T. Ref. Glastechn. Ber. Bd. 28 (1955) S. 206. – ROSENBERG, S.: Widerstand von Wannensteinen gegen geschmolzenes Glas bei hoher Temperatur (orig. poln.). Steklo i Keram. Bd. 2 (1951) S. 155. Ref. Glastechn. Ber. Bd. 28 (1955) S. 207. – SOLOMIN, N. V. u. N. M. GALDINGS: Die Veränderung der Mikrostruktur der elektrisch geschmolzenen feuerfesten Mulliterzeugnisse bei der Arbeitstemperatur (orig. russ.). Steklo i Keram. Bd. 10 (1953) S. 18. Ref. Glastechn. Ber. Bd. 28 (1955) S. 277. – DIETZEL, A.: Schlierenbildung in Gläsern durch feuerfestes Material. Fachausschußreferat vom 6. 4. 1955. Glastechn. Ber. Bd. 28 (1955) S. 288. – CHARRIN, V.: Über einige Spezialgesteine, welche für die Hüttenindustrien von Interesse sind. (Sur quelques roches spéciales qui intéressent les industries du feu.) Chal. et Ind. Bd. 35 (1954) S. 309. Ref. Glastechn. Ber. Bd. 28 (1955) S. 399. – RASCH, R.: Der Glasangriff auf Wannensteine im Spiegel von Forschung und Betriebserfahrung. Teil I: Die Anwendung der Theorie der chemischen Bindungsart auf die Verhältnisse bei feuerfesten Steinen. Tonind.-Ztg. Bd. 78 (1954) S. 263. Ref. Glastechn. Ber. Bd. 29 (1956) S. 26. / Teil III: Theorie des Glasangriffs auf feuerfeste Steine. Glas-Email-Keramo-Techn. Bd. 5 (1954) S. 393. Ref. Glastechn. Ber. Bd. 28 (1955) S. 319.

[140] HARMAN, C. G. u. J. D. SULLIVAN: Probleme der feuerfesten Materialien für Glasöfen. (Refractories problems in the melting of glass.) Glass Ind. Bd. 32 (1951) S. 178. Ref. Glastechn. Ber. Bd. 25 (1952) S. 58.

[141] (ohne Verf.Angabe): Verfahren zur Untersuchung der Einwirkung geschmolzener Schlacken und Gläser auf feuerfeste Materialien. Sprechsaal Bd. 57 (1924) S. 136. – DALE, A. J.: Die Prüfung feuerfester Materialien gegen die zerfressende und aushöhlende Wirkung von Schlacken. Trans. ceram. Soc. Bd. 25 (1925/26) Teil IV. – SCOTT, A.: Die Korrosion der feuerfesten Materialien in Stahlschmelzöfen. Trans. ceram. Soc. Bd. 25 (1925/26) Teil IV S. 339. – DALE, A. J.: Eine Untersuchung über die vorzeitige Zerstörung von feuerfestem Material für Verbrennungskammern. Trans. ceram. Soc. Bd. 26 (1926/27) Teil IV S. 270. – SHERMAN, R. A. u. E. TAYLOR: Die für die Verschlackung der feuerfesten Auskleidungen von Kesselfeuerungen maßgebenden Einflüsse. J. Amer. ceram. Soc. Bd. 10 (1927) S. 629. – SALMANG, H.: Untersuchung über Verschlackung feuerfester Stoffe. I. Stahl u. Eisen Bd. 47 (1927) S. 1816. Ref. Glastechn. Ber. Bd. 6 (1928/29) S. 162. / II. Arch. Eisenhüttenwes. Bd. 3 (1929) Nr. 7. / III. Arch. Eisenhüttenwes. Bd. 3 (1929) Heft 4. Ref. Glastechn. Ber. Bd. 8 (1930) S. 500. – (ohne Verf.Angabe): Einige Wirkungen von Kohlenasche auf feuerfeste Stoffe. J. Amer. ceram. Soc. Bd. 11 (1928) S. 868. – BELJANKIN, D. S. u. M. A. BESBORODOW: Wirkung von Staub aus dem Gemenge auf die Gittersteine von Glasofenwärmespeichern. J. Amer. ceram. Soc. Bd. 13 (1930) S. 346. – SALMANG, H. u. O. HEBESTREIT: Untersuchung über die Verschlackung ff. Stoffe. V. Über die Abhängigkeit der Verschlackung der Schamottesteine vom Flußmittelgehalt und der Porosität. Feuerfest Bd. 7 (1931) S. 1. Ref. Glastechn. Ber. Bd. 9 (1931) S. 368. – FROMM: Beitrag zum Verhalten von Schamottesteinen gegen Schlackenangriff. Ber. DKG Bd. 15 (1934) S. 49. Ref. Glastechn. Ber. Bd. 12 (1934) S. 287. – NORTON, F. H.: Ofeneinrichtungen, um den Schlackenangriff auf ff. Stoffe zu verhindern. Fuels & Furn. Bd. 12 (1934) S. 11.

[142] McSWINEY, D. J.: Die Wirkung von Arsenverbindungen auf Wannenblöcke. J. Amer. ceram. Soc. Bd. 8 (1925) S. 307. – TURNER, W. E. S.: Die angreifende Wirkung von Arsenverbindung auf feuerfestes Scha-

mottematerial. J. Amer. ceram. Soc. Bd. 9 (1926) S. 412. Erwid. von D. J. McSwiney: J. Amer. ceram. Soc. Bd. 9 (1926) S. 417. – Budnikoff, P. P.: Vergleichende Einwirkung von Gemenge, Glas, Soda und Sulfat auf Schamottesteine. Feuerfest Bd. 11 (1929) S. 181. Ref. Glastechn. Ber. Bd. 8 (1930) S. 112. – Uhrmann, C. J. u. S. M. Slayer: Die Korrosion von Wannenblöcken durch Opalgläser. J. Amer. ceram. Soc. Bd. 13 (1930) S. 931. – Budnikoff, P. P. u. J. S. Smeljanskij: Einfluß des Tonerdegehaltes im Glas auf den Zerfressungsgrad des Schamottematerials der Glasöfen. Glastechn. Ber. Bd. 9 (1931) S. 144. – Bodin, M. V.: Schmelz- und Korrosionswirkung von Kalk auf tonige und feuerfeste Materialien. Céramique Bd. 37 (1934) S. 131, 555. Ref. Verre et Silic. ind. Bd. 6 (1935) S. 50. Ref. Glastechn. Ber. Bd. 13 (1935) S. 135.

[143] Thompson, F. S. u. H. J. Vormelker: Einige Gesichtspunkte für die vergleichende Begutachtung von Wannenblöcken. J. Amer. ceram. Soc. Bd. 8 (1925) S. 611. – Bartsch, O.: Studien über Hafenauflösung. Glastechn. Ber. Bd. 4 (1926/27) S. 260, 286. – Lamort, J.: Über die Anforderungen an das feuerfeste Material bei der Gußspiegelglas- und Drahtglasfabrikation. Feuerfest Bd. 3 (1927) S. 141. Ref. Glastechn. Ber. Bd. 6 (1928/29) S. 384. – Wilson, G. V.: Feuerfeste Steine für Glasschmelzöfen. Brit. Clayworker Bd. 35 (1927) S. 331. – Kai-Ching Lu: Feuerfeste Wannensteine und ihre chemische Beziehung zum geschmolzenen Glas. Ohio State Univ. Sud., Engin. Ser. Bull. Bd. 44 (1928). – Hirsch, H.: Entwicklung der Wannensteinherstellung. Glastechn. Ber. Bd. 7 (1929/30) S. 497. – McGee, A. E.: Eine physikalische Eigenschaft feuerfester Steine für Glaswannen. J. Amer. ceram. Soc. Bd. 11 (1928) S. 858. – Körrn, G.: Der Glaswannenstein. Keram. Rdsch. Bd. 39 (1931) S. 511. Ref. Glastechn. Ber. Bd. 9 (1931) S. 624. – Haller, P.: Einige Bemerkungen über die Herstellung und Bewährung von gegossenen Wannensteinen. J. Soc. Glass Technol. Bd. 15 (1931) S. 83. Ref. Glastechn. Ber. Bd. 10 (1932) S. 242. – Preston, E. u. W. E. S. Turner: Bemerkung über eine besondere Art Korrosion an Häfen zum Schmelzen von Kali–Bleioxyd–Kieselsäure-Glas. J. Soc. Glass Technol. Bd. 16 (1932) S. 240. – Partridge, J. H.: Prüfung und Eignungsfeststellung von Hafentonen. J. Soc. Glass Technol. Bd. 18 (1934) S. 128. – Endell, K. u. C. Wens: Über Beziehungen zwischen Dichte, Flüssigkeitsgrad und Schamottesteinangriff von Gläsern und Schlacken bei hohen Temperaturen. Glastechn. Ber. Bd. 13 (1935) S. 78.

[144] Endell, K.: Über die Haltbarkeit feuerfester Stoffe in der Glasindustrie. Sprechsaal Bd. 57 (1924) S. 321. – Ferguson, R. F.: Überblick über die in der Literatur veröffentlichten Laboratoriumsuntersuchungen über die Widerstandsfähigkeit feuerfester Materialien gegen Schlackenangriff. J. Amer. ceram. Soc. Bd. 11 (1928) S. 90. – Heindl, R. A. u. W. L. Pendergast: Bericht über Fortschritte in den Untersuchungen von Schamottesteinen und den zu ihrer Herstellung verwendeten Tonen. J. Amer. ceram. Soc. Bd. 12 (1929) S. 640. Ref. Glastechn. Ber. Bd. 8 (1930) S. 241. – Berichte des Sonderausschusses für Glasschmelzhäfen. Hyslop, J. F.: J. Soc. Glass Technol. Bd. 13 (1929) S. 10. Ref. Glastechn. Ber. Bd. 7 (1929/30) S. 545. / Marson, P.: J. Soc. Glass Technol. Bd. 13 (1929) S. 13. Ref. Glastechn. Ber. Bd. 7 (1929/30) S. 542. / Turner, W. E. S.: J. Soc. Glass Technol. Bd. 13 (1929) S. 18. Ref. Glastechn. Ber. Bd. 7 (1929/30) S. 543. – Bartsch, O.: Bericht Unterausschuß für ff. Baustoffe und Refractory Materials Comitee. Glastechn. Ber. Bd. 9 (1931) S. 440.

[145] Booze, M. C. u. St. M. Phelps: Untersuchung über das Absplittern von Schamottesteinen, mit einigen Bemerkungen über die Belastungs- und Wiedererhitzungsprüfung und die Wirkung des Mahlens auf das Schwinden. J. Amer. ceram. Soc. Bd. 8 (1923) S. 361. Ref. Glastechn. Ber. Bd. 8 (1930) S. 244. – Norton, H. H. u. R. L. Porter: Die Prüfungsmethode für feuerfeste Steine bei der (amerikanischen) Marine. J. Amer. ceram. Soc. Bd. 7 (1924) S. 575. Ref. Glastechn. Ber. Bd. 3 (1925/26) S. 141. – Steger, W.: Die Widerstandsfähigkeit feuerfester Baustoffe gegen Temperaturwechsel. Stahl u. Eisen (1925) S. 249. Ref. Glastechn. Ber. Bd. 3 (1925/26) S. 100. – Norton, F. H.: Der Vorgang des stückweisen Abplatzens feuerfester Steine. J. Amer. ceram. Soc. Bd. 9 (1926) S. 446. – Green, A. T. u. A. J. Dale: Das Absplittern feuerfester Materialien. Trans. ceram. Soc. Bd. 25 (1925/26) Teil IV S. 428. – Rees, W. J.: Über einige Fälle des Abplatzens von Stücken aus Silika-Glas-Retorten. Trans. ceram. Soc. Bd. 25 (1925/26) Teil IV S. 321. – (ohne Verf.Angabe): Über die Haltbarkeit der Glasschmelzgefäße. Keram. Rdsch. Bd. 34 (1926) S. 142. Ref. Glastechn. Ber. Bd. 4 (1926/27) S. 233. – Green, A. T. u. H. Ewards: Das Abplatzen von Silikasteinen bei niedrigen Temperaturen. Trans. ceram. Soc. Bd. 26 (1926/27) Teil III S. 185. – Phelps, St. M.: Eine Beschreibung der Zerstörung feuerfester Stoffe durch Abbröckeln und Risse. Amer. Refract. Inst. Techn. Bull. (1928) Nr. 24 S. 1. Ref. Glastechn. Ber. Bd. 6 (1928/29) S. 725. / Risse in Silikasteinen. Brit. Clayworker Bd. 38 (1929/30) S. 93. / Ursachen der Sprünge in großen Häfen aus feuerfestem Ton. Brit. Clayworker Bd. 38 (1929/30) S. 213. – Partridge, J. H. u. G. F. Adams: Untersuchungen von Tonmischungen für Glashäfen. I. u. II. Teil. J. Soc. Glass Technol. Bd. 15 (1931) S. 59. Ref. Glastechn. Ber. Bd. 9 (1931) S. 444. – Endell, K.: Über die Temperaturwechselbeständigkeit feuerfester Steine in der Glasindustrie. Glastechn. Ber. Bd. 11 (1933) S. 98. – Maskill, W.: Temperaturverteilung beim Hafentempern. J. Soc. Glass Technol. Bd. 18 (1934) S. 71. Ref. Glastechn. Ber. Bd. 12 (1934) S. 355.

[146] Hirsch, H.: Gütenormung für Wannensteine. Glastechn. Ber. Bd. 11 (1933) S. 98.

[147] F.A. Berichte d. DGG. Nr. 2 u. Nr. 23: Kühlung von Wannensteinen. I. u. II. – Hausner, H.: Schutz der Wannensteine vor frühzeitiger Auflösung. Glastechn. Ber. Bd. 8 (1930) S. 25. – Medwedew-Wedmenko, J. S. u. G. B. Kukolew: Über die Kühlung der Wannensteine. Keram. i Steklo, Mosk. Bd. 6 (1930) S. 67. Ref. Glastechn. Ber. Bd. 9 (1931) S. 628. – Kosmin, M. J.: Glaswanne mit künstlicher Kühlung der Wannenseitensteine (orig. russ.). Steklo i Keram. Bd. 9 (1952) Nr. 6 S. 11. Ref. Glastechn. Ber. Bd. 28 (1955) S. 74.

[148] WILL, E. u. W. HÜLSBRUCK: Die Entschwefelung von Koksofen- und Hochofen-Mischgas durch das feuerfeste Material in den Kammern der Siemens-Martin-Öfen. Mitt. Vers.-Anst. d. Dortmunder Union Bd. 1 S. 242. – HARRA, O. u. W. J. DERRBY: Die Zersetzung feuerfester Steine durch Kohlenoxyd. J. Amer. ceram. Soc. Bd. 4 (1923) S. 904. – SHEERAR, L. F.: Die Einwirkung der Ofenatmosphäre auf feuerfeste Materialien beim Erweichungsversuch. J. Amer. ceram. Soc. Bd. 9 (1926) S. 279. Ref. Glastechn. Ber. Bd. 4 (1926/27) S. 231. – VICKERS, A. E. J.: Der Einfluß von oxydierenden und reduzierenden Atmosphären auf feuerfeste Stoffe. Trans. Amer. ceram. Soc. Bd. 26 (1926/27) Teil IV S. 177. Ref. Glastechn. Ber. Bd. 6 (1928/29) S. 209. / Farbänderungen bei feuerfesten Steinen. Amer. Power Bd. 65 (1927) S. 1009./ Untersuchungen über die Wirkungen von Chlor, Schwefeldioxyd und Kohlenoxyd auf verschiedenartige feuerfeste Stoffe. Amer. Refract. Inst. Bull. (1927) Nr. 9. – MITRA, K. H. u. A. SILVERMANN: Die Verhütung der Zerstörung von Hochofenfütterungen. J. Amer. ceram. Soc. Bd. 11 (1928) S. 278. – WESTMAN, A. E.: Einwirkung reduzierender Gase auf die Bruchfestigkeit feuerfester Steine. J. Amer. ceram. Soc. Bd. 11 (1928) S. 633. Ref. Glastechn. Ber. Bd. 6 (1928/29) S. 726. – VICKERS, A. E. J.: Über den Einfluß von oxydierender und reduzierender Atmosphäre auf ff. Baustoffe. Trans. Amer. ceram. Soc. Bd. 29 (1930) S. 290. Ref. Glastechn. Ber. Bd. 9 (1931) S. 119. – HUGILL, W., H. ELLERTON u. A. T. GREEN: Die Einwirkung von Kohlenmonoxyd auf feuerfestes Material. Teil I u. II. Trans. Amer. ceram. Soc. Bd. 32 (1933) S. 533, 543. Ref. Glastechn. Ber. Bd. 13 (1935) S. 66. – FAULKNER, L. R.: Verschlackung durch Heizöl-Asche. Bull. Amer. ceram. Soc. Bd. 13 (1934) Nr. 2 S. 45. Ref. Glastechn. Ber. Bd. 13 (1935) S. 135. – GREGORIUS, J. S. u. W. A. MAHAFFEY: Verdichtbare Dämpfe beim Schmelzen eines Sulfatgemenges im Wannenofen. J. Amer. ceram. Soc. Bd. 17 (1934). S. 307. Ref. Glastechn. Ber. Bd. 13 (1935) S. 21.

[149] SIMONDS, H. R.: Zweckmäßige Bearbeitung der Glasofenblöcke durch Abschleifen. Abrasive Ind. Bd. 6 (1925) S. 42. – FLINT, F. C. u. A. R. PAYNE: Kaskadenartige Zerstörung von Wannenblöcken. J. Amer. ceram. Soc. Bd. 9 (1926) S. 613. – ROSS, D. W.: Über die Auflösung von Wannensteinen. Glass Ind. Bd. 7 (1926) S. 64. Ref. Glastechn. Ber. Bd. 4 (1926/27) S. 351. – ARTHUR, E. P. u. A. E. MCGEE: Über die Theorie der Wannensteinauflösung. Glass Ind. Bd. 7 (1926) S. 107. Ref. Glastechn. Ber. Bd. 4 (1926/27) S. 191. – ROSS, D. W.: Die Form der Wannensteine und ihre Bewährung im Betriebe. J. Amer. ceram. Soc. Bd. 9 (1926) S. 641. Ref. Glastechn. Ber. Bd. 5 (1927/28) S. 87. – SCHOLES, S. R.: Korrosionswirkung von Glas auf Wannensteine. Glass Bd. 5 (1928) S. 260. Ref. Glastechn. Ber. Bd. 6 (1928/29) S. 477. – BOWMAKER, E. C. u. J. D. CANWOOD: Bemerkungen über die Abnützung des Wannenofens. J. Soc. Glass Technol. Bd. 17 (1933) S. 433. Ref. Glastechn. Ber. Bd. 12 (1934) S. 289. – JEBSEN-MARWEDEL, H.: Fugen von Wannenblöcken als Angriffspunkt für ihre Auflagenflächen. Glastechn. Ber. Bd. 26 (1953) S. 150.

[150] THOMPSON, F. S. u. H. J. VORMELKER: Zum Vergleich von Wannenblöcken. J. Amer. ceram. Soc. Bd. 8 (1925) S. 611. Ref. Glastechn. Ber. Bd. 3 (1925/26) S. 424. – BOWMAKER, E. J. C.: Eine Methode zur Untersuchung der Dauerhaftigkeit von Wannensteinen. J. Soc. Glass Technol. Bd. 13 (1929) S. 130. – HIRSCH, H.: Entwicklung der Wannensteinherstellung. Glastechn. Ber. Bd. 7 (1929/30) S. 497. – BOWMAKER, E. J. C. u. J. H. PARTRIDGE: Weitere Untersuchungen der Flußsäure-Prüfmethode als Verfahren zur Ermittlung der Dauerhaftigkeit von Wannensteinen. J. Soc. Glass Technol. Bd. 15 (1931) S. 255. – DELOG: Examen critique des blocs de bassins. Revue. belge Bd. 3 (1932) Nr. 7, 8 S. 146. Sprechsaal Bd. 66 (1933) S. 61. Ref. Glastechn. Ber. Bd. 11 (1933) S. 148.

[151] ANDRASEN, J. u. A. H. M. ANDRASEN: Über die Beziehung zwischen Kornabstufung und Zwischenraum in Produkten aus losen Körnern. Kolloid-Z. Bd. 50 (1930) S. 217. – DALE, A. J.: Einige Einflüsse der Brenntemperatur, der Art und Korngröße des gebrannten Magermittels auf die Eigenschaften feuerfester Steine. Trans. Amer. ceram. Soc. Bd. 29 (1930) S. 327. – BOWEN, N. L. u. J. F. SCHAIRER: Das System Eisenoxydul–Siliciumdioxyd. Amer. J. Sci. (5) Bd. 24 (1932) S. 177. Pap. Geophys. Lab. Wash. (1932) Nr. 797. Ref. Glastechn. Ber. Bd. 11 (1933) S.416. – ROSIN, P. u. E. RAMMLER: Die Kornzusammensetzung des Mahlgutes im Lichte der Wahrscheinlichkeitslehre. Kolloid-Z. Bd. 67 (1934) S. 16.

[152] F.A. Bericht d. DGG. Nr. 39: Betriebserfahrungen mit Wannensteinen.

[153] SCHWEGER, B.: Kgl. Rumän. Pat. Nr. 21423. Glashütte Bd. 63 (1933) S. 780. Ref. Glastechn. Ber. Bd. 12 (1934) S. 241.

[154] PIRINGER, O.: Idee und praktische Erprobung der Schutzwalzen in Glaswannen. Sprechsaal Bd. 73 (1940) S. 384. Ref. Glastechn. Ber. Bd. 19 (1941) S. 175.

[155] (ohne Verf.Angabe): Einiges über den gegenseitigen Auflösungsprozeß der Kieselsäure und Tonerde bei hohen Temperaturen. Sprechsaal Bd. 66 (1933) S. 438. Ref. Glastechn. Ber. Bd. 13 (1935) S. 135.

[156] RIEDEL, L.: Beobachtungen an Flüssen und Tropfen. Glastechn. Ber. Bd. 29 (1956) S. 49.

[157] JEBSEN-MARWEDEL, H. u. G. BAUM: Untersuchungen an Steinen und Stalaktiten des schadhaften Silikagewölbes einer Glasschmelzwanne. Sprechsaal Bd. 86 (1953) S. 208, 244. Ref. Glastechn. Ber. Bd. 28 (1955) S. 107.

[158] BÜSSEM, W. u. W. WEYL: Rubinbildung an einem zerstörten Glasofenstein. Glastechn. Ber. Bd. 16 (1938) S. 57.

[159] JEBSEN-MARWEDEL, H. u. G. BAUM: Störungen der Glasschmelze durch eisenhaltige Einschlüsse von Fremdkörpern in feuerfestem Material. Glastechn. Ber. Bd. 25 (1932) S. 199.

[160] BOWEN, N. L. u. J. F. SCHAIRER: Das System Eisenoxydul–Siliciumdioxyd. Amer. J. Sci. (5) Bd. 24 (1932) S. 177. Pap. Geophys. Lab. Wash. (1932) Nr. 797.

[161] BOWEN, N. L., J. F. SCHAIRER u. H. W. WILLEMS: Das Dreistoffsystem Na_2SiO_3–Fe_2O_3–SiO_2. Amer. J. Sci. Bd. 20 (1930) S. 405. Ref. Glastechn. Ber. Bd. 9 (1931) S. 233.
[162] EITEL, W.: Physikalische Chemie der Silikate, S. 501. Leipzig: Leopold Voß (1929).
[163] SALMANG, H.: Untersuchungen über die Verschlackung feuerfester Stoffe. Stahl u. Eisen (1927) Nr. 43.
[164] VICKERS, A. E. J.: Über den Einfluß von oxydierender und reduzierender Atmosphäre auf feuerfeste Baustoffe. Trans. Amer. ceram. Soc. Bd. 29 (1930) S. 290. Ref. Glastechn. Ber. Bd. 9 (1931) S. 119. – (ohne Verf.Angabe): Schützt das ff. Ofenbaumaterial vor Auflösung durch Eisen! Sprechsaal Bd. 66 (1933) S. 508. Ref. Glastechn. Ber. Bd. 12 (1934) S. 65. – BESBORODOW, M. A., M. F. SCHUR u. J. J. MOSCHEIKO: Zerfressung der Glashäfen durch Eisen (und ihre Ausbesserung). Keram. i Steklo, Mosk. Bd. 6 (1930) Nr. 1 S. 11. Ref. Glastechn. Ber. Bd. 8 (1930) S. 306; Bd. 9 (1931) S. 368.
[165] JEBSEN-MARWEDEL, H.: Ein Fall totaler Zerstörung von Wannenbodensteinen durch geringe Verunreinigung. Glastechn. Ber. Bd. 20 (1942) S. 178.
[166] ZSCHACKE, F. H.: Über Niederschläge in den Wärmespeichern und Abgaskanälen der Glasschmelzöfen. Sprechsaal Bd. 63 (1930) Nr. 11–14.
[167] GREGORIUS, J. S. u. W. A. MAHAFFEY: Verdichtbare Dämpfe beim Schmelzen eines Sulfatgemenges im Wannenofen. J. Amer. ceram. Soc. Bd. 17 (1934) S. 307. Ref. Glastechn. Ber. Bd. 13 (1935) S. 21.

VI. Farbstich des Glases

Von J. LÖFFLER, Witten/Ruhr

1 Was ist und was bedeutet der Farbstich?

Wenn man unterstellt, daß das „ideale Glas" farblos ist, so gehört eine nicht gewollte Färbung des Glases, auch wenn sie nur spurenweise auftritt, zu seinen Mängeln. Eine solche schwache Färbung wird als „Farbstich" bezeichnet und beruht auf den unvermeidlichen Beimengungen der Rohstoffe. Jede Maßnahme also, die nur einigermaßen im Verhältnis zum Herstellungs- und Gebrauchswert des Glases liegt und geeignet ist, die ihm anhaftenden störenden Spuren ungewünschter Färbung fernzuhalten oder zu entziehen, trägt zu seiner Ansehnlichkeit und damit auch zu seinem Wert bei. Für jedes Fabrikat spielt sich ein restlicher Farbstich ein, der zu den geduldeten Mängeln gehört, sofern er nicht, wie z. B. bei optischem Glas, durch Auswahl entsprechend reiner Rohstoffe dem Glase ganz ferngehalten wird. In anderen Fällen, wie z. B. beim Tafelglas, wird man gewisse Schwankungen des Farbstichs, die in Abhängigkeit von der Ofenführung und dem Schmelzverlauf auftreten, genau beobachten, um daraus Schlüsse auf die Schmelzvergangenheit des Glases ziehen zu können: Es werden von jeder Tagesproduktion Karteien gleich großer Musterscheiben hergestellt, die die Veränderungen des restlichen Farbstichs zu verfolgen erlauben, wenn man tiefere, aber vergleichbare Schichten durch Einblick in die Schnittkante gegen das Licht beobachtet.

Aufgabe dieses Kapitels ist es also, den Fehler „Farbstich" bis zu seinem Ursprung zurückzuverfolgen und diejenigen Mittel zu behandeln, durch die man ihn möglichst weitgehend beseitigen kann. Auf eine bildliche Darstellung der damit zusammenhängenden Einzelheiten muß meist verzichtet werden, weil sie stets nur einen unbefriedigenden Eindruck von den Vorgängen vermitteln, die den Farbstich beeinflussen. Das Kapitel beschäftigt sich sowohl mit der Theorie als auch mit der Praxis einer Entfärbung des Glases.

Das Wort „Farbstich" gebraucht man in der Glastechnik in viererlei Art:

1. Wenn man physiologisch-psychologisch empfindet, daß eine Farbe nicht einheitlich bzw. nicht rein sei.

2. Um kleine Unterschiede in gefärbtem Glas, etwa zwischen der gewollten und einer erhaltenen Farbe zu charakterisieren.

3. Um kleine Farbintensitäten in nicht entfärbtem Glas zu bezeichnen.

4. Wenn kleine Schwankungen einer fast erreichten Farblosigkeit in entfärbtem Glas auftreten.

In Beispielen sei das erläutert:

Zu 1. Die blaue Farbe, die Kobaltoxyd dem Glase erteilt, hat einen rötlich-violetten Stich.

Zu 2. Wurden ungewollt bei der Färbung mit Kobalt eisenhaltige Rohstoffe verwendet und oxydierend geschmolzen, so kann durch Überlagerung der geringen gelb-grünen Eisenfarbe der normalerweise rötlich-violette Farbstich verschwinden und ein reines Blau mit leichtem Graustich übrig bleiben.

Zu 3. Ein unentfärbtes Glas mit geringem Eisenoxydgehalt hat je nach Behandlung vor oder bei der Schmelze einen mehr gelblichen, grünlichen oder bläulichen Stich.

Zu 4. Ein entfärbtes Glas kann bei einer Spur Selenüberschuß einen rötlichen, bei der Reduktion einen bräunlichen Farbstich annehmen.

Zu den Punkten 1 bis 4 gehören natürlich auch gewollte Nuancierungen einer Farbe, wie man sie durch kleine Zusätze beliebig erzielen kann. Im Sinne dieses Buches soll es sich aber im wesentlichen um ungewollte Veränderungen handeln, denn nur diese können Fehler sein. Aber die Entstehung der kleinen ungewollten Unterschiede kann besser an Hand der Beschreibung gewollter Effekte erklärt werden. Zum Kapitel Farbstich gehören endlich auch jene Veränderungen, die durch die Einwirkung des Lichtes oder sonstiger Energieträger hervorgerufen werden, nicht nur, weil sie an sich gering sind, sondern auch, weil sie meist bei entfärbtem Glas auftreten.

Russ u. Thomas [*1*] sowie Russ [*2*] haben eine Einrichtung angegeben zur objektiven Prüfung eines Farbstiches auf Graugehalt und Farbton. Ausführlich haben sich B. Simmingsköld und B. R. Jönsson [*3, 4*] mit der Frage befaßt, wie man den Farbstich unter Ausschluß der subjektiven Beurteilung durch eine Kennzahl charakterisieren könnte. Es wurde folgende Formel gefunden:

$$F = \sqrt{900\,[(x' - x'_w)^2 + (y' - y'_w)^2] + \left(\frac{1-\bar{y}}{2}\right)^2} - 0{,}040$$

In dieser Formel bedeutet F die Kenngröße für die Farblosigkeit, x' und y' die Breckenridge-Schaub-Koordinaten für das Glas, x'_w und y'_w die Breckenridge-Schaub-Koordinaten für die Standard-Lichtquelle, $\bar{y}$ die Helligkeit geteilt durch 100.

In der Hohlglasindustrie, wo der Farbstich eine besonders große Rolle spielt, kann dieser ohne besonderen Aufwand auf folgende Art beurteilt worden: Es werden aus jedem Hafen Stangen – am

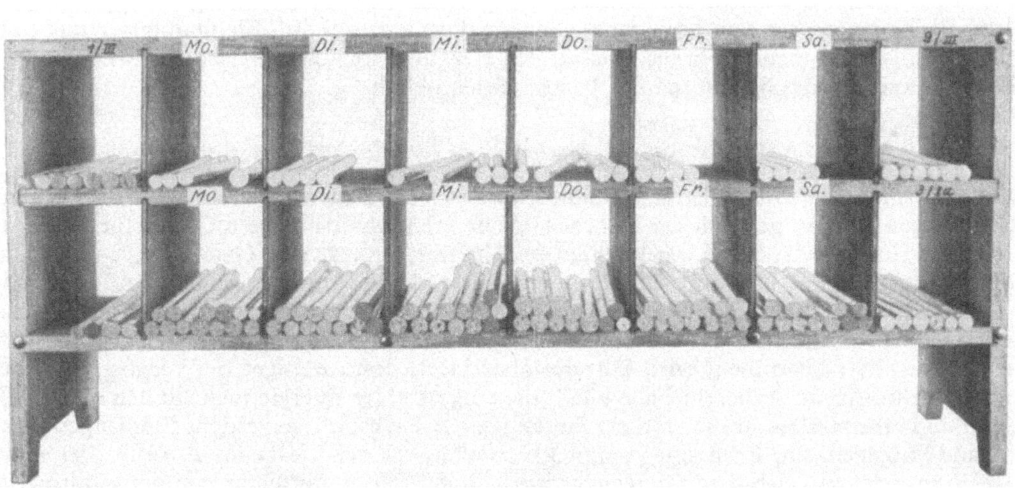

Abb. 482 Prüfung des Farbstiches an Glasstäben. (Phot. Peill)

besten etwa 30 cm lang und 2 bis 3 cm dick – gezogen, auf gleiche Länge geschlagen und an beiden Enden geschliffen und poliert. Dann werden sie auf ein Gestell gelegt wie in Abb. 482 dargestellt und können dort gegen eine nach Norden gerichtete, durch Tageslicht beleuchtete mattierte Scheibe begutachtet werden. Die große Schichttiefe erlaubt auch dem bloßen Auge, feine Unterschiede der Tönung zu erfassen. Es empfiehlt sich, einzelne Stangen über längere Zeit aufzuheben, um „schleichende" Fehler durch Rückvergleich besser feststellen zu können. Lange aufbewahrte Gläser müssen eventuell gegen die Sonnenstrahlung geschützt werden, damit man nicht durch kleine Verfärbungen getäuscht wird.

In der Tafelglasindustrie werden Blätter gleichen Formates etwa 10 × 20 cm groß von der Kante her miteinander verglichen.

Der technologische Begriff des „Farbstiches" ist nicht identisch – höchstens teilweise – mit dem physiologisch-physikalischen des „Farbtones". Als Farbton bezeichnet man bei ungesättigten, d.h. weißhaltigen Farben diejenige Farbe des Farbdreiecks, von der die ungesättigte abgeleitet erscheint.

Unter den Begriff „Farbstich" soll auch nicht der physiologische Vorgang fallen, daß dieselbe Farbe oder dasselbe Weiß gegen verschiedene Umfelder verschieden empfunden werden kann.

1.1 Bedeutung des Farbstiches für den Gebrauchswert

Die Bedeutung des Farbstiches für den Gebrauchswert liegt in vielen Fällen auf der Hand: Ein Tafelservice auf weißem Tischtuch gedeckt, würde wenig festlich aussehen, wenn es einen deutlich sichtbaren grünlichen oder stark grauen Farbstich hätte. Bei farbigem Glas will man u. U. eine besondere Note mit dem Farbstich erzielen. Weicht der in der Fabrikation erhaltene davon ab oder ist er innerhalb eines Hafens bzw. von einem Tag zum anderen uneinheitlich, so ist die Wirkung gestört.

Aber auch abgesehen vom Ästhetischen kommt dem Farbstich eine bedeutende Rolle zu, wenn sie auch manchmal nur psychologisch zu erklären ist. Milchflaschen und Biergläser sollten eher einen schwach rötlichen als einen grünlichen Farbstich haben, weil selbst magere Milch in rötlichstichigem Glas „sahnig" aussieht, fette aber in grünlichem Glas „blau". Opakgläser für Badezimmer sehen mit bläulichem Farbstich „kalt" aus, während sie mit gelblichem Ton „warm" wirken. Bei Gläsern für Spiegel wird der Farbstich durch den zweifachen Durchgang verdoppelt, in einem stark blaustichigen Spiegel sehen Menschen blaß aus und vielleicht verführt ein solcher Spiegel zu übertriebener Verwendung von korrigierender Kosmetik. Weiter ist noch zu erwähnen, daß für Schildermalereien und Verglasung farbiger Bilder im Prinzip dasselbe gilt wie für Spiegel, z. B. wenn einem zarten Gelb auf dem Bild durch Beimischung von Blau ein grüner Stich „angetan" wird. Daraus ergibt sich für Schildermalereien das Gebot, nur Gläser gleicher Herkunft zu verwenden.

Kann oder will man einen geringen Farbstich nicht vermeiden, so will man ihn doch gleichbleibend haben. Auf die glastechnologischen Wirkungen eines veränderten Farbstiches wird noch besonders eingegangen. Endlich sei noch daran erinnert, daß man bei Hohlgläsern den Farbstich geradezu als Wertmesser in den Bezeichnungen verankert hat, z. B. in „Weißhohlglas" und „Halbweiß". Ebenso könnte man die Erkennbarkeit der Herkunft mancher Gläser an ihrem Farbstich, als einen Hinweis auf die Bedeutung des Farbstiches ansehen.

1.2 Bedeutung des Farbstiches für die Aufheizung

Dem Farbstich des Glases kommt schmelztechnisch eine nicht unerhebliche Bedeutung zu. Die Grundlagen hierfür, nämlich die Durchlässigkeit des schmelzflüssigen Glases für die Wärmestrahlung der Heizgase, ist durch die Arbeiten von CZERNY, GENZEL und GEFFCKEN [*5–10*] bekannt.

Diese Durchlässigkeit bzw. ihre Differenz gegen 100, die Absorption, gehen Hand in Hand mit dem Gehalt des Glases an färbenden Bestandteilen, insbesondere an Verbindungen des Eisens. Je stärker dabei die reduzierte Stufe des Fe vorherrscht, der sichtbare Farbstich sich also nach Bläulich verschoben hat, desto mehr wird Ultrarot absorbiert, desto weniger tief vermag die Wärmestrahlung einzudringen. In diesem Falle bleibt die eingestrahlte Energie mehr in den oberen Glasschichten und erhitzt diese um so stärker. Ein hellgelber Farbstich setzt dem Eindringen weniger Widerstand entgegen, die Erhitzung erfolgt gleichmäßiger über die gesamte Tiefe. Bei schwankendem Farbstich muß also damit gerechnet werden, daß die unmittelbar von der eindringenden Strahlung getroffenen Schichten verschieden stark sind. Betriebe, die Wert auf gleichmäßige Durchwärmung ihres Glases legen, werden gut tun, auch aus diesen Gründen der Kontrolle und der Konstanthaltung des Farbstiches die nötige Aufmerksamkeit zu schenken. Messungen der Bodentemperatur können wertvolle Hilfe leisten und zeigen oft Schwankungen im Farbstich an.

Wie groß die Unterschiede in der Wärmeverteilung sein können, die durch solche Einflüsse auf die Einstrahlung hervorgerufen werden, zeigt sich am besten an Flaschenwannen, die einmal mit weißem (schwach Ultrarot-absorbierendem), einmal mit grünem (stark absorbierendem) Glase beschickt werden.

Durch pendelnde Verwendung von Oxydationsmitteln kann die Durchlässigkeit des ungefärbten Glases für Ultrarot vergrößert, evtl. konstant gehalten werden.

2 Farbstich von farblosen oder fast farblosen Gläsern

Als Nuancen eines farblosen oder fast farblosen Glases, sei es entfärbt oder nicht entfärbt, kommen verschiedene Farbstiche in Frage: Zwischen Gelb über Grün nach Blau wechselt der Ton des unentfärbten Glases. Von Rötlich oder Blaurötlich über Graubraun nach Grünlich wechselt der Farbstich bei nicht ganz geglückter Entfärbung. Verfärbungen bei Belichtung ergeben gelbliche, bräunliche und u. U. bläuliche Farbnuancen. Endlich muß man noch die gelbe Farbe bei Überreduktion hier erwähnen, obwohl man sie eigentlich nicht mehr als Farbstich bezeichnen dürfte.

Antike Fenstergläser, die aus einer Zeit stammen, wo man noch nicht die gleiche Auswahl an Rohstoffen zur Verfügung hatte wie heute und auch den Schmelzverlauf und die Entfärbungstechnik noch nicht gleichermaßen beherrschte, zeigen die ganze Skala der Farbstiche, mit deren Auftreten man rechnen muß.

2.1 Farbstich hervorgerufen durch Verunreinigungen

2.11 Farbstich, hervorgerufen durch Eisen

Am häufigsten wird sich der Farbstich als Folge eines kleinen Gehaltes an Eisenverbindungen im Glas präsentieren, die entweder aus den natürlichen oder technischen Schmelzrohstoffen, aus den Ofenbaustoffen oder den Werkzeugen zur Verarbeitung herstammen. Will man diesen Eisengehalt bekämpfen oder entfärben, so muß man sich über Höhe und Herkunft vergewissern, wenn die Dosierung der Entfärbung oder Konstanthaltung des Farbstiches glücken soll.

2.111 Herkunft des Eisens. Die beste Hilfe für die Entfärbung ist die Auswahl möglichst eisenarmer Rohstoffe und sorgfältiges Ausschließen von sonstigem Eisen; das dürfte aber meist nicht durchführbar sein, außer bei sehr hohen Ansprüchen. Es ist nun schwer, für die einzelnen Rohstoffe Grenzen anzusetzen, außerhalb deren ihr Eisengehalt sie für bestimmte Erzeugnisse ausschließt; denn an der Ausbildung des Farbstiches ist ja nicht ein einziger Rohstoff mit seinem Eisen, sondern alle gemeinsam (und noch sonstiges) beteiligt. Deshalb muß, wenn man den Gehalt an Eisen zu hoch findet, eine „Eisenbilanz“ aufgestellt werden, etwa in folgender Art:

100	kg Sand	=	100 kg SiO_2	bringen mit	0,035 kg	Fe_2O_3 =	53,2%
20	kg Kalk	=	11,1 kg CaO	bringen mit	0,020 kg	Fe_2O_3 =	30,3%
5	kg Feldspat	=		bringen mit	0,008 kg	Fe_2O_3 =	12,0%
38	kg Soda	=	22,5 kg Na_2O	bringen mit	0,002 kg	Fe_2O_3 =	3,0%
1,3	kg Sulfat	=	0,57 kg Na_2O				
			0,7 kg SO_3	bringen mit	0,001 kg	Fe_2O_3 =	1,5%
164,3	kg Gemenge	=	139,5 kg Glas	enthalten	0,066 kg	Fe_2O_3 =	100,0%

Man wird aus einer solchen Bilanz sofort ersehen, wo der Hebel zur Verringerung des Eisengehaltes angesetzt werden kann (im angenommenen Beispiel beim Sand). Der Sand ist zwar am gesamten Glas mit seinem Gewicht am stärksten beteiligt, in den meisten Fällen wird wohl die Hauptmenge des Eisens durch die in Westdeutschland nur selten sehr eisenarmen Kalke und Dolomite, bei denen das Eisen auch noch oft in den feineren Anteilen reichlicher vorhanden ist als in den groben (Mühlenabrieb), eingebracht. Da es nur dann Sinn hat, den Eisengehalt eines einzelnen Rohstoffes zu betrachten (wie es z. B. B. SIMMINGSKÖLD [*11*] tut), wenn es im Zusammenhang mit der Gesamtmenge geschieht, seien Richtlinien nur für den Gesamteisengehalt gegeben, die sich z. T. nach den in Westdeutschland vorkommenden Rohstoffen, z. T. aber auch nach den Ansprüchen an die herzustellenden Gläser richten:

Für optisches Glas und Bleikristall sind die besten deutschen Sande evtl. Quarzite, sowie sehr eisenarme Kalke und Mennige ($Fe_2O_3 > 0{,}0057\%$) [*12, 13, 14*] eben gerade gut genug. Der Gehalt dieser Gläser an Eisenoxyd darf nur unter besonderen Bedingungen 0,01% übersteigen. Weißhohlglas bester Qualität kann Eisengehalte bis zu 0,02% vertragen und kann dabei immer noch gut entfärbt oder gut entfärbbar sein. Preßglas, Wirtschaftsglas, Konservengläser, Milchflaschen können etwa bis zu 0,05% enthalten. Dann folgen Spiegelgläser und Tafelgläser mit 0,05 bis 0,2% Eisenoxyd, dann halbweiße Flaschen, Geräteglas und anderes mit 0,2 bis 0,5%. (Man setzt unter Umständen reineren Sanden noch Fe_2O_3 zu, um den für „Halbweiß“ richtigen Stich bzw. Fe_2O_3-Gehalt von etwa 0,25% zu erzielen!) Es ist in Westdeutschland leichter, eisenarme Sande (ab 0,008% Fe_2O_3) als eisenarme Kalke (ab 0,03% Fe_2O_3) und vor allem eisenarme Dolomite (ab 0,15% Fe_2O_3) zu finden. (Dagegen finden sich in Österreich Dolomite mit unter 0,01% Fe_2O_3.) Auch die Feldspäte bringen 0,1% bis 0,3% Eisenoxyd mit. In anderen Ländern sind Bestrebungen zu verzeichnen, die dort vorkommenden unreinen Sande zu veredeln bzw. zu enteisenen [*15–18*], u. a. wurde auch versucht, das Eisen aus dem Glas als Chlorid zu verflüchtigen [*19, 22*]. Zusammenstellungen über den Eisengehalt von Rohstoffen finden sich in den F. A. Berichten d. DGG. Nr. 7, 24 u. 32 [*12, 13, 14*]. Das aus den Mischern, Einlegemaschinen, Eisenbunkern stammende Eisen ist meist zu vernachlässigen, nicht ohne weiteres dagegen das aus den feuerfesten Ofenbestandteilen. Liegen z. B. in der Höhe der Spülfuge Schamottesteine, so ist die Menge des Abgeschmolzenen und daraus Aufgenommenen merklich. Dagegen ist die Aufnahme aus feuerflüssig gegossenen Steinen (CORHART, CORHART-ZAC, Magmalox, Monofrax) im Verhältnis zum Geschmolzenen meist gering. In einer Fensterglaswanne werden beispielsweise in einer dreijährigen Laufzeit etwa 150000 t Glas durchgesetzt. Während dieser Zeit werden von den Bassinsteinen vielleicht 5 t abgeschmolzen, wovon nur ein sehr kleiner Teil Eisen ist.

Schamotte enthält selten unter 1,0% Fe_2O_3, CORHART-Standard etwa 1%, Magmalox 0,1%, CORHART-ZAC 0,5%, Monofrax 0,25%. ANGENOT [*23*] beschrieb einen Stein mit 5,6% Fe_2O_3.

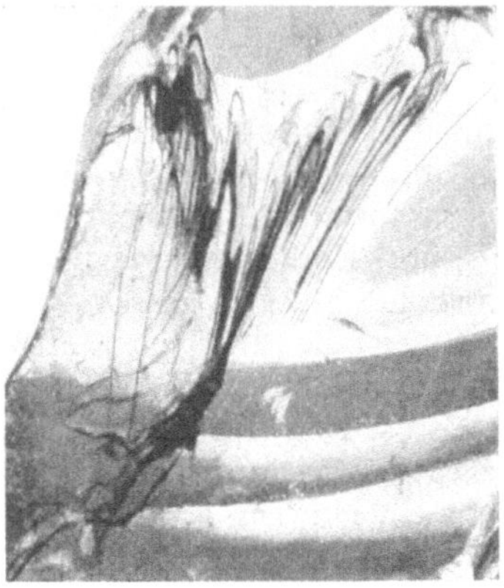

Abb. 483a. Eisenschliere

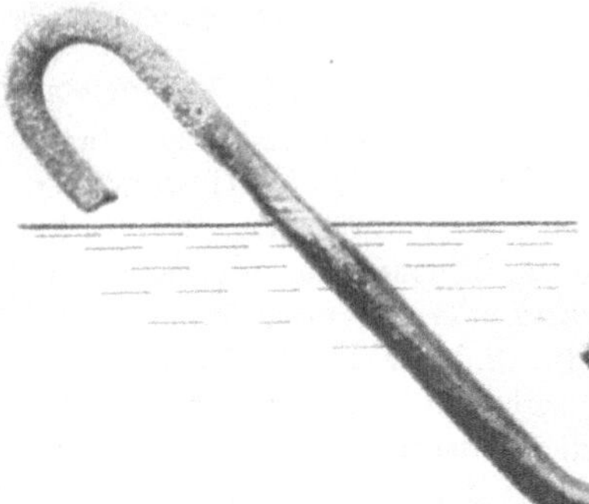

Abb. 483b. Eiserner Haken, teilweise unter, teilweise über Glasoberfläche

Ferner kann aus den eisernen Konstruktionsteilen, besonders nach dem Verzundern, stammendes Eisen, oder auch Nägel, Werkzeuge u. dgl., die aus Versehen oder Nachlässigkeit in die Glasschmelze fallen, sich an dem Eisengehalt merklich beteiligen. Hier ist u. U. eine magnetische Behandlung des Gemenges und vor allem der Scherben zu empfehlen. Auch Pfeifennäbel sind als Eisenquelle, besonders bei gutem Weißhohlglas, zu beachten. Abb. 483 a zeigt eine von metallischem Eisen ausgehende Eisenschliere. Der Gehalt an Eisen in der Nähe solcher Teile ist hoch. Dabei ist auffallend, daß Teile aus metallischem Eisen dicht über der Glasschmelze viel stärker angegriffen werden als im Inneren. Abb. 483 b zeigt einen Haken, der unter der Schmelzoberfläche weniger angegriffen ist als darüber.

Für Glas, das in Häfen geschmolzen wird, kann das von der Hafenwand Abgeschmolzene die Gesamtmenge des Eisens merklich erhöhen. Nach J. LÖFFLER [*24*] schwimmt das vom Hafen Abgeschmolzene zwischen Kranz und Hafen auf dem Glas. Der Eisengehalt des Glases kann durch dieses Abgeschmolzene merklich erhöht werden. Es kommt bei der Ausarbeitung bei einer gewissen Tiefe unter dem Kranz hervor in das Auszuarbeitende. Bei hohen Ansprüchen muß man diesen Rest ausschöpfen und für weniger wertvolle Gegenstände oder für Farbglas wieder einschmelzen. Über die analytische Erfassung des Eisengehaltes der Rohstoffe s. in der Literatur unter [*25*, *26*].

2.112 Färbende Verbindungen des Eisens in Glas. Die färbenden Verbindungen des Eisens im technischen Glase sind folgende (ihr molekularer Einbau in das Glasnetzwerk möge hier unberücksichtigt bleiben): Das hellgelb färbende Eisen-3-oxyd, das dunkelblau färbende Eisen-2-oxyd, ein kräftig gelb bis braun färbendes Natriumsulfoferrit, das nur bei Überreduktion auftritt, und eine braune Eisen-Selen-Verbindung. In besonders zusammengesetzten Gläsern, wie Borosilikaten, Phosphaten usw. treten diese mit anderen Farbwirkungen auf, die hier jedoch nicht berücksichtigt werden sollen. Die wichtigsten Verbindungen sind das drei- und zweiwertige Oxyd, deren grüne aus gelb und blau bestehende Mischfarbe gewissermaßen den natürlichen Farbstich des Glases darstellt. Dabei ist zu beachten, daß das blaue Eisen-2-oxyd sehr viel stärker färbt als das gelbe Eisen-3-oxyd (s. S. 303). Wie groß die Unterschiede in der Farbintensität sein können, sei an den Abb. 484 u. 485 gezeigt: Die Abb. 484 zeigt mehrere Glasbrocken, die bei gleicher Zusammensetzung, insbesondere gleichem Fe-Gehalt unter verschieden starker Oxydations- bzw. Reduktionswirkung erschmolzen sind. Der Fe-Gehalt betrug etwa 0,15%. Es ist ohne weiteres zu erkennen, welche Stücke stärker reduziert wurden. Abb. 485 zeigt zwei Gläser, die beide in Luft (im elektrischen Ofen) erschmolzen wurden. Das eine, dunkle, aus einem normalen Sodagemenge ohne

Oxydationsmittel, das andere helle, aus demselben Gemenge nach Vorsinterung bei 900° in Luft. Im vorgesinterten Glas ist das Eisen praktisch vollständig in Eisen-3-oxyd übergegangen.

Die ersten systematischen Untersuchungen über die im Glase vorkommenden Eisenverbindungen stammen von R. ZSIGMONDY [27], spätere von CHR. KRAFT [28]. Sie sind neuerdings ergänzt durch die von N. KREIDL [29], H. MOORE u. S. N. PRASAD [30] sowie S. N. PRASAD [31], H. MOORE u. S. KUMAR [32] sowie J. M. STEVELS [33, 34] und J. DE JONG [35]. Im Anschluß an die Arbeiten von MOORE hat R. PERSSON [36] eine eingehende Behandlung des Entfärbungsproblems versucht, kommt aber zu wenig überzeugenden Feststellungen. Die beiden Stufen FeO und Fe_2O_3 kann man durch geeignete Maßnahmen analytisch bestimmen [26].

2.113 Die Bedeutung des dissoziierbaren Sauerstoffs. Dissoziierbarer Sauerstoff ist das, was die Bezeichnung sagt: Sauerstoff, der bei Temperatursteigerung abgegeben werden kann, entweder an andere Oxyde mit geringer Dissoziationsneigung bzw. geringem Oxydationspotential, oder an eine neutrale Atmosphäre oder an Reduktionsmittel. Zum Beispiel kann aller Sauerstoff, den H. SALMANG und A. BECKER aus dem Glase durch Evakuieren herausholten, nur dissoziierbar gewesen sein [37–39].

Abb. 484. Glasbrocken mit gleichem Eisengehalt, aber verschiedener Schmelzbehandlung. Farben: Lichtgelb, gelbgrün, bläulichgrün, blau, oliv, bräunlich, braun

Der Gehalt an dissoziierbarem Sauerstoff unterscheidet chemisch und glastechnologisch Fe_2O_3 und FeO, As_2O_5 und As_2O_3, CeO_2 und Ce_2O_3, Mn_2O_3 und MnO, SeO_2 und Se, cum grano salis SO_3 und SO_2, wobei das jeweils zuerst genannte Oxyd dissoziierbaren Sauerstoff enthält, das andere keinen. Da in dem Glase meistens nicht nur das zu beeinflussende Eisen mit seinen beiden Wertigkeiten, sondern auch noch irgendwelche andere Oxyde mit dissoziierbarem Sauerstoff vorliegen und in der Mehrzahl der Fälle diese in viel größerer Menge, muß beachtet werden, daß der oxydierende Sauerstoff nur in einigen Fällen ganz an dem einen und gar nicht am anderen Element gebunden sein wird. Nur Mn_2O_3 und FeO, CeO_2 und FeO schließen sich sicher aus. Der häufiger vorkommende Fall ist, daß die Oxyde mit dissoziierbarem Sauerstoff sich gegenseitig nach Art eines Gewölbes stützen und daß seine Erhöhung allen Oxyden zugute kommt. Man sollte daher die technologische Wirkung der Oxyde, die die Oxydationsstufe des Eisens zu beeinflussen vermögen, nicht nur nach der Oxydationskraft, sondern auch nach der Menge des dissoziierbaren Sauerstoffes bzw. seiner Konzentration beurteilen, besonders wenn ein Teil des Sauerstoffes während der Schmelze fortgeführt oder verbraucht wird. Da beide voneinander unabhängig sind, sollte man eigentlich auch zwei verschiedene Meßgrößen benutzen.

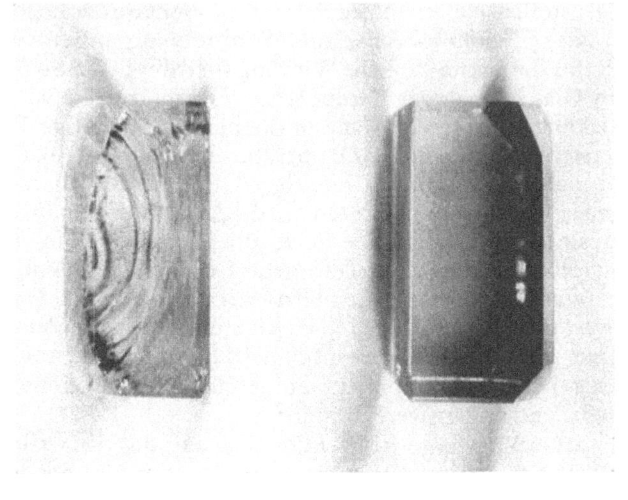

Abb. 485. Zwei Gläser, aus gleichen Gemengen erschmolzen, das hellere nach Vorsinterung bei 900°

Der dissoziierbare Sauerstoff spielt bei der Beeinflussung des Farbstiches eine so große Rolle, weil – wie bereits gesagt – das Oxyd des Eisens, das keinen dissoziierbaren Sauerstoff enthält, FeO, etwa 15mal dunkler ist, als das andere; s. auch G. JÄCKEL [40]. Die Tatsache, daß alle höherwertigen Oxyde, ja sogar Eisen-3-oxyd, den Gehalt des Glases an dissoziierbarem Sauerstoff erhöhen und damit gegen Reduktionseinwirkung beständiger machen, haben H. JEBSEN-MARWEDEL

u. A. BECKER [*41*] anschaulich zu machen versucht durch die Umschreibung „Die Oxyde ... erhöhen den inneren *Sauerstoffdruck*", d. h. sie reagieren so, als ständen sie im Inneren unter einem erhöhten Sauerstoffdruck. C. KÜHL nannte Stoffe, die den Gehalt an Sauerstoff erhöhen, „Sauerstoffspender" [*42*].

Aber auch durch den chemischen Aufbau des Glases kann man den Gehalt an Fe_2O_3 gegenüber FeO begünstigen, z. B. durch Erhöhung der Alkalien, obgleich dies kein für die Technik gangbarer Weg ist. Die Hauptursache für diese „Oxydation" dürfte die Art des Einbaues des Eisens in das Netzwerk sein [*29*].

2.114 Gehalt an dissoziierbarem Sauerstoff bei wechselndem Eisengehalt. Wie im vorigen Abschnitt gesagt, ist das Verhältnis von Fe_2O_3 zu FeO oder, mit anderen Worten, sein Gehalt an dissoziierbarem Sauerstoff die Grundlage für die Ausbildung oder die Beeinflussung des Farbstiches.

Der ausführlichen Behandlung der verschiedenen Einwirkungen auf dieses Verhältnis soll vorangestellt werden, wie sich der Farbstich entwickelt, wenn Einwirkungen weder von außen, noch von innen stattgefunden haben, wie es auch H. JEBSEN-MARWEDEL u. A. BECKER [*41*] beschrieben:

Schmilzt man in neutraler Atmosphäre eine Reihe von Gläsern, denen Fe_2O_3 in steigender Menge, aber sonst weder oxydierende noch reduzierende Stoffe zugesetzt sind, so ergibt sich folgendes Phänomen:

Ein Glas mit 0,05% Gesamteisen hat einen fast rein blauen Farbstich, d. h. fast ausschließlich FeO. Ein Glas mit 0,2% Gesamteisen hat einen zwar noch blauen, aber doch bereits grünstichigen Ton, ein solches mit 1% hat einen olivgrünen Ton, ein solches mit 5% hat eine fast rein braune Farbe [*41*]. N. E. DEMSEN u. W. E. S. TURNER [*43*] fanden in Gläsern mit 0,04% Gesamteisen 0,014% FeO, d. h. 36%, bei 0,1% 0,027% FeO, d. h. 27%, bei 0,5% 0,075% FeO, d. h. 15%, und bei 3% 0,3% FeO, d. h. 10%. Abb. 486 (s. Tafel II) zeigt den Farbwechsel bei steigendem Eisengehalt unter normalen „Schmelzbedingungen".

Die Gläser mit viel Eisen enthalten also auch ohne Oxydationsmittel relativ viel mehr Fe_2O_3 als FeO. Beim Vergleich der absoluten Gehalte an FeO sieht man, daß ein Glas mit 5% Gesamteisen zwar nur etwa 10% davon als FeO enthält [*44*], insgesamt aber doch mehr als ein Glas mit 0,5% Gesamteisen, obwohl in diesem 15% vom gesamten Eisen als FeO vorliegen, und auch mehr als jedes andere Glas mit einem Eisengehalt unter 5%. Das bedeutet, daß mit steigendem Gesamteisengehalt auch der FeO-Gehalt steigt, aber in viel geringerem Maße als der an Fe_2O_3. Bei anderen Farbstoffen mit verschiedenen Oxydationsstufen liegen die Verhältnisse analog.

2.115 Einfluß wechselnder Schmelzvergangenheit auf den Gehalt an dissoziierbarem Sauerstoff. Eine zweite ähnliche Wirkung wird durch die Schmelzvergangenheit des Glases ausgeübt. Wird ein Glas bei höherer Temperatur geschmolzen, so wird das Eisen auch ohne stärkere Reduktionswirkung in höherem Maße in die blaue zweiwertige Form übergeführt [*45*]. Das kann man leicht verstehen, denn hohe Temperatur wird den dissoziierbaren Sauerstoff in stärkerem Maße zur Abspaltung bringen als niedrige. Dasselbe gilt für die Schmelzzeit: Je länger eine Schmelze bei hoher Temperatur gehalten wird [*42*], desto mehr wird das Glas Sauerstoff verlieren, das Eisen in die zweiwertige blaue Form übergehen. Der in der Technik normale Fall, daß der Schmelze Scherben zugesetzt werden, gehört in dieselbe Reihe. Je mehr Scherben zugesetzt werden bzw. je öfter ein Glas geschmolzen wird, desto mehr Eisen geht bei gleichem Gehalt in die blaue zweiwertige Form über [*41*]. Es sind reine und fast reine Scherbenschmelzen beschrieben worden [*46*]. Aber durch das Wiedereinschmelzen wird nicht nur die Zeit vergrößert, während der das Glas einer höheren Temperatur ausgesetzt ist, es kommt noch ein zweiter Faktor hinzu, der weiter ausholend erklärt werden muß:

2.116 Vorgänge bei der Fortführung des dissoziierbaren Sauerstoffes. Wie groß der Dissoziationsdruck des im Glas gelösten Fe_2O_3, d. h. das Streben in FeO und Sauerstoff überzugehen, ist, ist nicht genau bekannt. Sicher ist, daß ein Glas mit FeO bei Temperaturen von 1200° bis 1000° Sauerstoff aus der Luft aufnimmt. Der Dissoziationsdruck ist also bei diesen Temperaturen kleiner als ein Fünftel Atmosphäre. Er wird zwar bei Schmelztemperatur höher sein, aber sicher nicht eine Atmosphäre erreichen. Wie ist also die Tatsache zu erklären, daß kleine Eisenmengen fast vollständig in FeO übergehen, wenn keine Oxydationsmittel zugesetzt werden: Erstens ist das Eisen in den Rohstoffen zu einem Teil bereits als FeO vorhanden, z. B. im Ilmenit, $FeO \cdot TiO_2$ und Chromit $FeO \cdot Cr_2O_3$, die im Sand vorkommen, zweitens wird in den ersten Phasen der Schmelze durch die starke Gasblasenentwicklung, deren Inhalt doch im wesentlichen aus Kohlensäure und Wasserdampf besteht, der bei dieser Temperatur bereits merklich zur Abspaltung neigende Sauerstoff mit weggeführt, so daß die Schmelze daran verarmt. Dieses „Mitweggeführt-

Farbwirkung des Eisens im Glas und ihre Beeinflussung durch (entfärbendes) Selen

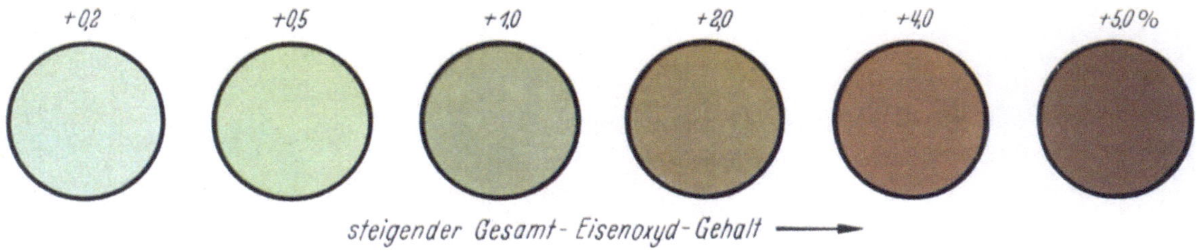

Abb. 486. Verschiebung der Farbe bei steigenden Eisenoxydzusätzen zu Glas (Farbwirkung einer etwa 60 mm dicken Schicht) (nach H. JEBSEN-MARWEDEL)

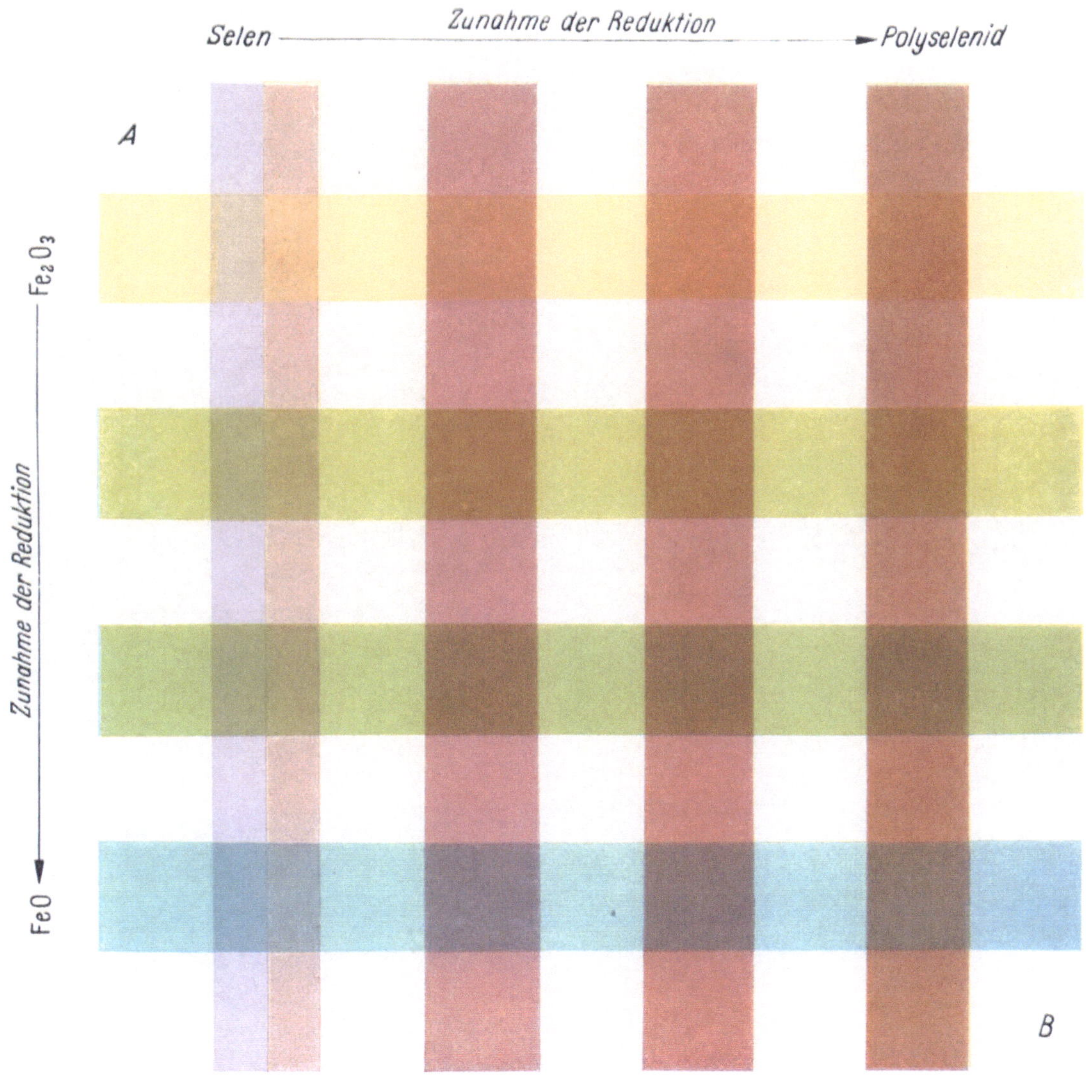

Abb. 493. Farben des Eisens und Selens (s. S. 307)

werden" durch die Reaktionsblasen ist eine der Hauptursachen für den Verlust an dissoziierbarem Sauerstoff. Daß das so ist, sieht man daran, daß ein in Luft bei 900° vorgesintertes Gemenge, bei dem der Hauptteil der Reaktionsgase bereits vor der Schmelze abgespalten wurde und evtl.dabei mit fortgeführter Sauerstoff sich aus der Luft wieder erneuern konnte, beim Schmelzen ein Glas mit hellgelbem Farbstich ergibt, daß also nach dem Schmelzen fast alles Eisen in der dreiwertigen Form vorliegt [*47*] (s. Abb. 485). So erklärt sich auch die Tatsache, daß bei Steigerung des Eisengehaltes die Menge des mit fortgeführten Sauerstoffs, d. h. also der absolute Gehalt an FeO, nur wenig zunimmt: Die Gesamtmenge des Mitweggeführten bleibt annähernd gleich, sie wird nur infolge der etwas höheren Konzentration, die die Diffusion erleichtert, mit steigendem Fe_2O_3-Gehalt ein wenig höher.

Für die Praxis der Entfärbung bedeutet das, daß nicht ein Glas mit einem Eisengehalt einen bestimmten Entfärbungsbedarf hat, sondern daß sich dieser nach Eisengehalt, Schmelzbehandlung und Scherbenzusatz usw. richten muß.

2.12 Einwirkungen auf den Farbstich des Eisens von außen

2.121 Oxydierende Atmosphäre. Eine Reihe von Einwirkungen, die sich von außen auf die Glasschmelze erstrecken, beeinflussen den Farbstich. Der seltenere Fall der Veränderung durch Sauerstoffaufnahme sei vorweggenommen. Wie oben erwähnt, hat das in der Glasschmelze gelöste Eisen-2-oxyd in Luft eine merkliche Neigung, Sauerstoff aufzunehmen. Diesen Vorgang darf man sich nicht so vorstellen, daß eine kurzzeitige Exponierung in Luft bereits genüge, um eine solche Oxydation auch nur merklich zu machen. Das wäre schon deswegen unmöglich, weil viele Glasschmelzen mehr Gase gelöst enthalten, als den Gleichgewichten bei diesen Temperaturen entspricht. Demnach haben sie eher die Neigung, Gas abzugeben als aufzunehmen. Der Vorgang der Sauerstoffaufnahme schreitet also so langsam vorwärts, daß z. B. in einer FOURCAULT-Wanne, in der das Glas der Oberflächenschicht etwa 12 Stunden benötigt, um vom Einlegeort zum Arbeitsende zu kommen, sich gerade eben ein merklicher Effekt im Sinne einer Veränderung des Farbstiches von rein Blau nach Blaugrün zeigt. Eine völlige oder fast völlige Oxydation unter Sauerstoffaufnahme kann nur dort erfolgen, wo das Glas über sehr lange Zeit stagniert, z. B. in Ecken oder am Boden einer Wanne. Abb. 487 zeigt zwei Gläser, das eine hat in einer Ecke eines FOURCAULT-Ofens Sauerstoff aufgenommen und sich oxydiert, das andere hat seine normale blaue Farbe behalten. Die Stücke sind, um die Reflexion an den Ecken und Kanten zu beseitigen, in Benzol eingebettet photographiert worden. Das linke Glasstück ist hellgelb, das rechte dunkelblau; der Eisengehalt beider ist gleich.

Abb. 487. Zwei Gläser im Immersionsbad, das linke nach langer Stagnation der Schmelze in Luft

2.122 Reduzierende Atmosphäre. Der Fall der neutralen oder schwach reduzierenden Atmosphäre, wie er in der Glasindustrie als das Normale angesehen werden kann, muß ausführlicher beschrieben werden:

Es ist sicher, daß reduzierende Flammengase direkt auf das im Glas enthaltene Eisenoxyd einwirken und ihm Sauerstoff entziehen können. Dieser einfache Fall ist aber offenbar viel seltener und weniger wirksam, als im allgemeinen angenommen wird. Wenn man in einem Laboratoriumsofen ein nicht sulfathaltiges Glas unter reduzierenden Bedingungen schmilzt, wird selbst bei 1400° die Reduktion in zwei Stunden noch nicht allzu tief in das Glas eingedrungen sein. Viel häufiger ist der Weg der Reduktion über die Einwirkung auf das im Glas enthaltene Sulfat; H. JEBSEN-MARWEDEL [*48*] fand sogar, daß das die Regel sei. Es ist bekannt, wie leicht Sulfat zu Sulfid reduziert wird und dieses Sulfid überträgt die Reduktion auf das Eisen als den Träger des Farbstiches. Besonders deutlich sieht man das dort, wo eine sulfidhaltige Schliere in einem normalen Glas sich befindet. Die gelbe Schliere ist fast immer durch einen stark blau gefärbten, d. h. stark reduzierten Hof umgeben. Aber nicht genug mit dieser Übertragung. Von H. JEBSEN-MARWEDEL [*48*] wurde weiter gefunden, daß dünne, an der Schmelzoberfläche befindliche Sulfidschichten eine größere Oberflächenspannung haben, als etwa darunter liegendes sulfathaltiges Glas. Durch diesen Unterschied müssen sich die oben reduzierten Schichten zusammenrollen und erneut sulfathaltiges Glas an die Oberfläche bringen, das wieder der Reduktion verfallen kann und so fort. Man kann also sagen, daß das Sulfat einer der Hauptüberträger der Reduktion auf das Glas und damit auch seinen Farbstich ist, was sich u.a. besonders an den empfindlichen Selenrosa-Gläsern zeigt [49]. Zu beachten ist, obwohl eigentlich selbstverständlich, daß in Hafenöfen mit nicht ganz gleichmäßigem Feuer die Wirkung der Flamme auf den Farbstich von Seite zu Seite und u.U. von Hafen zu Hafen verschieden sein kann, wie in Abb. 488 schematisch dargestellt ist.

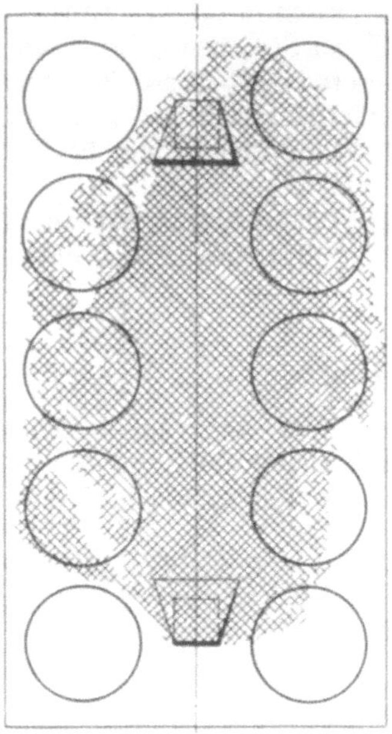

Abb. 488. Hafenofen mit einseitig reduzierender Flamme (schematisch)

2.13 Einwirkungen auf den Farbstich des Eisens von innen

Die sicherste Art, den Farbstich (aber nicht den Eisengehalt) zu beeinflussen, ist die von innen her und besteht im Zusatz von Stoffen, die oxydierend oder reduzierend wirken, d.h. die den Gehalt an dissoziierbarem Sauerstoff erhöhen oder erniedrigen.

2.131 Erhöhung des Gehaltes an dissoziierbarem Sauerstoff. Die Vorgänge bei der Oxydation des Glases von innen heraus sind mit der Bezeichnung „Chemische Entfärbung" (G. Jäckel [40]) in der Literatur beschrieben: „Entfärbung", weil man das etwa 15mal stärker färbende FeO in das ebenso vielmal hellere Fe_2O_3 überführt, die Intensität des Farbstiches also sehr stark verringert, „Chemisch", weil im Gegensatz zur physikalischen Entfärbung, die nur eine gegenseitige Aufhebung zweier komplementärer Farbstiche ist, die Farblosigkeit mit chemischen Agentien angestrebt, wenn auch nicht erreicht wird. Die Erhöhung des Gehaltes an dissoziierbarem Sauerstoff und damit gleichzeitig chemische Entfärbung geschieht im wesentlichen durch 4 Stoffe: Arsenpentoxyd, Cerdioxyd, Mangandioxyd und Salpeter, evtl. könnte man Sulfat und Antimoniat noch dazurechnen. Zu erwähnen ist noch die Tatsache, daß man durch Zugabe von Fluoriden das Eisen, und zwar das dreiwertige, in eine wirklich farblose Verbindung überführen kann, allerdings und leider nur in relativ alkalischen Gläsern [50].

2.131.1 Wirkung des Arsenpentoxyds. Die Wirkung des Arsenpentoxyds geht auf folgende Weise vor sich: Das Arsen wird dem Gemenge fast ausnahmslos in Form von Arsenik (As_2O_3) zugesetzt. Daneben ist zur Aufoxydation zum fünfwertigen ein Zusatz von Salpeter unbedingt erforderlich. Ohne diesen wirkt das Arsenik u. U. sogar als Reduktionsmittel, da es große Neigung hat, eben als Pentoxyd in das Glas einzugehen. Es nimmt dann, wenn ohne Salpeter angewandt, den Sauerstoff daher, wo er zu erreichen ist, aus dem Sulfat, aus dem Braunstein, nicht aber vom Eisen-3-oxyd, sondern wirkt hier auch allein oxydierend [40]. Da es aber zusammen mit dem Salpeter das Eisen sicherer in die hellgelbe, d.h. höherwertige Form überführt, muß man annehmen, daß nur das Pentoxyd die entfärbende Wirkung ausüben kann. Man setzt im allgemeinen zwischen 0,1 und 1 kg Arsenik auf 100 kg Sand dem Gemenge zu, Salpeter wird zwischen 2 und 4 kg angewandt, höhere Zusätze ergeben keine Steigerung. Eine Steigerung des Arsenzusatzes, auch schon Gehalte von 0,5% As_2O_5 ergeben keine Verstärkung der Wirkung, wohl aber ein Ansteigen der schon bei niedrigen Zugaben merklichen unerwünschten Nebenerscheinungen, wie Verfärbung im Licht und Veränderung der Selenentfärbung im Kühlofen [51, 52].

2.131.2 Wirkung des Cerdioxyds. Das Cerdioxyd wirkt auf doppelte Weise [53, 54]: Einmal löst es sich bei genügend großen Zugaben unter Sauerstoffentwicklung im Glase auf. Diese sauerstoffhaltigen Schmelzgase können anstatt den dissoziierbaren Sauerstoff wegzuführen, dessen Menge noch erhöhen. Zum anderen wirkt das in Lösung gehende Gemisch von Cer-4- und dem unwirksamen, aber farblosen Cer-3-oxyd stark oxydierend auf das sich noch etwa irgendwo bildende FeO. Man kann also durch Zugabe von Cerdioxyd das Glas gerade soweit mit dissoziierbarem Sauerstoff anreichern, wie man das für die Entfärbung oder den Farbstich haben will. Wünscht man außer dem Cer noch Selen anzuwenden – Cer allein hellt ja den Farbstich nur auf –, so darf man die Cerzugabe nicht zu hoch ansetzen, denn ein Überschuß oxydiert auch einen Teil des Selens oder gar das ganze zu farblosen Verbindungen, was zu unerwünschten Farbnuancen, aber auch zu Veränderungen im Kühlofen führen kann (s. S. 307). Man kann das Ceroxyd evtl. in dem natürlichen Gemisch mit Didym, wie es in der Natur vorkommt, anwenden und hat die Didymwirkung dann gleichzeitig.

2.131.3 Wirkung des Mangandioxyds. Das Mangandioxyd löst sich ebenfalls unter Sauerstoffentwicklung im Glase zu blaurot gefärbtem Mangan-3-oxyd auf, das ebenso wie Cerdioxyd jedes entstehende FeO zu Fe_2O_3 oxydiert. Bei der Sauerstoffabgabe entsteht das nicht ganz farblose MnO. In der Praxis setzt man meist so viel Braunstein zu, daß ein kleiner Überschuß, der beinahe der Fe_2O_3-Färbung komplementär ist, mit diesem zusammen etwa farblos ergibt. Die Reihe der Mischfarben von Fe_2O_3 und Mn_2O_3 geht aber nicht genau über farblos, sondern über einen leicht bräunlichen Stich. Man setzt daher noch eine Spur Kobaltoxyd, etwa 0,1 g/100 kg Sand zu. Die Entfärbung durch Braunstein hat eine merkliche Anfälligkeit gegenüber den Wirkungen reduzierender Atmosphäre, stärkerer Blasenentwicklung beim Schmelzen und großem Scherbenzusatz. Starke Schwankungen dieser drei lassen sie daher leider leicht mißraten. Außerdem enthalten viele natürliche Braunsteine bereits merkliche Mengen an Eisen, so daß für Entfärbung nur die besten Sorten Verwendung finden können. Das in dem Braunstein enthaltene Eisen verschiebt die Mischfarbe von rot nach bräunlich [55]. Die Farbe des Mn_2O_3 ist nur bei Anwesenheit von MnO beständig, bei Färbung des Glases mit Braunstein ist nur etwa $^1/_{40}$ des Mangans höherwertig [56].

2.131.4 Wirkung des Salpeters. Der Salpeter vermag einen großen Teil des im Gemenge vorhandenen Eisens zur dreiwertigen Form zu oxydieren. Nach K. Fuwa [44] enthält ein Glas mit 2% Gesamteisenoxyd bei Oxydation durch Salpeter 0,22% FeO, ohne Oxydation 0,4%. In der Technik scheint der Unterschied größer zu sein. Allerdings wirkt er nur auf das Gemengeglas. Im Scherbenglas geht seine Wirkung restlos verloren. S. übernächstes Kapitel.

2.131.5 Wirkung des Sulfates. Die oxydierende Wirkung des Sulfates ist an und für sich nicht sehr stark. Da es aber im Glase meist zwischen 0,8 und 0,4% enthalten ist, ja Gehalte von 1% vorkommen, kann seine Wirkung u. U. lange anhalten, ohne erschöpft zu werden. Auf alle Fälle wird man in reinen Sodagläsern ganz ohne Oxydationsmittel einen merklich blaueren Farbstich finden, als in solchen mit Sulfat. Wenn manchmal Sulfatgläser trotzdem einen stark blauen Farbstich haben, so handelt es sich dabei um Gläser mit hohem Zusatz an Sulfat im Gemenge, denen zur Entfernung des SO_3-Überschusses Kohle zugesetzt wurde. Analytische Untersuchung von Gläsern mit SO_3 ergab bei höheren SO_3-Gehalten mehr grünlichen, bei niedrigen mehr blauen Ton. Bei steigenden Verhältnissen C/SO_3 von 0,5 über 1,15 auf 2 erhielten H. Jebsen u. A. Becker die Farbstiche hellgrün, grün, blaugrün und blau. Bei 2,5 Mol C pro Mol SO_3 wurde das Glas braun überreduziert [41].

2.131.6 Wirkung der Oxydationsmittel in Scherbenschmelzen. Wie schon oben gesagt, ist der Gehalt an dissoziierbarem Sauerstoff von der Zahl der Erhitzungen auf hohe Temperaturen abhängig, und diese Abhängigkeit ist um so größer, je höher man den Gehalt an oxydierendem Sauerstoff getrieben hat. Daher werden alle Glasschmelzen, denen chemische Entfärbungsmittel im Gemenge zugesetzt waren, beim Wiedereinschmelzen als Scherben einen großen Teil dieses Sauerstoffs verlieren. Es geht aber nicht nur das Eisen in FeO über, sondern auch das Mangan im Mangan-2-oxyd, evtl. vorhandenes farbloses SeO_2 in die gefärbte Stufe des rosa färbenden Selens oder gar in die braune Stufe. Der Farbstich wird also im Scherbenglas erheblich anders ausfallen als im Gemengeglas. Aus diesem Grunde ist es dringend anzuraten, den Zusatz an Scherben, wozu auch Restglas zu rechnen ist, möglichst konstant zu halten, unter allen Umständen aber beim Ausprobieren einer Entfärbung so viel Scherben zuzusetzen wie später bei normaler Fertigung.

2.132 Erniedrigung des Gehaltes an dissoziierbarem Sauerstoff. Sollte es aus irgendwelchen Gründen erwünscht sein, den Farbstich des Glases von hellgelb nach dunkelblau zu verschieben, so ist das möglich durch alle Stoffe, die Sauerstoff verbrauchen, angefangen von Kohlenstoff über Schwefel bis zu Metallpulver. Man kann aber auch, wenn die Farbänderung nicht zu groß sein soll, beispielsweise ein oxydierendes Läuterungsmittel durch ein weniger stark oxydierendes bzw. neutrales, wie z.B. Kochsalz, ersetzen. Hier muß erwähnt werden, daß Sande – und u. U. auch andere Rohstoffe – kleine Mengen organischer Substanz enthalten können, die eine merkliche Reduktionswirkung ausüben können. Eine solche Verunreinigung ist bei der fast stets gemeinsamen Lagerstätte von Sand und Braunkohle nicht zu verwundern [56].

2.133 Oxydationspotential als Maß für die gegenseitige Beeinflussung der Verbindungen mit dissoziierbarem Sauerstoff. Es ist nicht leicht, ein absolutes Mittel dafür zu finden, welches der verschiedenen Mittel zur Aufoxydation von Glasschmelzen das „stärkste“ oder auch das „nachhaltigste“ ist. Man könnte aber – es hat wohl noch niemand getan – immer je ein Glas mit FeO, ein Glas mit Mn_2O_3, dann ein Glas mit MnO und ein Glas mit Fe_2O_3 usw. unabhängig voneinander einzeln einschmelzen, dann nebeneinander setzen, wieder einschmelzen und beobachten, welches vom anderen oxydiert wird. Daneben müßte man noch feststellen, wieviel dissoziierbarer Sauerstoff dann im ganzen vorhanden ist, und man könnte aus diesen beiden Daten ein sicheres

Unterscheidungsmerkmal ableiten. C. Kühl hat zusammen mit W. Weyl [42] Gläser geschmolzen, in denen immer zwei Oxyde mit dissoziierbarem Sauerstoff gleichzeitig vorhanden waren. Er hat dabei festgestellt, daß sich eine Reihenfolge ergibt, in der immer das höhere Oxyd des ersten Metalles Sauerstoff an das niederwertige der nächsten abgibt und dieses damit oxydiert. Es ergibt sich folgende Reihe: Cr → Mn → Ce → As → Sb → Fe. Bei diesem Versuch wurden aber größere Mengen eingeschmolzen und der Sauerstoffverlust in den ersten Phasen der Schmelze unberücksichtigt gelassen. Bei Vorwiegen eines einzelnen Oxydes neben kleinen Mengen der übrigen kann sich diese Reihe durchaus umkehren; z.B. kann man mit etwa 0,3% CeO_2 eine sonst nicht färbende Menge Mangan in die höherwertige Stufe überführen, was eindeutig eine Folge der Sauerstoffübersättigung durch das Cerdioxyd ist. Größere Mengen Cerdioxyd geben dann eine gasförmige Sauerstoffabspaltung unter Aufhebung der Gasübersättigung. Das einzige bisher wirklich brauchbare Maß für die Oxydationskraft der verschiedenen Oxyde im Glas gaben A. Dietzel und P. Czaki [57]. Sie maßen das Sauerstoffpotential verschiedener Oxyde gegenüber einer Platin-Sauerstoff-Elektrode. Als Lösungsmittel für die Oxyde konnten sie nur Boraxschmelzen verwenden, weil sie bei Glasschmelzen zu sehr viel höheren Temperaturen hätten übergehen müssen. Sie faßten ihre Ergebnisse in dem hier angeführten Diagramm Abb. 489 zusammen. Es besagt, daß in Boraxschmelzen bei 820° bei einem Sauerstoffdruck von 10^{-20} at praktisch reines FeO, bei einem solchen von 1 at fast 100% Fe_2O_3 beständig sind bzw. daß den beiden Oxyden diese Dissoziationsdrücke zukommen. Im Bereich eines Sauerstoffdruckes von etwa 10^{-8} beginnt das Eisen relativ schnell Sauerstoff festzuhalten und bei 10^{-7} ist bereits das meiste Eisen als Fe_2O_3 beständig. Beim Chrom liegen die Verhältnisse grundsätzlich ähnlich, nur daß der Umschlag nach der Beständigkeit des CrO_3 bei höheren Drücken erfolgt. Aber immerhin können noch gewisse Mengen FeO und CrO_3 nebeneinander vorkommen. Das Mangan wird erst bei noch höheren Drücken vollständig oxydiert. Es gibt also auf alle Fälle seinen Sauerstoff an das Eisen ab. FeO und Mn_2O_3 sind nebeneinander nicht beständig. Ein Glas mit MnO würde sich auch in reinem Sauerstoff bestenfalls zu 75% Mn_2O_3 oxydieren. (Man darf sich durch die intensive Färbung der Mangangläser nicht zu entgegengesetzten Schlüssen verführen lassen. Mn_2O_3 färbt so stark und MnO so schwach, daß auch sehr kleine Mengen des ersten die so sehr schwache Färbung der zweiten überdecken).

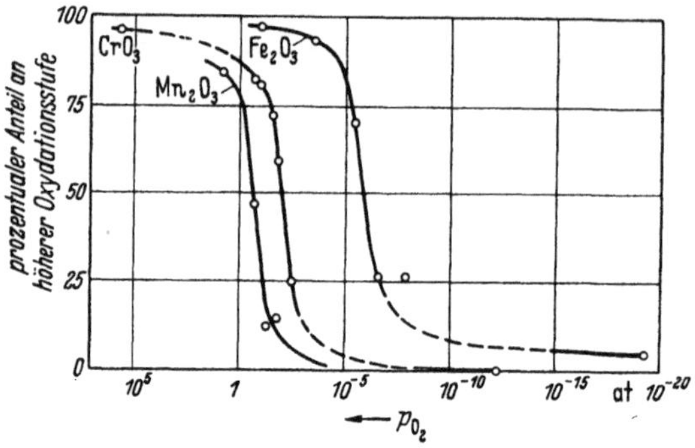

Abb. 489. Oxydationspotentiale von Cr, Mn, Fe

Wenn auch in den Glasschmelzen die Verhältnisse nicht genau so liegen wie in den Boraxschmelzen, so ist doch mit den Angaben Dietzels der Anfang geschehen, ein wirklich von Zufälligkeiten des Experiments freies Maß für die „Oxydationskraft" zu schaffen.

Die Oxydationspotentiale des Cerdioxyds wurden nicht so ausführlich gemessen, doch zeigte ihr zeitlicher Verlauf, daß das Cerdioxyd beim Einschmelzen eine starke Sauerstoffübersättigung erzeugen kann (Drücke bis zu 10^5 Atmosphären). Diese Tatsache ist für die Entfärbungstechnik besonders wichtig. Man kann im Gemengeglas, in dem sich das Ceroxyd eben auflöst, sehr hohe Oxydationswirkungen erzielen, die aber beim Wiedereinschmelzen, also im Scherbenglas, nur zu einem Teil erhalten bleiben.

2.14 Erläuterung einiger Begriffe

Es dürfte nützlich sein, die wichtigsten der in der Praxis der Entfärbung gebrauchten Begriffe zu erläutern, damit das, was unter „Farbstich" verstanden wird, sich um so deutlicher von ähnlichen Begriffen abhebt. Zu einer solchen Klarstellung gehören aber auch einige Begriffe, die in der Physik und Physiologie der Farben gebraucht werden, denn letzten Endes ist doch jede Entfärbung das Beseitigen einer Farbempfindung.

Im Gegensatz zum „*Farbreiz*", der durch die spektrale Zusammensetzung aller farbigen Lichter im Gesichtsfeld, d.h. des Gegenstandes und der Umgebung, charakterisiert wird, versteht man unter „*Farbempfindung*" den durch den Farbreiz hervorgerufenen physiologisch-psychologischen Effekt. Ein anderes farbiges Umfeld verschiebt beispielsweise die Empfindung einer Farbe nach der dem Umfeld komplementären Seite, besonders wenn es sich um ungesättigte Farben mit großem Weißanteil handelt. Der Farbreiz hängt sehr von der beleuchtenden Lichtquelle ab, die

Farbempfindung viel weniger (allerdings mit Ausnahmen), da sie auf die Umgebung bezogen wird, deren Farbreiz sich mit der Beleuchtung ebenfalls ändert. Es kann aber jeweils eine Anzahl von verschiedenen Farbreizen geben, die alle die gleiche Farbempfindung hervorrufen.

Als „*gesättigt*“ bezeichnet man eine Farbe, die einen möglichst geringen Gehalt an Weiß hat, d.h. genau auf dem „*Farbkreis*“ liegt. Als „*Farbton*“ wird diejenige Farbe verstanden, nach der

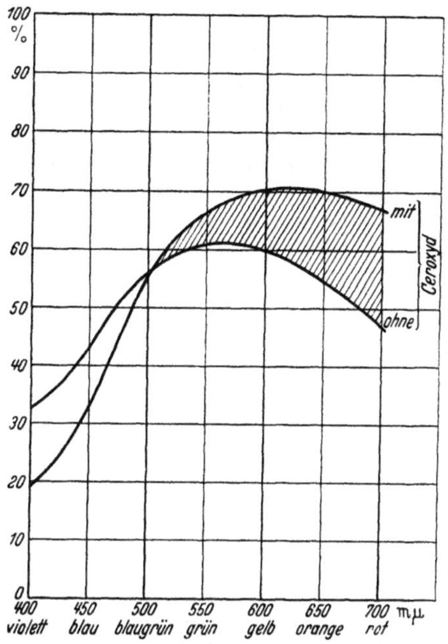

Abb. 490. Durchlässigkeitskurven zweier Gläser mit und ohne Cer-Oxyd sowie etwa 2% Fe

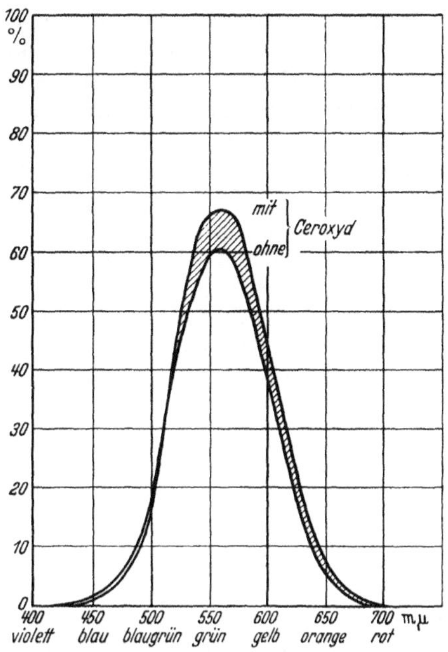

Abb. 491. Durchsichtigkeitskurven zweier Gläser mit und ohne Cer-Oxyd sowie etwa 2% Fe

eine „*ungesättigte*“, d.h. mehr oder weniger weiß enthaltende Farbe hintendiert. Der Begriff des „*Farbstiches*“ fällt also insofern mit unter den des Farbtones, sofern kleine Schwankungen um „farblos“ damit bezeichnet werden sollen (s. S. 292).

Was dem Glase seine Farbwirkung oder seine Farblosigkeit verleiht, ist die Summe aller Absorptionen der verschiedenen Lichtwellenlängen im Inneren des Glases und diese Summe stellt man am besten dar in Form einer „*Absorptionskurve*“ oder „*Durchlässigkeitskurve*“ (Durchlässigkeit = 100 − Absorption in Prozenten). Sie stellt das Verhältnis des in das Glasstück eingestrahlten Lichtes zu demjenigen dar, das das Glas wieder verläßt und danach in das menschliche Auge gelangt. Da nun verschiedene Spektralfarben bei gleicher Strahlungsintensität im menschlichen Auge sehr verschieden starke Farbempfindungen hervorrufen, sollte das, was Farbstich ist und wie dieser zustande kommt, eigentlich an Hand von „*Durchsichtigkeitskurven*“ erklärt werden, bei denen für die verschiedenen Farben die verschiedene Empfindlichkeit des menschlichen Auges berücksichtigt ist.

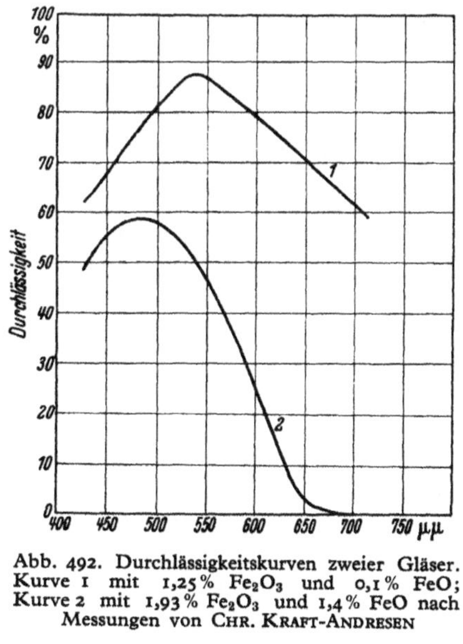

Abb. 492. Durchlässigkeitskurven zweier Gläser. Kurve 1 mit 1,25% Fe_2O_3 und 0,1% FeO; Kurve 2 mit 1,93% Fe_2O_3 und 1,4% FeO nach Messungen von CHR. KRAFT-ANDRESEN

Die Empfindlichkeit des menschlichen Auges für verschiedene Spektralfarben wurde von GIBSON u. TYNDALL [58] bestimmt. Sie fanden die größte Empfindlichkeit bei einer Wellenlänge von 553 $\mu\mu$, während sie im mittleren Blau und mittleren Rot nur etwa ein Zwanzigstel davon ausmacht. In den Abb. 490 u. 491 sind einmal die Durchlässigkeitskurven und einmal die Durchsichtigkeitskurven zweier Gläser dargestellt. Wie man sieht, werden die in den Absorptionskurven auftretenden ziemlich starken Unterschiede scheinbar vermindert, sobald sie als Durchsichtigkeitskurven dargestellt werden. Es scheint daher praktischer, nicht mit den eigentlich maßgebenden Durchsichtigkeitskurven, sondern mit den Absorptionskurven zu arbeiten, zumal man vom physikalischen Unterricht her an diese Art der Betrachtung gewöhnt ist.

In Abb. 492 sind die Durchlässigkeitskurven zweier Gläser dargestellt, die von besonderer Wichtigkeit für die Erklärung des Entfärbungsvorganges sind. Die obere Kurve gibt die Lichtdurchlässigkeit eines Glases wieder, in dem im wesentlichen Eisen-3-oxyd enthalten ist, die untere die Kurve eines Glases mit etwa gleichen Teilen Eisen-3-oxyd und Eisen-2-oxyd. Die vom Violett her nach Gelb zunehmende Durchlässigkeit des Glases ist im wesentlichen eine Folge der Anwesenheit von Fe_2O_3, die nach Rot zu abfallende Durchlässigkeit gehört dem Gehalt an FeO zu. Man sieht an der Kurve 1, daß bereits 0,1% FeO etwa ebenso stark Licht absorbieren wie 1,25% Fe_2O_3. (Da das Durchlässigkeitsmaximum von Kurve 1 mit dem Maximum der Empfindlichkeit des menschlichen Auges praktisch zusammenfällt und beide Kurven nach beiden Seiten etwa gleichmäßig abfallen, kann man aus der Durchlässigkeitskurve hier dasselbe ablesen, was eigentlich aus der Durchsichtigkeitskurve abgelesen werden müßte.)

Zu den in den Abb. 490 bis 492 dargestellten Kurven ist jedoch noch folgenes zu sagen: Gläser mit 1 bis 3% Eisenoxyd können nicht mehr entfärbt werden. Die an den Kurven dargestellten Effekte sind also stark vergröbert, um die Unterschiede recht deutlich zu machen. Auch die entfärbende Wirkung des Cer-4-oxydes kann man nicht ganz genau in Kurvenbildern darstellen, wenn man 6% davon in ein Glas einschmilzt; denn bei einer so hohen Dosis zeigt das CeO_2 bereits eine ziemlich starke Eigenfärbung. Bei Anwendung geringerer Konzentrationen an Fe_2O_3 oder CeO_2 hätte man wiederum keine so deutlich registrierbaren Effekte erhalten. Man möge sich also vorstellen, daß die Kurven von Abb. 492 bei dem geringen Eisengehalt der Gläser „mit oder ohne Farbstich" stark nach der Durchlässigkeit 100 zu verschoben und gleichzeitig ebenso stark verflacht seien. Sie würden nach einer solchen Veränderung die Verhältnisse bei der Entfärbung darstellen.

In der Entfärbungstechnik werden noch folgende Begriffe angewandt: „*additive*" und „*subtraktive*" Entfärbung. Unter „additiver" Entfärbung versteht man den Vorgang, daß ein nur wenig gefärbter Stoff mit einem Licht beleuchtet wird, das den von dem Stoff besonders absorbierten Spektralanteil etwas reichlicher enthält als das normale Licht. Als Beispiel sei genannt die früher allgemein übliche Verpackung des etwas gelblichen Zuckers in blauen Tüten (wobei allerdings die Verschiebung der Farbempfindung durch das farbige Umfeld hinzukommt). Beim Glas würde das bedeuten, daß man eine Vase, die einen etwas zu stark grünlichen Farbstich hat, mit einem rubinierten Rand versieht, um durch diese zusätzliche Farbigkeit den grünen Stich zum Verschwinden zu bringen. Abgesehen von solchen Einzelfällen läßt sich die additive Entfärbung in der Glastechnik nicht anwenden.

Unter „*subtraktiver Entfärbung*" versteht man die Zumischung eines Stoffes mit möglichst komplementärer Farbe zu dem gefärbten. Als Beispiel sei genannt die früher übliche Zugabe von Ultramarin in kleinen Dosen zur Wäsche als „Wäscheblau", um einen leichten Gelbstich der Wäsche zu übertönen. Die weiter unten beschriebene „*physikalische Entfärbung*" des Glases kann man mit einigem Recht unter den Begriff der subtraktiven Entfärbung einordnen.

Als „*chemische Entfärbung*" bezeichnet man den Vorgang, daß die durch eine gefärbte chemische Verbindung hervorgerufene Farbe durch Überführung der betreffenden Substanz in eine andere, und zwar ungefärbte Verbindung beseitigt wird, z. B. ist dreiwertiges Eisen als Fluorid weitgehend farblos, während es sonst immer gelb gefärbt ist. Bei den Verunreinigungen des Glases, hauptsächlich Eisen, kann man eine vollständige chemische Entfärbung nicht, wohl aber eine chemische Aufhellung erzielen. Trotzdem hat sich der von JÄCKEL [*40*] eingeführte Begriff der chemischen Entfärbung gut eingeführt.

Unter „*physikalischer Entfärbung*" versteht man den Vorgang, daß man der schwach gefärbten Glasschmelze eine kleine Menge eines komplementär färbenden Stoffes zufügt, wobei vorauszusetzen ist, daß keine chemische Reaktion zwischen diesen beiden Stoffen eintritt, die den Farbcharakter eines oder beider ändert. Das typischste Beispiel ist die Entfärbung der geringen gelben Eisenfarbe des schweren Blei-Kali-Kieselsäure-Glases durch geringe Mengen Nickeloxyd, das für sich allein eine blaurote Farbe ergibt. Beide geringen Farbstiche zusammen ergeben dann den dem Bleiglas eigenen silberweißen Farbstich. Eines der charakteristischen Merkmale der physikalischen Entfärbung ist die Tatsache, daß man die Farbkomponenten einzeln herstellen kann und dann beim Übereinanderlagern dieser beiden Einzelproben dieselbe Farbe erhält, wie die Färbung durch beide gemeinsam.

Die physikalische Entfärbung kann mit viel oder wenig Helligkeitsverlust durchgeführt werden. Stoffe, die die Absorptionskurve des Glases zu einer geraden Linie, d. h. zu neutral grau ergänzen, ergeben einen relativ großen Lichtverlust, Stoffe, die gerade so viel farbiges Licht wegabsorbieren, daß eben die Farbempfindung „Weiß" entsteht, ergeben einen geringen Helligkeitsverlust.

2.15 Farbstich hervorgerufen durch Verunreinigungen außer Eisen

Unter den Verunreinigungen, die außer Eisenoxyd noch eine Beeinflussung des Farbstiches hervorrufen können, ist vor allem das Chromoxyd zu nennen, das als Chromeisenstein in vielen deutschen Glassanden vorkommt und sich durch drei Umstände besonders unangenehm bemerkbar macht:

1. durch die Tatsache, daß es in den Sanden anscheinend oft ungleichmäßig verteilt ist [*59*],
2. dadurch, daß es etwa 10mal so stark färbt wie das Eisen, und
3. dadurch, daß sich größere Körner in der Glasschmelze überhaupt nicht mehr auflösen.

Sind also Eisenmengen von 0,005% und darunter kaum mehr spürbar, so machen sich Chrommengen von 0,001% sehr deutlich bemerkbar. Es sind sogar Chromverunreinigungen in Pottasche (nicht deutscher Herkunft) gefunden worden [*60, 61*]. In seinem Chemismus ist das Chrom in diesen kleinen Mengen verhältnismäßig einfach: es bildet unabhängig von Oxydation und Reduktion immer dasselbe grünfärbende Oxyd Cr_2O_3. Ein konstanter Chromgehalt würde also nur eine erhöhte Selenzugabe bedingen und grauen Stich geben.

Die analytische Bestimmung von Chrom im Sand in so kleinen Mengen ist nicht leicht, sie gelingt am besten nach Anreicherung aus 100 g in einer Schwerelösung. Für hohe und höchste Ansprüche sollte das Chrom aus dem Sand entfernt werden. Der Chromoxydgehalt einzelner Sande beträgt: Haltern: 0,0004%, Dörentrup: 0,00002%. S. auch SCHALIN [*62*].

Endlich sei noch auf die Gefahr einer Verunreinigung bzw. Beeinflussung des Farbstiches nach Grün durch einen hohen V_2O_5-Gehalt von bestimmten Brennölen hingewiesen [*63*]. Sogar mit stark MnO-haltigen Verunreinigungen in Rohstoffen muß gerechnet werden, allerdings wohl nur in Rußland [*64*]! E. PRESTON u. W. E. S. TURNER haben für TiO_2, Cr_2O_3, V_2O_5, NiO, MnO_2 und CuO Grenzen festgesetzt, die diese Oxyde nicht überschreiten dürfen, wenn die Entfärbung nicht „unmöglich" werden soll [*65*].

2.16 Veränderungen des Farbstiches durch Lichteinwirkung

Eine recht häufige Ursache von unerwünschten Veränderungen des Farbstiches sind Lichteinwirkungen. Allgemein bekannt sind die Veränderungen, die manche Fenstergläser im Laufe von langen Zeiten, z.B. in alten Schlössern oder in Museen [*66*] erlitten haben. Auch die „Verschlechterung" ultraviolettdurchlässiger Tafelgläser ist hier zu erwähnen [*67*]. Bei den alten Gläsern hat es sich wohl meist um Gläser gehandelt, die mit Braunstein entfärbt waren, evtl. enthielten sie kleine Mengen Arsenik.

Durch sehr starke Einwirkung von kurzwelligem Ultraviolett oder anderer noch energiereicherer Strahlungen werden Veränderungen im Glas hervorgerufen, die sich auf die Grundstoffe des Glases erstrecken (analog dem blauen Steinsalz). Zum Beispiel wird ein durch Schwefel blau gefärbtes Boraxglas durch energiereiche Röntgenstrahlung unter Zerstörung der färbenden Komponente entfärbt [*68*].

Durch sichtbares Licht werden nur dann Veränderungen hervorgerufen, wenn bestimmte Oxydpaare im Glase vorhanden sind [*69*]. Diese wirken noch bei einer Verdünnung im Verhältnis 1:100000. Für sich allein verursacht nur Arsen solche Verfärbungen. Die Oxydpaare und dazugehörigen Farbveränderungen ohne etwa übergelagerte physikalische Entfärbung sind folgende:

$As_2O_5 + CeO_2$	schwach gelblich	→	intensiv gelb
$As_2O_5 + Mn_2O_3$	farblos oder gelblich	→	rötlich violett
$CeO_2 + Mn_2O_3 + Fe_2O_3$	schwach gelblich	→	blau-grau-rötlich, evtl. farblos
$CeO_2 + V_2O_4$	schwach grünlich	→	purpurrot, evtl. farblos
As_2O_3 allein	schwach gelblich	→	gelb bis bräunlich-gelb

Diese Veränderungen fallen besonders bei entfärbten Gläsern auf, sie stellen sich aber auch in manchen Farb- und Trübgläsern ein. Alle Veränderungen sind durch die Art der Schmelzführung zwar etwas beeinflußbar, aber keine kann allein dadurch verhindert werden. Will man auf die genannten Oxydpaare – einzeln für sich allein wirkt, wie gesagt, nur Arsenik – nicht verzichten, so kann man wenigstens durch einen Gehalt an Bleioxyd von über 3% die Wirkung verhindern. Wichtig ist, daß alle durch Licht im Glas hervorgerufenen Verfärbungen beim Erwärmen zurückgehen, sicher tritt das beim Transformationspunkt ein, es gibt aber auch Veränderungen, die schon bei gewöhnlicher Temperatur zurückgehen [*69, 70*]. Auch können kleine Einstrahlungen an ultraviolettem Licht, die über lange Zeit wirksam werden, andere Veränderungen als die normalen hervorrufen [*71*].

2.17 Veränderungen des Farbstiches durch Wärmeeinwirkung

Hier sind nicht die Wärmeeinwirkungen bei Anlauffarben, wie Au, CdS, Cu_2O, Sb_2S_3 gemeint, auch nicht die kleinen Änderungen des Stiches bei Farbgläsern, die man durch Abschrecken [72] erhalten kann. Es sind immerhin Fälle bekannt, wo durch Erhitzung von Glas, das As_2O_3 enthält, vor der Lampe eine bräunliche Verfärbung auftritt. Ebenso verhält sich Sb_2O_3, z. B. bei Läuterung aus Antimoniaten gebildet, das ebenfalls eine bräunliche Verfärbung der Erhitzungszone zeigt. Veränderungen im Kühlofen sind beim Selen behandelt.

2.18 Überreduktion zu Sulfid

Die Überreduktion von Glas, d.h. die Veränderung eines farblosen oder doch nur wenig Farbstich zeigenden Glases in ein gelb gefärbtes, ist bereits als Zwischenstadium bei der Reduktionsübertragung erwähnt worden. Die dieser Farbe zugrunde liegenden farbgebenden Verbindungen gehören eigentlich in das Kapitel Glasfärbung. Da sie aber doch auch ungewollt, d.h. als Fehler an Stelle des normalen Farbstiches auftreten können, seien sie hier beschrieben:

Die durch Reduktionswirkung von außen entstehende Farbe kommt auf dieselbe Weise zustande wie das „Kohlegelb", das man durch Kohlezusatz zum Gemenge erhält. Man hat lange darüber gestritten, ob an den Farbträgern des „Kohlegelb" die Kohle wirklich beteiligt sei. Nach C. Neumann und A. Dietzel [73, 74] handelt es sich ausschließlich um eine durch Polysulfide oder Eisensulfide hervorgerufene Färbung. Soll sich diese bilden, so muß neben einer starken Reduktion Schwefel im Gemenge oder in der Atmosphäre vorhanden sein. Oxyde mit dissoziierbarem Sauerstoff dürfen nicht vorhanden sein; denn die Reduktion würde zunächst einmal diesen verbrauchen. Bei Anwesenheit von Sulfat wird, wie bereits gesagt, die Überreduktion an den betroffenen Stellen örtliche Zonen bilden. Das überreduzierte Glas ist meist verhältnismäßig beständig gegenüber Oxydation, etwa durch Luftsauerstoff. Man findet aber oft, daß an geformten Gegenständen aus kohlegelbem Glas eine sehr dünne Oberflächenschicht oxydiert, d.h. farblos ist. Es ist zu vermuten, daß diese Oxydation während der Formgebung erfolgt.

Besonders wichtig ist – abgesehen vom Farbstich –, daß zwei Glasschmelzen, die eine mit Sulfid, die andere mit Sulfat bei ihrer Vermischung äußerst heftig unter Abspaltung von Gasblasen (SO_2) miteinander reagieren können.

Da die Überreduktion ein typischer Fehler ist, der durchaus örtlich begrenzt sein kann, findet man gelegentlich überreduzierte Zonen innerhalb des normalen Glases. Wenn es gelingt, von der gelben überreduzierten Zone oder Schliere ein Stück zu finden, in welchem sie etwa geradlinig verläuft, kann man dies Stück durch zwei senkrecht zur Schliere verlaufende Schnitte abtrennen. Man wird nach dem Polieren der Schnittflächen (schlechter nach Einbetten in Immersion) sehen, daß das überreduzierte Glas meist von einer Zone mit deutlich blauem Farbstich umgeben ist. Eine solche blaue Zone ist neben der intensiv gelben Farbe das sicherste Zechen, daß es sich um Überreduktion handelte. Die Überreduktion als Ursache der Gelbfärbung verschwindet, sobald an der betreffenden Stelle für Sauerstoffzufuhr gesorgt wird.

2.2 Wirkung kleiner Zusätze von Färbemitteln auf den Farbstich

Allgemein kann man natürlich den Farbstich jedes Glases dadurch beeinflussen, daß man kleine Mengen von Färbemitteln zusetzt, sofern diese nicht durch die sonstigen Bestandteile irgendwie chemisch verändert werden. Hier soll im wesentlichen von denjenigen Stoffen die Rede sein, die den natürlichen Farbstich des Glases gerade durch einen komplementären Farbstich zum Verschwinden bringen, ein Vorgang, den man nach G. Jäckel [40] „Physikalische Entfärbung" nennt. Da man bei Eisenverbindungen mit Farbnuancen zwischen gelb oder grün bis blau rechnen muß, kommen für die Überdeckung Farbtöne zwischen Blaurosa über reines Rosa bis Bräunlichrot in Frage, also Selenverbindungen mit den Farben Rosa bis Bräunlich, Mangan mit der Farbe Blaurot, Neodym mit kräftig rotstichigem Blau, Kobalt mit schwach rotstichigem Blau und Nickel mit Grau-braunrötlich bis Graublau-rötlich.

2.21 Wirkung von Selen

Der für die Entfärbung wichtigste, aber auch leider recht vielfältige Erscheinungen gebende Stoff, ist das Selen; wichtig, weil es mit geringem Lichtverlust die in der Praxis am besten entfärbbare Mischfarbe aus Eisengelb mit Eisenblau eben überdeckt, vielfältig, weil es nicht weniger als

5 Oxydationsstufen bildet, von denen allerdings nur 3 bei Farbstich und Entfärbung eine Rolle spielen; außerdem besteht noch die Schwierigkeit der Veränderung der Selenentfärbung im Kühlofen. Die 3 wichtigsten Oxydationsstufen sind nach A. DIETZEL und W. HÖFLER [*75, 76, 77*]:

1. farbloses Selendioxyd bzw. Selenit[1],
2. rosafärbendes, elementares Selen,
3. bräunlich färbende Polyselenide und Eisenselenide.

Diese 3 Stufen sprechen ebenso, wie das Eisen, auf alle Maßnahmen zur Oxydation bzw. Erhöhung des dissoziierbaren Sauerstoffes an in dem Sinne, daß dabei bräunlich nach rosa, rosa ganz oder teilweise nach farblos verschoben wird. Bräunliche Farbtöne kommen allerdings auch vor, wenn gleichzeitig noch farbloses Selenit vorhanden ist. Alle Oxydationsmittel, also Arsen, Cer, Braunstein, Salpeter, wirken, wenn auch nicht in gleichem Maße, in dieser Richtung, ein Überschuß ist also zu vermeiden. Alle Mittel zur Verringerung des dissoziierbaren Sauerstoffes (Flamme, Scherben und Restglas, Sulfat als Reduktionsüberträger) wirken entgegengesetzt, wenn auch verschieden stark. Es ist also eine Kunst, diese verschiedenen Wirkungen so aufeinander abzustimmen, daß immer ein Farbstich „neutral" herauskommt, zumal auch noch die Eisengehalte der Rohstoffe und der des Restglases schwanken können. In der Praxis kann man wenigstens zwei Wirkungen etwa konstant halten, nämlich den Gehalt an Scherben- und Restglas (das man für anspruchsvolle Produktion am besten auf eine für die Häfen schonende Weise ausschöpft) und einen nicht zu hohen Gehalt an Sulfat. Da man weder das Eisen, noch das Selen allein oxydieren kann, sondern nur immer beide gleichzeitig, läßt sich eine Skala der Mischfarben darstellen wie in Abb. 493 (s. Tafel II, nach S. 298). Die waagerechten Farbbänder geben den wechselnden Farbstich des Eisens bei von oben nach unten abnehmender Oxydation. Die senkrechten Farbbänder geben die Farben des Selens, wie sie zu den betreffenden Eisenfarben gehören. Beim hellsten Gelb sind zwei Farbbänder quer gelegt, um zu zeigen, daß hier ein überlagertes reines Selenrosa ein gelbstichiges Glas ergäbe, ein leicht blaustichiges Rosa durch einen kleinen Kobaltzusatz von 0,1 g auf 100 kg Sand jedoch ein farbloses Glas ergibt. Auch beim zweiten Gelb-Grün sollte so wie die Farben dargestellt sind, noch eine Spur Kobaltblau zugesetzt werden. Die Selenfarben sind also im Bild links mittelstark oxydiert und die Oxydation nimmt nach rechts ab. Wirklich realisierbar sind nur die Mischfarben auf der Diagonale *A*–*B*, die übrigen nicht, denn, wie gesagt, kann man nicht das Eisen in die gelbe hochoxydierte Form bringen, wenn im selben Glas das Selen zu Braun reduziert ist.

Von den Oxydationsmitteln hat das Cer die stärkste Wirkung auf das Selen, eine zu hohe Dosis oxydiert alles zu farblosem Selenit, dann folgt Arsenik und Salpeter, dann Salpeter allein; fast keine Oxydationswirkung hat das Sulfat. Braunstein und Selen werden kaum gemeinsam angewandt, aber auch dieser würde das Selen weitgehend oxydieren.

Den stärksten Unterschied zwischen Gemenge- und Scherbenglas – bei Verwendung von Selen – ergeben starke Zugaben von Cer. Hohe Zugabe an Arsenik und Salpeter geben die stärkste Empfindlichkeit im Kühlofen in dem Sinne, daß bei stärkerer Kühlung Vermehrung der rosa Farbkomponente eintritt. Bei mäßigen Cerzugaben konnte diese Nachausscheidung von Selenrosa durch einen sehr geringen Zusatz von Antimoniat (1 g auf 100 kg Sand) verhindert werden.

Diese Regeln gelten für „normalen" Eisengehalt bis etwa 0,05%. Bei wesentlich erhöhtem Eisengehalt jedoch verschieben sich alle Reaktionen mehr oder weniger in dem Sinne, daß die Bildung höherer Oxyde bzw. das Festhalten des Sauerstoffes erleichtert wird. Auf die durch das Grundglas (Kali oder Natron) hervorgerufene Wirkung wird auf S. 309 eingegangen.

Man hat früher geglaubt, das Selen könne sich besonders in Wannen am Boden anreichern und hat auch Mittel dagegen vorgeschlagen. Solche Ansichten halten einer Prüfung nicht stand. In der Mehrzahl der Fälle, die man so gedeutet hat, handelt es sich um farbloses Selendioxyd, das durch irgendwelche Einflüsse, z. B. auch durch Ablösungen von FeO-haltigen Wandglasuren reduziert und mit dem Eisenblau zusammen braunstichige Schlieren ergab. Bei Hafenofenschmelzen kann man das gelegentlich beobachten, wenn beim Ausarbeiten bis fast zu Ende das vom Hafen Abgeschmolzene unter dem Kranz, hinter dem es vorher geschwommen hatte, hervor und in die Produktion kommt.

Früher wurde das Selen meist als Metall in das Gemenge eingeführt, heute nimmt man lieber das Natriumselenit mit etwa 45% Se, weil das Se darin weniger flüchtig ist. Wegen der Zerfließlichkeit dieses Salzes werden auch Bariumselenit und Zinkselenit angeboten.

[1] Man hat früher geglaubt, das nicht sichtbare Selen sei bei der Schmelze „ausgebrannt". Tatsächlich ist es vorhanden, aber farblos.

2.22 Wirkung von Mangandioxyd

Die physikalisch entfärbende Wirkung des Mangan-3-oxydes ist bereits unter Ziff. 2.134 beschrieben worden.

2.23 Wirkung von Neodym/Didym

Das Neodym färbt Glas blau mit deutlich rötlichem Farbstich; Didym, das nur ein weniger reines Produkt ist, färbt etwas mehr grau, sonst genauso. Der rötliche Ton in der Neodymfarbe ist nicht ganz stark genug, um für die Überdeckung des reingelben Eisenfarbstiches auszureichen [*78*]. Wäre das der Fall, dann wäre das Neodym das ideale Entfärbungsmittel, weil es zugleich diese Überdeckung mit dem geringsten Lichtverlust bewirkt. Bei Abendbeleuchtung reicht der rötliche Farbton bereits aus, weil jetzt die eigenartige Form der Lichtabsorptionskurve des Neodyms zur Wirkung kommt, wodurch die Farbe nach rötlich verschoben wird. Die Zusätze an Neodym müssen ziemlich hoch sein, da dessen Färbekraft nur gering ist: 25 bis 100 g auf 100 kg Sand bei 0,01 bis 0,02% Fe_2O_3 und starker Oxydation. Die Neodymfarbe ist weder durch Oxydation, noch durch Reduktion beeinflußbar.

2.24 Wirkung von Kobalt

Die Wirkung von Kobalt mit seiner blauen, nur ganz wenig rotstichigen Farbe ist so bekannt, daß kaum etwas darüber zu sagen ist. Kobalt färbt sehr stark; Zugaben von 0,1 g auf 100 kg Sand geben bereits einen merklichen Effekt. Allein für sich kann es nicht angewandt werden, es dient nur als Zusatz zum Selen bei starker Oxydation oder bei Manganentfärbung. Auch Kobalt wird weder von Oxydation noch von Reduktion beeinflußt. So kleine Zugaben wie die von Kobaltoxyd werden am besten mit Sand im Verhältnis 99 + 1 gemischt, so daß 10 g gleich 0,1 g sind. Mischungen, die alle Entfärbungsstoffe gemeinsam enthalten, sind nicht zu empfehlen, weil sie eine Einzeldosierung nicht zulassen.

2.25 Wirkung von Nickel

Die Wirkung des Nickels ist sehr stark von der Art des verwendeten Alkalis abhängig, da es in Natrongläsern grau mit bräunlichrotem Ton, in Kaligläsern grau mit bläulichrotem Ton färbt. Man könnte also theoretisch den Farbton nicht oxydierter Natrongläser, ein ziemlich dunkles Blau, durch Zugabe von viel Nickel überdecken. Da aber das Nickel sowieso schon einen starken grauen Ton mit sich bringt, die Farbe des Eisens in der nicht oxydierten Form ebenfalls dunkel ist, ergäbe das zusammen eher ein schwarzes als ein weißes Glas. Man nimmt in diesem Falle besser Selen, wenn dessen Farbe auch nicht ganz dem Eisenblau komplementär ist. Wirklich gut anzuwenden ist das Nickel nur in reinen oder fast reinen Kaligläsern bei geringem Eisengehalt und starker Oxydation. Diese Bedingungen werden am ehesten in Bleigläsern getroffen, bei denen man eisenhaltiges Rohmaterial vermeidet, durch hohen Arsenik- und Salpeterzusatz stark oxydiert und als Alkaliträger nur Pottasche verwendet.

Auch Nickel spricht weder auf oxydierende, noch auf reduzierende Einflüsse an. Die Zugabe beträgt etwa 0,5 bis 1,0 g auf 100 kg Sand.

2.26 Lichtreaktion als physikalische Entfärbung

Außer den genannten Stoffen ist noch eine physikalische Farbüberdeckung angewandt worden, die durch Belichtung hervorgerufen wird, d.h. bei der das Glas mit einem geringen gelblichen Farbstich aus dem Kühlofen kommt und im Licht von selbst farblos wird. Bei Entfärbung mit Cerdioxyd und Zusatz kleiner Mengen von Braunstein (oft reicht bereits das im Kalk vorhandene Mangan aus) tritt eine bläulich-rötliche Verfärbung im Licht ein, die so bemessen werden kann, daß gerade eine vollständige Überdeckung des gelben Eisenfarbstiches stattfindet. Voraussetzung ist eine kräftige Oxydation, so daß der unbelichtete Farbstich mehr gelb als grün ist. Diese „Entfärbung durch Verfärbung" zeigt sich bereits nach wenigen Tagen. Sie hat den großen Vorteil, daß man dabei ziemlich schematisch verfahren kann, den großen Nachteil, daß man Arsen und Antimon peinlichst vermeiden muß.

2.27 Wirkung des Grundglases auf die Entfärbungsmittel

Die Wirkung des Grundglases, insbesondere von Kali oder Natron, ist seit langem allgemein bekannt, soll aber hier noch einmal kurz zusammengefaßt werden:

Kaligläser lassen sich im Gegensatz zu Natrongläsern leichter oxydieren, greifen die Häfen nicht so stark an, geben mit Selen ein reineres Rosa, das nicht so leicht nach Braun umschlägt und geben mit Nickel einen für die Entfärbung anwendbaren Farbstich. Für Glas anspruchsvoller Produktion ist daher die Anwendung wenigstens eines Teiles an Pottasche zu empfehlen [*79*].

3 Farbstich bei farbigem Glas

Wenn man bei farbigem Glas von Farbstich als einem glastechnischen Fabrikationsfehler spricht, so können damit nur die mehr oder weniger starken Farbschwankungen gemeint sein, die gegen den Willen des Herstellers auftreten, nicht dagegen jene Farbtöne, die durch die Lage der Farbe im Farbdreieck bedingt sind, also z.B. der rötlich-violette Ton der blauen Kobaltfarbe. Solche Farbtöne sind nur für die Entfärbung von Wichtigkeit. Über Farbmessungen an Gläsern s. I. G. Holmes [*80*]. Neuere Anschauungen über das Wesen der Färbungen im Glas sind zu finden bei W. A. Weyl [*81*] und J. M. Stevels [*82*].

Den Farbstich und die Opazität von Trübglas kann man feststellen, indem man – wie in Abb. 494 dargestellt – das Licht einer Glühlampe durch eine Kugel aus dem betreffenden Glas mit verschiedener Wandstärke fallen läßt und diejenige Stelle sucht, bei der der Glühfaden gerade noch durchscheint. Die hier gemessene Wandstärke ist ein Maß für die Opazität.

Abb. 494. Messung der Opazität von Trübglas (Phot. Peill)

3.1 Wirkungen von Verunreinigungen und von Resten früher geschmolzenen Glases

Auch bei der Herstellung von Farbglas können Verunreinigungen der Rohstoffe den Farbton verändern, allerdings würde dies nicht so auffallen wie beim farblosen Glas. Daher werden Eisengehalte in der Größenordnung von 0,01 bis 0,03% außer bei sehr empfindlichen Farben, z.B. Neodymblau, Cer-Titangelb, kaum je stören, erst größere Mengen dürften sich bemerkbar machen. Bei Chrom als Verunreinigung ist die Sache analog: Die in den normalen deutschen Sanden vorkommenden Mengen Chrom dürften kaum je eine Farbe stören. Anders ist das bei natürlichen Färbemitteln wie Braunstein, der als Verunreinigung Eisenoxyd in Mengen zwischen 10 und 0,1% enthalten kann. Bei der Farbe des Mangan-3-oxydes stört ein höherer Eisengehalt ziemlich stark, weil deren Ton nach bräunlich verschoben wird [*47*].

Verwendet man Bodenglas aus einem entfärbten Hafen für Farbglas, so ist u.U. auch dessen Eisengehalt zu berücksichtigen. Da das Bodenglas jedoch immer noch eine Mischung von viel Normalglas mit wenig vom Hafen Abgeschmolzenem ist, werden kräftige Farben durch dessen Eisen- oder Titangehalt nur selten gestört.

Eine nicht zu unterschätzende Änderung des Farbstiches kann davon ausgehen, und zwar nicht nur in Farbglas, sondern auch in entfärbtem Glas, daß sich Stoffe am Boden von Häfen durch irgendwelche Vorgänge ansammeln und von dort aus in das darüberstehende Glas hineindiffundieren. Ein Beispiel dafür ist die Ausscheidung von Selenidsteinen aus Cadmiumrot. Diese Selenidsteine (Cd-, Se-, Zn-, S- und Na-haltig) fressen sich in die Häfen ein, ohne daß dies sogleich bemerkt wird [*83*, *84*]. Bei einem Wechsel können dann von dort aus kleine Selenmengen in das Glas hineindiffundieren, aber es kann auch eine Reduktionswirkung ausgeübt werden.

Ein zweites Beispiel aus der Praxis: In einem Hafen sollte Cer-Titangelb, eine sehr zarte Farbe, geschmolzen werden. Das Glas zeigte trotz aller Bemühungen stets einen dumpfen grünlichen Farbstich. Bei Auswechseln der Häfen zeigte sich, daß sich am Boden des verwendeten eine dunkle

Schicht befand, von der der schmutzig grüne Stich nach oben diffundierte. Nach Aussagen des betreffenden Ofenmeisters war 10 Tage früher (!) ein dunkles Kobaltblau geschmolzen worden, dessen Reste die oben genannte Farbe störten.

3.2 Einwirkung von außen und von innen

Bei der Glasfärbung werden, wie bei der Entfärbung, alle Stoffe und Reaktionen, die den Gehalt des Glases an dissoziierbarem Sauerstoff verändern, in der gleichen Weise wie dort wirksam (s. S. 297). In dem Maße, wie sich der Gehalt an Sauerstoff verringert, verschiebt sich der Farbstich: Bei der Eisenfarbe von Gelb oder Grün nach Blau, infolge Abnahme des Fe_2O_3, bei der Manganfarbe von Dunkelviolett über Hellviolett gegen Hellgelb infolge Abnahme des Mn_2O_3, bei der Chromfarbe von Gelbgrün gegen rein Grün infolge Abnahme des rein Gelb färbenden CrO_3, bei der Vanadiumfarbe von Gelb (V_2O_5) gegen Grün (V_2O_4), bei der Selenfarbe von Farblos (SeO_2) nach Rosa (Se) oder von Rosa (Se) nach Braun (Na_2Se_x), bei der Kupferfarbe von Blau (CuO) nach Farblos oder Rot (metallisches Kupfer). Im gleichen Sinne werden die Farben von wenig Mangan und wenig Chrom verändert, wenn man Arsenik und Salpeter zum Gemenge zusetzt. Eisen, Selen, Kupfer dagegen werden durch Zugabe von Arsen in ihren höheren Oxydationsstufen beständiger gegen Einwirkungen von außen gemacht. Beim Selen kann das so weit gehen, daß die Farbe erst im Kühlofen erscheint.

Ist der im Glase enthaltene Farbstoff oxydationsempfindlich, so dürfen selbstverständlich Oxydationsmittel, ja sogar Sulfat und sulfathaltige Pottasche nicht verwendet werden. Das gilt für Kohlegelb = Polysulfid, Cadmiumgelb = CdS, Cadmiumrot = CdS + CdSe, Kupferrubin = Cu_2O, Antimonrubin = Sb_2S_3.

Bei flüchtigen Farbstoffen (CdS + CdSe, CdS, Se) muß man erstens die Menge der Scherben konstant halten, wobei Restglas den Scherben gleich zu rechnen ist, zweitens die Farbmittelmenge auf Scherben und Gemenge gemeinsam berechnen bzw. für beide gleichzeitig ausprobieren; das gilt für Selenrosa, Cadmiumgelb und Cadmiumrot. Die beiden durch Cadmiumsulfid gefärbten Glasschmelzen sind so empfindlich, daß sich schon durch verschieden hohe Einschmelztemperatur Schwankungen des Farbstiches ergeben können [*85*].

Ein Spezialfall ist das Leberigwerden von Anlauffarben, das von dreierlei Ursachen hervorgerufen werden kann:

1. durch zu hohe Sättigung mit dem Farbstoff,
2. durch zu lange Anlaufzeit bzw. zu hohe Anlauftemperatur.

Diese beiden sind besonders bei Gold-, Kupfer- und Antimonrubin zu beachten.

3. Verschieden davon ist das vom Gemengeversatz mitverursachte Leberigwerden der Cadmiumrotgläser. Dieses wird durch einen zu hohen Alkali- oder Zinkoxydgehalt des Gemenges, evtl. auch durch einen zu niedrigen Boraxgehalt hervorgerufen, aber auch durch die beiden Wirkungen 1 und 2 begünstigt. Um das Leberigwerden des Külbels zu vermeiden, fängt man am besten über farblosem Külbel an.

3.3 Farbnuancen beim Kohlegelb

Über die Natur der Farbstoffe, die an der Bildung des „Kohlegelb" beteiligt sind, liegen eingehende Untersuchungen vor, so daß man gewollte Nuancierungen erreichen, ungewollte evtl. vermeiden kann: Nach Neumann u. Dietzel [*73*] sind am Kohlegelb folgende Farbstoffe beteiligt: Höhere Polysulfide mit stark orange bis roten Farbtönen, niedere Polysulfide mit mehr gelben Farbtönen, Eisensulfid FeS mit grauer Farbe und Anlaufeigenschaften (evtl. Nachdunkeln im Kühlofen), Sulfoferrite mit gelbbrauner Farbe und ebenfalls geringer Veränderlichkeit (Verstärkung) bei Kühlung und Temperung. Die höheren Polysulfide bilden sich vornehmlich bei eisenarmen Schmelzen, besonders in alkalischen, vor allem in kalireichen Schmelzen. Diese höheren Polysulfide sind oxydationsempfindlich, empfindlich gegen Wasserdampf (feuchte Rohstoffe) und „brennen aus". Die niederen Polysulfide – ebenfalls in eisenarmen Schmelzen – herrschen in weniger alkalischen Gläsern vor. Bei Anwesenheit von Eisen (mehr oder weniger in allen technischen Schmelzen!) bildet sich in alkaliarmem Gläsern FeS, in alkalireichen Sulfoferrit, das bei Überschuß von Reduktionsmitteln sich aufhellen kann. Sulfoferrit ist ziemlich beständig gegen oxydierende Lufteinwirkung.

Nach A. K. Lyle [*86*] sollen Gläser nach der Formel „% SiO_2 – 2mal Alkali ≥ 45" stabil in der Farbe sein (alkaliarme Gläser). In einer weiteren Arbeit [*87*] wird gesagt, daß die Farbe durch

Zusätze von C, S, NaF, MnO, Cr, Ni, Pb und Co in ihrem Ton vertieft werden kann, doch geben Pb und Co leicht dunkle Sulfide, Nickel eine graugrüne Farbe.

Nach H. MOORE u. S. R. SCHOLES [88] wird das Kohlegelb durch Eisenverbindungen sehr verpunkelt; 1,2% Fe_2O_3 gibt bereits fast schwarze Gläser.

4 Schrifttum

VI, Farbstich des Glases

[1] RUSS, A. u. M. THOMAS: Verfahren zur Messung des Graugehaltes und Farbstiches von Gläsern. Sprechsaal Bd. 62 (1929) S. 924.

[2] RUSS, A.: Eine einfache Methode zur Prüfung des Graugehaltes und Farbstiches von Gläsern bei künstlichem Licht. Sprechsaal Bd. 65 (1932) S. 574.

[3] SIMMINGSKÖLD, B. u. B.R. JÖNSSON: Farbloses Glas (orig. schwed.). Glastekn. Tidskr. Bd. 9 (1954) S. 131.

[4] SIMMINGSKÖLD, B. u. B. R. JÖNSSON: Eine Studie über den Problemkomplex Läuterung, Entfärbung, Verfärbung (orig. schwed.). Glastekn. Tidskr. Bd. 10 (1955) S. 151.

[5] GENZEL, L.: Messung der Ultrarot-Absorption von Glas zwischen 20° und 1360°. Glastechn. Ber. Bd. 24 (1951) S. 55.

[6] CZERNY, M. u. L. GENZEL: Über die Eindringtiefe räumlich diffuser Strahlung in Glas. Glastechn. Ber. Bd. 25 (1952) S. 134.

[7] CZERNY, M. u. L. GENZEL: Energiefluß und Temperaturverlauf im Glasbad von Schmelzwannen als Folge von Wärmeleitung und Wärmestrahlung. Glastechn. Ber. Bd. 24 (1952) S. 387.

[8] GEFFKEN, W.: Zur Fortleitung der Wärme in Glas bei hohen Temperaturen. Glastechn. Ber. Bd. 24 (1952) S. 392.

[9] GENZEL, L.: Zur Berechnung der Strahlungsleitfähigkeit der Gläser. Glastechn. Ber. Bd. 26 (1953) S. 69.

[10] GEFFKEN, W.: Zur Fortleitung der Wärme in Glas bei hohen Temperaturen III. Glastechn. Ber. Bd. 29 (1956) S. 42.

[11] SIMMINGSKÖLD, B.: Über die Herstellung von farblosem Glas (orig. schwed.). Glastekn. Tidskr. Bd. 4 (1949) S. 88. Ref. Glastechn. Ber. Bd. 22 (1948/49) S. 435.

[12] HEINRICHS, H.: Entwurf zur Aufstellung von Normen zur Kennzeichnung von Schmelzsanden in der Glasindustrie. F.A. Ber. d. DGG. Nr. 7 (1926).

[13] SPRINGER, L.: Die Mennige als Glasrohstoff. F.A. Bericht d. DGG. Nr. 24 (1932).

[14] SPRINGER, L., A. HEINRICHS, R. SCHMIDT u. W. DIENEMANN: Deutsche Kalksteine und Dolomite für die Glasherstellung. F.A. Bericht d. DGG. Nr. 32 (1934).

[15] GRANNIG, B.: Über die physikalische Veredelung von eisenhaltigen Quarzsanden. Sprechsaal Bd. 67 (1934) S. 479. Ref.: Glastechn. Ber. Bd. 13 (1935) S. 58.

[16] GUITERREZ, L. G. u. O. R. FOZ: Eliminacion de hierro en arenas por flotacion para fabricacion de vidrio. (Entfernung des Eisens aus Glasschmelzsanden durch Flotation.) Ann. Real Soc. Esp. Fis. Quim. 47b (1951) S. 687. Ref. Glastechn. Ber. Bd. 27 (1954) S. 261.

[17] HILL, C. C.: Removal of iron impurities from sand and other non-metallic minerals. (Entfernung von Eisenverunreinigungen aus Sand und anderen nichtmetallischen Mineralien.) Ceram. Age Bd. 60 (1952) Nr. 3 S. 24. Ref. Glastechn. Ber. Bd. 28 (1955) S. 246.

[18] HUNLICH, H. W.: Neue Glassand-Veredlungsmethoden im Ausland. Sprechsaal Bd. 87 (1954) S. 6. Ref. Glastechn. Ber. Bd. 28 (1955) S. 396.

[19] HALLE, R. u. W. E. S. TURNER: Weitere Untersuchung über den Einfluß von NaCl auf den Eisenoxydgehalt geschmolzener Na–Ca–Kieselsäure-Gläser. J. Soc. Glass Technol. Bd. 24 (1940) Nr. 101 S. 41.

[20] BATESON, H. M. u. W. E. S. TURNER: Untersuchung über Möglichkeiten, den Eisenoxydgehalt von schmelzenden Na–Ca–Kieselsäure-Gläsern durch Chlorideinwirkung herabzusetzen. J. Soc. Glass Technol. Bd. 23 (1939) Nr. 98 S. 253.

[21] KITAIGORODSKI, I. J. u. L. S. LANDE: Verminderung des Eisengehaltes von Glasschmelzsand. Glass Bd. 13 (1936) Nr. 1 S. 8.

[22] KNAPP, Oskar: Die Enteisenung des Sandes mit Chloriden. Sprechsaal Bd. 66 (1933) S. 215.

[23] ANGENOT, P.: Contribution à l'étude des réactions entre réfractaires et verre. Travaux du IVe Congrès international du Verre. Paris, S. 73.

[24] DIETRICHS, W., H. JEBSEN-MARWEDEL, J. LÖFFLER u. F. WEVER: Glasschmelzen mit Scherben. F.A. Bericht d. DGG. 52 (1954). Glastechn. Ber. Bd. 27 (1954) S. 221.

[25] HAUSNER, H. u. F. ROST: Eisenoxydbestimmung in Glasschmelzen. Glastechn. Ber. Bd. 27 (1954) S. 100.

[26] KÜHL, HUGO: Die Eisensauerstoffverbindungen in Glas. Glashütte Bd. 57 (1927) S. 587. Ref. Glastechn. Ber. Bd. 7 (1929/30) S. 34.

[27] ZSIGMONDY, R.: Dingl. Polyt. J. Bd. 287 (1893) S. 11.

[28] ANDRESEN-KRAFT, CHR.: Physikalische Untersuchungen an FeO- und Fe_2O_3-haltigen Natronsilikatgläsern. Glastechn. Ber. Bd. 9 (1931) S. 577.

[29] KREIDL, N. J.: Iron in glass. (Eisen im Glas.) Proc. internat. Comm. Glass Bd. 1 (1954) S. 77. Ref. Glastechn. Ber. Bd. 28 (1955) S. 439.

[30] MOORE, H. u. S. H. PRASAD: A spectrophotometric study of the colours given by iron in alkali-lime-silica and alkali-lime-borosilicate glasses. Part. 1. The forms in which the iron exists in theese glasses. J. Soc. Glass Technol. Bd. 33 (1949) S. 336. / Part 2. Reduction – oxidation equibibria in glasses, as revealed by the colours given by iron. The influence of aluminia on the colour. J. Soc. Glass Technol. Bd. 34 (1950) S. 173. / Part 3. Reduction – oxidation equilibria in glasses made from batches containing oxidizing agents as revealed by the colours given by iron. The decolorising effects of different oxidizing agents in glasses containing iron. J. Soc. Glass Technol. Bd. 34 (1950) S. 193. Ref.: Glastechn. Ber. Bd. 26 (1953) S. 40.

[31] PRASAD, S. N.: Iron in glass – colourless and coloured forms. (Eisen im Glas, farblose und gefärbte Formen.) J. sci. industr. Res. Bd. 11 (1952) S. 245. Ref. Glastechn. Ber. Bd. 28 (1955) S. 203.

[32] MOORE, H. u. S. KUMAR: Magnetic studies on glasses containing iron, in relation to their colour and constitution. (Magnetische Untersuchungen an eisenhaltigen Gläsern in bezug auf ihre Farbe und Konstitution.) J. Soc. Glass Technol. Bd. 35 (1951) S. 58. Ref. Glastechn. Ber. Bd. 27 (1954) S. 255.

[33] STEVELS, J. M.: Le fer dans le verre. (Das Eisen im Glas.) Verr. et Réfract. Bd. 4 (1950) S. 293. Ref. Glastechn. Ber. Bd. 24 (1951) S. 136.

[34] STEVELS, J. M.: Iron in glass. (Eisen im Glas.) Proc. internat. Comm. Glass Bd. 1 (1954) S. 68. Ref. Glastechn. Ber. Bd. 28 (1955) S. 439.

[35] JONG, J. DE: Le fer dans le verre. (Eisen im Glas.) Verr. et Réfract. Bd. 5 (1951) S. 303.

[36] PERSSON, R.: Neue Versuche zur Glasentfärbung (orig. schwed.). Glastekn. Tidskr. 7 (1952) S. 161. Ref. Glastechn. Ber. Bd. 27 (1954) S. 334.

[37] SALMANG, H. u. A. BECKER: Gase im Glas. Glastechn. Ber. Bd. 5 (1927/28) S. 520.

[38] SALMANG, H. u. A. BECKER: Gase im Glas II. Glastechn. Ber. Bd. 6 (1928/29) S. 625.

[39] SALMANG, H. u. A. BECKER: Gase im Glas III. Glastechn. Ber. Bd. 7 (1929/30) S. 241.

[40] JÄCKEL, G.: Das Entfärben des Glases. Glastechn. Ber. Bd. 8 (1930) S. 257.

[41] JEBSEN-MARWEDEL, H. u. A. BECKER: Über den Farbstich von Gläsern ohne Entfärbungsmittel. Sprechsaal Bd. 63 (1930) S. 874. Ref. Glastechn. Ber. Bd. 9 (1931) S. 174.

[42] KÜHL, C.: Über die Wirkung der Sauerstoffspender in der Glasschmelze. Diss. Berlin. Berlin: Verlag Dr. Emil Ebering 1937.

[43] DEMSEN, N. E. u. W. E. S. TURNER: Das Gleichgewicht zwischen Ferro- und Ferrioxyd im Glas. J. Soc. Glass Technol. Bd. 22 (1938) Nr. 94 S. 372.

[44] FUWA, K.: Eisenoxydhaltige Gläser. J. ceram. Soc. Jap. Bd. 43 (1935) I. Heft 512 S. 10 (490); II. Heft 513 S. 38 (568); III. Heft 514 S. 13 (653); IV. Heft 516 S. 14 (806).

[45] HOSTETTER, J. C. u. H. S. ROBERTI: Note on the dissoziation of Fe_2O_3 dissolved in glass and its relation to the colour of iron-bearing glasses. J. Amer. ceram. Soc. Bd. 4 (1921) S. 927.

[46] HORAK, J.: Schmelzen des Glases aus Scherben. Ceskosl. Sklár. Bd. 2 (1952) Nr. 8 S. 145. Ref. Glastechn. Ber. Bd. 27 (1954) S. 334.

[47] LÖFFLER, J.: Sintern der Glasrohstoffe als Vorstufe des Schmelzens. Glastechn. Ber. Bd. 24 (1951) S. 287.

[48] JEBSEN-MARWEDEL, H.: Einblick in den Mechanismus des Einschmelzens von Gläsern, Kapillarität als treibende Kraft. Glastechn. Ber. Bd. 22 (1948/49) S. 4.

[49] LÖFFLER, J.: Selenrosa als Glasfarbe und seine Beeinflussung durch seltene Erden. Glastechn. Ber. Bd. 15 (1937) S. 389.

[50] ENNS, J.: Über einige Versuche zur Entfärbung des Glases mit Fluor. Glastechn. Ber. Bd. 16 (1938) S. 292.

[51] LÖFFLER, J.: Ist das Selenrosa eine Anlauffarbe? Glastechn. Ber. Bd. 12 (1934) S. 299.

[52] WEYL, W. A.: The use of arsenic in the glass-industry .(Die Verwendung von Arsenik in der Glasindustrie.) Glas Industr. Bd. 13 (1942) S. 253. Ref. Glastechn. Ber. Bd. 22 (1948/49) S. 185.

[53] LÖFFLER, J.: Untersuchungen über Cerentfärbung. Glastechn. Ber. Bd. 9 (1931) S. 501.

[54] Auergesellschaft AG., Berlin (1932). Anleitung zur Entfärbung mit Cerpräparaten.

[55] TURNER, W. E. S u. W. WEYL: Konstitution und Farbe der Eisen–Mangan-Gläser. Sprechsaal Bd. 28 (1935) S. 114.

[56] WIEGANDT, H., A. DIETZEL u. E. ZSCHIMMER: Über den Einfluß des Kohlenstoffgehaltes typischer Kristallglassande auf die Selenentfärbung des Glases. Sprechsaal Bd. 67 (1935) S. 528.

[57] CSAKI, P. u. A. DIETZEL: Elektrochemische Messung des Sauerstoffpartialdruckes in Glasschmelzen. Untersuchung von Oxydationsgleichgewichten. Glastechn. Ber. Bd. 18 (1940) S. 33, 65.

[58] GIBSON u. TYNDALL: Sci. Pap. Bur. Stand. Bd. 19 (1923) S. 131.

[59] LÖFFLER, J.: Identifizierung von Chromeisenkörnern in Sand. Glastechn. Ber. Bd. 25 (1952) S. 129, besonders Diskussionsbemerkung A. LAMESCH.

[60] SPRINGER, L.: Über chromhaltige Pottaschen bei der Glasschmelze. Sprechsaal Bd. 83 (1950) S. 209. Ref. Glastechn. Ber. Bd. 25 (1952) S. 28.

[61] JÖNSSON, B. R.: Chrom als Ursache für die Verfärbung von Glas (orig. schwed.). Glastekn. Tidskr. Bd. 6 (1951) S. 139. Ref. Glastechn. Ber. Bd. 25 (1952) S. 255.

[62] SCHALIN, I. B.: Bemerkungen zu M. D. TAMARIN: Über färbende Oxyde in Sanden (orig. russ.). Steklo i. Keram. Bd. 8 (1951) Nr. 6 S. 10. Ref. Glastechn. Ber. Bd. 27 (1954) S. 93.

[63] KRUSZEWSKI, S. u. E. SEDDOM: Oil-firing: The viewpoint of the glass-manufacturer. J. Soc. Glass Bd. 35 (1951) S. 158. Ref. Glastechn. Ber. Bd. 25 (1952) S. 94.

[64] TAMARIN, M. D.: Über färbende Oxyde in Sanden (orig. russ.). Steklo i Keram. Bd. 8 Nr. 6 S. 10. Ref. Glastechn. Ber. Bd. 27 (1954) S. 92.
[65] PRESTON, E. u. W. E. S. TURNER: Die Wirkung kleiner Mengen einiger Glasfärbemittel auf die Farbe von Kalk–Natron-Glas. J. Soc. Glass Technol. Bd. 25 (1941) Nr. 107 S. 5.
[66] LHOTA, M.: Ageing of glass. (Altern von Glas.) Czechosl. Glass Rev. Bd. 5 (1950) Nr. 9 S. 4. Ref. Glastechn. Ber. Bd. 25 (1952) S. 61.
[67] VALENTIN, H.: Der Rückgang der Durchlässigkeit für ultraviolette Strahlen in alternden Fenstergläsern. Pharmaz. Zentralhalle Bd. 74 (1933) S. 5. Ref. Glastechn. Ber. Bd. 14 (1936) S. 35.
[68] OTLEY, K. O. u. W. A. WEYL: Blue glass which fades upon nuclear radiation. (Blaues Glas, das durch Kernstrahlung verblaßt.) J. appl. Phys. Bd. 23 (1952) S. 499. Ref. Glastechn. Ber. Bd. 27 (1954) S. 55.
[69] LÖFFLER, J.: Verfärbung von Weißhohlglas. F.A. Bericht d. DGG. Nr. 41 (1937).
[70] KLEMM, A. u. E. BERGER: Zur Kinetik der photochemischen Veränderung von Gläsern durch Ultraviolettstrahlung und ihre Regeneration durch Erhitzung. Glastechn. Ber. Bd. 13 (1935) S. 349.
[71] ENGLISCH, S.: Loss of Ultraviolett transparency in glasses. Nature Bd. 125 (1930) S. 85. Ref. Glastechn. Ber. Bd. 14 (1936) S. 35.
[72] WEYL, W. u. E. THÜMEN: Über die Konstitution des Glases II. Theoretische Grundlagen der Glasfärbungen. Glastechn. Ber. Bd. 11 (1933) S. 113.
[73] NEUMANN, C. u. A. DIETZEL: Die Farbkörper in den sogenannten kohlegelben Gläsern. Glastechn. Ber. Bd. 16 (1938) S. 389; Bd. 17 (1939) S. 286; Bd. 18 (1940) S. 267.
[74] DIETZEL, A.: Das Verhalten von Selen, Schwefel und Tellur im Glas. Glastechn. Ber. Bd. 16 (1938) S. 292.
[75] HÖFLER, W. u. A. DIETZEL: Über das Wesen der Selenrosafärbung. Glastechn. Ber. Bd. 12 (1934) S. 297.
[76] HÖFLER, W. u. A. DIETZEL: Die Verfärbung von Selengläsern im Kühlofen. Glastechn. Ber. Bd. 12 (1934) S. 301.
[77] HIRSCH, W., H. WIEGANDT u. A. DIETZEL: Die quantitative Bestimmung der Oxydationsstufen des Selens in eisenoxydarmen Alkali–Kalk Gläsern. Sprechsaal Bd. 68 (1935) S. 373.
[78] LÖFFLER, J.: Warum ist das Neodym ein besseres Entfärbungsmittel als Nickel, Kobalt, Mangan und Selen? Sprechsaal Bd. 66 (1933) S. 629.
[79] SPÄTE, F.: Weißhohlglas. Leipzig: Akad. Verlagsgesellsch. (1931).
[80] HOLMES, J. G.: Colorimetry in the glass-industry. Proc. phys. Soc. Bd. 59 (1947) S. 253. Ref. Glastechn. Ber. Bd. 28 (1955) S. 217.
[81] WEYL, W. A.: Coloured glasses. Sheffield: The Society of Glass Technology 1951.
[82] STEVELS, J. M.: La coloration du verre. (Die Färbung des Glases.) Verr. et Réfract. Bd. 5 (1951) S. 197. Ref. Sprechsaal Bd. 88 (1955) S. 174.
[83] LÖFFLER, J.: Über den Farbträger des Selenrubinglases. Sprechsaal Bd. 71 (1938) S. 406.
[84] DARAGAN, B.: Considérations au sujet de la fabrication du verre rouge au sélénium-cadmium et des phénomènes qui s'y rattachent. Verr. et Réfract. Bd. 5 (1951) S. 15.
[85] (ohne Verf.Angabe): Das Erschmelzen von Rubingläsern mit Ölfeuerung. Glas-Email-Keramo-Technik Bd. 4 (1953) S. 163. Ref. Glastechn. Ber. Bd. 27 (1953) S. 177.
[86] LYLE, A. K.: The influence of base composition and of minor constituents on the coloration of carbon-sulfur amber glasses. J. Amer. ceram. Soc. Bd. 33 (1950) S. 300. Ref. Glastechn. Ber. Bd. 24 (1951) S. 45.
[87] (ohne Verf.Angabe): Glass colors, decolorizers discussed at conference. (Farbstoffe und Entfärbungsmittel für Glas.) Ceram. Industr. Bd. 60 (1953) Nr. 1 S. 165. Ref.: Glastechn. Ber. Bd. 27 (1954) S. 394.
[88] MOORE, H. u. S. R. SCHOLES: Amber glass and the Role of Carbon. (Bernsteinglas und die Rolle des Kohlenstoffes.) J. Amer. ceram. Soc. Bd. 26 (1943) S. 58. Ref. Glastechn. Ber. Bd. 22 (1949) S. 304.

Nicht zitierte Literatur

[89] HÖFLER, W.: Über das Verhalten des Selens im Glase. Glastechn. Ber. Bd. 12 (1934) S. 117.
[90] HIRSCH, W. u. A. DIETZEL: Zwischenreaktion beim Einschmelzen des Selens und einiger Selenverbindungen in einem Natron–Kalk–Silikat-Glasgemenge. Sprechsaal Bd. 68 (1935) S. 243, 261, 274, 306, 390.
[91] ZSCHIMMER, E.: Veränderlichkeit der Gläser im Licht. Dtsch. opt. Wschr. (1915/16) S. 481. Ref. Glastechn. Ber. Bd. 14 (1936) S. 35.
[92] JEBSEN-MARWEDEL, H.: Einfluß der Ofenatmosphäre auf Glas und Schmelze. Sprechsaal Bd. 76 (1943) S. 331. Ref. Glastechn. Ber. Bd. 22 (1948/49) S. 24.
[93] COLE, H.: The constitution of coloured glasses. (Die Struktur gefärbter Gläser.) J. Soc. Glass Technol. Bd. 31 (1947) S. 105. Ref.: Glastechn. Ber. Bd. 27 (1954) S. 174.
[94] COLE, H.: The colour and constitution of glass. (Farbe und Aufbau des Glases.) J. Soc. Glass Technol. Bd. 31 (1947) S. 100. Ref. Glastechn. Ber. Bd. 27 (1954) S. 174.
[95] SPRINGER, L. u. W. WEISS: Was ist bei der Entfärbung des Glases zu beachten? Ursache und Verhütung der hierbei auftretenden Fehler. Glashütte Bd. 75 (1949) S. 188. Ref.: Glastechn. Ber. Bd. 23 (1950) S. 260.
[96] MOORE, H.: Oxydation-reduction effects in glasses of different composition. (Oxydations-Reduktionswirkungen in Gläsern mit verschiedener Zusammensetzung.) J. Soc. Glass Technol. Bd. 33 (1949) S. 267. Ref. Glastechn. Ber. Bd. 23 (1950) S. 349.
[97] WHITE, J. F. u. W. B. SILVERMANN: Some studies on the solarization of glass. (Untersuchung über die Solarisation von Glas.) J. Amer. ceram. Soc. Bd. 33 (1950) S. 252. Ref. Glastechn. Ber. Bd. 25 (1952) S. 115.

[98] Spiridonov, A. S. u. E. R. Maevski: Alkalitropfen und Verfärbung des Glases in Wannen (orig. russ.). Steklo i. Keram. Bd. 7 (1950) Nr. 1 S. 20. Ref. J. Amer. ceram. Soc. Bd. 34 (1951) Nr. 1 S. 4. Zit. Glastechn. Ber. Bd. 24 (1951) S. 257.
[99] Beazell, W. H., N. Humenik u. H. E. Simpson: Der Einfluß von Eisenzusätzen auf das Ferro-Ferri-Gleichgewicht im Glas. Amer. ceram. Soc. Bull. B. 29 (1950) S. 116. Ref. Sprechsaal Bd. 84 (1951) S. 153.
[100] Manners, M.: Die Rolle des Eisenoxydes in der Chemie der Gläser. Glass Bd. 28 (1951) S. 155.
[101] Herfurth, O. R.: Über die Verwendung seltener Oxyde in der Färbung und Entfärbung von Glas. Glas-Email-Keramo-Technik Bd. 3 (1952) S. 1, 38.
[102] Bondarew, K. T.: Wege zur Erhöhung der Lichtdurchlässigkeit des Glases. Steklo i. Keram. Bd. 9 (1952) Nr. 5 S. 3.
[103] (ohne Verf.Angabe): Entfärbung mit Selen (orig. schwed.). Glastekn. Tidskr. 8 (1953) S. 41. Zit. Glastechn. Ber. Bd. 26 (1953) S. 283.

Fehler am Erzeugnis

VII. Formfehler

A. Formfehler an Hohl- und Preßglas

von W. GIEGERICH, Heilbronn

Die Formgebung ist ein Vorgang im Werdegang des Glases, dessen Fehlerquellen so vielfältig sind, daß nur eine genaue Kenntnis der Eigenarten der Formgebungsverfahren [*1*, *2*, *3*, *4*] es ermöglicht, deren Ursachen zu erkennen. Im folgenden sollen nur solche Fehler behandelt werden, die allgemeiner Natur sind und sich aus den Eigenschaften des Glases und seiner Berührung mit formerteilenden Flächen ergeben. Wegen der Ähnlichkeit verschiedener Formfehler und ihrer gleichartigen Ursachen sind hierbei gewisse Überschneidungen leider nicht zu vermeiden.

1 Glaseigenschaften und Vorgänge bei der Formgebung

1.1 Vergleich der Güte verschiedener Glaserzeugnisse

Jede Glasware trägt nach erfolgter Formgebung ihre bestimmte Note hinsichtlich der in ihr noch enthaltenen, also „geduldeten" Fehler. Man darf behaupten, daß dieselbe Glasschmelze, die die Fabrikation einer Glassorte zu bestreiten hat, örtlich (für die Wanne) und zeitlich (für den Hafen) früher als beendet gelten darf, wenn für sie in der einen oder anderen Richtung keine Vollkommenheit angestrebt zu werden braucht, als für eine andere, an die höhere Ansprüche gestellt werden.

Der „Fertigpunkt" oder „Verarbeitungsbereich" einer Schmelze liegt also für jede Warengattung an einer anderen Stelle eines bestimmten Schmelzverlaufes. Diese Tatsache setzt eine gewisse Abschätzung der einzelnen Warengruppen voraus, wenn Schmelzfragen, Ofenleistungen, Qualitätsansprüche, Temperaturen, Wärmeaufwand usw. erörtert werden, die alle auf den Augenblick der Formgebung zugeschnitten sind.

Der Verlauf des Glasschmelzprozesses (Abb.494) gleicht ungefähr einem Schnitt durch die Längsachse einer kontinuierlich betriebenen Wanne. Diese räumliche Anordnung in der Wanne entspricht durchaus dem zeitlichen Ablauf im Hafen. Die schematische Darstellung gilt daher für beide, Wanne und Hafenofen. An dem Ausgangspunkt liegt der Gemengehaufen, von ihm aus treiben zwei Hauptfehler mit der Schmelze los, die erst durch längere Wärmebehandlung entfernt werden oder sonstwie verschwinden. Das sind: die ungeschmolzenen Bestandteile mit den unumgänglichen Schlieren als Übergangsstufe zur Homogenität der Schmelze, sowie die Blasen. Irgendwo liegt eine Grenze, an der das letzte Ungeschmolzene sich eben aufgelöst hat. Hier müßte eigentlich die Grenze des Schmelzraumes liegen und die Läuterung beginnen. Nicht immer fällt diese Trennlinie wirklich mit den entsprechenden baulichen Anordnungen eines Schmelzofens zusammen. Es kommt vor, daß das „Ungeschmolzene" sich über diese Grenzen hinaus vorschiebt (Überbelastung), oder daß die Schmelze tatsächlich schon vorher praktisch rein ist (Unterbelastung des Schmelzraumes, nicht unbedingt gleichbedeutend mit Unterbelastung des Ofens). Der Blasengehalt des Glases entfernt sich immer erst später, da mit steigender Azidität des Glases durch Auflösung von SiO_2 immer noch Gase ausgetrieben werden. Bei der Herstellung praktisch verkäuflichen Glases irgendeiner Sorte liegt die Grenze der Läuterung an der Stelle, an der die

Hauptanzahl der Blasen bereits entwichen ist. Gerade die befriedigende Stufe dieses Vorganges ist für alle Gläser sehr verschieden gelegen. Bedenken wir, daß es für grobe Glassorten genügt, die Schmelze bis hierher zu behandeln, so darf die Entnahmestelle, z. B. für Gußgläser, an dieser Stelle angesetzt werden. Diese Glasart befindet sich also bezüglich beider Hauptfehler dauernd in einer gewissen Gefahr, von Unstimmigkeiten in der Ofenführung betroffen zu werden. Für dieses Fabrikat ist aber nur ein Bruchteil der Läuterfläche anderer Glasarten erforderlich, was sich auch in dem Wärmeverbrauch verschiedener Glassorten bemerkbar macht.

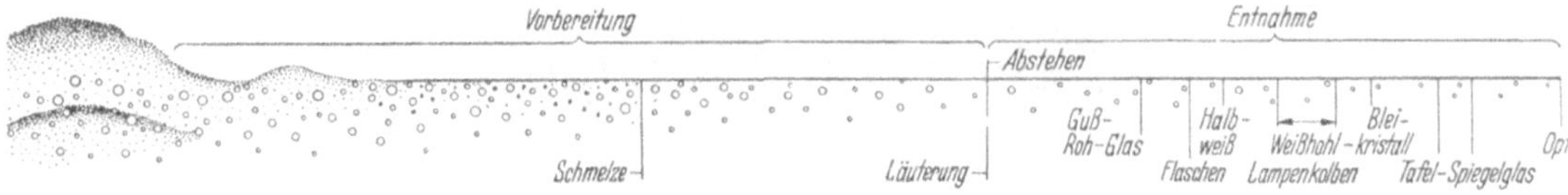

Abb. 495. Entnahmestellen verschiedener Glasarten (Schmelzzustand im Augenblick der Formgebung). Schematisch

Je höher die Qualität der betreffenden Glassorte ist, desto mehr rückt die Entnahmestelle nach Abb. 495 von der Schmelz- und Läutergrenze ab. Die Eintragung der Entnahmestellen für verschiedene Glasarten läßt leicht erkennen, daß die Gefahr, gelegentlich „Ungeschmolzenes" zu verarbeiten, bei Gußgläsern ungleich größer ist als z. B. bei Weißhohlgläsern. Für Spiegelglas bedeutet dagegen das „Ungeschmolzene" keine sonderliche Gefahr, weil mit Rücksicht auf die hohe Forderung an Blasenreinheit der Schmelzverlauf zeitlich und thermisch sowieso reichlich bemessen wird. Wenn also die Reihenfolge der so eingetragenen Entnahmesorte auch mit der abgeschätzten Reinheit des Glases im Augenblick der Formgebung Hand in Hand geht, so darf darin doch keine „Rangordnung" erblickt werden, weil die zulässige Grenze eines bestimmten Fehlergehaltes für ein billiges Glas fast ebenso eng umrissen ist wie für ein hochwertiges. Aber die Erfordernisse der Bezugnahme aller technischen Fragen, die den geeigneten Zeitpunkt zum Eintritt in die Formgebung betreffen, auch die Besonderheit der Glasart, gehen aus dieser Darstellung deutlich hervor [5].

Es ist selbstverständlich, daß nicht jeder Glasgegenstand in Hände gelangt, wo er so scharf geprüft wird wie vom Fachmann. Der Werkstoff Glas verlangt jedoch mehr als irgendwelche anderen Stoffe, nach einer gewissen Abgestimmtheit seiner äußeren Aufmachung mit der seines inneren Zustandes, da er ja im Gegensatz zu anderen „durchschaut" werden kann. Infolgedessen muß man sich darüber klar werden, daß die Güte eines Glasgegenstandes von drei Eigenschaften gegenseitig beeinflußt wird, von [6, 7]:

a) seiner Glasigkeit (Schmelze: Ungeschmolzenes, Blasen, Homogenität),

b) seiner Gestalt und Formgebung (Oberflächenzustand, Haltbarkeit gegenüber seiner Gebrauchsbeanspruchung),

c) seiner Bearbeitung.

Betrachten wir in diesem Sinne den einer keineswegs minderwertigen Bleikristallgarnitur entnommenen prismatischen Körper (Abb. 496). Als Ganzes genommen, funkelt er zwar prächtig (*a*),

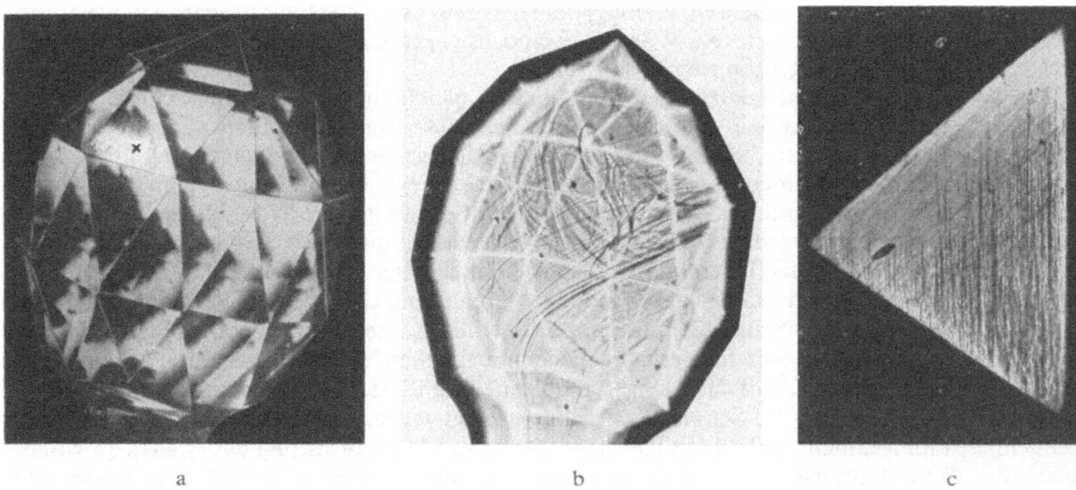

a b c

Abb. 496. Geschliffen-polierter Stöpsel einer Kristallglas-Karaffe. a) Ansicht, b) Durchsicht nach Einbettung in ein Immersionsbad, c) Schliffläche (aus *a x* (Reflex) aber glastechnisch gesehen stellt er keine auch nur annähernd entsprechende Leistung dar. In eine Immersion eingebettet, die die prismatischen Schliffflächen zum Verschwinden bringt, verrät sich die dem offenen Auge auch ohne dicsc Maßnahme schon erkennbare Minderwertigkeit des Homogenitätszustandes (*b*). Sie wird im wahren Sinne des Wortes überlagert durch das Spiel des Lichtes im Schliff. Wie aber schon der Lichtfleck auf der angekreuzten Stelle (in *a*) verrät, läßt auch der Schliff und die Säurepolitur selbst sehr zu wünschen übrig; er kann sich jedenfalls nicht im entferntesten messen mit den hohen Anforderungen an die Schleif- und Poliertechnik des Spiegelglases. Im reflektierten Licht wird die Wirkung einer solchen Schlifffläche ihres reizvollen Glanzes entkleidet und zeigt nur allzu offensichtlich ihre Mängel in Form von groben, nur oberflächlich geglätteten, restlichen Schleifriefen (*c*).

Abb. 497. In unzureichender Homogenität verformtes Glas. Der Zierschliff verdeckt nicht die stofflichen Mängel

Daraus geht hervor, daß die Bemühung um hochwertige Gleichförmigkeit der zur Verformung geeigneten Glasmasse praktisch begrenzt wird durch den Grad, in welchem sie von der Wirkung einer späteren Verarbeitung verdeckt bleiben wird. Ferner aber zeigt sich, daß auch deren Grad der Vollendung dort stecken bleibt, wo von der Gesamtwirkung eine ausreichende Harmonie erwartet wird. Weil „Harmonie" jedoch in diesem Falle ein subjektiver Begriff ist, unterliegt das Glas als Ware einem persönlichen Werturteil, dem es, streng genommen, in vielen Fällen weder ästhetisch noch technisch standzuhalten vermag. So wird man zugeben

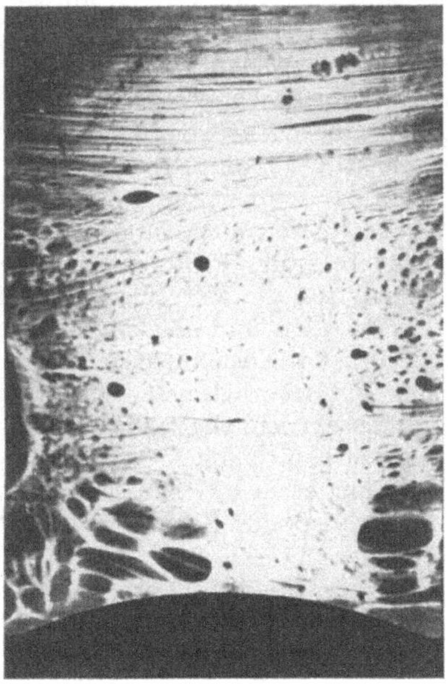

Abb. 498. Flaschenkörper

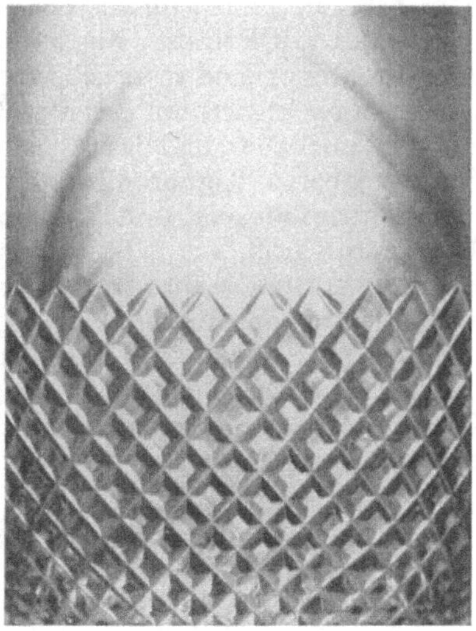

Abb. 499. Hochwertiges Kristall mit Schliff

müssen, daß der stoffliche Eindruck einer reichhaltig, aber nicht „deckend" verzierten Schale Abb. 497 unbefriedigend bleiben muß und damit die Wirkung der Form beeinträchtigt. – Im Gegensatz hierzu gibt Abb. 498 einen Flaschenkörper wieder, an dessen Form weder Ansprüche stofflicher Art noch die einer besonderen Wirkung gestellt werden, wie an den Gegenstand, dessen Ausschnitt Abb. 499 wiedergibt. In ihm ist die Abstimmung der äußeren Aufmachung mit dem inneren Zustand befriedigend erfüllt.

Da es nicht die Aufgabe dieser Schrift sein kann, die Formgebung des Glases unter ästhetischen Gesichtspunkten einer Kritik zu unterziehen – dies wird von berufener Seite unternommen [*8*, *9*, *10*] –, so läßt sich doch aus dieser Betrachtung die Lehre ziehen, daß auch die Beurteilung der Fehlerhaftigkeit, soweit sie schon auf Feinheiten abzielt, nicht allgemein verbindlich sein kann und eine dementsprechende Berücksichtigung in Anspruch nimmt.

1.2 Physikalische Vorgänge bei der Formgebung, Fließen des Glases

Die Formgebungsverfahren unterteilen sich hinsichtlich ihres zeitlichen Ablaufes in:

Einstufige Formung. Es wird Glas aus der Wanne oder dem Hafen durch geeignete Mittel entnommen und in einem fortlaufenden Arbeitsgang, bei andauernder Abkühlung der Glasmasse, geformt (Beispiele: Pressen, Ziehen, Walzen).

Mehrstufige Formung mit stetiger Abnahme des gesamten Wärmeinhaltes der Glasmasse. Das entnommene Glas wird in einer Vorform zu einem Külbel vorgeformt, dessen kalte, starre Außenhaut den Transport zu einer Fertigform zuläßt. Auf diesem Wege – während der sog. Überlegezeit – und in der Fertigform selbst, findet im Külbel eine „Rückerhitzung" der Außenhaut von innen her statt, so daß durch den Ausgleich der Temperatur des Kernes und der äußeren Wandung wieder eine für den zweiten Verformungsgang genügend viskose Masse entsteht (Beispiele: Weithalsgläser im Preßblaseverfahren hergestellt, Flaschen).

Mehrstufige Formung mit Zwischenerhitzung. Die zur Durchführung der Verformung erforderliche Zeit ist so groß, daß infolge der stetigen Abkühlung ein zwischenzeitliches Wiederaufwärmen des Glases – zu einer Steigerung des Gesamtwärmeinhaltes – notwendig wird (Beispiele: mundgeblasenes Hohlglas oder Ballons).

Diese verschiedenen Verfahren bedingen jeweils eine genaue Abstufung der physikalischen Eigenschaften des Glases. Während der Formgebung selbst soll das Glas zunächst an den formerteilenden Flächen entlang fließen und nach erfolgter Formung aus wirtschaftlichen Gründen möglichst schnell erstarren. Dieser Fließvorgang wird eingeleitet und durchgeführt durch die dabei auf das Glas wirkenden Kräfte – Schwer-, Druck- und Zugkräfte –, die die inneren molekularen Widerstände der Glasmasse, ihre *Zähigkeit* und *Oberflächenspannung* überwinden müssen. Da nun die Verformung mit einer stetigen Abnahme des Wärmeinhaltes verbunden ist und außerdem die Zähigkeit des Glases sehr stark temperaturabhängig ist, ergibt sich als weitere wichtige physikalische Eigenschaft für den Ablauf des Formgebungsprozesses die Beachtung der *Wärmeleitung und Strahlung* des Glases. Diese drei Eigenschaften (Zähigkeit, Oberflächenspannung sowie Wärmeleitung und -strahlung) sind in erheblichem Maße miteinander verkoppelt, so daß es oft eines glücklichen Intuition bedarf, um der Maschine, hinsichtlich der Verarbeitung, ein befriedigendes Glas zuzuführen, oder aber, und das ist fast die Regel, zwischen diesen Forderungen einen betriebswirtschaftlich tragbaren Kompromiß zu finden. Eine weitere störende Eigenschaft des Glases während der Formgebung ist seine Neigung zur Entglasung. Ist die Verweilzeit bei gleichbleibender Temperatur groß, wie z.B. in Speiserkanälen, Ziehkanälen und -düsen, so können dort Kristallbildungen auftreten. Ihre Bekämpfung durch Änderung der Zusammensetzung des Glases, der Aufenthaltszeit in den einzelnen Arbeitsphasen oder der Wärmeverhältnisse, ist heute unschwer möglich. Während der eigentlichen Verformung, bei der immer ein schneller örtlicher Temperatur- und Gesamtwärmeverlust eintritt, sind Entglasungen kaum zu befürchten.

Das Fließen des Glases während der Formgebung ist in letzter Zeit Gegenstand vieler Untersuchungen geworden [*11*, *12*, *13*], die jedoch noch keine abschließende Behandlung erfuhren.

1.3 Wärmefluß während der Fertigung

Nach der Entnahme des Glaspostens aus dem Ofen nimmt dessen Gesamtwärmeinhalt – wenn, wie oben erwähnt, keine Zwischenaufheizung wie bei einigen mundgeblasenen Glaserzeugnissen stattfindet – stetig ab. Die zeitliche Abnahme des Wärmeinhaltes im Gesamten, der Randschichten und Innenpartien, ist entsprechend den Erfordernissen der Formung, je nach der Berührung mit wärmeableitenden Formteilen oder durch Abkühlung in der Außenluft, in den einzelnen Fertigungsphasen verschieden und muß laufend genauestens geregelt werden. Diese Aufgabe gehört zu den schwierigsten, welche die maschinelle Glasfertigung erfordert.

Die *Wärmeableitung durch die Formenwand* wurde in vielen Untersuchungen [*14*, *15*], nachdem es gelungen war, exakt die Temperaturverhältnisse in der Wand selbst zu messen [*16*], eingehend behandelt. Die Temperatur der glasberührten Innenwand schwankt hiernach im Rhythmus des Arbeitstaktes der Maschine bei Flaschenglas beispielsweise zwischen 470 und 580 °C; diese Temperaturschwingungen erstrecken sich bis zu einer Wandtiefe von rd. 10 bis 15 mm. Die Außenwand der Form hingegen weist nahezu unabhängig vom Rhythmus des Füllvorganges eine gleichbleibende Temperaturhöhe von rd. 300 bis 350° auf [*16*]. Die durch die Wände der Formen zu leitenden und an die Außenluft abzuführenden Wärmemengen liegen in Vorformen etwa zwischen 3600 und 14400 kcal/m² h, das entspricht bei einer äußeren Wandtemperatur von 320° einer Wärmeübergangszahl – Formenwand/Luft – von rd. 12 bis 48 kcal/m² h °C. Diese hohe Wärmeleistung kann nur durch besondere Mittel erzwungen werden, da es sich um eine kurzzeitig hohe Wärmestromdichte handelt. Eingehende Untersuchungen hierüber an arbeiten Formen finden sich in [*17*].

Der *Wärmefluß im Glas* ist ebenfalls erst in der letzten Zeit vom technisch-wissenschaftlichen Standpunkt aus behandelt worden [*18, 19, 20, 21, 22, 23*]; für einige wichtige Hohlgläser sind in der nachfolgenden Tabelle die Strahlungsleitfähigkeiten im Verarbeitungsbereich aus obigen Veröffentlichungen zusammengestellt worden:

	Temperatur °C		
	800	1000	1200
Wirtschaftsglas (weiß)	13,8	30,4	54
Grünglas (Chromoxyd)	17,2	29,2	40,8
Grünglas (Eisen)	6,2	9,0	10,4
Braunglas (Kohlegelb)	6,2	9,0	18,0

(Werte in kcal/m h °C)

Die Abhängigkeit dieser Werte von der Temperatur und der Glasfarbe ist, wie ersichtlich, außerordentlich groß. Sie bedingt eine sorgfältige Abstimmung hinsichtlich der Verarbeitung in der Maschine. Über die technische Anwendung dieser grundlegenden Erkenntnisse liegen einzelne Arbeiten [*24, 25, 26, 27*] vor. Eine zusammenfassende Bearbeitung ist bislang jedoch noch nicht erfolgt [*11, 28*].

1.4 Zähigkeit, „Länge" und „Kürze" des Glases

Als wichtigste Eigenschaft des Glases, die auf die Wirtschaftlichkeit der Formgebung Einfluß hat, kennen wir seine Zähigkeit, die bei etwa 10^3 g · cm^{-1} · s^{-1} (Poise) derjenigen einer plastischen Masse (Ton, Plastolin) entspricht. Diese Viskosität ist im wesentlichen von zwei Größen abhängig, der Zusammensetzung des Glases und seiner Temperatur, worüber Zahlenangaben in [*29, 30, 31, 32* u. *25*] zu finden sind. Von diesen beiden richtet sich die Zusammensetzung sowohl nach dem Entglasungsverhalten als auch nach der Haltbarkeit, und die Temperatur nach dem Entglasungsverhalten und dem Zähigkeitsverlauf. Damit ist vorläufig nur der Punkt des Einsatzes der Verformung gegeben, aber noch nicht ihr Verlauf. Die Gleichmäßigkeit eines Glaserzeugnisses hängt bei fortlaufender Herstellung von der Gleichmäßigkeit der Zähigkeit ab. An deren Konstanz ist aber nicht nur zeitlich ein außerordentlich hoher Anspruch zu stellen, sondern je nach dem Verfahren (z. B. Tafelglas) auch räumlich. Die Verteilung der Temperatur an der Formgebungsstelle bestimmt auch gleichzeitig die Verteilung der Masse und beeinflußt damit die Wandstärke, beispielsweise bei 3 m Ziehbreite ein nicht zu unterschätzender Einfluß. Die Voraussetzungen hierfür (Homogenität des Glases und Konstanz der Ofenführung) wurden an anderer Stelle beschrieben. Die Anforderungen an die Zähigkeit und andere Eigenschaften des Glases sind nun für die einzelnen Verfahren so verschieden [*33*], daß es hier nicht möglich ist, sie im Hinblick auf die darin steckenden Fehlermöglichkeiten zu erörtern. Dagegen bedarf die Frage des Ablaufes der Verformung einer näheren Betrachtung, weil damit ein überall gültiger, althergebrachter glastechnischer Begriff, nämlich die „Länge" und „Kürze" des Glases, berührt wird. Seine unrichtige Abstimmung kann allein schon erhebliche Störungen in den Formgebungsverlauf bringen, muß also soweit wie möglich nach grundsätzlichen Gesichtspunkten [*34, 26*] vermieden werden.

Jede Verformung, die nicht vor der Flamme stattfindet, ist mit einem Temperaturverlust verbunden. Infolgedessen bewahrt das Glas nicht die beim Einsatz der Verformung vorhandene Zähigkeit, sondern verliert sie nach und nach. Derjenige Temperaturbereich, von der beginnenden Verformung an bis zu dem Grad der Erstarrung, der eine weitere Verformung ausschließt, kennzeichnet das Verhalten des Glases als „lang" oder „kurz". „Lang" ist es, wenn die Plastizität über einen großen Bereich erhalten bleibt. Bei einer sich rascher vollziehenden Verfestigung wird von „kurzem" Verhalten gesprochen.

Streng genommen bezieht sich der Ausdruck „lang" und „kurz" auf die Verarbeitungszeit [*30*] bei gleichbleibender Abkühlung sowohl hinsichtlich des Gesamtwärmeinhaltes als auch der inneren und äußeren Schichten der Glasmasse. Er ist deshalb heute kein so umfassender und eindeutiger

Begriff mehr, wie er früher bei der Verformung von Hand war, wo die Bezeichnung auch entstanden ist. Versucht man diese Beziehungen darstellerisch zu verfolgen, so ergibt sich, daß die Verhältnisse deshalb nicht ganz so einfach liegen.

In Abb. 500 sind verschiedene Fälle dargestellt. In *a* entsprechen die Kurven I und II dem Viskositätsverlauf von zwei Gläsern, deren Verformungsbereich sich bei I von T_A bis zu $T_{E\,I}$ erstreckt, bei dem Glas II jedoch nur von T_A bis $T_{E\,2}$. Das Glas II ist zweifellos als das kürzere

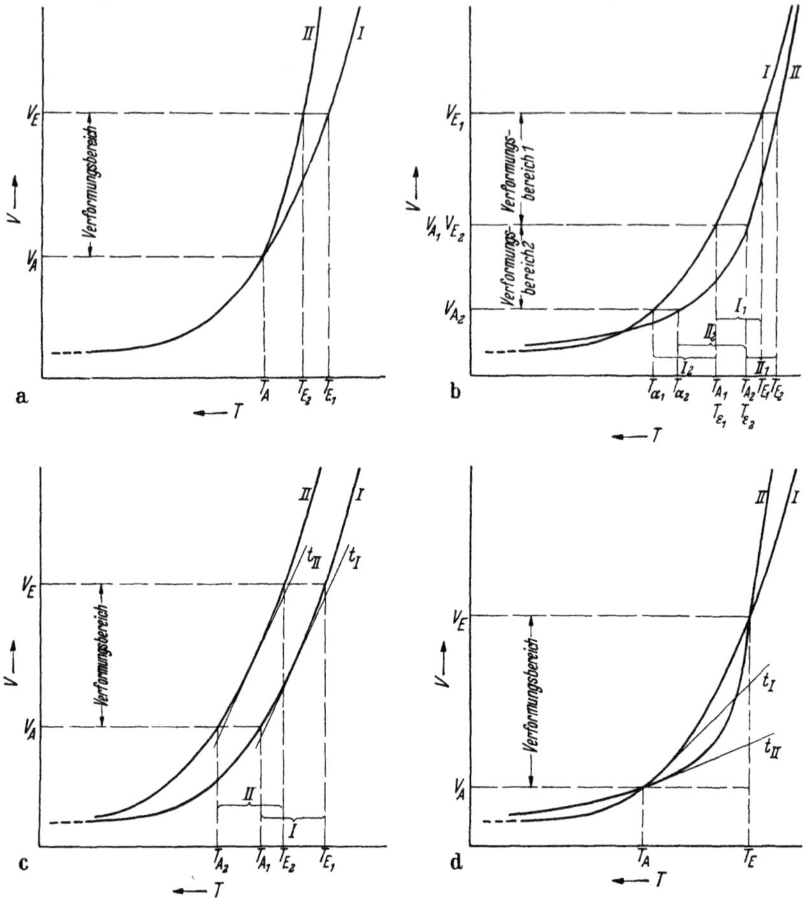

Abb. 500. Schematische Ableitung der „Länge" und „Kürze" des Glases

anzusprechen. Anders liegen die Verhältnisse im Falle *b*. Die Kurve des Glases I wird von derjenigen des Glases II geschnitten. Im Verformungsbereich 1 besitzt das Glas I die Länge $T_{A\,I}$ bis $T_{E\,I}$. Der gleiche Viskositätsbereich entfällt beim Glase II auf die Temperaturstrecke $T_{A\,2}$ bis $T_{E\,2}$, es ist damit kürzer. Im Verformungsbereich 2 würden die Verhältnisse aber umgekehrt liegen. Die entsprechenden Abschnitte auf der Abszisse gehen von $T_{\alpha\,I}$ bis $T_{\varepsilon\,I}$ bzw. von $T_{\alpha\,2}$ bis $T_{\varepsilon\,2}$.

Im Falle *c* haben beide Gläser fast gleichen Viskositätsverlauf, jedoch in einem verschiedenen Temperaturbereich. Es ergeben sich daher zwei verschiedene, aber gleich große Abschnitte im Temperaturbereich, während dessen sie verformbar sind. Die Lage der Tangenten an ihre Krümmung im Verformungsbereich ist parallel. Im letzten Fall *d* ist zwar der Verformungsbereich beider Gläser I und II gleich groß. Doch wird der Verformungsgrad wegen der verschiedenen Lage des Viskositätsverlaufs ein verschiedener.

Die Anwendung dieser grundlegenden Überlegungen zeigt Abb. 500. Hier sind die Zähigkeiten einiger Hohlgläser in Abhängigkeit von der Temperatur im Verarbeitungsbereich zwischen 10^3 und 10^6 dargestellt. Im ersten Stadium der Verarbeitung zwischen 10^3 und 10^4 sind alle betrachteten Gläser hinsichtlich ihrer „Länge" bzw. „Kürze" gleich, hingegen sehen wir deutlich, daß die Gläser 4 und 5 im Bereich der Zähigkeiten 10^4 bis 10^5 und noch mehr zwischen 10^5 und 10^6 sehr viel schneller erstarren, entsprechend dem Verhalten eines „kurzen" Glases. Da die Zähigkeitskurven wegen ihres großen Bereiches meist im logarithmischen Maßstab, wie auch in Abb. 501, aufgezeichnet werden, genügt eine solche summarische Betrachtung zur Beurteilung keineswegs. Für die kritische Prüfung des Verarbeitungsverhaltens eines Glases ist in jedem einzelnen Punkt der Fertigungsphasen die Kenntnis der Änderung der Zähigkeit mit der Temperatur, d.h. der Differentialquotient $\frac{d\,(\text{Zähigkeit})}{d\,(\text{Temperatur})}$ notwendig. Differenziert man die Zähigkeitskurven (am einfachsten auf graphischem Wege), so erhält man für die obigen Gläser die Kurven Abb. 501 und Werte, Tabelle 13, sie stellen demnach ein Maß für die Geschwindigkeit der Zähigkeitsänderung mit der Temperatur dar. Die Gläser 1 und 4, beide von Hand mit der Pfeife oder dem Anfangeisen aufgenommen, werden beispielsweise im allerersten Stadium des Verarbeitungsprozesses – um 10^3 Poisen – kaum schneller erstarren als die maschinell verarbeiteten Gläser 2, 3 und 5. Gerade der Differentialquotient zu Beginn der Verformung ist für alle Verfahren von größter Bedeutung. Auf diese Weise läßt sich allgemein die Erstarrungsgeschwindigkeit in allen Arbeitsphasen nachprüfen. Es sei noch darauf hingewiesen, daß die Erstarrungsgeschwindigkeit mit fortschreitender Abkühlung bei allen Gläsern stetig zunimmt, unterschiedlich ist nur deren absolute Größe und Verlauf.

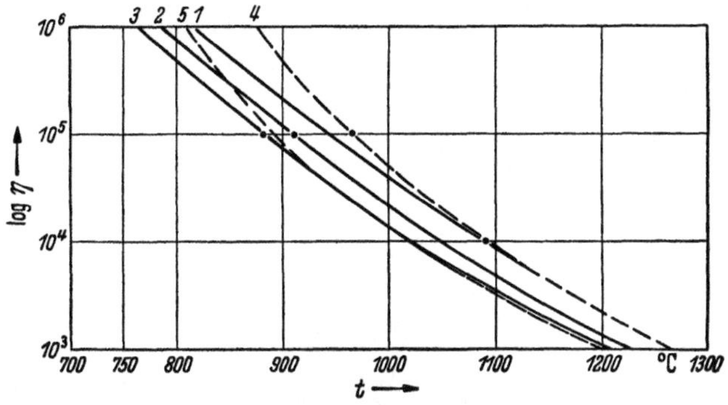

Abb. 500. Zähigkeiten einiger Hohlgläser. 1 Kelchglas, Handverarbeitung; 2 halbautomatisch verarbeitetes Wirtschafts-(Preß-) Glas; 3 vollautomatisch verarbeitetes Wirtschaftsglas; 4 mundgeblasenes Flaschenglas; 5 vollautomatisch verarbeitetes Flaschenglas

Diese Überlegungen gelten streng nur für Gläser mit gleichen Wärmestrahlungseigenschaften und gleicher Abkühlung beim Verarbeiten in der Maschine. Die genaue Abstimmung eines Glases hinsichtlich seiner Viskosität ist ohne Beachtung dieser nicht möglich. Da sich allgemeine Richtlinien wegen der Verschiedenartigkeit der Verfahren nicht aufstellen lassen, sei ein Beispiel für die Herstellung von Flaschen gegeben (Abb. 502). Anknüpfend an die Betrachtungen des Abschnitts 1.3 sind hier die angenäherten Viskositätswerte im Inneren und am Rande eines Külbels während der Verformung und der Rückerhitzung dargestellt, und zwar für Flaschengläser von weißer und grüner Farbe als Funktion der Verarbeitungszeiten. Es ist beachtlich, wie verschieden sich beide

Tabelle 13. *Zahlentafel der Zähigkeitsänderungen in Abhängigkeit von der Temperatur (1–5 vgl. Abb. 500)*

η	$\Delta\eta$	$\frac{\Delta\eta}{\Delta t}$ 1	2	3	4	5
10^3						
	780	16	13	14	16	16
$10^{3,25}$						
	1380	35	31	31	28	31
$10^{3,5}$						
	2440	54	62	55	55	55
$10^{3,75}$						
	4380	98	98	102	126	110
$10^{4,0}$						
	7800	195	225	210	173	223
$10^{4,25}$						
	13800	460	395	395	460	395
$10^{4,5}$						
	24400	620	700	700	815	815
$10^{4,75}$						
	43800	1250	1470	1250	1760	1460
$10^{5,0}$						
	78000	2600	2600	2600	3130	3130
$10^{5,25}$						
	138000	3950	3950	4600	5500	5550
$10^{5,5}$						
	244000	8200	8200	8150	9800	16300
$10^{5,75}$						
	438000	14700	14700	17600	22000	43800
$10^{6,0}$						

Glasarten verhalten: das schnell an der Außenwand erstarrende Grünglas und das bei der Rückerhitzung infolge seiner hohen Strahlungsdurchlässigkeit in den Randzonen sehr stark von innen her wieder aufgewärmte Weißglas. Dieses Beispiel demonstriert besonders deutlich die enge Ver-

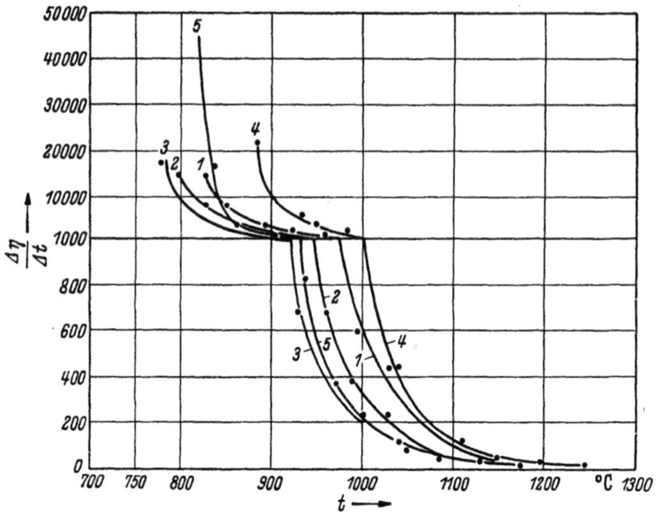

Abb 501. Zähigkeitsänderungen in Abhängigkeit von der Temperatur (1–5 vgl. Abb. 500)

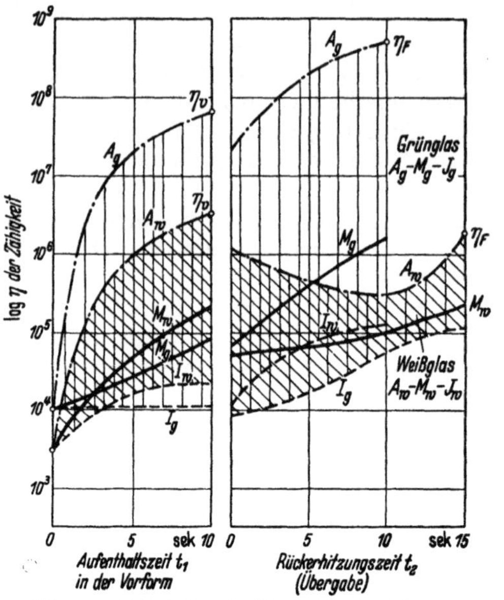

Abb. 502. Zähigkeitsverlauf beim Flaschenblasen

flechtung zwischen Glaseigenschaften – Viskosität und Wärmestrahlung – und der Maschinentechnik.

Die in den einzelnen Arbeitsphasen notwendigen Viskositätswerte sind im Schrifttum [4, 25] erörtert; obgleich sie nur ungefähre, z.T. geschätzte Werte darstellen, seien sie doch der Vollständigkeit halber auszugsweise und mit persönlichen Ergänzungen mitgeteilt (Tabelle 14). Die Anpassung der Glaseigenschaften an den von der Formgebung verlangten Ablauf der Viskosität läßt sich durch Abwandlung der Glaszusammensetzung im Rahmen der für die Glasart zulässigen Möglichkeiten herbeiführen. Über die Wirkung, die in diesem Sinne von einzelnen Glasoxyden ausgeübt wird, unterrichten zahlreiche Zusammenstellungen über Viskositätsmessungen [29, 30, 31, 32 u. 25].

Tabelle 14

	Handarbeit		Vollautomaten	
	Oberfläche	Innen	Oberfläche	Innen
Anfangen von Hand		2,7–3,7		
Saugspeisung			3,0–3,2	
Tropfenbildung (automatisch)			3,4–4,1	
Handfertigung, Motzen, Marbeln	4,0–5,6	3,5–4,0		
Flaschenglas, Vorblasen			5,6–6,3	3,9–4,8
Flaschenglas Übergabe			4,2–5,0	3,8–4,0
Flaschenglas, Fertigblasen			4,9–5,6	4,2–4,7
Preßglas, Anfang Pressen		3,5–3,8		
Ende Pressen		4,7–6,0		
Entnahme aus der Fertigform	11–13	~ 6	6–8	~ 5,6

1.5 Bedeutung der Oberflächenspannung

Aus Erfahrungen ist die Wirkung der Oberflächenspannung am Glase bekannt. Stets liegt das Bestreben vor, scharfe Kanten u. dgl. durch molekulare Kräfte des Glases abzurunden, d.h. den energetisch günstigeren Zustand des geringsten Rauminhaltes herzustellen. Wahrnehmbar äußerte sich dies Bestreben des Glases zum „Zusammenkriechen“ bei der alten Flachglasherstellung: Glasplatten, auf Strecksteinen gekühlt, können bei hinreichend hoher Temperatur um mehrere Zentimeter an Größe verlieren. Mit sinkender Oberflächenspannung (Seife zu Wasser) und steigender Zähigkeit nimmt die Veranlagung einer Substanz zu, unter geeigneter Kräfteeinwirkung

Körper von einer zur Masse relativ großen Oberfläche (Seifenblasen, Glaskugeln, Ballons) entstehen zu lassen vgl. [1, Bd. I, S. 59]. Praktisch wird von diesen Molekularkräften bei dem Rundschmelzen abgesprengter Hohlglasränder Gebrauch gemacht, aber auch, wenn die von der Formgebung her verbliebenen Unebenheiten der Oberfläche durch ein Verwärmen im scharfen Feuer (Ziff. 2.9) beseitigt werden sollen, indem man sie „verfließen" läßt und so die bekannte Feuerpolitur erzeugt. Vielfach soll nun aber dem Glas die Scharfkantigkeit seiner Form aus Gründen der Ansehnlichkeit oder des vorgeschriebenen (z. B. Preßglas-) Musters mit auf den Weg gegeben werden. Mögen die Formen auch noch so scharfkantig ausgearbeitet sein – solange noch eine Plastizität des Glases besteht, nachdem es die Form verlassen hat, sind alle Kanten oder Kerben der Gefahr ausgesetzt, von der Oberflächenspannung erfaßt und durch spontane Abrundung

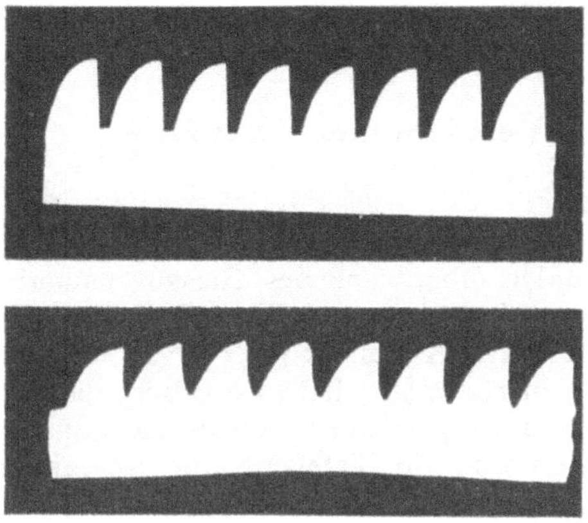

Abb. 503. Veränderungen eines Preßglaskörpers (unten) gegenüber der Preßform (oben) nach G. Jaeckel

Abb. 504. Einschnürungs- und Einschmelzvorgänge an waagerecht drehenden Glasrohren, nach G. Jaeckel. a) Zu rasche Umdrehung, b) Ungleichmäßiges „Mitnehmen" beider Rohrenden, c) Beginnende Einschnürung (10 U/min), d) Zusammenziehung bis zur Stabbildung, e) Einschmelzen eines zweiten Rohres durch Einschnüren des äußeren

„gebrochen" zu werden, was für die meisten Fälle mit einer Qualitätsminderung gleichbedeutend ist und z. B. den auffallendsten Unterschied zwischen geschliffenem Bleikristall und gepreßten Bleigläsern ausmacht (vgl. Ziff. 2.12).

Da diesem Vorgang im Verlauf eines mechanischen Formverfahrens eine ganz bestimmte Zeit zur Auswirkung zur Verfügung steht, muß die dadurch am Profil des Glases vollzogene Veränderung bei der Herstellung der Form berücksichtigt und bezüglich Winkelstellung, Kerbtiefe usw. in die Gestaltung der Formelemente einbezogen werden.

G. Jaeckel [35] hat in anschaulicher Weise die Bedeutung der Molekularkräfte für die Glasverarbeitung nachweisen können. Nicht nur die Abweichungen am Preßling gegenüber der Form wurden (in Gestalt erheblich verminderter Tiefe der Preßriefen) sichtbar gemacht (Abb. 503), sondern auch die Fälle besprochen, bei denen man den frei (also nicht formgebunden) wirkenden Molekularkräften des Glases mehr oder weniger bewußt andere Kräfte zum Ausgleich entgegensetzt. Das ist – außer beim Külbeln jeder Glasart – z. B. der Fall beim Aneinandersetzen von Röhren oder Stäben (Abb. 504). Während das Glas sich an der durch örtliche Erhitzung plastischen Stelle im abschnürenden Sinne zu betätigen bestrebt ist, wird eine abgestimmte Umdrehungsgeschwindigkeit als entgegengesetzt, d. h. im fliehenden Sinne wirkendes Formgebungselement eingefügt. Nur im Gleichgewicht der Kräftepaare gelingt der glatte Ansatz. Überwiegt die Fliehkraft, so ergibt sich eine Ausbeulung, überwiegt die Oberflächenspannung, so tritt die (u. U. gewünschte) Ein- bzw. Abschnürung beliebigen Grades auf. Der gleiche Grundgedanke findet Verwendung bei dem Ineinanderschmelzen einzelner Bestandteile (wie des Tellers in den Kolbenhals) bei der Glühlampenfabrikation. Nur mit Hilfe der Oberflächenspannung gelingt auch die mechanische Fabrikation des Tafelglases, das sich zwischen den als Spannvorrichtung wirkenden Rändern und ihrer Halteelemente selbst glatt zu ziehen bestrebt ist.

Die Oberflächenspannung ist selbstverständlich auch an der Formbildung des Külbels [26] beteiligt, solange dies frei hängt. Keppeler u. Albrecht [36] haben zahlreiche Messungen der

Oberflächenspannung an Gläsern durchgeführt (Zahlenwerte auch in [*29*] S. 110); der Temperaturkoeffizient der Oberflächenspannung ist im Gegensatz zu demjenigen der Zähigkeit sehr klein. Auch einfache Methoden zu ihrer Berechnung aus der Zusammensetzung des Glases wurden entwickelt [*37*], doch genügen geringe Mengen wirksamer Substanzen, um die Oberflächenspannung zu verändern [*38*]. Zum Beispiel betrug sie für Tafelglas, erschmolzen in normaler, oxydierender Atmosphäre 308, in reduzierender Atmosphäre 395 dyn/cm, desgleichen ohne Sulfatzusatz 309 und mit Sulfatzusatz 390 dyn/cm. Ähnliche praktische Beobachtungen konnten früher beim Verarbeiten von Gläsern, deren Gemenge hohe Sulfatzusätze aufwiesen, gemacht werden. Für die Verarbeitung in der Form ist nicht die Oberflächenspannung fest-gasförmig und flüssig-gasförmig wie bei der Schmelze und Verarbeitung in der „freien" Luft, sondern jene zwischen den flüssig-festen Phasen von Bedeutung. Für das Fließen des Glases während der Formgebung sind die Oberflächeneigenschaften der formgebenden Werkzeuge von entscheidendem Einfluß [*36*, *39*]. Aus diesem Grunde wird beispielsweise die geringere Benetzungsfähigkeit des Graphits (graphitierter Formenguß) gegen Glas im Vergleich zu Metallen zum Glasblasen ausgenutzt [*39*, *40*].

2 Oberflächenfehler, Fehler beim Bearbeiten, Veredeln und Verarbeiten

2.1 Oberflächengüte

Die Güte der dem menschlichen Auge sich darstellenden Oberfläche des Glasgegenstandes bestimmt neben Form, Farbe und Durchsichtigkeit, dessen Aussehen und Wert. Dabei erhebt sich zunächst die Frage nach dem Wahrnehmungsvermögen des Auges für die optischen Oberflächeneigenschaften des Glases überhaupt. Betrachtungen hierüber [*41*] haben ergeben, daß das Auflösungsvermögen des Auges (die Fähigkeit, zwei Punkte noch getrennt zu erkennen) günstigsten Falles etwa bei einer Bogenminute liegt. In der Praxis wird für Tafelglas eine Ablenkung von 2 Bogenminuten noch als ausreichend scharfe Begrenzung angesehen; dem entspricht bei einer Betrachtung im Tageslicht aus 1 m Entfernung ein Abstand von 0,3 mm. Dieser Wert gibt einen zahlenmäßigen Anhalt für die freie Durchsicht; für Hohlglas sind so strenge Forderungen nicht notwendig und auch technologisch gar nicht erfüllbar. Genauere Angaben lassen sich hier wegen der größeren Wanddicke, deren Krümmung und der Glasfarbe kaum machen.

Die Prüfung und Beurteilung von Glaskörpern auf Gleichmäßigkeit ihrer Form erfolgt, wenn auch oft unbewußt, so, daß sich entweder der Hintergrund (bei Durchsicht) oder sich spiegelnde Raumteile (bei Reflex) durch abwechselnd helle und dunkle Flächen (z. B. Fenster) auszeichnen. Durch diesen Gegensatz, genauer durch diese Grenze zwischen Hell und Dunkel, ist es möglich, einen deutlichen Begriff von der etwaigen Verzerrung und ihrer Größe zu bekommen. Das gilt z. B. besonders für Tafelglasscheiben, die auf Ebenflächigkeit zu prüfen sind. Geometrisch fest umrissene Formen führen leicht zu der Wahrnehmung einer Unregelmäßigkeit in der Gestalt; am besten sind solche Hintergründe, bei denen Hell und Dunkel in gesetzmäßiger und flächenmäßig gleichwertiger Weise abwechseln. Man spricht dann von einem Phasenkontrast. Die Wirkung solcher Felder, z. B. eines Linienrasters, kann man dadurch besonders deutlich machen, daß man zur Probe auch Gläser mit gesetzmäßig wiederkehrender (diesmal also nicht fehlerhafter) Unregelmäßigkeit benutzt. Das entstehende Bild der optischen Wirkung ist wegen der Wiederholung des Musters geeignet, ein ungeübtes Auge für diesen Vorgang zu schulen. Wird ein mit solchen regelmäßigen Wellen durchsetztes („Reflektoren"-) Glas parallel zu den Linien angelegt, so zeigt sich auch eine parallele Verzerrung derselben (Abb. 505a), indem nur ihre Abstände und sie selbst periodisch auseinandergezogen werden. Dreht man jetzt die gewellte Glasplatte in eine schräge Lage bis in die Nähe diagonaler Anordnung Abb. 505b), so geht die ursprüngliche Geradheit der Linien verloren und wird durch Verzerrungen in eine Wellenstruktur verwandelt, deren Verlauf die Lage der optischen Störung von oben links nach unten rechts verrät. Man erkennt deutlich die Lage und Richtung der Struktur des Glases, obwohl nicht eine einzige Linie dieser Lage entspricht, sondern nur die Periodizität ihres verzerrten Verlaufs. Das Auge vermag also seinen Eindruck weitgehend vom geometrischen Verlauf zu abstrahieren und sich auf den scheinbaren, von der Struktur des Glases erzeugten, einzustellen. Überlagert man diesen Vorgang durch Anordnung einer weiteren gleichartigen Scheibe (Abb. 505c), die mit der ersten gekreuzt wird, so entstehen an den Kreuzungspunkten der Linsenbänder augenartig aufgelöste Knotenpunkte, deren Anordnung immer noch deutlich die Überlagerung der zwei optischen Effekte erkennen läßt. In entsprechender Weise gelingt es, durch den Reflex einer schwarzweißen Grenzfläche an den Oberflächen gewellter Gläser deren wahre Gestalt für das Auge faßlich zu machen.

Die Beispiele zeigen, wie unser Auge die geometrische Aufteilung der geschauten Fläche fast unbewußt dazu benutzt, um sich am Grad und an der Form der Verzerrung ein Bild davon zu machen, welche optischen Störungen sich ihm in den Weg legen. Die Welligkeit des gläsernen Mediums wird deutlich, obwohl diese selbst nicht in Erscheinung tritt. Es besteht darüber hinaus

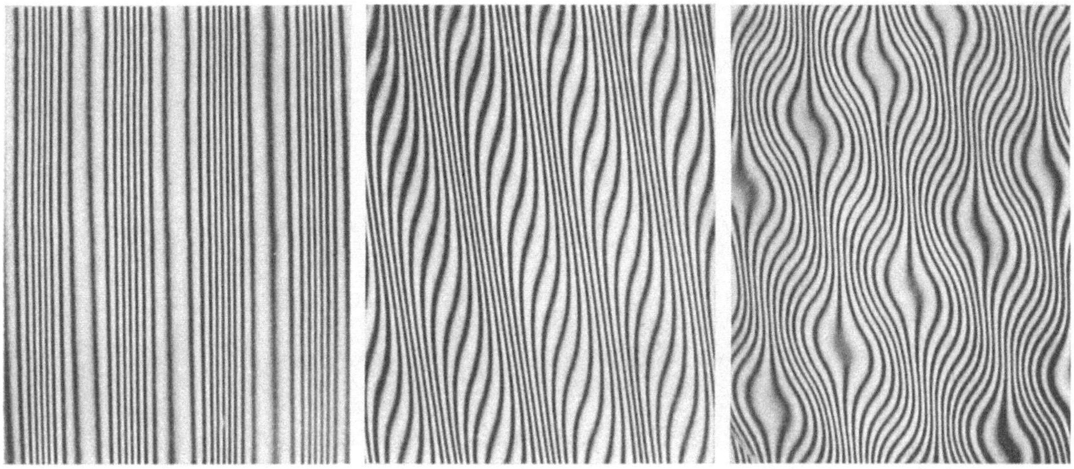

a b c

Abb. 505. Sichtbarwerden optischer Verzerrungen durch Glas vor einem Linienraster. a) Wellen des Glases verlaufen parallel den Rasterlinien, b) Wellen des Glases verlaufen schräg, von oben links nach unten rechts, c) Überlagerung von b) durch ein gleiches Glas in gekreuzter Richung

bei einem optisch so empfindlichen Werkstoff wie Glas schon immer der Wunsch, zur Beurteilung der Güte seiner Oberfläche [7] objektiv vergleichbare Prüfwerte zu schaffen. Die für den Maschinenbau entwickelten Maßsysteme für die Feingestalt technischer Oberflächen, wie sie im DIN-Blatt 4762 (Februar 1952) festgelegt wurden, genügen für die Beurteilung einer Glasoberfläche allein nicht. Darin wird als Maß die Rauhtiefe, definiert als Abstand der Grundlinie von der Hüllinie einer Oberfläche, in räumlicher Betrachtung angegeben; dieses Verfahren ist hingegen für die zahlenmäßige Beurteilung der glasseitigen Formenoberfläche sehr gut brauchbar.

Die Untersuchung einer Oberfläche [42] kann allgemein geschehen durch:

a) *Abtasten mit der Hand*; Grenzen der Wahrnehmung 0,5 μ, bei Übung bis zu 0,1 μ.

b) *Lichtspaltprüfung*; das unbewaffnete Auge erkennt mit einem aufgelegten Messerlineal Unebenheiten bis etwa 0,8 bis 1,0 μ.

c) *Taststifte*; die gewonnene Kurve ist annähernd wirklichkeitsgetreu, ihre Grenzen sind durch die Nadelrundung und Güte der Nadelspitze gegeben. Ein Beispiel für die Anwendung dieser Methode [39] gibt die auf diese Weise ausgemessene Oberfläche einer Flasche (Abb. 506). Die hierbei benützte Saphirnadel wies einen Spitzenradius von 0,01 mm auf; kleinere Vertiefungen konnten hiermit nicht erfaßt werden. Die Beziehungen zwischen der durch das photographische Bild festgehaltenen Oberfläche eines Preßglaskörpers mit sichtbaren großen Buckeln und schmalen Riefen sowie der abgetasteten Oberfläche zeigt Abb. 507.

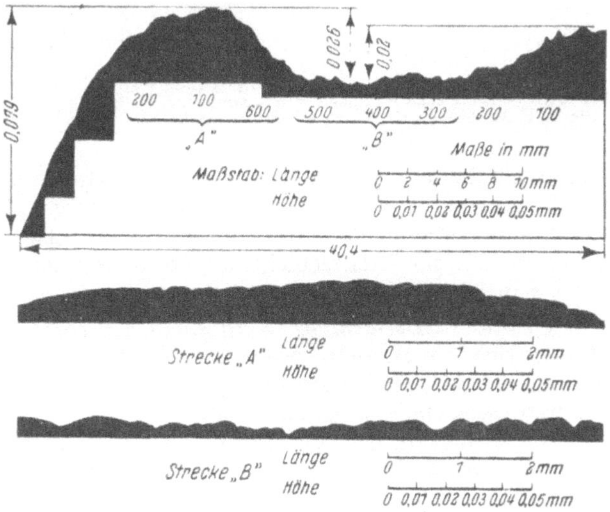

Abb. 506. Oberfläche einer Bierflasche am Übergang vom Hals zum Rumpf

d) *Abdruckverfahren*. Während die oben genannten Verfahren nur ein annäherndes Bild vermitteln, erhält man die „wahre“ Oberfläche durch die mikroskopische Untersuchung einer auf das Objekt aufgebrachten und erstarrten Lack- oder Gelatinelösung [43]. Dieses Verfahren ist auch besonders geeignet zum Studium der Struktur verwitterter Glasoberflächen.

e) *Mikroskopische Beobachtung.* Die Deutung mikroskopischer Oberflächenbilder ist recht schwierig, da bei durchsichtigen Gläsern je nach der Beleuchtung im Auf- und Durchlicht optische Täuschungen entstehen können. Für die Prüfung einer Glasoberfläche muß die gegenüberliegende

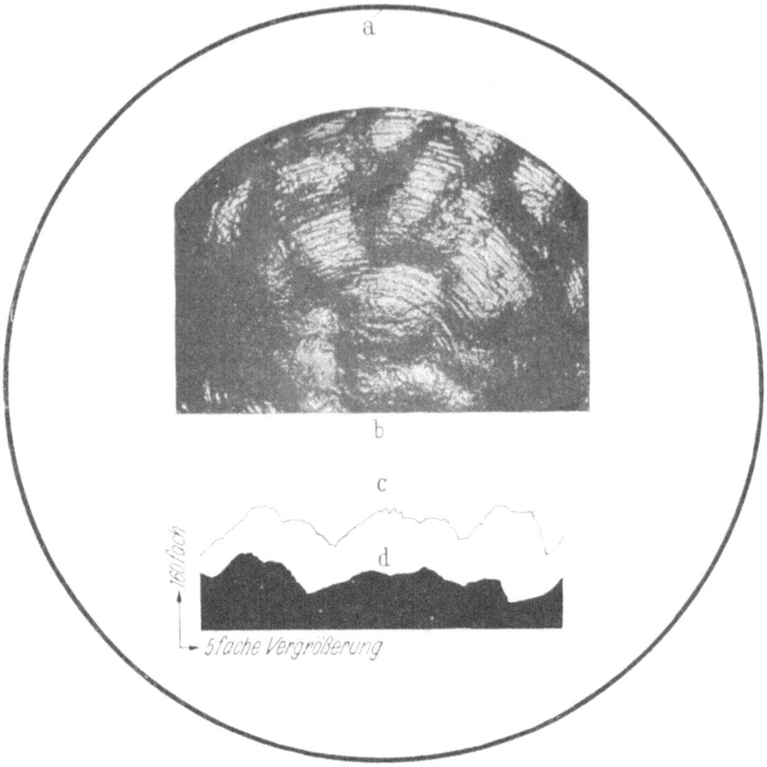

Abb. 507. Oberfläche eines Preßglaskörpers, etwa 5 ×. a) Volle Größe, b) Ausschnitt der Oberfläche mit großen Buckeln und schmalen Riefen, c) Mechanisch abgetastete Oberflächenunebenheit (32fach überhöht), d) Profil des Glases an einer weiteren Tastlinie

Seite geschliffen und poliert sein, weiterhin sollte Aufsicht im Hellfeld bevorzugt werden. Die auf diese Weise an Preßgläsern gewonnenen Oberflächenbilder [44, 45, 46, 47] zeigen Mulden, Senken, Buckel und Poren in der Größenordnung von etwa 0,006 mm, die sich vermutlich durch die Berührung mit der Grenzschicht der Formenelemente gebildet haben oder Strukturelemente des Glases sein können [45].

f) *Qualitative Betrachtung durch ein sich verzerrendes Liniennetz.* Zur laufenden Prüfung der Glasoberfläche im Betrieb werden eine Reihe einfacher Verfahren benützt. Die Optik der Glaswandung jedes Gegenstandes kann auf zwei Arten in ihrer Gleichmäßigkeit gestört sein:

durch wechselnde Wandstärke oder

durch Welligkeit, d.h. Verbiegung (Abweichung aus der Ebene oder vom Krümmungsradius) bei gleicher Wandstärke.

Es ist ganz offensichtlich, daß beide Fälle sich optisch sehr verschieden auswirken müssen. Im ersten Fall wird die Durchsicht bzw. die Gleichmäßigkeit des Aussehens beeinträchtigt durch die optische Linsenwirkung infolge örtlich verschiedener Strahlenbrechung. Diese spielt jedoch im zweiten Fall eine untergeordnete Rolle, wohingegen gerade hierbei reflektierende Lichter außerordentlich gestört sind. Je nach dem Verwendungszweck wird also der eine oder der andere Fall als störender empfunden. Liegt ein flaches (z.B. Tafel-) Glas vor, so läßt sich oft vor einem Liniennetz entscheiden, welcher von beiden Fehlern überwiegt. Die Abb. 508 u. 509 zeigen ein solches schwarzweißes Netz, zur Hälfte ohne Glasvorlage, zur anderen Hälfte durch eine geneigte, verzerrende Scheibe betrachtet. Bei dieser Anordnung wird ganz allgemein eine Unebenheit festgestellt. Die stellenweise Verbreiterung der Linien läßt auf Linsenbildungen schließen, also auf örtliche Verdickungen. Sicherer läßt sich ein Urteil fällen bei diagonaler Anordnung. Dann trennt sich nämlich das Durchsichtsbild von dem Reflexbild. Die Linien des letzteren werden sozusagen schräg abgespalten und lassen nunmehr eine Unterscheidung zu: Die Verlängerung der Linien des unbedeckten Netzes in das Glas hinein verläuft fast ungestört. Linsenwirkungen sind also kaum vorhanden; dagegen verraten die Nebenlinien des Reflexbildes eine starke Welligkeit. Da sich diese nicht in Form von Verzerrungen äußern, liegt hauptsächlich Welligkeit vor.

Es ist deswegen wichtig, beide Möglichkeiten auseinanderzuhalten, weil die Ursache ihrer Entstehung meistens wohl verschieden ist. Während unterschiedliche Wandstärke auf mangelnder Homogenität beruht und nach Zusammensetzung aus der Schmelze übernommen, nach der Temperatur aber auch während der Verformung entstanden sein kann [*48*], ist der Entstehungsort für Verbiegungen vorwiegend bei den Vorgängen der Formgebung selbst, allenfalls noch in einer unsachgemäßen (überhitzten) Kühlung, zu suchen. Dementsprechend ergeben sich die Maßnahmen zur Bekämpfung von Störungen in der Gleichmäßigkeit der Optik von Glaswandungen.

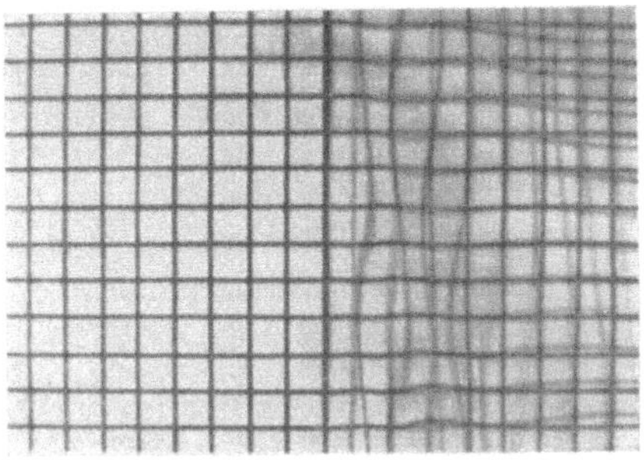

Abb. 508. Verzerrung eines Liniennetzes durch Verdickungen

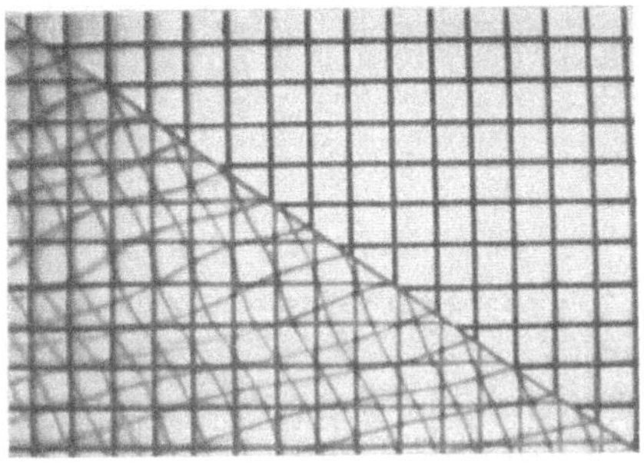

Abb. 509. Verzerrungen durch Welligkeit

g) *Schattenbild.* Je nach der Ursache, auf welche die Unebenheiten zurückzuführen sind, stellen sie eine ganz bestimmte „Tracht" zur Schau. Weil nun die geringsten Unebenheiten von Glas sich zum Lichtstrahl optisch abweichend gegenüber einer normalen, z. B. völlig parallelwandigen Umgebung verhalten, kann man diese Erscheinung zur Verdeutlichung, gelegentlich sogar erst zur Sichtbarmachung solcher Fehler, ausnutzen: Man bringt den betreffenden Glaskörper in den Strahlengang einer möglichst punktförmigen Lichtquelle, z. B. einer Projektionslampe, und fängt in geeigneter Entfernung sein Schattenbild auf. Es genügt sogar ein Ausschnitt direkten Sonnenlichtes, das praktisch auch als „gerichteter" Strahler anzusprechen ist. Die Linsenwirkung auch der geringsten Unebenheit zeichnet jetzt auf dem Hintergrund eines weißen Fangschirmes die „Tracht" all derjenigen Unebenheiten auf, die dem Glaskörper aus beliebiger Ursache anhaften, und es ist leicht, aus diesem Bild einen Rückschluß auf Fabrikationsmängel zu ziehen. Das Schattenbild verzeichnet sogar weitgehend alle Feinheiten, so daß auch Störungen in Erscheinung treten, die sonst unbemerkt geblieben wären. Man kann also auch solche Fehler erkennen, deren eigentlich störende Form erst im Verlauf des Fabrikationsganges im Entstehen begriffen ist. Ihnen kann man dann frühzeitig durch entsprechende Maßnahmen begegnen.

Auch Inhomogenitäten, die sich nicht in Form von Verdickungen und Verdünnungen zeigen, treten auf diese Weise in Erscheinung, weil sie sich durch ihre verschiedene Lichtbrechung ähnlich im Schattenbild aufzeichnen und ebenfalls durch die Art und Weise ihrer Erscheinungsform leicht von anderen „Trachten" zu unterscheiden sind. Das Gesamtbild eines nach einem bestimmten Formgebungsverfahren hergestellten Glasgegenstandes ist bei regelmäßiger, stichprobenartiger Beobachtung so kennzeichnend, daß selbst geringste Abweichungen vom normalen Zustand nicht unbemerkt bleiben.

Abb. 497 vermochte schon einen Begriff zu vermitteln, wie empfindlich z. B. das Schattenbild einer Flasche alles das aufzeichnet, was zur Beurteilung ihrer Qualität in Betracht zu ziehen ist. Bei genügend kräftiger Lichtquelle lassen sich auch dunkle Gläser auf diese Weise untersuchen. Besonders eindrucksvolle Bilder können nach erprobter Belichtungszeit auf hart arbeitendem Lichtbildpapier aufgefangen werden, um jederzeit als Vergleichsunterlage dienen zu können. Unter den Bildern, die diesem Buch mitgegeben sind, hat dieses Verfahren oft dazu verholfen, auf einfache Weise an eine gute Wiedergabe von Glaskörpern zu kommen, die alles Gewünschte über ihre Beschaffenheit aussagen.

Jede Linse hat einen Brennpunkt, dessen Entfernung von ihrer Achse von ihrem Krümmungsradius abhängt. Infolgedessen entwirft ein Glaskörper ein Schattenbild, dessen Einzelheiten, von bestimmter Charakteristik, nur in einer bestimmten Entfernung auf der Bildfläche scharf hervortreten. Suchen wir diesen Fall in Abb. 510 auf: Der (schraffierte) Glaskörper *A* besitzt auf der dem einfallenden Licht abgekehrten Seite Ebenheitsstörungen verschiedener Stärke. An der Stelle *b* liegen Krümmungen vor, deren Radius r_1, auf den Brennpunkt F_1, hindeutet. Nach den optischen Gesetzen gilt:

$$\frac{1}{f} = (n - 1)\frac{1}{r};$$

worin *f* die gesuchte Bildweite, *n* das Brechungsverhältnis des Mediums und *r* der Wölbungsradius der Linse ist. Hieraus ergibt sich, wenn *n* für Glas gleich 1,5 gesetzt werden darf: $\frac{1}{f} = 0{,}5\frac{1}{r}$ und daraus folgt $f = 2r$. Die gesuchte „Bildweite" („Scharfeinstellung") befindet sich im vorliegenden Fall also in doppelter Entfernung des Brennpunktes von der Linse. Die Bildfläche B_1 nimmt also das Doppelbild der Oberflächenstörung in der Entfernung f_1 auf. Die weniger stark gekrümmte Störung bei *c* entwirft ihr Bild unter sonst gleichen Voraussetzungen auf B_2 in der Bildweite f_2. Das Schattenbild des Glaskörpers besitzt also zwei „Scharfeinstellungen".

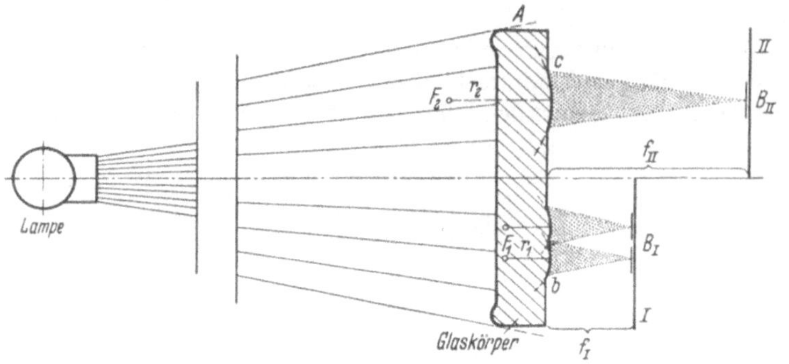

Abb. 510. Schema der optischen Prüfung von Glaswand und -fläche

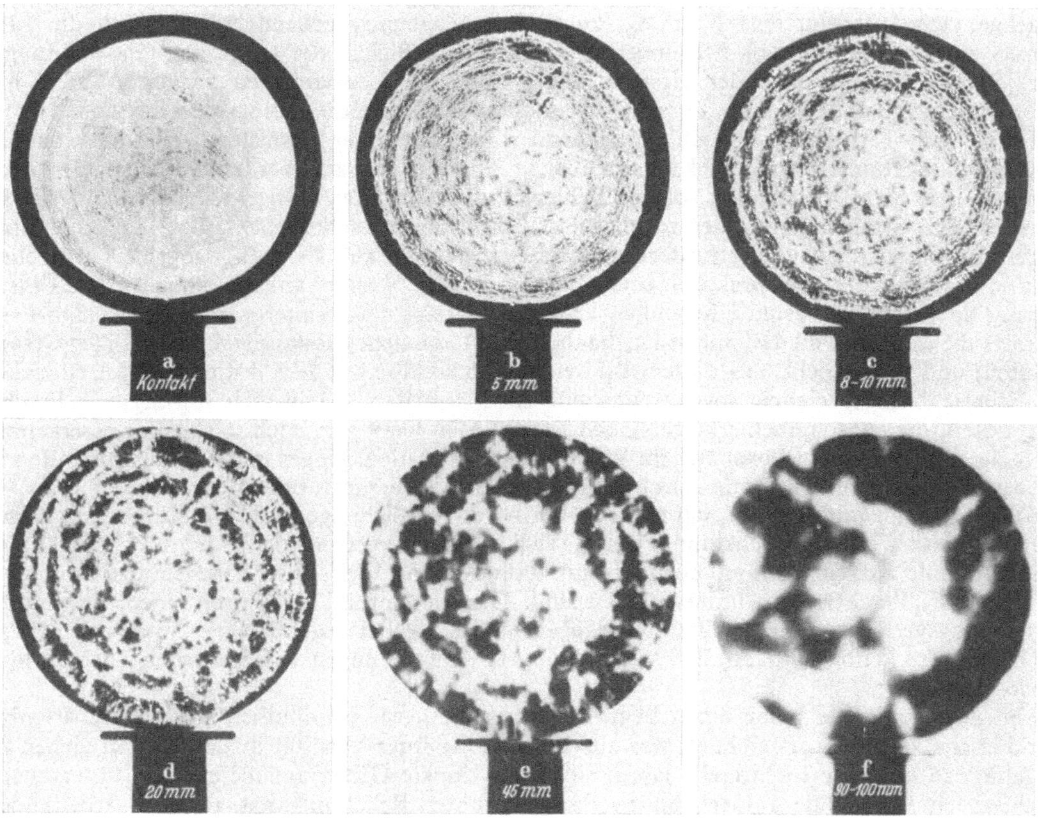

Abb. 511. Optik eines Preßglaskörpers mit verschiedenen Schattenbildweiten

Da ein bestimmter Fabrikationsfehler, z. B. – Faltenbildung der Oberfläche – stets einen in engem Bereich umrissenen Krümmungsfaktor besitzt, äußert sich ein solcher Fehler auch am deutlichsten in einer bestimmten Bildweite. Verfolgen wir dies an einem Beispiel (Abb. 511).

Das Schattenbild eines Preßglaskörpers wird vom Abstand null ab in zunehmender Entfernung aufgefangen. Abb. 511 ist ein Kontaktabzug. Es läßt zwar eine grießige Beschaffenheit der Oberfläche erkennen, aber kein eindeutiges Strukturbild, dies tritt erst in b in Erscheinung. Hier ist eine Aufteilung des Schattenbildes in eine feinzellige Zeichnung wahrzunehmen, die in c schon wieder unscharf geworden ist. In größerer Bildweite tritt aber nochmals eine Schärfe auf, nämlich bei d. Die Bildfläche wird von einer gröberen Schattenzeichnung in eine wabenartige Anordnung unterteilt, die in e schon wieder zerfallen ist, um in f, d. h. nach noch größerer Entfernung, völlig zu verschwinden. Die Bilder b u. d sind also charakteristisch für den Gegenstand. Aber die in ihnen zum Ausdruck kommende Unebenheit hat zweierlei Ursachen. In b verrät sich eine Feinstruktur, die ihre Entstehung der Art des Formenmaterials und des Kontaktes mit ihm entnimmt. Jede

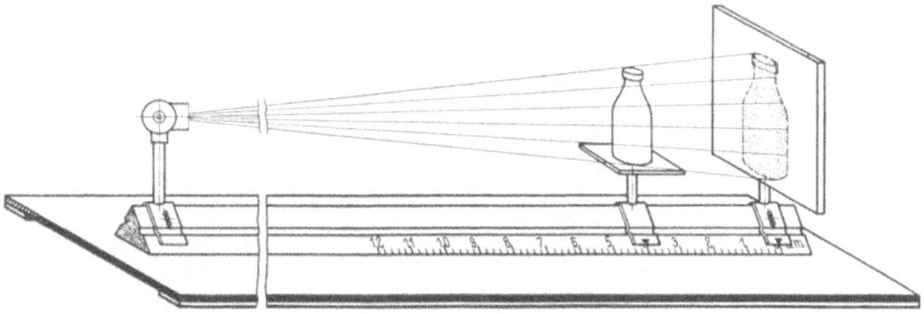

Abb. 512. Optische Bank zur Festlegung der Schattenbildweiten von Glasgegenständen (schematisch)

heiß mit Metall in Berührung gekommene Oberfläche eines Glaskörpers besitzt ein solches Gefüge, dessen Veränderung Rückschlüsse auf den Formungsvorgang zuläßt. – Das Bild d jedoch entsteht aus anderen Gründen. Es ist das Schattenbild einer Oberfläche, die man in Anlehnung an diese Erscheinung bei Metall als „gehämmert" bezeichnen könnte. Sie entsteht als Folge einer Temperaturveränderung vom Augenblick der Verformung an, u. U. durch eine Art Schrumpfung od. dgl. Beide Eindrücke b und d können in ihrer Stärke schwanken. Ihr Verhältnis zueinander bestimmt den optischen Charakter der Glasoberfläche, ja man kann sagen, seine Wirkung auf das Auge, die in dieser Versuchsanordnung nur verdeutlicht wird.

Baut man die Anordnung Abb. 510 aus nach Art einer verstellbaren „optischen Bank" Abb. 512, so vermag sie eine besondere Aufgabe zu erfüllen. Wie schon gesagt, ist jedes Fabrikat Träger einer bestimmten optischen Charakteristik, die seine Wirkung als Glasgegenstand (Fenster, Beleuchtungskörper, Ziergegenstand) ausmacht. Liegt die Schattenbildweite dieser Charakteristik normalerweise zwischen 70 und 90 mm, so läßt sich aus einer Verschiebung dieser „Fabrikationskonstante" auf Veränderungen im Betrieb schließen. Da es sich um eine jederzeit im Handumdrehen kontrollierbare Größe handelt, besteht die Möglichkeit, die lichttechnische Wirkung verschiedener Fabrikate in Gestalt ihrer „Schattenweite" untereinander zu vergleichen oder auch Veränderungen ein und desselben Fabrikates nachzugehen, sowie Normungen im Rahmen handelsüblicher Abmachungen usw. durchzuführen.

Wie groß der Bereich dieser „Schattenbildweite" als Kennzeichen von Glasgegenständen ist, möge daraus hervorgehen, daß die oben erwähnten 5 mm für Preßglaskörper nicht ungewöhnlich nahe sind, wogegen bei Fenstergläsern erst eine Bildschärfe in der Gegend von 1200 bis 1500 mm und darüber hinaus einzutreten pflegt. Es ist selbstverständlich, daß eine größere Bildweite (geringerer Wölbungsradius) im Sinne der Glätte der Oberfläche günstig zu bewerten ist. Das Schattenbild läßt auch Schlieren, Blasen, Knoten, ungleiche Wandstärken usw. erkennen.

h) *Prüfung der Optik ebener Flächen.* Abschließend sei auf Geräte zur schnellen Prüfung der optischen Güte von Tafelglas [*49*, *50*] hingewiesen, die [*50*] aus dem farbigen Schlierenprüfverfahren von SCHARDIN entwickelt wurden; sie ergeben objektiv vergleichbare Gütewerte der optischen Homogenität.

Einzelheiten über die Anwendung optischer Prüfverfahren auf die Formgebung s. im Beitrag HANNES, Kap. VII C.

2.2 Runzeln an der Oberfläche

Bei jeglicher Formgebung des Glases durch Metall besteht die praktisch kaum zu lösende Aufgabe, alle Teile des Glases gleichzeitig mit der wärmeabführenden Formfläche in Berührung und damit zur gleichzeitigen Erstarrung zu bringen. Das hieße nicht mehr und nicht weniger, als daß das Külbel bzw. der vorgeformte Glasposten freischwebend in der Fertigform aufgeblasen oder so angedrückt wird, daß alle Teile gleichzeitig das Profil der Fertigform ausfüllen! Das ist jedoch technisch undurchführbar. Daher kommt es leicht zu „Einfrierungen“ dort, wo der Glasposten zuerst aufstößt. Der noch plastischere Rest kriecht dann unter dem Einfluß der durch den Formendruck hervorgerufenen Schubkräfte über diese lederartig erstarrten Teile hin fort, die nun je nach dem Formvorgang entweder gestaucht werden oder durch rhythmische Fließvorgänge [*48*] Runzelbildungen verursachen (Abb. 513). Dort, wo der erstarrte Fleck den Schubkräften standhielt, bilden die Runzeln dann noch ein geschlossenes System (Abb. 514a), während dort, wo er dennoch vom Formvorgang ergriffen wurde, dieses System zerstört wird und die Runzelbildungen sich an der Oberfläche im Zuge der Verformung verlaufen (Abb. 514b). Bei unsymmetrisch verlaufendem Formvorgang kann beides an verschiedenen Stellen des gleichen Gegenstandes auftreten. Das Bild dieser Oberflächenstörungen gibt Aufschluß über die zeitliche Folge der Ausfüllung der Fertigform durch das Glas und damit u. U. auch über die vorangehende Anpassung des Glaspostens an das endgültig zu erzielende Profil. Natürlich ergeben kältere Formen leichter diesen Fehler als heiße. Das hat auch zur Folge, daß der Fehler oft gemeinsam mit Gefrierrissen auftritt – Abb. 515 [*51*].

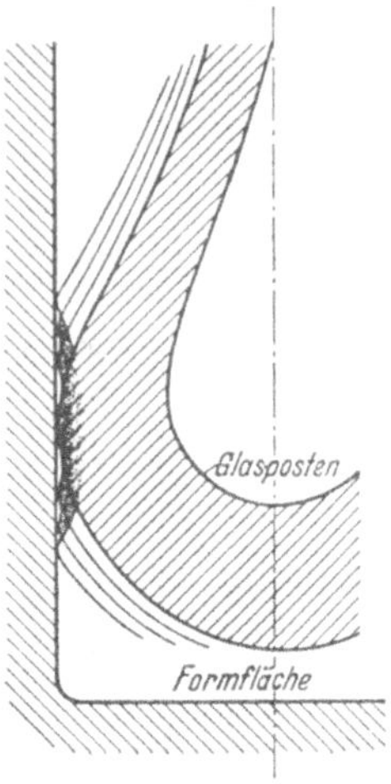

Abb. 513. Anstoß des Külbels in der Form und Wärmeableitung erzeugen rhythmischen Fließvorgang

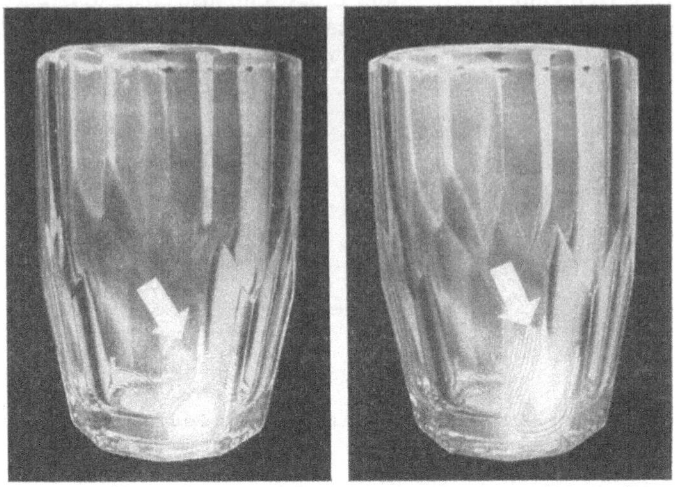

a b

Abb. 514. Geschlossenes (a) und offenes (b) Runzelsystem

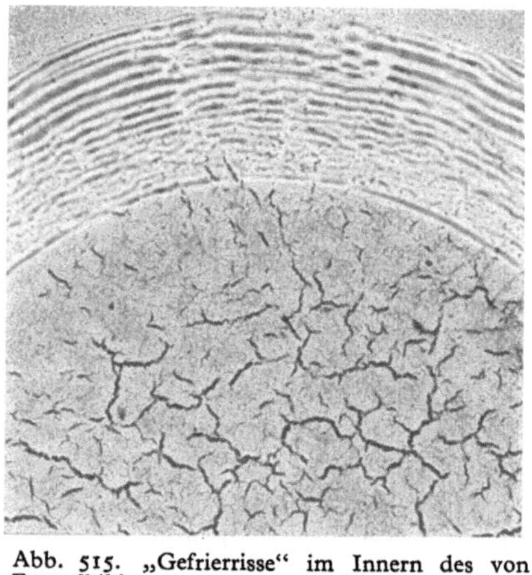

Abb. 515. „Gefrierrisse“ im Innern des von Runzelbildungen umgebenen Glasfeldes (Preßglasschale)

Ähnliche Erscheinungen treten dann auf, wenn der vorgeformte Glasposten beim Einlassen in die Form oder bei ihrem Schließen seitlich anstößt (Abb. 516). Dies kann geschehen durch ein Pendeln im Rhythmus der Drehung der Formgebungsmaschine, durch das Schwenken bei der Übergabe oder auch durch unsichere Führung bei der Verformung von Hand.

Diese Fehlerart kehrt selbstverständlich bei mancherlei Formgebungsverfahren wieder, unabhängig von der Form oder sonstigen Umständen, die den Gegenstand betreffen. Ein Hinweis darauf erscheint unerläßlich, da ähnliche Vorgänge auch von der Vorform ausgeübt und über die Wirkung der Fertigform hinaus auf den Glasgegenstand übertragen werden können. Ein auf solche Weise schon als Külbel „angefrorener“ Glasposten vermag sich dann später nicht mehr der Glätte einer Fertigform vollständig anzupassen. Der Gegenstand zeigt dann u. U. ein Runzelsystem, dessen Schattenwirkung ähnlich demjenigen der Abb. 517 ist (fingerabdruckartig).

Noch eine andere Störung der Glätte der Oberfläche fast jeder Glasart ist eng mit der Temperatur des Formmaterials verbunden. Wegen der eigentümlichen Buckligkeit, die ein zu heftiges

Abkühlen herbeiführt und in der Wirkung der Flächen gehämmerten Metalls ähnelt, spricht man in solchen Fällen auch von „gehämmertem" Aussehen des Glases.

Die Geschwindigkeit, mit welcher das plastische Glas in der Form erstarrt, hängt ab von der Wärmemenge, die ihm in der Zeiteinheit entzogen wird. Da diese wiederum eine Funktion der auf die Einheit der Glasmasse entfallenden Berührungsfläche ist, die sich an der Wärmeableitung beteiligt, findet das Erstarren dort früher statt, wo entweder weniger Masse an einer größeren Fläche anliegt oder wo die Berührungsdauer mit ihr eine längere ist.

Ein vorzeitiges Erstarren ergibt dann, unter dem Einfluß örtlich verschiedener Überschreitung der Grenze von plastischem zu sprödem Zustand des Glases, das bekannte „gehämmerte", „unruhige" oder „flimmernde" Aussehen. Infolgedessen zeichnen sich solche Stellen eines Glasgegenstandes – oft ganze Zonen – dadurch aus, daß sie im Gegensatz zur Hauptmasse eine veränderte Optik aufweisen. Ein solches Stück kann natürlich trotzdem den Anforderungen des Gebrauchs gewachsen sein, doch wird manchmal die Einheitlichkeit seines Aussehens stark beeinträchtigt, wenn nicht sogar Störungen bezüglich der Kühlfähigkeit hervorgerufen werden. Man sieht, daß dem Wärmeübergang vom Glas zur Formfläche ein wesentlicher Einfluß auf die Qualität zukommt.

Abb. 516. Runzelbildung an „angestoßener" Flasche

Abb. 517. Runzelige Flasche, aus der Vorform übernommen

2.3 Verletzungen der Oberfläche durch herausgerissenes Glas („angeklebte")

Dieser Fehler hängt nur insofern mit der Formgebung zusammen, als das Glas zu heiß die Maschine verläßt, beim Transport von der Maschine zum Kühlofen oder im Kühlofen aneinanderstößt, klebt und bei einer späteren Trennung kleine Glasteilchen aus den Gegenständen gerissen werden oder auch mehrere Glaskörper fest aneinander kleben. Die Bekämpfung des Fehlers ergibt sich nach dem oben Gesagten.

2.4 „Rauhe“ Mündungen

Besonders gefährdet ist die Oberfläche des Glases an der Mündung von Flaschen und Hohlgläsern, weil man hier nicht ohne häufiges Schmieren der Kopfform auskommt und sich deshalb rasch Krusten aus Schmierrückständen bilden, die eine „rauhe“ Glasoberfläche ergeben. Häufiges Reinigen, Verwendung von Schmiermitteln mit geringen Rückständen und öfteres Auswechseln der Mündungsformen bringen Abhilfe.

2.5 Abdrücke der Formenflächen und -werkzeuge

Dieser störende Einfluß auf die Glasoberfläche kann seine Ursache haben in der *Grobstruktur* der Formfläche: Unebenheiten der Politur, Risse, Fehlstellen u.a., oder in der *Mikrostruktur* des Gefüges: Unebenheiten, Gasentwicklung, Oxydation einzelner Gefügeteile u.a. Leider ist es ein nicht zu vermeidender Übelstand, daß die Formen beim Füllen des Glases bzw. im Verlauf der Anpressung in ungleichmäßiger Weise beansprucht werden. Stets wird eine Stelle der Formfläche vorhanden sein, die in höherem Maß als ihre Umgebung einem Verschleiß ausgesetzt ist, sei es, weil sich der Druck auf sie stärker auswirkt, sei es, weil die Berührungsdauer an dieser Stelle länger anhält, z.B. beim Auftreffen des Külbels. Von einer solchen Stelle aus wird das Schadhaftwerden der Formfläche seinen Ausgang nehmen. Abb. 518a zeigt den Stempel der Form eines Einmachglasdeckels mit einem in der Mitte liegenden, schon stark aufgerauhten, rundlichen Flecken. Ohne daß sich diese Aufrauhung nachteilig auszuwirken braucht, muß sie doch in gewissen zeitlichen Abständen durch Bürsten, Scheuern u.dgl. ausgeglichen werden, damit ein beginnendes Abzeichnen auf die Glasfläche, also eine Störung deren Glätte, verhütet werden soll.

a

b

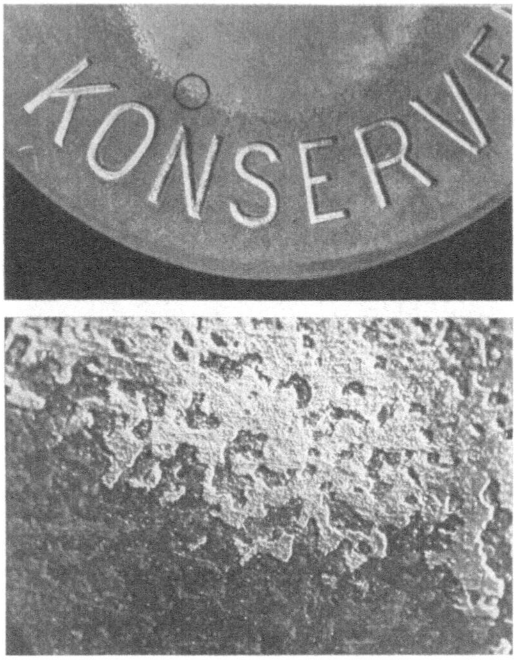

Abb. 518. Preßglasstempel mit Verschleißerscheinungen. b) Einzelheit aus a)

Eine mikroskopische Untersuchung verrät uns, worin dieser Vorgang besteht: Die Glasform ist auf der Höhe ihrer Gebrauchsfähigkeit mit der bekannten Oxydhaut überzogen. Diese bildet sich aus im Gleichgewicht mit der Wärmezufuhr durch den jeweiligen Glasposten, der Wärmeableitung durch das Formenmaterial und dem Lösungsvorgang zwischen Glas und angrenzender Fläche. Dort, wo die Ausbildung dieser Zwischenschicht so stark wird, daß sie an Elastizität ver-

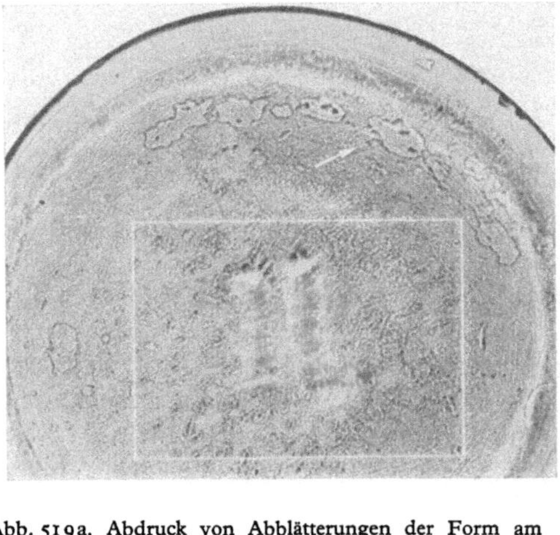

Abb. 519a. Abdruck von Abblätterungen der Form am Bodenstück eines Einmachglases

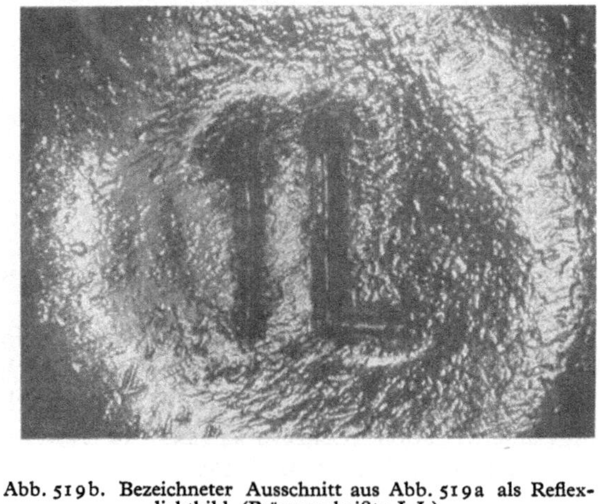

Abb. 519b. Bezeichneter Ausschnitt aus Abb. 519a als Reflexlichtbild (Prägung heißt: I L)

liert und im Wechsel der Temperaturschwankungen abblättert, ebenso dort, wo der Lösungsvorgang verstärkt einsetzt, wird diese Zwischenschicht schließlich bis zum nackten Metall abgetragen. Es bildet sich eine Übergangszone aus, die in Abb. 518b stark vergrößert dargestellt ist. Sie besteht aus dem gleichmäßigen Untergrund des entblößten Metalls auf der einen Seite, das in zunehmender Dichte von Schollen anhaftender Oxydschicht überlagert wird. Diese schließen sich ihrerseits nach der anderen Seite mehr und mehr zu einer zusammenhängenden Oxydhaut. Die ursprüngliche Glätte der Formfläche ist also völlig gestört. Es kann sogar der Fall eintreten, daß diese „Verzahnung" des Glaspostens mit der unterbrochenen Formfläche zu Hafterscheinungen führt, die denen des Haftens von Email auf oxydiertem Untergrund nicht unähnlich sind (vgl. Ziff. 3.2). Schon die Übertragung der Eigenstruktur der metallischen Form auf das Glas macht sich störend bemerkbar. Um wieviel mehr trifft dies für gröbere Beschädigungen zu, die nach vorstehendem als „Verschleiß" zu betrachten sind. Ihre Abdrücke sind störender, weil der Eindruck des Glases für das Auge schon ohne Anwendung von optischen Hilfsmitteln beeinträchtigt wird. Kommt es jedoch zu derartigen Vertiefungen in der Formfläche, wie sie in Abb. 519a zu erkennen sind, so dürfte das Glas – obwohl das Beispiel praktischem Gebrauch entstammt – sich an der Grenze des „handelsüblich" zulässigen

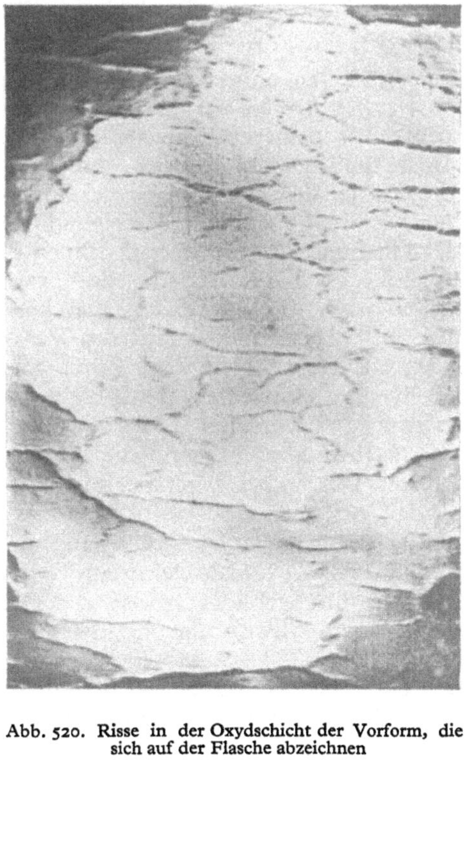

Abb. 520. Risse in der Oxydschicht der Vorform, die sich auf der Flasche abzeichnen

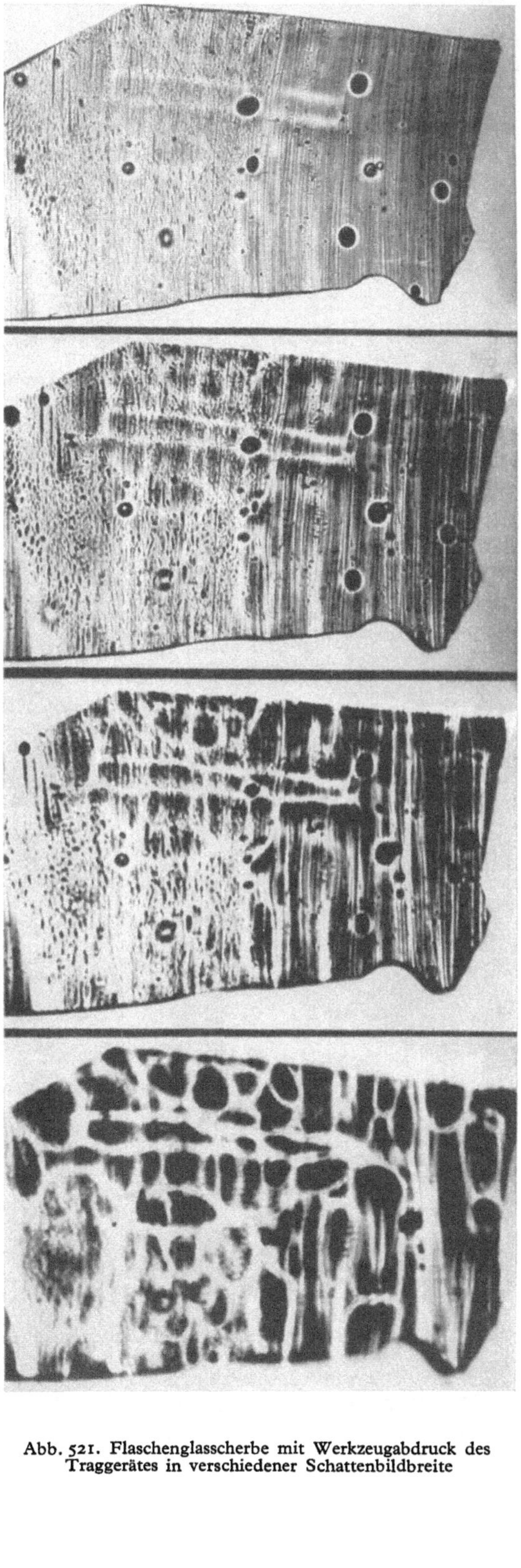

Abb. 521. Flaschenglasscherbe mit Werkzeugabdruck des Traggerätes in verschiedener Schattenbildbreite

befinden. Das Reflexphotogramm dieses Glases (Abb. 519b) stellt hierüber ein deutliches Zeugnis aus. Nicht nur Oberflächenstörungen der Fertigform übertragen sich auf das Glaserzeugnis, sondern auch Risse in der Oxydschicht der Vorform zeichnen sich deutlich auf der fertigen Flasche

Abb. 522. Billige Massenware mit noch erträglichen Formriefen

Abb. 523. Hochwertiges Werkstättenerzeugnis mit störenden Formriefen und Klebestelle am oberen Rand

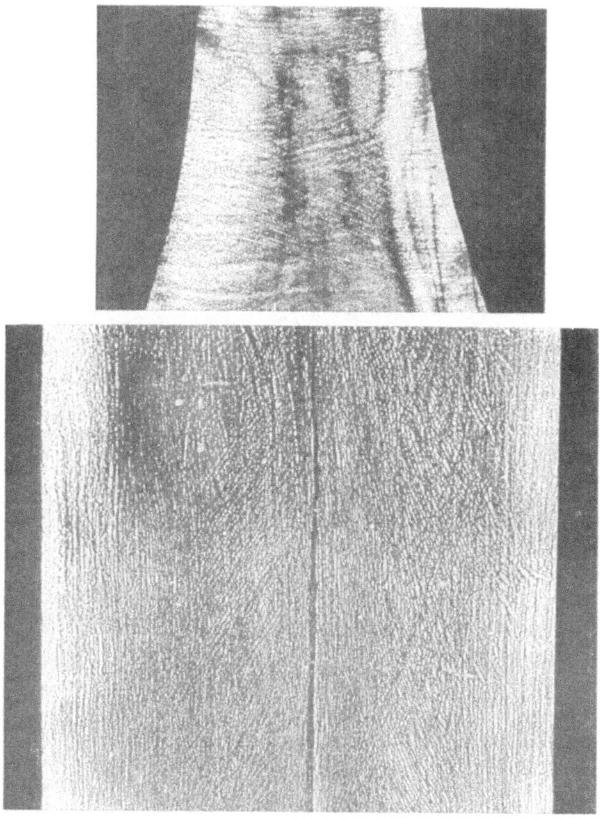

Abb. 524. Feil- und Schleifstrich von Hand. Abdruck der Formbearbeitung am Glase. – Hals- und Rumpfstück einer Flasche

ab (Abb. 520). Es können nicht alle Möglichkeiten aufgezählt werden, die sich durch mancherlei „Abdrücke" auf dem Glas bemerkbar machen können. Doch muß erwähnt werden, daß auch die Pflege des Werkzeuges der Glasmacher und auch deren eigentliche Handhabung dazu gehören. Ein Beispiel hierfür ist der Abdruck der Traggabel (Abb. 521) – an einem Flaschenhals im Schattenbild. Sofern das Werkzeug aus Holz besteht kann schon ungenügende Astfreiheit entsprechende Abdrücke hervorrufen. Die Abb. 522 u. 523 machen es recht deutlich: Was an billiger Dutzendware gerade noch zulässig erscheint, wird am sog. Werkstättenerzeugnis zum störend empfundenen Fehler, zumal, wenn eine sonst als gut durchgebildet anzusprechende Form, wie hier, davon betroffen wird.

Der sorgfältigen *Bearbeitung der Formflächen* kommt nach dem oben Gesagten eine besondere Bedeutung zu (Abb. 524). Rauhigkeitsmessungen an Vor- und Fertigformen [39] zeigten neben der Größe der erzielten Politurglätte auch den Einfluß der Oxyd- und Schmierschichten auf die

Oberfläche – Abb. 525 u. 526. Die Wandrauhigkeit einer Flasche im Vergleich zum Gefüge und zur Rauhigkeit der verwendeten Form wird durch ein Beispiel – Abb. 527 – illustriert.

Das *Gefüge des Gußeisens,* als dem weitaus verbreitetsten Formenmaterial, wird bei der dem Abdruck nachfolgenden Erstarrung des Glases u. U. verstärkt durch eine gewisse Schrumpfung, die jetzt erst das Gefügebild so deutlich „entwickelt“ und den Glanz der Oberfläche beeinträchtigt, daß es optisch nachzuweisen ist [54, 55, 56]. Metallisches Gefüge besteht meist aus dem Korn (Kristalliten) und den zwischen diesen liegenden begrenzenden Fugen, in welche Beimengungen des Metalles eingehen [57]. Dieses blanke, oxydschichtfreie Gefüge bewirkt eine örtlich verschiedene Wärmeableitung, und es scheinen diese spurenhaften Unterschiede zu genügen, um die Oberfläche des Glases, wenn auch nicht immer gleich sichtbar, zu beeinflussen. Erst wenn nach einigem Gebrauch ein Oxydfilm gebildet ist, vermag dieser die Gefügekontur zu „verwischen“, so daß sie sich nicht mehr, oder nur geschwächt, auf das Glas überträgt. Der in den meisten Fällen angestrebten und durch Ölschmierung künstlich geförderten Bildung einer „Brennhaut“ an der Formfläche fällt unter anderem die Aufgabe zu, etwa vorhandenes Kristallgefüge des Metalls zu „überbrücken“. Solange eine solche Form also noch frisch arbeitet, neigt sie dazu, ihre Struktur auf das Glas mehr oder weniger sichtbar, in Gestalt einer Art „Reliefpolitur“, zu übertragen. Man versucht infolge dieser Beobachtung die Ausbildung von Kristalliten nennenswerter Größe von vornherein dadurch zu vermeiden, daß man bereits bei der Herstellung der Formen diese in der Kokille abschreckt. Bekanntlich wird durch eine so plötzliche Erstarrung das Wachstum des kleinen Metallkornes, wie es bei lang anhaltender Erwärmung fortschreitet (Rekristallisation), verhindert. Es wird – wenigstens an der Oberfläche – ein so feine Gefüge erzeugt, daß es praktisch am Glase kaum noch in Erscheinung treten kann (Abb. 528). Immerhin muß damit gerechnet werden, daß in empfindlichen Betrieben eine frische Form erst nach mehreren Stunden Laufzeit Ware von völlig einwandfreier Beschaffenheit liefert, zumal auch das lästige Kleben im Anfang des Gebrauches sich störend bemerkbar macht oder ein mangelnder Wärmezustand zu Sprung- und Rissebildungen führen kann, die ihrerseits wieder mit der Wärmeleitfähigkeit gekoppelt sind.

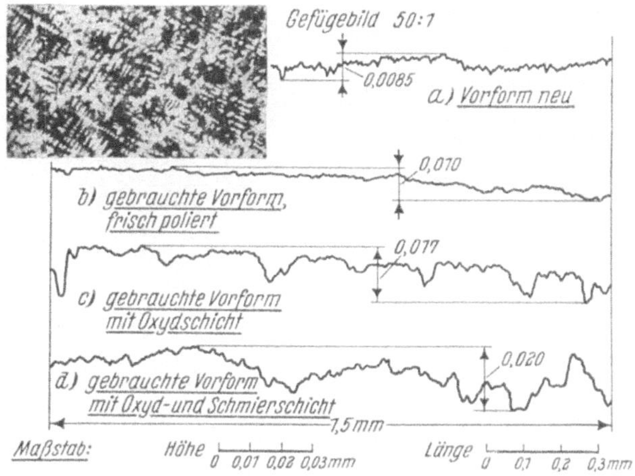

Abb. 525. Rauhigkeit der Oberfläche von Vorformen

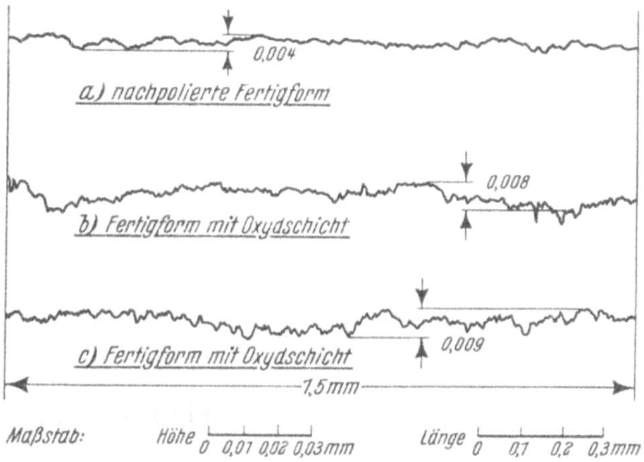

Abb. 526. Rauhigkeit der Oberfläche von Fertigformen

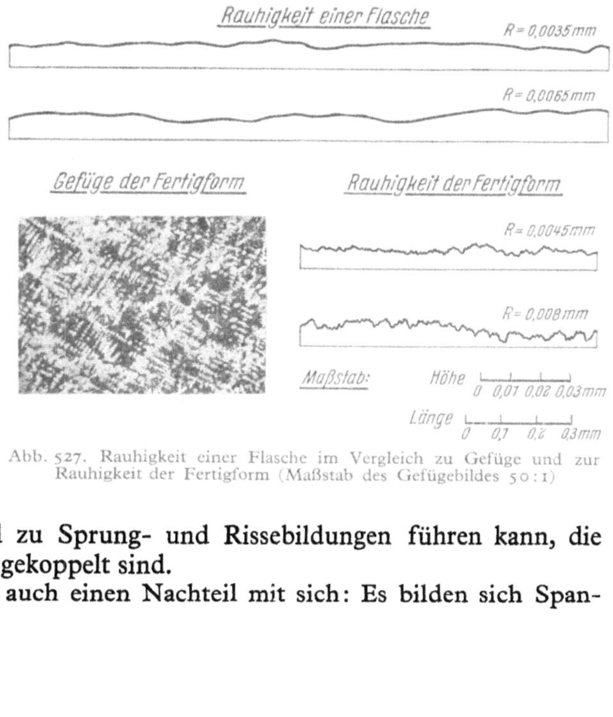

Abb. 527. Rauhigkeit einer Flasche im Vergleich zu Gefüge und zur Rauhigkeit der Fertigform (Maßstab des Gefügebildes 50:1)

Das Abschrecken der Form bringt aber auch einen Nachteil mit sich: Es bilden sich Span-

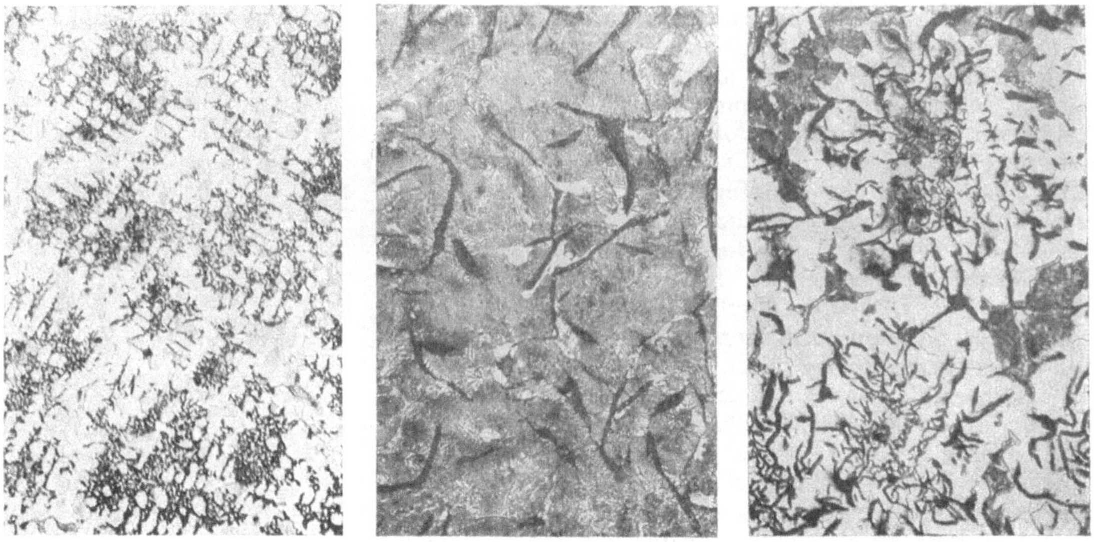

a b c

Abb. 528. Gefüge eines Formengußeisens über den Formenquerschnitt 135 ×. a) Gefüge an der glasseitigen Formfläche, b) Gefüge in der Mitte des Formenquerschnittes, c) Gefüge am äußeren Rand der Form

nungen im Formenkörper aus, die seine Betriebssicherheit gefährden. Diesem Umstand muß wiederum begegnet werden durch ein mehrstündiges nachträgliches Tempern kurz oberhalb der späteren Gebrauchstemperatur (etwa bei 800 bis 850°). Es erscheint also verständlich, daß in

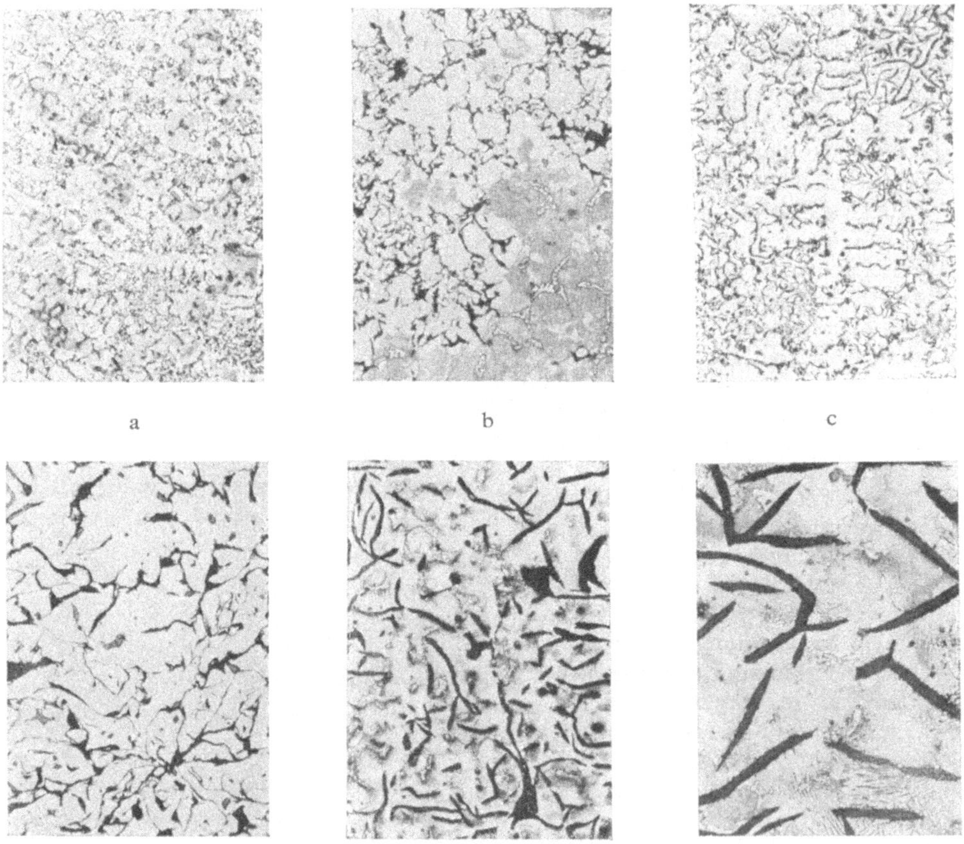

a b c

d e f

Abb. 529. Beispiele der Gefüge guten und schlechten Formengusses 150 ×. a) und b) Gefüge eines sehr guten Formengusses, c) und d) Gefüge eines guten Formengusses e) und f) Gefüge eines schlechten Formengusses

Fällen mit geringen Glasformdrücken und kleinen Stückleistungen die Abschreckung nicht unbedingt angebracht ist.

Bevorzugt wird heute allgemein an der glasseitigen Oberfläche ein ferritisches, feines Gefüge; vergleichende Beispiele der Gefüge von gutem und schlechtem Formenguß zeigt Abb. 529. Über

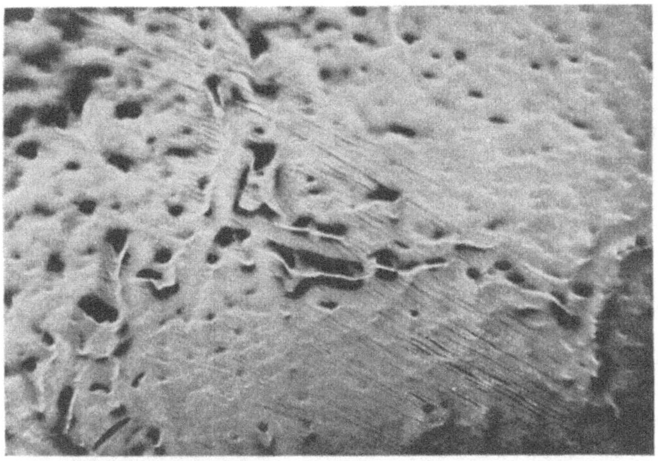

a

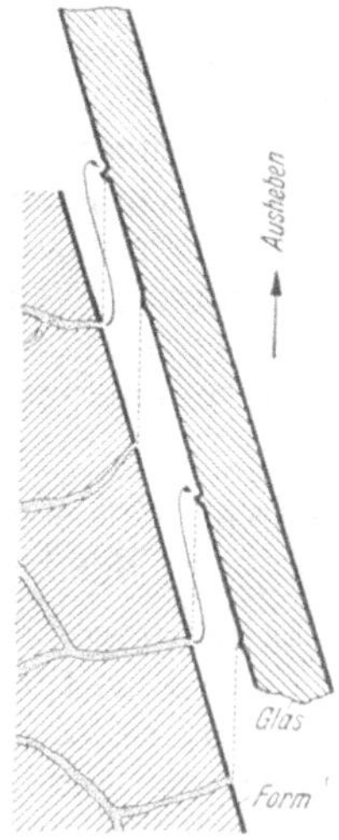

b

Abb. 530. Markierung des Metallgefüges der Form auf der Glasoberfläche, a) mikroskopischer Befund, b) schematische Darstellung

die chemische Zusammensetzung, die mechanischen und thermischen Eigenschaften der Formenwerkstoffe liegen zusammenfassende Veröffentlichungen vor, auf die hingewiesen sei [*58*, *59*, *60*, *61*, *62*, *63*].

Eine andere vielfach angewandte Möglichkeit zur Erzielung einer glatten Oberfläche besteht in der *Verfestigung der Formfläche* durch Verchromen. Trotz der guten Erfahrungen hinsichtlich der längeren Haltbarkeit, geringeren Neigung zum Kleben und der Verringerung der Reinigungskosten [*64*, *65*, *66*] findet dieses Verfahren nur für besondere komplizierte und teure Formen, z. B. von Preßglas, Verwendung.

Neben der Herstellung einer gut polierten Oberfläche bei der Formenfertigung ist auch die laufende *Pflege und Reinigung der Formoberflächen* während des Betriebes entscheidend für die Güte der Glasoberfläche. Für die Entfernung von Fett-, Öl- und Kohleresten kommen Lösungsmittel wie Benzol, Alkohol, alkalische Lösungen von Wasser mit Soda, Trinatriumphosphat, Borax usw. für die Beseitigung von Oxydschichten Säurebäder (Schwefelsäure u.a.) in Anwendung [*67*]. Vielfach werden Formen der Massenfertigung mit hochgespanntem Dampf oder Luft unter Zusatz von Schleifmitteln feinster Körnung (Bimsstein, Sand, Korund u.a.) gereinigt.

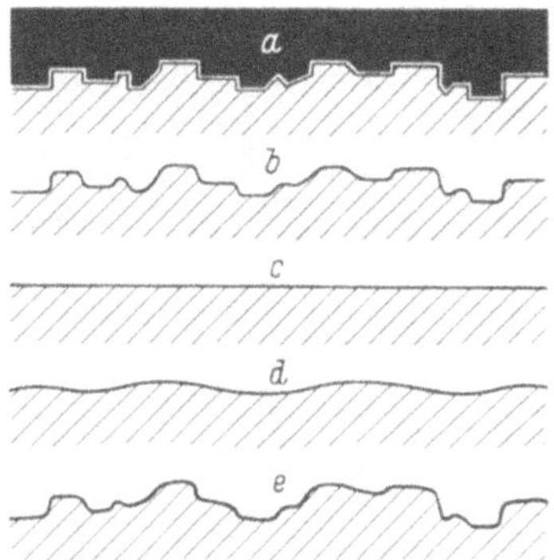

c

Abb. 530c. Wandlungen in der Struktur der Glasoberfläche als Abdruck der prägenden Form. *a* Die Formfläche (schwarz) mit (übertrieben) scharfkantigen Struktureinzelheiten überträgt sich auf das Glas (schraffiert). *b* Nach Entfernung der Formfläche rundet sich das scharfkantige Profil durch Oberflächenspannung ab. *c* und *d* Die ursprünglich geometrisch regelmäßige Glasfläche *c* verbiegt sich nach *d*, *e* Endphase der in *b* dargestellten Struktur einschließlich der sich ihr überlagernden Verbiegung

Den Zusammenhang zwischen Metallgefüge – Berührungszone – Glasoberfläche vermittelt Abb. 530a u. b. Beim Ausheben des Formlings aus der Form haken u. U. kleine Gratbildungen in die plastische Masse und heben selbst Grate aus. Dafür spricht die mehrfach festgestellte Doppelrandigkeit dieser Gratbildungen. Die Frage nach der Verbesserung der Preßglasoberfläche zeigt sich also eng verbunden mit dem Metallgefüge der Formen. Die gegenseitigen Beziehungen beider sind noch unzureichend aufgeklärt. Es überlagern sich bei Abb. 530c praktisch bei jeder Formfläche zwei Strukturen, nämlich der mikroskopische Abklatsch der Formfläche, sodann die Verbiegung der Glasoberfläche unter dem Einfluß der letzten Spuren verschwindender Nachgiebigkeit. Man hat es deshalb niemals mit einem getreuen Abklatsch der Formfläche zu tun.

2.6 Glasfäden, „rampige" Oberfläche

Eine heute bei der Massenfertigung selten auftretende Störung der Glasoberfläche tritt durch die Berührung fadenartiger Bildungen kalten Glases mit dem Fertigprodukt ein, die nachträglich als wulstartige Verdickungen, „Rampen", sichtbar bleiben. Die Ursachen können mitgerissene Fäden beim Abschneiden, Inhomogenitäten, die bei der Glasentnahme entstehen, manchmal auch ursprünglich inhomogenes Glas, das zur Entnahmestelle gelangt, sein. Ein überaus seltener Fall der Fadenbildung sei als Kuriosum in Abb. 531 erwähnt: Infolge zu heißen Glases oder zu schneller Bewegung des Külbels haben sich die inneren Wandungen der Vorformhöhlung berührt und bilden beim nachträglichen Ausblasen in der Fertigform im Inneren des Glaskörpers Fäden.

2.7 Abdrücke von Verunreinigungen (Rückstände der Schmiermittel)

Zu den Störungen der Oberfläche durch Abdrücke aus der Form gehört auch die Wirkung von Krustenbildungen, wie sie an den Formenwandungen gebildet werden können, wenn das Schmieröl durch die Hitze verkohlt. Das Öl ist unentbehrlich, weil es das Anliegen des Glases am Metall vermindert, indem es einen Dampfmantel als Gleitmittel erzeugt. Tritt jedoch eine Überhitzung ein („Heißfahren der Form"), oder wird die Zugabe frischen Öls verabsäumt, so setzen sich

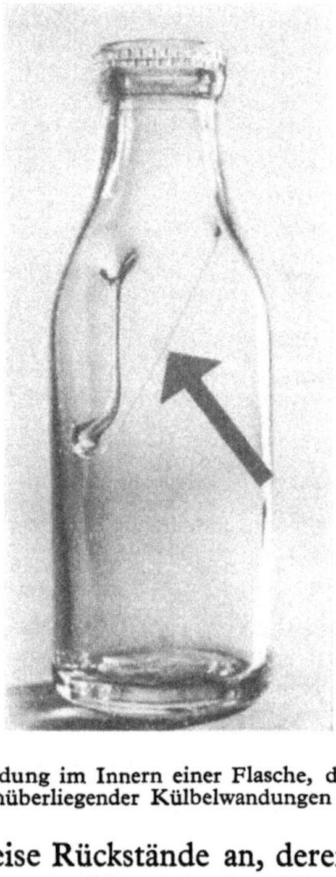

Abb. 531. Fadenbildung im Innern einer Flasche, durch kurzzeitiges Berühren gegenüberliegender Külbelwandungen hervorgerufen

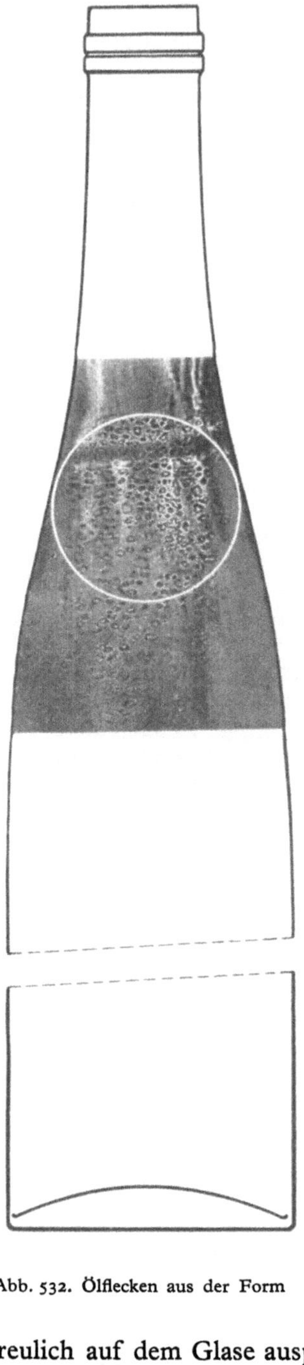

Abb. 532. Ölflecken aus der Form

u. U. fleckenweise Rückstände an, deren Unebenheiten sich getreulich auf dem Glase ausprägen. Abb. 532 bringt als Beispiel eine Flasche, deren Schulterteil verrät, daß eine gründliche Reinigung der Form vorzunehmen ist. Im Hinblick auf einen Betrieb mit mehrteilig verkuppelten automatischen Maschinen bedeutet es eine besonders starke Störung, wenn einzelne Formen vorzeitig ausfallen, doch läßt sich bei gleichzeitiger Herstellung verschiedener Größen und Formen nicht immer ein gleiches Verhalten der Formen in dieser Hinsicht erzielen. Ihre Pflege bleibt eine Erfahrungssache der Bedienung.

Zwei praktische Aufgaben sind dabei zu lösen: Es muß durch Versuche ein geeigneter Schmierstoff gefunden werden [68, 69, 70], der sich gleichmäßig auftragen läßt; nach dem heutigen Stande ist das Auftragen von Kolloidgraphit (als Suspension in Öl oder Wasser) als Grundstoff des Schmiermittels [69, 71] oder die Bildung eines feinen Rußniederschlages durch eine stark leuchtende Azetylenflamme zweckmäßig [72]. Zum anderen ist aber auch der Reinigung der Formoberfläche erhöhte Aufmerksamkeit zu schenken [67]. Sowohl mechanische Verfahren – Ausschmirgeln von Hand, Spritzen mittels Strahlgebläse unter Verwendung von Schmirgel – oder Bimssteinpulver in Luft oder einem flüssigen Schleifmittel – als auch chemische Reinigungsverfahren – Eintauchen der Form in heiße Natriumhydroxydschmelzen – werden angewendet [67, 73]; vgl. Ziff. 2.5.

2.8 Brandflecken an der Oberfläche (Staubteilchen)

Wie mehrfach hervorgehoben wurde, ist die Oberfläche des Glases nahe der Grenze des plastischen und spröden Zustandes besonders empfindlich gegen Berührung und Haftung mit fremdem Material. Ja, in diesem Zustand verhält sich die Oberfläche selbst gegen feinste Staubteilchen geradezu wie ein „Fliegenfänger". Die Verunreinigung „haftet"; sie brennt meistens fest ein, an dieser Stelle eine Störung der Feuerpolitur verursachend. Kommt das Glas im Herstellungsgang mit anderen Körpern in Berührung, so sind also stets die Berührungsstellen, bei gewölbten Flächen also deren Scheitel, der Gefahr einer Verunzierung ausgesetzt. Abb. 533 gibt ein Reflektorenglas wieder, dessen Profil zeichnerisch dargestellt ist. Die Linsenwirkung desselben äußert sich in scharf ausgebildeten schwarzen Bändern auf grauem Feld. Natürlich wäre es Zufall, wenn der Krümmungsradius etwaiger Fehler auf der Oberfläche mit der Wölbung des Glases sich optisch gleich verhielte. Infolgedessen treten die Fehler bei Scharfeinstellung auf die gewollte Optik des Glases nur verschwommen, innerhalb der Linsenbänder überhaupt nicht, in Erscheinung. Erst wenn auf diese unscharf eingestellt, die Bildfläche also dem Glase genähert wird, werden die Brandflecken sichtbar bei gleichzeitiger Auflösung der von der Wölbung verursachten Schattenlinie. Die Verunreinigung der Oberfläche liegt fast nur auf den Scheitellinien der Linsenbänder, mit denen die Schamotteplatte, die die Glasplatte als Streckstein oder Kühlofenunterlage aufgenommen hat, berührt wurde.

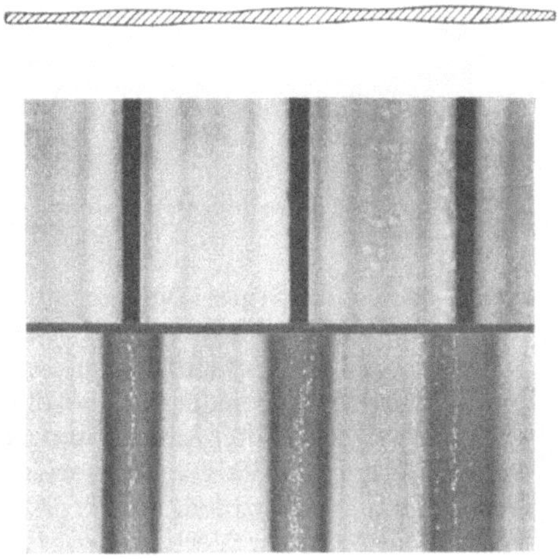

Abb. 533. Brandflecken an Scheitellinien von Linsenbändern eines Reflektorenglases. – Oben: Schnitt durch das Glas

Weitere Beispiele dieser Art sind: Staubteilchen (Gemenge), Oxyd- und Rostteilchen, mit denen das heiße Glas auf dem Wege von der Formgebungsmaschine bis in die Abkühlzone des Kühlofens in Berührung kommen kann. Diese „Brandflecken" sind bei allen Glasarten zu beobachten, deren Oberfläche mit fremden Körperteilchen in Berührung kommt, die dort „einbrennen" oder Vertiefungen hervorrufen, sofern die Temperatur während der Berührung genügend hoch ist, um eine Diffusion oder Adhäsion zu ermöglichen. Eine sorgfältige Beobachtung der Arbeitsbedingungen hinsichtlich der Temperatur und Dauer ihrer Einwirkung vermag Aufklärung zu schaffen, unter welchen Bedingungen der Fehler eintritt oder vermieden wird.

2.9 Glätten des Glases durch Verwärmen

Die „gekörnte, rauhe" Oberfläche des Preßglases nimmt einem Gegenstand den für Glas so sehr gewünschten hohen Glanz. Deswegen geht man dazu über, die durch den Abdruck aus der Form gestörte Glätte nachträglich herzustellen durch ein „Verwärmen" des Glases [80]. Indem der fertige Gegenstand kurz einer sehr hohen Temperatur (oft 1500°) ausgesetzt wird, „verlaufen" sich die kleinen Unebenheiten mit Hilfe der Oberflächenspannung, der durch ein oberflächliches Erweichen des Glases Gelegenheit gegeben wird, in Wirksamkeit zu treten. Dieses Verwärmen ist ein Vorgang, der deswegen höchste Sorgfalt und Abstimmung auf die jeweils gegebenen Verhältnisse erfordert, weil er wirklich nur auf die äußersten Schichten beschränkt bleiben muß, damit der Glasgegenstand nicht entformt wird. Es hat daher Wert, von der glastechnischen Seite aus, die günstigsten Arbeitsbedingungen, insbesondere im Hinblick auf entsprechend geeignete Feuerung, ausfindig zu machen. Kurze, sehr heiße, stark strahlende Flammen – Öl oder Generatorgas mit hohen Drücken – erfüllen am besten die Forderung, in so kurzer Zeit eine möglichst hohe Fließtemperatur an der Oberfläche des Glases zu erzielen, so daß die Hitze nicht ins Innere des Glases vordringen und der Beständigkeit seiner Form gefährlich werden kann. Der Einfluß der Glaszusammensetzung auf den Fließvorgang beim Verwärmen ist innerhalb der handelsüblichen Gläser gering; die Oberflächenspannung des Glases sollte im Stadium des Verschmelzens möglichst groß und die Zähigkeit klein sein [*36*]. Nicht selten werden infolge unzweckmäßiger Abstimmung der Entfärbungsmittel Verfärbungen des Glases beim Verwärmen beobachtet [*80*].

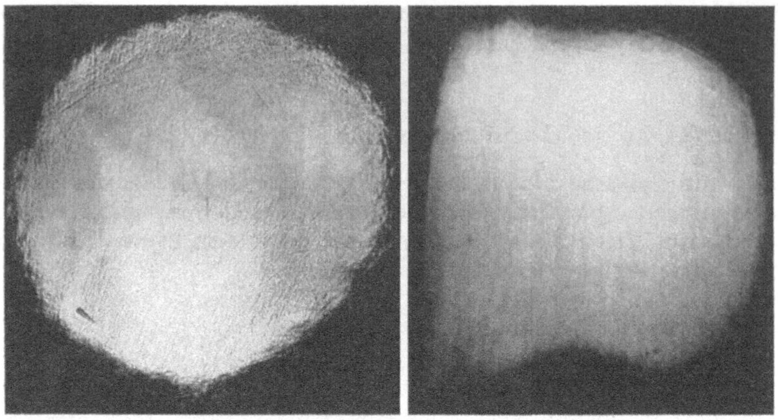

a b

Abb. 534. Reflexbilder eines unverwärmten a) und eines verwärmten b) Maßteiles am gleichen Gegenstand

Die Wirkung der Maßnahme jedoch rechtfertigt ihren Aufwand: Selbst einfachstes Preßglas kann durch die Feuerpolitur so „gewinnen", daß es dadurch nicht nur glastechnisch, sondern auch dem Preise nach eine Stufe höher steigt. Man braucht nur Flächen, die an der Verwärmung teilgenommen haben oder nicht (Abb. 534), an ein und demselben Gegenstand genau zu untersuchen. Man findet im Reflexphotogramm des Bodenstückes (wohlverstanden des Glases, nicht der Form) deutlich die Narben wieder vor, die die Bearbeitung des Metalls, mit der diesem der letzte „Schliff" verliehen werden sollte, hinterlassen hat; und zwar erfolgte dieses Schleifen von Hand. Die glättende Wirkung der Verwärmung wird an Abb. 534b deutlich: Nur noch schwach wahrnehmbare Fleckenbildungen verraten die verbliebenen geringfügigen Unebenheiten. Neben der Anwendung des Verwärmens zur Verbesserung der Oberfläche des Preßglases wird die Verwärmung auch benützt, um leichte Grate von den Trennfugen der Werkstücke – z. B. bei Flaschen der Grat zwischen Pegel und Mündungsform – zu glätten. Auch die oberen Ränder von Preßgläsern, abgesprengte Kappen von Kelchglas usw. werden nachträglich verwärmt.

2.10 Fehler beim Verarbeiten vor der Lampe

Diejenige Bearbeitung, bei welcher man dem Glase einen größeren Teil der Formgebung, unter geschickter Anbringung von Handfertigkeitskünsten, an sich selbst vorzunehmen überläßt, vollzieht sich „vor der Lampe", nebenbei der einzigen, bei welcher im ganzen Wärme zu- und nicht abgeführt wird [*81*].

Man kann unterteilen in:

a) Verformung oder Teilung desselben Gegenstandes,

b) Ansetzen eines anderen bei gleicher Zusammensetzung,

c) Ansetzen eines anderen bei verschiedener Zusammensetzung,

d) Verbindung durch ein weicheres Mittelglas (Löten).

Alle vier Arten gehen vor sich unter Inanspruchnahme bestimmter physikalischer Eigenschaften des Glases, deren Berücksichtigung eine Reihe von Fehlern und Mängeln ausschließt oder weitgehend mildert.

Zu a). Die Weiterverarbeitung von Halbfabrikaten zu kleineren Artikeln (wie Röhren zu Weihnachtsschmuck, Glühlampenkölbchen, Ziergegenständen usw.) ist nach wie vor eine Geschicklichkeitsfrage und daher auch als Heimindustrie verbreitet. Leicht plastische Gläser werden bevorzugt. Den Abweichungen im Verhalten kann man sich anpassen durch entsprechende Abstimmung der Wärmezufuhr und sonstiger Handhabung des Glasbläsers. Für einen großen Teil der Fertigung chemischer Geräte ist dieses Verfahren unerläßlich. Auch bei Massenfabrikation bedient man sich der Oberflächenspannung als einer bei hinreichender Erhitzung des Glases einsetzenden Kraft, die man in sorgfältig bemessenen, dem übrigen Arbeitsgang angepaßten Zeitabschnitten wirksam werden läßt. Bei dieser zwangsläufigen Verarbeitung müssen Abweichungen in den Eigenschaften des zur Weiterverarbeitung bestimmten, laufend angelieferten Glases unerwünscht sein, weil sie eine Neuabstimmung des mechanischen Arbeitsganges verursachen, die u. U. mit Zeitverlust, d. h. einer zahlenmäßigen Leistungsminderung, verbunden ist, wie sie betriebswirtschaftlich nur dann zu vertreten ist, wenn besondere Anforderungen an das Glas einen Mehraufwand für den Arbeitsgang gerechtfertigt erscheinen lassen.

Der Vorgang einer Bearbeitung des Glases vor der Lampe schließt sich oft an mechanische Formvorgänge an (z. B. Rundschmelzen des Randes geblasener Hohlgläser oder Abschmelzen von Glühlampenkolben, Ein- und Ansetzen weiterer Teile). Ihre zeitliche Abstimmung ist gegeben durch die Temperatur, die vom Glas ohne zu weitgehende Deformierung vertragen wird. Da die ausgeprägte örtliche Erhitzung mit der Gefahr verbunden ist, daß in den von ihr erfaßten Randgebieten Spannungen zurückbleiben [*82*], besteht die Aufgabe, diese durch geeignete Übergänge (Anordnung der Brenner bzw. Gestalt der Flammen) zu umgehen.

Zu b). Sobald ein Zusammenfügen von zwei Gläsern in Frage kommt, tritt die Rücksichtnahme auf andere Eigenschaften der Gläser hinzu. Zunächst ist Voraussetzung für die haltbare Verbindung zweier Gläser, daß ihr Kohäsionspunkt überhaupt, und im besonderen auf einer genügend großen Fläche, überschritten wird. Je gründlicher diese Berührung ist, die sich im kohärierenden Sinn betätigen kann, desto besser die erzielte Haftung. Den Kohäsionspunkt von Glas zu Glas hat Zschimmer [*83*] durch sorgfältige Untersuchung zu einer physikalischen Konstanten erhoben. Er konnte feststellen, daß alle Glasarten bei einem ganz bestimmten, bis zu 100° differentiierenden Temperaturpunkt, aus dem „angesprengten" (adhärierenden) in den „kohärierenden" Zustand übergehen. Das verrät sich durch Veränderung der an der Ansprengungsstelle vorliegenden Newtonschen Ringe, indem diese dort, wo Kohäsion eintrat, einen schwarzen Fleck zeigen. – Nach der erfolgten Verschmelzung ist es nur noch eine Frage sachgemäßer Kühlung, ob die bei hoher Temperatur vollzogene Verbindung sich auch bei niedriger als haltbar erweist.

Zu c). Weichen die aneinanderzufügenden Teile in der Zusammensetzung voneinander ab, so tritt als weitere Fehlermöglichkeit, die den Arbeitsgang störend beeinflussen kann, der Umstand hinzu, daß ihr Ausdehnungsverhalten nicht zueinander paßt. Die Abstimmung dieser physikalischen Eigenschaft stellt nach bisher vorliegenden oder sonst vorzunehmenden Messungen [*29*] daher auch eine der wichtigsten Aufgaben dar, die für solche Erzeugnisse bestehen, bei denen sich eine verschiedene Zusammensetzung mit Rücksicht auf die verschiedenen Aufgaben beider Glasteile im Fertigfabrikat nicht vermeiden läßt. Die Zwangslage, in welcher man sich in solchen Fällen befindet, geht, wie in der Elektroindustrie [*84*] u. dgl., so weit, daß man oft auf einen völligen Ausgleich der auftretenden Spannungen verzichtet, und vielmehr dafür Sorge trägt, daß sie wenigstens unter den näheren Umständen des Gebrauchs, wie auch bei Metallverbindungen mit Glas [*85*], in erträglichen Grenzen bleiben ($< 100\ m\mu$; $1\ m\mu \sim 0{,}3\ kg/cm^2$). Sind die Gegensätze der zu verbindenden Gläser allzu schroff, so bedient man sich sog. Übergangsgläser (Differenz im Ausdehnungskoeffizienten $20 \cdot 10^{-7}$) [*86*], die eine stufenweise Überleitung des einen Glases auf das andere ermöglichen, ohne die höchstzulässige Spannungsgrenze an den Schweißstellen zu überschreiten (Spannung $< 100\ m\mu$). Es gibt Glasarten von $14 \cdot 10^{-7}$ bis $114 \cdot 10^{-7}$! Auf diese Weise gelingt es sogar, keramische Körper mit Glas zu verbinden. – Die Verbindung kann angeblich durch innige Durchdringung zweier nicht allzuweit voneinander entfernter Gläser so gestaltet werden, daß praktisch eine Schicht Übergangsglas gebildet wird, was aber angesichts des früher über die Diffusionsträgheit des Glases Gesagten zu bezweifeln ist.

Zu d). Eine neuartige Verbindung verschiedener Glasteile untereinander wurde von H. Fischer [*87*] durchgeführt. Er verzichtet auf die Erweichung der eigentlich zu verbindenden Glasteile, nimmt den Vorgang des Lötens von Metallen zum Vorbild und wählt ein Zwischenglas von passendem Ausdehnungsverhalten, jedoch wesentlich früher einsetzender Erweichung, das nur in dünnen Schichten zwischen die zu verbindenden Teile eingefügt werden muß, um ein sicheres Haften zu vermitteln. Dabei ist die Gefahr der Deformierung erheblich verringert.

Die bei der Verarbeitung vor der Lampe häufig auftretenden Fehler sind Rauhwerden [*88*, *89*, *90*], Beschläge [*88*, *90*], Blasenbildungen [*88*, *91*] und Farbänderungen [*88*], Fehler, die in Verbindung mit anderen Veränderungen von Gläsern an ihrer Oberfläche behandelt werden. Auch auf das mögliche Auftreten starker Spannungen infolge der lokalen Überhitzung beim Verarbeiten vor der Flamme muß hingewiesen werden [*82*].

2.11 Kratzer und Schrammen

Die Oberfläche des Glases erleidet insbesondere während des Transportes bei der Berührung mit härteren oder scharfen, feinkörnigen Stoffen – Metalle [52], Staub, Glassplitter – häufig Kratzer oder Schrammen, in noch weitergehendem Zustand sind sogar Risse und Absplitterungen zu beobachten. Besonders tritt dies an Verzierungen, eingeblasener Schrift, Bodenecken, gekörnter Oberfläche u. a. auf. Dieser Störung ist das Erzeugnis schon vom Stadium des Verlassens der Formgebungsmaschine ab und schließlich beim Verbraucher selbst infolge der Abnutzung [53] ausgesetzt. Nicht nur Aussehen und Oberfläche leiden durch diese Mängel, sondern auch die Festigkeit – beispielsweise von Flaschen – kann erheblich hierdurch herabgesetzt werden.

2.12 Fehler an der Oberfläche beim Bearbeiten und Veredeln; „gepreßt, vorgepreßt und nachgeschliffen, handgeschliffen“

Die zahlreichen Verfahren, die nach der Formgebung im plastischen Zustand zur Verbesserung der Oberfläche des Hohlglases angewandt werden, zeigen eine so vielfältige Störungsanfälligkeit, daß eine auch nur andeutende Erörterung in diesem Rahmen nicht möglich ist. Nicht selten treten erst bei der nachträglichen Bearbeitung und Veredelung Fehler der Glasmasse zutage, wie z. B. unter der Oberfläche liegende Schlieren und Blasen, örtliche Spannungen, eingebrannter Hüttenrauch usw., die zu Rissen und Sprüngen während der Bearbeitung führen und eine unansehnliche Oberfläche zur Folge haben [74]. Näheres vermittelt das Schrifttum über Fehler, die beim Fräsen und Schleifen [75, 76], beim Veredeln durch Farbeinbrennen, Beizen und Ätzen [77] auftreten.

Die Struktur der Oberfläche von Gläsern kann als Kennzeichen ihrer Herstellungsweise angesehen werden. Dies ist von besonderer Bedeutung für die Gruppe der Kristallgläser [78], denen oft Preßgläser an die Seite treten mit der deutlichen Absicht, ihnen möglichst ähnlich zu sein. Dieser Umstand hat auch dazu geführt, für die Berechtigung der Bezeichnungsweise „Kristall“ bestimmte Richtlinien [79] auszugeben, die sich in 3 Klassen in Abhängigkeit von ihrem Bleigehalt und je nach der Herstellungsweise in 3 Stufen unterteilen: Allein gepreßt, vorgepreßt und nachgeschliffen und allein handgeschliffen.

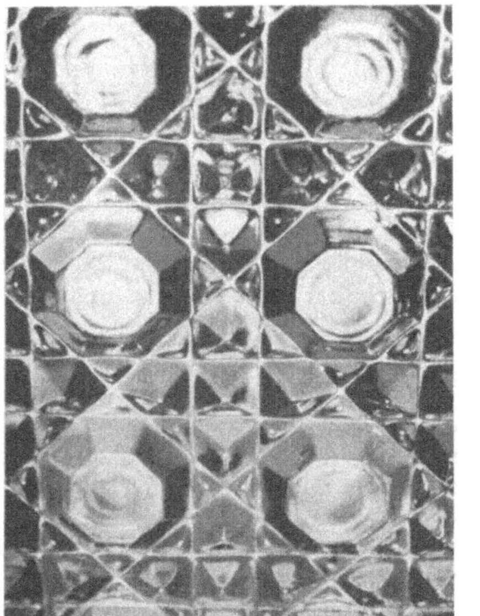

Abb. 535. Preßglas mit nicht scharfkantigen Profilkonturen

Abb. 536. Bodenstern an einem feinen Kristallglasbecher in sauberster Ausführung

Die Kennzeichen ihrer Herstellungsweise lassen sich bildlich erfassen: Bei reinen Preßgläsern, denen ein Schliffmuster aufgeprägt wird, kann nur eine ganz flüchtige Betrachtung darüber hinwegtäuschen, daß es sich nicht um geschliffene Ware handelt. An Stelle der sauberen Scharfkantigkeit der Schliffe liegt eine Abrundung aller Kanten vor, die dadurch zustandekommt, daß das Glas ja noch heiß aus der Form kommt und scharfe Kanten dann gleich rundlich verfließen, bevor sich eine erstarrte Haut bildete (Abb. 535). Alle prismatischen Flächenelemente sind außerdem nicht ganz eben, sondern weisen meist eine etwas runzlige Struktur auf, die mit der Wärmeabführung durch das Metall der Form zusammenhängt, solange das Glas noch plastisch ist (vgl. Ziff. 2.2). An einem Sternmuster, wie es oft in den Boden von Glasgefäßen eingeprägt wird, läßt sich der Unterschied zwischen der handgeschliffenen Ausführungsform an einem Bleikristall (Abb. 536) und der nachgeschliffenen Form eines Preßglases (Abb. 537) deutlich machen. In diesem Fall sind die eingekerbten Strahlen des Sterns durch das Nachschleifen zwar wohl scharfkantig, jedoch in ihrem Verlauf nicht einheitlich und in ihren Flächen ungleichmäßig. Wenn das eingepreßte Muster selbst durch Schleifen nachgearbeitet wird, entsteht natürlich unter Einsparung erheblichen Zeitaufwandes ein dem handgeschliffenen sehr ähnliches Erzeugnis. Äußerlich näher kommt auch eine Ausführungsform des Preßglases dem echten Kristallglas, wenn einzelne Teile des Musters freihändig eingeschliffen werden. Dies ist bei einem gepreßten, z. T. nachgeschliffenen Glas (Abb. 538) der Fall. Man vermag aus dem Bild herauszulesen, daß die tiefen Kerben des Grundmusters eingepreßt, daß aber die kleinen Sterne sowie das Gittermuster nachträglich angeschliffen wurden. Ein Lichtreflex an der unbearbeiteten Fläche (*a* in Abb. 539) verrät untrüglich die Buckligkeit des Preßglases, desgleichen in *b* eine Runzeligkeit.

Abb. 537. Bodenstern eines Preßglasgegenstandes; wellig eingepreßt, Fläche nachgeschliffen, daher randscharfe Umrisse

Im Gegensatz zum gepreßten Glas zeigt sich das von Hand geschliffene in einem ganz anderen Licht. Die eingeschliffenen Kerben verlaufen sauber und zügig. Die entstandenen kleinen Flächenelemente sind ebenmäßig, die Kanten sind scharf bis auf eine geringfügige Abrundung durch den Vorgang der Säurepolitur, durch den die Grate abgeätzt werden. Bei höherem Bleigehalt fällt außerdem der lebhaftere Glanz auf, der von dem Schliffmuster ausstrahlt (Abb. 540).

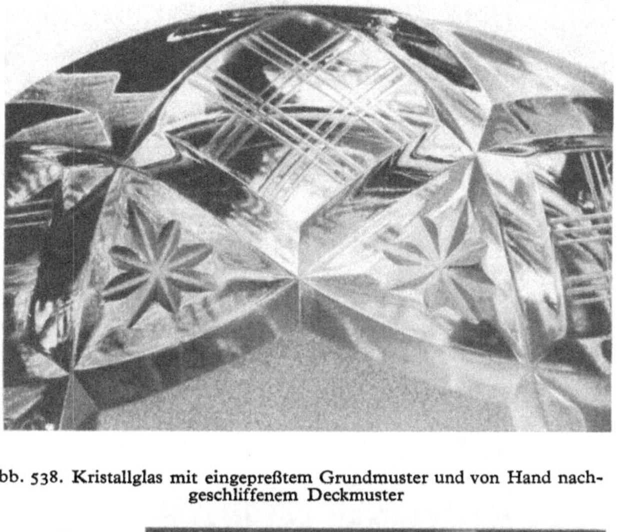

Abb. 538. Kristallglas mit eingepreßtem Grundmuster und von Hand nachgeschliffenem Deckmuster

Die Beschaffenheit der Oberfläche des nicht bearbeiteten Teiles der mit Schliff versehenen Gläser gibt an sich keine Auskunft darüber, ob ein Kristallglas vorliegt oder nicht. Gelegentliche Schlierigkeit, obwohl unerwünscht, besagt nichts gegen die Güte der Zusammensetzung. Die Aufstellfläche bleireicher Gläser neigt, weil das Glas weniger hart ist, leichter zum Verkratzen als diejenige bleiarmer Gläser.

Am deutlichsten tritt der Unterschied zwischen einem Preß- und einem Kristallglas zutage, sobald man einmal Einzelheiten der Flächenelemente unter die Lupe nimmt, indem man sie gegen eine Lichtquelle aufleuchten läßt. In Abb. 541a u. b ist die Schliffläche eines Bleikristallglases und die Kerbfläche eines Preßglases einander vergrößert gegenüber gestellt. Sie treten durch den Lichtreflex völlig losgelöst von der Umgebung ins Bild. Man erkennt bei

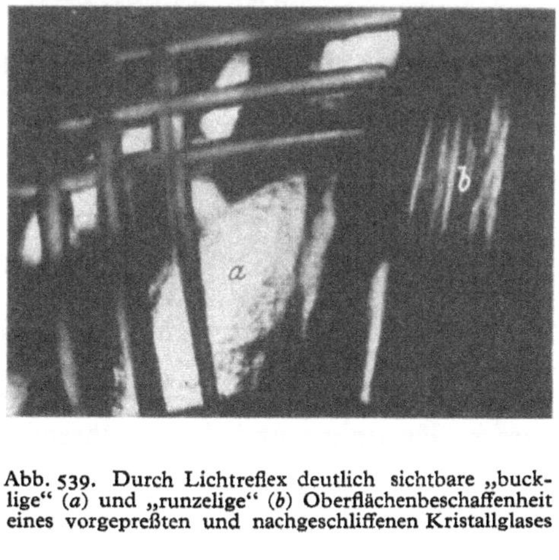

Abb. 539. Durch Lichtreflex deutlich sichtbare „bucklige“ (*a*) und „runzelige“ (*b*) Oberflächenbeschaffenheit eines vorgepreßten und nachgeschliffenen Kristallglases

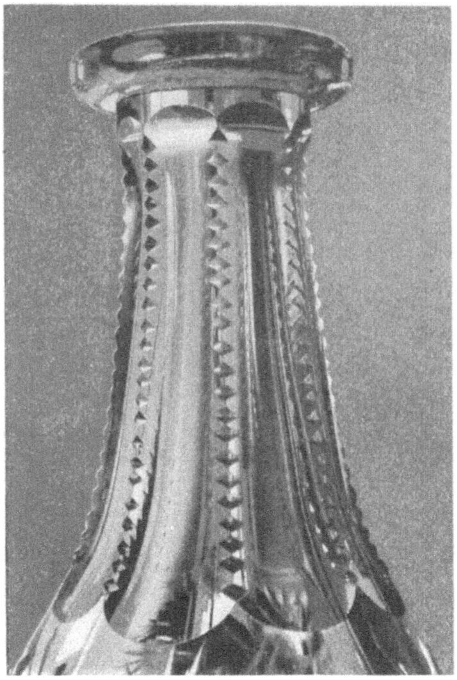

ersterer die Schärfe der Begrenzung, die spitz zulaufenden Ecken, aber auch die verbliebenen und vom Ätzvorgang der Säurepolitur nicht völlig entfernten, nur schwach „ausgewischten" Schleifriefen als Kennzeichen des Schliffes. Im Gegensatz dazu verrät die Musterfläche eines Preßglases zwar auch Riefen, doch rühren diese nicht von der Bearbeitung des Glases her, die ja gar nicht stattgefunden hat, sondern es sind ganz einfach Abdrücke von einer Bearbeitung der Form, die ja ausgefeilt, ausgeschliffen und ausgeschmirgelt wird. Abgesehen davon verrät die Unschärfe der Begrenzung namentlich nach den Ecken zu, daß die Fläche in sich „verbogen" ist und den Reflex nicht gleichmäßig einfängt. Es zeigt sich eine rauhe Flächenstruktur in Gestalt einer kennzeichnenden Narbigkeit. Zudem trägt die Fläche eine querliegende faltenförmige Narbe. Sie entsteht durch Rißbildungen in der noch vor ihrer Entfernung aus der Form sich bildenden erstarrenden Oberflächenhaut des Glases. Preßgläser erreichen also nicht entfernt die Güte der Oberfläche von Kristallgläsern.

Links: Abb. 540. Flächenschliff am Hals einer Kristallglaskaraffe

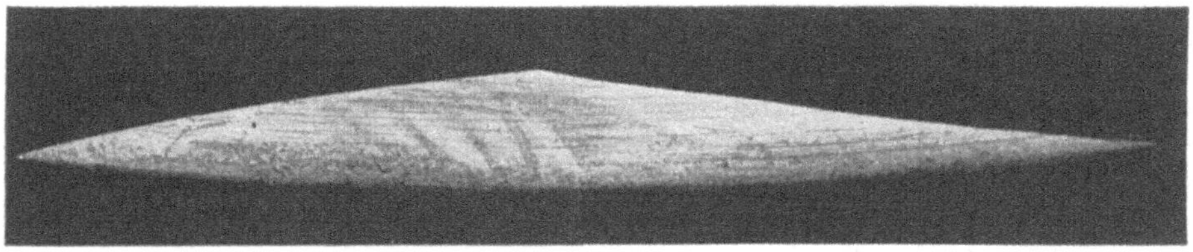

Abb. 541a. Lichtreflex auf der Fläche einer eingeschliffenen, blankpolierten Kerbe; deutlich wahrnehmbare Schleifriefen

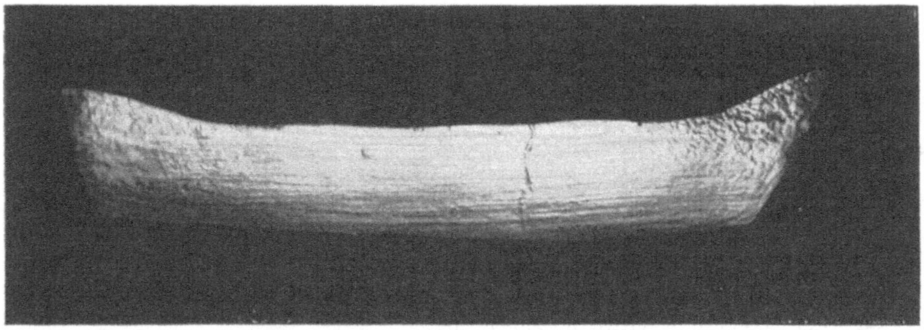

Abb. 541b. Lichtreflex an der Kerbfläche eines Preßglases mit starken Runzelbildungen, wulstigen Abdrücken von Formenriefen und einer Rißbildung in der Formenhaut

3 Risse, Sprünge und Bruch

3.1 Risse, die während der Formgebung entstehen

Die Mündung der Flaschen, die während der Fertigung wegen des geringen Wärmeinhaltes dieser Glaspartien und der berührenden Formteile, wie Pegel und Mündungsform, sehr rasch erstarrt, ist ganz besonders der Gefahr einer Rissebildung an der Glasoberfläche ausgesetzt. Am verbreitetsten sind senkrechte Risse auf der Mündung oder in der Mündungshöhlung, die fast immer mit dem Pegel – Wärmeableitung, Oberflächenzustand des Pegels, Profilierung – zusammenhängen, ihre Bekämpfung muß auch dort einsetzen.

Obwohl den Sprung- und Rissebildungen im Glas ein besonderer Abschnitt gewidmet ist, muß an dieser Stelle kurz ein Hinweis darauf eingeschaltet werden, welchen Einfluß die Werkzeuge bei der Verformung auf den Spannungszustand des Glases ausüben, sobald sie örtlich ein vorzeitiges Erkalten desselben veranlassen. Dies tritt naturgemäß vor allem dort ein, wo ein mehrmaliges Berühren stattfindet oder ein solches mit relativ großer Wärmeableitung (geringe Glasmasse bei größerer Formfläche). Die beiden Fälle in Abb. 542a u. b sind insofern zu unterscheiden, als die Kräfteverteilung am Ausgangspunkt des Risses entsprechend den eingetragenen Pfeilpaaren verschieden gerichtet ist. Während im Falle a) ein auf die Mündung „öffnender" Kräfteansatz vorlag, ist im Fall b) ein auf den Hals „brechender" oder „ziehender" Kräfteansatz wirksam gewesen. Beide haben ihren Ursprung an der Mündungsform. Die Berührung des Werkzeuges in Verbindung mit dem Ansetzen und Abziehen desselben (*a*) oder das Schwenken der Flasche (*b*) verursacht ein Reißen des Glases. Dabei ist ein Unterschied beachtlich: Während es sich im Falle b) um einen „Riß" handelt, der u. U. nicht das ganze „Fleisch", vielmehr nur eine erstarrte Haut der Wandung durchdringt, liegt im Falle a) ein echter Sprung vor, der als Abschreckungserscheinung (Einlauf) entstand, dann aber seinen Weg durch das Glas suchte.

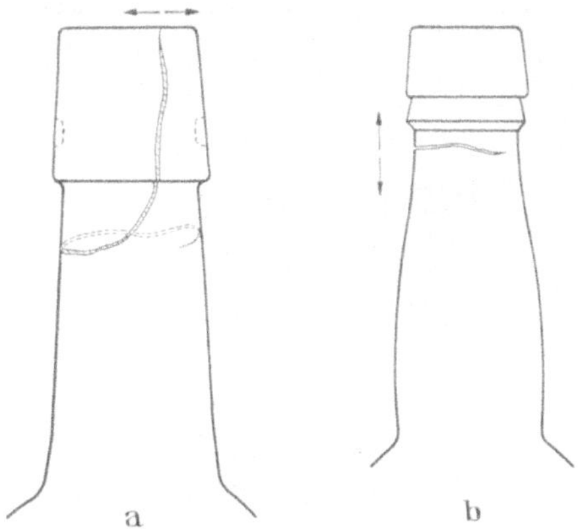

Abb. 542. Rißbildung und „Abringeln" eines Flaschenhalses

Das auf diese Weise häufig eintretende „Abringeln" des Halses oder anderer Teile von Glasgegenständen (Abb. 542a) hat seine guten Gründe: Wie die Abb. 543a u. b zeigt, verfügt der fertig geformte Glasgegenstand nicht immer über eine gleichmäßige Homogenität. Namentlich

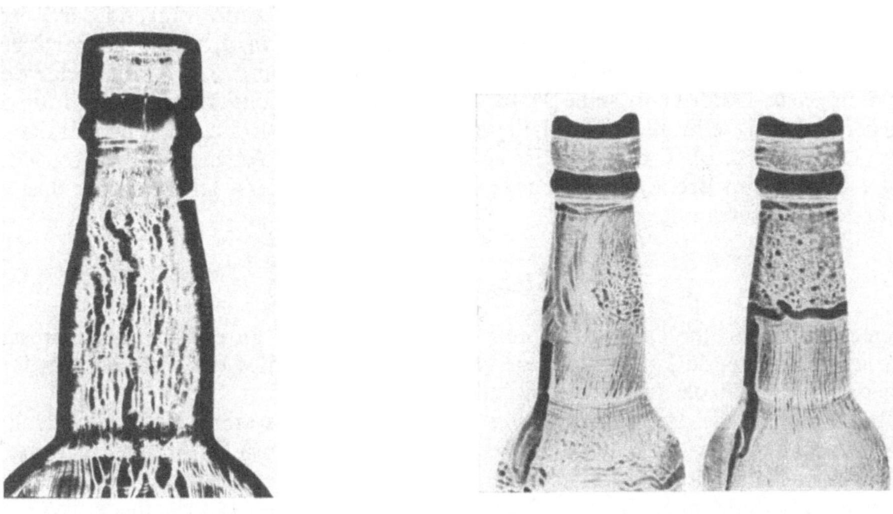

Abb. 543. a) Übergangsstelle (Kerbmarke rechts) am Flaschenhals. b) Zwei Flaschenhälften aus der gleichen Form: die Formhälften übertragen verschiedene „Struktur"

solche Zonen, die im Gegensatz zu Nachbarbereichen mehrmals von einer wärmeableitenden Formfläche berührt werden oder nachträglich mit Flammen bearbeitet werden, lassen sich deutlich an der veränderten Homogenität erkennen. An dem Übergang solcher Bezirke des Glaskörpers sind dann nicht selten Spannungen festzustellen. Schlägt jetzt ein Sprung die Richtung auf ein Zonengebiet ein, so wird er in der Weise abgelenkt, daß u. U. ein geschlossenes Ringsystem um den Mündungsansatz entstehen kann. Wenn für einen allmählichen Übergang der durch Formflächen oder offene Flammen hervorgerufenen Zonenbildungen Vorsorge getroffen wird, ist im allgemeinen diesem Fehler erfolgreich zu begegnen. An Formerhebungen – Gravur, Nähte, Übergangsstellen der verschiedenen Formteile u.a. – können sich ebenfalls kleine, manchmal kaum wahrnehmbare Grate und Überhöhungen bilden, die beim Öffnen der Formteile ein mechanisches Aufreißen der Haut des Glaskörpers verursachen (vgl. Ziff. 6.1). Da dieser Fehler nicht an jedem Stück der Fertigung auftritt und manchmal sogar ohne sichtbare Veränderung verschwindet, ist er oft schwer zu diagnostizieren. Seine Abhilfe ist nach dem Auffinden der Ursache leicht.

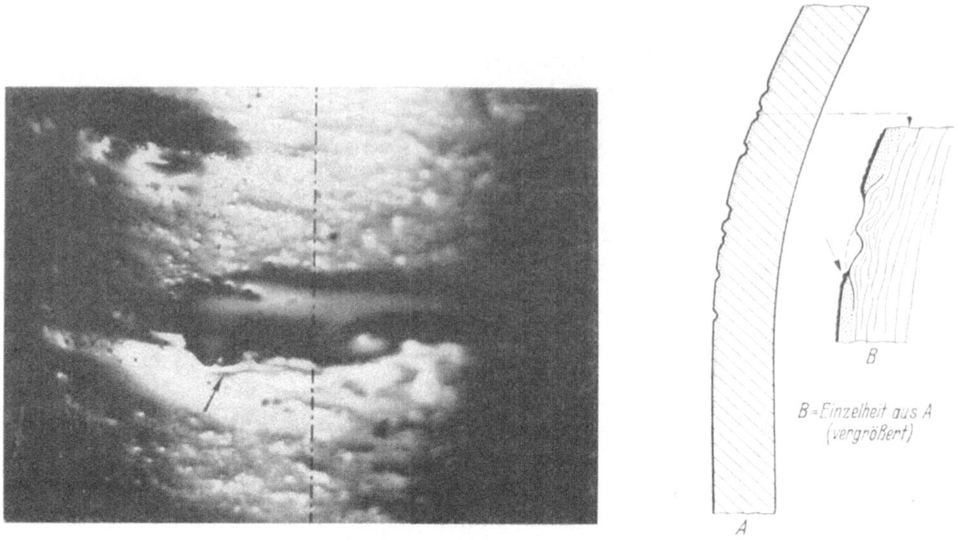

a b

Abb. 544. a) Riß mit nachquellendem Magma und aufgestülpter Gratbildung an der kalten Haut (Pfeil). b) Schematische Darstellung im Schnitt des Vorganges aus Abb. 544 a

Eine ganz andere Art von Rißbildung, die auch hierunter fällt, kann während der Formgebung auftreten, wenn die Haut des Formlings relativ rasch abgekühlt wird, einen lederartigen, steifen Zustand annimmt und ohne genügende Rückerhitzung anschließend das Külbel oder der Formling aufgeblasen wird. Dann kann seine Haut stellenweise in gleichmäßiger Verteilung über den ganzen Körper netzartig einreißen und läßt an den entstandenen Fugen feuerflüssiges Magma nachquellen (Abb. 544a u. b). Das Ganze ist ein sich in winzigen Ausmessungen (etwa 0,015 mm Tiefe und 0,1 bis 1,0 mm Breite) abspielender Vorgang, aber äußerst lehrreich für das Verhalten des Glases bei der Verformung.

3.2 Kleben des Glases

Im allgemeinen reicht der Druck, mit dem wir einen Körper an einen andern pressen, nicht aus, um die letzte trennende Luftschicht zu verdrängen. Wäre dies der Fall, so würden sich in diesem Augenblick die Körper fest miteinander verbinden.

Dieses Prinzip findet bei der Formgebung von Glas in verstärktem Maße praktisch Anwendung: Formen, und zwar sowohl Holz- wie Metallformen werden mit Öl (erstere auch mit Wasser) „geschmiert", damit die Hitze des Glaspostens hieraus Dämpfe entwickle, die selbst noch bei höheren Drücken als trennendes Polster wirken und das Haften des Glases an der Wandung verhindern [*2*]. Im kalten Zustand übernimmt das Wasser häufig eine (z.B. Korrosion) vermittelnde Rolle zwischen zwei Stoffen. Im heißen Zustand tritt eine unmittelbare Berührung deswegen viel leichter ein, weil die größere Bewegung der Moleküle den Vorgang unterstützt. Bei einer ganz bestimmten Temperatur ist ihre „Wärmeschwingung" gerade eben groß genug, daß ihre Amplitude die Brücke von der einen Seite zur anderen schlägt. Es tritt im Augenblick Kohäsion oder eine chemische Bindung ein, sofern eine solche Beziehung unter den beteiligten Stoffen besteht [*92*]. – Heißes Glas, von einer bestimmten Temperatur ab, vermag infolgedessen an Metall und sonstigen Flächen unter bestimmten Bedingungen zu „haften", „anzupicken", zu „kleben".

Dieses im Betrieb so sehr gefürchtete Kleben des heißen Glases an der Formenwandung kann verschiedene Ursachen haben [*58, 92, 93, 94, 61, 63*]:

a) *Mechanisches Haften* des Glases (Verzahnung) an Unebenheiten, Kratzern, Vertiefungen der Oberfläche der Form und groben Mängeln in deren Politur [*39*]: Es wurde meßtechnisch ermittelt [*68*], daß durch Verwendung von Hochglanz-Schmirgelpapier beim Polieren gegenüber einer rauheren Güte des Schmirgelpapieres die Klebetemperatur unter sonst gleichen Bedingungen sich um 40° erhöhte. Unebenheiten können auch durch ungleiche Oxydschichtbildungen hervorgerufen werden [*39*].

b) *Ungeeignete Schmiermittel*, insbesondere bei Speiserblasmaschinen. Die von den Schmiermitteln abgegebenen Dämpfe setzen durch ihre wärmeisolierende Wirkung die Oberflächentemperatur der Formenwand und auch den Wärmefluß herab und verhindern eine unmittelbare Berührung zwischen Glas und Form; der Reihenfolge nach erhöht sich die Klebetemperatur bei Schmiermitteln auf Wasser-, Öl-, Fett- und Silikonbasis. Dünne, festhaftende Schmierschichten sind erstrebenswert [*39, 68, 71*].

c) *Haftzeit*; kurze Berührungsdauer zwischen Glas und Wand verringert die Gefahr des Klebens.

d) *Anpreßdruck*; Steigerungen desselben verstärken die Neigung zum Kleben, da sie naturgemäß einen innigeren Kontakt zwischen dem Glase und den Gefügebestandteilen der Form zur Folge haben.

e) *Thermische Ursachen*; zu hohe Temperatur der Formen-Innenwand (mangelnde Kühlung) [*92, 58, 93, 94*]. Durch die Bildung von Oxydschichten tritt innen eine Herabminderung der Wärmeableitung des reinen metallischen Werkstoffes auf [*63*]. Stellen, an denen ein Wärmestau auftritt – Formenhaltung, Pegel, Dorn –, neigen infolge einer Erhöhung der Wandtemperatur leicht zum Kleben. Auch dort, wo das Werkstück allseitig vom Glas umgeben ist, z.B. Stempel, Stifte und Dorne, kann der Wärmestau so groß werden, daß hier ein bevorzugtes Kleben eintritt (Abb. 548). Um dem abzuhelfen, hat man solche Teile schon durch Metalle ersetzt, deren Wärmeleitungsvermögen höher liegt, so daß ihre Temperatur die kritische Höhe nicht erreicht. So hat es sich gelegentlich bewährt, diese Teile aus Nickel, Silber oder Kupfer herzustellen und in die übliche Gußform einzubeziehen.

f) *Benetzbarkeit der Formenoberfläche durch Glas, Haften an Metall und Oxydschichten.* Die physikalischen und chemischen Ursachen des Haftens sind heute noch nicht völlig geklärt. Die zahlreichen angestellten Untersuchungen haben mehr orientierenden, auf die Bedürfnisse der Praxis zugeschnittenen Charakter [*61, 68, 95*]. In den Grenzschichten: Glas-Schmiermittel-Formenwand finden Diffusionsvorgänge statt, die zur Bildung chemischer Verbindungen oder Lösungen zwischen Metalloxyd und Glas sowie von Silikaten im Metall führen [*92, 96, 97, 98*]. Die im Glase leichter als Metall löslichen Oxyde sind wegen ihrer mit der Betriebszeit wachsenden Schichtdicke und ihren Unebenheiten an der Formenoberfläche besonders gefährlich. Die sich beim Erhitzen immer bildende Zunderschicht kann durch ungeeignete Schmiermittel verstärkt und aufgebläht werden, aber auch Niederschläge aus der Ofenatmosphäre oder Verdampfungserscheinungen aus der Glasoberfläche – wie z.B. SO_3 oder F_2 – können die Oxydbildung und ihre Struktur störend beeinflussen. Als praktische Erfahrung gilt, daß, solange die Zunder- und Krustenschicht nicht zerstört ist, kein Kleben des Glases auftritt [*93*a].

Abb. 545. Klebestelle am Glas (30 ×)

Mit steigender Oberflächenspannung liegt geringere Neigung zum Kleben vor. Die Oberflächenspannung eines SO_3-haltigen Glases ändert sich kräftig unter der Einwirkung einer oxydierenden (—) und einer reduzierenden (+) Atmosphäre (93 b). Möglicherweise üben Öldämpfe aus der Form auch durch Reduktion eine günstige Wirkung gegen das Kleben aus.

g) *Stoffeigenschaften.* Hinsichtlich des Glases wirkt Erhöhung der Temperatur, Zähigkeit und Oberflächenspannung haftfördernd. Die chemische Zusammensetzung des Formenwerkstoffes, innerhalb der heute üblichen Grenzen, übt praktisch keinen Einfluß aus, hingegen bestimmen Wärmeleitfähigkeit und spez. Wärme des Formenwerkstoffes und dessen Oxydschichten in erheblichem Maße die Höhe der Oberflächentemperatur und damit die Klebegrenze [*93, 61, 63, 39, 59*].

Betrachtet man die Klebestelle des Glases im Reflexphotogramm (Abb. 545), so erweckt es den Eindruck, als ob das Glas von Nadelstichen verletzt worden ist, die dann an den betreffenden Stellen kleine Warzen aus der Oberfläche herausgehoben haben. Auch in Abb. 546 teilt sich die „Klebestelle" bei stärkerer Vergrößerung in mehr oder weniger punktförmige Deformierungen des Glases auf. Die Größe dieser Vertiefungen liegt, an der Oberfläche gemessen, bei etwa 0,01 bis 0,06 mm. Nicht immer ist das Kleben in dieser Weise punktförmig erkennbar, sondern vielfach zeigen sich auch parabelförmige Markierungen (Abb. 547), die außerdem ein Bild über das Fließen des Glases beim Füllen der Form vermitteln [39].

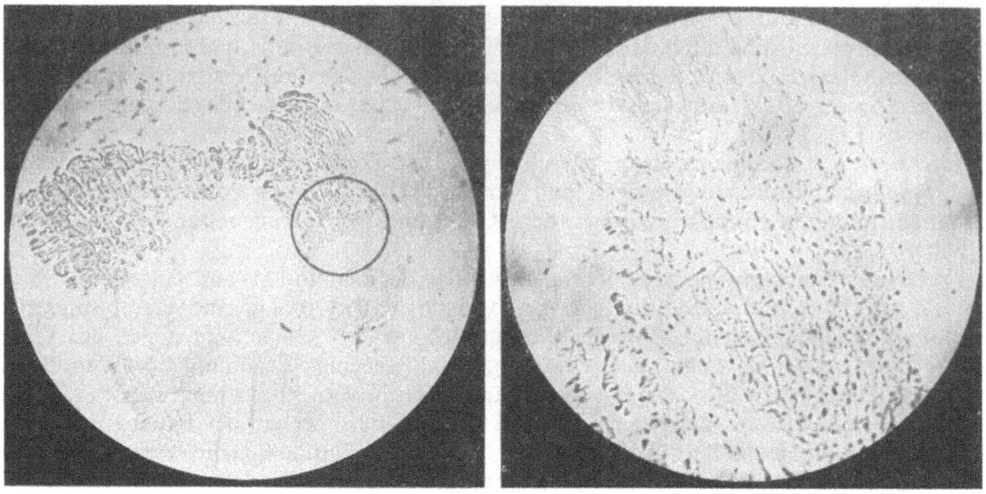

a b

Abb. 546. Klebestelle am Glas: a) (12 ×) von unten rechts nach oben links verlaufende Scharfeinstellung, Übergang im Bereich des kreisförmigen Ausschnittes, b) Ausschnitt aus a) (60 ×). Reflexbilder auf ebener Fläche; Kalk-Natron-Silikat-Glas, Nichromstahl

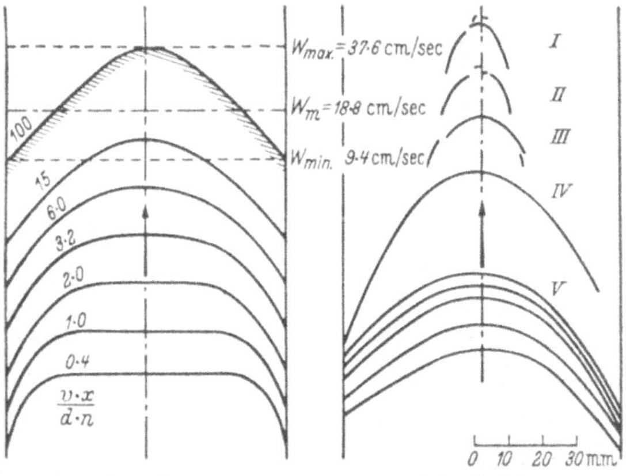

a berechnet b beobachtet

Abb. 547. Fließen des Glases am Einlauf in die Vorform (gefundene Stromfäden auf Flaschenoberflächen)

Ein Beispiel für das Gefüge eines Formengußeisens, das zu Klebeerscheinungen Anlaß gab, zeigt Abb. 548 [63]. Die im Ätzbild sichtbaren hellen Flecken stellen Steadit (Phosphideutektikum) dar, der netzartig über die Formenoberfläche, hier in besonders grober Struktur, verteilt ist. An diesen harten, über die anderen Gefügebestandteile herausragenden Steaditteilchen findet eine Netzung des Glases und ein Haften statt. Allgemein läßt schon das Gefügebild eine gewisse Beurteilung hinsichtlich der Neigung des Werkstoffes zum Kleben zu. – Ein weiteres, wenn auch seltenes Beispiel zeigt Abb. 549: Der Mündungspegel klebt am Glas und zieht ein Teil der inneren Glasschicht beim Hochziehen mit.

3.3 Gesprungene und abgesplitterte Mündungen

Stärkere Rissebildungen während der Formgebung führen schließlich zu Sprüngen und zum Aussplittern, wie sie wiederum bevorzugt bei Blas- und Preßblasmaschinen an Mündungen sowie beim Pressen auftreten. Die Bekämpfung muß sich auf Beobachtung der Glastemperatur (meist zu kalt), der Wärmeableitung durch den Pegel (mögliche Ursachen: kalter Pegel, lange Berührungszeit, große Pegellänge), Blasdruck der Luft und die Kühlung der Mündung richten [4].

3.4 Risse nach der Formgebung, „Schrenkrisse" (thermische Ursachen)

Verhältnismäßig häufig auftretende, manchmal schwer zu bekämpfende Fehler sind feine Risse an den Glasgegenständen, die unmittelbar nach der Formgebung in den Hülsen, Tassen, Rutschen oder beim Transport zum Kühlofen auftreten. Sie sind immer auf stark lokale und plötzlich auftretende Wärmeableitung zurückzuführen; Stoffe mit hoher Wärmeleitfähigkeit und große Temperaturdifferenzen zwischen Glas und berührendem Maschinenteil begünstigen diese Rissebildung.

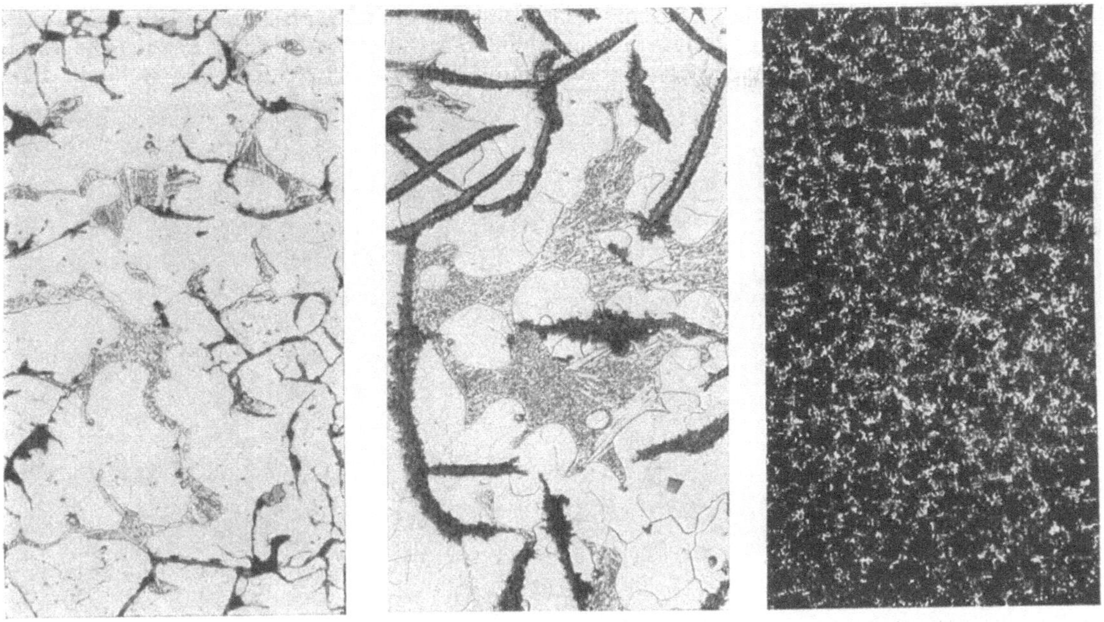

Abb. 548. Gefüge eines Gußeisens mit Klebeerscheinungen. a) Gefüge unter der Preßfläche 150 ×, b) Gefüge in der Mitte der Form 150 ×, c) Steaditnetzung 10 ×

Sie kann auch gefördert werden durch lange Berührungszeiten sowie Unebenheiten der Glasoberfläche, beispielsweise an Formnähten. Ihre Bekämpfung ist oft mühsam: Verwendung geeigneter Werkstoffe, Anbringung von wärmedämmenden Schutzschichten, Änderung der Glas- oder Wandtemperatur, der Berührungszeiten usw.; die Wahl dieser Mittel ist Sache der Erfahrung und – Geduld.

3.5 Bruch, von der Formgebung herrührend

Obwohl nicht unmittelbar hierher gehörend (vgl. Abschnitt Sprung- und Rißbildung), sei doch auf das Auftreten zerbrochener Glasgegenstände oder Teile derselben beim Herausnehmen aus der Form hingewiesen. Ursachen hierfür können kaltes Glas oder kalte Formen, hoher Blasdruck, geringe Maschinengeschwindigkeiten u.a. sein [4]. Dieser Bruch tritt besonders häufig beim Anfahren der Maschinen auf.

Abb. 549. Am Glas klebengebliebener Mündungspegel zog beim Hochgehen die innere Glasschicht mit

4 Homogenität der Glasmasse

4.1 Blasen durch Werkzeuge und Schmiermittel

Ein leicht zu erkennender und zu beseitigender Fehler sind Blasenbildungen, die bei Berührung des Glases mit frischen, unbenützten Werkzeugen und Formen oder auch bei frisch geschmierter Innenseite der Form entstehen. In beiden Fällen vergasen Kohlenstoff oder kohlige Bestandteile, dessen Gase in das Glas diffundieren. Ein Beispiel hierfür zeigte eine Flasche Abb. 532, deren Glas am Schulterteil mit Blasen durchsetzt ist. Pflege und Sauberhaltung der Formteile sowie Verwendung geeigneter Schmiermittel bringen Abhilfe und schränken diese Fehler weitgehend ein (vgl. Ziff. 2.7).

4.2 Blasen durch „Überschlagen“ des Glases während der Formgebung

Eine weitere Ursache der Blasenbildung kann auch das „Überschlagen“ oder „Überlappen“ des Glases sein. Wenn die Kontinuität der Glasmasse beim Fließen gestört wird, können sich ein oder mehrere Stränge bilden, die im Verlauf des Formgebungsprozesses wieder zusammenfließen, dabei Luft einschließen, und im Glas als kleine Blasen sichtbar werden. Ein Beispiel hierfür sind Blasen durch einen mangelhaften Scherenschnitt, wie sie bei Speiserblasmaschinen an der

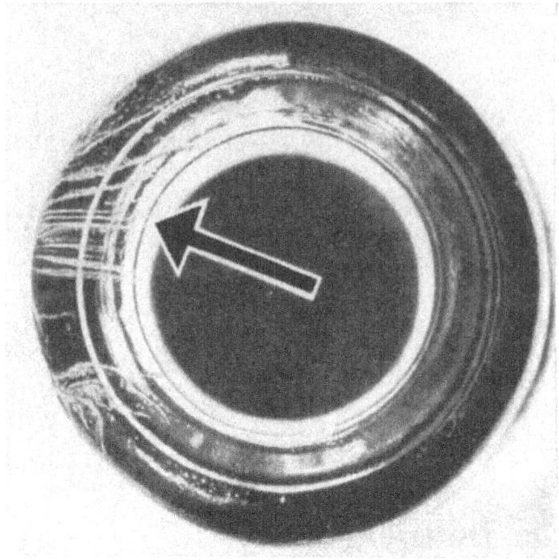

a

b

Abb. 550. Blasenbildung durch „Überschlagen" oder „Überlappen" des Glases während der Formgebung, an Mündung (a) und Boden (b)

Mündung Abb. 550 a und am Boden Abb. 550 b auftreten können. Abb. 553d gibt gleichfalls hierfür ein Beispiel. Auch durch undichte Formnähte oder hervorstehende Formgrate, unter denen sich kleine Luftpolster festsetzen, können leicht Luftblasen in das Glas beim Füllen gelangen; diese weisen nicht selten eine gewisse regelmäßige Anordnung auf.

4.3 Falten

Bei der Verformung des Glases sind oft von den einzelnen Masseteilchen unter der Gewalt äußerer Kräfte weite Wege zurückzulegen, so daß hier die Gefahr von Faltenbildungen an der Oberfläche und von Stauchungen oder Schlierenverwirbelungen besonders groß ist. Beispiele hierfür sind Stauchfalten an einem Preßglasbecher, deren Zustandekommen Abb. 551 zeigt, wobei die Stauwirkung eines kleinen, versteiften, u. U. aus einer „Lederhaut" gebildeten Wulstes den Anlaß gibt, ihn zu umströmen. Dabei wird die vorwärts

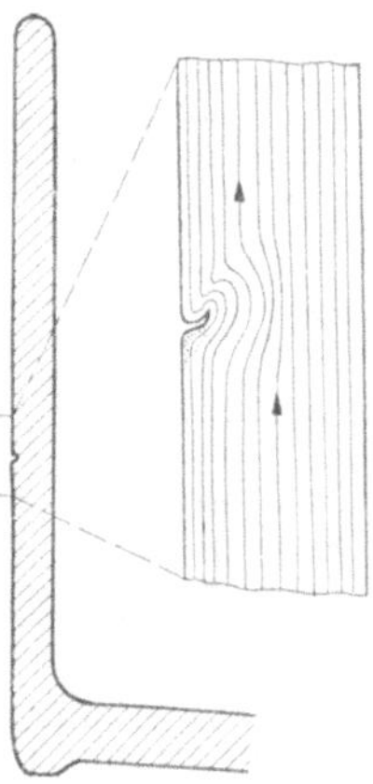

Abb. 551. Stauchfalte an einem Preßglasbecher

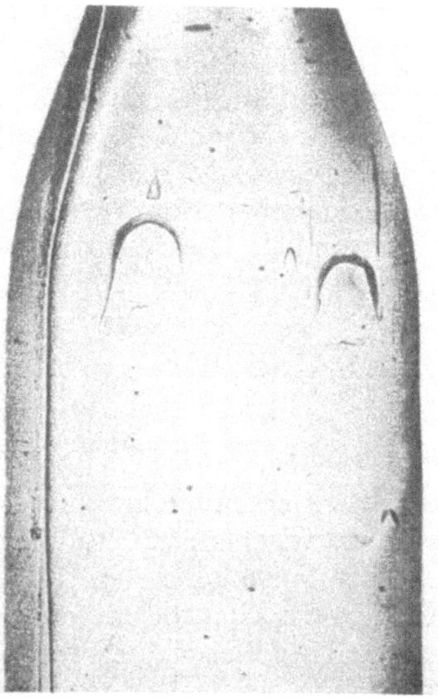

Abb. 552. Zungenförmige Überlappungen

getriebene Masse davon abgehalten, den zunächst entstehenden Hohlraum rückläufig wieder voll auszufüllen. Es hinterbleibt also eine kleine „Fuge". Bei örtlichem Kleben nach erfolgtem Anstoß oder ähnlichen Gründen, können zungenförmige Überlappungen zustande kommen, Abb. 552.

Ein weiteres besonders instruktives Beispiel zeigt Abb. 553, wo erst die mikroskopische Untersuchung ergab, daß keine Risse, sondern Überlappungen vorliegen, bei denen auch Luftbläschen eingefangen werden können. Die Abb. 553a u. b stellen Querschnitte durch den Preßglaskörper dar, während Abb. 553c u. d Oberflächenaufnahmen zeigen, wo Luftblasen eingefangen und wieder eingeschmolzen wurden.

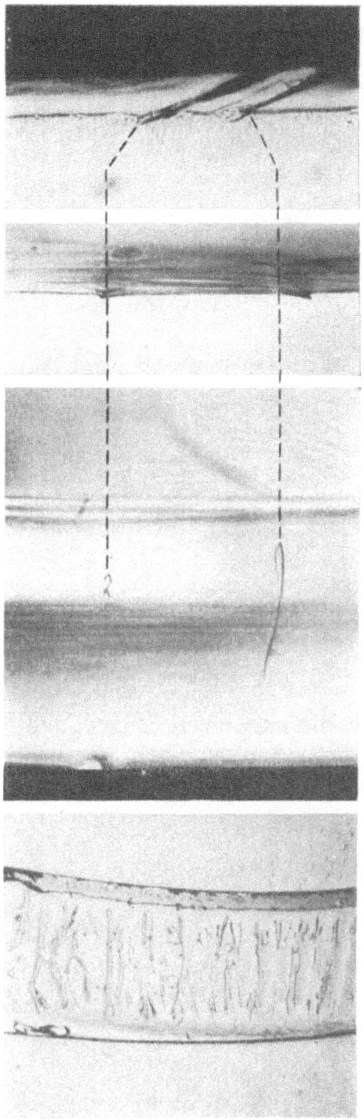

a

b

c

d

Abb. 553. Scheinbare Doppelrisse in der Haut eines Preßblasekörpers. a) Schnitt durch die Wandstärke, mikroskopisch. Die Kerben laufen von hinten her in die auf Bildschärfe eingestellte Schnittfläche hinein. Es zeigt sich deutlich, daß man es mit einer Faltenbildung zu tun hat. b) Ein anderes Paar von Kerben. Auch diese zeigen, daß es sich nicht um echte Risse, sondern um eine Verwerfung handelt. c) Die Fortsetzung der scheinbaren Kerben an dem Gefäßrand zeigt, daß längs der Faltenbildung Luftblasen eingefangen und zugeschmolzen sind. d) Gelegentlich ist eine ganze Doppeltfalte von eingeschlossenen Luftbläschen durchsetzt

4.4 Stauchungen, Schlierenverwirbelungen

Nachdem bekannt ist, daß einerseits in fast jeder zur Verarbeitung gelangenden Glasmasse noch Schlieren (Definition vgl. [99]) vorhanden sind, die andererseits die Gefahr von Spannungen also Festigkeitsminderungen mit sich bringen, müßte also eigentlich jede Art von Glas daraufhin untersucht werden, was die Anordnung der Schlieren im Glaserzeugnis über dessen Formgebungsverlauf aussagt. Es müßten Erhebungen darüber angestellt werden, ob nicht ausgeprägte Grenzflächenbildungen vorhanden sind, oder auftreten, und wie sie sich vermeiden lassen, wenn ihre Ursache bekannt ist. Die Substanzverteilung ist also zu ergänzen durch eine „Eigenschaftsverteilung" der Substanz. W. Eitel hat zuerst [*100*] die Formgebung hinsichtlich ihrer Schlierenanordnung untersucht und darauf hingewiesen, daß Glasbezirke, die einmal, wenn auch nur kurze Zeit, eine freie Oberfläche gebildet haben, schon nicht mehr mit der inneren Glasmasse übereinstimmen. Findet dann später doch eine nachträgliche Einbeziehung einer solchen Fläche in die Glasmasse statt, so ist die Homogenität an sich schon gestört. Tritt dies aber dadurch ein, daß durch stauchende Verknetungen, Überlappungen usw. unnötige „innere" Grenzflächen gebildet werden, so zieht dieser Vorgang auch noch Gefahren nach sich, die sich in der Spannungsverteilung auswirken. Denn die Spannungen sind häufig dem Zuge der Schlieren folgend orientiert und können sich bei Stauchungen zu Spannungsknoten häufen, die besonders schwächend wirken (Abb. 554). Dort, wo ausgesprochene Schichtenbildungen zu-

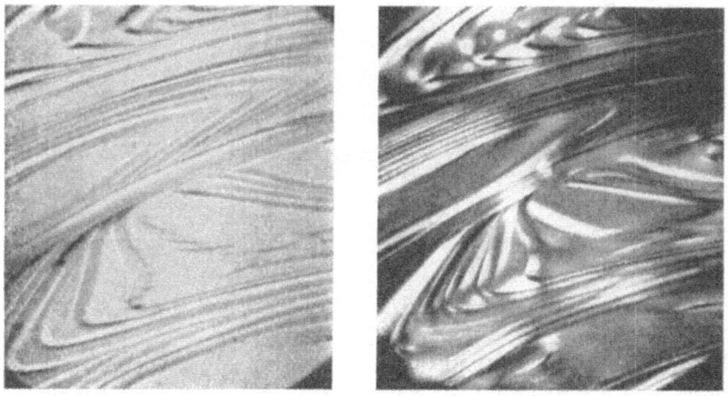

a b

Abb. 554. Stauchungsfalten (a), mit Spannungshöfen (b), pol. Licht

Abb. 555. Spannungshof an einer Schichtbildung

stande kommen, sind entsprechende Spannungshöfe zu erwarten (Abb. 555). Der gesamte Verformungsvorgang läßt sich anschaulich an Hand von Schlierenbildern aus den einzelnen Fertigungsstadien verfolgen, wie es als Beispiel für die Handfertigung eines Ballons in Abb. 556 und

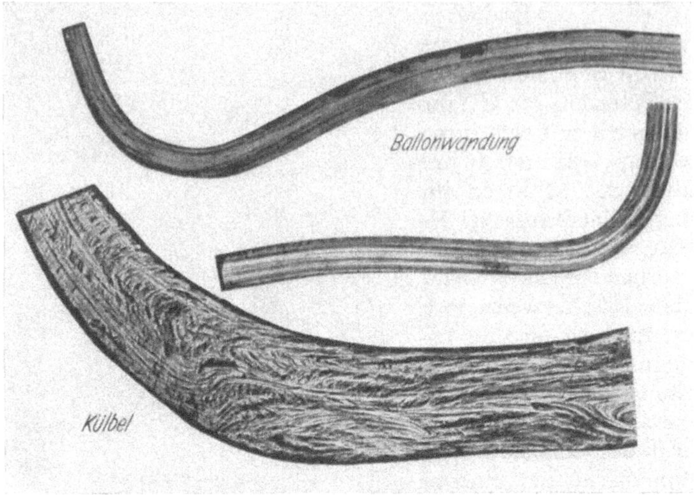

Abb. 556. Schlieren bei der Handfertigung eines Ballons

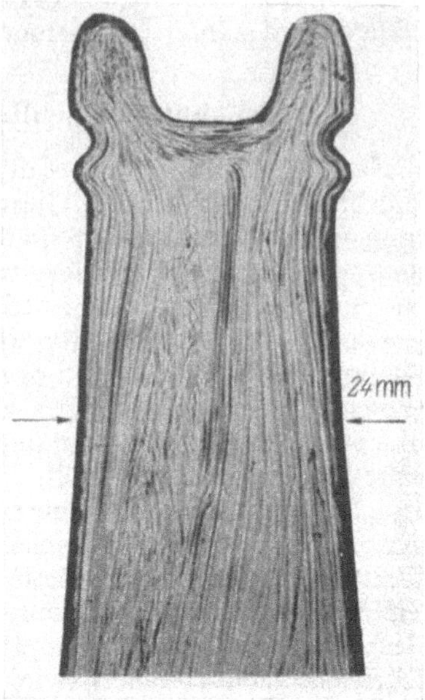

Abb. 557. Schlieren nach dem Saugen

für die maschinelle Erzeugung von Flaschen in den Abb. 557 bis 561 dargestellt ist. Die Randströmung in der Vorform wird – wie Abb. 562 zeigt – sehr stark durch die Wandtemperatur (die damit verbundene Abkühlung des Randglases), weniger entscheidend durch die Rauhigkeit der

Abb. 558. Schlieren nach dem Abschneiden

Wand und die Art des Schmiermittels, beeinflußt. Die Verfolgung der Schlierenanordnung in der Glasmasse während der Verarbeitung kann ein wichtiges Hilfsmittel für die Untersuchung der Verformungsvorgänge und eine mögliche Güteverbesserung sein; eingehende Untersuchungen hierüber sind zur Zeit im Gange.

Ein weiteres, der Praxis entnommenes Beispiel stellt Abb. 563 dar, indem eine Störung der Homogenität über den Querschnitt einer Flasche zu verzeichnen ist, die weniger am Kranz als im Inneren verläuft (oben); ebenso eine Störung in einem Külbel (unten).

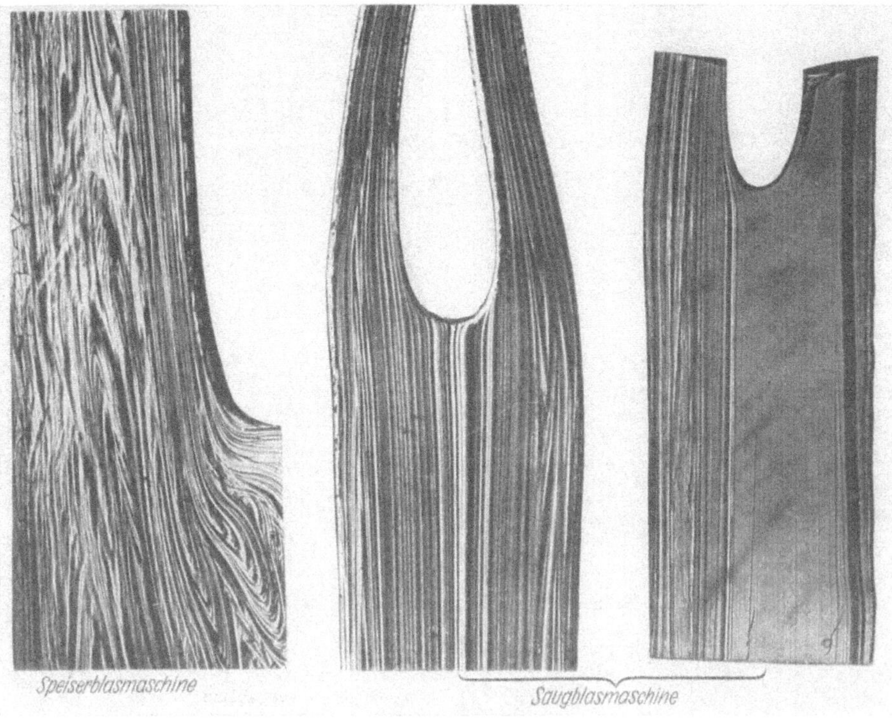

Abb. 559. Schlieren nach dem Vorblasen

Schließlich sei noch auf eine besonders gut sichtbare Art der Verformungsschlieren hingewiesen, die an braunen Flaschen zuweilen als farblose „Ausbrennungen" zu beobachten sind, wodurch der Vorgang der Formgebung dem Auge besonders deutlich wird. Die Ursache der Entstehung einer solchen Farbschliere ist zwar nicht im Verformungsvorgang selbst zu suchen.

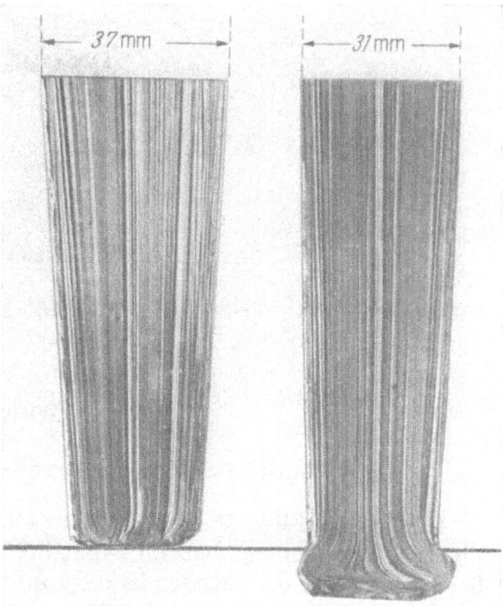

Abb. 560. Schlieren vor und nach dem Zapfenblasen

4.5 Farbstreifen im Glas

Die Temperatur des Glases während der Formgebung und diejenige der Formenwandung, ist im allgemeinen nicht so hoch, daß Verfärbungen bei Berührung eintreten können. Hingegen beobachtet man zuweilen stark ausgeprägte Farbstreifen im fertigen Erzeugnis, die auf Kohle-, Schwefel- oder Eisenfärbung schließen lassen. Ihre Ursachen können herabgefallene Eisensplitter in den Speiser oder die Drehwanne, herabtropfendes Öl an der Saugstelle oder am Plunger, oder Auflösung eines offen liegenden Eisenteilchens aus dem feuerfesten Baustoff von Drehwanne, Speiser, Plunger, Tropfring, Paddel usw. sein. Die Identifizierung ihrer Herkunft ist wegen der zahlreichen, oft schwer zugänglichen Störstellen mühsam.

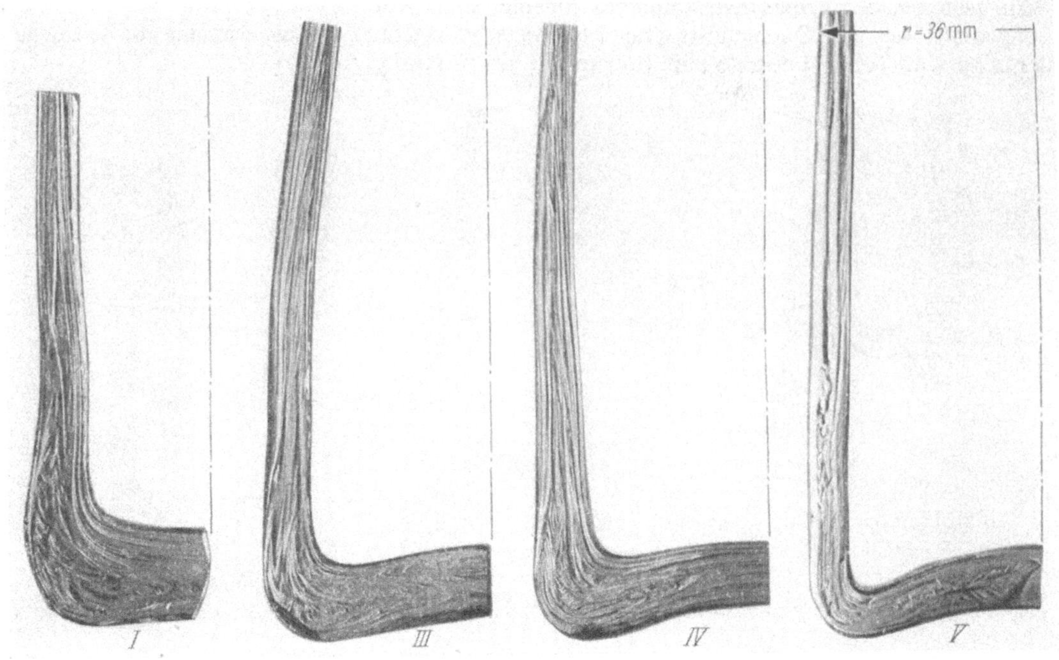

Abb. 561. Schlieren in verschiedenen Stadien des Fertigblasens

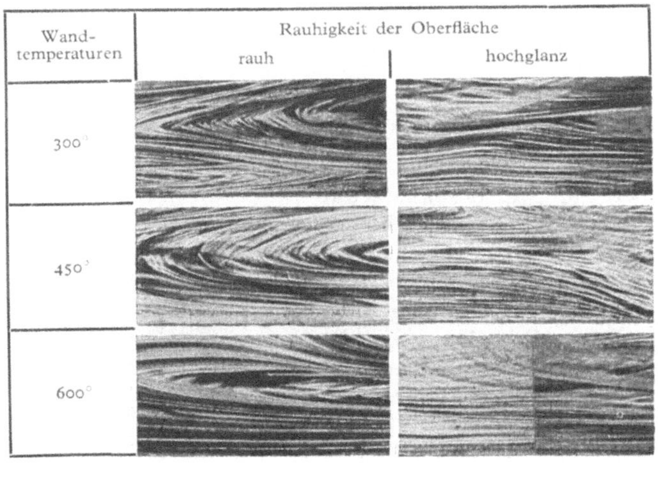

Abb. 562. Einfluß der Formenwandtemperatur und der Wandrauhigkeit auf die Anordnung der Schlieren (Schmierung: Kollagfett) (Maßstab 2 : 1)

5 Wandstärkeverteilung

5.1 Ungleiche Wandstärkeverteilung (Wände, Schulter, Mündung, Boden)

Die gleichmäßige Wandstärke eines Glasgegenstandes ist in jedem Falle eines der vornehmsten Ziele der Formgebung. Nur im Falle „Preßglas" ist sie durch die Formkräfte zwangsläufig bedingt. Bei geblasenen Gegenständen ist das Luftdruckpolster keine starre Formfläche, sondern eine nachgiebige. Es hängt also von der Temperatur- und Substanzverteilung des Glaspostens, im Zusammenhang mit der fortschreitenden Formanpassung ab, ob eine gleichmäßige Substanzverteilung am Erzeugnis erzielt wird oder nicht. Die höchste Kunst in dieser Beziehung haben wohl die alten Röhren- und Tafelglasbläser entwickelt, denen weder eine äußere Begrenzung zur Verfügung stand, noch die Möglichkeit einer geregelten Zuführung ihrer Atemluft durch den Blasedruck in das Innere.

Die maschinelle Herstellung mit Hilfe von Preßluft bedarf einer genauen Abstimmung der genannnten Größen aufeinandcr, wie sie am elegantesten beim DANNER-Röhrenziehverfahren erreicht wurde. Hat sie aber einmal stattgefunden, so liegt sie solange fest, wie die Arbeitsbedingungen gleichbleiben. Anders ist es bei allen Arbeitsgängen, bei welchen der menschliche Anteil an der Formgebung ein größerer ist. Bei der automatischen Herstellung von Flaschen fällt der Vorform die bedeutende Rolle zu, eine einwandfreie Substanzverteilung in der späteren Fertigform so weit in die Wege zu leiten, daß sie unter den gegebenen Arbeitsbedingungen auch tatsächlich erreicht wird. Dabei muß ihr Rauminhalt diesen Erfordernissen natürlich genauestens durch Vorausberechnung angepaßt sein.

Im Gegensatz zur ausgleichend wirkenden Bearbeitung des Glaspostens von Hand läßt die maschinelle Verarbeitung weitaus größere Gegensätze in den Schichten entstehen. Diese können zwar nicht ausgeglichen, aber durch die Vorformen wenigstens in bestimmte Bahnen gelenkt werden. Den Ausgang nimmt die Formung an der Mündung, die darum auch als einziger Teil unter vollem Zwang entsteht. Von hier ab scheiden sich die einzelnen Verfahren nach aufrecht und auf dem Kopf stehenden Vorformen, d. h. nach Saugblas-, Speiserblas-Verfahren, sowie dem Preßblasverfahren für Weithalsgefäße.

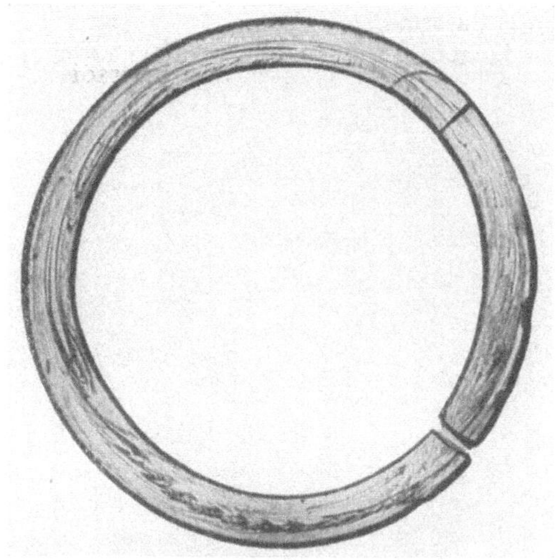

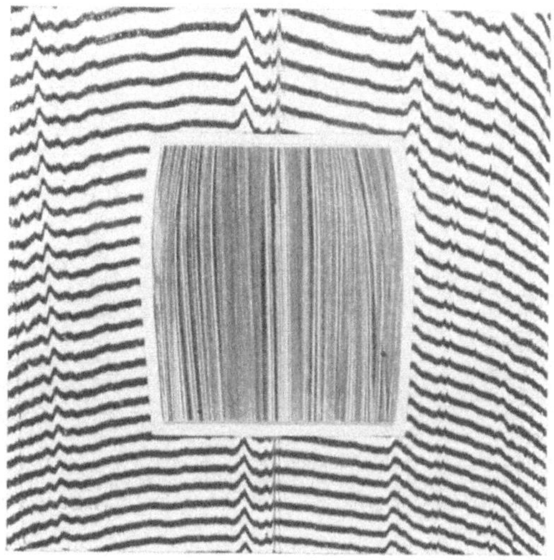

Abb. 563. Oben: Querschnitt durch eine Flasche, Schlierenverwirbelung vorwiegend am inneren Rand; Unten: Schlierenstreifen im Külbel, auch als Interferenzbild (vergr.)

Die Gestaltung der Vorform erfordert noch etwas von dem „Gefühl" für den Werkstoff Glas, wie es die alte Handwerkskunst besaß. Daher lassen sich auch keine allgemeinen Regeln angeben, nach welchen bei der Vielfalt verlangter Flaschenformen das erforderliche Profil der Vorform festzulegen ist, um Gleichmäßigkeit zu erzielen. Hier entscheiden Erfahrung und Versuch. Wertvolle Beiträge zu dieser Frage wurden von ECKERT, RÜHL, WYSS u. SEVERIN [26] zusammengestellt. Die jener Arbeit entnommenen Darstellungen Abb. 564a u. b erlauben es, sich ein Bild zu machen über di fortlaufende Veränderung der Wandstärke und Substanzverteilung im Zuge der Verformung nach verschiedenen Verfahren.

Als formgebende Kräfte wirken die Schwere und der Blasedruck, in Verbindung mit den begrenzenden Formflächen und der Oberflächenspannung, auf die plastische Masse ein, und zwar dort am meisten in gestaltveränderndem Sinn, wo diese ihre Wärme am besten bewahrt hat, d. h. an den dicken Stellen. Die Substanzverteilung im Külbel wirkt also auf diese Weise u. U. weniger vorausbestimmend auf den Dehnungsverlauf während der Formgebung ein, als seine durch den örtlichen Wärmegrad (meist gleichbedeutend mit Massehäufung) bedingte Plastizität. Neben der Profilierung des Külbels tritt also seine Abkühlung (und zwar sowohl im ganzen zur Erzeugung einer beutelförmigen, stützenden Haut als auch im einzelnen zur Bildung zäherer Randzonen) als weiteres Hilfsmittel zur Bestimmung des anschließenden Formverhaltens hinzu. Die Temperaturdifferenz in den Glasschichten ist bei der Formgebung mit innen anliegendem Stempel natürlich stärker ausgeprägt, als bei Luftpolstern.

In besonders hohem Maße sind z. B. die Schulterteile von Gefäßen der Gefahr ausgesetzt, wegen ihrer starken Querschnittsveränderung im Zuge der Verformung nicht genug mit Glas ausgestattet zu werden. Auf die entsprechenden Teile des Glaspostens sind daher die üblichen Mittel der Kühlung mit ihrer verfestigenden Wirkung in verstärktem Maße anzuwenden. Der Grad einer Verformung geschieht auch hier in ausgesprochener Abhängigkeit von der Halsweite und Schulterneigung, wobei im Saugblaseverfahren mit aufrechtstehender Vorform das rechtzeitige

Abstützen des Külbels auf dem Boden wichtig ist, um den Schulterteil vom hängenden Gewicht zu entlasten.

Diejenigen Formteile, die bei radialer Ausbreitung des Külbels zuletzt von der Glasmasse

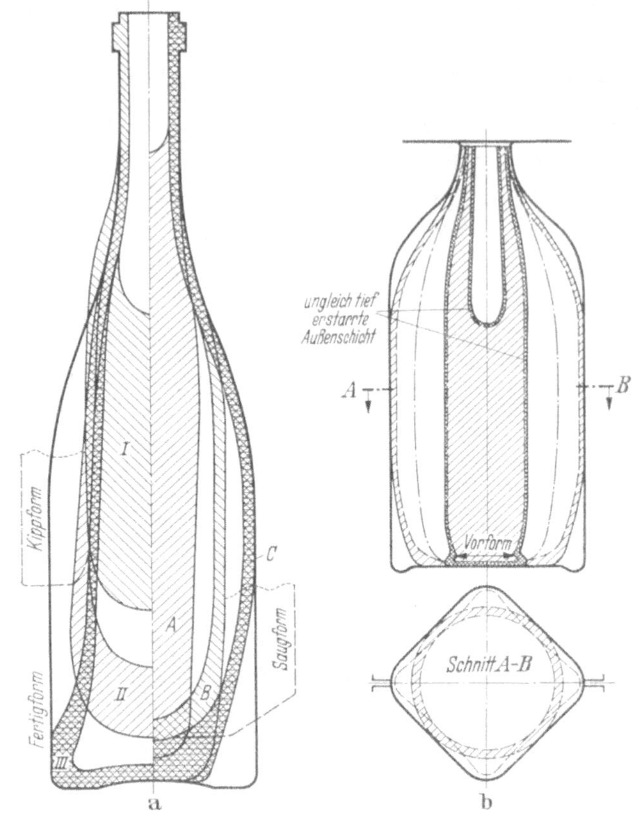

Abb. 564. a) Ausblasestadien beim Speiser- (*I, II, III*) und beim Saug- (*A, B, C*) Verfahren, b) Ausblasestadien einer Flasche aus weichem Weißglas mit scharfem Übergang an der Schulter. (Nach F.A. Bericht d. DGG., Nr. 27)

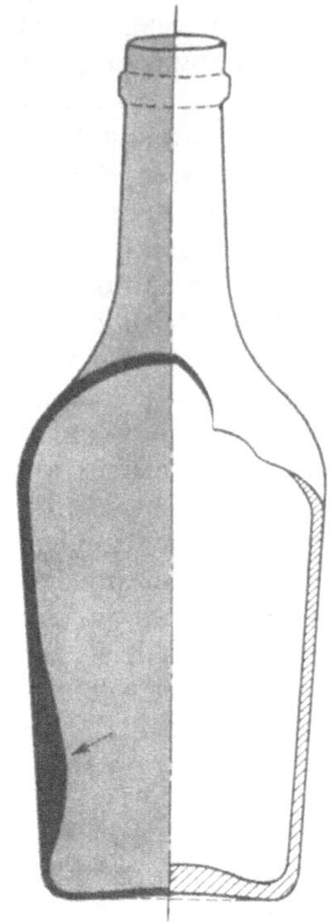

Abb. 565. Ungleichmäßige Stoffverteilung in einer Flaschenwandung. Rechts: Sollzustand. Links: fehlerhafter Istzustand

Abb. 566. Durch verschobene Vorformnaht veränderte Wandstärke in der Bodenecke einer Flasche

erreicht werden (z.B. Kanten eckiger Flaschen, Abb. 564b) leiden oft unter Substanzmangel. Auch hierfür ist nur der örtliche Wärmezustand sowie eine geschickt herbeigeführte Masseverteilung unter Berücksichtigung des örtlichen Wärmeentzuges maßgebend für den Erfolg der Beseitigung höheren Ausfalls. –

Der Glasposten muß seine Wärme so lange bewahren bzw. die Formung hat so schnell zu erfolgen, daß auch die letzten Teile der Form noch gleichmäßig mit Substanz ausgefüllt werden. Friert ein Teil des Postens vorher ein oder „reißt ab", so kommt es zu örtlichen Wulstbildungen, die nach Abb. 565 u. U. so stark ausfallen können, daß es für den weiteren Verlauf der Substanzverteilung, in diesem Fall dem Boden einer Flasche, an ausreichender Masse fehlt. Der Vergleich in Abb. 565 mit der eingezeichneten Hälfte einer vorgeschriebenen Wandstärkenverteilung legt die Unbrauchbarkeit des betreffenden Gegenstandes dar.

Ein besonderes, charakteristisches Beispiel zeigt Abb. 566: Eine unter bestimmten Umständen verschobene Vorformnaht beeinflußt die Ausbildung der Wandstärke in den Bodenecken einer Flasche.

5.2 Abgesetzte Wandstärken

Einen besonderen Fall ungleicher Glasverteilung stellt die sprunghaft abgesetzte Wandstärke dar, wie sie durch gegeneinander versetzte Formenhälften entstehen kann. Die Ursache hierfür liegt in einer gegeneinander ungleichen und verschobenen Lage der beiden Formenhälften in ihrem Maschinenarm und ist leicht zu erkennen.

6 Nahtmarkierungen

6.1 Nahtmarkierung an Mündung und Halsanschluß

Dieser Formfehler ist auf die Formwerkzeuge, ihre genaue Einstellung und Anpassung zueinander und die Relativbewegung der Külbelnähte zur Fertigformnaht zurückzuführen. Zu seiner Vermeidung trägt in erster Linie eine saubere Herstellung der Form, insbesondere ihrer Kanten, dort, wo sie bündig aneinanderstoßen, bei. Die Nähte der Vor- und Fertigform treten am wenigsten in Erscheinung, wenn sie sich möglichst decken. – Vollführt das hängende Külbel bei der Übergabe eine drehende Bewegung, so gleitet die „Naht" aus der geraden Lage und schwenkt seitlich aus dem frisch entstehenden Nahtbild der Fertigform heraus (Abb. 567), so daß überflüssigerweise zwei Nahtbilder, davon eines in besonders unansehnlicher Form, entstehen (vgl. Ziff. 5.1, Abb. 566). Eine genaue Beobachtung der vom

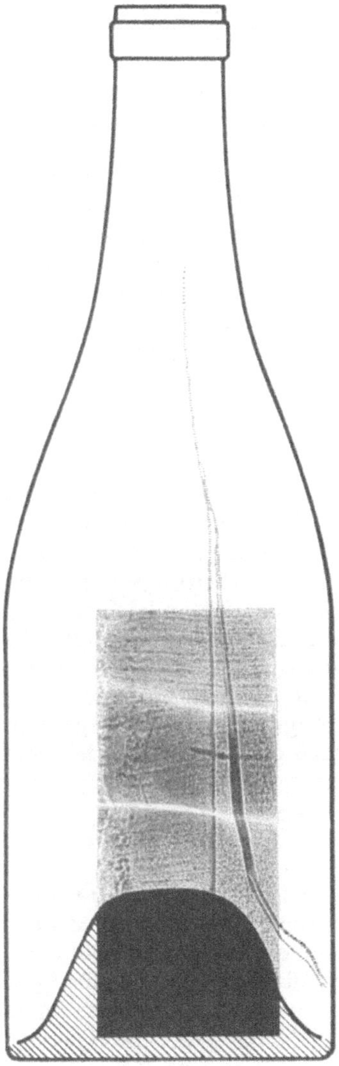

Abb. 567. Form„naht"

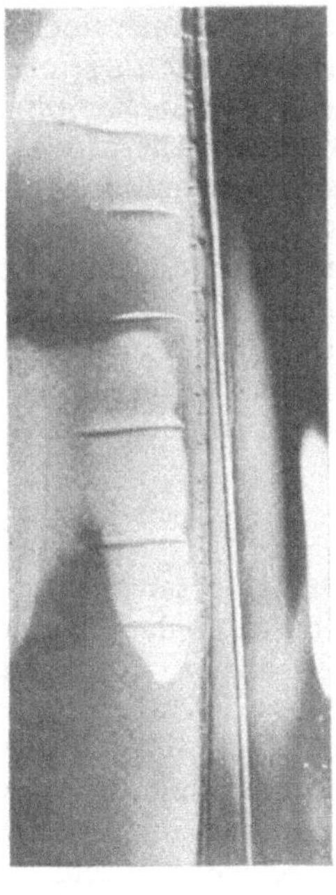

Abb. 568. Grate an der Vorformnaht verursachen beim Füllen punktförmige „Rattermarken" und „Querrisse"

Külbel beschriebenen, unerwünschten Bewegung und dementsprechende Maßnahmen zu ihrer Bekämpfung an dem Gang der Formgebungsmaschine oder Änderung der Glasbeschaffenheit machen im allgemeinen die Beseitigung des Fehlers möglich. Unangenehme und unansehnliche Nahtmarkierungen können auch durch Grate an der Vorformnaht sichtbar werden (Abb. 568). Sie ergeben beim Füllen punktförmige „Rattermarken", die nach dem Öffnen der Vorform nicht selten zu feinen Querrissen führen.

6.2 Scheren- und Messerschnittmarkierungen

Wird die Schnittnaht des Külbels nicht mehr genügend während der Rückerhitzung erwärmt, so bleiben diese Markierungen im Fertigprodukt sichtbar, und zwar beim Speiserverfahren bevorzugt an der Mündung und bei der Saugspeisung am Boden des Gegenstandes. Die Beseitigung dieses Fehlers muß seitens des Schneidwerkzeuges – Schneidwinkel, Schärfe der Schnittkante, Schnittgeschwindigkeit, Schmierung, Wärmeableitung – und gegebenenfalls auch der Wärmeverhältnisse des Glases einsetzen.

7 Gestaltfehler, Gewicht und Inhalt

7.1 Gestaltfehler: nicht fertig geformte Gegenstände („leere" Mündung, mangelhaft ausgeblasene Schulter)

Hinsichtlich der Formgestalt sind grundsätzlich zwei Mängel zu beobachten: nicht fertig geformte Gegenstände und nach dem eigentlichen Formgebungsprozeß wieder deformierte Gegenstände. Der erste Fehler ist insbesondere auf fehlendes Glasgewicht – das zur Verfügung stehende Glas füllt den Hohlraum der Form nicht aus – oder auf mangelhaftes Ausblasen (kaltes Glas, ungeeigneter Preß- oder Blasdruck) zurückzuführen. Die Ränder von gepreßtem Glas, die Mündungen von Flaschen, sowie eingeblasene, erhabene Schriften und Verzierungen, sind für diesen Fehler besonders anfällig. Ein charakteristisches Beispiel für Flaschen, das sinngemäß auch für Hohl- und Preßglas gilt, sind „nicht volle" Mündungen. Infolge zu kalten Glases kann das Volumen der Kopfform nicht voll gesaugt werden, auch kann das Glas nach dem Herausziehen des Pegels noch nicht steif genug sein, so daß es am inneren Rand der Mündung wieder einsackt.

7.2 Gestaltfehler: nach der Formgebung deformierte Gegenstände (schiefer Hals, ausgebuchtete Mündung, Wulst am Hals, unrunde Mündung, ausgesackter Boden)

Nach der Formgebung können noch Deformationen der äußeren Gestalt auftreten, sofern der Glasgegenstand in einem nicht ausreichenden Erstarrungszustand die Form bzw. Maschine verläßt. Auch „eingefallene" Wände komplizierter Formflaschen, wie z. B. der bekannten Bocksbeutelformen, gehören als Fehler hierher. Ihre möglichen Ursachen sind: hohe Verarbeitungstemperatur, heiße Formen, geringe Formenkühlung, hohe Maschinengeschwindigkeit u. a. Besonders gefährdet ist hier, beispielsweise bei Flaschen, der Boden, er kann „aussacken" und seine beabsichtigte Gestalt verlieren. Aber auch die Mündung kann „unrund" werden – ungenügendes Vorblasen, Deformation beim Greifen der heißen Flasche mit der Zange usw. –, sie kann „innen ausbauchen" – zu heißes Glas, geringe Wärmeableitung durch Pegel, geringe Berührungszeit zwischen Pegel und Glas, ungeeignetes Vorblasen, kurze Pegel usw. — Schließlich kann auch das Verwärmen bei nicht genügender Sorgfalt der Flammeneinstellung zu Deformationen führen.

7.3 Maßhaltigkeit

Die genaue Maßhaltigkeit ist weniger bei Preß- und Hohlglas, als bei einem Massenerzeugnis wie Flaschen und Konservenglas eine wichtige Bedingung für die Lieferung. Besonders hohe Anforderungen werden an die Abmessungen der Mündung im Hinblick auf den maschinellen Verschluß und die spätere Dichtheit gestellt. Wohl bei keinem Werkstoff, der im feurig-flüssigem Zustand geformt wird, ist es möglich die hier geforderten Toleranzen von $\pm 0{,}1$ mm ohne nachträgliche Bearbeitung einzuhalten. Für die Standarderzeugnisse sind die Maße in den einschlägigen DIN-Normen mit ihren Abweichungen festgelegt.

Als besonders hartnäckiger Maßfehler, der bei der Flaschenerzeugung auftritt, seien „enge" oder „weite" Mündungen (innerer lichter Durchmesser der Mündung) erwähnt. Seine Beseitigung ist ausschließlich eine Sache praktischer Erfahrung: Bemessung und Gestalt des Pegels, Einstellung der Höhe des Vorblasdruckes und des Saugvakuums sowie Beeinflussung der Intervallzeiten der Fertigung.

7.4 Einheitsgewicht und -inhalt

Bei der Verformung von Gegenständen, die als Gefäße mit definiertem Inhalt dienen und oft auch mit einer entsprechenden Zahlenangabe (Inhaltsangabe, Eichteilung) versehen werden (Trinkgläser, Flaschen, Flakons usw.), wird die Einhaltung desselben am einfachsten durch die

Prüfung ihres Gewichtes kontrolliert. Indem nämlich die äußere Fläche durch die Form gegeben wird, ist in erster Linie die Menge der verarbeiteten Glasmasse von Einfluß auf den verbleibenden Hohlraum (das Fassungsvermögen), da er von der inneren Fläche bestimmt wird. Es hat sich daher bewährt, einen ausgewählten Hundertsatz des Erzeugnisses sofort nach der Verformung in gleichmäßigen Abständen laufend den Weg über eine Waage nehmen zu lassen. Als geeignete Waagen werden Federwaagen, an die der Prüfgegenstand gehängt wird, oder mit Asbest umkleidete Balkenwaagen in den verschiedensten Bauarten verwendet. Diese Gewichtskontrolle muß durch die Prüfung des Inhaltes ergänzt werden, die ebenfalls laufend durch volumetrische Ermittlung des mit Wasser gefüllten Inhaltes erfolgen muß. Die Einhalte der Gewichte allein gewährleistet wegen der möglicherweise eingefallenen oder eingezogenen Wände – insbesondere bei komplizierten Formflaschen – noch keine Sicherheit hinsichtlich der Größe des Inhaltes. Die Bedeutung einer genauen Gewichtseinhaltung liegt für den Glaserzeuger in einem bei zu hohem Gewicht eintretenden Verlust geschmolzenen Glases: Ein um 10 g zu großes Gewicht einer 0,5-l-Flasche bedeutet bei einer Tagesproduktion von 100000 Flaschen den beträchtlichen Verlust von 1000 kg Glas oder etwa 2000 Flaschen (0,5 l)! Der Glasverbraucher hingegen ist insbesondere bei hochwertigem Füllgut an einer genauen Einhaltung des Sollinhaltes wirtschaftlich stärkstens interessiert.

8 Überwachung der Qualität, Betriebskontrolle

Die laufende Prüfung und Überwachung der Güte eines Massenerzeugnisses wie Hohlglas erfordert mehr und mehr Aufmerksamkeit, da die Anforderungen seitens der Abnehmer infolge der Mechanisierung deren Reinigungs- und Füllanlagen, der Güteanforderung an das Füllgut und nicht zuletzt durch die Verbreitung anderer Verpackungsstoffe stetig größer werden. Da es bei einem Massenprodukt nicht möglich ist, jeden einzelnen Gegenstand zu prüfen, muß sowohl der Hersteller als auch der Verbraucher sich auf stichprobenartige Untersuchungen beschränken. Damit wird die Überwachung der Qualität zu einer mathematisch-statistischen Aufgabe, um den Zufall möglichst auszuschalten und den Aussagen eine verläßliche Sicherheit zu verleihen. Die Lehren der Statistik und der Wahrscheinlichkeitsrechnung finden daher in steigendem Maße Eingang in fortschrittlichen Glashütten. Die mathematische Untersuchung kann dabei mehrere Ziele haben: innerbetriebliche Ermittlung des Qualitätsniveaus, Festlegung der Qualitätsgrenzen oder der Lieferbedingungen, Analyse der Häufigkeitsverteilung im Sinne der Großzahluntersuchungen u.a.

Besonderer Erwägungen bedürfen für jede Art der maschinellen Fertigung von Hohlglas die Probeentnahme (zahlenmäßig und zeitlich) und der Umfang der Untersuchungen. Die heute in der Praxis für Flaschen üblichen Verfahren umfassen in erster Linie die Prüfung der Kühlung [*107*], Druckfestigkeit [*104, 105, 107, 108, 109, 118*], Wärmefestigkeit [*107*], äußere Beschaffenheit, Gewicht, Inhalt; daneben werden noch besondere Prüfverfahren benützt.

Im einzelnen muß auf ein gerade in der letzten Zeit entstandenes, umfangreiches Schrifttum hingewiesen werden [*101–118*].

9 Schrifttum

VII. Formfehler

A. Formfehler an Hohl- und Preßglas

[*1*] Dralle-Keppeler: Die Glasfabrikation Bd. 1 u. 2. München 1926 u. 1931.
[*2*] Wendler: Maschinelle Glasverarbeitung, Leipzig 1929.
[*3*] Späte: Weiß-, Hohl- und Geräteglas, Leipzig 1931.
[*4*] Tooley: Handbook of Glass Manufacture, New York 1953.
[*5*] (ohne Verf.Angabe): Homogenität des Glases, ein Begriff, für den der Maßstab fehlt. Sprechsaal Bd. 68 (1935) S. 195.
[*6*] Holland, Preston u. Turner, u. Cords: Surface Condition and the Quality of Glassware. J. Soc. Glass Technol. Bd. 26 (1942) S. 177. Ref. Glastechn. Ber. Bd. 22 (1948/49) S. 413.
[*7*] Ramsauer, R., L. Lehnert, H. Schardin u. A. Smekal: Probleme der Glasqualität (Fachausschuß I). Glastechn. Ber. Bd. 27 (1954) S. 139.
[*8*] Eiff, von, Mauder, Süssmuth u. Wagenfeld: Formgestaltung. F.A. Bericht d. DGG. Nr. 25. Frankfurt a. M. 1933.
[*9*] Pazaurek, Mey, von Eiff u. Weber: Zusammenarbeit der Industrie mit dem Künstler. Glastechn. Ber. Bd. 13 (1935) S. 38.

[10] MAUDER: Die Formgebung des Glases. Sprechsaal 65 (1932) S. 337. Ref. Glastechn. Ber. Bd. 11 (1933) S. 215.
[11] RIEDE, H.: Vorgänge bei der Formgebung der Flaschen. F.A. Referat vom 5. 4. 1955 (Fachausschuß IV). Glastechn. Ber. Bd. 28 (1955) S. 288.
[12] WILLE, R.: Über Nicht-NEWTONsche Flüssigkeiten. F.A Referat vom 5. 4. 1955 (Fachausschuß IV). Glastechn. Ber. Bd. 28 (1955) S. 288.
[13] GASTEW, J. A. u. E. G. FROLOWA: Über die Bewegung des Glases in den Formen während des Pressens (orig. russ.). Steklo i Keram. Bd. 10 (1953) Nr. 6 S. 8. Ref. Glastechn. Ber. Bd. 28 (1955) S. 321.
[14] GIEGERICH, W.: Wärmetechnische Probleme der Gestaltung von Glasformen. Glastechn. Ber. Bd. 23 (1950) S. 161.
[15] SCHRECK, C.: Beitrag zur Ermittlung des Wärmeflusses in den Wänden von Glasformen. Glastechn. Ber. Bd. 28 (1955) S. 359.
[16] TRIER, W.: Temperaturmessungen in Glasformen. Glastechn. Ber. Bd. 28 (1955) S. 336.
[17] WILLE, R.: Methoden der Formenkühlung an Glasverarbeitungsmaschinen. Glastechn. Ber. Bd. 28 (1955) S. 351.
[18] GENZEL, L.: Messungen der Ultrarot-Absorption von Glas zwischen 20 und 1360 °C. Glastechn. Ber. Bd. 24 (1951) S. 55.
[19] NEUROTH, N.: Der Einfluß der Temperatur auf die spektrale Absorption von Gläsern in Ultrarotem. Glastechn. Ber. Bd. 25 (1952) S. 242; Bd. 26 (1953) S. 66.
[20] CZERNY, M. u. L. GENZEL: Über die Eindringtiefe räumlich diffuser Strahlung in Glas. Glastechn. Ber. Bd. 25 (1952) S. 134.
[21] CZERNY, M. u. L. GENZEL: Energiefluß und Temperaturverlauf im Glasbad ... Glastechn. Ber. Bd. 25 (1952) S. 387.
[22] GENZEL, L.: Zur Berechnung der Strahlungsleitfähigkeit der Gläser. Glastechn. Ber. Bd. 26 (1953) S. 69.
[23] CZERNY, M., L. GENZEL u. G. HEILMANN: Über den Strahlungsstrom im Innern von Glaswannen. Glastechn. Ber. Bd. 28 (1955) S. 185.
[24] EITEL, W. u. B. LANGE: Über eine einfache Methode zur Bestimmung des Strahlungsvermögens von Gläsern. Glastechn. Ber. Bd. 10 (1932) S. 78.
[25] BOOW, J. u. W. E. S. TURNER: The viscosity and working characteristics of glass. I. Teil. J. Soc. Glass Technol. Bd. 26 (1942) S. 215. Ref. Glastechn. Ber. Bd. 25 (1952) S. 115. – II. Teil Bd. 27 (1943) S. 94. Ref. Bd. 24 (1951) S. 161. – III. Teil Bd. 27 (1943) S. 207. Ref. Bd. 22 (1948/49) S. 265. – IV. Teil Bd. 29 (1945) S. 199. Ref. Bd. 24 (1951) S. 163. – V. Teil Bd. 29 (1945) S. 233. Ref. Bd. 24 (1951) S. 162.
[26] ECKERT, F., H. RÜHL, A. WYSS u. H. SEVERIN: Die Gestaltung der Vorform von Glasblasmaschinen. F.A. Bericht d. DGG. Nr. 27, Frankfurt a. M. 1933.
[27] DIETZEL, A.: Färbungen grüner Flaschengläser und Einfluß der Farbe auf die Verarbeitbarkeit. Glastechn. Ber. Bd. 17 (1939) S. 303.
[28] GÜNTHER, R., W. GIEGERICH u. L. GENZEL: Vorgänge bei der maschinellen Fertigung von Flaschen. Fachausschuß IV. Glastechn. Ber. Bd. 27 (1954) S. 356.
[29] EITEL, PIRANI u. SCHEEL: Glastechn. Tabellen, Berlin 1932.
[30] KEPPELER u. KÖRNER: Über einige wichtige Eigenschaften der Flaschengläser. Sprechsaal Bd. 67 (1934) S. 607, 623, 640. Ref. Glastechn. Ber. Bd. 13 (1935) S. 130.
[31] MÜLLENSIEFEN u. ENDELL: Zähigkeitsmessungen an technischen Gläsern und ihre Bedeutung für die Wirtschaftlichkeit der maschinellen Formgebung. Glastechn. Ber. Bd. 11 (1933) S. 161.
[32] TIELSCH u. ENDELL: Über Temperatur-, Zähigkeits-Beziehungen dünnflüssiger Gläser. Glastechn. Ber. Bd. 12 (1944) S. 84.
[33] (ohne Verf.Angabe): Die Verarbeitungseigenschaften des Weißhohlglases. Glashütte Bd. 62 (1932) S. 145. Ref. Glastechn. Ber. Bd. 10 (1932) S. 654.
[34] BABILLE: Sur la façon dont se comporte le verre pendant le travail. Ceram. et Verr. 1932 S. 15. Ref. Glastechn. Ber. Bd. 10 (1932) S. 654.
[35] JAECKEL: Die Bedeutung der Molekularkräfte für die Glasbearbeitung. Glastechn. Ber. Bd. 12 (1934) S. 413.
[36] KEPPELER u. ALBRECHT: Zur Kenntnis der Oberflächenspannung von Gläsern. Glastechn. Ber. Bd. 18 (1940) S. 201, 236, 275.
[37] DIETZEL: Praktische Bedeutung und Berechnung der Oberflächenspannung von Gläsern, Glasuren und Emails. Sprechsaal Bd. 75 (1942) S. 82. Ref. Glastechn. Ber. Bd. 20 (1942) S. 119.
[38] JEBSEN-MARWEDEL: Anhängigkeit der Oberflächenspannung des Glases von oxydierender und reduzierender Atmosphäre – eine Folge „ambulanten" SO_3-Gehaltes. Glastechn. Ber. Bd. 28 (1955) S. 161.
[39] GIEGERICH: Die Oberfläche der Formenwand und ihr Einfluß auf die Strömung des Glases. Glastechn. Ber. Bd. 26 (1953) S. 333.
[40] ELLEFSON u. TAYLOR: Surface properties of fused salts and glasses. J. Amer. ceram. Soc. Bd. 21 (1938) S. 193, 205. Ref. Glastechn. Ber. Bd. 17 (1939) S. 55.
[41] JEBSEN-MARWEDEL, H., F. KERKHOF u. F. WEFER: Das Wahrnehmungsvermögen des menschlichen Auges und seine Beziehungen zur optischen Qualität des Glases. Glastechn. Ber. Bd. 25 (1952) S. 417.
[42] SCHMALTZ, G.: Technische Oberflächenkunde. Berlin: Springer 1936.
[43] GEILMANN, W. u. G. TÖLG: Verwendung des Lackabdruckverfahrens zur mikroskopischen Untersuchung von Glasoberflächen. Glastechn. Ber. Bd. 28 (1955) S. 299.

[44] JEBSEN-MARWEDEL, H.: Beschaffenheit der Oberflächen von marktfähigen Gläsern verschiedener Herstellung. F.A. Bericht d. DGG. Nr. 44, Frankfurt a. M. 1938.
[45] OBERLIES, F. u. A. DIETZEL: Die Beschaffenheit von Preßglasoberflächen. Glastechn. Ber. Bd. 17 (1939) S. 45.
[46] HAUSER, F.: Zur Prüfung von Preßglasoberflächen mit dem Mikroskop zur Oberflächenprüfung nach Professor SCHMALTZ. Zeiß-Nachr. Bd. 4 (1941) S. 82. Ref. Glastechn. Ber. Bd. 20 (1942) S. 21.
[47] HAUSER, F.: Über die Struktur von Preßglasoberflächen. Zeiß-Nachr. Bd. 3 (1940) S. 249, 255. Ref. Glastechn. Ber. Bd. 19 (1941) S. 17.
[48] SCHILD, A.: Erzielung glatter Oberflächen beim Walzen von Glastafeln. F.A. Bericht d. DGG. Nr. 9, Frankfurt a. M. 1927.
[49] REIL, J. u. W. LERCH: Beitrag zur Messung der Optik an Tafelgläsern. Glastechn. Ber. Bd. 18 (1940) S. 113.
[50] DINGER, K.: Optische Prüfung von Tafelglas mit einem SCHARDIN-Gerät. Glastechn. Ber. Bd. 27 (1954) S. 287.
[51] ZSCHIMMER, HESSE u. MEURES: Über die Ursachen der Gefrierrisse und Runzeln (Wellen) des Preßglases. Sprechsaal Bd. 58 (1925) Nr. 12–14. Ref. Glastechn. Ber. Bd. 3 (1925/26) S. 342.
[52] GHERING u. TURNBULL: Scratching of glass by metals. Bull. Amer. ceram. Soc. Bd. 19 (1940) S. 290. Ref. Glastechn. Ber. Bd. 19 (1941) S. 132.
[53] PRESTON: Resistance of bottles to abuse. Glass-Ind. Bd. 23 (1942) S. 217. Ref. Glastechn. Ber. Bd. 22 (1948/49) S. 148.
[54] ROLL: Beitrag über die Entstehung einer narbigen Oberfläche im Preßglas. Glastechn. Ber. Bd. 15 (1937) S. 427.
[55] OBERLIES u. DIETZEL: Verzunderung von Gußeisenoberflächen und deren Abdruck im Glas. Glastechn. Ber. Bd. 16 (1938) S. 283.
[56] OBERLIES: Weitere Versuche über das Formenproblem und über den Abdruck der Formenoberfläche im Glase. Glastechn. Ber. Bd. 17 (1939) S. 166.
[57] BORNHOFEN, O.: Grauguß als Werkstoff für Glasformen. Glastechn. Ber. Bd. 12 (1934) S. 339.
[58] SIMON, R.: Werkstoffe für Glasformenvorrichtungen. F.A. Bericht d. DGG. Nr. 11. Frankfurt a. M. 1928.
[59] HENGSTENBERG, O., H. MÜLLER u. F. STÄBLEIN: Über Glasformen aus Sonderstahl sowie den Wärmefluß in solchen und in Glasformen überhaupt. F.A. Bericht d. DGG. Nr. 31. Frankfurt a. M. 1934.
[60] VANICK, J. S.: Metallurgical analysis of glass mold cast irons. Glass-Ind. Bd. 19 (1938) S. 263, 308. Ref. Glastechn. Ber. Bd. 16 (1938) S. 413.
[61] OBERLIES, F. u. A. DIETZEL: Metallische Werkstoffe für die Glasverarbeitung und Untersuchungen an Formenguß. Glastechn. Ber. Bd. 24 (1951) S. 79.
[62] PIWOWARSKY, E.: Hochwertiges Gußeisen. 2. Aufl. Berlin-Göttingen-Heidelberg: Springer 1951, S. 735, 1022. Ref. Glastechn. Ber. Bd. 26 (1953) S. 52.
[63] GIEGERICH u. OBERLIES: Formenwerkstoffe und Vorgänge in Glasformen. I. Teil. Eigenschaften der Werkstoffe und Anforderungen im Betrieb. Glastechn. Ber. Bd. 26 (1953) S. 355.
[64] ILLIG, K.: Elektrolytische Verchromung von Glasformen und Walzenmaterialien. Glastechn. Ber. Bd. 5 (1927/28) S. 241.
[65] BIRETT, W.: Die elektrolytische Verchromung von Metallen. Z. Metallkde. Bd. 21 (1929) S. 372. Ref. Glastechn. Ber. Bd. 13 (1935) S. 180.
[66] ohne Verf.Angabe): Chromium diffusion of glass moulds. Glass Bd. 30 (1953) S. 466. Ref. Glastechn. Ber. Bd. 28 (1955) S. 75.
[67] (ohne Verf.Angabe): Chemical cleaning of molds. Glass-Ind. Bd. 17 (1936) S. 47. Ref. Glastechn. Ber. Bd. 14 (1936) S. 267.
[68] DOWLING, FAIRBANKS u. KOEHLER: A study of the effect of lubricants on the adherence of molten glass to heated metals. J. Amer. ceram. Soc. Bd. 33 (1950) S. 269. Ref. Glastechn. Ber. Bd. 25 (1952) S. 158.
[69] CTYROKY: Probleme der Formenschmierung in der Glasindustrie. Sklarske wzhledy Bd. 18 (1941) S. 3. Ref. Glastechn. Ber. Bd. 19 (1941) S. 274.
[70] MAHONEY, T. J.: Silicones in the industry – a progress report. (Silikone in der Glasindustrie.) Glass-Ind. Bd. 36 (1955) S. 316. Ref. Glastechn. Ber. Bd. 28 (1955) S. 492.
[71] BOTWINKIN u. MARININA: Grafithaltige Formenschmieren und ihre Anwendung in der Glastechnik. Stekoln. Prom. Bd. 16 (1940) S. 13. Ref. Glastechn. Ber. Bd. 19 (1941) S. 70.
[72] (ohne Verf.Angabe): Mold – smoking speeds glass bottle output. Ceram. Ind. Bd. 55 (1950) S. 76. Ref. Glastechn. Ber. Bd. 25 (1952) S. 158.
[73] GOODING: Mold – cleaning by the vapour blast process. J. Soc. Glass Technol. Bd. 34 (1950) S. 101. Ref. Glastechn. Ber. Bd. 24 (1951) S. 278.
[74] CTYROKY u. FANDERLIK: Einige bei der Glaserzeugung vorkommende charakteristische Fehler. Sklár. Rozhl. Bd. 17 (1940) S. 111. Ref. Glastechn. Ber. Bd. 19 (1941) S. 132.
[75] JONES: Lantent milling marks on glass. J. Amer. ceram. Soc. Bd. 29 (1946) S. 108. Ref. Glastechn. Ber. Bd. 22 (1949) S. 373.
[76] (ohne Verf.Angabe): Fehlerquellen bei der Grundstruktur von Schleifmustern auf Glas. Sprechsaal Bd. 87 (1954) S. 299. Ref. Glastechn. Ber. Bd. 28 (1955) S. 77.
[77] HÜBLER: Fehler bei der Veredelung des Hohlglases. Glastechn. Ber. Bd. 17 (1939) S. 129, 171.
[78] (ohne Verf.Angabe): Unterscheidung von Kristallgläsern. Dtsch. Glaser-Ztg. Nr. 20, 20. Okt. 1942 S. 5.

[79] Bezeichnungsvorschriften des Reichsausschusses für Lieferungsbedingungen beim Reichskuratorium für Wirtschaftlichkeit (RAL) N. 520A u. 520A2.
[80] ECKERT: Verwärmen und Feuerpolitur. Glastechn. Ber. Bd. 12 (1934) S. 259; Bd. 13 (1935) S. 38.
[81] WOYTACEK: Lehrbuch der Glasbläserei, Wien 1932.
[82] TRIER, W.: Temperatur- und Spannungsverhältnisse beim Absprengen von Glas. Glastechn. Ber. Bd. 27 (1954) S. 164.
[83] ZSCHIMMER: Der Kohäsionspunkt, eine neue Konstante des Glases. Silikat-Z. 1914, S. 129.
[84] SPÄTE: Anforderungen an die in der Elektroindustrie verwendeten Gläser. Glastechn. Ber. Bd. 10 (1932) S. 521.
[85] HONIGMANN: Die Druck-, Zug- und Schubkräfte im Glase bei Glas–Metall-Verschmelzungen. Glastechn. Ber. Bd. 12 (1934) S. 372.
[86] SPÄTE: Untersuchungen von Glas im polarisierten Licht. Glastechn. Ber. Bd. 2 (1924) S. 1.
[87] FICHER: Verschmelzen von Glasteilen. Glastechn. Ber. Bd. 9 (1931) S. 204.
[88] THOMAS: Über das Verhalten von Gläsern beim Verarbeiten vor der Lampe. Glastechn. Ber. Bd. 14 (1936) S. 341.
[89] ZSCHACKE: Über die Abhängigkeiten verschiedener Eigenschaften des Glases, vornehmlich des Rauhwerdens vor der Lampe, von der chemischen Zusammensetzung. Sprechsaal Bd. 69 (1936) S. 310. Ref. Glastechn. Ber. Bd. 15 (1937) S. 151.
[90] MICKLEY u. THOMAS: Über die maschinelle Herstellung dünnwandiger Hohlglaskörper aus Rohr. Glastechn. Ber. Bd. 26 (1953) S. 197.
[91] ENSS: Das „Blasen“ des Glases bei der Weiterverarbeitung vor der Flamme. Glastechn. Ber. Bd. 14 (1936) S. 255.
[92] DIETZEL, A.: Reaktion und Haftung zwischen Glas und Metall beim Verschmelzen. Glastechn. Ber. Bd. 24 (1951) S. 263.
[93a] HENGSTENBERG: Kleben des Glases an der Form. Glastechn. Ber. Bd. 10 (1932) S. 464.
[93b] JEBSEN-MARWEDEL, H.,: Abhängigkeit der Oberflächenspannung des Glases von oxydierender und reduzierender Atmosphäre – eine Folge „ambulanten“ SO_3-Gehaltes. Glastechn. Ber. 28 (1955) Nr. 4 S. 161.
[94] ROLL: Kleben von Glas an Glasformen. Glastechn. Ber. Bd. 16 (1938) S. 284.
[95] KAPNICKY, FAIRBANKS u. KOEHLER: Study of adherence of molten glass to heated metals. J. Amer. ceram. Soc. Bd. 32 (1949) S. 305. Ref. Glastechn. Ber. Bd. 25 (1952) S. 88
[96] WEYL: The replacement of oxygen in glass and its effect of adherence. Glass-Ind. Bd. 23 (1942) S. 135, 152. Ref. Glastechn. Ber. Bd. 22 (1948/49) S. 140.
[97] WEYL: Adhesion to glass. Glass-Ind. Bd. 26 (1945) S. 557, 574. Ref. Glastechn. Ber. Bd. 23 (1950) S. 82.
[98] MARBOE, SMILEY u. WEYL: Some adhesion phenomena involving glasses, metals and fused salts and their interpretation. J. Soc. Glass Technol. Bd. 32 (1948) S. 264 Ref. Glastechn. Ber. Bd. 24 (1951) S. 306.
[99] DIETZEL, A.: Was ist eine Schliere? Definitionsvorschlag. Glastechn. Ber. Bd. 28 (1955) S. 284.
[100] EITEL, W.: Studien über die Strömungsvorgänge bei der vollautomatischen Glasverarbeitung im OWENS-Prozeß. Glastechn. Ber. Bd. 10 (1932) S. 121, 469. – Studien über die Strömungsvorgänge bei der vollautomatischen Glasverarbeitung im Feeder- und Kipp-Prozeß. Glastechn. Ber. Bd. 11 (1933) S. 201. – Studien über die Strömungsvorgänge bei der vollautomatischen Glasverarbeitung zu Flaschen im Feeder-Prozeß mit der Owens Bottle Co.-Maschine. Glastechn. Ber. Bd. 12 (1934) S. 222.
[101] (ohne Verf.Angabe): Tentative method of sampling of glass containers. A.S.T.M. Standards on glass and glass products. Comm. C 14. Mai 1950. C 224 T. S. 352. Ref. Glastechn. Ber. Bd. 24 (1951) S. 22.
[102] PRESTON, W.: The meaning of testing procedures. Glass-Ind. Bd. 22 (1941) S. 23. Ref. Glastechn. Ber. Bd. 22 (1948/49) S. 152.
[103] TOULOUN, J.: Statistical quality control in the glass container industry – past, present and future. Bull. Amer. ceram. Soc. Bd. 32 (1953) S. 339. Ref. Glastechn. Ber. Bd. 27 (1954) S. 433.
[104] DAEVES, K.: Großzahl-Untersuchungen in der Glasindustrie am Beispiel einer Untersuchung der Berstfestigkeit von Flaschen. Glastechn. Ber. Bd. 22 (1948/49) S. 397.
[105] SIGWART, H.: Zur Innendruckprüfung von Glasflaschen. Glastechn. Ber. Bd. 25 (1952) S. 276.
[106] TOULOUSE, J.: Quality control for glass containers. Glass Packer Bd. 31 (1952) S. 727, 744. Ref. Glastechn. Ber. Bd. 26 (1953) S. 289.
[107] Standard-Methoden der Amerikanischen Gesellschaft für Materialprüfungen, hydrostatische Druckprüfung, Prüfung im Polariskop, Wärmestoßprüfung. A.S.T.M. C 147–43, C 148–43 und C 149–43. Ref. Glastechn. Ber. Bd. 22 (1948/49) S. 193.
[108] LEHNERT, L.: Zum Innendruckprüfverfahren von Flaschen. Glastechn. Ber. Bd. 28 (1955) S. 259.
[109] LEHNERT, L.: Zur Kenntnis der Innendruckprüfung. Glastechn. Ber. Bd. 28 (1955) S. 380.
[110] LINDER, A.: Statistische Methoden für Naturwissenschaftler, Mediziner und Ingenieure. Basel 1951. Ref. Glastechn. Ber. Bd. 27 (1954) S. 28.
[111] GRAF, U. u. H. J. HENNING: Formeln und Tabellen der mathematischen Statistik. Heidelberg 1953. Ref. Glastechn. Ber. Bd. 27 (1954) S. 28.
[112] GRAF, U.: Statistische Methoden in der Technik. Z. VDI Bd. 96 (1954) S. 842. Ref. Glastechn. Ber. Bd. 28 (1955) S. 404.

[113] KLEIN, H.: Die Grundlagen moderner statistischer Auswertverfahren mit Bezug auf die Probenahme. Arch. Eisenhüttenw. Bd. 24 (1953) Nr. 1/2, S. 11. Ref. Glastechn. Ber. Bd. 28 (1955) S. 280.
[114] JAHNS, H.: Die Brauchbarkeit mathematischer Verfahren bei der Probenahme nach Ausschaltung einseitiger Fehler. Arch. Eisenhüttenw. Bd 24 (1953) Nr 1/2, S 21. Ref. Glastechn. Ber. Bd. 28 (1955) S. 280.
[115] MEYER, T. R., J. H. ZAMBRONE u. F. L. CURCIO: Application of statistical quality control in glass fabrication. Glass-Ind. Bd. 34 (1953) S. 539. Ref. Glastechn. Ber. Bd. 28 (1955) S. 281.
[116] WAGNER, G.: Technische Statistik bei der Fertigungsüberwachung. Z. VDI Bd. 96 (1954) S. 847. Ref. Glastechn. Ber. Bd. 28 (1955) S. 401.
[117] STERGION, A. P.: Statistical quality control in glass manufacture. Glass-Ind. Bd. 35 (1954) S. 539, 574, 576. Ref. Glastechn. Ber. Bd. 28 (1955) S. 401.
[118] LEHNERT, L. H.: Innendruckfestigkeit bei unrunden Flaschen in Abhängigkeit von der Flaschenform. F.A. Referat vom 6. 4. 1955. Glastechn. Ber. Bd. 28 (1955) S. 286.

B. Formfehler an Flachglas

von W. PRINZ, Witten/Ruhr

1 Einleitung

Die gänzlich verschiedenen Aufgaben, die Hohlgläser einerseits und Flachgläser andererseits zu erfüllen haben, erfordern wegen der unterschiedlichen Bewertung von Mängeln eine getrennte Behandlung ihrer Fehler. Wenn auch vielfach die gleichen Erscheinungen (in der Schmelze) Anlaß zur Entstehung von Formfehlern sind, so wirken sie sich durch die Verschiedenheit der technologischen Vorgänge der Formgebung in anderer Weise aus und rechtfertigen so die getrennte Betrachtung von Formfehlern in den beiden großen Gruppen von Glaserzeugnissen.

Hier wie dort sind es in erster Linie chemische und thermische Inhomogenitäten, denen als Fehlerursache entscheidende Bedeutung zukommt. Die Möglichkeit zur Entstehung von chemischen Inhomogenitäten, d.h. in diesem Falle glasigen Stoffen einer anderen Zusammensetzung als der des Grundglases, sind zahlreich und bereits bei der Auswahl der Schmelzrohstoffe zu beachten. Alle weiteren Stadien im technologischen Werdegang zum fertigen Glasgegenstand besitzen ihre eigenen, zum Teil spezifischen Störquellen für die Homogenität. Thermische Ungleichmäßigkeiten erlangen vor allem während des Abstehens, wo die Schmelze für den Formgebungsvorgang vorbereitet wird, und während der Verformung selbst Bedeutung. Alle diese Fehlerquellen sind in den vorangegangenen Kapiteln ausführlich besprochen. Das dort Gesagte gilt für Flachgläser mit besonderem Nachdruck; denn Spiegelgläser und maschinengezogene Flachgläser stellen in bezug auf die störungsfreie Durchsicht so hochgezüchtete Erzeugnisse dar, daß bereits geringfügige Abweichungen von der Ebenflächigkeit eine ausgesprochene Fehlerwirkung besitzen und den Wert des Erzeugnisses beeinträchtigen.

Bei Hohlgläsern beschränken sich die Anforderungen an die Durchsicht allein schon wegen der im allgemeinen runden Gestalt auf die Einsicht ins Innere des Gefäßes. Das heißt, es soll sich ein Gegenstand in geringem Abstand von der Glaswand möglichst störungsfrei betrachten lassen (kurze Gegenstandsweite bei meist großem Betrachtungsabstand). Im Gegensatz hierzu sind ihren Aufgaben entsprechend die Bedingungen für Flachglas allein wegen der in weiten Grenzen wechselnden Betrachtungs- und Gegenstandsweiten ungleich schwerer [9].

1.1 Verwendungszweck — Glasqualität

Mit dem einem Glasgegenstand zugedachten Verwendungszweck ergeben sich Forderungen sowohl an seine physikalischen und chemischen Eigenschaften als auch an den Gehalt an zulässigen Glasfehlern. Sind die chemischen und physikalischen Eigenschaften von der Zusammensetzung her in weiten Grenzen zu variieren und so dem Verwendungszweck anzupassen, so steht mit ihm in engem Zusammenhang die wirtschaftlich wichtige Frage nach Schwere und Menge der zugelassenen Glas- und Formfehler. Es muß unterschieden werden zwischen Mängeln, die den Gegenstand für den *gedachten Zweck ungeeignet* machen und solchen, die seinen *Gebrauchswert nicht mindern*, sondern lediglich ästhetische Wünsche befriedigen sollen (Unterschied zwischen Gebrauchswert und Kulturwert). Eine Überspitzung von Anforderungen an die Fehlerfreiheit eines Gegenstandes ist genauso wenig vertretbar, wie die Zulassung von Mängeln, denen gebrauchsmindernde Eigenschaften anhaften. Dies sei an zwei Beispielen erläutert.

Ein Hallendach wird üblicherweise mit Drahtglas verglast. Es soll Licht durchlassen und den umbauten Raum gegen die Witterung abschließen, es muß dem Winddruck und einer Schneelast widerstehen können, und schließlich verlangt man von ihm auf Grund baupolizeilicher Vorschriften, daß es bei Bruch nicht in Stücken herabfällt und eine Gefahr für Personen und Gegenstände darstellt. Ein solches Glas braucht also nicht durchsichtig zu sein wie ein Schaufenster, denn die natürliche Verschmutzung – zumal in Industriegebieten – beeinträchtigt die freie Durchsicht durch derartige Verglasungen ohnehin in kurzer Zeit. Das Auge hat im allgemeinen von solchen Fenstern einen beträchtlichen Abstand und kann daher die in diesen Glassorten üblichen Glas- und Formfehler wie Blasen, Schlieren, unebene Flächen u. ä. nicht wahrnehmen. Sie stören also nicht und stellen daher keine Minderung des Gebrauchswertes dar. Ihre vollständige Ablehnung würde eine unnötige Überspitzung der Ansprüche bedeuten.

Als zweites Beispiel sei die Windschutzscheibe an Kraftfahrzeugen herangezogen, eines weitgehend veredelten Flachglases also. An seine Qualität in bezug auf Formfehler, die Ablenkwinkel oder Brechkraft zur Folge haben, müssen hohe Anforderungen gestellt werden, um störende Bildverzerrungen zu verhindern, die die Verkehrssicherheit beeinträchtigen würden und somit Mängel von gebrauchsmindernder Wirkung darstellen. Für die zulässige Höhe der Störungen gelten die auf S. 370 angestellten Überlegungen. Die Ansprüche bei kleineren Glasfehlern wie Bläschen unnötig hochzuschrauben, heißt jedoch, derartigen geringfügigen Fehlern einen Wert beizumessen, der ihnen nicht zukommt, denn der Kraftfahrer als Benutzer nimmt während der Fahrt beträchtliche Verschmutzungen seiner Frontscheibe in Kauf, ohne eine wesentliche Sichtbehinderung durch sie zu empfinden. Eine Überspitzung der Ansprüche bei Fehlern ohne Störcharakter ist unnötig und daher nicht gerechtfertigt.

Der zulässige Gehalt an Fehlern und Mängeln sollte allein vom Gebrauchszweck diktiert werden und zwischen Mängeln mit Störeffekt einerseits und Glasfehlern, die lediglich vom ästhetischen Standpunkt unerwünscht sind, streng unterschieden werden, um eine Überspitzung der Ansprüche zu vermeiden, die niemand zum Nutzen ist. Hier wird ein grundsätzliches volkswirtschaftliches Problem berührt.

2 Physikalische Ereignisse im Formgebungsbereich

Allgemeines

Flachgläser werden seit längerem mit wenigen Ausnahmen in Wannenöfen nach mechanischen Verfahren erzeugt. Die Durchführung dieser Herstellungsverfahren ist eng an eine Reihe von Voraussetzungen geknüpft, die einerseits durch die kontinuierlich arbeitende Wannenschmelze und andererseits durch den stetigen, mechanischen Ablauf der Formgebung bedingt sind. Sie lassen sich zusammenfassen in die Forderungen nach peinlichster Gleichmäßigkeit in der Zusammensetzung der Schmelze und sorgfältigster Einhaltung der Temperaturen innerhalb des gesamten Ofenaggregates entsprechend den als optimal erkannten Bedingungen.

Diese Forderungen haben ihren Grund darin, daß die bei der Formgebung wirksamen physikalischen Größen temperatur- und materialbedingte Eigenschaften sind. Gerade bei einer nicht unter dem Zwang von formgebenden Werkzeugen erfolgenden Verformung können sich Unterschiede bei einer chemisch und thermisch nicht homogenen Schmelze voll auswirken und zu einem Endprodukt führen, das den heutigen hohen Anforderungen nicht gewachsen ist.

Während im Hafen die einzelnen Stationen der Glaswerdung als zeitlich aufeinanderfolgende Abschnitte aufzufassen und noch einer gewissen Beeinflussung zugänglich sind, ist das Geschehen im kontinuierlich arbeitenden Wannenofen komplizierter. Die räumliche Verlagerung der Abläufe in einem Wannenofen ergibt eine Verquickung von Zeit- und Raumfaktoren, die dadurch noch besonders schwer zu erfassen und zu beherrschen sind, daß an verschiedenen Stellen des Ofens in Richtung und Geschwindigkeit unterschiedliche Strömungsvektoren anzunehmen sind.

Die vielfältigen, untereinander verknüpften Beziehungen und Abhängigkeiten stellen die Ofenführung vor allem in einer Tafel- oder Spiegelglashütte vor die schwierige Aufgabe, für den Augenblick der einsetzenden Verformung eine Glasschmelze bereitzustellen, die chemisch und thermisch einheitlich ist und in allen ihren Teilen die zur Formgebung erforderlichen Eigenschaften aufweist.

Diese Forderung wird noch dadurch verschärft, daß die physikalischen und chemischen Größen, die die Verformbarkeit bestimmen, gerade im entscheidenden Temperaturbereich der Verformung einer besonders starken Änderung ihrer Werte unterworfen sind.

2.1 Viskosität

Für die Verformung zum Glasgegenstand wird eine gewisse Zähflüssigkeit der Schmelze vorausgesetzt und am Ende des Prozesses muß der gefertigte Gegenstand seine Form behalten. Das heißt, im Verlaufe der Formgebung wird ein Viskositätsbereich durchlaufen, der vom noch fluiden Glas (Viskosität etwa 10^4 P) bis in den unterkühlten Zustand (10^8 P) reicht, wo die eine Formänderung bewirkenden Kräfte in der zur Verfügung stehenden Zeit zur weiteren Gestaltänderung nicht mehr fähig sind. Um während der Verformung den gewünschten Viskositätsverlauf (Temperaturverlauf) zu erzwingen, ist es üblich, für zusätzliche Wärmeabfuhr oder -zufuhr zu sorgen.

Jedes der Formgebungsverfahren (durch Gießen, Walzen, Ziehen) spielt sich in einem verfahrensbedingten Viskositätsbereich ab. Da die Viskosität eine temperaturabhängige Größe ist, arbeiten die verschiedenen Formgebungsverfahren auch innerhalb bestimmter Temperaturbereiche. Die maschinelle Verformung arbeitet aus wirtschaftlichen Gründen bei hohen Viskositäten, also bei möglichst niederen Temperaturen, deren untere Grenze im allgemeinen durch die einsetzende Entglasung (s. Kristalle im Glas) bestimmt wird.

Von ausschlaggebender Bedeutung für die Art der Formgebung ist der Viskositätsverlauf. Er ist durch die Glaszusammensetzung gegeben. Von ihr weiterhin abhängig und für die Verformung von Glasgegenständen bedeutungsvoll sind Oberflächenspannung und Entglasungseigenschaften. Diese gegenseitigen Abhängigkeiten lassen sich schematisch etwa folgendermaßen ausdrücken:

Formgebungsverfahren

↙ ↘

Glaszusammensetzung ←——→ **Temperatur**

| Viskositätsverlauf (Länge, Kürze) | Viskosität↓

| Oberflächenspannung

| Entglasungseigenschaften

↓ chem. Resistenz

Eine solche Häufung von Bedingtheiten zwingt bei der Entwicklung von Gläsern mit bestimmten Eigenschaften zu Kompromißlösungen, wobei Vorteile in der einen Richtung oft mit Schwierigkeiten in anderer Hinsicht erkauft werden müssen [*1*].

2.11 Länge, Kürze

Voraussetzung für den stetigen Verlauf und den wirtschaftlichen Erfolg zumal bei kontinuierlicher Verformung ist die Gleichmäßigkeit der Vorbereitung desjenigen Teiles der Schmelze (in chemischer und thermischer Beziehung), der zur Formgebung gelangt und die gegenseitige Anpassung von Viskositätsverlauf und Temperaturänderung während der Verformung. Man unterscheidet zwischen „langen" und „kurzen" Gläsern, je nachdem, wie rasch sich ihre Verfestigung mit der fallenden Temperatur (im Verformungsbereich) vollzieht.

Die Ableitung der „Länge" und „Kürze" eines Glases stammt aus der Zeit seiner handwerklichen Verformung. Es handelt sich dabei um einen rein hüttentechnischen Erfahrungsbegriff. Er kennzeichnet das Verhalten des Glases in Abhängigkeit von seiner Zusammensetzung bei der Formgebung und gilt grundsätzlich für alle Kategorien von Gläsern und Formgebungsverfahren, wie es bereits auf S. 320, Abb. 499, erklärt wurde.

Während ein Glasbläser über die Möglichkeit verfügt, den Ablauf der Formgebung mit seiner jeweiligen Viskosität durch eine individuelle thermische Behandlung auf einander abzustimmen, läßt dies eine maschinelle Formgebung um so weniger zu, als sie an einen kontinuierlichen mechanischen Ablauf mit vorgegebenem und unabänderlichem Temperaturverlauf gebunden ist.

2.12 Übernahme von Störungen aus der Schmelze

Schon in der Gemengebereitung können durch falsche oder ungenaue Wägung Chargen entstehen, die Gläser anderer Zusammensetzung ergeben. Solche aus unterschiedlichen Chargen erschmolzenen Gläser laufen mit dem Grundglas durch den Ofen, ohne sich zu einem Glas einheitlicher Zusammensetzung zu vereinen, und sind dann ein Anlaß zu Formfehlern durch Inhomogenitäten. Ähnliche Folgen sind zu erwarten, wenn wechselnde Rohstoff-Feuchtigkeiten nicht berücksichtigt werden. Ein Zuviel oder Zuwenig an Wasser bedeutet abweichende Einwaagen an Glasoxyden und somit wiederum eine Inhomogenität der Schmelze.

Schon bei der Behandlung allgemeiner Fragen der Vorbereitung einer Glasschmelze (II. 2) wurde der Qualität der Mischung von Gemenge besonderes Gewicht beigemessen.

Die unterschiedlichen Kornformen, Korngrößen, spezifischen Gewichte, Feuchtigkeitsgehalt von Mischungspartnern einerseits und hygroskopische Rohstoffe auf der anderen Seite, sorgen dafür, daß ein Glasgemenge – und sei es noch so gut gemischt – weit davon entfernt ist, eine ideale Mischung darzustellen. Wenn auch die heute zur Verfügung stehenden Mischaggregate Beträchtliches leisten, so bleibt doch ein Gemenge immer noch örtlich inhomogen. Solche Inhomogenitäten werden in der Schmelze nur zum Teil aufgezehrt.

Schon Zusammenballungen von Sandkörnern bis zu Bohnengröße, wie in Abb. 569, bedeuten aber eine bedenkliche Störung, wie sie in manchen Mischertypen vorkommen können. Die Vielfalt von Abweichungen der Zusammensetzung des Gemenges in örtlichem Neben- oder zeitlichem Nacheinander stellt eine Vorbelastung der Schmelzvorgänge dar und kann nicht ohne Einwirkung auf das Ergebnis der Formgebung bleiben.

Abb. 569. Feuchter Sandklumpen durch Soda an der Peripherie verkrustet, übersteht den Mischvorgang. – Prototyp eines Fehlers, der schon von der Vorbereitung der zu verformenden Masse her von nachteiligem Einfluß auf die Formgebung sein kann

Alle diese Inhomogenitäten treten nur als eingelagerte Gläser einer anderen stofflichen Zusammensetzung und demnach auch mit anderen physikalischen Eigenschaften (Viskosität, Viskositätsverlauf in Abhängigkeit von der Temperatur, Oberflächenspannung) bei der Formgebung in Erscheinung. Thermische Ungleichmäßigkeiten im Formgebungsbereich wirken im gleichen Maße störend auf den Ablauf der Verformung. Besonders kraß müssen sich Temperatur- und Zusammensetzungsunterschiede dort auswirken, wo die Formgebung auf dem freien Spiel der im Glas wirksamen und von außen her einwirkenden Kräfte beruht.

Nimmt man noch die Beeinflussung des Ofeninhaltes von äußeren Umständen hinzu, wie ungleichmäßige Temperatur, Auflösung der feuerfesten Steine usw., so ist ohne weiteres klar, daß viele Vorkommnisse bei der Formgebung nicht losgelöst betrachtet werden können von der *Vorgeschichte* der eigentlichen Schmelze. Ihre Behandlung ist aber bereits in den vorangehenden Kapiteln erfolgt. Die Betrachtung der Formfehler kann sich also hier im wesentlichen auf diejenigen beschränken, die mit dem eigentlichen *Formgebungsverfahren* zusammenhängen, d. h. mit denjenigen Erscheinungen, die im Formgebungsvorgang selbst begründet sind: z. B. Berührung mit den formgebenden Werkzeugen, ungleichmäßige Verteilung der Glasmasse und die Folgen unterschiedlicher Temperatur zwischen Glasschmelze und Werkzeugen, wie Runzel- oder Faltenbildung, „Hämmerung" usw.

Bei der Ermittlung der Ursachen von Formfehlern wird man also niemals die schmelztechnische Vorgeschichte des Glases außer Betracht lassen dürfen, zumal ihr nachteiliger Einfluß sich bis in den Kühlverlauf erstrecken kann.

Bei einer Nachbearbeitung, z. B. durch Schleifen und Polieren, ist es möglich, eine Reihe der durch Homogenitätsstörungen entstandenen Fehler zu vermindern, wie z. B. im Falle des Flachglases durch Schleifen und Polieren.

Die Häufung von Fehlerquellen ist geeignet, den Eindruck zu erwecken, daß Gläser überhaupt nicht homogen zu erhalten sind. Diese Annahme trifft für die meisten technischen Gläser auch zu, und man begnügt sich mit einer „scheinbaren" Homogenität, d. h. (bei Flachglas) mit in der Hauptbetrachtungsrichtung nicht in Erscheinung tretenden Inhomogenitäten (siehe Ziff. 3.).

2.2 Oberflächenspannung — Formgebung

Die Oberflächenspannung, die bei allen flüssigen Medien als latente Energie das Bestreben bewirkt, bei größtem Volumen die geringstmögliche Oberfläche einzunehmen, steht den meisten Verformungsprozessen entgegen. In einigen Fällen jedoch – wie z. B. bei der Herstellung von Glaskugeln – stellt sie allein die formgebende Kraft dar. Bei Verformungsvorgängen, bei denen keine kugelige Gestalt angestrebt wird, verringert die Oberflächenspannung den Effekt der eingesetzten formgebenden Kräfte.

Die Oberflächenkräfte sind zusammensetzungsabhängige Größen, die mit der Temperatur verschiedene Werte annehmen [*2*]. Über die Einflüsse der einzelnen Glasoxyde auf die Oberflächenspannung unterrichten [*3*].

Beim Gießen des Glases sind es die Walzen, die das flächige Ausbreiten der Glasmasse erzwingen. Beim kontinuierlichen Gießen und bei den Ziehverfahren erwirken natürliche oder künstliche Abkühlung der Ränder deren frühzeitige Verfestigung und arbeiten damit einem Zusammenziehen des noch plastischen Glasbandes zum Strang entgegen. Außerdem übernimmt das bereits erstarrte Glas für das nachfolgende (noch den Oberflächenkräften ausgesetzte) die Funktionen eines formgebenden Elementes.

An dem Ort, wo die Verformung zur Tafel beginnt, hat das Glas seine höchste Temperatur innerhalb des Ablaufes der Formgebung. Hier ist naturgemäß die Oberflächenspannung am stärksten wirksam. Die Flachglas-Ziehverfahren wenden an dieser Stelle zusätzliche Mittel an, um einem Zusammenziehen zum Strang entgegenzuwirken. So wird z.B. die Benetzung eines Schamottekörpers durch die Schmelze benutzt, um die zu ziehende Glastafel mit ihren Rändern an den Schlitz-Enden der Schamottedüse festzuhalten. Wo ein solcher formgebender Körper fehlt, arbeitet man mit Bortenwalzen, die einen Zug quer zur Ziehrichtung ausüben und darüber hinaus durch Wärmeableitung die rasche Erstarrung der Bortenbereiche begünstigen und so zur Stabilisierung der Tafel beitragen. Weitere Mittel zur raschen Verfestigung der Borten sind Anblasen mit Luft oder Abführen der Wärme durch Kühlaggregate. Eine Vielzahl von Hilfseinrichtungen wurde zum gleichen Zweck ersonnen und angewendet. Sie brauchen an dieser Stelle nicht näher beschrieben zu werden.

Die Oberflächenspannung ist also überall da im Sinne einer Verringerung der Oberfläche tätig, wo Gläser im Zustand der Verformbarkeit vorliegen. Ihre Kräfte macht man sich z.B. nutzbar, wenn man Gegenstände, denen von der Form her gewisse Unebenheiten der Oberfläche anhaften, im Feuer verwärmt, wobei sich die Oberfläche glattzieht. Es ist dies ein ähnlicher Vorgang wie beim Lackieren: Nach dem Anlegen einer Fläche kann man zunächst den Verlauf der Pinselstriche verfolgen. Unter der Wirkung der Oberflächenspannungskräfte verschwinden die feinen Riefen und die Fläche glättet sich.

In qualitätsminderndem Sinne wirkt die Oberflächenspannung da, wo durch ein formgebendes Element eine scharfe Profilierung erzeugt werden soll wie z.B. bei Ornamentglas (Abb. 609). Sie verhindert ein sattes Anlegen an die inneren Kanten von Kerben der Formfläche und ergibt darüber hinaus nach Verlassen der Form noch ein weiteres Abrunden des Profils so lange, als die formverändernden Oberflächenkräfte sich gegen die steigende Viskosität durchsetzen können (s. Ziff. 3.3).

Im Inneren der Schmelze wirkt sie sich auf die Gestalt von Gaseinschlüssen aus, die unter ihrer Wirkung bestrebt sind, kugelige Form anzunehmen.

An der Grenzfläche zweier Flüssigkeiten sind ebenfalls Oberflächenspannungskräfte als Grenzflächenspannung wirksam. Sie kann im allgemeinen nach denselben Methoden gemessen werden wie die energetische Spannung gegenüber der „freien" Oberfläche [*4*]. Grenzflächen in diesem Sinne sind in Glasschmelzen Phasenübergänge an Inhomogenitäten und Phasengrenzen gegen das feuerfeste Material. Unter der Einwirkung von Diffusionsvorgängen an der Phasengrenze eines Glases *a* zum Glas *b* wird aus dem Phasensprung ein Phasenübergang, d.h. ein mehr oder weniger fließender Verlauf von der Zusammensetzung des Glases *a* zum Glas *b*. Die Diffusionskräfte betätigen sich in der Richtung eines Konzentrationsausgleiches bis die Fremdsubstanz vom Grundglas aufgezehrt ist. Zahlenwerte der Grenzflächenspannung sind nur von theoretischem Interesse, da sie jeweils für ein ganz bestimmtes Konzentrationsgefälle Geltung haben, das sich durch Diffusion in einer stetigen Veränderung befindet.

Als weitere Schwierigkeit tritt hinzu, daß bei der Auflösung z.B. von Schlieren der Konzentrationsausgleich nicht immer stetig verläuft. Bei der Bildung von Tonerdeschlieren geht dem eigentlichen Lösungsvorgang eine Anreicherung von Alkali durch die Tonerde voraus. Ähnliches gilt auch für die Auflösung von Kieselsäure. Die Arbeiten von LÖFFLER [*5*] zeigen solche unstetigen Übergänge, sichtbar gemacht durch unterschiedliche Ätzgeschwindigkeiten in überzeugender Weise.

Grenzflächenenergien sind also an der Homogenisierung der Schmelze [*6*] ebenso beteiligt wie an der Auflösung von feuerfestem Material. Sie sind ebenfalls maßgebend für die Form und das Verhalten von Schlieren.

3 Formfehler bei Flachglas

Flachgläser werden in der Hauptsache hergestellt, dem Tageslicht in umbauten Räumen Einlaß zu gewähren, und gleichzeitig einen Abschluß gegen die Außenluft darzustellen. Sie werden also als Baugläser verwendet. Ihrer Aufgabe nach ist zu unterscheiden zwischen Verglasungen, bei denen ebene, blanke Oberflächen eine freie Durchsicht durch den glasigen Raumabschluß gestatten, und solchen, bei denen eine Durchsichtigkeit nicht erforderlich oder nicht erwünscht ist. Diese Gläser besitzen mehr oder weniger stark strukturierte Oberflächen.

Die erste Gruppe ist nicht nur der produzierten Menge nach die größere, sondern die an sie gestellten Forderungen auf Fehlerfreiheit sind wesentlich höher und technologisch schwerer zu verwirklichen. Aus diesem Grunde beanspruchen die durchsichtigen Gläser den größeren Raum und die nur lichtdurchlässigen Flachgläser werden in einem eigenen Abschnitt besprochen, in dem die verfahrenseigentümlichen Formfehler behandelt werden.

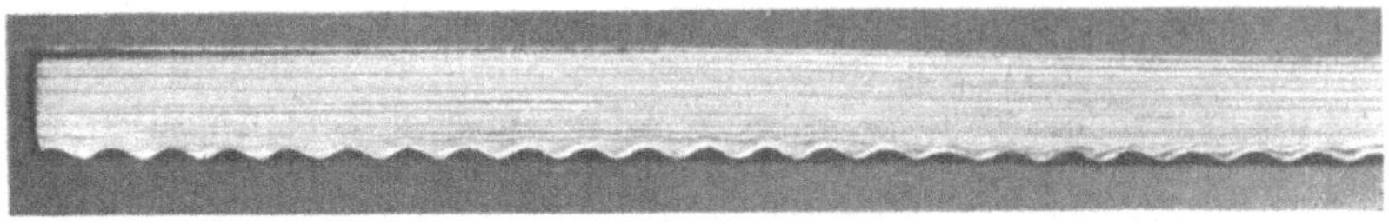

Abb. 570. Einfluß der Walzenriffelung auf den Verlauf der Schichtung in Walzglas. Die Welligkeit verflacht sich mit abnehmender Entfernung von der geriffelten Oberfläche

Innerhalb der Gruppe durchsichtige Flachgläser ist nach der Herstellung zu unterscheiden zwischen maschinengezogenem Tafelglas und Spiegelglas.

Maschinenglas ist nach der Formgebung im plastischen Zustand unmittelbar ein Fertigprodukt, dessen feuerpolierte Oberflächen eine ungehinderte Durchsicht gestatten. Spiegelglas indessen besitzt nach seiner Heißformung durch Gießen oder Walzen zunächst eine Oberflächenstruktur (Ornament oder eingewalzte Rillen), die noch keine Durchsicht zuläßt. Sie wird erst nach einer Kaltbearbeitung der Oberfläche durch Planschleifen und Polieren erreicht. Während eine Abweichung von der Ebenflächigkeit bei gezogenem Tafelglas ein endgültiger Formfehler ist, der durch Lichtablenkung einen optischen Effekt erzeugt, spielen bei der Formgebung von Spiegelglas Vorgänge, die eine Stärkenänderung zur Folge haben, in bezug auf die störungsfreie Durchsichtigkeit eine zweitrangige Rolle, da sie durch den mechanischen Schleif- und Polierprozeß beseitigt werden. Zwar wird auch beim Spiegelrohglas eine möglichst gleichmäßige Stärke angestrebt, um den Schleifvorgang nicht unnötig zu belasten; aber Abweichungen der Rohglasstärke – innerhalb gewisser Grenzen – ist im Hinblick auf das fertige Produkt noch kein Fehlercharakter zuzuschreiben.

Als Formfehler bei durchsichtigen Flachgläsern sind vor allem solche von Bedeutung, die Bildverzerrungen in der Durchsicht ergeben, wenn also innerhalb einer als Ganzes zu betrachtenden Scheibe eine Änderung der optischen Weglänge entsteht. Die Gesamtheit der chemisch oder physikalisch bedingten Abweichungen faßt man unter dem (nicht ganz glücklich gewählten) Begriff „Optik“ des Flachglases zusammen.

Es erscheint sinnvoll, zumal im Hinblick auf die technologischen Vorgänge zwischen „innerer Optik“, deren Ursachen chemisch erfaßbar sind und eine Änderung von n bewirken, und „äußerer Optik“, Abweichungen von D (Planparallelität) zu unterscheiden.

Innere Optik wird, nachdem der Brechungsindex von der Glaszusammensetzung abhängig ist, durch Inhomogenitäten hervorgerufen[1]. Erscheinungen innerer Optik sind nicht zu erwarten, wenn Schichten unterschiedlicher Zusammensetzung in Glaserzeugnissen parallel wie die Blätter eines Buches (Abb. 570) angeordnet sind. Solche Schichtungen liegen nahezu in allen technischen Gläsern vor [*14*].

Ist der Schichtaufbau durch Verwerfungen, Keile oder Faltungen gestört, so sind die Effekte innerer Optik zwar gering wegen der sehr kleinen Werte von D (im Durchschnitt kleiner als $^1/_{10}$ mm für die Schichten) und der meist ebenfalls geringen Unterschiede in der Lichtbrechung (nach Schardin $\Delta_n \approx 0{,}00015$) [*8*], lassen sich aber unter den scharfen Bedingungen der Zentralprojektion oft noch sichtbar machen. Bei gezogenem Tafelglas können Schichtstörungen Dickenänderungen der Tafel zur Folge haben und somit auch äußere Optik verursachen [*7*]. Äußere Optik = Abweichung von der Planparallelität entsteht durch Viskositätsunterschiede. Diese können

[1] Streng genommen müßte man hierunter alle Erscheinungen zählen, die durch eine vom Grundglas unterschiedliche Lichtbrechung zu optischen Effekten führen, also außer Schlieren, Winden auch kristalline Einschlüsse und Blasen. Dies ist jedoch nicht üblich.

temperaturbedingt sein oder durch Inhomogenitäten hervorgerufen werden. Erscheinungen innerer Optik werden daher in der Regel von äußeren optischen Effekten (mit bedeutend stärkerer Störwirkung) begleitet.

Die Abweichungen von der Ebenflächigkeit bei Tafelgläsern lassen sich auf eine Reihe von Entstehungsursachen zurückführen. Nach dem Vorangegangenen ist die Formgebung von der Schmelze her bereits mit Ungleichmäßigkeiten chemischer und thermischer Natur vorbelastet. Beim Ziehvorgang wird der Zug, den bereits erstarrtes Glas auf das noch plastische ausübt, bei unterschiedlichen Viskositäten nicht gleichmäßig übertragen, wobei sich Partien mit niederer Zähigkeit mehr recken und schwächer ausfallen. Mit einem solchen Vorgang ist nicht nur bei einsetzender Verformung zu rechnen, wenn das Band sich aus der Schmelze zu bilden beginnt, sondern auch weiterhin, solange sich noch Glas im plastischen Zustand befindet. Wo immer also Teile des Glases auf ihrem Wege durch den plastischen Bereich ihre Wärme nicht in gleicher Menge abgeben können wie die benachbarten Bezirke, sind Stärkenänderungen die Folge und ergeben die an Tafelgläsern bekannte Welligkeit.

Eliminiert man die Abweichungen von der Ebenflächigkeit durch Einbetten in eine geeignete Immersionsflüssigkeit oder wie beim Spiegelglas durch Schleifen und Polieren, so entfällt mit der Oberflächenstörung der wesentliche Anteil an optischem Fehlereffekt überhaupt und es bleiben nur die meist viel geringeren Störwirkungen der Inhomogenitäten durch unterschiedliche Lichtbrechung, wie dies Abb. 571 a, b und c–h in überzeugender Weise belegen.

Abweichungen von der Ebenflächigkeit bestimmen

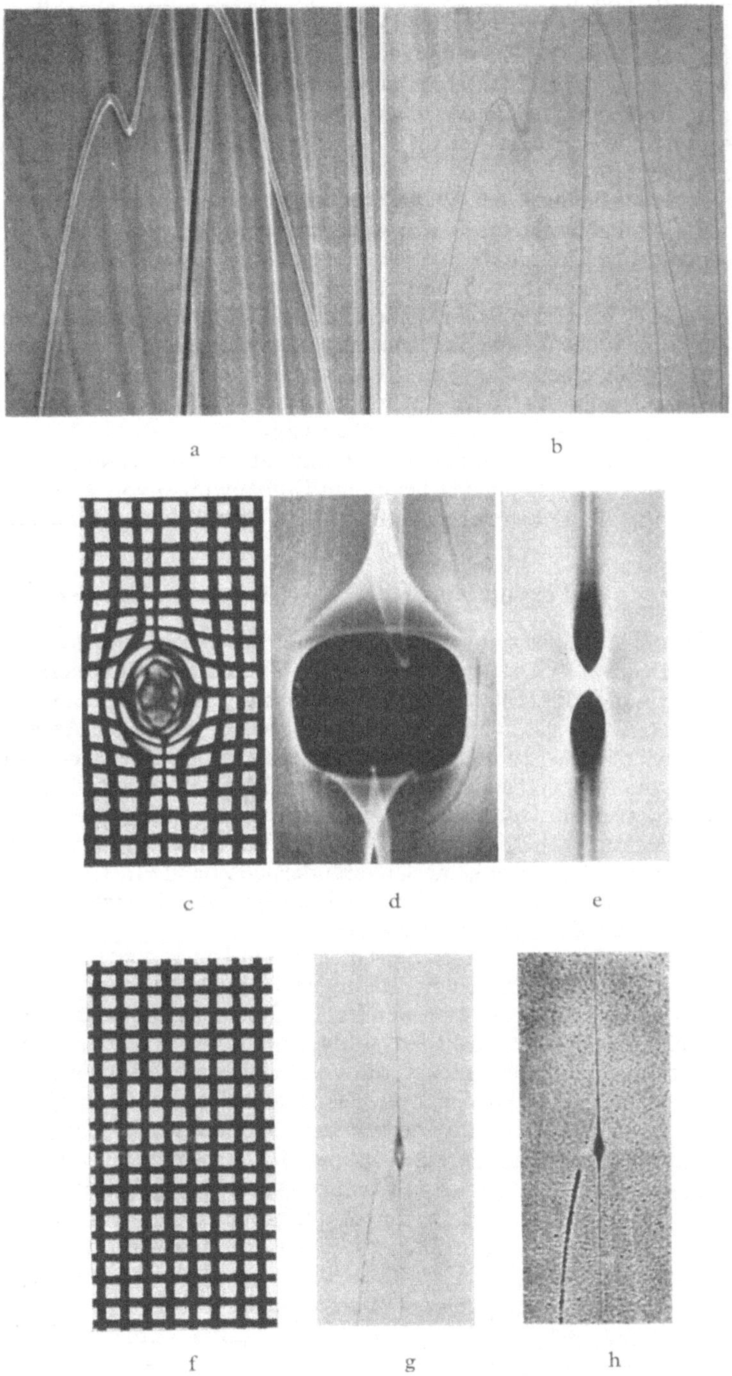

Abb. 571. a) Optische Wirkung von Fäden und Winden in einem Tafelglas bei Zentralprojektion; b) Das gleiche Muster nach Planschleifen und Polieren zeigt den geringen Störeinfluß durch die Inhomogenitäten. Der Effekt entsteht also in der Hauptsache durch äußere Optik; c) Optische Störung durch einen Knoten in Tafelglas in der Durchsicht über einem Raster; d) derselbe Knoten im Schattenbild (Zentralprojektion); e) derselbe Knoten im Reflex; f) wie c) jedoch nach Planschleifen und Polieren; g) wie d) nach Planschleifen und Polieren; h) wie e) nach Planschleifen und Polieren

also in erster Linie den Charakter eines Flachglases und sind von ausschlaggebender Bedeutung für seine qualitative Einstufung. Prüf- und Meßverfahren für die Optik von Flachgläsern (s. Optik) geben objektive Auskunft über die Stärke der Abweichungen in Bogenminuten oder Dioptrien. Um zu vergleichbaren Urteilen gelangen zu können, war es unerläßlich, die Prüfbedingungen: Art der Lichtquelle, ihre Entfernung vom zu prüfenden Gegenstand und vom Bildschirm u.a.m. durch Übereinkunft festzulegen. Die Voraussetzungen für die Prüfung sind jedoch gänzlich andere als beim praktischen Gebrauch, wo es lediglich auf das subjektive Wahrnehmungsvermögen ankommt, Bildverzerrungen festzustellen bzw. als Störung zu empfinden. Als unterste Grenze feststellbarer Lichtablenkung kann ein Ablenkwinkel von 1 Bogenminute gelten. Das entspricht einem Auflösungsvermögen von $^{1}/_{10}$ mm auf 25 cm Entfernung. Für die Brechkraft liegt der Schwellenwert bei 0,1 Dioptrien. Diese Werte gelten jedoch nur für günstige Prüfbedingungen [*9*].

Der Schwellenwert der Wahrnehmbarkeit einer optischen Störung läßt sich aus den physikalischen Gegebenheiten und dem anatomischen Bau des menschlichen Auges noch hinreichend begründen. Die Definition einer nicht mehr zumutbaren Störung durch Bildverzerrung ist jedoch schwierig und derzeit noch umstritten, da eine Reihe prüftechnisch nicht exakt erfaßbarer Momente eine wesentliche Rolle spielen, wie z.B. allgemeine Helligkeit, Kontrastreichtum und -verteilung an dem betrachteten Gegenstand, psychologische Voraussetzungen von seiten des Betrachters usw. Für anspruchsvolle Verwendungszwecke, wie Windschutzscheiben an Fahrzeugen (s. Ziff. 1.1), sollte für den Ablenkwinkel der aus der Erfahrung gewonnene Höchstwert von 3 Bogenminuten noch durchaus tragbar sein[1].

Ebenso stellt eine noch zulässige Brechkraft von 0,06 Dioptrien bei senkrechtem Lichteinfall – entsprechend 0,125 Dioptrien bei einem Einbauwinkel von 41° – gegenüber einem Schwellenwert von 0,1 Dioptrie eine außerordentlich knappe und durchaus zumutbare Begrenzung dar [*10*].

3.1 Formgebung und Oberflächencharakteristik bei Tafelgläsern

Jedes der Tafelglasziehverfahren arbeitet unter besonderen, ihm eigentümlichen Bedingungen. Zu diesen zählen: Glaszusammensetzung, Verarbeitungstemperatur, Temperaturverlauf während der Verformung, die Hilfsmittel zur Formgebung und auch konstruktive Einzelheiten in der räumlichen Gestaltung des Ziehherdes. In prinzipiell gleichartigen Anlagen tragen geringfügige bauliche Unterschiede ebenso zu andersartiger Gestaltung der Oberfläche bei, wie sich veränderte Arbeitsbedingungen an der gleichen Produktionseinheit auf die Optik auswirken.

Obwohl also die Optik von Tafelgläsern durch zahlreiche Einflußgrößen geprägt wird, die in ihrer Auswirkung zur Zeit wohl noch nicht alle erkannt und zu beherrschen sind und die Oberflächenstruktur mithin durchaus keine Unveränderliche darstellt, treten bestimmte Merkmale als charakteristisch bei jedem der drei Ziehverfahren hervor. Sie ermöglichen meist einen Rückschluß auf das angewandte Formgebungsverfahren [*11*].

Die typischen Gestaltungen der Oberflächen von Fourcault-, Libbey-Owens- und Pittsburghglas, die auf die besonderen Bedingungen beim Ablauf der Formgebung zurückgehen, sind zunächst nicht als Fehler des betreffenden Produktes aufzufassen. Zu Mängeln werden sie erst, wenn sie Anlaß zu subjektiv störenden Bildverzerrungen werden. Nach allen drei Verfahren werden hervorragende Qualitäten erzeugt, die Vergleiche nicht zu scheuen brauchen. Aus den im folgenden zu besprechenden Merkmalen kann daher kein Werturteil abgeleitet werden.

Den Tafelglasverfahren ist gemeinsam, daß sie durch einen kontinuierlichen Ziehvorgang ein Glasband erzeugen und durch Kühlung der Randpartien verhindern, daß es sich zum Strang zusammenzieht. Es erstarrt ohne Berührung mit formgebenden Werkzeugen, so daß es mit feuerblanken Oberflächen aus dem Verformungsprozeß hervorgeht. Die Gestalt seiner Oberflächen (Abweichungen von der Ebenflächigkeit) ist vor allem von der Konstanz der chemischen Zusammensetzung der Schmelze und ihrer Temperatur im Augenblick der einsetzenden Verformung und von der Gleichförmigkeit der Wärmeabgabe während der Verformung abhängig. Diese Gläser stellen im Gegensatz zu Spiegelglas das endgültige Erzeugnis dar. Sie erfahren im Normalfall keinerlei Nachbehandlung mehr.

Die technologische Inkonstanz der thermischen, physikalischen und mechanischen Bedingungen, unter denen sich das senkrecht aus der Glasschmelze gehobene Glasband formt, ergeben eine Welligkeit in der Ziehrichtung. Ihr überlagern sich andere Erscheinungen, die für die Erzeugnisse der Tafelglasziehverfahren typische Oberflächenstrukturen ergeben.

---

[1] ASA 1950: 5,73 Bogenminuten bei senkrechtem Lichteinfall zugelassen.

Das älteste Verfahren nach FOURCAULT arbeitet mit einer Düse, einem in der Schmelze schwimmenden Schamottekörper, aus dessen Schlitz unter hydrostatischem Druck ein stetiger Glasstrom quillt und zu einem Glasband ausgezogen wird. Die Benetzung der Schamotte und zusätzliche Kühlung der Borten vermindern die Neigung des unter Zug stehenden plastischen Teiles des Glasbandes, sich unter dem Einfluß der Oberflächenspannung zusammenzuziehen. Das erstarrte Band wird zwischen Walzen durch einen senkrechten Kühlschacht befördert.

Die Schamotte der Ziehdüse ist ähnlich den übrigen Ofenbauteilen dem Angriff der Schmelze ausgesetzt. Ein Teil der tonerdeangereicherten Reaktionsprodukte wird vom Glas als Film abgezogen. Bei einer Ätzung der Oberfläche (z. B. durch Flußsäure) wird diese Schicht als feinstreifige Riefung sichtbar [*11*] (Abb. 572a, b). An dieser Streifung auf beiden Oberflächen ist düsengezogenes Tafelglas zu erkennen.

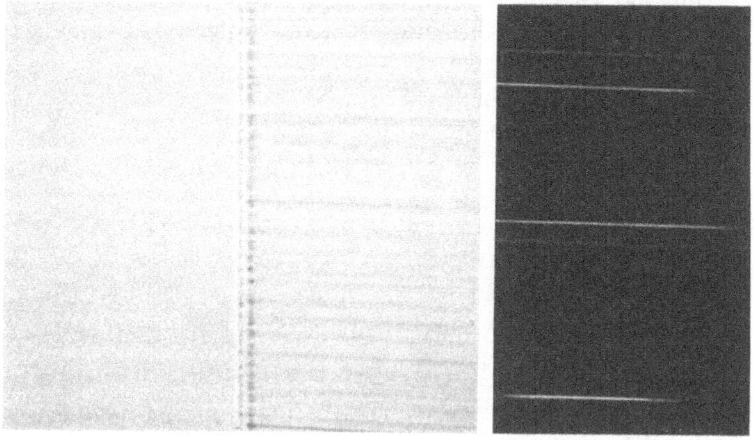

a b

Abb. 572. a) Flußsäure-geätzte Oberfläche eines düsengezogenen Flachglases (ZSCHACKE-Streifen); b) dieselben als Einzelheit in Auflicht-Dunkelfeldbeleuchtung (etwa 50×)

Verstärkt sich das Abspinnen von tonerdeangereichertem Glas, so tritt eine Oberflächenerscheinung neben die natürliche Ziehstruktur, die man wegen ihres feinwelligen Aussehens als Kämmung bezeichnet, (Kap. II, 7. 12). Sie ist im Schattenbild bei einer Bildweite von etwa 10 cm scharf sichtbar. Der optische Störeffekt durch Kämmung ist gering.

Das Ziehverfahren nach LIBBEY-OWENS zieht das Glasband aus der freien Schmelzoberfläche. Das Blatt wird an den Rändern durch Führungsrollen gehalten und gekühlt. Durch die stabilisierten Borten wird ein Zusammenziehen verhindert. Das senkrecht ausgehobene Glasband wird etwa 1 Meter oberhalb der Schmelze über eine hochglanzpolierte, gekühlte Metallwalze um 90° umgelenkt und wandert in waagerechter Lage auf Rollen durch den Kühlkanal.

Wesentliches Merkmal des so erzeugten Glases ist die in Abb. 573a, b sichtbare unterschiedliche Struktur der beiden Oberflächen. Die unter Spannung über die Walze gezogene Fläche (Unterseite) verliert die Ziehstruktur weitgehend. Sie wird gewissermaßen ausgebügelt. Dafür erhält sie u.U. kleine Abdrücke von der Berührung mit der Walze, an deren Entstehung auch Verdampfungsprodukte aus der Schmelze, die sich auf der Walze niederschlagen, beteiligt sind. Diese Erscheinung wird als Piquage bezeichnet.

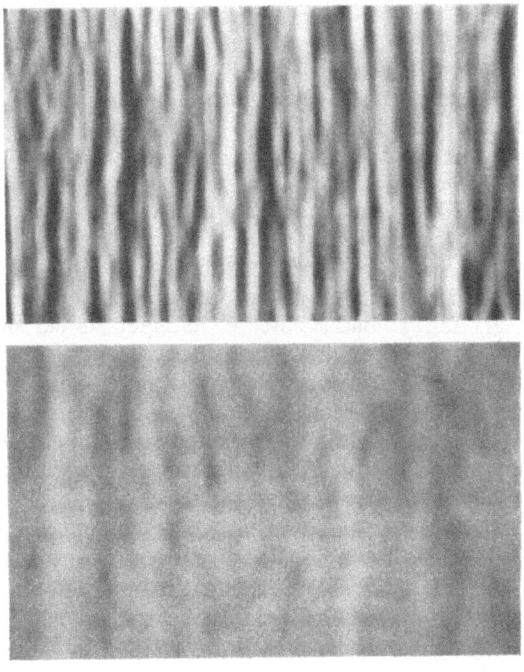

a

b

Abb. 573. a) Schattenbild der Oberseite; b) der Unterseite eines aus der freien Schmelzoberfläche gezogenen Tafelglases

Eine andere Eigentümlichkeit ist die als Martellage bezeichnete Unterbrechung der Längswellen. Der weite, nach zwei Seiten offene Ziehraum läßt oberhalb der Schmelze Luftströmungen entstehen, die nicht ganz zu beherrschen sind. Strähnen kälterer Luft treffen auf das aufsteigende Glasband und führen eine frühzeitige Verfestigung einzelner Bereiche herbei. Beim Abbiegen über die Walze ergeben Bezirke unterschiedlicher Zähigkeiten eine Unterbrechung der

Längsstruktur, die für das Verfahren typisch ist und wie eine weiche Hämmerung aussieht (s. Abb. 574c). Wird Glas, das nach diesem Verfahren erzeugt wurde, geätzt, so kann ein streifiges Ätzbild – wenn überhaupt – nur auf der Frontfläche entstehen. (Über ein anderes Phänomen s. S. 395 Maserstruktur.)

Das dritte Tafelglasziehverfahren zieht ebenfalls aus der freien Schmelzoberfläche. Es bedient sich eines düsenartigen Körpers, der unter die Glasoberfläche verlegt ist. Er hat die Aufgabe, die zur Formgebung nötige Abkühlung des Glases auf eine dünne Oberflächenschicht zu beschränken; d.h. nur das Glas zu kühlen, das unmittelbar zur Verarbeitung gelangt. Die tieferen Teile der Schmelze schützt der Schamottekörper vor zu starker Abkühlung (Gefahr der Entglasung). Gleichzeitig soll er zur Stabilisierung der Tafelwurzel beitragen. Die Verfestigung der Borten besorgen ziemlich groß dimensionierte Kühlelemente. Auch bei diesem Verfahren wird in einem senkrechten Schacht gekühlt.

a b c

Abb. 574. a) Schattenbild eines mundgeblasenen Tafelglases im Vergleich zu b) einem düsengezogenen Maschinenglas und c) einem düsenlos erzeugten Tafelglas

Die Ähnlichkeit in der Formgebung mit dem erstgenannten Ziehverfahren drückt sich auch in der Gestaltung der Oberfläche aus. Es sind ebenfalls längslaufende Wellen vorherrschend. Den grundsätzlichen Unterschied bewirkt die andersartige Anordnung der Ziehdüse, deren Reaktionsprodukte hier nicht in Oberflächennähe auftreten können. Eine oberflächliche Ätzung vermag also keine Streifung hervorzurufen.

Die Beherrschung der Glasdicke stößt bei diesem Formgebungsverfahren auf größere Schwierigkeiten, so daß Keilfehler häufiger als bei anderen Erzeugnissen anzutreffen sind.

Die neueren Erkenntnisse über die Ursache der Entstehung von Unebenheiten an der Oberfläche bei gezogenen Flachgläsern haben zu einer ganzen Reihe von Optikverbesserungsverfahren geführt, von denen einige mit sichtbarem Erfolg arbeiten [*12*].

Durch sie kann zwar die ideale planparallele Oberfläche nicht erreicht werden, aber es wird vor allem die bei den Ziehverfahren in der Durchsicht und im reflektierten Licht störende Grundstruktur vermindert, überdeckt und auch beseitigt.

Die typischen Oberflächenstrukturen, wie sie Abb. 574 für ein mit Düse und ein aus der freien Schmelze über eine Walze gezogenes Glas zeigt, sind jetzt bei einigen Tafelgläsern nicht mehr zu erkennen. Zum Vergleich wird das Schattenbild eines mundgeblasenen Tafelglases gezeigt, bei dem die optischen Effekte wesentlich stärker und ohne Vorzugsrichtung auftreten.

3.11 Vom Formgebungsverfahren abhängige Fehlergestalt. Bei der Betrachtung von Formfehlern ist es aufschlußreich, der vom Formungsprozeß beeinflußten Veränderung der Gestalt von Fehlern einige Aufmerksamkeit zu schenken. Beide Gruppen von Herstellungsverfahren für Flachgläser (gießen oder walzen einerseits, ziehen andererseits) unterscheiden sich grundsätzlich in den die Formänderung bewirkenden mechanischen Kräften. Es ist daher nur natürlich, wenn auch die Gestalt von Fehlern unter den durch das Glas auch auf sie übertragenen Kräfte markante Unterschiede aufweist. Am deutlichsten lassen sich solche Unterschiede an der Form der Blasen aufzeigen. In der Schmelze, in der sich eine Blase freischwebend befindet, wird ihre Form allein durch die Oberflächenspannungskräfte bestimmt werden. Je kleiner der Blasendurchmesser, desto stärker wirkt sich die Oberflächenspannung aus.

Wenn im Formgebungsbereich wie bei den Ziehverfahren Zugkräfte auf die hochviskose Schmelze übertragen werden, dann reckt sich das Glas und der Betrag der Dehnung ist an der Blasenform zu erkennen. Das Blasenvolumen ist durch die eingeschlossene Gasmenge gegeben

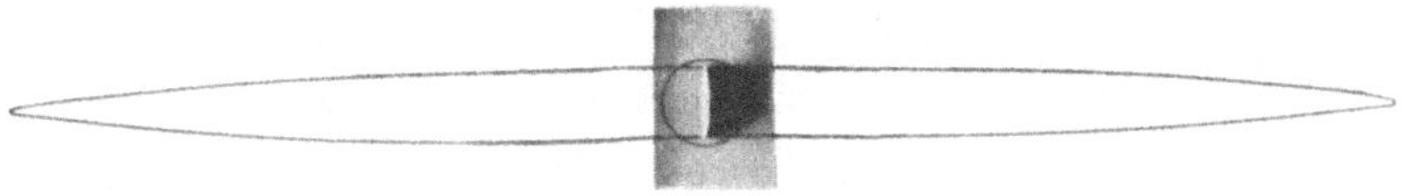

Abb. 575. Mikroaufnahme eines Kernblasenquerschnittes in Tafelglas. Darüber gezeichnet die (ausgemessene) Länge der Blase und der errechnete Durchmesser einer Kugelblase gleichen Volumens

und bleibt bei der Verformung gleich, so daß der Zuwachs an Länge durch eine Veränderung der Breite und vor allem der Dicke ausgeglichen wird (Abb. 575). Man kommt zu einfachen Beziehungen über die Form von Blasen im gezogenen Flachglas: Je kleiner die Blase, um so mehr nähert sie sich der Kugelgestalt und je stärker der Zug, desto mehr wächst der Längenparameter vor allem auf Kosten der Dicke. Vergleichende Messungen an Blasen haben am Beispiel des FOURCAULT-Glases diese Regel bestätigt und die Abhängigkeit der Reckung von Blasen von ihrer Größe und ihrer Lage im Querschnitt der Tafel festgestellt: Je näher einer Oberfläche, um so langgestreckter ist ihre Gestalt, und je kleiner der Blaseninhalt, desto gedrungener die Form. Abb. 575 zeigt den Querschnitt einer Blase von 13,7 mm Länge. Ihre Breite beträgt 0,7 mm, die Dicke 0,07 mm. Die Achsen des Ellipsoids Dicke : Breite : Länge verhalten sich bei Kernblasen wie etwa 1 : 10 : 100 und mehr[1].

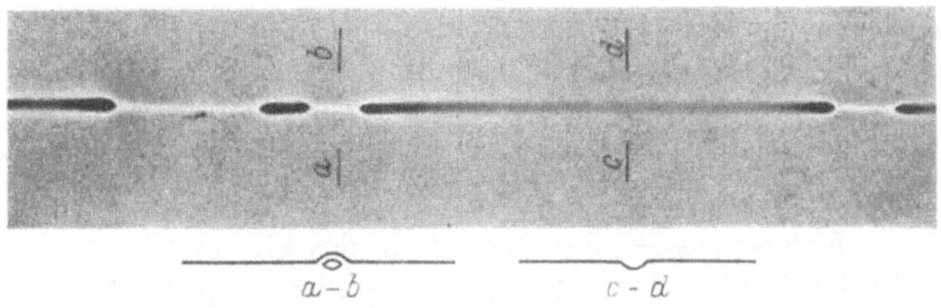

Abb. 576. Gerissener Tonerdefaden dicht unter der Oberfläche eines Tafelglases. Im Schnitt *a—b* schematisch dargestellt die Oberflächenstörung durch den eingelagerten Faden und im Schnitt *c—d* die Einwölbung der Oberfläche nach Zurückziehen der Fremdglaseinlagerung (Schattenbildaufnahme)

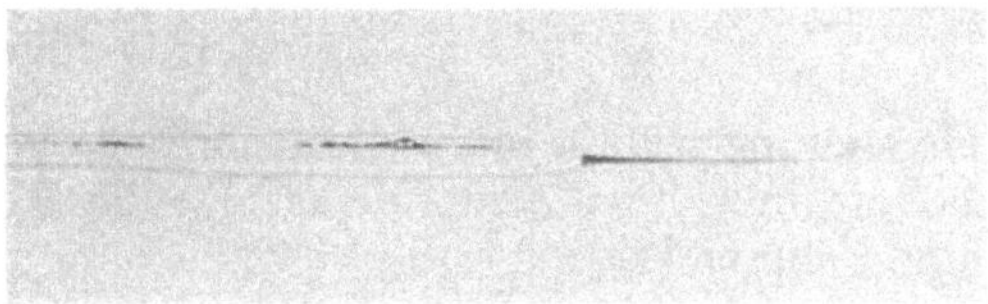

Abb. 577. Mikroaufnahme der Rißstelle des Fadens mit Vakuumblase. Die Struktur im Faden stellt eine Nephelinkristallisation dar (etwa 500×)

Die Zugverteilung über den Querschnitt des Glasbandes ist nicht gleich, sondern an den schneller abkühlenden Außenhäuten auf Grund der höheren Viskosität größer. Mithin zieht sich das Glas an den Außenseiten der Tafelwurzel schneller ab als im Innern. An mitgezogenen Steinchen kann man gelegentlich die Beobachtung machen, daß sie in den äußeren Bereichen viel rascher nach oben wandern, als wenn sie in der Mitte der Blattwurzel erscheinen.

Bei Guß- und Walzgläsern, wo Zugkräfte nicht oder nur in untergeordnetem Maße auftreten, haben Gaseinschlüsse meist Kugelform oder eine gedrungene, ovale Gestalt.

Diese verfahrensbedingten Unterschiede wirken sich sehr zum Nachteil für die Ziehverfahren aus. Die in die Länge gereckten Blasen fallen als Fehler auf Grund ihrer Größe viel stärker ins Gewicht als eine Kugelblase gleichen Volumens. Bläschen kleiner als 0,5 mm, die unter die Störgrenze fallen, dehnen sich im maschinellen Ziehverfahren derart, daß sie durchaus Fehlercharakter erreichen.

Abb. 576 zeigt den selten zu beobachtenden Fall eines Fadens im Glas, der offenbar durch das Recken während des Ziehvorganges gerissen ist. Da im Faden Nephelin auskristallisiert ist, liegt ein hoher Al_2O_3-Gehalt vor. Die Viskosität der Fadensubstanz war im Augenblick der Verformung bereits so hoch, daß die Längendehnung des umgebenden Glases zum Abreißen des Fadens führte. Am Faden selbst konnte unter dem Mikroskop an längeren Teilstücken eine deutliche Spannung

[1] Eine Kugelblase gleichen Volumens hätte einen Durchmesser von knapp 0,9 mm, d. h. etwa der Breite entsprechend.

festgestellt werden, die (trotz gleichbleibender Fadendicke) nach den Rißstellen zu abnahm, so daß die Annahme naheliegt, die Enden des Fadens haben sich unter der aufgezwungenen Zugspannung noch etwas zusammenziehen können. Die Enden der Fadenbruchteile laufen in eine winzige Vakuumblase aus, wie sie Abb. 577 zeigt. Der Faden lag etwa $^1/_{10}$ mm unter der Oberfläche. Abb. 578 ist ein in gleicher Weise zerrissener „Nephelinwurm".

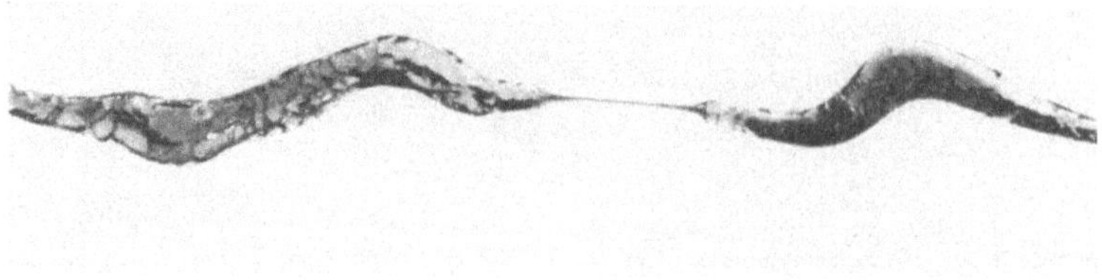

Abb. 578. Nephelin-„Wurm" unter dem Einfluß der Dehnung beim Ziehvorgang gerissen

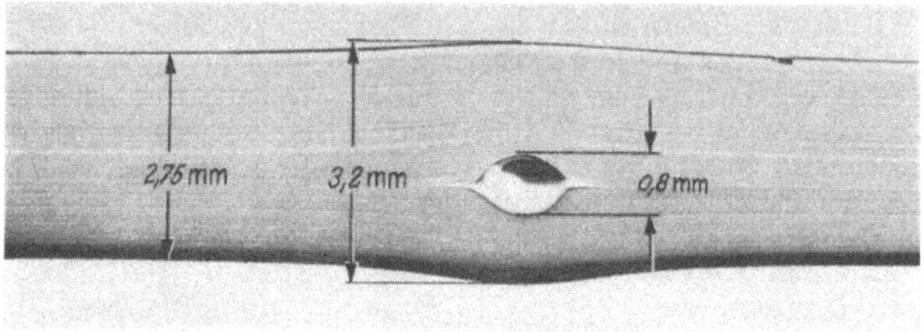

Abb. 579. Querschnitt durch ein Tafelglas mit einer Fadenverdickung (Knoten) quer zur Ziehrichtung. Die Aufnahme gibt die typische Form eines Knotens mit der flächigen Ausbreitung einer Mittelebene wieder und zeigt am Verlauf der Schichtungsebenen, die um die zähere Knotensubstanz ausweichen, das Zusammendrücken der Glassubstanz

In Abb. 579 wirkt die Oberfläche des Glases als gespannte Haut und drückt das einen Knoten umhüllende Glas unter der Wirkung dieser Spannung um einen geringen Betrag zusammen. Bei einer Glasdicke von 2,75 mm und einer Fremdglaseinlagerung von 0,8 mm müßte die Stärke über dem Knoten 3,55 mm betragen. Gemessen wurden aber nur 3,2 mm, so daß sich eine Depression von 0,35 mm ($\approx$ 10%) über der Knotensubstanz ergab. Sie ist am Verlauf der Schichtlinien deutlich zu erkennen.

3.2 Spiegelglas, Heißformung

Seine Herstellung zerfällt in die glastechnische Heißformung des Rohglases durch Gießen oder Walzen und die in kaltem Zustande erfolgende Ebnung und Glättung der Oberflächen durch Schleifen und Polieren [*13*].

An Spiegelglas als das teuerste Erzeugnis unter den Flachgläsern werden naturgemäß hohe Anforderungen gestellt. Eine wirtschaftliche Spiegelglaserzeugung setzt wegen des aufwändigen Schleif- und Poliervorganges ein Rohglas mit geringen Schmelzfehlern voraus. Die Bedingungen der Heißformung durch Gießen oder kontinuierliches Walzen, bei der die auf das Glas übertragenen mechanischen Kräfte wegen der hohen Temperatur klein sind gegenüber der Oberflächenspannung, lassen Blasen in kugeliger oder gedrungen ellipsoider Form erscheinen. Das heißt, Blasen gleichen Volumens erscheinen bei Guß- und Walzgläsern viel kleiner als bei gezogenem Flachglas (s. Fehlergestalt).

Auch in bezug auf Störungen durch Inhomogenitäten sind Spiegelgläser bei weitem nicht so anfällig, da ihre Auswirkungen auf die Gestaltung der Oberfläche durch den Schleif- und Poliervorgang beseitigt werden (s. Formfehler bei Flachglas). So ist in Abb. 580 ein Spiegelglas gezeigt, das in einer kräftigen Schichtung Fremdglaseinlagerungen aufweist und in der Durchsicht für das unbewehrte Auge optisch leer ist. Erst durch besondere Maßnahmen, wie Zentralprojektion oder Schlierenabbildung, läßt sich eine schwache Störung sichtbar machen. Auch das sehr stark schlierige Muster (Abb. 580c) mit ausgesprochen schweren Homogenitätsstörungen zeigt vor einem nicht allzu kontrastreichen Hintergrund auf den ersten Blick nicht die Mängel, die man nach der Zentralprojektion erwarten sollte. Es sind nur leichte Randunschärfen wahrzunehmen, die lediglich bei einer Bewegung des Auges gegen das betrachtete Objekt auffallen. Daher wurde auf eine photographische Wiedergabe der Durchsichtstörung verzichtet.

Vom Schmelztechnischen her gesehen ist die Ausgangsposition für Spiegelgläser bedeutend günstiger als für Tafelgläser (s. Ziff. 3.111), denn Blasen und Schlieren als Schmelzfehler haben im fertigen Produkt eine wesentlich geringere Fehlerwirkung (vgl. Abb. 571a, b). Dafür entstehen durch die nachfolgende Oberflächenbearbeitung eine Reihe neuer Fehlerquellen.

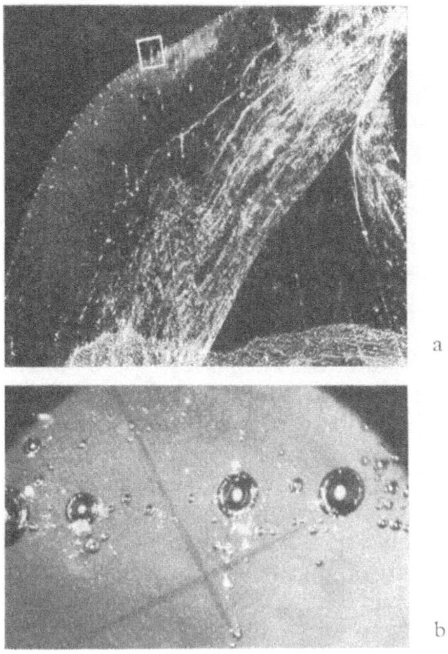

Abb. 582. a) Eingewalzter Blasenschleier im Spiegelglas (Crachat). Die Mikroaufnahme b) zeigt in halbpolarisiertem Licht hell aufleuchtende Sandkörner (Einzelheit aus Abb. a)

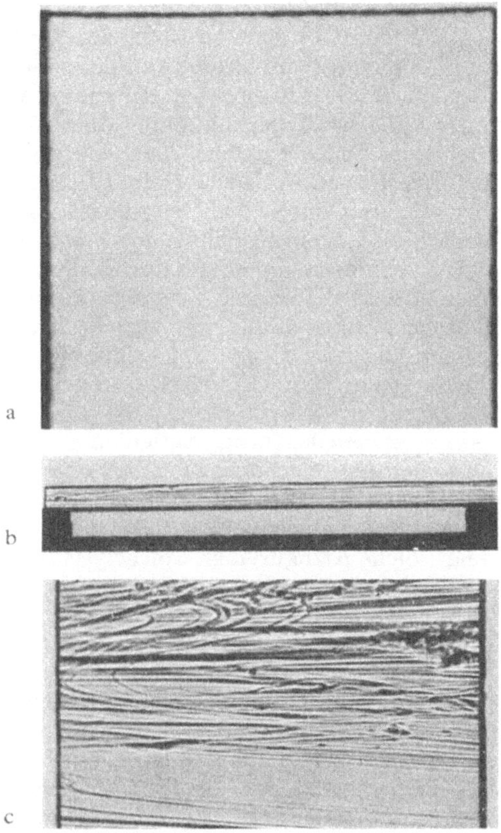

Abb. 580. a) Durch Zentralprojektion eben sichtbar zu machende optische Störung durch die in b) gezeigte grobe Fremdglaseinlagerung c) Schattenbild (Zentralprojektion) eines stark schlierigen Spiegelglases

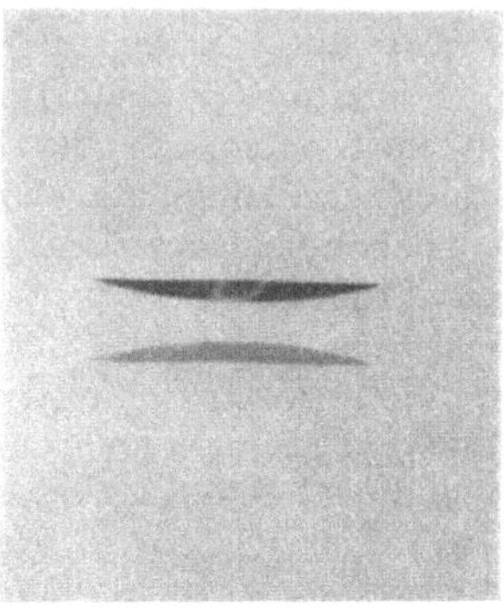

Abb. 581. Kaltsprung an Spiegelglas. Der segmentförmige Sprungeinlauf erstreckt sich etwa bis zu 3 mm Tiefe in dem 10 mm starken Glas. Infolge der schrägen Anordnung bei der Aufnahme spiegelt sich der Sprung an der Unterseite und läßt das Verhältnis Sprungtiefe zu Glasstärke deutlich werden

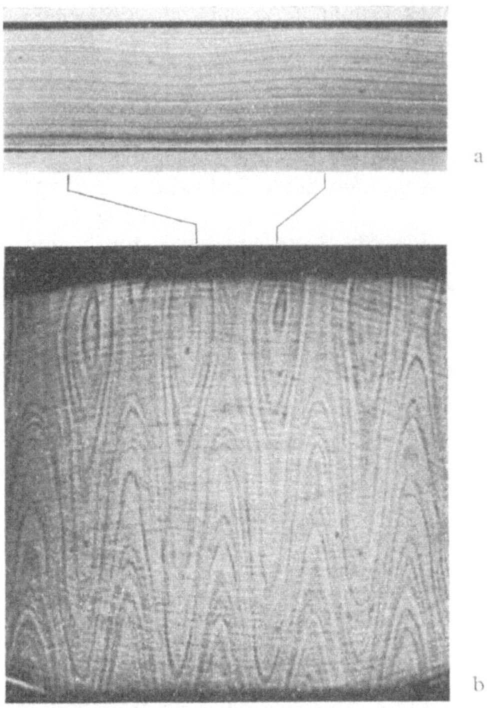

Abb. 583. Querschnitt durch ein Spiegelglas längs der Walzrichtung. Die wellenförmig verlaufende Schichtung rührt vom eingedrückten Walzenprofil her. Beim Schleifen und Polieren werden diese wellenförmigen Schichtungen geschnitten. Dies ergibt beim Ätzen (1%iger Flußsäure, 20 Minuten) Ätzfiguren durch unterschiedliche Ätzgeschwindigkeiten, wie sie Abb. b) in einer Reflexaufnahme zeigt

Bei der Heißverformung können die dem angewandten Gieß- und Walzverfahren entsprechenden Fehler auftreten. Abb. 581 zeigt einen Kaltsprung durch zu große Temperaturunterschiede zwischen Glas und Unterlage. Auch durch Zugkräfte denen die dünne, bereits erstarrte Oberflächenhaut nicht gewachsen ist, können Risse auftreten. Mit der kontinuierlichen Arbeitsweise sind derartige Formgebungsfehler gegenüber dem intermittierenden Gießverfahren wegen der gleichmäßigeren Temperatur- und Arbeitsbedingungen aller Formgebungs- und Transportelemente weitgehend unterdrückt.

Beulen in der Unterseite durch Glassplitter oder ähnliches auf dem Gußtisch, die beim Schleifen entweder einen beträchtlichen Mehraufwand erfordern oder nach Abb. 584 Anlaß zu nicht ausgeschliffenen Partien sind, treten beim kontinuierlichen Walzen nicht mehr so häufig auf, weil der Gußtisch durch Rollenbahnen ersetzt wurde. Konstante Temperaturverhältnisse im Formgebungs- und Kühlbereich, wie sie sich im kontinuierlichen Betrieb besser einhalten lassen, kommen der Qualität des Rohglases auch in anderer Hinsicht zugute: Ungleichmäßige Abkühlung kann zu Verwerfungen der Tafeln führen. Dadurch kann beim Schleifen Bruch entstehen oder die verwundenen Platten lassen, wenn Facetten anzulegen sind, Randschliffe von wechselnder Breite entstehen.

Als Crachat wird eine Fehlerscheinung bezeichnet, die sich durch örtliche Anhäufung von Blasen bemerkbar macht. In Abb. 582 sind solche Blasenschleier, die in Schichten angeordnet sind, festgehalten. Sie haben scharfe, aus Blasenketten gebildete Konturen. Innerhalb des Feldes finden sich Farbschlieren von Eisen, Sandkörner, Entglasungen oder ähnliches und weisen damit auf die Entstehungsursache hin. Eingewalzte Glaspartikel, Sand vom Gußtisch mit Eisenabrieb, Schmierölrückstände, Schmutz usw. lösen diesen Fehler aus. Beim kontinuierlichen Spiegelglas-Walzverfahren entsteht ähnliches, wenn am Walzenstein (Überlaufstein) Entglasungen beseitigt werden müssen.

In der Walzrichtung ist bei Spiegelgläsern gelegentlich eine wellenförmig verlaufende Schichtung zu sehen. Sie wird durch die Walzenriffelung hervorgerufen. Nachdem die Schichten Gläser unterschiedlicher Zusammensetzung anzeigen, kann es geschehen, daß beim Ätzen mit Flußsäure Ätzfiguren [*5*] auftreten, die durch Unterschiede in der Auflösungsgeschwindigkeit der angeschnittenen Schichten verursacht werden. Abb. 583 zeigt solche Ätzfiguren an Spiegelglas in einer Reflexaufnahme.

3. 21 Spiegelglas, Schleiffehler

Das Rohglas, das auf den Oberflächen mit einer Riffelung oder Ornamentierung versehen ist, muß von dieser Oberflächenstruktur befreit werden. Es ist ein Bestreben der Heißformung, den notwendigen Schleifaufwand so gering wie möglich zu halten. In modernen Anlagen werden nur etwa 0,5 mm abgetragen. Unebenheiten, wie die der Riffelung, sind durch den Schleifvorgang leicht und rasch zu beseitigen, größere Flächen abzutragen, wie z. B. die Einebnung bis auf die in Abb. 584 gezeigten Vertiefungen in fehlerhaftem Rohglas erfordert eine unverhältnismäßig große Schleifarbeit. Ist das Rohglas einseitig oder über größere Bezirke keilig, so kann auch das fertige Spiegelglas mit einem Keilfehler (s. Optik) behaftet bleiben.

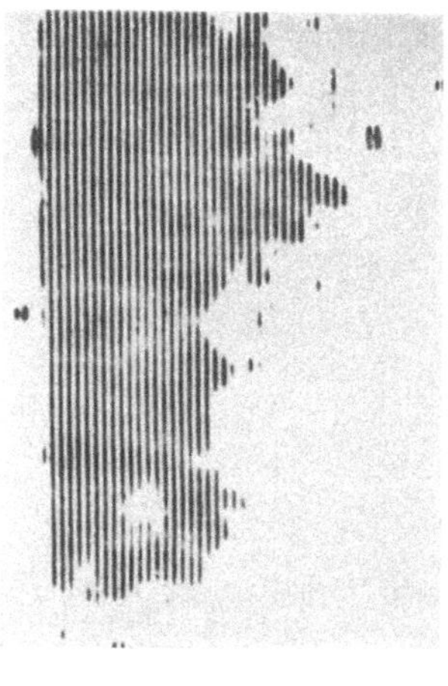

Abb. 584. Beule im Rohglas erhöht den Schleifaufwand. Die Riffelung des Rohglases wurde durch Schleifen nicht beseitigt

Im Gegensatz zu Zierschliffen an Hohl- oder Flachglas, wo man meist mit gebundenem Schleifkorn arbeitet, erfolgt das Planschleifen von Flachglas nur mit losem Schleifmittel (Sand). Das Schleifscheibenmaterial soll nicht zu hart sein, um dem ansetzenden Schleifkorn das notwendige Widerlager zu bieten. Die Abtragung der Oberflächen erfolgt nicht schabend oder reißend, sondern das zwischen der Ferrasse und Glas abrollende Sandkorn muschelt mit Ecken und Kanten die Oberfläche aus. Dabei darf der Schleifdruck nicht zu hoch sein, damit beim Eingriff des Schleifkornes Sprünge nicht tiefer in den Kern des Glases eindringen, als der abzutragenden Schicht entspricht, da sonst der als „Grau" bezeichnete Fehler auftreten kann (s. Abb. 591).

Von der aufgewandten Arbeit ist nur ein verschwindend geringer Teil tatsächliche Grenzflächenarbeit. Zerteilung, Abrieb und plastische Verformung am Schleifkorn und Wärmeentwicklung verbrauchen den weitaus größten Anteil [*14*].

Die abgetragene Glasmenge ist abhängig von Korngröße und -form des Schleifmittels, dem Schleifdruck und dem Schleifweg. Zum Abtragen der groben Unebenheiten wird mit grobem

Korn gearbeitet. Die weitere Einebnung der Flächen dient nur mehr der Vorbereitung für den Poliervorgang und braucht ein entsprechend feineres Schleifkorn, das aus dem Schleifmittelabrieb durch sehr sorgfältige Klassierung gewonnen wird.

K. VON STÖSSER [15] fand im Schleifabrieb Spähne von spiraliger Gestalt, die darauf hinweisen, daß beim Schleifen auch die Möglichkeit zu echter plastischer Verformung gegeben zu sein scheint. Über Schleifvorgänge unterrichten [16].

Örtliche Vertiefungen im Rohglas, die beim Schleifen nicht erfaßt werden, so daß die natürliche Rohglasoberfläche zutage tritt, werden Jour genannt.

In Abb. 585a ist ein älteres Spiegelglas, das im Jourfleck (b) noch Reste der Rohglasoberfläche und Sandlöcher zeigt, abgebildet. Bei einem kontinuierlich erzeugten Spiegelglas (c) sind Reste der Riffelung sichtbar. Sandlöcher – Sandjour – treten

a

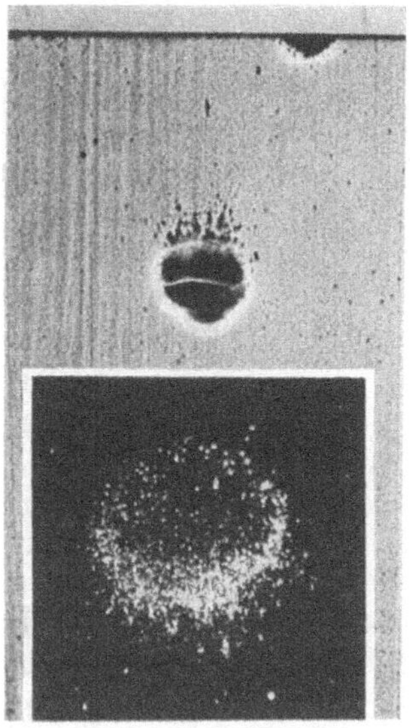

b

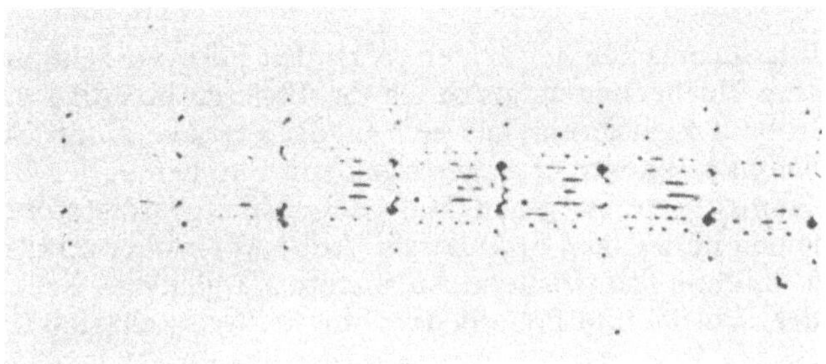

c

Abb. 585. a) Vertiefung in der Rohglasoberfläche mit Resten der ursprünglichen Kathedralglasstruktur; b) zeigt die Anhäufung von Sandlöchern am Rande des „Jour"-Fleckes; c) läßt Reste der Walzenriffelung in einem nicht genügend ausgeschliffenen Spiegelglas erkennen

auch als selbständiger Schleiffehler in kleineren Bereichen auf, wenn das Rohglas geringe Stärkeabweichungen aufweist. Es greifen dann beim Grobschleifen einige besonders grobe Schleifkörner an, deren tiefe Ausmuschelungen aber durch den Feinschliff nicht mehr eingeebnet werden.

Abb. 586. Tiefe Ausmuschelungen durch grobe Sandkörner, die im weiteren Verlaufe des Schleifprozesses nicht beseitigt wurden (Auflicht-Dunkelfeld, etwa 20×)

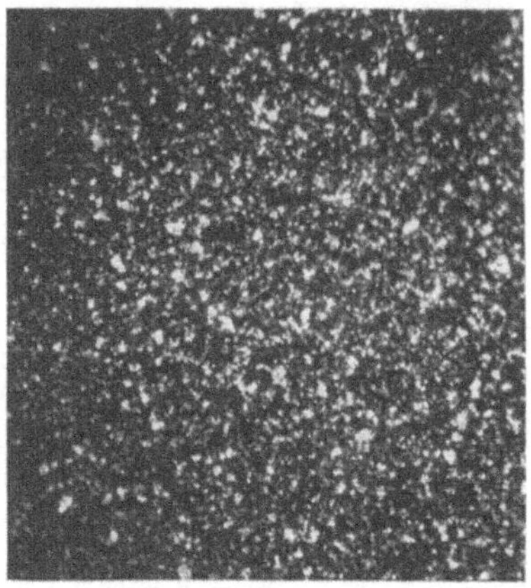

Abb. 587. Unzureichende Bearbeitung beim Feinschliff hinterläßt feine Narben in der Oberfläche (Auflicht-Dunkelfeld 50×)

Abb. 586 zeigt die Erscheinung als Mikroaufnahme. Im fertigpolierten Glas sind die unregelmäßig geformten Narben dann mit Abrieb und Polierrot ausgefüllt und lassen die Muschelform der Ausbrüche nicht mehr erkennen.

Hiervon zu unterscheiden sind Fehler durch schlechten, d. h. unzureichenden Feinschliff. Sie sind nicht durch Stärkenabweichungen im Rohglas bedingt und entstehen, wenn die Bearbeitung mit Feinschlamm nicht gegenüber intensiv erfolgte. Aber auch ungenaue Klassierung des Schleifmittels kann die Ursache sein. Die Dunkelfeldaufnahme in Abb. 587 zeigt bei geringer Vergrößerung die dichte Anordnung feiner Löcher einer fast gleichmäßigen Größe. Ein schlechter Feinschliff ist demnach eine für den folgenden Poliervorgang ungenügend vorbereitete Oberfläche mit gröberen Unebenheiten, als durch das Polieren beseitigt werden können.

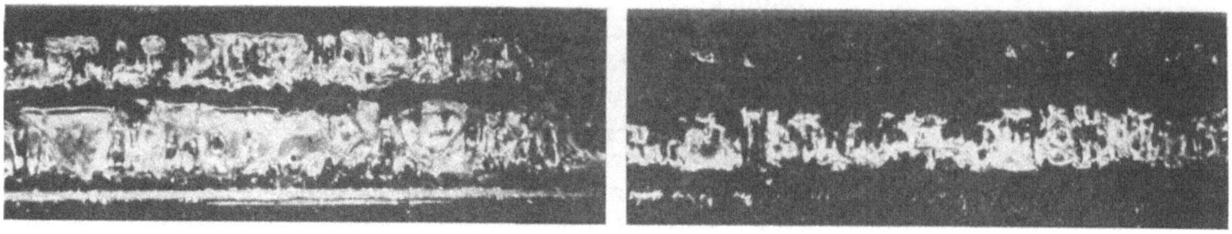

Abb. 588. Schleifeisenkratzer: in die Schleifscheibe eingedrückte grobe Schleifkörner reißen Furchen in die Oberflächen, die beim Feinschliff nicht eingeebnet werden

Grobe Schleifkörner, die sich in die Ferrasse eindrücken, tragen das Glas nicht durch Ausmuscheln ab, sondern erzeugen schabend Furchen in der Oberfläche. Derartige Schleifeisenkratzer sind, zumal wenn sie gegen Ende des Schleifprozesses entstehen, nicht mehr auszugleichen und erscheinen im fertigen Produkt als (Abb. 588) rauhe, zerklüftete Gräben. Wie der im rechten Teil der Abbildung festgehaltene Ausschnitt am gleichen Kratzer zeigt, können sie im weiteren Verlauf der Schleif- und Polierbehandlung teilweise eingeebnet werden.

3.22 Polieren und Polierfehler

Die Ansichten über das, was sich beim Poliervorgang abspielt, gehen auseinander. Manche Erscheinungen sprechen für eine plastische Verformung innerhalb einer dünnen Oberflächenhaut, der sog. BEILBY-Schicht. Andere wiederum lassen chemische Vorgänge für wahrscheinlich gelten, und eine dritte Theorie nimmt eine mechanische Abtragung als den wesentlichen Vorgang beim Polieren an.

Alle drei Theorien können gewichtige Begründungen für sich anführen. Für einen plastischen Fließvorgang sprechen u.a. die Beobachtungen, daß man Poliermittel und auch Luftbläschen in die Politur eingebettet findet. Die Tatsache, daß sich zupolierte Kratzspuren durch Ätzen mit Flußsäure wieder sichtbar machen lassen, kann ebenfalls dafür sprechen. Sie läßt sich aber auch als Beweis für die Annahme chemischer Vorgänge anführen. Für diese Theorie kann außerdem geltend gemacht werden, daß der Poliervorgang durch chemische Mittel beeinflußbar ist. (Einhaltung eines bestimmten p_H-Wertes.) Für die Annahme mechanischer Vorgänge kann angeführt werden, daß die Zunahme blanker Flächenteile durch die schonende Abtragung von Graten und Hügeln während des Polierens in dem Maße zunimmt, wie die Abtragung vor sich geht. Grundlegende Arbeiten über das Polieren veröffentlichten [*17*].

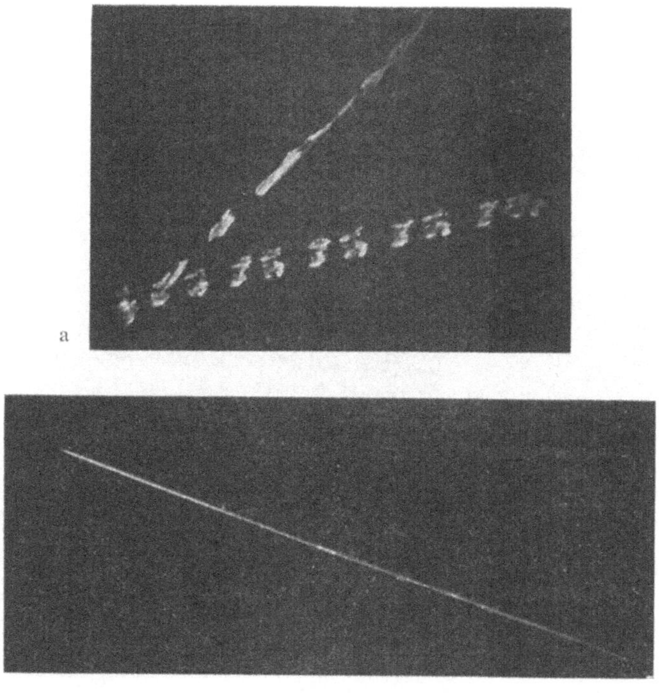

a

b

Abb. 589. a) Feine Kratzer mit rauhen Rändern — helle Filasse — entstehen z.B. durch abgebröckelte eingetrocknete Teile des Polierkuchens, wenn sie vom Polierteller erfaßt werden; b) Grüne Filasse wird durch scharfkantige, harte Teilchen beim Polieren erzeugt. Sie hat glatte Ränder und leuchtet über einem dunklen Hintergrund grün (in der Farbe des Glasstiches). Auflicht-Dunkelfeldbeleuchtung 100×

Praktiker neigen zu der Ansicht, beim Polieren wirken sowohl plastische Verformung, mechanische Abtragung als auch chemische Vorgänge zusammen.

Als Filasse werden mechanische Verletzungen beim Polieren bezeichnet. Sie können durch Fremdkörper, wie Staub, hervorgerufen werden, entstehen aber auch bei zu trockenem Arbeiten, wenn erhärtete Teile des Polierkuchens am Rande abbröckeln und vom Polierwerkzeug erfaßt und mitgenommen werden. Entstehen diese Kratzer im Anfang des Prozesses, so werden sie mitunter während des weiteren Arbeitsganges noch eingeebnet. Die helle Filasse (Abb. 589a) hat rauhe Ränder und streut das Licht. Die als scharfe Filasse (Abb. 589b) auftretenden Kratzer besitzen glatte Konturen und lassen bei flach einfallender Beleuchtung die Schramme grün (in der Farbe des Glasstiches) erscheinen. Sie wird daher auch als grüne Filasse bezeichnet.

Von dem Polierfilz festgehaltene Glassplitter verursachen breite, meist aus mehreren Kratzspuren nebeneinander bestehende Verletzungen. Die Splitter, die zunächst im Filz verankert sind, werden durch die Reibung am Glas während des Eingriffes herausgerissen, verlagern sich an eine andere Stelle, schaben erneut über das Glas und ergeben durch den fortwährenden Ortswechsel die als Polierketten bezeichneten Oberflächenverletzungen, die Abb. 590 wiedergibt.

Unter Grau, das ein vor allem an Spiegeln verpönter Mangel ist, faßt man Erscheinungen zusammen, die durch eine Vielzahl von Reflexen an feinsten, meist in sich geschlossenen Sprüngen im Glas hervorgerufen werden. Sie machen das klare Reflexbild unansehnlich grau. Der

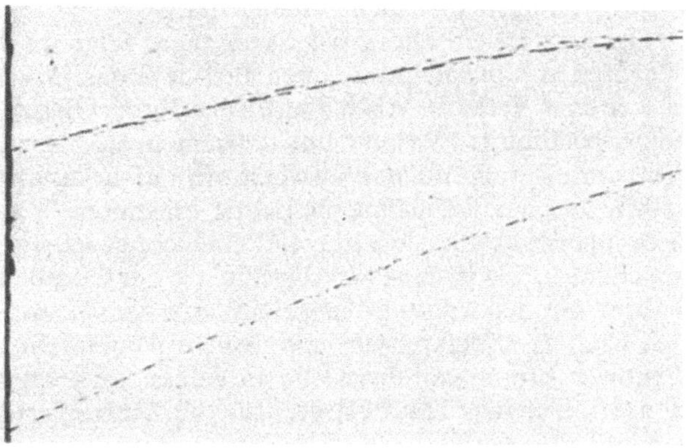

a

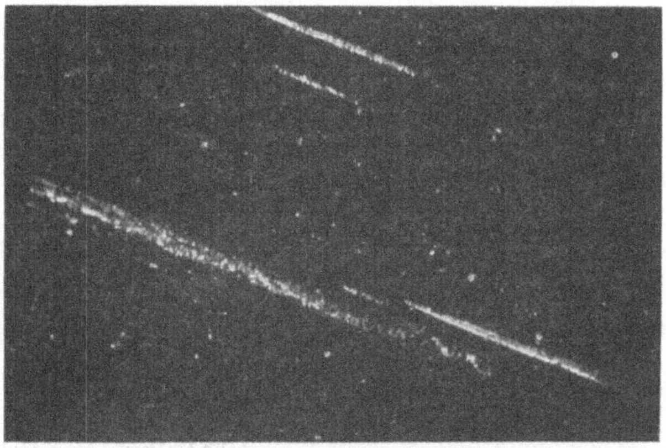

b

Abb. 590. a) Polierkette. Durch Glassplitter beim Polierprozeß erzeugt. Die Mikroaufnahme b) zeigt Einzelheiten (Auflicht-Dunkelfeldbeleuchtung 25×)

Abb. 591. Feinste Sprünge unter der polierten Oberfläche rufen durch zusätzliche Reflexe den als „Grau" bezeichneten Fehler hervor

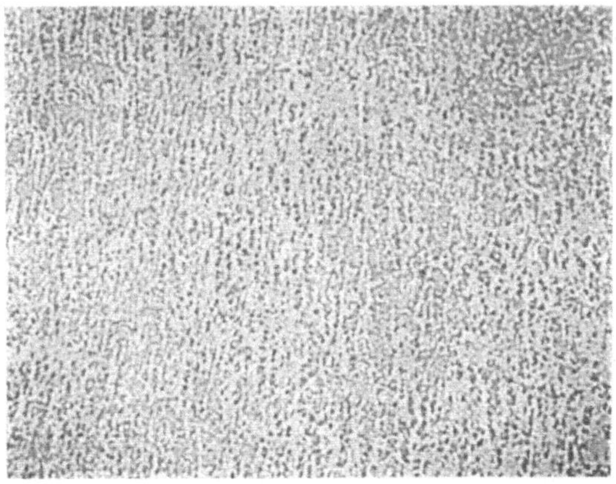

Abb. 592. Als Apfelsinen- oder Froschhaut bezeichnet man eine Mikrowelligkeit der Spiegelglasoberfläche, die auftritt, wenn die letzten feinen Unebenheiten der Savonnage beim Polieren nicht abgetragen wurden

Fehler ist in der Durchsicht nicht zu bemerken, wohl aber bei streifend einfallendem Licht über einem dunklen Untergrund. Abb. 591 läßt die kreisförmigen Sprünge in einer Dunkelfeldaufnahme gut erkennen. Das Auftreten von Grau bedeutet, daß die beim Schleifen unter den Ausmuschelungen entstandenen feinsten Sprünge ins Glas hinein durch die Bearbeitung mit Feinstschlamm nicht genügend weit abgetragen sind. Das Grau stellt also nicht eigentlich einen Polier-, sondern einen Schleiffehler dar.

Der letzte Feinschliff, die Savonnage, zeigt im Mikrobereich immer noch rauhe, zerklüftete Oberflächen. Sie sollen im ersten Teil des Polierens zunächst noch weiter eingeebnet werden. Erst im weiteren Verlaufe erhält die Fläche ihren Glanz. Dieser gewünschte Ablauf läßt sich steuern, indem bestimmte Wasser- und Pottémengen zugegeben und auch Umlaufgeschwindigkeit und Temperatur während der Bearbeitung auf bestimmten Werten gehalten werden. Geschieht das nicht in der aus Erfahrung als richtig erkannten Weise, so kann der Fall eintreten, daß die Oberfläche blank ist, ehe sie genügend eingeebnet ist. Es entsteht dann die sog. Apfelsinenhaut (auch Froschhaut). Sie ist eine Mikrowelligkeit der Oberfläche ohne Vorzugsrichtung, die der Savonnage in ihrer Größenordnung entspricht. Sie kann kaum als Fehler bezeichnet werden, denn sie ist auch nach dem Verspiegeln mit bloßem Auge nicht erkennbar. Die Abb. 592 zeigt den optischen Effekt der Froschhautoberfläche an einem stark vergrößerten Reflexbild durch den exakt gerichteten Strahlengang eines Gerätes für die Zentralprojektion.

3.3 Fehler an Guß- und Walzgläsern

Zum Unterschied von den gezogenen Flachgläsern entstehen Gußglasoberflächen unter dem Zwang der formgebenden Walzen. Die schroffe Abkühlung erzeugt eine unruhige Oberflächenstruktur, die die freie Durchsicht verhindert. Gußgläser werden daher bevorzugt verwendet, wo Durchsichtigkeit nicht notwendig oder unerwünscht ist. Darüber hinaus werden Spezialgläser mit besonders starker lichtstreuender Wirkung durch eine feine, scharfe Profilierung der Oberfläche erzeugt, die mit Vorteil eingesetzt werden, wo diffuses Licht verlangt wird [*18*].

Die Oberflächengestaltung bei Gußgläsern, die den Blick gewissermaßen an der Oberfläche festhält, läßt das Innere des Glases bei weitem nicht so stark in Erscheinung treten, wie das bei Gläsern mit freier Durchsicht der Fall ist. Blasen und selbst kräftige Inhomogenitäten sind keine Fehler von gebrauchsmindernder Wirkung. Schmelzfehler brauchen also nicht auf ein Minimum reduziert zu werden, wodurch der Fertigpunkt und damit die Formgebung näher an die Schmelze gerückt sein kann.

a

b

c

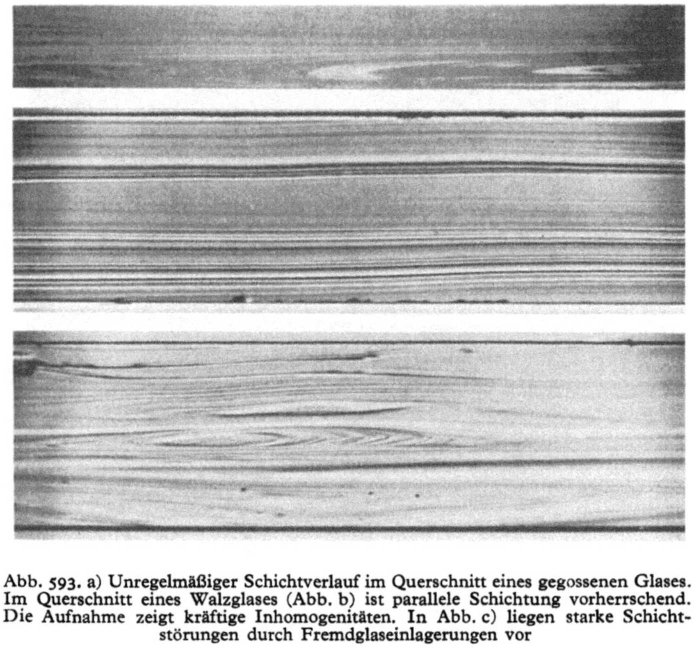

Abb. 593. a) Unregelmäßiger Schichtverlauf im Querschnitt eines gegossenen Glases. Im Querschnitt eines Walzglases (Abb. b) ist parallele Schichtung vorherrschend. Die Aufnahme zeigt kräftige Inhomogenitäten. In Abb. c) liegen starke Schichtstörungen durch Fremdglaseinlagerungen vor

Durch Einführung kontinuierlicher Verfahren, nach den heute die Mehrzahl der als „Gußgläser" bezeichneten Glassorten hergestellt wird, sind grundsätzliche Veränderungen eingetreten. Damit, daß der intermittierende Gießvorgang durch einen kontinuierlichen Walzprozeß ersetzt wurde (wonach diese Erzeugnisse als „Walzgläser" anzusprechen wären), wurde eine bessere Konstanz der Temperaturbedingungen im Formgebungs- und Kühlbereich erwirkt, die nicht nur eine Verminderung des Ausschusses mit sich brachte, sondern auch der Gleichmäßigkeit der Oberflächengestaltung zugute kommt.

Beim Gießen und nachfolgenden Auswalzen werden die im Schmelzgefäß vorliegenden Schichtungen gründlich durcheinander gebracht und liegen im fertigen Produkt als unregelmäßig verteiltes Schichtungsbild vor. In Gläsern, die nach dem kontinuierlichen Verfahren hergestellt sind, ist eine geordnete Schichtung vorherrschend, da die Schmelze der Formgebung stetig zufließt und im ununterbrochenen Strom in der Flußrichtung verarbeitet wird. In Abb. 593 ist eine typische Schichtung von gegossenem neben einem streng gerichteten Walzglas aufgenommen. Die grobe Schichtstruktur läßt auf beträchtliche Inhomogenitäten im Glas schließen. Auch bei eingelagerten Fremdgläsern (Abb. 593c) bleibt für den übrigen Teil des Querschnittes die parallele Anordnung gewahrt.

Mit dem Continue-Verfahren hat sich der zeitliche und thermische Ablauf der Ereignisse während der Formgebung geändert. Gießen und Auswalzen waren noch zeitlich voneinander ge-

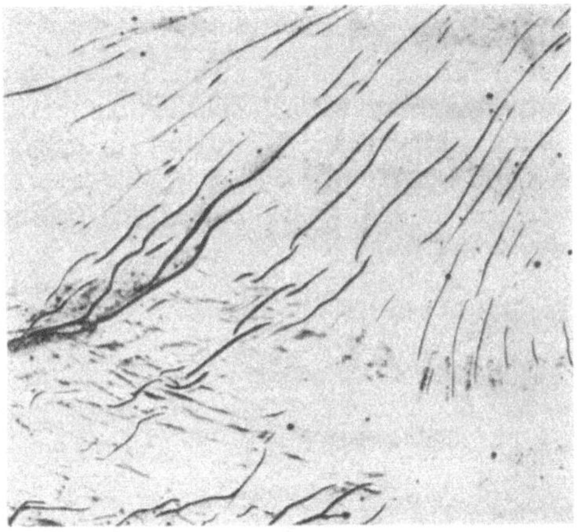
a

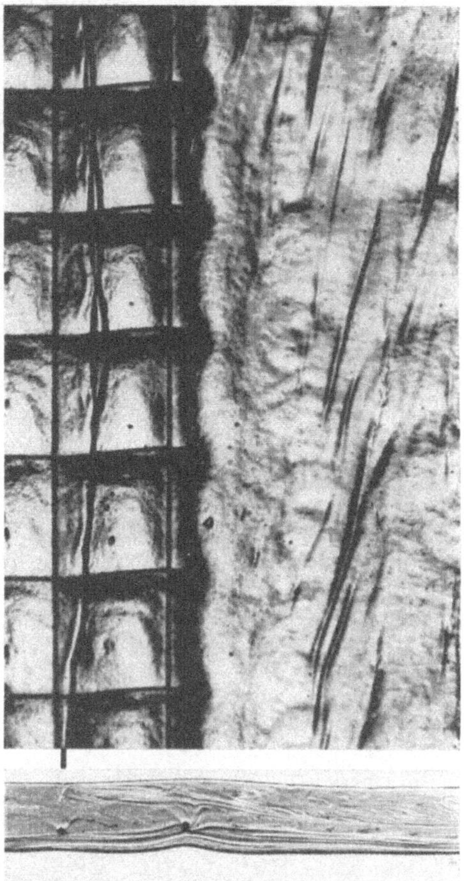
b

c

Abb. 594. a) Quetschfalten an gegossenem Rohglas; b) Faltungserscheinungen vom kalten, tonerdeangereicherten Randglas herrührend mit deutlicher Nahtbildung; c) Querschnitt dazu. Am Schlierenverlauf ist zu erkennen, daß die Randeinwirkung die Schichtung bis zu der Nahtstelle beeinflußt

trennte Vorgänge, wobei die Zeitspanne zwischen Guß und Auswalzen für einzelne Teile des ausgegossenen Glaspostens unterschiedlich war. Dazu ging das ganze auf einem kompakten Gußtisch vor sich, der dem Glas während der Verformung beträchtliche Wärmemengen entzog und dadurch die Viskosität laufend veränderte. Beim kontinuierlichen Verfahren ist an die Stelle des Gießvorganges ein stetig fließender Überlauf (oder Durchlauf) getreten, dem sich die Verformung durch Walzen unmittelbar anschließt. Die gleichmäßige Wärmezufuhr erlaubt über die regelbare Walzenkühlung eine Abstimmung auf günstige Temperaturdifferenzen zwischen Glas und Walzen, so daß das Oberflächenprofil von Walzglas im allgemeinen ausgeglichener ist, obwohl das Erscheinungsbild der Art nach nicht verändert ist.

Wenn Teile des Glases bereits hohe Viskosität erreicht haben und mit anderen wärmeren Partien bei der Verformung zugleich bewegt werden, entstehen Quetschfalten. Es kommt dabei zu Verwerfungen, wie sie Abb. 594a für ein Tischwalzglas und Abb. 594b für ein Continue-Glas zeigen. Beide Erscheinungen ähneln sich, obwohl für Abb. 594b die Ursache zur Faltung bereits vor dem Walzvorgang liegt: An den Handsteinen, die den der Walz-

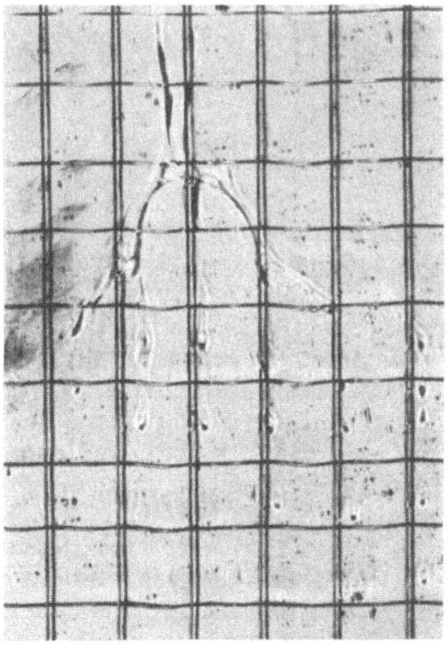

Abb. 595. Stauchungserscheinung, hervorgerufen durch an der Drahtwalze angebackenes Glas, das sich infolge seiner höheren Zähigkeit durch den Walzvorgang nicht mehr einebnen läßt

maschine zufließenden Strom seitlich begrenzen, kühlt sich das Glas ab und wird als schräg verlaufende Faltung in den Produktionsstrom hereingezogen. Es kann sich dabei eine scharfe Begrenzung zum kalten Randglas in Form einer Naht ausbilden, wie in der Abb. b u. c deutlich zwischen den äußeren Drähten zu sehen ist. Diese Erscheinungen treten naturgemäß nur in unmittelbarer Randnähe auf und stellen daher eher verfahrensbedingte Besonderheiten als Fehler am Erzeugnis dar. Im Querschnitt Abb. 594c ist die vom Rand ausgehende Störung bis zur „Naht"-Stelle zu verfolgen. Die Schlierigkeit besagt, daß auch chemische Inhomogenitäten an dem Vorgang beteiligt sind. Sie dürften aus der Auflösung der Schamotte des Handsteines stammen.

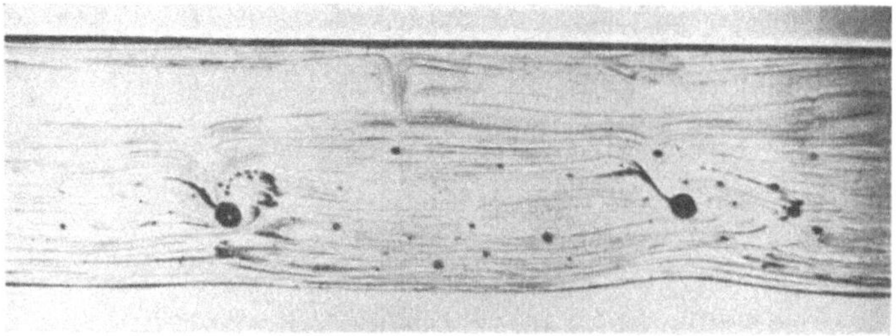

Abb. 596. Querschnitt durch ein Drahtglas, senkrecht zur Walzrichtung. Die Aufnahme zeigt deutliche Unterschiede im Ober- und Unterglas und an den Schichtstörungen seitliche Materialbewegung

Wenn die Drahtwalze z. B. durch Unregelmäßigkeiten in der Kühlung zu heiß wird, kann es vorkommen, daß ein Glasposten an ihr haften bleibt, mit hochgezogen wird, schließlich aber durch die hohe Viskosität des Glases wieder in den von der Walze abfließenden Glasstrom zurückgezogen wird. Dieses Glas ist inzwischen beträchtlich abgekühlt und besitzt eine wesentlich höhere Zähigkeit als das umgebende Glas. Beim Walzen bilden sich die in Abb. 595 abgebildeten Faltungen.

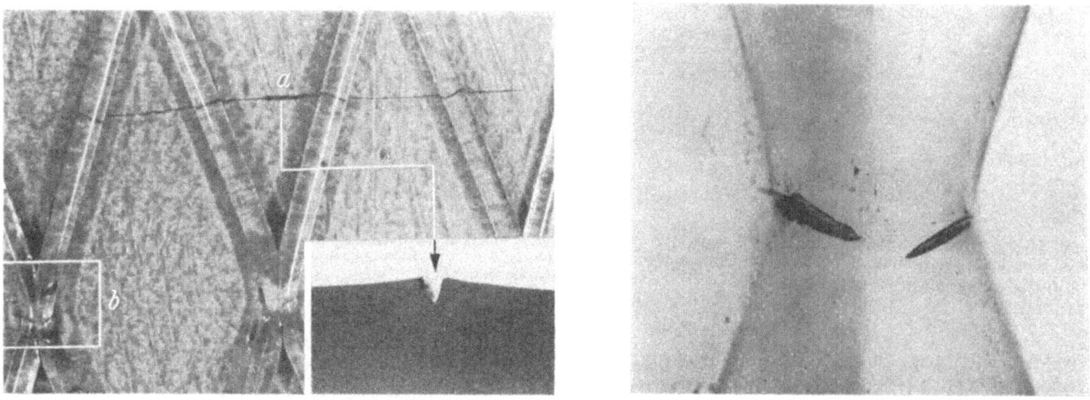

a b

Abb. 597. a) Antik wirkendes Rautenornament mit Rißbildungen *a* an der Oberseite; vermutlich hervorgerufen durch kurzzeitiges Anbacken der Schmelze an der Oberwalze (Abkühlung) und Querschnitt durch den Riß; *b* Klaffende Sprünge an den Knotenpunkten der Profilleisten. b) Einzelheit

Eine Materialbewegung quer zur Walzrichtung von der Mitte nach den Seiten hin verdeutlicht Abb. 596 am Beispiel des Drahtglases. Die Blasenbildung an der Drahteinlage (siehe Blasen) ist nach außen hin verschoben und auch die Bahnen, in denen die Drahteinlage die Schichtung des aufliegenden Glases durchstoßen hat, sind seitlich versetzt. Die Brauchbarkeit des Produktes ist weder durch die Blasen noch durch die Schichtstörungen beeinträchtigt.

Feuerrisse treten an frühzeitig erstarrten Glashäuten z. B. bei Ornamentgläsern auf, wo durch die Art und Tiefe der Prägung der Wärmeabfluß aus den erhabenen Rippen besonders stark ist. Im Detail der Abb. 597b sind derartige Risse gezeigt. Abhilfe kann durch Verringern der abgeführten Wärmemengen durch die Ornamentwalze oder auch durch ein flacheres Profil der Ornamentierung geschaffen werden.

Eine andere in ihren Ursachen noch nicht erkannte Art von Feuerrissen entsteht auf der Oberseite von Walzgläsern wie in Abb. 597a gezeigt. Man vermutet kurzzeitige Schwankungen im Glasspiegel von der Schwappbewegung beim Einlegen und dadurch bedingten stärkeren örtlichen Wärmeentzug durch die Oberwalze als Grund für die Rißbildung, da seit Einführen der automatischen Gemengeeinlage die Risse nicht mehr auftreten. Ein besonderes Merkmal dieser Art von Sprüngen ist, daß sie nachträglich unter einem Druck wieder verschweißt sind, so daß sich die Rißkanten hochstülpen.

Wird das noch plastische Ornamentglas hinter den Walzen gereckt, so treten Verzerrungen auf wie in Abb. 598, wo aus den kreisförmigen Butzen ovale werden. Wird die Ablaufgeschwindigkeit an die Umfangsgeschwindigkeit der Walze angepaßt, so ist dieser Fehler behoben.

Bei einer ungleichmäßigen Temperaturverteilung quer zur Walzrichtung kann das ablaufende Band verzogen werden, so daß zumal bei einem Muster von hoher Regelmäßigkeit unschöne Verzerrungen die Folgen sind (Abb. 599). Dieser Fall

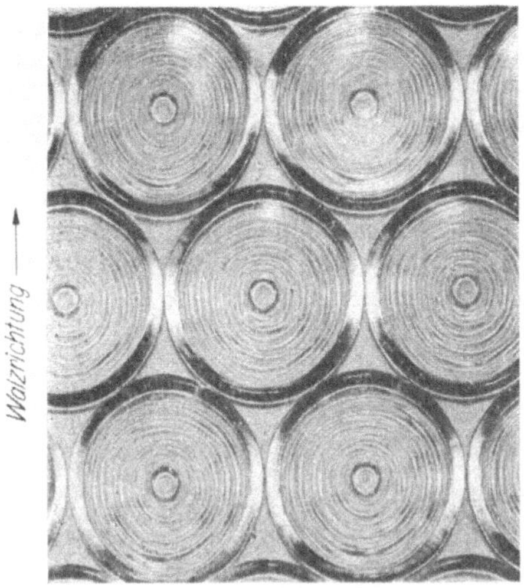

Abb. 598. Durch Reckung hinter der Walze verzogenes Butzenornament

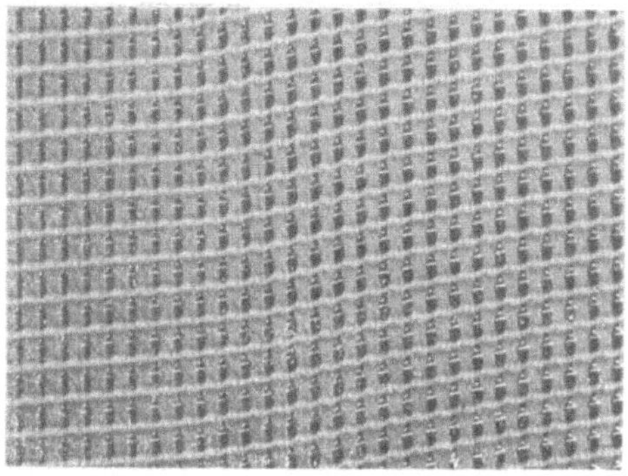

Abb. 599. Durch unterschiedliche Temperaturen am gewalzten Glas entstandene Unregelmäßigkeit des aufgeprägten Musters

tritt leicht beim Ingangsetzen einer Maschine auf und verschwindet, wenn sich anfängliche Temperaturungleichmäßigkeiten ausgeglichen haben.

Bei Drahtglas als preiswertem Massenprodukt, das wegen seines besonderen Verhaltens bei Bruch aus Sicherheitsgründen für bestimmte Verglasungszwecke (Oberlichte) baupolizeilich vorgeschrieben wird, sind häufig Erscheinungen zu beobachten, die bei anderen Glassorten als ausgesprochene Glasfehler gewertet werden, wie z. B. Verfärbungen durch Eisen, Blasen bis zu beträchtlicher Größe usw. Sie sind bis zu einem gewissen Umfange zugelassen. Sie stören im Gebrauch nicht, weil sie in den meisten Fällen weit außerhalb der allgemeinen Blickrichtung eingebaut sind. Sie stellen unter den Flachgläsern ein Sondererzeugnis dar, denn die Drähte sind eine glasfremde Komponente, durch die dem Glas Zwang angetan wird (Wärmeausdehnung).

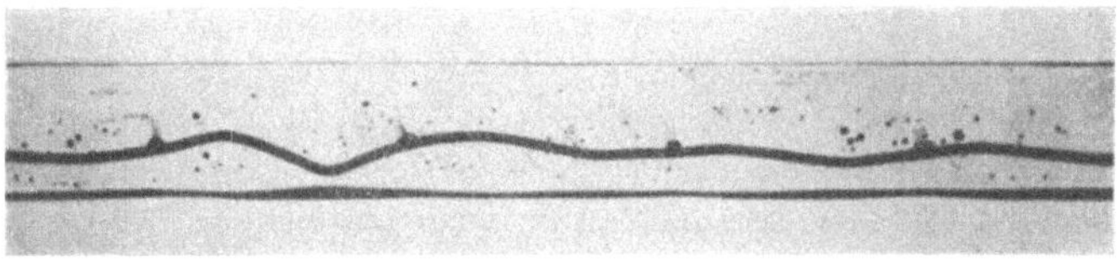

Abb. 600. Drahtstauchung, die von den vorgegebenen Knickstellen nicht gleichmäßig aufgenommen wurde

Die Drahteinlage ist meist kein Gewebe im eigentlichen Sinne, denn der Schußdraht liegt immer auf der gleichen Seite des Kettdrahtes. Um die Drahtmatte in sich formfest zu machen und ein Verschieben der Maschen zu verhindern, sind die Kreuzungen punktgeschweißt. Die Schußdrähte – quer zur Walzrichtung – sind zur Erzielung einer gewissen Querelastizität zwischen zwei Längsdrähten jeweils geknickt. An diesen Knickstellen läßt sich die Wärmedehnung der Drähte auffangen, ohne die Regelmäßigkeit des Drahtmusters allzusehr zu gefährden. Eine stärkere Stauchung des Querdrahtes ist in Abb. 600 im Schnitt abgebildet. Von der Fläche her gesehen, fällt die Unregelmäßigkeit kaum auf. Wenn einer der in Ziehrichtung laufenden Drähte reißt oder sich reckt oder die querlaufenden Drähte durch die Wärmeausdehnung sich stärker längen, als die vorgegebene Knickung aufnehmen kann, so wird der an dieser Stelle wirkende Zug von den

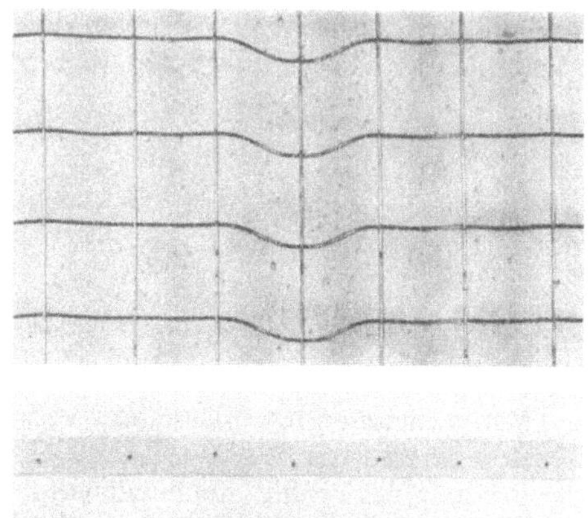

a

b

Abb. 601. a) „Laufmasche" am Drahtglas; b) Querschnitt dazu

querlaufenden Drähten aufgefangen und diese weichen in der Richtung der Zugkraft aus, wobei die benachbarten Längsdrähte etwas angehoben werden. Diese Erscheinung ist in Abb. 601 dargestellt. Man bezeichnet sie als „Laufmasche" oder „Reißverschluß". Die entstandene Verzerrung im Drahtmuster gleicht sich von selbst wieder aus.

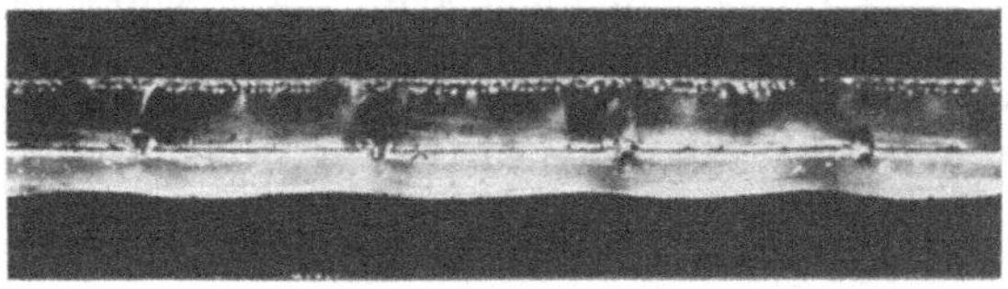

Abb. 602. Durchhängen des Glases zwischen den Drähten, die ein starres Skelett darstellen

Die Drahteinlage stellt ein starres Skelett in dem noch plastischen Glas dar. Dieses neigt dazu, zwischen den Drähten mehr oder weniger durchzuhängen (Abb. 602). Die einzelnen Felder stellen Sammellinsen dar. Das Schattenbild läßt sich nach Bildweite (Brennweite der Linsen) und Regelmäßigkeit des Musters für Betriebskontrollzwecke auswerten. In Abb. 603 sind die Schattenbilder zweier Drahtgläser gleicher Herkunft aufgenommen, die ganz unterschiedlichen Charakters sind. Das rechte Muster enthält Unterschiede, die auf Temperaturdifferenzen innerhalb des verarbeiteten Glases schließen lassen. Abb. 604 zeigt einen Querschnitt durch ein Walzglas mit starken Profilleisten auf der Unterseite. Wenn sich hier das Glas zwischen den

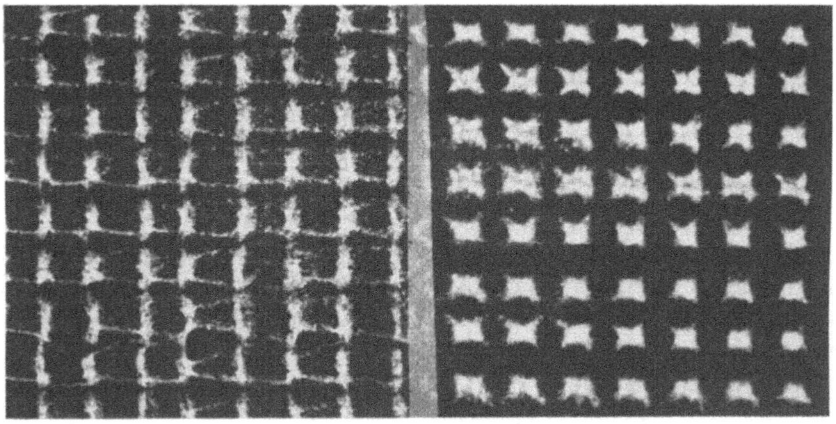

Abb. 603. Vergleich von Schattenbildern zweier Drahtgläser gleicher Herkunft und gleichen Musters (verschiedene Schattenbildweiten)

Verstärkungen aufwölbt, so scheint die Profilierung eine Versteifung zu bewirken, obwohl die Leistenmuster eine deutlich höhere Temperatur zeigen[1] als das übrige Glas. Der bogenförmige Verlauf der Glaspartien zwischen den erhabenen Profilen dürfte seine Ursache in einer Verspannung des Glases durch unterschiedliche Walzentemperaturen haben.

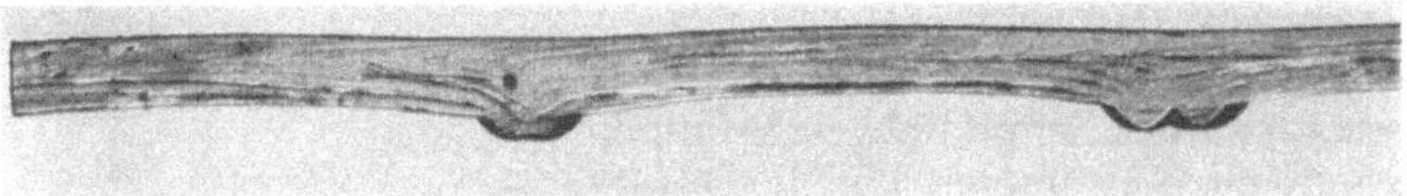

Abb. 604. Durch Verspannung hervorgerufene Durchbiegung zwischen den Profilleisten eines Walzglases

Mit zunehmender Glasstärke verrunden sich die durch die Ornamentwalze aufgeprägten Muster. Die an der Walze erkaltete Glashaut wird durch die im Kern mitgeführte Wärme nach der Prägung des Profiles nochmals aufgewärmt und gerät dabei unter den Einfluß der Oberflächenspannung. Abb. 605 zeigt die Schattenbilder des gleichen Ornamentes in 3 mm, 7 und 12 mm Glasstärke und gibt das Weicherwerden der Konturen mit zunehmender Dicke deutlich wieder. Die Musterung des linken Glases (3 mm) ist in einer Entfernung von 8 cm scharf abgebildet. Die Schattenbildweite der stärkeren Gläser liegt dahinter. Sie erscheinen daher unscharf.

---

[1] Im Anschluß an die Formgebung leuchten die Profilleisten noch hell, während die schwächeren Glaspartien bereits dunkel erscheinen.

3.4 Gußglas mit einer feuerpolierten Oberfläche

Seit einer Reihe von Jahren sind gefärbte und getrübte Gußgläser mit einer feuerpolierten Oberfläche auf dem Markt. Sie finden als Wandbeläge und auch als Möbelgläser Verwendung. Ihre Unterseite ist mit Riffeln versehen, um die Haftung am Wandputz zu verbessern. Sie zeigt alle Erscheinungen, die ein auf fester Unterlage erstarrter Glasfluß aufweist, während die Oberseite feuerpoliert ist, und praktisch keine Spuren der Berührung mit den (geriffelten) Walzen mehr erkennen läßt.

Die Glättung der Oberfläche wird durch nochmaliges Erhitzen (Einwärmen) erreicht, so daß Oberflächenspannungskräfte wirksam werden und die von der Walze hinterlassenen Furchen weitgehend glattziehen.

Daß man von so entstandenen Glasoberflächen nicht eine völlig ebene Gestalt erwarten kann, versteht sich von selbst. Immerhin sind sie von einer solchen Beschaffenheit, daß man von einheitlichen Flächen sprechen kann.

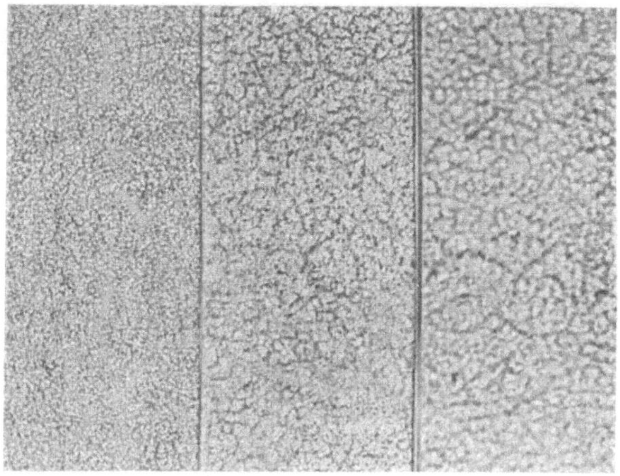

Abb. 605. Vergleich von Schattenbildern an Gläsern gleicher Ornamentierung der Oberfläche bei unterschiedlicher Glasdicke zeigt mit zunehmender Glasdicke weicher werdende Konturen und zunehmende Schattenbildweiten

Diese Kategorie von Gläsern wird in kontinuierlich betriebenen oder Tageswannen nach dem Tischwalzverfahren hergestellt. Diese Verfahrensweise bedingt bei Trübgläsern einen Farbfehler: Der zuerst gegossene Kopfteil der Tafel ist heller, weil der Temperaturbereich, in dem sich die Trübung entwickelt, so durchschritten wird, daß eine stärkere Trübung entsteht. Dort, wo das Glas schnell erkaltet, also am Fußteil der Platte (und ebenso an der Unterseite, der durch den Gußtisch die Wärme sehr rasch entzogen wird), ist die Trübung schwächer. Dadurch schlägt die Grundfarbe stärker durch und das Glas erscheint dunkler. Durch entsprechende Sortierung lassen sich Farbdifferenzen ausgleichen.

Walzenabdrücke mit einer auffallenden Unterbrechung der Ebenflächigkeit haben ihre Ursache in örtlichen Temperaturdifferenzen an den Walzen. Sie liegen quer zur Walzrichtung und wiederholen sich schwächer werdend mit jeder Walzenumdrehung. Diese Walzenabdrücke zeigt Abb. 606 im Gegenlicht und als Reflexaufnahme. Ähnlich erscheinende Walzfehler, jedoch mit einer erhabenen Welle, entstehen, wenn Glassplitter unter oder auf die Führungsleisten gelangen, auf denen die Walzen laufen. Solche Walzenriegel sind daran zu erkennen, daß die Erscheinung nur an einer Seite (wo die Walze angehoben wurde), auftritt und sich zur anderen hin verläuft. Dieser mechanisch verursachte Formfehler wird in der Regel bereits während des Walzvorganges bemerkt und sofort abgestellt.

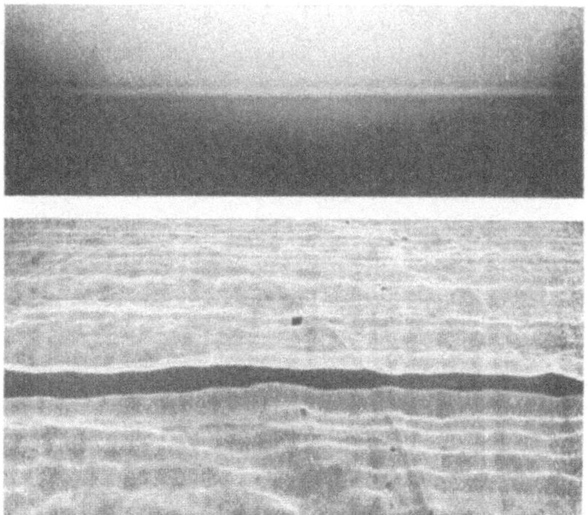

a

b

Abb. 606. a) Gegenlichtaufnahme eines Walzenabdruckes bei gegossenem Schwarzglas; b) Reflexbild dazu

Eine zu kalte Gußplatte kann von der Unterseite her Kaltsprünge auslösen. Sie entstehen zu einem Zeitpunkt, zu dem darüberliegende Teile der Glasmasse Temperaturen oberhalb des Entspannungspunktes haben und den Sprung nicht weiterleiten, so daß er von oben her unsichtbar bleibt und sich nur als leichter Knick markiert (Abb. 607). Derartige Sprünge hinterlassen fast keine Restspannungen und die Tafel übersteht den Kühlprozeß meist ohne Bruch. Sie stellen als Kerben aber eine Gefahr beim Hantieren, zumal bei großen Maßen, dar. Kaltsprünge werden möglicherweise beim Durchleuchten der Tafel sichtbar, wenn die Trübung nicht zu stark ist.

Ähnliche Erscheinungen zeigen sich an der Oberfläche, wenn eine Tafel zu heiß vom Gußtisch abgezogen wird. Die Zugkräfte sind dann für die dünne erstarrte Schicht zu hoch und sie reißt auf. Abb. 608 zeigt die Deformation der Oberfläche am Reflexbild und den Querschnitt durch einen Zugriß, der zum Unterschied von Kaltsprüngen immer etwas klafft. An den seitlichen Rändern treten ebenfalls Sprünge auf, wenn beim Ablösen der Randpartien vom Gußtisch die unterste bereits erstarrte Schicht geknickt wird und dadurch aufreißt.

Abb. 607. Markierung von Kaltsprüngen (auf der Unterseite) an der feuerpolierten Oberfläche eines Gußglases (Gegenlichtaufnahme)

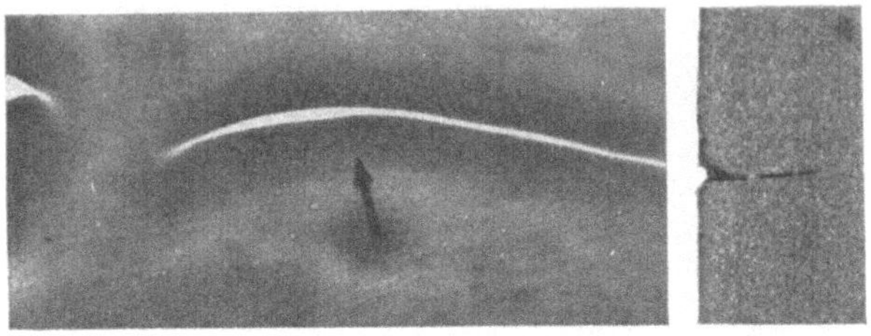

a b

Abb. 608. a) Deformation an der oberen Fläche eines Gußglases durch einen Zugriß in der unteren Fläche; b) Querschnitt dazu mit klaffendem Sprung auf der Unserseite

Bevor die eben gegossene Tafel abgezogen wird, muß sie aus der Riffelung des Gußtisches gelöst werden. Das geschieht, indem ein Stahldraht zwischen Tisch und Tafel hindurchgezogen wird. War die Glastemperatur beim Guß zu hoch oder lief die Walze zu schnell, so verankert sich die plastische Masse in den Lunkern der Platte. Der Draht läßt sich dann nicht in einem Zug durchziehen und das noch bildsame Glas sinkt unter seinem eigenen Gewicht auf den Tisch zurück (vor und hinter dem Draht). Dabei hinterbleiben die sog. Drahtriegel (Abb. 609) als quer zur Walzrichtung im Bogen verlaufende Welle.

Eine feine Längswellung entsteht bei Blockierung der Schleppwalze (2. Walze). Dabei drückt sich deren Oberflächenriffelung auf der Platte ab, ohne daß sich die Fläche beim nachfolgenden Erwärmen wieder glattziehen kann. Als Methode angewandt, können so Gußglasoberflächen mit einem längslaufenden Riffel- oder Wellenmuster versehen werden.

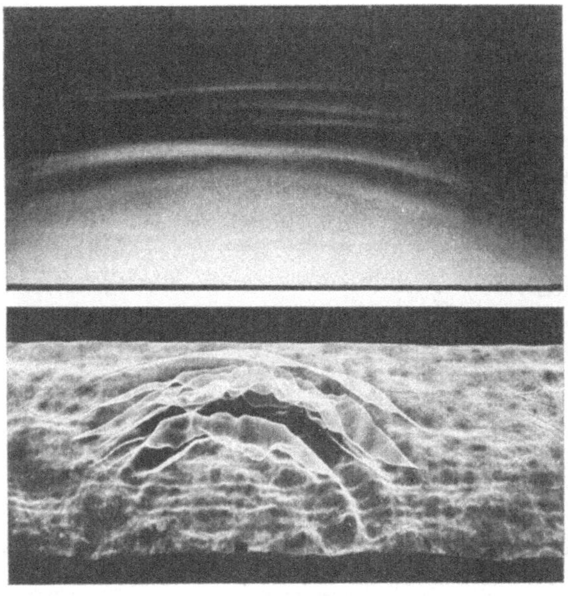

Abb. 609. Gegenlichtaufnahme und Reflexbild von Drahtriegeln

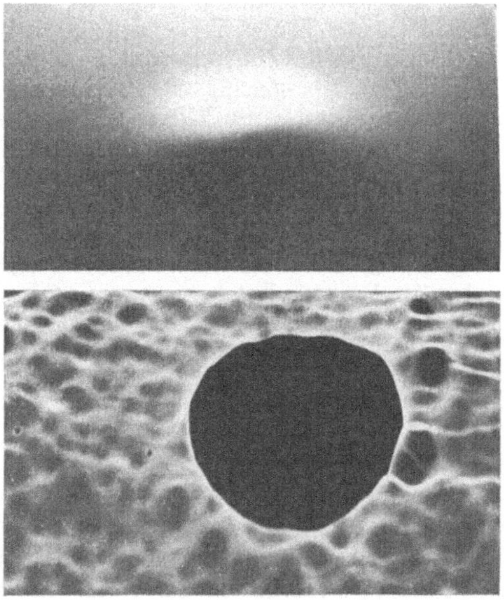

a

b

Abb. 610. Optischer Effekt von „Matten“ im Gegenlicht und im Reflex

Glassplitter oder grobe Staubteilchen auf dem Gußtisch werden beim Walzen nicht oder nur unvollkommen in das sehr rasch erkaltende Glas eingedrückt und verursachen beulenförmige Erhebungen. Diese als „Matten“ bezeichneten Oberflächenfehler stellen eine so schwere Entstellung der Oberfläche dar, daß sie im verkaufsfähigen Glas nicht enthalten sein dürfen. In Abb. 610 ist die Oberflächenstörung dargestellt.

Um bei Trübgläsern die erwünschte blanke Oberfläche zu erhalten, müssen die Walzenoberflächen regelmäßig gereinigt werden. Auf ihnen setzt sich im Laufe der Zeit (außer Staub) ein Kondensat in der Hauptsache aus verdampftem Alkali und Trübungsmitteln (Fluoriden) ab, das zu pickeligen Ansätzen (Walzenschmier) auf dem Glas führt (Abb. 611).

Die beschriebenen Formfehler gelten grundsätzlich für alle in gleicher Weise hergestellten Glasarten. Sie treten beim Schwarzglas in der Wirkung jedoch wesentlich stärker in Erscheinung, da der tiefschwarze Untergrund viel mehr Einzelheiten widerspiegelt als eine helle Tafel. Durch das lückenlose Reflexbild wirken Oberflächenfehler viel stärker störend.

Abb. 611. Durch Walzenschmier hervorgerufener Oberflächendefekt an Gußglas (Reflexbild)

4 Nachbearbeitung

Flachgläser sind Fertigprodukte, die in der Form und mit den Eigenschaften, wie sie die Hütte erzeugt, ihrem Verwendungszweck zugeführt werden. Als Roh- oder Halbfabrikate wären Gläser zu bezeichnen, die noch eine Veredelung erfahren sollen.

4.1 Biegen

Architekten, Innenarchitekten und vor allem Fahrzeugkonstrukteure verlangen in steigendem Maße gebogenes Glas. Der Biegevorgang ist eine Heißformung mit eigenen Formgebungsfehlern. Gebogen wird bei etwa 600°, wo die hohe Zähigkeit von 10^7 bis 10^8 P gestaltändernden Kräften nur langsam nachgibt. Grenzen für die Verformung durch Biegen sind hauptsächlich durch die Qualitätsansprüche gegeben, die an den Gegenstand zu stellen sind.

Das Glas soll sich bei allen Senk-Biegeverfahren möglichst allein unter der Wirkung seines eigenen Gewichtes in die gewünschte Form bringen lassen. Das ist im allgemeinen bei zylindrischen oder kegeligen Biegungen der Fall. Bei sphärischen Verformungen reicht das Eigengewicht zum Einsenken in die Form häufig nicht aus (Herstellung von Uhrgläsern) und man hilft mit einem Stempel nach. Abdrücke auf den Oberflächen sind dann schwer zu vermeiden.

Die Temperatur zum Biegen hängt außer von der Glaszusammensetzung weitgehend von dem bei der Formänderung wirksamen Glasgewicht ab. Sie kann um so niedriger sein, je mehr Gewicht aktiv zur Deformierung beiträgt, und muß so tief als möglich gehalten werden, um ein Erweichen der Oberfläche zu vermeiden.

Für die Formen wählt man ein Material, das der Wärmeeinwirkung ohne Veränderung der Gestalt (abgesehen von der Wärmeausdehnung, die in besonderen Fällen einkalkuliert werden muß) und unter Beibehaltung seiner Oberflächenbeschaffenheit standhält. Für Biegungen, die in großen Serien anfallen, wird Stahl verwendet. Bei Einzelaufträgen – zumal bei großen Scheibenmaßen – benutzt man häufig aus Schamottekörnungen gestampfte Schablonen, die eine beachtliche Festigkeit aufweisen. Vereinzelt wird auch noch in Formen aus gebranntem Ton gebogen. Es sind vor allem wirtschaftliche Erwägungen, die bei der Wahl des Formwerkstoffes den Ausschlag geben.

Man benutzt konvexe und konkave Biegeformen. Beide haben Vor- und Nachteile je nach Art der verlangten Biegung und dem im Biegeofen vorliegenden Temperaturgradienten. Meist wird man mit einem Temperaturgefälle von oben nach unten und von der Mitte nach außen rechnen müssen. Bei einer konvexen Formschablone ist demnach das Mittelfeld, das wohl in der Mehrzahl der Fälle zugleich auch das Hauptgesichtsfeld darstellt, der Wärmequelle näher und damit der Gefahr des Überhitzens der Oberfläche ausgesetzt, während die kälteren Außenteile schlecht abbiegen, da auch das zum Biegen wirksame Glasgewicht nach außen abnimmt. Diesem unbestreitbaren Nachteil steht gegenüber, daß man „über dem Berg" größere Maße biegen kann, da man an den Außenseiten eine zu große freihängende Fläche abfangen kann, die sonst unter ihrem eigenen Gewicht zerbrechen würde.

In konkaven Schablonen wird das Mittelfeld vor Überhitzung geschützt, weil sich das Glas beim Senken aus der Zone höherer Temperatur entfernt. Ein Nachteil solcher Biegeformen ist, daß bei ungleichmäßiger Temperaturverteilung quer über den Ofen durch ungleichmäßiges Absenken leicht ein Verlagern des Glases in der Form eintreten kann.

Größe der zu biegenden Tafel, Stichhöhe der gewünschten Biegung spielen bei der Formauswahl ebenso eine Rolle wie die Temperaturverteilung im Ofen. Nach diesen einführenden Betrachtungen über das Biegen von Glas und seine Probleme sollen die eigentlichen Formfehler an gebogenem Glas behandelt werden.

Der gröbste Biegefehler, eine nicht paßrechte Biegung, ist eine Folge zu niedriger Temperatur. Bei konvexer Schablone tritt er an den äußersten Flügeln auf, wo sich das Glas nicht mehr der Form anlegen kann. In der konkaven Biegeform knickt die Scheibe unter ihrem Eigengewicht nur in der Mitte ein und bildet ein flaches V (Abb. 612).

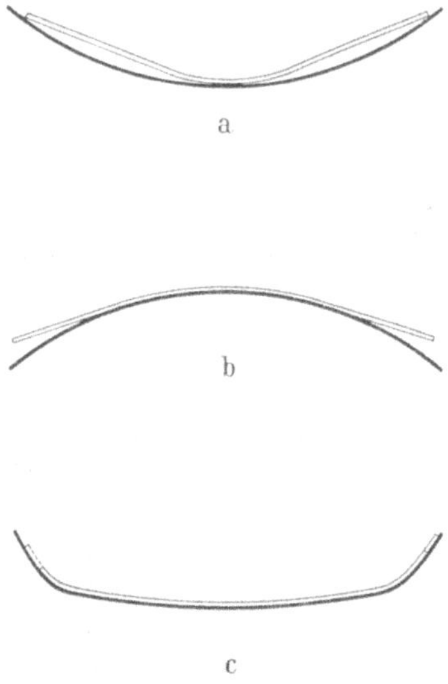

Abb. 612. Schematische Darstellung von Biegefehlern durch zu niedrige Temperatur. a) an konkaver, b) konvexer Biegeschablone, c) fehlerhafte Biegung durch ungleichmäßiges Absenken bei Biegungen mit mehreren Radien

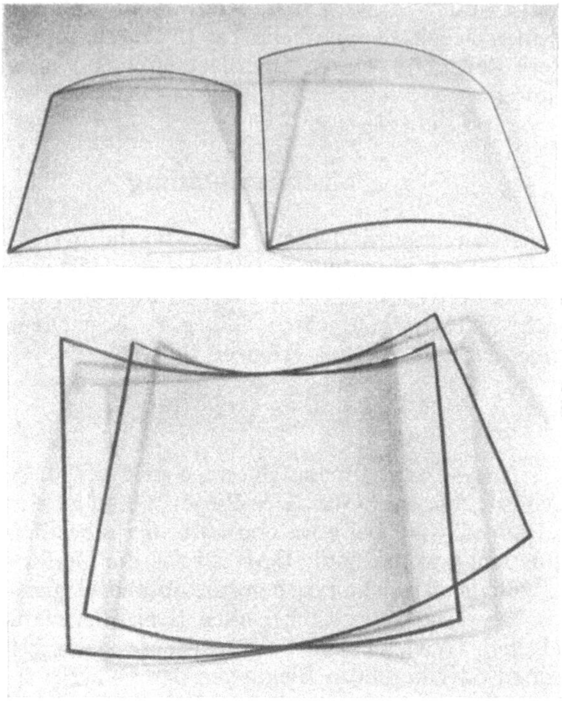

Abb. 613. Ungleichmäßiges Einsenken des Glases in eine zylindrische Biegeform. Flüglige Biegung

Zu den Biegefehlern, die die Gestalt betreffen, gehört auch die bereits erwähnte Erscheinung des ungleichmäßigen Absenkens, wenn das Glas einseitig zu biegen beginnt. Es liegt dann zwar der Form überall satt an, liegt aber schief zur Schablone, wie Abb. 613 zeigt, oder es kann sich seitlich versetzt der Biegeform anlegen. Das würde sich als Gestaltfehler auswirken, wenn die Form mehr als einen Radius aufweist, wie in Abb. 612c dargestellt.

Einbrand (von Flugascheteilchen) ist eine Folge zu hoher Temperatur. Sie stellen winzige Punkte mit nur geringer Störwirkung dar und sind in der senkrechten Durchsicht kaum wahrzunehmen. Man kann zwar solche Einbrandflecken durch Nachpolieren entfernen, wenn sie nicht zu stark auftreten, erhält dabei aber leicht optische Effekte, die stärker in Erscheinung treten als die meist winzigen Oberflächennarben.

Für sehr große Scheibenmaße, die als Einzelstücke gebogen werden, benutzt man trocken gestampfte Schamotteformen ohne jedes Bindemittel. Hier kann es bei engem Biegeradius und hohem Glasgewicht geschehen, daß die konvexe Form am Scheitelpunkt etwas eingedrückt wird. Dieser Abdruck zeigt sich auch im fertigen Glas. Er ist aber klein und an der eingebauten Scheibe nicht auffallend.

Ein grober Formfehler mit recht auffallenden Beulen entsteht, wenn sich Flugascheteilchen o. ä. zwischen Glas und Biegeform legen. Solche Teilchen drücken sich nicht in die Glasoberfläche ein, sondern verhindern das Anlegen eines größeren Flächenbereiches. Abb. 614 zeigt im Schattenbild bei 50° Schrägstellung den ausgeprägten optischen Effekt. Die feinen Punkte sind Einbrand, die groben durch Abdrücke entstanden.

Eine andere Form des Einbrandes kann man bei großen Scheibenformaten antreffen, deren

Biegung einen größeren Teil des Kreisumfanges umfaßt und sich dem Halbkreis nähert. Man benutzt hier konvexe Schamotteformen und stampft die Formteile, die sich der Senkrechten nähern, aus Asbestfasern, da dieses Material den Zusammenhalt auch an einer senkrechten Wand gewährleistet. Asbest brennt besonders leicht auf Glasflächen fest und man findet an solchen Biegungen häufig Einbrand.

Es sei noch erwähnt, daß gebogene Scheiben für Verbund-Sicherheitsgläser zusammen auf einer Form gebogen werden müssen, um die hohe Biegegenauigkeit zum Einlegen der Verbundfolie erreichen zu können. Damit solche Scheiben bei der Temperatur des Biegens nicht zusammenkleben, werden sie durch eine feine Puderschicht voneinander getrennt.

Zu den Oberflächenfehlern beim Biegen gehört eine Beschlagerscheinung, die auftreten kann, wenn aus dem Formenmaterial Feuchtigkeit oder Öl verdampft. Auf dem Glas erscheint dann

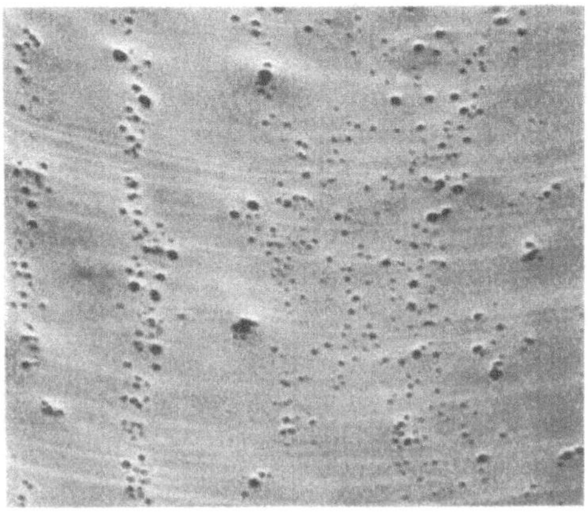

Abb. 614. Abdrücke von Flugstaub an der Biegeform der zugekehrten Seite in Zentralprojektion bei 50° Schrägstellung

ein bläulicher Beschlag, den man durch intensives Putzen unter Zuhilfenahme eines Poliermittels entfernen kann. Ähnliche Beschläge erhält man auch bei neuen Metallformen, wenn Mittel zur Verhinderung des Zunderns noch nicht fest eingebrannt sind. Auch Ölflecken auf Biegeformen können „Bläue" hervorrufen.

4.2 Sicherheitsglas

Glaseinbauten, bei denen an die mechanischen Eigenschaften oder an das Verhalten bei Bruch besondere Ansprüche zu stellen sind, werden mit Sondererzeugnissen verglast. Diese laufen unter der Bezeichnung „Sicherheitsglas" und weisen Merkmale auf, die bei normalem Glas nicht anzutreffen sind. Solche Gläser sind aus Gründen der Verkehrssicherheit und zum Schutz der Insassen für Kraftfahrzeuge vorgeschrieben. Von ihnen wird vor allem verlangt, daß bei Bruch die Bildung von gefährlichen Splittern verhindert sein muß. Zwei Arten von Erzeugnissen werden für solche Zwecke hergestellt: Verbund-Sicherheitsglas mit einer splitterbindenden Schicht zwischen je zwei Glasplatten und Einscheiben-Sicherheitsglas, das bei Beschädigung in kleine, ungefährliche Teilchen zerfällt.

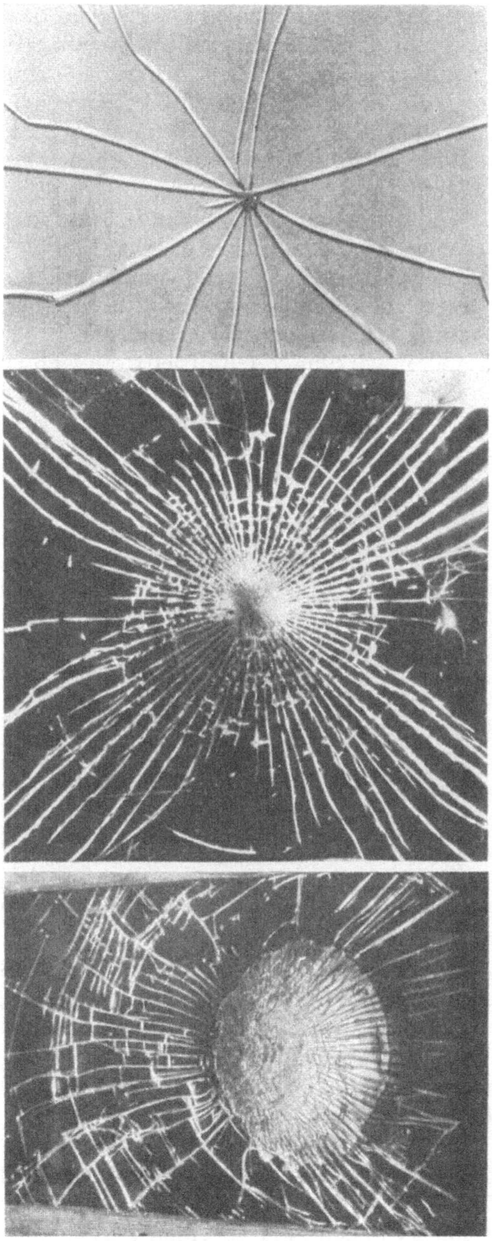

a

b

c

Abb. 615. Sprungbilder an Verbund-Sicherheitsglas. a) Durch leichten Schlag verursachte „Spinne". Es ist nur die dem Schlag zugewandte Scheibe beschädigt; b) durch größere Gewaltanwendung zunehmende Vernetzung der Radialsprünge; c) eintretende Durchwölbung

4.21 Verbund-Sicherheitsglas

Gläser, durch eine organische, hochelastische Zwischenschicht zu einer Einheit verbunden, werden als Mehrschichten- oder Verbund-Sicherheitsglas bezeichnet. Vor allem für die Frontscheibenverglasung entwickelt und bewährt, bestehen sie aus planen oder gebogenen Scheiben mit einer festhaftenden, splitterbindenden, weitgehend zerreißfesten Zwischenschicht. Darüber hinaus können Aufbauten aus mehr als zwei Scheiben als schußsichere Panzergläser hergestellt werden. Weitere Möglichkeiten durch gefärbte oder getrübte Zwischenschichten vergrößern das Anwendungsgebiet des Verbundglases ständig.

Die organische Einlage muß glasklar durchsichtig sein und soll in ihrer Lichtbrechung möglichst der des Glases entsprechen. Sie wirkt dann als Immersion und bringt die optische Wirkung der beiden inneren Glasoberflächen zum Verschwinden. Von dieser Eigenschaft wird Gebrauch gemacht, wenn die beiden Oberflächen des zum Verbund vorgesehenen Glases verfahrensbedingt unterschiedliche Ebenheit aufweisen. In der Hauptsache jedoch sind es die mechanischen und chemischen Eigenschaften, die die Brauchbarkeit organischer Kunstharze für Verbundzwecke bestimmen. Feste Haftung am Glas, ausreichende Zerreißfestigkeit und Elastizität innerhalb des im Gebrauch zu erwartenden Temperaturbereiches sind Bedingungen, die von einer solchen Kunststoffolie erfüllt werden müssen, um den vielfältigen Ansprüchen an Windschutzscheiben gerecht zu werden[1].

Die Festigkeit einer Verbund-Sicherheitsglasscheibe gegen Schlag oder Biegung entspricht etwa der eines normalen Glases gleicher Stärke. Während bei gewöhnlichem Glas durch Beschädigung durch Schlag oder Stoß die vom Anbruch ausgehenden radialen Sprünge gefährliche dolchartige Splitter entstehen lassen, behält bei Verbundglas die beschädigte Scheibe ihren Zusammenhang (Abb. 615 a), so daß die entstandenen Bruchstücke keine Gefahr darstellen können. Bei stärkerer Gewalteinwirkung treten zu den strahligen Sprüngen unter dem Einfluß der zähelastischen Zwischenschicht konzentrische Brüche hinzu, durch die die gefährlichen Bruchstücke weitgehend unterteilt werden. Darüberhinaus werden die Scheibenfragmente durch die Folie festgehalten (Abb. 615 b, c).

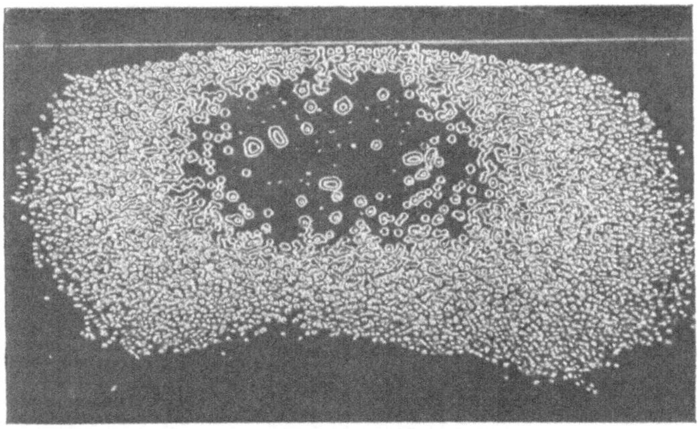

Abb. 616. Wirkung von unterschiedlichen Spaltbreiten beim Verbund. Die Blasenbildung ist durch Ablösungserscheinungen an der Zwischenschicht hervorgerufen

Das Spinnennetz von Sprüngen behindert die Sicht durch eine beschädigte Verbund-Sicherheitsglasscheibe nur unwesentlich. Es bleibt genügend freie Sicht erhalten, um das Fahrzeug sicher über die Bremsstrecke [*10*] zu führen. Die Zwischenschicht bewirkt nach der Beschädigung den weiteren Zusammenhalt der Scheibenfragmente auch gegen einen stärkeren Winddruck.

Für ein so anspruchsvolles Erzeugnis werden ausgesuchte Gläser mit minimalen glastechnischen Fehlern verwendet.

Keilfehler und Brechkraft sind aus Fahrsicherheitsgründen gesetzlich mit 2,75 Bogenminuten bzw. 0,06 Dioptrien[2] (s. Ziff. 3) begrenzt [*10*].

Bei der Auswahl der Scheiben für den Verbund muß berücksichtigt werden, daß sich optische Fehler der Einzelscheiben bei ungünstiger Lage zueinander verstärken bzw. parallelflächig verlaufende Unebenheiten (mit minimaler Störwirkung) im Verbund Brechkraftfehler verursachen können.

Verzogene Scheiben sind Anlaß zu unerwünschten Spannungen im Verbund, die für die Folie zu unzulässigen Beanspruchungen oder zum Bruch des Glases führen können. Bei gebogenem Verbundglas muß auf genaueste Einhaltung der Form besonders geachtet werden. Größere Spaltbreiten zwischen zwei Scheiben werden von der Folie nicht ausgefüllt und führen zu „Klaffern". In Abb. 616 sind die Folgen dieses Verbundfehlers gezeigt (außerdem treten Brechkraftfehler auf).

---

[1] Die Prüfbedingungen sind unter DIN 52303–7 festgelegt.

[2] Bezogen auf senkrechten Lichtdurchgang.

Da zuverlässige Haftung der Zwischenschicht am Glas Voraussetzung für jeden Verbund ist, müssen die Gläser vor dem Zusammenlegen sorgfältig von jeder Art Schmutz, fettigen Flecken, Fingerabdrücken usw. befreit werden. Rückstände dieser Art können die Haftung vermindern. Elektrostatische Aufladungen ziehen Staub an und halten ihn fest.

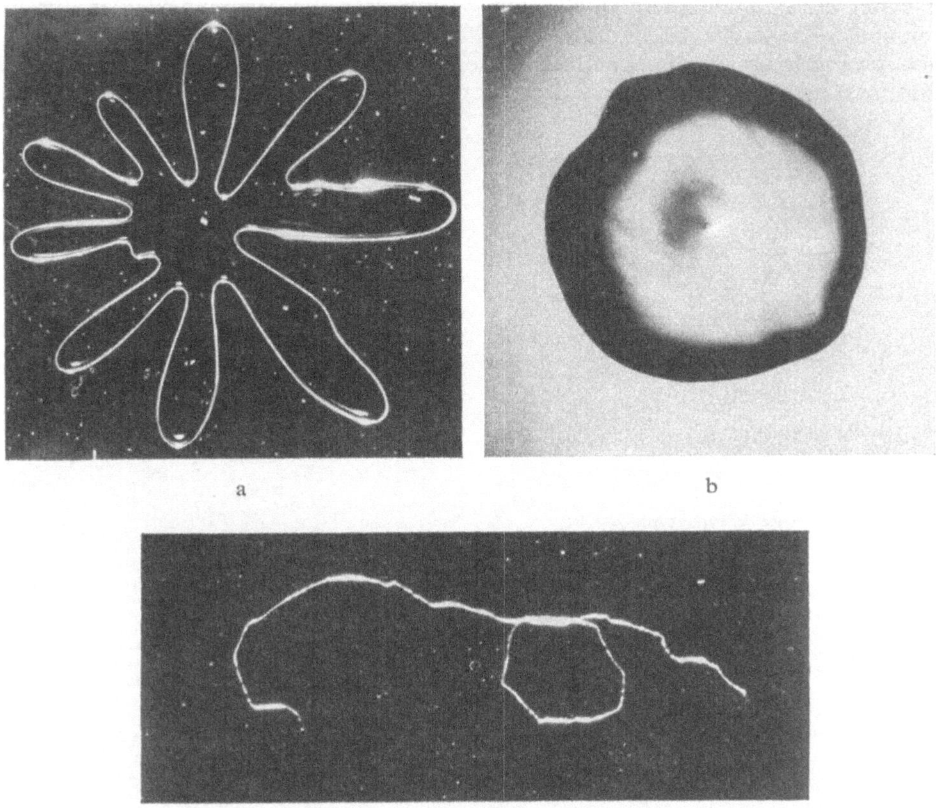

Abb. 617. a, b) Blasen im Verbund, ausgelöst durch eingeschleppte Fremdkörper: z.B. c) durch Fasern von Putzmaterial (Dunkelfeld)

Staubteilchen oder Fasern von Putztüchern, deren Fehlereffekt selbst äußerst gering ist (Ab. 617) können jedoch in der Art von Kondensationskeimen wirksam werden und in Lösung in der Folie enthaltene Reste von Lösungsmitteln o.ä. zur Blasenbildung bei extremer Temperaturbeanspruchung veranlassen (Abb. 617a, b).

4.22 Vorgespanntes Glas, Einscheiben-Sicherheitsglas

Wird Glas nach einer Erwärmung über den Entspannungspunkt einer schroffen Abkühlung unterworfen, so geraten die oberflächennahen Schichten unter Druckspannung, während das Innere unter Zugspannung steht (s. Kühlung). Da Glas gegen Druck verhältnismäßig unempfindlich ist, aber nur geringe Zugspannungen aufnehmen kann, tritt bei vorgespanntem Glas der Bruch bei Belastung erst ein, wenn die Durchbiegung so stark ist, daß an der konvexen Biegeseite die vorgegebene Druckspannung aufgehoben ist und die Zugspannung in der äußersten Schicht die Zerreißgrenze überschreitet. Solche Gläser weisen erheblich höhere Festigkeiten auf als gewöhnliches Glas. Die für diese Gläser häufig gebrauchte Bezeichnung „Hartglas“ jedoch ist falsch und irreführend, da durch die Vorbehandlung die (Oberflächen-) Härte nicht geändert wird.

Wo vorgespanntes Glas seine erstaunliche mechanische Festigkeit gegen Druck, Stoß, Wärme usw. wirksam zur Geltung bringen kann, bewährt es sich als Sicherheitsglas in hervorragendem Maße und hat als neuartiges Bauelement der architektonischen Gestaltungsmöglichkeit gänzlich neue Wege eröffnet wie im Falle der rahmenlosen Ganzglastüren, um nur ein Beispiel zu nennen.

Die Druckspannung erzeugt man durch Abschrecken der erhitzten Glastafel in einem starken Luftstrom, wobei Scheibe und Kühlluft in eine Relativbewegung zueinander gebracht werden, um die Abkühlung möglichst gleichmäßig auf die gesamte Fläche wirken zu lassen. Die Auftreffpunkte der Luftstrahlen erscheinen in polarisiertem Licht als mehr oder weniger scharfbegrenzte farbige Fleckenaufteilung, je nach der Art der Relativbewegung während des Anblasens. Die Farbenverteilung (blau, rot, gelb) vermittelt ein Bild der Spannungsverteilung. Eine qualitative Aussage über den Widerstand gegenüber mechanischer Beanspruchung läßt sich aus dem Spannungsbild nicht herleiten. Unter bestimmtem Lichteinfallswinkel kann man die Spannungsfelder durch Selbstpolarisation auch ohne zusätzliche Polarisationsfilter wahrnehmen [*19*].

Aufgabe der Fertigung ist, die Spannungsverteilung gleichmäßig zu gestalten, d. h. die äußeren Druckspannungszonen mit der inneren Zugschicht ins Gleichgewicht zu bringen. Die Druckspannung der Außenhaut darf also die Zugfestigkeit des Glases im Innern nicht übersteigen. Die Spannungsschichten müssen zudem gleichmäßig stark sein, da sonst ein Verziehen der Tafel eintritt.

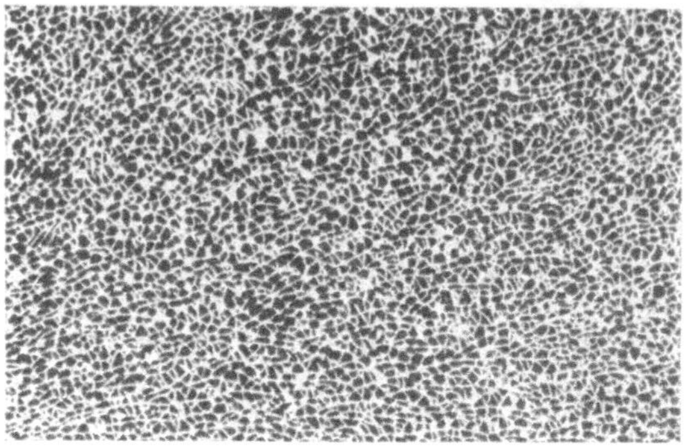

Abb. 618. Sprungcraquelée bei vorgespanntem Glas

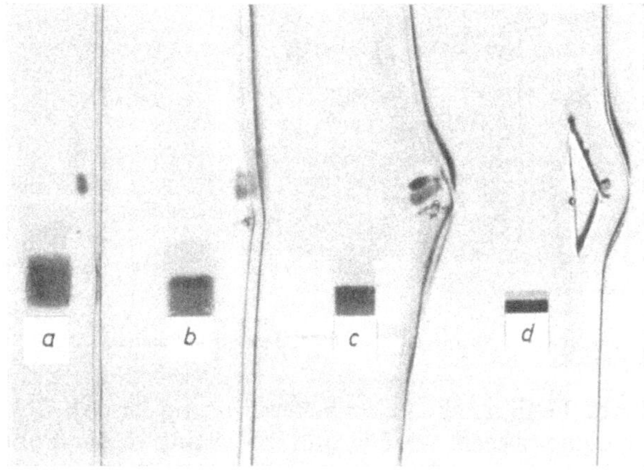

Abb. 619. Durch zu hohe Temperaturen zieht sich das Glas unter seinem eigenen Gewicht an den Aufhängevorrichtungen aus und bildet die sog. „Ohren“

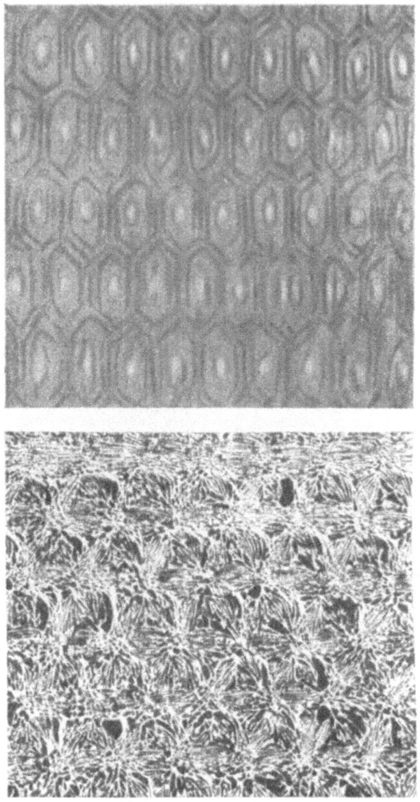

a

b

Abb. 620. a) Blasoptik in Zentralprojektion; b) Sprungbild eines vorgespannten Glases mit ausgesprochener Blasoptik

Das Spannungssystem entspricht einem labilen Gleichgewicht. Es ist so lange in Ruhe, als die äußere Druckhaut unverletzt bleibt. Wird sie durch Anritzen mit dem Glasschneider oder durch Schlag durchbrochen, so gleichen sich die Spannungen momentan aus und die ganze Scheibe zerspringt in kleine, würfelähnliche Stücke[1].

In Rahmen eingespannte Gläser dieser Art haben nach Auslösung der Spannungen gelegentlich durch Verzahnung der einzelnen Zerfallsteilchen noch soviel Zusammenhalt, daß die Scheibe nicht auseinanderfällt. Diese Scheiben zeigen ein enges Craquelée von Sprüngen über die gesamte Fläche (Abb. 618). Eine Durchsicht ist nur noch in ganz beschränktem Maße möglich [*10*]. Wegen der Sichtbehinderung nach Bruch ist die Art der Abschreckung im Luftstrom mehrmals geändert worden und hat eine Weiterentwicklung des Einscheibensicherheitsglases ausgelöst, die über das

[1] Die Prüfvorschriften verschiedener Staaten enthalten unterschiedliche Angaben über die zulässige Größe bzw. das Gewicht der beim Zerfall auftretenden Splitter.

sog. „Talerglas", Visurit, Sekurit S zum Bisekurit geführt hat. Eine Verbesserung der Sicht nach Bruch kann nur durch größere Zerfallsteilchen erkauft werden.

Die Bedingungen für eine ordnungsmäßige Vorspannung setzen gleichmäßige Erwärmung der Tafel über die gesamte Fläche voraus. Die Temperatur muß den Entspannungspunkt überschreiten, um bleibende Spannungen zu erzeugen. Ist dies insgesamt oder in einzelnen Bereichen des Blattes nicht der Fall, so zerspringt es während der nachfolgenden Abkühlungsperiode, während der die Wärme auch gleichmäßig über das ganze Blatt abgeführt werden muß.

Ist die Glastemperatur bei der Erwärmung zu hoch, so zieht sich die Scheibe an den Aufhängevorrichtungen aus und es entstehen die sog. „Ohren" (Abb. 619) oder es längt sich unter seinem eigenen Gewicht. Ein nachträgliches Zuschneiden auf Maß ist wegen der dem Glas aufgezwungenen Vorspannung nicht mehr möglich. Eine nachträgliche Bearbeitung ist nur in ganz beschränktem Maße zulässig. Man kann höchstens feine Kratzer auspolieren.

Bei zu hohen Aufheiztemperaturen kann sich das Blatt während der Abschreckung bei ungleichmäßigem Blasdruck verziehen. Diese Fehler dürften nach außen praktisch nicht in Erscheinung treten, da sie aussortiert werden.

Ein echter optischer Fehler an vorgespanntem Glas ist gelegentlich als „Blasoptik" (Abb. 620) zu beobachten, wenn unter dem mechanischen Druck der Luftstrahlen eine geringe Oberflächendeformation eintritt, die sich als leichte Streulinsenwirkung äußert.

Da die Temperatur, auf die Gläser zum Vorspannen erhitzt werden, die der beginnenden Erweichung ist, kann man die Tafeln im gleichen Arbeitsgang biegen. Die Blasvorrichtung muß dann der jeweiligen Biegung angepaßt sein, um die gleichmäßige Wärmeabfuhr über die gesamte Fläche zu gewährleisten. Für gebogenes, vorgespanntes Glas gelten die gleichen Formfehler wie für das normal gekühlte Glas.

5 Oberflächenfehler

Als Grenzfläche ist eine Oberfläche Einwirkungen verschiedenster Art ausgesetzt. Sie können chemischer Natur sein und von Gasen, Dämpfen usw. herrühren oder auf mechanischem Wege zustande kommen. Oberflächen vermögen auf Grund ihrer besonderen Eigenschaften mit anderen Phasen in Wechselwirkung zu treten, z. B. durch unmittelbare chemische Reaktion oder auf dem Wege über eine voraufgegangene Anlagerung durch Absorption, Adsorption oder Kohäsion. Dies gilt sowohl für die kalte Oberfläche des fertigen Erzeugnisses als auch für die heiße, in der Verformung begriffene Grenzfläche und für die Schmelze.

Die Oberfläche einer Glasschmelze ist den Einflüssen der Ofenatmosphäre ausgesetzt und steht mit ihr in dauerndem Stoffaustausch. Ein Teil der Vorgänge in der Schmelze verläuft unter ihrer Mitwirkung.

5.1 Gallebildung

Besondere Beachtung verdienen die Reaktionen zwischen der Schmelzoberfläche und dem (immer vorhandenen) Schwefelgehalt in der Ofenatmosphäre; denn sie sind der Anlaß – wenn bestimmte Voraussetzungen gegeben sind – zu der gefürchteten sekundären Gallebildung (von der hier allein die Rede sein soll). Von der chemischen Seite her sind die Bedingungen als gegeben zu betrachten. Ausdruck dafür ist das Sulfatgleichgewicht: $2\,SO_3 \rightleftharpoons 2\,SO_2 + O_2$. Je nach Glaszusammensetzung und Schmelzbedingungen neigt es sich mehr nach der Seite der Sulfatzersetzung oder der sekundären Sulfatbildung. Ein Restgehalt von Na_2SO_4 bleibt immer im Glas gelöst zurück. Die Löslichkeitsgrenze ist zusammensetzungsabhängig. Der Restgehalt an Sulfat sollte so gering als möglich gehalten werden. Nicht nur, weil die Sicherheitsspanne bis zum Auftreten von Galle größer ist, sondern insbesondere wegen der Gefahr der sekundären Blasenbildung z. B. durch nachträgliche örtliche Reduktion, die bei unmittelbarer Beaufschlagung der Oberfläche durch die Flamme auch eintreten kann, wenn insgesamt Sauerstoffüberschuß vorhanden ist. Auch sind noch Reaktionen mit dem ff. Material zu nennen, durch die aus dem Sulfatrest der Schmelze unter Herabsetzung der Sulfatlöslichkeit (gelöste Tonerde) nachträglich Blasen entstehen, und bei einigen Arten schmelzgegossener Wannensteine veranlassen reduzierende Bestandteile Blasenbildung über den restlichen Sulfatgehalt der Schmelze.

Obwohl die nachfolgenden Betrachtungen über Fehler durch Glasgalle sich nicht auf primäre Gallebildung beziehen, die im Gemenge selbst ihre Ursache hat und a. a. O. (Kap. II,9) behandelt ist, sei auf einen Fall hingewiesen, der sich bei der zunehmenden Verwendung von schmelzgegossenen ff. Steinen, die einer kräftigen Kühlung bedürfen, leicht an anderer Stelle wiederholen kann: Es wurde Galle neben dem abschmelzenden Gemenge vor dem ersten Brenner beobachtet und zunächst befürchtet, daß die Ursache in einer falschen Gemengeeinwaage zu suchen sei. Es konnte aber festgestellt werden, daß ein Blasrohr zur Kühlung der obersten Steinkante an der Spülfuge sich verschoben hatte und Kühlluft in die Wanne blies. Dadurch wurde die reduzierende Atmosphäre aufgehoben und die Temperatur soweit gesenkt, daß es zur Gallebildung kommen konnte. Es handelte sich demnach auch hier um ein Auftreten sekundärer Galle, hervorgerufen durch Veränderung von Ofenatmosphäre und Temperatur. Die Ofenführung muß die Schmelze zwischen den beiden Gefahrenzonen der Überreduktion (Mißfärbung, Blasenbildung s. Färbung; s. Blasen im Glas) und zu starker Oxydation (Gallebildung) hindurchlavieren.

Die Partner für die Reaktion zur Gallebildung, Na_2O in der Schmelze, SO_3 in der Schmelze, $SO_2 + O_2$ aus der Ofenatmosphäre sind in Glasschmelzöfen vorhanden. Selbst geringe Mengen von SO_2 in den Flammengasen können durch die stabilisierende Wirkung des Sauerstoffes zu örtlichen Gallebildungen führen, wenn

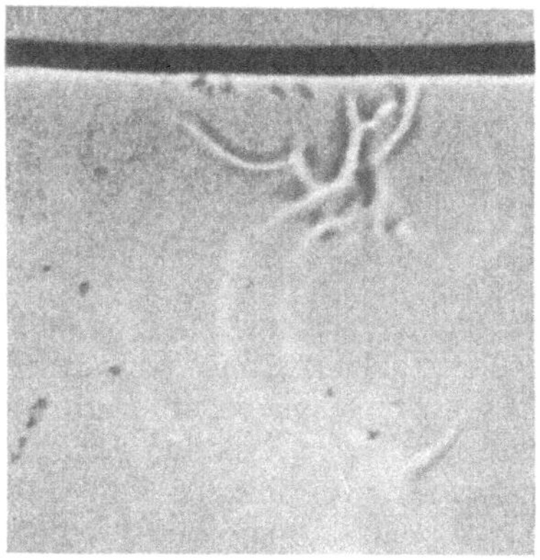

Abb. 621. Schlierenbildung, die von einer gallebefallenen Oberfläche ausgeht

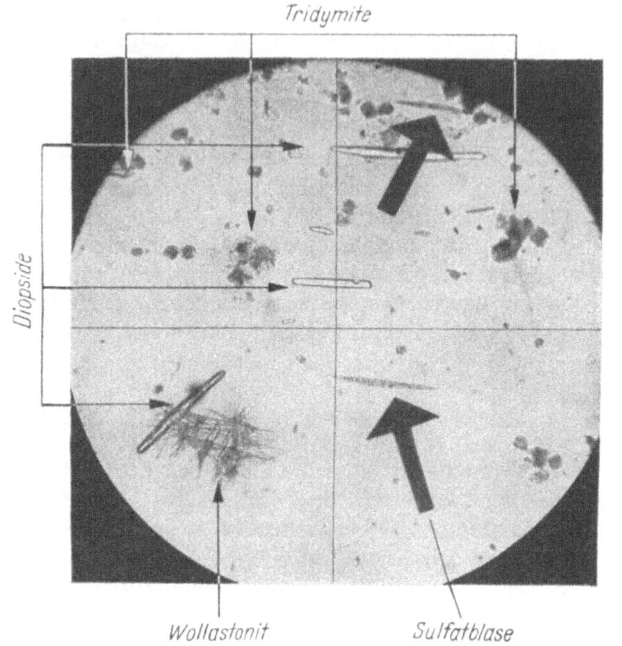

Abb. 622. Entglasungserscheinungen im Gefolge einer Gallestörung mit Tridymit, Wollastonit und Diopsid neben restlichen Galleblasen, etwa 50 ×

durch niedere Temperatur das Gleichgewicht nach der Seite der Sulfatbildung verschoben ist. Ein hoher Schwefelgehalt (z. B. in Heizölen) erhöht die Gefahr der Gallebildung.

Galle ist unerwünscht wegen ihrer stark korrosiven Wirkung auf poröses, tonerdehaltiges ff. Material. (Die Bezeichnung „Gallfuge“ für die tiefe Ausspülung an der Schmelzoberfläche, die in manchen Gebieten heute noch üblich ist, weist auf die Gefahr hin.) Vor allem jedoch wird die Einheitlichkeit der Schmelze selbst durch Gallebildung empfindlich gestört. Abb. 621 zeigt eindrucksvoll die Schlierenbildung, wie sie von einer Oberfläche nach Gallebefall ausgeht. Das an Sulfat gebundene Alkali ist dem Glas entzogen und eine schwere Homogenitätsstörung mit all ihren Folgen für die Formgebung hinterbleibt, auch wenn die Galle durch die jedem Ofenmeister bekannten Kniffe weggebrannt wurde.

Die Abb. 622 zeigt in einer Mikroaufnahme den disproportionierenden Einfluß der Galle, von der selbst nur noch kleine „Blasen“ erhalten sind. In engem Nebeneinander kommen Tridymit, Wollastonit und Diopsid in einem Glas zur Kristallisation, das seiner Zusammensetzung nach im Devitritgebiet entglast.

Wenn Galleteilchen auf der Oberfläche schwimmend nicht unmittelbar in die Produktion gelangen können, weil der Formgebungsbereich durch Brücken oder Durchlässe vom Schmelzraum abgetrennt ist, werden diese gelegentlich doch von der Strömung erfaßt und ins Glas hineingezogen. Sie treten dann, allseitig von Glas umgeben, als Galle-„Blasen“ auf. Blasenförmig, da Galle bei Formgebungstemperaturen noch flüssig ist und sich den formenden Kräften ähnlich fügt wie eine gasgefüllte Blase. Typisch für Galleblasen ist der craqueléähnlich gesprungene Blaseninhalt, der deutliche Doppelbrechung zeigt. Zur Identifizierung von Galle kann die niedrige Lichtbrechung des Natriumsulfates $n \approx 1{,}47$ bis $1{,}48$ herangezogen werden [20]. Abb. 93 zeigte bereits einen Sulfateinschluß, bei dem die Blasenkonturen teilweise nicht mehr wahrnehmbar sind, ein Zeichen dafür, daß der Blaseninhalt sich im Zustand der Aufzehrung befand. Dies setzt wiederum voraus, daß das die Galleblase ursprünglich umhüllende Glas durch frisches ersetzt wurde, das noch Aufnahmefähigkeit für Sulfat besitzt.

In Anlagen ohne Trennwand zwischen der Ofenatmosphäre und dem Ort der Verformung oder bei Undichtigkeiten in dem Abschluß zum Schmelzbereich ist die Gefahr von Gallestörungen größer und mannigfaltiger. Die Schmelze ist bei der Verarbeitungstemperatur anfällig für sekundäre Sulfatbildung. Feinste Gallehäutchen, die sich auf der Oberfläche der Schmelze bilden, zerreißen bei der Formgebung und bilden Rauhigkeiten auf der Oberfläche des Glasgegenstandes wie sie Abb. 623 zeigt. Sie sind eine häufige Erscheinung auch bei Hohlglas. Die Dicke des kristallinen Sulfatfilmes kann dabei so gering sein, daß eine Doppelbrechung im Mikroskop nicht mehr wahrnehmbar ist. Mattigkeit der Oberfläche und gelegentlich fühlbare Rauhigkeit weisen auf solche Galleflecken hin. Es wurden auch Abdrücke einer dendritischen Kristallisation derart entstellter Oberflächen gefunden, ohne daß ein mikroskopischer oder mikroanalytischer Nachweis des Sulfates gelang. Möglicherweise war die geringe Sulfatmenge durch das Glas aufgezehrt (Abb. 624a) Daß ein solcher Fall eintreten kann, ließ sich durch eine Tiegelschmelze sicherstellen, bei der ein winziges Sulfatkriställchen dicht oberhalb

Abb. 623. Galliges Glas. Feinster Gallefilm durch Recken des Glases bei der Verformung zerfetzt

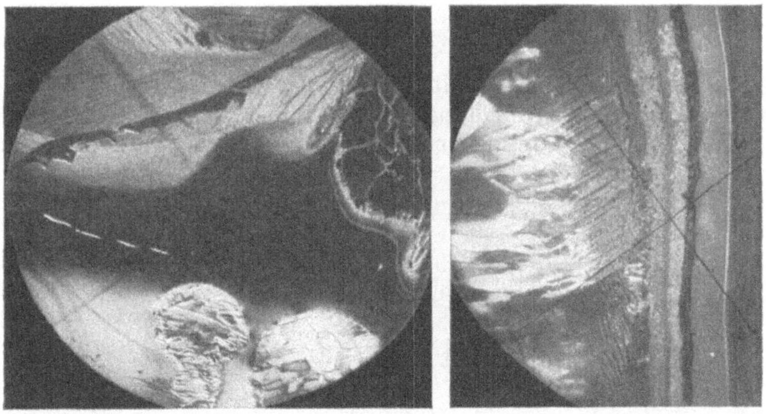

a b

Abb. 624. a) Kristallabdruck auf der Oberfläche einer Schöpfprobe; b) der gleiche Effekt, künstlich hervorgerufen durch Zugabe von Sulfat auf eine Tiegelschmelze. Dunkelfeld-Auflicht 50×

der Entglasungstemperatur auf die Schmelzoberfläche gebracht wurde. Nach $^1/_2$ Stunde wurde rasch abgetempert. Sulfat war an der Oberfläche nicht nachweisbar. Abb. 624b zeigt den Abdruck einer dendritischen Kristallisation, die auf der Oberfläche zurückblieb.

Geringe Gallemengen können durch reduzierende Bedingungen rasch zerstört werden. Es bleibt dann nur eine Alkalianreicherung an der Oberfläche (Verschiebung der Alkalikonzentration) zurück, die zur Kristallisation von Silikaten führen kann, wie in Abb. 625 gezeigt ist.

Der bereits besprochene Fall, in dem als Folge von Galle eine ganze Skala von Entglasungen (s. Abb. 622) auftritt, ist wohl selten; häufiger ist Tridymit als Begleiter zu beobachten, was bei der Verarmung der Oberfläche an Alkali durch Galle nicht überraschen kann, da Flachgläser im allgemeinen bereits einen SiO_2-Gehalt von über 70% haben. Abb. 626 ist die Aufnahme eines Gallebeschlages mit beginnender Hautbildung.

Bei einem unmittelbar aus der Schmelzoberfläche arbeitenden Ziehverfahren kann eine besondere Art oberflächlicher Sulfatstörung als „Maserstruktur“ auftreten. Sie entsteht als feiner, unregelmäßiger Beschlag auf der Schmelzoberfläche und wird beim Ziehen der Tafel in einer typischen Form verzerrt. Ofengase, die (bei drückendem Ofen) durch Undichtigkeiten in den Ziehraum gelangen können, verursachen diesen Niederschlag. Er hinterläßt eine feine

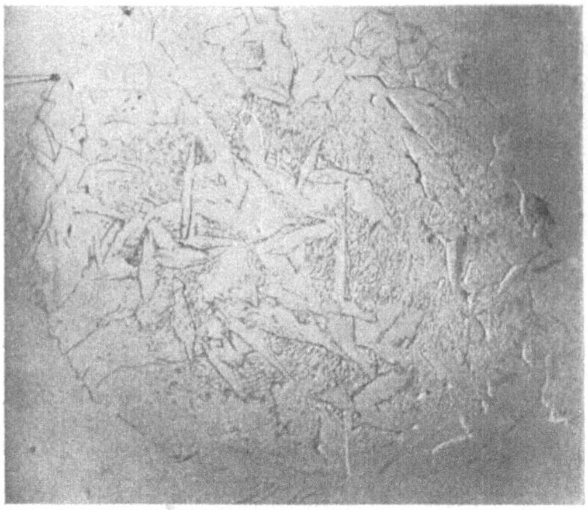

Abb. 625. Kristalle eines glasig unbeständigen Silikates, unter dem Einfluß eines Galleflecks entstanden, 30×

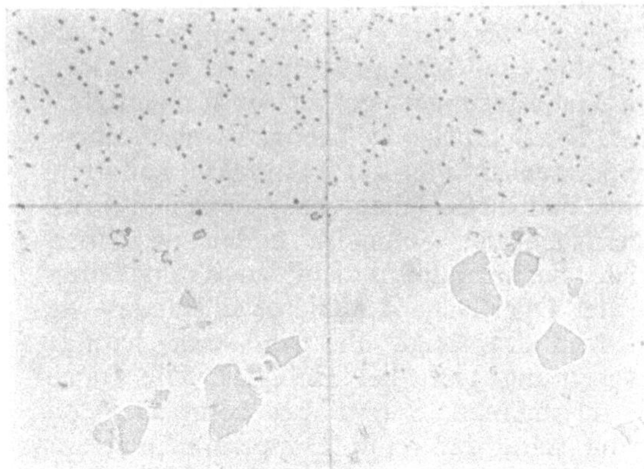

Abb. 626. Gallebeschlag mit Hautfetzenbildung kurz vor der Kristallisierung, 30×

Rauhigkeit, die in schweren Fällen bei bestimmter Beleuchtung sichtbar ist, aber noch nicht eigentlich Fehlerwirkung hat. Wird das Glas mit Chromschwefelsäure behandelt, tritt die Maserstruktur hervor. Ebenso ist sie nach dem Verspiegeln sichtbar wegen der Rauhigkeit der befallenen Flächen.

5.2 Hüttenrauch

Wie die Schmelze in Wechselwirkung mit dem SO_2 der Ofenatmosphäre steht, so ist die fertig geformte Glasoberfläche während der Kühlperiode der Einwirkung des Schwefelgehaltes der Abgase ausgesetzt. Sie reagiert unter Bildung eines bläulichen Beschlages, dem sog. Hüttenrauch [*21*]. Zur näheren Untersuchung des normalerweise abwaschbaren Beschlages eignen sich die üblichen analytischen Methoden. Spült man den Beschlag mit Wasser ab, so findet man überschüssiges Alkali neben SO_3, was nicht weiter überrascht, da aus der Oberfläche der meisten Gläser Alkali auch bei kurzzeitiger Berührung mit Wasser herausgelöst wird. Schabt man den Beschlag mit einer Rasierklinge vorsichtig ab, so findet man Alkali und Sulfat im stöchiometrischen Verhältnis.

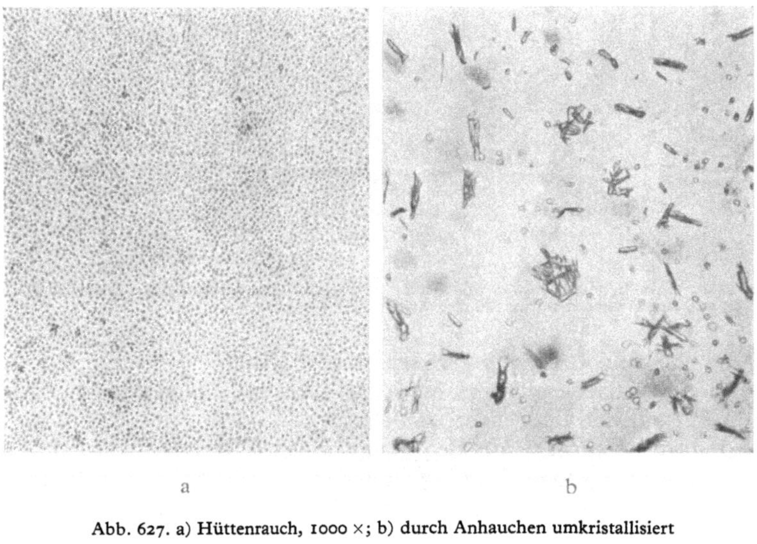

a b

Abb. 627. a) Hüttenrauch, 1000 ×; b) durch Anhauchen umkristallisiert

Die mikroskopische Untersuchung und Identifizierung ist ebenfalls durchführbar. Es gelingt zwar nicht, im Lichtmikroskop die feinen Kristallite soweit aufzulösen, daß ihre Kristallform erkannt werden kann. Beim Anhauchen lösen sich die winzigen Einzelkristalle im Kondensat auf und kristallisieren nach einigen Sekunden um. Bei mehrmaligem Anhauchen gelingt es meist, genügend große Kristalle zu züchten, die mikroskopisch identifiziert werden können (Abb. 627).

Berührung mit Wasserdampf läßt die blaugraue Beschlagfarbe in grau umschlagen. Ursache für den Farbwechsel ist, daß die lichtstreuenden Punkte auf der Oberfläche, die den tyndallähnlichen Blaueffekt ergaben, zu größeren Aggregationen zusammentreten. Der Farbumschlag wird bereits durch die Ausdunstungen der Hand beim Anfassen ausgelöst und ist in der Umgebung von Fingerabdrücken zu beobachten.

5.3 Verletzlichkeit der heißen Glasoberfläche

Die kontinuierlichen Flachglasverfahren führen das eben geformte, heiße Glasband auf Rollen oder zwischen Walzen durch den Abkühlungsbereich. Die Transportelemente greifen dabei unter einem gewissen Druck auf den Flächen an, um die zur Förderung notwendige Haftreibung zu

Abb. 628. Glassplitter auf der heißen Oberfläche angesprengt

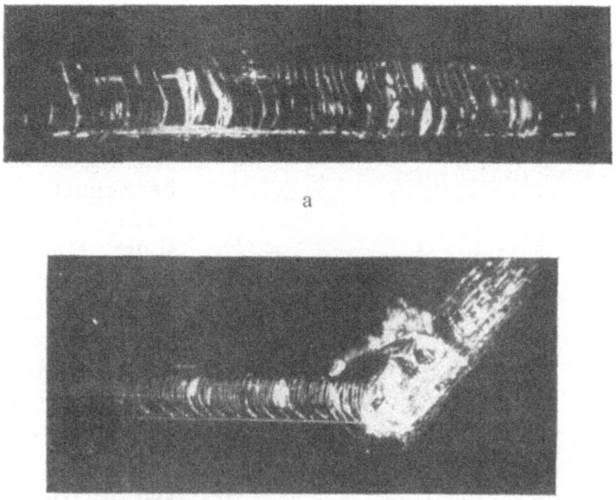

a

b

Abb. 629. a) Kratzer durch kaltes Eisen mit Abschrecksprüngen; b) im Knick mit Abrieb (Rost) ausgefüllt. (80 × Auflicht-Dunkelfeld)

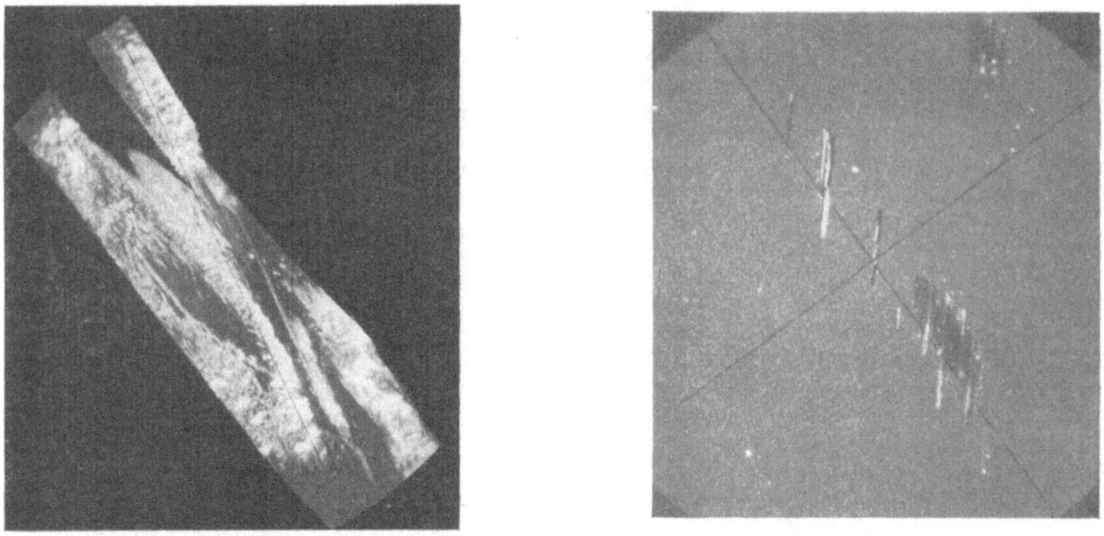

a

b

Abb. 630. a) Scherbenkratzer am heißen Glas; b) Walzenkratzer

erzielen. Bei der Verletzlichkeit heißen Glases liegt die Gefahr von Beschädigungen besonders nahe. Die Oberfläche von Spiegelrohgläsern ist nicht gefährdet, da die endgültige Oberfläche erst im kalten Zustand durch Schleifen und Polieren erzeugt wird und an den mehr oder weniger stark profilierten Walzgläsern fallen kleinere Oberflächenschäden kaum ins Gewicht. Dagegen bedeutet die Verletzung der Feuerpolitur bei Tafelgläsern eine bleibende Entstellung.

Im plastischen Zustand besitzt das Glas ausgesprochen klebrige Eigenschaften. Fremdpartikel und vor allem Glassplitter können, auch wenn sie mit einer bereits erstarrten Glasoberfläche unter Druck in Kontakt geraten, mit dieser in einen Bindungszustand eingehen, der als „Ansprengung" bezeichnet wird. Die beiden ehemaligen Grenzflächen treten dabei so eng zusammen, daß Diffusionsvorgänge einsetzen können. Die zunächst mechanische Haftung wird über einen Stoffaustausch durch Diffusion weiter verfestigt und kann zu einer regelrechten Verschweißung der Splitter führen (Abb. 628).

Aber auch bei niederen Temperaturen, bei denen man von Plastizität nicht mehr sprechen kann, bleibt eine gewisse Klebrigkeit bestehen. Man könnte sie besser als „Griffigkeit" bezeichnen und mit der reibungsverstärkenden Wirkung von Kolophonium vergleichen. Rhythmisch unterbrochene Kratzspuren sind häufig zu beobachten. In den Schrammen bleibt meist Abrieb von dem die Verletzung verursachenden Stoff zurück. Eiserne Werkzeuge hinterlassen Rost und, wenn sie kalt sind, rhythmische Abschrecksprünge unterschiedlicher Tiefe, wie sie in Abb. 629a zu sehen sind. In Abb. 629b ist die helle Fläche im Knick mit Rostabrieb (Dunkelfeldaufnahme) ausgefüllt [22].

Auch Scherbenkratzer (Abb. 630a) am heißen Glas zeigen oft eine gewisse Rhythmik in der aufgerissenen Oberfläche.

Zu den mechanisch verursachten Fehlern rechnen die Verletzungen durch Transportwalzen, wenn diese unter einem zu starken Druck im heißen Teil des Kühlkanals an das Glas gepreßt sind. Sie rufen Verletzungen hervor, wie sie Abb. 630b zeigt. Gelegentlich findet man bei der mikroskopischen Untersuchung an solchen Scheuerflecken Abrieb von Walzenmaterial.

Ein offenbar chemischer Effekt ist die Ursache zu den in Abb. 631 gezeigten stark vergrößerten Einzelheiten eines winzigen Flecks von etwa 3 mm Länge mit leichtem Trübungs-

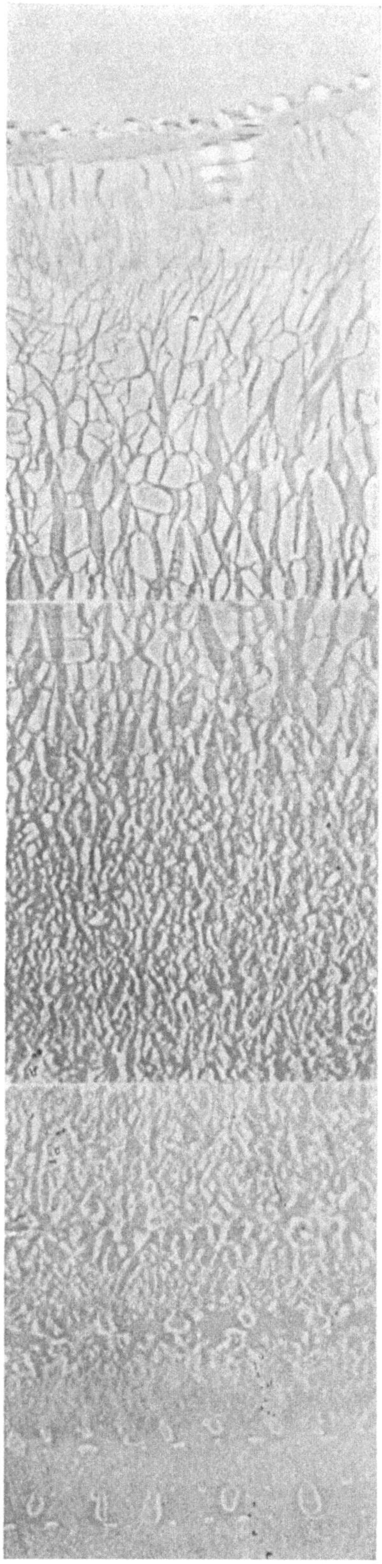

Abb. 631. Matte, rauhe Stelle mit aufgerissener Oberfläche. Vermutlich im Ziehschacht entstanden. Aufnahme Winkel-Zeiß 800 × Hellfeld-Auflicht

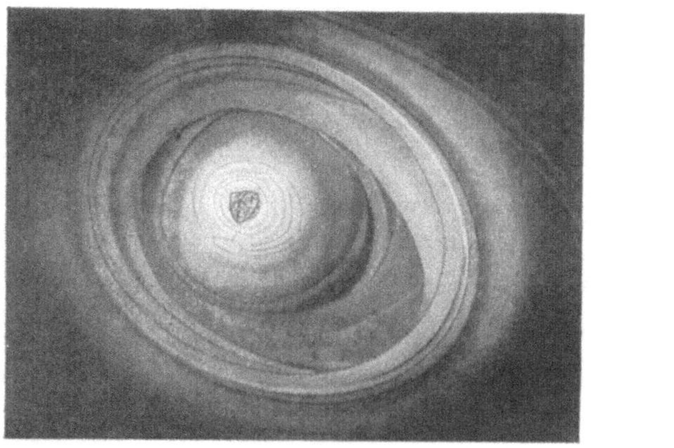

Abb. 632. Hofbildung um ein verglimmendes Korn. Eingebrannter Beschlag mit winzigem Entglasungskranz. Für das Auge kaum wahrnehmbar. Reflex 5 ×

effekt. Die Bilder geben eine unter Schrumpfung in Fetzen aufgerissene Oberflächenhaut wieder. Sie lassen auf die Einwirkung einer (unbekannten) Substanz in dampfförmigem Zustand schließen. Die Erscheinung geht von einem runden Fleck mit scharfer Begrenzung, der selbst unbeschädigt ist, aus und verliert sich nach außen hin ohne Abgrenzung. Die Ähnlichkeit mit Abb. 623 (Sulfatflecken an der Oberfläche) ist auffallend, jedoch ließ sich Sulfat (evtl. wegen der Winzigkeit der Erscheinung) nicht nachweisen.

Ein an der heißen Oberfläche festgebackenes, schwelendes Korn, z.B. Flugteilchen aus Generatoren, zeigt nach Abb. 632 einen Hof von Entglasungserscheinungen und Beschlag nach Art des Hüttenrauches, der eingebrannt ist und für eine örtliche, nicht unerhebliche Wärmeentwicklung spricht.

5.4 Verletzlichkeit kalten Glases

Die Oberflächenhärte von Glas liegt nach der MOHSschen Skala bei 6 entsprechend Feldspat und ist weicher als Quarz (7 nach MOHS). (Sand als Schleifmittel für Glas!) In dem weiten Gebiet nicht nur der industriellen Stäube finden sich genügend viele Stoffe, die die Oberfläche technischer

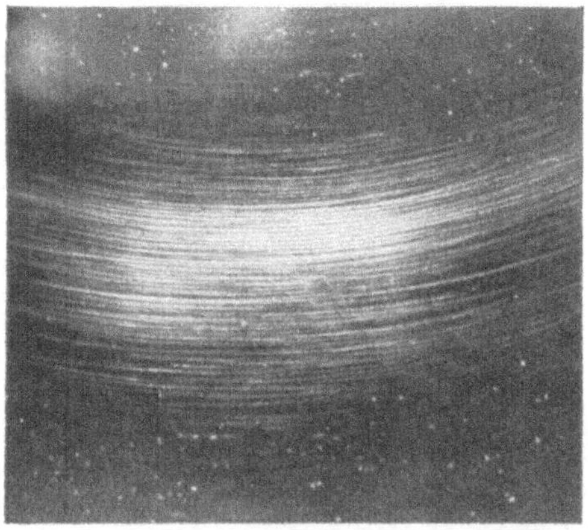

Abb. 633. Kratzspuren durch Scheibenwischer verursacht

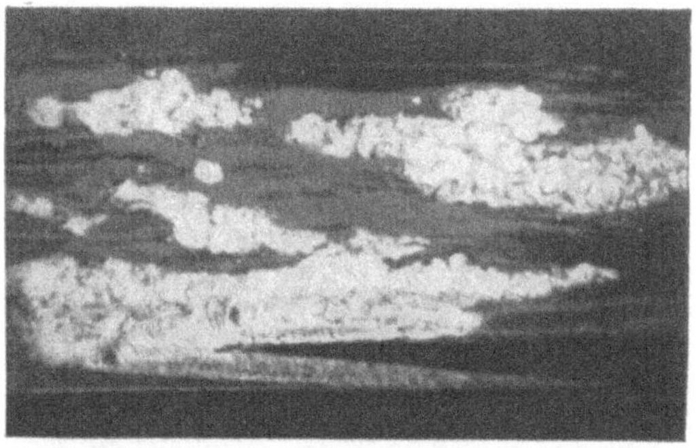

Abb. 634. Durch Aufscheuern verursachte Beschädigung der Feuerpolitur an Flachglas. Die Abriebstoffe haften fest am Glas

Gläser verletzen können. Es genügen also bereits die natürlichen staubigen Verunreinigungen, um im Laufe längerer Gebrauchszeiten durch Putzen eine Vielzahl von Kratzspuren auf Glas erzeugen zu können, die bei geeigneter Beleuchtung sichtbar werden. In besonders grober Form trifft man diese Erscheinung an Scheibenwischern von Fahrzeugen an, wo durch die Wischbewegung schließlich tiefe Kratzspuren erzeugt werden (Abb. 633). Im rauhen Hüttenbetrieb sind Gelegenheiten zur Entstehung von Kratzern durch Glassplitter in großer Zahl gegeben. Nur immerwache Aufmerksamkeit und peinliche Sorgfalt kann Schäden beim Glasschneiden, innerbetrieblichen Transporten, beim Verpacken und Versand verhüten. Man ist, um Schäden auf dem Transport zu vermeiden, bei allen planen Flachgläsern nach vielfältigen Versuchen mit anderen Mitteln zur Kratzerverhütung zu Papierzwischenlagen übergegangen. Man erreicht mit dieser Maßnahme gleichzeitig einen wirksamen Schutz [23] gegen hydrolytische Zersetzung (s. diese). Nur so läßt sich bei festgepackten Glasstapeln ein gegenseitiges Aufscheuern der Oberflächen auf dem Transport mit Sicherheit verhüten (Abb. 634). Die grobnarbige Verletzung ist mit Abrieb verschmiert, der sich nicht leicht entfernen läßt. Die Teilchen sind untereinander und mit der beschädigten Glasoberfläche fest verbacken.

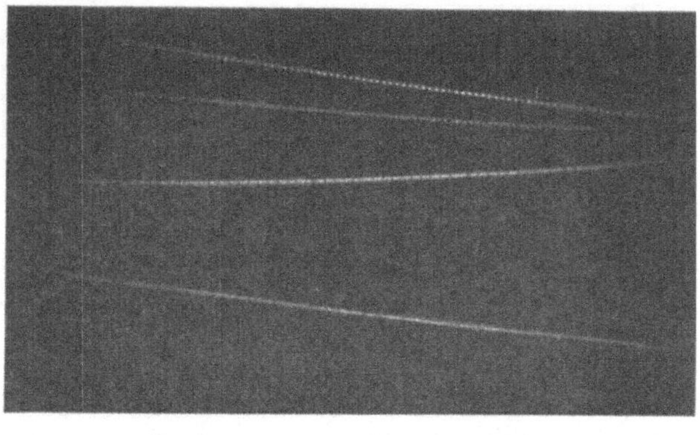

Abb. 635. Putzkratzer durch Abrollen von Staubkörnern verursachen kettenförmige Kratzspuren. 150×. Dunkelfeld-Auflicht

Wenn Staubteilchen zwischen Glas und einem Widerlager Kratzer verursachen, so lösen sich die hinterlassenen Spuren bei geringer Vergrößerung in eine Kette von punktförmigen Verletzungen auf wie in Abb. 635 wiedergegeben. Die Eindrücke rühren von Ecken und Kanten des abrollenden Kornes her und verursachen Ausmuschelungen wie beim Schleifen.

Veränderungen des Zustandes der Oberfläche, wie sie bei Verletzungen und chemischen Einwirkungen eintreten, lassen sich mit Hilfe von Hauchbildern sichtbar machen [24]. Die Größe von Kondenströpfchen bei leichtem Anhauchen ändert sich mit der Oberflächenstruktur, so daß

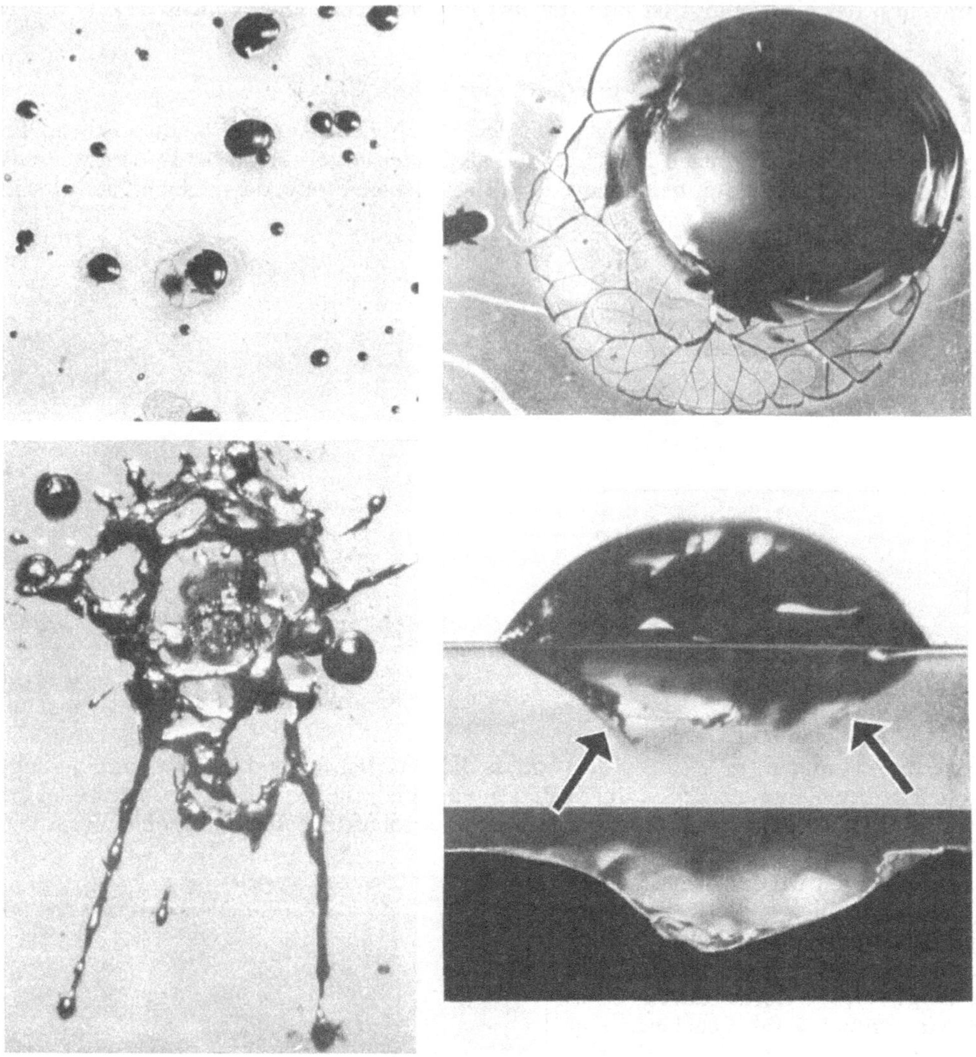

Abb. 636. a) Glasschäden durch versprühtes Eisen bei Schweißarbeiten; b) Schwach vergrößerter Eisentropfen beim Aufprall verspritzt c) Eisentropfen mit einem Hof aus silikatischen Schmelzen von Schweißdrahtumhüllungen; d) Querschnitt durch einen solchen Tropfen; e) hinterlassene Narbe in der Oberfläche nach Entfernung des Tropfens

sich auf diese Weise z. B. Risse oder Kratzer erkennen lassen, deren Größe unterhalb des Auflösungsvermögens des Mikroskopes liegen. Auch die chemische Veränderung einer Oberfläche durch kurzzeitige Berührung mit (doppeltdestilliertem) Wasser macht sich in einer feineren Struktur des Hauchfilms bemerkbar.

Verletzungen und Zerstörung von eingeglastem oder bereitgestelltem Bauglas bei Schweißarbeiten durch Abtropfen flüssigen Metalls und Schmelzteilchen der silikatischen Schweißdraht-Ummantelungen sind Anlaß zu Schadensfällen geworden [25]. Die Sprüh- und Tropfteilchen brennen mit ihrer geschmolzenen Silikat- oder Schlackenhülle augenblicklich am Glas fest (Abb. 636). Während der Abkühlung bilden sich auf Grund verschiedener Wärmeausdehnungen Sprünge, so daß die Tropfen z. T. ohne Nachhilfe abfallen oder durch Kratzen zu entfernen sind, und hinterlassen tiefe Narben (Abb. 636c–e). Eisenfachwerk-Konstruktionen in Industriebauten und stahlarmierter Beton auch im Wohnhausbau einerseits und steigende Anwendung von Glas andererseits sind Anlaß, auf diese außerhalb des Glashüttenbereiches entstehenden Fehler hinzuweisen.

6 Fehler bei der Nachbearbeitung durch Schleifen

Um einen Glasgegenstand für seinen Gebrauchszweck endgültig herzurichten, ist häufig eine Nachbearbeitung durch Schleifen notwendig. Sie wird ausgeführt

a um Oberflächen, die für ihren Gebrauch erforderliche Oberflächenbeschaffenheit zu geben (Spiegelglas),

b an Kanten, um die auf der Schnittseite beim Glasschneiden entstehenden Ausmuschelungen zu beseitigen, entweder weil sie die mechanische Festigkeit der Scheibe durch Kerbstellenwirkung vermindern oder um dem Kantenabschluß ein gefälliges Aussehen zu geben (Möbelgläser),

c um Flächen an Hohl- und Flachgläsern durch Zierschliffe zu beleben.

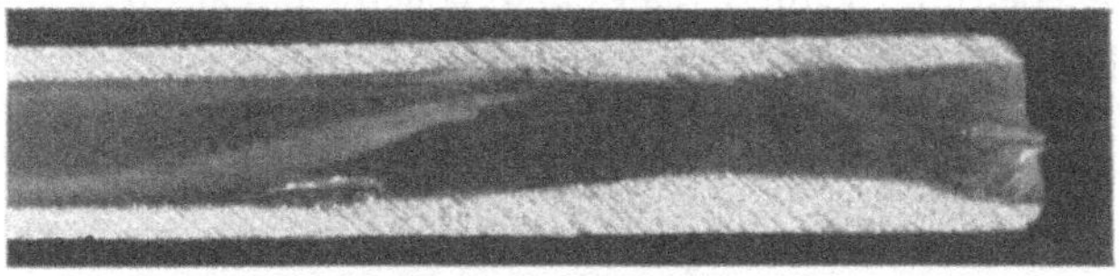

a

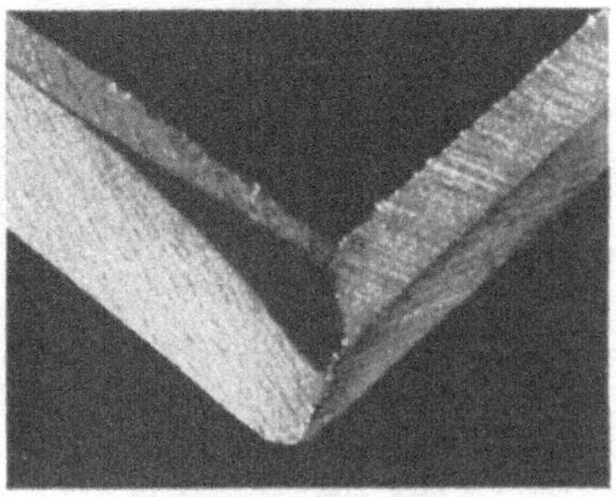

b

Abb. 637. a) Ungleiche Saumbreite, hervorgerufen durch einen „schlechten" Schnitt; b) fehlerhafte Kante durch ausgesprungene Ecke

Der große, einheitliche Flächen anstrebende Schleifvorgang bei Spiegelglas wird mit losem Schleifkorn durchgeführt. Das zwischen Rohglas und Ferrasse abrollende Schleifkorn bricht hierbei mit Kanten und Ecken flache Muscheln aus der Oberfläche heraus. Bei den unter *b* und *c* genannten Schleifvorgängen wird hingegen hauptsächlich mit gebundenem Schleifkorn gearbeitet. Die Materialabtragung erfolgt hier schabend, indem das einzelne, aus dem Verband der Schleifscheibe herausragende Korn Furchen in die Oberfläche einkratzt. Bei dieser Arbeitsweise ist die Schleifrichtung an den parallel angeordneten, in einer Richtung verlaufenden Schleifriefen erkennbar.

a b c d

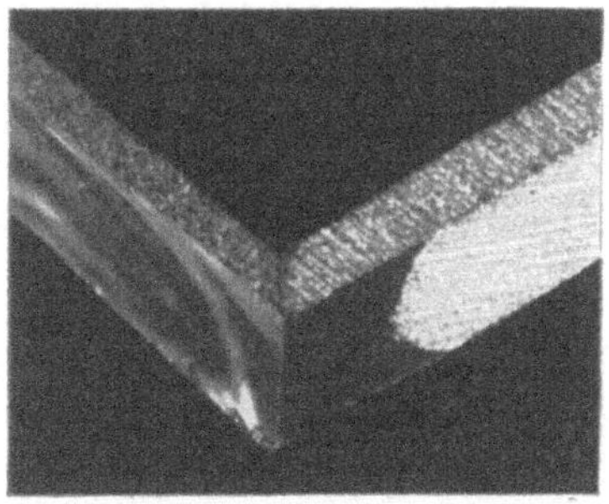

e

Abb. 638. Handhabungsfehler bei der Kantenbearbeitung. a) Ungleiche Saumbreite beim Neuansetzen der Tafel an das Schleifwerkzeug; b) ungleichmäßige Führung der Tafel bei freihändigen Schleifen und wechselnder Druck ergeben Bearbeitungsfehler; c) zu starkes Andrücken oder unrunde Schleifscheiben können Ausmuschelungen beim Schliff zur Folge haben; d) beim Stabschliff an der Nutscheibe sind Reste der Justierung stehen geblieben; e) infolge schlechter Übersicht bei großen Scheibenmaßen ist der Schliff nicht bis an die Ecke durchgezogen

1. Nachdem die Herstellung der *Flächenschliffe* und die dabei auftretenden Fehler in Abschn. 3.21 (Spiegelglas), S. 376 behandelt wurden, braucht hier nur noch das Schleifen mit gebundenem Korn besprochen zu werden.

2. *Kantenschliffe* werden je nach Verwendungszweck oder Weiterverarbeitung in verschiedener Feinheit ausgeführt. Wo lediglich Kanten zu brechen sind, genügt es in vielen Fällen, diese an einer ziemlich grobkörnigen Karborund- oder Schmirgelscheibe abzuarbeiten. Für feinere Kantenbearbeitung benutzt man entsprechend feinkörnige Scheiben aus Schmirgel oder Sandstein. Für hohe Ansprüche kann man noch einen Poliervorgang folgen lassen. Diese meist mit Bimsmehl ausgeführten Kantenpolituren erreichen zwar bei weitem nicht die Güte der mit Polierrot oder Ceroxyd erzielten Oberflächen, sind aber für die heute üblichen steilen Facetten ausreichend.

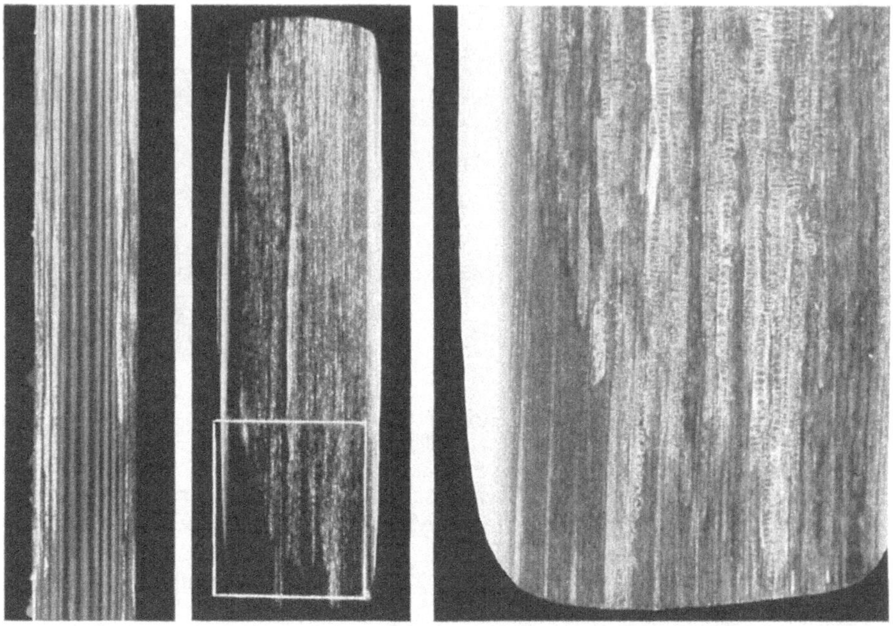

a b c

Abb. 639. a) Verbrannte Bezirke beim Stabschliff mit der Nutscheibe bleiben auch nach dem Polieren sichtbar; b) Brandstellen an einer Fingernut an Schiebetüren. Die starke Wärmeentwicklung hat zu einem Spannungssprung im Glas geführt; c) Einzelheit von b)

Die auftretenden Schleiffehler lassen sich in der Hauptsache auf drei Ursachen zurückführen. 1. *Gestaltfehler* am Glasgegenstand, hervorgerufen durch „schlechten" Schnitt, der oft eine Folge ungenügend entspannten Glases ist. Abb. 637a zeigt die ungleiche Saumbreite an gebrochenen Kanten bei einem Dickglas, dessen Schnittkanten infolge restlicher Spannungen ungleichmäßig ausfielen. Abb. 637b bringt die Aufnahme einer Ecke, die durch einen ausgesprungenen Glassplitter fehlerhaft wurde. Abb. 638 gibt einige der häufigsten *Handhabungsfehler* wieder. Wird beim freihändigen Schleifen der Schliff nicht in einem Zuge durchgeführt, so ist beim neuen Ansetzen leicht eine ungleichmäßige Saumbreite die Folge (Abb. 638a). Ungenaue Führung des Glases und wechselnder Andruck beim Säumen (Abb. 638b) lassen Reste der Schnittflächen sichtbar bleiben. Die in Abb. 638c gezeigten Ausmuschelungen auf der Schnittfläche entstehen durch zu starken Schleifdruck oder auch, wenn die Schleifscheibe unrund ist oder flattert. In Abb. 638d ist ein Stabschliff abgebildet, bei dem die vorher durchgeführte Justierung durch das Schleifen auf der Nutscheibe nicht restlos beseitigt wurde. Bei großen Scheibenmaßen, wenn die Führung der Scheibe am Schleifwerkzeug schlecht zu übersehen ist, kann es geschehen, daß die Kantenbearbeitung nicht korrekt bis an die Ecken durchgeführt wird (Abb. 638e).

Die in den Abb. 637 u. 638 gezeigten Fehler gelten für alle Arten der Kantenbearbeitung gleichviel, ob diese grob- oder feinbearbeitet sind. Wenn hier nur grob zugerichtete Kanten abgebildet wurden, so nur wegen der besseren photographischen Darstellbarkeit.

Das Material Glas verlangt bei der schleifenden Bearbeitung eine reichlich bemessene Kühlung, um die durch Reibung entstehende Wärme augenblicklich abzuführen. Die Wassermenge muß der Umlaufgeschwindigkeit der Schleifscheibe, dem Schleifmaterial und dem Schleifdruck entsprechend angepaßt sein. Ist die Kühlwassermenge knapp bemessen, so treten örtliche Überhitzungen in einer Oberflächenschicht auf und es bilden sich Sprünge. Solche „verbrannten" Stellen sehen durch die Reflexion des Lichtes an den Rissen hell aus. Sie sind durch einfaches Überpolieren nicht zu beseitigen. Abb. 639a zeigt Brandstreifen an einer mit der Nutscheibe geschliffenen und nachpolierten Stabkante. Die Überhitzung des Glases kann so weit getrieben werden, daß nicht nur die Oberfläche ein dichtes Craquelée von typischen Abschrecksprüngen zeigt, sondern wie an einem eingeschliffenen Griff für Glasschiebetüren in Abb. 639b zu sehen ist, ein Spannungssprung in das Glas hinein ausgelöst wird. Abb. 639c zeigt einen Ausschnitt von b in der Vergrößerung, in der das dichte Spungnetz an den Reflexen deutlich sichtbar ist.

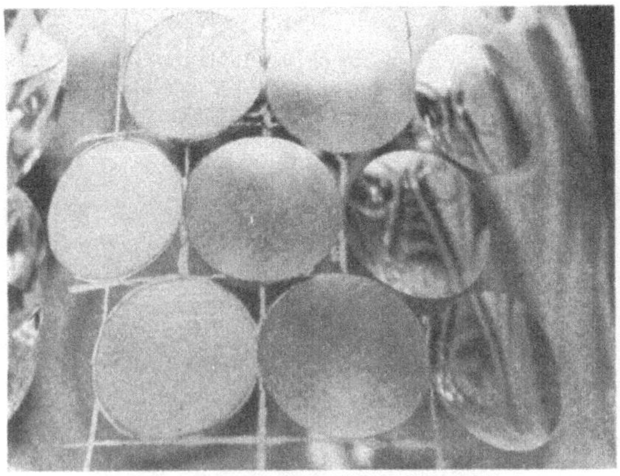

Abb. 640

Abb. 641

Zierschliffe am Hohlglas mit Linsen- bzw. Prismenwirkung, zum Teil geschliffen, zum Teil auspoliert

3. *Der freihändige Schliff* wird zur Dekoration von Glasflächen ausgeführt. Regelmäßige Muster in zumeist geometrischer Anordnung mit Linsen- oder Prismenwirkung sind an Hohlgläsern Abb. 640, 641 nach wie vor zu finden. Die figürliche Darstellung an blanken oder mattierten Flachgläsern gewinnt immer mehr an Bedeutung. Zur Ausführung solcher Gravuren dient ein rotierendes Handschleifgerät. Je nach Lichteinfall, Schleifrichtung, Struktur der Schliffnarbe ist die lichtstreuende Wirkung der so bearbeiteten Flächen verschieden. Eine einheitliche Wirkung entsteht nur, wenn die Ausübung des Schliffes in gleicher Richtung und unter gleichen Bedingungen stattfindet (Abb. 642a). Die polygonartig aneinandergereihten Flächenelemente ergeben ein wolkiges Aussehen. Die Lage der Flächenelemente zum Licht entscheidet über die Wirkung der Mattfläche auf das betrachtende Auge, und zwar sowohl im durchfallenden als auch im auffallenden Licht (Abb. 642b, c). Es entstehen verschiedene Schattierungen.

Maßgebend für die Struktur und damit auch für die Lichtwirkung der Schliff-Flächen ist die Art des Angriffes durch das Schleifwerkzeug. Außer dem Druck, mit dem es angelegt wird, wird sie mitbestimmt von der Tourenzahl und der beim Schleifen zur Kühlung notwendigerweise zugesetzten Wassermenge. Schon die verschiedene Umlaufgeschwindigkeit erzeugt unterschiedliche Lichtwirkung (Abb. 642 d). Bei unzureichender Wasserzufuhr wird das Glas stellenweise „gerissen" oder „verbrannt" (Abb. 643 a). Diese Brandrisse lassen sich durch entsprechende Ausleuchtung isoliert sichtbar machen (Abb. 643 b). Sie bestehen bei mikroskopischer Betrachtung aus einer Beschädigung der Struktur mit allen Anzeichen einer örtlichen Überhitzung. Das Glas wird nicht mehr oder nicht nur spröde abgetragen. Eine plastische Deformation [*15*] bringt ein Kleben am Schleifwerkzeug mit sich und ein Herausreißen bzw. Verschmieren von Partikeln. Solche Marken können winzig klein, aber auch deutlich sichtbar ausfallen. Sie sind oft durchsetzt von zahlreichen Rißbildungen quer zur Schleifrichtung (Abb. 643 c). Sie sind also durch das Schleifwerkzeug überhitzt, dann aber durch Wasser abgeschreckt worden.

Die Abbildungen vermitteln einen Eindruck von der Empfindlichkeit der Glasoberfläche bei ihrer Bearbeitung und den engen Grenzen optimaler Arbeitsbedingungen. Sie sind nur durch entsprechende Abstimmung von Tourenzahl, Schleifdruck und Wasserzufuhr (u. U. durch systematische Versuche zu ermitteln) zu erreichen, um den gewünschten Effekt zu erzielen.

a b c d

Abb. 642. a) Die einheitliche Wirkung des wolkenartigen Flächenschliffes ergibt sich aus den mit gleicher Schliffrichtung und -Geschwindigkeit, konstantem Ausdruck usw. ausgeführten Einzelschliffen; b, c) unterschiedliche Lichtwirkung durch verschiedene Schleifrichtungen: d) verschiedene Lichtwirkung bei gleicher Schleifrichtung, aber veränderter Umfangsgeschwindigkeit

a b c

Abb. 643. a) Zu knappe Wasserzufuhr gibt Anlaß zu Brandstellen, die durch besondere Beleuchtungsanordnung in b) isoliert sichtbar gemacht sind. Abb. c) zeigt in einer Mikroaufnahme die in der Hauptsache quer zur Schleifrichtung verlaufenden Abschrecksprünge im Glas

7 Schrifttum

VII. Formfehler

B. Formfehler an Flachglas

[*1*] LIEHN, W.: Viskosität von Kalk–Natron–Silikat-Gläsern. Silikat-Technik Bd. 5 (1954) S. 503. – KNAPP, O.: Lineare Abhängigkeiten zwischen Temperatur und Viskosität der Silikatgläser. Sklar a Keram. Bd. 5 (1955) S. 100. Ref.: Glastechn. Ber. Bd. 29 (1956) S. 206. – DIETZEL, A. u. R. BRÜCKNER: Aufbau eines Absolutviskosimeters für hohe Temperaturen usw. Glastechn. Ber. Bd. 28 (1955) S. 455. – F.A. Bericht d. DGG.: Viskositätsmessungen mit dem Absolutviskosimeter. – EULER, R. u. H. WINKLER: Über die Viskosität von Gesteins- und Silikatschmelzen. Glastechn. Ber. Bd. 30 (1957) S. 325.

[*2*] KEPPELER, G. u. A. ALBRECHT: Zur Kenntnis der Oberflächenspannung von Gläsern. Teil I: Glastechn. Ber. Bd. 18 (1940) S. 201; Teil II: Glastechn. Ber. Bd. 18 (1940) S. 236; Teil III: Glastechn. Ber. Bd. 18 (1940) S. 275. – OCHOTIN, M. W. u. I. G. BASCHBEUK-MELIKOWA: Oberflächenspannung des Glases im hochviskosen Zustand. Steklo i Keram. Bd. 9 (1952) S. 12. Ref.: Glastechn. Ber. Bd. 27 (1954) S. 469.

[*3*] EITEL, PIRANI u. SCHEEL: Glastechn. Tabellen. Berlin: Springer 1932. – EITEL, W.: Physikalische Chemie der Silikate. Verlag J. A. Barth. – DIETZEL, A.: Praktische Bedeutung und Berechnung der Oberflächenspannungen von Gläsern, Glasuren und Emails. Sprechsaal Bd. 75 (1942) S. 82.

[*4*] KOHLRAUSCH: Lehrbuch der Physik, 20. Aufl. 1955/I.

[*5*] LÖFFLER, H.: Analyse von Schlieren und Schichten durch Ätzung und Interferenzmessung. Teil I: Glastechn. Ber. Bd. 27 (1954) S. 381; Teil II: Glastechn. Ber. Bd. 30 (1957) S. 457.

[*6*] JEBSEN-MARWEDEL, H.: Grenzflächenkräfte als Prinzip des Schlierenschwundes in flüssigen Gläsern. Glastechn. Ber. Bd. 21 (1943) S. 57. – Dynaktive Flüssigkeitspaare usw. Glastechn. Ber. Bd. 29 (1956) S. 233. – „Fäden" im Glas – eine Folge dynaktiven Verhaltens von Schlieren. Glastechn. Ber. Bd. 29 (1956) S. 269. – Spontane Mischbewegungen in Flüssigkeiten als Folge dynaktiven Materialtransportes durch Grenzflächenkräfte. Umschau Bd. 57 (1957) S. 165. – GEFFCKEN, W.: Vorgänge bei der Homogenisierung in der Schmelze usw. Glastechn. Ber. Bd. 30 (1957) S. 143.

[*7*] RAMSAUER, R.: Anwendung des Schlierenmikroskops zur Untersuchung der Schichtung von Tafelglas. Glastechn. Ber. Bd. 27 (1954) S. 374. – SCHARDIN, H.: Das Schlierenmikroskop und seine Anwendung. Glastechn. Ber. Bd. 27 (1954) S. 70.

[*8*] SCHARDIN, H.: Glastechnische Interferenz- und Schlierenaufnahmen. Glastechn. Ber. Bd. 27 (1954) S. 1.

[*9*] KERKHOF, F.: Optische Wirkung von Flachglas mit unebenen Oberflächen. Glastechn. Ber. Bd. 25 (1952) S. 71. – JEBSEN-MARWEDEL, H.: Das Wahrnehmungsvermögen des menschlichen Auges und seine Beziehungen zur optischen Qualität des Glases. Glastechn. Ber. Bd. 25 (1952) S. 417.

[*10*] Verkehrsblatt, 1957, Heft 9, Teil IIb, Ziff. 21.

[*11*] ZSCHACKE, F.: Unterscheidung des Flachglases usw. Glastechn. Ber. Bd. 12 (1934) S. 227.

[*12*] D.R.P. 756386; 685579. D.B.P. 934607; 761420. US-Pat. 2519457; 2655765 u.a.m.

[*13*] PILKINGTON, H.: Die Herstellung des Spiegelglases. Glass Bd. 30 (1955) S. 555, 568. Ref. Glastechn. Ber. Bd. 28 (1955) S. 208. – WEIGEL, R. u. O. KNOLL: Lichttechnische Mittel zur Fehlerkennung bei der Spiegelglasherstellung. Licht Bd. 8 (1938) S. 297. Ref. Glastechn. Ber. Bd. 17 (1939) S. 86.

[*14*] SALMANG, H.: Die Glasfabrikation. Berlin/Göttingen/Heidelberg: Springer 1957.

[*15*] STÖSSER, K. VON: Das Härteverhalt von Gläsern beim Schliff mit rotierenden Scheiben. Glastechn. Ber. Bd. 18 (1940) S. 337.

[*16*] RYSCHKEWITSCH, E.: Die plastischeDeformierbarkeit spröder Körper. Glastechn. Ber. Bd. 18 (1942) S. 166. – POLYAKOW: J. Amer. ceram. Soc. (1941) S. 215. – ENGELHARDT, V.: Naturwissenschaften Bd. 23. (1956) S. 195. – WEYL, W.: Glass Science Bull. V (1947) S. 117.

[*17*] Allgemeine Literatur betr. Poliertheorie: MARTENSEN: Z. VDI Bd. 76 (1932) S. 761. – BOWDEN, HUGES: Proc. roy. Soc. Bd. 160 A (1937) S. 575. – RAYLEYGH: Nature Bd. 139 (1937) S. 78. – ZERNICKE: Chem. Week Blad Bd. 35 (1938) S. 28. – SCHULZ: Glastechn. Ber. Bd. 18 (1940) S. 160, 322. – KLEMM u. SMEKAL: Naturwissenschaften Bd. 29 (1941) S. 688, 710, 769. – MADLUNG: Naturwissenschaften Bd. 30 (1942) S. 223. – WEYL: J. Amer. ceram. Soc. Bd. 32 (1949) S. 369. – BRÜCHE u. POPPA: Glastechn. Ber. Bd. 28 (1955) S. 232; Bd. 29 (1956) S. 183; Bd. 30 (1957) S. 163. – POPPA: Glastechn. Ber. Bd. 30 (1957) S. 387. – KALLER: Silikat-Techn. Bd. 7 (1956) S. 380. – BRÜCHE u. POPPA: Silikat-Techn. Bd. 8 (1957) S. 516.

[*18*] SPIEKERMANN, H.: Erweitertes Gußglastabellarium. Verlag K. Hofmann 1956. – Einiges über Drahtglas. Techn. Rundsch. (1955) S. 9. Ref. Glastechn. Ber. Bd. 30 (1957) S. 239.

[*19*] (ohne Verf.Angabe): Polarisationserscheinungen an eingebauten Sicherheitsglasscheiben. Sprechsaal Bd. 84 (1951) S. 476.

[*20*] KÖPPEN, N. u. H. WICKERT: Glaserit als ungewöhnliche Kristallerscheinung in einer Glasgalle. Glastechn. Ber. Bd. 27 (1954) S. 17.

[*21*] DEMSKI, A.: Über die Ursachen der beim Glasblasen beobachteten blauen Beschläge. Gas- u. Wasserfach Bd. 83 (1940) S. 253. Ref. Glastechn. Ber. Bd. 20 (1942) S. 152. – COWARD, I. N. u. W. E. S. TURNER: Beschlagen von Kalk–Natron-Gläsern in SO_2-haltiger Luft. J. Soc. Glass. Technol. Bd. 22 (1938) S. 309. Ref. Glastechn. Ber. Bd. 17 (1939) S. 342.

[*22*] GEHRING, L. G. u. I. C. TURNBULL: Verschrammen von Glas durch Metall. Bull. Amer. ceram. Soc. Bd. 19 (1940) S. 29. Ref. Glastechn. Ber. Bd. 19 (1941) S. 132.

[23] JEBSEN-MARWEDEL, H.: Die mechanische Beschädigung der Oberfläche von verpacktem Glas unter Mitwirkung von Wasser. Glastechn. Ber. Bd. 20 (1942) S. 347.
[24] LEVENGOOD, W. C.: J. Amer. ceram. Soc. Bd. 38 (1955) S. 178.
[25] LUCAS, ST.: Bd. 13 (1956) S. 216. – Stahl u. Eisen Bd. 76 (1956) I. W. S. 97.

Weiterhin in Betracht gezogene Literatur

DRALLE-KEPPELER: Die Glasfabrikation. Verlag Oldenburg 1931.
THIENE, H.: Glas. Verlag G. Fischer 1931.
JEBSEN-MARWEDEL, H.: Tafelglas. Essen: W. Giradet 1950.
PIRANI u. QUASEBART: Das Glas in Einzeldarstellungen. Bd. 8: Flachglas. Akademische Verlagsgesellschaft 1934.
JEBSEN-MARWEDEL, H.: Die Glasschmelze mikroskopisch gesehen. Frankfurt a. M.: Verlag Deutsche Glastechnische Gesellschaft 1951.
GUSSAKOW, I. P.: Die Erhöhung der Ziehgeschwindigkeit des FOURCAULT-Glases und der Kampf gegen die Streifigkeit. Keramika i Steklo Bd. 12 (1936) S. 20. Ref. Glastechn. Ber. Bd. 16 (1938) S. 135.
BERMAN, S. S.: Der Temperaturverlauf im FOURCAULT-Kanal und die Streifigkeit des Glases. Keramika i Steklo Bd. 12 (1936) S. 5. Ref. Glastechn. Ber. Bd. 16 (1938) S. 135.
HESSE, C.: Glasdickenverteilung im FOURCAULT-Glas. Silikat-Techn. Bd. 5 (1954) S. 247. – Die chemische Homogenität des FOURCAULT-Glases. Silikat-Techn. Bd. 5 (1954) S. 419.
THOMAS, M., H. KALSING u. K. LITZOW: Über die Schlierenbildung in Gläsern durch feuerfeste Massen. Glastechn. Ber. Bd. 20 (1942) S. 258.
SCHMIDT, R. u. M. THOMAS: Über die Schlierenbildung in Gläsern durch feuerfeste Massen. Glastechn. Ber. Bd. 22 (1948/49) Bd. 17.
KITAIGORODSKI, I. I.: Technologie des Glases. München: Oldenbourg 1957.
REIL, J. u. W. LERCH: Beitrag zur Messung der Optik an Tafelgläsern. Glastechn. Ber. Bd. 18 (1940) S. 113.
RAMSAUER, R., H. LEHNERT, H. SCHARDIN u. A. SMEKAL: Das Problem der Glasqualität. F.A. Bericht d. DGG.
BEILBY, G.: Proc. roy. Soc. Bd. 72a (1903) S. 218.
MOTZ, L.: On the nature of a polished surface. J. opt. Soc. Amer. Bd. 32 (1942) S. 147. Ref. Glastechn. Ber. Bd. 22 (1948/49) S. 147.
BRÜCHE u. SCHIMMEL: Über das Ritzen von Glas unter 1 μ Ritzspurbreite. Glastechn. Ber. Bd. 27 (1954) S. 239.
CHMIELENSKI, I.: Grundlagen einer neuen Schleiftechnologie. Silikat-Techn. Bd. 6 (1955) S. 65.
BRÜCHE, E. u. H. POPPA: Zur Frage der RAYLEIGH-BEILBY-Schichten. Z. angew. Physik. (1956) S. 486.
INDENBOM, W. L.: Über die Theorie des Härtens von Glas. Z. techn. fiz Bd. 24 (1954) S. 929. Glastechn. Ber. Bd. 29 (1956) S. 404.
(Ohne Verf.Angabe): Fehler bei der Grundstruktur von Schleifmustern auf Glas. Sprechsaal Bd. 87 (1954) S. 299

C. Optische Verfahren zur Erfassung von Formfehlern

von H. HANNES, Freiburg/Leverkusen

1. Optische Wirkung von Formfehlern

Es ist eine der wichtigsten Aufgaben des Glases, insbesondere des Flachglases, eine möglichst vollkommene und störungsfreie Durchsicht zu gewähren. Beim Durchblicken einer Scheibe sollte man im Idealfall von deren Vorhandensein nichts bemerken. Tatsächlich fallen aber dem geübten Auge z. T. schwache, manchmal aber auch stärkere Verzerrungen der beobachteten Gegenstände auf. Diese Erscheinung, die mit einem nicht ganz konsequenten, aber gebräuchlichen Ausdruck als die „Optik“ der Scheibe bezeichnet wird, hat ihre Ursache meist in den Formfehlern, also in der nicht ganz gleichmäßigen Dicke bzw. Oberfläche des Glases.

Nicht jede Abweichung von der Planparallelität der Glasoberflächen hat eine optische Störung zur Folge. Ein einfacher Keilfehler beispielsweise verursacht nur eine gleichmäßige Ablenkung des Lichtes und stört nur, wenn ein Gegenstand durch das Glas hindurch anvisiert werden soll. Dabei werden Ablenkungen unter einer Bogenminute vom menschlichen Auge nicht mehr aufgelöst und sind daher, was die optische Fehlerwirkung angeht, ohne Interesse[1] [*1*].

Eine eigentliche Optik, d. h. eine Bildverzerrung, tritt erst auf, wenn merkliche *Änderungen* des Keilwinkels und damit der Lichtablenkung vorhanden sind. Um die Optik zu erfassen, muß daher die Krümmung der Glasoberflächen in Betracht gezogen werden. Das führt zu der Vorstellung des sog. „Linsenmodelles“, wonach die wirkliche Glasplatte als eine Verschmelzung von Linsen verschiedener Brechkraft idealisiert wird[2]. Eine ausführliche Diskussion dieses Modells zeigt, daß

[1] Zur Bestimmung des Keilwinkels wird vielfach noch das bekannte WETTHAUER- und PETRI-WETTHAUER-Gerät verwendet, das allerdings nur eine punktweise Messung erlaubt.

[2] Beim Tafelglas handelt es sich im wesentlichen um zylindrische Linsenwirkung.

für die Optik einer Glasscheibe in erster Linie die an ihr auftretenden Brechkräfte verantwortlich zu machen sind [2].

Lichtablenkung und Brechkraft hängen nicht nur von der Form der Oberfläche selbst, sondern auch von der Art der Beobachtung ab. Läßt man das Licht schräg auffallen, so steigen mit zunehmendem Neigungswinkel auch die Lichtablenkungen und Brechkräfte an. Ferner ist zu unterscheiden, ob im durchfallenden Licht oder in Reflexion beobachtet wird. Bei Reflexion an der Vorderseite eines (Flach-)Glases betragen Lichtablenkung und Brechkraft rund das Doppelte, bei rückseitiger Reflexion etwa das Vierfache des bei der Durchsicht auftretenden Wertes [2]. Dies ist bei Anwendung der nachfolgend beschriebenen Nachweismethoden zu beachten.

Formfehler haften nicht nur dem Flachglas, sondern auch allen anderen Glaserzeugnissen an, sie wirken aber im allgemeinen nur dort störend, wo es auf die Durchsichtigkeit des Glases ankommt. So wird die Qualität einer Flasche in der Regel durch eine Optik der Flaschenwand nicht herabgesetzt, dagegen können Unregelmäßigkeiten am Glaskörper einer Glühlampe die gleichmäßige Leuchtwirkung merklich beeinträchtigen.

Die objektive Sichtbarmachung der Formfehler kann mit Hilfe des Schattenverfahrens, der TOEPLERschen Schlierenanordnung oder durch Interferenzmessung erfolgen, also mit den gleichen Methoden, die auch zum optischen Nachweis von Schlieren verwendet werden. Diese Verfahren reagieren sämtlich auf die optische Dicke, d.h. auf das Produkt aus der Brechzahl und der geometrischen Dicke des Glases (Kap. III A, Ziff. 3). Grundsätzlich tritt daher, genau wie bei der Prüfung auf Schlieren, das Problem der Trennung von Formfehlern und Schlieren auf. In vielen praktisch wichtigen Fällen kann aber für die Bestimmung der Dickenschwankung mit konstanter Brechzahl gerechnet werden. Etwa vorhandene Brechzahländerungen (Schlieren) müssen mit Hilfe des Einbettungsverfahrens isoliert und bei der Auswertung berücksichtigt werden.

In diesem Zusammenhang ist zu bemerken, daß der Nachweis oder die Messung der Formfehler noch keine Bewertung der optischen Qualität des Erzeugnisses einschließt. Letztere ist weitgehend eine Frage der Konvention sowie der speziellen Zweckbestimmung und im übrigen ein bis heute offenes Problem. Die interferenz- oder schlierenoptische Messung bildet jedoch eine wichtige Grundlage für die objektive Beurteilung der optischen Glasqualität [3]. Dabei ist es von besonderer Bedeutung, daß die drei genannten Verfahren, obwohl sie in ihrem physikalischen Prinzip eng miteinander verwandt sind, auf verschiedene Fehler sehr verschiedenartig ansprechen [4]: Die Interferenzmethode zeichnet unmittelbar die Form der Glasoberflächen auf und reagiert z.B. sehr empfindlich auf geringe, allmählich verlaufende Änderungen der Plattendicke (Abb. 644a). Das TOEPLERsche Verfahren liefert den örtlichen Keilwinkel. Qualitativ können im Schlierenbild noch (absolut) kleinere Dickenänderungen nachgewiesen werden als im Interferenzbild, sofern nur der Keilwinkel genügend groß genug ist (Abb. 644b). Das Schattenverfahren schließlich spricht auf die Änderung des Keilwinkels an, macht also unmittelbar die Brechkräfte sichtbar. Es reagiert dann am empfindlichsten, wenn die Änderungen der Plattendicke nahezu unstetig erfolgen (Abb. 644c).

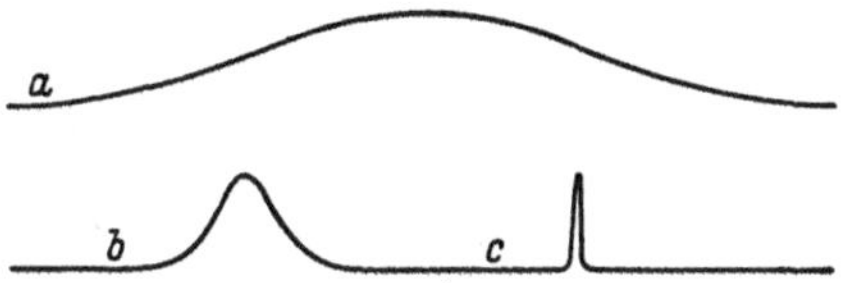

Abb. 644. Zum verschiedenen Ansprechen der interferenz- und schlierenoptischen Verfahren (Erläuterung im Text)

In vielen Fällen kann man die Optik eines Glases auch dadurch prüfen, daß ein Linienraster durch die Scheibe hindurch projiziert wird. Die Verzerrungen des Rasters lassen Rückschlüsse auf die durch die Scheibe verursachten Lichtablenkungen zu. Bezüglich dieser spezielleren Prüfmethoden, die im Grunde mit zu den Schlierenverfahren zu zählen sind, muß auf die Originalliteratur verwiesen werden [5, 6, 7, 8].

Da die grundsätzliche Wirkungsweise und die wichtigsten Realisierungsmöglichkeiten der interferenz- und schlierenoptischen Verfahren bereits in dem Kapitel über den Nachweis von Schlieren (vgl. Kap. III A, Ziff. 3.1, 3.2, 3.3) beschrieben worden sind, kann hier gleich die Anwendung dieser Verfahren zur Bestimmung der Formfehler behandelt werden.

1.1 Beispiele für die Anwendung des Interferenzverfahrens

Von den in Ziff. 1.1 aufgeführten Verfahren gibt die interferometrische Methode den unmittelbarsten Aufschluß über die dem Glase anhaftenden Formfehler. Hier wird die Form der Glasoberfläche selbst von den Interferenzstreifen quantitativ registriert, und zwar mit einer Genauigkeit von Bruchteilen der Lichtwellenlänge. Wegen der großen Empfindlichkeit des Interferenzverfahrens läßt sich dieses nur anwenden, wenn die zu untersuchenden Flächen im wesentlichen eben sind. Die interferometrische Oberflächenprüfung kommt daher im allgemeinen nur beim Flachglas in Frage. Die Dickenschwankungen des Tafelglases betragen in nicht zu großen Bereichen meist nicht mehr als einige μ und liegen damit gerade in der interferometrisch gut zu erfassenden Größenordnung.

In Abb. 645 sind einige Interferenzaufnahmen einer aus gewöhnlichem Fensterglas geschnittenen Platte gegeben. Geht man (wie in Abb. 645 a) von geradlinig parallelen Ruhestreifen aus, so bewirkt das Objekt eine Verschiebung der ursprünglich horizontalen Streifen um einen Betrag, der im wesentlichen der jeweiligen Glasdicke proportional ist. Auf diese Weise wird der Verlauf der Plattendicke nach Art einer Profilkurve aufgezeichnet, und zwar ist Abb. 645 a und alle folgenden Interferenzaufnahmen so angeordnet, daß eine Verdickung des Glases („Berg") einer Streifenverschiebung nach oben entspricht und umgekehrt. Man erkennt, daß die Platte, wie fast jedes Tafelglas, eine senkrecht zur Ziehrichtung orientierte Welligkeit der Oberflächen aufweist (Ziehstreifen). Da einer Streifenverschiebung um einen Streifenabstand eine Dickenänderung von rund 1 μ[1] entspricht, beträgt die größte im Bild auftretende Dickendifferenz etwa 7 bis 8 μ.

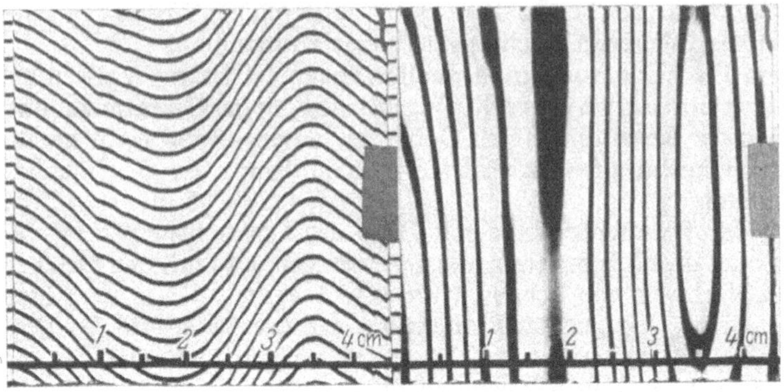

a b

Abb. 645. Interferenzaufnahmen eines Fensterglases mit Ziehstreifen (Ziehrichtung vertikal). Darstellung durch a) Profilkurven, b) Linien gleicher Dicke

Die Empfindlichkeit des Interferenzbildes ist dem Abstand der Ruhestreifen (außerhalb des Objektes) proportional. Die empfindlichste Einstellung liegt also vor, wenn der Streifenabstand „unendlich groß" ist, nämlich wenn das ganze Gesichtsfeld nur von einem einzigen Streifen ausgefüllt wird (Grundstellung, vgl. Kap. III A, Ziff. 3.1). Dieser Fall ist in Abb. 645 b verwirklicht. Hier geben die Interferenzstreifen im Objekt nicht das Profil an, sondern sie stellen die Linien gleicher Dicke dar [9]. Dabei ändert sich die Glasdicke von Streifen zu Streifen um etwa 1 μ[1]. Die Justierung

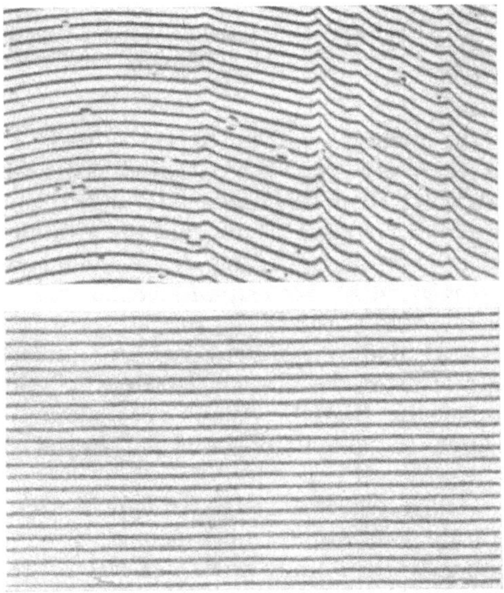

Abb. 646. Interferenzbilder einer Platte bei einseitiger Einbettung. Formfehler weist hier nur die oben abgebildete Oberfläche auf

Abb. 647. Interferenzbilder einer Platte mit gleichwertigen Oberflächen. Beide Profile verlaufen annähernd parallel, d.h. einer Verdickung auf der einen Glasseite entspricht auch eine Verdickung an der gegenüberliegenden Fläche

[1] Genauer um die doppelte Wellenlänge des verwendeten Lichtes. Diese Angabe gilt für durchfallendes Licht; bei Beobachtung im reflektierten Licht ist nur die halbe Wellenlänge zu setzen.

auf „Streifenabstand unendlich" erweist sich für glastechnische Zwecke häufig als zu empfindlich. Die Darstellung als Profilkurve ist oft anschaulicher und meist auch besser auszuwerten.

Die Aufnahmen in Abb. 645 sind im durchfallenden Licht gemacht. Es kommen daher beide Glasoberflächen zur Wirkung. Oft wird die Frage von Interesse sein, wie sich die Fehler auf die beiden Seiten einer Glasplatte verteilen. Eine getrennte Erfassung der Oberflächen kann einmal dadurch erreicht werden, daß man im reflektierten Licht arbeitet. Man kann aber auch im durch-

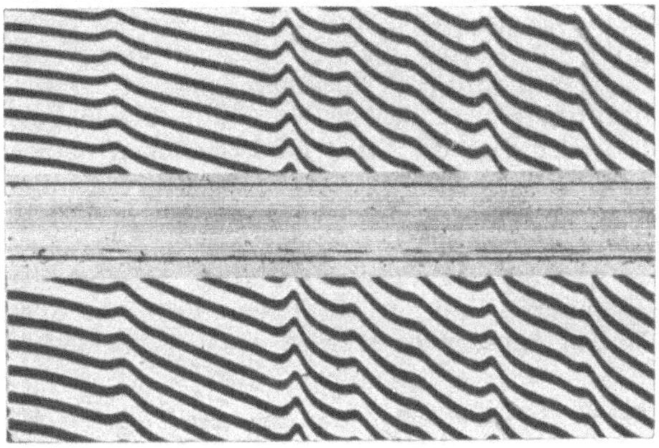

Abb. 648. Fensterglas mit Fäden nach Knoten (Interferenzaufnahme mit dem Schattenbild des zugehörigen Querschliffs). Die optische Störung geht von den fadenförmigen Verdickungen der Platte aus. Die letzteren werden aber durch die inneren Fäden verursacht

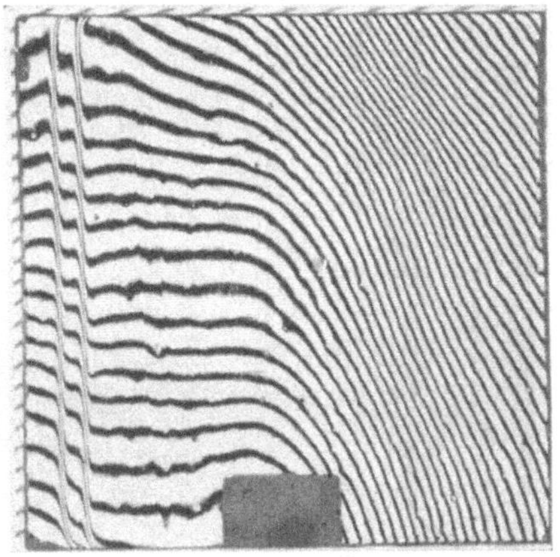

Abb. 649. Interferenzbild einer Platte mit verschiedenen Oberflächenfehlern

fallenden Licht die beiden Glasseiten einzeln prüfen, wenn man die eine der beiden Oberflächen mittels einer geeigneten Immersion mit einer fehlerfreien Glasplatte in optischen Kontakt bringt. Zwei solche Beispiele sind in Abb. 646 und Abb. 647 gegeben. In Abb. 646 sind die Formfehler praktisch nur durch die eine der beiden Flächen bedingt. Abb. 647 dagegen zeigt den Fall, daß beide Glasseiten gleichmäßig für die Dickenänderung verantwortlich sind.

Wenn man mit Hilfe einer Küvette nicht nur eine, sondern beide Glasseiten in eine Immersion einbettet, so verschwinden alle Streifendeformationen vollständig. Das gilt nicht nur bei den oben gegebenen Beispielen, sondern, mit wenigen Ausnahmen, für alle Tafelgläser überhaupt [*10*]. Tafelglas *erscheint* also, in Immersion betrachtet, optisch vollkommen homogen oder mit anderen Worten: Die optischen Störungen im Tafelglas sind in der Praxis nicht auf Schlieren, sondern fast ausschließlich auf Oberflächenfehler zurückzuführen[1].

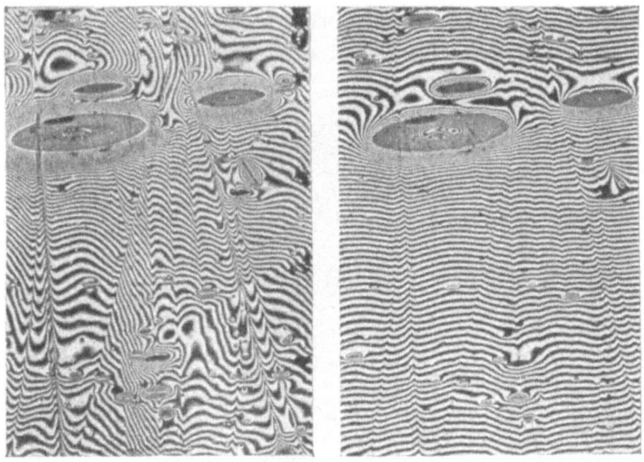

a b

Abb. 650. Antikglas mit Blasen und Oberflächenfehlern. Interferenzbilder in a) Luft, b) Immersion mit dem Brechungsindex $n = 1{,}47$

Allerdings muß bemerkt werden, daß bestimmte Schlieren eine Oberflächendeformation nach sich ziehen können und auf diesem Wege indirekt für einen Teil der Optik mit verantwortlich sind [*4*, *10*, *11*, *12*]. Das ist in Abb. 648 zu erkennen, wo das Schattenbild des Querschliffs über die Interferenzaufnahme der Oberfläche gelegt wurde. Die Koinzidenz der inneren mit den äußeren Störungen ist unverkennbar, und zwar haben die Fäden, wie an der Auslenkung nach oben ersichtlich, eine *Aufwölbung* der Glasoberfläche bewirkt. Auch beim Hohlglas kann häufig ein derartiger Zusammenhang zwischen Formfehlern und Schlieren beobachtet werden (vgl. Abb. 659). Die Ursache für diese Erscheinungen ist bisher nicht geklärt.

[1] Daß die im Glas zweifellos vorhandenen Inhomogenitäten normalerweise nicht sichtbar werden, liegt daran, daß die Schlieren parallel zur Oberfläche geschichtet sind (Kap. III A, Ziff. 4).

Die Interferenzbilder Abb. 645 bis 648 können als typisch für alle maschinell gezogenen Flachgläser gelten. Daneben treten gelegentlich besondere Formfehler verschiedenster Art auf. Die Aufnahme in Abb. 649 wäre z.B. folgendermaßen zu deuten: Die rechte Hälfte der Platte weist – erkennbar am schrägen Streifenverlauf – einen starken Keilfehler auf. Am linken Bildrand befinden sich zwei stufenförmige Verdickungen um je 2 μ. Daneben erkennt man ellipsenförmig angeordnete kleine Höcker, die sich um weniger als 0,2 μ über die Glasoberfläche erheben. Das ganze Bild zeigt eine narbige Beschaffenheit, die durch eine Vielzahl winziger Vertiefungen hervorgerufen wird (vgl. auch Abb. 652).

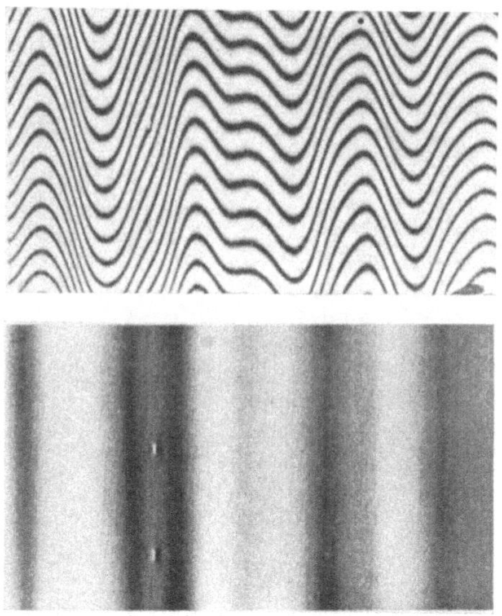

a

b

Abb. 651. Zum Zusammenhang von Schlieren- und Interferenzbild. Einer Aufhellung im Schlierenbild entspricht ein Abfallen der Interferenzstreifen und umgekehrt

Abb. 650 gibt schließlich ein mundgeblasenes Antikglas. Hier sind die Streifendeformationen unregelmäßiger Natur, weil durch den Herstellungsprozeß keine so ausgeprägte Vorzugsrichtung bestimmt wird, doch können grundsätzlich auch derartige Interferenzbilder quantitativ ausgewertet werden. Die Streifenverschiebungen sind auch in diesem Falle nur durch die Oberflächenstruktur bedingt.

1.2 Beispiele für die Anwendung des Toeplerschen Schlierenverfahrens

Die ursprünglich auf Toepler zurückgehende, zum Nachweis von Schlieren benutzte Anordnung macht Lichtablenkungen als Helligkeits- oder Farbänderungen sichtbar (Kap. III A, Ziff. 3.2). Da die Brechung bzw. Reflexion an den Oberflächen einer unebenen Glasplatte eine Ablenkung der Lichtstrahlen bewirkt, kann das Toeplersche Schlierenverfahren auch für die Untersuchung von Formfehlern eingesetzt werden. Die Lichtablenkung ist im wesentlichen dem Keilwinkel proportional, der durch die Dickenänderung gegeben ist und im allgemeinen von Ort zu Ort verschieden sein wird. Da nun das Interferenzverfahren direkt die Glasdicke registriert, liefert also ein Schlierenbild gewissermaßen den Differentialquotienten dessen, was im Interferenzbild zu sehen ist.

In Abb. 651 ist ein mit Ziehstreifen behaftetes Tafelglas dargestellt. Die Helligkeitsverteilung spiegelt deutlich den „Differentialquotienten", d. h. also den Neigungswinkel der Interferenzstreifen wieder.

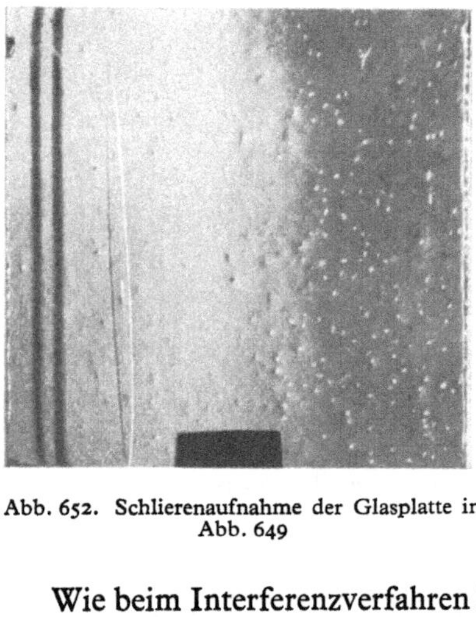

Abb. 652. Schlierenaufnahme der Glasplatte in Abb. 649

Häufig wird das Toeplersche Verfahren nur zu qualitativen Zwecken verwendet, weil eine so unmittelbare und exakte Auswertung wie bei interferometrischen Messungen nicht immer möglich ist[1]. Es zeichnet sich aber, verglichen mit der Interferenzmethode, zuweilen durch eine bessere Empfindlichkeit aus. Das gilt immer dann, wenn die Dicke sich zwar nur sehr wenig, dafür aber auf kleinem Raum ändert, so daß örtlich ein verhältnismäßig großer Keilwinkel entsteht. Von dieser Art sind z.B. die ellipsenförmige Störung und die narbige Struktur in Abb. 652. Beide Fehler kommen interferometrisch (Abb. 649) nur schwach zum Ausdruck, treten aber in der Schlierenaufnahme markant hervor. Mit ungefähr gleichwertiger Empfindlichkeit wie im Interferenzbild – aber eben nur qualitativ – werden im Schlierenbild die beiden Streifen links sowie der Keilfehler im rechten Bildteil registriert.

Wie beim Interferenzverfahren kann man die beiden Oberflächen einzeln erfassen, wenn jeweils eine Seite durch Immersion ausgeschaltet wird. Das Ergebnis der einseitigen Einbettung zeigt – für die eben beschriebene Probe – Abb. 653. Die Narbigkeit findet sich nur an der in Abb. 653 a zur Wirkung kommenden Fläche. Die Ellipse liegt auf der anderen Seite des Glases (Abb. 653 b). Von den beiden dunklen Streifen ist auf jeder Oberfläche je einer zu sehen.

[1] Das Interferenzverfahren gestattet auch eine quantitative Bestimmung der Lichtablenkung bzw. des Keilwinkels [9].

Quantitative Erfassung einer optischen Störung durch die Winkelstellung des Objektes (Tafelglas) im Strahlengang einer Farbringblende als Meßwert

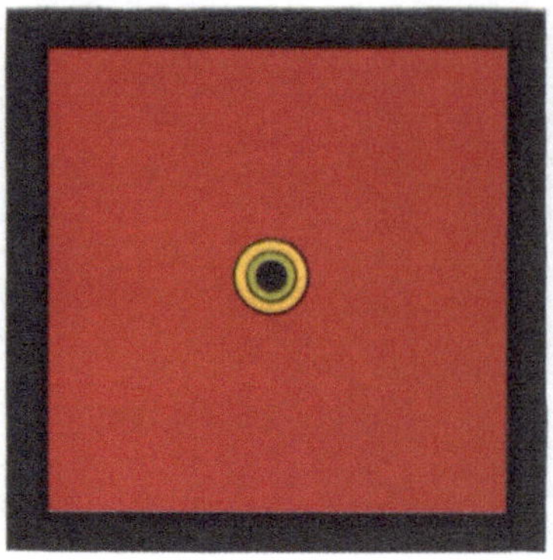

a) Farbblende, nat. Gr.

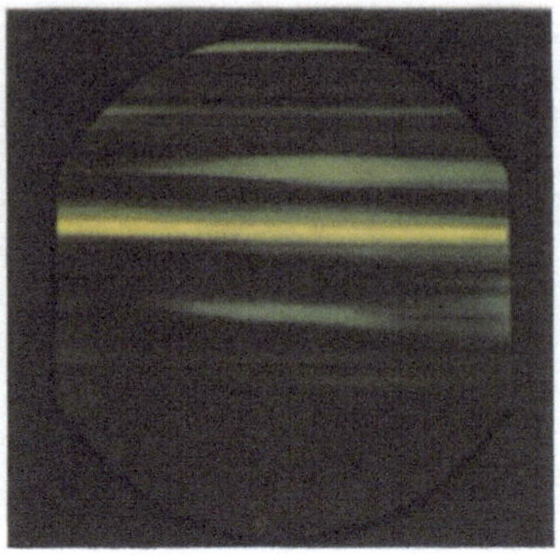

c) Normales Fensterglas $\sphericalangle \varphi = 0^\circ$. Kein Rot, kaum Gelb. 1/2 der nat. Gr.

b) Glas mit starken optischen Störungen. Rot tritt schon bei $\sphericalangle \varphi = 0^\circ$ auf. 1/2 der nat. Größe

d) Dasselbe Glas wie c) $\sphericalangle \varphi = 40^\circ$. Noch kein Rot. nur Gelb. 1/2 der nat. Gr.

e) Dasselbe Glas wie c) und d). $\sphericalangle \varphi = 62^\circ$. Es tritt erstmalig Rot auf

Abb. 654a–e. (nach K. Dinger, Glastechn. Ber. Bd. 27 (1954) Nr. 8, S. 287)

Abb. 654 (s. Tafel III) zeigt Farbschlierenaufnahmen von Tafelgläsern nach K. DINGER. Jeder Farbe entspricht ein bestimmter Ablenkwinkel (Keilwinkel) an der betreffenden Stelle der Scheibe.

a

b

Abb. 653. Verteilung der Formfehler der Probe in Abb. 652 auf die beiden Oberflächen der Platte

Durch an einem Gradbogen ablesbares Neigen der Platte im Strahlengang der Schlierenanordnung kann die Empfindlichkeit variiert werden [*13*]. Die Warnfarbe Rot zeigt das Überschreiten einer gewissen Maximalablenkung an. Die Winkelstellung, bei welcher die Warnfarbe Rot erstmalig auftritt, bedeutet ein quantitatives Maß für die Lichtablenkung und ihren Ort.

Die TOEPLERsche Anordnung setzt wie die interferometrische Methode voraus, daß das Objekt im wesentlichen planparallel ist. Bei gekrümmten Objekten (Hohlglas) bedingt schon die Form des Prüflings an sich Lichtablenkungen, die das Erkennen der Formfehler sehr erschweren oder ganz verhindern können. Durch einen Kunstgriff kann man jedoch auch mäßig gekrümmte Oberflächen dem TOEPLERschen Verfahren zugänglich machen: Der Prüfling wird in eine Immersion eingebettet, deren Brechungsindex zwischen 1 und der Brechzahl des Glases (also etwa 1,5) liegt und auf diese Weise die Krümmung teilweise unwirksam gemacht.

Als ein derartiges Beispiel ist in Abb. 655 eine Scherbe von einer Glühbirne gegeben. Die Wirkung der Krümmung, die ohne die Immersion starke Helligkeitskontraste im Bild verursachen würde, ist weitgehend ausgeschaltet, während die eigentlichen Formfehler noch recht plastisch zur Geltung kommen.

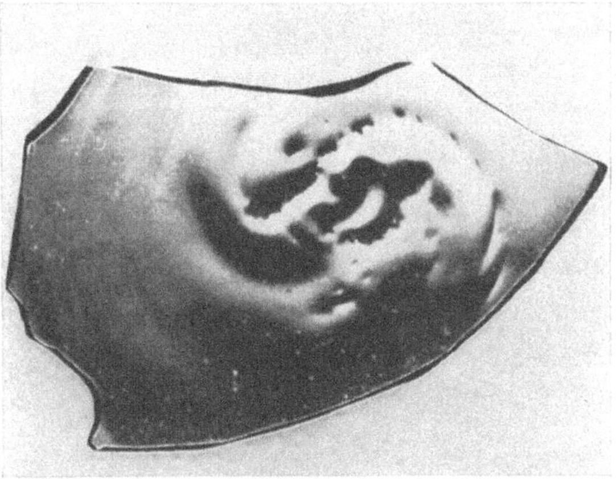

Abb. 655. Oberflächenfehler an einem Glühlampenkolben. In Terpentinöl ($n = 1{,}47$) nach dem Schlierenverfahren aufgenommen

1.3 Beispiele für die Anwendung des Schattenverfahrens

Das Schattenverfahren ist das am längsten in die Glastechnik eingeführte optische Prüfverfahren. Es reagiert meist nicht so empfindlich wie die Interferenz- oder Schlierenverfahren. Sein besonderer Vorteil liegt – neben seiner einfachen Realisierung – darin, daß es unmittelbar auf die Brechkraft anspricht, also auf diejenige Größe, die beim Durchblicken eines Glases im allgemeinen als störend empfunden wird [*2*]. Somit kommt das Schattenverfahren der subjektiven Beurteilung durch einen Beobachter am nächsten. Es gestattet aber im allgemeinen nur qualitative Schlüsse.

In Abb. 656 sind drei verschiedene Tafelgläser nach dem Schattenverfahren aufgenommen. Abb. 656a ist frei von optischen Störungen. Im mittleren Bild erkennt man mehrere Fäden, die sich auf Grund der Interferenzaufnahme (Abb. 646) als strangförmige Verdickungen des Glases erweisen. Abgesehen von den Fäden erscheint die Platte fehlerfrei. Sie ist aber, was ebenfalls aus dem Interferenzbild hervorgeht, keineswegs planparallel. Die langsame Dickenänderung wird im

Schattenbild unterdrückt. Tatsächlich geht die optische Störwirkung bei dieser Platte nur von den Fäden aus.

Die in Abb. 656c dargestellte Probe ist mit Ziehstreifen behaftet, die ebenfalls eine leichte optische Störung verursachen. Zur Erhöhung der Empfindlichkeit wurde in dieser Aufnahme die Glasplatte um einen Winkel von etwa 45° gegen die Lichtrichtung geneigt.

a b c

Abb. 656. Sichtbarmachung der „Optik" durch das Schattenverfahren: a) fehlerfreie Platte, b) Glas mit Fäden (vgl. Abb. 648), c) Glasplatte mit Ziehstreifen

Die Empfindlichkeit kann nicht nur durch Neigen des Prüflings variiert werden, sondern auch dadurch, daß der Abstand der Bildebene vom Objekt verändert wird. Auf diese Weise sind die Aufnahmen des mundgeblasenen Antikglases in Abb. 657 entstanden. Je nach Empfindlichkeit erkennt man auf den Bildern verschiedene Einzelheiten und Strukturen.

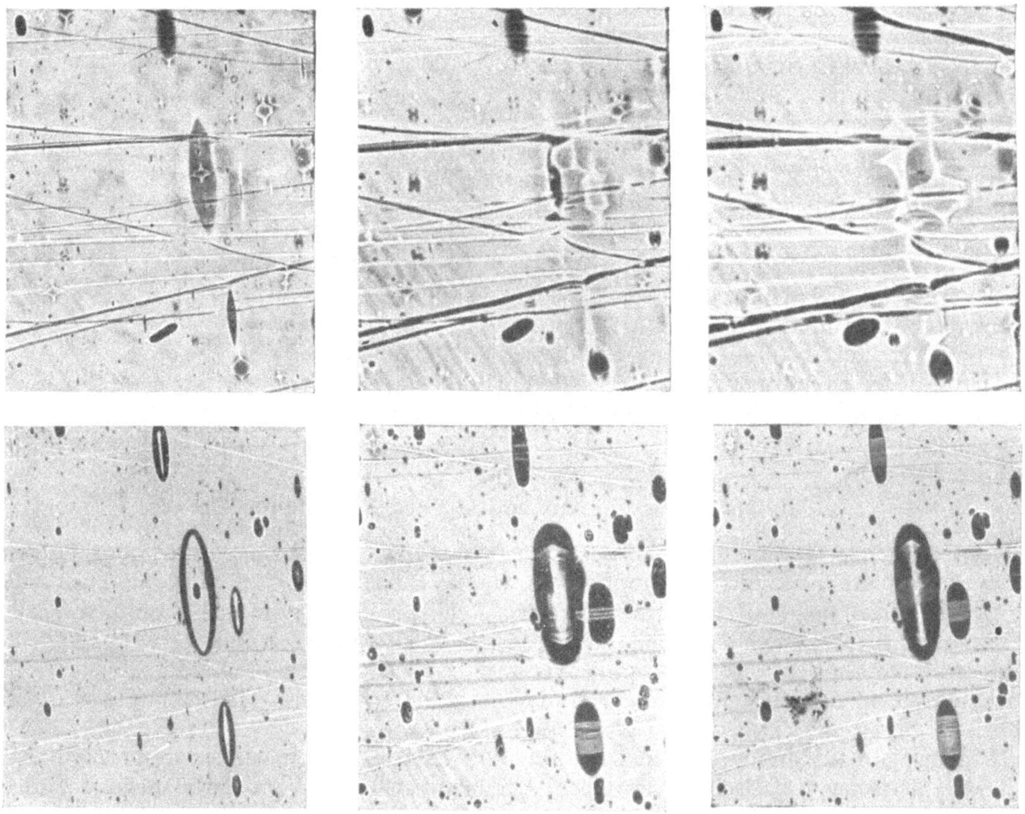

Abb. 657. Schattenaufnahmen eines Antikglases bei verschiedener Empfindlichkeit. Obere Reihe: reeller Schatteneffekt, untere Reihe: virtueller Schatteneffekt

In den Bildern der unteren Reihe ist der virtuelle Schatteneffekt (Kap. III A Ziff. 3.3) realisiet, die Bildebene befand sieh also zwischen der Lichtquelle und der zu prüfenden Glasplatte. An diesem Beispiel läßt sich ein typischer Untcrschied zwischen der reellen und der virtuellen Schattenbildung aufzeigen.

Es sei daran erinnert, daß die optischen Störungen einer Glasscheibe sich im Sinne des Linsenmodelles (Ziff. 1) in sog. Konvergenzfehler und Divergenzfehler einteilen lassen, d.h. in solche mit positiver bzw. negativer Brechkraft [*2*]. Diese beiden Arten von Störungen verhalten sich hinsichtlich der Schattenbildung sehr verschieden [*14*]. Es treten in beiden Fällen infolge der Linsenwirkung Fokussierungserscheinungen auf. Bei der Konvergenzstörung (Abb. 658 a) beobachtet man diese *hinter* dem Objekt, also im reellen Schattenbild. Im virtuellen Schattenraum, d.h. *vor* dem Objekt, wird das den Störungsbereich durchdringende Lichtbündel über ein größeres Gebiet zerstreut. Bei der Divergenzstörung (Abb. 658 b) kehren sich die Verhältnisse gerade um, die Fokussierung tritt im virtuellen Raum ein.

Da der Abstand der Brennpunkte (Brennlinien) vom Objekt ein unmittelbares Maß für die Brechkraft der betreffenden Störung darstellt, ist für die praktische Anwendung im Falle eines Konvergenzfehlers das reelle, dagegen im Falle eines Divergenzfehlers das virtuelle Schattenbild besser geeignet.

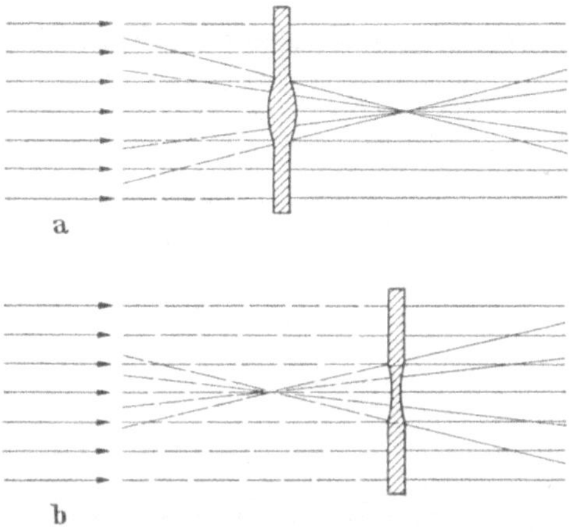

Abb. 658. Zur Schattenwirkung der Konvergenz- bzw. Divergenzfehler

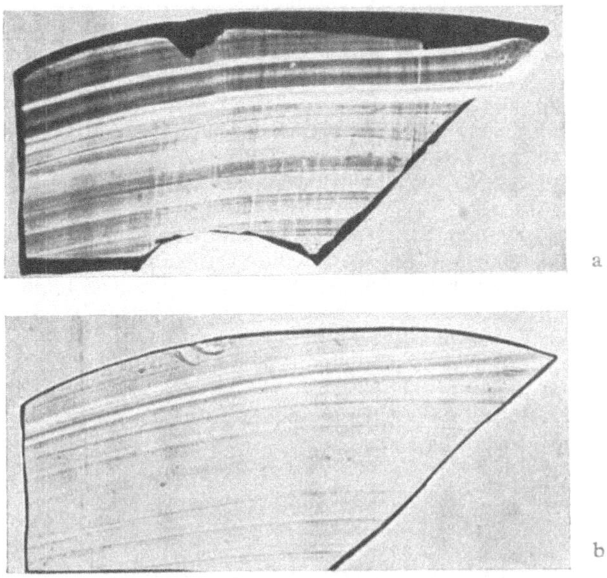

Abb. 659. Schattenbilder einer Glühlampenscherbe mit Formfehlern und Schlieren. a) Luft, b) Immersion. Die horizontal gelagerte Oberflächenstörung schließt sich dem Verlauf der Schlieren an

Bei den in Abb. 657 erkennbaren Blasen handelt es sich offenbar um ausgesprochene Divergenzstörungen. Im reellen Schattenbild tritt daher keine übersichtliche Struktur auf. Im virtuellen Bereich zeigen sich die Brennlinien der im wesentlichen als Zylinderlinsen wirkenden Blasen. In einigen Fällen ist außer der Hauptbrennlinie noch eine zweite Brennlinie schwach angedeutet, die senkrecht zur ersten verläuft und durch die schwächere Linsenwirkung in Längsrichtung der Blase verursacht sein dürfte.

Eine besonders wichtige Rolle kommt dem Schattenverfahren im Bereich der Hohlglastechnik zu, da in vielen Fällen wegen der unregelmäßigen Form des Glaskörpers die Interferenzmethode und weitgehend auch die Toeplersche Anordnung für die Sichtbarmachung von Formfehlern ausscheiden.

Abb. 659 zeigt die Schattenaufnahme einer Scherbe eines fehlerhaften Glühlampenkolbens, einmal in Luft, zum anderen in Immersionsflüssigkeit. Die horizontal ausgerichtete Störung ist nicht ausschließlich durch Formfehler bedingt, sondern es sind auch Inhomogenitäten vorhanden. Auffallend ist der ganz ähnliche Verlauf der Oberflächenstörung und der Schlieren im Innern des Glases. Man darf daraus schließen, daß in diesem Falle die Schlieren die eigentliche Ursache für die Deformation der Oberfläche bilden (vgl. auch Ziff. 1.1).

Die senkrechte Struktur in Abb. 659 a, die beim Einbetten völlig verschwindet, entspricht den bei jeder Glühbirne vorhandenen sog. Kolbenringen.

2 Schrifttum

VII. Formfehler

C. Optische Verfahren zur Erfassung von Formfehlern

[1] JEBSEN-MARWEDEL, H., F. KERKHOF u. F. WEFER: Das Wahrnehmungsvermögen des menschlichen Auges und seine Beziehungen zur optischen Qualität des Glases. Glastechn. Ber. Bd. 25 (1952) S. 417.
[2] KERKHOF, F.: Optische Wirkungen von Flachglas mit unebenen Oberflächen. Glastechn. Ber. Bd. 25 (1952) S. 71.
[3] SCHARDIN, H.: Über die Prüfung von Flachglas. Glastechn. Ber. Bd. 25 (1952) S. 69.
[4] SCHARDIN, H.: Glastechnische Interferenz- und Schlierenaufnahmen. Glastechn. Ber. Bd. 27 (1954) S. 1.
[5] EGNER, K. u. F. DÜRR: Optische Prüfung von Windschutzscheiben. ATZ Bd. 55 (1953) S. 256.
[6] RAMSAUER, R. u. A. KRINGS: Die optische Prüfung von Sicherheitsglas. Gemeinsame Veröffentlichung aus den Laboratorien der DETAG und der DELOG (1955).
[7] vgl. Schrifttum in: „Tafelglas-Daten", II. Ausgabe 1958, zu 4.5 (S. 42) Fachverband Fensterglas-Industrie.
[8] KERKHOF, F.: Zur optischen Prüfung von Glasscheiben mit unebenen Oberflächen. Glastechn. Ber. Bd. 30 (1957) S. 369.
[9] HANNES, H.: Zur Messung der Lichtablenkung mit dem Interferenzrefraktor. Optik Bd. 12 (1955) H. 4 S. 181.
[10] HANNES, H.: Das Einbettungsverfahren im Interferenzrefraktor. Glastechn. Ber. Bd. 29 (1956) S. 10.
[11] (ohne Verf.Angabe): Schlierenstruktur und Optik maschinengezogenen Tafelglases. (Veröffentlichung aus den Laboratorien der DETAG und DELOG.) Sprechsaal Bd. 77 (1944) S. 100.
[12] RAMSAUER, R.: Anwendung des Schlierenmikroskopes zur Untersuchung der Schichtung von Tafelglas. Glastechn. Ber. Bd. 27 (1954) S. 374.
[13] DINGER, K.: Optische Prüfung von Tafelglas mit einem SCHARDIN-Gerät. Glastechn. Ber. Bd. 27 (1954) S. 287.
[14] HANNES, H.: Über die Eigenschaften des Schattenverfahrens. Optik Bd. 13 (1956) S. 34.

VIII. Chemische Veränderungen an der Oberfläche des Glases

Von J. LÖFFLER, Witten/Ruhr

1 Einleitung

Wer das Glas aus dem täglichen Leben in Wohnung, Haushalt, Laboratorium kennt, könnte, wenn er Nicht-Fachmann ist, leicht fragen: „Reagiert denn das Glas an seiner Oberfläche überhaupt mit irgendwelchen Stoffen?" Erfreulicherweise hat das Glas nun einmal den Ruf, zu den am wenigsten angreifbaren Stoffen zu gehören. Dieser Ruf dürfte daher kommen, daß man im allgemeinen für alle möglichen Zwecke verschiedene Gläser mit unterschiedlichen Zusammensetzungen verwendet. Weil also Fensterglas, Weinflaschen, Konservengläser, Arzneimittelröhrchen, Bechergläser im Laboratorium, Glaslinsen im Fernrohr usw. verschiedene Verwendung haben, konnte für jede Beanspruchung die bestmögliche Zusammensetzung nach Herstellbarkeit und Haltbarkeit ausgesucht werden. Wer wollte sich denn wundern, daß Gläser verschiedener Zusammensetzung auch verschiedene Haltbarkeit haben. Und ist nicht Haltbarkeit gleich Widerstandsfähigkeit gegen chemische Veränderungen an der Oberfläche?

Der Ruf der guten Haltbarkeit wird aber noch durch eine Tatsache begünstigt: Derjenige Stoff, der am häufigsten mit Glas in Berührung kommt, das Wasser, hat die angenehme Eigenschaft, die Angreifbarkeit im Laufe der Einwirkung immer geringer zu machen. Es führt diejenigen Teile aus der Oberfläche fort, die Anlaß zu einem Angriff sein könnten, die Stoffe, die zurückbleiben, bringt es in einen Zustand, der weiteren Angriff erschwert. Es bildet sich auf der Oberfläche eine Schicht hydratisierter Substanz, deren Wirkung genau in Parallele gesetzt werden kann zu der hauchdünnen Oxydschicht auf nichtoxydierenden Metallen, die ebenfalls durch ihre Dichtheit weitere Oxydation verhindert. Daß aber überhaupt eine Angreifbarkeit vorhanden ist, kann am besten aus dem molekularen Aufbau des Glases erklärt werden.

1.1 Konstitution des Glases als Ursache für die Reaktionsbereitschaft der Oberfläche

Seit den Arbeiten von ZACHARIASSEN [*1*] und WARREN [*2*] kann man sich eine hinreichend genaue Vorstellung davon machen, wie das Glas molekular aufgebaut ist. Es sei an die bekannten Schemabilder erinnert, die ein Netzwerk aus SiO_4-Tetraedern, unterbrochen durch den Einbau von Natrium- oder Calcium-Ionen, zeigen, wobei die Ketten des Netzwerkes mit einem „schwebenden" Sauerstoffatom [*3*] aufhören. Man sollte bei der Betrachtung dieser Schemabilder nur beachten, daß die technischen Gläser mit einem Gehalt zwischen 70 und 75% SiO_2 nur relativ kurze Ketten bilden können: z. B. hat ein Tafelglas mit 72% SiO_2, 9% CaO, 4% MgO und 15% Na_2O 2,6 Mol SiO_2 auf 1 Mol $NaO_{0,5}$, daneben aber noch 0,35 Mol CaO und 0,2 Mol MgO, die ebenfalls die SiO_4-Ketten, aber an zwei Stellen unterbrechen.

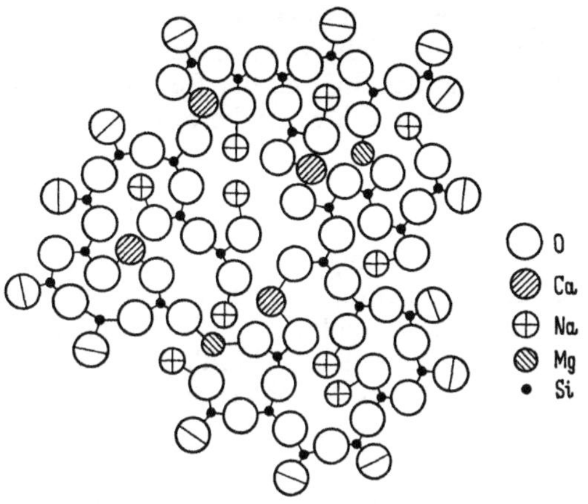

Abb. 660. Netzwerk eines Kalk-Natron-Magnesia-Glases mit 74% SiO_2, 9% CaO, 3% MgO und 13% Na_2O

Durch den Formungsvorgang, der ja praktisch immer unter der Schaffung einer vergrößerten Oberfläche vor sich geht, gerät eine große Zahl von Alkali-Ionen an die Oberfläche, wo sie freistehend, d. h. nicht mehr oder nicht mehr ganz durch SiO_4-Tetraeder koordinativ geschützt sind. Dieses freistehende Alkali, das noch u. U. durch langes Tempern infolge Wanderung aus dem Innern her vermehrt werden kann [*4*], ist der Hauptträger der chemischen Reaktionsbereitschaft der Oberfläche von festem und halbfestem Glas, was aber nicht heißen soll, daß das SiO_2 sich nicht auch an Reaktionen, besonders mit Wasser, beteiligen könnte.

In Abb. 660 ist das Schema des atomaren Netzwerkes eines Glases mit etwa 74% SiO_2, 9% CaO, 3% MgO und 13% Na_2O dargestellt. Die Abmessungen der die Atome bzw. Ionen darstellenden Kreise entsprechen etwa dem Verhältnis der Atom- oder Ionenradien. Achterkoordination beim Calcium, Viererkoordination beim Magnesium einschließlich der zwei für den Valenzausgleich nötigen Natriumionen sowie Schwarmbildung sind angedeutet. Durch die Darstellung in der Ebene wird aus jedem Tetraeder ein Dreieck, aus jedem Oktaeder ein Viereck. Die an der Grenze des Netzwerkes befindlichen Sauerstoffionen sind halbiert. Wenn man sich vorstellt, die rechte Begrenzung des Schemas sei eine Oberfläche, sieht man, daß auf die fünf Kieselsäuremoleküle zwei Alkali-Ionen der Einwirkung von außen zugänglich sind.

1.2 Verdampfung von Alkali aus der Oberfläche

Daß die Reaktionsbereitschaft des Glases nicht noch größer ist, liegt zu einem Teil daran, daß die Schmelze und die Formung bei Temperaturen vor sich gehen, bei denen das Na_2O bereits einen merklichen Dampfdruck hat. Es verdampft also schon bei der Schmelze [*5*] und bei der Formung erneut, weil dabei wiederum Alkali an die Oberfläche gekommen ist. Der Verlust kann bis zu 10% vom Wert betragen [*6*]. Kommt Glas, das bereits in der Schmelze Oberfläche gebildet hatte, bei der Formung wieder an die Oberfläche, so werden sich beide Effekte addieren. Der nicht flüchtig gegangene Rest an Alkali ist aber immer noch aktiv genug, um verschiedene Reaktionen zu ermöglichen, aber auch das SiO_2 bleibt bei diesen nicht unbeteiligt. Es sind allerdings bei der Formung in der Technik auch Anreicherungen an Alkali an der Oberfläche beobachtet worden [*7*]. Besonders starke Verflüchtigung von Alkali – neben einer geringen Verschiebung des CaO-Gehaltes – wurde bei sehr langem Erhitzen in Wasserdampfatmosphäre beobachtet [*6a*].

2 Veränderungen als chemische Reaktion

Alle chemischen Veränderungen der Oberfläche der normalen Natron-Kalk-Gläser sind vorwiegend als Reaktionen des koordinativ freistehenden Alkalis zu verstehen, und zwar sowohl im kalten Zustand wie bei der Formung. Auch der Kalk-, Magnesium- oder Bariumgehalt eines Glases reagiert prinzipiell ebenso, aber mit viel geringerem Energieanreiz. Dazu vergleiche man die relativ geringe Reaktionsneigung eines Wollastonites mit der außerordentlich hohen eines 1:1-Natriumsilikates. Die Kieselsäuremoleküle reagieren ebenfalls durch Adsorption, und zwar im wesentlichen von Wasser aus der Atmosphäre. Dabei wird wohl von den koordinativ ungesättigten Kieselsäuremolekülen Wasser in echter Hydratform gebunden, wie STÖBER [8] an Kieselglassplittern nachweisen konnte. Davon zu unterscheiden ist natürlich dasjenige Wasser, das an die Stelle von herausgelöstem Alkali getreten ist, weil es dort eine stärkere Quellfähigkeit hervorruft. Ein qualitativer Nachweis der Geschwindigkeit, mit der feinste chemische Änderungen an wirklich frischem Glas (Bruchfläche) eintreten, ergibt sich aus der Beobachtung, daß beim Behauchen zunächst kurzlebige Interferenzfarben entstehen und erst nach einiger Zeit ein Beschlag [9]. Diese Interferenzfarben zeigen sich, wenn auch besonders flüchtig, auch am Kieselglas, eine Tatsache, die die Beteiligung des SiO_2 an der Reaktion mit Wasser ahnen läßt. Die Formen der Kondensation von Feuchtigkeit auf Glas studierte W. C. LEVENGOOD [10].

2.1 Chemische Reaktionen mit Säuren

Die Umsetzungen des freistehenden Alkalis mit Säuren oder Säureanhydriden, wie sie als Kühlofenvergütung allgemein bekannt sind, gehören zu den auffallendsten und technisch wichtigsten Reaktionen [11, 12, 13]. Durch Umsetzung mit SO_2 und Luft, mit Kohlensäure [14], mit flüchtigen Chloriden [15] bilden sich Salze, aus denen der weiter unten beschriebene Hüttenrauch besteht. Da diese Vorgänge sich bei einer Temperatur $>250° < 600°$ abspielen, kann ein Ortswechsel der Moleküle nur noch in geringem Umfang, eine Umlagerung von Bindungen jedoch noch relativ leicht eintreten. Es kommt bei diesem „Herausreißen" des freistehenden Na_2O bei den genannten Temperaturen höchstwahrscheinlich nicht zu Hydratisierungen des „schwebenden" Sauerstoffs, sondern zur Überführung in „Brückensauerstoff" [3], d. h. zu einer konstitutionellen Ausheilung der entstehenden Löcher. Daneben kann auch durch Aufnahme von Säureteilen in die Glasstruktur eine weitere Vergütung stattfinden [14]. Sogar mit Wasserstoff können alkalireiche Gläser, wenn auch bei erhöhter Temperatur, unter Reduktion und Verflüchtigung des an der Oberfläche befindlichen Alkalis reagieren. Die verarmte Schicht entglast dann meist [16].

2.11 Erscheinungsbilder der Reaktionen mit Säuren

2.111 Hüttenrauch. Die Erscheinungsbilder des Hüttenrauches, wie das sichtbar gewordene Produkt einer solchen Reaktion mit den Verbrennungsgasen gemeinhin genannt wird, sind allgemein bekannt. Es sollen hier jedoch Bilder gezeigt werden, wie der Hüttenrauch sein Aussehen verändern kann, wenn ihm Gelegenheit zur Umkristallisation bzw. zur Hydratisation z. B. durch Luftfeuchtigkeit gegeben wird, u. U. genügt für diese Umkristallisation bereits die von der Hand beim Anfassen ausgehende Feuchtigkeit.

Abb. 661. Tafeln von FOURCAULT-Glas mit Hüttenrauch, der unter der Einwirkung von Feuchtigkeit partiell umkristallisiert ist

Abb. 661 stellt eine Anzahl von Tafeln eines FOURCAULT-Glases dar, die mit – wenig – Hüttenrauch beschlagen von unten her der Einwirkung von Feuchtigkeit ausgesetzt waren. Durch diese ist der Hüttenrauch umkristallisiert und der auf den Tafeln lagernde Trübungseffekt verändert worden. Die Abb. 662, 663 u. 664 stellen Mikrobilder von Hüttenrauch dar, der durch Anhauchen umkristallisiert worden war.

Im allgemeinen wird der Hüttenrauch nicht als Fehler angesehen, da er bei Reinigung durch Wasser verschwindet. Er müßte eigentlich als das sichtbare Zeichen einer Verbesserung der hydrolytischen Haltbarkeit begrüßt werden, kann aber doch aus psychologischen Gründen (Werbung) als unerwünscht angesehen werden. Bei höherer Temperatur $< 600°$ „brennt" er „ein" [17].

Da er ja der Oberfläche Alkali entzieht, kann er zum Ausgangspunkt einer Oberflächenentglasung werden, wenn das Glas wieder erhitzt werden muß, und zwar besonders bei kalkarmen, kieselsäurereichen Kalk-Natron-Gläsern; denn durch den doppelten Entzug von Alkali, Verdampfung beim Formen und Neutralisierung im Kühlofen wird die Oberfläche so reich an SiO_2, vielleicht auch etwas „rauh", daß die Oberflächenentglasung dort initiiert wird [18]. Hüttenrauch kann sich natürlich auch beim Verwärmen von abgesprengten Rändern oder sonst bei Einwirkung von Gasflammen bilden [19].

Abb. 665 zeigt zwei kleine Glastäfelchen, von denen die eine geschliffen und danach auf Erweichungstemperatur erhitzt worden war. Durch diese Behandlung waren die Vorbedingungen gegeben für eine Oberflächenentglasung.

Beim Verarbeiten des Glases vor der Lampe können durch einen Schwefelgehalt des Gases Oberflächenrauhigkeiten entstehen, und zwar dadurch, daß das Alkali der Oberfläche mit dem

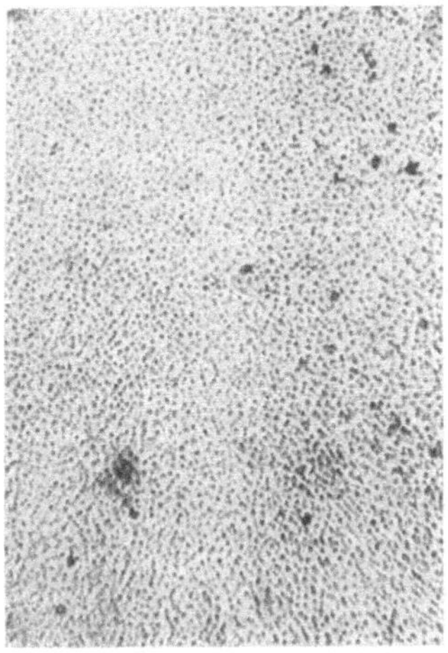

Abb. 662

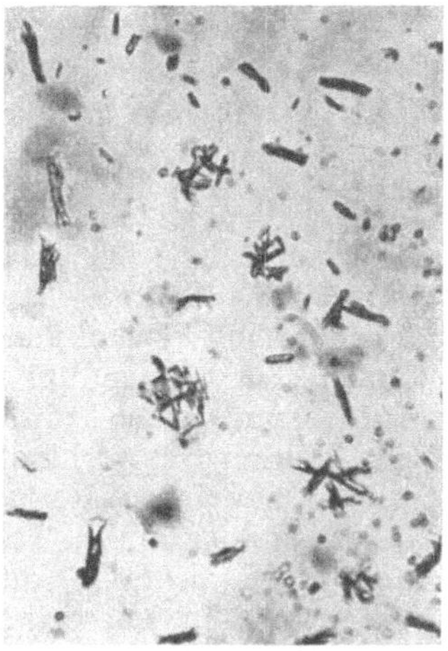

Abb. 663

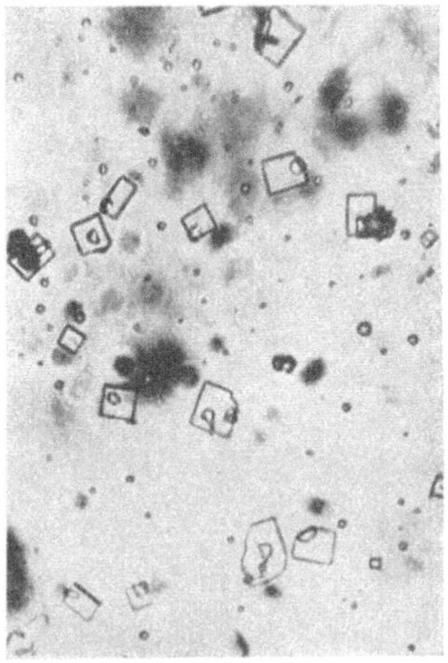

Abb. 664

Mikrobilder von Hüttenrauch durch Anhauchen umkristallisiert in verschiedenen Stadien

durch Verbrennung entstandenen SO_2 und Sauerstoff unter Sulfatbildung reagiert. Die Empfindlichkeit des Glases gegenüber dieser Einwirkung nimmt mit steigendem Tonerdegehalt ab, mit Erhöhung des Alkaligehaltes, wie zu erwarten, zu. Durch eine wiederholte Kühlung unter Einwirkung der Schwefelgase im Kühlofen kann man das Glas beständiger machen, indem man gewissermaßen den gleichen Prozeß vorwegnimmt. Abb. 666 zeigt ein Thüringer Glas nach Erhitzen vor einem Gebläse mit schwefelhaltigem Gas nach M. THOMAS [*19 a*].

Abb. 665. Oberflächenentglasung einer Glastafel

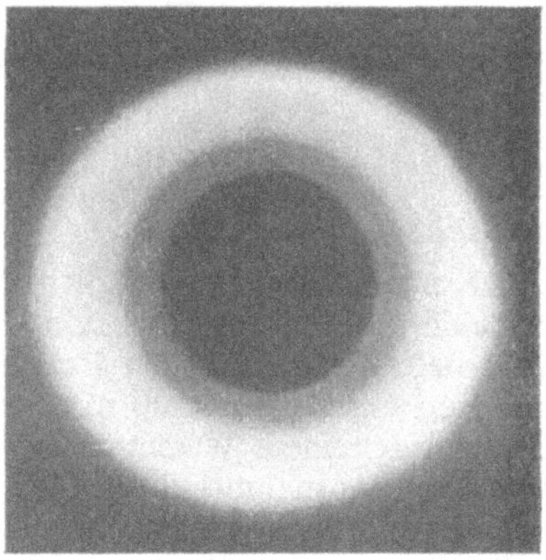

Abb. 666. Hofbildung durch Schwefelgehalt des Gases vor der Lampe

2.112 Innere Beschläge. Hüttenrauch als Reaktionsprodukt einer von außen her einwirkenden Säure ist natürlich nicht zu unterscheiden von Salzbildungen, die gewissermaßen von „Innen", d.h. aus der Glasschmelze herkommen können. In alle im Innern einer mehr oder weniger flüssigen Glasmasse befindlichen Hohlräume, gleichgültig, ob Blasen oder bei der Formung künstlich erzeugt, diffundieren aus der Lösung innerhalb des Glases heraus alle Stoffe, die bei dieser Temperatur Gasphase zu bilden vermögen, also SO_3, Natriumchlorid, Sauerstoff aus höherwertigen Oxyden, Wasserdampf usw. Nach dem Erkalten schlagen sich etwa verdampfte Salze direkt als „Innerer Belag" nieder, SO_3 und Wasser reagieren erst noch mit dem dort an der Oberfläche befindlichen Na_2O und bilden Sulfat, das als solches oder mit ebenfalls ausgeschiedenem Wasser hydratisiert als „Innerer Belag" sichtbar wird. Will man solche Erscheinungen verhindern, so bleibt nichts anderes übrig, als den Gehalt des Glases an Salzen zu erniedrigen oder, wenn das nicht geht, auf solche Hohlkörper zu verzichten. Einen gewissen Schutz könnte evtl. noch das Ausblasen mit reduzierenden Gasen bringen, da dadurch wenigstens die Bildung von Sulfaten verhindert werden kann. Abb. 667 zeigt den Stiel eines Portweinglases mit einem künstlich, d.h. zum Zwecke der Verschönerung erzeugten Hohlraum, in dem sich ein solcher „Innerer Belag“ gebildet hat.

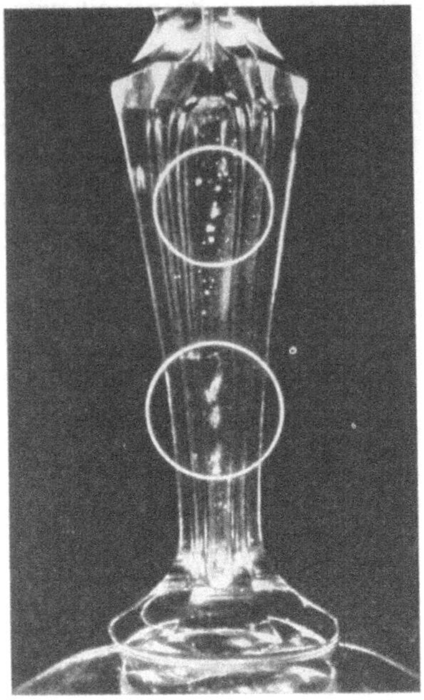

Abb. 667. Stiel eines Portweinglases mit „inneren“ Beschlägen in einem Hohlraum

2.12 Zersetzung durch Säuren und Alkalilaugen

Die totale Zersetzung von Glas durch Säuren ist nur dann möglich, wenn die Kieselsäure mit in Lösung geht. Bei normalen technischen Kalk-Natron-Gläsern tritt das nicht ein, weil die Säuren – mit Ausnahme von Flußsäure, Phosphorsäure und Borflußsäure – die SiO_2-Ketten nicht sprengen können. Sie können nur die Alkalien und die Erdalkalien auflösen und dabei hydratisiertes SiO_2 zurücklassen. Dieses Kieselsäurehydrat verhindert dann infolge erschwerter Diffusion den weiteren Fortgang bereits in den Anfängen. Bei Gläsern mit geringem Gehalt an SiO_2 ist das etwas anders. Hier bildet das SiO_2 kaum längere Ketten, die gesprengt werden müßten. Gläser mit niedrigem SiO_2-Gehalt können also auch in HCl oder HNO_3 aufgelöst werden, wobei die bekannten kolloidalen Lösungen des SiO_2 neben den entsprechenden Metallsalzen entstehen. Flußsäure, Phosphorsäure und die Borflußsäuren HBF_3OH oder HBF_4 zerstören Glas vollständig, die erstgenannte bekanntermaßen bereits in der Kälte, bei den drei anderen muß höhere Temperatur angewandt werden.

Die Zersetzung durch Säuren kann aber auch so gesteuert werden, daß auf den Gläsern reflexionsmindernde Schichten, im wesentlichen aus SiO_2 bestehend, zurückbleiben [*20*].

Auch durch Kochen mit Alkalilaugen wird Glas vollständig zerstört. Über den Vorgang des Laugenangriffs s. bei W. Geffken u. E. Berger [*21*]. Bei genügend langer Wirkung geht fast die gesamte Kieselsäure in Lösung, die Erdalkalien und die Tonerde bleiben als Hydrosilikate zurück.

2.2 Chemische Reaktionen mit Wasser

Den verschiedenen Möglichkeiten von Reaktionen der Glasoberfläche mit Wasser muß eine besondere Beachtung geschenkt werden, wenn auch die dadurch hervorgerufenen Fehler vielfach außerhalb der eigentlichen Herstellungsprozesse liegen, also nicht Fabrikationsfehler sind. Zum besseren Verständnis muß man sich indessen vor Augen halten, daß eine wirkliche Reaktion des Glases mit reinem Wasser nur in ganz wenigen Ausnahmefällen vorkommt. In der Hauptsache tritt dieser Ausnahmefall dann ein, wenn eine jungfräuliche Glasoberfläche mit Wasser zusammenkommt, und auch dann nur in den allerersten Phasen der Berührung. Später und in allen anderen Fällen handelt es sich um eine Reaktion des Glases mit den in Wasser gelösten eigenen Zersetzungsprodukten. Weil die dabei entstehenden Lösungen je nach Konzentration verschieden einwirken, ist es zweckmäßig, die Reaktionen des Glases mit „Wasser“ einzuteilen in solche mit überschüssigem, d.h. einer sich ergebenden verdünnten Lösung, deren Umsätze mit dem Glas denen des reinen Wassers näherstehen, und in eine solche mit unterschüssigem Wasser, bei der eine starke Lösung der Zersetzungsprodukte mit entsprechender Wirkung entsteht. Zwischenstufen, die Reaktion mit mittleren Mengen Wasser, kommen kaum vor.

Eine Zusammenstellung der umfangreichen älteren Literatur über die Hydrolyse von Glas befindet sich in den „Glastechnischen Tabellen“.

Eine neue Zusammenstellung der für die einzelnen Erzeugnisse zu wünschenden Mindestanforderungen in bezug auf Haltbarkeit gegen Wasser ist zwar geplant, liegt aber noch nicht vor. Vorläufig muß man sich an den F.A. Bericht von 1933 halten [*22*].

2.21 Benetzung der Glasoberfläche durch Wasser

Ein Glas mit unbeeinflußt geformter Oberfläche wird von Wasser so gut benetzt, daß man Mühe hat, den Randwinkel zu messen. Es muß aber darauf hingewiesen werden, daß solche unbeeinflußten Oberflächen zu den Ausnahmen gehören; denn meist wird das Glas schon bei der Formung irgendwelchen Einflüssen, z. B. der Oberflächenvergütung durch saure Gase, unter-

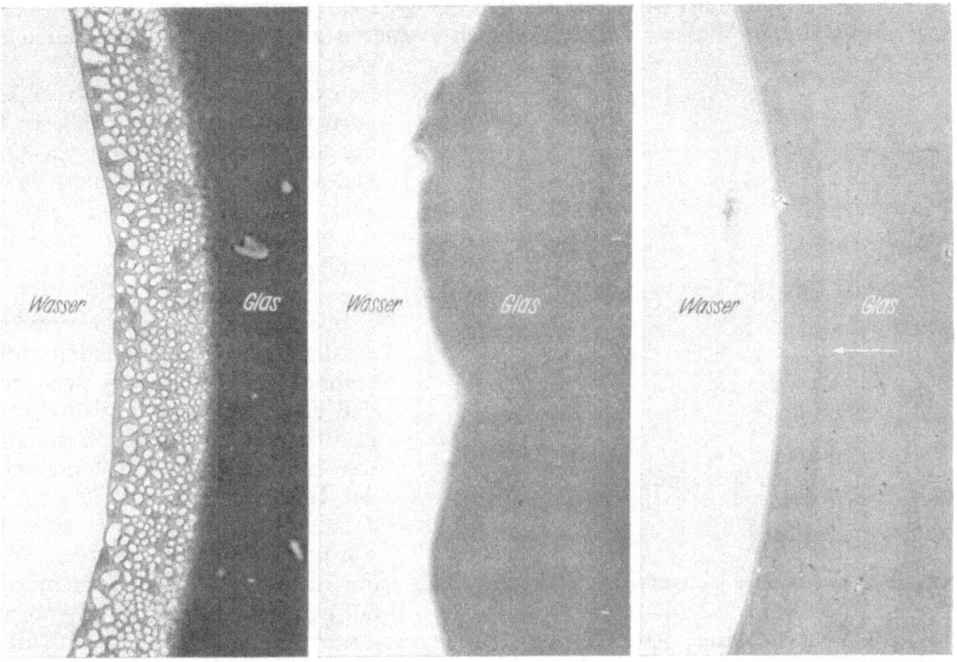

a b c

Abb. 668. Randzonen von Wassertropfen auf Glas von verschiedener Oberflächenbehandlung: a) 5 Min. mit $SO_3 + O_2$ bei 550 °C vorbehandelt; dem unregelmäßigen Rande vorgelagert eine derbe Tröpfchenzone – b) anschließend bei 100 °C in Wasser ausgelaugt; flacher, sich ausbreitender Rand mit ungleichmäßiger Begrenzung (teilweise hydrophob) – c) Oberfläche leicht abgeätzt, ungetempert; es zeigt sich deutlich die sichtbare Hofzone eines vordringenden Wasserhäutchens. M = etwa 100 : 1 (Photo: H. DRÄGER, Inst. angew. Mikroskopie, Mannheim)

worfen. Später kommen noch andere dazu, wie solche aus dem Packpapier, aus der Holzwolle (Feuchtigkeit!), von Reinigungsmitteln, vom Anfassen, vom Kontakt mit Metallen, vom Niederschlag von Tabaksrauch und anderen.

Von H. JEBSEN-MARWEDEL und H. REUMUTH (22a) wurde eine Anzahl von Mikrobildern veröffentlicht, die eine Anschauung geben von der Verschiedenartigkeit der Übergangszone am Rande von Wassertropfen auf verschieden behandeltem Glas. Abb. 668a zeigt den Rand eines Wassertropfens (hell) auf einem bei 550° fünf Minuten lang mit $SO_2 + O_2$ behandelten Glases, Abb. 668b ein gleiches Glas, jedoch nach der Behandlung mit heißem Wasser gewaschen, Abb. 668c ein zuerst abgeätztes und dann getempertes Glas, es zeigt eine deutliche Randzone (Pfeil). Abb. 669 zeigt die Benetzbarkeit eines Glases unbekannter Beeinflussung. Hier wechseln hydrophile und hydrophobe Stellen ab.

Bei der Herstellung von chemischen Meßgeräten kann eine wechselnde Benetzung zu Störungen führen, denn die Ausbildung des Meniskus ist von der Benetzbarkeit, die Ablesbarkeit wiederum vom Meniskus abhängig.

Die Reaktion der Glasoberfläche mit Wasser oder wäßrigen Lösungen ist natürlich irgendwie abhängig von der Benetzbarkeit. Aber man wird in der Mehrzahl der Fälle finden, daß Wasser, wenn ihm genügend Zeit gelassen wird, die hydrophoben Schichten „unterwandert". Dabei muß man sich natürlich vorstellen, daß dieses Unwirksammachen der Hydrophobierung durch das Übergehen von Alkali in das Wasser, d. h. durch die Bildung von Lauge unterstützt wird.

Es darf noch daran erinnert werden, daß auch bei der Naßverspiegelung das Glas sich nicht immer mit gleichen Oberflächeneigenschaften darbietet, vielleicht aus den gleichen Gründen wie oben.

2.22 Chemische Reaktionen mit überschüssigem flüssigem Wasser

Die chemische Reaktion des Glases mit überschüssigem Wasser tritt an vielen Stellen im Gebrauch ein: Beim Aufheben von wäßrigen Flüssigkeiten in Behälterglas, beim Reinigen jeglichen Glases mit Wasser, beim Beregnen und bei der Bildung von Kondenswasser an Glasscheiben und in ähnlichen Fällen. Dabei treten Alkalien je nach Gehalt und Bindung aus der Oberfläche aus und gehen mit dem überschüssigen Wasser in Lösung. Das Glasgerüst als solches bleibt erhalten; an den Stellen, wo Alkali fehlt, wird eine Hydroxylgruppe aufgenommen [*23*], die wahrscheinlich zur Anlagerung weiteren Wassers führt. Daneben reagieren aber auch die Erdalkalien etwa in gleicher Richtung, jedoch infolge der Schwerlöslichkeit der Hydrosilikate und auch wohl wegen der größeren Beständigkeit der Gruppe Si–O–Ca–O–Si um vieles langsamer. Hier und da werden auch SiO_2-Gruppen mit abgespalten, sei es, weil sie sowieso molekular exponiert waren, oder durch die Wirkung der entstehenden Lauge. Mit einem gewissen Basenaustauschvermögen der entstehenden Quellschichten muß gerechnet werden. Es läßt sich vermuten, daß diese Vorgänge im Prinzip bei 100° und bei 20° in gleicher Weise ablaufen, nur mit sehr großem Unterschied in der Geschwindigkeit. Für den Ablauf dieser Reaktion sind verschiedentlich Formeln aufgestellt worden, die aber nur immer für den untersuchten Einzelfall gelten können, d. h. sowohl von der Zusammensetzung des Glases, als auch von dem angewandten Wasserüberschuß abhängig sind [*24*, *25*, *26*, *27*].

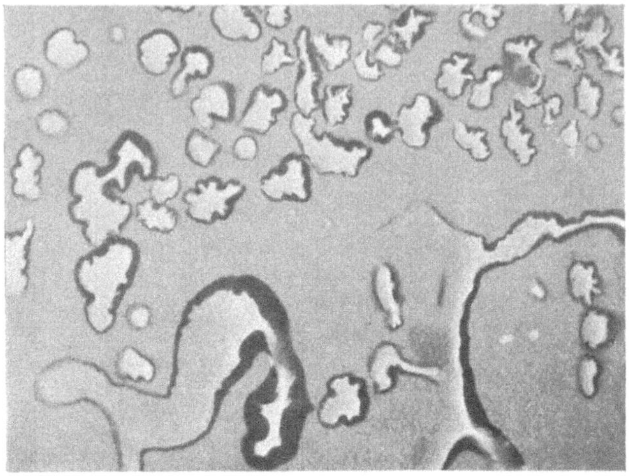

Abb. 669. Glas unbekannter Oberflächenbehandlung, teilweise hydrophobiert

Ebenso müssen ältere Versuche, die Zersetzung in verschiedene „Stadien" einzuteilen, schon deswegen als überholt gelten, weil sie keine Rücksicht auf den Über- oder Unterschuß des Wassers genommen haben. Nach dem Glasinneren zu fällt die Geschwindigkeit des Ablösevorganges mit überschüssigem Wasser, wie G. Keppeler [*28*] fand, ziemlich genau im Sinne einer Parabel ab, was man sich an der im gleichen Sinne erfolgenden Zunahme der Diffusionswege des Alkalis leicht vorstellen kann. Diese Vorstellung wurde von Berger [*29*] dahin berichtigt, daß eine zweikonstantige Formel anzuwenden sei. Das Kieselsäuregerüst des Glases einschließlich der Erdalkalien und damit die glasige Durchsichtigkeit bleibt jedenfalls vollständig erhalten. Der Vorgang der Alkaliauslaugung geht schließlich infolge der zu langen Diffusionswege oder auch wegen eines „Verheilungsprozesses" infolge Hydratisation zu Ende. Einen Fehler ergibt die Reaktion des Glases mit überschüssigem Wasser daher zunächst nicht, es sei denn, die hydrolytische Haltbarkeit des Glases ist so gering, daß im Innern der Hydratisationsschicht stärkere Laugen entstehen, die die Zersetzung weiterlaufen lassen. Aber auch wenn das wenige herausgelöste Alkali bereits unerwünschte Wirkungen in der berührenden Flüssigkeit hervorruft oder bei etwaigem nachträglichem Erhitzen, muß von einem „Fehler" gesprochen werden.

Es ist natürlich noch zu beachten, daß Leitungs- oder Flußwasser erhebliche Mengen von Erdalkalien enthalten können, die dann u. U. mit den aus dem Glase stammenden geringen Alkalimengen Niederschläge auf dem Glas ergeben. Das ist besonders zu beachten bei der Sterilisation von medizinischen Instrumenten [*30*].

Es scheint, als ob gelegentlich, z. B. bei Flaschen, die äußere an Alkali verarmte Schicht das Glas mechanisch weniger stabil mache, evtl. schon vorhanden gewesene mikroskopische Sprünge zum Ausmuscheln bringe [*31*].

Für Seidentonmalerei und ähnliche nachträgliche Behandlungen dürfte natürlich solches „vorhydrolysiertes" Glas nicht geeignet sein [*32*]. Die oberflächlich ausgelaugte Schicht kann sich in störender Weise mit Eisenhydroxyd beladen, sofern sie mit metallischem Fe oder Fe-Ionen führenden Wässern in Berührung kommt (z. B. Eisenrahmen für Fenster) [*33*].

Die Reaktionen von Glas mit überschüssigen Salzlösungen studierte H. Schröder [*34*]. Sie verlaufen oft unter Bildung von reflexmindernden Schichten. Als Fehlerursache kommt diese Art der

Zersetzung kaum in Frage, da sie an das Zusammentreffen von Glas mit solchen Lösungen gebunden ist. Aus den Arbeiten von SCHRÖDER kann man jedoch den Schluß ziehen, daß auch dann, wenn keine sichtbare Schichtbildung eintritt – eben mit überschüssigem Wasser –, ein Abbau von Glassubstanz, also auch von Kieselsäure, erfolgt.

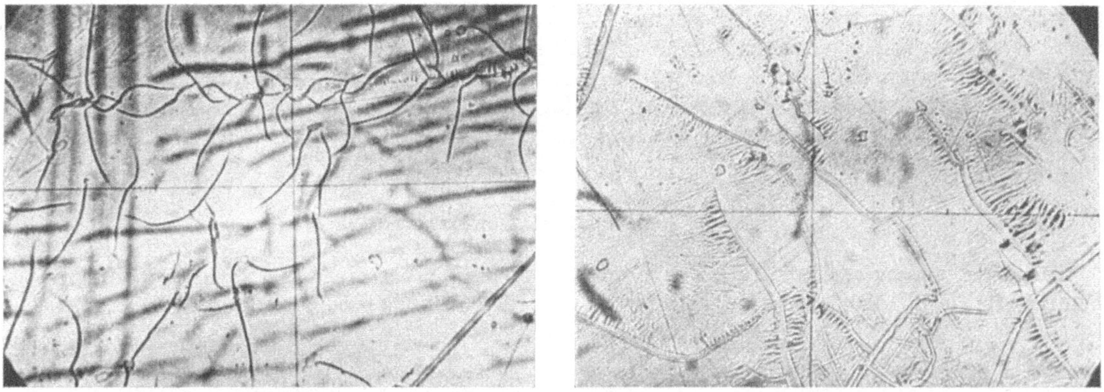

a b

Abb. 670 a u. b. Glas mit besonders starker Quellschicht, links weniger, rechts stärker erhitzt

Typisch für die Reaktion mit überschüssigem Wasser ist die Erscheinung, daß sich manche Veränderungen erst bemerkbar machen, wenn das ausgelaugte Glas weiter behandelt, z. B. nacherhitzt wird. Dann trocknen etwa vorhandene hydratisierte Schichten ein, schrumpfen, werden rissig, geben Anlaß zu Oberflächenentglasung. Ein typisches Beispiel sind Biegeröhren oder Wasserstrahlpumpen in chemischen Laboratorien, die nach genügend langem Gebrauch sich nicht mehr aneinanderschmelzen lassen, weil Oberflächenentglasung eintritt. Auf dem Umweg über die ausgelaugte Oberflächenschicht ist also die Verarbeitbarkeit vor der Lampe auch mit dem hydrolytischen Verhalten verknüpft. Ein besonders wichtiges Beispiel einer solchen Quellschicht auf Glas bildet die zur p_H-Messung benutzte Glaselektrode, bei der die Quellschicht zur Ausbildung des Potentials notwendig ist.

Die Abb. 670 a u. b zeigen ein Glas mit besonders starker Quellschicht, und zwar in zwei Stufen, während der Wiedererhitzung. In Abb. 670 a bilden sich bereits kleine Risse, insbesondere längs eines Kratzers. In Abb. 670 b bei höherer Erhitzung blättert die Quellschicht bereits ab. M. THO-

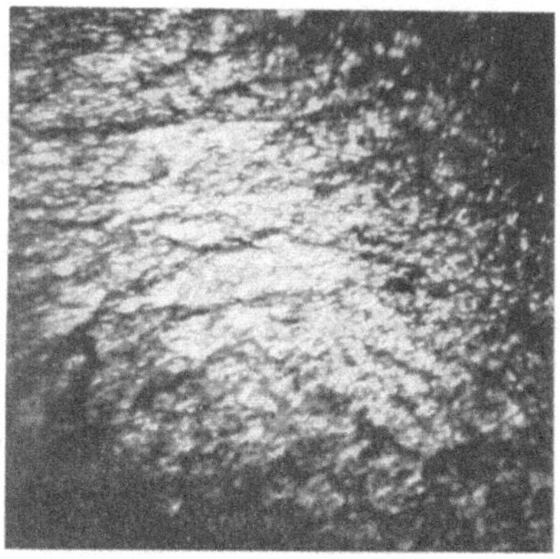

Abb. 671. Glas nach Auslaugung durch Wasser beim Erhitzen vor der Lampe rauh geworden = oberflächenentglast

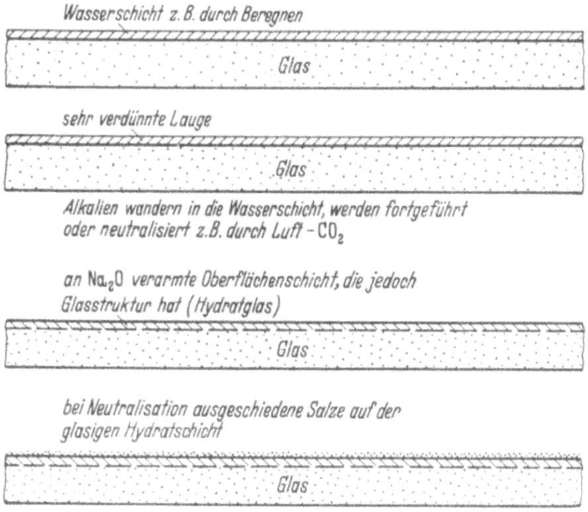

Abb. 672. Reaktion des Glases mit überschüssigem Wasser, schematisch

MAS [*19 a*] beschrieb das Verhalten solcher Schichten beim Erhitzen vor der Lampe. (Über das Verhalten des Glases vor der Lampe s. auch S. 424 und 431.

In Abb. 671 ist ein vor der Lampe rauh gewordenes Glas dargestellt. Es handelt sich um ein in Berührung mit Wasser oberflächlich ausgelaugtes Glas, dessen alkaliarme Oberfläche beim Erhitzen entglast.

In Abb. 672 ist die Reaktion des Glases mit überschüssigem Wasser schematisch dargestellt: Das Glas steht unter der Einwirkung einer im Verhältnis zum austretenden Alkali – einige Milligramm je Quadratmeter – großen Menge Wasser. Das oberflächliche Alkali tritt in das Wasser über. Wird das Wasser erneuert oder das Alkali sonst irgendwie fortgeführt, so hinterbleibt nur eine an Alkali verarmte Schicht. Trocknet jedoch die Lösung nach Neutralisation durch CO_2 oder SO_2 ein, so ändert sich nichts, nur bleiben auf der Oberfläche Kristalle von Na_2CO_3 oder Na_2SO_4. Auf S. 423 ist das Gegenschema der Reaktion mit unterschüssigem Wasser oder mit Wasserdampf dargestellt.

2.23 Chemische Reaktionen mit unterschüssigem Wasser

Erheblich anders verlaufen die Reaktionen, wenn kein Überschuß von Wasser vorhanden ist: Dann steigt die Konzentration der Alkalien in der entstehenden Lösung stark an, die Lauge wird

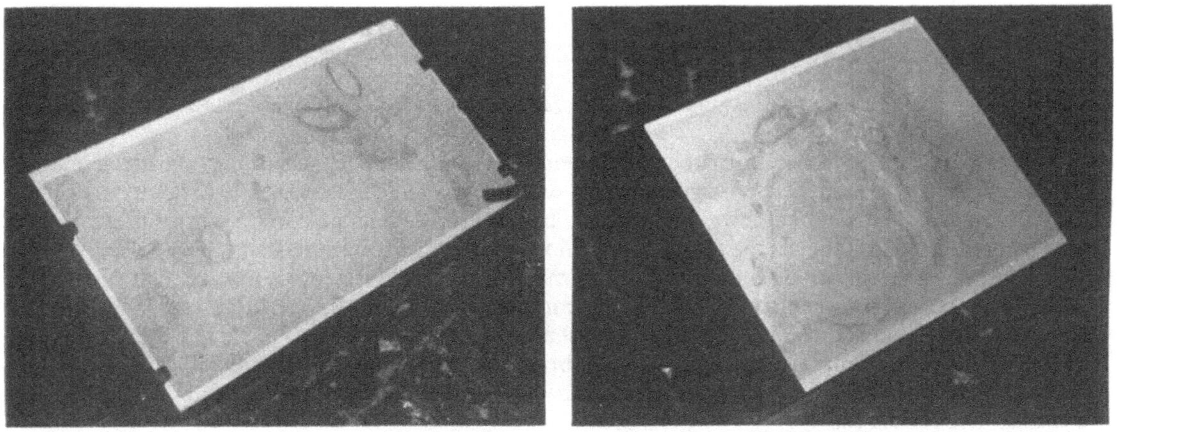

a b

Abb. 673a u. b. Tafelglas, durch unterschüssiges Wasser zersetzt, in zwei verschiedenen Stadien

aggressiv, sie bricht Kieselsäuremoleküle aus dem Glasnetzwerk heraus, das Glas als solches wird dabei zerstört, obgleich es zunächst noch durchsichtig bleibt. Durch das Ausbrechen von Kieselsäuremolekülen werden neue Alkali-Ionen für die Lauge zugänglich, Erdalkalisilikathydrate kristallisieren u. U. aus, die Reaktion kommt erst zum Stillstand, wenn alles Wasser zur Hydratisation verbraucht ist. In dem Sonderfall des Tafelglases mit wenig Wasser zwischen den Scheiben ist dann der größte Teil des hydratisierten Alkalis in eine Art Natronwasserglas, $Na_2O : SiO_2 = 1 : \sim 1{,}3$ verwandelt und dieses kann beim restlosen Verbrauch des Wassers die Scheiben so fest aneinanderkleben, daß bei einem gewaltsamen Trennen, z. B. mittels eines Stahldrahtes, dieser eher durch die Glasmasse fährt als durch die verkittete Fuge, d. h. Stücke von der einen Scheibe bleiben beim Trennen an der anderen kleben.

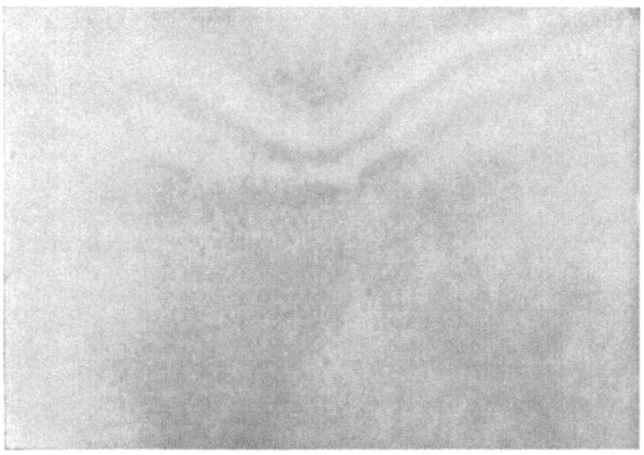

Abb. 674. Tafelglas, durch Luftfeuchtigkeit oder unterschüssiges Wasser zersetzt. Interferenzfarben an der Zersetzungsstelle zeigen diese Art der Reaktion an

Kommt etwa, wie z. B. aus feuchter Luft, neues Wasser hinzu, so verdünnt sich die Lauge durch Wasseranziehung wieder und die Reaktion geht weiter, bis alles Glas zersetzt ist. Bei antiken Gläsern, die über sehr lange Zeit dem Einfluß der Atmosphäre ausgesetzt waren, wurde so auch das gesamte CaO herausgelöst [35]. Charakteristisch für die Reaktion mit unterschüssigem und für die mit dampfförmigem Wasser ist die Ausbildung von Zersetzungsschichten auf dem Glas, die in bestimmter Stärke die bekannten irisierenden Farben hervorrufen und dabei die Oberflächenspiegelung herabsetzen, genauso wie die zu diesem Zweck künstlich erzeugten Schichten [36]. Bei größerer Dicke solcher Zersetzungsschichten geht dann meist die Verbindung mit dem Glas und auch der Zusammenhalt verloren, die Schichten werden weiß undurchsichtig und lösen sich vom Glase ab. Auch weniger dicke Zersetzungsschichten können dann nachträglich mit dem CO_2 der Luft reagieren und beispielsweise Calcit auskristallisieren lassen [37]. Der wichtigste in der Technik vorkommende Fall für diese Reaktion mit unterschüssigem Wasser ist der des naß gewordenen Flachglases, der aber weiter unten gesondert behandelt werden soll. Ähnliche Verhältnisse können jedoch bei mancher Gelegenheit entstehen, z. B. beim Lagern irgendwelcher Glasgegenstände an den Berührungsstellen, Verwendung feuchten Packmaterials u. a.

Die Porenweite von solchen Gelen (SiO_2-Gele) bzw. reflexionsmindernden Zersetzungsschichten, die aus Glas entstanden waren, fand COELINGH [38] bei 5 bis 120 Å, H. SCHRÖDER zu 50 bis 100 Å [34]. Die „offene Struktur" zeigt sich daran, daß man Flüssigkeiten in sie einlagern kann, wobei sich ihre Farbe ändert [39]. Kommen statt unterschüssigem Wasser Salzlösungen im Überschuß zur Einwirkung, so bilden sich ebenfalls reflexmindernde Schichten, die aber normalerweise nicht als Fehler anzusehen sind, weil sie ja absichtlich erzeugt werden. Dabei zeigt sich, daß sich u. U. in dem Verhalten des Glases weitgehend dessen Oberflächenzustand, z. B. die Art der Politur, natürlich neben der Zusammensetzung spiegelt [40]. Auch wurden in solchen Fällen wirkliche Quellungen, d. h. Volumzunahme beobachtet [41].

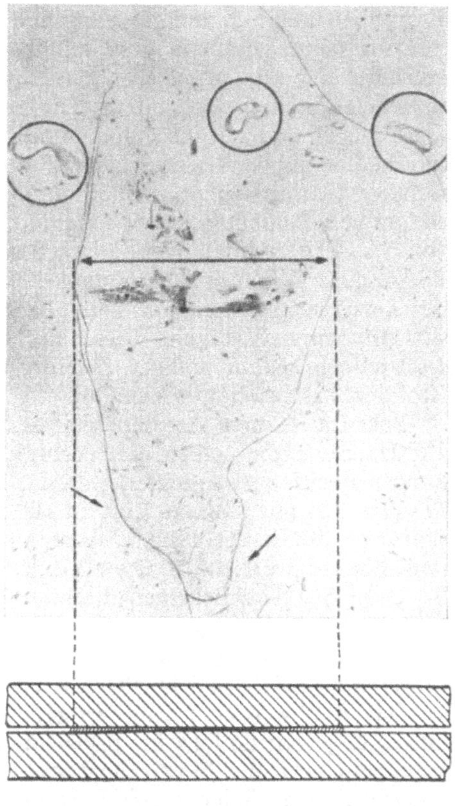

Abb. 675. Bildung einer Wasserlache zwischen zwei Tafelgläsern und Entstehung von Ätzflecken durch Konzentrierung der Lauge um den Berührungspunkt (vgl. Abb. 781–785, S. 494)

Die Abb. 673 a u. b zeigen Tafelglas, das durch Einwirkung von Feuchtigkeit zwischen den Scheiben zersetzt wurde, und zwar in zwei verschiedenen Stadien. Schließlich können Interferenzfarben auftreten (Abb. 674). Abb. 675 zeigt das Bild einer Wasserlache zwischen zwei Glasscheiben und in dem darunter befindlichen Schema, wie sich bei allmählichem Eintrocknen die Lauge an den Punkten mit engstem Zwischenraum zusammenzieht. Solche Punkte sind dann meist besonders fest verkittet.

In Abb. 676 ist die Reaktion des Glases mit unterschüssigem Wasser schematisch dargestellt: Ein dünnes Kondensat oder eine dünne Wasserschicht liegt auf dem Glas, Alkalien gehen in Lösung, bilden eine relativ starke Lauge. Die Lauge zerstört das Glas, der SiO_2-arme Rest kristallisiert. Nach Abwaschen der Lauge bleibt eine hydratisierte Zersetzungsschicht, die je nach Dicke graue oder bunte Interferenzfarben zeigt oder in größerer Dicke weiß aussieht.

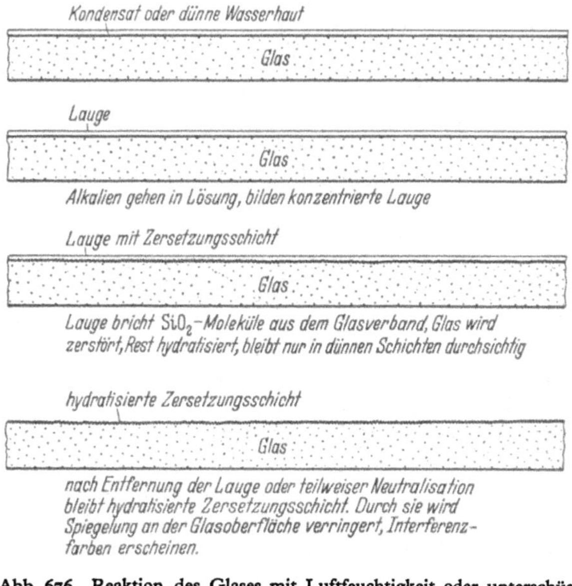

Abb. 676. Reaktion des Glases mit Luftfeuchtigkeit oder unterschüssigem Wasser, schematisch

2.24 Chemische Reaktionen mit feuchter Luft

Besonders häufig, zum mindesten aber besonders auffallend ist der Fall der Zersetzung von Glas in feuchter Luft. Er gleicht in gewisser Weise dem mit unterschüssigem Wasser, aber der Beginn ist natürlich anders: Fängt die Reaktion mit unterschüssigem Wasser genauso an, wie die mit überschüssigem, d. h. eben mit reinem Wasser ohne gelöstes Alkali, so findet in feuchter Luft zunächst eine rein physikalische Adsorption statt [*42*], wie sie auch an anderen festen Stoffen in verschiedensten Gasen eintritt. Die nicht koordinativ abgesättigten Oberflächenmoleküle ziehen Gase an sich und beladen sich damit. Aber diese Adsorption dürfte beim freistehenden Alkali sofort in eine chemische Reaktion, die Bildung von Alkalihydroxyd übergehen, das dann aus der Luft weiteres Wasser anzieht, zerfließt und so eine Lauge aggressiver Konzentration bildet. Der weitere Ablauf geht dann etwa in der gleichen Weise vor sich wie nach einer gewissen Zeit bei Unterschuß von Wasser. Jedenfalls werden nach einiger Zeit in gleichen Zeiten gleiche Mengen Alkali und Kieselsäure löslich und auch die zerstörende Wirkung ist etwa gleich, wie man aus der Bildung der Zersetzungsschichten schließen kann. Es besteht nur insofern ein Unterschied, als die Reaktion mit unterschüssigem Wasser nach dessen Verbrauch zu Ende geht, mit Wasser aus feuchter Luft jedoch bis zur völligen Zerstörung des Glases laufen kann. Den chemischen Ablauf dieser Reaktion beschrieb Löffler [*36*].

Bekannt ist diese Art der Zersetzung an Gläsern, die nicht allzu lange Zeit vergraben waren. Ihr Hauptvorkommen in der Technik dürfte durch die Verwendung von zu feuchtem Verpakkungsmaterial hervorgerufen werden. Systematische Versuche, die Vorgänge bei Reaktion von Glasflaschen mit feuchter Luft zu klären, stellten V. Dimbleby u. W. E. S. Turner an [*43*] und beschrieben die Erscheinungen. Auch an optischem Glas wurden ähnliche Beobachtungen gemacht [*44*]. Ebenso prüften J. S. Owens u. E. C. Emanuel [*45*] Flaschen bei 38 °C und 80%iger relativer Feuchte. Sie fanden keinen direkten Zusammenhang zwischen der Zusammensetzung und der Verwitterungsneigung, wie auch zu erwarten war, denn Alkaliverdampfung [*36*], Rauchvergütung und anderes spricht sich in der Bruttozusammensetzung nicht aus. Matson [*46*] studierte die „*Hygroskopizität*“ von Behälterglas und stellte dafür besondere „Regeln“ auf.

Das Rauhwerden geringwertiger Laboratoriumsgläser beim Erhitzen vor der Lampe nach langer Lagerzeit findet seine Erklärung ebenfalls in der Zersetzung durch die Klimafeuchte. Meist tritt dann noch die Einwirkung von Luftkohlensäure hinzu, so daß das Glas auf der zersetzten Oberfläche eine Schicht von Karbonaten (und Staub!) hat. Nach der Reinigung bleibt nur die zersetzte Oberflächenschicht übrig, die beim Erhitzen entglast, d. h. rauh wird.

2.25 Aussehen der Reaktionsprodukte mit feuchter Luft und unterschüssigem Wasser

Die Erscheinungsbilder der chemischen Veränderungen der Oberfläche der oben geschilderten Art sind recht vielfältig, doch lassen sich fast alle auf die verschiedenen Schichtdicken zurückführen. Ist die Schicht sehr dünn, so ist sie, obwohl schon eine Anzahl von Molekülen dick, doch noch ohne optische Wirkung, also unsichtbar. Wenn jetzt die entstandene Lauge eintrocknet oder, was häufiger ist, durch CO_2 oder SO_2 neutralisiert wird, ergeben sich Erscheinungen, wie sie auf den Abb. 677a–d dargestellt sind. Bei weiterer Dickenzunahme sieht das von der Glasoberfläche gespiegelte Licht gegenüber dem an nicht zersetzter Oberfläche eine Spur grau aus, d. h. die Oberfläche spiegelt nicht mehr so stark wie ursprünglich. Diese leichte Veränderung der Reflexion braucht noch kein Fehler zu sein, da man sie nur mit Hilfsmitteln sichtbar machen kann. Ist aber nur die geringste chemische Inhomogenität im Glase vorhanden, so macht sie in diesem Stadium bereits die beginnende Zersetzung sichtbar; denn Glas wird an den Stellen mit geringsten Abweichungen der chemischen Zusammensetzung *anders* entspiegelt.

Man prüft Glasgegenstände auf diese Entspiegelung, d. h. beginnende Zersetzung, dadurch, daß man sie teilweise in einer 0,1 %igen Flußsäure badet (5 Minuten), jedoch so, daß eine scharfe Trennlinie zwischen „geätzt“ und „nicht geätzt“ entsteht. An dieser Trennlinie wird bei Spiegelung eines möglichst bedeckten Nordhimmels auch noch die geringste Spur einer solchen Zersetzung, auch wohl „Bläuung“ genannt, sichtbar [*36*]. Bei weiter fortgeschrittener Zersetzung durchläuft die Farbe der Zersetzungsschicht dann jene bekannte Skala der Farben dünner Blättchen, die von Grau über Blau zu stärkeren Farberscheinungen geht. Noch tiefer gehende Zersetzung ergibt dann die Bildung weißer Teilchen von zersetztem Glas, noch weitere eine Verklebung der Tafeln durch die Natriumsilikatlösung oder nach deren Entfernung ein Abblättern der Zersetzungsschicht. Die Verklebung der Tafeln durch das gebildete Natriumsilikat kann so fest sein, daß bei gewaltsamer Trennung, beispielsweise durch einen Stahldraht, Teile der einen Tafel abgesprengt werden und an der anderen haftenbleiben. Oft sind alle Übergänge vorhanden in Form von konzentrischen Ringen, in der Mitte meist am stärksten zersetzt, weil auch noch ein geringes Eintrocknen stattfand, oder der Verbrauch des Wassers die Lauge im Zentrum am stärksten werden ließ. Auch Spiegelglas zeigt im Prinzip die gleichen Erscheinungen wie in Abb. 678 „Bläueflecken“ zu sehen.

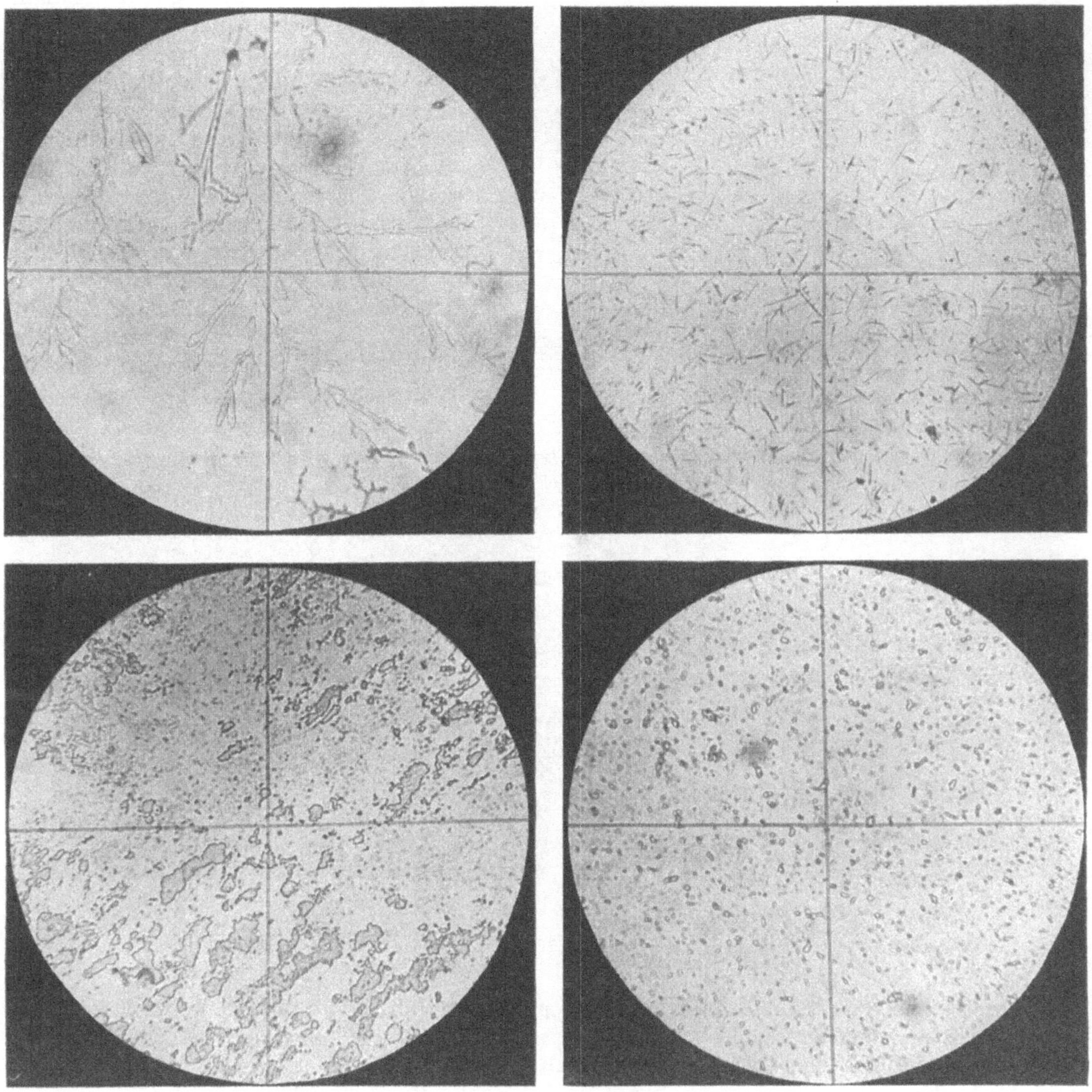

a b c d

Abb. 677a–d. Ausscheidung kristallisierter Stoffe aus den Lösungen in den Anfangsstadien der Klimazersetzung

Man kann leicht nachweisen, daß sich die verschiedenen Farben nur durch die Dicke der zersetzten Schicht unterscheiden. Wäscht man die farbigen Schichten mit etwa 20%iger Borflußsäure (HBF_3OH), so kann man die Farben wieder rückwärts über blau, grau nach farblos verschieben. Die weißen Flecken kann man auf diese Weise nicht mehr ins Farbige zurücklaufen lassen, man kann sie nur ganz abätzen. Auch an Hohlglas wurde die Ablösung solcher Flitter von zersetztem Glas beobachtet, z. B. in schwach alkalischen Lösungen innerhalb von Ampullen [*47*].

Eine Sonderform der Zersetzung, die meist in Tafelglas gefunden wird, sind die sog. „Fadenkristalle“ oder „Krähenfüße“, die sich aus dem durch Zersetzung freigewordenen Alkali des Glases mit den Säuren der Luft, CO_2 und SO_2, bilden, also aus Karbonaten und Sulfaten bestehen. In den Abb. 679, 680–687 sind solche Fadenkristalle dargestellt, in Abb. 682 auf einem FOURCAULT-Glas nach den von der Düse abgesponnenen sog. „ZSCHACKE-Fäden“ [*48*] orientiert. Diese Fadenkristalle treten vor allem auf, wenn Glas zuerst feucht und dann wieder trocken geworden war.

Oft sind sie zu beobachten, noch bevor die ersten sichtbaren Erblindungserscheinungen eingetreten waren. Sie zeigen also wohl eine Zersetzung, aber nicht unbedingt einen Schaden an. Sie selbst sind kein Fehler, aber doch ein Warnzeichen. Sie wurden auch an optischen Geräten, die nach den Tropen versandt wurden, beobachtet [*49*].

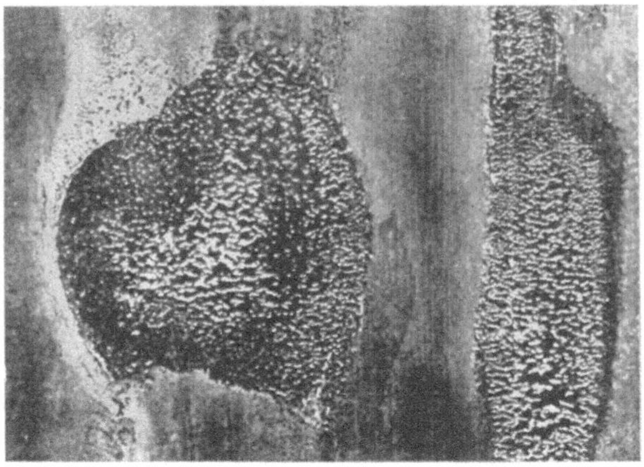

Abb. 678. „Bläueflecken“ auf Spiegelglas

Eine andere Erscheinung tritt nur dann auf, wenn als Zwischenlage zwischen den Scheiben Talkumpuder verwendet wurde. Dieses Talkum gibt gelegentlich mit nur ganz wenigem aus dem Glas herausgelöstem Alkali, der dazugehörigen Kieselsäure und einer Spur Wasser eine Art von Zement, der sich durch die Erschütterungen des Transportes zu eigenartig zerkratzt aussehenden Flecken ansammelt. Diese Flecken haften zwar fest am Glase, können aber durch Reinigen mit alkalischen Mitteln, wie „P_3“, leicht entfernt werden. Solche „wurmförmigen Scheuerflecken“ sind in Abb. 683 dargestellt.

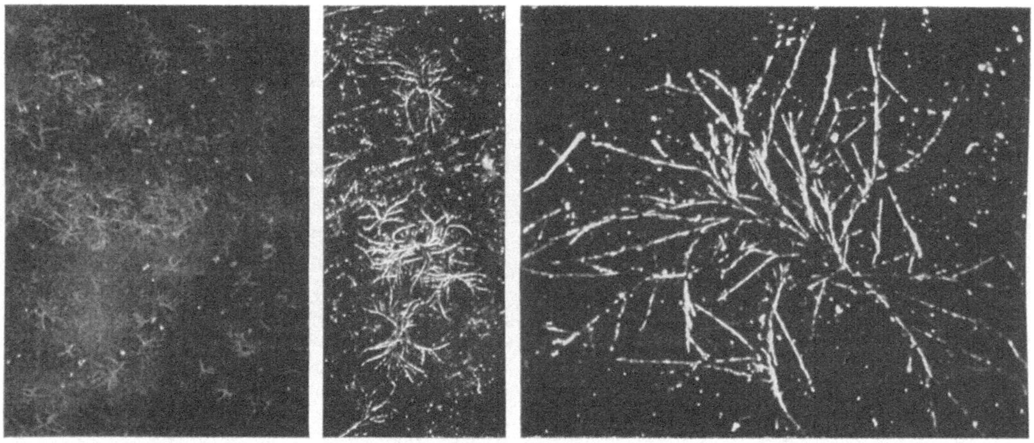

Abb. 679 Abb. 680 Abb. 681

Abb. 679—681. „Fadenkristalle“ oder „Krähenfüße“ auf Tafelglas in verschiedener Ausbildung

Eine besonders typische Erscheinung ist der sog. „Papierabdruck“, Abb. 684. Wurde ein Tafelglas mit Papierzwischenlage feucht und hatte dieses Papier die Neigung, sich bei Feuchtwerden zu kräuseln, so wird das Glas an denjenigen Stellen, wo sich das Papier abgehoben hatte, eine Spur blind, wo das Papier angelegen hatte, bleibt es unbeschädigt. Man sieht auf dem Glas also ein unregelmäßiges Muster von chemischer Zusammensetzung. Dabei verhalten sich die beiden Scheiben, zwischen denen das gekräuselte Papier lag, wie Negativ zu Positiv, erblindetes auf der einen entspricht unbeschädigtem auf der anderen Scheibe. Bei optischem Glas wurde in solchen Zersetzungsschichten, die allerdings außerdem noch organisch infiziert gewesen sein müssen, sogar Pilzbewuchs festgestellt [*50*], s. Abb. 685. Solches Pilzwachstum kann durch Natriumäthylmercurithiosalicylat unterbunden werden [*51*].

2.26 Erblindung des Tafelglases als Sonderfall

Für das Tafelglas gilt der auffallende Satz, daß das Glas auf Lager und in Verpackung gefährdet, im Gebrauch, d. h. eingeglast, jedoch gesichert ist [*52*]. Diese Behauptung kann voll vertreten werden. Zersetzung von eingeglastem Glas tritt nur ein, wenn sich darauf eine Schmutzschicht ansetzt, die Spuren Feuchtigkeit festhält oder sich die Bedingungen für den Angriff von unterschüssigem Wasser auf andere Art bilden. Daher konnte sich auch der V. D. T. (Verein Deutscher

Tafelglashütten) öffentlich bereit erklären [53], jeden Schaden auf sich zu nehmen, der etwa aus Lagerfolgen an seinen Fabrikaten erwächst, sofern nicht durch unsachgemäße Behandlung ein fahrlässiges Verschulden vorliege. Die Erblindung des Tafelglases – die Überlegungen dürften für das gesamte Flachglas gelten – wird als Sonderfall behandelt, weil es sich in seiner Verpackung grundsätzlich von allen übrigen Gläsern unterscheidet und u. U. durch diese Verpackung besonders gefährdet sein kann: Ein einziger Tropfen Wasser, der etwa zwischen das wie ein Block gepackte Glas gelangt, breitet sich dort bei einem Abstand von 0,05 mm zu einer Fläche bis zu 50 cm² aus. Wenn bei einer solchen Ausdehnung aus dem Glas nur 25 mg Na_2O je m² Oberfläche wasserlöslich werden – eine Zahl, die durchaus nicht hochgegriffen ist –, so ergibt sich eine Lauge mit einer Konzentration von 0,5% NaOH, die aber durch das Weiterfressen der Zersetzung rasch weiter steigt. Das zweite, wodurch sich das verpackte Flachglas von allen anderen unterscheidet, ist die Tatsache, daß eine Wiederauftrocknung an den fast eindimensionalen Seitenzwischenräumen nur in Ausnahmefällen möglich ist. Daß sich bei Verwendung feuchten Packmaterials leicht das aus bilden kann, was mit dem Wort „Binnenatmosphäre" treffend bezeichnet sein dürfte, hat das Tafelglas mit anderen Glassorten gemeinsam.

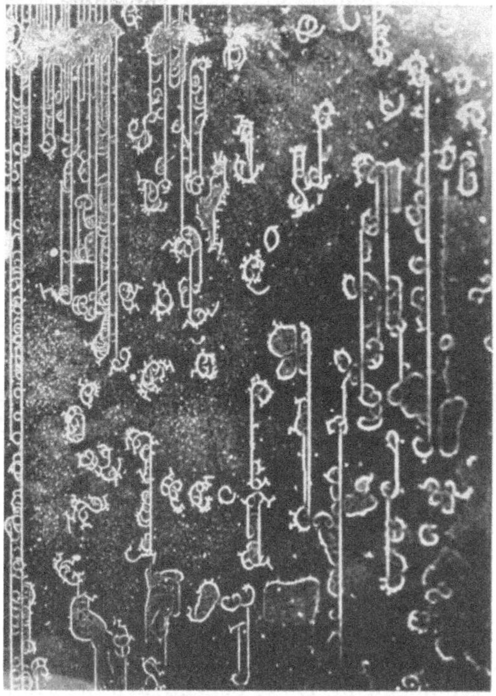

Abb. 682. „Fadenkristalle" auf verwitternder Glasoberfläche „orientiert" aufgewachsen

2.261 Herkunft der Feuchtigkeit. Eine große Reihe von Überlegungen sind angestellt worden, woher die Feuchtigkeit, sei es als flüssiges Wasser, sei es als feuchte Luft, zwischen die Glasscheiben kommen könne, und man hat gefunden, daß im Durchschnitt wohl alle nur denkbaren Quellen daran beteiligt sein können. Das sind:

1. Feuchtes Packmaterial,
2. Feuchte Lagerräume mit dem Sonderfall einer Pfütze flüssigen Wassers, die hochgesaugt werden kann,
3. Wettereinflüsse, und zwar a) Naßregnen, b) Kondensation aus feuchtwarmer Luft an kühlem Glas.

Die wichtigste Quelle für die Feuchtigkeit der Luft dürfte das Stroh und Kistenholz der Verpackung sein. Frisch geschlagenes Holz enthält bis zu 60% Feuchtigkeit, die es nicht nur an trockene Luft, sondern auch an schon feuchte abgibt, als Folge von Alterungsprozessen in seinem chemischen Aufbau. Frisches Stroh enthält zwar relativ wenig Feuchtigkeit, aber für Verpackungszwecke wird meist nur altes, sonst nicht mehr brauchbares verwendet, und es ist sehr genau darauf zu achten, daß kein sich naß anfühlendes Stroh zur Verwendung kommt. Frisches Holz kann sich trocken anfühlen und trotzdem bis zu 40% Wasser enthalten, das dann beim Stehen infolge Alterung teilweise freiwillig abgegeben wird. Werden noch, wie es leider oft geschieht, die Glaskisten im Lager dicht bei dicht gestellt, so sind die besten Vorbedingungen für die Bildung eines mit Feuchtigkeit gesättigten „Binnenklimas" gegeben. Andererseits nimmt gut getrocknetes Holz auch nicht geringe Mengen Feuchtigkeit auf, unter Erniedrigung der relativen Feuchte der Luft, so daß die Verwendung trockenen Materials doppelt angeraten ist.

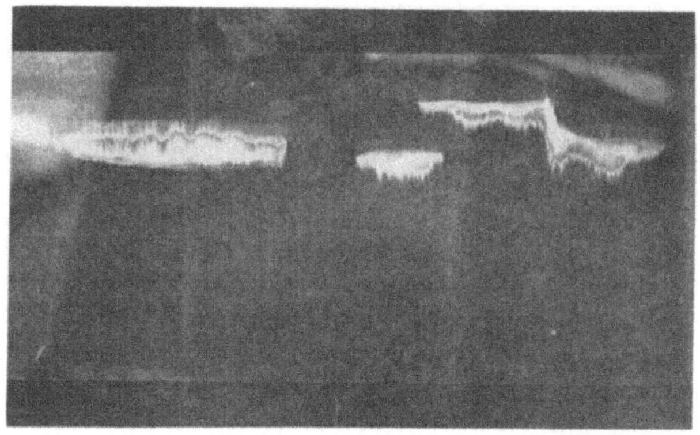

Abb. 683. „Wurmförmige Scheuerstelle" nach Puderung mit Talkum

Sind die Lagerräume als solche feucht, so treten dieselben Verhältnisse ein wie beim feuchten Verpackungsmaterial. Als feucht müssen alle Räume gelten oder zumindest verdächtig sein, in denen es „muffig" oder „dumpf" riecht.

Klimaeinflüsse sind zwar von anderer Wirkung, aber ebensogroßer Bedeutung: Wenn Tafelglas beim Transport durch Beregnen naß und nicht sofort wieder getrocknet wird, so ist es in kurzer Zeit erblindet und in nur wenig längerer zusammengeklebt.

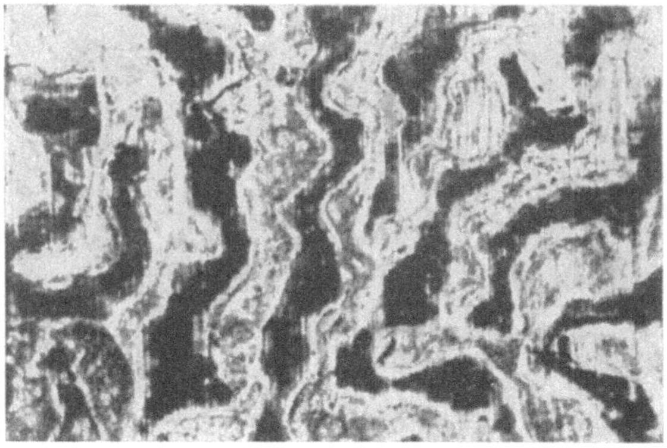

Abb. 684. „Papierabdruck" auf Tafelglas, etwas verdeutlicht

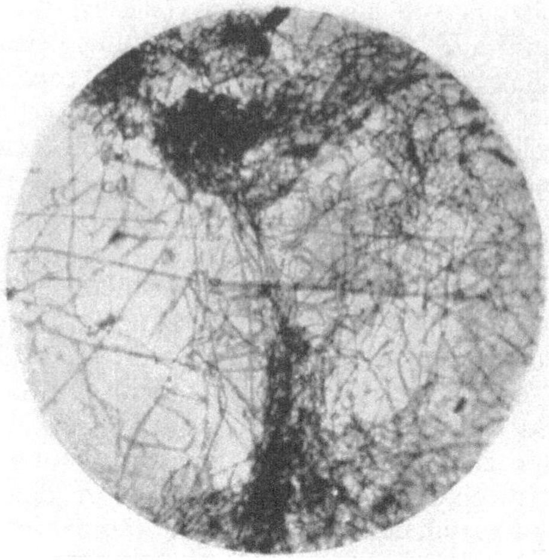

Abb. 685. Pilzbewuchs auf optischem Glas

Der zweite, viel wichtigere Klimaeinfluß tritt besonders in Zeiten mit starkem Wechsel von Kalt und Warm ein, und zwar wenn noch nachtkaltes Glas mit bereits erwärmter und feuchter Luft zusammentrifft. Diese Feuchtigkeit der Luft kann von dem Packmaterial herrühren, so daß es u. U. genügt, eine Glaskiste aus frischem Holz einem Temperaturwechsel auszusetzen, wobei immer der Temperaturanstieg gefährlich ist. Das Wasser schlägt sich zwar dabei zunächst an den Schnittflächen der Glastafeln nieder, aber irgendwo wird dann schon ein Strohhalm oder etwas ähnliches sein, das diese Kondenströpfchen sammelt, so daß sie zwischen die Scheiben eindringen können. Typisch für diesen Schadensfall kann sein, daß in einer Glaskiste die meisten Scheiben gut und unbeschädigt, nur zwei oder drei Paare miteinander fest verklebt, u. U. beim Transport zerbrochen sind.

Um zu zeigen, wie groß die Mengen Wasser sind, die hier zur Ausscheidung kommen können, seien die Sättigungswerte der Luft mit Wasser angegeben:

Sättigungswerte der Luft mit Wasserdampf

0°	5°	10°	15°	20°	25°	30°	35°C
4,9	6,8	9,4	12,8	17,2	22,9	30,3	39,3 grH_2O/m^3

Kühlt sich also an kälterem Glas ein m^3 an Wasserdampf gesättigter Luft von 30 auf 25° ab, so können sich 7,4 g H_2O niederschlagen, eine Menge, die bei weitem ausreicht, ein Glaspaket von 50 Tafeln zu verderben. Ein Tropfen Wasser wiegt 0,05 g; 1,25 g Wasser genügen also theoretisch, um bei 50 Tafeln zwischen je zwei einen Tropfen gelangen zu lassen. Diese 1,25 g Wasser können sich bei Abkühlung von 0,17 m^3 Wasserdampf gesättigter Luft von 30° auf 25° kondensieren.

2.262 Verpackungs- und Lagermaßnahmen für Flachglas. Die geeignetsten Verpackungs- und Lagermaßnahmen für die Lagerung von Flachglas ergeben sich aus dem oben genannten eigentlich von selbst, sollen aber doch noch einmal aufgezählt werden: Wenn man schon die Bildung von Feuchtigkeit nicht mit Sicherheit ausschließen kann, sollte man doch den dadurch entstehenden Schaden nach Möglichkeit zu verhindern suchen. Die Vorschriften gelten nicht nur für Flachglas, wo sie am genauesten untersucht wurden, sondern auch für Hohlglas.

1. Verpackung: Trockenes Holz, trockenes Stroh, nicht kräuselndes Papier. Bei Stroh kann man die Feuchtigkeit spüren, bei Holz nicht. Besonders bei Holz mit höherem Trockenverlust besteht die Gefahr der Bildung einer feuchten Binnenatmosphäre. Welches Papier zum Kräuseln neigt, kann man leider nur durch Ausprobieren in der Praxis feststellen. Papier saugt den größten Teil der sich bildenden Feuchtigkeit auf. Auch in der Literatur wird Papierzwischenlage empfohlen [54], Holzmehlpuderung als schädlich beschrieben.

2. Verladung; Transport: Verladung unter Dach, Versand in sorgfältig verdecktem Wagen. Beim Abladen feststellen, ob Regen eingedrungen ist, von außen regenfeuchte Kisten sofort prüfen. Feuchtes Glas umpacken, an der Luft trocknen lassen, damit „Wasser zwischen den Scheiben" vermieden wird. Bei Transporten im Winter kein sehr kaltes Glas in geheizten Lagerraum stellen.

3. Lagerung: Trocken und bei konstanter Temperatur, eher konstant kühl als konstant warm! „Dumpfe" Kellerräume vermeiden. Kisten nicht dicht bei dicht stellen, sondern Zwischenräume lassen, damit Ventilation ermöglicht, feuchte Binnenatmosphäre (besonders bei frischem Holz) vermieden wird. Lüften! Bei inkonstanter Temperatur besteht die Gefahr der Kondensatbildung auf und zwischen den Scheiben. Kühle Lagerung läßt Feuchtigkeit viel weniger zur Wirkung kommen als warme.

Die Zersetzung von Glas durch Luftfeuchtigkeit geht bei hoher Temperatur viel rascher vor sich als bei niedriger. Es ist dringend anzuraten, die Temperatur und Luftfeuchtigkeit in den Lagerräumen laufend zu kontrollieren! Instrumente dafür nicht irgendwo, sondern zwischen den Kisten anbringen!

2.27 Vergütung des Glases zur Verhinderung der Reaktion mit feuchter Luft

Es sind verschiedene Vorschläge zur Vergütung von Tafelglas gemacht worden, die natürlich alle eo ipso für andere Gläser gelten. Alle beruhen letzten Endes darauf, daß man das bei der Formung freistehend gewordene Alkali entfernt oder neutralisiert: H. Jebsen-Marwedel u. K. Dinger [55] haben folgende Verhältniszahlen für die Vergütung der verschiedenen Stoffe gefunden, wobei die Einwirkung sich auf 1 Stunde erstreckte.

Kaltes Wasser	4%	$SO_2 + O_2$ bei 400°	41%
Heißes Wasser	39%	$SO_2 + O_2$ bei 500°	60%
Kalte Salzsäure	4%	$SO_2 + O_2$ bei 600°	80%
Heiße Salzsäure	68%		

Die vergütete Schicht war bis zu 35 $\mu\mu$ dick.

H. E. Simpson [56] hat Vergütungen durch HCl, H_2SO_4 und langzeitiges Auslaugen mit Wasser beschrieben, die alle erhebliche Wirkung zeigten.

Welchem Vorschlag man den Vorzug gibt, hängt von den betriebsbedingten Umständen ab. Ein Glas, das keine Vergütung nötig hätte, müßte etwa die Zusammensetzung eines mittel- bis guten Apparateglases haben. Eine solche dürfte jedoch für viele Formungszwecke ungeeignet sein.

K. C. Lyon gab die vergütende Wirkung verdünnter Laugen an [57]. Ein in der Praxis schwer anwendbares Verfahren zur Vergütung beschrieben H. S. Williams u. W. A. Weyl [58]: Das Glas wird mit Tonsuspension bestrichen und dann erhitzt. Das freistehende Alkali wandert in den Ton, die Oberfläche wird vergütet.

2.28 Prüfung des Glases, insbesondere auf Erblindungsneigung

Zum Schluß sei noch kurz erwähnt, welche Prüfungsmöglichkeiten bestehen, um sich ein einwandfreies Bild über die Gefahr der Oberflächenzersetzung machen zu können. Die vorhandenen Prüfmethoden kann man einteilen in solche, die das Glasinnere (Grießmethoden [59], Myliussche Verwitterungsprobe [60]), und solche, die die Glasoberfläche prüfen. Hier wird zwar die Meinung vertreten, daß zur Beurteilung der Reaktionsfähigkeit der Oberfläche auch nur Oberflächenprüfmethoden in Frage kommen, es soll aber doch die Grießprüfung als die am weitesten bekannte und zur Zeit einzige genormte Prüfmethode beschrieben werden. Durch die Grießmethode wird, wie gesagt, das Verhalten des Glasinneren und außerdem gegenüber heißem Wasser geprüft. Die Methode gibt jedoch einen Überblick über das Verhalten des Glases als Stoff – nicht als geformter Gegenstand.

Nach genauer Vorschrift [59] wird ein Glasgrieß hergestellt, mit heißem Wasser extrahiert und im Extrakt das in Lösung gegangene Alkali titriert. Je nach der aus der Einwaage von 2,0 g herausgelösten Menge werden 5 hydrolytische Klassen unterschieden, und zwar:

Hydrolytische Klasse	Säureverbrauch $\frac{n}{100}$ ml/g	Alkaliabgabe als Na_2O mg/gr
1	bis 0,1	bis 0,03
2	0,1 –0,2	0,03–0,06
3	0,2 –0,85	0,06–0,26
4	0,85–2,0	0,26–0,62
5	2,0 –3,5	0,62–1,08

Diese Klasseneinteilung ist eigentlich nur für chemisch-technisches Glas sinnvoll; da aber auch andere Gläser gelegentlich mit heißem Wasser in Berührung kommen und eine neuere Einteilung nach den Haltbarkeitsanforderungen noch nicht vorliegt, sei hier die alte (1933) Klassifizierung nach dem F.A Bericht 26 d. DGG [22] angegeben: In die Klasse 1 rangieren chemische Gerätegläser höchster Qualität, in Klasse 2 chemische Gerätegläser guter Qualität, Ampullengläser, tropenbeständige Gläser, in die Klasse 3 durchschnittliches Geräteglas, Flaschenglas, Spiegelglas, Tafelglas, Röhrenglas, in Klasse 4 gehören Geräteglas für geringe Beanspruchungen, Tafelglas, Flaschenglas, Medizinflaschen, Kristallglas, Konservenglas, Beleuchtungsglas, in Klasse 5 verschiedene Gläser, bei denen nur geringe Anforderungen zu stellen sind. Optisches Glas verteilt sich je nach Zusammensetzung auf verschiedene Klassen.

Die Methoden zur Oberflächenprüfung, die hier die wichtigeren sind, erfordern sehr viel Vorsicht, wenn nicht irreführende Werte erhalten werden sollen: Man kann bei der Vorbereitung der Proben nicht vorsichtig genug sein, damit nicht etwa in der Oberfläche befindliches Alkali verloren geht oder neutralisiert wird. Bei der Prüfung würde dies Alkali nicht gefunden, bei der Zersetzung würde es aber wirksam sein, s. besonders [36]. Die Prüfmethoden sollen hier nur kurz skizziert werden, für die genaue Durchführung sehe man die Originalliteratur nach:

G. KEPPELER, F. HOFFMEISTER [61], verbessert durch H. JEBSEN-MARWEDEL u. H. BECKER [62]: Zwischen 3 Glasplatten werden Gummistreifen gelegt, so daß zwei Hohlräume entstehen. Diese Hohlräume werden mit Wasser gefüllt und das gesamte Gestell in ein siedendes Wasserbad gestellt, wo es 1 bis 3 Stunden verbleibt. Nach dem Erhitzen wird das freigewordene Alkali titriert und auf Fläche umgerechnet. Das Glas ist nach der Probe nicht „erblindet".

JONES [63] „Dimming-test" für optisches Glas: Geschliffene und polierte Oberflächen des zu prüfenden Glases werden in einer mit Wasserdampf gesättigten Atmosphäre bei 50° über 28 Tage ausgesetzt. Danach wird 2 Stunden in einer trockenen Atmosphäre bei 50° getrocknet. Die Prüfung erfolgt durch Vergleich der sichtbaren Veränderungen der Oberflächen mit denen von vier Standardtypen. Demgemäß werden auch vier Gruppen von Gläsern unterschieden. Das Glas dürfte nach dem Test erblindet sein.

Auch B. LONG [64] empfiehlt den „Dimming-test" für optisches Glas.

H. E. SIMPSON [65]: Eine Anzahl Gläser wird in einer mit Wasserdampf gesättigten Atmosphäre auf 50° und 55° erhitzt. Nach der Erhitzung wird mittels einer Photozelle die Lichtstreuung bzw. Trübung gemessen, evtl. in einem Lackabdruck mit Hilfe von Polyvinylchlorid [66]. Das Glas ist nach der Behandlung wahrscheinlich „blind", die Erblindung wird jedoch nicht gemessen.

G. H. THOMPSON [67]: Polierte Glasplättchen werden in einer Atmosphäre mit 95%iger Wasserdampfsättigung aufgehoben und dann der Abfall einer Aufladung infolge von auftretender Oberflächenleitfähigkeit gemessen.

LÖFFLER [36]: 20 Glasplatten werden über 14 Tage im Exsikkator über einem Brei aus KCl und Wasser (84% Wasserdampfsättigung) (J. S. MCFARLANE u. D. TABOR [68]) stellten zwischen 80 und 88%iger Luftfeuchte einen Maximalwert der Adhäsion fest!) in einem Wasserthermostaten bei 30° gehalten. Danach wird das wasserlöslich gewordene Alkali titriert oder es wird je eine Glasplatte unter denselben Bedingungen 3, 4, 5, 6 usw. Tage gehalten, danach mit Wasser gewaschen, dann zur Hälfte 5 Minuten in 0,1% Flußsäure (oder 30% H_2SO_4 + 0,1% HF) gestellt. An der Grenze der Ätzung kann festgestellt werden, ob Erblindung eingetreten ist. Die für die Erblindung nötige Zeit ist ein direktes Maß für die Erblindungsneigung.

F. L. BISHOP u. F. W. MOWREY [69] stellen die Glasproben in einen Feuchtluft-Umlaufschrank bei 38°. Danach wird das Glas in destilliertes Wasser gestellt und dessen Leitfähigkeit bestimmt.

2.3 Wasserabstoßende Schichten als Fehler

Auch Schichten, die das Glas wasserabweisend machen, können als Fehler auftreten, wenn sie auch kaum jemals in den Glashütten selbst vorkommen werden: R. RAMSAUER [70] fand, daß Windschutzscheiben, die versehentlich mit Silikon enthaltenden Polierlappen abgewischt waren, bei Regen die Wassertropfen zu vielen kleinen Halbkügelchen „zusammenfahren" lassen, während auf nicht silikonisiertem Glas der Scheibenwischer einen durchsichtigen Film von Wasser zieht. Die „zusammengefahrenen Halbkugeln" wirken dann für das Licht eines entgegenkommenden Wagens wie Sammellinsen und machen das Fahren bei Nacht und Regen unmöglich. In den Abb. 686a u. b sind je eine Windschutzscheibe bei Regenwetter vom Wageninneren her aufgenommen. Durch die silikonisierte Scheibe kann man nichts erkennen.

Literatur über Silikone s. bei RAMSAUER.

Zu erwähnen ist hier noch die Tatsache, daß auch durch Schwermetallionen eine wasserabweisende Wirkung hervorgerufen werden kann [*71*].

2.4 Reduktion von Schwermetalloxyden an der Glasoberfläche

Bei der hier und da auftretenden Notwendigkeit, schwermetalloxydhaltige, d. h. in den meisten Fällen Bleioxyd enthaltende Gläser vor der Lampe oder, was dieselben Effekte gibt, in einer Randverschmelzmaschine zu erhitzen, muß hier daran erinnert werden, daß durch die reduzierende Atmosphäre der Gasflamme das Bleioxyd der Oberfläche zu metallischem Blei reduziert wird, wodurch auf den Gegenständen ein Spiegel von schwarzem Blei erzeugt wird. Ein solcher schwarzer Spiegel ist als schwerer Fehler anzusehen. Bei der Arbeit vor der Lampe, z. B. beim Perlenwickeln, kann man ihn durch Sauerstoffüberschuß in der Flamme wieder zum Verschwinden bringen. Beim Verwärmen eines abgesprengten Randes dürfte das kaum zu erreichen sein.

a

b

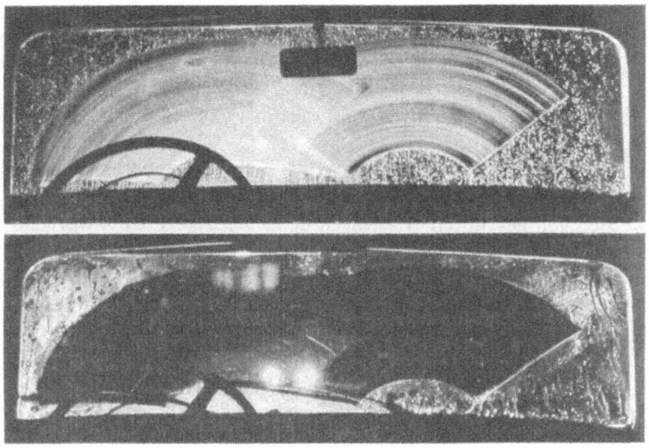

Abb. 686 a u. b. Windschutzscheiben bei Regen vom Wageninnern aus gesehen (a) silikonisiert und (b) nicht silikonisiert

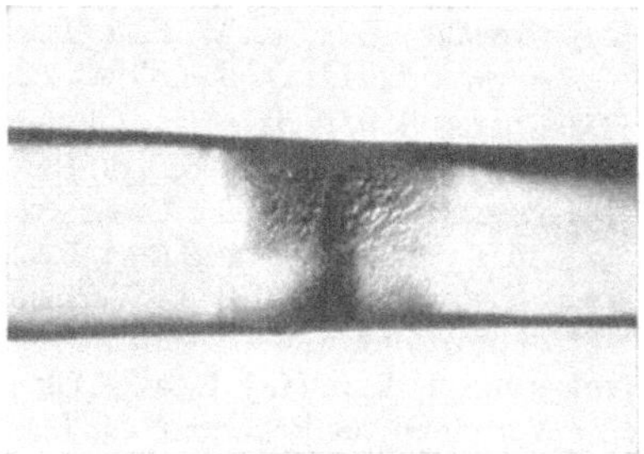

Abb. 687. Reduktion eines Bleiglases durch reduzierende Flamme. Gleichzeitig Runzelbildung, wahrscheinlich infolge von Entglasung

Wird in einer Glasoberfläche Bleioxyd zu Metall reduziert, so fehlt dieses Bleioxyd natürlich in der Zusammensetzung des Glases und es kann außer der Metallausscheidung auch noch eine Entglasung auftreten. In Abb. 687 ist eine Bleiglasstange mit Reduktion und gleichzeitiger Runzelbildung infolge reduzierender Flamme dargestellt.

3 Schrifttum

VIII. Chemische Veränderungen an der Oberfläche des Glases

[*1*] ZACHARIASSEN, W. H.: Die Struktur der Gläser. Glastechn. Ber. Bd. 11 (1933) S. 120.

[*2*] WARREN, B. E. u. J. BISCOE: Fourier analysis of X-Ray Patterns of Soda-Silica Glass. J. Amer. ceram. Soc. Bd. 21 (1938) S. 259.

[*3*] STEVELS, J. M.: Progress in the Theory of the Physical Properties of Glass. Elsevier Publishing Co. (1948).

[*4*] REXER, E.: Kritische Untersuchungen der Methoden zur Bestimmung der Angreifbarkeit von Gläsern. Keram. Rdsch. Bd. 38 (1930) S. 387, 421, 492, 506, 546, 560, 590, 624. Ref. Glastechn. Ber. Bd. 11 (1933) S. 35.

[*5*] TIELSCH, A. u. E. ZSCHIMMER: Über die Änderung der Lösungsalkalität feuerpolierter Gläser durch Abbrand von Alkali am Schmelzspiegel. Sprechsaal Keramik Bd. 66 (1933) S. 285, 303, 306, 319, 334. Ref. Glastechn. Ber. Bd. 12 (1934) S. 138.

[*6*] LÖFFLER, J.: Die Verarmung der Glasoberfläche an Alkali bei der Heißformung. Glastechn. Ber. Bd. 30 (1957) S. 88.

[*6a*] DIETZEL, A. u. L. MERKER: Entstehung von Inhomogenitäten in der Glasschmelze durch Verdampfung einzelner Glasbestandteile. I. Glastechn. Ber. Bd. 30 (1957) S. 134.

[*7*] SSAMSSONOW, N. J.: Die chemische Widerstandsfähigkeit des nach dem FOURCAULT-Verfahren gezogenen Tafelglases (orig. russ.). Keram. i Steklo Bd. 14 (1938) Nr. 4 S. 32. Ref. Glastechn. Ber. Bd. 17 (1939) S. 84.

[*8*] STÖBER, W.: Adsorptionseigenschaften von Quarzpulvern. Kolloid-Z. Bd. 145 (1956) H. 1 S. 17.

[9] (ohne Verf.Angabe): Das Phänomen kurzlebiger Interferenzfarben an frischen Glasbruchflächen. Sprechsaal Bd. 83 (1950) Nr. 5 S. 84. Ref. Glastechn. Ber. Bd. 23 (1950) S. 233.

[10] LEVENGOOD, W. C.: Study of moisture-condensation patterns on glass and crystalline surfaces. (Untersuchung von Feuchtigkeits-Kondensationsbildern an Glas- und kristallinen Oberflächen.) J. Amer. ceram. Soc. Bd. 38 (1955) S. 178. Ref. Glastechn. Ber. Bd. 28 (1955) S. 405.

[11] KEPPELER, G.: Veränderlichkeit der chemischen Eigenschaften von Glasflächen. Glastechn. Ber. Bd. 12 (1934) S. 366.

[12] KEPPELER, G.: Chemische Wirkung der Glaskühlung. Sprechsaal Keramik Bd. 61 (1928) S. 300. Ref. Glastechn. Ber. Bd. 6 (1928/29) S. 710.

[13] KEPPELER, G.: Kühlgaswirkung bei Flachglas. Glastechn. Ber. Bd. 8 (1930) S. 398.

[14] RIES, K. u. A. DIETZEL: Die Verminderung der Alkalität des Kalk–Natron–Silikat-Glases durch gelöstes Kohlendioxyd. Sprechsaal Keramik Bd. 66 (1933) Nr. 44, 45 S. 753, 773. Ref. Glastechn. Ber. Bd. 12 (1934) S. 350.

[15] SIMMINGSKÖLD, BO.: Förbättring av glasytors vattenresistens genom behandling med ammoniumsalter vid temperaturer i området under glasets deforsationstemperatur. Glastekn. Tidskr. Bd. 6 (1951) S. 119. Ref. Glastechn. Ber. Bd. 25 (1952) S. 259.

[16] FOEX, M. A.: Action à haute température de l'hydrogène sur les verres alkalins. Compt. Rend. Acad. Sci. Bd. 203 (1936) S. 875. Ref. Glastechn. Ber. Bd. 15 (1937) S. 111.

[17] COWARD, J. N. u. W. E. S. TURNER: The clouding of soda-lime-silica glass in atmospheres containing sulphur dioxide. J. Soc. Glass Technol. Bd. 22 (1938) S. 93, 309. Ref. Glastechn. Ber. Bd. 17 (1939) S. 342.

[18] BULLE, G. u. A. DIETZEL: Über das Trübwerden von gekühlten Glaswaren beim Wiedererhitzen. Sprechsaal Bd. 69 (1936) Nr. 25 S. 358. Ref. Glastechn. Ber. Bd. 15 (1937) S. 72.

[19] DEMSKI, A.: Über die Ursachen der beim Glasblasen beobachteten blauen Beschläge. Gas- u. Wasserfach Bd. 83 (1940) Nr. 22 S. 253. Ref. Glastechn. Ber. Bd. 20 (1942) S. 152.

[19a] THOMAS, M.: Über das Verhalten von Gläsern beim Verarbeiten vor der Lampe. Glastechn. Ber. Bd. 14 (1936) S. 341.

[20] JONES, F. L. u. H. J. HOMER: Chemical methods for increasing the transparency of glass surfaces. (Chemische Verfahren zur Erhöhung der Durchlässigkeit von Glasoberflächen.) J. opt. Soc. Amer. Bd. 31 (1941) S. 34. Ref. Glastechn. Ber. Bd. 20 (1942) S. 328.

[21] GEFFCKEN, W. u. E. BERGER: Grundsätzliches über die chemische Angreifbarkeit von Gläsern. II. Glastechn. Ber. Bd. 16 (1938) S. 296.

[21a] GEFFCKEN, W.: Der Angriff von alkalischen Lösungen auf Glas und seine Beeinflussung durch gelöste Ionen. Kolloid-Z. Bd. 86 (1939) S. 11.

[22] SCHMIDT, R. u. F. SPÄTE: Vorschläge für die wünschenswerte Haltbarkeitsanforderungen an die einzelnen Glassorten. F.A Bericht d. DGG. Nr. 26 (1933).

[22a] JEBSEN-MARWEDEL, H. und H. REUMUTH, Struktur des Randes von Wassertropfen bei Benetzung von Glas und ihre Bedeutung. Glastechn. Ber. Bd. 29, (1956) S. 128.

[23] WEYL, W. A.: Some practical aspects of the Surface chemistry of glass. Glass Ind. Bd. 28 (1947) Nr. 5 S. 231, 254, 300, 324, 349, 370, 372, 374, 376, 382, 408, 428, 432.

[24] BURCH, O. G.: The development of an reliable method for determination of the solubility of soda-lime-silica-glasses. Bull. Amer. ceram. Soc. Bd. 13 (1934) S. 200.

[25] DERTEW, N. K., B. P. ZWEREW u. R. JA. KWILITSKI: Chemische Beständigkeit von Glas. J. Prikladn. Chim. Bd. 22 (1949) S. 235. Ref. Sprechsaal Bd. 84 (1951) Nr. 18 S. 375.

[26] LYLE, A. K.: Theoretical aspects of chemical attack of glasses by water. J. Amer. ceram. Soc. Bd. 26 (1943) Nr. 6 S. 201. Ref. Glastechn. Ber. Bd. 25 (1952) S. 27.

[27] DUBROWO, S. K. u. J. A. SCHMIDT: Die Reaktion glasartiger Silikate und Alumosilikate des Natriums mit wäßrigen Lösungen (orig. russ.). Nachr. Akad. Wiss. UdSSR Abt. Chem. Wiss. Moskau (1953) Nr. 4 S. 597.

[28] KEPPELER, G. u. M. THOMAS-WELZOW: Die Zeitabhängigkeit des Wasserangriffes an Glas. Glastechn. Ber. Bd. 11 (1933) S. 205.

[29] BERGER, E.: Grundsätzliches über die chemische Angreifbarkeit von Gläsern. I. Glastechn. Ber. Bd. 14 (1936) S. 351.

[30] ZIENER, TH.: Die Sterilisation von Glas. Chirurg.-techn. Korr.-Blatt Bd. 56 (1935) S. 466. Ref. Glastechn. Ber. Bd. 14 (1936) S. 332.

[31] (ohne Verf.Angabe): Hydrolytische Muschelbrüche an Flaschen. Sprechsaal Bd. 71 (1938) S. 256. Ref. Glastechn. Ber. Bd. 16 (1938) S. 307.

[32] ZSCHACKE, F. H.: Über einen eigenartigen Fall von Fleckenbildung bei einer Verglasung in Seidentonmalerei. Diamant Bd. 61 (1939) S. 21, 31. Ref. Glastechn. Ber. Bd. 17 (1939) S. 292.

[33] MARBOE, E. C.: La formation de tâches sur des récipients en verre en contact avec du fer. (Die Fleckenbildung auf Glasgefäßen bei Berührung mit Eisen.) Verr. et Réfract. (1947) Okt. S. 10. Ref. Glastechn. Ber. Bd. 22 (1948/49) S. 368.

[34] SCHRÖDER, H.: Über die Angreifbarkeit des Glases durch Lösungen mit pH-Werten nahe 7. Glastechn. Ber. Bd. 26 (1953) S. 91 und Z. Naturforsch. Bd. 4a (1949) Nr. 7 S. 515.

[35] GEILMANN, W.: Beiträge zur Kenntnis alter Gläser. IV. Die Zersetzung der Gläser im Boden. Glastechn. Ber. Bd. 29 (1956) S. 145.

[36] LÖFFLER, J.: Die Prüfung von Tafelglas auf Klimaempfindlichkeit. Glastechn. Ber. Bd. 29 (1956) S. 131.

[37] Oberlies, F.: Elektronenoptische Untersuchungen an verwitterten Glasoberflächen. Glastechn. Ber. Bd. 29 (1956) S. 109.
[38] Coellingh, M. B.: Optische Untersuchungen über das Flüssigkeits-Dampfgleichgewicht in kapillaren Systemen. Kolloid-Z. Bd. 87 (1939) S. 251. Ref. Glastechn. Ber. Bd. 17 (1939) S. 312.
[39] Raman, C. V. u. V. S. Rajagopulan: The structure and optical character of iridiscent glass. (Struktur und optische Eigenschaften von irisierendem Glas.) Proc. Ind. Acad. Sci., Sect. A, Bd. 9 (1939) S. 371. Ref. Glastechn. Ber. Bd. 18 (1940) S. 227.
[40] Schröder, H.: Über Einflüsse der Politur auf die Oberflächenkorrosion von Glas. Glastechn. Ber. Bd. 22 (1948/49) S. 424.
[41] Hubbard, D., M. H. Black u. G. F. Rynders: Electrode function (p_H response), hygroscopicity and chemical durability of soda-lead-oxide-silica glasses. (Elektrodenfunktion, Hygroskopizität und chemische Haltbarkeit von Na_2O–PbO–SiO_2-Gläsern.) J. Res. Nat. Bur. Stand. Bd. 45 (1950) S. 430. Ref. Glastechn. Ber. Bd. 25 (1952) S. 53.
[42] Dietrichs, W., H. Jebsen-Marwedel, J. Löffler u. F. Wefer: Glasschmelzen mit Scherben. Glastechn. Ber. Bd. 27 (1954) S. 221. F.A. Bericht d. DGG. Nr. 52.
[43] Dimbleby, V., H. S. Y. Gill u. W. E. S. Turner: Some effects of storage on the chemical durability of glass containers. (Über den Einfluß der Lagerung auf die chemische Widerstandsfähigkeit von Glasbehältern.) J. Soc. Glass Technol. Bd. 19 (1935) S. 231. Ref. Glastechn. Ber. Bd. 15 (1937) S. 477.
[44] (ohne Verf.Angabe): Controlled humidity steps up Production of army gun sights. (Die Kontrolle der Luftfeuchtigkeit fördert die Erzeugung von Visieren.) Glass Ind. Bd. 24 (1943) S. 116. Ref. Glastechn. Ber. Bd. 23 (1950) S. 27.
[45] Owens, J. S. u. E. C. Emanuel: Effect of storage conditions on weathering of commercial glass containers. (Der Einfluß der Lagerungsbedingungen auf die Verwitterung handelsüblicher Glasflaschen.) J. Amer. ceram. Soc. Bd. 25 (1942) S. 359. Ref. Glastechn. Ber. Bd. 22 (1948/49) S. 234.
[46] Matson, F. R.: Die Hygroskopizität von Natron–Kalk–Kieselsäure-Behältergas. J. Amer. ceram. Soc. Bd. 32 (1949) Nr. 4 S. 121. Ref. Sprechsaal Bd. 85 (1952) S. 56.
[47] Bremond, P.: Contribution a l'étude de la dissolution et de la désagrégation superficielle, sous forme de paillettes, des verres au contact de l'eau et des solutions aqueuses. (Beitrag zum Studium der Auflösung und Oberflächenzerstörung von Gläsern in Form von Flittern bei Berührung mit Wasser und wäßrigen Lösungen.) Verr. et Réfract. Bd. 2 (1948) S. 15. Ref. Glastechn. Ber. Bd. 22 (1948/49) S. 433.
[48] Zschacke, F. H.: Unterscheidung des Flachglases hinsichtlich Herstellungsweise und nach Bearbeitung durch Schleifen und Polieren. Glastechn. Ber. Bd. 12 (1934) S. 227.
[49] Rauschert, M.: Das Problem der Tropenbeständigkeit von Kameras. Z. VDI Bd. 96 (1954) S. 778. Ref. Glastechn. Ber. Bd. 27 (1954) S. 435.
[50] Richards, O. W.: Some fungous contaminants of optical instruments. (Pilzflecke auf optischen Instrumenten.) J. Bact. Bd. 58 (1949) S. 453. Ref. Glastechn. Ber. Bd. 25 (1952) S. 160.
[51] Turner, J. S., E. I. McLennan, J. S. Rogers u. E. Matthaei: Tropic-proofing of optical instruments by a fungicide. Nature Bd. 158 (1946) S. 469. Ref. Glastechn. Ber. Bd. 26 (1953) S. 43.
[52] Kilian, G.: Verpacken und Lagern von Tafelglas. F.A. Bericht d. DGG. Nr. 28 (1934).
[53] Erklärung der Tafelglashütten über Umtausch erblindeten Glases. (V.D.T., Frankfurt/Main.) Ref. Glastechn. Ber. Bd. 11 (1933) S. 188.
[54] (ohne Verf.Angabe): The wathering and corrosion of glass. (Verwitterung und Korrosion von Glas.) Chem. Age Bd. 32 (1935) S. 330. Ref. Glastechn. Ber. Bd. 15 (1937) S. 477.
[55] Jebsen-Marwedel, H. u. K. Dinger: Vergleichende Wirkung verschiedenartiger Vergütung auf die Auslaugbarkeit frischer Glasoberflächen. Glastechn. Ber. Bd. 22 (1948) S. 57.
[56] Simpson, H. E.: Some factors affecting the testing of surfaces durability of flat glass. (Einige Faktoren, die die Prüfung der Oberflächenhaltbarkeit des Glases beeinflussen.) J. Amer. ceram. Soc. Bd. 36 (1953) S. 143. Ref. Glastechn. Ber. Bd. 27 (1954) S. 435.
[57] Lyon, K. C.: Einfluß der Spülung auf die chemische Haltbarkeit von Flaschenglas. J. Amer. ceram. Soc. Bd. 32 (1949) S. 46.
[58] Williams, H. S. u. W. A. Weyl: Surface dealkalisation of finished glassware. Glass Ind. Bd. 26 (1945) S. 275, 290, 301, 324, 339, 341, 344. Ref. Glastechn. Ber. Bd. 23 (1950) S. 231.
[59] DIN 12111: Glas für Laboratoriumsgeräte, Prüfverfahren, Hydrolytische Widerstandsfähigkeit, Schnellverfahren (1956).
[60] Mylius, F.: Die alkalimetrische Prüfung der Glasgeräte. Z. angew. Chem. Bd. 34 (1921) Nr. 50 S. 281.
[61] Keppeler, G. u. F. Hofmeister: Zur Kenntnis des Flachglases. Glastechn. Ber. Bd. 6 (1928/29) S. 76.
[62] Jebsen-Marwedel, H. u. A. Becker: Die chemische Oberflächenprüfung von Tafelglas. Glastechn. Ber. Bd. 10 (1932) S. 556.
[63] Jones, F. L.: Durability of optical glass. J. Amer. ceram. Soc. Bd. 24 (1941) S. 119.
[64] Long, B.: L'altérabilité des verres d'optique. (Die Verwitterung optischer Gläser.) Verr. et Réfract. Bd. 3 (1949) S. 97. Ref. Glastechn. Ber. Bd. 28 (1955).
[65] Simpson, H. E.: Method of measuring surface durability of glass. (Ein Verfahren zur Bestimmung der Oberflächenhaltbarkeit von Glas.) Bull. Amer. ceram. Soc. Bd. 30 (1951) S. 41. Ref. Glastechn. Ber. Bd. 27 (1954) S. 54.
[66] Simpson, H. E.: Adaption of replica technique to measurement of surface durability of glass. (Anwendung

eines modifizierten Abdruckverfahrens für die Messung der Oberflächenbeständigkeit von Glas.) J. Amer. ceram. Soc. Bd. 38 (1955) S. 81. Ref. Glastechn. Ber. Bd. 28 (1955) S. 444.

[67] THOMPSON, G. H.: The assessment of an electrical method for comparing the durability of soda-lime-silica glasses. (Die Bewertung einer elektrischen Methode zum Vergleich der Haltbarkeit von Soda—Silikat-Gläsern.) Glass Rev. Bd. 23 (1949) Nr. 3 S. 65. Ref. Glastechn. Ber. Bd. 26 (1953) S. 247.

[68] MCFARLANE, J. S. u. D. TABOR: Adhesion of solids and the effect of surface film. Proc. roy. Soc. London Bd. 202 (1950) S. 224. Ref. Glastechn. Ber. Bd. 25 (1952) S. 217.

[69] BISHOP, F. L. u. F. W. MOWREY: Deterioration of the surface of sheet glass. (Zerstörung der Oberfläche von Tafelglas.) Bull. Amer. ceram. Soc. Bd. 31 (1952) S. 13. Ref. Glastechn. Ber. Bd. 25 (1952) S. 189.

[70] RAMSAUER, R.: Über die Wirkung von silikonhaltigen Lackpflegemitteln auf Windschutzscheiben. Glastechn. Ber. Bd. 28 (1955) S. 451.

[71] ROMAN, M. K., E. C. MARBOE u. W. A. WEYL: The influence of heavy metal ions on the hygroskopicity of a glass surface. J. Soc. Glass Technol. Bd. 32 (1948) Nr. 148 S. 260. Ref. Glastechn. Ber. Bd. 24 (1951) S. 204.

Nicht zitierte Literatur

[72] TURNER, W. E. S., H. S. BLACKMORE, V. DIMBLEBY, H. S. Y. GILL, H. W. HOWES u. W. J. A. WARREN: The basis of a standard test for the chemical durability of glass bottles. J. Soc. Glass Technol. Bd. 19 (1935) S. 171. Ref. Glastechn. Ber. Bd. 14 (1936) S. 108.
(a) TURNER, W. E. S.: The testing of glass containers for chemical durability. J. Amer. ceram. Soc. Bd. 18 (1935) S. 135. Ref. Glastechn. Ber. Bd. 14 (1936) S. 108.

[73] (ohne Verf.Angabe): Das Schwitzen verpackter Waren. Glas u. App. Bd. 17 (1936) Nr. 1 S. 3. Ref. Glastechn. Ber. Bd. 14 (1936) S. 262.

[74] MERGLER, FRIEDRICH: Über die Lagerung von Glaswaren. Glashütte Bd. 66 (1936) S. 126. Ref. Glastechn. Ber. Bd. 14 (1936) S. 225.

[75] JEBSEN-MARWEDEL, H.: Über Glasoberflächen verschiedener Herstellungsweisen. Fachausschußprotokoll, Glastechn. Ber. Bd. 15 (1937) S. 125.

[75a] SCHMIDT, R.: Sammelreferate über chemische Widerstandsfähigkeit des Glases. Glastechn. Ber. Bd. 15 (1937) S. 469.

[75b] ARNOT, EGON: Über die Oberflächenerblindung des Albatringlases und seine Wirkung auf die Schmelzgefäße. Sprechsaal Bd. 68 (1935) S. 601. Ref. Glastechn. Ber. Bd. 15 (1937) S. 188.

[76] RAF, S. JA. u. I. JE. SCHAPIRO: Über die Verminderung des Alkaligehaltes und die Erhöhung der chemischen Widerstandsfähigkeit von FOURCAULT-Glas (orig. russ.). Stekoln. Prom. Bd. 15 (1939) Nr. 10 S. 15. Ref. Glastechn. Ber. Bd. 18 (1940) S. 135.

[77] DORAN, R. F. u. S. N. SCHOLES: Durability of glass Estimating dissolved Alkali by p_H-Determination. J. Amer. ceram. Soc. Bd. 23 (1940) S. 91. Ref. Glastechn. Ber. Bd. 22 (1949) S. 303.

[78] (ohne Verf.Angabe): Effect of sulphur gases on surfaces (A review). (Wirkung der Schwefelgase auf die Oberfläche.) Glass Ind. Bd. 21 (1940) S. 24. Ref. Glastechn. Ber. Bd. 19 (1941) S. 331.

[79] ADAMS, F. W. u. P. W. FRENCH: Characteristic interference patterns of plate and window glass. (Charakteristische Interferenzfiguren von Spiegel- und Fensterglas.) J. Amer. ceram. Soc. Bd. 24 (1941) S. 378. Ref. Glastechn. Ber. Bd. 21 (1945) S. 18.

[80] BACON, F. R. u. O. G. BURCH: Effect of time and temperatur on accelerated chemical durability. Tests made on commercial glass bottles. J. Amer. ceram. Soc. Bd. 23 (1941) Nr. 1 S. 1.

[81] BADGER, A. E. u. R. R. ROUGH: Verbesserung der Widerstandsfähigkeit von Glasoberflächen durch Behandlung mit flüchtigen Salzen. Glass Ind. Bd. 22 (1941) Nr. 3 S. 109. Ref. Glastechn. Ber. Bd. 23 (1950) S. 231.

[82] NAGAEDA-SYUNPEI: Experiments on water actions on some borosilicate glasses, discontinuous action on glasses for several times. (Versuche über die Einwirkung des Wassers auf einige Borosilikatgläser.) — On the change of the acting power with melting hour. (Über Änderungen der Wirksamkeit mit der Schmelzdauer.) J. Jap. ceram. Assoc. Bd. 49 (1941) Nr. 577 S. 6. Ref. Glastechn. Ber. Bd. 20 (1942) S. 23.

[83] (ohne Verf.Angabe): Die Feuchtigkeit verpackter Glasware. Sprechsaal Bd. 74 (1941) S. 171. Zit. Glastechn. Ber. Bd. 20 (1942) S. 53.

[84] GHERING, L. G. u. F. W. PRESTON: Decrepitude of old bottles; aging weathering and solarization compared with use and abuse. (Die Verminderung des Gebrauchswertes alter Flaschen; Alterung, Witterungs- und Sonnenstrahlungseinflüsse im Vergleich mit Benutzung und Abnutzung.) J. Amer. ceram. Soc. Bd. 25 (1942) S. 53. Ref. Glastechn. Ber. Bd. 22 (1948/49) S. 235.

[85] HOLLAND, A. J., E. PRESTON u. W. E. S. TURNER: Cords, surface condition, and the quality of glassware. (Streifen, Oberflächenzustand und Glasqualität.) J. Soc. Glass Technol. Bd. 26 (1942) S. 177. Ref. Glastechn. Ber. Bd. 22 (1948/49) S. 413.

[86] JEBSEN-MARWEDEL, H.: Mechanische Beschädigungen der Oberfläche von verpacktem Tafelglas unter Mitwirkung von Wasser. Glastechn. Ber. Bd. 20 (1942) S. 347.

[87] SILVERMANN, A. u. L. G. GHERING: Deterioration of old whiskey bottles. (Zerstörung alter Whiskyflaschen.) Glass Ind. Bd. 23 (1942) Nr. 9. Ref. Glastechn. Ber. Bd. 24 (1951) S. 234.

[88] JEBSEN-MARWEDEL, H.: Einfluß der Ofenatmosphäre auf Glas und Schmelze. Sprechsaal Bd. 76 (1943) S. 331. Ref. Glastechn. Ber. Bd. 22 (1948/49) S. 34.

[89] (ohne Verf.Angabe): Glaslagerung und Glaspflege. Dtsch. Glaser-Ztg. Bd. 54 (1943) Nr. 12 S. 116. Ref. Glastechn. Ber. Bd. 21 (1943) S. 178.

[90] (ohne Verf.Angabe): Schutz des Flachglases auf dem Lager vor der Einwirkung von Feuchtigkeit. Diamant Bd. 65 (1943) S. 72.

[91] Dow Corning Corp., Midland, Mich. (Erfinder James Franklin Hyde, Corning N.Y.): Oberflächenbehandlung von Glas und dergleichen. D.B.P. 834002 (1943). Ref. Chem. Zbl. Bd. 123 (1952) H. 30, S. 4832.

[92] Hubbard, Donald: Hygroscopicity and electrode function [p_H response] of glasses and a measure of serviceability. (Hygroskopizität und Elektrodenfunktion von Gläsern als Maß ihrer Brauchbarkeit.) J. Res. Nat. Bur. Stand. Bd. 36 (1946) Nr. 6 S. 511. Ref. Glastechn. Ber. Bd. 25 (1952) S. 53.

[93] Simmingsköld, Bo.: Om Glasets Kemiska motstandskraft. Växjö medlemskrift (1946) Nr. 6 S. 1. Ref. Glastechn. Ber. Bd. 22 (1949) S. 904.

[94] Brewer, J. H. u. J. H. F. Dunning: Glass particles in ampuls. (Glasteilchen in Ampullen.) Glass Packer Bd. 26 (1947) S. 516, 551. Ref. Glastechn. Ber. Bd. 25 (1952) S. 225.

[95] Smith, Rowland, u. P. E. Carbin: Attack of glasses by alkaline solutions. (Angriff von Glas durch alkalische Lösungen.) J. Amer. ceram. Soc. Bd. 32 (1947) Nr. 6 S. 195. Ref. Glastechn. Ber. Bd. 25 (1952) S. 26.

[96] Spitze, L. A. u. D. O. Richards: Surface studies of glass. (Oberflächenstudien an Glas.) J. appl. Phys. Bd. 18 (1947) S. 10. Ref. Physik. Ber. Bd. 29 (1950) S. 77.

[97] Choudchury, Amalendu u. H. N. Das-Gupta. Die Widerstandsfähigkeit von Soda–Kalk–Silikat-Gläsern. I. Teil. (Durability of soda-lime-silicate glasses. Part. 1.) J. Indian chem. Soc. Bd. 25 (1948) S. 477. Ref. Glastechn. Ber. Bd. 26 (1953) S. 118.

[98] Dreyer, J. F. u. W. Ertel: Film detects glass, glaze, enamel defects. (Nachweis von Fehlern in Glasoberflächen, Glasuren und Emaille durch Polacoat-Filme.) Ceram Ind. Bd. 51 (1948) S. 80. Ref. Glastechn. Ber. Bd. 23 (1950) S. 27.

[99] Hubbard, D. u. G. F. Rynders: Chemical durability, specular gloss and transmittance of optical glass. (Chemische Beständigkeit, Glanz und Durchlässigkeit von optischem Glas.) Bur. of Stand. J. of Res. Bd. 41 (1948) Nr. 5 S. 477. Ref. Physik. Ber. Bd. 29 (1950) S. 66.

[100] Bose, Arup Kumar, Amalendra Chowdhury u. H. N. Das-Gupta: The durability of soda-lime-silicate glasses. Part. 2. (Die Widerstandsfähigkeit von Soda–Kalk–Silikat-Gläsern. 2. Teil.) J. Indian chem. Soc. Bd. 26 (1949) 7, S. 353. Ref. Glastechn. Ber. Bd. 26 (1953) S. 119.

[101] Douglas, R. W. u. J. O. Isard: The action of water and sulphur dioxide on glass surfaces. J. Soc. Glass Technol. Bd. 33 (1949) S. 289. Ref. Glastechn. Ber. Bd. 23 (1950) S. 284.

[102] Greene, J. F. u. A. L. Hinson: Glass durability tests effect of shape and size of containers for injections. (Der Einfluß der Form und Größe von Ampullen auf Beständigkeitsprüfungen am Glas.) Bull. Nat. Form. Com. Bd. 17 (1949) Nr. 3/4 S. 61.

[103] Alga, K.: Ursache und Einwirkung der Feuchtigkeit auf Tafelglas (orig. ital.). Lastre Vetro e cristallo (1950) 3, S. 23. Ref. Sprechsaal Bd. 84 (1951) S. 92.

[104] Kinukaki, Susumu: Studies on glass surfaces, migration of alkali ions through the surface layer. (Studien an Glasoberflächen, Wanderung von Alkaliionen durch die Oberflächenschicht.) Sci. Rep. RITU. Ser. A Bd. 2 (1950) S. 405. Ref. Glastechn. Ber. Bd. 24 (1951) S. 205.

[105] Lhota, M.: Die Rolle des Magnesiums im Glas (orig. tschech.). Zyávy Ceskoslov. Keram. Skl. Spol. Bd. 26 (1950) Nr. 3. Ref. Sprechsaal Bd. 86 (1953) Nr. 3 S. 59.

[106] Penkert, R.: Ursprung und Beseitigung von Beschlägen auf Glas. Neue Glaser-Ztg. 1950 S. 212. Ref. Glastechn. Ber. Bd. 25 (1952) S. 189.

[107] Preston, F. W.: Lightning tracks on mirrored glass. (Flecke auf Spiegelglas.) Bull. Amer. ceram. Soc. Bd. 29 (1950) S. 35. Zit. Glastechn. Ber. Bd. 23 (1950) S. 86.

[108] Sudhir, Sen u. F. V. Tooley: Determination of calcium sodium and silicate ions in extracts from chemical durability tests on glass. (Bestimmung von Kalzium-, Natrium- und Silikationen in Auslauglösungen von chemischen Haltbarkeitsprüfungen an Gläsern.) J. Amer. ceram. Soc. Bd. 33 (1950) 5 S. 178. Ref. Glastechn. Ber. Bd. 24 (1951) 10 S. 255; Ref. Sprechsaal (1952) Nr. 10 S. 234.

[109] Simpson, H. E.: Some testes of surface durability of bottle glass. (Einige Prüfmethoden der Oberflächenhaltbarkeit von Flaschengläsern.) Glass Ind. Bd. 31 (1950) S. 567. Ref. Glastechn. Ber. Bd. 24 (1951) S. 103.

[110] Stockdale, G. F. u. F. V. Tooley: Effect of humid conditions on glass surfaces studied by photographic and transmission techniques. (Einfluß der Feuchtigkeit auf Glasoberflächen und Untersuchungen durch Photographie und Durchlässigkeitsmessungen.) J. Amer. ceram. Soc. Bd. 33 (1950) S. 11. Ref. Glastechn. Ber. Bd. 23 (1950) S. 356.

[111] Besborodoff, M. A. u. L. A. Shunina: Das Auslaugen des Glases während des Lagerns (orig. russ.). Steklo i Keram. UdSSR (1951) Nr. 6 S. 3. Ref. Sprechsaal Bd. 86 (1953) Nr. 8, S. 189. Ref. Chem. Zbl. Bd. 126 (1955) Nr. 20, S. 4672.

[112] Dick, E. F., G. E. Lorey, R. D. Skinner u. H. E. Simpson: Note on decomposition of glass by an acid-leaching solution. (Bemerkung über die Zersetzung von Glas durch eine Säureauslauglösung.) J. Amer. ceram. Soc. Bd. 34 (1951) S. 31. Ref. Glastechn. Ber. Bd. 25 (1952) S. 27.

[113] Hubbard, D., M. H. Black, F. Holley u. G. F. Rynders: Elektrodenwiderstand (Ansprechen auf p_H), Hygroskopizität und chemische Widerstandsfähigkeit von Natrium–Kalium–Silikat-Gläsern. J. Res. Nat. Bur. Stand. Bd. 46 (1951) S. 168. Ref. Chem. Zbl. Bd. 123 (1952) Nr. 10 S. 1448.

[114] (ohne Verf.Angabe): Measuring surface durability of glass. (Haltbarkeitsmessung an Glasoberflächen.) Glass Ind. Bd. 32 (1951) Nr. 5 S. 251. Ref. Bayer-Ref. (1952) L. 1154.

[115] GEFFCKEN, W.: Dünne Schichten auf Glas. Glastechn. Ber. Bd. 24 (1951) S. 143.

[116] NAGAI, S. u. T. INOUE: Studies on chemical compositions and water solubilities of glasses. J. ceram. Assoc. Jap. Bd. 59 (1951) W. 656 S. 61. Ref. Glastechn. Ber. Bd. 24 (1951) S. 206.

[117] SIMMINGSKÖLD, BO.: Om glasets ytegenskaper. Glastekn. Tidskr. Bd. 6 (1951) S. 61.

[118] SIEDE, BERNHARD: Bestimmung der Wasserbeständigkeit von Glas. Vorschläge zur Änderung des genormten Prüfverfahrens. Silikat-Techn. Bd. 2 1951) S. 331. Ref. Chem. Zbl. Bd. 123 (1952) Nr. 46, S. 7399.

[119] WESSEL, HANS: Glasangriff durch alkalische Mischlösungen. Silikat-Techn. Bd. 2 (1951) 1, S. 17.

[120] WESSEL, HANS: Die Bestimmung der hydrolytischen Klasse technischer Gläser nach dem Normblatt DIN 12111. Silikat-Techn. Bd. 2 (1951) 9, S. 269. Ref. Chem. Zbl. Bd. 123 (1952) Nr. 41 S. 6591.

[121] ANGENOT, P.: Quelques aspects de l'irisation du verre. (Einige Betrachtungen über das Irisieren von Glas.) Silic. industr. Bd. 17 (1952) S. 41. Ref. Glastechn. Ber. Bd. 25 (1952) S. 189.

[123] BARRER, R. M. u. J. A. BARRIE: Sorbtion and surface diffusion in porous glass. Proc. roy. Soc. A. Bd. 213 (1952) Nr. 1113 S. 250. Ref. Bayer-Ref. (1953) Nr. 1158 S. 2.

[124] BEATTIE, I. R.: The corrosion of glass surfaces. (Angreifbarkeit der Glasoberfläche.) J. Soc. Glass Technol. Bd. 36 (1952) News S. 37. Ref. Glastechn. Ber. Bd. 26 (1933) S. 119.

[125] DEMASSIEUX u. G. PETIT: Application de la polarographie à l'étude des propriétés chimiques des verres. (Anwendung der Polarographie auf das Studium der chemischen Eigenschaften der Gläser.) Chim. et Ind. Bd. 67 (1952) Nr. 1 S. 63. Ref. Glastechn. Ber. 25 (1952) S. 251.

[126] GEORGE, HENRI: Verfahren zur Hydratation von Glas. Franz. Pat. 488889. Ref. Chem. Zbl. (1952) Nr. 49 S. 7870.

[127] GOLDMANN, G., RICHARD u. DONALD HUBBARD: p_H-Wert von nichthygroskopischen Gläsern. J. Res. Nat. Bur. Stand. Bd. 48 (Mai 1952) S. 370. Ref. Chem. Zbl. Bd. 124 (1953) Nr. 10, S. 1544.

[128] HUBBARD, DONALD u. RICHARD G. GOLDMANN: Heterogene Gleichgewichte an der Grenzfläche Glaselektrode–Lösung. J. Res. Nat. Bur. Stand. Bd. 48 (1952) S. 428. Ref. Chem. Zbl. Bd. 126 (1955) Nr. 13 S. 2839.

[129] NIGOLI, F. H.: Anomalous interference films on glass by chemical treatment. (Anomale Interferenzschichten auf Glas durch chemische Behandlung.) J. opt. Soc. Amer. Bd. 42 (1952) S. 241. Ref. Glastechn. Ber. Bd. 28 (1955) S. 202.

[130] ROTHERMEL, D. L. u. M. E. NORDBERG: Flammenphotometrische Schätzung der Widerstandsfähigkeit von Glas. Amer. ceram. Soc. Bull. Bd. 31 (Sept. 1952) S. 324. Ref. Chem. Zbl. Bd. 125 (1954) Nr. 22 S. 4924.

[131] SCOTT, ANDERSON u. D. O. KIMPTON: Interferenzfilme auf Glas. J. Amer. ceram. Soc. Bd. 34 (1952) S. 141. Ref. Chem. Zbl. Bd. 123 (1952) Nr. 2, S. 279.

[132] SIMMINGSKÖLD, B. u. B. R. JÖNSSON: Prov enligt „Ytmetoden" i olika autoklavtyper. (Prüfungen nach der „Oberflächenmethode" in verschiedenen Autoklaventypen. Glastekn. Tidskr. Bd. 7 (1952) Nr. 2, S. 48. Ref. Glastechn. Ber. Bd. 26 (1953) 2, S. 47.

[133] WESSEL, HANS: Spezielle Probleme der chemischen Haltbarkeit von Glas am Beispiel eines Jenaer Elektrodenglases. Silikat-Techn. Bd. 3 (1952) Nr. 11 S. 483. Ref. Chem. Zbl. Bd. 124 (1953) Nr. 35 S. 5560.

[134] GUTKIN, N. G., K. S. ERSTROPJEW u. A. J. KYZNIZOW: Oberflächenleitfähigkeit von Glas in feuchter Atmosphäre (orig. russ.). Z. techn. Phys. Bd. 22 (1952) Nr. 8 S. 1318.

[135] KERÉNYI, ISTVÁN: Daten zur Untersuchung der Alkaliabgabe der Ampullengläser (orig. madjar.). Magyar Kémikusok Lapja Bd. 7 (1952) S. 277. Ref. Chem. Zbl. Bd. 126 (1955) Nr. 2, S. 409.

[136] MATWEJEW, M. A.: Einfluß des Kieselsäuremoduls von glasförmigen Silikaten auf ihre Hydratation und Löslichkeit (orig. russ.). J. angew. Chem. Bd. 26 (1953) S. 1014. Ref. Chem. Zbl. Bd. 126 (1955) Nr. 4, S. 765.

[137] SACK, Dr. WERNER: Glaselektroden. Die Technik Bd. 8 (1953) H. 2 S. 118.

[138] SIEDE, Dr. BERNHARD: Die Autoklavenprobe an Glas. Silikat-Techn. Bd. 4 (1953) Nr. 3, S. 106. Ref. Glastechn. Ber. Bd. 26 (1953) S. 288.

[139] SIMPSON, H. E.: Surface durability of optical glass. (Oberflächenhaltbarkeit optischer Gläser.) J. Soc. Glass Technol. Bd. 37 (1953) S. 249. Ref. Glastechn. Ber. Bd. 27 (1954) S. 435.

[140] WESSEL, HANS: Die Benetzbarkeit von Glas durch Wasser und ihre Messung nach dem Kontaktwinkelverfahren. Silikat-Techn. Bd. 4 (1953) Nr. 2, S. 59. Ref. Glastechn. Ber. Bd. 26 (1953) S. 176.

[141] CORWIN, F. J., A. H. HERZOG, G. E. OWEN, R. G. YALMAN u. A. C. SWINNERTON: The mechanism of the hydrotermal transformation of silica glass to quartz under isothermal conditions. J. Amer. chem. Soc. Bd. 75 (1953) Nr. 16 S. 3933. Yellow Springs, Ohio, Antioch. Coll., Dep. Chem. Geol. Ref. Physik. Ber. Bd. 33 (1954) H. 8, Nr. 8906.

[142] BEATTIE, I. R.: Die Reaktion zwischen Glas und Wasser. J. Soc. Glass Technol. Bd. 37 (Okt. 1953) S. 240. Ref. Chem. Zbl. Bd. 125 (1954) Nr. 40 S. 9116.

[143] BEATTIE, I. R.: The Reaktion between water and vitreous silicates. Trans. Faraday Soc. Bd. 490 (1953) Nr. 8, S. 1095.

[144] HURT, N. A. u. R. WALLINGTON: The action of alkaline Detergents on Bottle Surfaces. (Die Wirkung alkalischer Reinigungsmittel auf Glasoberflächen.) Ind. Chemist. Bd. 29 (1953) 347, 581. Ref. Verfahrenst. Ber. (1954) N 1227/52 S. 974(R).

[145] LUPATO, C.: Su alcune modificazioni in superficie del vetro, con particolare riferimento ai vetri per uso

farmaceutico. (Einige Veränderungen der Glasoberfläche insbesondere bei Gläsern für den pharmazeutischen Gebrauch.) Atti III. Congr. intern. Vetro, Venedig, S. 335. Ref. Glastechn. Ber. Bd. 28 (1955) S. 213.

[146] BONDAREW, K. T.: Der Einfluß von Zirkoniumoxyd auf die chemische Widerstandsfähigkeit von Glas (orig. russ.). Glas u. Keram. Bd. 11 (1954) Nr. 7 S. 19. Ref. Chem. Zbl. Bd. 126 (1955) Nr. 25, S. 5869.

[147] BOTWINKIN, O. K. u. B. V. TARRASSOW: Über die chemische Widerstandsfähigkeit des Glases (orig. russ.). Glas u. Keram. Bd. 11 (1954) N. 6, S. 12. Ref. Silikat-Techn. Bd. 6 (1955) H. 4 (Referatseite).

[148] LUPATO, G., E. MECARELLI, L. NOVACIC u. M. PILIEGO: Produzione e controlli chimico-fisici dei contenitori ad elevata resistenza idrolitica per uso farmaceutico. (Erzeugung und chemisch physikalische Kontrollen von Behältern mit erhöhter hydrolytischer Widerstandsfähigkeit für den pharmazeutischen Gebrauch.) Farmaco Bd. 9 (1954) S. 603. Ref. Glastechn. Ber. Bd. 28 (1955) S. 214.

[149] (ohne Verf.Angabe): (The Reactions between glass and water.) Die Reaktion zwischen Glas und Wasser. Glass Ind. Bd. 35 (1954) S. 1, 29, 40. Ref. Verfahrenstechn. Ber. (1954) L 1228/25 S. 1006.

[150] LINTERMANNS, K. H.: Über die Auslaugbarkeit von Gläsern. Vortrag auf dem „Steine- und Erden-Colloquium" 1955 in Clausthal. Ref. Glastechn. Ber. Bd 28 (1955) S. 373.

[151] MAHONEY, T. J.: Silicones in the industry – a progress report. (Silikone in der Glasindustrie.) Glass Ind. Bd. 36 (1955) S. 316. Ref. Glastechn. Ber. Bd. 28 (1955) S. 492.

[152] SCHELJUBSKI, W. I.: Elektronenmikroskopische Untersuchung der Anfangsstadien der Zerstörung von Glas durch Wasser. Glas u. Keram. Bd. 12 (1955) Nr. 1, S. 8. Ref. Chem. Zbl. Bd. 126 (1955) Nr. 32 S. 7523. (Orig. russ.)

IX. Sprung- und Rißbildung im Glas (Spannung, Kühlung und Bruch)

von K. DINGER, Gelsenkirchen

Eine Substanz, die ihren Zusammenhalt durch Schlag oder Stoß im Augenblick verliert, nennen wir spröde. Dieser Ausdruck ist für den Laien untrennbarer Begleitbegriff jeden Glases. Der Fachkundige versteht dagegen die geringste Abweichung von der Normalen seines Materials, wie sie sich z. B. während des Schneidens oder sonstiger Beanspruchung desselben zu erkennen, aber nicht zahlenmäßig zu erfassen gibt, abzuschätzen und zu bewerten.

Diese Sprödigkeit des Glases bewirkt, daß Sprung- und Rißbildungen mit zu den häufigsten Fabrikationsfehlern gehören. „Der Hauptnachteil (des Glases) ist die durch die große Sprödigkeit bedingte Zerbrechlichkeit" [1].

Im rheologischen Sinn hängt es von der Geschwindigkeit der Beanspruchung ab, ob ein Körper an der Grenze von hochviskosem und sprödem Zustand sich noch zäh oder schon spröde verhält (Beispiel: Asphalt. Sich selbst überlassen deformiert er sich bei Zimmertemperatur. Bei einer Schlagprobe bricht er mit Muschelbruch wie Glas). Die schwachen Reste der Fließbarkeit bei erstarrtem Glas werden hier nicht mehr in Betracht gezogen.

1 Was ist spröde?

Um eine Definition für den allgemein umfassenden Begriff des „spröden Körpers" im physikalischen Sinne geben zu können, muß man sich vor Augen halten, daß der Begriff „spröde" eng verknüpft ist mit der Kohäsion und den elastischen Eigenschaften eines Körpers. Die kleinsten Teile eines Körpers sind bestrebt, ihren gegenseitigen Abstand zu erhalten und setzen jedem Versuch, diesen Abstand zu ändern, einen Widerstand entgegen, den man als Kohäsion bezeichnet. Wird nun ein Körper durch mechanische Kräfte wie Druck, Zug, Biegung, Drillung beansprucht, so erleidet er entweder eine dauernde oder eine vorübergehende Formänderung. Die Eigenschaft eines Körpers, nach Aufhören der deformierenden Kraft seine alte Form wieder anzunehmen, bezeichnet man als Elastizität im Gegensatz zur Plastizität, wenn die Formänderung bestehen bleibt. Die Grenze, bei der dauernde Deformation eines Körpers eintritt, sei es dadurch, daß dauernde plastische Deformation oder völlige Aufhebung des Zusammenhaltes, also Bruch erfolgt, bezeichnet man als Elastizitätsgrenze. Innerhalb der Elastizitätsgrenze sind alle Körper vollkommen elastisch. Spröde Körper haben eine enge Elastizitätsgrenze und eine relativ kleine Kohäsion, d. h. eine Beanspruchung führt leicht zur Überschreitung der Elastizitätsgrenze und damit zu spontanem Zerfall, zum Bruch.

Es soll aber hier kurz darauf hingewiesen werden, daß nach neueren Anschauungen, die sich von der derzeitigen Kenntnis des strukturellen Feinbaues der Materie herleiten, Plastizität und Sprödigkeit nicht allein aus der Stärke und dem Widerstand der Kohäsionskräfte gegen mechanische Beanspruchung zu erklären sind. Nach W. A. WEYL [2] wird das Verhalten von festen Körpern gegen Beanspruchung auf Verformbarkeit und der Bruchvorgang auch durch die Symmetrie der Atomanordnung und die Polarisierbarkeit der an dem Aufbau beteiligten Ionen beeinflußt.

1.1 Glas als spröder Körper

Die Sprödigkeit eines Glases hat A. FÖPPL [3] in einer ausführlichen Darlegung erörtert. Einer ursprünglichen Willkür des Begriffes begegnet er mit der Feststellung, daß das Glas nur geringe Formänderungen zu erleiden vermag, wenn es einem mechanischen Anspruch ausgesetzt wird. Es hält zunächst stand, um dann plötzlich in Trümmer zu fallen.

Während die Elastizität des Metalls [4] darin zur Geltung kommt, daß bei seiner kalten Verformung zuerst eine umkehrbare Entformung stattfindet, die bei weiterer Dehnung einem plastischen „Fließen" Platz macht, fehlt diese Ablösung des einen Vorganges durch den anderen beim Glase nahezu vollständig und macht seine Sprödigkeit aus [5].

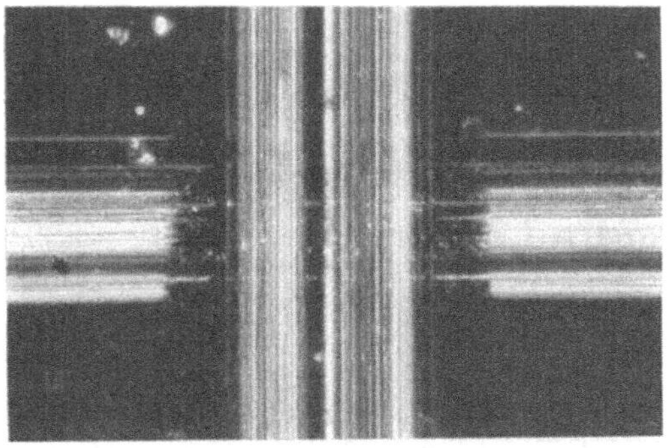

Abb. 688. Kreuzung zweier Ritzbahnen auf einer polierten Oberfläche des optischen Glases SF 2. Ritzwerkzeug: Grammophonnadel, Belastung 400 g, Durchlicht-Dunkelfeld-Beleuchtung 750:1 (W. KLEMM und W. LOOS)

Nur in sehr kleinen Bereichen, z.B. bei sehr kleiner Kontaktfläche mit dem den Bruch erzeugenden Werkzeug, tritt kein Bruch auf, sondern das Glas fließt [6]. Dies geht aus Untersuchungen von SMEKAL [7], KLEMM [8] und anderen Mitarbeitern an Mikro-Ritzspuren, bei denen die Verformung des starren Glases unterhalb der Abmessungen von 0,5 μ bruchfrei war, hervor (Abb. 688). BRÜCHE u. SCHIMMEL [9] konnten an Ritzspuren unter 1 μ Ritzspurbreite den zur plastischen Deformation erforderlichen Flächendruck zu etwa 500 kp/mm^2 (Größenordnung etwa 10 mg Schreibkraft) ermitteln. Bei höherem Schreibdruck treten jedoch die bekannten Sprünge und Brucherscheinungen des „Glasschneidens" auf. Die Frage, in welchem Umfange die Entstehung von hohen Temperaturen die plastische Verformung von Glas beeinflußt [8], konnte bisher noch nicht eindeutig geklärt werden [9].

Eine Messung der Sprödigkeit erfolgte an der Arbeit, die bis zur Zerstörung durch Schlag aufgewendet werden muß, oder an der Bestimmung einer Formänderung, die eben noch ertragen wird. Vergleichswerte zu früheren Untersuchungen an Granit erweisen eine wesentlich größere Sprödigkeit des Glases (als Probekörper dienten jeweils kleine Würfel). Die Sprödigkeit stellt sich somit dar als Quotient aus Druckfestigkeit und „Wertziffer". Von dieser Wertziffer wird hervorgehoben, daß sie bei Zerstörung des Glases durch Schlagarbeit in kp/cm^2 kleiner sei als die Zugfestigkeit, die ihrerseits, wie bekannt, weit hinter der Druckfestigkeit zurücksteht.

Im Zusammenhang hiermit ist der Hinweis am Platz, daß dieser Unterschied von Druck- und Zugfestigkeit nach vorliegenden Untersuchungen unter den Komponenten der Industriegläser in der Hauptsache von der Kieselsäure herzuleiten ist, laut folgender Tabelle [10]:

	Zug	Druck
SiO_2	0,09	1,23
Na_2O	0,02	0,02
CaO	0,2	0,2
PbO	0,025	0,48

Indem für den Kühlvorgang der Gläser die Beziehung zu gelten hat, daß der Abstand von Druck- und Zugfestigkeit auch von Bedeutung für die Wirkung der Restspannungen ist, erhellt die Wichtigkeit dieser Werte für die Weiterverarbeitung des Glases. Auch sind bei technischen Sicherheitsversuchen aus dem gleichen Grunde stets die maximalen Zugkräfte als maßgebend zu bewerten (600 bis 900 kp/cm^2 gegenüber 8800 bis 9300 kp/cm^2). – Vor allen Dingen aber ist in diesem Sinne der Befund wichtig, daß die Bearbeitbarkeit des Glases, soweit es sich um mechanisch wirkende Maßnahmen handelt, nicht mit seiner Härte zusammenhängt, sondern im Sinne der unter Ziff. 3.52 behandelten Kettensprung-Grundlage dieses Vorganges eine Funktion seiner Zugfestigkeit zu sein scheint.

Der Sprödigkeitsbegriff wird von PRESTON [*11*] weitgehend auf Glas und glasähnliche Stoffe allein zugeschnitten durch die Umschreibung, daß „spröde" sein folgendes voraussetze: 1. Empfindlichkeit gegen Zug(!)kräfte, 2. hoher Elastizitätsmodul, 3. hinreichende Zugfestigkeit (um „bröcklige" Stoffe auszuscheiden), 4. die Entwicklungsfähigkeit für Gabelsprünge (Splitterbildung).

Etwas abweichend von der FÖPPLschen Definition der Sprödigkeit wurde diejenige von Opalgläsern [*12*] gemessen. Es ergab sich – wie nicht anders zu erwarten war –, daß der thermische Ausscheidungsbereich (1050°) der trübenden Kristalle die Sprödigkeit stark verändern kann. – BERGER [*13*] betont das rein elastische Auffangen von Stößen ohne bleibende Formänderung als Sprödigkeitskennzeichen. Ein Überschreiten der Elastizitätsgrenze [*5, 14*] führt zum Bruch des spröden Körpers. Die Elastizität selber ändert sich jedoch mit der Temperatur und geht oberhalb des Transformationspunktes [*15*] zugunsten einer plastischen Entformbarkeit verloren, die im kalten Zustand nur in verschwindend geringem Maße [*16*] vorhanden ist. Der Übergang von „sprödem" zu „zähem" Verhalten des Glases gilt als charakteristisch für seinen molekularen Zustand [*17*]. Der Übergang selbst verrät sich sogar unmittelbar an dem Verhalten des Glases beim Anritzen der Oberfläche [*18*].

1.2 Spannung und Bruch als Folge der Sprödigkeit

Wird ein spröder Werkstoff wie das Glas, welches infolge seiner engen Elastizitätsgrenze nur eine geringe Formänderung zu erleiden vermag, mechanisch oder auch, allerdings in dem begrenzten Temperaturbereich unterhalb der Entspannungstemperatur, thermisch beansprucht, so treten in ihm Spannungen auf, deren Verteilung in Zug- und Druckspannungsfelder von der Art der Beanspruchung abhängt. Wird an einer unter Zugspannung stehenden Stelle der Grenzwert überschritten, tritt Sprungbildung ein, die nunmehr, dem Weg des geringsten Widerstandes folgend, in Richtung der größten Zugspannung verläuft. Hierbei kann das Einsetzen der Sprungbildung durch Kerbstellenwirkung (vgl. Ziff. 3.5) begünstigt werden. In einem unverspannten Glase läuft ein vordringender Sprung im allgemeinen in der einmal eingeschlagenen Richtung weiter; in einem unter Spannung stehenden Glase ändert er oft plötzlich entsprechend den vorhandenen Spannungszonen seine Richtung. Ein unstetiger Bruchverlauf läßt auf vorhanden gewesene Spannungen beträchtlichen Ausmaßes und ihre Verteilung schließen.

Infolge des engen Zusammenhanges zwischen Spannung und Bruchgefahr scheint es angebracht, daß wir uns zunächst etwas eingehender mit dem Spannungszustand in einem Glase befassen.

2 Spannung

Wollen wir uns ein Bild machen dessen, was unter „Spannung" zu verstehen ist, so muß dieser Begriff ebenso erläutert werden wie die Mittel, die zur Kenntlichmachung der Spannung zur Verfügung stehen [*19–23*].

Spannungsfreies Glas ist ein amorpher, isotroper, also nicht doppelbrechender Körper. Seine Moleküle haben diejenige Lage angenommen, die sie sich gegenseitig gebieten. Es herrscht ein Zustand, den F. RINNE [*24–27*] zwar als „primären Spannungszustand" bezeichnet, der aber als solcher nicht in Erscheinung tritt, weil er in der gesamten Masse gleichmäßig nach allen Richtungen verteilt vorliegt.

Wird auf einen solchen Körper von außen her eine Kraft ausgeübt, so vermag diese das Molekulargefüge dadurch zu beeinflussen, daß Atome verlagert oder ihre Elektronenbahnen verändert werden (RINNE [*28*]). Dasselbe gilt für molekulare Verdrängungen, die dadurch entstehen, daß örtliche Erhitzungen oder Temperaturdifferenzen im Innern des Glases [*25*] Spannungen zuwege bringen. Da die optischen Eigenschaften des Glases ihren Sitz in seinem Feinbau haben, muß also eine solche „sekundäre", zusätzliche (die eigentlich fehlerhafte) Spannung sich optisch bemerkbar machen und dadurch die Deformation im feinbaulichen Gefüge anzeigen. Dies geschieht auf dieselbe Weise, in der die Doppelbrechung in einem doppelbrechenden Kristall sichtbar gemacht wird.

Man bedient sich hierzu des geradlinig polarisierten Lichtes. Im Gegensatz zum gewöhnlichen Licht, welches in allen möglichen Ebenen senkrecht zur Fortpflanzungsrichtung schwingt, versteht man unter geradlinig polarisiertem Licht solches, das nur in einer Ebene schwingt. Läßt man gewöhnliches Licht unter einem Winkel von etwa 55° auf eine schwarz hinterlegte Glasplatte auffallen, dann ist das von dieser Glasplatte – dem Polarisator – reflektierte Licht ziemlich vollkommen geradlinig polarisiert (Abb. 689). Fängt man dieses reflektierte Licht mit einer zweiten derartigen Glasplatte – dem Analysator – unter dem gleichen Winkel auf, so reflektiert die letztere das Licht mit größter Intensität, wenn die Einfallsebenen beider Platten zusammenfallen; dagegen gar nicht, wenn die Einfallsebenen senkrecht zueinander stehen. In jeder Zwischenstellung ist die Intensität um so geringer, je näher die Einfallsebenen der gekreuzten Stellung kommen. Der Polarisator reflektiert nur Licht, welches senkrecht zu seiner Einfallsebene schwingt. Dieses schwingt aber in gekreuzter Stellung der Einfallsebenen zugleich in der Einfallsebene des Analysators und wird dort absorbiert, da letzterer nur senkrecht zur Einfallsebene schwingendes Licht reflektiert. Besonders vollkommen geradlinig polarisiertes Licht liefern sog. Nicolsche Prismen.

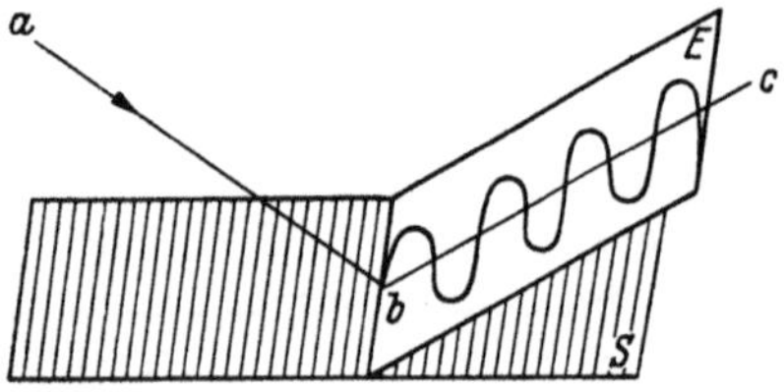

Abb. 689. Geradlinig polarisiertes Licht. *ab* einfallender Lichtstrahl, *bc* reflektierter Lichtstrahl, *S* Spiegel, *E* Schwingungsebene, *a bc* Einfallsebene

Auch in doppelbrechenden Kristallen wird das Licht, mit Ausnahme in der Richtung der optischen Achsen, in zwei senkrecht zueinander schwingende Strahlen zerlegt. Bringt man nun eine beliebig aus einem doppelbrechenden Kristall, jedoch nicht senkrecht zur optischen Achse, geschnittene Platte auf den Objekttisch eines Mikroskopes zwischen gekreuzte Nicols, so wird der vom Polarisator in der Platte ankommende Lichtstrahl in dem Sinne zerlegt, daß er in einem von der Stärke der Doppelbrechung bzw. der Dicke der Platte bestimmten Größenverhältnis in zwei Strahlen zerlegt wird. Beim Hindurchtreten dieses aufgeteilten Lichtstrahles durch den Analysator wird diese Zerlegung sozusagen wieder „eingerenkt". Da aber die Fortpflanzungsgeschwindigkeit des Lichtes beider Schwingungsebenen im doppelbrechenden Körper eine verschiedene ist, kam inzwischen ein Gangunterschied zustande, dessen Wirkung als Aufhellung des an sich durch die gekreuzten Nicols ausgelöschten Lichtes im Gesichtsfeld sichtbar wird. Voraussetzung ist dabei, daß die optische, d.h. hier die Spannungsachse nicht in der Beobachtungsrichtung liegt. Wenn weißes, zusammengesetztes Licht Verwendung fand, können bei stärkerer Doppelbrechung sogar einzelne Farben mehr oder weniger ausgelöscht werden und lassen das hindurchtretende Licht in der Restfärbung, den Interferenzfarben, erscheinen.

Ähnlich wie ein solcher doppelbrechender Kristall verhält sich ein unter Spannung befindliches Glas, das zwar keine Gitterstruktur besitzt, aber unter dem Einfluß der Spannung den Charakter eines optisch einachsigen Kristalles annimt, und zwar eines negativen, wenn und wo es sich unter Druck befindet, eines positiven dort, wo es unter Zug steht (vgl. Abb. 690). Wird diese Spannung künstlich von außen her erzeugt, so löst sie sich auch sofort bis auf ganz geringe Restspuren wieder auf, sobald die die Spannung verursachenden Kräfte davon ablassen, auf den Glaskörper einzuwirken, was optisch leicht zu verfolgen ist. Die „Zeichnung" eines im polarisierten Licht betrachteten Glaskörpers gibt stets nur die Stellen gleicher Spannungslage (Richtung) an; es liegt nur dann Spannungsfreiheit vor, wenn beim Drehen des Objektes zur Blickachse eine Stelle dauernd ungefärbt bzw. schwarz erscheint, also nicht nur senkrecht oder parallel zur Richtung der Nicols.

2.1 Unterscheidung von Druck- und Zugspannung

Da die Widerstandsfähigkeit des Glases gegen Druck- und Zugspannung eine verschieden große ist (s. oben), ist auch die Frage von Bedeutung, wie diese beiden entgegengesetzten Zustände voneinander zu unterscheiden sind. Es ist folgendes zu beachten:

Die beiden in verschiedenen Ebenen schwingenden Komponenten des polarisierten Lichtstrahles pflanzen sich mit verschiedener Geschwindigkeit in dem gespannten Körper fort. Durch Einführung eines bekannten Vergleichskörpers, z.B. eines Gipsplättchens (mit bekanntem Gangunterschied Rot I. Ordnung [530 mμ] und markierter Schwingungsrichtung *a* und *c*) in den Strahlengang (Abb. 690), läßt sich ermitteln, welchem Strahl die Schwingungsrichtung mit größerer (*a*), welchem die mit kleinerer Geschwindigkeit (*c*) im Untersuchungskörper zukommt. Die Doppelbrechung des zu untersuchenden und des Vergleichskörpers addiert sich nämlich (Rot geht in Blau über), wenn die Strahlen *a* und *c* in beiden parallel schwingen, sie subtrahieren sich (Rot geht in Gelb über), wenn sie senkrecht zueinander schwingen.

Ein unter Druck stehender Glaswürfel verhält sich z.B., wenn die Beobachtung quer zu der Druckrichtung erfolgt, wie ein optisch negativer Kristall: Man stellt Doppelbrechung fest mit einer Schwingungsrichtung des schnelleren Strahles *a* in der Druckrichtung, des langsameren *c* senkrecht dazu, wobei die Richtungen *a* und *c* mit Hilfe des Gipsplättchens in der beschriebenen Weise ermittelt werden müssen.

Erfolgte die Untersuchung des Glaskörpers quer zu einer Zugbeanspruchung, so ergibt sich der Charakter eines optisch positiven, einachsigen Kristalls mit genau umgekehrten Verhältnissen: Der schnellere Strahl *a* schwingt quer zur Zugrichtung, der langsamere *c* in ihr. – Genau genommen, läßt sich allerdings nur feststellen, daß der durch gerichtete mechanische Kräfte beanspruchte Glaskörper sich in der einen Richtung unter Pressung befindet und in derjenigen senkrecht dazu unter Dehnung, bzw. daß er in der einen gepreßt oder in der anderen gedehnt wird. Nicht aber läßt sich die Richtung selbst ermitteln [21].

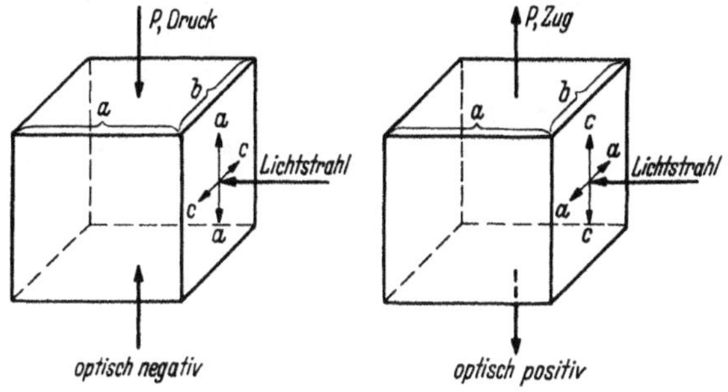

Abb. 690. Verhalten eines Glaswürfels beim Pressen und Ziehen. *a* Außerordentlicher Strahl. Schwingungsrichtung des Strahles bei größter Geschwindigkeit. *c* Ordentlicher Strahl. Schwingungsrichtung des Strahles bei kleinster Geschwindigkeit (nach F. Späte)

Da Fremdkörper im Glase häufig den Anlaß für das Auftreten von Spannungen im Glase bilden, deren nähere Kenntnis Rückschlüsse auf ihren Ursprung und ihr Verhalten zuläßt, hat auch A. Dietzel [29] Einzelheiten über die methodische Untersuchung in diesem Zusammenhang gebracht.

2.2 Vorübergehende und bleibende Spannungen

Wir haben bereits in Abschnitt 2.1 gesehen, daß Druck- und Zugspannungen beim Pressen oder Dehnen eines Glaskörpers entstehen. Aber auch jede andere mechanische Beanspruchung wie z.B. Biegen oder Drillen bringt im Glase Spannungen hervor. Diese verschwinden jedoch nach Aufheben der Kraftwirkung, vorausgesetzt, daß die Elastizitätsgrenze nicht überschritten wird. Man bezeichnet sie daher als vorübergehende oder temporäre Spannungen. Sie entstehen aber auch, wenn man einen spannungsfreien Glaskörper in dem Temperaturbereich unterhalb derjenigen Temperatur, bei welcher die Zähigkeit des Glases $5 \cdot 10^{14}$ CGS-Einheiten beträgt (untere Entspannungstemperatur), ungleichmäßig erwärmt oder abkühlt. Sobald Temperaturausgleich im Glas wieder hergestellt ist, tritt auch Entspannung ein.

Wenn ein Glas aus dem heiß-plastischen in den spröden Zustand übergeht, so muß es einen Temperaturbereich durchlaufen, in welchem der Widerstand gegen die Formänderung beim Abkühlen so ansteigt, daß bei nicht gesteuerter Abkühlungsgeschwindigkeit die Netzwerkelemente immer stärker gehindert werden, die struktur-energetisch erforderliche Anordnung augenblicklich einzunehmen. Dieser „gefährliche Temperaturbereich", Transformations- oder Entspannungsbereich genannt, umfaßt das Gebiet zwischen denjenigen Temperaturen, bei welchen die Zähigkeit von 10^{12-13} CGS-Einheiten[1] (obere Entspannungstemperatur) auf $5 \cdot 10^{14}$ CGS-Einheiten (untere Entspannungstemperatur) ansteigt. Hat die Zähigkeit den Wert von $5 \cdot 10^{14}$ CGS-Einheiten erreicht, tritt vollständige Erstarrung des Glases ein. In diesem Augenblick sind die von ihr ergriffenen Teile des Glasgegenstandes nicht mehr imstande, ihre Lage zu verändern. Durch die zwischen ihnen und den bis zuletzt noch plastischen Teilen herrschenden Kohäsionskräften werden gegenseitige Einwirkungen ausgelöst, von denen ein „Spannungszustand" erzeugt wird.

Eine sich abkühlende Kugel schrumpft. Dieser Vorgang beginnt an der Oberfläche, die mehr Wärme abgeben kann als das Innere. Sie kommt zuerst an die Erstarrungsgrenze und wehrt sich von jetzt ab dagegen, dem nachfolgenden Schrumpfungsbestreben des Inneren weiterhin Folge zu leisten. Das Innere muß also erstarren, ohne daß sich sein verminderter Raumbedarf ganz auswirken könnte. Da sich aber die Schale der Kugel bereits in sprödem Zustand befindet, widerstrebt sie einer Volumenänderung. Infolgedessen wird auf sie in tangentialer Richtung Druck ausgeübt, während der Kern unter radiale Zugspannung gerät. Die Spannungen entstehen also im wesentlichen durch den Zähigkeitsunterschied der verschieden heißen Außen- und Innenschicht. U.U. kann aber noch in letzter Minute dadurch wenigstens z.T. ein Volumenausgleich eintreten, daß die Rinde kurz vor der völligen Versteifung oder durch nachträgliches Wiedererwärmen doch noch einer Raumveränderung nachgibt, indem sie durch die Zugkräfte des Inneren gewissermaßen „gestaucht" wird und unter Runzelbildung schrumpft (Abb. 691). Dies ist aber sehr selten der

[1] Die obere Entspannungstemperatur ist in engen Grenzen veränderlich und hängt vom angewendeten Kühlverfahren ab (vgl. Ziff. 2.6).

(übrigens ebenso unerwünschte) Fall. Vor allen Dingen darf aber nicht umgekehrt aus dem Vorhandensein von Runzeln unbedingt auf diesen Vorgang geschlossen werden, wie es leider häufig geschieht. – Es bleibt also in der Kälte ein Körper zurück, in dem zwischen der Rinde und dem Inneren ein bedrohlicher Spannungszustand herrscht. Die durch die Wärmevergangenheit im erstarrten Glase erhaltenen Spannungen bezeichnet man als bleibende oder permanente Spannungen. Sie können nur durch nochmalige Erwärmung bis zur oberen Entspannungstemperatur und nachfolgende Abkühlung unter Einhaltung eines ganz bestimmten zeitlichen Temperaturverlaufs entspannt werden (vgl. Ziff. 2.61).

Trotz bester Kühlung bleibt in den technischen Gläsern noch ein größerer oder kleinerer Betrag an Restspannung zurück, der aber, wenn ein für die betreffende Glasart spezifischer Schwellenwert nicht überschritten wird (vgl. Ziff. 2.6), ungefährlich ist. Als Beispiel diene die Darstellung in Abb. 692. Sie zeigt die an Hand

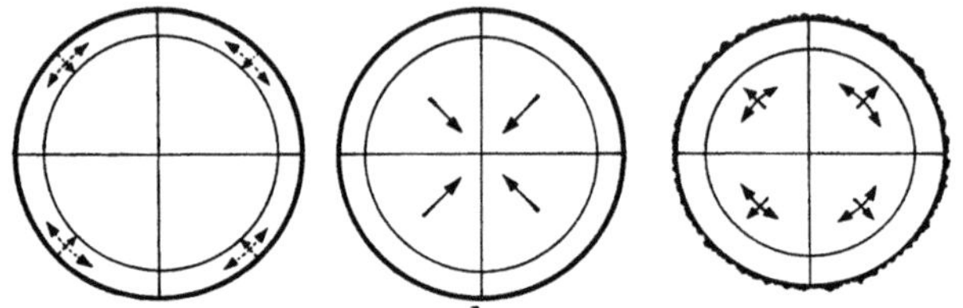

a b c

Abb. 691. Schema der Kräfteverteilung im Innern einer durch Abkühlung schrumpfenden Kugel

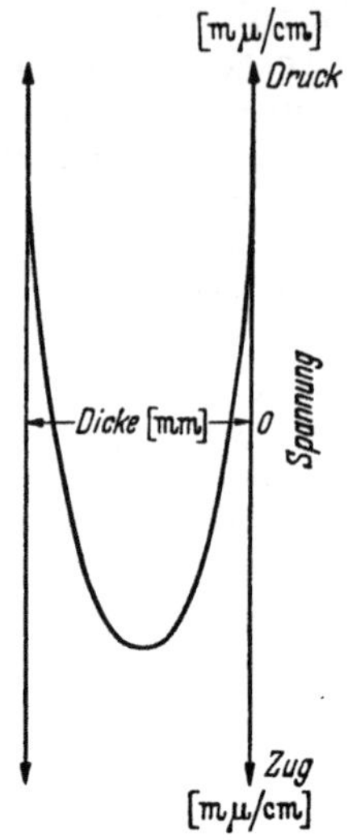

Abb. 692. Spannungsverlauf über den Querschnitt in einer Glasplatte

von Meßwerten ermittelte Restspannung in einer Glasplatte, die im Querschnitt gesehen in Form einer Parabel verläuft. Die Abkühlung und Einstellung des Spannungszustandes hat sich hier in analoger Weise, wie oben an der Glaskugel geschildert, vollzogen.

Bleibende Spannungen können aber auch dadurch hervorgerufen werden, daß infolge ungenügender Homogenisierung der Schmelze partiell Ausdehnungsunterschiede entstehen, die besonders an den Grenzflächen solcher chemisch oder physikalisch unterschiedlicher Partien beim Abkühlen zum Auftreten von Spannungen führen.

Auch die an der Grenzfläche zweier zusammengeschmolzener Gläser mit verschiedenem Ausdehnungskoeffizienten auftretenden Spannungen sind zu den bleibenden Spannungen zu zählen. Es ist bekannt, daß ihr Vorhandensein und ihre Größe die Haltbarkeit von Überfanggläsern oder miteinander verschmolzener Apparateteile bestimmen.

2.3 Spannungsprüfung

Zur schnellen Orientierung über den Spannungszustand von Gläsern bei der Fabrikation verwendet man Polarisationsapparate, meist „Spannungsprüfer" genannt. Auf eine schwarz unterlegte Glasplatte in schiefer Stellung, den Polarisator, fällt unter dem Polarisationswinkel (etwa 55° zur Lotrechten der Fläche) Tages- oder Glühlampenlicht. Häufig bringt man Lichtquelle und Glasplatte zur Vermeidung von störendem Seitenlicht in einem Kasten unter. Die Glasplatte reflektiert das polarisierte Licht auf ein in angemessenem Abstande gegenüber angebrachtes Okular, welches mit einem NICOLschen Prisma als Analysator und einem unter 45° hierzu orientierten Gipsplättchen vom Rot I. Ordnung vereinigt ist. Wird der Prüfling im Strahlengang des polarisierten Lichtes um die Beobachtungsachse gedreht, so werden die verspannten Stellen innerhalb der rötlichen Grundfarbe durch einen wechselnden Farbumschlag nach gelb oder blau im Gesichtsfeld sichtbar. Aus dem Farbton und der Stärke der auftretenden Interferenzfarben kann man auf den Grad der Spannung schließen [*30–35*].

Auf dem gleichen Prinzip beruht die heute für schnelle betriebliche Kontrollen vielfach angewendete Prüfung der Spannung mit Hilfe einer Polarisationsbrille [*36*]. Die Brillengläser enthalten je ein Polarisationsfilter und ein Gipsplättchen in diagonaler Anordnung der Schwingungsrichtungen. Sie wirken als Analysator. Eine möglichst dunkel unterlegte Glas- oder polierte Tischplatte, notfalls auch ein dunkler spiegelnder Fußboden liefert das polarisierte Licht. Der Beobachter sieht durch die Brille beim Drehen des Prüflings im Strahlengang des polarisierten Lichtes, wenn Spannungen vorhanden sind, die Polarisationsfarben wie im Spannungsprüfer.

Da der normale Spannungsprüfer bei stärker gefärbtem Glase, insbesondere bei braunem Glase (z. B. Flaschen), versagt, hat man Spannungsprüfer entwickelt, die nach dem Hell-Dunkel- oder Farbumschlagverfahren arbeiten [33, 34]. Man erhält dabei infolge der Durchsicht verschiedener unter bestimmten Eigenschaften stehender Schichten der Wandung die Summe der Spannungen längs des gesamten Lichtweges. Diese Art der Spannungsprüfung eignet sich besonders für betriebliche Zwecke, insbesondere zur Überwachung der Kühlöfen.

Die quantitative Bestimmung der Doppelbrechung bzw. Spannung ist bei Verwendung entsprechender Hilfsplättchen zwar auch mit einem Spannungsprüfer möglich, wird aber vorteilhafter mit einem Polarisationsmikroskop vorgenommen. Das Polarisationsmikroskop ist ein mit Drehtisch, eingebauten NICOLschen Prismen und zusätzlichen Hilfsplättchen ausgerüstetes Mikroskop. Es gestattet Untersuchungen bei verschiedenen Vergrößerungen, das Ablesen der Lage der Schwingungsrichtungen und das Einstellen auf eine bestimmte Stelle eines unregelmäßig gespannten Glases. Das Messen der Spannung wird in der im nächsten Abschnitt beschriebenen Weise vorgenommen.

2.4 Größe der Spannung

Als Maßstab für die in einem Glaskörper vorhandene Spannung dient die Größe der Doppelbrechung. Diese wird durch die Differenz der Brechungsexponenten des ordentlichen (n_1) und außerordentlichen (n_2) Strahles, d. h. den Gangunterschied (G) in mμ, bezogen auf 1 cm Weglänge des durchstrahlten Körpers ausgedrückt. Beträgt die Dicke des durchstrahlten Glaskörpers d cm, so gilt:

$$(n_1 - n_2) = \frac{G}{d}\ \mathrm{m}\mu/\mathrm{cm} \qquad \text{(I)}$$

Die Messung des Gangunterschiedes erfolgt nach den in der Kristalloptik angewendeten Verfahren mittels eines Gipsplättchens vom Rot I. Ordnung oder besser eines Kompensators in Diagonalstellung zwischen gekreuzten NICOLS. Unter einem Kompensator versteht man einen Vergleichskörper, dessen Doppelbrechung bekannt und meßbar variabel ist. Der Kompensator wird so eingestellt, daß sich seine Doppelbrechung von der des Glaskörpers subtrahiert (Subtraktionsstellung) und dann bis zur Kompensation der unbekannten Doppelbrechung im Prüfkörper gedreht. Aus dem Drehungswinkel und der Glasdicke läßt sich der Gangunterschied je cm Weglänge als Ausdruck für die Größe der Doppelbrechung bzw. Spannung errechnen.

Als einfachster Kompensator dient ein Keil aus Gips oder Quarz, dessen Gangunterschiede für jede Stelle bekannt sind. Wird der Keil in Subtraktionsstellung zum Prüfkörper angeordnet, so verrät das Auftreten einer schwarzen Stelle oder Linie den Augenblick der gleichen Größe beider Gangunterschiede, die an der betreffenden Stelle des Keiles ablesbar ist. Zur Unterrichtung über die Größe der Spannungen diene der Hinweis, daß, vom Rot I. Ordnung ausgehend, das Auftreten der folgenden Farben ein Vorhandensein von Spannungen in Höhe der Differenz der Wellenlänge beträgt:

Weiß	Hell-gelb	Lebh.-Gelb	Orange-gelb	Orange	Rot-orange	Rot I	Tief-rot	Purpur	Violett	Indigo	Himmel-blau	Grünl.-blau	Grün	Hell-grün	Gelb-grün
250	300	350	430	450	500	530	550	565	575	590	665	730	750	800	850 mμ

Bei Prüfung des Glases ohne Gipsplättchen geben die auftretenden Farben natürlich direkt den Gangunterschied an. Schwache Spannungen geben sich durch Schwarz-Weiß-Schattierungen zu erkennen. Es wird die Ansicht vertreten, daß diese sogar empfindlicher wahrzunehmen sind, als Abweichungen vom Rot I des Gipsplättchens, wie es für Spannungsprüfer üblich ist.

Zur Messung sehr kleiner Spannungen, wie z. B. der Restspannung in gut gekühlten Gläsern, verwendet man einen Kompensator nach BABINET oder BEREK. Während beim BABINETschen Kompensator der niedrigste meßbare Gangunterschied etwa 20 mμ beträgt, gestattet der BEREK-Kompensator noch die Messung von Gangunterschieden bis herab zu etwa 4 mμ.

Der Kompensator von BABINET besteht aus zwei Quarzkeilen, die mit ihren optischen Achsen senkrecht zueinander liegend sich verschieben lassen. An der Stelle, wo die Gangunterschiede sich aufheben, die Doppelbrechung also gleich null ist, sieht man eine schwarze Linie. Wird ein doppelbrechender Körper in den Strahlengang gebracht, verschiebt sich die schwarze Linie, die sich beim Drehen der Kompensatortrommel wieder an die alte Stelle bringen läßt. Aus der hierzu nötigen Trommeldrehung kann man den Gangunterschied berechnen.

Der Kompensator nach BEREK besteht aus einem senkrecht zur optischen Achse geschnittenen Kalkspatplättchen, welches senkrecht zum Strahlengang in das Mikroskop gebracht wird, wobei die Hauptschwingungsrichtungen, die kenntlich gemacht sind, einen Winkel von 45° mit den Schwingungsrichtungen der Polarisationsfilter bilden. In dieser Stellung, der Null-Lage, findet keine Doppelbrechung statt. Der Kompensator zeigt zwischen gekreuzten NICOLS im Gesichtsfeld des Mikroskops ein dunkles farbloses Kreuz. Legt man eine anisotrope Platte auf den Objekttisch und dreht diesen, so löst sich das Kreuz auf, wenn man von der Auslöschungsstelle der Platte nach Einschieben des Kompensators zur Diagonalstellung übergeht. Durch Drehen der Kompensatortrommel bis zur Kompensation, d.h. bis zum Auftreten einer schwarzen Stelle im Schnittpunkt des Fadenkreuzes, läßt sich die Größe der Auflösung des Kreuzes messen und die Doppelbrechung mit Hilfe der Kompensatorkonstanten, die für jeden Kompensator ermittelt und in der Gebrauchsanweisung zum Kompensator angegeben ist, berechnen. Tritt beim Drehen der Kompensatortrommel die schwarze Stelle der Kompensation nicht auf, so befindet sich das Objekt nicht in der Subtraktionsstellung zum Kompensator, in welcher allein Kompensation möglich ist. Durch Drehung des Objektes um 90° erreicht es die Subtraktionsstellung, d.h. die richtige Meßstellung.

Um aus den gemessenen Gangunterschieden auf die Kräfte, die im Innern des Glaskörpers die Doppelbrechung hervorrufen, schließen zu können, muß man die Beziehung der Kraft, d.h. der durch sie hervorgerufenen Spannung, zu der durch sie verursachten Doppelbrechung kennen. Den Zusammenhang zwischen Doppelbrechung und Spannung gibt die folgende Beziehung wieder:

$$(n_1 - n_2) = c\,(S_1 - S_2) \qquad \text{(II)}$$

Setzt man für $(n_1 - n_2)$ in Gleichung (I) den Ausdruck $c \cdot (S_1 - S_2)$ ein, so erhält man:

$$G = c\,(S_1 - S_2)\,d \qquad \text{(III)}$$

Für die aus der Spannungsdifferenz $(S_1 - S_2)$ der beiden Hauptspannungsrichtungen resultierende Spannung (S) ergibt sich dann:

$$S = \frac{G}{c\,d}\ \text{kp/cm}^2 \qquad \text{(IV)}$$

Hierin bedeuten:

S = Spannung in kp/cm²
G = Gangunterschied in mμ
c = spez. Doppelbrechung oder spannungsoptische Konstante
d = Dicke des Glases in cm.

In diesen Gleichungen tritt als besondere Größe eine Materialkonstante, die spezifische Doppelbrechung auf. Man versteht darunter das Verhältnis der Doppelbrechung zur wirksamen (Druck- oder Zug-) Kraft je Flächeneinheit. Diese spannungsoptische Konstante ist für jede Glasart charakteristisch und für verschiedene Gläser verschieden [*34, 37, 38*]. Als Einheit von c ist seit längerer Zeit 1 brewster $= 10^{-7}$ cm²/kp eingeführt. Je nach der Glaszusammensetzung schwankt der Wert von 1,5 bis 5 brewster [*37, 38*]. Für die üblichen technischen Gläser beträgt die spezifische Doppelbrechung im Mittel rund 3 brewster. Für spezielle Gläser, z.B. Bleigläser mit hohem Bleigehalt, gilt dieser Wert jedoch nicht [*39, 40*]. Hat man an einem normalen Glase von 1 cm Dicke einen Gangunterschied von 240 mμ gemessen, so herrscht in ihm eine Spannung von $\frac{240}{3} = 80$ kp/cm², die die Zugfestigkeit (im allgemeinen 600 bis 900 kp/cm² $= {}^1/_{10}$ der Druckfestigkeit) also noch nicht ernstlich bedroht.

Die Stärke der Spannung läßt sich bei dickeren Schichten nur als Mittel bzw. Integral über deren volle Dicke feststellen. Es ist möglich – und zur Ermittlung von voraussichtlichen Festigkeitseigenschaften notwendig – sich über diesen Verlauf in der Tiefe (bei Glasstäben z.B. quer zur Achse) zu unterrichten, da die örtlichen Höchstwerte für das Verhalten des Glases bestimmend sein müssen und die sonst ermittelten Werte von Zufällen abhängig sind. Es könnte sonst der Fall eintreten, daß auch dann, wenn die festgestellte Zugspannung nicht an die Zugfestigkeit des entspannten Glases heranlangt, trotzdem erhebliche Ausfälle eintreten, weil eben der örtliche Höchstwert die Zugspannung weit übertroffen hat, aber nicht erfaßt wurde.

Von besonderem Interesse ist die Feststellung, ob z.B. ein im Glas eingeschlossener Fremdkörper durch eine gegenüber dem Glas andere Ausdehnung in seiner Umgebung eine Spannung erzeugt und wie hoch sich diese beläuft (vgl. Ziff. 3.3), ob also unmittelbare Bruchgefahr besteht. – Dasselbe gilt für das Verschmelzen verschiedener Glassorten aneinander bzw. für das Einschmelzen von Metall, z.B. Drähten in Glas. Glasverbindungen an Metall haben sich bis zu Spannungen von über 100 mμ noch als haltbar erwiesen. Beim Verschmelzen von Gläsern untereinander tritt nach SPÄTE [*21*] im allgemeinen kein genügend spannungsfreier Zustand mehr ein, wenn die Differenz der Ausdehnungskoeffizienten (A. K.) mehr als $30 \cdot 10^{-7}$ beträgt. Die Restspannungen belaufen sich dann bis auf 300 $m\mu$/cm Weglänge, während bei einer Differenz von $20 \cdot 10^{-7}$ Einheiten der A.K. dieselben bis auf 100 $m\mu$ sinken. Kann dies durch unmittelbaren Übergang des einen Glases in das andere nicht erreicht werden, so ist die Anwendung von Übergangsgläsern am Platz, deren es eine ganze Reihe von $14 \cdot 10^{-7}$ bis $114 \cdot 10^{-7}$ gibt. Ein betriebsübliches Verfahren zur Feststellung, ob Gläser sich – verschmolzen – miteinander vertragen, namentlich Überfanggläser, besteht in der Herstellung von sog. „Sprengringen“ [*41*]. Beim Aufschlitzen solcher Proben verhalten sie sich nach Art von Bimetallstreifen. Sie lassen, je nachdem, ob der Sprung „klafft“ (sperrt) oder die beiden Enden „drücken“ (sich übereinanderlegen), erkennen, welcher Art die Spannungsverteilung in den beiden Schichten ist; ob also die äußere den größeren Ausdehnungskoeffizienten hat oder den kleineren. Zieht das äußere Glas des Ringes sich mehr zusammen, so klafft der Ring; dagegen neigen die beiden Enden zum Übereinanderlegen, wenn das innere Glas sich beim Abkühlen stärker zusammenzog.

Wegen weiterer Einzelheiten dieses ausgedehnten Gebietes betriebstechnischer Überwachung von Fabrikationsfehlern sei auf das angeführte Schrifttum verwiesen.

2.5 Spannungsdiagramme

Wird auf einen praktisch homogenen Glaskörper ein örtlicher Druck ausgeübt, so läßt sich schematisch ein Spannungsdiagramm entwerfen. Dies ist, indem man F. Rinne [*24–28*, *42*] folgt, einfach abzuleiten, wenn der Glaskörper gegenüber dem Kräfteansatz als allseitig unbegrenzt gelten darf, also eine Kantenwirkung den Aufbau des Spannungsfeldes nicht beeinflußt.

Für das auftretende Spannungsbild sind zwei Dinge wichtig: 1. diejenigen Kurven, auf denen alle Punkte liegen, in denen die Hauptspannungen parallel, also in derselben Richtung im gespannten Stoff gelegen sind. Sie werden als Isoklinen bezeichnet und gehen strahlenartig vom Angriffspunkt aus, um sich bogenförmig im Glase zu verlieren. Sodann 2. diejenigen Kurven, die jeweils alle Punkte mit gleicher Spannungsdifferenz miteinander verbinden, worunter Stufen gleichmäßig zunehmender bzw. abnehmender Spannungsstärke zu verstehen sind. Sie nehmen ebenfalls ihren Ausgang am Angriffspunkt. Da sich die Spannungsstufen mit radial zunehmendem Abstand vom Angriffspunkt ändern, verlaufen diese, als Isochromaten (Isodiatonen) bezeichneten Kurven in der Hauptsache quer zu den Iso-

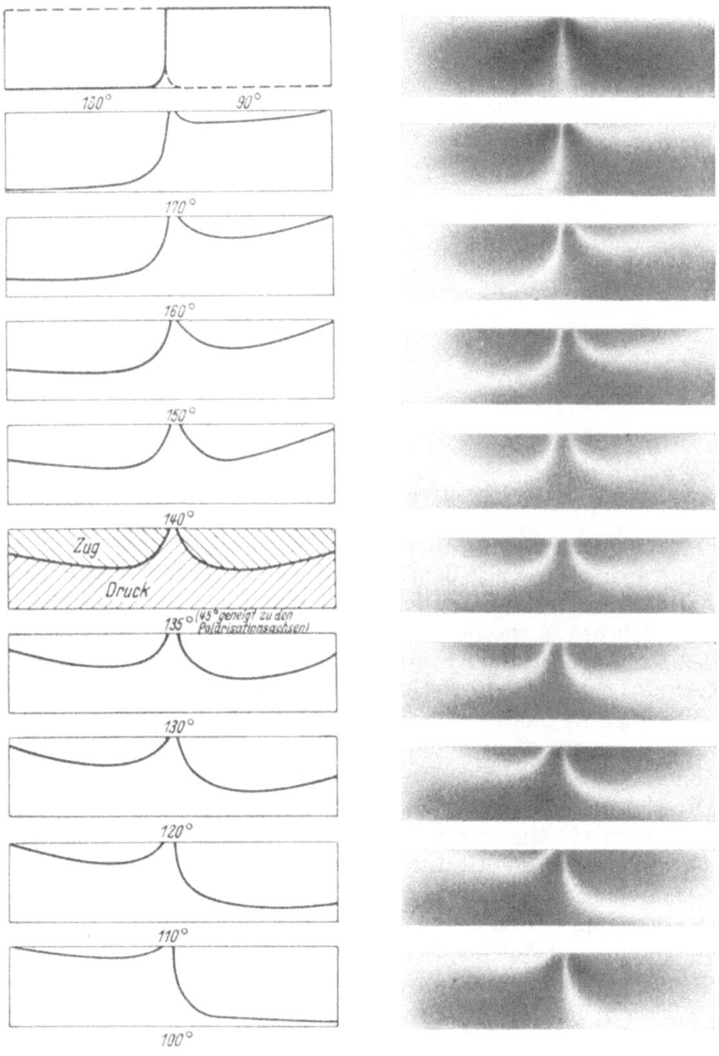

a b

Abb. 693. Isoklinen an einem punktförmig unter Druck gesetzten Glasbalken. – Sie „wandern“ mit dem durch Drehung erfolgenden Wechsel der Winkelstellung zu den Richtungsebenen des Polarisationssystems klinen in geschlossenen Bögen wieder zum Angriffspunkt zurück. Die Ableitung der Spannungsverteilung in einem Glase aus seinem optischen Verhalten gegenüber polarisiertem Licht bildet die Grundlage der Prüfung des Glases auf Bruchgefahr. Es soll deshalb das Beispiel eines Glasbalkens verfolgt werden, der bei ebener Auflage in der Mitte einem örtlichen Druck ausgesetzt wird (Abb. 693a u. b)[1].

Bei der Betrachtung eines Glaskörpers, der sich im Strahlengang zwischen Polarisator und Analysator (diese rechtwinklig gegeneinander gekreuzt) befindet, bleibt das Blickfeld überall dort dunkel, wo keine Doppelbrechung vorhanden ist. Im Bereich der Verspannung aber tritt nur dann ebenfalls Dunkelheit auf, wenn und wo die Richtungsebenen des Apparates sich mit denen der Hauptnormalspannungen decken. Bei jeder bestimmten Winkelstellung immer wieder auftretende (beim Drehen also „wandernde“) Linien (Abb. 693a u. b) besagen, daß auf ihnen jeweils diejenigen Punkte gelegen sind und durch sie verbunden werden, in denen die Hauptnormalspannung mit der Lage der Polarisationsebene übereinstimmt bzw. die zu ihr senkrecht angeordnete Hauptspannung mit der Lage der Analysationsebene.

Isoklinen sind also die in verschiedenen Winkelstellungen des Polarisationssystems zum Glaskörper auftretenden Scharen dunkler Linien (Abb. 694, linke Hälfte); Linien gleicher Neigung der Hauptnormalspannungsrichtungen (nicht etwa gleich großer Spannung). In ihrem Verlauf steht das Achsenkreuz der Hauptspannungen also dem Achsenkreuz der NICOLschen Prismen parallel (Abb. 694, rechte Hälfte).

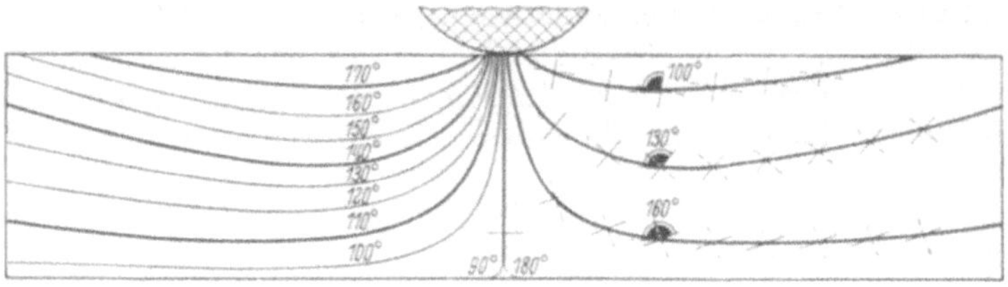

Abb. 694. Isoklinen. (Linien gleicher Richtung der Hauptspannung zum Achsenkreuz der NICOLschen Prismen.)

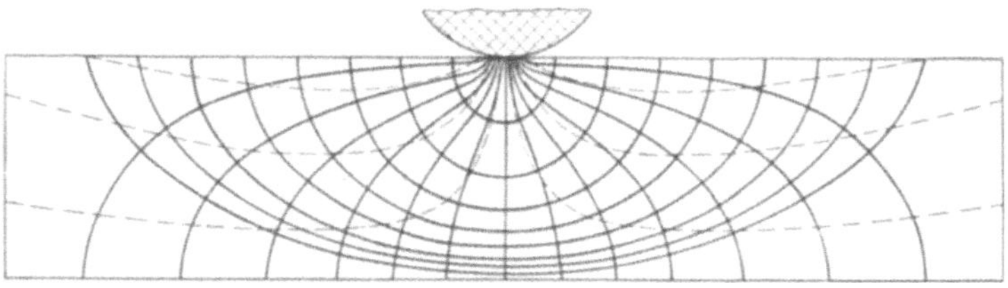

Abb. 695. Hauptnormalspannungsnetz (Trajektorien)

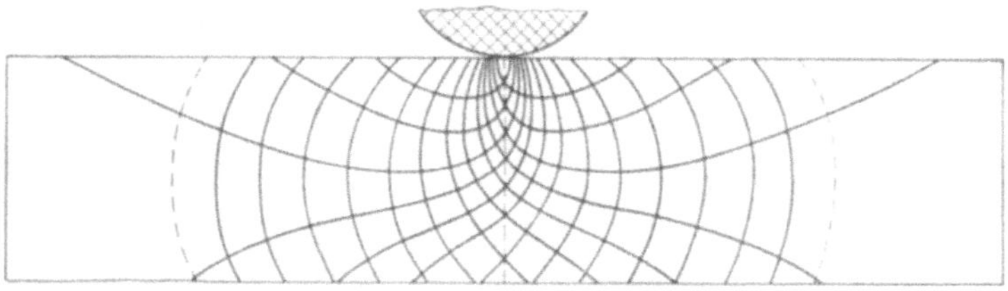

Abb. 696. Schubspannungsnetz

Von dieser Erklärung leitet sich nun die Konstruktion des Hauptnormalspannungsnetzes aus dem sichtbar zu machenden Teil der Spannungsbilder her: Sind die Hauptnormalspannungen in den Isoklinen zu den Apparateachsen parallel gestellt, so muß ihr gekrümmter Verlauf jeweils eine Gestalt annehmen, für welche diese Achsenkreuze zu Tangenten werden. Er läßt sich also nach Abb. 694 rein geometrisch ableiten (Abb. 695). Zu diesen als „Trajektorien“ bezeichneten Hauptnormalspannungslinien gehört eine zweite Schar von Linien, die senkrecht auf jenen stehen. Mit diesen zusammen (Abb. 695) bilden sie das Netz der Hauptnormalspannungen (Druck und Zug). Die gleichfalls wichtigen Schubspannungen (Abb. 696) bilden ein weiteres Netz als Ausdruck für die „gleitend“ eingestellte Beanspruchung des Glases.

Trajektorien als Ausdruck für die Anordnung der Spannung und damit für die Kräfteverteilung verlaufen also dergestalt, daß sie im Schnittpunkt mit den Isoklinen die Hauptspannungsrichtung als Tangente besitzen. – Die bei den Schubspannungen (Abb. 696) entsprechenden Trajektorien verlaufen um 45° geneigt zu jenen.

Bei genügend starken Spannungen, meist also nur in unmittelbarer Nähe des Kräfteansatzes, zeigt sich im Gesichtsfeld des Polariskops eine Schar von Kurven in Stufenfolge der Spektralfarben 1., 2. usw. Ordnung, die vom Ansatzpunkt der Kraft ihren Ausgang nehmen und bogenförmig zu ihm zurückkehren (Abb. 697). Es versteht sich von selbst, daß die durch gleiche Farben verbundenen Stoffpunkte mit gleichen Eigenschaften ausgestattet sein und auf den Gang der Licht-

[1] Bilder und Unterlagen hierzu stammen von Fräulein L. HONIGMANN, Osram, Berlin.

strahlen eingewirkt haben müssen. Die Kurven kommen dadurch zustande, daß die „Spannungsdichte“ des Glases einen örtlich unterschiedlichen Gangunterschied bewirkt oder umgekehrt, daß überall dort, wo die Differenz der Hauptnormalspannungen ($S_1 - S_2$) nicht gleich Null wird, Interferenz auftritt. Die Größe des Gangunterschiedes G läßt sich nach Gl. (1) Ziff. 2.4 und die Spannung S in kp/cm² nach Gl. (IV) ermitteln.

– Isochromaten oder Farbgleichen sind demnach Kurven gleicher Farbe, durch die alle Punkte gleicher Hauptnormalspannungsdifferenzen der Beobachtungsfläche verbunden werden.

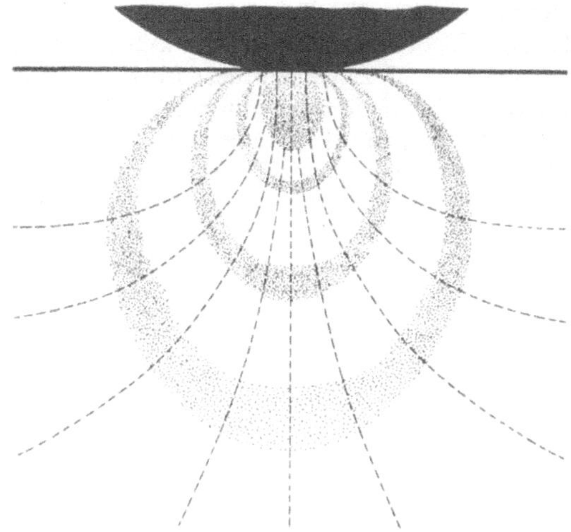

Abb. 697. Isochromaten (Isodiatonen)

In den wenigsten allgemein-glastechnischen Fällen wird man es zur Beurteilung der Verspannung eines Glases nötig haben, in diese Einzelheiten vorzudringen. Doch waren sie in die Zusammenhänge einzubeziehen, um sie den betrieblichen Belangen näherzubringen.

Man sieht, ein wie weiter Weg zurückzulegen ist von der Feststellung einer Verspannung im polarisierten Licht eines Spannungsprüfers bis zur Aufklärung darüber, wie die Kräfte im Glase verteilt sind und ob dieses darunter Schaden leiden wird. Vor allen Dingen bleibt die wegen der erwünschten Schlußfolgerungen für die Behandlung des Glases grundlegende Frage: Wo wird die Sprungbildung einsetzen (wenn eine solche zu befürchten ist) und welchen Verlauf wird sie nehmen? deswegen unbeantwortet, weil sich nur der bedrohte Ort, die dort herrschende Stärke und bestenfalls die Richtung des Ansatzes allein erkennen läßt. Dagegen ist im Augenblick der Sprungbildung (Verspannung → Zerspannung) schon nicht mehr das alte, sondern ein neues (dynamisches) Spannungssystem vorhanden, dessen Ablauf sich nicht übersehen läßt.

2.6 Kühlung des Glases

Unter Kühlen eines Glases ist ein Verfahren zu verstehen, das Auftreten von bleibenden Spannungen während der nach und nach eintretenden Erstarrung zu verhüten oder, sofern sie bereits am erstarrten Gegenstand vorhanden sind, zum Verschwinden zu bringen.

Das Kühlen ist also ein besonderen Regeln folgendes, nicht mehr willkürliches „Abkühlen“ des Glases. Es hat den Zweck, die Abkühlung so langsam zu leiten, daß sich die mit dem Temperaturabfall und der zunehmenden Versteifung einstellenden Spannnungen unter Inanspruchahme der letzten Spuren verschwindender Beweglichkeit im wahrsten Sinne des Wortes „verziehen“ können.

Dabei ist zu beachten, daß die Langsamkeit des Kühlvorganges natürlich nur in dem Bereich Sinn hat, wo überhaupt noch ein ausreichendes Ein- und Anpassungsvermögen der Moleküle vorliegt. Nach ihrer erfolgten Festlegung vermag auch ein sehr langsames Abkühlen keine Entspannung mehr in absehbarer Zeit herbeizuführen.

Die grundlegenden Zusammenhänge beim Kühlen des Glases wurden von L. H. Adams u. E. D. Williamson [*43*], ferner von G. Gehlhoff u. M. Thomas [*44*] aufgezeigt. Adams u. Williamson [*45*] fanden durch Beobachtung der Doppelbrechung bei einer bestimmten Temperatur innerhalb des Entspannungsbereiches, daß der optische Gangunterschied je Längeneinheit nach der Beziehung

$$\frac{1}{\Delta n} - \frac{1}{\Delta n_0} = A t \qquad \text{(I)}$$

abnimmt, wobei Δn_0 die ursprüngliche Doppelbrechung, Δn diejenige zur Zeit t und A eine Konstante (Kühlkonstante) bedeutet. Die Kühlkonstante A ist temperaturabhängig gemäß der Gleichung:

$$\log A = M_1 T - M_2 \qquad \text{(II)}$$

T ist die Versuchstemperatur in °C und M_1 und M_2 sind experimentell bestimmbare Konstanten. Für gewöhnliches Kalk-Natron-Glas beträgt $M_1 = 0{,}029$ und $M_2 = 17{,}35$. Mit Hilfe der Gl. (II) kann die Kühlkonstante A für jede Temperatur im Entspannungsbereich und dann durch Einsetzen des Wertes für A in Gl. (I) die Kühlzeit für das gewählte T berechnet werden.

Versuche von G. GEHLHOFF u. M. THOMAS [44] über den Einfluß der Anheizgeschwindigkeit auf die Lage der Entspannungstemperatur ergaben, daß letztere um so höher liegt, je kürzer die Anheizzeit ist. Mit zunehmender Anheizzeit nähern sich die Entspannungstemperaturen unabhängig von der Glasdicke einem Endwert. Dieser Wert bildet die untere Grenze der Entspannung. Die obere Entspannungstemperatur ist diejenige Grenztemperatur, bei der Erweichung eintritt. In dem Bereich zwischen diesen beiden Temperaturen erfolgt der Ausgleich der Spannungen. Die Entspannung geht zwar um so schneller vor sich, je höher die Entspannungstemperatur über der unteren Entspannungsgrenze liegt, aber der zweite Abschnitt der Kühlung bis zur unteren Entspannungsgrenze, der zur Vermeidung der Entstehung von neuen Spannungen nur langsam durchlaufen werden kann, wird dadurch verlängert. Es gibt aber eine günstigste Entspannungstemperatur, bei welcher Entspannungszeit und kritische Kühlzeit am kleinsten werden. Die Höhe dieser Entspannungstemperatur ist für verschiedene Gläser verschieden und hängt von der chemischen Zusammensetzung ab.

Die für einige wichtige technische Gläser als günstig ermittelten und üblichen Entspannungstemperaturen sind in der folgenden Zusammenstellung verzeichnet (R. GÜNTHER u. R. MEISTER [46]).

Entspannungstemperaturen für verschiedene Gläser in °C

Weiche Bleigläser	410 bis 440, meist 415 bis 425
Weiche Gerätegläser	490 bis 510
Harte Gerätegläser	510 bis 530
Hohlgläser und Tafelgläser	510 bis 540
Fluorgetrübte Beleuchtungsgläser	500 bis 540, meist 520
Borosilikatgläser	520 bis 570, z. B. Pyrexglas 550 bis 560
Basische Hartgläser mit hohem Transformationspunkt (Supremaxglas usw.)	720 bis 730

Den Einfluß der chemischen Zusammensetzung der Gläser auf die günstigste Entspannungstemperatur haben vor allem W. E. S. TURNER [47–56] und seine Mitarbeiter sowie G. GEHLHOFF u. M. THOMAS [44] durch systematische Versuche verfolgt. Kurz zusammengefaßt ergibt sich folgendes Bild:

Die Alkalien setzen die Entspannungstemperatur herab, Na_2O stärker als K_2O [44]. Gläser mit einem Gehalt an Alkali im Verhältnis $2\,Na_2O : K_2O$ zeigen ein ausgesprochenes Minimum der Entspannungstemperatur. Der Ersatz von Na_2O durch SiO_2 in Natronsilikatgläsern bewirkt zunächst ein starkes, bei höherem SiO_2-Gehalt nur noch ein schwaches Ansteigen der günstigsten Entspannungstemperatur [49]. In Alkali–Magnesia- und Alkali–Kalk-Gläsern steigt sie mit zunehmendem MgO- bzw. CaO-Gehalt an. Sie liegt jedoch bei den Alkali–Magnesia-Gläsern allgemein etwas tiefer als bei den Alkali–Kalk-Gläsern. Die Entspannungstemperatur der Kalk–Magnesia-Gläser ist niedriger als die der reinen CaO- oder MgO-Gläser [47, 48]. Der BaO-Gehalt beeinflußt sie fast gar nicht, während Erhöhung des PbO-Gehaltes ein starkes Absinken zur Folge hat [44, 56]. ZnO oder Al_2O_3 bis etwa 10% erhöhen sie mäßig, höhere Al_2O_3-Gehalte im Austausch gegen SiO_2 bewirken einen starken Anstieg [50, 54]. Bei Ersatz von SiO_2 durch B_2O_3 zeigt die Entspannungstemperatur ein ausgesprochenes Maximum bei 15 bis 20% B_2O_3-Gehalt [44, 52, 53]. Ein größerer Fe_2O_3-Gehalt hat nur geringen Einfluß auf sie [44].

Den Zusammenhang zwischen Kühlgeschwindigkeit und Glasdicke im Entspannungsbereich beim Kühlen in der Praxis untersuchte J. B. MURGATROYD [57] und fand für die zulässige Kühlgeschwindigkeit die Beziehung $v = \frac{1{,}3}{d^2}\,°\mathrm{C/min}$, wenn 5% Restspannung noch vorhanden sein darf. v ist die maximale Abkühlungsgeschwindigkeit und d die maximale Wandstärke. Nach A. N. DAUWALTER [58] kann die maximale Geschwindigkeit sogar auf $v = \frac{3{,}5}{d^2}\,°\mathrm{C/min}$ gesteigert werden, wenn eine Restspannung von 35 mμ/cm und auf $v = \frac{5{,}3}{d^2}\,°\mathrm{C/min}$, wenn eine solche von 150 mμ noch zulässig ist. Je nach der Glasdicke und der zulässigen Restspannung ist mit einer Geschwindigkeit von $\frac{1{,}3}{d^2}$ bis $\frac{5{,}3}{d^2}\,°\mathrm{C/min}$ zu kühlen.

Ein technisches Glas ist dann als gut gekühlt zu betrachten, wenn die Restspannung höchstens 5% der Zugfestigkeit dieses Glases ausmacht oder der Gangunterschied weniger als 100 mμ/cm (etwa 30 kp/cm² Spannung) beträgt. Als oberste Spannungsgrenze in gekühlten Gläsern werden folgende Werte angegeben [40] für:

Optisches Glas	etwa 10 mμ/cm
Tafelglas	etwa 50 mμ/cm
Hohl- und Preßglas je nach Art des Gegenstandes und der Beanspruchung	etwa 100 bis 200 mμ/cm.

Untersuchungen von A. DIETZEL u. F. NITSCHMANN [59] über den Zusammenhang zwischen oberer und unterer Entspannungstemperatur und Kühlgeschwindigkeit bestätigen im wesentlichen die Ergebnisse von GEHLHOFF u. THOMAS [44]. Sie untersuchten ferner den Einfluß der Entspannungsdauer bei einer konstanten Temperatur sowie den Einfluß der Glasdicke auf die Entspannungstemperatur. Aus Abb. 698 geht hervor, daß bei längerer Entspannnungsdauer bei höheren Entspannungstemperaturen – etwa 600 °C – sich die Breite des Kühlbereiches um rund das Dreifache vergrößert gegenüber einer Breite von 60 bis 65 °C bei sofortiger Abkühlung. Das hängt

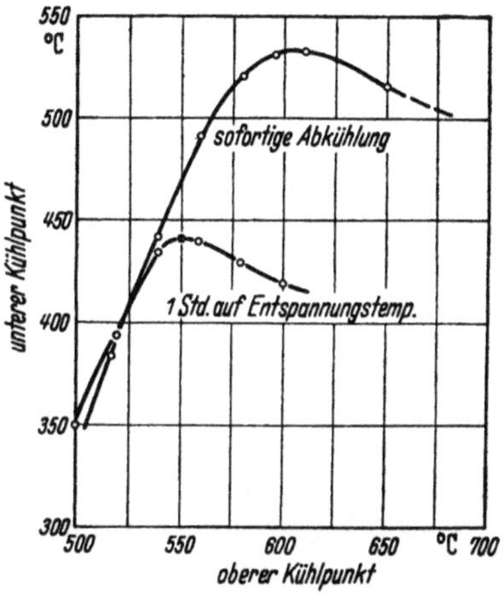

Abb. 698. Einfluß der Entspannungsdauer auf die Lage des unteren Kühlpunktes nach DIETZEL und NITSCHMANN)

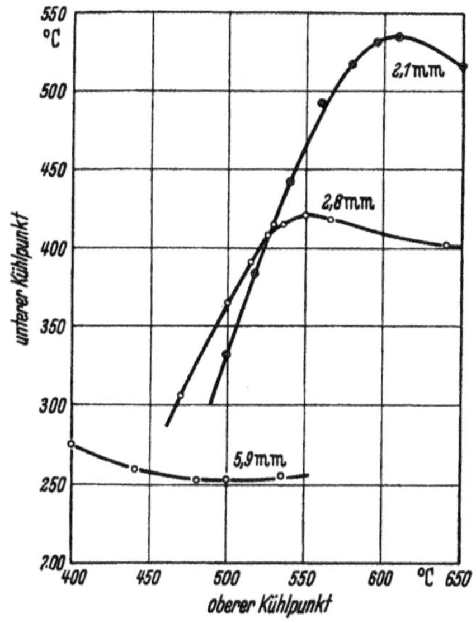

Abb. 699. Einfluß der Glasdicke auf die Lage des unteren Kühlpunktes (nach DIETEL und NITSCHMANN)

offenbar damit zusammen, daß die Zähigkeit für eine bestimmte Temperatur bei längerer Zeitdauer, wie A. R. LILLIE [60] fand, nicht konstant ist. Ein längeres Halten auf der Entspannungstemperatur als zur Entspannung nötig ist, bedingt nicht nur eine unnötige Verlängerung der Kühlzeit an sich, sondern außerdem noch eine längere Abkühlung in dem jetzt breiteren Entspannungsbereich infolge des Absinkens der unteren Entspannungstemperatur. Man muß also sofort nach erfolgter Entspannung abkühlen.

Die Abb. 699 zeigt die Senkung der unteren Entspannungstemperatur durch zunehmende Glasdicke. Dies bedeutet ebenfalls eine beträchtliche Verlängerung der Entspannungszeit bei dickem Glas gegenüber dünnem im Bereich der höheren Temperaturen. Bei dünnen Gläsern wählt man die Entspannungszeit so, daß der Abstand zwischen oberer und unterer Entspannungstemperatur möglichst klein wird. Für dicke Gläser ist die obere Entspannngstemperatur möglichst hoch zu wählen. Die reine Entspannungszeit steigt zwar an, aber die Gesamtkühlzeit kann so verhältnismäßig klein gehalten werden.

Für die Kühlgeschwindigkeit fanden A. DIETZEL u. F. NITSCHMANN [59] ein Optimum. Eine langsame Kühlung wirkt ähnlich wie das Halten auf der Entspannungstemperatur und verlängert die Gesamtkühlzeit. Eine schnelle Kühlung bewirkt das Absinken der unteren Entspannungstemperatur und damit eine Verbreiterung des Entspannungsbereiches. Der dadurch bedingte Zeitverlust wird jedoch durch den Zeitgewinn infolge der höheren Kühlgeschwindigkeit z. T. wieder aufgehoben.

Vom Standpunkt der optischen Gläser und Thermometergläser aus wurde die Glaskühlung von A. WINTER [61] behandelt. Da die Messung der Spannungen (Doppelbrechung) als Kriterium für den Zustand der Glasstruktur nicht ausreicht, wird deshalb die Lichtbrechung benutzt. Die

Änderung der Lichtbrechung im Transformationsbereich (Entspannungsbereich) in Abhängigkeit von der Temperatur und Zeit erlaubt die Bestimmung des kürzesten Kühlschemas, welches, je nach dem geforderten Grad der Feinkühlung, anzuwenden ist.

Der Gleichgewichtszustand an der oberen Grenze des Transformationsbereiches, erkenntlich an der Konstanz der Lichtbrechung, wird in einem rasch auf diese Temperatur gebrachten Glase in wenigen Minuten erreicht. In der Mitte dieses Bereiches dauert dies einige Stunden und an der unteren Grenze mehrere hundert Stunden. Man kann also das Glas in einem bestimmten Gleichgewichtszustand bei einer Temperatur einfrieren, bei welcher die Einstellung des Gleichgewichtszustandes so langsam vor sich geht, daß sie während der nachfolgenden schnellen Abkühlung vernachlässigt werden kann. Entgegen anderen derzeitigen Anschauungen, wonach bei Abkühlung unter die untere Grenze des Entspannungsbereiches, z. B. bis Zimmertemperatur, der strukturelle Gleichgewichtszustand immer weiter sich zu verschieben strebt, aber nicht zu erreichen ist [*62*], wird hier die Auffassung vertreten, daß der bei der unteren Grenztemperatur des Transformationsbereiches erreichte Endzustand auch bei tieferen Temperaturen den Gleichgewichtszustand darstellt [*63*].

Die Änderung der Lichtbrechung und Dichte optischer Gläser in Abhängigkeit von der Gleichgewichtstemperatur war Gegenstand einer Untersuchung von A. Q. Tool, L. W. Tilton u. J. B. Saunders [*64*]. Das Resultat war ein linearer Anstieg des Brechungsexponenten und der Dichte mit der Erhöhung der Gleichgewichtstemperatur, wobei Brechung und Dichte erst nach Wiedererlangung der Zimmertemperatur gemessen wurden.

Ähnliche Untersuchungen mit dem Ziel, ein Kühlprogramm aufzustellen, das mit einem verhältnismäßig geringen Zeitaufwand zu einem möglichst vollständig stabilisierten Glas führt, wurden von B. Daragan [*65*] ausgeführt. Die durch die Wärmevergangenheit bedingte Struktur und Spannung im Glase wird von vielen Größen, wie z. B. vom Ausdehnungskoeffizienten, der Wärmekapazität, der Wärmeleitfähigkeit usw. beeinflußt, so daß eine alle Faktoren berücksichtigende theoretische Ableitung immer noch auf Schwierigkeiten stößt [*66*]. Der Praktiker verwendet daher für die Berechnung von Kühlofenkurven empirische Formeln.

2.61 Das Kühlverfahren

Man erkennt aus den Ausführungen unter Ziff. 2.6 die Vielfalt der Faktoren, die den Kühlverlauf beeinflussen. Im Hinblick auf ein möglichst schnelles, aber auch möglichst spannungsfreies, d. h. also wirtschaftliches Kühlen, lassen sich unter Berücksichtigung der einzelnen Einflußfaktoren für das im technischen Betrieb anzuwendende Kühlverfahren folgende Gesichtspunkte festhalten:

Es gibt also 1) eine *untere* Temperaturgrenze (untere Entspannungstemperatur oder untere Kühlgrenze), bei welcher praktisch die letzte Gelegenheit zur Entspannung vorliegt (vgl. Ziff. 2.2). Dementsprechend besteht aber auch 2) eine *obere* Temperaturgrenze (obere Entspannungstemperatur oder obere Kühlgrenze), bei welcher Spannungen im Glase rasch beseitigt werden können, ohne seine Entformung zu verursachen.

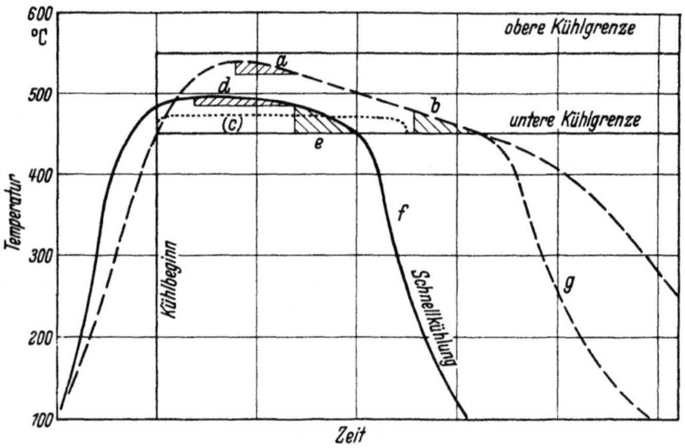

Abb. 700. Schematischer Vergleich günstigen und ungünstigen Kühlverlaufs

Zwischen diesen beiden, experimentell zu ermittelnden kritischen Temperaturen gibt es natürlich 3) einen *steilsten* Temperaturabfall, der angewendet werden darf, ohne selbst Spannungen zu verursachen (*f* in Abb. 700). Er ist im betriebstechnischen Sinn als das wirtschaftlichste Kühlverfahren anzusprechen.

Der unter 1) angeführte Punkt läßt sich auskundschaften durch Beobachtung des optischen Verhaltens eines Glaskörpers im polarisierten Licht, während er in einem kleinen Röhrenofen aufgeheizt wird. Da jeder Betrieb über seine „bestimmten" Gläser verfügt, ist es stets verlohnend, diese Punkte genau zu ermitteln, da sie so lange für den Kühlprozeß Gültigkeit haben, wie das Glas nicht wesentlich in seiner Zusammensetzung geändert wird. – Der zweite Punkt ist weniger allgemein zu behandeln, denn es ist selbstverständlich außer einer Frage der Glasart eine solche der Gestalt des Gegenstandes, ob und wann eine Entformung praktisch in Erscheinung tritt oder auch nur anfängt, bedrohlich zu werden. Dies ist nur statistisch zu ermitteln.

Die erforderlichen Kühlzeiten sind abhängig von den durch die Zusammensetzung bedingten Zähigkeiten, die die Gläser bei denjenigen Temperaturen besitzen, auf denen sie belassen werden. – So konnte ein Kalk-Natron-Silikatglas von 73% SiO_2, 12% CaO und 15% R_2O bei 424 °C in einem Monat völlig spannungsfrei erhalten werden, während ein Alkali-Blei-Silikatglas von 54% SiO_2, 6% Na_2O, 5% K_2O und 35% PbO zwischen 416 und 439 °C schon im Zeitraum von 60 bzw. 10 Minuten ausreichend zu kühlen war! Umgekehrt war für das erste Glas eine Temperatur von 522° erforderlich, um in 60 Minuten zum gleichen Ziel zu gelangen.

Daraus, daß Gläser von verschiedener Zusammensetzung andere Kühltemperaturen oder -zeiten verlangen, geht hervor, daß inhomogene Gläser, die von Schlieren durchsetzt sind, nicht recht spannungsfrei ausfallen können. Darum führt solcher Fehler (vgl. Ziff. 2.2) zu bleibenden Spannungen oder sogar zum Bruch. Dicht unterhalb der oberen Kühltemperatur darf rascher gekühlt werden (*a* in Abb. 700), weil innere Verschiebungen den veränderten Bedingungen folgen können; die dann folgende Abkühlung hätte aber vorsichtig zu geschehen (*b*), da bis zum unteren kritischen Punkt jeweils noch Spannungen erzeugt werden können. Mit fortschreitender Annäherung (*c*) des Kühlbeginns an den unteren kritischen Punkt muß dem Temperaturverlauf mehr Zeit zum Entspannen belassen werden, dafür darf hernach rascher abgekühlt werden, weil ja sofort nach Unterschreitung des wenig entfernten unteren Temperaturpunktes eine praktisch beliebige Abkühlung zulässig ist.

Zwischen diesen beiden Arbeitsbedingungen bietet sich eine Möglichkeit, die ausreichende Kühlung unter kürzestem Zeitaufwand durchzuführen (vgl. Ziff. 2.6). Überlegungs- und erfahrungsgemäß liegt dessen Beginn einige 20° über der unteren Entspannungsgrenze. Läßt man sich hier (*d*) die Entspannung vollziehen und die Temperatur bei (*e*) dann steiler abfallen, so mögen während des Wärmeausgleichs zwar Spannungen auftreten, die aber selbst wieder bis zur gleichmäßigen Erkaltung aufgehoben sind. – Der Unterschied dieses als „Schnellkühlung" bezeichneten Verfahrens mit dem gewöhnlich angewendeten einer Temperung des Glases geht aus der schematischen Gegenüberstellung beider in Abb. 700 hervor. Er ist selbst dann noch erheblich, wenn die Kurve *a–b* nach Unterschreitung der unteren Kühlgrenze ebenso rasch abfällt (*g*) wie die Kurve *d–e* bei *f*. Der Vorteil einer systematischen Prüfung des Kühlprozesses im Sinne einer Beseitigung oder Vermeidung von Spannungen in möglichst kurzer Zeit (Baulänge des Kühlkanals, Heizdauer des Ofens) liegt auf der Hand.

Das Auftreten von Spannungen im Glas geht also in der Hauptsache nur auf zwei Gründe zurück:

1. Entweder war die Kühltemperatur unzureichend, so daß die untere Kühlgrenze nicht oder nur unzureichend oder nicht lange genug überschritten wurde.

2. Oder die Erhitzung erfolgte näher der oberen Kühlgrenze, dann ging das Abtempern zu rasch vor sich. – Beide Fälle lassen sich nach Prüfung der besonderen Eigenschaften des Glases beseitigen.

Es ist nicht ohne Bedeutung, ob im Glase große Unterschiede von verschieden starken Spannungen vorhanden sind oder gleichmäßige Restspannungen. Zum Ausgleich erheblicher Spannungsdifferenzen mag eine Kühlung entsprechend dem größeren zum Ausgleich drängenden Kraftgefälle früher ausreichen, als zum Erzeugen eines ungespannten Zustandes aus einem gleichgespannten. Die Festigkeit gleichgespannter Gläser muß nämlich durchaus nicht hinter derjenigen ungespannter zurückstehen, wie aus dem angeführten Schrifttum mehrfach hervorgeht.

Der Bruch des Glases ist als Fabrikationsfehler ebenso oft auf den Kühlprozeß zurückzuführen, wie die nach diesem verbliebenen Spannungen den Festigkeitseigenschaften des Glases abträglich waren. Die Behebung der meist empfindlich ins Gewicht fallenden Verluste, die auf diesem Wege entstehen können, macht es erforderlich, die Bedingungen, unter denen die Kühlung vor sich gegangen ist oder gehen soll, einer genauen Prüfung zu unterziehen.

Bedenkt man, daß der Kühlvorgang sich in drei Abschnitten, nämlich: Entspannung, Abkühlung bis zur unteren Entspannungsgrenze und Abkühlung auf Umgebungstemperatur vollzieht, so ist verständlich, daß diesen drei Vorgängen in einem Kühlofen drei Temperaturzonen entsprechen müssen. Mit Hilfe der unter Ziff. 2.6 angeführten Gleichungen muß zunächst unter Berücksichtigung der chemischen Zusammensetzung, Menge, Größe und Wanddicke der durchzusetzenden Glasgegenstände, die erforderliche theoretische Kühlkurve für einen Kühlofen errechnet werden. Wenn sich auch aus mancherlei Gründen diese theoretisch errechnete Kühlkurve nicht vollständig erreichen läßt, so ist es aber möglich, durch entsprechend langsamere Einstellung der Kühlung zu einer praktisch im Ofen einstellbaren Kühlkurve zu gelangen. Die Abb. 701 zeigt als Beispiel die für zwei verschiedene Gläser von R. GÜNTHER u. R. MEISTER [46] aufgestellten Kühlkurven.

Das Auftreten von Bruch infolge mangelhafter Kühlung, und zwar meist schon im Ofen, läßt es ratsam erscheinen, durch Temperaturmessungen im Kühlofen den Temperaturverlauf zu kon-

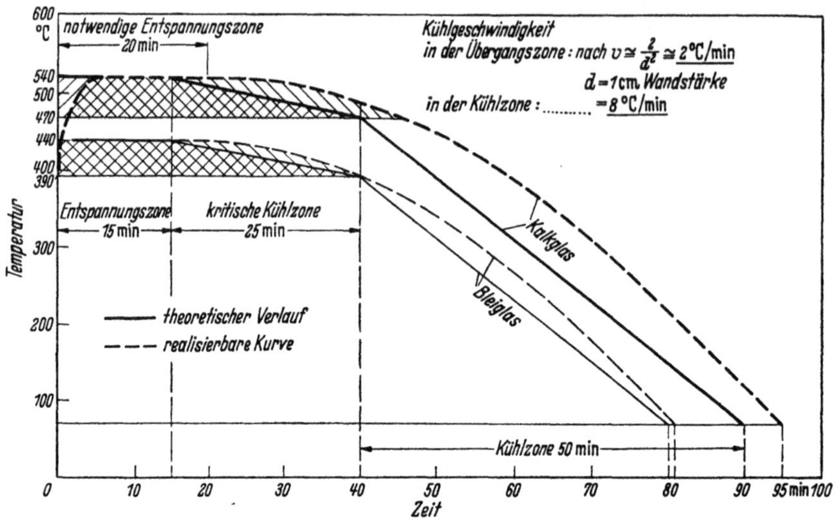

Abb. 701. Theoretisch errechnete und praktisch einstellbare Kühlkurven für Kalk- und Bleiglas (nach R. GÜNTHER und R. MEISTER)

trollieren. Meist ergeben sich erhebliche Abweichungen vom theoretischen Kühlverlauf. Durch Maßnahmen an der Ofenführung, z. B. Änderung der Brenneranordnung, Beseitigung von undichten Stellen im Mauerwerk, entsprechende Isolierung usw. lassen sich die Fehlerquellen meist weitgehend einschränken.

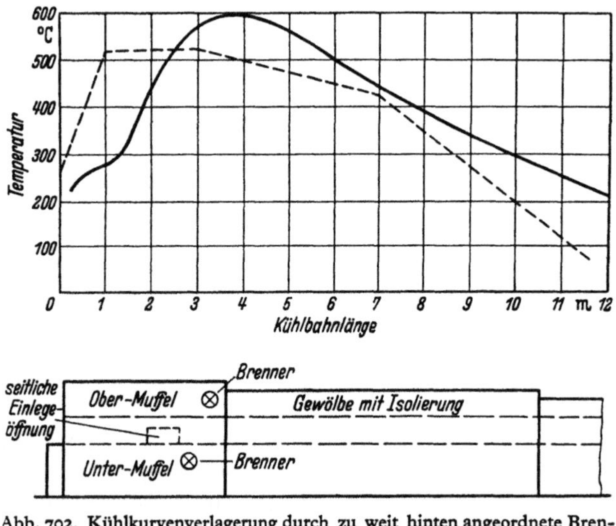

Abb. 702. Kühlkurvenverlagerung durch zu weit hinten angeordnete Brenner und zusätzliche seitliche Einlegöffnung (nach W. LIEHN)

Auf den Abb. 702 u. 703 ist die mangelhafte Temperaturkurve zweier verschiedener Kühlöfen dargestellt [67]. Die gestrichelte Kurve bedeutet in beiden Fällen die theoretisch errechnete Kühlkurve unter Beachtung der günstigsten Kühlzeit. Man sieht, daß im Falle des Kühlofens Abb. 702 die Kühlkurve zu weit nach hinten verlagert ist. Zu weit hinten angeordnete Brenner und zusätzliche seitliche Einlegeöffnungen im vorderen Ofenteil waren die Ursache. Die Temperaturkurve des Kühlofens auf Abb. 703 zeigt, daß die Kühlbahn eine zu lange Anheizstrecke und ungenügende Abkühlung im hinteren Teil hat.

Diese beiden Beispiele aus dem praktischen Hüttenbetrieb mögen genügen, um einerseits die Ursachen mangelhafter Kühlung zu zeigen und andererseits aber auch erkennen zu lassen, welcher Kühlverlauf anzustreben ist.

Da es den Rahmen dieser Arbeit weit überschreiten würde, Auszüge aus dem gesamten Schrifttum zu bringen, die ohnehin an anderen Stellen zu finden sind, ist durch die nachfolgende Aufzählung des einschlägigen Schrifttums, soweit es bisher nicht angeführt wurde, in der Reihenfolge seines Erscheinens Gelegenheit geboten, den weiteren Weg zur Vertiefung der angeschnittenen Fragen selbst zu verfolgen. Dabei wurde eine Unterteilung vorgenommen in vorwiegend theoretische und experimentelle Veröffentlichungen [*68*], in solche, die mehr auf die Praxis zugeschnitten sind [*69*], und in diejenigen, die sich mit den Ofenanlagen und einer Reihe von Mitteln und Vorgängen befasscn [*70, 71*] mit deren Hilfe eine Kontrolle des Kühlvorganges ausgeübt werden kann.

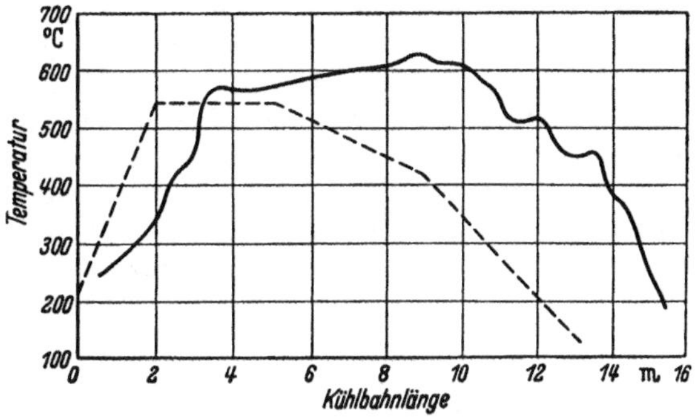

Abb. 703. Kühlbahn mit langer Anheizstrecke und ungenügender Abkühlung im hinteren Teil (nach W. LIEHN)

2.62 *Vorgespanntes Glas*

Man kann nun auch durch schnelles und gleichmäßiges Abkühlen von der Entspannungs- bis zur Umgebungstemperatur im Glas einen Spannungszustand erzeugen, durch welchen die Festigkeit eines normalen Glases erheblich gesteigert wird. Allgemein bekannt ist das Einscheiben-Sicherheitsglas, welches überall da Verwendung findet, wo erhöhte Festigkeit gefordert wird. Um nur einige Beispiele zu nennen, sei auf seine Verwendung als Fahrzeugverglasung, für Glastüren, Bullaugenfenster bei Schiffen, Schutzwände, Vitrinen, Ganzglaskabinen usw. hingewiesen. Da es beim Bruch in eine Vielzahl kleiner Stücke ohne scharfe Kanten zerfällt, bietet es gleichzeitig Schutz gegen Verletzungen durch Splitter [*72*].

Die Erzeugung einer solchen „vorgespannten" Glasscheibe erfolgt in der Weise, daß man sie schnell und gleichmäßig auf über 600 °C erwärmt und anschließend abschreckt. Hierzu verwendet man mit gleichmäßig verteilten Düsen versehene Rohrsysteme, durch welche die Glasplatte symmetrisch von beiden Seiten mit Luft angeblasen wird. Der durch die plötzliche Abkühlung sich im Glase abspielende Vorgang, ist im Prinzip derselbe wie derjenige in einer sich abkühlenden Kugel (vgl. Ziff. 2.2). Da Glas ein schlechter Wärmeleiter ist, wird bei dem schnellen Abkühlen zunächst nur die Oberflächenschicht erfaßt. Sie zieht sich zusammen und ist bereits erstarrt, wenn der Kern noch plastisch ist. Im nachfolgenden Stadium der Abkühlung schrumpft – sozusagen nachhinkend – auch der Kern, wodurch die Oberflächenschicht unter starke Pressung gerät und das Innere des Glases gedehnt wird. Es herrscht außen hohe Druckspannung, die jedoch im Gleichgewicht mit der Zugspannung im Inneren steht. Da die Druckspannung ein Vielfaches der Zugspannung ausmacht, setzt die Scheibe mechanischen Beanspruchungen einen erhöhten Widerstand entgegen. Ihre eigentliche Härte wird nicht geändert, aber durch die dem Glas erteilte Vorspannung wird die Festigkeit wesentlich gesteigert. Es ist deshalb zutreffender, von vorgespanntem Glas zu sprechen, als von Hartglas oder gehärtetem Glas, wenngleich die Bezeichnung „Härten" von Glas heute noch, auch in Fachzeitschriften, gebräuchlich ist [*73–75*]. – Vorgespanntes Glas hat eine sehr hohe Biegefestigkeit. Sie beträgt für 4,5 bis 7 mm dicke Glasplatten 2000 bis 2500 kp/cm² [*76*]. Das ist gegenüber normalem Glas etwa der 5- bis 6fache Betrag (vgl. Ziff. 3.42).

Wird die druckgespannte Oberflächenschicht z.B. durch einen heftigen Schlag oder Stoß mit einem spitzen Gegenstand verletzt, so bewirkt diese Verletzung eine Störung des Spannungsgleichgewichtes. Der örtliche Druckstoß führt gleichzeitig im Inneren der Platte zu einem Ansteigen der Zugkräfte, und zwar in einem Maße, das die Zugfestigkeitsgrenze überschreitet. Das bedeutet den sofortigen Zusammenbruch des Spannungssystems, indem sich der eingeleitete Bruch in der gesamten Scheibe entsprechend der netzartigen Spannungsverteilung mit der bekannten hohen, vom menschlichen Auge nicht verfolgbaren Geschwindigkeit von 1500 m/sec ausbreitet.

Da beim Bruch des vorgespannten Sicherheitsglases eine plötzliche Sichtbehinderung eintritt, hat man neuerdings Frontschutzscheiben für Fahrzeuge entwickelt, die derart vorgespannt sind, daß nach ihrer Zerstörung in dem bekannten Rißnetz (vgl. Ziff. 3.15) kreisrunde nicht vorgespannte Gefügestücke als sog. „Sichtinseln" verbleiben. Auf diese Weise ist genügend Durchsichtmöglichkeit zur Führung eines Fahrzeuges über den Bremsweg gewährleistet [*77*].

Auf das optische Spannungs- und mechanische Bruchbild von vorgespanntem Sicherheitsglas wird unter Ziff. 3.15 zurückzukommen sein.

Da vorgespanntes Glas bei Verletzung der Oberfläche zerfällt, können solche Scheiben nachträglich nicht mehr geschnitten oder sonstwie bearbeitet werden. Sie müssen ihren Zuschnitt vor der Behandlung erhalten.

Der Erfolg bei der Herstellung des vorgespannten Glases hängt im wesentlichen von der Erwärmung ab [*78*]. Die Temperaturverteilung in den zum Aufheizen der Scheiben verwendeten Öfen muß möglichst gleichmäßig sein, wenn Bruch im Ofen selbst oder beim Anblasen vermieden werden soll. Besonders bei großen Flachglasscheiben bereitet es Schwierigkeiten, mit einer Vielzahl von Zangen die Scheiben so zu halten, daß eine gleichmäßige Erwärmung und Abkühlung der einzelnen Flächenbereiche gewährleistet ist. Befinden sich in dem Glas Öffnungen in der Nähe der Kanten, so erwärmen sich die schmalen Randstreifen schneller, wodurch Spannungen und Bruch hervorgerufen werden können. Der Abstand der Öffnungen von den äußeren Kanten soll deshalb mindestens das 6fache der Glasdicke betragen. Auch Glasfehler im Innern der Glasscheibe können, wenn sie beim Erwärmen unter Zugspannung geraten, Anlaß zum Bruch der Scheibe sein [*79*].

Die Erwärmung des Glases im Ofen erfolgt vorwiegend durch Strahlung [*78*]. Die Wärmeübertragung durch Konvektion ist dem gegenüber von untergeordneter Bedeutung. Es eignen sich gut elektrisch beheizte Öfen, weil sie einerseits gleichmäßige Strahlungswärme liefern und andererseits eine zonenweise Unterteilung der Heizelemente gestatten, so daß die Beheizung je nach der Scheibengröße erfolgen kann.

In gleicher Weise lassen sich gasbeheizte Öfen mit Strahlungsrohren oder besonderen Muffeln verwenden. Wenngleich sie nicht so gut regelbar sind wie elektrische Öfen, arbeiten sie jedoch meist billiger. Weniger geeignet sind Öfen, bei welchen die Heizgase in den Ofenraum strömen, da sich infolge von Strömungsunterschieden leicht Temperaturdifferenzen im Heizraum ausbilden können, die eine Gefahr für die Entstehung von Spannungen und Bruch bedeuten [*79*].

Gegenüber dem Einscheiben-Sicherheitsglas tritt die wirtschaftliche und technische Bedeutung anderer vorgespannter Gläser, wie z. B. Hohlgläser, zurück. Die Wärmebehandlung zur Erzeugung der Vorspannung ist in jedem Falle die gleiche, wobei jedoch das Kühlmittel nicht unbedingt Luft zu sein braucht. Man kann die Abkühlung auch in Bädern von z. B. Mineralöl, Glyzerin oder ähnlichen Flüssigkeiten vornehmen [*75*].

2.7 Spannung aus mangelhafter Kühlung

Ein wesentliches Merkmal eines durch schlechte Kühlung – d. h. nicht durch andere Umstände – verspannten Glases ist, daß diese Spannung nicht gleichmäßig über den Gegenstand verteilt ist, sondern daß das Glas beim Absuchen desselben abwechselnd schwach, stark und ungespannt erscheint, wobei gleichzeitig Druck- und Zugspannung wechseln. Dies liegt daran, daß das rasch abkühlende Glas zuerst an einer Stelle erstarrt, während eine andere noch plastisch ist und sich erst später zusammenzieht. Ihm kann aber die erstere schon nicht mehr folgen, beide Zonen setzen sich gegenseitig unter radiale Zugspannung. Im Kern treten selbstverständlich auch tangentiale Zugspannungen auf, die ihrerseits an der Berührungszone mit der starren Außenschicht diese unter tangentialen Druck setzen. Dieser nimmt nach dem Innern zu ab, ja er kann nach der Mitte zu in Zugspannung übergehen. Es besteht also eine Stelle, wo radiale und tangentiale Spannungen sich aufheben. In einer solchen „neutralen“ Zone treten dann keine Interferenzfarben auf. Das Bild eines so verspannten Glases im polarisierten Licht ist also ein fleckig-buntes, sofern das Gesichtsfeld ausreichend groß ist, um diese Gegensätze in Erscheinung treten zu lassen.

Auf eine vollkommene Kühlung kann dann verzichtet werden, wenn, wie bei Stäben und Röhren, die geometrische Form des verspannten Glaskörpers ein „in sich beruhendes“ System mit ausgeglichener Kräfteverteilung gewährleistet. Infolgedessen verfügt z. B. das Röhrenziehverfahren nach Danner meist auch über keine besondere Einrichtung zur Kühlung des gezogenen Glases. Die Entspannung findet vielfach erst mit der Weiterverarbeitung dieses Halbfabrikates statt. – In solchen Fällen kann eine vorhandene Spannung die Festigkeit mitunter sogar erhöhen; das wurde für Stäbe festgestellt [*80*] und bestätigt [*81*], als auch bei Gelegenheit einer Untersuchung der Bruchfestigkeit von Flaschen [*82, 83*]. Vorhandensein von Inhomogenitäten kann die Meßergebnisse allerdings stören und die Bruchneigung unterstützen [*84*].

So wurden z. B. an einem Spiegelglas bei der mechanischen Bearbeitung nach kürzerer oder längerer Zeit Risse von 1 bis 10 mm Länge und 0,1 bis 0,3 mm Tiefe festgestellt. Die Nachforschung nach den Gründen ergab, daß die Rißbildung durch Schlieren unter der Oberfläche, in denen trotz sorgfältiger Kühlung Spannungen zurückgeblieben waren, verursacht wurde. Hier kann nur eine möglichst vollkommene Homogenisierung der Glasschmelze Abhilfe schaffen [*85*].

In wie empfindlicher Weise schon geringe Heterogenitäten die Kühlwirkung beeinträchtigen, aber auch durch eine oder mehrere Nachkühlungen vermindert werden können, wurde durch Verfolgung der Doppelbrechung bis zur 5. Dezimale belegt [*86*].

Häufig ereignet sich Bruch beim Gravieren von Glas oder wenn es mit Schliffmustern versehen werden soll. An Stellen bereits vorhandener Spannung kann dadurch eine Schwächung, die den

Bruch herbeiführt, hervorgerufen werden. Die gewohnte Handhabung des Glases gegenüber dem Werkzeug kann also zu einem ungewöhnlichen Ausfall führen, wenn das Glas selbst eine veränderte Veranlagung hinsichtlich restlich vorhandener Spannungen mit sich bringt.

2.8 Spannungsbilder

Um einen Begriff davon zu geben, in welcher Weise Spannungen wegen mangelhafter Kühlung oder aus sonstigen Gründen an verschiedenen Glasgegenständen auftreten, seien im folgenden einige Bilder näher beschrieben.

Es ist ein häufig wiederkehrender Arbeitsgang bei der Anfertigung verschiedenster Glasgegenstände, daß einzelne Teile nachträglich verschmolzen werden müssen, ohne daß man wegen dieser Maßnahme den ganzen Gegenstand nochmals einer Kühlung unterwerfen will. Dies ist z.B. der Fall bei Weißhohlgläsern, deren abgesprengter Rand in einem besonderen Arbeitsgang vor Bornkesselbrennern verschmolzen und von der dabei auftretenden Spannung erfahrungsgemäß nicht

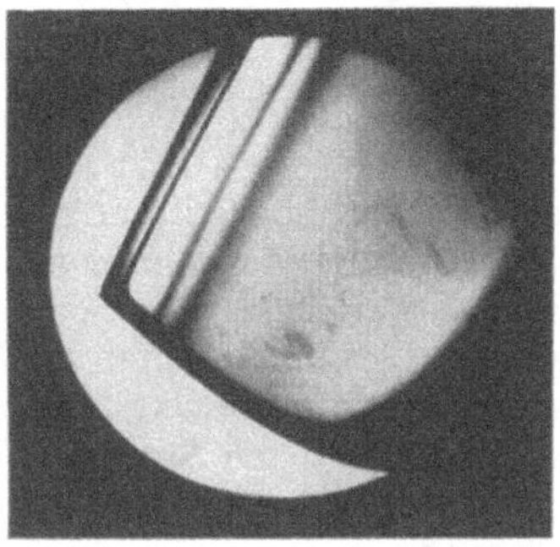

Abb. 704. Spannung am Rande eines Weinglases, vom Verschmelzen des Randes herrührend

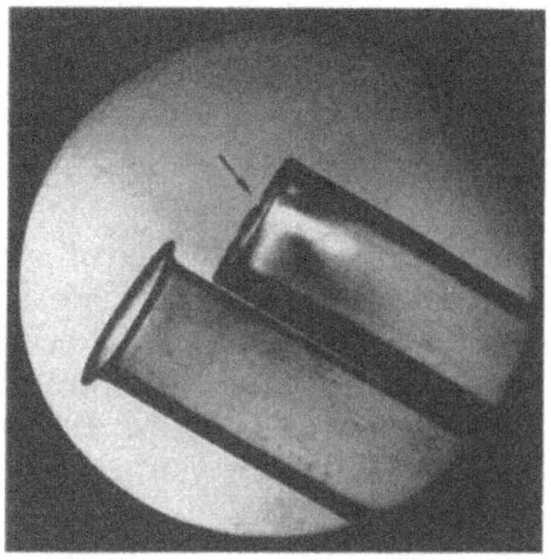

Abb. 705. Rohrenden mit gut und schlecht verschmolzenem Rand

mehr befreit wird. Abb. 704 zeigt den Rand eines „Römers“, dessen helle Bande auf eine starke Spannung hinweist. Wenn diese sich nicht auf eine gewisse Zone verteilt, kann sie bei geringen Beschädigungen ein „Abringeln“ des Randes herbeiführen. Durch eine gewisse Neigung der Brenner, eine Minderung der Stichflammenschärfe und andere Kunstkniffe kann eine weniger scharfe Begrenzung dieser Zone erreicht werden, die sonst bei dem Transport des Glases oder im späteren Gebrauch für seine Haltbarkeit nachteilig werden könnte. Da die Spannung aber gleichmäßig um das Rund des Glases verteilt ist, bildet sie ein geschlossenes System von einer nicht allzu großen Gefahr. Im Gegensatz hierzu zeigt Abb. 705 die Abschmelzenden von Glasrohren, von denen das eine vorschriftsmäßig zu einem Reagenzglas umgebörtelt, das andere dagegen nur flüchtig einer Stichflamme ausgesetzt wurde, um den scharfen Rand ein wenig zu brechen. An der mit Pfeil bezeichneten Stelle befindet sich ein stark ausgeprägter Spannungshof, der sich keilförmig in das Glasrohr einschiebt. Es ist offensichtlich, daß dieses Rohrende bei einer Erhitzung oder mechanischen Beanspruchung stark der Gefahr des Zerspringens ausgesetzt ist.

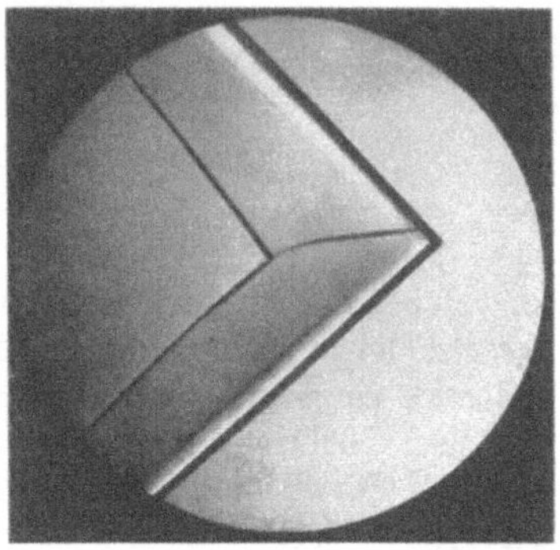

Abb. 706. Spannungen und Bruchauslösung am Rand einer Verbund-Sicherheitsglasscheibe

In dem Gesichtsfeld des folgenden Bildes (Abb. 706) erscheint die Ecke einer bereits fertig verarbeiteten Verbund-Sicherheitsglasscheibe. Hierbei läßt sich gelegentlich die Beobachtung machen, daß die unter Anwendung hoher Drücke bei der Pressung dieser Gläser entstehenden Spannungen sich in der gegebenen Zwangslage auf den Rand konzentrieren und ihn daher empfindlich gegen äußere Einflüsse machen. Im vorliegenden Falle hat bereits eine Auslösung der vorhandenen Spannungen in Gestalt einer Sprungbildung stattgefunden, die parallel mit den Kanten läuft und an der Ecke durch einen Diagonalriß den Ausgleich herbeiführte. Nur noch die alleräußersten Kanten weisen eine helle Bande auf, die noch immer auf die Schärfe vorhandener Spannungen schließen läßt.

Der kleine Dosendeckel aus Abb. 707 ist ein interessanter Fall als Beispiel für die Art häufig auftretender Spannungs- und Bruchfehler: Die aufgesetzte Griffkugel ist massiv, also dickwandiger als die Deckelsubstanz selbst. Die Kühlung – ein betriebstechnischer Fehler, der immer

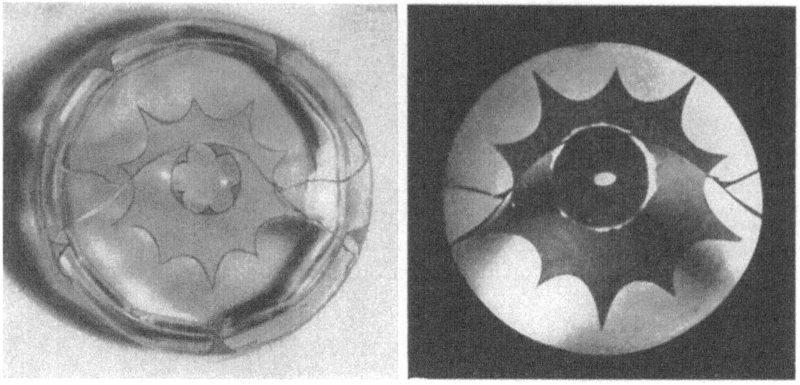

Abb. 707. Dosendeckel mit Kugelgriff, der Spannungen überträgt

wieder anzutreffen ist – muß aber offenbar auf diese Dünnwandigkeit abgestimmt gewesen sein. Infolgedessen verursacht die schlechte Kugelkühlung ein ganz erhebliches Spannungsfeld in dem Glas des an sich ausreichend gekühlten Deckels. Dies ist leicht zu beweisen: Der Sprung verläuft laut Bild so, daß er den Deckel in zwei Hälften zu teilen versucht. Der einen haftet der Kugelgriff noch an, die andere ist frei von ihr. Im zugehörigen Spannungsphotogramm ist kraß zu sehen, daß die von der Kugel losgelöste Hälfte nach Auslösung durch den eingetretenen Sprung vollkommen spannungsfrei ist, während die noch mit der Kugel versehene immer noch kräftige Spannungsfelder verrät. Der Fehler liegt in diesem Fall offensichtlich daran, daß die Kühlung nicht, wie es grundsätzlich sein sollte, auf den am schwersten zu kühlenden, nämlich den dickwandigen Teil des Glaskörpers eingestellt war, sondern auf den zwar der Größe nach überwiegenden, aber leichter zu entspannenden Teil. – Dieses Beispiel gilt sowohl für alle Fälle, in denen der Glasgegenstand von vornherein verschiedene Wandstärken besitzt, als auch, wenn er durch nachträgliche Garnierung mit Formstücken zu einem solchen gemacht wird.

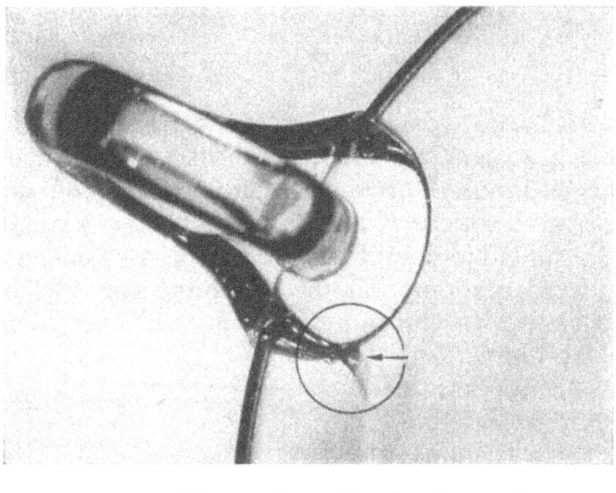

Abb. 708. Sprunggebilde an einem Glasteller nimmt seinen Ausgang (Pfeil) am Ansatz des Henkels

Ein solcher Gegenstand (Segment eines Desserttellers mit angesetztem Griff aus einem geschwungenen, glatten Glasstrang) findet sich in Abb. 708 vor. Der Pfeil bezeichnet die Stelle, an welcher ein verstecktes Sprunggebilde seinen Ausgang nimmt; offenbar, weil am Übergang der verschiedenen „Wandstärken“ keine völlige Entspannung eingetreten war, um den Vorkommnissen späteren Gebrauchs gewachsen zu sein (z. B. Spülen in heißem Wasser oder Auftragen warmer Speisen). – Das Ansetzen von Griffen an Bierseideln und ähnlichen Gegenständen unterliegt gleichen Gefahrenquellen für die Haltbarkeit der Verbindung aus verschiedenen Teilen zusammengesetzter Gläser.

Einen besonderen, lehrreichen Fall stellt der durch Spannung verursachte Bruch eines wertvollen Kristallglaskörpers dar, wie er in den Abb. 709 u. 710 erläutert wird. Der aus den Werkstätten der Stuttgarter Kunstgewerbeschule stammende Vasensockel war in einer Vitrine zur Schau gestellt worden, in welcher er über Nacht zersprang. Die eine Hälfte dieses Gegenstandes wurde auf die Ursache hin untersucht. Abb. 709a zeigt die fertig geschliffene, in ihrer Oberfläche seidenmatt behandelte Schale. Sie bildet den Fuß einer hohen Vase, die in die mittlere Versenkung eingesetzt werden sollte, wie sie durch die gestrichelt eingezeichneten Profillinien kenntlich gemacht ist.

Mit Hilfe einer Diamantsäge wurde eine brotschnittenstarke Scheibe nahe der Bruchfläche abgesägt, in Immersionsflüssigkeit gebettet und auch im Spannungsprüfer untersucht. Das Schlierenbild überlagert sich auf diese Weise in Abb. 709b mit dem Bruchbild. Es verrät deutliche Grenzschichten bei *a*, wo der Glasarbeiter nacheinander verschiedene Glasposten aus der Schmelze aufgenommen hat. Der in der Mitte eingedrückte Stempel, der die Aushöhlung besorgte (Vorpressung), hat diese Schlierenschichten vor sich hergetrieben und z. T. „geschert“.

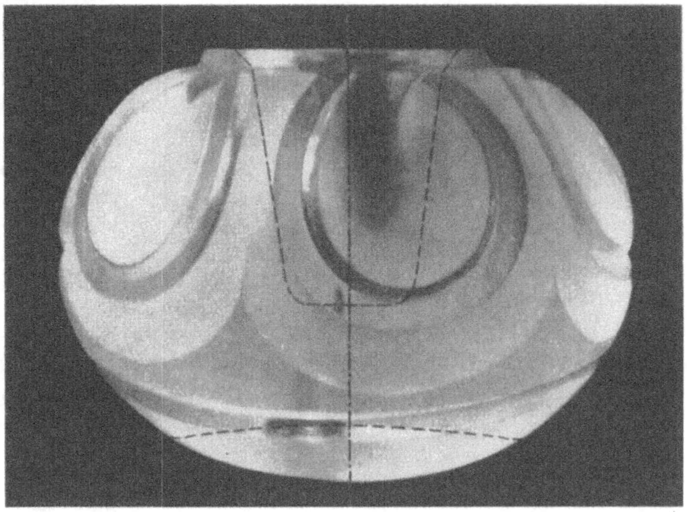

Abb. 709a. Vase aus massivem Bleikristallglas, fertig bearbeitet

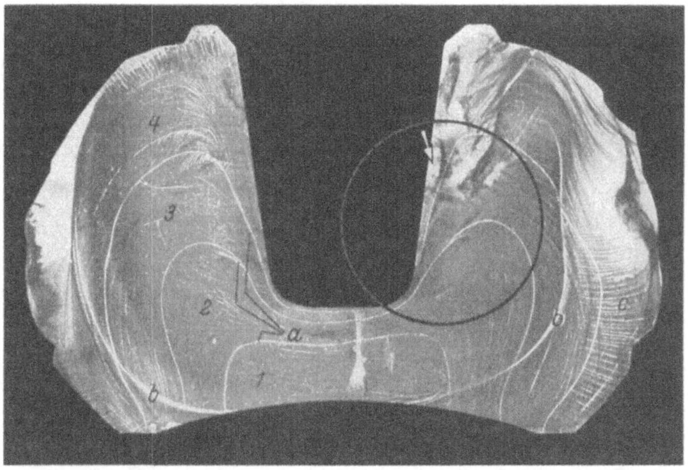

Abb. 709b. Abgesägte Scheibe davon im durchfallenden Licht. Überlagerung von Schlieren- und Bruchbild. *1–4* Glasposten des Bläsers mit Grenzschichten *a*, *b* Schattenlinie der Bruchflächenwölbung, *c* Muschelbruchkerben

Dort, wo die innere Formgrenze bedenklich nahe an solche Grenzschicht geriet, müssen sehr starke Spannungen geherrscht haben, denn sie sind jetzt noch, nach ihrer Auslösung durch die Sprungbildung, deutlich zu erkennen, wie der Ausschnitt in Gestalt von Abb. 710 im polarisierten Licht ansagt. Der Ausgangspunkt des plötzlichen Zerfalls am unteren Teil der in Abb. 709b mit Pfeil bezeichneten Kante steht damit außer Zweifel. Auch der Verlauf der Muschelbruchkerben deutet auf den inneren Rand hin. – Daß das Platzen erst nach einiger Zeit, scheinbar ohne äußere Einflüsse, vor sich ging, mag daran gelegen haben, daß das Glas beim Stehen noch kleine Veränderungen erleiden kann (Temperaturschwankungen usw.), die, wenn die vorhandene Spannung schon hart an der Grenze des Zerfalls gelegen ist, plötzlich die Rißbildung auslösen und zur Zertrümmerung führen können. Als Grundursache ist auch hier eine mangelhafte Kühlung anzusehen, die bei so massiven Gegenständen ganz besonders sorgfältig vor sich gehen muß, wenn der bearbeitende Künstler vor solchen Schäden bewahrt werden soll, mit denen seine mühsame Arbeit von Anfang bis Ende verlorengeht.

Das Springen von Gläsern muß also nicht immer eine Ursache haben, die von außen her auf das Glas einwirkte. Innere Spannungen, die von mangelhafter Kühlung her im Glase verblieben sind, setzen es unter eine Beanspruchung, der es auf die Dauer nicht gewachsen ist und der es durch plötzliches, oft scheinbar unvermitteltes Springen nachgibt. Ebenso verursachen Homogenitätsfehler jeder Art Spannungen im Glas, die dann auch durch die beste Kühlung nicht beseitigt werden können.

Die Abb. 711 zeigt als Beispiel hierfür den durch Inhomogenitäten (Schlieren) hervorgerufenen Spannungszustand oben in einer Flaschenbodenwand, unten in einer Versuchsschmelze. Dem Spannungsbild (a) ist in beiden Fällen das Schlierenbild (b) [*87*] gegenüber gestellt. Vergleiche hierzu auch die farbigen Aufnahmen, die in den Abb. 156 und 157 wiedergegeben sind. Je nach Art, Beschaffenheit und Grad der Inhomogenität treten die Schlieren entweder im Spannungs- oder

Schlierenbild kontrastreicher hervor. Dazwischen liegen jene Fälle, in denen beide Aufnahmen etwa gleiche Intensität zeigen.

Derartige Spannungen im Glas bedeuten eine „latente" Bruchgefahr, da sie so nahe an der Grenze eines gewissen vom Glas eben noch ertragenen Schwellenwertes liegen können, daß es nur einer sehr geringen zusätzlichen temporären (im RINNEschen Sinne also tertiären) Spannung bedarf, um die Zertrümmerung herbeizuführen.

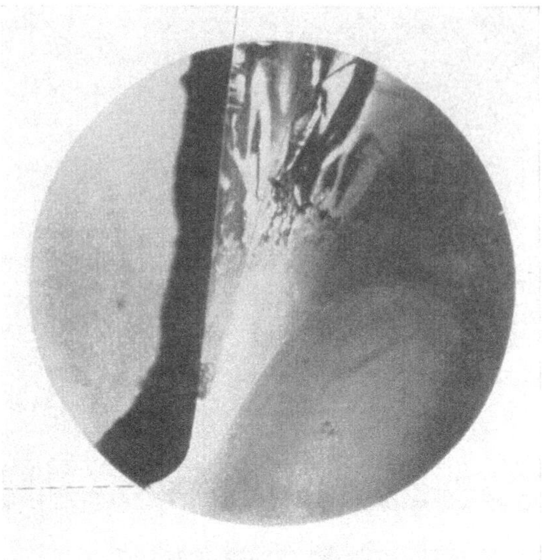

Abb. 710. Spannungsbild der rechten inneren Kante (Kreisausschnitt aus Abb. 709b) im polarisierten Licht

So kann es z. B. vorkommen, daß eine Kristallglasschüssel jahrelang als Zierde einer Wohnung ihren Platz innehatte, um plötzlich aus sich heraus zu springen. Die Ursache läßt sich dann nicht ermitteln, aber es mag ein Sonnenstrahl mit einer zufällig unglücklichen Prismenwirkung an einer Kerbschliffläche genügt haben, um den Zerfall herbeizuführen.

Die Ursache solcher inneren Spannungen kann nur in mangelnder Homogenität des Glases oder in unzureichender Kühlung zu suchen sein. Ihre Erscheinungsform, namentlich diejenige, in welcher die Bruchbilder hervortreten, ist mannigfaltig und soll im nächsten Teil dieses Kapitels, welcher den Bruch behandelt, im Hinblick auf besondere Sprung- und Rißbildungen beschrieben werden.

Bei der maschinellen Herstellung von Glasgegenständen in großen Mengen, wie z. B. von Flaschen, wirkt sich mangelhafte Kühlung nicht nur durch erheblichen Bruchausfall an sich aus. Auch der Verlust des Flascheninhaltes tritt noch zusätzlich zum Verlust der Flasche hinzu. Nur eine ständige Kontrolle des Spannungszustandes ermöglicht in diesem Falle eine rechtzeitige Abhilfe [*33*]. Die Abb. 712 zeigt vergleichsweise die Spannungsbilder einer schlecht und einer gut gekühlten Flasche.

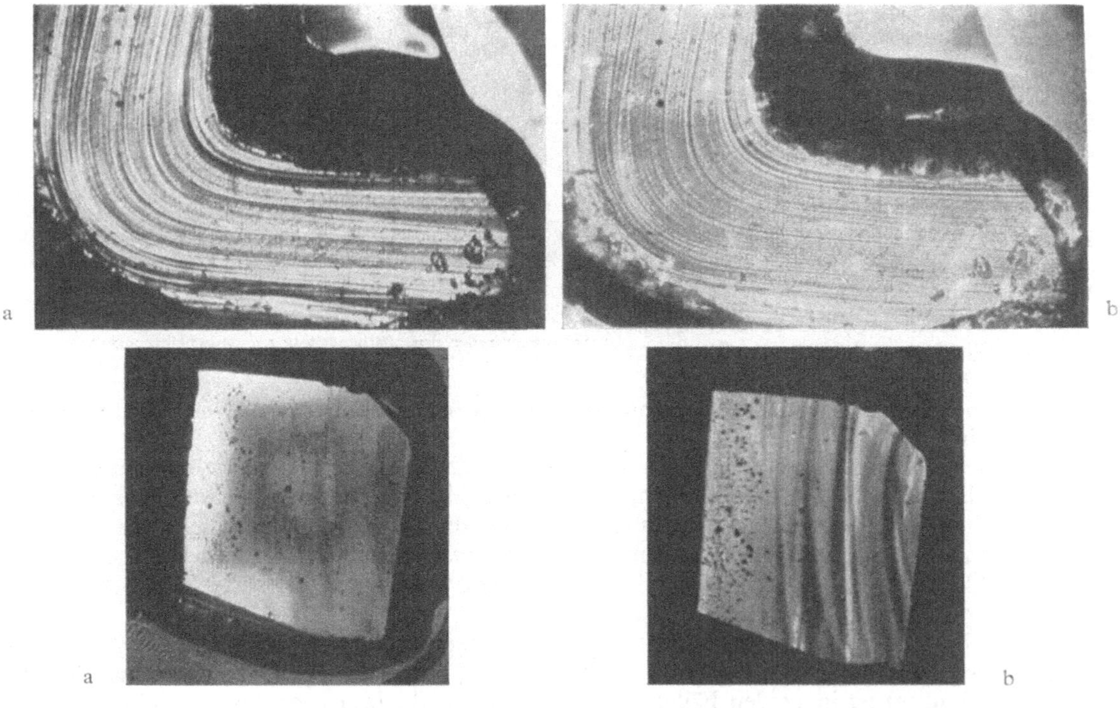

Abb. 711 *oben:* Längsschnitt durch eine Flaschenbodenwand. Schichtung sowohl im Spannungsbild (a), als auch im Schlierenbild (b) hervortretend; *unten:* Schlieren an der Berührungsstelle Tiegelwand und Glas. Starke Spannungen thermischen Ursprungs (a). Inhomogenitäten nur im Schlierenbild (b) gut sichtbar (Aufnahmen von H. SCHARDIN).

2.9 Verspannung des Glases durch seine Verbindung mit Metall

Es gibt viele Anwendungsgebiete des Glases als Werkstoff, auf welchen es in unmittelbare Verbindung mit Metall gebracht wird. Dieses wird meistens in Form von Drähten eingeschmolzen. Die Haltbarkeit einer solchen Verbindung hängt davon ab, wie gut oder schlecht das Ausdehnungsverhalten beider Werkstoffe zueinander paßt [*88*]. Bekannt ist z. B., daß Platin sich in diesem Sinne sehr gut mit Glas verträgt und deswegen früher vorzugsweise für die Glühlampenfabrikation als Zuführungselektroden diente. Inzwischen hat man es gelernt, die Zusammensetzung des Glases noch weitergehenden Anforderungen der Elektroindustrie [*89*], also erst recht den in ihr verwendeten Metallen anzupassen, die aus wirtschaftlichen oder technischen Gründen dem Edelmetall vorzuziehen sind.

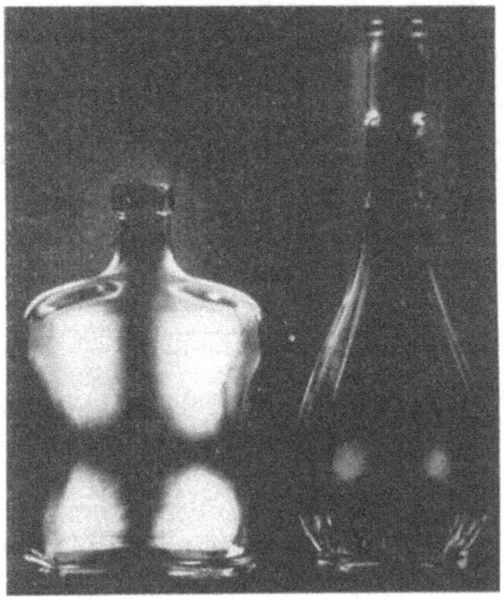

Abb. 712. Zwei weiße Flaschen. Dubarry-Flasche schlecht gekühlt bis 60 kp/cm². Viereckige Likörflasche gut gekühlt 10–15 kp/cm²

Bei ganz einfachen Gegenständen kommt es außerdem nicht darauf an, ob eine Spannung zurückbleibt, sofern diese sie nicht zur Unbrauchbarkeit verurteilt. Zum Beispiel erlaubt das Ausstatten von Stecknadeln mit bunten Glasköpfen es einerseits, ohne Rücksicht auf ihre Haltbarkeit, nicht allzu wählerisch mit der Glasart zu sein, andererseits genügt ein Haften des Glases am Stahldraht, um den Zweck zu erfüllen. Und dies wird gerade durch die beliebte Färbung der Glasköpfe erleichtert, deren Farbstoffe meist zugleich im Sinne A. Dietzels [*90*] als Haftoxyde wirken. Ganz allgemein gelten hier also gleiche Gesichtspunkte wie für das Email. Eine Verarbeitung im reduzierenden Feuer würde deswegen die gleiche Schwierigkeit mit sich bringen wie dort, da eine gewisse Oxydbildung unentbehrlich ist. Die geringe Beanspruchung des Stecknadelkopfes sowie seine geometrisch günstige Kugel- oder Tropfenform machen in den meisten Fällen besondere Maßnahmen überflüssig. Wenn auch, wie Abb. 713 zeigt, die verbleibende Spannung nicht unerheblich und ihre Anordnung von der Einführungstiefe der Nadelschäfte abhängig ist. Trotzdem sind es zwei Fehler, die leicht auftreten können: Die Entwicklung von Blasen und das Springen des Glastropfens. Dieses kann durch das Auftreten von Blasen und dadurch verursachte Verzerrung des Spannungssystems begünstigt werden, hat aber seinen eigentlichen Grund in der unvollständigen Anpassung des Drahtes an das Glas oder umgekehrt. Nach Späte [*88*] sind Gangunterschiede bis ungefähr 100 mμ im allgemeinen als erträglich anzusehen, während in der Nähe von 200 mμ dem Schwellenwert der Haltbarkeit von Glas–Metall-Verbindungen bedenklich nahegerückt wird.

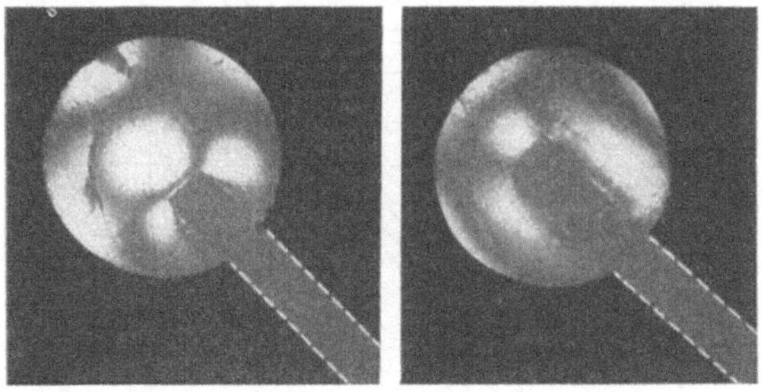

Abb. 713. Spannungsbild in Stecknadelköpfen mit verschiedener Einführungstiefe des Stahlschaftes (Schliffe)

Die Frage der Erzeugung unverspannter Glas–Metall-Verbindungen spielt besonders bei der Herstellung elektrischer Glühlampen eine große Rolle. Dort lautet die Aufgabe, nicht nur Glas und Metall bei gleicher Temperatur zu verbinden, sondern auch verbunden zu halten, wenn letzteres durch Strombelastung wärmer wird als die gläserne Umgebung. Es leuchtet ohne weiteres ein, daß bei spannungslosen Verschmelzungen von Glas und Metall ihre Gesamtausdehnungen von Zimmertemperatur bis zum Erweichungspunkt des Glases maßgebend sind, nicht aber ihre Ausdehnungskoeffizienten bei Zimmertemperatur, wenn man bedenkt, daß sich Metall mit der Temperatur linear, Glas dagegen nicht linear ausdehnt [*91*] (Abb. 714).

Es gibt dort also zwei Fälle, die ins Auge zu fassen sind:

1. Die Gesamtausdehnung des Glases ist größer als die des Metalls.
2. Die Gesamtausdehnung des Metalls ist größer als die des Glases.

Durch die Abkühlung treten in Fall 1 bei der Schrumpfung radiale Druckkräfte auf, der Draht selbst wird axial „ziehend" schubbeansprucht. Im Fall 2 tritt das umgekehrte ein, der Draht schrumpft stärker als das Glas und übt auf dieses radialen Zug aus. Dieses aber auch auf ihn, und zwar u. U. so stark, daß das Metall gehindert wird, den seiner Temperatur entsprechenden Rauminhalt einzunehmen, was für das sich aus der Strombelastung ergebende spätere Ausdehnungsverhalten unter Erwärmung von großer Bedeutung ist. Der Draht kommt axial unter Druck auf Schubbeanspruchung zu stehen. Es treten u.U. Spannungen bis 600 $m\mu$/cm auf. Während in Fall 1 folgerichtigerweise die Gefahr besteht, daß das Glas dem nach seinem Bersten strebenden Druck nicht standhält und radial springt, würde der Fall 2 so liegen, daß es der Schrumpfung unterhalb der Erstarrungstemperatur nicht mehr folgt und sich konzentrisch vom Metall abzulösen trachtet. Beide Fälle sind gleich bedenklich und machen eine Abstimmung in dem Sinne erforderlich, wie sie sich aus den angedeuteten Überlegungen ergibt.

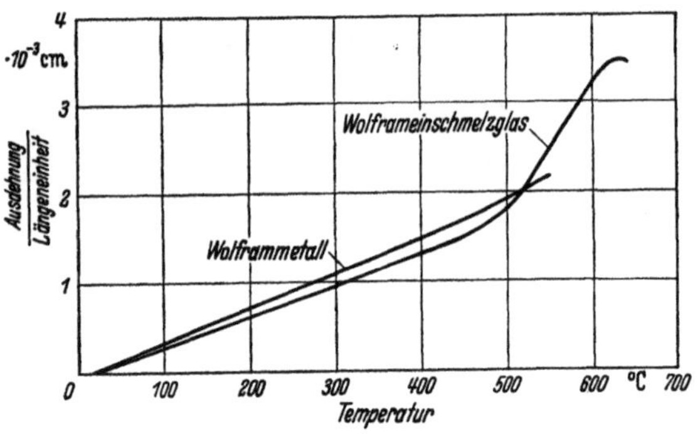

Abb. 714. Ausdehnung von Wolframmetall und Wolframeinschmelzglas für spannungsfreie Einschmelzung

Besondere Anforderungen werden an die vakuumdichten Glas-Metall-Verschmelzungen in der modernen Röhrentechnik gestellt. Es soll deshalb dieses Gebiet kurz unter dem Gesichtspunkt der Vermeidung von mangel haften Glas-Metall-Verbindungen an Erzeugnissen, deren Fertigung mit hohem Arbeits- und Kostenaufwand verbunden ist, behandelt werden. Der näheren Betrachtung diene im wesentlichen die auszugsweise Wiedergabe eines Vortrages von W. Düsing [*92*].

Die Technik zur Herstellung vakuumdichter Glas-Metall-Verschmelzungen unterscheidet zwischen Verschmelzungen mit nicht aufeinander abgestimmten und solchen mit aufeinander abgestimmten Ausdehnungskoeffizienten der zu verschmelzenden Teile (Abb. 715). Zu der ersten Gruppe gehören z.B. Verschmelzungen von Kupfer mit Geräteglas oder Molybdän mit Quarzglas. Da man aber bei solchen Einschmelzungen mit weit auseinander liegenden Ausdehnungskoeffizienten viel Mühe auf die Formgebung und auf die Feuerführung beim Anglasen verwenden muß, gibt man Metall-Glas-Verschmelzungen mit abgeglichenem Ausdehnungskoeffizienten den Vorzug. Innerhalb dieser zweiten Gruppe sind zwei Arten zu unterscheiden.

1. reine, also unlegierte Einschmelzmetalle mit geradlinig verlaufenden Kennlinien, wie Wolfram oder Molybdän, deren Ausdehnungen den jeweiligen Einschmelzgläsern schon verhältnismäßig gut angeglichen sind (Abb. 714),

2. Legierungen wie z.B. Kovar (Fe-Ni-Co-Legierung), mit dem Vorteil einer gekrümmten Ausdehnungskennlinie, deren Krümmung der Ausdehnungskennlinie des Glases besonders gut angepaßt ist (Abb. 715).

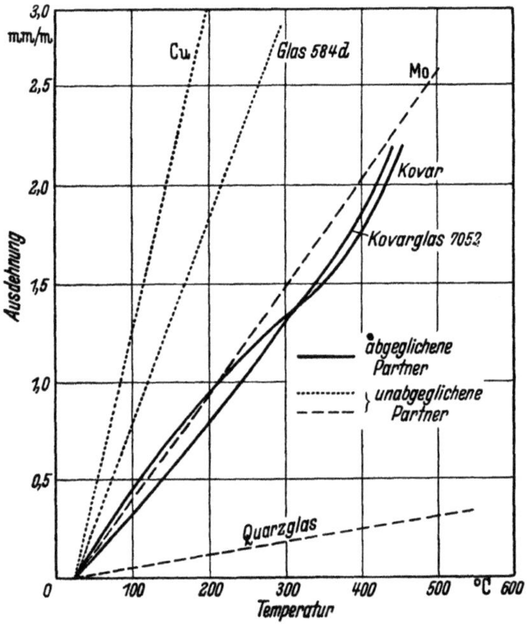

Abb. 715. Ausdehnungskurven einiger Einschmelzgläser und Einschmelzmetalle (nach W. Düsing)

Die Vielfalt und z.T. erhebliche Größe der Anglasung erfordert eine Überlegung, nach welchen Gesichtspunkten die Feinabstimmung der Ausdehnungskoeffizienten bei Kovar-Verschmelzungen vorgenommen werden muß, um ein Höchstmaß an Bruchsicherheit zu erlangen. Zwecks näherer Betrachtung sind die verschiedenen Anglasungsformen auf wenige prinzipielle Typen zurückgeführt. Da die Zugfestigkeit nur etwa $^1/_{10}$ der Druckfestigkeit des Glases beträgt und infolgedessen die Auslösung des Bruches immer von einer unter Zugspannung stehenden Stelle ausgehen muß, ist es wichtig zu wissen, wann und in welcher Verteilung bei diesen Einschmelztypen Druck- und Zugspannungen im Glase auftreten. Die Außenanglasung kann bei nicht zu dünner Wandstärke des Kovars hinsichtlich der auftretenden Spannungen wie eine Stabeinschmelzung angesehen werden, die Innenanglasung wie eine Pfropfeneinschmelzung. Dementsprechend ergibt sich das in Abb. 716 wiedergegebene

Schema für die Spannungen im Glas, wobei zur Vereinfachung nur normale Spannungen, also Zug- und Druckspannungen parallel und senkrecht zum Querschnitt betrachtet werden sollen. Die Übersicht zeigt, daß es keine Möglichkeit gibt, die Ausdehnung des Werkstoffpaares Glas/Metall so zu legen, daß in allen Fällen nur die ungefährlichen Druckspannungen auftreten. Als Grenzwert der Spannung für das Ausdehnungsverhältnis Glas/Kovar ergeben sich für die Verschmelzungen von Glas/Kovar angenähert 250 mμ/cm, wenn $\alpha_{\text{Kovar}} > \alpha_{\text{Glas}}$ und 120 mμ/cm, wenn $\alpha_{\text{Kovar}} < \alpha_{\text{Glas}}$ ist [*92*].

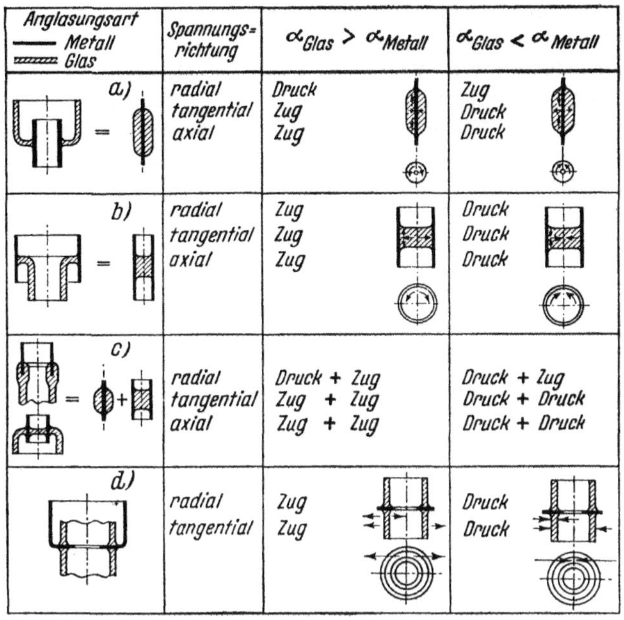

Abb. 716. Die im Glas auftretenden Spannungen bei verschiedenen Anglasungen – a) Außenanglasung (entspricht der Stabeinschmelzung), b) Innenanglasung (entspricht der Pfropfeneinschmelzung), c) Außen-Innen-Anglasung (entspricht der Kombination von a und b), d) Stumpfanglasung (nach W. Düsing)

Die Erfüllung dieser Bedingung ist notwendig, aber nicht hinreichend. Es muß außerdem gefordert werden, daß die Ausdehnungskurven von Glas und Metall zwischen Tempertemperatur und Raumtemperatur an keiner Stelle unzulässig weit voneinander abweichen. Andernfalls könnten bei Zwischentemperaturen die Spannungen zu hohe Werte erreichen [*93*].

Ferner ist zu beachten, daß infolge der örtlichen thermischen Bearbeitung längs der Oberfläche während der Verschmelzung beträchtliche Temperaturgefälle auftreten, die bei der unbeeinflußten Abkühlung erhebliche Spannungen und somit eine ständige Bruchgefahr verursachen.

Die Entstehung solcher Spannungen kann im Anschluß an die Anglasung durch eine Behandlung, die sich an das bekannte Schnellkühlverfahren (vgl. Ziff. 2.61) anlehnt, verhindert werden. In Abb. 717 ist als Beispiel für eine örtliche Bearbeitung eine Hochfrequenz-Induktions-Anglasung dargestellt. Der Kovarring ist auf die Kupferanode einer Senderöhre aufgelötet. Auf dem Kovarring steht ein Glaszylinder. Die linke Seite der Abbildung zeigt die Verschmelzung Glas/Kovar. Nach Fertigstellung der Anglasung wird ein vorgeheizter Ringofen über die Anglasung gestellt und die Entspannung in der auf der rechten Bildhälfte ersichtlichen Anordnung durchgeführt. Auf diese Weise wird nur die schmale zu entspannende Zone erfaßt und eine stärkere nicht erwünschte Erwärmung der eingebauten Teile der Elektronenröhre vermieden [*94*].

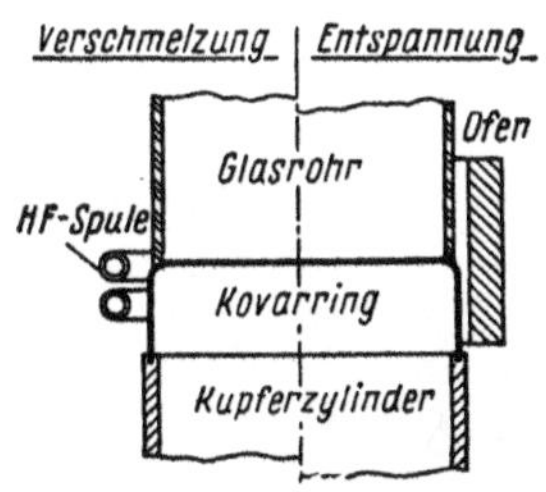

Abb. 717. Kovaranglasung. Herstellung mittels Induktionserhitzung (linke Seite) und Entspannung durch örtlich begrenzte Behandlung (rechte Seite) (nach A. Zincke)

Anders liegt ein weiterer, vom vorhergehenden völlig abweichender Fall aus dem praktischen Gebrauch:

Hat ein aus einem Glas frei herausragender Draht Gelegenheit, sich an der Luft zu oxydieren, so treten damit an der Austrittsstelle Spannungen im Glas auf, wenn durch Oxydation eine fortschreitend zunehmende Raumbeanspruchung des Metalles verursacht wird. Ein praktisches Beispiel hierfür ist der Sprungverlauf in Drahtgläsern, die auf Dächern ohne Kantenschutz verlegt sind, wie sie nach einer Mitteilung [*95*] oft ursächlich mit diesem Vorgang zusammenhängt.

3 Bruch

Wer sich auch mit dem Werkstoff Glas beschäftigt, geht häufig achtlos an großen und kleinen Bruchstücken vorüber. Die scheinbar *regellose* Form, in der uns Glasbrocken aus massiven Stücken oder in Form von Scherben zerbrochener Glasgegenstände vor Augen treten, erweckt bei flüchtiger Betrachtung häufig den Eindruck, als ob es keine Möglichkeit gäbe zu verfolgen, warum der Sprungverlauf an den Glasflächen gerade so und nicht anders vor sich gegangen ist. In den allermeisten Fällen liegen denn auch die Beanspruchungen, denen das Glas ausgesetzt war und die es zur Zertrümmerung brachten, auf so wenig einheitlicher Grundlage, daß eine Erfassung ihrer Gesetzmäßigkeit tatsächlich kaum möglich erscheint.

Hält man sich aber vor Augen, daß einer Entstehung von Brüchen und Rissen im Glas immer erst Spannungen – wenn auch zeitlich noch so kurz – vorhergegangen sein müssen, so ergibt sich, daß die Verfolgung der Spannungen und der durch sie gebildeten Sprung- und Rißsysteme unter einfachsten Voraussetzungen schrittweise zur Aufklärung dieser „Mechanik der Glaszertrümmerung" führen kann.

So wie die Spannungen durch mechanische oder thermische Beanspruchung verursacht sein können, werden als Folge dessen auch für jede Beanspruchungsart mehr oder weniger charakteristische Bruch- und Sprungformen ausgelöst, aus denen sich Rückschlüsse auf die Bruchursache ziehen lassen.

3.1 Bruch durch mechanische Einwirkung

Die mechanische Beanspruchung eines Glaskörpers kann in verschiedener Weise, z. B. durch Druck, Zug, Stoß, Schlag, Biegung usw. erfolgen. Es sollen nun zunächst diejenigen Bruchformen, die an kompakten Glasstücken durch Druck-, Stoß- und Stanzwirkung entstehen, verfolgt werden, während die Behandlung derjenigen Brüche und Sprungsysteme, die an fertigen Glasgegenständen durch gewaltsame Einwirkungen oder im Sinne meßtechnischer Prüfverfahren als Anzeiger für Festigkeitswerte des Glases zustandekommen, späteren Abschnitten vorbehalten bleibt.

3.11 Das primäre Sprungsystem: der „Druck- oder Stoßkörper" und „Mantelkörper"

Die Bedingungen, unter denen die Folgewirkung von Bruch durch Spannungen sich vollzieht, lassen sich am besten dadurch schaffen, daß ein praktisch spannungsfreies Stück Glas künstlich unter Spannung versetzt und sein Verhalten hierbei bis zum einsetzenden Bruch verfolgt wird: Wir nehmen ein Stück massiven Glases und belasten es mit der möglichst punktförmig angreifenden Berührungsstelle einer Kugelfläche. – Der Versuchsbrocken muß so groß sein, daß die senkrecht auf die Versuchsfläche ausgeübte Kraftübertragung möglichst noch innerhalb der Masse ihre Grenzen findet, damit alle Nebenerscheinungen praktisch ausgeschaltet bleiben. Nur so sind die auftretenden Kräfte ungestört, z. B. durch Beeinflussung von Grenzflächen her usw.

Mit zunehmendem Druck (vgl. Abb. 731) tritt schließlich eine merkwürdige Sprungbildung in Erscheinung, eine *kegelförmige Haube*, die, vom Druckpunkt ausgehend, ins Innere des Glases verläuft [26, 96] und die besonders O. GRAF [97] durch konzentrierte Be-

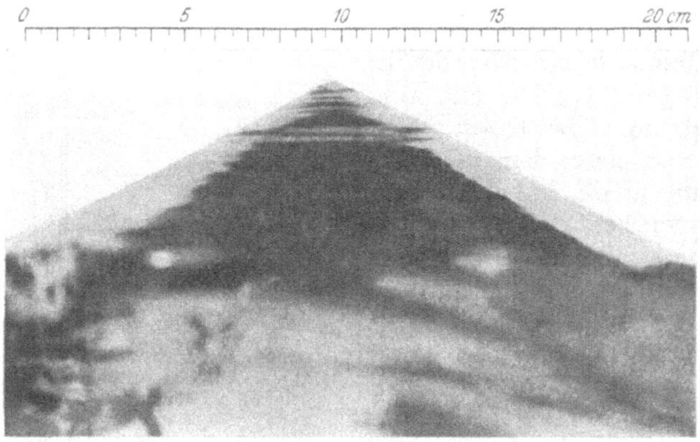

a

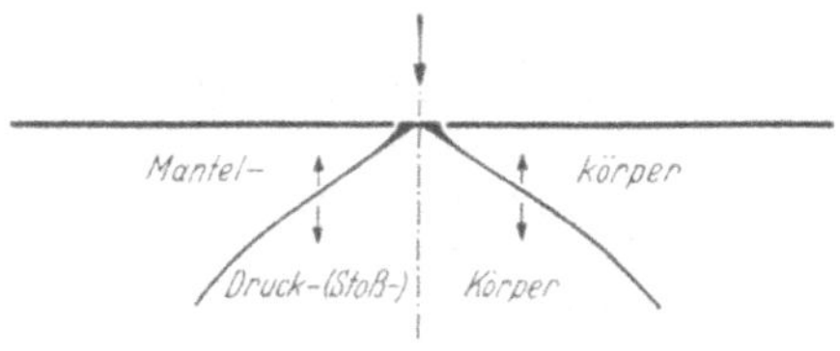

b

Abb. 718. a) Durch Schlagwerkzeug entstandenes Sprungprofil. – b) (Druck-), Stoß- und Mantelkörper

lastung hervorrief und darstellte. Dieselbe Form der völlig symmetrisch verlaufenden Sprungbildung tritt ein, wenn dieser Druck nicht langsam zunehmend, sondern plötzlich, z. B. durch einen senkrecht auf die Oberfläche des Glases ausgeübten Hammerschlag ausgelöst wird. Es scheint allerdings, als ob dann die Neigung der Bruchfläche gemäß anfänglicher Stanzwirkung zunächst ein wenig steiler ausfällt. Die Hauptneigung der Böschungen zueinander beträgt etwa 120°.

Versuchen wir uns diesen Vorgang ganz einfach zu erklären, so ergibt sich, daß Druck sowohl wie Stoß sich in der Richtung ihrer Ausübung im Glaskörper (senkrecht) *fortzupflanzen* und darin (waagerecht) *auszubreiten* versuchen. Die quer zur Kraftrichtung liegenden Teile des Glases unmittelbar neben dem Angriffspunkt werden weniger in Mitleidenschaft gezogen als die der Kraftausübung unmittelbar vorgelagerten Teile, die zugleich einer Stauchung unterliegen, also

Seitendruck erzeugen. Aus der Beziehung nach dem Parallelogramm der Kräfte ergibt sich die kegelförmige, meist paraboloidisch ausklingende Grenzfläche (vgl. Abb. 718a u. b), längs derer ein vom Druck oder Stoß erfaßter *Fangkörper* der ausgeübten Kraft nach dem Innern zu auszuweichen strebt und an seiner Grenzfläche dementsprechende *Schub-* und *Zugspannungen* erzeugt (Abb. 718b). Die dieses kennzeichnende Rotationsprofil umhüllende Glasmasse, die vom Herausgeber sinngemäß „Mantelkörper" getauft wurde [96], bewahrt gegenüber dem Druck ihren, von der Elastizität mitbedingten Zusammenhalt, denn sie steht ja nur unter einer Art von mittelbarem Zwang. Hierin wird sie bei der Ausübung eines Stoßes unterstützt durch ihr Beharrungsvermögen. Im Angriffspunkt, der zugleich Scheitelpunkt des „Stoßkörpers" ist, beträgt die Dimension des „Mantelkörpers" Null.

Als Ergebnis der beschriebenen Beanspruchung des Glases kommt es zu einer Loslösung des Druck- oder Stoßkörpers vom Mantelkörper in Gestalt der schon beschriebenen parabelhauben-

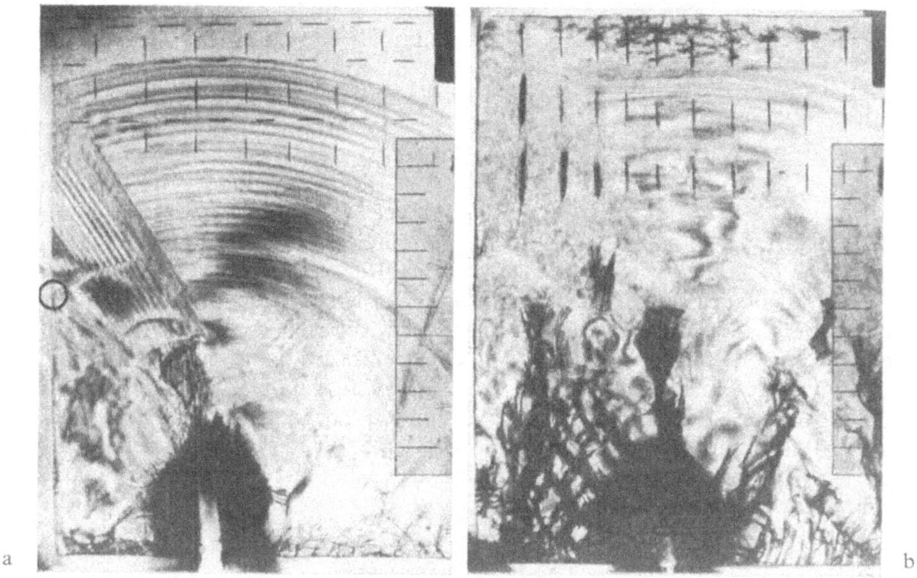

Abb. 719. a) Spannungsoptische Erfassung der wellenförmigen Ausbreitung eines Stoßes auf die linke Glaskante. b) Fortsetzung des Vorganges nach $^1/_{100\,000}$ Sek. (nach H. SCHARDIN)

förmigen Sprungfläche, dem primären Sprungsystem, das bei genügend großer Wucht an kompakten Glasbrocken bis über Faustgröße hervorgerufen werden kann [26]. An ihr entlang treten Kräfte – und zwar Schub- und Zugkräfte – auf, die die Kohäsion der Moleküle überwinden und sie in einen Abstand voneinander bringen, der außerhalb ihres gegenseitigen Bannkreises liegt. Gelegentlich auftretende Interferenzfarben in dem noch geschlossenen Sprung weisen darauf hin, daß die Trennung der beiden Glasschichten mitunter zunächst nur wenige mμ betragen kann, die aber durch sofortiges Eindringen von Luft verstärkt wird und die Wiedervereinigung (Kohäsion) verhindert. Dabei scheint die verdichtende Wirkung der Adhäsion auf die Luft eine gewisse Keilwirkung zu veranlassen [98].

Den Ablauf der Bruchvorgänge, von denen das Auge nur die vollendete Tatsache des momentanen Entstehens des Bruchbildes zu erfassen vermag, konnte von H. SCHARDIN [99] durch ein funkenkinematographisches Verfahren im Bild festgehalten werden. Die Aufnahmen erfassen den Zustand stufenweise in Bruchteilen von tausendstel Sekunden. Obwohl ihre Deutung und Auswertung spezielle physikalische Kenntnisse erfordert, vermitteln sie doch einen Eindruck über die durch die Stoßwirkung erzeugten elastischen Wellen und die hierdurch auftretenden Spannungen, die, wenn sie den kritischen Wert überschreiten, den Bruch auslösen.

Abb. 719 ist die spannungsoptische Wiedergabe des Vorganges, der durch einen Stoß gegen die linke Kante der Platte angeregt wurde. Man sieht als erste Folge des Stoßes eine primäre Longitudinalwelle (entsprechend der Energieausbreitung des Schalles) nach rechts laufen, die sich mit 5400 m/sec ausbreitet. Man erkennt, daß sie an der oberen Kante eine reflektierte Transversalwelle ausbildet. Ferner erkennt man auf dem Bild die mit 3200 m/sec fortschreitende primäre Transversalwelle (oben links). Sie wird am oberen Rand normal reflektiert (Kringel). Im rechten

Drittel des Bildes sind kleine Striche sichtbar. Hierbei handelt es sich um künstlich angebrachte Ritzen, um zu prüfen, wie dieselben sich verhalten, wenn das Wellensystem über sie hinwegläuft. Der Bruch selbst eilt mit einer Geschwindigkeit von etwa 1500 m/sec voran, bleibt also weit hinter der Schallwelle zurück.

Abb. 719a zeigt den gleichen Vorgang wie Abb. 719b, nur ist die primäre Longitudinalwelle am rechten Rand bereits reflektiert worden. Es bilden sich hier infolge der nach der Reflexion auftretenden Zugspannungen eine große Anzahl von Brüchen aus. Ferner erkennt man auf dem Bild, daß die von der Longitudinalwelle ausgelöste Transversalwelle die in der rechten Hälfte mit Hilfe eines Diamantschneiders angebrachten Anrisse zu Ausgangszentren neuer Bruchbildung macht. Die Anrisse wachsen nämlich nicht beim Darüberlaufen der Longitudinalwelle zu einem Sprungnest aus, sondern erst beim Darüberlaufen der Transversalwelle, die also diesen Impuls gibt.

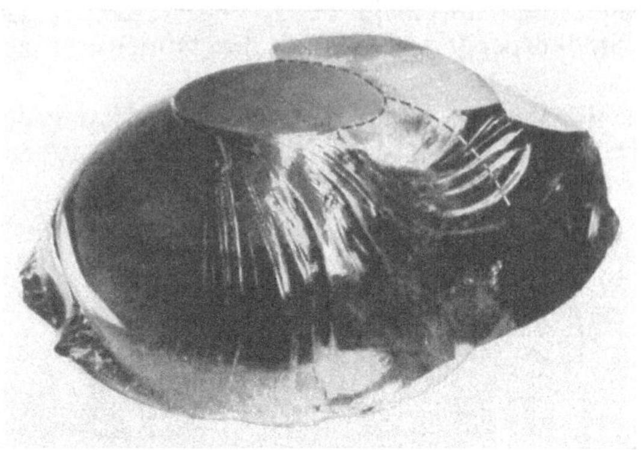

Abb. 720. Druckstumpf (untere Hälfte des Profils) aus einem Isolator nach erfolgter Festigkeitsprüfung (nach E. Albrecht)

Da im Augenblick der Sprungbildung oder bereits des Stoßes Schwingungen einsetzen, fällt die Sprungfläche selbst niemals frei von Spuren rhythmischer Wellen aus, mit deren zierlicher Erscheinung das sonst gleichmäßige Profil durchsetzt ist.

Bei Druckfestigkeitsprüfungen an kompakten Glaskörpern, z. B. Hochspannungsisolatoren, begegnet man ebenfalls ausgesprochenen Profilkörpern, die sich von der Umgebung lossprengen. Abb. 720 zeigt die eine Hälfte eines solchen, dem eine zweite auf der oben sichtbaren Fläche spiegelbildlich gegenüberliegt. Entsprechend dem von *Flächen* ausgeübten Druck kehrt sich die Anordnung hierbei gegenüber dem punktförmig angreifenden Vorgang Abb. 718 um, und die haubenförmige Sprungfläche gibt ein sichtbares Bild von der Kräfteverteilung im Augenblick der Zertrümmerung: Die Spannungshäufung in der Mitte des Inneren führt von dort aus nach oben und unten zu kennzeichnenden Druckstümpfen.

3,12 Die Stanzwirkung

Eine folgerichtige Abwandlung der grundlegenden Zertrümmerungsart einer Trennung von Stoß- und Mantelkörper oder ihrer Verzerrung zum Muschelbruch tritt dann in Erscheinung, wenn es sich nicht um kompakte Glasmassen handelt, sondern um Glaswandungen von begrenzter Stärke, z. B. Scheiben.

Wenn nämlich eine Schaufensterscheibe einen Stoß erleidet, erst recht bei einem Schuß [*97, 100*], sehen wir häufig, daß ein kreisrundes Loch entsteht ohne Verletzung der Umgebung. Wir haben hier den besten Beweis dafür, daß sich die durch den Stoß auf das Glas übertragene Energie tatsächlich in der geschilderten Weise auszubreiten versucht. Danach ist es durchaus begreiflich, daß die Einstoßöffnung (der Scheitel) stets kleiner ausfallen muß als der Ausstoß, wie aus der Zeichnung Abb. 721 hervorgeht [*97, 100*]. Tritt allerdings ein Knickmoment hinzu, so verläuft die Sprungbasis anders, u.U. sogar verkleinernd nach der dem Schlag abgekehrten Seite [*101*]. Die plötzlich entstandene Spannung gleicht sich durch Klaffen an der Grenzfläche zwischen Mantel- und Stoßkörper [*96*] aus, d. h. die äußere Masse kann aus Trägheitsgründen unversehrt bleiben, während die innere, nach entstandener Sprungfläche, unbehindert der Krafteinwirkung nachgibt, die Verbindung mit der Umgebung verliert und längst den Weg freigegeben hat, bevor die Scheibe selbst von der einsetzenden Schwingung in Mitleidenschaft gezogen wird. Dabei ist hervorzuheben, daß der Kraftausübung nur eine begrenzte Masse (nämlich von Wandfläche) vorgelagert ist. Infolgedessen findet eine viel geringere seitliche Stauchung statt als am massiven Glasblock. Es entspricht also der Erwartung, daß der Böschungswinkel eines solchen Stanzloches ein viel steilerer ist als am Fangkörper des kompakten Brockens.

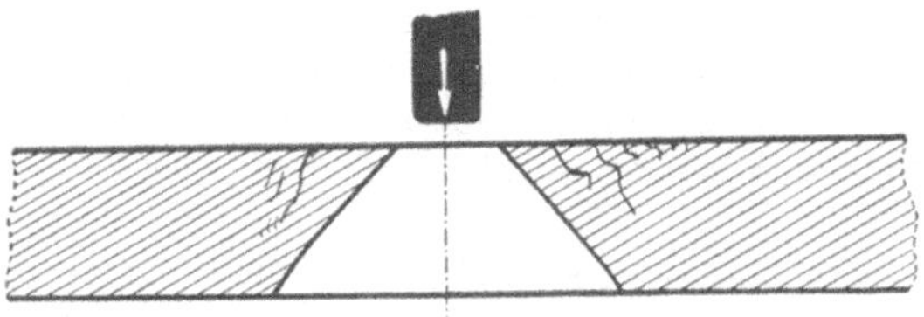

Abb. 721. Stanzwirkung. Ausheben eines Stoßkörpers aus einer Wand

Reicht die Wucht dieses Vorganges nicht aus, so kommt es u.U. nur zur Ausbildung konzentrisch verlaufender Sprungflächen [*102*], ohne daß der eigentlich betroffene Stoßkörper den Verband verläßt (Abb. 722). Die Stanzwirkung selbst bleibt aber unverkennbar.

Die Stanzwirkung sozusagen in höchster Vollendung zeigt die Abb. 723. Aus einer Fensterscheibe wurde ein kreisförmiges Stück Glas durch einen schräg auf die Oberfläche gerichteten kurzen, stoßartig ausgeführten Schlag herausgestanzt. Das Loch entstand mit Hilfe des Metallteils eines Werkzeuges, mit dem der Schlag an der durch Pfeil bezeichneten Stelle angebracht wurde. Das nahezu kreisrunde Scheibchen von etwa 50 mm Durchmesser flog heraus, ohne irgendwelche

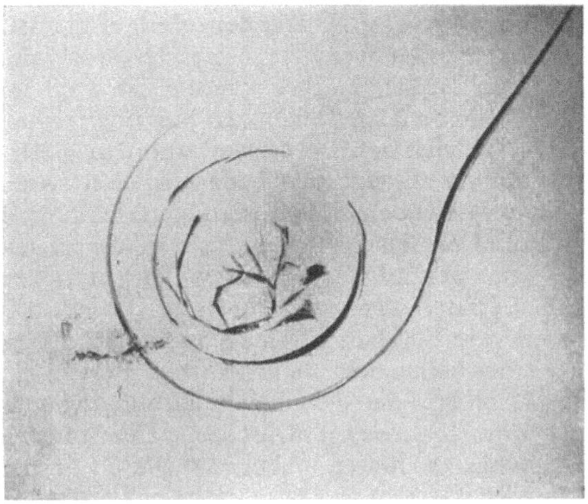

Abb. 722. Stoßstelle mit konzentrischen Sprüngen (unvollendete Stanzung)

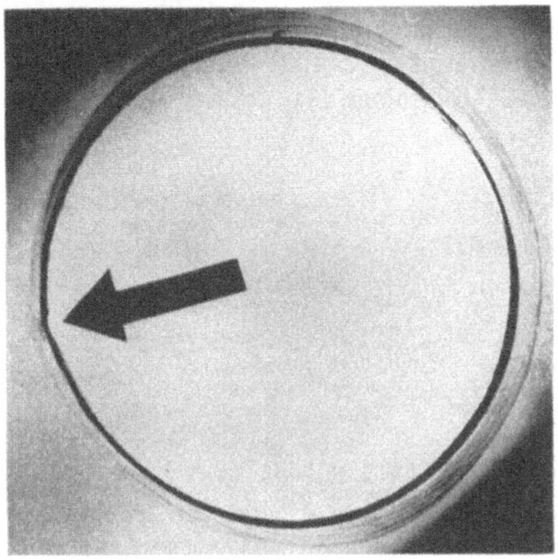

Abb. 723. Nahezu kreisrundes Loch in einer 2 mm dicken Fensterglasscheibe, erzeugt durch einen bei der mit Pfeil bezeichneten Stelle schräg auf die Oberfläche gerichteten Schlag mit hartem Gegenstand. Durchmesser des Loches etwa 50 mm

andere Beschädigung des Glases, insbesondere ohne strahlenförmige Zerstörung durch Sprünge und Risse. Der Rand (das „Bruchufer“) zeigt allerdings kegelmantelförmigen Verlauf, wie bei jedem Muschelbruch mit einer Erweiterung zu der dem Stoß abgekehrten Seite. Daran ist die Stanzwirkung zu erkennen. Solche Löcher lassen sich bei einiger Übung reihenweise herstellen [*103*].

Einem anderen durch schrägen oder gleitend ausgeführten Stoß erzeugten Bruchbild begegnen wir in der Abb. 724. Hier ist ein Bruchbild zufällig in sehr genauer, selten wirklich anzutreffender Form wiedergegeben. Der eigentliche Fangkörper ist zwar sauber ausgestoßen worden. Die Widerstände waren aber

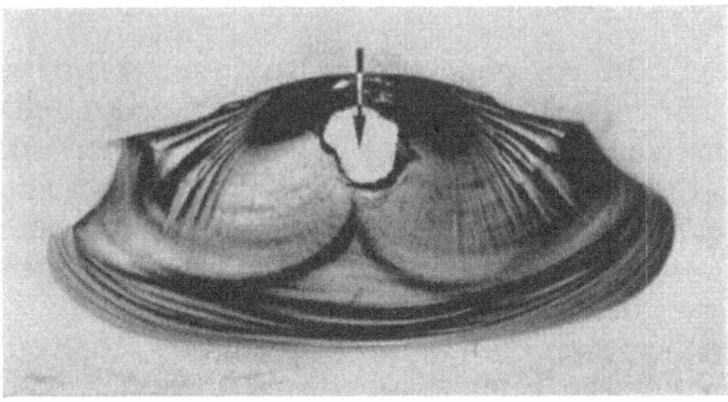

Abb. 724. Stanzloch, von Muschelbruch umflutet

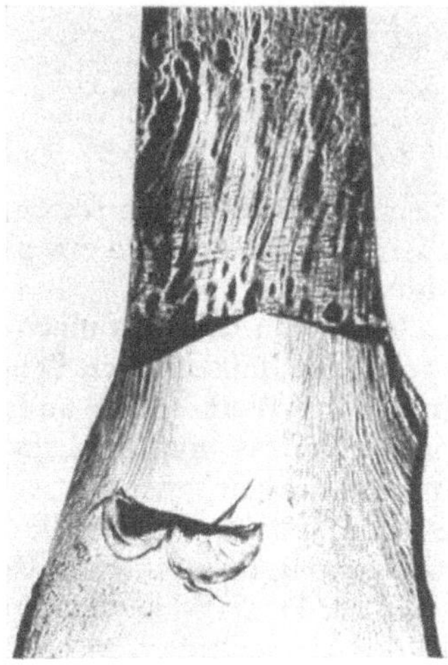

Abb. 725. Stoßstelle an einem Flaschenteil

ungleichmäßig verteilt; als Folge findet sich ein Stanzloch vor, umflutet von einem regelrechten Muschelbruch, der sich, genau besehen, sogar aus zwei völlig symmetrisch angeordneten Einzelbrüchen zusammensetzt, die sich erst später zu gemeinsamem Profil vereinigen.

Ganz ähnlich verlaufen Verletzungen, die an Glasgefäßen u. dgl. durch hartes Anstoßen entstehen und den sog. Hantierungsbruch herbeiführen (Abb. 725). Ihre Erscheinungsform ist so charakteristisch, daß kaum ein Zweifel über die Ursache des Vorgangs entstehen kann. Meist sind solche Stoßstellen von dem Auftreten strahlenförmig auseinanderstrebender Sprünge begleitet, in deren Mittelpunkt sie liegt (vgl. Ziff. 3.41). – Damit wäre ein ganz gewöhnlicher Bruch am Glase auf seine Grundform zurückgeführt.

3.13 Der Muschelbruch; die Scherbe

Die Bruchfläche des Glases fällt sehr verschieden aus. Vom Störungszentrum breiten sich sowohl radiale als auch konzentrisch verlaufende Sprunglinien aus [*104*]. Die dem Verlauf der Isochromaten (s. Ziff. 2.5) ähnelnden Wellengebiete sind mehr oder weniger ausgeprägt, doch sind ihre Übergänge fast immer sanft und verlaufend, seltener kerbartig. Ihre Ursache ist wohl mit darauf zurückzuführen, daß im Augenblick der Stoßübertragung oder der Sprungbildung Schwingungen einsetzen, die den glatten Ablauf stören und ihn um eine Gleichgewichtslage spielen lassen. Nur dort, wo es an vorausgehenden Erschütterungen fehlt, z. B. bei Kühlsprüngen in massive Glasmassen, wie sie in der erstarrenden Schmelzmasse eines abkühlenden Wannenofens eintreten, kommt es zu erstaunlich glatten Sprungflächen (sog. „Spiegeln“), die oft nicht einmal mehr von Furchen allerfeinsten Grades durchzogen werden. Dagegen erscheinen die mehr radialen Risse meist als scharf begrenzte Gebilde, die oft bajonettartig abgesetzt (Abb. 726), das vorgenannte Wellensystem kreuzen. Ihre Erscheinungsform geht von haarfeinen Rissen (Abb. 727) bis zu groben Furchen. Gelegentlich treten beide Rhythmen, Wellen und Risse in gleichwertiger Form in Erscheinung und ergeben ein plastisches Bild von der Kräfteverteilung im Augenblick der Sprungbildung.

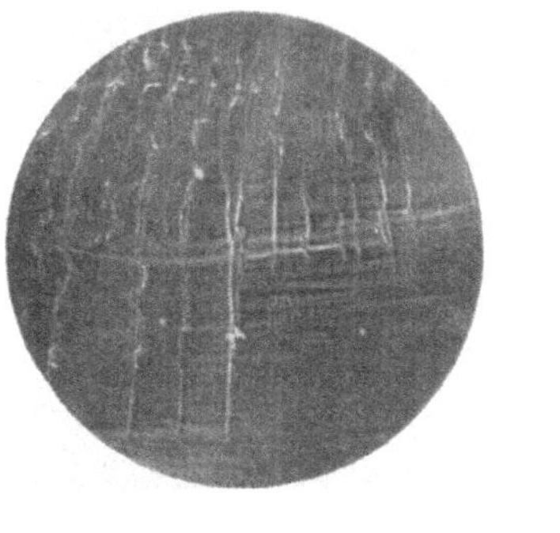

Abb. 726. Bruchfläche, von sich kreuzenden Wellen und Rissen durchzogen

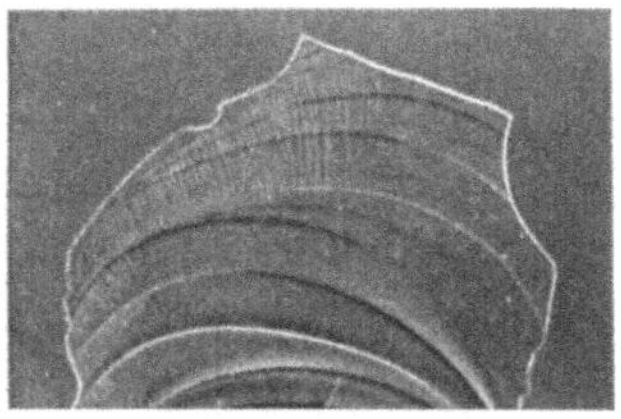

Abb. 727. Wellen und feinste, strahlenförmige Rißbildungen an einem Splitter

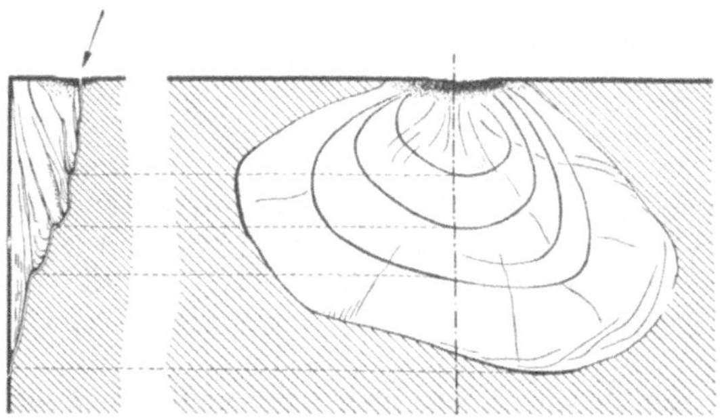

Abb. 728. Muschelbruch infolge „versetzter“ Beanspruchung

Unter den Erscheinungen am Bruch des Glases begegnen wir am häufigsten einem bestimmten Typus, dem muscheligen Bruch (Abb. 728). Er entsteht in ausgesprochener Vielgestaltigkeit durch Anlenkung, Verbiegung und sonstige „versetzende“ Einwirkung (z. B. von Kanten oder Randzonen) auf das ursprüngliche Sprungbild. Schon Tammann [*105*] hat dieser Erscheinung seine Aufmerksamkeit geschenkt und bringt einen Hinweis auf die Schwierigkeit der Auszählung konzentrisch um die Schlagstelle laufender Ringe wegen Zerstörung der Angriffsfläche. Dort wird eine Schwankung beobachteter Wellensysteme zwischen 1 und 100 mm mitgeteilt.

In der Praxis wird von der reizvollen Erscheinung des muscheligen Bruches Gebrauch gemacht bei der Herstellung von sog. Eisblumenglas, dessen gesamte Oberfläche aus offenen, flach verlaufenden, sich gegenseitig überschneidenden Muschelbrüchen besteht.

Besonders tückisch kann sich auch die kleinste Sprungwirkung zum Nachteil der Fabrikation auswirken, wenn sie sich an einer Stelle findet, deren exakte Ausbildung Vorbedingung für den Gebrauchswert ist. Ein winziger Muschelbruch auf dem Wulst des Deckels eines Konservenglases mit Rillen verhindert das Verschließen (Abb. 729). Im Wiederholungsfall gefährdet solcher Fehler den Ruf des Erzeugnisses.

Ein besonders gut ausgeprägtes Gebilde, dessen Form dem Namen Muschelbruch alle Ehre macht und damit zugleich die Entstehung seines Namens erklärt, gibt Abb.730 wieder. Man erkennt zugleich, wie leicht sich ein sekundärcs Sprunggebilde, wenn es zeitlich unmittelbar folgt, dem primären überlagert. Eine bereits bestehende Sprungfläche ist nämlich ein Hindernis für die Ausbreitung einer neu sich bildendenden. Dahinter befindliche Teile liegen im „seismischen Schatten" [*106*]. Sie kann allerdings dort, wo die vorhandene sich im Glase verliert, „umflutet" werden [*106*]. Dabei kommt es zu eigentümlichen Gabelungs-, Drehungs- [*96*, *106*] und ähnlichen Erscheinungen. Schließlich vollzieht sich aber auch die Entstehung des verzwicktesten Sprungsystems nach strengen Gesetzen, so daß die Übersichtlichkeit nur zu einer Frage genauester Beobachtung wird, die wenigstens Rückschlüsse auf ihren Ausgangspunkt zuläßt. Die Behauptung ist zulässig, daß alle Bruchflächen, die am Glase auftreten, Grenzflächen matrizischer oder patrizischer Oberflächen, wenn auch noch so verzerrter geometrischer Grundkörper sind, wie sie aus gegenseitigen Durchdringungen hervorgehend gedacht werden können.

Abb. 729. Muschelbruch auf dem Wulst des Deckels eines Konservenglases (vergrößert)

Außerdem ist zu bedenken, daß diejenigen Fälle, also praktisch alle, in denen der Stoß nicht innerhalb der Masse sein Ende findet, mit Nebenwirkungen, wie Reflexen, Anspruch auf Knick, Spannungen (Druck, Zug) zu tun haben, die bis zur Unkenntlichkeit von der Grundform abweichenden Sprungverlauf ergeben, insbesondere dann, wenn der Ansatz der Druckstelle nahe an der Umgrenzung des Glaskörpers lag. So entsteht die ganz gewöhnliche Scherbe, in deren Gestalt uns das sprichwörtliche Ende jedes Glasgegenstandes entgegentritt.

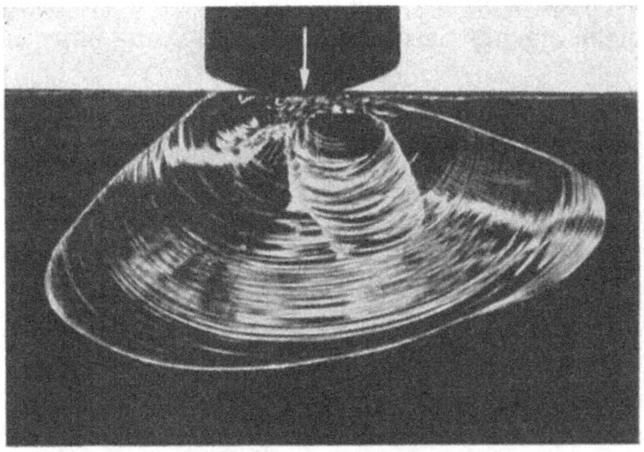

Abb. 730. Muschelbruch

3.14 Chemisches Verhalten der Bruchfläche

Geht man von der derzeitigen Anschauung über die Konstitution des Glases aus, daß die Verknüpfung der [SiO_4]-Tetraeder vollkommen unregelmäßig und räumlich unbegrenzt ist und daß die Metallionen gleichmäßig in der Struktur verteilt und in die Hohlräume eingebaut erscheinen [*107*], so läßt sich hieraus die Plötzlichkeit des mechanischen Zerfalls von Gläsern erklären. Es scheint verständlich, daß nach Aufhören der Koordinierung, d.h. im kalten Zustand, die Moleküle einerseits fest aneinander haften, andererseits nur unter plötzlichem Aufreißen, dann aber auch vollständig ihren Halt untereinander verlieren, weil ein Gleiten, wie bei den Metallkristalliten, einfach unmöglich ist.

Von Tammann [*108*] wurde auf die Wahrscheinlichkeit hingewiesen, daß bei der gewaltsamen Zerteilung eines Glimmerkristalls auch die Atomverbände nicht unbeschädigt davonkommen. Man darf daher auch beim Glas annehmen, daß die Molekülkomplexe nicht intakt bleiben. Teilt man z.B. Glimmer längs einer Spaltebene geringster Kohäsion, so stellt man fest, daß die frische Fläche beim Anhauchen keinen Niederschlag erkennen läßt. Sobald aber eine Alterung eingetreten ist, die künstlich durch Benetzen mit Wasser sofort hervorgerufen werden kann, ergibt das Kondensat einen unzusammenhängenden, als Beschlag deutlich erkennbaren Schleier. Dieselbe Erscheinung läßt sich am Glase nachweisen. – Man nehme einen Glasbrocken, zerteile ihn durch Hammerschlag und hauche die neue hervortretende Fläche an. Man beobachtet auch an ausreichend kalten Stücken nur ein Huschen intensiver Interferenzfarben darüber hinweg, ohne aber einen Beschlag erzielen zu können. Man lasse das Stück kurze Zeit (1 bis 10 Minuten) an feuchter Luft liegen – ein wiederholtes Anhauchen bringt sofort die bekannte Mattierung hervor.

Dieser schon früher mitgeteilte Vorgang [*96*] läßt sich so erklären, daß auf der juvenilen Bruchfläche des Glases beim Anhauchen eine sich momentan bildende Quellschicht, die eine intensive Reaktionsfähigkeit gegen Wasser besitzt, ein kurzes Aufleuchten von Interferenzfarben erzeugt, das mit der Absorption des Wassers sofort wieder erlischt. Als Ursache der intensiven Reaktionsfähigkeit der frischen Bruchfläche mit Wasser nimmt man an, daß durch den Bruch freie Stümpfe von Strukturmolekülen entstehen, die sich zunächst mit Wasser absättigen, wodurch die interferierende Haut verschwindet. Erst wenn nach mehrmaliger Wiederholung des Vorganges eine gewisse Sättigung eingetreten ist, bleibt ein sichtbarer Beschlag zurück.

Interessant ist, daß es sich bei diesem Phänomen der „huschenden Interferenzfarben", als Ausdruck für das intensive Absorptionsvermögen frischer Bruchflächen, um eine Eigenschaft der Kieselsäure zu handeln scheint. Greift man nämlich zum Quarzglas, so tritt diese Erscheinung ebenfalls, aber so kurzlebig auf, daß man es fast übersieht, weil es praktisch gar nicht erst zur Bildung einer interferierenden Schicht kommt [*109*].

Äußerlich verrät sich dieser Vorgang im chemischen Sinn darin, daß frische und ältere Bruchflächen ein durchaus verschiedenes Verhalten zeigen, wenn man sie mit Wasser auswäscht. So hat schon Mylius [*110*] berichtet, daß es für seine kolorimetrischen Eosinproben durchaus notwendig sei, das Alter eines Bruches zu berücksichtigen. Er unterscheidet dem Verhalten nach zwischen einer „Minutenprobe" (natürliche Alkalität) und einer solchen an älteren Stellen (veränderte, auch „Wetter"-Alkalität). Es wird ein anfängliches Ausflocken kolloidaler Kieselsäure durch Hydrolysierung oder eine Ausflockung durch Atmosphärilien dafür verantwortlich gemacht. Die Ursache ist jedoch in der Quellschichtbildung zu suchen, der die Rolle einer Schutzhaut zufällt, die erst nach eigener Sättigung die Entstehung eines Beschlages zuläßt.

3.15 Optisches Spannungs- und mechanisches Bruchbild

In welcher Weise Isochromaten und das Profil eines „Stoßkörpers" zusammenhängen, geht aus einem Vergleich des optischen Spannungsbildes aus Abb. 731 mit dem mechanischen Bruchbild aus Abb. 732 hervor. Mitunter tritt uns nämlich die Beziehung der mechanischen Beanspruchung eines Glases zu deren optischer Wirkung geradezu als *Kongruenz der optischen und mechanischen Achsensysteme isotroper Körper* entgegen, aus welcher hervorgeht, daß die im

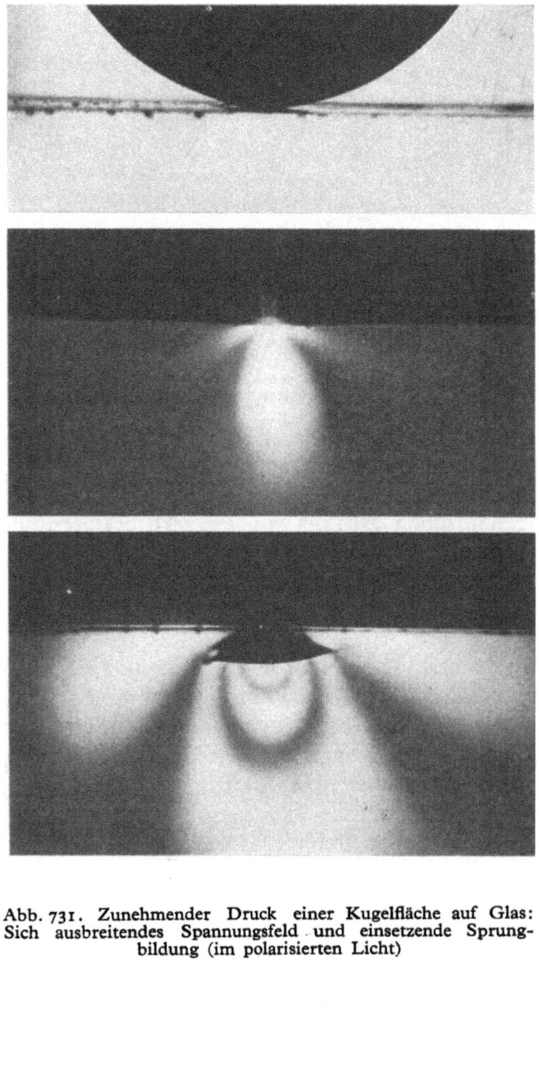

Abb. 731. Zunehmender Druck einer Kugelfläche auf Glas: Sich ausbreitendes Spannungsfeld und einsetzende Sprungbildung (im polarisierten Licht)

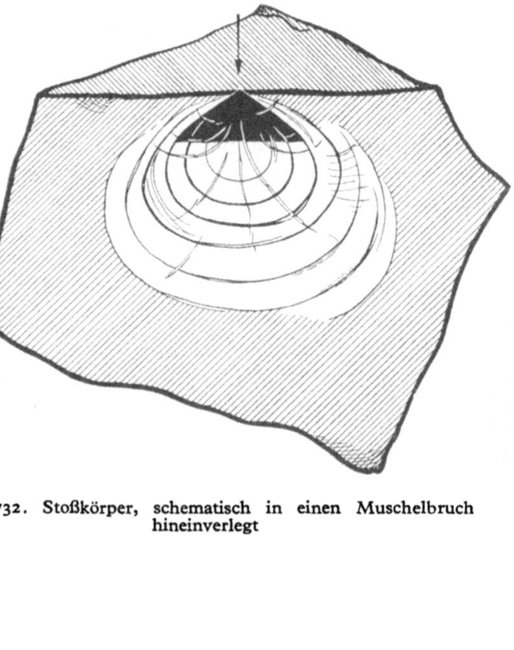

Abb. 732. Stoßkörper, schematisch in einen Muschelbruch hineinverlegt

allgemeinen mehr oder weniger ähnliche Form beider mehr als ein Zufall ist. Abb. 732 zeigt schematisiert die beliebige, durch Schlag oder Stoß verursachte Bruchfläche eines technischen Glases mit Wellen- und Rißsystemen, die überall deutlich das Bestreben zeigen, ihre Wege zu kreuzen. Dieser Sprungverlauf läßt sich im wesentlichen als Verkörperung der Spannungen auffassen, wie sie sich vorher durch optische Anomalien verraten haben.

In Abb. 731 wird der Ansatz zur Erzeugung eines Spannungsfeldes gezeigt; die Fläche einer Stahlkugel liegt nach Art einer Brinellprobe der Glasoberfläche an. Abb. 731 gibt an zweiter Stelle

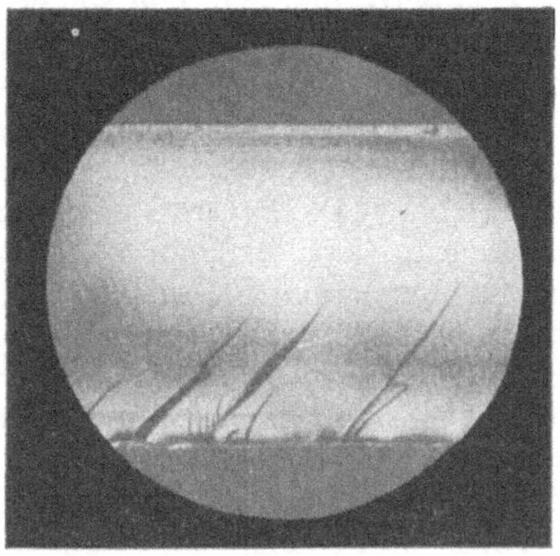

Abb. 733. Kante normalen Glases (im polarisierten Licht)

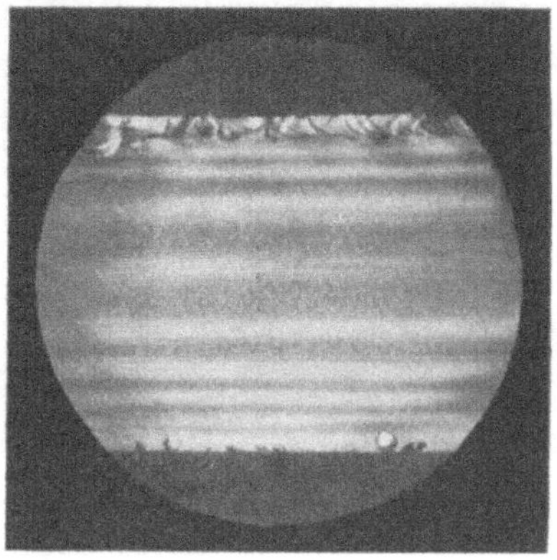

Abb. 734. Kante vorgespannten Glases (im polarisierten Licht)

das Spannungsbild im polarisierten Licht bei mäßigem Druck wieder, an dritter Stelle bei stärkerem Druck. Hier ist das Spannungsfeld bereits tief in die Glasmasse eingedrungen. Am Scheitelpunkt ist bereits ein Klaffen eingetreten; der Rotationskörper hebt sich deutlich als schwarzer Schatten im Lichthof des Spannungsfeldes ab. Aus einem Vergleich der Abb. 731 u. 732 geht deutlich der gleichartige Verlauf von optischer Erscheinung und mechanischer Wirkung hervor. Selbst der eigentliche Sitz des Druck- oder Stoßkörpers läßt sich idealisiert (als Kegel mit paraboloidischem Verlauf) in dem Schema anbringen und fügt sich dem Ganzen sinngemäß ein. Selbstverständlich kommt es dann gar nicht erst zu seiner Gestaltung, wenn, wie in dem skizzierten Fall, eine Ablenkung (Schiefstellung) oder Umflutung der durch willkürlich ausgeübten Stoß entstandenen flach verlaufenden Sprungfläche eintritt.

Der auf kompaktes Glas ausgeübte, punktförmig angreifende Druck oder Schlag hat diesen kegel- bis paraboloidförmigen Stoßkörper aus dem Innern getrennt, wie er sich häufig sogar leicht aus dem verbleibenden Mantel durch dessen stückweise Entfernung herausschälen läßt. Seine Oberfläche wie die jeden Bruches enthält stets Spuren rhythmischer Wellen und Risse von ähnlichem Verlauf wie die früher erörterten Isochromaten- und Isoklinensysteme (vgl. Ziff. 2.5). Dabei wird die Forderung nach Übereinstimmung des Profils der haubenartigen Sprungfläche mit den Grenzbahnen der optischen Interferenzerscheinungen so weitgehend erfüllt, daß sich die Sprungfläche selbst als die Verkörperung einer solchen zu erkennen gibt. An ihrer Stelle wurde die Spannung von der Kohäsion des Glases nicht mehr ertragen und führte zu seiner Zertrümmerung. Gleichzeitig damit findet weitgehende Auflösung, zum mindesten aber eine Umformung oder Verlagerung der Spannungsfelder statt. – SPÄTE berichtet, daß eine vor der Sprungbildung vorhandene Spannung von 410 mμ auf 210 mμ nach ihr zurückging, also auf rund die Hälfte.

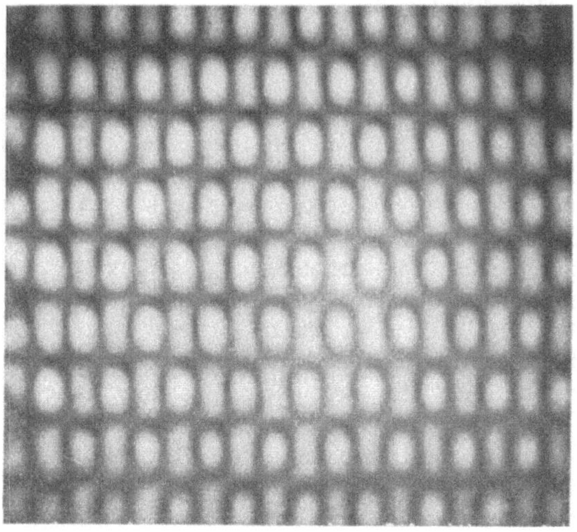

Abb. 735. Spannungsnetz in einer vorgespannten Glasscheibe (im polarisierten Licht)

Betrachten wir noch den speziellen Fall des Bruchverlaufes, der durch ein systematisch angeordnetes Spannungsnetz bei der Zertrümmerung von vorgespanntem Glas hervorgerufen wird. Bei den gebräuchlichen Abschreckverfahren durch Anblasen der Scheiben mit Luft entsteht eine Spannungsverteilung (außen Druck-, innen Zugspannung), die sich selbst im Gleichgewicht hält (vgl. Ziff. 2.62). Senkrecht zur Schnittkante ist im polarisierten Licht eine markante Schichtbildung zu erkennen, die normales Glas nicht zeigt (Abb. 733 u. 734). Betrachtet man eine solche Scheibe durch ihre Flächen im polarisierten Licht, so sieht man entsprechend der Anordnung der Düsen ein mehr oder weniger symmetrisches gitter- oder netzartiges Spannungsbild (Abb. 735). Es tritt auch bisweilen fleckenartig am stehenden Fahrzeug in Erscheinung durch Selbst-Polarisation des an der Innenseite reflektierten Tageslichtes. Das Bruchbild einer solchen Scheibe (Abb. 736) läßt die Systematik des momentanen Abbaues der Spannungsfelder erkennen, indem, ausgehend vom Sprungzentrum, durch vielfache Gabelung und Verästelung von Längs- und Quersprüngen das bekannte, aus zahlreichen Sprungzellen aufgebaute Bruchbild des „krümeligen" Zerfalls entsteht [*72–74*].

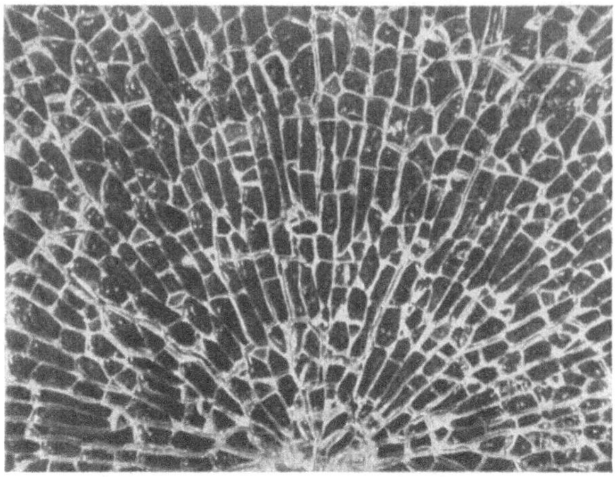

Abb. 736. Bruchbild einer vorgespannten Glasscheibe

3.2 Bruch durch thermische Ursachen

Wenden wir uns nunmehr den besonderen Erscheinungsformen und Merkmalen von Sprunggebilden am Glase zu, deren Ursache in fehlerhafter thermischer Behandlung an den bereits geformten, aber noch nicht erkalteten Glasgegenständen zu suchen ist. Hierbei sollen nicht die Brüche verstanden werden, die durch mangelhafte Temperaturführung des eigentlichen Entspannungsverlaufs entstehen, sondern jene Fälle, wo meist örtlich begrenzte Temperaturdifferenzen an den betreffenden Stellen der Oberfläche Sprung- und Rißbildung hervorrufen. Hierher gehört z. B. die Berührung heißer Glasgegenstände mit kalten Werkzeugen oder Abschreckung, d. h. plötzliche Abkühlung des Glases an metallischen Flächen bei der Formgebung oder ähnliche thermische Beanspruchungen.

3.21 Sprungbildungen an heißem, aber starrem Glas

Entsteht im Glas ein – wenn auch noch so unscheinbarer – Sprung dadurch, daß die vorhandene Spannung auf diese Stelle eine Zugwirkung ausübte, so hat man sich klarzumachen, daß das Reißen selbstverständlich quer zum Kräfteansatz eintritt. Also: *Der Sprung verläuft immer senkrecht zur herrschenden Zugspannung, die ihn verursachte.* Man hat sich idealisiert vorzustellen, daß der Kräfteansatz in der Mitte einer einzelnen Sprungbildung am stärksten war (d. h. den Schwellenwert der Kohäsion am meisten bzw. frühesten übertraf) und zur Seite abflaute, so daß der Sprung selbst sich also unter den gegebenen Bedingungen im Glas „totlaufen" kann (Abb. 737). Diese Form ist typisch für Glas im heißen Zustand, nahe dem Erstarrungspunkt, wo es besonders empfindlich ist für thermische Veränderungen. Als Beispiel diene Abb. 737b, eine Sprungauslösung an einer überhitzten Glastafel, deren Ausgangsstelle nahe der Oberfläche eine kurze gerade Strecke ist, die sich muschelig ausbreitet, sich bei weiterem Verlauf „aufrichtet", um, quer zur Wandung (für den Beschauer: Papierebene), der Anordnung geringsten Widerstandes, auszuklingen. Nach verschiedenen Angaben genügen bzw. sind erforderlich 50 bis 75 °C Temperaturdifferenz, um Sprungauslösung herbeizuführen.

Herrscht also in einem mehr oder weniger einheitlichen Sprungsystem eine bestimmte Richtung der Sprungbildung vor, so darf mit Sicherheit daraus geschlossen werden, daß die Hauptbeanspruchung des Glaskörpers an dieser Stelle quer zu dieser Richtung erfolgte [*111*]. Hierzu als Beispiel Abb. 738, ein immer noch ganz einfacher Fall: Liegen im Glase solche Risse nebeneinander vor, so sind sie entweder dadurch entstanden, daß in der Längsrichtung Zugkräfte gewirkt haben, denen das Glas nicht mehr ohne örtlichen Verlust der Kohäsion zu folgen vermochte, oder das Glas selbst hat starke Schrumpfungen durchgemacht, indem es wenigstens oberflächlich und örtlich übermäßiger Kühlung ausgesetzt war.

Diese Abschreckung unterliegt selbstverständlich einem Einfluß von außen. Weil aber nicht sie selbst den Bruch herbeiführt (denn sie führt ja im Gegensatz zum Schlag oder Stoß dem

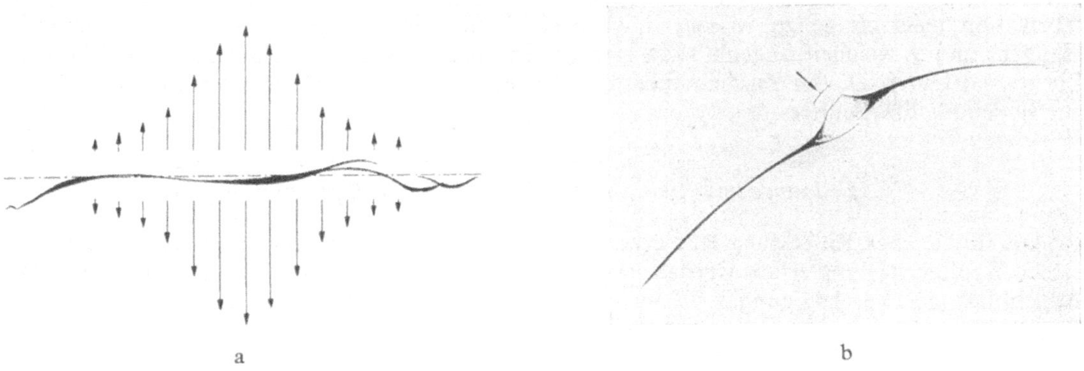

Abb. 737. a) Kräfteansatz an einer Sprungbildung, b) Hitzesprung an einer Glastafel (Pfeil: Anriß)

Glase keine Kräfte zu), sondern erst die durch sie verursachte innere Spannung zu der Kraftäußerung ausreicht, gehören diese Erscheinungen im weiteren Sinne zu den thermisch verursachten Sprungbildern aus *inneren* Gründen. – Die mit der Abkühlung einsetzende Schrumpfung des Glases bevorzugt in ihrer Auswirkung mitunter bestimmte Dimensionen des Glases oder die Rißbildung wird *zusätzlich* dadurch gefördert, daß sich das Glas im Augenblick ihrer Entstehung noch unter „Zug" befindet. Dann ergeben sich häufig ganz bestimmte Bilder der Anordnung von Sprung- und Rißsystemen, die die Richtung der wirkenden Kräfte erkennen lassen und es damit erleichtern, ihrer Ursache nachzugehen und sie abzustellen.

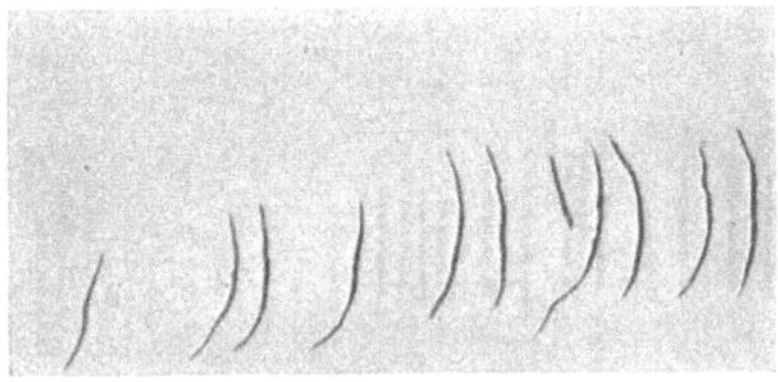

Abb. 738. Reihensprünge

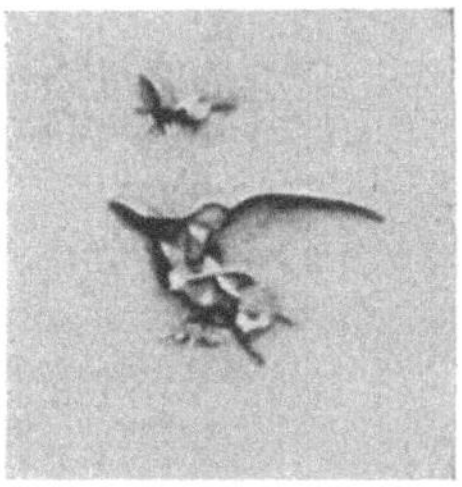

Abb. 739. Sprungnest (2 ×)

Ursache der Entstehung solcher „Sprungnester" (Abb. 739) am heißen Glase ist, wenn nicht eine regelrechte Verletzung vorliegt, eine örtliche Abschreckung. Solche Vorkommen kennt jede Art von Glasfabrikation, bei der das Glas mit dem Metall der Formflächen, der Fördervorrichtungen oder mit Werkzeug in Berührung kommt. Betrachten wir ein solches, häufig nur mit der Lupe zu erkennendes Sprungnest, oft auch „Kaltsprung" oder ähnlich genannt, so sehen nicht alle gleich aus, wie es auf den ersten Blick erscheinen möchte. Abb. 740 a u. b geben die vorherrschende Richtungsverschiedenheit zweier Sprungsysteme gleicher Größe wieder auffällig zu erkennen. Im Falle Abb. 740a hat sich offensichtlich an der Nestbildung eine längsgerichtete Zugkraft ausgewirkt, wie es die Pfeile und der Schnitt andeuten sollen, bzw. ein Festhalten des umgebenden Glases, während es an der Berührungsstelle plötzlich schrumpfte. Im Falle Abb. 740b deutet die schalenförmige Orientierung der Risse darauf hin, daß irgendwelche Kräfte quer zur Glaswand mitgewirkt haben. Dies kann z.B. der Fall sein beim Kleben des Glases an der Form, dem sog. „Anpicken", wenn es im raschen Verlauf des Arbeitsganges von der Wandung abgerissen wird (vgl. Ziff. 3.24). Liegt

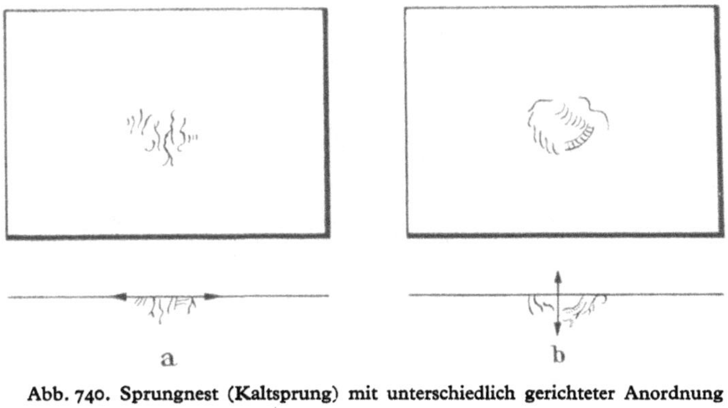

Abb. 740. Sprungnest (Kaltsprung) mit unterschiedlich gerichteter Anordnung

auch in beiden Fällen eine gleichwertige lokale Abschreckung vor, so bedeutet die Anordnung des Sprungsystems doch einen wertvollen Fingerzeig, um sich ein genaueres Bild von dem Vorgang zu machen. Da ja der Arbeitsgang der mechanisierten Formgebung zwangsläufig ist, so erlaubt die Beobachtung dieser Einzelheiten, auch Rückschlüsse zu ziehen auf den *Zeitpunkt der Entstehung dieser Fehler* und damit auch auf ihren *Ort*. Denn man wird z.B. bei der Flaschenfabrikation jederzeit genau wissen, in welchen Augenblicken die Längsbeanspruchung (z.B. Hängen) und in welchen Augenblicken eine Querbeanspruchung zur Glaswand (z.B. Öffnen der Form) stattfindet. Diesen Zusammenhang erkennen zu können, bedeutet den wichtigsten Schritt zur Behebung des Fehlers.

3.22 Sprünge und Risse an heißem, zum Teil noch plastischem Glas

Die Tiefe jener Rißbildung läßt erkennen, ob das Glas durch und durch von dieser unliebsamen Kräfteverteilung erfaßt worden ist oder nicht. Tritt nämlich der Fall ein, daß das Glas im Augenblick der Beschädigung z.T. noch plastisch war, so gibt diese plastische Schicht durch

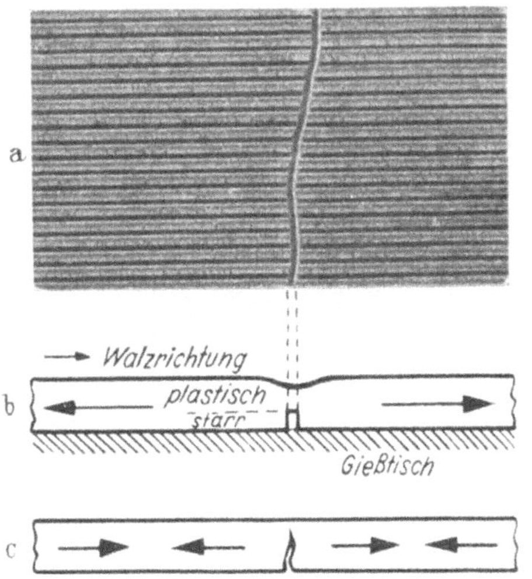

Abb. 741. a) Rißbildung unter einseitig wirkender Zugwirkung – b) Erweiterung der Sprungbasis zu einem kantigen Profil durch den nachgebenden plastischen Teil des Glases – c) Ohne das letztere

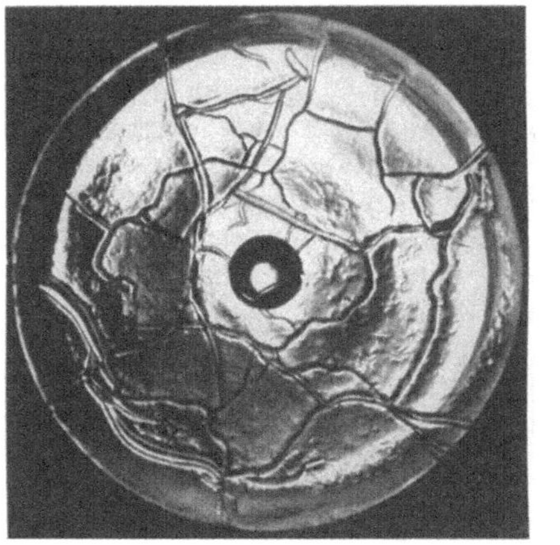

Abb. 742. Rißbildungen an einem in zu kalter Form ausgereckten Bodenstück einer Flasche

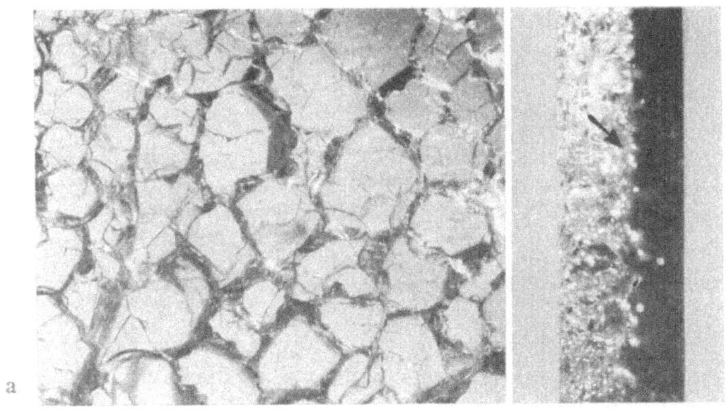

Abb. 743. Bruch einseitig erhitzten und abgesprengten Glases an Tafelglas. a) Durchsicht durch die Fläche, b) Durchsicht durch die Kante

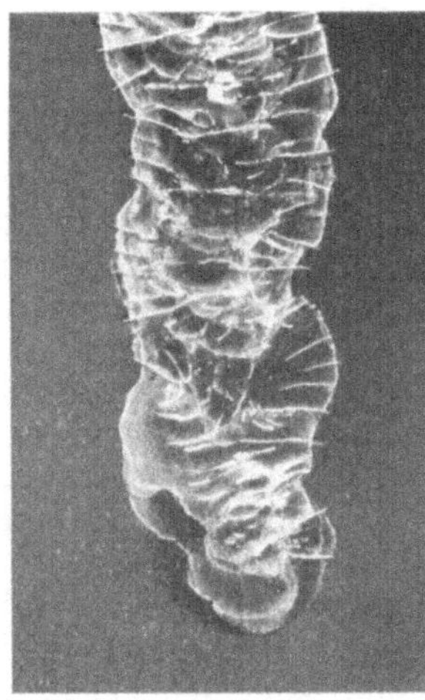

Abb. 744. Abschreckung glühenden Glases durch auffließendes Wasser. Die Sprungbildungen bleiben auf den von Wasser berührten Flächenteil beschränkt

Reckung um den gleichen oder einen größeren Betrag nach, wie die bereits erstarrte durch Rißbildung. Ein grober Fall dieser Art kommt oft an Walzgläsern vor. Die Abb. 741 zeigt einen Ausschnitt gerippten Rohglases, das von einem kantigen Sprung durchzogen wird, der entstanden ist durch zu frühe Erstarrung der Berührungsfläche mit dem zu kalten Gießtisch. Äußert sich diese Erstarrung in einem Augenblick, wo die Walze ihre Fahrt noch nicht beendet hat, so klafft ein entstehender Sprung auf, weil das Glas gleichzeitig „gereckt" wird. Ist zu dieser Zeit die obere Schicht der Glasplatte noch heiß genug, daß in ihr noch Plastizität vorliegt, so gibt dieser Teil der Reckung nach, ohne den Zusammenhalt zu verlieren und läßt eine Einschnürung entstehen. Ein ähnlicher Fall kann eintreten, wenn z.B. die Formen noch zu kalt sind, in denen Flaschen geblasen werden (s. Abb. 742), wo das Bodenstück von einem ganzen Netz derartig kantig gereckter Sprungbildungen durchsetzt ist. Würde in solchen Fällen eine Abschreckung stattfinden, ohne gleichzeitige Einwirkungen von zusätzlichen Zugkräften durch anstehende Druckluft, so muß das Sprungbild anders ausfallen, nämlich, wie es in Abb. 741 b für den Fall Walzglas dargestellt ist [*111*].

Wie stark die Lokalisierung von Sprüngen, die durch Abschrecken entstehen, auf den Einflußbereich des Schockes begrenzt bleiben, mag mit zwei Beispielen belegt werden: In Abb. 743 handelt es sich um eine bei einem Brand einseitig bespritzte Scheibe, deren Sprungnetz, in das sie zerfiel, demjenigen vorgespannten Glases weitgehend ähnelt. Es dringt aber nur bis in die Mitte der Scheibe ein (Pfeil) und bleibt verbunden mit der völlig intakten zweiten Schichthälfte, wie der Schnitt durch die gleiche Scheibe zeigt. – In einem anderen Fall bewirkte das über eine erhitzte Scheibe ablaufende Wasser zahlreiche radiale Sprünge (Abb. 744), die aber fast genau dort enden, wo auch die Rückstände des verdunsteten Wassers einen Rand hinterlassen haben, der zugleich die örtliche Begrenzung des Schockes angibt. Die Sprungbilder sind in beiden Fällen typisch.

3.23 Abschreckung des Glases an metallischen Formflächen

Die Gefahr örtlich eintretender Abschreckung des Glases und die dadurch entstehenden Sprung- und Rißbildungen ist natürlich dort am größten, wo das Glas zwangsläufig mit Metall in Berührung kommt, am häufigsten also im Verlauf der Verformung. Ist das Temperaturgefälle zwischen Glas und Formmaterial nämlich groß genug, um dem Glas an der Berührungsfläche so viel Wärme zu entziehen, daß es oberflächlich unter seine Plastizitätsgrenze gelangt, so kann die Entstehung von „Schreck-" oder „Schrenn"-Sprüngen nicht ausbleiben.

Häufig sind es nur einzelne Werkzeuge, durch deren Handhabung dem Glas der vorgenannte Schaden zugefügt wird, wie sie z.B. im Fall der Abb. 745 für die Kröpfung und das Gewinde einer Schraubverschlußflasche erforderlich sind. Man erkennt deutlich an zwei Stellen, in einem Gewindegang, namentlich aber unterhalb der Kröpfung eine Reihe von Schrennsprüngen, die auf diese Weise entstanden sind und das Glas unbrauchbar machen, indem sie ihm die Widerstandsfähigkeit sowohl gegen Druck (kohlensäurehaltige Limonade) als auch gegen Stoß (Transport) nehmen.

Abb. 745. Abschrecksprünge am Hals einer Gewindeflasche

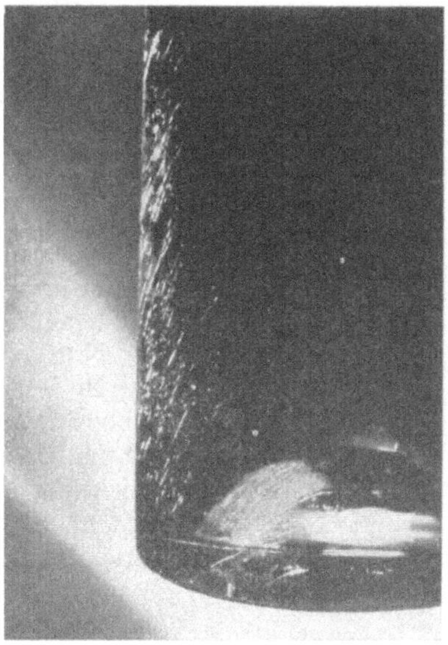

Abb. 746. Abschrecksprünge an einer Flaschenwand

Handelt es sich um mangelnden Wärmegehalt einer ganzen Formfläche, so treten diese Abschreckungen weniger örtlich als über ganze Flächen verteilt auf. Abb. 746 ist ein Beispiel dafür, wie die ganze Hälfte eines Flaschenkörpers mit solchen Schrennsprüngen durchsetzt sein kann. Allerdings können diese derart oberflächlich ausfallen, daß sie, wie hier, nur durch die Reflexe im Lichtkegel einer scharfen Beleuchtung sichtbar werden. Ein besonders vorherrschender Richtungssinn dieser Sprungscharen hängt mit der jeweiligen Kräfteverteilung im Augenblick ihrer Entstehung zusammen (vgl. das unter Ziff. 3.21 Gesagte).

Zu den Abschreckwirkungen einer Formfläche gehört auch die fehlerhafte Abstimmung der Temperatur einer Tischplatte, auf welcher Gußglas durch ein Walzverfahren hergestellt wird.

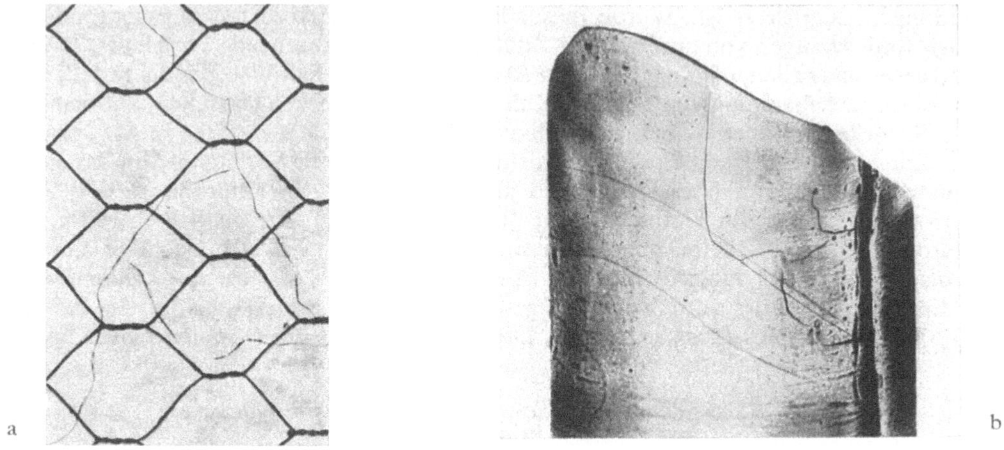

Abb. 747. a) Feine „Haarrisse" in Drahtglas – b) In einem Flaschenkörper

Schon bei geringer Abweichung von den Verhältnissen, unter welchen die Berührungsfläche des Glases intakt bleibt, können ganz feine Rißbildungen vereinzelt oder netzartig über die Platte verteilt auftreten und durch ihr Erscheinen die übermäßige Wärmeableitung anzeigen („Haarrisse", „Silberfäden") (Abb. 747a). Dasselbe gilt für den Flaschenkörper Abb. 747b. Auch hierbei ist folgendes zu beachten: Eine vorherrschende Richtung solcher Sprünge verrät, daß sie zu einer Zeit entstanden sind, wo im Sinne von Abb. 737 besondere Kräfte ihre Orientierung bewirkt haben, z. B. *während* des laufenden Walz- oder Ziehprozesses (Abb. 739), wohingegen die Abschreckung am ruhenden, keinerlei sonstigen Kräften ausgesetzten Glase die Sprünge gleichmäßig nach allen Richtungen verteilt auftreten läßt; immerhin ein Hilfsmittel zur Feststellung des Ortes und der Zeit ihrer Entstehung. – Das Auftreten einzelner Sprünge nach Art desjenigen Abb. 748 hängt eng mit der Formgebung selbst zusammen, geht aber ebenfalls auf eine Auslösung durch Abschrecken zurück.

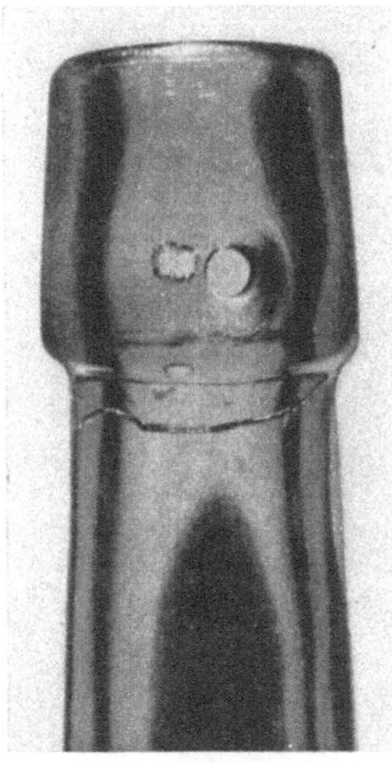

Abb. 748. Schrennsprünge an der Kröpfung einer Flaschenmündung

Nun kann man aber auch durch Abschrecken des Glases an einer durch scharfe Temperaturbeanspruchung erzeugten, meist in einer Ebene liegenden Spannungslinie dem Abschrecksprung einen gewollten Verlauf geben. Ein solcher im Laufe der Weiterverarbeitung sehr wichtiger Vorgang ist das Absprengen der Kappen von mundgeblasenem Hohlglas. Zu diesem Zweck richtet man eine kurze heiße Stichflamme genau auf die gewünschte Sprengebene des um seine Längsachse rotierenden Glaskörpers. Das Glas wird durch Berührung mit einer befeuchteten harten Spitze an einem Punkt der Spannungslinie abgeschreckt. In vielen Fällen ritzt man das Glas auch längs der Sprenglinie vorher mit einem Diamanten an, um in ihm von vornherein einen schwachen, leicht in der vorgezeichneten Richtung zum Bruch führenden Querschnitt zu erzeugen. Maßgebend für die Spannungsauslösung, also den Bruch, können sowohl das Abschrecken allein als auch die zusätzliche Kerbwirkung durch das Ritzen sein. Der Sprengvorgang als solcher beruht darauf, daß in der erhitzten Sprenglinie durch das Abschrecken plötzliche Zugspannungen erzeugt werden, gegen die Glas bekanntlich wenig widerstandsfähig ist.

Fehlerhaftes Absprengen kann zu erheblichem Ausfall führen [*112*]. Wenn man schlechte Kühlung des Glases als Fehler ausschaltet, so kann die Entstehung unbrauchbarer Sprengrisse entweder in zu starkem oder schwachem Erhitzen der Sprenglinie zu suchen sein. Bei zu geringer Erhitzung der Sprenglinie läuft der Sprengriß häufig nicht um den ganzen Umfang des Gegenstandes, und so entsteht dadurch beim Abheben der Kappe von Hand an der nicht durchsprengten Stelle Bruch. Beim Überhitzen des Glases treten leicht Einläufe (Abb. 749) auf, die spätestens beim Rauhschleifen des Sprengquerschnittes zum Bruch führen.

Eine Absprengung ist erst von einer Mindestheizzeit ab möglich. Von hier ab steigt mit zunehmender Heizzeit der Gütegrad der Sprengung an bis zu einer günstigsten Heizzeit, bei welcher ein Minimum an Ausfall auftritt und sinkt hierauf wieder ab, bis die obere Heizzeit erreicht ist. Im Gebiet zwischen dem besten Gütegrad und der oberen Heizzeit steigt die Anzahl der durch Einläufe unbrauchbaren Sprengrisse an. Von der oberen Heizzeit ab sind alle Sprengrisse durch vorhandene Einläufe unbrauchbar (Überhitzung). Ein guter Sprengriß bei günstigster Heizzeit zeigt ein leicht kenntliches Bruchbild. Mit zunehmender Wandstärke des Glases steigt die günstigste Heizzeit und mit ihr die Spanne zwischen unterer und oberer Heizzeit. Auch die Intensität der Beheizung und der Krümmungshalbmesser der zu sprengenden Glaswand sind nicht ohne Einfluß auf den Verlauf der Sprengkurve. Mit größer werdendem Krümmungsradius nimmt die günstigste Heizzeit etwas ab.

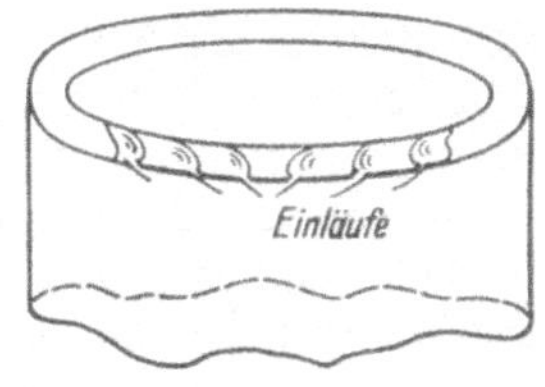

Abb. 749. Einläufe an der Absprengstelle eines Glaszylinders (F. HOLLER)

3.24 Bruch durch Kleben

In seltenen Fällen – d. h. nur unter ganz bestimmten Voraussetzungen – besteht die Möglichkeit, daß nicht ein Schlag, Stoß oder Druck die auftretenden Zugspannungsdifferenzen herbeiführt, sondern unmittelbar eine Zugkraft selbst. Wird nämlich ein Glas, z.B. durch Berührung mit Metall, verarbeitet, so tritt u. U. ein Kleben ein, durch welches ein *radialer Zug* auf die Oberfläche ausgeübt wird, der, bei der außerordentlichen Empfindlichkeit des *heißen* Glases, namentlich dann ein muschelbruchähnliches Gebilde entstehen läßt, wenn der erste Ansatz zum Bruch als Folge einer Abschreckerscheinung in Form kleiner Rißbildungen (s. Abb. 739 u. 740 Ziff. 3.21) auftritt.

3.3 Von Einschlüssen ausgelöste Sprünge

Ein Teil der Bruchgefahr, mindestens aber eine Schwächung der Festigkeitswerte [*102, 113*], die den Glasartikeln droht, geht von Fremdkörpern aus, falls solche in Gestalt von „Steinchen" (s. dort) in ihnen enthalten sind. Dabei ist für das Sprungbild wesentlich, ob dieser Körper einen größeren oder kleineren Ausdehnungskoeffizienten (A.K.) als das Glas besitzt. Dementsprechend läßt die Anordnung der Sprungbilder gelegentlich Rückschlüsse auf die Substanz des Fremdkörpers zu. Quarz hat einen A.K. von $137 \cdot 10^{-7} \perp$ und $74 \cdot 10^{-7}$ // zur Achse. Der erste Koeffizient ist größer als derjenige der meisten technischen Gläser. Beim Abkühlen löst sich das Korn nach SPÄTE [*10, 21*] also durch stärkere Schrumpfung vom Glase los, indem sich durch radiale Zugspannung schalenförmige Sprünge bilden (Abb. 750a).

Bei Entglasungen liegt der Fall etwas anders: Ihr Raumbedarf (im geordneten Zustand der Materie) ist an sich schon ein geringerer. Deswegen ergeben sich meist schalenförmige Sprünge, die ja insbesondere an Sphärolithen bekannt sind.

In einem anderen Fall, wenn es sich um Schamotte handelt (57 bis $62 \cdot 10^{-7}$) liegt ein kleinerer Ausdehnungskoeffizient vor, als er dem technischen Glase eigen ist. Beim Abkühlen kommt also das Glas unter tangentialen Zug (radialen Druck) zu stehen (Abb. 750b), das Glas wird „gesprengt", die entstehenden Risse verlaufen also quer zu dieser Beanspruchung, d. h. vorwiegend radial. Ähnliche Überlegungen sind auch für Schlieren zutreffend

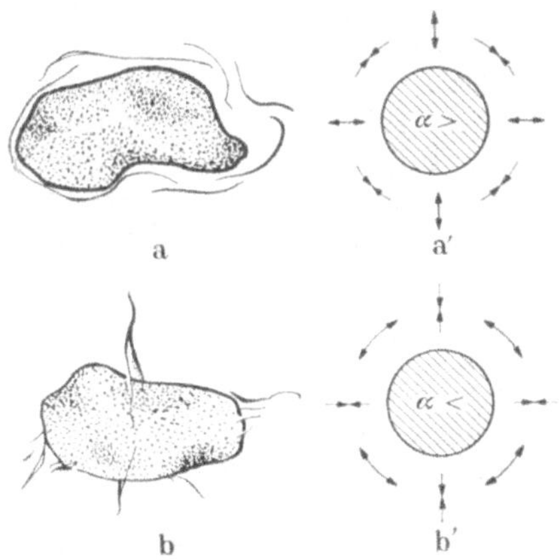

Abb. 750. Sprungbildung durch Fremdkörpereinschlüsse im Glas. a) Konzentrisch: A. K. des Einschlusses größer als der des Glases (Ablösung vom Glase); b) Radial: A. K. des Einschlusses kleiner als der des Glases (Sprengung des Glases) a′) Schema zu a: Radialer Zug, tangentialer Druck, b′) Schema zu b: Radialer Druck, tangentialer Zug

(vgl. A. DIETZEL [29]). – Die Beobachtungen dieses Verhaltens sind für viele Fälle unverkennbar richtig; allgemein ausgesprochen aber mit Vorsicht hinzunehmen, da die besonderen Verhältnisse jedes Betriebes (Zusammensetzung des Glases, Lösungsgrad des Einschlusses) glatt eine Umkehrung bewirken können.

Insbesondere genügt es keinesfalls, davon zu sprechen, daß ein bestimmter Körper Druck oder Zug erzeuge, denn beide treten stets zugleich auf; es kommt allein auf ihre Anordnung an. Hierüber geben die schematischen Zeichnungen Abb. 750a' bzw. b' Auskunft.

Immerhin gilt auch hier, daß ins einzelne gehende Beobachtungen eine Fülle von Hilfsmitteln zur Erkennung und Beseitigung von Fabrikationsfehlern einbringt:

Es fällt auf, daß unter vielen „Steinchen" nur immer einige dazu neigen, Sprünge zu erzeugen. Auch das hat seinen Grund. Das Steinchen löst sich nämlich langsam auf und bildet einen Glashof. Als Glas haben aber die Bestandteile des Steinchens die umgekehrte Eigenschaft: SiO_2 setzt im allgemeinen den A.K. herab, Tonerde herauf. Es kann also der Fall eintreten, daß der Lösungshof sich besser mit der Umgebung verträgt, was die Erzeugung von Spannungen anbelangt, als der Fremdkörper selbst. Die hohe Bruchgefahr bleibt allerdings bestehen und nimmt ihren Ausgang schon von sehr kleinen Partikeln.

Der Kampf gegen den durch Fremdkörper verursachten Bruch ist nicht von der Seite der Spannungen her aufzunehmen, weil diese auch mit noch so guter Kühlung nicht zu beseitigen sind: er richtet sich vielmehr gegen den primären Fehler, den Fremdkörper selbst. – Diese Forderung gilt mit aller Eindeutigkeit auch für das folgende Beispiel.

Die Abfüllung von Getränken (z.B. Mineralwässern) unter Druck auf Flaschen setzt diese einer Dauerbelastung aus, während welcher sich erst seine eigentliche Brauchbarkeit entscheidet. Gerade solche Stellen der Flaschen, die aus irgendwelchen Gründen geschwächt sind, überstehen oft genug die übliche kurze Druckprobe, die der Auslieferung eines Auftrages – wenigstens stichprobenweise – vorangeht. Zu den Gründen für örtliche Schwächung der mechanischen Widerstandsfähigkeit gehört das Vorhandensein von Entglasungskristallen. Es kann der Fall eintreten, daß aus verschiedenen Gründen (z.B. in längeren Zeiträumen schwankende Temperatur) die zur Verarbeitung gelangende Glasmasse noch im Ofen Kristallausscheidungen ansetzt, die mit in das Erzeugnis hineingeraten und wegen ihrer Transparenz übersehen werden. Wenn dieser Fehler sporadisch auftritt, kann er sich u.U. der Betriebskontrolle entziehen. Dann kann auch die beste Kühlung diese Gefahrenquelle für Bruch nicht mehr beseitigen. Das betreffende Glas kann im Spannungsprüfer ein flecken-, also tadellos spannungsfreies Glas ergeben (Abb. 751), in welchem die Kristalle, wenn sie nicht gerade derb auftreten, im allgemeinen Bild bei flüchtiger Betrachtung nicht sonderlich auffallen.

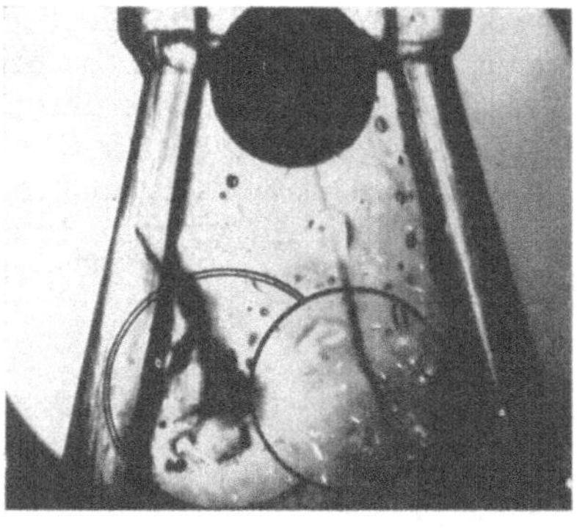

Abb. 751. Kristallflitter in einer Kugelflasche (Kreis) und Bruchstelle (Doppelkreis) durch Dauerbelastung

Da kräftigere Kristalle auf Grund ihres gegenüber dem normalen Glas veränderten Ausdehnungsverhaltens bzw. Raumanspruchs einen Spannungshof in ihrer Umgebung erzeugen, kann schon beim Verlassen der Kühlung oder wenig später gelegentlich ein kaum wahrnehmbarer Sprung an der Grenze Kristall/Glas entstanden sein, der sich unter dem Einfluß einer Dauerbelastung nach der erfolgten Abfüllung langsam fortpflanzt und schließlich den Bruch herbeiführt.

Eine nähere Prüfung ergab in dem vorliegenden Fall Wollastonit. In Abb. 751 sind sowohl winzige, im polarisierten Licht hell aufleuchtende Kriställchen zu erkennen, als auch eine später durch ihresgleichen verursachte Rißbildung. – Es versteht sich von selbst, daß auch die Stoßfestigkeit solcher Flaschen nicht dem normalen Zustand entspricht. – Eine Behebung des so entstandenen Bruchverlustes ist auch hier nur durch Beseitigung des Störenfrieds, der Entglasung, zu erwarten.

Der Vollständigkeit wegen muß erwähnt werden, daß selbstverständlich auch gasförmige Einschlüsse, also Blasen, die sich in Glaswandungen befinden, deren Widerstandsfähigkeit gegen mechanische Gewalten erheblich schwächen. So wird man häufig finden, daß der erzwungene Bruch von Gefäßen außer an andersartigen Einschlüssen seinen Ausgang an Blasen nimmt, die von einer gewissen Größe ab die Festigkeit des Glases entscheidend beeinflussen.

Wieweit es berechtigt ist, den „Anriß" des Glases immer an einer, wenn auch noch so geringfügigen Fehlstelle zu suchen, mag dahingestellt sein. Mit Abb. 752 soll belegt werden, daß jedenfalls eine einmal im Gang befindliche Ausbreitung einer Sprungfläche sich anscheinend wenig genug von kleineren Störungsstellen beeinflussen läßt. In der Bildfläche sind über 10 solcher Fehlstellen nachzuweisen, die keine der feinen Sprungfurchen auch nur um Haaresbreite aus ihrem Verlauf abgelenkt haben.

Abb. 752. Störungsstellen in der Sprungfläche: Die feinen Furchen werden in ihrem Verlauf *nicht* dadurch abgelenkt

3.4 Bruch an fertigen Glasgegenständen durch gewaltsame Einwirkung

Es fehlt nun noch die Betrachtung desjenigen Bruches, der auch dann auftritt, wenn eine ausreichende Kühlung und keine Störung von Einschlüssen stattgefunden haben sollte. Es handelt sich so um diejenigen Sprungsysteme, die an fertigen Glasgegenständen durch gewaltsame Einwirkungen zustandekommen. – Dabei ist zu bedenken, daß das Eintreten von Bruch meßtechnisch als die Überschreitung des Schwellenwertes der Kohäsion zu bewerten, demnach also ein Anzeiger für Festigkeitswerte des Glases ist und eng mit den Prüfverfahren zusammenhängt.

Darüber hinaus muß noch das Verhalten der einmal eingeleiteten Sprünge Berücksichtigung finden, wenn diese beim Durchdringen der Masse keine gleichmäßigen – oder besonders vorgeschriebene – Bedingungen finden.

3.41 Bruch an Flaschen

Flaschen wie überhaupt Hohlgläser sind im Verlauf der Fabrikation mancherlei *Hantierungen* ausgesetzt, die eine Gefahr des Anstoßens mit sich bringen [*114*]. Die dadurch auftretenden Bruchformen wurden bereits ganz allgemein unter Ziff. 3.11 u. f. behandelt. Stoß- und Hantierungsbrüche verraten sich sehr leicht durch den Aufbau des entstehenden Sprungsystems, das deutlich von einem Zentrum sternförmig ausstrahlt (Abb. 753a) [*115*]. Ähnliches gilt von solchen Sprungsystemen, die auf ausgesprochene Störungsstellen, wie *Einschlüsse* von Fremdkörpern (Steinchen) usw. zurückführen (vgl. Abb. 750). In diesen Fällen gibt eine nähere Untersuchung des Zentrums bzw. „Anrisses" der Sprungstellen Aufschluß über deren Ursache [*114*]. Die mehrfach anzutreffende Behauptung, daß sich nachträglich immer am Ausgangspunkt der Sprünge eine Störungsstelle nachweisen ließ, begegnet Zweifeln, weil ein Anriß stets von Splitterungen begleitet ist, die den Ort entstellen.

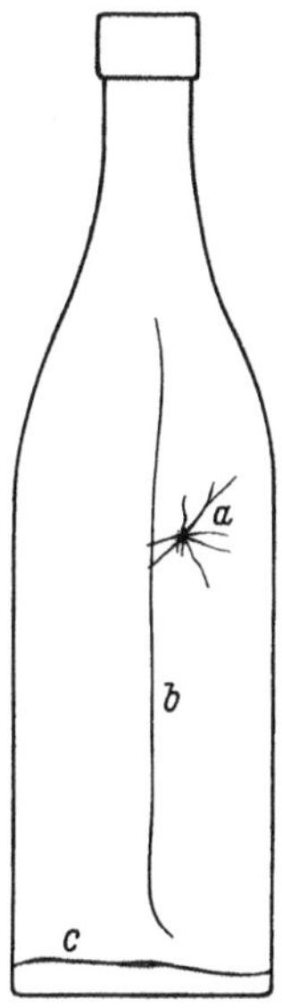

Abb. 753. Drei Arten von Sprüngen an Flaschen: *a* Hantierungs- (Stoß-) Bruch, *b* Längsriß, *c* Bodenriß

Anders liegt es mit denjenigen Sprungbildungen, die durch *Innendruck* verursacht werden [*114, 115*]. Dem Gebrauch der Flaschen entsprechend muß sich der Hersteller davon überzeugen, daß sie einem bestimmten Mindestdruck gewachsen sind [*116, 117*]. Dieser kann ermittelt werden als Bruchfestigkeit (= kurzzeitig erreichter Innendruck) und als Dauerfestigkeit (= Innendruck, der z. B. 1 Stunde ertragen wird). Letzterer beträgt mit 15 Atm. nur noch etwa *die Hälfte* der Bruchfestigkeit und verrät damit eine ausgesprochene „Ermüdung" des Glases. Die Flaschen werden in geeigneten im Handel befindlichen oder selbst hergestellten Prüfeinrichtungen mittels Pumpendruck oder Spindeln einer meßtechnischen Probe auf ihr Standhalten ausgesetzt. Da dies unmöglich an jeder fabrizierten Flasche geschehen kann, muß eine regelmäßige Auswahl diesen Weg antreten. Infolgedessen ist das Ergebnis von der Wahrscheinlichkeitsrechnung abhängig und muß auch, wenn es zuverlässig sein soll, in diesem Sinne ausgewertet werden. Erst die Ermittlung der Fehlergrenzen sowohl wie die Abweichung vom Mittelwert geben ein genaues Bild der Festigkeitswerte [*118*]. Beim Innendruckversuch sind die Ergebnisse so stark von der Eigenart der Prüfeinrichtung und den angewandten Prüfverfahren abhängig, daß eine allgemeine Vergleichbarkeit bisher nicht möglich war. Untersuchungen über den Vergleich der bisherigen Prüfverfahren und Entwicklung einer Prüfeinrichtung im Hinblick auf eine spätere

Normung wurden in jüngerer Zeit von H. SIGWARD [*119*] durchgeführt. Ein Universalprüfgerät für Schnellbruch-, Vorstufen- und Dauerstanddruckprüfung wurde von K. H. BORCHARD [*120*] entwickelt. – In den meisten Fällen wird in den Glashütten die laufende Produktion der Hohlglasbehälter stichprobenmäßig auf das Festigkeitsverhalten überprüft [*121*]. Da normalerweise die Abschrecktemperaturen und die Innendrucke bei den Prüfungen in den Glashütten höher gewählt werden, als sie der Praxis entsprechen, kann man bei auftretendem Bruch Rückschlüsse auf mögliche Fabrikationsfehler ziehen. Dadurch ist man in der Lage, etwa auftretende Fabrikationsfehler frühzeitig zu erkennen und abzustellen und die Qualität der produzierten Ware gleichbleibend zu erhalten.

Weitere Untersuchungen an handelsüblichen Flaschen über die Abhängigkeit des *Berstdruckes* von der Form, der Oberflächenbeschaffenheit, dem Spannungszustand und der Prüftemperatur lassen noch keine Schlüsse auf die allgemeine Gültigkeit der gewonnenen Ergebnisse zu [*121*].

a

b

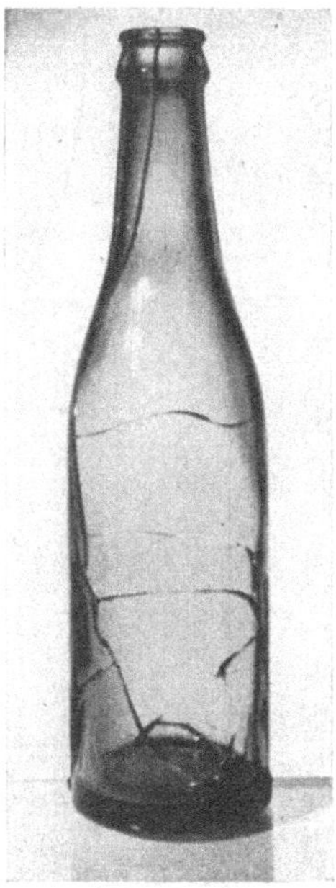

c

Abb. 754. Bei der Abschreckprüfung entstandene Bruchformen. – a) „Talerboden" an einem Hohlglasbehälter. Der Bruch trat infolge einer starken Verfaltung der Vorformnaht auf, b) Konischer Bodenbruch an einem Hohlglasbehälter. Aus dieser Art des Bruches ist zu schließen, daß der Eigenspannungszustand besonders an der Bodenecke ungünstig war, c) Sprünge an einer Flasche, deren Verlauf darauf schließen läßt, daß entweder der Eigenspannungszustand der Oberfläche ungünstig oder die Homogenität des Glases unzureichend war (nach D. BÜSSING)

Es ist leicht begreiflich, daß es einerseits *Formen* gibt, die sich als besonders standhaft gegen Innendrucke erweisen, sowie solche, an denen Ecken, Kanten usw. eine besondere Spannungshäufung veranlassen. In diesem Sinne ist der Krümmungsradius vorhandener Ecken von großem Einfluß. Schon eine Abrundung von $r < 2{,}5$ mm kann die Kerbwirkung in Ecken, deren Schenkelseiten während der Druckprobe in öffnendem Sinn beansprucht werden, erheblich herabsetzen. Auch empfiehlt sich eine Verstärkung solcher Teile, wenn nicht der Anriß in ihnen stattfinden und der Höchstwert des Gefäßes dadurch beeinträchtigt werden soll. Auch unbedacht profilierte Kerbringe konnten nach BORCHARD [*115*] die Bruchfestigkeit auf zwei Drittel des Wertes herabsetzen.

Man nahm seither an, der Berstdruck nähme mit steigender Druckanstiegsgeschwindigkeit zu und der Zeitdruck von 1 Minute liege durchschnittlich um 25% niedriger als der Berstdruck. Untersuchungen von L. H. LEHNERT [*122*] an Leichtgewichtflaschen zeigen aber, daß sich diese anders verhalten. Es besteht keine Abnahme des 1-Minuten-Zeitdruckes um 25% vom Berstdruck. Der mittlere Berstdruck und die Standardabweichung nehmen nicht mit steigender Druckanstiegsgeschwindigkeit zu. Daraus ergibt sich, daß zur Beurteilung leichtgewichtiger Flaschen nur nach dem 1-Minuten-Prüfverfahren und *nicht* nach dem Berstdruckverfahren geprüft werden muß.

Da bei plötzlichen Temperaturänderungen in der Flaschenwandung Spannungen entstehen, die zum Bruch führen können, ist die Notwendigkeit der Prüfung der Temperaturwechselbeständigkeit gegeben. Im Prüfbetrieb der Glashütten werden der *Abschreckversuch* und der *Heißwasserversuch* angewendet. Beim Abschreckversuch wird dic mit heißem Wasser gefüllte Flasche plötzlich in ein kaltes Wasserbad getaucht, während beim Heißwasserversuch die kalte (evtl. von außen mit Wasser gekühlte) Flasche innen mit heißem Wasser gefüllt wird [*123*]. Die Abb. 754a, b u. c zeigen charakteristische bei der Abschreckprüfung entstandene Bruchformen.

Zur Beurteilung etwa bestehender Spannungen und damit etwa vorhandener Bruchgefahr bei Flaschen wird auch die ständige Prüfung von *Ring-* oder *Längsschnittproben* empfohlen. In Flaschenausschnitten aus schlierenfreiem Glase erkennt man die nach Durchlaufen des Kühl-

a

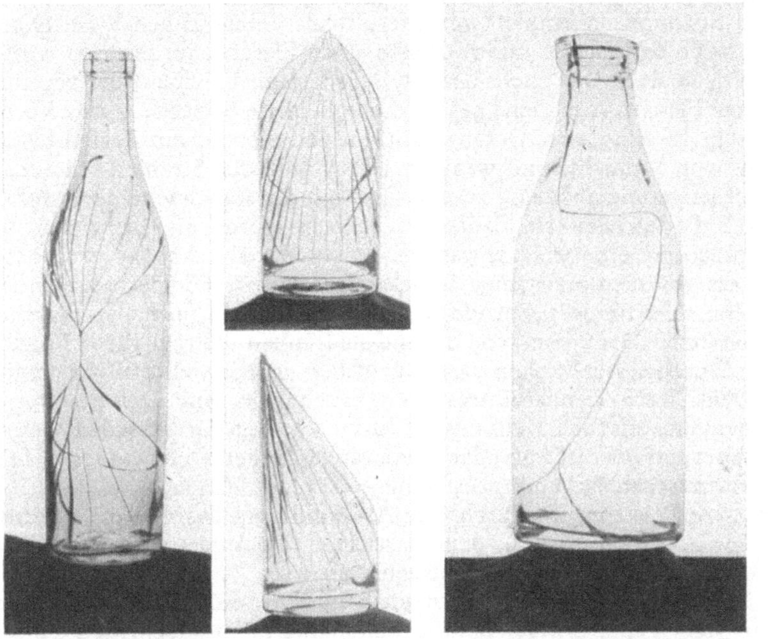

b c d

Abb. 755. Sprungverlauf bei durch Innendruck erzwungenem Bruch an Flaschen. – a) Ausgang an der Stelle schwächster Wandstärke, b) Normaler Berstsprung mit Gabelung nach oben und unten, c) Hauptkörper zu b), d) Sprung durch Spannungen abgelenkt

prozesses zurückbleibende Spannung im polarisierten Licht in Form von zwei breiten Farbbändern, welche Druckspannung auf der Außen- und Zugspannung auf der Innenseite anzeigen. Dieser Zustand bildet die Ursache von Bruchschwierigkeiten und sollte immer beobachtet werden. Die Messung solcher Restspannungen, die zeitweilig in Flaschen aus den äußeren Reihen mancher Kühlöfen nachweisbar sind, ergaben Gangunterschiede bis zu 125 $m\mu$/cm Weglänge. Es gibt aber außerdem Fälle, in denen bedeutende Restspannungen und durch Schlieren verursachte Spannung übrig bleiben. Die Prüfung nach der Ringprobe, die in einem Betriebe eingeführt wurde, hat viele Flaschen ausscheiden lassen, die früher die Prüfabteilung unbeanstandet passiert hätten, dann aber doch rissig wurden [*124*].

Da durch das Zerschneiden des Glases Spannungen ausgelöst werden, die mit den üblichen spannungsoptischen Methoden nicht erfaßt werden, hat man Prüfverfahren entwickelt, mit denen man die wirklichen Spannungen im Glasgefäß, die sich aus den freiwerdenden und den bleibenden Spannungen zusammensetzen, erfaßt [*124*] (vgl. auch Ziff. 2.3 „Spannungsprüfung").

Hinsichtlich der Beanspruchung durch Stoß und Schlag, denen Flaschen bei den verschiedenen Hantierungen während ihres Gebrauchs ausgesetzt sind, spielt die Formgestaltung gleichfalls eine Rolle. Niedrige und vergleichsweise weite Flaschen erweisen sich als haltbarer gegenüber langen, dünnen, zumal die erstgenannte Form im allgemeinen wesentlich leichter ausfällt, so daß die Schlagenergie beim Gegeneinanderschlagen geringer wird [*125*].

An dünnwandigen Flaschen wurde gefunden, daß bei gleicher Wandstärke solche mit quadratischem Querschnitt nur etwa $^1/_{10}$ der Festigkeit von Flaschen mit rundem Querschnitt besitzen. In der Praxis steigt dieser Wert auf etwa $^1/_5$ an, weil die quadratische Form durch Abrundung der

Kanten gemildert ist und die runde Form sowie die Wanddicken nie gleichmäßig eingehalten werden [*126*].

Abgesehen davon, ist es natürlich eine Frage der *Wandstärke*, wo die Sprungbildung einsetzt, doch verläuft sie meist nach einem die Ursache ausreichend kennzeichnenden Schema. So zeigt Abb. 755 a, daß bei ungleichmäßiger Masseverteilung die schwächste Stelle und diese noch dazu in der Bodenkante das Platzen der Flasche auslöste. Das Sprungsystem nahm hier seinen Ausgang. Als *normal* ist jedoch ein anderer Verlauf anzusehen, nämlich nach Abb. 755 b [*127*]. Kurz unterhalb der Schulter entsteht, entsprechend der „dehnenden" Kraft des Innendruckes – quer zur Dehnung – ein kurzer Längsriß, der sich sowohl nach oben wie nach unten alsbald einfach oder flußdeltagleich gabelt. Das untere Gabelsystem verläuft sich in der Bodenkante oder wird (wenn diese Spannungen enthält) von ihr oftmals „eingefangen". Im ersteren Fall hinterbleibt die in Abb. 755 c dargestellte untere Hälfte einer Flasche, im zweiten wirft („ringelt") sich der Boden noch dazu ab. – Das obere Gabelsystem begegnet sich auf der gegenüberliegenden Seite im Halsteil der Flasche, meist eine geschlossene Schleife bildend. – Das Vordringen der Brüche geschieht mit sehr verschiedener Geschwindigkeit von plötzlichem Zerfall bis herab zum langsamen „Kriechen" von 2 mm/sec und weniger. Die Anzahl der Strahlen scheint von der Geschwindigkeit der Drucksteigerung abhängig zu sein (Einfluß der Geschwindigkeit auf das Aussehen s. Ziff. 3.5).

Als Festigkeitswerte Zahlen anzugeben, würde nur verwirren, weil sie, den Anforderungen entsprechend, erheblich schwanken. Es besteht eine Abhängigkeit des kritischen (größten) Durchmessers von dem ertragenen Druck, die nach einer hyperbolischen Funktion mit zunehmendem Durchmesser für je 1 mm um 0,4 Atm. im Bereich normaler Flaschengröße abnimmt [*128*]. Für Ballons und Demijohns von 15 und 20 l Inhalt beträgt diese Funktion nur noch 0,06 Atm. für 1 cm Durchmesser! Schon daraus geht hervor, wie wenig allgemeingültig die Werte wären.

Dem durch Druck eintretenden Bruch geht eine Deformation d_B voran, die sich aus der momentanelastischen Dehnung d_m (die nach dem HOOKEschen Gesetz bis zum Bruch der Spannung proportional ist) und der temporärelastischen Deformation d_n (elastische Nachwirkung, einer logarithmischen Funktion) zusammensetzt [*128*]. Also $d_B = d_m + d_n$. Indem aber bei längerer Zeit geringere Belastungen (durch eine Art Emüdung des Glases) schon zur Zertrümmerung führen, kommt auch der Wert d_B dem kritischen Druckwert sozusagen (bis zur Hälfte!) entgegen und nimmt mit wachsender Versuchsdauer ab.

Die Sprungbildungen liegen stets quer in der Wandung, entsprechend der Überwindung geringsten Teilungswiderstandes. Schon hierin unterscheiden sie sich grundsätzlich von Hantierungsbrüchen, an welchen mindestens die Ausgangsstelle Bruchflächen zeigt, die zur Wandung stark geneigt und muschelig ausgebildet sind. Es hat sich herausgestellt, daß die Druckfestigkeit von Flaschen nicht unabhängig ist von der Temperatur [*129*]. Da jedoch das spätere Pasteurisieren in dieser Richtung besondere Anforderungen stellt, ergibt sich von selbst, daß die Festigkeitsprüfung in solchen Fällen bei entsprechender Temperatur, am besten in einem Wasserbad, vorzunehmen ist, um die Verhältnisse beim Pasteurisieren auch wirklich nachzuahmen.

Die *Warmdruckprüfung* bezweckt die Ermittlung der Festigkeit von Flaschen gegen inneren hydraulischen Überdruck unter gleichzeitiger Wärmebeanspruchung. Sie ermöglicht die voneinander unabhängige Erzeugung der gewünschten Druck- und Wärmebeanspruchungen. Die Durchführung der Prüfung sowie eine entsprechende Apparatur wurden von K. H. BORCHARD [*130*] beschrieben. Hinsichtlich der Vergleichbarkeit bisheriger Prüfergebnisse gelten dieselben Mängel wie bei der Innendruckprüfung.

Eine bessere Druckfestigkeit bei Raumtemperatur ergibt erfahrungsgemäß nicht immer eine bessere im warmen Bad. Es liegt die Vermutung nahe, daß den vorhandenen Restspannungen dabei u.U. eine ausgleichende, aber auch eine verschärfende Rolle zufallen kann. Denn daß bis zu einem gewissen Grad verspannte Flaschen die Druckfestigkeit *nicht* herabmindern *müssen*, sondern sogar verbessern können, ist bekannt [*131*]. – Allerdings ist die Füllung der Flaschen auch von Bedeutung für ihre Haltbarkeit in der Wärme. Es gilt ein Leerraum von 3 bis 4,25% je nach Flaschengröße des Flaschenvolumens als erforderlich, um bei der erfolgenden Ausdehnung als ausgleichendes Druckpolster zu dienen [*116*, *132*].

Eine weitere Art des Sprungverlaufes an Flaschen scheint sich nicht unabhängig von lokalen Spannungen zu vollziehen. Es treten einzelne Risse auf, die dann wie in Abb. 755 d zunächst auch längs verlaufen, dann aber die Richtung mehr oder weniger plötzlich wechseln. Namentlich an der Schulter folgt der Sprung hier zweifellos vorübergehend einer Spannungsbarre (vgl. Ziff. 3.5 u. 3.51), während nach unten die normale Gabelung einsetzt und im Boden verläuft. – In der Hauptsache tritt der Fall jedoch am Boden leicht ein. Denn abgesehen von der gefährlichen Kerbwirkung der Ecken trifft ihn noch eine weitere Gefahr, nämlich diejenige der vorzeitigen Wärmeentziehung durch die Standfläche im Kühlkanal. BORCHARD [*128*, *131*] konnte mitteilen, daß bei einem Übergang von nacktem Eisen auf eine Asbestunterlage die Festigkeit im Durchschnitt um 15% anstieg.

Im Hinblick auf die vom Boden her drohende Gefahr darf auch nur eine Einspannung der Flasche am Halse während der Druckprobe als einwandfrei gelten, da eine Bodeneinspannung den Boden festigen und das Ergebnis trüben würde. – Halsbrüche können auf unsachgemäße Einspannung zurückgeführt werden.

Zu den Spannungsbrüchen ist ein Fall zuzählen, bei welchem die Flasche der Länge nach aufreißt (Abb. 753b). Dies zeigt sich nach BORCHARD gelegentlich abhängig von Spannungsstreifen, deren Zusammenstellung mit den Formnähten, d. h. eigentlich also von Kanten der Formflächen, vermutet wird und soll infolgedessen bei maschinell hergestellten Flaschen häufiger auftreten als bei mundgeblasenen.

Wichtig ist, daß ein Ansteigen des Hundertsatzes an Bruch, wenn es auf Kühlfehler zurückzuführen ist, dann auch seine Aufklärung findet. Es liegt nahe, in einem solchen Fall den Kühlkanal in einzelne Längsfelder zu unterteilen und jede anfallende Gruppe Flaschen für sich auszuwerten [*131*]. Man fand, daß sich die Kühlung in der Bahnmitte einwandfrei vollzogen hatte, daß jedoch die Flaschen mit zunehmender Nähe der rascher kühlenden Wandung Restspannungen aufwiesen, durch welche die Bruchfestigkeitshöchstwerte von 35 auf 30 Atm. gesenkt wurden, ohne allerdings das Mittel wesentlich zu beeinflussen. Die Dauerfestigkeit wurde jedoch hiervon kaum betroffen. Bei starken Unterschieden in der Wandstärke der Flaschen selbst stellen sich einer einwandfreien Kühlung und damit der Bruchfestigkeit weitere Schwierigkeiten entgegen [*132*].

Erhöhte Spannungen können in Flaschen, die mit Einbrennetiketten versehen werden, auftreten und damit die Ursache für auftretenden Bruch sein, wenn die Ausdehnungszahlen von Etikett und Glas nicht zusammen passen. Da es sich bei dem Aufbringen von Einbrennfarben um eine Art von örtlich begrenztem Überfang handelt, wurde von J. E. ABLARD [*133*] untersucht, wie das Ausdehnungsverhalten von Glas und Farben aufeinander abgestimmt werden muß. Die Spannungsverteilung in Ringschnitten wurde im Polarisationsmikroskop beobachtet und zu dem Zweck eine abgewandelte Art der Wärmestoßprüfung vorgenommen derart, daß das Spannungsmaximum in den Bereich des Etiketts zu liegen kam. Besondere Aufmerksamkeit wurde lithiumhaltigen Farben gewidmet, bei denen an der Grenzfläche zwischen Glas und Farbe eine Ionenwanderung in das Glas stattfindet. Vergleichende Versuche ergaben, daß die Wärmeausdehnungszahl der Einbrennfarbe *wenig* unter der des Grundglases liegen soll, um weitgehend spannungsfreie Verbindungsstellen zu bekommen.

Nicht zu eigentlichen Fabrikationsfehlern gehören mitunter auftretende, als Bruchursache erkannte Beschädigungen an der inneren Oberfläche von Flaschen, die durch veraltete oder abgenutzte Bürstenspülmaschinen verursacht werden können [*134*]. Es soll aber auf diesen Fehler hingewiesen werden, da bei der Reinigung von Flaschen, die gewöhnlich vor dem Wiedergebrauch vorgenommen wird, Kratz- und Schleifspuren an der inneren Oberfläche der Flaschen die Schlag- bzw. Stoß- oder Innendruckfestigkeit herabsetzen und in kurzer Zeit zum Bruch führen, was dem Verbraucher Anlaß zu Reklamationen gibt. Es handelt sich dabei um Oberflächenbeschädigungen, die hinter dem Schleifwerkzeug in halbmondförmiger Gestalt entstehen. Durch einen Schlag oder Stoß werden diese halbmondförmigen Sprünge, die nicht durch die ganze Wandstärke zu gehen brauchen, vergrößert und laufen weiter, bis sie zu einem Sprung der Flasche führen. Flaschen mit Verletzungen an der inneren Oberfläche haben keine lange Lebensdauer. Abgesehen von dem Ausfall durch Bruch in dem füllenden Betrieb, besteht die Gefahr von Verletzungen.

3.42 Sprungverlauf und Bruchfestigkeit von Glasplatten

Wenn es auch eigentlich kein „Fehler" des Glases ist, daß es bei Überlastung seiner Beanspruchung schließlich einmal zerbricht – und erst recht kein „Fabrikationsfehler" –, so sind doch die bei der Verwendung von Glasplatten als Baustoff auftretenden Sprungsysteme sehr lehrreich. Sie geben ein Bild von der Kräfteverteilung und dem Ansatz der eintretenden Zertrümmerung, ermöglichen es also, sowohl die Anbringung des Glases im Bau auf Fehlerhaftigkeit zu untersuchen, als auch darauf, wieweit die in Bauten auftretenden Kräfte dem Glase normalerweise zugemutet werden können.

Aus dem Sprungverlauf und den meist ziemlich charakteristischen Bruchbildern lassen sich häufig Rückschlüsse auf den Bruchvorgang bzw. die -ursache und Ausgangsstelle ziehen [*135*]. Wenn man die Regel beachtet, daß bereits vorhandene Sprünge ein Hindernis bilden für die Ausbreitung neuer Sprünge, von denen sie angelaufen werden, so ist offensichtlich, daß der im Falle der Abb. 756a von der unteren Kante kommende Sprung nur *nach* dem von links nach oben laufenden entstanden sein kann, denn er mündet fast senkrecht in ihn und zweigt nicht etwa als Gabel aus ihm ab.

Die häufigste Bruchform an Scheiben entsteht durch Schlag oder Stoß. Der Ort, an welchem die Kraftwirkung ansetzt, verrät sich durch seine zentrische Lage in einem vorwiegend radial

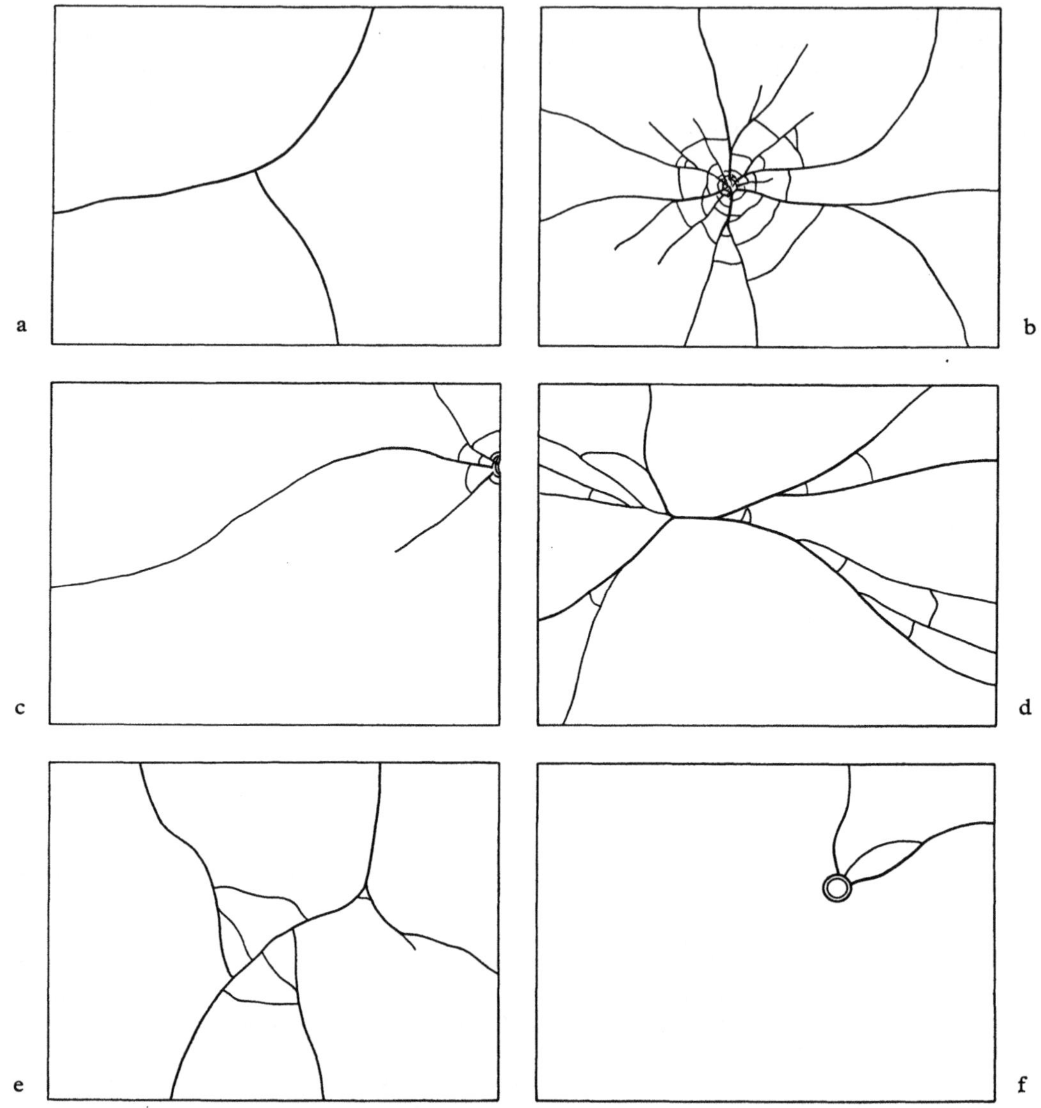

Abb. 756a—f. Sprungsysteme mit verschiedenen Ursachen

geordneten Netz von Sprüngen. Wenn der Stoß sehr plötzlich erfolgt, bewirkt das Beharrungsvermögen der Scheibe, daß die schon besprochene Stanzwirkung (vgl. Ziff. 3.12, Abb. 721) zustande kommt. Zwischen den langarmigen, durch Auswölbung entstandenen Leitsprüngen liegen die durch Gabelung derselben gebildeten schmalen Glaskeile, die sich unter der Wucht des Schlages oder Stoßes ebenfalls durchbiegen und Quersprünge ansetzen, die sich mehr oder weniger kreisförmig um die Stoßstelle anordnen. Der von den Sprunggabeln gebildete Zwischenwinkel ist stets der Häufigkeitsrichtung des Sprunges zugekehrt (Abb. 756b).

Am Bild einer plötzlich angreifenden Randwirkung, Abb. 756c, treten sinngemäß auch wieder langarmige Leitsprünge hervor, zwischen denen sich vereinzelt Quersprünge ansetzen. – Bei einer mehr vollflächigen Belastung der Scheiben tritt eine Form der Zerstörung auf, die man als Bersten bezeichnen könnte. In Abb. 756d weist das Bruchbild darauf hin, daß hier keine plötzlich angreifende Gewalt gewirkt hat. Offensichtlich sind die Sprünge aber auch nicht am Rand entstanden, weil ihre Gabelungen nach innen weisen. Der Anriß muß also von der Mitte aus gegangen sein (entsprechend Abb. 755b, 3.41, an Flaschen). Bei unsymmetrischer Beanspruchung verlagert er sich natürlich mehr oder weniger aus der Mitte, den Ort stärkster Durchbiegung verratend (Abb. 757). Die Anordnung der Sprünge ist diejenige, die bei Durchwölbungen einer Scheibe entsteht (Beispiel: Winddruck, Schneelast, Anlehnen einer Leiter usw.).

Selbst ein Sprungbild wie Abb. 756e läßt sich erfahrungsgemäß noch eindeutig auslegen. Als Hauptsprung tritt der von oben rechts nach unten links verlaufende in Erscheinung, der als Biegebruch oder durch Randeinwirkung ausgelöst sein kann. Die Sprungstrahlen von oben links und unten rechts können erst sekundär entstanden sein, da sie im Hauptsprung enden.

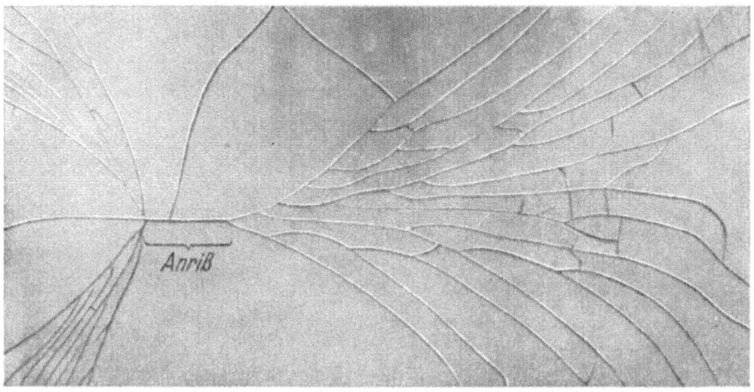

Abb. 757. Sprungsystem einer ganzflächig belasteten Scheibe, Anriß an der bezeichneten Stelle

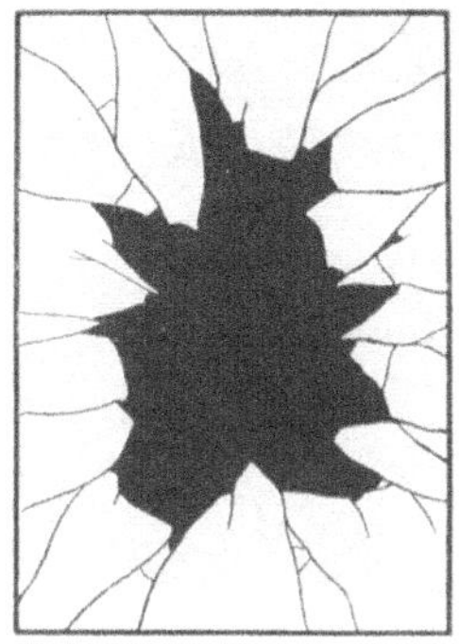

Abb. 758. Durch Detonationswelle geborstene Fensterscheibe

Ist die Scheibenfläche z.B. zur Anbringung einer Vorrichtung (Scheibenwischer, Sprechöffnung) mit einer Bohrung versehen, und treten an einer solchen Scheibe Sprünge auf, wie die in Abb. 756f dargestellten, so ist die Annahme berechtigt, daß die Ursache der Sprünge in einer Spannung zu suchen ist, die ihren Ausgang an fehlerhaften Druckstellen der Lochbohrung oder ihrer Armierung gefunden hat.

Erfolgt die Beanspruchung einer Scheibe schockartig, z.B. durch Detonation, so wird oft das Mittelstück herausgedrückt, und es entsteht das typische Bild einer geplatzten Membran [*136*, *137*] (Abb. 758).

Sehr viel schwerer ist die Feststellung der Ursache eines Bruches, der nicht durch Schlag oder Stoß, sondern durch auftretende Zugkräfte ohne Schockwirkung ausgelöst wird, wie es z.B. bei der Verwendung von Dickglasplatten als Formfläche in der Kunststoff- oder Lederindustrie der Fall ist [*138*].

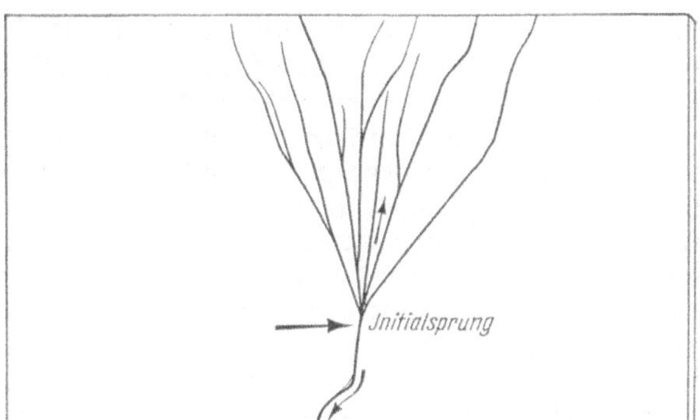

Abb. 759. Bruch einer Dickglasplatte durch Zugkräfte ohne Schockwirkung entstanden. Ging der Bruch von der unteren Tafelkante oder von der Gabelspitze aus? Aufklärung gibt Abb. 760

Da ein Sprung sich im Laufe seines Fortschreitens ausnahmslos im spitzen Winkel gabelt, lassen sich in der Abb. 759 die spitzen Winkel bis zu dem Ort des Initialsprunges, wo also keine Gabelung mehr stattfindet, zurückverfolgen. Das gilt nicht nur für das Sprungbild senkrecht zu den Glasoberflächen, sondern auch für die Struktur des Bruchbildes auf dem Bruchufer im Querschnitt der Glasplatte. Abb. 760 zeigt eine Partie des Bruchufers, wo Wellen und Kerben deutlich gegabelt sind und mit ihrer Spitze in die Richtung weisen, von welcher der Bruch seinen Ausgang genommen haben muß.

Man erkennt eine Stelle, wo das Bruchbild ebenfalls noch eine Struktur zeigt, die deutlich richtungsbedingt ist. In Weiterverfolgung dieses Bruchufers ist zu erkennen, daß die Verletzung des Glases ihren Ausgang von *einer Seite* der Oberfläche nahm, auf welche die radiale feine Struktur des eigentlichen bogenförmig angeordneten Bruchbildes hindeutet. Es läßt sich mit Sicherheit angeben, daß der Bruch an der mit Pfeil bezeichneten Stelle – in Übereinstimmung mit dem Bruchbild bei Draufsicht auf die Scheibe nach Abb. 759 – seinen Ausgang nahm.

Außer zur Feststellung der Bruchursache und Ergreifung von Maßnahmen zu ihrer Behebung sind solche Bruchanalysen u. U. auch von Bedeutung in der Kriminalistik sowie in der Versicherungspraxis [139].

Hervorgehoben zu werden verdient, daß die Anzahl Scherben, in welche eine Glasscheibe zerfällt, in gewisser Beziehung steht zu dem Widerstand, den sie der einwirkenden Kraft entgegen-

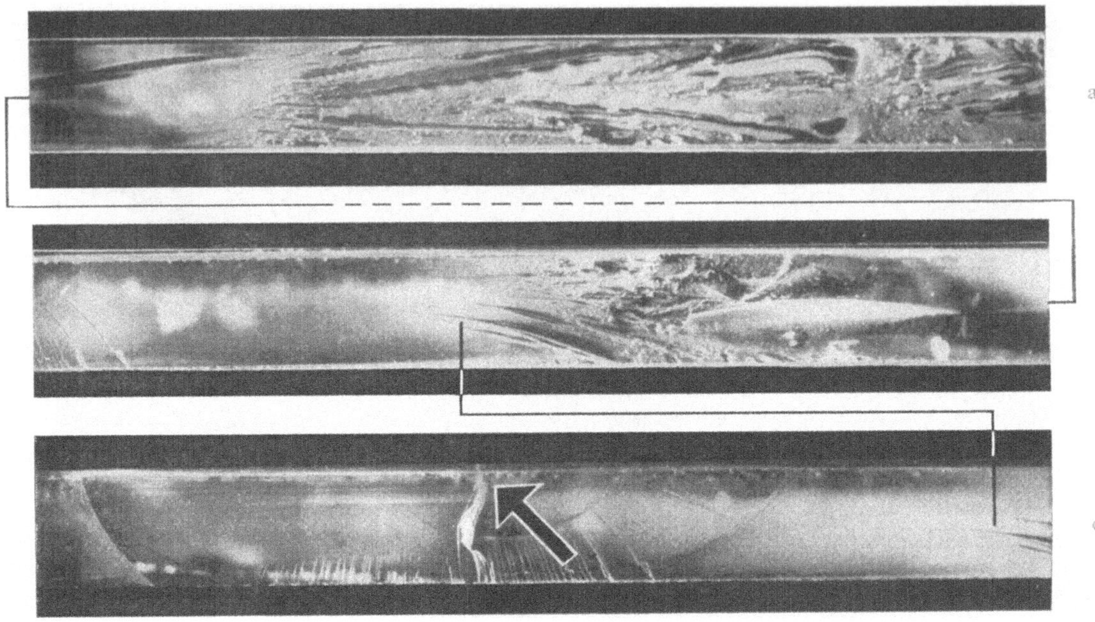

Abb. 760. Struktur eines Bruchufers. Der Initialsprung befindet sich auf Probe c an der mit Pfeil gekennzeichneten Seite. Diese Stelle sitzt im Zentrum des zarten bogenförmigen Wellensprungsytems auf der oberen Seite der Oberfläche, während die Diagonalrisse am unteren Rand radial ausgebildet sind. (Vergr. 2,5 ×)

gestellt hat [140]. Die Anzahl der Scherben ist bei gleichartigen Scheiben um so größer, je stärker ihre Belastung war, die sie ausgehalten haben. Ein sprungreicheres Bruchbild sonst gleichartig beschaffener und beanspruchter Scheiben deutet also im allgemeinen auf eine größere Widerstandsfähigkeit hin als ein sprungärmeres (Abb. 761).

Von der Beobachtung des Sprungverlaufs in Glasplatten als dem Anzeiger der Festigkeitsverteilung während der Beanspruchung hat schon O. Graf [141–143] bei der Bestimmung des praktisch wichtigsten Festigkeitswertes, der Biegefestigkeit, Gebrauch macht. Die von ihm und anderen Autoren in früheren Jahren ermittelten Biegefestigkeiten zeigen jedoch erhebliche Streuungen. Je nach der Versuchsanordnung, der Plattenlagerung, Glasdicke, Belastungsgeschwindigkeit usw. ergaben sich Streuwerte zwischen etwa 300 und 1000 kp/cm². Bei Dauerversuchen [143] stellte sich, übereinstimmend mit Erfahrungen an Flaschen (vgl. 3.41), eine Verminderung der Festigkeit auf etwa die halben Werte heraus.

Die Erfassung des voraussichtlichen Verhaltens von Flachgläsern gegen statische (Winddruck-) und dynamische (Hagelschlag-)Beanspruchung war Gegenstand einer Untersuchung von F. Schmeer [144].

H. Craemer [145] widmete besondere Untersuchungen auch Draht- und Rohglasplatten. Übereinstimmend mit O. Graf [146] wird festgestellt, daß Drahteinlagen die Festigkeit nicht erhöhen. Trotz verbesserter Versuchsbedingungen zeigten von E. Albrecht [147] an Tafel-, Spiegel- und Rohglas ermittelte Biegefestigkeitswerte erhebliche Streuungen.

Da gerade Glas als druckfester Werkstoff dazu verlockt, als mittragender Baustoff [148] Verwendung zu finden, haben sich weitere Untersuchungen auf die sich durch eintretenden Bruch verratenden Belastungsschwellenwerte erstreckt. Dabei befand sich das Glas sowohl in Verbindung mit eisernen Sprossen [149, 150] als auch in Eisenbeton [151, 152] eingebettet. Es ergab sich ein Vorschlag [152] zur Bemessung und eine Theorie [153] zur Berechnung des Glaseisenbetons. – Weiter hat B. Long [154] das Verhalten von Glassteinen in Eisenbeton behandelt, bei welchen eine besondere Gestalt und ihre Verankerung im Beton zu außerordentlich hohen Festigkeitswerten führte, die praktisch kaum zu überwinden waren.

Ferner sei auch auf die Arbeiten von A. J. HOLLAND u. W. E. S. TURNER [*155*], A. SMEKAL [*156*] und E. ALBRECHT [*157*] hingewiesen, die sich besonders mit dem Einfluß verschiedener Versuchsbedingungen auf die Biegefestigkeit von Glasplatten befassen. Man erkennt aus diesen Arbeiten die Bemühung, ein Prüfverfahren zu finden, welches gestattet, die Festigkeit von Glas als Glas zu erfassen.

Neuere Bestimmungen der Biegefestigkeit an Tafelglasplatten von H. SCHARDIN [*158*] beruhen auf dem Grundprinzip, die Biegefestigkeit *nicht* zu bestimmen aus der Formel der Elastizitätstheorie, die die Größe der Belastung, die Abmessungen der Platte (einschließlich Dicke) und die Art der Lagerung enthält, sondern *unmittelbar* auf Grund der Krümmung am Ort des Bruches. Mit Hilfe der Schlierenmethode wird der Krümmungsradius im Augenblick des Bruches und die Dicke nach dem Bruch an dieser Stelle gemessen. Die Auswertung hat ergeben, daß das Glas selbst eine „physikalische Biegefestigkeit" von etwa 900 kp/cm^2 hat. Zur statischen Berechnung wird als Richtwert eine maximale Biegespannung von 300 kp/cm^2 empfohlen; in diesem Wert ist bereits ein gewisser Sicherheitsfaktor enthalten. Mit dieser Biegespannung berechnete Scheibengrößen und -dicken entsprechen im wesentlichen den – nach Angaben aus Handel und Handwerk – bisher üblichen Flächenbegrenzungen [*76*].

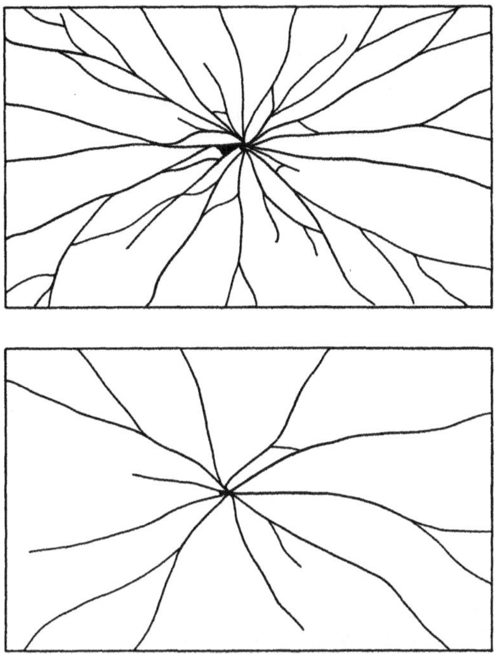

Abb. 761. Die Anzahl Scherben (Sprünge) bei auftretendem Bruch hängt von der vorhandenen Festigkeit ab

Im Gegensatz zu anderen Werkstoffen zeigt das Glas eine ungewöhnlich starke Streuung der Belastungswerte, die den Bruch auslösen. Wenn diese auch in vielen Fällen darauf zurückzuführen sein dürfte, daß die Versuchsbedingungen nicht den elastizitätstheoretischen Forderungen der zur Auswertung benutzten Formeln entsprechen, so kann sie allein damit nicht erklärt werden. Umfangreiche Untersuchungen haben zu der Vorstellung geführt, daß das Glas submikroskopische Strukturstörungen enthält, die für die Natur seines molekularen Aufbaus charakteristisch sind. In der Festigkeitslehre wurde (nach A. SMEKAL [*159*]) hierfür der Begriff *Locker-* oder *Fehlstellen* geprägt. Demnach ist es mehr oder weniger eine Frage des Zufalls, ob sich eine solche Strukturschwäche im Bereich der jeweiligen Belastungskonzentration befindet oder nicht. Je mehr sie davon abrückt, desto mehr nähert sich die Widerstandsfähigkeit des Glases ihrem Höchstwert. Auf Glasfäden übertragen heißt dies, daß Zerreißversuche (abgesehen von der ohnehin eintretenden Stärkung durch das plötzliche Abschrecken), auf den Querschnitt des Fadens bezogen, um so höhere Werte ergeben, je dünner dieser ist; denn um so weniger wahrscheinlich entfällt eine strukturell geschwächte Stelle auf den Bereich der Belastungskonzentration. Gelegentliche, besonders niedrige Werte an normalen Glasgegenständen lassen – im Gegensatz zur weitverbreiteten Meinung bei den Abnehmern, z. B. von Tafelglas – keine Rückschlüsse darauf zu, daß es sich um mangelhaftes Glas handelt.

Eine Scheibe anderen Formats, die aus dem gleichen Blatt geschnitten wird, kann, sobald die Belastungskonzentration auf einen anderen Bereich entfällt, einen normalen oder sogar besonders hohen Bruchbelastungswert ergeben. Das hat zur Folge, daß sich Gruppen von Bruchbelastungswerten verschieden dicker Scheiben teilweise sogar mit der übernächst höheren bzw. niedrigeren Glasdicke überschneiden. Es kann also ohne weiteres der Fall eintreten, daß eine 3 mm dicke Scheibe sich schwächer zeigt als eine gleich große von 2 mm oder stärker als eine entsprechende von 4 mm. Das ist bedauerlich und kommt bei anderen Werkstoffen kaum vor, ist aber als Tatsache hinzunehmen und gibt die Erklärung für manchen scheinbaren Widerspruch aus dem praktischen Umgang mit Glas, auch wenn es nicht mit Fehlern (Spannungen usw.) behaftet war. Nur die Erwartung, mit welcher das Ereignis des Bruches eintritt, ist bei verschieden dickem Glas abhängig von der Dicke.

Der Bruch gleichartiger Gläser tritt bei verschiedenen Belastungswerten in Abhängigkeit von der jeweils erzielbaren Durchbiegung ein. Infolgedessen fängt für jede Scheibe eine bestimmte

Durchbiegung an „kritisch" zu werden, nämlich diejenige, bei welcher der Bruch einer gleichartigen Scheibe unter geringster Belastung einsetzt. Der mittlere Durchbiegungsgrad, bei welchem Bruch eintritt, verändert sich stark mit zu- bzw. abnehmender Dicke, besonders stark im Bereich von 2 bis 3 mm Dicke [*160*].

Der Bedeutung des Bruches für das Problem der Sicherheitsgläser entsprechend nimmt auch dieses Gebiet besondere Aufmerksamkeit für den Sprungverlauf in Anspruch [*161*]. Die Ursache

Abb. 762. Sprungbildung an Mehrschichtenglas (Kugelfallprüfung)

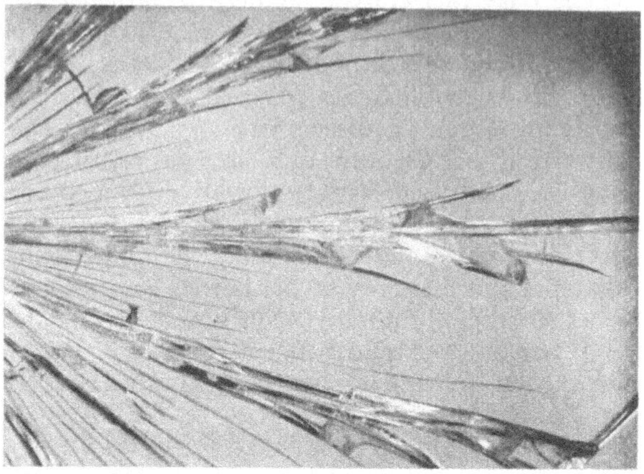

Abb. 763. Die Rißbildung eines besonders derben Bruchsystems zeigt eine deutliche Behinderung in der Ausbreitung der Gabelsprünge

der Bruchform des vorgespannten Sicherheitsglases wurde bereits unter Ziff. 2.62 u. 3.15 behandelt. Es bleibt nur noch der *Sprungverlauf bei den Verbund-Sicherheitsgläsern* zu verfolgen. Das Verbund-Sicherheitsglas ist ein splitterbindendes Glas, das durch Verkleben von zwei oder mehreren Glasscheiben durch eine oder mehrere hochelastische organische Zwischenschichten entsteht. Während man früher Kunststoffschichten von Plexigum, Nitro- und Acetylzellulose zwischen die Scheiben brachte, verwendet man heute meist Polyvinylbutyral, ein Polymerisationsprodukt von besonders guter Haftfähigkeit am Glase, welches entweder als Film aufgegossen oder als fertige Folie eingelegt und unter Anwendung von Wärme verpreßt wird [*72*, *160*]. Sein bevorzugtes Anwendungsgebiet ist die Fahrzeugverglasung, weil beim Bruch des Glases einerseits die spießigen und scharfkantigen Splitter an der Zwischenschicht fest haften bleiben und so ihre Gefährlichkeit verlieren (Abb. 762), andererseits keine wesentliche Behinderung der Sicht eintritt und bei Frontschutzscheiben der Windschutz nach Einwirkung von Stoß oder Schlag erhalten bleibt [*162*, *163*].

Abb. 764. Verschiedenartige Sprungsysteme (gabel- und sternförmig) auf Vorder- und Rückseite eines Mehrschichtenglases

Die Sprungbildungen auf der Abb. 763 lassen erkennen, daß die Sprünge durch die Zwischenschicht gehindert werden, weiterzulaufen. Dadurch, daß die beiden Scheiben verschiedene Sprungsysteme ausbilden (Abb. 764), wird der Zusammenhalt des zertrümmerten Glases verstärkt [*160*].

Die wichtigste Eigenschaft des Verbund-Sicherheitsglases, die der Erfüllung seiner Aufgabe als Sicherheitsglas dient, ist seine Widerstandsfähigkeit gegen mechanische Beanspruchung durch Schlag, Stoß, Biegung usw. Das Anschlagen und Zerspringen der Scheiben erfolgt bei kleinen Schlagenergien. Dagegen erfordert das Durchschlagen der Zwischenschicht und die Zerstörung der Scheibe sehr hohe Schlagenergie. Die Prüfung der mechanischen Widerstandsfähigkeit wird nach DIN 52302 mit einer aus 1500 mm Höhe fallenden Stahlkugel von 769 g Gewicht bei Temperaturen von +41 °C bis −21 °C an Scheiben von 300×300 mm Größe vorgenommen [*160*]. Selbst bei stärkerer Zertrümmerung und entsprechender Einsenkung der Scheibe wird sie nicht durchschlagen. Dagegen ändert sich das Bruchbild mit der Temperatur (Abb. 765). Das Sprungnetz wird mit fallender Temperatur dichter, ohne jedoch den Zusammenhalt zu verlieren [*160, 163*].

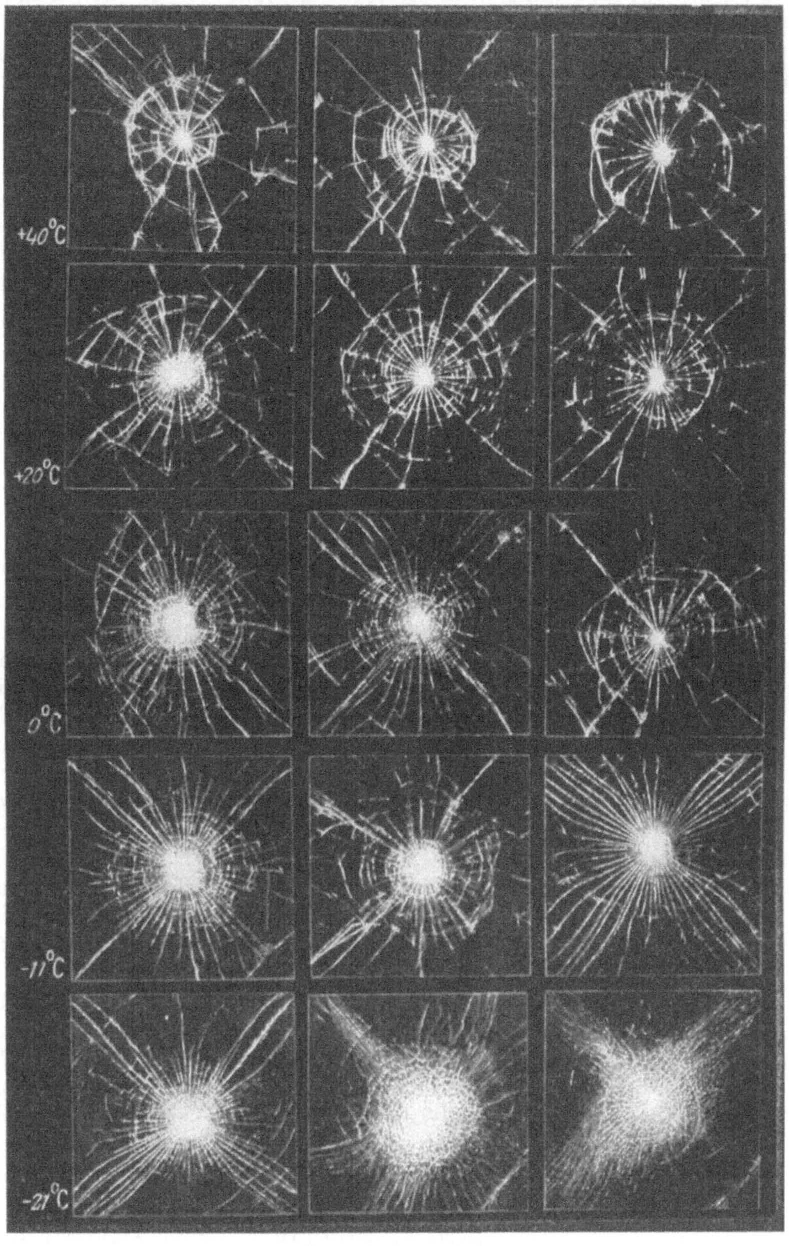

Abb. 765. Bruchbilder von Scheiben 30 × 30 cm bei verschiedener Temperatur. Das Sprungnetz wird mit abnehmender Temperatur engmaschiger. Der Zusammenhalt bleibt in allen Fällen bestehen

Da das Verbund-Sicherheitsglas auch einer gewissen Beanspruchung auf Biegung gewachsen sein muß, wurde zur Prüfung der Biegefestigkeit ebenfalls ein Prüfverfahren festgelegt, welches in DIN 52303 als Norm-Entwurf vorliegt [*160*]. Danach werden Streifen von 1100 mm Länge und 360 mm Breite mit einer Stützweite von 1000 mm auf zwei zylindrischen Stützen gelagert und in der Mitte bis zum eintretenden Bruch belastet. Die Biegebruchfestigkeit wurde zu etwa 320 bis 390 kp/cm² ermittelt [*76*].

Verbund-Sicherheitsglas, das aus drei oder mehreren Glasscheiben und mehreren Zwischenschichten zusammengesetzt ist, wird in Dicken von 20 mm und mehr als Panzerglas bezeichnet. Panzerglas in Dicken von 20 bis 25 mm mit mindestens zwei Kunststoffzwischenschichten ist schußsicher gegen Handfeuerwaffen. 60 mm dickes Panzerglas wird von Hartkerngeschossen nicht mehr durchschlagen [*76*]. – Verbund-Sicherheitsglas kann ferner durch Einlegen dünner parallel oder gekreuzt angeordneter Stahldrähte oder -fäden von hoher Zerreißfestigkeit in die Verbundschicht verstärkt werden, wobei zusätzlich die Zwischenschicht getrübt oder gefärbt werden kann [*76*]. Der Vollständigkeit halber ist noch zu erwähnen, daß sich Verbund-Sicherheitsglas bei zweckentsprechender Anordnung und Schaltung zur Durchführung von elektrischem Strom auch als Heiz- oder Alarmscheibe ausbilden läßt und für diese speziellen Zwecke verwendet wird [*76*].

3.5 Einflüsse auf die Sprungbildung

Einzelheiten der Sprungbildungen und ihre meßtechnische Verfolgung in Gestalt einer Prüfung entsprechender physikalischer Eigenschaften des Glases – soweit sie hier nicht gesondert behandelt werden – unterliegen so vielseitigen Einflüssen, daß im folgenden nur ganz kurz auf das einschlägige Schrifttum hingewiesen werden kann.

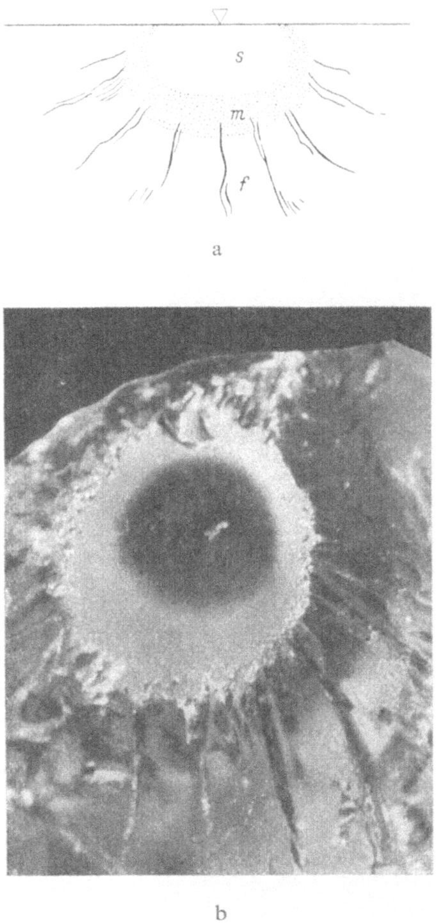

Abb. 766. a) Struktur von Sprungflächen: *s* „Spiegel“, *m* matte Fläche, *f* Furchenbildung. b) Sprungfläche an massivem Glasblock. Ausgangspunkt ist eine Blase

Die Ausbreitung von Sprüngen im Glas haben PRESTON [*164*] u. a. [*165*] eingehend beschrieben. Den Ausgangspunkt auf verschiedene Weise (z. B. Stoß, Biegung) entstandener Bruchflächen bildet stets ein wenn auch noch so kurzer „Riß“. Sobald er in dem vorhandenen oder erzeugten Spannungsfeld aufgetreten ist, findet eine Verlagerung der Spannung statt, die unmittelbar eine Gabelung (vgl. Ziff. 1.1) der Sprünge an Orten kritischer Beanspruchung zur Folge hat, was naturgemäß an Glasplatten (vgl. Ziff. 3.42) am besten zu verfolgen ist.

Die Ausbreitung der Sprünge geschieht mit einer gewissen Geschwindigkeit. Es scheint ein Zusammenhang zu bestehen zwischen dieser und der Beschaffenheit, die von der Oberfläche der Sprungbildung an den Tag gelegt wird, und zwar unabhängig von der Form des Körpers: Stab, Wand, Platte u. dgl. Man beobachtet nächst dem Ausgangspunkt stets eine glatte Fläche, den „Spiegel“ (*s* in Abb. 766a), der in gewissem Abstand in einen rauhen, ringförmig ausgebildeten Rand übergeht, der matt (*m* in Abb. 766a) aussieht. In ihm setzen dann auch die Furchenbildungen (*f* in Abb. 766a) ein, die radialen Verlauf nehmen.

A. SMEKAL u. H. WALLNER [*166*] fanden auf Bruchflächen, die beim Biege- oder Zerreißversuch an runden Glasstäben entstehen, ein sich um den „Spiegel“ gruppierendes feinstrukturelles Liniensystem, die sog. WALLNER-Linien (Abb. 767). Sie werden durch Ultraschall-Störwellen hervorgerufen, die beim Durchgang des primären Bruches an „Kerbstellen“ (submikroskopischen Rissen) ausgelöst werden. Ihre geometrische und rechnerische Auswertung läßt Rückschlüsse auf die sich beim Bruchablauf ausbildenden Spannungsspitzen, Wellen- und Bruchfronten und die Bruchgeschwindigkeit zu. Der Bruchvorgang kann zeitlich in seine einzelnen Phasen aufgegliedert werden [*167*].

SMEKAL [*168*] konnte nachweisen, daß die zunehmende Größe des „Spiegels“ auf eine abnehmende Geschwindigkeit der Sprungausbreitung hindeutet. Gläser von hoher Festigkeit geben kleine „Spiegel“. BORCHARD [*128*] zieht ähnliche Anhaltspunkte für die Entscheidung darüber heran, ob ein Momentan- oder Dauerbruchsystem vorliegt, was bei genügender Sicherheit zweifellos gutachtlich bedeutsam wäre.

Von grundsätzlicher Bedeutung sind die Untersuchungen SMEKALS [*168*], nach welchen der molekulare Aufbau des Glases bereits Unregelmäßigkeiten von der Größenordnung 0,0001 mm besitzt, die schon als Fehlstelle im Sinne einer örtlichen Schwächung des Glases zu wirken vermöchten. Als völlig gesichert ist jedenfalls anzusehen, daß schon sehr winzige Beschädigungen der Politur eines Glases eine außerordentliche „Kerbwirksamkeit“ besitzen. Da sie unterhalb der Sichtbarkeitsschwelle liegen können, ergeben sich Streuungen der Festigkeitswerte, die eine gewisse Unsicherheit mit sich bringen. Stets wird die kerbwirksamste Stelle im Bereich einer Spannung bestimmend für den Ort des einsetzenden Bruches und damit für das Festigkeitsverhalten des Glases überhaupt [*169*].

Abb. 767. Zugbruchfläche eines Zylinderstabes mit WALLNER-Linien. Bruchbeginn unten. Grob geschliffener Stab aus einem Block der optischen Schmelze des SCHOTT-Glases BK 7. Auflicht-Hellfeld. Abbildungsmaßstab rund 10:1. (G. APELT)

E. BERGER [*5*] kennzeichnete ziffernmäßig die zugehörigen Eigenschaften von Glas als diejenigen, die einer Beseitigung seiner Zerbrechlichkeit im Wege stehen.

Die Ergebnisse der Schlagfestigkeits- und Biegefestigkeitsprüfungen sind nach PRESTON [*170*] so übereinstimmend, daß man sie füreinander gelten lassen könne, was aber von anderer Seite als nicht ausreichend begründet angesehen wird.

Als sehr stark wurde der schon erwähnte festigkeitsmindernde Einfluß von Ritzen [*171, 172*] und sonstiger Strukturen in der Oberflächenbeschaffenheit [*173, 174*] erkannt und mehrfach hervorgehoben. Auch Kanten wirken auf die Entstehung des Bruches ein, wenn nicht durch allseitiges Auflager dafür gesorgt wird, daß sie außerhalb der Spannungserzeugung zu liegen kommen oder wenigstens örtliche Häufungen der Kraftübertragung ausgeschaltet bleiben.

Ausgiebige Untersuchungen des Einflusses einzelner Komponenten auf Zug- und Biegefestigkeit, Schlag- und Druckfestigkeit sowie Elastizität der Gläser liegen nach G. GEHLHOFF u. M. THOMAS [*175*] vor. Die Biegefestigkeit bildet im Hinblick auf vorstehende Arbeit Gegenstand einer Kritik von GREENE [*176*]. Auf weitere Arbeiten, die sich mit den Einflußfaktoren auf die Ergebnisse speziell beim Biegeversuch mit Glasstreifen befassen, wurde bereits hingewiesen (vgl. Ziff. 3.42 und Schrifttum [*155–157*]).

Den schwächenden Einfluß der Ausscheidungen in Trübgläsern auf die Schlagfestigkeit durch Temperaturbehandlung bei 1050°, die eine Vergröberung der trübenden Ausscheidungen nach sich zieht, behandelt O. GRAF [*177*] nach G. GEHLHOFF [*178*].

Schließlich stehen auch noch elektrisch ausgelöste, durch die Leitfähigkeit von Gläsern und ihren Gasgehalt begünstigte Vorgänge in ursächlichem Zusammenhang [*179*] mit den dabei auftretenden Sprungbildungen an Glas.

Abb. 768. Teil einer Glasplatte mit Sprungverlauf durch örtliche Überhitzung

Über die Entstehung von Sprüngen an Glasplatten durch örtliche Erhitzung als einfachste Vorgänge, die die „Wärmefestigkeit“ des Glases betreffen, liegen ebenfalls Untersuchungen vor [*180*]. Als Beispiel aus dem täglichen Leben möge der in Abb. 768 gezeigte Sprungverlauf an einer Glasplatte dienen. Ein örtlicher Wärmestoß erzeugte in und um die beanspruchte Fläche temporäre Spannungen in einem Ausmaß, daß die Schwellenwerte der Zugspannungen entsprechend dem Sprungverlauf überschritten wurden und der Bruch eintrat. Die Glasplatte wäre nicht zu Bruch gegangen, wenn der „Chok" allseitig gleichmäßig auf sie wirkte (vgl. Ziff. 2.62).

Es ist allgemein bekannt, daß die normalen technischen Gläser gegen plötzliche Temperaturänderungen mehr oder weniger empfindlich sind. Der Widerstand eines Glases gegen Temperaturstöße hängt vor allem von seinem Ausdehnungskoeffizienten ab. Aus Untersuchungen von H. SCHÖNBORN [*181*] an Stäben von Gläsern mit abgestuften Ausdehnungskoeffizienten geht eindeutig hervor, daß die „Wärmefestigkeit" um so größer ist, je kleiner der Ausdehnungskoeffizient ist. Während die Bruchbilder gekühlter Stäbe Längs- oder Quersprünge aufwiesen, traten bei den nicht gekühlten Stäben Spiralrisse auf. Da ein Temperaturanstieg bei einem Glas quer zur Oberfläche Druck-, ein Abfall dagegen Zugspannung erzeugt, so verträgt es plötzliche Abkühlung stets schlechter als plötzliche Erwärmung. Nach A. WINKELMANN [*182*] ertrug ein Glas im Sinne ansteigender Temperatur 465 °C, dagegen im abfallenden Sinne nur 53 °C Differenz! Es wird daher die experimentelle Prüfung der „Wärmefestigkeit" durch Abschrecken des Glases, also im Sinne fallender Temperatur vorgenommen. Als Maß der Wärmefestigkeit oder in diesem Falle besser der „Abschreckfestigkeit" gilt diejenige Temperaturdifferenz, bei welcher der Prüfkörper gerade gesprungen ist [*181*].

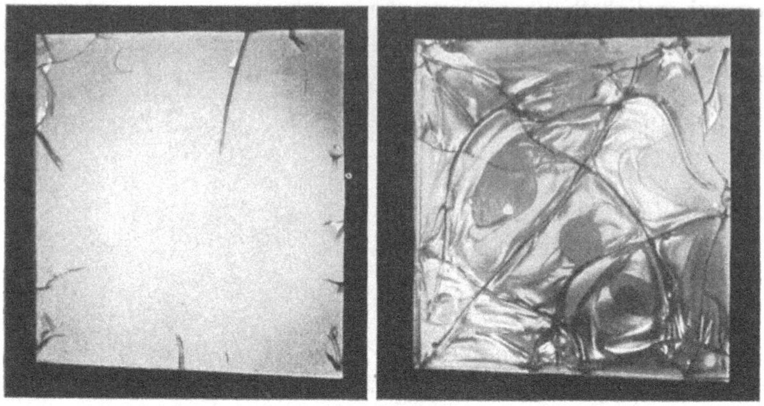

a b

Abb. 769. Sprungverlauf an abgeschreckten Glasplatten. – a) bei geringer, b) bei starker Temperaturdifferenz. Größe der Scheiben 10 × 10 cm. Im Bereiche der Scheibe b) „graue Flecken" (Inseln optischen Kontaktes)

Die schon von A. WINKELMANN u. O. SCHOTT [*183*] durch Abschrecken von kleinen Würfeln von 1 bzw. 2 cm Kantenlänge eines Glases gemachte Feststellung, daß dünnes Glas eine größere Abschreckfestigkeit besitzt als dickes, wurde auch an 10×10 cm großen Tafelglasplatten verschiedener Dicke gefunden [*184*]. Bei ihnen nimmt die Abschreckfestigkeit etwa mit der Quadratwurzel der Scheibendicke ab [*185*, *186*]. Je nach der Größe der Temperaturdifferenz fallen die Bruchbilder der abgeschreckten Scheiben verschieden aus. Bei geringer Temperaturdifferenz bilden sich Einläufe von den Ecken und Rändern her, ohne jedoch die Platte zu durchlaufen (Abb. 769a). Starke Temperaturdifferenz läßt ein dichteres Sprungnetz mit Aufspaltungen parallel zur Oberfläche entstehen (Abb. 769b).

3.51 Ablenkung von Sprungsystemen und ihr „Wandern"

Es sind noch einige Besonderheiten über den Sprungverlauf hervorzuheben, die gerade betriebstechnisch bedeutsam sind, aber noch nicht beschrieben wurden.

Es darf behauptet werden, daß einmal eingetretene Sprünge in homogenen Glaskörpern im großen und ganzen ihre einmal eingeschlagene Richtung beibehalten, in der sie begonnen haben in das Glas einzudringen, wenigstens dann, wenn sie nicht gleichzeitig äußeren Einflüssen in der Beanspruchung des Glases unterliegen. Finden sich aber im Glase selbst bereits Spannungen vor, deren Ursache auf mangelhafte Kühlung oder darauf zurückgeht, daß seine Zusammensetzung nicht völlig homogen ist, die durchgemachte Kühlung also nicht jede Spannung beseitigen konnte, so verursachen diese Spannungen eine deutliche Ablenkung eines aus anderen Gründen auftretenden Sprunges oder Risses aus seiner bis dahin eingeschlagenen Richtung (Abb. 770 u. 771). Indem der Sprung nämlich eine gewisse Zerteilungsarbeit am Glase zu leisten hat, wird er darin zusätzlich unterstützt, wenn er einem schon vorhandenen Spannungsfelde folgen kann. Diese Ablenkung eines Sprunges kann so plötzlich und scharf sein, daß er wiederholt die Richtung um einen rechten Winkel ändert, wenn seinem ursprünglichen Verlauf eine Zug-Spannungs-Barre vorgelagert ist (Abb. 771 u. 772). Aus diesem Umstand ergibt sich auch das bekannte Bild beim Schneiden mehr oder weniger stark verspannter Gläser: Während der einmal eingeleitete Sprung, z.B.

in einer Glasplatte, die spannungsfrei ist, geradlinig oder nur schwach gekrümmt durch dieselbe vorschießt, ändert er seine Richtung mehrfach und unvermittelt in einem schlecht gekühlten, verspannten Glas (Abb. 771). – Weil es in solchen Fällen schwer ist, an Glasplatten einen durch

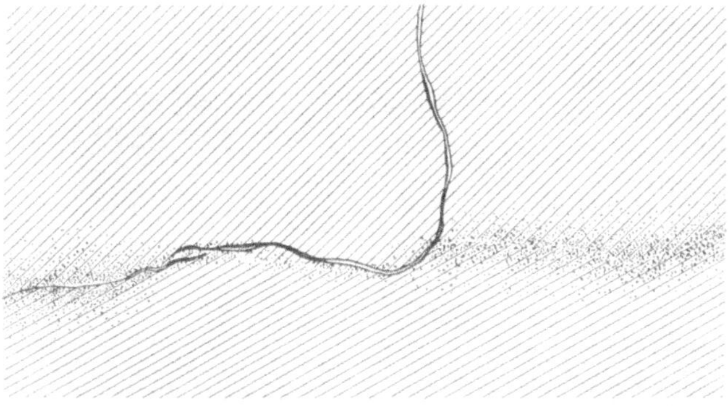

Abb. 770. Ablenkung („Einfangen") eines Sprungverlaufes um einen rechten Winkel durch Anfahren eines Strukturwechsels oder einer Schlierenschicht im Glas mit latenter Spannung

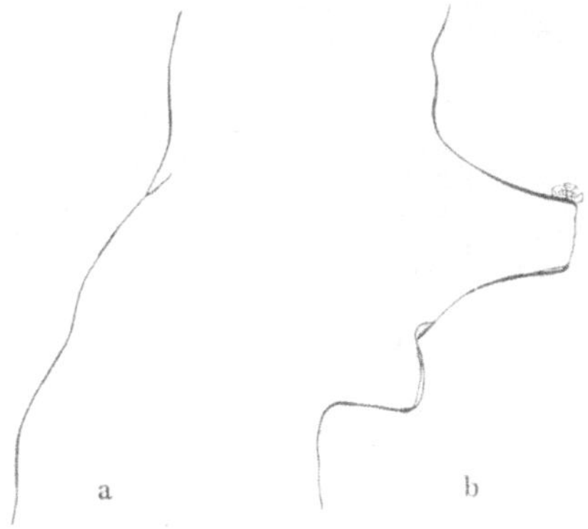

Abb. 771. Vergleichender Sprungverlauf durch ein praktisch spannungsfreies (*a*) und durch ein verspanntes (*b*) Glas

Diamantschnitt eingeleiteten „geführten" Bruch des Glases als solchen durchzusetzen, ohne daß der Bruch die ihm vorgeschriebene Bahn plötzlich verläßt, wird in diesen Fällen von „sprödem" Glas gesprochen, ohne daß damit aber die eigentliche Ursache richtig getroffen wird (vgl. Ziff. 3.53).

Das eigentümliche Auftreten von Wendelsprüngen an verspannten Rohren ist ein Beispiel dafür, daß ein Sprungsystem den Weg einzuschlagen sucht, der sich ergibt aus der Normalspannung und der Materialbeschaffenheit. Es bildet sich sozusagen eine Resultierende aus, längs welcher der Sprung fortschreitet. Sie bildet am Glasrohr einen Steigungswinkel von etwa 21° (Abb. 773) [*187*].

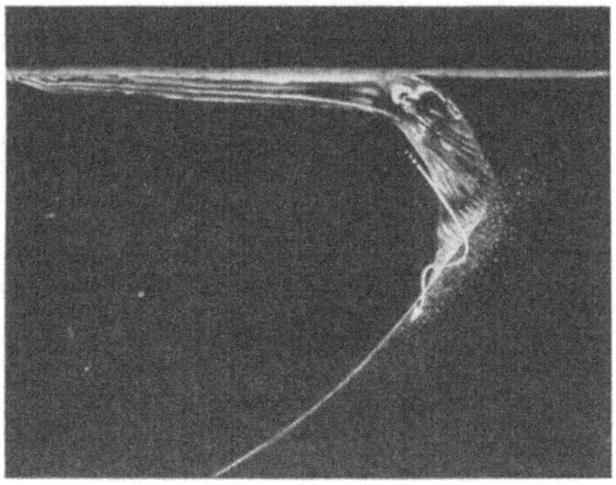

Abb. 772. Von der Kante her innerhalb der Glaswandung „einlaufender" Sprung läuft eine (durch Punktierung schematisch angedeutete) Spannungsbarre an, wendet sich an ihr quer zur Glaswandung und dringt außerdem, um 70° abgelenkt, weiter vor

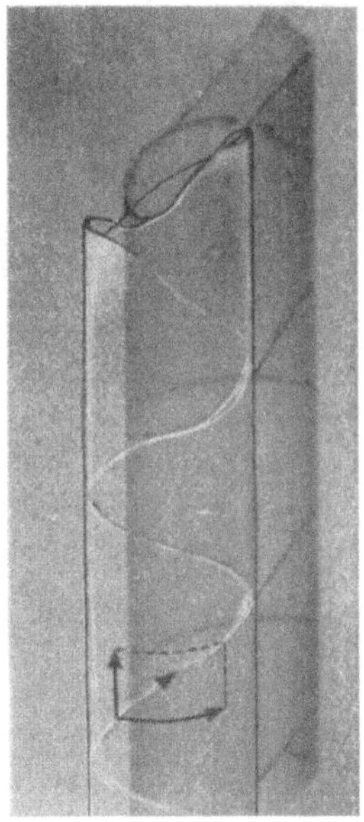

Abb. 773. Wendelsprung an einem verspannten Glasrohr

Ein vorzügliches Beispiel dafür, wie streng die Ausbreitung von Sprüngen den durch innere Spannungen vorgezeichneten oder „nahegelegten" Weg einschlagen, liefert Abb. 774. Eine in einen Rahmen eingespannte und dadurch symmetrisch belastete Scheibe zerfiel, in heißes Wasser getaucht, also zusätzlichen Spannungen ausgesetzt, mit der Regelmäßigkeit eines fast als Ornament wirkenden Sprungsystems, weil für beide Kanten völlig gleiche Bedingungen vorgelegen haben. Umgekehrt läßt sich auch der Rückschluß ziehen, daß Gleichartigkeit der Belastung vorgelegen haben muß, wenn ein Sprungsystem gleichartigen Verlauf nimmt [*188*].

Im übrigen bedient man sich der künstlichen Erzeugung einer Vorspannung zur „Führung" eines Sprunges beim Absprengen von Glaskörpern. Schon beim alten Tafelglasverfahren benutzte der Glasbläser einen glühenden Draht oder Glasfaden, den er um die geblasene Walze legte, um ihr Ende dann entlang diesem vorbezeichneten Ring abzusprengen. Der „Anriß“ wurde ausgelöst durch ein angelegtes kaltes Eisen oder einen Schweißtropfen. Ähnlich kann man das Absprengen des maschinell gezogenen Tafelglases durch Anlegen eines elektrisch geheizten Drahtes an das Glasband vornehmen. In zahlreichen Fällen ist dies auch der gegebene Weg in der Hohlglasindustrie, Teile eines Glasgegenstandes voneinander zu trennen (vgl. Ziff. 3.23).

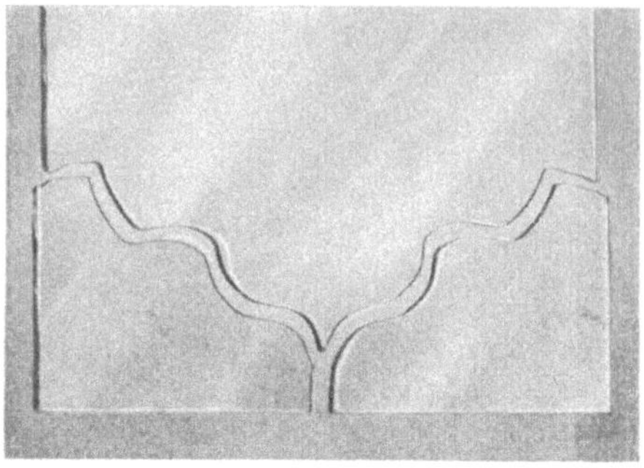

Abb. 774. Symmetrischer Sprung an einer in einen Rahmen eingespannten erhitzten Tafel

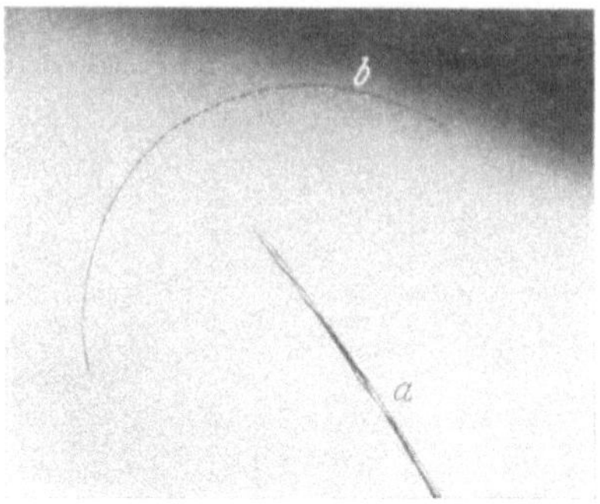

Abb. 775. Um den einlaufenden Sprung *a* gelegter Begrenzungsschnitt *b*.

Endlich bedient man sich der tausendfachen Ablenkung von Sprüngen in Verbindung mit ihrer vervielfachenden Gabelung bei dem „vorgespannten“ Sicherheitsglas, das auf diese Weise in viele kleine Krümel zerfällt, die ungefährlich sind (vgl. Ziff. 2.62; 3.15 sowie Abb. 735 u. 736).

Im Gegensatz zur absichtlichen Führung eines Sprunges mit Hilfe thermischer Verspannung sei daran erinnert, daß das Vorhandensein vorgespannter Zonen, die aus anderen Gründen (z. B. Verschmelzen usw.) gebildet wurden, natürlich eine Gefahr für das „Einfangen“ von Sprüngen

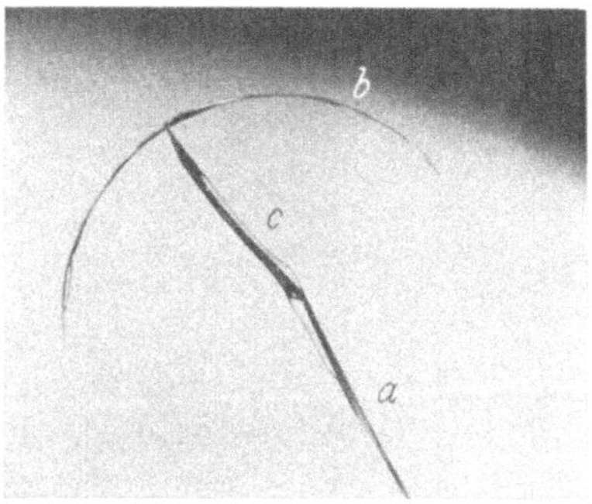

Abb. 776. Begrenzungsschnitt *b* wurde aufgeklopft und der einlaufende Sprung *a* durch Klopfen und Biegen über *c* zur Einmündung in *b* gebracht

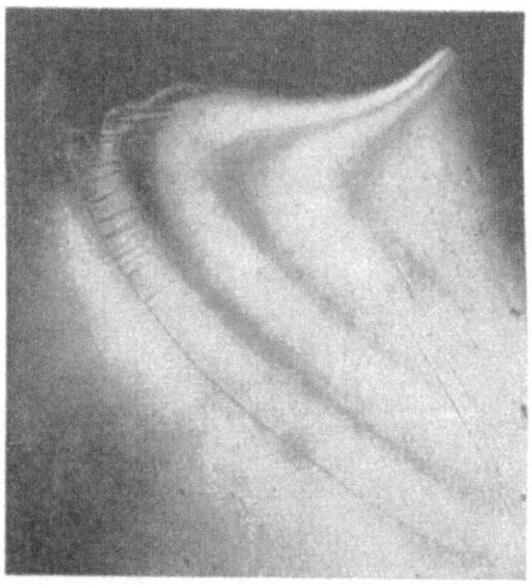

Abb. 777. Interferenzringe im Kapillarraum der äußersten Spitze eines ruhenden Sprunges

bedeuten. Hierher gehört das „Abringeln“ von Glasrändern (vgl. Ziff. 2.8, Abb. 704), Flaschenhälsen (vgl. Ziff. 3.23, Abb. 748) und ähnliche Vorkommnisse!

Häufig kommt es vor, daß bei eingesetzten Glasscheiben durch einen Stoß oder eine Erschütterung vom Rande her als sog. *Einlauf* ein Sprung entsteht, der in die Fläche hineinverläuft. Bei großen Scheiben, hauptsächlich Schaufensterscheiben, die deswegen ausgebaut werden müssen, lohnt es sich, das Weiterlaufen des Sprunges zu verhindern, um den übrigen Teil des Glases zur Wiederverwendung zu erhalten. Das Abfangen eines solchen Sprunges ist auch deshalb erforderlich, weil dadurch das Entstehen von unkontrollierbaren Brüchen und von spießigen Scherben, die die mit dem Ausbau beschäftigten Handwerker gefährden, verhindert wird [*189*].

Aus den Ausführungen unter Ziff. 3.42, Abb. 756a, geht hervor, daß ein Sprung im Glase als Hindernis für die Ausbreitung anderer Sprünge wirkt. Hiervon wird eine praktische Nutzanwendung beim Abfangen eines Sprunges gemacht, indem um die Spitze des Einlaufes (Abb. 775 bei *a*) in ausreichendem Abstand ein bogenförmiger Schnitt gelegt wird (Abb. 775 bei *b*). Durch vorsichtiges Klopfen auf die dem Schnitt gegenüberliegende Seite erreicht man, daß er sich zu einem die ganze Glasdicke durchdringenden Sprung entwickelt, der sich damit gewissermaßen als Hindernis für die Ausbreitung des Einlaufes diesem in den Weg legt (Abb. 776 bei *b*).

Zweckmäßigerweise wird auch der Einlauf selbst durch Klopfen und leichtes Durchbiegen mit Hilfe vorsichtigen Druckes durch den Finger in Richtung auf den Schutzbogen künstlich fortgesetzt (Abb. 776 bei *c*), bis er in den bogenförmigen Sprung hineinmündet. Damit ist die Scheibe vor einer weiteren Ausbreitung des Einlaufes geschützt.

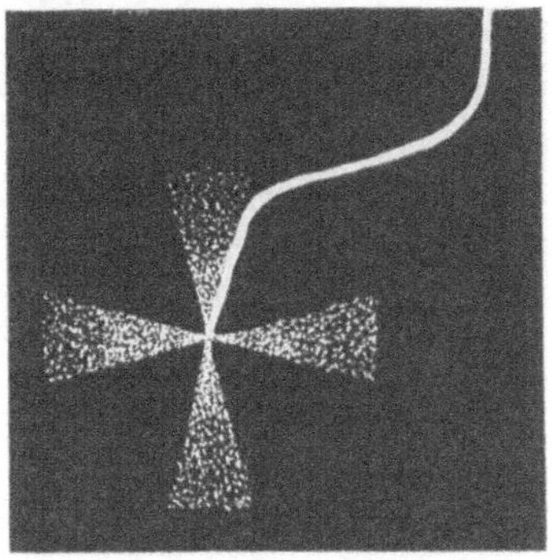

Abb. 778. Spannungskreuz an der Sprungspitze in einer Glasplatte

Besonders hervorgehoben werden muß noch der Umstand, daß einmal eingetretene Sprünge, auch wenn sie bis in spannungsfreie Gebiete vordringen, nicht immer stehen bleiben, sondern oft langsam wandern (Abb. 777 u. 778). An der Spitze jedes „Einlaufes", z. B. in Glasscheiben, ist ein Spannungskreuz sichtbar, welches stärkere Spannungen verrät, als sie ursprünglich vorhanden gewesen sein müssen. Es ist versucht worden [*98*], einen Grund hierfür in der durch die verdichtende Wirkung energischer Adhäsion verursachten Keilwirkung der eingedrungenen Luft zu erblicken, die in die äußersten kapillaren Flächen vordringt, wie sie sich an den Spitzen von Sprüngen durch dort sichtbare Interferenzfarben anzeigen. Sollte diese Annahme auch nicht oder nur als zusätzliche Erklärung gelten dürfen, so ist jedoch mit Sicherheit nachzuweisen, daß die mit der Luft eindringende Feuchtigkeit in jenem Sinne zu wirken vermag. Nach Abb. 779 wurde beobachtet, daß ein Muschelbruch durch abgelagerte Feuchtigkeit im Innern Quellungs- bzw. Zersetzungsbestandteile des Glases ansetzte, die sich keilförmig in das Glas vorschoben, wobei ihre Ausbreitung nach Art von (durch Kapillarität verursachten) Wachstumfiguren erfolgte und sich mit schwankender Luftfeuchtigkeit auch wechselnd verhielt.

Die Geschwindigkeit des Vordringens solcher Sprünge kann u. U. mit nur wenigen Millimetern in einem Monat erfolgen.

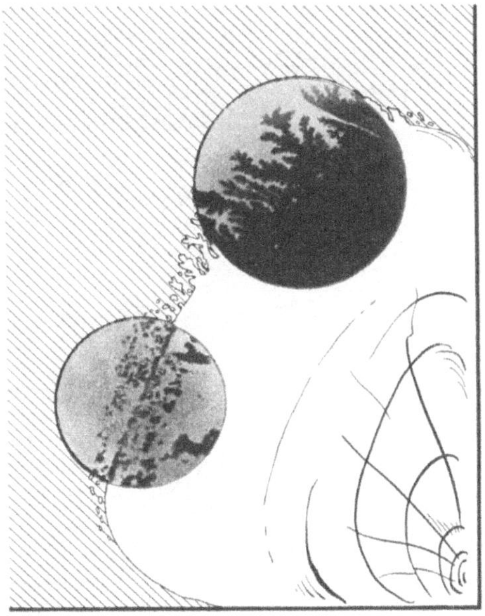

Abb. 779. Langsames Vordringen eines Bruches durch mit Luft eingesogene Feuchtigkeit mit Hilfe eigener Verwitterungsbestandteile des Glases

Abb. 780. Eindringen von Feuchtigkeit in Sprungnester an der Außenhaut von Flaschen bewirkt durch Quellung fortschreitende Zerstörung und Minderung ihrer Festigkeit

Daß die kapillare, auf die Sprung- oder Glasoberfläche wirkende Feuchtigkeit zu erheblichen mechanischen Beschädigungen des Glases führen kann, zeigt in einem Falle die Entstehung merk-

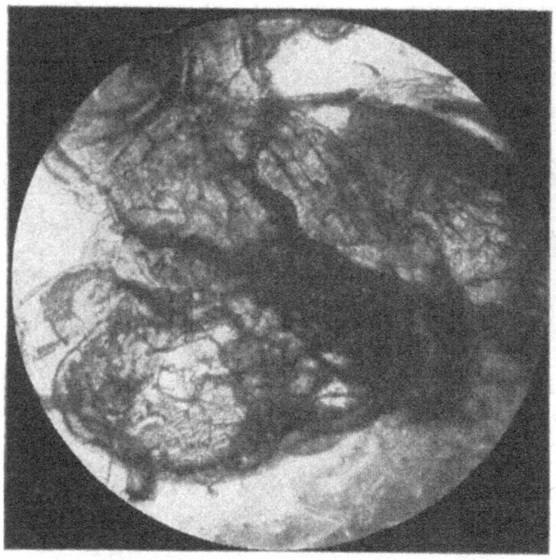

Abb. 781. Einzelheit aus Abb. 780

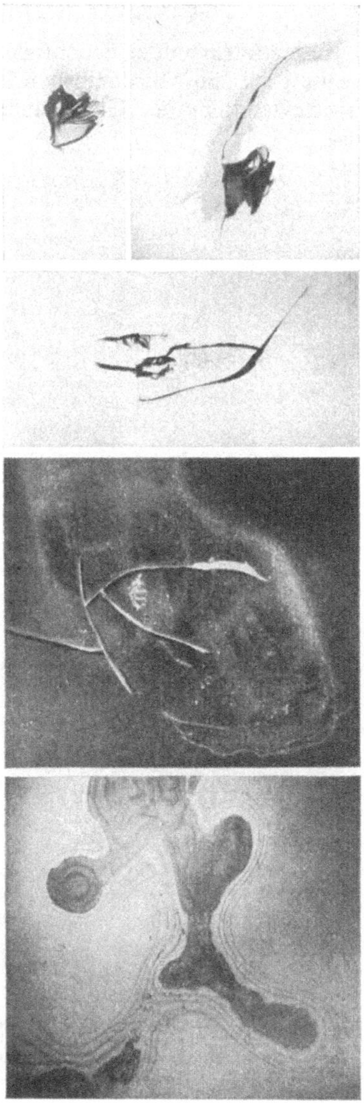

Abb. 782. Sprungnester im Bereich einer durch Kondensationswasser entstandenen Verklebungsstelle an verpacktem Tafelglas

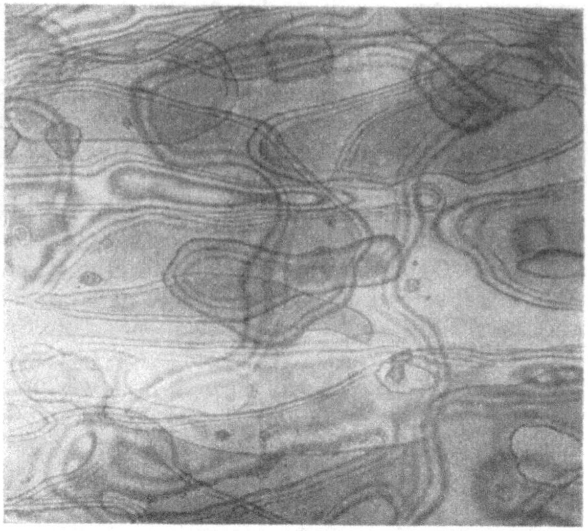

Abb. 783. Interferenzringe an verklebten, dünnen Glasscheiben

Abb. 784. Alkalische Ablagerungen durch Auslaugung und Verdunsten des Wassers an der Berührungsstelle von verpackten Glasscheiben entstanden

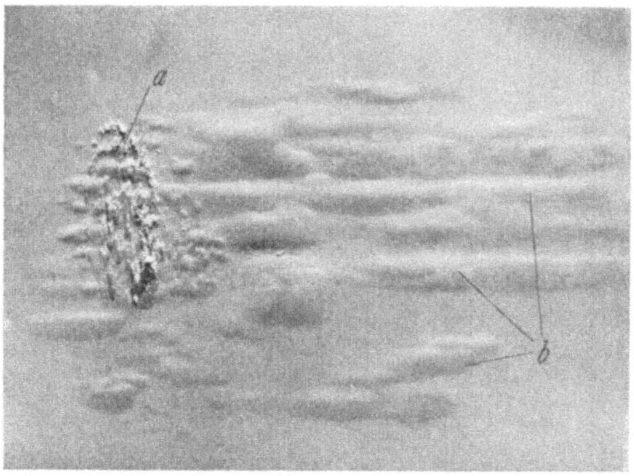

Abb. 785. Durch Feuchtigkeit und mechanische Wirkung entstandener Scheuerflecken mit eingeätzten Mulden, auspoliert. – a) Scharf umrissener Kern der Verletzung, b) eine weniger ausgeprägte Abschürfung der Glashaut in der näheren Umgebung des Kerns

würdiger Brucherscheinungen an der Außenhaut von Flaschen (Abb. 780 u. 781) im Anschluß an ihre Behandlung im Autoklaven mit heißem Wasser. Die nähere Untersuchung führte zu der Feststellung [*190*], daß es sich sowohl um ursprünglich unsichtbare, bereits bei der Formgebung entstandene, aber unbemerkt gebliebene Kaltsprünge als auch um Stoßstellen des Flaschenkörpers gegeneinander beim Transport im Gebrauch handelt. Die Beschädigung hat ihren Sitz jeweils ring- oder spiralförmig an den am stärksten hervortretenden Teilen. Es handelt sich um zahlreiche kleine Sprungnester, deren kapillare Räume Wasser aufsaugen und durch Quellung – bei Wiederholung in Verbindung mit Auswitterungsvorgängen – ausgeweitet werden. Der Vorgang schreitet langsam fort; die Sprungnester werden ganz weiß, kröseln z. T. aus und beeinträchtigen die Festigkeit der Flaschen. – Die Angreifbarkeit des Glases ist hierauf ohne Einfluß. – An feuerblanken Oberflächen konnte die genannte Erscheinung nicht gefunden werden.

Vorstehendem Vorgang verwandt ist aber das Vorkommen von Sprungnestern (Abb. 782) an verpacktem Tafelglas, besonders dünnem, als Folge der Einwirkung atmosphärischen Kondensationswassers [*191*]. Von ihnen gehen häufig zahlreiche Durchrisse aus, die eine Mehrzahl von Scheiben, meist paarweise, zerstören. Sie werden verursacht durch das örtliche Aneinanderhaften von Scheiben bis zum Verkleben derselben zu einem mehr oder weniger geschlossenen Block. Das Verkleben selbst beruht auf einem Auslaugen der Oberfläche selbst recht widerstandsfähiger Gläser durch eingedrungenes atmosphärisches Kondensat. Bei einem darauffolgenden Verdunsten desselben, z. B. auf einem warmen Lager (wie es nicht sein soll), nähern die Scheiben, sofern sie dünn und nachgiebig genug sind, ihre Flächen einander bis auf die Größenordnung der Lichtwellenlänge an und lassen lebhafte, lemniskatartig um die Berührungsstellen angeordnete Interferenzfarben auftreten (Abb. 783), die aber nicht identisch sind mit dem „Erblinden" von Glas, sondern beim Trennen der Scheiben, soweit dies ohne Bruch möglich ist, verschwinden. Als Bindemittel zwischen den Scheiben fungieren Auslaugbestandteile des Verwitterungsvorganges. Sie haften besonders fest an den gegenseitigen Berührungsstellen, auf die sich die Verwitterungsbestandteile beim Verdunsten des Wassers zurückziehen (Abb. 784).

Zu der mechanischen Einwirkung des Wassers auf die Glasoberfläche von verpackten Scheiben kann aber durch das Rütteln während des Transportes außerdem eine mechanische hinzutreten und Beschädigungen der Feuerpolitur verursachen. Man bezeichnet solche Verletzungen als „Scheuerflecke". Die Abb. 785 zeigt die Aufnahme eines durch Auspolieren von anhaftenden Bestandteilen befreiten Scheuerfleckens.

3.52 Schleifen und Polieren des Glases

Das *Schleifen* von Glas besteht in einer Häufung von Spannungs- und Bruchsystemen mikroskopischen Ausmaßes, die *regellos*, jedoch gleichmäßig über die ganze Fläche des Glases verteilt sind. Das einzelne Sandkorn erzeugt auf der von ihm zurückgelegten Bahn eine Kette kleiner Sprungsysteme, die durch nachfolgende Schubkräfte anderer sich kreuzender Kornbahnen ab- und aussplittern, also abgetragen werden, um schließlich eine mehr oder weniger rauhe, aus winzigen Bruchflächen bestehende, daher matt wirkende Oberfläche zu hinterlassen [*192*]. Entsprechend der für jegliche Sprungbildung maßgebenden Zugfestigkeitswerte des Glases zeigt sich dann auch, daß die mechanische Bearbeitbarkeit weniger mit seiner Härte, als mit der Zugfestigkeit zusammenhängt [*193*].

Abb. 786. Glas SF 6, mit Grobanteilen behaftetem Schleifmittel (vergrößert 80 ×) (nach K. Georg)

Für einen einwandfreien Schleifvorgang ist die Reinheit der Schleifmittel besonders wichtig. Größere und härtere Schleifkörner verursachen tiefere Risse beim Schleifen und damit größere Schleifgruben, die zu einem weiteren Abschleifen zwingen, bis eine Oberflächenschicht gleichmäßiger Feinheit erreicht ist. Abb. 786 zeigt in 80facher Vergrößerung die Schleiffläche eines optischen Glases, das mit einem Elektro-Korund-Schleifmittel der Körnung 200 (häufigste Korngröße 57 bis 86 μ) geschliffen war. In der

Schleifschicht sind große Schleifgruben zu erkennen, die von gröberen Schleifkörnern herrühren [194].

Neben der Verwendung von losen Schleifmitteln zum Schleifen des Glases hat – vor allem bei der Bearbeitung optischer Gläser – das Schleifen mit rotierenden Werkzeugen, die mit Schleifmitteln in fester Bindung besetzt sind, Bedeutung. Vorzugsweise verwendet man gemörserten Diamantbort in Metallbindung. Infolge der großen Härte (10 der MOHSschen Härteskala) und der scharfen Schneidkanten der Diamantsplitter gestattet das Diamantwerkzeug bei Verwendung von Petroleum als Schleifflüssigkeit das Abtragen von verhältnismäßig dicken Glasschichten in wesentlich kürzerer Zeit als das althergebrachte Schleifen mit Sand und Wasser. Aber auch der Einsatz von Korund- oder Karborundscheiben ist in vielen Fällen wirtschaftlich [195]. Je gröber das

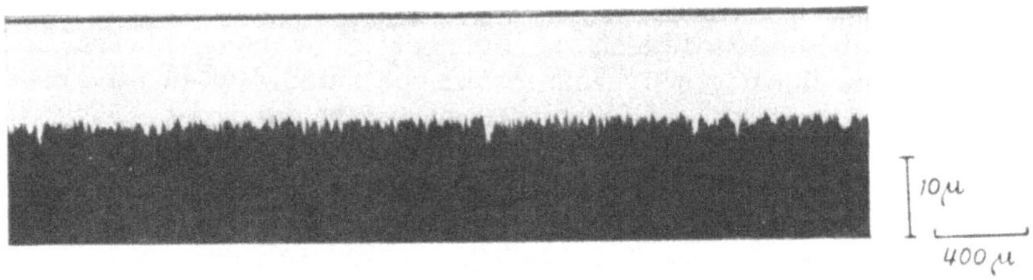

Abb. 787. Oberflächenprofil eines feingeschliffenen Spiegelglases nach dem letzten Arbeitsgang vor dem Polieren. Rauhtiefe 2,8 μ. (Vergrößert: vertikal = 1000 ×; horizontal = 25 ×) (nach K. GEORG)

Schleifkorn ist, um so „rauher" ist die geschliffene Fläche. Um eine geschliffene Fläche noch einwandfrei polieren zu können, muß der letzte Schleifgang vor dem Polieren mit einer Schleifmittelkörnung ausgeführt werden, die eine Rauhtiefe der Oberfläche von etwa 3 μ oder kleiner liefert. Durch Abtasten der geschliffenen Fläche mit einem Feintaster läßt sich die Rauhtiefe ermitteln. So ergab z. B. die in Abb. 787 dargestellte Aufnahme des Oberflächenprofils eines feingeschliffenen Spiegelglases eine Rauhtiefe von 2,8 μ. Das Glas kann also unmittelbar nach diesem Schleifgang poliert werden.

Es seien an dieser Stelle einige Worte über das *Polieren* des Glases eingefügt. Diese Nacharbeitung der feingeschliffenen Glasfläche erfolgt bekanntlich durch rotierende, mit Filz bespannte Scheiben und Polierrot in wäßriger Aufschlämmung oder mit Pech und Polierrot. Auch die Oxyde der seltenen Erden eignen sich als Poliermittel [196]. Trotz umfangreicher Untersuchungen insbesondere von KLEMM u. SMEKAL [197], sowie neuerdings mit Hilfe des Elektronenmikroskops von BRÜCHE u. POPPA [198] ist eine vollkommene Klärung des Poliervorganges noch nicht gelungen. Nach den vorliegenden Erkenntnissen handelt es sich beim Polieren wahrscheinlich erstens um die schonende Abtragung der vom Schleifen herrührenden, von Tälern und Rissen durchfurchten Schicht und zweitens um die anschließende Glättung der Oberfläche bis auf kleine Bruchteile einer Lichtwellenlänge. Dabei erfolgt die Abtragung der Schicht praktisch bis zur Tiefe der Täler, während die Risse durch plastisch gewordenes Glas verschmiert werden können. Im letzten Stadium des Polierens bildet sich unter der Wirkung des Druckes eine äußerst dünne Oberflächenhaut, die BEILBY-Schicht aus [199], deren Auftreten übrigens zuerst beim Schmiervorgang an aufeinander gleitenden Metallschichten bekannt wurde [200].

3.53 „Schneiden" des Glases; der Schnitt

Bei der Art des *Teilens* von Glas bedient man sich des Umstandes, daß ein einmal erzeugtes Spannungssystem beim Auslösen eines Sprunges dessen weiteren Verlauf sozusagen vorschreibt (vgl. Ziff. 3.5). Es ist schon oft darauf hingewiesen worden, daß dieses „Schneiden" in Wirklichkeit aus einem (im Gegensatz zum Schleifen) geregelten Aneinanderreihen von rhythmisch entstehenden hyperbolischen Sprungsystemen besteht, die das Glas an dieser Stelle so stark schwächen, daß der einmal eingeleitete Bruch seine Bahn vorgezeichnet findet. Durch Beanspruchung des Glasgegenstandes auf Biegung, derart, daß die Schnittlinie auf die Zugseite zu liegen kommt, wird der Bruch herbeigeführt. Der Ritz bewirkt im beanspruchten Werkstück eine so große Steigerung der örtlichen Spannung, daß die Biegefestigkeit auf einen Bruchteil von der des ungeritzten Gegenstandes herabgesetzt wird, z. B. bei einer photographischen Platte auf etwa den fünften Teil [201]. Im großen und ganzen kann eine solche Kette von Sprungsystemen vergröbert erzeugt werden, wenn man eine Stahlkugel auf der Glasoberfläche unter Belastung abrollt (Abb. 788), wie es übrigens zugleich der Grundvorgang für den Schleifprozeß durch Sandkörner ist [192]. Die

Sprungkette des Schnittes kann verschieden ausfallen. Sie ist seitlich begrenzt durch fast gerade verlaufende „einfassende“ Sprünge (Abb. 789a). Sind diese infolge unsachgemäßer Führung des Schneidwerkzeuges jedoch mit Abzweigungen versehen, so gefährden sie den störungsfreien Ablauf des Teilungsvorganges (Abb. 789b).

Das Schneiden des Glases wird entweder mit dem Diamanten oder einem Stahlrädchen vorgenommen. Der Diamant als härtestes Mineral eignet sich auf Grund dieser hervorragenden Eigenschaft, im „Glasschneider“ gefaßt, ganz gleich, ob die natürlichen oder künstlich angeschliffenen Kanten auf die Glasoberfläche zur Wirkung kommen, vorzüglich als Trennwerkzeug für Glas. Daneben finden aber auch Stahlrädchen Verwendung, die aus einer besonders harten und zähen Legierung bestehen. Die Rädchen sind keilförmig zugespitzt und am äußersten Rand mit einer fein angeschliffenen Facette versehen. Diese abrollende, keilförmig geschärfte Kante übernimmt hierbei die

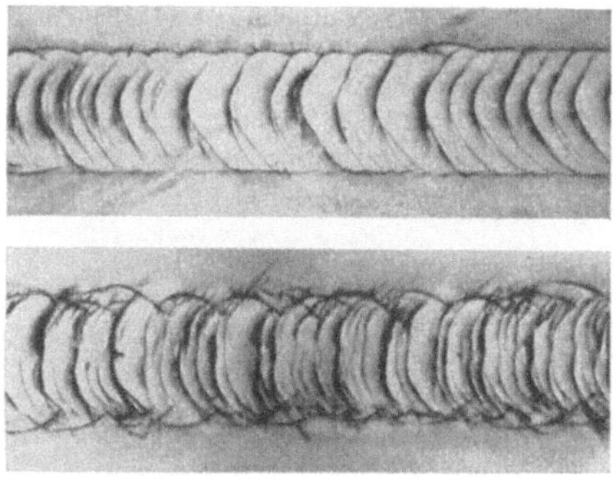

Abb. 788. Sprungverlauf längs Kugeldruckbahnen

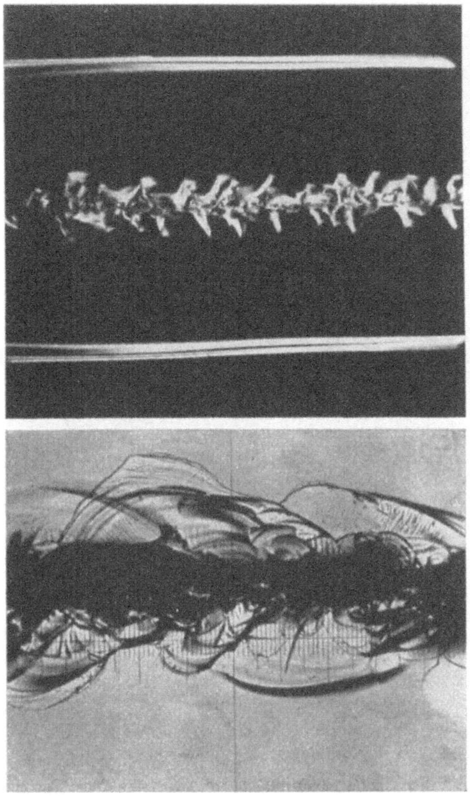

a

b

Abb. 789. Diamantschnitt (vergrößert). – a) mit seitlichen Begleitsprüngen, gut (Kontrastaufnahme), b) mit breitem Zertrümmerungsbereich, schlecht

Wirkung des Diamantkeils und ruft nur etwas gröbere Ritzspuren hervor. Meist sind in einem Glasschneider sechs leicht auswechselbare Rädchen von 4,5 mm Durchmesser, revolverartig angeordnet. – Für die in großem Umfang zu schneidenden Gußgläser (Rohglas, Ornament-, Kathedral-, Drahtglas usw.), welche im Gegensatz zu Tafel- und Spiegelglas eine rauhe Oberfläche besitzen, werden fast ausschließlich größere Stahlrädchen von etwa 13 mm Durchmesser als Einzelrädchen im Schneidwerkzeug verwendet. Sie können mehrmals nachgeschliffen werden [*202*].

Die Erzeugung einer einwandfreien Ritzbahn erfordert eine jeweils ganz bestimmte Haltung des Werkzeuges [*203*]. Bei der normalen Neigung beträgt der Winkel des Schaftes zur Schneidebene etwa 75°. Die groben Aussplitterungen eines schlecht ausgeführten Schnittes sind meist der Ort, den der eingeleitete Bruch längs der Schnittlinie zum Anlaß nimmt, um aus der vorgezeichneten Bahn zu springen (Abb. 790). – Eine geübte Hand vermag schon während des „Schneidens“ zu „fühlen“, ob das Glas den Schnitt richtig „angenommen“ hat oder nicht. Ebenfalls kann das Gehör erfahrungsgemäß eine entsprechende Kontrolle ausüben.

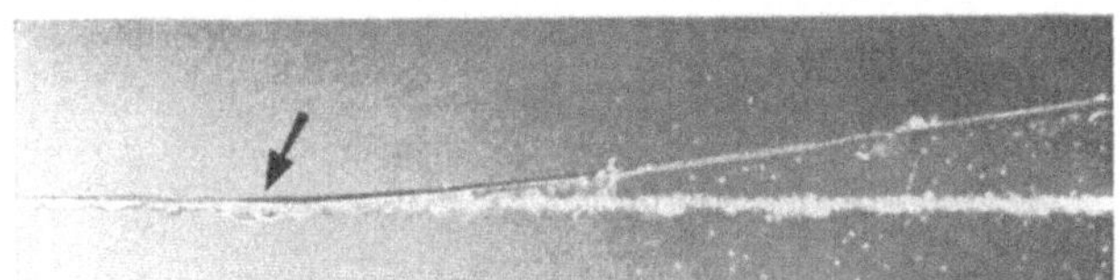

Abb. 790. Abirrung des eingeleiteten Bruches an der mit Pfeil bezeichneten Stelle infolge schlecht ausgeführten Schnittes

Entsprechend der Struktur des Schnittes fällt auch die Kante des Glases nach erfolgtem Bruch verschieden aus [*74*]. Im Falle sauberer Schnittführung entstehen Bruchufer, die spiegelblank sind und nur bei näherer Betrachtung im reflektierenden Licht eine winzige Zerstörung, von welcher regelmäßig angeordnete, muschelbruchartige Wellenlinien ausgehen, auf der Schnittseite erkennen läßt (Abb. 791 a). Im Gegensatz hierzu ist die Zerstörung beim schlecht ausgeführten Schnitt eine viel tiefer greifende. Das Bruchufer ist rauh, splitterig und bucklig. Die Zerstörungskerbe setzt sich in Form grober Zerklüftung ins Glasinnere fort (Abb. 791 b).

Interessant ist die Beobachtung (Abb. 792), daß bei einem schlecht, d.h. mit erheblicher Zerstörung in der Schnittbahn ausgeübten Schnitt sogar nach erfolgtem Bruch noch Spannungshöfe in der dem zerklüfteten Bruchufer verbleibenden Muschelbruchstruktur auftreten. Diese irregulären Spannungshöfe an „rauhen“ Schnitten, die den Bruch gewissermaßen überstehen, sind es,

a

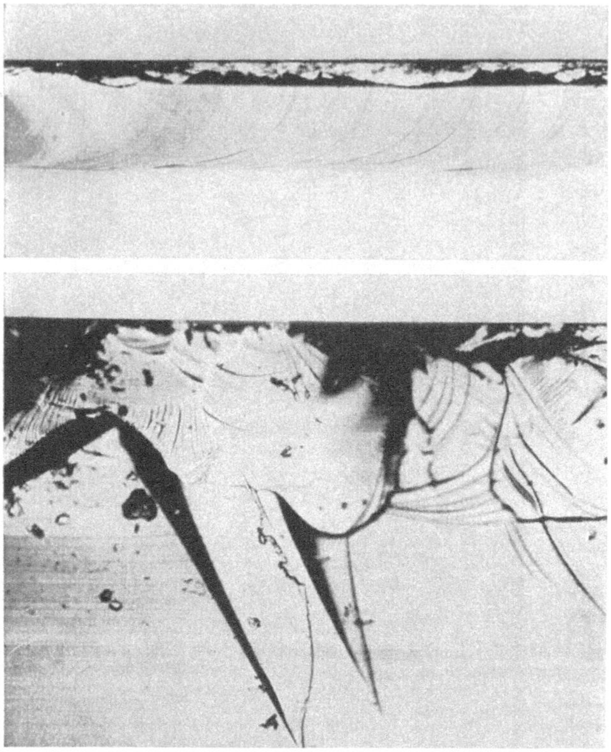

b

Abb. 791. Schnittufer (vergrößert 40 ×). – a) eines guten Schnittes, schmaler Zertrümmerungsbereich, regelmäßig verlaufender Bruchspiegel, b) eines schlechten Schnittes, breiter Zertrümmerungsbereich mit Bruch- und Splitterbildung

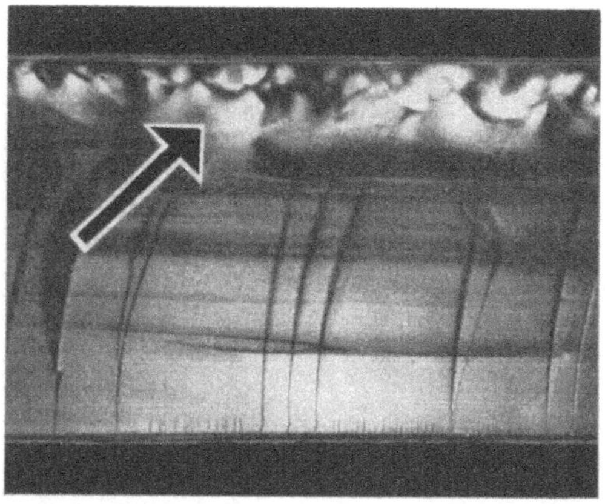

Abb. 792. Rauhe Schnittkante eines schlecht geschnittenen Tafelglases mit verbliebenen Spannungshöfen im Bereich des Schnittes (Pfeil) nach erfolgtem Bruch, vom Bruchufer ausgehende Bajonettsprünge (vergrößert 16 ×)

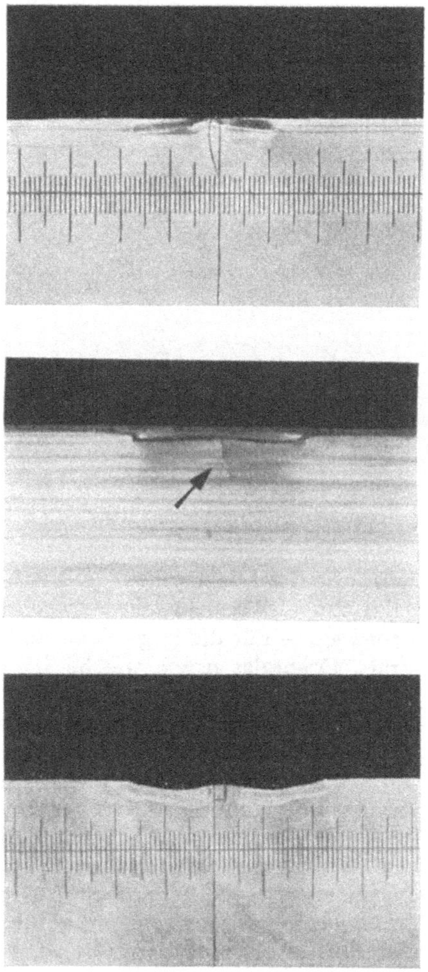

a

b

c

Abb. 793. Querschnitt durch ein Schnittsystem (vergrößert). – a) Senkrecht verlaufender Spalt mit waagerechten Begleitsprüngen, b) Begleitsprünge heben seitliche Glasbänder aus, c) Profil nach Aussplitterung der Glasbänder

auf die man die Gefahr des Abirrens eingeleiteter Brüche aus der Schnittbahn zurückführen muß. Die Rauhigkeit der Bruchufer, vor allem bei Dick- und Spiegelglas, ist also tatsächlich ein äußeres Merkmal für eine wirklich vorhandene Bruchgefahr, die schon für den Transport besteht [204].

Betrachtet man verschiedene Schnittspuren im Glase, so stellt man fest, wie wenig einheitlich sie ausfallen [205]. Die Wahl des Schneidwerkzeuges, seine Führung, die Glasart, der aufgewendete

Druck, die Oberflächenbeschaffenheit, also eine Mehrzahl von Größen beeinflußt ganz allgemein das Ergebnis. Auch mit der Temperatur ändert sich das Aussehen der Ritzbahn so kennzeichnend, daß sie bis ins Gebiet einsetzender Plastizität verfolgt wurde [206]. Daher muß nach einem anderen Anhaltspunkt für „guten Schnitt“ gesucht werden. Das Schwergewicht liegt nämlich gar nicht in der Schwächung des Glases durch das Splittern in der Schnittspur, als vielmehr in dem dadurch erzeugten Spannungssystem [207]. Man kann dieses Spannungssystem und damit den Aufbau des Schnittsystems verfolgen, wenn man einen Bruch quer durch eine Reihe von Schnittspuren auf einer Glasscheibe verlaufen läßt. Es bleiben die einzelnen Schnittsysteme völlig erhalten und lassen sich in ihre Einzelheiten auflösen (Abb. 793 a). Man erkennt deutlich, daß sich längs der Schneidspur flach unterhalb der Oberfläche verlaufende Sprünge ausbilden, die das Bestreben zeigen, durch aufwärts gerichtete Krümmung eine Aussplitterung herbeizuführen. Wesentlich ist nun, daß die Wirkung des Schneidwerkzeuges nicht allein in der Erzeugung einer Kerbe besteht. Es entsteht nämlich ein kleiner, senkrecht ins Innere vordringender Sprung, welcher durch das „Klemmen“ des entstandenen Glasstaubes zwischen den Seitenteilen im öffnenden Sinne unter Spannung gehalten wird, also bereits eine regelrechte Spaltung eingeleitet hat (Abb. 793 b). In dieser Spaltbildung ist die eigentliche Grundlage des Glasschneidens zu erblicken (Abb. 794) und nicht etwa in der erzielten Ritzbreite. Sofort nach vollendetem Schnitt pflegen die seitlichen Glasbänder nachzugeben und mit Knistern hörbar auszusplittern (Abb. 793 c).

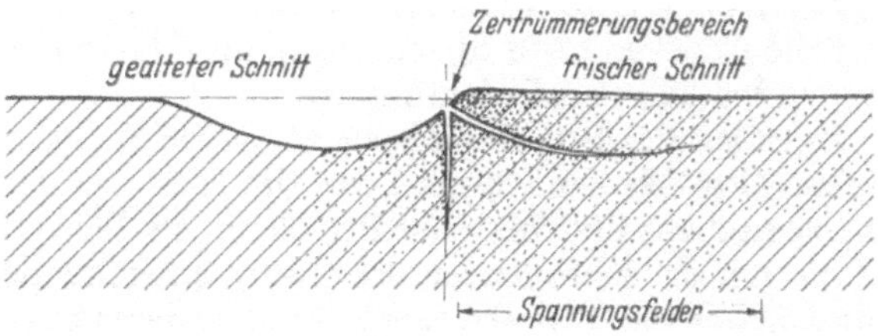

Abb. 794. Schnittsystem schematisch. Rechte Hälfte: frischer Schnitt; linke Hälfte: gealteter Schnitt mit ausgebrochenen Begleitsprüngen und zurückgegangenen, punktiert angelegten Spannungsfeldern

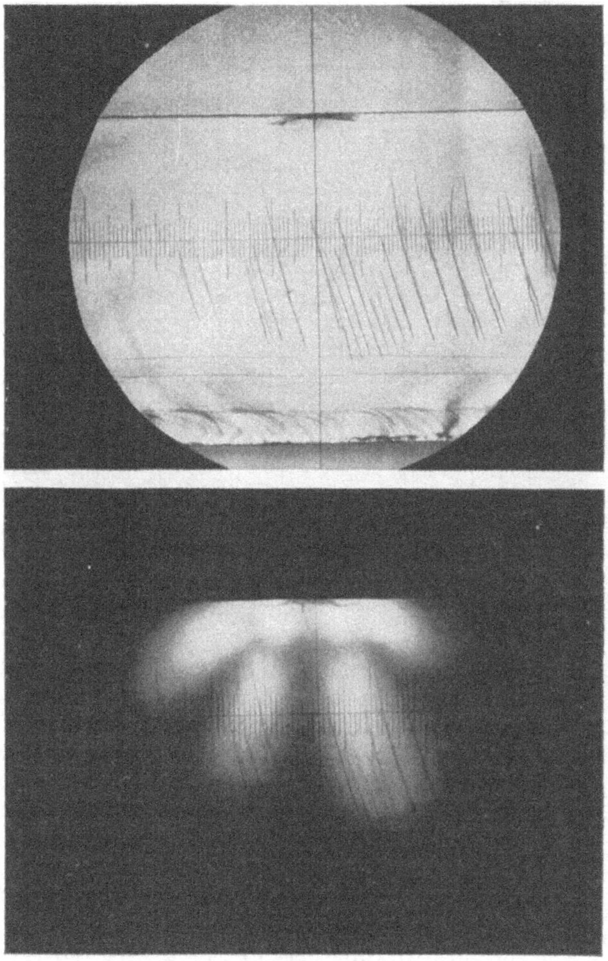

a

b

Abb. 795. Querschnitt durch eine mit Diamantschnitt versehene Scheibe. – a) bei gewöhnlichem durchfallenden Licht, b) bei polarisiertem Licht. Das Spannungssystem durchdringt fast die ganze Dicke der Scheibe (vergrößert etwa 12 ×)

Die Tiefenwirkung des Schnittsystems ist nicht etwa nur auf den kleinen Spalt senkrecht unter der Ritzspur beschränkt. Von dieser geht nämlich ein sehr kräftiges Spannungssystem aus, welches die Reichweite der Ritzbildungen weit übertrifft und die Spaltwirkung wesentlich unterstützt [207]. Die Spannungsfelder durchdringen die Glasplatte fast bis auf die gegenüberliegende Unterseite (Abb. 795 a u. b). Auf der Abb. 796 sind zwei Spannungssysteme im Querschnitt einer Dickglasscheibe im polarisierten Licht zu sehen. Man findet in dem rechten Spannungsfeld, wie es von einem Stahlrädchen verursacht wurde, einen Anklang an den inneren Aufbau des grundlegenden Systems aus Abb. 731 vor, während die linke Schnittspur im gleichen Bilde keine

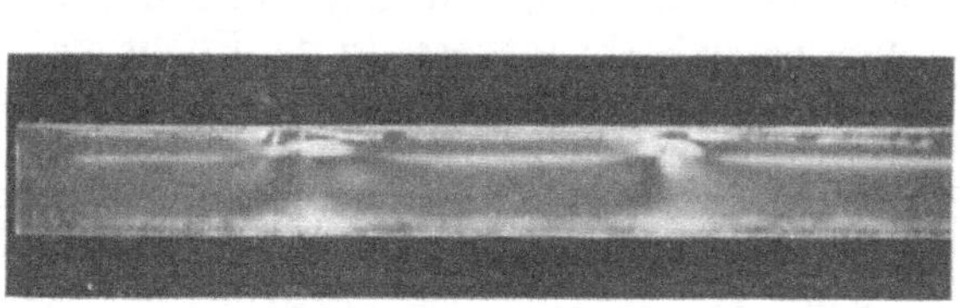

Abb. 796. Von Schnittbahnen erzeugtes Spannungssystem einer Dickglasscheibe, links schlecht, rechts gut

gute Wirkung verspricht. Es ist von Fall zu Fall zu entscheiden, ob bei einem etwaigen Abirren des Bruches aus der vorgeschriebenen Schnittspur dieser Fall oder derjenige aus Abb. 771 vorliegt. – Exakte Untersuchungen von M. v. LAUE [*208*] führten zu einer Vertiefung der Kenntnisse über die Änderung von Spannungen im Glas durch sein Zerschneiden, wie es für seine optische Verwendbarkeit von Bedeutung ist.

Es ist aus der Erfahrung bekannt, daß sich Glas mit angefeuchtetem Werkzeug besser schneiden läßt als in trockenem Zustand und das entstehende Schnittsystem besser brechbar ausfällt. In den Betrieben dient üblicherweise Petroleum als Benetzungsflüssigkeit. Der Einfluß der Ritzflüssigkeit auf die Art der beim Ritzen des Glases entstehenden Risse ist deshalb schon Gegenstand genauer Untersuchungen gewesen [*209*]. Eine systematische Untersuchung der physikalischen Vorgänge beim Glasschneiden wurde von R. RAMSAUER [*210*] durchgeführt. Er verfolgte durch Messung der Biegefestigkeit die Schneidwirkung von Diamant und von Silberstahl- und Widiastahlrädchen in Abhängigkeit vom Schneiddruck in verschiedenen Flüssigkeiten. Dabei fand er zunächst in Übereinstimmung mit der Feststellung von M. W. JONES u. J. M. BLAIR [201], daß es einen bestimmten relativ eng begrenzten Schneiddruck gibt, der die beste Wirkung erzeugt. Ein schwächerer bringt kein eigentliches Kerbsystem hervor, ein stärkerer zerstört seinen Aufbau. Man muß daher die Ergebnisse älterer Arbeiten [*211*, *212*], wonach eine Verminderung der Bruchfestigkeit vor allem von mit Wasser befeuchteten gegenüber trocken angeritzten Gläsern gefunden wurde, mit gebotener Zurückhaltung betrachten, weil die Nichtberücksichtigung des Schneiddruckes insofern zu Täuschungen Anlaß sein kann, als z. B. ein und dasselbe Glas, mit niedrigem Schneiddruck feucht geritzt, eine höhere Biegebruchfestigkeit ergeben kann, als wenn es mit höherem Schneiddruck trocken geritzt wurde.

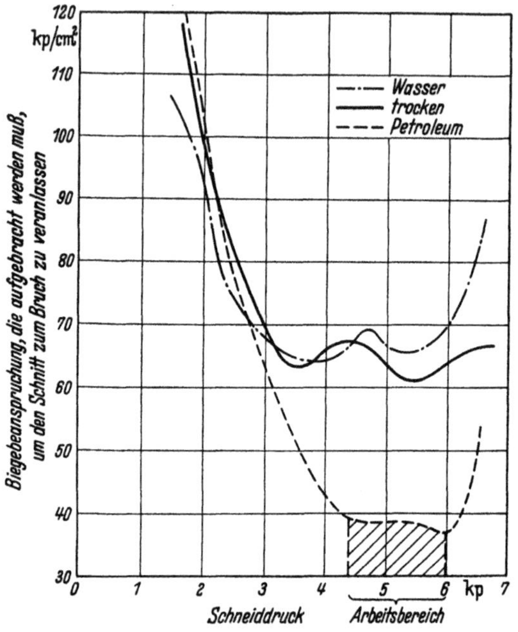

Abb. 797. Verlauf der Brechbarkeit eines geschnittenen Glases mit trocken ausgeführtem Schnitt, mit Wasser und mit Petroleum (nach R. RAMSAUER)

Weiter zeigten die Messungen von R. RAMSAUER, daß nur Flüssigkeiten, die gegen Glas inaktiv sind, sog. unpolare Stoffe, z. B. Benzol, Petroleum und Terpentin, bei dem aufgewendeten Schneiddruck die beste und sicherste Spaltbarkeit der Gläser ergaben bzw. nachteilige Einflüsse, z. B. eines zu hohen Schneiddruckes ausschalteten (Abb. 797). Die Benetzung des Schnittsystems mit Petroleum schafft im Bereich eines Schneiddruckes etwa zwischen 4,3 und 6 kp die günstigsten Bedingungen zum Aufbrechen des Schnittes. Flüssigkeiten, die gegen Glas aktiv sind, d. h. Moleküle mit starken polaren Gruppen besitzen, wie z. B. Wasser, Alkohol und Glyzerin, bewirken einen Kurvenverlauf ähnlich dem des trockenen Schnittes.

Es konnte auch nachgewiesen werden, daß das bessere Gleiten des Schneidwerkzeuges über die Glasfläche nicht auf einer Schmierwirkung der Flüssigkeit beruht, sowie daß der Schneiddruck nicht beliebig gesteigert werden kann, weil schließlich wieder ein markanter Rückgang der Vorarbeit zur Spaltwirkung hervorgerufen wird. Dieser Rückgang beruht darauf, daß die im Kerbsystem aufgespeicherte Energie bei Anwendung hoher Drucke zu einem hörbaren Aussplittern der Begleitsprünge führt und damit vorzeitig zum Abbau der Spannung, die die eigentliche Arbeit der Spaltung längs der Schnittkerbe leisten soll. Inaktive Flüssigkeiten erhöhen die Spannung durch molekulare Einflüsse im Schnittsystem und machen dies dadurch wirkungsvoller [*210*].

Von besonderem Interesse ist die Erfahrung, daß nur der frisch ausgeübte Schnitt über seine volle Trennkraft verfügt. Da die durch den Schnitt in das Glas hineinverlegte Vorspannung (Abb. 795a u. b) mit zunehmendem Aussplittern der Glasbänder allmählich nachläßt, geht der Bruch nicht mehr so leicht vonstatten. Der Schnitt „altert", und nach einer gewissen Liegedauer verläuft der Bruch nicht mehr so zuverlässig in der Ritzbahn wie sofort nach Anbringung des Schnittes. Betrachtet man das „Altern" einer Schnittspur im polarisierten Licht, so erkennt man, daß die anfangs kräftigen Spannungsfelder langsam zurückgehen und abgebaut werden (Abb. 794).

Mitunter wird vom erfahrenen Glasschneider ein im normalen technischen Prozeß hergestelltes und gekühltes Glas als härter und daher schlechter schneidbar bezeichnet als dasselbe Glas aus einer anderen Produktionsstätte oder -zeit. In Wirklichkeit ist das Glas nicht härter. Die Ursache kann, wenn man von fehlerhaftem Werkzeug oder Schnitt absieht, darin liegen, daß infolge geringfügiger Schwankungen im Kühlverlauf, die sich besonders bei großen Produktionseinheiten nicht vollständig vermeiden lassen, eine etwas höhere Restspannung im Glase verbleibt, ohne daß dadurch der zulässige Grenzwert der Spannung für eine erhöhte Bruchgefahr überschritten zu werden braucht. Da über den Querschnitt einer Glasplatte gesehen an den Oberflächen Druck- und im Kern Zugspannung herrscht, ist ein fühlbar höherer Schneiddruck aufzuwenden, um die druckgepannte Oberflächenschicht aufzubrechen (vorgespanntes Glas kann daher ohne Auslösung des Bruches nicht geschnitten werden).

Ein Glas läßt sich ohne Bruchgefahr leicht schneiden, wenn die Oberfläche nicht oder nur geringfügig unter Druckspannung steht, was bei sehr gut gekühlten Gläsern der Fall ist. Aus dieser Überlegung haben P. ACLOQUE u. I. PEYCHÈS [*213*] eine besondere thermische Behandlung von Flachgläsern entwickelt, um ihnen einerseits die Festigkeitseigenschaften des vorgespannten Glases zu verleihen und sie andererseits leicht schneidbar zu machen. Sie erreichen dies dadurch, daß sie die Oberfläche des Glases, sobald die obere Grenze des Transformationsbereiches überschritten ist, einem kurzen, aber heftigen Wärmestoß aussetzen. Dadurch steigt die Oberflächentemperatur um Werte bis zu 100 °C an, während das Innere eine niedrigere Temperatur behält. Durch einen geeigneten Temperaturgradienten kann die völlige Umkehr des Spannungssystems erreicht werden. In den Außenschichten sinkt dann die Druckspannung bis auf den Wert Null ab oder schlägt sogar um in leichte Zugspannung, während im Inneren hohe Spannung mit abgestufter Intensität herrscht. Ein so behandeltes Glas ist fester als normal gekühltes Glas und kann gleich nach der Behandlung, die in der Regel 2 Sekunden dauert, geschnitten werden. Das Verfahren hat sich schon bei der industriellen Fabrikation bewährt.

Abb. 798. Fassonschnitt einer Verbund-Sicherheitsglasscheibe nach Anlegung der Hilfsschnitte, Abtrennen der umrahmenden Teile. Durchschneiden der Folie mit einer Rasierklinge

Es ist nun noch kurz auf das *Schneiden von Sicherheitsglas* einzugehen. Im Gegensatz zum vorgespannten, dem Einscheiben-Sicherheitsglas, welches vor seiner Wärmebehandlung geschnitten werden muß (vgl. 2.62), wird Verbund-Sicherheitsglas oft auch nach der Herstellung auf Fasson geschnitten [*202*]. Es geschieht in der Weise, daß man mit dem Diamanten oder Stahlrädchen auf beiden Seiten genau deckend verlaufende Schnitte anbringt. Ist der Anschnitt auf einer Seite ausgeführt, so wird durch Ausübung eines Druckes auf den abzuschneidenden Streifen oder durch Klopfen entlang dem ausgeführten Anschnitt auf der unteren Seite der Glastafel der Anschnitt bis auf die Zwischenschicht durchgebrochen. In gleicher Weise verfährt man mit dem Anschnitt auf der anderen Seite. Die Zwischenschicht wird nun durch Entlangführen einer Rasierklinge in dem entstandenen Spalt zerschnitten. Bei Fassontafeln mit kleinem Krümmunsradius legt man nach dem Vorschnitt in Kurven erst Hilfsschnitte an, an denen entlang man nach und nach geradkantige oder nur wenig gekrümmte Stücke abtrennen kann und so das Fassonstück freigelegt wird (Abb. 798).

Um zuletzt noch einen Blick darauf zu werfen, wie einschneidend das Verhalten des Glases bei seiner Weiterverarbeitung zur Fehlerhaftigkeit der endgültigen Fertigware beitragen kann, soll ein besonderer Fall erwähnt werden: das Schneiden und Brechen des Glases als eines Dielektrikums ist von elektrostatischen Vorgängen begleitet, die sich bei der Verarbeitung zu Photoplatten störend auswirken können. Da deren Zerteilung nämlich erst geschieht, nachdem sie mit der lichtempfindlichen Schicht belegt sind, ergibt sich u.U. eine gewisse Schwärzung der Ränder durch die im Augenblick des Ritzens oder Brechens aufglimmende Entladung.

Man sieht, daß die Betrachtung der allein mit dem eigentlichen Werdegang des Glases verbundenen Fabrikationsstörungen auch nicht annähernd ein abschließendes Bild aller Fehler vermittelt, die mit dem Glase zusammenhängen können.

4 Schrifttum

IX. Sprung- und Rißbildung im Glas (Spannung, Kühlung und Bruch)

[1] THIENE, H.: Wörterbuch der Naturwissenschaften (Jena: Gustav Fischer, 2. Aufl. 1934) unter „Glas" S. 219.

[2] WEYL, W. A.: Eine atomistische Deutung der Verformbarkeit und Sprödigkeit. Glastechn. Ber. Bd. 23 (1950) 6/7 S. 174.

[3] FÖPPL, A.: Sprödigkeit von Glas. Sitzgsber. Bayer. Akad. Wiss., Math.-physik. Kl. (1911) S. 505. Ref. Glastechn. Ber. Bd. 1 (1923) S. 111, sowie Sprechsaal Keramik usw. (1912) Nr. 45 S. 308.

[4] MASING, G. u. M. POLANYI: Kaltreckung und Verfestigung. Ergebn. exakt. Naturwiss. (1923) S. 192. – M. POLANYI: Deformation von Einkristallen. Z. Kristallogr. Bd. 61 (1925) S. 49. Ref. Glastechn. Ber. Bd. 3 (1925/26) H. 7 S. 271.

[5] BERGER, E.: Über unzerbrechliches und hämmerbares Glas. Naturwiss. Bd. 12 (1924) S. 79. Ref. Glastechn. Ber. Bd. 2 (1924) S. 86.

[6] SMEKAL, A.: Über die Ursache der Sprödigkeit von Gläsern. Vortrag im FA I d. DGG. am 31. 3. 1954 in Frankfurt a. M. Glastechn. Ber. Bd. 27 (1954) H. 9 S. 353.

[7] SMEKAL, A. u. A. STARZACHER: Erzwungene Stoffwanderung und Versuchsgeschwindigkeit bei bruchfreien Ritzvorgängen. Anz. math.-naturw. Kl. Österr. Akad. Wiss. (1951) S. 348. – SMEKAL, A.: Neuere Ergebnisse über Molekülbeweglichkeit und Reaktivität bei der Berührung fester Körper. Proc. Intern. Symp. Reaktiv. Solids, Gotenburg (1952) S. 125. Ref. Glastechn. Ber. Bd. 27 (1954) H. 3 S. 98. – SMEKAL, A.: Ritzvorgang und molekulare Festigkeit. Naturwissenschaften Bd. 30 (1942) S. 224. Ref. Glastechn. Ber. Bd. 20 (1942) S. 154.

[8] KLEMM, W.: Über die Entstehung von Ritzlocken auf Glasoberflächen. Vortrag im FA I d. DGG. am 16. 10. 1953 in Augsburg. Glastechn. Ber. Bd. 27 (1954) H. 4 S. 140. – KLEMM, W.: Über die Bildung von Diamanteindrücken in Glasoberflächen. Glastechn. Ber. Bd. 19 (1941) H. 12 S. 386. – KLEMM, W.: Zum Poliervorgang an spröden Körpern. Glastechn. Ber. Bd. 20 (1942) H. 12 S. 346. – RYSCHKEWITSCH, E.: Die plastische Deformierbarkeit spröder Körper. Glastechn. Ber. Bd. 20 (1942) H. 6 S. 166.

[9] BRÜCHE, E. u. G. SCHIMMEL: Über Ritzen von Glas unter 1 μ Ritzspurbreite. Glastechn. Ber. Bd. 27 (1954) H. 7 S. 239. – MARX, TH., W. KLEMM u. A. SMEKAL: Übermikroskopische Struktur von Ritzbahnen. Naturwissenschaften Bd. 31 (1943) S. 143. Ref. Glastechn. Ber. Bd. 21 (1943) H. 6 S. 137. – SMEKAL, A. u. W. KLEMM: Mechanische Messung chemischer Bindefestigkeiten. Mh. Chem. Bd. 82 (1951) S. 411. Ref. Glastechn. Ber. Bd. 27 (1954) H. 2 S. 60.

[10] SPÄTE, F.: Untersuchung von Glas für die Praxis. Glastechn. Ber. Bd. 1 (1923) S. 2.

[11] PRESTON, F. W.: Eine Mitteilung über den Begriff der Sprödigkeit. J. Amer. ceram. Soc. Bd. 15 (1932) Nr. 3 S. 176. Ref. Glastechn. Ber. Bd. 11 (1933) H. 1 S. 33.

[12] GEHLHOFF, G. u. M. THOMAS: Die Sprödigkeit von Opalglas. J. Soc. Glass Technol. Bd. 11 (1927) S. 347. Ref. Glastechn. Ber. Bd. 7 (1929/30) H. 4 S. 150.

[13] BERGER, E.: Eigenschaften des Glases als Werkstoff. Z. VDI Bd. 70 (1926) S. 37, 129. Ref. Glastechn. Ber. Bd. 3 (1925/26) H. 12 S. 458.

[14] SMEKAL, A.: Technische Festigkeit und molekulare Festigkeit. Naturwissenschaften Bd. 10 (1922) S. 799.

[15] BERGER, E.: Beitrag zur Frage nach der Natur des Glaszustandes. Glastechn. Ber. Bd. 5 (1927/28) H. 9 S. 393.

[16] GEHLHOFF, G. u. M. THOMAS: Lehrbuch für technische Physik. Bd. 3 S. 376. Leipzig: J. A. Barth 1929.

[17] TAMMANN, G.: Über die Gläser als unterkühlte Flüssigkeiten. Glastechn. Ber. Bd. 3 (1925/26) H. 3 S. 73.

[18] TAMMANN, G.: Die Bestimmung einer den Übergang vom spröden Glas in eine hochviskose Masse charakterisierenden Temperatur. Glastechn. Ber. Bd. 11 (1933) H. 2 S. 63.

[19] INGERSOLL, L. R.: Die Bestimmung von Spannungen in Glas durch Strahlungsmessung. J. Amer. ceram. Soc. Bd. 12 (1912) Nr. 12 S. 756. Ref. Glastechn. Ber. Bd. 8 (1930) H. 2 S. 97.

[20] ENGLISH, S.: Ermittlung von Spannung im Glas. J. Soc. Glass Technol. Bd. 7 (1923) Nr. 25 S. 20. Ref. Glastechn. Ber. Bd. 1 S. 52.

[21] SPÄTE, F.: Untersuchungen von Glas mit polarisiertem Licht. Glastechn. Ber. Bd. 2 (1924) H. 1 S. 1. / Untersuchungen von Glas auf Spannungen. Glastechn. Ber. Bd. 4 (1926/27) H. 4 S. 121. Dort farbige Tafeln mit Darstellung der Spannung im polarisierten Licht an verschiedenen Glasgegenständen.

[22] SCHULZ, H.: Spannung im Glas. Keram. Rdsch. Bd. 32 (1924) Nr. 21 S. 257. Ref. Glastechn. Ber. Bd. 3 (1925/26) H. 7 S. 270.

[23] FÖPPL, L.: Untersuchungen ebener Spannungszustände mit Hilfe der Doppelbrechung. S.-B. math.-naturwiss. Abt. bayr. Akad. Wiss. München 1928 S. 247. Ref. Glastechn. Ber. Bd. 7 (1929/30) H. 7 S. 287. – CORDINAL VON WIDDERN, H.: Polarisationsoptische Spannungsmessungen an Stabecken. Ref. Glastechn. Ber. Bd. 8 (1930) H. 1 S. 42.

[24] RINNE, F.: Spannungen und ihre Auslösung. Keram. Rdsch. Bd. 35 (1927) Nr. 29 S. 463. Ref. Glastechn. Ber. Bd. 6 (1928/29) H. 3 S. 151.

[25] RINNE, F.: Spannungen und ihre Auslösung. II. Spannungen zufolge örtlicher Temperaturänderungen. Keram. Rdsch. Bd. 35 (1927) Nr. 36 S. 581. Ref. Glastechn. Ber. Bd. 6 (1928/29) H. 12 S. 713.

[26] RINNE, F.: Spannungserscheinungen an Gläsern. Glastechn. Ber. Bd. 6 (1928) H. 2 S. 65.

[27] RINNE, F.: Spannungen und ihre Auslösung. III. Spannungen zufolge gleichmäßiger Pressung. IV. Spannungen zufolge örtlicher Pressung. V. Spannungen zufolge Biegung. Keram. Rdsch. Bd. 35 (1927) Nr. 41 S. 671. Ref. Glastechn. Ber. Bd. 6 (1928/29) H. 12 S. 714.

[28] RINNE, F.: Feinbauliche Erörterungen über optische Anomalien. Zbl. Mineral., Geol., Paläontol. Abt. A Bd. 26 (1925) S. 225.

[29] DIETZEL, A.: Methoden zur Untersuchung von Steinchen und Knoten im Glas. Sprechsaal Keram. usw. Bd. 66 (1933) Nr. 49—51 S. 837, 853, 867. Ref. Glastechn. Ber. Bd. 12 (1934) H. 7 S. 235.

[30] EWALD, W.: Ein neuer Spannungsprüfer für Glas. Sprechsaal Bd. 59 (1926) Nr. 25 S. 413. – EWALD, W.: Glasuntersuchungen mit dem neuen Askania-Spannungsprüfer. Sprechsaal Bd. 59 (1926) Nr. 36 S. 597. – EWALD, W.: Über neue Glasspannungsprüfer. Sprechsaal Bd. 60 (1927) Nr. 41 S. 750. Ref. Glastechn. Ber. Bd. 6 (1928/29) S. 201.

[31] (ohne Verf.Angabe): Optische Glasspannungsprüfer. Glas u. Apparat Bd. 8 (1927), Sondernummer vom 19. Mai S. 7. Ref. Glastechn. Ber. Bd. 7 (1929/30) H. 1 S. 37.

[32] SMITH, F. W.: Ein neuer Spannungsprüfer für große Glaserzeugnisse. (A new strainviewer for large glassware.) Glass Bd. 9 (1932) Nr. 11 S. 468, 473. Ref. Glastechn. Ber. Bd. 11 (1933) H. 12 S. 456.

[33] GOODING, E. J.: Der Gebrauch von Standart-Scheiben bei der Spannungsprüfung von Glaswaren. (The use of standart discs in the strain testing of glassware.) J. Soc. Glass Technol. Bd. 22 (1938) Nr. 92 S. 243. – LEHNERT, L. H.: Ein neuer Glasspannungsprüfer. Glastechn. Ber. Bd. 25 (1952) S. 49.

[34] ROEPER, E.: Spannungsoptische Fertigungskontrolle in der Glasindustrie. Glas-Email-Keramo-Technik 4. Jg. (1953) H. 1 S. 4. – ROEPER, E.: Über das Hell-Dunkel-Verfahren zum Nachweis von Spannungen in farblosen und gefärbten Gläsern mit einem Prüfgerät mit großem Gesichtsfeld. Sprechsaal Bd. 85 (1952) Nr. 3 S. 50.

[35] HAASE, M.: Ein neues Zeiß-Spannungsprüfgerät. Sprechsaal Bd. 90 (1957) Nr. 17 S. 409.

[36] ZIENER, TH.: Prüfung von Hohlglas auf Spannungen mit der neuen Polarisationsbrille. Sprechsaal Keram. usw. Bd. 72 (1939) Nr. 37 S. 473. Ref. Glastechn. Ber. Bd. 17 (1939) H. 12 S. 344.

[37] FÖPPL, L. u. E. MÖNCH: Praktische Spannungsoptik. Berlin-Göttingen-Heidelberg: Springer 1950.

[38] KUSKE, A.: Verfahren der Spannungsoptik. Düsseldorf: Deutscher Ingenieur-Verlag GmbH. 1951, S. 37. VDI-Verlag.

[39] SCHULZ, H.: Spannung im Glas. Keram. Rdsch. Bd. 32 (1924) Nr. 21 S. 257. Ref. Glastechn. Ber. Bd. 3 (1925/26) H. 7 S. 270.

[40] THOMAS, M.: Kühlung. HVG-Handbuch, Abschn. S 35.

[41] GEHLHOFF, G. u. THOMAS, M.: Untersuchungen an Sprengringen. Sprechsaal Keram. usw. Bd. 59 (1926) Nr. 42 S. 697. Ref. Glastechn. Ber. Bd. 4 (1926/27) H. 11 S. 436.

[42] RINNE, F.: Weitere Beiträge zur Kenntnis von Spannungsdiagrammen. Zbl. Mineral., Geol., Paläont. Abt. A (1927) Nr. 6 S. 177.

[43] ADAMS, L. H. u. E. D. WILLIAMSON: Das Kühlen des Glases. (The annealing of glass.) J. Franklin-Inst. Bd. 190 (1920) S. 597, 835. Ref. Glastechn. Ber. Bd. 3 (1925/26) H. 10 S. 378. – WILLIAMSON, E. D. u. L. H. ADAMS: Temperaturverteilung in festen Körpern während des Aufheizens und Abkühlens. (Temperature distribution in solids during heating or cooling.) Phys. Rev. (ser. 2) Bd. 14 (1919) S. 99. – ADAMS, L. H.: Das Kühlen des Glases als physikalisches Problem. (The annealing of glass as a physikal problem.) J. Franklin-Inst. Bd. 216 (1933) Nr. 1 S. 39. Ref. Glastechn. Ber. Bd. 12 (1934) H. 4 S. 136.

[44] GEHLHOFF, H. u. M. THOMAS: Die Schnellkühlung von Glas. Z. techn. Physik Bd. 6 (1925) S. 333. / Physik. Ber. Bd. 6 (1925) S. 1505. / Chem. Zbl. 1925 II S. 2019. – THOMAS, M.: Schnellkühlung von Glas. Glastechn. Ber. Bd. 4 (1926/27) H. 9 S. 323. – THOMAS, M.: Kühlung, HVG-Handbuch, Abschn. S 35.

[45] ADAMS, L. H. u. E. D. WILLIAMSON: Bemerkung über das Kühlen von optischem Glas. (A note on the annealing of optical glass.) J. opt. Soc. Amer. Bd. 4 (1920) Nr. 4 S. 213. Physik. Ber. Bd. 1 (1920) S. 1618. Ref. Glastechn. Ber. Bd. 3 (1925/26) H. 9 S. 340.

[46] GÜNTHER, R. u. R. MEISTER: Aufbau und Betrieb von Glaskühlöfen. Glastechn. Ber. Bd. 24 (1951) H. 1 S. 1.

[47] ENGLISH, S. u. W. E. S. TURNER: Die Kühltemperaturen der Kalk–Natron-Gläser. (The annealing temperatures of the lime-soda glasses.) J. Soc. Glass Technol. Bd. 3 (1919) S. 125. Ref. Glastechn. Ber. Bd. 7 (1929/30) H. 2 S. 67.

[48] ENGLISH, S. u. W. E. S. TURNER: Die Kühltemperaturen der Magnesia–Natron-Gläser. (The annealing temperatures of magnesia-soda glasses.) J. Soc. Glass Technol. Bd. 3 (1919) S. 278. Ref. Glastechn. Ber. Bd. 7 (1929/30) H. 2 S. 68.

[49] ENGLISH, S., F. W. HODKIN, C. M. MUIRHEAD u. W. E. S. TURNER: Der Einfluß der Kieselsäure auf die Kühltemperatur des Glases. (The influence of silica on the annealing temperature of glass.) J. Soc. Glass Technol. Bd. 4 (1920) S. 387. Ref. Glastechn. Ber. Bd. 1 (1923/24) S. 45.

[50] ENGLISH, S. u. W. E. S. TURNER: Der Einfluß der Tonerde auf die Kühltemperatur des Glases. (The effect of aluminium on the annealing temperature of glass.) J. Soc. Glass Technol. Bd. 5 (1921) S. 115. Ref. Glastechn. Ber. Bd. 7 (1929/30) H. 9 S. 391.

[51] ENGLISH, S. u. W. E. S. TURNER: Einige Eigenschaften von Kalk–Magnesia-Gläsern und ihre technische

Anwendung. II. Teil. (Some properties of lime-magnesia glasses and their commercial application. Part II.) J. Soc. Glass Technol. Bd. 5 (1921) S. 357. Ref. Glastechn. Ber. Bd. 8 (1930) H. 2 S. 85.

[52] ENGLISH, S. u. W. E. S. TURNER: Der Einfluß der Borsäure auf die Kühltemperatur von Borosilikatgläsern. (The influence of boric oxide on the annealing temperature of borosilicate glasses.) J. Soc. Glass Technol. Bd. 7 (1923) S. 73. Ref. Glastechn. Ber. Bd. 2 (1924) S. 104. / Keram. Rdsch. Bd. 31 (1923) S. 464.

[53] ENGLISH, S. u. W. E. S. TURNER: Die physikalischen Eigenschaften der borsäurehaltigen Gläser und ihre Beziehung zur allgemeinen Frage der Konstitution des Glases. (The physical properties of boric oxide containing glasses and their bearing on the general problem of the constitution of glass.) J. Soc. Glass Technol. Bd. 7 (1923) S. 155. Ref. Glastechn. Ber. Bd. 3 (1925/26) H. 10 S. 375.

[54] DIMBLEBY, V., S. ENGLISH, F. W. HODKIN u. W. E. S. TURNER: Weitere Forschungen über den Einfluß der Tonerde auf die Eigenschaften des Glases. (Further investigations of the influence of alumina on the properties of glass.) J. Soc. Glass Technol. Bd. 8 (1924) S. 173. Ref. Glastechn. Ber. Bd. 4 (1926/27) H. 3 S. 100.

[55] TURNER, W. E. S. u. FR. WINKS: Der Einfluß des Boroxyds auf die Eigenschaften der chemisch widerstandsfähigen und der wärmefesten Gläser. Teil I: Die Herstellung und die physikalischen Eigenschaften der Gläser. (The influence of boric oxide on the properties of chemical and heatresisting glasses. Part I: The preparation and physical properties of the glasses.) J. Soc. Glass Technol. Bd. 9 (1925) S. 389. Ref. Glastechn. Ber. Bd. 4 (1926/27) H. 2 S. 68. / Sprechsaal Bd. 59 (1926) S. 501.

[56] ENGLISH, S. u. W. E. S. TURNER: Einige Eigenschaften der Natron–Baryt–Kieselsäure-Gläser und ihr Vergleich mit den entsprechenden Natron–Kalk- und Natron–Blei-Gläsern. (Some properties of the soda-baryta-silica glasses and a comparison with the corresponding soda-lime- and soda-lead-oxide-silica glasses.) J. Soc. Glass Technol. Bd. 11 (1927) Nr. 44 S. 425. Ref. Glastechn. Ber. Bd. 6 (1928/29) H. 4 S. 191. / Sprechsaal Bd. 61 (1928) S. 512. / Physik. Ber. Bd. 9 (1928) S. 1171.

[57] MURGATROYD, J. B.: Auswahl einer Kühlung für technische Gläser. (The choise of annealing schedule for commercial glassware.) J. Soc. Glass Technol. Bd. 14 (1930) S. 3. Ref. Glastechn. Ber. Bd. 8 (1930) H. 8 S. 494.

[58] DAUWALTER, A. N.: Die zulässige Abkühlungsgeschwindigkeit beim Entspannen von Gläsern (orig. russ.) Stekoln. Prom. Bd. 15 (1939) Nr. 11 S. 28. Ref. Glastechn. Ber. Bd. 18 (1940) S. 104. – DAUWALTER, A. N.: Verfahren zur Berechnung der Kühlung von Glas. Stekoln. Prom. Bd. 15 (1939) Nr. 1 S. 23. Ref. Glastechn. Ber. Bd. 17 (1939) H. 5 S. 149.

[59] DIETZEL, A. u. F. NITSCHMANN: Untersuchungen über die Entspannung und Schnellkühlung von Gläsern. Glastechn. Ber. Bd. 20 (1942) H. 1 S. 1.

[60] LILLIE, A. R.: Beziehungen zwischen Zähigkeit, Zeit und Temperatur für Glas bei den Kühltemperaturen. (Viscosity-time-temperature relations in glass at annealing temperatures.) J. Amer. ceram. Soc. Bd. 16 (1933) S. 619. Ref. Glastechn. Ber. Bd. 12 (1934) H. 5 S. 180. – RITLAND, H. N.: Die Spannungs-Zeit-Beziehung im Glas während der Kühlung. (The stress-time-relation in glass during annealing.) J. Soc. Glass Technol. Bd. 39 (1955) S. 99. Ref. Glastechn. Ber. Bd. 29 (1956) H. 1 S. 24.

[61] WINTER, A.: Transformationsbereich beim Glas. (Transformation region in glass.) J. Amer. ceram. Soc. Bd. 26 (1943) Nr. 6 S. 189. – WINTER, A.: Das Zeitproblem beim Kühlen. (Time problem in annealing.) Glass Ind. Bd. 25 (1944) Nr. 5 S. 233. – WINTER, A.: Die physikalischen Grundlagen der Glaskühlung. (Les bases physiques du recuit du verre.) Bull. de l'Institut du Verre Bd. 1 (1946) Nr. 1 S. 3. Ref. Glastechn. Ber. Bd. 22 (1948/49). H. 3/4 S. 69. – WINTER, A.: Die moderne Entwicklung der Probleme der Glaskühlung. (L'évolution moderne du problème du recuit du verre.) Verr. et Réfract. Bd. 2 (1948) Nr. 4 S. 211. Ref. Glastechn. Ber. Bd. 23 (1950) H. 5 S. 140.

[62] DIETZEL, A : im Ref. Glastechn. Ber. Bd. 22 (1948/49) H. 3/4 S. 69 der Arbeit von A. WINTER: Die physikalischen Grundlagen der Glaskühlung.

[63] FANDERLIK, M.: Neue Methoden der Glaskühlung. (Nové metody chlazení skla.) Sklár. Rozhl. Bd. 22 (1946) Nr. 5 S. 67. Ref. Glastechn. Ber. Bd. 23 (1950) H. 12 S. 350. – FANDERLIK, M.: Kinetik der Kühlung und die physikalisch-chemische Homogenität des Glases. (Kinetika chlazení a fysikálne chemicklá homogenita skla.) Sklár. Rozhl. Bd. 22 (1947) Nr. 8/9 S. 120. Ref. Glastechn. Ber. Bd. 23 (1950) H. 12 S. 350. – FANDERLIK, M.: Beitrag zur Theorie und Praxis der Glaskühlung. (Přídpévek k theorii a praxi chlazení skla.) Sonderdruck aus der Jubiläumsschrift der Techn. Hochschule Dr. EDUARD BENESCH in Brünn 1949. 15 S. Ref. Glastechn. Ber. Bd. 25 (1952) H. 1 S. 30.

[64] TOOL, A. Q., L. W. TILTON u. J. B. SAUNDERS: Veränderungen der Lichtbrechung und Dichte von Glas durch die Kühlung. (Changes caused in the refractivity and density of glass by annealing.) J. Res. Nat. Bur. Stand. Bd. 38 (1947) Nr. 5 S. 519. Ref. Glastechn. Ber. Bd. 27 (1954) H. 5 S. 177.

[65] DARAGAN, B.: Aufstellung von Kühlkurven auf Grund des strukturellen Zustandes des Glases. (Etablissement des courbes de recuisson en se basant sur l'état structural de verre.) Atti III. Congr. intern. Vetro, Venedig 1953, S. 411. Ref. Glastechn. Ber. Bd. 28 (1955) H. 11 S. 440.

[66] SCHULZ, H.: Glaskühlung. Glas-Email-Keramo-Techn. Bd. 6 (1955) Nr. 5 S. 157. Ref. Glastechn. Ber. Bd. 28 (1955) H. 11 S. 440.

[67] LIEHN, W.: Verbesserungen und Kennziffern bei Glaskühlöfen. Silikat-Techn. Bd. 7 (1956) Nr. 1 S. 12.

[68] TWYMAN, T.: Kühlen von Glas. J. Soc. Glass Technol. Bd. 1 (1917) S. 61. Ref. Glastechn. Ber. Bd. 2 (1924/25) S. 24. – ENGLISH, S. u. W. E. S. TURNER: Über das Kühlen des Glases. J. Soc. Glass Technol. Bd. 2 (1918) S. 90. Ref. Glastechn. Ber. Bd. 1 (1923/24) S. 47. – WEIDERT, F. u. G. BERNDT,: Die Entspannungstemperatur des Glases. Z. techn. Phys. (1920) Nr. 2 S. 51. – TOOL, A. Q. u. J. VALESEK: Über Kühlung und Eigentümlichkeiten des Glases. Sci. Pap. Bur. Stand. Bd. 15 (1920) Nr. 358 S. 537. Ref. Glastechn.

Ber. Bd. 3 (1925/26) H. 9 S. 339. – LITTLETON, I. T. u. ROBERTS, I.: Ein Verfahren zur Bestimmung der Entspannungstemperatur. (A method for determining the annealing temperature of glass.) J. opt. Soc. Amer. Bd. 4 (1920) S. 224. – WATMANGH, W. A.: Feinkühlen von Glas. J. Soc. Glass Technol. Bd. 5 (1921) S. 44. Ref. Glastechn. Ber. Bd. 2 (1924/25) S. 54. – ENGLISH, S.: Einfluß der Bestandteile auf die Viskosität des Glases nahe der Kühltemperatur. J. Soc. Glass Technol. Bd. 7 (1923) Nr. 25 S. 25. Ref. Glastechn. Ber. Bd. 2 (1924/25) S. 71. – HAMPTON, W. M.: Die Kühlung und Nachkühlung von Glas. (The annealing and reannealing of glass.) Trans. opt. Soc. Lond. Bd. 26 (1926) S. 14. Ref. Glastechn. Ber. Bd. 3 (1925/26) H. 4 S. 137. Die Kühlung des Glases. Die Glasindustrie (Bruhns Fachblatt) Bd. 35 (1927) Nr. 7, 8 S. 112, 131. Ref. Glastechn. Ber. Bd. 5 (1927/28) H. 10 S. 489. – TILTON, L. W., A. N. FINN u. A. Q. TOOL: Einige Erscheinungen beim sorgfältigen Kühlen des optischen Glases. (Some effects of carefully annealing optical glass.) J. Amer. ceram. Soc. Bd. 11 (1928) S. 292. Ref. Glastechn. Ber. Bd. 6 (1928/29) H. 8 S. 466. – COUSEN, A., H. W. HOWES u. F. WINKS: Kontrolle und Verteilung der Temperatur in Kühlanlagen. (The control and distribution of temperature in lehrs.) J. Soc. Glass Technol. Bd. 12 (1928) Nr. 46 S. 146. Ref. Glastechn. Ber. Bd. 6 (1928/29) H. 7 S. 385. – FLÜGGE, J.: Über einen bedeutsamen Beitrag zur Theorie der Kühlung und Feinkühlung optischen Glases. Glastechn. Ber. Bd. 7 (1929/30) H. 3 S. 102. – BAILLEY, J. u. D. E. SHARP: Das Abklingen der Spannung im Glas. (The release of strain in glass.) J. Amer. ceram. Soc. Bd. 16 (1933) S. 367. Ref. Glastechn. Ber. Bd. 12 (1934) H. 6 S. 206. – KLEIN, N.: Die Ursachen und die Wirkung der Glaskühlung. (Les causes et les effects de la trempe du verre.) Rev. d'Optique théor. et instrum. Bd. 15 (1936) S. 281. Ref. Glastechn. Ber. Bd. 15 (1937) H. 4 S. 152. – NELSON u. W. TAYLOR: Das Gesetz der Glaskühlung: Quantitative Behandlung und molekulare Erklärung. (The law of annealing of glass: quantitative treatment and molekular interpretation.) J. Amer. ceram. Soc. Bd. 21 (1938) S. 85. Ref. Glastechn. Ber. Bd. 16 (1938) H. 10 S. 337. – MCMASTER, H. A.: Änderungen des Brechungsexponenten des Glases mit Zeit und Temperatur im Kühlbereich. (Variations of refractive index of glass with time and temperature in annealing region.) J. Amer. ceram. Soc. Bd. 28 (1945) Nr. 1 S. 1. / Glass Ind. Bd. 25 (1944) Nr. 5 S. 232. – COLLYER, P. W.: Studium des Einflusses von Zeit und Temperatur auf das Glas im Kühlbereich. (Study of time and temperature effects on glass in annealing range.) J. Amer. ceram. Soc. Bd. 30 (1947) Nr. 11 S. 338. – COX, S. M.: Das Kühlen von Glas. (Annealing of glass.) Nature Bd. 161 (1948) S. 401. Ref. Glastechn. Ber. Bd. 25 (1952) H. 5 S. 156. – FLORINSKAYA, V. A.: Spannungsänderungen in optischem Glas während langsamer Kühlung (orig. russ.). Doklady tkad. Nauk SSSR. Bd. 61 (1948) S. 1039. Ref. J. Amer. ceram. Soc. Bd. 33 (1950) Nr. 2 S. 22. – LILLIE, H. R.: Grundprinzipien der Glaskühlung. (Basic prinziples of glass annealing.) Glass Ind. Bd. 31 (1950) Nr. 7 S. 355. Ref. Glastechn. Ber. Bd. 25 (1952) H. 5 S. 156. – DARAGAN, B.: Ein Beitrag zu den Untersuchungen über die Kühlung von Flachglas. (Ett bidrag till forskningen rörande kylming av planglas.) Glastekn. Tskr. 5 (1950) Nr. 5 S. 128. Ref. Glastechn. Ber. Bd. 24 (1951) H. 5 S. 137. – DARAGAN, B.: Betrachtungen zur Kühlung des Flachglases. (Considérations sur la recuisson du verre plat.) Verr. et Réfract. Bd. 5 (1951) Nr. 3 S. 135; Bd. 6 (1952) Nr. 1 S. 10. Übersetzung: Glass Ind. Bd. 33 (1952) Nr. 2 S. 69, 98. / Glass Ind. Bd. 35 (1954) Nr. 8 S. 423. Ref. Glastechn. Ber. Bd. 27 (1954) H. 4 S. 130. – GERARD, P. u. L. FROUSSART: Entspannung des Flachglases. (Recuisson du verre plat.) Rev. Univ. Mines Ser. 9 T. 7 (1951) Nr. 11. Ref. Glastechn. Ber. Bd. 25 (1952) H. 12 S. 420. – ACLOQUE, P.: Betrachtungen über einige Fortschritte in den Theorien des Entspannens und Vorspannens. (Considérations sur quelque progrès des theories de la recuisson et de la trempe.) Verr. et Réfract. Bd. 5 (1951) Nr. 5 S. 247. Ref. Glastechn. Ber. Bd. 26 (1953) H. 4 S. 121. – GAGLE, F. W. u. H. EYRING: Anwendung der absoluten Reaktionsgeschwindigkeit auf einige Kühlungsprobleme. (An application of the absolute reaction rate theory to some problems in annealing.) J. appl. Phys. Bd. 22 (1951) Nr. 6 S. 771. Ref. Glastechn. Ber. Bd. 27 (1954) H. 11 S. 428. – NAUDIN, F.: Transformationsbereich und Spannungen im Glase. (Les tensions et le domaine de transformation du verre.) Verr. et Réfract. Bd. 6 (1952) Nr. 3–5 S. 144, 209, 282. Ref. Glastechn. Ber. Bd. 27 (1954) H. 12 S. 473. – GERARD, P.: Spannungen, die in einer mit gleichmäßiger Geschwindigkeit gekühlten Glasplatte entstehen. (Tensions développées dans une plaque de verre refroidie à vitesse constante.) Silicates ind. Bd. 17 (1952) Nr. 6 S. 202 Ref Glastechn. Ber. Bd. 27 (1954) H. 9 S. 333. – CONDON, E. U.: Dr. E. U. CONDON erläutert das Kühlen von Flachglas. (Dr. E. U. CONDON comments on – the annealing of flat glass.) Glass Ind. Bd. 23 (1952) Nr. 6 S. 307, 322. Ref. Glastechn. Ber. Bd. 27 (1954) H. 12 S. 472. – KUAN-HAN SUN: Erläuterungen zu „Dr. E. U. CONDON erläutert das Kühlen von Flachglas". (Comments on „Dr. E. U. CONDON comments on – the annealing of flat glass".) Glass Ind. Bd. 33 (1952) S. 359. Ref. Glastechn. Ber. Bd. 27 (1954) S. 472. – KÖRNER, F.: Die Entspannung und Kühlung von Hohlgläsern normaler Zusammensetzung. Silikat-Techn. Bd. 5 (1954) Nr. 4 S. 147.

[69] SCHOLES, S. R.: Grundlagen und Praxis des Glaskühlens. (The principles and practice of annealing glassware.) Glass Ind. Bd. 6 (1925) S. 8. Ref. Glastechn. Ber. Bd. 3 (1925/26) H. 3 S. 99. – PEDDLE, C. J.: Mängel des Glases. Teil VII: Fehlerhafte Kühlung. (Defects in glass. Faulty annealing.) Glass Bd. 2 (1924/25) S. 1004. Ref. Glastechn. Ber. Bd. 5 (1927/28) H. 6 S. 278. – BENNETT, H.: Verfahren zum Kühlen des Glases. USA-Patent Nr. 1553283. (Process of treating glass during annealing.) Ref. Glastechn. Ber. Bd. 5 (1927/28) H. 10 S. 490. – SCHARASCHKIN, K. J. u. W. E. BROMLEY: Die Temperaturverhältnisse beim Kühlprozeß in der FOURCAULT-Maschine. Sprechsaal Keram. usw. Bd. 61 (1928) Nr. 40 S. 790. Ref. Glastechn. Ber. Bd. 7 (1929/30) H. 1 S. 35. – ZSCHIMMER, E.: Die Kühlung der Glaswaren in Theorie und Praxis. Sprechsaal Keram. usw. Bd. 61 (1928) Nr. 44 S. 869. Ref. Glastechn. Ber. Bd. 6 (1928/29) H. 11 S. 661. Nachtrag hierzu: Ref. Glastechn. Ber. Bd. 7 (1929/30) H. 3 S. 108. – KNAPP, O.: Praktische Anleitung zur Kühlung der Hohlgläser. Sprechsaal Keram. usw. Bd. 61 (1928) Nr. 3 S. 42, Nr. 4 S. 62, Nr. 5 S. 83. Ref. Glastechn. Ber. Bd. 6 (1928/29) H. 8 S. 466. – COAD-PRYOR, E. A.: Kühlung des Glases im praktischen Betriebe. Glastechn. Ber. Bd. 6 (1928/29) H. 12 S. 692. –

FINN, A. N.: Die Kühlungsentspannung des Glases – eine nichttechnische Darbietung. (The annealing of glass – a non-technical presentation.) J. Amer. ceram. Soc. Bd. 9 (1929) S. 493. Ref. Glastechn. Ber. Bd. 5 (1927/28) H. 4 S. 175. – SHILIN, A. J.: Zur Frage der Bestimmung der Grenztemperatur für die Kühlung von Flaschen bei maschineller Herstellung vor der Abkühlung in Lehrs, System Simplex. Sprechsaal Keram. usw. Bd. 63 (1930) Nr. 47 S. 893. Ref. Glastechn. Ber. Bd. 9 (1931) H. 6 S. 359. – GUSS, S.: Die Glaskühlung, eine Zusammenstellung von Richtlinien, Versuchen und Beobachtungen für die praktische Glaskühlung. Keram. Rdsch. Bd. 39 (1931) Nr. 22 S. 315, Nr. 23 S. 332. Ref. Glastechn. Ber. Bd. 10 (1932) H. 5 S. 282. – ROSENFELD: Zur Praxis des Kühlens. Sprechsaal Keram. usw. Bd. 64 (1931) S. 757. Ref. Glastechn. Ber. Bd. 10 (1932) H. 7 S. 441. – NOEL, F. W.: Die Kühlung des handelsüblichen Glases. (The annealing of commercial glassware.) Glass Ind. Bd. 13 (1932) Nr. 11 S. 175. Ref. Glastechn. Ber. Bd. 11 (1933) H. 9 S. 339. – BABILLE, M.: Kühlung des Glases. (La recuisson du verre.) Céram. et Verrerie (1932). H. 836 S. 77. Ref. Glastechn. Ber. Bd. 11 (1933) H. 1 S. 29. – RIEDEL, L.: Das Glas springt. Glas u. Schmuck Bd. 4 (1933) Nr. 1 S. 1. Ref. Glastechn. Ber. Bd. 11 (1933) H. 3 S. 105. – ROESSLER, G.: Kühlung von Glas. (Annealing of glassware.) Ceram. Ind. Bd. 28 (1937) Nr. 3 S. 221, 224, 226. Ref. Glastechn. Ber. Bd. 15 (1937) H. 11 S. 433. – (ohne Verf. Angabe): Innere Zugspannungen in Glas. (Permanent tensile stresses in glass.) Glass Ind. Bd. 18 (1937) Nr. 2 S. 41. Ref. Glastechn. Ber. Bd. 16 (1938) H. 5 S. 175. – DENEUVILLE, C.: Die Kühlung des Glases. (La recuisson du verre.) Céram., Verrerie, Emaillerie Bd. 6 (1938) Nr. 6/7 S. 217. Ref. Glastechn. Ber. Bd. 16 (1938) H. 9 S. 401. – YAMAMOTO, H.: Eine Beobachtung über die Kühlung des Tafelglases. Glastechn. Ber. Bd. 17 (1939) H. 11 S. 301. – CHMIELENSKI, J.: Typen von Spannungen im Glas und ihre technologische Bedeutung (orig. poln.). Steklo i Keram. Bd. 3 (1952) Nr. 3 S. 61. Ref. J. Amer. ceram. Soc. Bd. 36 (1953) S. 41. Ref. Glastechn. Ber. Bd. 27 (1954) H. 8 S. 302. – HÜBSCHER, M.: Ermittlung vereinfachter Kühlkurven für Gläser mit den Nomogrammen nach REDSTON u. STANWORTH. Arbeitsblatt Nr. 104, Einlage in Silikat-Techn. Bd. 5 (1954) Nr. 10. Ref. Glastechn. Ber. Bd. 28 (1955) H. 7 S. 275.

[70] FRIEDMANN, W.: Wärmewirtschaftliches vom Gußglas-Kühlofen. Z. VDI Bd. 68 (1924) S. 390. – HENRY, M.: Glaskühlung im elektrischen Kühlofen. (Annealing glass with the electric lehr.) Glass Ind. Bd. 6 (1925) Nr. 8 S. 161. Ref. Glastechn. Ber. Bd. 4 (1926/27) H. 9 S. 344. – COAD-PRYOR, E. A.: Die Wärmewirtschaft des Kühlofens. (The economics of the annealing process.) J. Soc. Glass Technol. Bd. 11 (1927) S. 30. Ref. Glastechn. Ber. Bd. 6 (1928/29) H. 3 S. 141. – ARNOT, E.: Über Glaskühlöfen. Sprechsaal Keram. usw. Bd. 61 (1928) S. 924. Ref. Glastechn. Ber. Bd. 7 (1929/30) H. 6 S. 252. – ECKERT, F.: Der Maschinenofen. Glas-Industrie (Bruhns Fachblatt). (1928) Nr. 5 S. 111. Ref. Glastechn. Ber. Bd. 6 (1928/29) H. 5 S. 249. – METZGER, K.: Alte und neue Kühlöfen von Hohlglas. Glastechn. Ber. Bd. 10 (1932) H. 7 S. 411. – CHERRY, R. M.: Elektrische Glaskühlung. (Electric annealing of glass.) J. Amer. ceram. Soc. Bd. 15 (1932) Nr. 8 S. 424. Ref. Glastechn. Ber. Bd. 12 (1934) H. 6 S. 211. – STANSEL, N. R.: Das Kühlen des Glases. (Industrial electric heating.) Gen. Electr. Rev. Bd. 35 (1932) Nr. 10 S. 537. Ref. Glastechn. Ber. Bd. 12 (1934) H. 4 S. 144. – ZSCHACKE, F. H.: Welches ist der richtige Kühlofen? Glashütte Bd. 66 (1936) Nr. 20 S. 343. Ref. Glastechn. Ber. Bd. 16 (1938) H. 5 S. 173. – PEDDLE, J. C.: Über Kühlöfen. (Notes on annealing lehrs.) J. Soc. Glass Technol. Bd. 21 (1937) Nr. 84 S. 177. Ref. Glastechn. Ber. Bd. 16 (1938) H. 1 S. 25. – ZSCHACKE, F. H.: Muffelkühlöfen oder Kühlöfen mit unmittelbarer Beheizung? Glashütte Bd. 67 (1937) Nr. 35 S. 549. Ref. Glastechn. Ber. Bd. 16 (1938) H. 1 S. 25. – FOURMENT, M.: Moderne Glaskühlöfen. Glaces et Verres Bd. 17 (1944) Nr. 73 S. 9. – QUADRELLI, M.: Kühlung des Glases. (Tempora del vetro.) Ind. ceram. silic. Bd. 1 (1948) Nr. 3/4 S. 6. Ref. Glastechn. Ber. Bd. 23 (1950) H. 2 S. 48. – DORSEY, F. E.: Praktische Probleme bei der Wärmebehandlung von Hohl- und Wirtschaftsglas. (Practical problems in the heat treating of containers and hollow ware.) Glass Ind. Bd. 31 (1950) Nr. 10 S. 518. Ref. Glastechn. Ber. Bd. 25 (1952) H. 1 S. 30. – ECKERT, F.: Fortschritte in der Hohlglaskühlung. Sprechsaal Bd. 84 (1951) Nr. 17 S. 337. Ref. Glastechn. Ber. Bd. 25 (1952) H. 5 S. 156. – CASSELL, R. P.: Neuer Kühlofen spart Raum und Brennstoff. (New glass annealing lehr provides space and fuel economics.) Glass Ind. Bd. 32 (1951) Nr. 4 S. 176, 207. Ref. Glastechn. Ber. Bd. 25 (1952) H. 4 S. 117. – WELLER, H. C.: Auswahl und Betriebsweise gasbeheizter Kühlöfen. (The selection of gas-fired lehrs.) Glass Ind. Bd. 34 (1953) Nr. 9 S. 487, 504, 512, 513. Ref. Glastechn. Ber. Bd. 28 (1955) H. 11 S. 440. – BLAGOWESTOW, A. M.: Neuer elektrischer Kühlofen für Glaserzeugnisse (orig. russ.). Steklo i Keram. Bd. 8 (1951) Nr. 11 S. 12. Ref. Glastechn. Ber. Bd. 28 (1955) H. 1 S. 27. – LIEHN, W.: Vollautomatische Regelung eines Glas-Kühlofens. Silikat-Techn. Bd. 5 (1954) Nr. 4 S. 151. Ref. Glastechn. Ber. Bd. 28 (1955) H. 2 S. 66. – PESZEL, I., W. NOWOTNY, W. WLAZLOWICZ u. L. MEJER: Theorie und Praxis des Bandkühlofens. Silikat-Techn. Bd. 5 (1954) Nr. 7 S. 320. Ref. Glastechn. Ber. Bd. 28 (1955) H. 2 S. 66. – CNUDDE, M. F. u. E. P. G. ADELINE: Der Travaux- et Métallurgie-(T. M.-) Kühlofen, System CNUDDE. (Annealing of glass by travaux et metallurgie [T. M.] lehrs system CNUDDE.) J. Soc. Glass Technol. Bd. 39 (1955) S. 17. Ref. Glastechn. Ber. Bd. 28 (1955) H. 11 S. 440. – ADELINE, G.: Elektrische Kühlöfen mit Luftumwälzung. (Forced air circulation in electrical lehrs.) Ceram. Ind. Bd. 65 (1955) Nr. 1 S. 70, 96. Ref. Glastechn. Ber. Bd. 29 (1956) H. 5 S. 212.

[71] TWYMAN, F.: Vorrichtungen zur Prüfung der Entspannung von Glasgegenständen und Entspannung ohne Pyrometer. (On apparatus for controlling the annealing of glassware and on annealing without pyrometers.) J. Soc. Glass Technol. Bd. 6 (1922) S. 45. Ref. Glastechn. Ber. Bd. 8 (1930) H. 8 S. 494. – EWALD, W.: Über einen neuen Spannungsprüfer. Glasindustrie (Bruhns Fachblatt) (1926) Nr. 16 S. 237. Ref. Glastechn. Ber. Bd. 5 (1927/28) H. 2 S. 73. / Neue Prüfungsergebnisse mit dem Askania-Spannungsprüfer. Glasindustrie (Bruhns Fachblatt) (1927) Nr. 7 S. 116. Ref. Glastechn. Ber. Bd. 5 (1927/28) H. 2 S. 73. / Optische Glasspannungsprüfer, Glas u. Apparat Bd. 8 (1927), Sondernummer vom 19. Mai S. 7. Ref. Glastechn. Ber. Bd. 7 (1929/30) H. 1 S. 37. – STEINKE, G.: Die Kühlung gegossenen Spiegelglases im Streckofen. Glasindustrie Bd. 37 (1929) Nr. 2 S. 23. Ref. Glastechn. Ber. Bd. 7 (1929/30) H. 11 S. 525. – EWALD, W.: Über die Prüfung der Kühlung

des Glases. Glasindustrie Bd.37 (1929)H.7 S.131. Ref. Glastechn. Ber. Bd.7 (1929/30) H.12 S.592. – SHARP, D. E., J. BAILEY u. I. HYMAN: Apparat zur Bestimmung der Kühlkonstanten. (An apparatus for determining the annealing constants of glass.) J. Amer. ceram. Soc. Bd. 14 (1931) S. 820. Ref. Glastechn. Ber. Bd. 10 (1932) H. 12 S. 655. – SMITH, C. F.: Ein neuer Spannungsprüfer für große Glaserzeugnisse. (A new strain-viewer for large glassware.) Glass Bd.9 (1932) Nr.11 S.468, 473. Ref. Glastechn. Ber. Bd.11 (1933) H.12 S.456. – KNAPP, O.: Die Kontrolle der Kühlung des Tafelglases. Keram. Rdsch. Bd. 40 (1932) Nr. 16 S. 204. Ref. Glastechn. Ber. Bd. 11 (1933) H. 2 S. 71. – GHERING, L. G. u. T. D. GREEN: Kühlspannungen im Glas und ihre Beständigkeit. (Annealing strains in glass and their degree of permanence.) J. Amer. ceram. Soc. Bd. 28 (1945) Nr. 10 S. 288. Ref. Glastechn. Ber. Bd. 24 (1951) S. 136. H. 5 – DAY, R. K.: Grundlagen der Glashärtung. (Basic principles of glass tempering.) Glass Ind. Bd. 31 (1950) Nr. 1 S. 23, 50. Ref. Glastechn. Ber. Bd. 25 (1952) H. 12 S. 421. – ZAHARIKOW, N. A. u. M. I. KOROBKO: Die Untersuchung der Abkühlung von vertikal gezogenem Tafelglas (orig. russ.). Steklo i Keram. Bd. 10 (1953) Nr. 7 S. 3. Ref. Glastechn. Ber. Bd. 28 (1955) H. 5 S. 205.

[72] BODENBENDER, H. G.: Sicherheitsglas. Berlin: Chemisch-Technischer Verlag 1933.

[73] REIS, L. VON: Eigenschaften und Anwendung vorgespannter Sicherheitsgläser. Glastechn. Ber. Bd. 11 (1933) H. 5 S. 174. – REIS, L. VON: Die Festigkeit vorgespannten Flachglases. Glastechn. Ber. Bd. 13 (1935) H. 7 S. 239.

[74] JEBSEN-MARWEDEL, H.: Tafelglas. Essen 1950.

[75] PRYL, K.: Gehärtetes Glas und hartes Glas. (Tvrzené sklo a tvrdé sklo.) Ceskosl. Sklár. Rev. Bd. 3 (1950) Nr. 2 S. 28. Ref. Glastechn. Ber. Bd. 23 (1950) H. 9 S. 255.

[76] VOELCKERS, O.: Tafelglas-Daten, bearbeitet im Auftrage des Fachverbandes der Fensterglasindustrie Frankfurt/Main. 2. Ausgabe 1958. Schorndorf/Stuttgart: Verlag Karl Hoffmann.

[77] EGNER, K.: Versuche mit Gläsern zu Windschutzscheiben für Kraftfahrzeuge. Glastechn. Ber. Bd. 22 (1948/49) H. 16 S. 365.

[78] MCMASTER, H. A.: Praktische Probleme in der Wärmebehandlung von Flachglas. (Practical problems in the heat treating of flat glass.) Glass Ind. Bd. 31 (1950) Nr. 11 S. 569, 594. Ref. Glastechn. Ber. Bd. 25 (1952) H. 7 S. 221.

[79] TOOLEY, F. V.: Handbuch der Glaserzeugung. (Handbook of glass manufacture.) New York: Ogden Publishing Company 1953. VII, 506, 64 S. 8°. Buchbespr. Glastechn. Ber. Bd. 26 (1953) H. 7 S. 221.

[80] GEHLHOFF, G. u. M. THOMAS: Die physikalischen Eigenschaften der Gläser in Abhängigkeit von der Zusammensetzung. II. Die mechanischen Eigenschaften der Gläser. Z. techn. Phys. Bd. 7 (1926) S. 113. Ref. Glastechn. Ber. Bd. 4 (1926/27) H. 3 S. 103.

[81] KNAPP, O.: Einfluß der Spannung auf die Biegefestigkeit des Glases. Glastechn. Ber. Bd.10 (1932) H.12 S.644.

[82] BORCHARD, K. H.: Verspannung und Festigkeit der Glasflaschen. Glashütte Bd. 64 (1934) Nr. 10 S. 169.

[83] KNAPP, O.: Die Festigkeit der spannungsfreien und gleichgespannten Gläser. Keram. Rdsch. Bd. 39 (1931) Nr. 16 S. 230. Ref. Glastechn. Ber. Bd. 9 (1931) H. 9 S. 519.

[84] PRESTON, F. W.: Eine Studie über den Bruch des Glases. (A study of the rupture of glass.) J. Soc. Glass Technol. Bd. 11 (1927) Nr. 41 Trans. S. 3. Ref. Glastechn. Ber. Bd. 5 (1927/28) H. 11 S. 550.

[85] ČTYROKÝ, V. u. M. FANDERLIK: Einige bei der Glaserzeugung vorkommende charakteristische Fehler. (O některých charakteristických závadách vyskytujících se při výrobě skla.) Sklář. Rozhl. Bd. 17 (1940) Nr. 6 S. 111. Ref. Glastechn. Ber. Bd. 19 (1941) H. 4 S. 132.

[86] TILTON, L. W., A. H. FINN u. A. Q. TOOL: Ursache und Beseitigung gewisser Heterogenitäten im Glase. (Cause and removal of certain heterogeneities in glass.) Sci. Pap. Bur. Stand. Bd. 22 (1918) Nr. 572. Ref. Glastechn. Ber. Bd. 6 (1928/29) H. 12 S. 711.

[87] SCHARDIN, H.: Das Schlierenmikroskop und seine Anwendung in der Glastechnik. Glastechn. Ber. Bd. 27 (1954) H. 3 S. 70.

[88] SPÄTE, F.: Untersuchungen von Glas mit polarisiertem Licht. Glastechn. Ber. Bd. 2 (1924) H. 1 S. 14. – SPÄTE, F.: Untersuchungen von Glas auf Spannungen. Glastechn. Ber. Bd. 4 (1926/27) H. 4 S. 126.

[89] SPÄTE, F.: Anforderungen an die in der Elektroindustrie verwendeten Gläser. Glastechn. Ber. Bd. 10 (1932) H. 10 S. 521.

[90] DIETZEL, A.: Die Aufklärung des Haftproblems bei der Eisenblechemaillierung. Sprechsaal Keram. usw. Bd. 68 (1935) Nr. 1–6 S. 3, 20, 34, 53, 67, 84.

[91] HONIGMANN, L.: Die Druck-, Zug- und Schubkräfte im Glase bei Glas–Metall-Verschmelzungen. Glastechn. Ber. Bd. 12 (1934) H. 11 S. 372. – PRESTON, F. W.: Spannungen im Drahtglas durch den Draht. (Stresses in wire glass arising from the wire.) J. Amer. ceram. Soc. Bd. 17 (1934) Nr. 10 S. 310. Ref. Glastechn. Ber. Bd. 13 (1935) H. 5 S. 174. – HULL, A. W.: Vom Verschmelzen der Metalle mit dem Glas. (The science of sealing metals to glass.) Physic. Rev. (2) Bd. 45 (1934) Nr. 4 S. 285. Ref. Glastechn. Ber. Bd. 13 (1935) H. 8 S. 286.

[92] DÜSING, W.: Vakuumdichte Glas–Metall-Verschmelzungen für die Elektrotechnik· Glastechn. Ber. Bd. 26 (1953) H. 8 S. 232. – MARTIN, F. W.: Spannungen in Glas-Metall-Verschmelzungen. 1. Die zylindrische Verschmelzung. (Stresses in glass-metal seals: I. The cylindrical seal.) J. Amer. ceram. Soc. 33 (1950) Nr. 7 S. 224. Ref. Glastechn. Ber. Bd. 24 (1951) H. 1 S. 22. – ADAM, H.: Druckglaseinschmelzungen. (Compressed glass-to-metal seals.) J. Soc. Glass Technol. Bd. 38 (1954) Nr. 182 S. 285. Ref. Glastechn. Ber. Bd. 28 (1955) H. 7 S. 278.

[93] ENGEL, F.: Zur optimalen Anpassung von Verschmelzpartnern im Elektronenröhrenbau. Glastechn. Ber. Bd. 29 (1956) H. 1 S. 5.

[94] ZINCKE, A.: Über die Entstehung und schnelle Beseitigung von Spannungen im Glas bei seiner örtlich begrenzten thermischen Bearbeitung. Glastechn. Ber. Bd. 28 (1955) H. 1 S. 10.

[95] (ohne Verf.Angabe): Vorzeitiger Schaden an Drahtgläsern. Sprechsaal, Keram. usw. Bd. 61 (1928) Nr. 2 S. 27. Ref. Glastechn. Ber. Bd. 6 (1928/29) H. 3 S. 143.

[96] JEBSEN-MARWEDEL, H.: Über den Sprungverlauf bei der Zertrümmerung kompakten Glases durch Schlag oder Stoß. Sprechsaal Keram. usw. Bd. 60 (1927) Nr. 18 S. 317; Nr. 27 S. 482. Ref. Glastechn. Ber. Bd. 5 (1927/28) H. 7 S. 328.

[97] GRAF, O.: Aus Untersuchungen über das Verhalten des Glases bei konzentrierter Belastung. Glastechn. Ber. Bd. 6 (1928/29) H. 4 S. 183.

[98] (ohne Verf.Angabe): Keilwirkung der Luft in Sprungbildungen an Glas? Sprechsaal Keram. usw. Bd. 68 (1935) Nr. 7 S. 103.

[99] SCHARDIN, H. u. W. STRUTH: Hochfrequenzkinematographische Untersuchung der Bruchvorgänge im Glas. Glastechn. Ber. Bd. 16 (1938) H. 7 S. 219. – SCHARDIN, H., D. ELLE u. W. STRUTH: Über den zeitlichen Ablauf des Bruchvorganges in Glas und Kunstglas. Z. techn. Phys. Bd. 21 (1940) S. 393. Ref. Glastechn. Ber. Bd. 19 (1941) H. 11 S. 363. – SCHARDIN, H.: Ergebnisse der kinematographischen Untersuchung des Glasbruchvorganges. I.–III. Teil. Glastechn. Ber. Bd. 23 (1950) H. 1 S. 1; H. 3 S. 67; H. 12 S. 325.

[100] PRESTON, F. W.: Über das Schießen durch Glas mit einem Gewehr. (On shooting through glass with a rifle.) J. Soc. Glass Technol. Bd. 11 (1927) S. 283.

[101] (ohne Verf.Angabe): Sprünge und Risse im Glas. (Erkennung der Ursache aus ihrer Anordnung im Glas.) Keram. Rdsch. (1933) Nr. 14 S. 177.

[102] RUSS, A.: Einfluß der Glasherstellung und -verarbeitung auf seine Sprödigkeit. (Dort reichhaltiger Schrifttumsnachweis.) Glastechn. Ber. Bd. 9 (1931) H. 9 S. 481; H. 10 S. 529.

[103] (ohne Verf.Angabe): Antwort G 171 auf Glasfrage 171. Glas–Email–Keramo-Technik. 6. Jg. (1955) H. 5 S. 186.

[104] SCOTT, J.: Muscheliger Bruch bei Gläsern (Mikroskopische Untersuchungen). Glass Bd. 3 (1925/26) Nr. 9 S. 358. Ref. Glastechn. Ber. Bd. 5 (1927/28) H. 4 S. 178.

[105] TAMMANN, G.: Die Entstehung des muscheligen Bruches. Gött. Nachr. Math.-phys. Kl. (1919) S. 218. Ref. Physik. Ber. Bd. 1 (1920) S. 652.

[106] RINNE, F.: Bruchursachen. Bemerkungen über künstliche Bruchsysteme und ihre geologischen Analogien. Zbl. Mineralog. Geol. Paläontol. 1928 Abt. B. Nr. 11 S. 553. Ref. Glastechn. Ber. Bd. 7 (1929/30) H. 4 S. 148.

[107] ZACHARIASEN, W. H.: Die Anordnung der Atome im Glas. (The atomic arrangement in glass.) J. Amer. chem. Soc. Bd. 54 (1932) S. 3841. Ref. Glastechn. Ber. Bd. 10 (1932) H. 11 S. 611. – BISCOE, J. u. B. E. WARREN: Auswertung von Röntgenbildern von Natron–Silikat-Glas. (Fourier Analysis of X-Ray Patterns of Soda-Silica-Glass.) J. Amer. ceram. Soc. Bd. 21 (1938) Nr. 7 S. 259. – WARREN, B. E. u. A. G. PINCUS: Strukturüberlegungen über die Entmischungsneigung in Glassystemen. (Atomic consideration of Immiscibility in Glass Systems.) J. Amer. ceram. Soc. Bd. 23 (1940) Nr. 10 S. 301. – DIETZEL, A.: Kristallchemische Gesichtspunkte bei der Deutung der Konstitution von Gläsern. Naturwissenschaften Bd. 29 (1941) H. 5/6 S. 81. Ref. Glastechn. Ber. Bd 19 (1941) H. 8 S. 260. – DIETZEL, A.: Zusammenhang zwischen Ausdehnungskoeffizient und Struktur von Gläsern. Glastechn. Ber. Bd. 19 (1941) H. 10 S. 319. – FLÖRKE, O. W., L. H. LEHNERT u. H. SCHOLZE: Einführung in die Grundlagen der Glasstruktur. Glastechn. Ber. Bd. 29 (1956) H. 5 S. 169.

[108] TAMMANN, G.: Über chemische Veränderungen auf Gleit- und Spaltebenen von Kristallen. Z. anorg. allg. Chem. Bd. 130 (1923) S. 87.

[109] (ohne Verf.Angabe): Das Phänomen kurzlebiger Interferenzfarben an frischen Glasbruchflächen. Sprechsaal Bd. 83 (1950) Nr. 5 S. 84. Ref. Glastechn. Ber. Bd. 23 (1950) H. 8 S. 233.

[110] MYLIUS, F.: Die Eosinreaktion des Glases an Bruchflächen. Z. anorg. allg. Chem. Bd. 55 (1907) S. 233; Bd. 76 (1910) S. 200.

[111] (ohne Verf.Angabe): Sprünge und Risse im Glas. (Erkennung der Ursache aus ihrer Anordnung im Glas.) Keram. Rdsch. (1933) Nr. 14 S. 177.

[112] HOLLER, F.: Untersuchungen zur Ermittlung günstigster Bedingungen beim Absprengvorgang mundgeblasener Hohlgläser. Glastechn. Ber. Bd. 16 (1938) H. 3 S. 85.

[113] BISKE, F. J.: Über die Spannungen beim Kühlen des Glases in Beziehung zur Steinbildung, Schlieren und Färbung sowie anderen Inhomogenitäten des Glases. Arb. Ukrain. Wiss. Inst. Silikatforsch. Lief. I (1929), S. 31. Ref. Glastechn. Ber. Bd. 9 (1931) H. 9 S. 518.

[114] PRESTON, F. W.: Der Verlauf der Risse in Flaschen. (The form of cracks in bottles.) J. Amer. ceram. Soc. Bd. 15 (1925) Nr. 3 S. 171. Ref. Glastechn. Ber. Bd. 11 (1933) H. 1 S. 30. / Sprechsaal Keram. usw. Bd. 66 (1933) H. 9 S. 151.

[115] BORCHARD, H.: Die Bruchuntersuchung (von Glasflaschen). Glashütte Bd. 64 (1934) Nr. 8 S. 115. Berichtigungen in Nr. 9 S. 152. Ref. Glastechn. Ber. Bd. 12 (1934) H. 10 S. 348. – BORCHARD, K. H.: Abhängigkeit des Bruchdrucks der Glasflaschen von der Belastungsdauer und der Form der Belastungs-Zeitkurve. Glastekn. Tidskr. Bd. 11 (1956) Nr. 1 S. 11. Ref. Glastechn. Ber. Bd. 29 (1956) H. 10 S. 414.

[116] LEHNERT, L. H.: Über die erforderliche Mindestfestigkeit einer Bierflasche. Brauwelt Bd. 93 (1953) S. 695. Ref. Glastechn. Ber. Bd. 28 (1955) H. 10 S. 403.

[117] CARON, P. A.: Die Bierflasche. (La bouteille à bière.) Brasserie (1949) S. 170, 190. Ref. Glastechn. Ber. Bd. 18 (1955) H. 10 S. 403.

[118] BORCHARD, K. H.: Meßgenauigkeit und Versuchszahl bei Glas. Glashütte Bd. 64 (1934) Nr. 26 S. 435.

[119] Sigward, H.: Innendruckprüfung von Glasflaschen. Glastechn. Ber. Bd. 25 (1952) H. 9 S. 276.

[120] Borchard, K. H.: Ein neues Innendruckprüfgerät für Flaschen. Glas–Email–Keramo-Techn. Bd. 3 (1952) H. 5 S. 161.

[121] Lehnert, L. H.: Zur Kenntnis der Innendruckprüfung. Gekürzte Wiedergabe eines Untersuchungsberichtes der Staatlichen Materialprüfungsanstalt Darmstadt. Glastechn. Ber. Bd. 28 (1955) H. 10 S. 380. DIN 52320 Ausg. 11. 55. Abdrückversuch für Hohlglasgefäße, insbesondere Behälterglas.

[122] Lehnert, L. H.: Zum Innendruckprüfverfahren von Flaschen. Glastechn. Ber. Bd. 28 (1955) H. 7 S. 259.

[123] Murgatroyd, J. B.: Die Deutung der thermischen Widerstandsprüfungen von Hohlgläsern. (The interpretation of thermal endurance tests in glass containers.) J. Soc. Glass Techn. Trans. Bd. 26 (1942) S. 22. – Murgatroyd, J. B.: J. Soc. Glass Techn. Trans. Bd. 27 (1943) S. 5. – Murgatroyd, J. B.: Der Einfluß der Form auf die thermische Widerstandsfähigkeit von zylindrischen Hohlgläsern. (The effect of shape on the thermal endurance of cylindrical glass containers.) J. Soc. Glass Techn. Trans. Bd. 27 (1943) S. 77, 93. – DIN 52321 Ausg. 9. 56. Prüfung von Glas, Abschreckversuch an Hohlglaskörpern, insbesondere Behälterglas.

[124] (ohne Verf.Angabe): Die Prüfung ringförmiger Ausschnitte von Glasgefäßen auf das Vorhandensein von Schlieren und Spannungen. Sprechsaal Bd. 75 (1942) Nr. 37/38 S. 383; Nr. 39/40 S. 399. Ref. Glastechn. Ber. Bd. 20 (1942) H. 12 S. 354. – Swiker, V. S.: Bull. Amer. ceram. Soc. Bd. 18 (1939) Nr. 4 S. 143. – Resnick, J. L. u. R. E. Mould: Der Gebrauch eines Dehnungsmeßstreifens und eines Polarisationsmikroskops zur Bestimmung permanenter Spannungen in gekühltem Glas. (The use of wire resistance strain gauges and a polarising microscope to determining permanent stresses in tempered glass.) J. Soc. Glass Technol. Bd. 35 (1951) Nr. 167 S. 487. Ref. Glastechn. Ber. Bd. 26 (1953) H. 6 S. 177. – Taague, J. M. u. H. H. Blau: Untersuchungen über das Druckverhalten von Glasflaschen gegen hydrostatischen Innendruck. (Investigations of stresses in glass bottles under internal hydrostatic pressure.) J. Amer. ceram. Soc. Bd. 39 (1956) Nr. 7 S. 229. – Preston, F. W.: Analyse spannungsoptischer Bilder. (Synthesising polariscopic strain-patterns.) J. Soc. Glass Technol. Bd. 35 (1951) Nr. 167 S. 497. Ref. Glastechn. Ber. Bd. 26 (1953) H. 4 S. 117. – Ritland, H. N.: Spannungsmessung an zylindrischen Gefäßen. (Stress measurement in cylindrical vessels.) J. Amer. ceram. Soc. Bd. 40 (1957) Nr. 5 S. 153.

[125] Preston, F. W.: Widerstand von Flaschen gegen Abnutzung. (Resistance of bottles to abuse.) Glass Ind. Bd. 23 (1942) S. 217. Ref. Glastechn. Ber. Bd. 22 (1948/49) H. 7/8 S. 148.

[126] (ohne Verf.Angabe): Über die Druckfestigkeit von Flaschen in Abhängigkeit von der Form. Glashütte Bd. 73 (1943) S. 136. Ref. Glastechn. Ber. Bd. 21 (1943) H. 10/11 S. 238.

[127] Borchard, K. H. u. F. H. Zschacke: Über den Einfluß chemischer Nachbehandlung auf die Festigkeit von Glasflaschen gegen Innendruck. Glashütte Bd. 66 (1936) S. 535. Ref. Glastechn. Ber. Bd. 15 (1937) H. 3 S. 111.

[128] Borchard, K. H.: Einfluß der Eigenschaften von Glashohlgefäßen auf ihre Festigkeit. Glastechn. Ber. Bd. 12 (1934) H. 10 S. 334. / Zur Ursache der Festigkeitsabnahme des Glases mit zunehmender Belastungsdauer. Glastechn. Ber. Bd. 13 (1935) H. 2 S. 52. / Zur Erkennbarkeit des Dauerbruchs. Glastechn. Ber. Bd. 13 (1935) H. 4 S. 114. / Festigkeitsuntersuchungen an Hohlgefäßen unter besonderer Berücksichtigung der Dauerfestigkeit. Glastechn. Ber. Bd. 13 (1935) H. 7 S. 243. / Die elastische Nachwirkung bei Glas. Sprechsaal Keram. usw. Bd. 67 (1934) Nr. 20 S. 297. Ref. Glastechn. Ber. Bd. 13 (1935) H. 1 S. 22. / Über die Dauer- und Bruchfestigkeit von Glasflaschen. Sprechsaal Keram. usw. Bd. 68 (1935) Nr. 10 S. 147. / Einfluß der Versuchsbedingungen auf die Festigkeitsmessungen von Hohlglas. Sprechsaal Keram. usw. Bd. 68 (1935) Nr. 21 S. 324. Ref. Glastechn. Ber. Bd. 13 (1935) H. 9 S. 328.

[129] Longmuir, B. u. W. E. S. Turner: Einfluß der Temperatur auf den Berstdruck von Flaschen. (The influence of temperature on the bursting pressure of bottles.) J. Soc. Glass Technol. Bd. 18 (1934) Nr. 71 S. 252. Ref. Glastechn. Ber. Bd. 13 (1935) H. 9 S. 329.

[130] Borchard, K. H.: Wärmedruckprüfung, Verfahren zur Beurteilung der Pasteurisierfähigkeit, der Wärmefestigkeit und der Innendruckfestigkeit von Glashohlgefäßen. Sprechsaal Keram. usw. Bd. 53 (1940) Nr. 17 S. 144.

[131] Borchard, K. H.: Verspannung und Festigkeit der Glasflaschen. Glashütte Bd. 64 (1934) Nr. 10 S. 169. Ref. Glastechn. Ber. Bd. 12 (1934) H. 10 S. 348. – Gooding, E. J.: Über den Einfluß des Befestigungsverfahrens bei der Berstdruckprüfung von Flaschen. (A note on the influence of the method of support in bursting pressure tests on bottles.) J. Soc. Glass Technol. Bd. 16 (1932) S. 18. Ref. Glastechn. Ber. Bd. 13 (1935) H. 9 S. 328. – Knapp, O.: Die Festigkeit der spannungsfreien und gleichgespannten Gläser. Keram. Rdsch. Bd. 19 (1931) Nr. 16 S. 230. Ref. Glastechn. Ber. Bd. 9 (1931) H. 9 S. 519.

[132] English, S.: Die Zertrümmerung von Flaschen während des Pasteurisierens. (The breakage of bottles during pasteurisation process.) Glass Bd. 4 (1927) S. 420. Ref. Glastechn. Ber. Bd. 6 (1928/29) H. 7 S. 383. – Kukolew, G. W.: Die Ursachen der geringen Temperaturwechselbeständigkeit von Flaschen und die Untersuchung der Kühlöfen der Staatl. Flaschenwerke in Konstantinowka. Ref. Glastechn. Ber. Bd. 11 (1933) H. 9 S. 339.

[133] Ablard, J. E.: Spannungen im Glas durch eingebrannte Etikette. (Strains in glass produced by applied color labels.) J. Amer. ceram. Soc. Bd. 28 (1945) S. 189. Ref. Glastechn. Ber. Bd. 22 (1948/49) H. 1/2 S. 27.

[134] Preston, F. W.: Beschädigungen an der inneren Oberfläche von Flaschen. (Internal surface damage to bottles.) Glass Ind. Bd. 33 (1952) S. 639. Ref. Glastechn. Ber. Bd. 27 (1954) H. 2 S. 55.

[135] (ohne Verf.Angabe): Über den kennzeichnenden Verlauf von Sprungbildungen, dargestellt am flachen

Glas. Sprechsaal Keram. usw. Bd. 71 (1938) N. 6 S. 78. – (ohne Verf.Angabe): Bruchvorgang und Sprungverlauf. Dtsch. Glaserztg. Bd. 52 (1941) Nr. 2 S. 7.

[136] (ohne Verf.Angabe: Das Bersten von Scheiben durch Lufteinwirkung. Dtsch. Glaserztg. Bd. 54 (1943) Nr. 13 S. 123. Ref. Glastechn. Ber. Bd. 21 (1943) H. 9 S. 207.

[137] SCHARDIN, H.: Physikalisch-ballistische Probleme um das Fenster im Kriege, nach einer Veröffentlichung von H. MOORE. Glastechn. Ber. Bd. 19 (1941) H. 12 S. 394.

[138] JEBSEN-MARWEDEL, H.: Analyse eines Bruchbildes von Tafelglas. Glastechn. Ber. Bd. 31 (1958); H. 3 S. 93.

[139] BAUERNFEIND, X.: Glasscheibenbrüche. Indizien für Einbruchsversicherungs- und Feuerversicherungsbetrug. Arch. f. Kriminol. Bd. 101, H. 5 u. 6 S. 193.

[140] JEBSEN-MARWEDEL, H. u. K. DINGER: Prüfung der Bruchgefahr von Tafelglasscheiben in bezug auf Fragen der Normung. Glastechn. Ber. Bd. 21 (1943) H. 9 S. 185.

[141] GRAF, O.: Versuche über die Elastizität und Festigkeit von Glas als Baustoff. Glastechn. Ber. Bd. 3 (1925/26) H. 5 S. 153. – GRAF, O.: Über die Festigkeit von Glas für das Bauwesen. Glastechn. Ber. Bd. 13 (1935) H. 7 S. 232.

[142] GRAF, O.: Biegungsfestigkeit von Spiegelglas vor und nach dem Schleifen. Mitt. dtsch. Spiegelglasfabr. (1926) Nr. 7 S. 205. Ref. Glastechn. Ber. Bd. 4 (1929/30) H. 8 S. 308.

[143] GRAF, O.: Dauerversuche mit Glas. Glastechn. Ber. Bd. 7 (1929/30) H. 4 S. 143.

[144] SCHMEER, F.: Prüfung des Glases auf Biege- und Schlagfestigkeit. Glastechn. Ber. Bd. 9 (1931) H. 10 S. 544.

[145] CRAEMER, H.: Über die Biegebeanspruchungen von Platten, insbesondere aus Glas. Glastechn. Ber. Bd. 11 (1933) H. 7 S. 239. – CRAEMER, H.: Untersuchung von Draht- und Rohglasplatten auf Biegungsfestigkeit. Glastechn. Ber. Bd. 8 (1930) H. 1 S. 30.

[146] GRAF, O.: Versuche über die Elastizität und Festigkeit von Glas als Baustoff. Glastechn. Ber. Bd. 3 (1925/26) H. 5 S. 167.

[147] ALBRECHT, E.: Festigkeitsversuche mit Spiegel- und Maschinenglas. Glastechn. Ber. Bd. 11 (1933) H. 2 S. 58. – ALBRECHT, E.: Festigkeitsprüfung von Flachglas. Glastechn. Ber. Bd. 13 (1935) H. 7 S. 237.

[148] PRESTON, F. W.: Glas als Baustoff und als gegen Spannungen widerstandsfähiges Material. (Glass as a structural and stress-resisting material.) J. Amer. ceram. Soc. Bd. 16 (1933) Nr. 4 S. 163. Ref. Glastechn. Ber. Bd. 12 (1934) H. 3 S. 98.

[149] GRAF, O.: Versuche mit Glasplatten auf eisernen Sprossen. Z. VDI Bd. 72 (1928) Nr. 17 S. 566. Ref. Glastechn. Ber. Bd. 6 (1928/29) H. 10 S. 603.

[150] Versuche mit Glasplatten auf eisernen Sprossen. Mitt. dtsch. Mat.-Prüf.-Anst. 1929, H. 5 S. 72. Ref. Glastechn. Ber. Bd. 7 (1929/30) H. 11 S. 535.

[151] GRAF, O.: Glas als Baustoff im Eisenbeton. Über Versuche mit Bauteilen aus Eisenbeton und Glas. Glastechn. Ber. Bd. 4 (1926/27) H. 9 S. 339; H. 10 S. 373.

[152] GRAF, O.: Widerstandsfähigkeit von starken Glasplatten in Öffnungen von Eisenbetondecken. Beton u. Eisen 1927, S. 77. Ref. Glastechn. Ber. Bd. 5 (1927/28) H. 4 S. 183.

[153] CRAEMER, H.: Zur Theorie des Glaseisenbetons. Glastechn. Ber. Bd. 12 (1934) H. 7 S. 253.

[154] LONG, B.: Mechanische Festigkeit und Lichtdurchlässigkeit von Glassteinen für Glaseisenbeton. Glastechn. Ber. Bd. 13 (1935) H. 1 S. 8.

[155] HOLLAND, A. J. u. W. E. S. TURNER: Die Bruchfestigkeit des Glases und ihre Beeinflussung durch Ritze und Fehlstellen. Glastechn. Ber. Bd. 15 (1937) H. 7 S. 270. – HOLLAND, A. J. u. W. E. S. TURNER: Einfluß von Querritzen auf die Festigkeit von Flachglas. (The effect of transverse scratches on the strength of sheet glass.) J. Soc. Glass Technol. Bd. 21 (1937) Nr. 87 S. 383. Ref. Glastechn. Ber. Bd. 16 (1938) H. 3 S. 104.

[156] SMEKAL, A.: Über die Natur des Einflusses der Probenbreite auf die Biegungsfestigkeit von Flachglas. Glastechn. Ber. Bd. 15 (1937) H. 7 S. 282.

[157] ALBRECHT, E.: Über einige Faktoren, welche die Ergebnisse der Prüfung von Glas auf mechanischem Wege beeinflussen. Glastechn. Ber. Bd. 15 (1937) H. 7 S. 285. – KRUG, H. J.: Untersuchung über die Festigkeitseigenschaften von Glas. Glastechn. Ber. Bd. 18 (1940) H. 3 S. 70.

[158] SCHARDIN, H.: Die Biegefestigkeit von Tafelglas. Vortrag im FA I d. DGG. Glastechn. Ber. Bd. 25 (1952) H. 6 S. 196. – SCHARDIN, H. u. F. KERKHOFF: Ein neues Verfahren zur Bestimmung der Biegefestigkeit von Tafelglas. Glastechn. Ber. Bd. 28 (1955) H. 4 S. 124.

[159] SMEKAL, A.: Festigkeitsmindernde Struktureigenschaften der Gläser. Glastechn. Ber. Bd. 13 (1935) H. 9 S. 222.

[160] JEBSEN-MARWEDEL, H.: Tafelglas S. 171. Essen: W. Girardet 1950. – (ohne Verf.Angabe): Schichtgläser aus Tafelglas. Dtsch. Glaserztg. Bd. 53 (1942) Nr. 11 S. 3. – (ohne Verf.Angabe): Die Herstellung von Sicherheitsglas. Dtsch. Glaserztg. Bd. 53 (1942) Nr. 17 S. 7. – DIN 52302 Ausg. 6. 37. Sicherheitsglas für Fahrzeugverglasung. Prüfverf. (DVM 2302). – DIN 52303. Ausg. 11. 57. Prüfung von Glas, Biegeversuch an Sicherheitsglas.

[161] Sonderheft Sprechsaal Keram. usw. Bd. 66 (1933) Nr. 2 S 19; Nr. 5 S. 78.

[162] BAUER, W.: Die Entwicklung des Sicherheitsglases. Sprechsaal Keram. usw. Bd. 66 (1933) S. 31. – HOUWINK, R.: Chemie und Technologie der Kunststoffe, S. 349 u. 356. Leipzig: Akadem. Verlagsgesellsch. m. b. H. 1939. – JACOBI, R.: Mehrschichten-Sicherheitsglas. Glaser-Jb. 1950 S. 69. Stuttgart: Gentner-Verlag 1950.

[163] (ohne Verf.Angabe): Verbundglas. Allgem. Glaserztg. Bd. 1 (1950) Nr. 10 S. 172; Nr. 11 S. 196.

[164] PRESTON, F. W.: Eine Studie über den Bruch des Glases. (A study of the rupture of glass.) J. Soc. Glass Technol. Bd. 10 (1926) Nr. 39 S. 234. – Ber. E. BERGER: Z. VDI 1926 S. 37. Ref. Glastechn. Ber. Bd. 4

(1926/27) H. 11 S. 437. – PRESTON, F. W.: Die Ausbreitung von Sprüngen im Glase und in anderen Körpern mit besonderer Beziehung auf die Bruchfläche. (The propagation of fissures in glass and other bodies with special reference to the split-wave front.) J. Amer. ceram. Soc. Bd. 14 (1931) Nr. 6 S. 419. Ref. Glastechn. Ber. Bd. 9 (1931) H. 10 S. 562. – PRESTON, F. W.: Eine weitere Bemerkung über die Bruchsysteme des Glases. (A further note on the fracture systems of glass.) J. Soc. Glass Technol., Trans. Bd. 13 (1929) Nr. 49 S. 3. Ref. Glastechn. Ber. Bd. 7 (1929/30) H. 11 S. 535.

[165] TERADA: Über Sprünge und Risse. Physik. Natur und Kennzeichen. Sci. Pap. Inst. physic. chem. Res. Tokyo 1931. Ref. Glastechn. Ber. Bd. 10 (1932) S. 228.

[166] WALLNER, H.: Linienstrukturen an Bruchflächen. Z. Physik Bd. 114 (1939) Nr. 5/6 S. 368. Ref. Glastechn. Ber. Bd. 18 (1940) H. 2 S. 52. – SMEKAL, A.: Bemerkungen zur Veröffentlichung von E. REXER: Struktur der Bruchflächen und Bruchvorgang der Gläser. Glastechn. Ber. Bd. 17 (1939) H. 8 S. 250. – SMEKAL, A.: Ultraschalldispersion und Bruchgeschwindigkeit. Physik. Z. Bd. 41 (1940) Nr. 20 S. 475. Ref. Glastechn. Ber. Bd. 21 (1943) H. 10/11 S. 238. – SMEKAL, A.: Höchstfrequente Ultraschallvorgänge in Festkörpern. Nov. Act. Leopold. N. F. Bd. 11 (1942) S. 512. Ref. Glastechn. Ber. Bd. 20 (1942) H. 10 S. 294.

[167] SMEKAL, A.: Verfahren zur Messung von Bruchfortpflanzungsgeschwindigkeiten an Bruchflächen. Glastechn. Ber. Bd. 23 (1950) H. 3 S. 57. – APELT, G.: Diplomarbeit Halle/Niederroden 1945 (unveröffentlicht). – SCHARDIN, H.: Ergebnisse der kinematographischen Untersuchung des Bruchvorganges. I.–III. Teil. Glastechn. Ber. Bd. 23 (1950) H. 1S. 1; H. 3 S. 67; H. 12 S. 325. – SHAND, E. B.: Experimentelle Untersuchung des Glasbruches: I. Der Bruchvorgang; II. Ergebnisse. (Experimental study of glass: I. The fracture process; II. Experimental data.) J. Amer. ceram. Soc. Bd. 37 (1954) Nr. 2 S. 52; Nr. 12 S. 559. Ref. Glastechn. Ber. Bd. 28 (1955) H. 4 S. 162.

[168] SMEKAL, A.: Über den Zerreißvorgang der Gläser. Glastechn. Ber. Bd. 13 (1935) H. 5 S. 141. / Festigkeitsmindernde Struktureigenschaften der Gläser. Glastechn. Ber. Bd. 13 (1935) H. 7 S. 222.

[169] SMEKAL, A.: Über die Natur der mechanischen Festigkeitseigenschaften der Gläser. Glastechn. Ber. Bd. 15 (1937) H. 7 S. 259.

[170] PRESTON, F. W.: Kurze Untersuchung einiger neuer Ergebnisse der Schlagfestigkeit des Glases. (A brief analysis of some recent data of the impact strength of glass.) J. Amer. ceram. Soc. Bd. 14 (1931) Nr. 6 S. 432. Ref. Glastechn. Ber. Bd. 9 (1931) H. 10 S. 562.

[171] LITTLETON, J. T.: Eine neue Methode zur Bestimmung der Zugfestigkeit von Glas. (A new method of measuring the tensile strength of glass.) Physic. Rev. Bd. 22 (1923) S. 510. Ref. Glastechn. Ber. Bd. 2 (1924/25) H. 2 S. 56.

[172] GRAF, O.: Aus neueren Schlagversuchen mit Glas. Glastechn. Ber. Bd. 6 (1928/29) H. 10 S. 582.

[173] MURGATROYD, J. B.: Verfahren zur Prüfung von Glaswaren (auf mechanische und thermische Widerstandsfähigkeit). (Tests for glassware.) Glass Bd. 8 (1931) Nr. 7 S. 272. Ref. Glastechn. Ber. Bd. 10 (1931) H. 10 S. 563. – MURGATROYD, J. B.: Die Festigkeit des Glases. (The strength of glass.) J. Soc. Glass Technol. Bd. 17 (1933) Nr. 67 S. 260. Ref Glastechn. Ber. Bd. 12 (1934) H. 8 S. 283.

[174] PRESTON, F. W.: Die Oberflächenfestigkeit des Glases und anderer Stoffe. (The surface strength of glass and other materials.) J. Soc. Glass Technol. Bd. 17 (1933) Nr. 65 S. 5. Ref. Glastechn. Ber. Bd. 12 (1934) H. 6 S. 206.

[175] GEHLHOFF, G. u. M. THOMAS: Die physikalischen Eigenschaften der Gläser in Abhängigkeit von der Zusammensetzung. II. Die mechanischen Eigenschaften der Gläser. Z. techn. Phys. Bd. 7 (1926) H. 3 S. 113. Ref. Glastechn. Ber. Bd. 4 (1926/27) H. 3 S. 104.

[176] GREENE, C. H.: Mitteilung über die Biegefestigkeit des Glases. (Note on the transverse strength of glass.) J. Amer. ceram. Soc. Bd. 15 (1932) Nr. 1 S. 59. Ref. Glastechn. Ber. Bd. 11 (1933) H. 4 S. 139.

[177] GRAF, O.: Glasindustrie (Bruhns Fachblatt) Bd. 36 (1928) Nr. 8 S. 191.

[178] GEHLHOFF, G. u. M. THOMAS: Die Sprödigkeit von Opalglas. J. Soc. Glass Technol. Trans. Bd. 11 (1927).

[179] SCHUMACHER, E. E.: Zusammenhang zwischen Sprungbildung in Glas beim Hindurchleiten von Elektrizität und chemischer Zusammensetzung des Glases. (Correlation between crack development in glass while conducting electricity and the chemical composition of the glass.) J. Amer. ceram. Soc. Bd. 46 (1924) S. 1772. Ref. Glastechn. Ber. Bd. 3 (1925/26) H. 1 S. 20.

[180] HIOTZ, M.: Form und Entstehung von Sprüngen in Glasplatten. (Form and growth of cracks in glass plates.) Bull. Inst. Physic. chem. Res. Tokyo Bd. 8 (1929) S. 52. Abstr. Bull. Inst. Physic. chem. Res. Bd. 2 (1929) S. 4. Ref. Glastechn. Ber. Bd. 9 (1931) H. 3 S. 178.

[181] SCHÖNBORN, H.: Allgemeine Verfahren zur Bestimmung der Wärmefestigkeit der Glasmasse. Glastechn. Ber. Bd. 15 (1937) H. 2 S. 57. Dort weiterer Schrifttumsnachweis.

[182] WINKELMANN, A.: Aus H. THIENE „Glas". Bd. 1, S. 161. Jena: Verlag G. Fischer 1931.

[183] WINKELMANN, A. u. O. SCHOTT: Über thermische Widerstandskoeffizienten verschiedener Gläser in ihrer Abhängigkeit von der chemischen Zusammensetzung. Ann. d. Phys. Bd. 51 (1894) S. 730.

[184] DINGER, K.: Zur Temperaturwechselbeständigkeit des Tafelglases. (Sur la réstistance du verre à vitre aux variations de température.) Verre et Silicates Ind. Bd. 13 (1948) S. 197.

[185] LEVENGOOD, W. C. u. E. C. MONTGOMERY: Zur Temperaturwechselbeständigkeit des Tafelglases. (On the thermal shock resistance of sheet glass.) J. Soc. Glass Technol. Bd. 37 (1953) S. 306.

[186] GOERK, H. u. J. LEDERER: Beitrag zur Temperaturwechselbeständigkeit des Flachglases. Silikat-Techn. Bd. 7 (1956) H. 5 S. 182. Ref. Glastechn. Ber. Bd. 29 (1956) H. 12 S. 488.

[187] KLOTTER, K.: MOHRsche Hypothese und Bruchwinkel an Glas. Z. VDI Bd. 76 (1932) Nr. 28 S. 689. Ref. Glas-

techn. Ber. Bd. 11 (1933) H. 1 S. 34. – (ohne Verf.Angabe): Spiralbruch bei Glas (mehrere Briefe zu diesem Thema). Umschau Bd. 55 (1955) H. 8 S. 250.

[*188*] (ohne Verf.Angabe): Sprünge als Ornament. Dtsch. Glaserztg. Bd. 53 (1942) Nr. 12 S. 8.

[*189*] (ohne Verf.Angabe): So werden Sprünge abgefangen. Dtsch. Glaserztg. Bd. 52 (1941) Nr. 18 S. 9.

[*190*] (ohne Verf.Angabe): Hydrolytische Muschelbrüche an Flaschen. Sprechsaal Keram. usw. Bd. 71 (1938) Nr. 21 S. 256. Ref. Glastechn. Ber. Bd. 16 (1938) H. 9 S. 307.

[*191*] JEBSEN-MARWEDEL, H.: Mechanische Beschädigung der Oberfläche von verpacktem Tafelglas unter Mitwirkung von Wasser. Glastechn. Ber. Bd. 20 (1942) H. 12 S. 347.

[*192*] PRESTON, F. W.: Der Bau geschliffener Glasoberflächen. Trans. opt. Soc., Lond. Bd. 23 (1921/22) Nr. 3. Ref. im FA-Bericht d. DGG. Nr. 21 S. 5; dortiges Bild 1. Hierzu Übersetzung von H. J. KARMANNS, hrsg. v. FA III d. DGG.

[*193*] LECRENIER, A.: Über die Bearbeitbarkeit des Glases. (Notes sur la dureté du verre.) Verre 1924 Nr. 7 S. 149. Ref. Glastechn. Ber. Bd. 3 (1925/26) H. 7 S. 269.

[*194*] GEORG, K.: Beitrag zum Schleifen optischer Gläser mit losen Schleifmitteln. Glastechn. Ber. Bd. 23 (1950) H. 4 S. 100.

[*195*] GEORG, K.: Das Schleifen optischer Gläser mit Diamantwerkzeugen und Schleifscheiben. Glastechn. Ber. Bd. 22 (1948/49) H. 13/14 S. 296.

[*196*] KRÖNER, G.: Poliermittel für Glas. Glastechn. Ber. Bd. 26 (1953) H. 10 S. 300.

[*197*] KLEMM, W. u. A. SMEKAL: Über den Grundvorgang des Polierens. Naturwissenschaften Bd. 29 (1941) S. 688. Ref. Glastechn. Ber. Bd. 20 (1942) H. 1 S. 22. – SMEKAL, A.: Mikrointerferometrische und übermikroskopische Ergebnisse über die Mikroplastizität von Silikatgläsern. Ref. im FA I d. DGG. am 27. 10. 54. Glastechn. Ber. Bd. 28 (1955) H. 2 S. 81.

[*198*] BRÜCHE, E. u. H. POPPA: Polieren von Glas. Teil I. Glastechn. Ber. Bd. 28 (1955) H. 6 S. 232. Teil II. Glastechn. Ber. Bd. 29 (1956) H. 5 S. 183.

[*199*] BRÜCHE, E. u. H. POPPA: Der Nachweis der RAYLEIGH-BEILBY-Schicht. Phys. Verh. Bd. 6 (1955) S. 197.

[*200*] BEILBY, G. T.: Oberflächliches Fließen kristalliner Körper durch mechanische Störung. (Surface flow in crystaline solids under mechanical disturbance.) Proc. roy. Soc. Bd. 72a (1903) S. 218, 225.

[*201*] JONES, M. W. u. J. M. BLAIR: Über das Schneiden von Glas. (Concerning the cutting of glass.) J. appl. physics Bd. 9 (1937) S. 627. Ref. Glastechn. Ber. Bd. 16 (1938) H. 3 S. 105. – HOLLAND, A. J. u. W. E. S. TURNER: Die Bruchfestigkeit des Glases und ihre Beeinflussung durch Ritze und Fehlstellen. Glastechn. Ber. Bd. 15 (1937) H. 7 S. 270.

[*202*] JEBSEN-MARWEDEL, H.: Schneidwerkzeuge (Diamanten, Schneidräder). Glashütten-Hb. d. HVG, Abschnitt H 12. – JEBSEN-MARWEDEL, H.: Tafelglas S. 68. Essen: Verlag W. Girardet 1950 – JEBSEN-MARWEDEL, H.: Glasschneiden. Die Glashütte Bd. 75 (1948/49) H. 3 S. 47.

[*203*] (ohne Verf.Angabe): Die Handhaltung beim Glasschneiden. Diamant Zeitschr. für Glasindustrie (1943) Nr. 7/8 S. 61.

[*204*] JEBSEN-MARWEDEL, H.: Zur Morphologie des Glasschneidens. Glastechn. Ber. Bd. 24 (1951) H. 5 S. 133.

[*205*] RINNE, F.: Bemerkungen zur Optik und Mechanik des Glasschneidens. Zbl. Mineralog., Geol., Paläontol., Abt. A Min. u. Petr. (1925) Nr. 7 S. 209; sowie Neue Forschungsergebnisse über das Glasschneiden. Umschau, Frankfurt a. M. (1927) Nr. 2 S. 129.

[*206*] TAMMANN, G.: Die Bestimmung einer den Übergang vom spröden Glas in eine hochviskose Masse charakterisierenden Temperatur. Glastechn. Ber. Bd. 11 (1933) H. 2 S. 65.

[*207*] JEBSEN-MARWEDEL, H. u. K. von STÖSSER: Mechanismus des Schneidens von Glas und die Schwächung des Glases durch den Schnitt. Glastechn. Ber. Bd. 17 (1939) H. 5 S. 1. In engl. Sprache: Ind. Diamond Review, Vol. 6 (1946) S. 201; in franz. Sprache: Verre et Réfractaires April 1947 S. 38; ferner: Der Glaserdiamant und sein Schnittsystem. Sprechsaal Keram. usw. Bd. 72 (1939) Nr. 42 S. 514. – LEVENGOOD, W. C. u. H. R. SWIFT: Seitliches Wachsen von auf Glas angebrachten Schnittsystemen. (Lateral growth of cutter marks in glass.) Glass Ind. Vol. 30 (1949) Nr. 6 S. 317, 362; Ind. Diamond Review Vol. 10 (1950) Nr. 113 S. 114. Ref. Glastechn. Ber. Bd. 23 (1950) H. 3 S. 86, 263.

[*208*] LAUE, M. VON: Eigenspannungen in planparallelen Glasplatten und ihre Änderung beim Zerschneiden. Z. techn. Physik Bd. 11 (1930) Nr. 10 S. 385. Berichtigung: Bd. 12 (1931) Nr. 4 S. 225. Ref. Glastechn. Ber. Bd. 8 (1930) H. 8 S. 497; Bd. 9 (1931) H. 5 S. 311.

[*209*] TAMMANN, G. u. H. E. VON GRONOW: Über das Ritzen von Spiegelglas. Z. anorg. allg. Chem. Bd. 201 (1931) H. 1 S. 37. Ref. Glastechn. Ber. Bd. 11 (1933) H. 1 S. 33.

[*210*] RAMSAUER, R.: Über Schneidversuche an Glas und die Wirkung der Schneidflüssigkeit. Vortrag im FA I d. DGG. Glastechn. Ber. Bd. 26 (1953) H. 9 S. 296. – JEBSEN-MARWEDEL, H.: Wissenschaftliches und Handwerkliches zum Glasschneiden. Allgem. Glaserztg. „St. Lukas" Bd. 18 (1956) Nr. 18 S. 301.

[*211*] MILLIGAN, L. H.: Festigkeit rissigen Glases. (The strength of glass containing cracks.) J. Soc. Glass Technol. Bd. 13 (1929) S. 351. Ref. Glastechn. Ber. Bd. 8 (1930) H. 9 S. 554.

[*212*] EWALD, W.: Beitrag zur Bestimmung der Bruchfestigkeit von Glas und Kristallen. Glasindustrie (Nov. 1925) S. 3. Ref. Glastechn. Ber. Bd. 3 (1925/26) H. 11 S. 420.

[*213*] ACLOQUE, P. u. I. PEYCHÈS: Wärmebehandlungsverfahren zur schnellen Abkühlung von Flachglas. (Traitement thermique permettant de suprimer la recuisson de certains verres plats.) Atti III. Congr. intern. Vetro, Venedig 1953 S. 403. Ref. Glastechn. Ber. Bd. 28 (1955) H. 11 S. 440. – ACLOQUE, P u. I. PEYCHÈS: Eine thermische Behandlung, die die Kühlung von gewissen Flachgläsern überflüssig macht. (Traitement thermique permettant de suprimer la recuisson de certains verres plats.) Verr. et Réfract. Bd. 8 (1954) Nr. 2 S. 69. Ref. Glastechn. Ber. Bd. 29 (1956) H. 5 S. 212. – ACLOQUE, P.: Thermische Behandlungen, die die Eigenschaften des Glases, besonders seine Zerbrechlichkeit ändern. (Traitements thermiques modifiant les propriétés du verre en particulier sa fragilité.) Verr. et Réfract. Bd. 8 (1954) Nr. 5 S. 243.

X. Schlußbetrachtung: Glas„fehler“ als Dekor

Von H. JEBSEN-MARWEDEL

Bemerkenswert für die Eigenart des Glases einerseits, und den Reiz, den es als Werkstoff ausübt, andererseits, ist der Umstand, daß nahezu alle Fehlerarten, die dem Glase anhaften können – absichtlich erzeugt – auch zu seiner kunstgerechten Veredelung herangezogen werden [*1*]:

Abgesehen von den in Trübgläsern für Beleuchtungszwecke zur Lichtstreuung oder in opakem Gußglas zur lebhaften Farbwirkung gezüchteten Kristallkeimen begegnen uns in Aventuringläsern die reizvollsten Erscheinungen *kristalliner Ausscheidungen* [*2*] (Abb. 799).

Man bedient sich der schlecht vor sich gehenden Mischung verschiedenartig zusammengeschmolzener Gläser, um ihnen farbige *Schlieren* verschwommen (marmoriert) oder als Ornamente in lebhaften Mustern einzuverleiben (Abb. 800a). Sie bilden auch ein Muster von Antikglas. Von alters her beruhen auch die Feinheiten der Mosaik-, Filigran- und Millefiorigläser (Abb. 800b) [*3*] auf dem Prinzip der Unmischbarkeit verschweißter Schlierenstränge.

Man erzeugt absichtlich *blasenhaltige* Schmelzen, um dem Glas antikes Aussehen zu verleihen (Abb. 800c); oder sticht sogar durch Abwälzen des noch plastischen Glaspostens über ein Nagelbrett einzelne *Blasen* in stern- oder reihenförmiger Anordnung ein (Abb. 800d), um das Spiel perlenförmiger Reflexe wirken zu lassen.

Alten Schmelzen hafteten mangels genügend reiner Rohstoffe und ausreichender Beherrschung der Schmelzbedingungen „Fehlfarben“ an. Diese werden heute absichtlich in Form eines verstärkten Farbstiches herbeigeführt und bilden die Grundlage der Fabrikation von Antikglas verschiedener Tönung.

Abb. 799. Kristallisationserscheinungen in Aventuringläsern (nach P. BEYERSDORFER)

Man schreckt heißes Glas ab, um seine Oberfläche mit einem Netz silbrig glänzender *Sprünge* zu überziehen die nur oberflächlich wieder verschmolzen werden (Abb. 800e) oder reißt mit Hilfe eintrocknender Leimschollen Bruchstücke aus der Oberfläche des Glases, die eisblumenartige Gebilde hinterlassen und vortäuschen (Abb. 800f). Man ahmt die in *Regenbogenfarben schillernde*, ver-

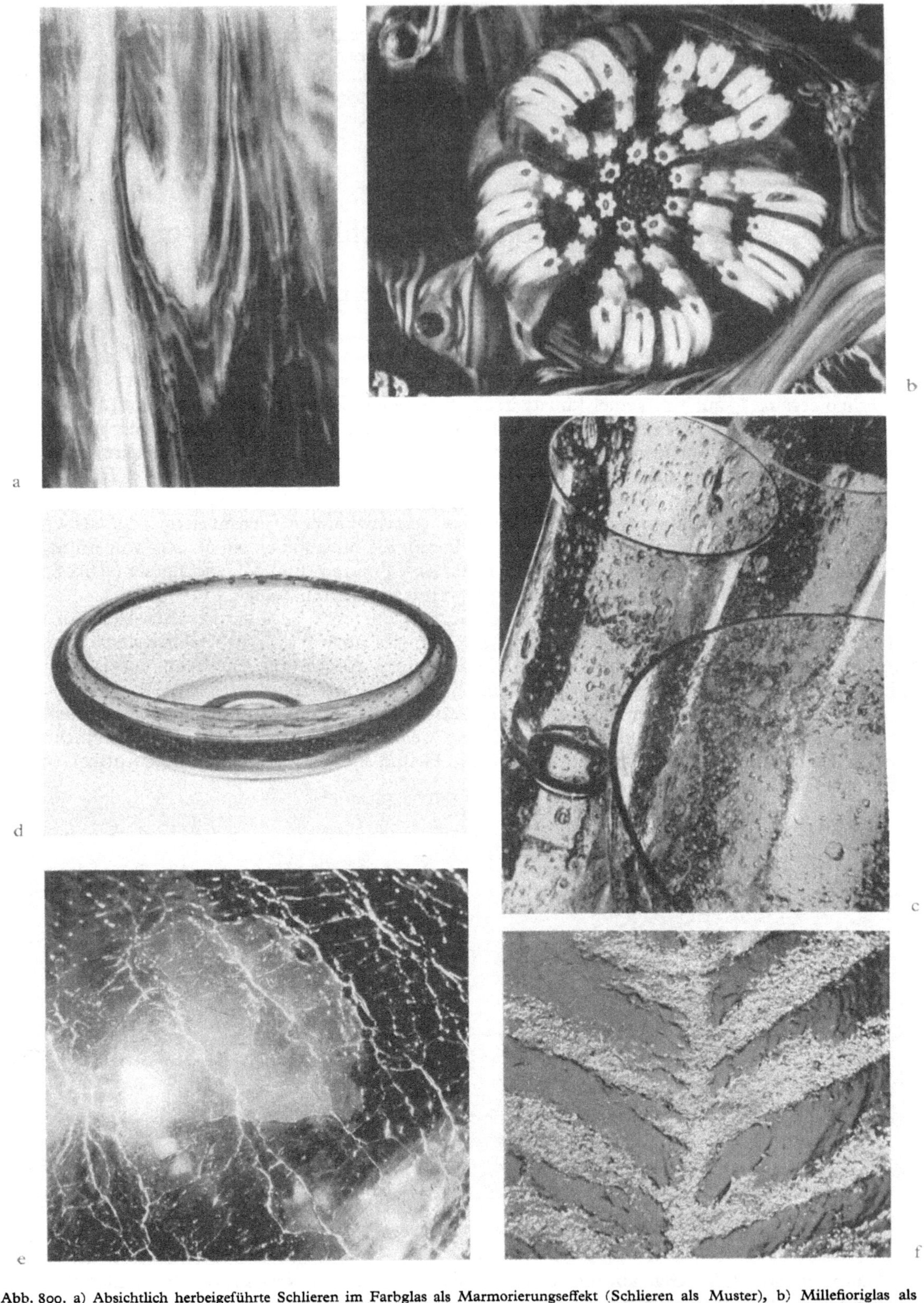

Abb. 800. a) Absichtlich herbeigeführte Schlieren im Farbglas als Marmorierungseffekt (Schlieren als Muster), b) Millefioriglas als Beispiel für scharf begrenztes Verschweißen unterschiedlicher Glasstränge als Dekor, c) Glasgegenstände aus blasenreichem Schaumglas, Fabrikat SÜSSMUTH, d) Einzeln eingestochene Blasen in einer Schale (LERCH), e) Durch Abschrecken heißen Glases herbeigeführte Verzierung des Glases durch glitzernde Rißbildung (Eisglas), f) Einzelheit aus Eisblumenglas, wie sie durch das Abreißen von Leimschollen aus der Glasoberfläche entsteht

witterte Oberfläche antiker Gläser stark übertrieben nach durch Auftragung einer hauchdünnen, interferierenden Metalloxydschicht, wie sie als Lüster bezeichnet wird.

Es liegt an der Eigenart des Glases, insbesondere seiner Durchsichtigkeit, Farbenfreudigkeit und Reflexwirkung, daß man seine arteigenen Fehler in großem Umfang als Dekor heranziehen kann. Bei keinem anderen Werkstoff ist man dazu in der Lage. Beim Glase läßt es sich einrichten, daß die Störungen, die hier als „Fehler“ abgehandelt wurden, in besonderer Weise gestaltet und zur schmückenden Wirkung gebracht werden können, um seine Ansehnlichkeit und seinen Wert zu steigern.

Schrifttum

X. Schlußbetrachtung: Glas„fehler“ als Dekor

[*1*] Glasfehler als Verzierung. Dtsch. Glaserztg. Bd. 53 (1952) Nr. 13 S. 3, 17 Abb. Ref. Glastechn. Ber. Bd. 21 (1943) S. 17.
[*2*] BEYERSDORFER, P.: Studien über Aventuringlas. Glastechn. Ber. Bd. 21 (1943) S. 1.
[*3*] JEBSEN-MARWEDEL, H.: Historisches Millefioriglas. Glastechn. Ber. Bd. 30 (1957) Nr. 12 S. 519—520.

Sachverzeichnis

721/11/58

Berichtigung

Auf der Tafel I (vor S. 97) sind bei den Abbildungen 155 und 157 die rechten und linken Bildhälften miteinander zu vertauschen.

GPSR Compliance

The European Union's (EU) General Product Safety Regulation (GPSR) is a set of rules that requires consumer products to be safe and our obligations to ensure this.

If you have any concerns about our products, you can contact us on ProductSafety@springernature.com

In case Publisher is established outside the EU, the EU authorized representative is:

Springer Nature Customer Service Center GmbH
Europaplatz 3
69115 Heidelberg, Germany

Batch number: 10621778

Printed by Printforce, the Netherlands